U0201067

不对称催化基础

Fundamentals of Asymmetric Catalysis

（美） 帕特里克 J. 沃尔什（Patrick J. Walsh）　　著
　　　玛丽莎 C. 科兹洛夫斯基（Marisa C. Kozlowski）

赵金钵　译

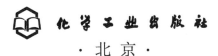

化学工业出版社

·北京·

本书的组织形式与大部分不对称催化的书籍不同，是按照基本概念和原理进行分章叙述的。阐述了不对称转化的主要类型（前手性底物的不对称催化、外消旋体的动力学拆分和动态动力学拆分）及其相应的能量图。概括了不对称催化中的大部分化学活化模式及催化剂，立体化学信息从催化剂到反应底物传递的过程；通过添加剂对手性催化剂的优化，各种类型的拆分过程——动力学拆分、平行动力学拆分、动态动力学拆分和动态动力学不对称转化；非线性效应；负载手性催化剂；等等。

本书可作为有机化学、药物化学及精细化工等相关专业的高年级本科生、研究生的教材，也可作为教师、科研人员、制药工业和精细有机化工及相关行业技术人员的参考书。

Fundamentals of Asymmetric Catalysis/by Patrick J. Walsh and Marisa C. Kozlowski
ISBN 978-1-89-138954-2
Copyright © 2009 by University Science Books. All rights reserved.

Authorized translation from the English language edition published by University Science Books.
本书中文简体字版由 University Science Books 授权化学工业出版社独家出版发行。
本版仅限在中国内地（不包括中国台湾地区和香港、澳门特别行政区）销售，不得销往中国以外的其他地区。未经许可，不得以任何方式复制或抄袭本书的任何部分，违者必究。
北京市版权局著作权合同登记号：01-2018-2958

图书在版编目（CIP）数据

不对称催化基础/（美）帕特里克·J. 沃尔什
（Patrick J. Walsh），（美）玛丽莎·C. 科兹洛夫斯基
（Marisa C. Kozlowski）著；赵金钵译. —北京：
化学工业出版社，2018.5（2023.1重印）
书名原文：Fundamentals of Asymmetric Catalysis
ISBN 978-7-122-31847-3

Ⅰ.①不… Ⅱ.①帕… ②玛… ③赵… Ⅲ.①不对称
有机合成-催化-研究 Ⅳ.①O621.3

中国版本图书馆 CIP 数据核字（2018）第 058852 号

责任编辑：李晓红　　　　　　　　　　　　　装帧设计：王晓宇
责任校对：边　涛

出版发行：化学工业出版社（北京市东城区青年湖南街 13 号　邮政编码 100011）
印　　装：北京虎彩文化传播有限公司
787mm×1092mm　1/16　印张 36¾　字数 808 千字　　2023 年 1 月北京第 1 版第 2 次印刷

购书咨询：010-64518888　　　　　　　　售后服务：010-64518899
网　　址：http://www.cip.com.cn
凡购买本书，如有缺损质量问题，本社销售中心负责调换。

定　　价：218.00 元　　　　　　　　　　　　　版权所有　违者必究

译序

进入 21 世纪以来，环境和资源问题的不断凸显对绿色高效的化学转化提出了更高的要求。作为手性合成的最高形式，不对称催化可以为众多光学活性产品的获取提供最绿色经济的解决手段，对许多领域特别是医药、农药中间体、精细化学品和液晶材料等方面意义极为重要。因此，发展高对映选择性的不对称催化过程日益受到重视。

20 世纪 60 年代报道了第一例均相催化不对称反应。此后的半个世纪中，不对称催化领域取得了长足发展，从最初的经验性探索发展出了一些基本概念和策略。相应地，目前国内外有一些专著按照反应分类对近期的前沿进展进行了很好的总结。然而，系统、全面地介绍不对称催化的基本原理的教科书尚不多，使初学者难以对这一领域获得总体性的认识。美国宾州大学的两位科学家 Patrick J. Walsh 教授和 Marisa C. Kozlowski 教授撰写的《不对称催化基础》一书恰好填补了这一空白，首次按照主题对不对称催化领域的各个方面进行了系统阐述。书中的许多内容为前人所未发，如对各种活化模式的提纲挈领式总结、对各种不对称催化过程的能量分析等。另外，附录中对手性与不对称过程的基本概念的介绍也对初学者极为重要。虽然个别主题，如非线性效应等，与一些其他专著有所重叠，本书中的大部分章节内容则别具一格，列出的例子也相当有特色和代表性。有志于从事不对称研究的学者如能以本书的知识架构为基础，与其他相关专著相互对照参考，便可迅速窥其堂奥，极大促进对前沿科技文献的了解和掌握。

本书可以作为从事不对称催化研究的科研人员和研究生的必不可少的入门工具书，也可以作为各大中专院校中有机化学、生物医药、材料科学等专业高年级学生的重要参考教材。获悉本书中文版即将付梓，我很高兴借此机会将其推荐给广大的专家学者和同学，相信其出版将有力推动我国不对称催化领域的进步。

中国科学院院士
中国科学院上海有机化学研究所研究员
2018 年 3 月

译者前言

　　不对称催化是现代有机化学发展的主流方向之一。发展高对映选择性的催化过程符合绿色化学的要求，也是催化领域中的难点和重要挑战。尽管已经有几十年的发展历史，不对称催化作为一个单独的主题在我国高等院校进行的专题教学和探讨却非常欠缺。究其原因，可能在于虽然市场上有不少按照反应分类的优秀专著，但系统性地介绍不对称催化的基本概念和原理的教科书不多。译者在读研究生时便苦于对不对称催化无法窥其门径而苦恼不已，因而见到本书后便如获至宝，遂不揣谫陋将其译成中文，以飨广大同胞。

　　除按主题分类这一总体原则之外，本书的其他极具特色之处包括：一、着重基本概念和原理，总结全面。如附录中使用了大量实例对不对称催化中的各种术语和对映选择性过程进行了详细介绍，对初学者极为重要。本书中详细阐述了不对称诱导的模式（第1章）和作用机理（第4、5章），对过程中可能存在的复杂情况进行了探讨（Curtin-Hammett关系、温度效应等）。在介绍各种不对称催化过程中（第7～10章），从能量的角度揭示了这些过程的动力学本质。此外，除第2、3章对催化剂作用模式的提纲挈领式总结外，第12章也介绍了一些双功能、双重和多功能催化剂体系。对近年来发展的新策略（手性毒化、手性活化）和新概念（非线性效应、自催化、自诱导等）也进行了深入探讨。二、本书中对一些专题的介绍为同类著作所欠缺。如对不对称诱导的模式和手性信息从催化剂到反应位点传递的情形进行了详细阐述；第2、3章对各种不同催化剂的催化模式的总结，使读者能够站在不对称催化本身的视角审视各种不同的各种对映选择性过程的本质；对非对映选择性问题的探讨和多步不对称合成等章节也是本书的重要特色。

　　书中使用的例子基于重要的原始文献。尽管可读性可能会因此受到因此影响，但相信对此书进行认真研读的读者会迅速与最新进展接轨。不对称催化虽然复杂，但仍然存在一些基本规律。正如Evans教授在序中所述，"这本书提供了一个能够详细阐述催化过程的复杂性的知识框架"，使读者能够对不对称催化过程获得深刻理解，对于优化不对称反应、提高成功率具有不可估量的助益。

　　本书适于高年级本科生、研究生和从事不对称合成的化学工作者。由于译者水平有限，疏漏之处在所难免，望读者不吝批评指正。

译　者

2018 年 5 月

序

Foreword

首先，很高兴能为《不对称催化基础》这本书作序。

在审阅这本教材时，我想起了一本早些时候的里程碑式的专著——Morrison 和 Moser 编著的《不对称有机反应》一书。那本书出版于 1971 年，一个很少有化学家致力于发展对映选择性反应的时代。实际上，在当时还没有任何一个非酶催化的对映选择性反应被讨论过。作为一个年轻的研究人员，我怀着极大的兴趣阅读了那本专著。然而，在获得这个消息上我还是慢了一步！在接下来的 37 年的发展中，不对称催化已经成为有机反应发展领域最主要的研究内容之一！我认为 Walsh 和 Kozlowski 的这本书将会成为想要精通支撑不对称催化领域进展的基本概念以能掌握该领域的研究进展的读者们的"圣经"。这本书按照主题而非反应类型来划分章节，对不对称催化的很多基本概念做了详尽的阐述。尽管如此，其中也为读者提供了大量的反应类型。作者在整合金属催化的反应和有机催化反应方面也做得非常出色。

第 1 章介绍了"不对称诱导的模式"。关于该主题的讨论中使用一系列具体案例整合了简单拆分、动力学拆分和 Curtin-Hammett 原理的应用。金属催化和有机催化都被很好地整合到了讨论之中。

第 2 章介绍了"Lewis 酸和 Lewis 碱催化"。该章以较为均衡的篇幅介绍了这两种重要的主题。同样，这里也涵盖了各种类型的催化方式。

第 3 章，Lewis 酸碱催化活化之外的其他活化模式，讨论了手性阳离子、阴离子和基于氢键作用组织原理的有机催化剂。讨论的其他主题包括基团转移催化、烯烃复分解、基于 π-配位的烯烃活化等。这里的讨论为后面的讨论所需的主题提供了重要的提纲挈领式的总结。

第 4 章"对映选择性催化中的不对称诱导"中，作者再次使用了当前文献中的例子阐述了不对称诱导过程中的根本性问题。对不对称的传递、配体结构和反式影响的重要性等问题也进行了一般性的讨论。

第 5 章"非经典的催化剂-底物相互作用"中讨论了结合一个主要的（Lewis 酸）和一个次要的弱作用的催化剂。这种次级相互作用包括氢键和 π 堆积作用等。本章的许多例子中，催化剂-底物的次级相互作用的本质仍存在争议。这里向读者给出了事实，对这种现象的定论将来会在适当的时候出现。

第 6 章主要探讨了不对称催化的其他途径，包括手性毒化、手性活化和通过修饰非手性配体进行的手性催化剂的优化。

第 7～9 章简要地讨论了动力学拆分、平行动力学拆分、动态动力学拆分与动态动力学不对称转化等内容，同时附上了很多实例。

第 10 章"去对称化反应"中阐述了对映选择性去对称化的基本概念。前面一些章节里的一些主题也被整合到这一专题当中。

第 11 章中阐释了非线性效应问题。这一重要的章节最终加深了我们对反应机理的理解，因为非线性效应研究已经成为建立催化模型的常规研究手段。

第 12 章"双功能、双重和多功能催化体系"，探讨了之前章节中许多个别的催化原理的组合效应。这种对个别概念的整合是这本书的主要强项之一。

至此，这本书完全可以结束了，因为不对称催化的基本原理已经包括完全。然而，在接下来的几章，作者还探讨了"对映纯底物的不对称催化：双重非对映选择性""多步不对称催化""负载的手性催化剂""不对称催化在合成中的应用"等内容，并提供了批判性的讨论。

假如您是一位教授，正面临做一个关于不对称催化的专题课程，这并不是一件轻易能完成的事情，因为还没有一个工作对该领域中您想包含的各个主题进行整体的讨论。这本书提供了一个能够详细阐述催化过程的复杂性的知识框架，并为读者提供了通向原始科技文献的坚固桥梁。其中的讨论很好地衔接了教科书和专著中的学术观点。

相信本书将被广泛用作高级课程的教材和相关研究人员的首选工具书。在此对两位作者的成就表示祝贺。

David A. Evans
哈佛大学

不对称催化基础介绍

在化学相互作用中，立体化学[1]在化学的几个领域，如药物化学、生物化学、农业化学、香料、材料等学科中起着至关重要的作用。药物-受体的相互作用中也许对这一作用人们认识得最为深刻，因为大部分的生物靶点是手性实体。因此，对设计行之有效而且实用的方法制备手性化合物的单一对映异构体具有巨大需求。正是这种需求推动着不对称合成领域的发展。

作为不对称合成必不可少的一部分，不对称催化致力于发展手性催化剂将前手性和消旋底物转化成有价值的手性合成砌块。自 20 世纪 60 年代第一例报道以来，已有大量的手性有机金属配合物和有机小分子催化剂（不含活性金属组分的催化剂）被用于不对称催化反应[2-8]。这些催化剂不仅能够以高的对映选择性水平催化有用的高对映选择性的反应，而且所适用的反应底物范围也很宽[9]。瑞典皇家学院将 2001 年的诺贝尔化学奖授予了不对称催化领域的先驱 William S. Knowles、Royoji Noyori 和 K. Barry Sharpless，以表彰他们在"催化不对称合成发展"中做出的杰出贡献。在接下来的章节中，我们将介绍不对称催化这个有机合成和金属有机化学中快速发展的前沿领域的基本原理。

目的和读者

本书旨在向具有研究生水平的化学工作者和高年级本科生介绍不对称催化领域的基本概念。本书的内容超出了一般的简介的层次，旨在为有机会使用手性催化剂并想要提高对该领域的理解和成功机会的有机合成专业人士提供有用的信息。

本书的组织形式

本书的组织形式与大部分不对称催化的书籍不同，是按照概念而非反应类型划分章节的。虽然反应和催化剂的选取主要基于教学上的重要性，但选取的例子能够保证涵盖大部分经常遇到的反应、催化剂和配体。由于侧重于指导性价值，特定反应的历史意义和催化剂优化方面的最新进展被放到了参考文献中。这些内容可以在更加专业的和/或综合性的专辑和综述中找到。如要获得根据反应类型进行的全面的介绍，建议读者阅读其他的优秀教材[4,6,8]。

每章都可以单独阅读，其中提供了基本概念和一些例子。本书最后有一个详细的附录介绍了关键术语、手性种类和不对称转化命名（如前手性等）的定义，可以作为参考资料。

这里讨论的一些机理只是建议，它们作为可能机制的框架被提出，用于理解内容及相关讨论。对其中的许多机理还将有进一步的研究。毫无疑问，随着学界对其理解的深入，这些机理还将有所变化。

本书中使用"对映体过量（ee）"而不是"对映体比例（er）"，因为这是当前大部分出版物中使用的形式。然而，有令人信服的论据表明应该使用对映体比例来表示[10]。在此之前，有必要先规定一个报道对映体比例的习惯表示方法（$x:1$，或总和为 100%的百分比，如 95:5）。我们支持使用后者，因为它最容易与造成不对称反应中动力学控制的产物比例的能量差相关联（见式 A.2 和式 1.1）。

不对称催化中的挑战

尽管人们付出了巨大的努力，但不对称催化的最高技术水平目前仍在许多方面不达标。理想的催化不对称转化应以 100%的产率进行，同时提供完全的化学控制、区域控制和立体（包括非对映选择性和对映选择性）控制。这类反应应使用最少的溶剂和添加剂，不产生无用的副产物，并使用低用量的廉价、可回收利用的催化剂。在大规模的反应中，催化剂的转化数（TON）和转化频率（TOF）尤为重要。TON 描述的是催化剂用量，以每个催化剂分子能够完成的催化循环数目表示。TOF 指单位时间内完成的催化循环数。由于大规模反应器每小时运行所需的高成本，后者尤为重要。实际上很少的催化不对称过程符合这些严苛的标准。因此，很多合成对映体纯物质的工业过程仍然依赖经典的对外消旋混合物的化学拆分或者使用酶拆分。催化不对称还原和氧化过程在实现上述目标上取得了最多进展[11-13]。说明性的例子有不对称催化氢化制备抗帕金森药物 (L)-DOPA[14,15]和烯丙醇的不对称环氧化生产重要的手性合成砌块手性环氧丙醇，如下图大规模高效不对称催化反应示例[16]。

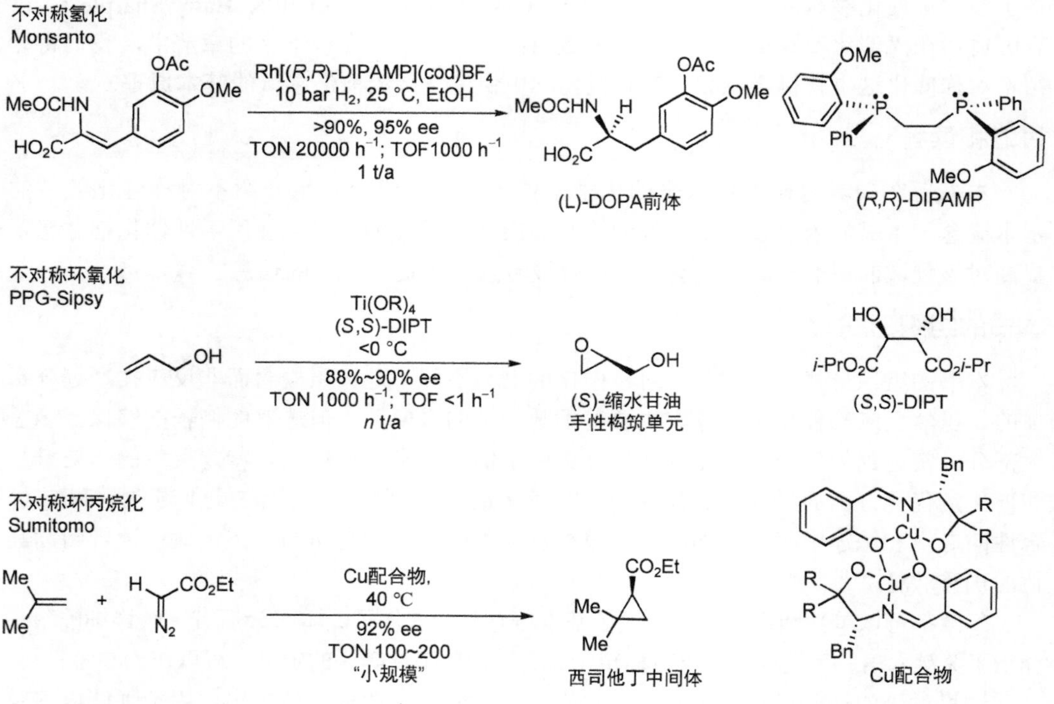

不对称氢化
Monsanto

不对称环氧化
PPG-Sipsy

不对称环丙烷化
Sumitomo

尽管一些催化不对称的碳碳键合成转化已经接近上述标准，如氢甲酰化反应[17,18]或π-烯丙基化反应[19]，但是使用这些反应进行大规模的工业生产在经济成本上并不划算。2-甲基丙烯不对称环丙烷化生产西司他丁的一个中间体的过程是为数不多的工业规模的不对称碳碳键形成过程的一个典型例子[20,21]。西司他丁与抗生素亚胺培南联用可以预防其被肾脱氢肽酶降解。本书将介绍不对称催化的基础知识，为进一步发展满足上述标准的实用不对称催化剂提供基础。

包含的主题

第 1 章介绍了不对称转化的主要类型（前手性底物的不对称催化、外消旋体的动力学拆分和动态动力学拆分）及其相应的能量图，描述了能量与不对称诱导的关系，并用能量的观点对竞争的背景过程的影响进行了讨论。第 2 章（Lewis 酸和 Lewis 碱）和第 3 章（Brønsted 酸、Brønsted 碱、离子对、基团转移、交叉偶联、π-活化）概括了不对称催化中的大部分化学活化模式。许多催化剂将这些活化方式进行组合，形成了双功能、双重甚至多功能催化剂（第 12 章）。立体化学信息从催化剂到反应底物传递的过程在第 4 章（经典相互作用如位阻堵塞）和第 5 章（非经典相互作用如阳离子-π 相互作用）中进行讨论。通过添加剂对手性催化剂的优化（手性活化、手性去活化、通过非手性配体进行的修饰)在第 6 章进行阐述。第 7～9 章讲述了各种类型的拆分过程——动力学拆分、平行动力学拆分、动态动力学拆分和动态动力学不对称转化。如第 11 章所示，不纯的手性催化剂不仅有可能是高度有利的（非线性效应），而且在解释自然界的手性纯度的进化（自诱导和自催化）上非常关键。第 15 章概述了结合了均相和非均相催化剂的最好特性的不同类型的负载的手性催化剂。

大多数实用的不对称催化剂集中于以高的对映体富集的形式合成含一到两个手性单元的小的手性分子。从这些手性化合物作为合成的起点，后续的所有手性单元均可以通过非对映选择性的方式来引入，从而使通常宝贵的手性组分的贡献得以最大化。发展组合了上述过程的串联或者级联过程（第 14 章）可以快速合成高度复杂的结构。一个不同的策略是使用去对称化（第 10 章）来实现快速产生复杂的立体化学序列。使用手性催化剂不仅用于合成小的手性亚单元，而且在形成新的手性中心的过程中将手性亚单元连接起来的概念还没有被广泛接受。然而，这种双重非对映选择性或三重非对映选择性过程具有很大潜力（第 13 章）。对于某个特定过程，如果能找到廉价的催化剂对每一种可能的非对映选择性组合都能够实现完全的立体控制，那么组装一个复杂的立体化学序列就可以高度简化，甚至可以由非专业人士来做。

除此之外，汇聚式组装含多个手性单元的更高级的结构可以通过连接几个不同的小手性组分来实现（第 16 章）。使用对映体纯的组分进行的汇聚式合成可以灵活地实现大部分（如果不是所有的）非对映异构体的构建。由于无须进行非对映选择性的优化，这一方法在那些不额外构建新的手性单元的汇聚式合成中最为成功。另外一个关注较少的领域是在复杂或高价值的底物中使用手性催化。手性催化剂通常用来合成小的手性结构，而且通常也能以高度的底物普适性进行。而在含有多个官能团的复杂底物中使用手性催化剂的研究较少（第 16 章）。在这些复杂底物的反应中，选择性地进行官能团化是至关重要的。在底物非常宝贵的情形下，只有那些高度可靠的手性催化剂可以被使用。显然，手性催化剂发展领域仍然面临许多挑战。

在进行任何关于不对称催化的有用讨论之前，需要对各种不对称基团和手性的种类进行统一介绍。在附录中概述了手性物质的定义、前体和命名；概述了各种含有手性单元的化合物，如中心手性、轴手性、平面手性等；也详细介绍了前手性的非手性化合物，即可以被转化为对映纯的手性化合物的物质。从外消旋的混合物中产生纯的对映异构体的过程也有阐述。创建每一种类型的对映纯的手性单元的例子也都有概述。附录最后讨论了以可控的方式创建多个手性单元，合成单一的对映体和非对映体的策略。

不对称催化是一个很有挑战性但又令人兴奋的研究领域。控制生成几乎完全相同的两个化合物其中之一的能力吸引了许多杰出科学家的想象力。从一些方面来看，这个领域已经开始成熟（几乎 50 年的历史了！）。尽管如此，过去几年来令人振奋的发现揭示了这个领域不可思议的潜力。许多挑战仍然存在，而且，毋庸置疑，很多天才的方法会被设计出来解决这些挑战。我们希望这本书对学界同仁在朝这一目标奋斗的过程中有所助益。感谢在本书撰写过程中为我们提供启发的许多人，尤其是读过并提供了意见和建议，使本书得以以目前的形式呈现出来的人。Mukund Sibi（北达科他州立大学）读完了整本教材，Jennifer Love（英属哥伦比亚大学）、Mathew Sigman（犹他大学）、Jefferey Johnson（北卡莱罗娜大学教堂山分校）阅读了大部分章节。具体章节的撰写中还咨询了其他专家，包括 John Brown（牛津大学）、David Glueck（达特茅斯学院）、Chris Vanderwal（加州大学尔湾分校）、Huw Davis（纽约州立大学布法罗分校）、Greg Cook（北达科他州立大学）和 Tomislav Rovis（科罗拉多州立大学）。他们提供了非常有价值和有洞见的建议。我们非常感谢 Patrick Carrol（宾州大学）在晶体结构绘图方面提供的帮助。

Patrick J. Walsh

Marisa C. Kozlowski

宾州大学

参 考 文 献

[1] Eliel, E. L.; Wilen, S. H.; Mander, L. N. *Stereochemistry of Organic Compounds*; Wiley-Interscience: New York, 1994.

[2] *Asymmetric Synthesis*; Aitken, R. A.; Kilényi, S. N., Eds.; Chapman & Hall: London, 1992.

[3] Koskinen, A. *Asymmetric Synthesis of Natural Products*; John Wiley & Sons: Chichester, 1993.

[4] *Catalytic Asymmetric Synthesis*; Ojima, I., Ed.; VCH: New York, 1993.

[5] Noyori, R. *Asymmetric Catalysis in Organic Synthesis*; Wiley-Interscience: New York, 1994.

[6] Nógrádi, M. Stereoselective Synthesis; VCH: Weinheim, 1995.

[7] Gawley, R. E.; Aube, J. *Principles of Asymmetric Synthesis*; Pergamon: Oxford, 1996; Vol. 14.

[8] *Comprehensive Asymmetric Catalysis*; Jacobsen, E. N.; Pfaltz, A.; Yamamoto, H., Eds.; Springer Verlag: New York, 1999; Vol. 1-3.

[9] Yoon, T. P.; Jacobsen, E. N. Privileged Chiral Catalysts. *Science* **2003**, *299*, 1691-1693.

[10] Gawley, R. E. Do the Terms "% ee" and "% de" Make Sense as Expressions of Stereoisomer Composition or Stereoselectivity? *J. Org. Chem.* **2006**, *71*, 2411-2416.

[11] Blaser, H. U.; Spindler, F.; Studer, M. Enantioselective Catalysis in Fine Chemicals Production. *Applied Catalysis A: General* **2001**, *221*, 119-143.

[12] *Asymmetric Catalysis on Industrial Scale: Challenges, Approaches and Solutions*; Blaser, H. U.; Schmidt, E., Eds.; Wiley: New York, 2004.

[13] Farina, V.; Reeves, J. T.; Senanayake, C. H.; Song, J. J. Asymmetric Synthesis of Active Pharmaceutical Ingredients. *Chem. Rev.* **2006**, *106*, 2734-2793.

[14] Vineyard, B. D.; Knowles, W. S.; Sabacky, M. J.; Bachman, G. L.; Weinkauff, D. J. Asymmetric Hydrogenation. Rhodium Chiral Bisphosphine Catalyst. *J. Am. Chem. Soc.* **1977**, *99*, 5946-5952.

[15] Knowles, W. S. Asymmetric Hydrogenation. *Acc. Chem. Res.* **1983**, *16*, 106-112.

[16] Shum, W.; Cannarsa, M. In *Chirality in Industry II: Developments in the Commercial Manufacture and Applications of Optically Active Compounds*; Collins, A. N., Sheldrake, G., Crosby, J., Eds.; Wiley: New York, 1997; pp 363.

[17] Chapuis, C.; Jacoby, D. Catalysis in the Preparation of Fragrances and Flavours. *Applied Catalysis A: General* **2001**, *221*, 93-117.

[18] Breit, B.; Seiche, W. Recent Advances on Chem-, Regio-, and Stereoselective Hydroformylation. *Synthesis* **2001**, 1-36.

[19] Trost, B. M.; Crawley, M. L. Asymmetric Transition-Metal-Catalyzed Allylic Alkylations: Applications in Total Synthesis. *Chem. Rev.* **2003**, *103*, 2921-2943.

[20] Aratani, T. Catalytic Asymmetric-Synthesis of Cyclopropane-Carboxylic Acids—an Application of Chiral Copper Carbenoid Reaction. *Pure Appl. Chem.* **1985**, *57*, 1839-1844.

[21] Aratani, T. In *Comprehensive Asymmetric Catalysis*; Jacobsen, E. N., Pfaltz, A., Yamamoto, H., Eds.; Springer Verlag: New York, 1999; Vol. 3; pp 1451-1460.

符 号 说 明

a 轴向

AD 不对称双羟基化

AE 不对称环氧化

allyl 烯丙基

aq 水溶液

atm 压力单位，非法定计量单位，
1 atm = 101325 Pa

bar 压力单位，非法定计量单位，
1 bar = 0.1 MPa

BINAP 联萘二苯基膦

Bn 苄基

Boc 叔丁氧羰基

Bz 苯甲酰基

cat. 催化剂

cis 顺式

conv. 转化率

de 非对映体过量

DKR 动态动力学拆分

dr 非对映体比例

DyKAT 动态动力学不对称转化

e 赤道向

ee 对映体过量

endo 内型

equiv. 物质的量（数量旧称当量）

er 对映体比例

exo 外型

HKR 水合动力学拆分

Hx 己基

KR 动力学拆分

LA Lewis 酸

LB Lewis 碱

Mes 2,4,6-三甲基苯基

mol% 摩尔百分数

Naph 萘基

NMI *N*-甲基咪唑

PKR 平行动力学拆分

psi 压力单位，非法定计量单位，
1 psi = 6.894757 kPa

PS 聚苯乙烯

PTC 相转移催化

ROMP 开环复分解聚合

rt 室温

s 选择性因子

TBHP 叔丁基过氧化氢

Tf 三氟甲磺酰基

TOF 转化频率

Tol 甲苯基

TON 转化数

Torr 压力单位，非法定计量单位，
1 Torr = 133.322 Pa

trans 反式

Ts 对甲苯磺酰基

xyl 二甲苯基

xylene 二甲苯

目录
Contents

第 1 章

不对称诱导
的模式

001 ——

第 2 章

Lewis酸
和Lewis
碱催化

027 ——

第 3 章

Lewis酸碱
催化活化之
外的其他活
化模式

058 ——

第4章
对映选择性
催化中的不
对称诱导

103

第 **5** 章

非经典的催化剂－底物相互作用

148——

第 **6** 章

手性毒化、手性活化和非手性配体的筛选

169——

第9章
动态动力学
拆分与动态
动力学不对
称转化

240

第**10**章
**去对称化
反应**

263 ————

第**11**章
**非线性效应、
自催化和自
诱导**

291 ————

第13章
使用对映纯
底物的不对
称催化：双
重非对映选
择性

374 ———

第**14**章

多步不对称
催化

399 ——

第**15**章

负载的手性
催化剂

433 ——

第 **16** 章

不对称催化在合成中的应用

479 ——

附录 A

不对称催化中的术语和对映选择性过程

504 ——

第 1 章 不对称诱导的模式

对映选择性催化，或手性催化，通常是指使用亚计量的手性催化剂进行的不对称合成。然而实际上手性催化剂有几种截然不同的作用模式。最常见的情况下，不对称反应从前手性底物出发，它在手性催化剂的存在下经历两种非对映异构的反应路径进行。理想情况下，这两种路径具有非常不同的活化能。非手性的路径和/或互相平衡的中间体的存在会使对这种过程的理解和优化变得复杂化。另外，外消旋的手性底物在手性催化剂作用下也会得到两种非对映异构的反应历程。然而，除非有某种途径可以使手性的原料之间或者相关的中间体进行相互平衡转化（即动态动力学拆分和动态动力学不对称转化），否则这种动力学拆分可获得的拆分产物的最高收率为 50%（拆分所剩原料的上限收率也是 50%）。下面我们就从反应能量图的角度对这些不同的反应范式分别进行阐述。

1.1　简单的不对称诱导：非催化的背景反应

最简单的不对称诱导从前手性的非手性底物出发，加入化学计量的试剂将前手性的底物（例子见附录 A.2）转化成两个对映异构的产物。理想情况下，不存在催化剂时反应试剂与底物不发生反应（也就是说，非催化的过程的活化能非常高，如图 1.1 所示）。而当加入亚化学计量的手性配体时，会形成一个新的催化物种，它会显著加快反应。这种效应叫配体加速催化[1]。

图 1.1 所示的反应中，这种前手性的底物是醛，化学计量的试剂是二乙基锌[2,3]。这两种物质简单混合时，在 0 ℃到室温的温度范围内不反应或者反应非常少（见反应能量图中的实线）。向其中加入少量（亚化学计量）的 β-氨基醇配体时，它与二乙基锌反应得到一个手性的金属物种，β-氨基烷氧化锌，同时释放出乙烷[4~6]。这种新的金属物种并不直接将乙基转移给醛，而是催化另一分子的二乙基锌上的乙基对醛的加成（见图 1.1 中的过渡结构）。手性金属配合物造成的手性环境导致被活化的二乙基锌进攻醛的一个前手性面比另外一个面在能量上有利。结果是，反应坐标能量图中能量更低的路径（图 1.1 中的粗实线）得到了(S)-型的产物，而能量较高的途径（图 1.1 中的虚线）得到了(R)-型的产物。在这一特殊的例子中，到达产物的所有可行途径都需要催化剂 β-氨基烷氧化锌的参与。因此，非催化的反应不能影响产物的对映选择性，不对称诱导仅与催化的反应途径之间的能量差有关。经历的这两种路径（图 1.1 中的黑实线和虚线）的能量差为 2.7 kcal/mol（11.286 kJ/mol），通过 $\Delta G = -RT\ln K$（K 是对映异构体比例）可以计算出对应的两种对映异构体产物的比例为约 99∶1。由于 $\Delta G^{\ddagger}$ 代表反应活化能，因此 $\Delta\Delta G^{\ddagger}$ 并不总是对应于对映体比例（见 1.5 节）。尤其是当基于不同构象的底物-催化剂加合物计算

过渡态时，情况更是如此。因此，在这里使用 ΔG（即 $\Delta G_{TS_1} - \Delta G_{TS_2}$）来表示每种途径的能量最高的那个过渡态的能量差。

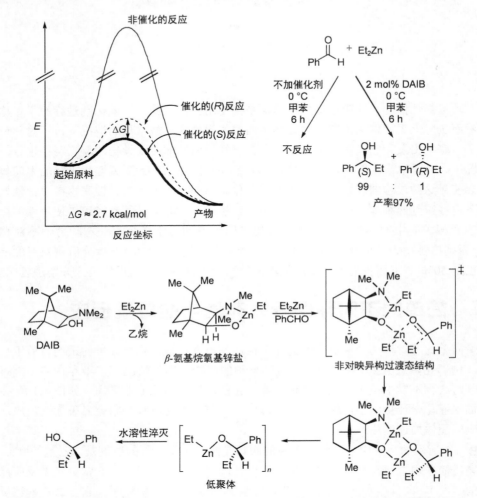

图 1.1　β-氨基醇催化的醛的烷基化反应：一个没有背景反应的配体加速催化的例子

下一节中给出了对这个反应的机理更详尽的讨论，其中涉及了几个互相竞争的非对映异构的途径。1.1～1.4 节中，能量图仅描述了起始原料、决定对映选择性的关键过渡态和产物。这种简化的处理使得可以将对映选择性直接与显示的 ΔG 相关联，同时假定任何中间体（如催化剂控制的底物加合物）可以在到达过渡态之前达到平衡转化（见 1.5 节）。

图 1.1 中的 β-氨基醇被称为配体，有时候被误称为催化剂。虽然该配体可以在反应完成之后通过烷氧基锌盐的水解进行回收，但在每个催化周转之后保持不变的真正催化剂应当是 β-氨基烷氧化锌。之后，与本例中配体改变其中一种试剂形成了一个催化物种（或者说是活性更高的催化物种）不同，催化剂可能并不从任何反应试剂的修饰产生，而

是直接发挥其催化作用。

　　例如，图 1.2 中的烯醇硅醚在用乙酸酐处理时几乎不发生反应（60 h，转化率<2%）[7]。因此基本上不存在背景反应，出现与图 1.1 中的能量图相似的情况的可能性较大。实际上，加入亚化学计量的平面手性的 4-二甲氨基吡啶（DMAP）衍生物时，得到了图 1.2 所示的一种能垒低得多的反应路径（0.3 h，100%转化）。该反应的最后一步，即决定立体选择性的步骤中，N-乙酰化的催化剂可以从烯醇负离子的顶面或底面接近，分别得到产物的两种对映异构体（进攻顶面的路径占绝对优势）。这两种非对映异构路径的能量差就决定了观察到的选择性。与上例不同的是，此处没有修饰过的手性加合物 DMAP 衍生物本身就是真正的催化剂。跟上例一样，由于不存在任何有意义的背景反应，因此发展有效的手性催化剂变得简化了。

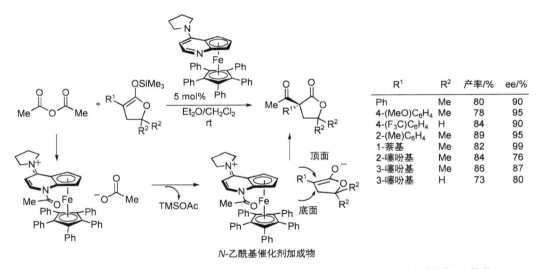

图 1.2　平面手性的 DMAP 衍生物催化的对映选择性烯醇硅醚的对映选择性烷基化
合成季碳属性中心：一个没有背景反应的催化不对称转化实例

　　上述情形通常被认为是理想情况，因为非催化的背景反应基本上并不发生，因此在评估手性诱导的效果时可以不用考虑它。这时影响对映体过量的最重要因素就是可以经历的路径之间的能量差别。值得注意的是，这种能量差很小（0.5～5 kcal/mol，0.21～2.09 kJ/mol），尤其当与 C—C 键（80～90 kcal/mol，334.4～376.2 kJ/mol）或者金属-配体键（10～50 kcal/mol，41.8～209 kJ/mol）的强度相比较时。

1.1.1　简单的温度效应

　　如果非对映选择性的反应途径之间的能量差相对较大（>2.0 kcal/mol，>8.36 kJ/mol），那么甚至在室温也可以观察到高的对映体过量。然而，根据 $\Delta G = -RT\ln K$（K 是对映体比例，ΔG 是过渡态之间的能量差），即使能量差比较小（1.0 kcal/mol，4.18 kJ/mol），如果低温可以适用的话，高选择性的反应也是可能的。表 1.1 反映了能量差 ΔG、反应温度、对映体比例和对映体过量之间的关系。

表 1.1 不同温度下对应于两个非对映异构途径的几个能量差（ΔG）的对映体比例（er）和对映体过量（ee）

er ee/%		反应温度/℃							
		60	40	25	0	−20	−50	−78	−100
生成两种化合物的反应途径之间的能量差 ΔG/(kcal/mol)	0.1	54 : 46 8	54 : 46 8	54 : 46 8	54 : 46 9	55 : 45 10	56 : 44 11	56 : 44 12	57 : 43 14
	0.2	57 : 43 15	58 : 42 16	58 : 42 17	59 : 41 18	60 : 40 20	61 : 39 22	63 : 37 25	64 : 36 28
	0.5	68 : 32 36	69 : 31 38	70 : 30 40	72 : 28 43	73 : 27 46	76 : 24 51	78 : 22 57	81 : 19 62
	1.0	82 : 18 64	83 : 17 67	84 : 16 69	86 : 14 73	88 : 12 76	91 : 9 81	93 : 7 86	95 : 5 90
	1.4	89 : 11 78	90 : 10 81	91 : 9 83	93 : 7 86	94 : 6 88	96 : 4 92	97 : 3 95	98 : 2 97
	1.8	94 : 6 88	95 : 5 90	95 : 5 91	97 : 3 93	97 : 3 95	98 : 2 97	99 : 1 98	99.5 : 0.5 99
	2.2	97 : 3 93	97 : 3 94	98 : 2 95	98 : 2 97	99 : 1 98	99.3 : 0.7 98.6	99.7 : 0.3 99.4	99.8 : 0.2 99.6
	2.6	98 : 2 96	99 : 1 97	99 : 1 98	99 : 1 98	99.4 : 0.6 98.8	99.7 : 0.3 99.4	99.9 : 0.1 99.8	99.9 : 0.1 99.8
	3.0	99 : 1 98	99 : 1 98	99.4 : 0.6 98.8	99.6 : 0.4 99.2	99.7 : 0.3 99.4	99.9 : 0.1 99.8	>99.9 : 0.1 99.9	>99.9 : 0.1 99.9
	3.4	99.4 : 0.6 98.8	99.6 : 0.4 99.2	99.7 : 0.3 99.4	99.8 : 0.2 99.6	99.9 : 0.1 99.8	>99.9 : 0.1 99.9	>99.9 : 0.1 >99.9	>99.9 : 0.1 >99.9

重要的一点是，在将对映体过量值按照表 1.1 进行外推时需要特别谨慎，因为这个表是基于两状态模型（只有两个非对映异构的反应路径）。如果存在多个非对映异构的过程，或不同的温度下发生不同的反应路径，再或者反应的决速步随着温度发生了改变的话，观察到的对映体过量值就可能与这些趋势相偏离（见 1.1.2 节）。

一个反应中随着温度改变表现出近理想行为的例子是铜-噁唑啉配合物催化的硫代烯醇硅醚对丙酮酸酯的加成反应（图 1.3）[8]。在温度-对映选择性曲线中，依据最先得到的−78 ℃的数据（99% ee），表 1.1 和两态假设可以计算出一条理论曲线（实线）。跟实验结果对照发现，甚至在室温时实验结果（92% ee，虚线）和外推值（94%，实线）也相当吻合，这表明两种非对映异构体路径模型可以解释大部分的行为。表观上看，竞争的热反应和游离的 Cu(OTf)₂ 催化的反应（见 1.2 节）只占了所得产物非常小的一部分。

1.1.2 多路径反应中的温度效应

尽管并非所有反应都严格遵循上述温度-ee 值的趋势，但是即便有多种非对映异构的反应途径参与，在较低的温度下也通常会得到较高的 ee 值。如果能知道有关这些非对映异构的路径组成的足够多的信息，甚至可以利用相对能量构建玻尔兹曼分布来确定温度效应的定量影响。

例如，在不同催化剂催化下二烷基锌试剂对醛的加成中（图 1.4），研究发现反应涉及不止两个非对映选择性的路径（图 1.5）[9,10]。因此，反应坐标图变得更为复杂，必须将所有足够低能量的、能够对最终产物分布有贡献的反应路径都考虑进去。图 1.4 中展

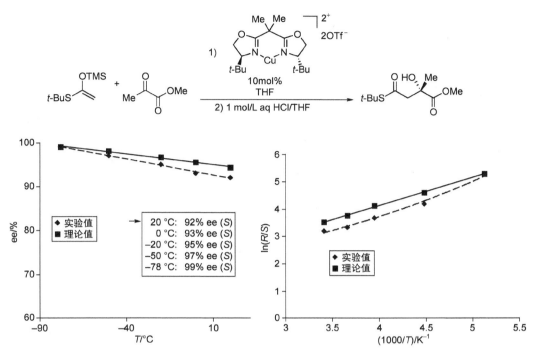

图 1.3 手性铜-双噁唑啉催化的丙酮酸酯的 Mukaiyama aldol 反应中
两状态模型表现出的近理想阿伦尼乌斯行为

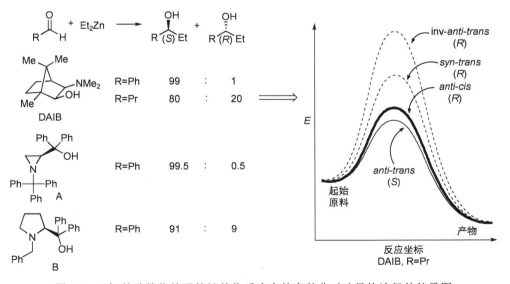

图 1.4 β-氨基醇催化的醛的烷基化反应中的多种非对映异构途径的能量图

示了 DAIB 衍生的催化剂催化的 ZnEt$_2$ 对丁醛的加成反应的能量坐标图。其中画出了 8 个最低能量的非对映异构路径中的 4 个[11]。选择性是由所有这些不同路径的玻尔兹曼分布决定的。

　　只要由实验测得或者理论计算获得不同反应路径的相对能量，那么通过简单计算便可以得到任何给定温度下的这种分布。例如，DAIB 催化的丁醛的反应中，8 个最低能量的路径中的 3 个对最终的产物分布有贡献，反应得到了中等的选择性（60% ee）（图 1.5）[11]。苯甲醛的加成中观察到了更高的选择性（82%～99% ee），其中只有两个反应路径是相关的。值得注意的是，对每种不同的催化剂（DAIB，A 和 B 衍生的催化剂），相应的两种决定性的反应路径是不同的。因此，表面上看起来都具有很高选择性的反应并不一定都经历相同的反应路径。实际上，以上这些情况下立体选择性的决定基础是相当不同的。这使得发展新型手性催化剂更加复杂。

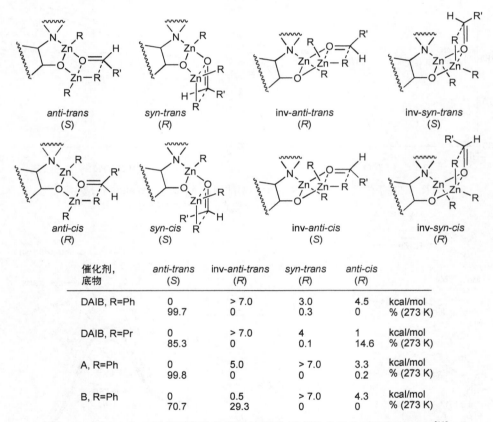

催化剂, 底物	anti-trans (S)	inv-anti-trans (R)	syn-trans (R)	anti-cis (R)	
DAIB, R=Ph	0	> 7.0	3.0	4.5	kcal/mol
	99.7	0	0.3	0	% (273 K)
DAIB, R=Pr	0	> 7.0	4	1	kcal/mol
	85.3	0	0.1	14.6	% (273 K)
A, R=Ph	0	5.0	> 7.0	3.3	kcal/mol
	99.8	0	0	0.2	% (273 K)
B, R=Ph	0	0.5	> 7.0	4.3	kcal/mol
	70.7	29.3	0	0	% (273 K)

图 1.5　图 1.4 中 β-氨基醇催化的醛的烷基化反应的多种非对映异构途径[11]

此处提供了从 Q2MM 力场计算得到的结构、相对能量和产物分布

　　并不存在这样的限制，即高立体选择性的反应都一定经过两种绝对优势的反应路径，一种生成(S)-型的对映异构体，另外一种生成(R)-型的对映异构体。比如说，完全有可能主要的对映异构体是由几种不同的低能量路径得到的。

　　当一个反应途径可能产生不同的非对映异构体和对映异构体时，情形就变得进一步复杂化。理想的不对称催化过程仅得到一个单一的产物。但是仅当一个产物远大于其他可能的产物时（即 80%～100%的产物），这个过程才被认为是有用的。例如，在(S)-脯氨酸催化的环己酮和异丁醛的分子间 aldol 反应中观察到了高的非对映选择性（仅观测到了 *anti* 异构体）和对映选择性（97% ee）（图 1.6）[12]。对比之下，苯甲醛参与的这个反应表现出差的非对映选择性（50∶50 的 *anti*∶*syn*）和中等的对映选择性（*syn* 85% ee，*anti* 76% ee）。在这些反应中至少有 4 个非对映异构的反应路径存在，如图 1.6 所示。实际上，在 R 基团所采取的构象上与以上 4 种标准过渡结构不同的其他路径也是很有可能的。因此，高效且选择性好的催化剂必须要么稳定其中一组路径，要么在很大程度上去稳定化其他所有路径。由于不同的因素均可影响主要路径的相对稳定性，这种情况下催化剂必须具有多种不同的立体导向作用。因此，当反应路径的数量增加时，反应参数（如温度）的优化可能变得更加困难，因为这些路径很可能是互相关联的。

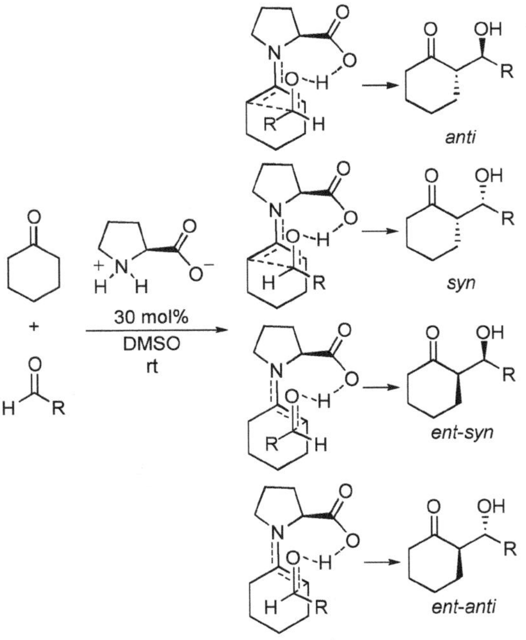

	R = Ph		R = i-Pr	
	实验值 ΔG_{exp} 产率/%	计算值 ΔH_{298} 产率/%	实验值 ΔG_{exp} 产率/%	计算值 ΔH_{298} 产率/%
anti	0.0 45%~47%	0.0 50%~80%	0.0 97%~100%	0.0 > 99%
syn	0.03±0.05 43%~45%	0.4±0.4 20%~50%	> 4.1±0.03 < 1%	6.7±0.4 < 1%
ent-syn	1.2±0.05 5%~7%	3.6±0.4 < 1%	>4.1±0.03 < 1%	7.8±0.4 < 1%
ent-anti	1.4±0.05 3%~5%	2.3±0.4 1%~4%	2.5±0.03 0%~3%	4.6±0.4 < 1%

图 1.6　(S)-脯氨酸催化的分子间 aldol 反应

多种非对映选择性的过渡态产生了互为非对映异构体和对映异构体的产物。形成过渡结构的相对反应热和自由能以 kcal/mol 为单位给出。自由能的实验值由实验测量得到的分布计算得出。焓和分布的计算值通过 B3LYP/6-31G* 基组计算获得

1.1.3　非理想的温度效应

　　图 1.7 给出的一个温度与对映选择性呈非线性关系的例子说明了多种竞争的反应路径的危害性（参考图 1.3）。在图示的双功能 salen 催化剂催化的 Michael 加成反应中，低温下观察到了较好的对映选择性（−40 ℃，90% ee）[13]。温度升高时，对映选择性（图 1.7 中的虚线）一直到−20 ℃时与−40 ℃的数据进行外推的结果（实线，见表 1.1）相吻合。在这个区间内，看起来催化行为可由两种非对映异构的路径来解释。在 0 ℃ 和 25 ℃ 对映选

择性与外推的结果相偏离，表明两状态范式不再起作用。推测可能是由于外消旋的背景反应（如残余的 Cs_2CO_3 或 $CsHCO_3$ 促进的过程）在这些更高的温度下变得可以进行的原因。

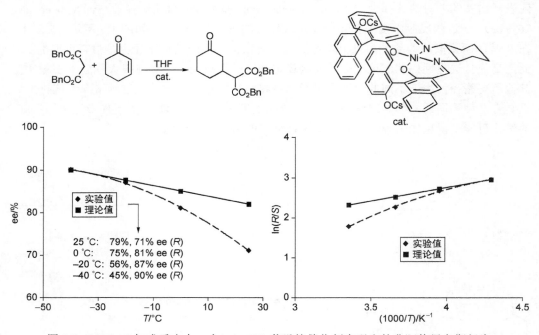

图 1.7　Michael 加成反应中一个(salen)Ni-萘酚铯催化剂表现出的非阿伦尼乌斯行为

在铑-双膦配合物对烯酰胺的不对称氢化反应中可以发现有关这种异常的对映选择性随温度变化趋势的更多例子（表 1.2 和图 1.8）[14-22]。

表 1.2　图 1.8～图 1.10 和图 1.14 中烯酰胺不对称氢化中使用的催化剂和反应条件

条目	R^1	R^2	R^3	催化剂量 /mol%	催化剂	L^*	溶剂	产物构型	参考文献
1	H	CH_2CO_2H	H	0.3	$Rh(L^*)_2BF_4$	(+)-Diop	n-BuOH/PhCH$_3$	(R)	14
2	H	NHAc	H	0.3	$Rh(L^*)_2BF_4$	(+)-Diop	n-BuOH/PhCH$_3$	(S)	14
3	H	NHAc	Ph	4.0	$Rh(cod)L^*ClO_4$	(−)-Diop	EtOH 或 n-BuOH	(R)	15
4	H	NHAc	Ph	4.0	$Rh(cod)L^*ClO_4$	(R,R)-Dioxop	EtOH 或 n-BuOH	(S)	15
5	Me	NHAc	Ph	4.0	$Rh(cod)L^*ClO_4$	(−)-Diop	EtOH 或 n-BuOH	(R)	15
6	Me	NHAc	Ph	4.0	$Rh(cod)L^*ClO_4$	(R,R)-Dioxop	EtOH 或 n-BuOH	(S)	15
7	H	NHAc	H	1.0	$Rh(nbd)L^*PF_6$	Diphosphinite	EtOH	(S)	16
8	H	NHAc	H	1.7	$Rh(cod)L^*Cl$	MABP	MeOH	(R)	17
9	H	NHAc	Ph	1.0	$Rh(nbd)L^*BF_4$	Chiraphos	EtOH	(R)	18
10	H	NHAc	Ph	1.0	$Rh(nbd)L^*BF_4$	BDPOP	EtOH	(R)	18
11	H	NHCOPh	Ph	0.8	$Rh(nbd)L^*PF_6$	Prophos	n-BuOH	(S)	19
12	H	NHCOPh	Ph	0.8	$Rh(nbd)L^*PF_6$	Cycphos	n-BuOH	(S)	19
13	H	NHAc	Ph	1.0	$Rh(nbd)L^*ClO_4$	cDDTHP	EtOH/PhH	(S)	20
14	H	NHAc	Ph	1.0	$Rh(nbd)L^*ClO_4$	tDDTHP	EtOH/PhH	(S)	20
15	H	NHCOPh	Ph	1.0	$Rh(cod)L^*ClO_4$	BPPM	EtOH	(R)	21
16	H	NHAc	Ph	0.05	$Rh(cod)L^*BF_4$	BBMPP	MeOH	(S)	22

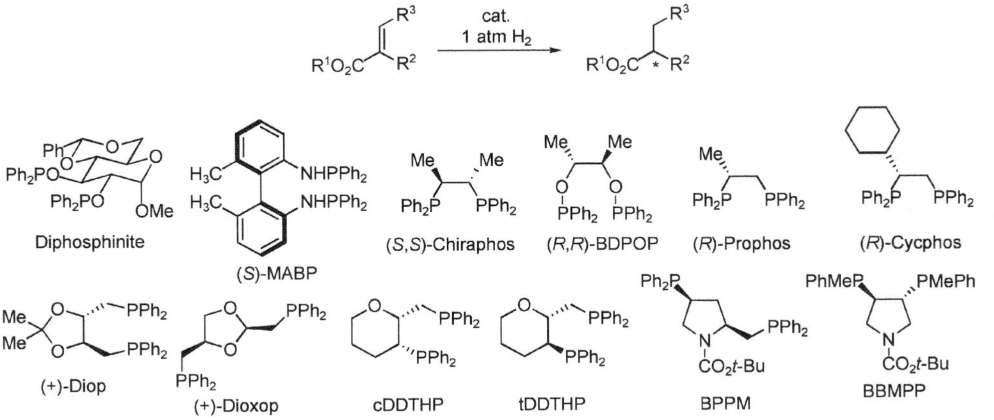

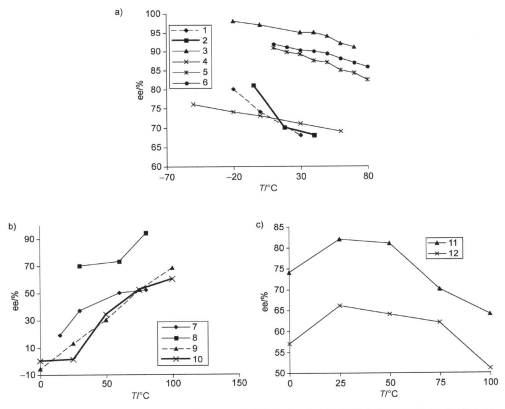

图 1.8　烯酰胺的不对称氢化中使用的双膦配体（L*）（反应条件见表 1.2）

在其中一些烯酰胺的氢化反应中（条目 1～6），对映选择性遵循上面描述的一般趋势，即随着温度上升，对映选择性降低（图 1.9a）。而且，在很多的这些反应中温度-对映选择性行为可以从上述的两状态模型来解释（见表 1.1）。

图 1.9　几种使用铑催化剂的不对称氢化反应中的温度-对映选择性曲线（见图 1.8 和表 1.2）

a）温度升高，对映选择性降低；b）温度升高，对映选择性升高；c）对映选择性与温度的非线性关系

　　在某些其他烯酰胺的氢化反应中，升高温度时对映选择性反常地升高了（图 1.9b）。还有些其他的反应中，对映选择性在中间的某个温度表现出了最大值（图 1.9c）。后两种情况下，反应的机理发生了改变是最有可能的解释。这种转变可能在一个较大的温度区间缓慢发生，这解释了图 1.9b 中的数据；也可能是突然发生的，这种情况可以解释图 1.9c 的数据。优化催化不对称反应时应当考察几种温度下的对映选择性。另外，一个简单的温度曲线可以提供基本反应机理的信息，这对进一步优化是有用的。比如，根据 Arrhenius（阿伦尼乌斯）曲线（式 1.1）可以获得两种对映选择性路径的活化能差，而 Eyring 曲线（式 1.2）则可以提供相应的 $\Delta\Delta H^{\ddagger}$，$\Delta\Delta S^{\ddagger}$ 和 $\Delta\Delta G^{\ddagger}$。如果机理在一个温度区间保持不变，形成两种对映异构体的反应的相对速率的自然对数对 $1/T$ 作图应当是线性的。

$$\ln\frac{k_R}{k_S} = \frac{E_a(S) - E_a(R)}{RT} + \ln\frac{A_R}{A_S} \qquad \text{Arrhenius} \qquad (1.1)$$

$$\frac{k_R}{k_S} = \frac{R}{S} = \text{er （对映体比例）}$$

$$\ln\frac{\kappa_S k_R}{\kappa_R k_S} = \frac{-\Delta\Delta H^{\ddagger}}{RT} + \frac{\Delta\Delta S^{\ddagger}}{R} \qquad \text{Eyring} \qquad (1.2)$$

$$\kappa = \text{传递系数} \approx 1$$

　　使用这一分析可以确定机理发生了变化，如使用图 1.9 中的数据汇成的图 1.10 所示。当观察到大致线性的两个区域时，在拐点前后体系有不同的活化焓（$\Delta\Delta H^{\ddagger}$）和活化熵（$\Delta\Delta S^{\ddagger}$）。拐点处的温度称为反转温度（$T_{inv}$）[23,24]。由于温度的效应不是孤立的，这在不止一步过程对反应的选择性有贡献时，可以导致焓/熵权重决定性的重新分配，本例的情况就是这样（见图 1.24 及其在 1.5 节中相关的进一步文字论述）。

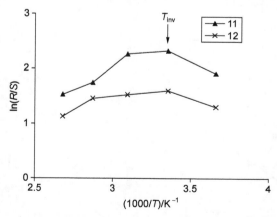

图 1.10　在恒定压力下测量的图 1.9c 和表 1.2 中体系的
对映体过量值对温度依赖关系的 Eyring 曲线

　　一个机理随温度变化的例子是图 1.11 中所示的手性铂催化的氢甲酰化反应。40 ℃时，(S)-型支链对映异构体占优势（60% ee），而 100 ℃时相反的(R)-型支链对映异构体稍微占优势（10% ee）[25]。对这一 70% ee 差别的解释是决定对映选择性的步骤发生了改变。较低温度下，苯乙烯插入 Pt—H 键的过程是基本上不可逆的，对映选择性在这一早期的步骤中建立。在高温下对 Pt—H 的插入变成可逆的（如图 1.11 中的虚线箭头所示）。在这种情况下，在最终的酰基铂中间体氢解之前对映选择性并不能完全确定，而氢解这一步对 *S*-型对映异构体是慢的。

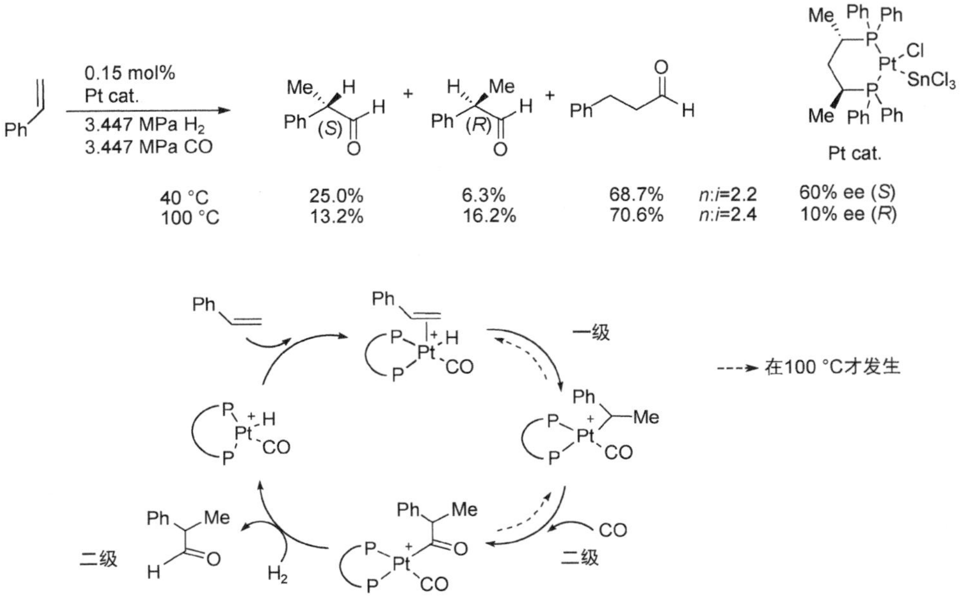

图 1.11　温度改变导致铂催化的不对称氢甲酰化反应中支链醛的对映选择性发生反转

本例中依赖温度的机理变化可以用一个一级反应（$\Delta H^{\ddagger}$ = 较大值，$\Delta S^{\ddagger} \approx 0$）和一个与之竞争的二级反应（$\Delta H^{\ddagger}$ = 较小值，$\Delta S^{\ddagger} \ll 0$）对温度的依赖性不同来说明。40 ℃时烷基铂中间体的一级的 β-H 消除比它与 CO 反应得到酰基配合物的二级反应要慢，后者随后转化为醛。40 ℃时选择性基本上由形成烷基铂的一级反应确定。加热会加快这个一级反应，因为更多的分子会有足够的能量克服反应能垒。对二级过程来说，不利的熵的因素与这一效应相反，造成了较小程度的加速（甚至可能是减速）。这导致逆反应（图 1.11 中的虚线箭头）在 100 ℃下变得重要。该温度下，烷基铂配合物生成苯乙烯的一级的 β-H 消除受到的加速要大于酰基中间体的形成和氢解这两个二级过程。因此，直到二级的酰基中间体发生氢解之前，选择性是不确定的。

图 1.12 中温度对不对称共轭加成的对映选择性的影响提供了一个前车之鉴，说明即便非常相似的催化体系，假定温度依赖关系的趋势也是需要非常谨慎的[26]。虽然两种催化剂都在室温下给出了最好的选择性，但是在通常使用的-78 ℃下竟然没有对映选择性。另外，对于配体 A，对映选择性随温度升高而稳步提高，而配体 B 可以依据温度的不同以约 60% ee 得到任意一种对映异构体。考察[ln(*R/S*)]对 1/*T* 的曲线表明反应机理在不同的温度下发生了相当大的改变。

这些观测结果对发展对映选择性过程具有重要的实际意义。即应该在几种不同的温度下测量对映选择性以确定优化所需的必要参数。

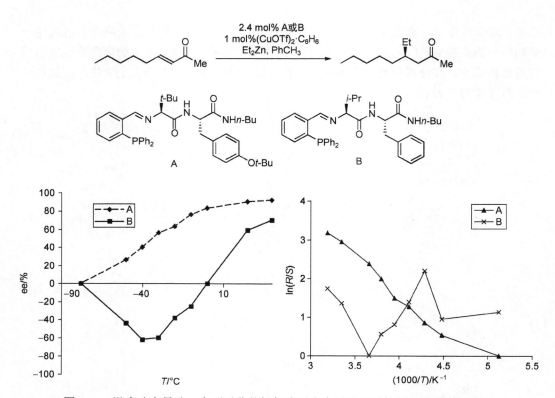

图 1.12　温度改变导致一个不对称共轭加成反应中对映选择性的不可预料的变化

1.1.4　其他因素：添加剂、溶剂、浓度/压力

　　除温度外，其他因素包括添加剂、溶剂、浓度/压力等也可以影响对映选择性。有关添加剂及其对对映体过量影响的讨论见第 6 章和附录 A.3 节中的图 A.72。

　　对任何化学反应，溶剂的选择通常对于获得最优选择性和转化率都是至关重要的。由于溶剂可以同时起几种作用，溶剂效应通常具有相当的不可预料性。大部分情况下，溶剂的体特性（bulk properties）（如介电常数、极性等）是首要的考虑因素。然而在不对称催化中溶剂也可以起几种不相关的作用，如作为金属的配体、氢键供体/受体、活性中间体梭（shuttles for reactive intermediates）以及反应活性元素（如酮/烯胺化学中的水）。

　　在考虑体特性时通常没有一个简单的趋势，必须筛选多种溶剂来经验性地确定最佳选择。尽管如此，还是有几条一般性的经验规律可供参考。一般情况下，反应条件所能兼容的极性最大的非配位性溶剂通常更好，因其提供了最大程度的溶解性。例如，在二烷基锌试剂对醛的不对称加成中（图 1.1），尽管当反应组分能溶解的情况下甲苯和烃类溶剂如己烷和戊烷都能适用，但是甲苯通常比己烷或戊烷效果更好。相比之下，强极性的溶剂如四氢呋喃部分或者完全抑制了催化剂并导致了低得多的对映选择性。一些其他的不对称反应，如烯醇硅醚的不对称乙酰化则需要更强极性的体系来溶解，因此可以兼容中等强度的配位性溶剂（图 1.2）。这时二氯甲烷和乙醚成了好的选择。

　　图 1.13 给出了一个表明溶剂的"戏剧性"影响的例子。Diels-Alder 反应的速率和立

体选择性受到了溶剂极性的重大影响[27]。具体而言，在极性的 CH_3NO_2 中反应速率更快，而 *endo* 选择性较之在 CH_2Cl_2 中观察到的有所降低。然而，不对称诱导的水平受到了巨大的影响：环加成过程在 CH_2Cl_2 中基本上是立体随机的，而在 CH_3NO_2 中观察到了高得多的对映选择性。进一步的实验表明亲双烯体底物与催化剂之间形成了两种不同的配位形式。在 CH_3NO_2 中导致更高立体选择性路径的配合物的含量比 CH_2Cl_2 中更多。

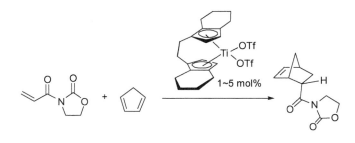

条目	溶剂	$T/°C$	t/h	产率/%	endo:exo	ee/%
1	CH_2Cl_2	0	8	81	9:1	0
2	CH_3NO_2	0	0.5	94	7:1	88

图 1.13　Diels-Alder 反应的对映选择性随溶剂发生的戏剧性改变

对于其他反应，如丙酮酸酯和烯醇硅醚的 Mukaiyama aldol 反应（图 1.3），使用极性的配位性溶剂（如四氢呋喃）是有利的，因为溶剂能够协助带电物种的传递（本例中为三甲基硅基阳离子），从而加速反应。在涉及通过交换形成烯胺、亚胺或相关物种的情况中，如(*S*)-脯氨酸催化的分子间 aldol 反应（图 1.6），含有痕量水的高极性溶剂体系可以促进关键带电中间体的形成。

浓度是催化的对映选择性过程的另一个重要的反应参数。对于反应速率而言，能够溶解所有反应组分的最高浓度是最好的。这种条件下产生的废物也最少。通常反应浓度并不剧烈影响反应的对映选择性。然而，较低的浓度下，当由竞争性的背景反应得到的产物占反应产物的比例变得更显著时，对映选择性经常会受到削弱。因此，最大效率是在无溶剂或者高度浓缩的条件下获得的[28]。在这些条件下会发生催化剂饱和，因而通过催化路径发生的反应的比例是最大的。当存在相互竞争的单分子和双分子反应路径时，可以发生不同于这种一般性趋势的情况。如果单分子路径得到预期产物，那么最优的结果将会在较低的浓度下实现。

当反应中使用气体时，压力（浓度）与对映选择性的关系并不一定遵从任何简单的趋势。比如，在铑催化的烯烃的不对称氢化反应中，氢气压力和对映选择性的关系的所有趋势都能观察到（图 1.8 和图 1.14）。增加氢气压力时，表 1.2 中的条目 4、6 和 15 表现出了主要对映异构体数量的降低。对于条目 15 的情况，高压下总体上以更低的对映选择性形成了产物。对于条目 4 和 6，高压导致相反构型的对映异构体占优势。一些反应中，对映选择性基本上不受压力的影响（参见条目 14）。条目 13 和 16 中随着氢气压力的提高主要对映异构体数量增加。反应选择性随着某种试剂压力变化而发生的改变是由涉及该试剂的吸收和释放的步骤的反应速率的改变而导致的。在上述的铑催化的氢化中，增加氢气压力提高了决定速率的氢气对金属中心加成一步的速率（见图 1.14）。然而，起到部分地决定选择性作用的较早的步骤，如底物配位过程，并没有受到影响。在更高的氢气压力下，氢气的氧化加成变得足够快，以至于底物-金属加合物不再能发生平衡转化，导致产物的对映选择性降低。

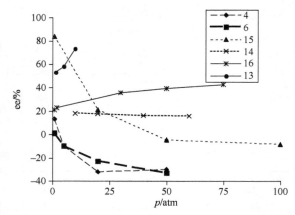

图 1.14　压力对不对称氢化反应的影响（反应条件和催化剂见表 1.2 和图 1.8）

1.2　简单的不对称诱导：内在的复杂性因素

尽管在已经介绍的简单的不对称诱导范式中已经观察到了几种造成复杂性的因素，然而当存在由非催化的热反应、配体减速催化、产物抑制及其他的竞争途径等引起的竞争的背景过程时，情况还会进一步复杂化。

比如，格氏试剂和烷基锂试剂对羰基的加成反应的不对称催化总体上是失败的。相反，化学计量的手性试剂作用下反应却能很好地进行[29,30]。问题出在非手性的试剂也能相当有效地加成（即存在热背景反应），而且通常甚至比配上手性配体的金属试剂-配体加合物的反应更快（即配体减速催化），如图 1.15 所示。因此，尽管由于试剂的简单易得的原因，其不对称催化过程是非常需要的，但是发展这样一种过程却是一个很有挑战性的问题。

过渡金属催化剂，尤其是 Lewis 酸会遇到的一个问题是配体减速催化。这种抑制作用可以由溶剂、产物、甚至抗衡离子对催化剂的配位所造成。如在丙烯醛和环戊二烯的 Diels-Alder 反应中考察了一系列阳离子的铜-吡啶双噁唑啉加合物的效果（图 1.16）[31,32]。尽管 Cu(OTf)$_2$ 加合物数据表明该配合物生成了不对称诱导需要的组织结构，反应必须在低温下（−20 ℃）进行以抑制热的环加成反应，热过程甚至在 0 ℃ 也能与催化过程竞争[33]。低温下进行的结果是需要很长的反应时间（116 h），这严重限制了该体系的实用价值。

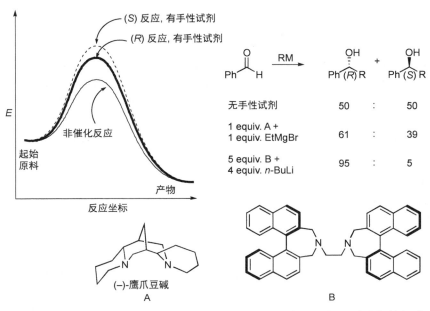

图 1.15 使用化学计量手性添加剂的格氏试剂和烷基锂试剂对醛的对映选择性加成反应

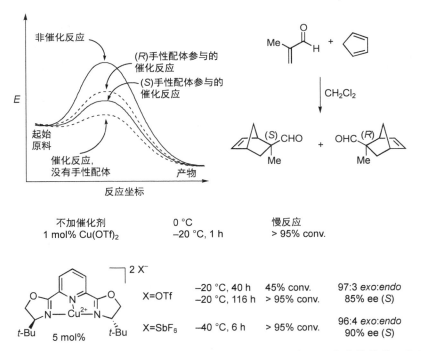

图 1.16 铜-吡啶双噁唑啉催化的甲基丙烯醛的 Diels-Alder 反应：既有非催化的（热）背景
反应，又有非手性金属物种催化的竞争反应的一个例子（conv.表示转化率）

具有较少抗衡离子的相应的 SbF$_6$ 催化剂预期会导致更强的 Lewis 酸性。净结果是在
不牺牲对映选择性的前提下获得更高的反应活性。这种情况下，为了防止外消旋的背景

反应，必须避免高活性的 $Cu(SbF_6)_2$ 的存在。值得注意的是，这种背景反应与热背景反应不同。这里的背景反应甚至可以由催化剂中的少量杂质所造成。比如，自由的 $Cu(OTf)_2$ 是这个反应的高活性催化剂，它甚至在-20 ℃下也能比吡啶双噁唑啉的 $Cu(OTf)_2$ 配合物更迅速地促进产物的生成（1 h 对 116 h）。估计 $Cu(SbF_6)_2$ 也是比其配体加合的配合物活性更高的催化剂。实践中通过使用稍过量的手性配体来抑制这种类型的背景反应，而手性配体本身并不促进反应。由于配位化合过程是高度有利的，这种措施保证了不存在没有配位的 $Cu(OTf)_2$ 或 $Cu(SbF_6)_2$ 的存在（式 1.3）。在发展催化体系的过程中这种情况是一个首要的考虑因素。在调节配体与金属的比例时，必须考虑到这样一个平衡的有利性（favorability）以及其他杂质或者组分形成活性金属配合物的可能性（见图 1.17 中的不对称双羟基化反应的例子）。

$$\textit{t-}BuPybox \ + \ Cu(X)_2 \ \Longleftrightarrow \ \textit{t-}BuPyboxCu(X)_2$$

高活性　　　　　　　　　　　低活性

外消旋反应　　　　　　　　　不对称反应

（1.3）

Sharpless 不对称双羟基化反应[34]（见附录 A 中 A.3 节的图 A.71）提供了一个例子，说明产生的催化剂的精确性质对观察到的对映选择性至关重要（图 1.17）。不存在合适的配体 L（胺）时反应进行得非常缓慢。而存在手性胺配体时，使用催化量的 OsO_4 就可以促进反应按照主要催化循环进行（配体加速催化）。然而当使用某些氧化剂，如 N-甲基吗啉-N-氧化物时（NMO）作为共氧化剂时，一个次要的催化循环也会介入。在这个次要的催化循环中并没有手性配体的参与。尽管氧化性物种本身是手性的（它包含主

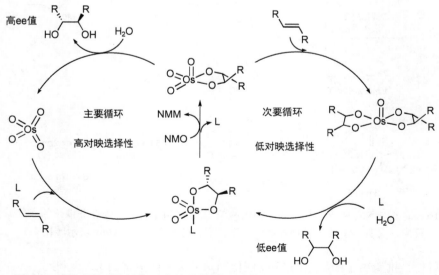

图 1.17　不对称双羟基化反应的催化循环（见附录 A 中 A.3 节中的图 A.71）

要催化循环中产生的手性二醇单元），但这个配合物产生的手性诱导很低。在这种情况下，催化条件下得到的二醇产物的对映体过量（次要的催化循环也参与）要低于化学计量反应（只有主要催化循环参与）获得的对映体过量。

　　为了获得高对映选择性的双羟基化反应，主要催化循环必须在反应的各个阶段都进行得很快。三个发现使得发展使用催化量的锇物种和手性配体的这样一种反应成为可能[34]。首先，通过在两相条件下进行反应，利用 $K_3Fe(CN)_6$ 作为化学计量的再氧化试剂，次级催化循环的参与基本上被完全消除。这种条件下有机层中剩余的唯一的氧化性物种是 OsO_4，这与均相的 NMO 条件形成了鲜明对比。第二，产物乙二醇锇盐的水解被 $MeSO_2NH_2$ 强烈地加速了，防止其参与次要催化循环。第三，发现了一个含有连接在杂环骨架隔离物（spacer）上的两个独立的辛可宁生物碱单元的配体可以大大提高反应的对映选择性和底物普适性。由于这些改进，现在可以对很宽泛的烯烃底物获得高的对映选择性（图 A.71）。

1.3　动力学拆分

　　除利用前手性底物的不对称诱导来产生同手性产物之外，人们也发展了几种截然不同的其他策略来从外消旋混合物获得对映体富集的物质。在催化动力学拆分反应中，外消旋底物的其中一种对映体在催化剂存在下发生更快的反应。这一主题将在第 7 章中深入讨论。图 1.18 从能量的角度对这个过程的一般性情况进行了概念性的描述。图 1.18（a）直接比较了三种相关过程的反应速率：（1）非催化反应；（2）(R)-型底物与手性催化剂的反应；（3）(S)-型底物与手性催化剂的反应。理想情况下，后两种过程中的其中之一较其余两种应该具有低得多的能垒，以使在采用的反应条件下只经历一种反应途径。这种情况下，反应一直进行到其中一种对映异构体完全转化为止，最终得到50%产率的被拆分底物和50%的拆分产物。现实中两种催化路径的能垒经常比较接近，反应需要限定使用 0.5 倍物质的量的非手性试剂或者在 50%的外消旋底物转化之后终止反应。即便

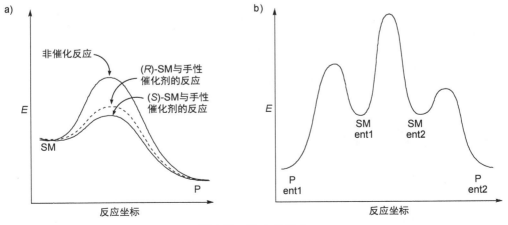

图 1.18　动力学拆分

如此，如果两种催化过程的能量太接近（室温过程能量差<2.8 kcal/mol，或<11.704 kJ/mol）的话，一个完美的拆分也是不可能的。

图 1.18（b）给出了涉及手性催化剂的这两个反应的能量坐标图，并展示了催化动力学拆分过程的最大缺点。由于底物的两种对映异构体不能互相转化，拆分产物的最大产率仅有 50%（或者说被拆分开的未反应的底物的最大产率是 50%）。

体现催化动力学拆分用处的一个例子可以在 (+)-cyclophellitol（一种 HIV 病毒抑制剂）的合成中发现。通过使用新戊酸酯亲核试剂的一个催化不对称 π-烯丙基化反应对牛弥菜醇 B (conduritol B) 进行动力学拆分得到了拆分产物（44%的产率，99% ee）和被拆分的牛弥菜醇 B (50%, 88% ee)（图 1.19）[35]。在这一转化中，对牛弥菜醇 B 的对映体的手性区分发生在形成非对映异构的 π-烯丙基中间体的步骤。对左边的对映体来说，在手性催化剂作用下这一步进行得很快，得到非手性的 π-烯丙基（见图 1.21）。接下来的手性钯部分控制的与特戊酸盐的不对称反应生成了拆分产物。右边的对映体与手性催化剂生成 π-烯丙基钯中间体的过程较慢。没反应的牛弥菜醇 B 因此逐渐积累而被拆分开。这一例子比图 1.18 中描述的情况要更复杂。如果催化循环中的任何步骤（无论是第一步，中间还是最后一步）在两种对映体的反应中表现出速率上的差别，只要所有的后续步骤都更快，那么动力学拆分都是可能的（参见 1.5 节中对 Curtin-Hammett 效应的讨论）。

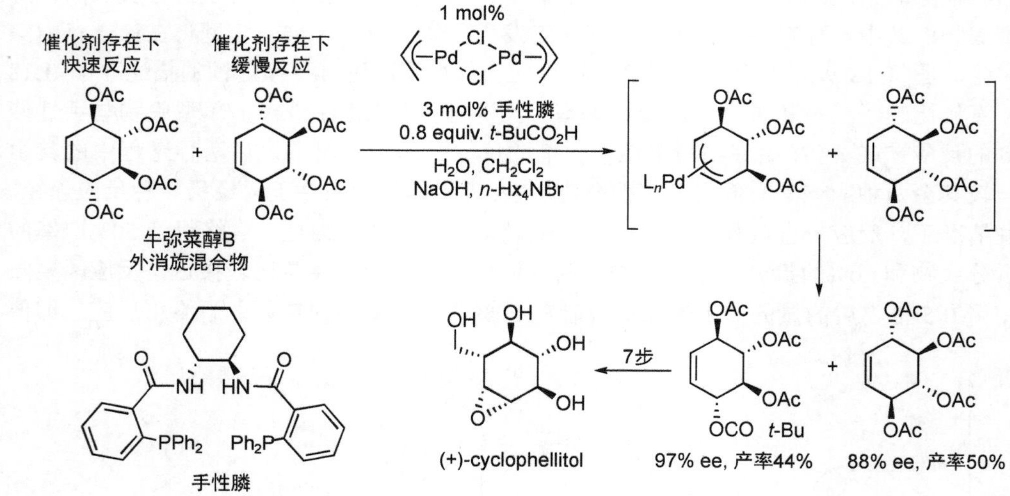

图 1.19   不对称 π-烯丙基化中的动力学拆分

1.4   动态动力学拆分

与催化的动力学拆分相似，催化的动态动力学拆分也是在手性催化剂的存在下外消旋底物的其中一种对映异构体发生更快的反应。不同之处在于，动态动力学拆分过程中100%的起始底物都可以被转化成所需的产物对映体。第 9 章中对这一主题进行了进一步详细讨论。

为了实现这种向单一对映体的 100% 转化，必须要有一种路径能实现在反应条件下起始原料的两种对映体可以互相转化。这种区别从图 1.20 的示意图可以看出。在动力学拆分中（图 1.20a）底物的两种异构体的互相转化能垒太高了，以至于不能达到。在动态动力学拆分中（图 1.20b 和 1.20c），底物的两种对映体是可以互相转化的。由于其中一种对映体（SM *ent*2）因为更快的转化为产物（P *ent*2）而被移除，勒沙特列原理要求剩余的对映体（SM *ent*1）发生平衡转化以补充 SM *ent*2。

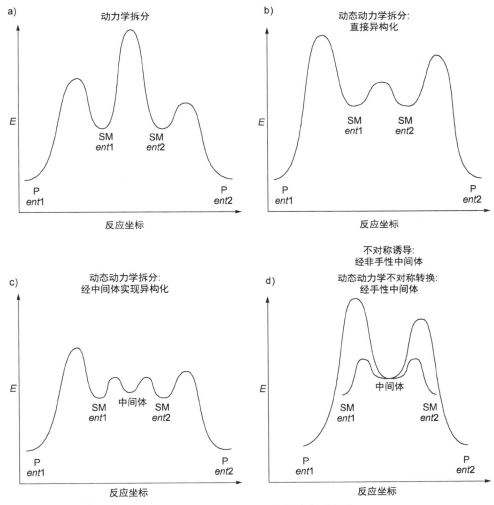

图 1.20　动力学拆分和动态动力学拆分

对映体互相转化的机理可以是直接进行的（图 1.20b）。例如，旋阻异构的两种异构体可以发生热互变（见附录 A 中 A.2.2.3 节的图 A.69 和 A.2.1.2 节的图 A.47）。如若不然，二者的互相转化可以通过一种中间体来实现（图 1.20c）。例如，邻位带有一个手性中心的酮的外消旋化是通过其烯醇形式进行的，这种转化可以在催化反应的时间尺度上发生，因此可以实现动态动力学拆分（见附录 A 中 A.2.2.3 节的图 A.68）。也可以单纯为了催化底物对映体之间的相互转化而单独另外加入催化剂（见第 9 章、图 14.35 和图 14.36）。

经由单一中间体的外消旋混合物的反应通常看起来像动态动力学拆分，因为消旋的混合物转化成了单一的对映体。从能量分析的角度来看，这种反应实际上与动力学拆分非常不同。不同之处在于两种对映体与手性催化剂反应的相对速率并不决定对映选择性。相反，这种外消旋的物质汇聚成单一的一种中间体。该中间体由于整合了手性催化剂而具有手性。在这种动态动力学不对称转化（DyKAT，见第 9 章）中，由单一的一种对映异构的中间体产生的非对映异构的反应途径之间的相对能量导致了不对称诱导的产生（图 1.20d，通过手性中间体）。

图 1.21 中的 π-烯丙基化反应提供了动态动力学不对称转化的一个例子，该反应提供了合成(−)-cyclophellitol 的一个关键中间体[36]。与图 1.19 中类似的例子不同的是，底物的两个对映体与手性催化剂的离子化反应都得到了同样的非手性烯丙基阳离子。然而，由于手性钯部分的关系，配位的烯丙基配合物是手性的。手性钯对烯丙基体系两端的区分造成了亲核试剂（苯磺酰基硝基甲烷负离子）的选择性进攻，以 81% 的产率和 88% ee 得到了手性产物。

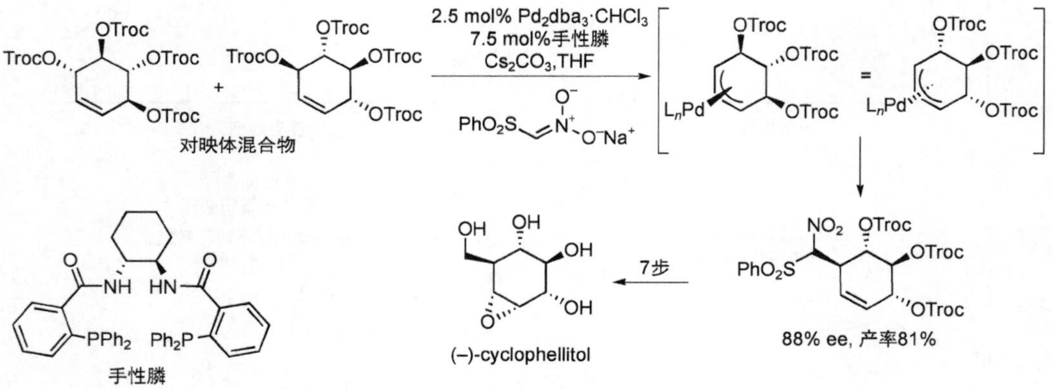

图 1.21　不对称 π-烯丙基化反应中的动态动力学不对称转化

或者，如果外消旋混合物的两个对映体汇聚成一个非手性中间体时，一个表观的动态动力学拆分也可以发生。这时对非手性中间体中的前手性面或基团的识别就是相关的不对称诱导事件，简单的不对称诱导规律起作用（图 1.20d，但通过非手性中间体）。这类反应的一个例子是手性相转移催化的手性酮的反应，如图 A.48 所示（附录 A 中 A.2.1.2 节）。在这个例子中，底物很容易发生外消旋化，它实际上都汇聚成非手性的烯醇负离子。该烯醇负离子接下来再与手性的季铵盐催化剂生成手性的烯醇负离子。关键的立体化学步骤是通过对这个中间体的手性面的区分来完成的。

图 1.22 展示了涉及外消旋混合物脱羧过程的一个相关的例子[37]。在这个例子中，机理研究表明手性烯丙基钯抗衡离子在两个氘标记的烯醇负离子之间发生了交换。如此一来，有很强的证据表明形成了一个非手性的烯醇负离子。接下来手性钯催化剂对这个烯醇负离子的前手性面的区分（简单的对映选择性）产生了对映选择性，导致了一个对映汇聚的过程。

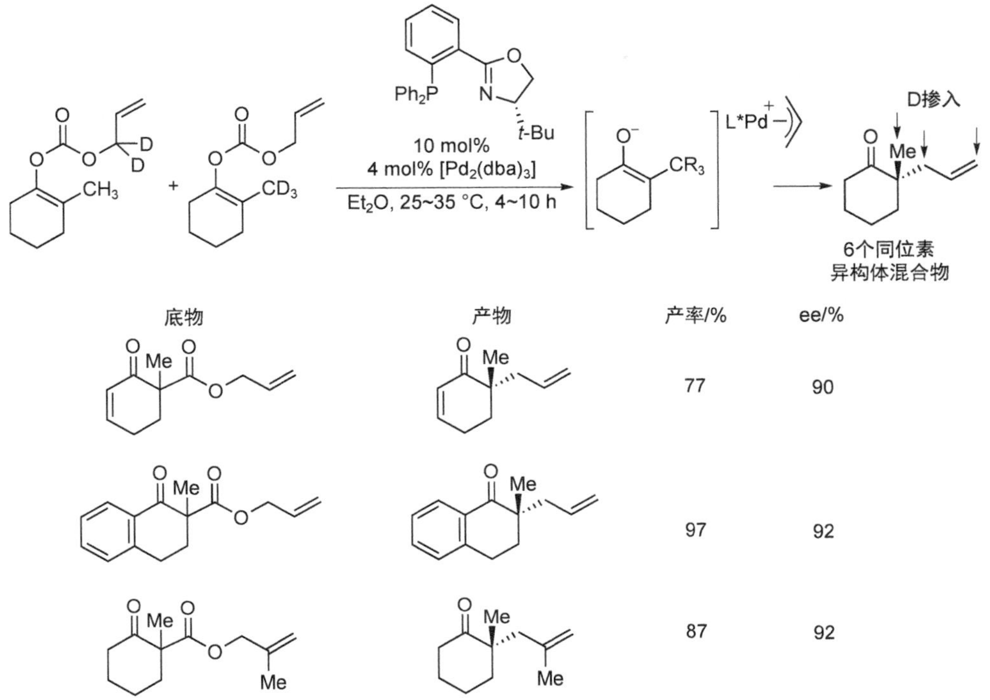

图 1.22　通过对映汇聚的脱羧进行的表观动态动力学拆分

1.5　Curtin-Hammett 关系：平衡的中间体状态

在多步反应中可以发生一种情形，其能量图和动态动力学拆分中遇到的能量图相似（比较图 1.20 和图 1.23）。不同的是，这种情形不涉及互相平衡的手性起始原料，而是存在由同一非手性原料（SM）产生的处于非对映异构关系的两种互相平衡的中间体（I_1 和 I_2）。在这种 Curtin-Hammett 范式中，I_1 和 I_2 可以通过直接平衡或通过返回起始原料而快速互相转化。例如，I_1 和 I_2 可以是结合到催化剂上的底物的两种构象形式，其可以通过键的旋转而直接互相转化。I_1 和 I_2 还可能是不能直接互相转化但却可以容易返回起始原料的两种反应中间体。这种过程的总体对映选择性是由周转限制能垒（turn-over limiting barrier）的相对高度的差决定的（ΔG）。因此，I_1 和 I_2 转化到 P_1 和 P_2 的活化能和中间体之间的相对能量都对对映选择性有贡献。

这个范式的一个例子可以在不对称催化氢化，一个工业规模生产各种药物，如 L-DOPA（帕金森病）和萘普生（Alleve®，消炎镇痛药）等的极其重要的过程中找到。一个过渡金属催化机理研究的漂亮例子研究了这一过程[38]，对图 1.24 的反应得出了以下结果：（1）以约 95% ee 值得到了产物，有利于 P_1；（2）光谱研究表明 I_2/I_1 的平衡比例超过 95∶5；（3）I_1 到 H_1（以及 I_2 到 H_2）的转化基本上是不可逆的和决定速率的步骤。

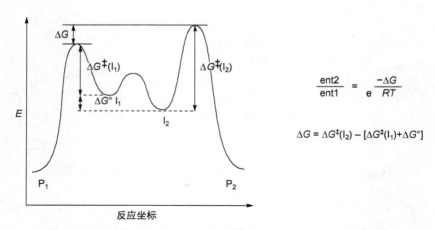

图 1.23　决速步之前存在互相平衡中间体的不对称反应的能量图

I_1 和 I_2 都从同样的原料（SM, 没有画出）转化而来

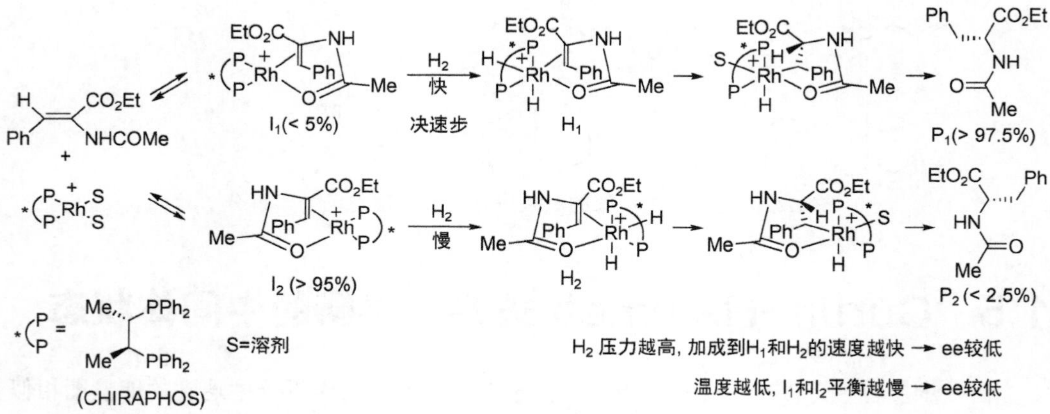

$$\frac{ent2}{ent1} = e^{\frac{-\Delta G}{RT}}$$

$$\Delta G = \Delta G^{\ddagger}(I_2) - [\Delta G^{\ddagger}(I_1) + \Delta G^{\circ}]$$

图 1.24　不对称氢化中的 Curtin-Hammett 效应

　　前述的例子中，转化的选择性最终由两个因素的组合来决定：中间体的热力学稳定性及其动力学反应活性。从图 1.23 中的能量坐标图看出，选择性与最高的两个能垒的相对高度有关。本例中这两个因素是互相抵消的，但并不都是这样（见下文）。这个例子提醒我们，可分离的中间体（如 I_1 和 I_2）以及它们的比例并不能提供所有的线索。可分离的中间体经常不是与催化相关的，因为它们太稳定了。对这个例子的进一步讨论见图 3.48 及其相关的叙述文字。

　　Curtin-Hammett 分析还可以用于那些中间体不能相互平衡的情况。在使用钯-鹰爪豆碱催化体系通过对映选择性氧化进行苄醇的动力学拆分的高效体系中可以发现一个例子[39-41]。对这个反应提出的机理包括四步：醇与钯催化剂的结合、烷氧化物的形成、β-H 消除和钯催化剂的再氧化（图 1.25）。

　　机理研究表明[42,43]，在饱和性碱（B:）的条件下，图 1.25 所示的反应的决速步是 β-H 消除。然而，进一步研究表明，仅根据 β-H 消除一步形成产物两种对映体的速率的差别（本征选择性 = 本征 k_{rel} = 11）仅有实验观察到的消旋底物使用饱和碱的选择性的一半（外

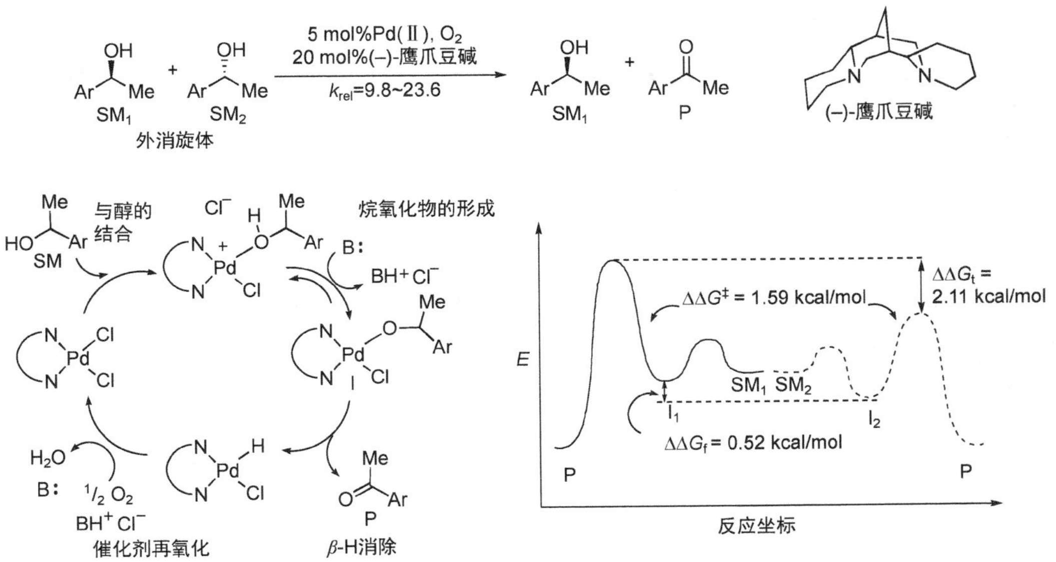

图 1.25　使用手性钯催化剂对手性醇的不对称氧化动力学拆分

消旋 $k_{rel} = 25$）。这两个数值的差别是少量的钯催化剂（1 mol%）在过量的两种底物对映体之间的不均匀分配的结果。换句话说，在醇的结合和烷氧化物的形成之后得到了不等量的中间体 I_1 和 I_2。如果将这两个化合物的量考虑进去，由它们的能量差（0.52 kcal/mol，2.1736 kJ/mol）来表示，就会得到如图 1.25 所示的图景。现在，外消旋底物的选择性（k_{rel}）是 I_1 和 I_2 的能量之差（$\Delta\Delta G_f = 0.52$ kcal/mol，2.1736 kJ/mol）以及 I_1 和 I_2 的活化能之差（$\Delta\Delta G^{\ddagger} = 1.59$ kcal/mol，6.6462 kJ/mol）共同作用的结果。与上述的氢化反应相反，在这里这两种因素是一致的。如此一来，能量图上两个最高点的能量差（$\Delta\Delta G_t = 2.11$ kcal/mol，8.8198 kJ/mol），即对应的观察到的外消旋的 k_{rel}，就是两个值之和。这个例子跟上述氢化反应不同的地方还在于，严格来讲，中间体 I_1 和 I_2 并不在互相转化。可是，至少在反应的最初阶段，同样的分析在这里是适用的。作者提出少量的催化剂与过量的底物两种对映体 SM_1 和 SM_2 使得 I_1 和 I_2 的形成过程受热力学控制。基于对这一机理的理解，通过理性调整反应条件提高了反应选择性并降低了所需手性鹰爪豆碱的用量[44,45]。

　　除这些机理研究之外，还有令人信服的证据表明(-)-鹰爪豆碱的 C_1-对称性是这个反应的立体选择性的关键[46,47]。

展望

　　不同的催化不对称合成方法（即简单不对称诱导、动力学拆分、动态动力学拆分和动态动力学不对称转化）中大部分已经得到发展，为从非手性或外消旋的化合物合成对映纯物质提供了高度有价值的过程。虽然每种过程都有其具体的适用范围，还是有很多参数对所有过程都很重要（如背景反应、多反应途径、温度、添加剂、溶剂、浓度及多种催化剂物种等）。尽管存在由这些因素带来的潜在的复杂性，将许多过程优化到有用的水平还是可能的。对机理的理解提高了我们对存在的各种困难的认识并提供了理性改进催化不对称过程的手段。

参 考 文 献

[1] Berrisford, D. J.; Bolm, C.; Sharpless, K. B. Ligand-Accelerated Catalysis. *Angew. Chem., Int. Ed. Engl.* **1995**, *34*, 1059-1070.

[2] Kitamura, M.; Suga, S.; Kawai, K.; Noyori, R. Catalytic Asymmetric Induction. Highly Enantioselective Addition of Dialkylzincs to Aldehydes. *J. Am. Chem. Soc.* **1986**, *108*, 6071- 6072.

[3] Noyori, R.; Suga, S.; Kawai, K.; Okada, S.; Kitamura, M. Enantioselective Addition of Diorganozincs to Aldehydes Catalyzed by β-Amino Alcohols. *J. Organomet. Chem.* **1990**, *382*, 19-37.

[4] Kitamura, M.; Oka, H.; Noyori, R. Asymmetric Addition of Dialkylzincs to Benzaldehyde Derivatives Catalyzed by Chiral β-Amino Alcohols. Evidence for the Monomeric Alkylzinc Aminoalkoxide as Catalyst. *Tetrahedron* **1999**, *55*, 3605-3614.

[5] Noyori, R.; Suga, S.; Kawai, K.; Okada, S.; Kitamura, M. Enantioselective Alkylation of Carbonyl Compounds. From Stoichiometric to Catalytic Asymmetric Induction. *Pure Appl. Chem.* **1988**, *60*, 1597-1606.

[6] Noyori, R.; Kitamura, M. Enantioselective Addition of Organometallic Reagents to Carbonyl Compounds: Chirality Transfer, Multiplication, and Amplification. *Angew. Chem., Int. Ed. Engl.* **1991**, *30*, 49-69.

[7] Mermerian, A. H.; Fu, G. C. Catalytic Enantioselective Synthesis of Quanternary Stereocenters via Intermolecular C-Acylation of Silyl Ketene Acetals: Dual Activation of the Electrophile and Nucleophile. *J. Am. Chem. Soc.* **2003**, *125*, 4050-4051.

[8] Evans, D. A.; Burgey, C. S.; Kozlowski, M. C.; Tregay, S. W. C_2-Symmetric Copper(II) Complexes as Chiral Lewis Acids. Scope and Mechanism of the Catalytic Enantioselective Aldol Additions of Enolsilanes to Pyruvate Esters. *J. Am. Chem. Soc.* **1999**, *121*, 686-699.

[9] Yamakawa, M.; Noyori, R. An Ab Initio Molecular Orbital Study on the Amino Alcohol-Promoted Reaction of Dialkylzincs and Aldehydes. *J. Am. Chem. Soc.* **1995**, *117*, 6327-6335.

[10] Yamakawa, M.; Noyori, R. Asymmetric Addition of Dimethylzinc to Benzaldehyde Catalyzed by (2S)-3-exo-(Dimethylamino)- isobornenol. A Theoretical Study on the Origin of Enantioselection. *Organometallics* **1999**, *18*, 128-133.

[11] Rasmussen, T.; Norrby, P.-O. Modeling the Stereoselectivity of the β-Amino Alcohol- Promoted Addition of Dialkylzinc to Aldehydes. *J. Am. Chem. Soc.* **2003**, *125*, 5130-5138.

[12] Bahmanyar, S.; Houk, K. N.; Martin, H. J.; List, B. Quantum Mechanical Predictions of the Stereoselectivities of Proline-Catalyzed Asymmetric Intermolecular Aldol Reactions. *J. Am. Chem. Soc.* **2003**, *125*, 2475-2479.

[13] Annamalai, V.; DiMauro, E. F.; Carroll, P. J.; Kozlowski, M. C. Catalysis of the Michael Addition Reaction by Late Transition Metal Complexes of BINOL-Derived Salens. *J. Org. Chem.* **2003**, *68*, 1973-1981.

[14] James, B. R.; Mahajan, D. Kinetic and Mechanistic Aspects of the Binding of Dihydrogen by Bis(ditertiaryphosphine)-rhodium(I) Tetrafluoroborate Complexes, and Activity of the Dihydrides for Catalytic Asymmetric Hydrogenation of Prochiral Olefinic Acids. *J. Organomet. Chem.* **1985**, *279*, 31-48.

[15] Sinou, D. Hydrogenation Asymmetrique a L'Aide du Complexe DIOXOP-Rh(I) Voie Dihydro ou Voie Insaturee. *Tetrahedron Lett.* **1981**, *22*, 2987-2990.

[16] Cullen, W. R.; Sugi, Y. Asymmetric Hydrogenation Catalyzed by Diphosphinite Rhodium Complexes Derived from a Sugar. *Tetrahedron Lett.* **1978**, 1635-1636.

[17] Uehara, A.; Kubota, T.; Tsuchiya, R. New Atropisomeric Chiral Bisphosphine, (S)-6,6'-Dimethyl-2,2-bis(diphenyl-phosphinamino)biphenyl, and Asymmetric Hydrogenation Using the Rh(I) Complex Thereof. *Chem. Lett.* **1983**,

441-444.

[18] Bakos, J.; Toth, I.; Heil, B.; Marko, L. A Facile Method for the Preparation of 2,4-Bis(diphenylphosphino)pentane (BDPP) Enantiomers and Their Application in Asymmetric Hydrogenation. *J. Organomet. Chem.* **1985**, *279*, 23-29.

[19] Riley, D. P.; Shumate, R. E. 1,2-Bis(diphenylphosphino)-1-cyclohexylethane. A New Chiral Phosphine Ligand for Catalytic Chiral Hydrogenations. *J. Org. Chem.* **1980**, *45*, 5187-5193.

[20] Sunjic, V.; Habus, I. Chiroptical Properties and Enantioselectivity in Hydrogenation with Rhodium(I) Complexes of Chiral Bisdiphenylphospines Derived from D-Glucose and D-Galactose. *J. Organomet. Chem.* **1989**, *370*, 295-304.

[21] Ojima, I.; Kogure, T.; Yoda, N. Asymmetric Hydrogenation of Prochiral Olefins Catalyzed by Rhodium Complexes with Chiral Pyrrolidinophosphines. Crucial Factors for the Effective Asymmetric Induction. *J. Org. Chem.* **1980**, *45*, 4728-4739.

[22] Nagel, U.; Rieger, B. Enantioselective Catalysis. 6. The Catalytic Hydrogenation of α-(Acetylamino)cinnamic Acid with Rhodium(I)-Bis(phospine) Complexes. On the Origin of Enantioselection. *Organometallics* **1989**, *8*, 1534-1538.

[23] Buschmann, H.; Scharf, H.-D.; Hoffmann, N.; Esser, P. The Isoinversion Principle—A General Model of Chemical Selectivity. *Angew. Chem., Int. Ed. Engl.* **1991**, *30*, 477-515.

[24] Heller, D.; Buschmann, H.; Scharf, H.-D. Nonlinear Temperature Behavior of Product Ratios in Selection Processes. *Angew. Chem., Int. Ed. Engl.* **1996**, *35*, 1852-1854.

[25] Casey, C. P.; Martins, S. C.; Fagan, M. A. Reversal of Enantioselectivity in the Hydroformylation of Styrene with [2*S*,4*S*- BDPP]Pt(SnCl$_3$)Cl at High Temperature Arises from a Change in the Enantioselective- Determining Step. *J. Am. Chem. Soc.* **2004**, *126*, 5585-5592.

[26] Hoveyda, A. H.; Hird, A. W.; Kacprzynski, M. A. Small Peptides as Ligands for Catalytic Asymmetric Alkylations of Olefins. Rational Design of Catalysts or of Searches That Lead to Them? *J. Chem. Soc., Chem. Commun.* **2004**, 1779-1785.

[27] Jaquith, J. B.; Guan, J.; Wang, S.; Collins, S. Asymmetric Induction in the Diels-Alder Reaction Catalyzed by Chiral Metallocene Triflate Complexes: Dramatic Effect of Solvent Polarity. *Organometallics* **1995**, *14*, 1079-1081.

[28] Walsh, P. J.; Li, H.; Anaya de Parrodi, C. A Green Approach to Asymmetric Catalysis: Solvent-Free and Highly Concentrated Reactions. *Chem. Rev.* **2007**, *107*, 2503-2545.

[29] Nozaki, H.; Aratani, T.; Toraya, T. Asymmetric Carbinol Synthesis by Means of (−)-Sparteine-Modified Organometallic Reagents. *Tetrahedron Lett.* **1968**, 4097-4098.

[30] Mazaleyrat, J. P.; Cram, D. J. Chiral Catalysis of Additions of Alkyllithiums to Aldehydes. *J. Am. Chem. Soc.* **1981**, *103*, 4585-4586.

[31] Evans, D. A.; Murry, J. A.; von Matt, P.; Norcross, R. D.; Miller, S. J. *C*$_2$-Symmetric Cationic Copper(II) Complexes as Chiral Lewis Acids: Counterion Effects in the Enantioselective Diels-Alder Reaction. *Angew. Chem., Int. Ed. Engl.* **1995**, *34*, 798-800.

[32] Evans, D. A.; Barnes, D. M.; Johnson, J. S.; Lectka, T.; von Matt, P.; Miller, S. J.; Murry, J. A.; Norcross, R. D.; Shaughnessy, E. A.; Campos, K. R. Bis(oxazoline) and Bis(oxazolinyl)pyridine Copper Complexes as Enantioselective Diels-Alder Catalysts: Reaction Scope and Synthetic Applications. *J. Am. Chem. Soc.* **1999**, *121*, 7582-7594.

[33] Mellor, J. M.; Webb, C. F. Stereochemistry of the Diels-Alder Reaction: Steric Effects of the Dienophile on Endo-Selectivity. *J. Chem. Soc., Perkin Trans. 2* **1974**, 17-22.

[34] Kolb, H. C.; VanNieuwenhze, M. S.; Sharpless, K. B. Catalytic Asymmetric Dihydroxylation. *Chem. Rev.* **1994**, *94*, 2483-2547.

[35] Trost, B. M.; Hembre, E. J. Pd Catalyzed Kinetic Resolution of Conduritol B. Asymmetric Synthesis of (+)-Cyclophellitol. *Tetrahedron Lett.* **1999**, *40*, 219-222.

[36] Trost, B. M.; Patterson, D. E.; Hembre, E. J. AAA in KAT/DYKAT Processes: First- and Second-Generation Asymmetric Syntheses of (+)-and (−)-Cyclophellitor. *Chem.—Eur. J.* **2001**, 3768-3775.

[37] Mohr, J. T.; Behenna, D. C.; Harned, A. M.; Stoltz, B. M. Deracemization of Quaternary Stereocenters by Pd-Catalyzed

Enantioconvergent Decarboxylative Allylation of Racemic β-Ketoesters. *Angew. Chem., Int. Ed. Engl.* **2005**, *44*, 6924-6927.

[38] Halpern, J. Mechanism and Stereoselectivity of Asymmetric Hydrogenation. *Science* **1982**, *217*, 401-407.

[39] Jensen, D. R.; Pugsley, J. S.; Sigman, M. S. Palladium-Catalyzed Enantioselective Oxida- tions of Alcohols Using Molecular Oxygen. *J. Am. Chem. Soc.* **2001**, *123*, 7475-7476.

[40] Mandal, S. K.; Jensen, D. R.; Pugsley, J. S.; Sigman, M. S. Scope of Enantioselective Palladium(II)-Catalyzed Aerobic Alcohol Oxidations with (−)-Sparteine. *J. Org. Chem.* **2003**, *68*, 4600-4603.

[41] Bagdanoff, J. T.; Stoltz, B. M. Palladium-Catalyzed Oxidative Kinetic Reso- lution with Ambient Air as the Stoichiometric Oxidation Gas. *Angew. Chem., Int. Ed.* **2004**, *43*, 353-357.

[42] Mueller, J. A.; Jensen, D. R.; Sigman, M. S. Dual Role of (−)-Sparteine in the Palladium-Catalyzed Aerobic Oxidative Kinetic Resolution of Secondary Alcohols. *J. Am. Chem. Soc.* **2002**, *124*, 8202-8203.

[43] Mueller, J. A.; Sigman, M. S. Mechanistic Investigations of the Palladium-Catalyzed Aerobic Oxidative Kinetic Resolution of Secondary Alcohols Using (−)-Sparteine. *J. Am. Chem. Soc.* **2003**, *125*, 7005-7013.

[44] Jensen, D. R.; Sigman, M. S. Palladium Catalysts for Aerobic Oxidative Kinetic Resolution of Secondary Alcohols Based on Mechanistic Insight. *Org. Lett.* **2003**, *5*, 63-65.

[45] Mandal, S. K.; Sigman, M. S. Palladium-Catalyzed Aerobic Oxidative Kinetic Resolution of Alcohols with an Achiral Exogenous Base. *J. Org. Chem.* **2003**, *68*, 7535-7537.

[46] Trend, R. M.; Stoltz, B. M. An Experimentally Derived Model for Stereoselectivity in the Aerobic Oxidative Kinetic Resolution of Secondary Alcohols by (Sparteine)PdCl$_2$. *J. Am. Chem. Soc.* **2004**, *126*, 4482-4483.

[47] Nielsen, R. J.; Keith, J. M.; Stoltz, B. M.; Goddard, W. A., III. A Computational Model Relating Structure and Reactivity in Enantio- selective Oxidations of Secondary Alcohols by (−)-Sparteine-Pd[II] Complexes. *J. Am. Chem. Soc.* **2004**, *126*, 7967-7974.

第2章 Lewis酸和Lewis碱催化

存在几种截然不同的催化模式实现不对称诱导。常见的不对称反应的催化剂可以分为 Lewis 酸、Lewis 碱、Brønsted 酸、Brønsted 碱、离子物种、基团转移试剂、交叉偶联试剂和 π-活化试剂。这些不同催化剂中，每一种都以一种独特的模式进行不对称活化。本章阐述了 Lewis 酸和 Lewis 碱催化中为了有效的催化作用所需的底物官能团和其他前提条件。其他类型的不对称催化剂将在第 3 章讨论。

2.1 Lewis 酸催化

催化不对称反应中，迄今最常用的活化底物官能团的方式是使用手性 Lewis 酸。其中，典型的做法是使用一个 Lewis 酸性的金属或者类金属物种与一个手性的 Lewis 碱配体来产生一个手性的 Lewis 酸（图 2.1）。这些结合了 Lewis 酸和 Lewis 碱基团的催化剂表现出了多种多样的反应活性。如果加入 Lewis 碱配体得到一个比原来的 Lewis 酸活性更高的催化剂（图 2.1 右侧部分），这时发生的是配体加速催化[1]。这种情况是最好的，因为不需要使用过量的 Lewis 碱来阻止不带配体的 Lewis 酸催化的背景反应。这种情况下，手性的 Lewis 酸加合物甚至可以从手性的 Lewis 碱和非手性的 Lewis 酸进行现场可逆配位产生。这种情况形式上应该是不对称 Lewis 碱催化的例子。本章中，将使用亚化

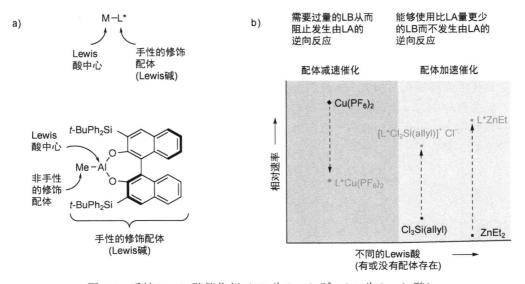

图 2.1　手性 Lewis 酸催化剂（LB 为 Lewis 碱，LA 为 Lewis 酸）

学计量 Lewis 酸的反应在 2.1 节中讨论，而将使用化学计量非手性 Lewis 酸和亚计量手性 Lewis 碱的例子放在 2.2.1 节讨论。

在手性 Lewis 碱的加入产生了比原来的 Lewis 酸更慢的催化剂的情况下（即配体减速催化，见图 2.1 左侧部分），必须限制未配位的 Lewis 酸的量以防止竞争的外消旋过程的发生（见 1.2 节）。

在很多有机反应底物中广泛存在的 Lewis 碱性的配位基团（醚、环氧、酯基、酮、醛、亚胺、硝酮、硝基、亚硝基、磺酰基、膦酰基、醇、硫醚等）解释了 Lewis 酸催化剂之所以得到广泛使用的原因（图 2.2）。Lewis 酸干扰了配位底物的轨道能级和电子分布。通常，由此造成的最低未占据轨道（LUMO）的能级降低，使其在能量上更接近亲核试剂的最高占据轨道（HOMO）。结果是，Lewis 酸提供了高水平的亲电活化作用。例如，BF₃ 配位的甲醛的 LUMO 比甲醛的 LUMO 能量更低（图 2.2）。因此，配位的甲醛的羰基碳具有更强的亲电性。

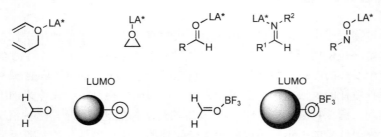

图 2.2　手性 Lewis 酸催化剂的活化

由于在多种多样的反应中报道了大量的手性 Lewis 酸催化剂，Lewis 酸催化的大部分活化变种（直接活化、间接活化、单点底物结合、两点底物结合等）都有非常丰富的报道。2.1 节余下部分概述了几个例子来强调 Lewis 酸活化中最常见的模式。

2.1.1　Lewis 酸直接活化

这里的直接活化是指 Lewis 酸配位到亲电试剂的至少一个反应中心上（图 2.3）。相反，间接活化中 Lewis 酸配位到不参加反应的原子上。在直接或者间接活化过程中，可能存在底物与 Lewis 酸中心的一点或者多点接触，以及底物与催化剂其他部分的更多作用（见第 5 章）。

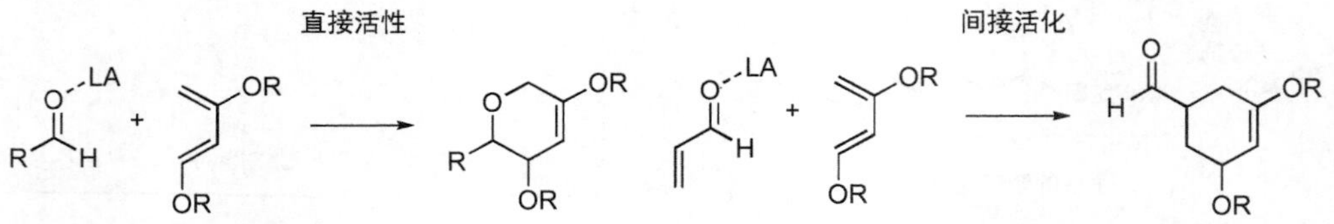

图 2.3　直接和间接 Lewis 酸（LA）直接活化

2.1.1.1 通过单点结合的 Lewis 酸直接活化

单点结合（one-point binding）要求在活化配合物中 Lewis 酸和亲电试剂形成一个配位键。催化模式明确无疑地通过单点结合（而非催化剂-底物次级相互作用）的 Lewis 酸直接活化（而非双功能活化）的例子实际上并不像预期的那样常见。一个分子内过程的例子是图 2.4 中的烯反应[2,3]。此处活化是通过对醛的单点配位（one-point coordination）进行，造成 C═O 键的极化和 LUMO 能量的降低。结果是活化能比背景反应降低了。生成反式产物的两个对映体的最低能量的路径现在变成了非对映异构关系（见第 1 章），从而导致了观察到的选择性。

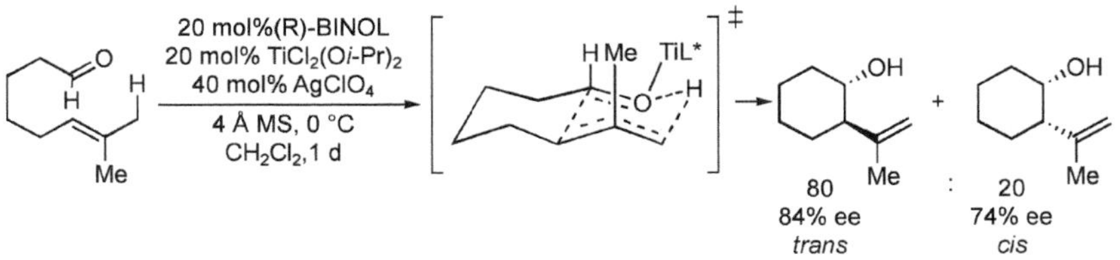

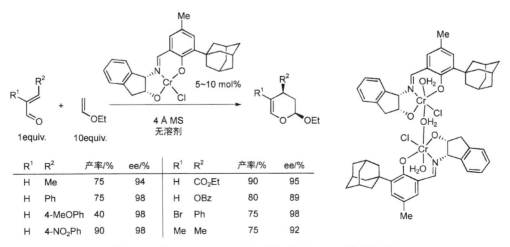

图 2.4　一个单分子烯反应中的 Lewis 酸催化剂

分子间的反应也有报道，如图 2.5 所示的钛催化的[3-5]不对称烯反应。

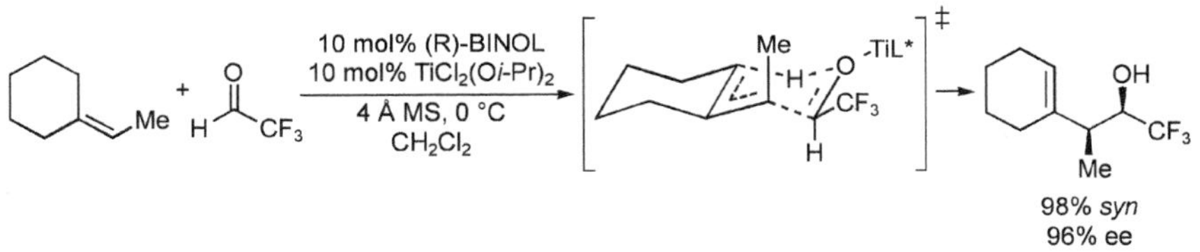

图 2.5　一个分子间烯反应中的 Lewis 酸催化剂

图 2.6 展示了一个涉及 Lewis 酸直接活化烯醛的环加成反应[6]。此处铬席夫碱加成物配位并活化醛及共轭的烯烃（与下面的间接活化对比）发生杂 Diels-Alder 反应。尽管不

R¹	R²	产率/%	ee/%	R¹	R²	产率/%	ee/%
H	Me	75	94	H	CO₂Et	90	95
H	Ph	75	98	H	OBz	80	89
H	4-MeOPh	40	98	Br	Ph	75	98
H	4-NO₂Ph	90	98	Me	Me	75	92

图 2.6　杂 Diels-Alder 反应中的手性 Lewis 酸催化剂

能排除一个涉及烯醇醚对 α,β-不饱和体系的共轭加成的两步机理，但观察到的高非对映选择性（>97.5：2.5）说明反应要么经历一个协同的非同步过渡态，要么经历一个两步过程中的一个高度有序的过渡态（也就是说，两步过程都有铬催化剂参与）。单晶 X 射线衍射研究表明铬催化剂如图示一样，以水分子桥联的二聚体形式存在。根据对溶液中的分子量和动力学研究，这个二聚体结构看起来在催化循环里面是保持的。每个铬原子末端都配位一个水分子，需要解离一个水分子以打开一个配位点促进底物的配位，也解释了分子筛至关重要的作用。与上面的那些例子相反，这个例子展示了活性位点（羰基氧）是如何在 Lewis 酸催化剂的活化下同时经历成键和断键过程的。

除羰基外，单点结合的直接 Lewis 酸活化对许多其他官能团也是可行的（见图 2.2），这使得该模式在不对称催化中非常普遍。

2.1.1.2 通过两点结合的 Lewis 酸直接活化

从概念上来说，底物对催化剂以两点方式结合更有优势，因为与单点结合的加合物相比，两点结合形成的加合物在构象上更受限、结构更确定。单点结合的加合物可以绕着 Lewis 酸的配位键旋转而导致多种活性构象。底物螯合造成的构象上的限制极大减少了可能的过渡态的数目。此外，底物与 Lewis 酸通过第二点的连接可能会造成对底物的进一步亲电活化。螯合效应还可以增大未结合的底物与催化剂-底物加成物之间的平衡反应的平衡常数，得到更大浓度的催化剂-底物加成物。在这种情况下可以观察到更高的催化活性（如更高的转化频率、转化数或者在更低的温度下进行反应）。另一方面，需要邻位基团进行螯合配位这一前提条件限制了这一过程的适用性。

比如，通过两点结合进行的底物活化对发展图 2.7 中所示的不对称 Mukaiyama aldol 反应至关重要[7,8]。α-苄氧基乙醛中的苄氧基对观察到的高选择性是必需的。这一趋势与

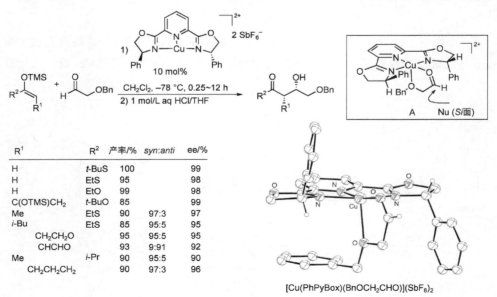

R^1	R^2	产率/%	syn:anti	ee/%
H	t-BuS	100		99
H	EtS	95		98
H	EtO	99		98
C(OTMS)CH$_2$	t-BuO	85		99
Me	EtS	90	97:3	97
i-Bu	EtS	85	95:5	95
CH$_2$CH$_2$O		95	95:5	95
CHCHO		93	9:91	92
Me	i-Pr	90	95:5	90
CH$_2$CH$_2$CH$_2$		90	97:3	96

[Cu(PhPyBox)(BnOCH$_2$CHO)](SbF$_6$)$_2$

图 2.7 α-苄氧基乙醛与 PhPyBox-铜催化剂的不对称 aldol 反应，以及
催化剂-底物加合物的晶体结构

苄氧基和醛上的氧都结合到了阳离子铜催化剂上一致。支持这一活化模式的证据来自配位到底物醛上的 PhPyBox-铜物种的晶体结构（图 2.7）。重要的是，从分离到的这个加合物所预期的立体选择性与催化反应的结果一致。

　　图 2.7 所示的 Mukaiyama aldol 反应涉及一个单一的 Lewis 酸催化剂，这得到了交叉实验的支持。铜催化下，烯醇硅醚上的硅基发生了完全的混乱化（图 2.8），表明不存在分子内的硅转移。这一实验排除了底物中 Lewis 碱性的硅与催化剂配位然后发生分子内穿梭（shuttling）的可能性（图 2.9）。令人吃惊的是，尽管可能会发生硅正离子进行分子间转移的非手性过程（通过 SbF_6^- 或底物），这个反应还是得到了很高的对映选择性。这种情形与(BINOLate)$TiCl_2$ 催化的同一反应的结果形成了鲜明对比[9]。钛催化下，由于使用不能螯合的底物也得到了高的选择性，因此推断发生了单点结合。另外，硅基发生了分子内转移（图 2.8）。图 2.9 说明了催化剂的可能作用是通过配位到 BINOLate 上的氧而活化了硅基。

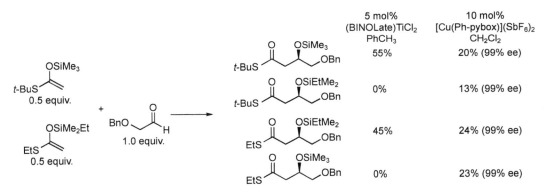

图 2.8　在(BINOLate)$TiCl_2$ 和 PyBox 铜催化的苄氧基乙醛的 Mukaiyama aldol
反应（图 2.7）中使用双标记的烯醇硅醚的交叉实验

　　另一方面，单点与两点底物结合可以获得不同的立体化学结果。例如，在 PyBox-铜催化的反应中，无论烯醇硅醚的构型如何，两点结合导致的螯合作用加上一个敞开的过渡态都导致了 syn 的立体化学（图 2.10）。相反，(BINOLate)-钛催化的反应中单点结合和闭合的过渡态则从(Z)-烯醇硅醚形成了 anti 异构体。

　　实践中，两点结合的要求限制了这种反应可适用的底物，这从 PhPyBox-铜催化的 Mukaiyama aldol 反应中醛的结构可以看出（图 2.11）。

　　螯合策略已经被用于许多其他的双齿底物。例如，图 2.12 中的酮膦酸酯与手性 Lewis 酸形成五元环螯合物[10,11]。这些加成物中被活化的羰基可以经历一个非同步的协同杂 Diels-Alder 反应，形成一系列二氢吡喃衍生物。

　　这一活化模式也适用于分子内反应。例如，从 α-酮酸酯的烯醇互变体形成的烯丙基醚经历对手性铜催化剂的两点配位（图 2.13）。这些活化加合物接下来顺利发生对映选择性的 Claisen 重排反应[12]。

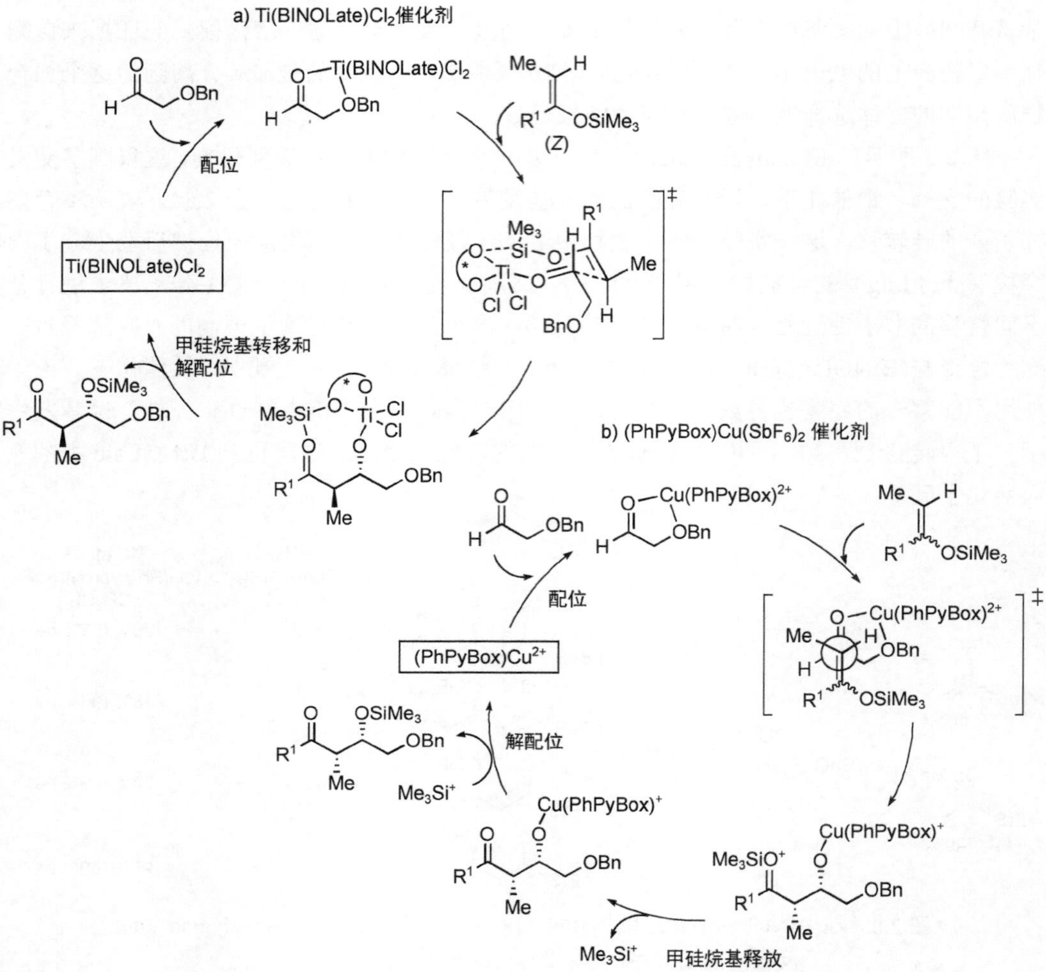

a) Ti(BINOLate)Cl$_2$ 催化剂

图 2.9　(BINOLate)TiCl$_2$ 和铜-PyBox 配合物催化的苄氧基乙醛的 Mukaiyama aldol 反应（图 2.7）的机理

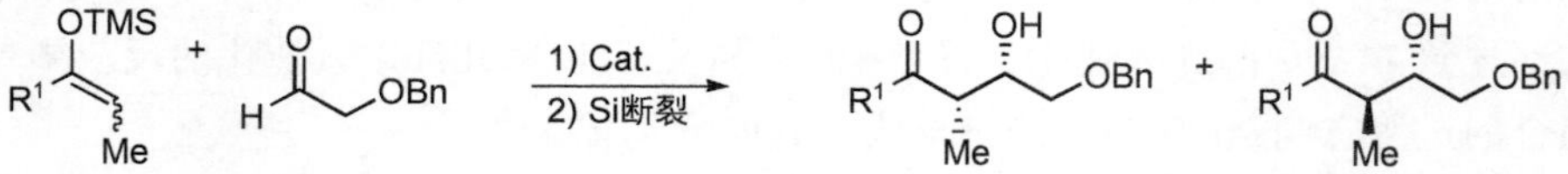

b) (PhPyBox)Cu(SbF$_6$)$_2$ 催化剂

cat.	R^1	E:Z	产率/%	syn:anti	ee/%	
10 mol% (PhPyBox)Cu(SbF$_6$)$_2$	EtS	5:95	90	97:3	97	立体收敛
	EtS	99:1	48	86:14	85	
5 mol% (BINOLate)TiCl$_2$	t-BuS	7:93	72	8:92	90	立体发散
	EtS	77:23	85	72:28	90	

图 2.10　底物对催化剂的两点和单点配位造成了不同的立体化学结果

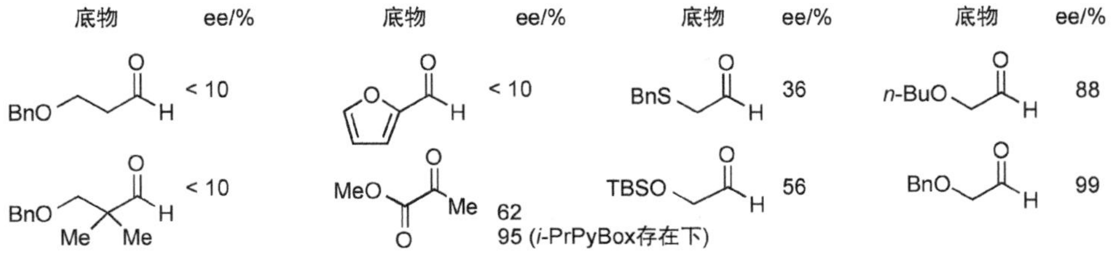

图 2.11 两点底物结合的铜-PyBox 催化剂的亲电试剂范围（图 2.7 中：$R^1 = H$, $R^2 = t\text{-BuS}$）

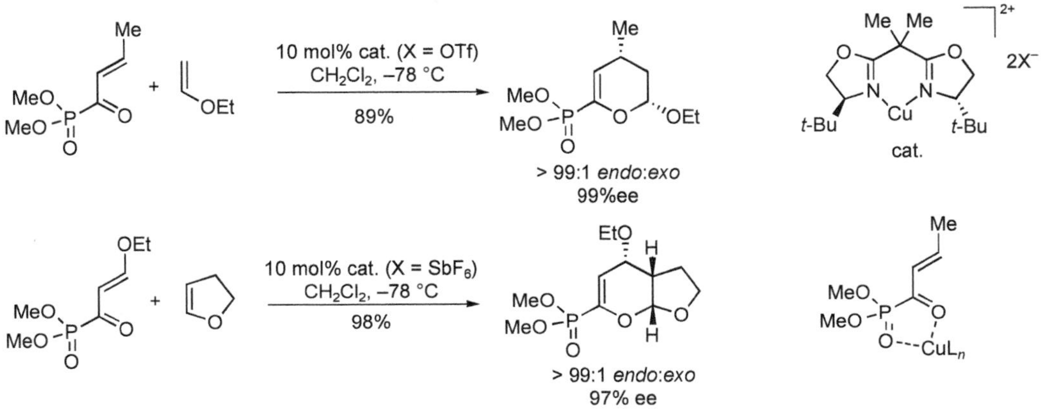

图 2.12 使用底物两点结合的杂 Diels-Alder 反应

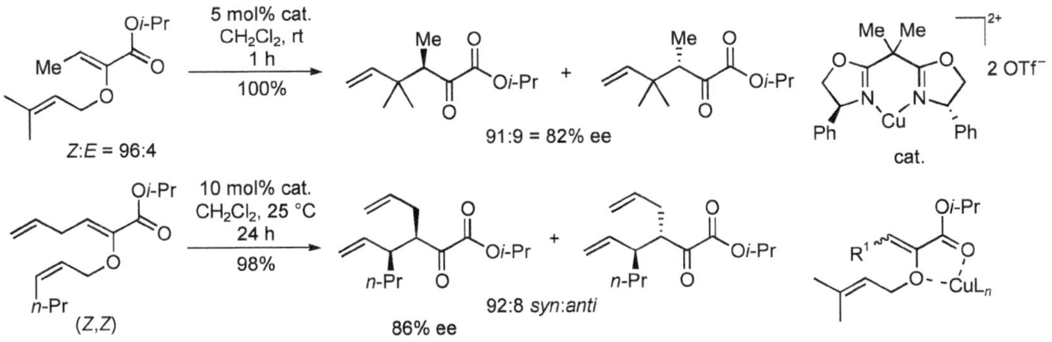

图 2.13 使用两点结合的底物的 Claisen 重排反应

两点结合的 Lewis 酸直接活化可适用于许多官能团（见图 2.2），使这一活化模式十分强大。然而，很有必要指出的是，两点活化并不一定必然会导致更高的选择性。单点结合情形下，其他因素（如沿与 Lewis 酸的配位键旋转的受限）经常可以造成对底物前手性面的高水平区分，从而实现高的立体选择性。最后，两点结合中的两个"点"不一定是同种类型的相互作用（如前面叙述的那些与 Lewis 酸作用的例子）。对非经典的两点催化剂-底物相互作用的进一步讨论见第 5 章。

2.1.2 通过共轭体系的 Lewis 酸活化

与直接活化不同，催化剂也可以间接地活化反应中心。这类活化最常见的是通过共

轭的 π 体系来实现（见图 2.3）。跟直接活化一样，也可能在催化剂与底物之间存在通过共价键、配价键或者非共价作用（见第 5 章）等介导的单点或多点接触。

2.1.2.1　通过共轭体系的单点结合的 Lewis 酸活化

在许多例子中，反应中形成或断裂的键上的原子并不与催化剂直接相连，而是通过一个 π 体系间接地促进反应位点的活化。这种现象最常见于 Lewis 酸对 α,β-不饱和羰基化合物的活化，活化降低了亲电组分的 LUMO 能级，因此降低了 HOMO-LUMO 能级差，促进了反应进行（图 2.14）。通常使用这一活化模式的反应包括 Diels-Alder 反应和为数众多的共轭加成反应，包括 Michael 类反应。

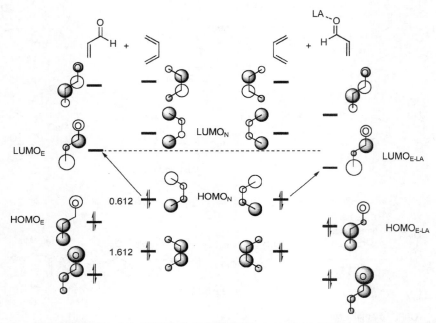

图 2.14　存在和不存在 Lewis 酸活化共轭的羰基的 Diels-Alder 反应的 Hückel 分子轨道图

单点结合模式中构象的机动性在间接活化中会造成问题。在图 2.15 中展示了 α,β-不饱和体系的这些问题。其中不仅 Lewis 酸的位置是灵活可变的，而且烯烃相对羰基的关系，即相对于 Lewis 酸的关系也是可以变化的。

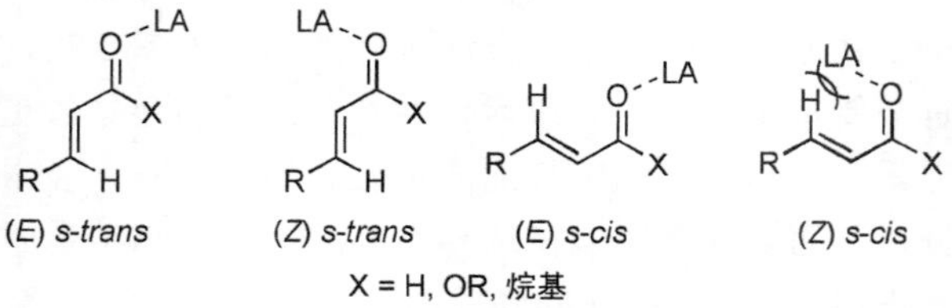

图 2.15　Lewis 酸结合非环状 α,β-不饱和羰基化合物时的构象异构体

单个的 Lewis 酸活化模式可以实现对大部分 α,β-不饱和羰基化合物的活化，使选择性的不对称催化成为可能（图 2.16）。两点结合条件下，更好的控制也是可能的（图 2.16

中的酰亚胺），下节会讨论这个问题。控制 Lewis 酸对酮的结合比较困难，尤其是羰基两侧的基团大小相近的时候更是如此。2.2.2.3 节提供了解决这一问题的一个替代方法。

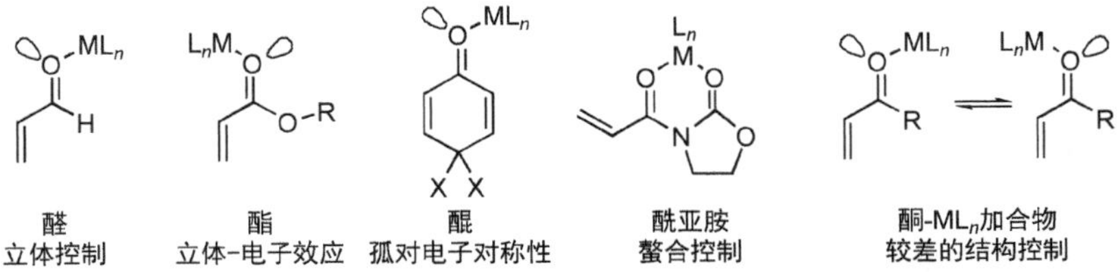

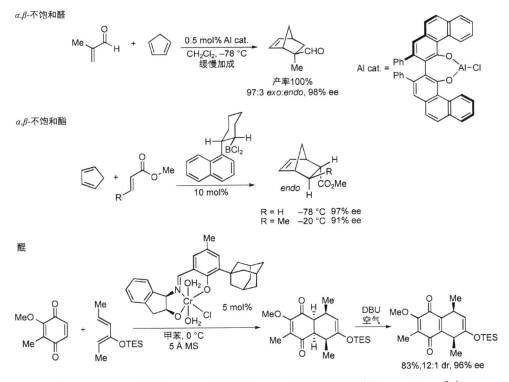

图 2.16　针对各种 α,β-不饱和羰基化合物的成功的和不成功的 Lewis 酸催化

通过单点结合的间接活化已经为图 2.16 中的前三个例子实现了成功的不对称催化（图 2.17）。例如，一个拱形的联芳基衍生的铝 Lewis 酸催化剂在催化甲基丙烯醛和环戊二烯的反应中具有很高的选择性[13]。

α,β-不饱和酯的间接活化也有报道，如图 2.17 所示[14]。此处硼 Lewis 酸配位在羰基上并活化了亲电试剂。作者还提出催化剂的萘环和底物的羰基之间存在次级相互作用，稳定了反应活性路径的同时提供了立体化学控制。这种类型的次级相互作用将在第 5 章进一步讨论（见式 5.1 和图 5.3），它与 2.1.2.2 节中的两点结合方式不同，那里 Lewis 酸作用在底物中的两个 Lewis 碱部分。

图 2.17　Lewis 酸催化的 α,β-不饱和醛、α,β-不饱和酯及酮的 Diels-Alder 反应
（dr 表示非对映体比例）

通过单点结合的醌的间接活化的例子见图 2.17 中给出的 Diels-Alder 反应[15]。与图 2.6 中相关的 Diels-Alder 反应不同，这里 Lewis 酸以图中所示的单体形式存在。在酸性条件下选择性地得到的二聚体催化的反应比单体要慢得多。经 Lewis 酸活化和[4+2]加成形成的产物不稳定，为了分离方便将其直接转化成醌。反应的选择性很高，甚至取代的二烯和非对称的醌也是如此。

这些例子可能给人留下这样一种印象，即间接活化仅适用于 Diels-Alder 反应。实际上，对于任何涉及共轭体系的反应，如果活化其中一部分能够增强另外一部分的反应活性的话，间接活化都是适用的。例如，硫代烯醇硅醚对 α,β-不饱和酮的高效 Michael 加成反应可以由配位在酮上的硼 Lewis 酸来催化（图 2.18）[16,17]。

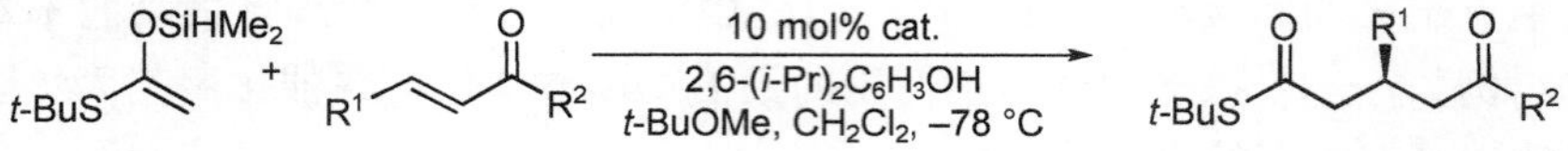

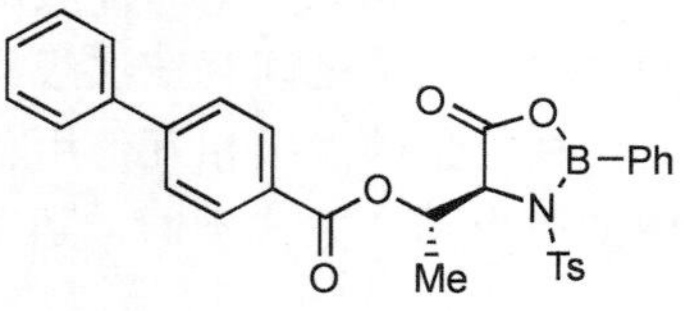

R¹	R²	产率/%	ee/%
Ph	Me	83	95
4-MeOPh	Me	54	92
4-CF₃Ph	Me	81	92
Me	Me	75	98
BnOCH₂	Me	60	90
Ph	i-Pr	64	88

图 2.18　Lewis 酸催化的硫代烯醇硅醚对 α,β-不饱和酮的不对称共轭加成反应

虽然前面的例子都集中在 α,β-不饱和羰基化合物，同样的原理也适用于许多具有 X=Y—Z 类型结构的类似底物，包括图 2.19 中列出的那些化合物。这些相关的化合物实际上受到的关注要少得多。

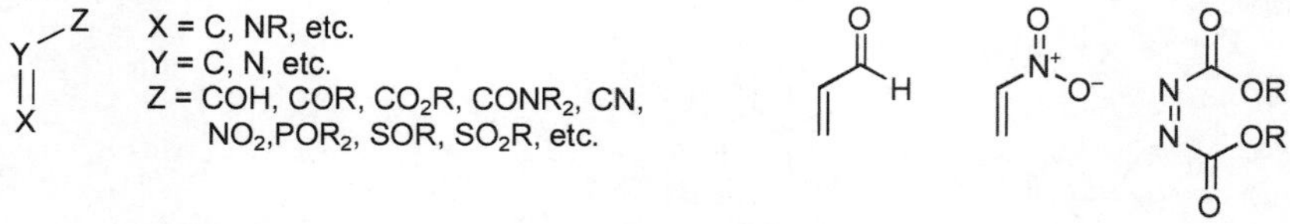

图 2.19　适合间接 Lewis 酸活化的底物

2.1.2.2　通过共轭体系的两点结合的 Lewis 酸活化

应用于直接活化的两点结合作用的所有优势和劣势也都适用于间接活化。另外，由于共轭体系中存在更多数目的构象异构体（见图 2.15），这使得两点结合造成的构象限制特别引人注目（见图 2.16）。两点结合策略在不对称催化领域的一个开创性例子是噁唑啉酮的 Diels-Alder 反应（图 2.20）[18]。α,β-不饱和噁唑啉酮具有两个优点：（1）与 Lewis 酸配位以后，酰胺的羰基的取向受到限制，烯烃被强制处于 s-cis 构象，因为 s-trans 构象受到了来自五元的噁唑啉酮环的 A[1,3]张力的影响（见图 4.33 中的模型）。（2）对 Lewis 酸的双齿配位造成了比使用相应的 α,β-不饱和酰胺的单齿配位更高程度的活化。双齿配位的证据来源于一个结构很接近的加合物的单晶 X 射线衍射结构[19]（更多细节见图 4.31～图 4.33）。

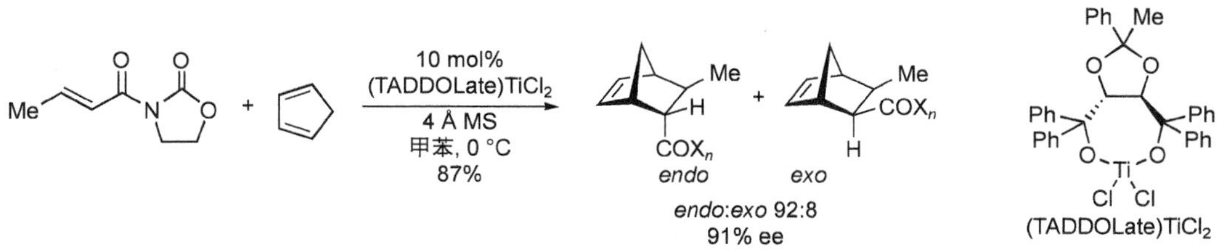

图 2.20   TADDOLate-钛催化剂催化的 α,β-不饱和噁唑啉酮的 Diels-Alder 反应

上面描述的钛催化剂/α,β-不饱和噁唑啉酮的组合也被应用在其他反应中,包括[2+2][20]和[3+2][21]环加成反应。然而,除图中所示的构象之外,钛-配体-底物加合物还存在多种可能的其他几何结构(见 4.3.2 节),为劣势对映体的形成提供了多种可能的途径,从而损害了反应的选择性。另外,钛催化剂对空气和水敏感。

双噁唑啉配体与 α,β-不饱和噁唑啉酮组合的发现解决了这些问题。多种金属-双噁唑啉催化剂都被发现在这个 Diels-Alder 反应中有选择性[22-24]。对图 2.21 中给出的铜催化剂进行了详细的研究[25-28]。双齿配位之后,双噁唑啉制造了一个结构明确的手性环境,其中叔丁基挡住了活性烯烃的其中一个面(图 2.21)。其净结果是得到了一个适用于宽泛得多的二烯和几种 α,β-不饱和噁唑啉酮的 Diels-Alder 反应的高效催化体系(图 2.21)。

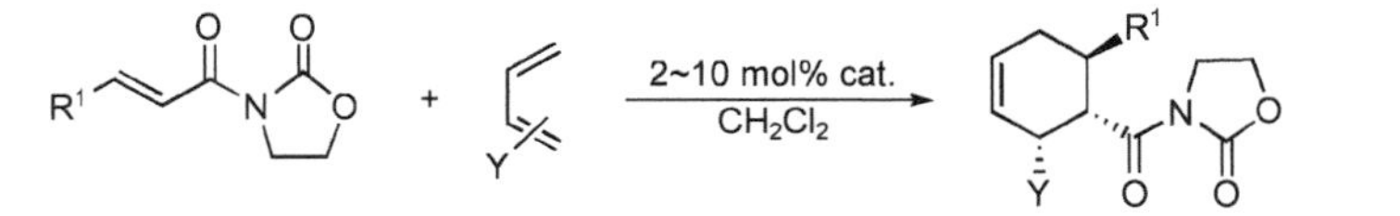

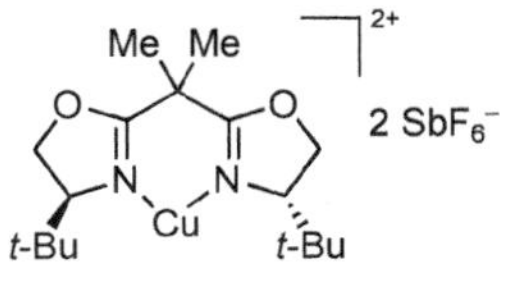

R^1	二烯	产物	T /°C	产率 /%	endo:exo	endo ee/%
H			$n = 1$ $n = 2$	(100) 90	96:4 95:5	> 98 93
H	R^2 = Me R^2 = Ph R^2 = OAc		25 −20 0	89 95 75	83:17 85:15 85:15	94 97 96
Me Ph CO₂Et			−15 25 −55	99 96 88	85:15 81:19 82:18	99 96 87

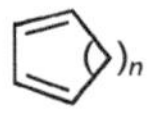

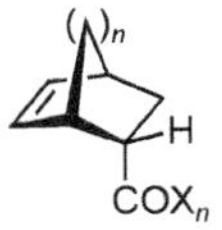

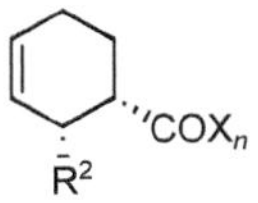

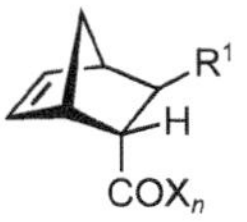

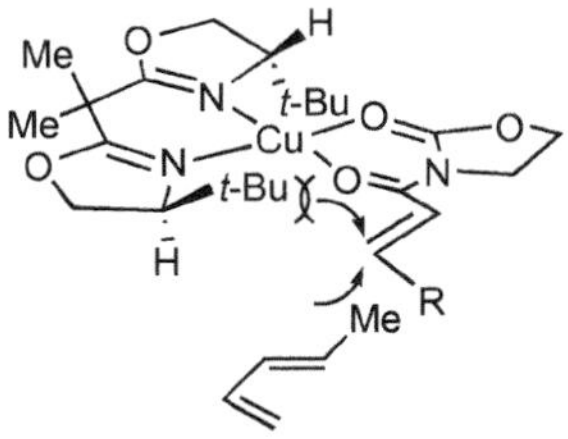

图 2.21   使用双噁唑啉催化剂的 α,β-不饱和噁唑啉酮的 Diels-Alder 反应

基于以上原则的单分子反应也是可能的。比如,噁唑啉衍生的底物的分子内 Diels-Alder 反应是非常成功的(图 2.22)[28]。

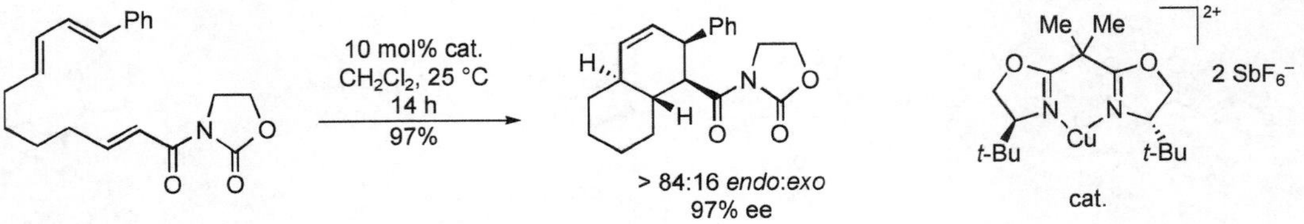

图 2.22　噁唑啉酮的分子内 Diels-Alder 反应

总体而言，双噁唑啉和吡啶-双噁唑啉衍生的催化剂在螯合底物的反应中非常有用[22-24,29]。它们已被用于为数众多的双齿底物，其中以能形成六元环（图 2.23）[30]和五元环（图 2.24）[31]螯合物的底物最为成功。

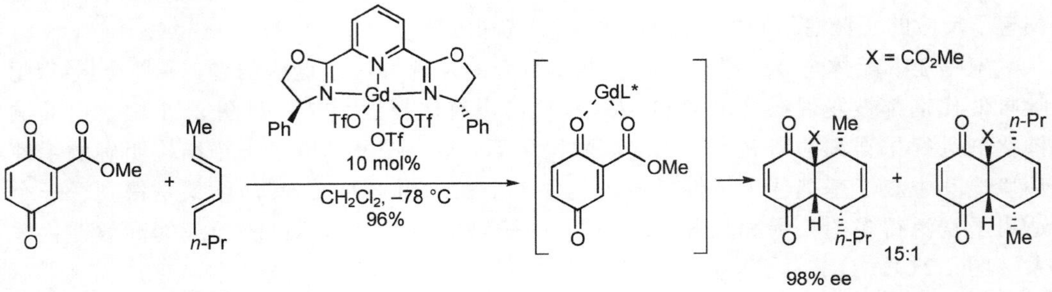

图 2.23　两点结合的醌底物的 Diels-Alder 反应

图 2.24 中的例子说明这种活化模式并不局限于 Diels-Alder 反应[31]。在很多体系的共轭加成反应中都取得了好的结果，包括烯醇硅醚对 α,β-不饱和噁唑啉酮[32]和重氮化合物的加成反应[33]。

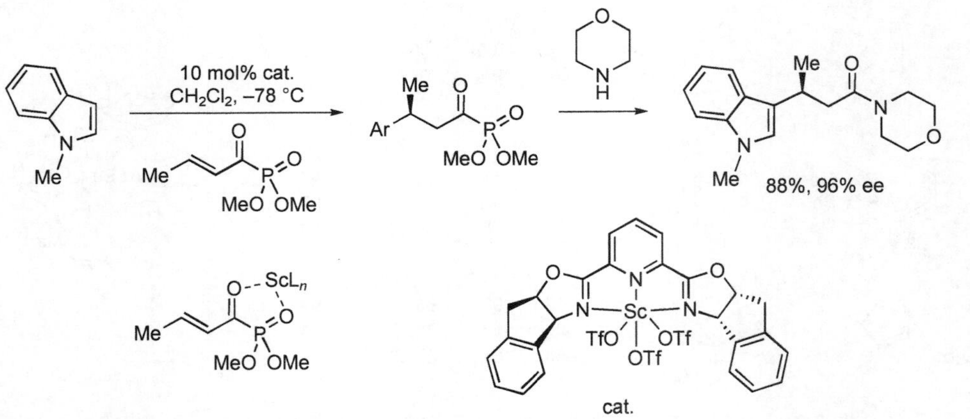

图 2.24　使用两点结合的 α-酮膦酸酯的 Friedel-Crafts 反应

2.2　Lewis 碱催化

由于有机反应的主体存在大量的 Lewis 碱性官能团（如醚、环氧化物、酯、酮、醛、亚胺、硝酮、硝基、亚硝基、磺酰基、膦酰基、醇、硫醚等），因而不对称催化中手性 Lewis 酸的使用已经非常普遍。对 Lewis 酸活化功能的深刻理解为设计和快速筛选手性催化反应提供了可能（见 2.1 节）。尽管如此，Lewis 酸催化也有缺点。与已知的最高效的催化体系（即用于催化氢化的过渡金属催化剂）相比，Lewis 酸催化剂用量（或者说每个催化转化的催化剂成本，包括手性配体成本）较高。而且有些反应并不适合 Lewis 酸催化。

虽然一开始并不如 Lewis 酸催化那样普遍，Lewis 碱催化现在已发展成为一种突出的催化类型，实现了一系列完全新型的化学。Lewis 碱催化剂可以通过对底物进行共价修饰（图 2.25a 和图 2.25b）和非共价（配位）修饰（图 2.25c 和图 2.25d）两种模式起作用。第一种活化模式要常见得多，其中手性 Lewis 碱（LB）与底物（S1 和 S2）其中之一发生反应，形成一个共价键得到活性的手性加合物（S1'-LB）。如果 S1'部分是非手性的，那么接下来在 S1'-LB 和另外一个底物 S2 之间发生一个手性转移过程（见附录 A 中的 A.1.1.7）（图 2.25a）。在这一类型的反应中，在 LB 被取代的同时将手性转移到了由于 S1'与 S2 的结合而形成的新的手性中心上，结果是得到了对映体富集的产物 P。更常见的情况是，在 S1 与 LB 或 S1'-LB 与 S2 之间发生非对映选择性的反应（图 2.25b），LB 控制了最终产物（P）中的出现的手性中心。在以上两种情况中，通过容易地切断共价键实现手性 Lewis 碱的周转都是有效催化剂的一个关键特征。

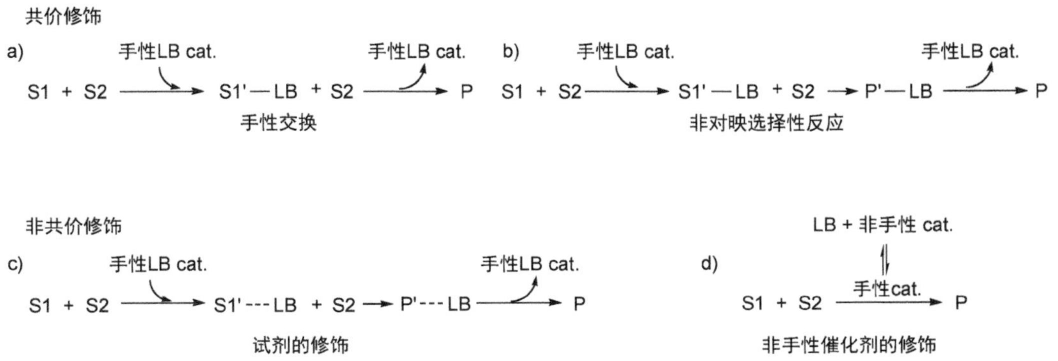

图 2.25　Lewis 碱催化剂的活化模式

一个另外的、不太常见的 Lewis 碱活化模式使用亚化学计量的手性 Lewis 碱，在反应中形成一个非共价的加合物（图 2.25c 和图 2.25d）。当化学计量的试剂被 Lewis 碱活化时（图 2.25c），一个至关重要的前提是加合物 S1'-LB 比试剂（S1）本身活性要高得多。换句话说，需要配体加速催化（即图 2.1 的最右侧部分）来防止外消旋的背景反应的发生。为发生催化剂周转，LB 必须能够在 P'-LB 与 S1'-LB 之间发生顺利交换。

当 Lewis 碱活化亚化学计量的试剂（即非手性的催化剂）时，这种情况又回到 2.1 节中讨论的手性 Lewis 酸催化剂（图 2.25d）的情况。

2.2.1　通过对底物进行非共价修饰的 Lewis 碱催化

由于典型的有机化合物中能与 Lewis 碱以非共价的方式进行有效相互作用的官能团很少，手性 Lewis 碱催化剂还没有像 Lewis 酸催化剂那样得到广泛应用。然而，已经知道一些有机体系，如有机硅烷，能与 Lewis 碱作用得到超出正常数量的键（中性硅的数量是 4 个）的物种。这些超配位物种经常表现出增强的反应活性[34]。如果亚化学计量的手性 Lewis 碱能够发生周转，那么一个使用催化量 Lewis 碱的反应可以被发展出来。

这一方法中最重要的考虑因素是手性超配位硅试剂需要比非手性的四价硅具有更高的反应活性。如果二者在活性上没有大的差别，那么非手性物种造成的背景反应会导致外消旋的过程占主导地位（见第 1 章）。图 2.26 中描述了手性 Lewis 碱活化非手性 Lewis 酸的基本假设[35,36]。向含可极化的 M—X 键的 Lewis 酸中加入电中性的供体时，造成更多的部分正电荷在金属中心积累，同时伴随着更多负电荷转移到基团 X 上。极端情况下发生离子化过程，负电荷完全转移到 X 上，同时形成一个阳离子的 Lewis 酸。对硅物种来说，计算表明，甚至负电荷的配体也能够导致硅上更大的正电荷积累（图 2.27）[37]。这种反常的结果为使用手性碱可逆地活化非手性 Lewis 酸提供了基础。

图 2.26　Lewis 酸碱加合物中的极化

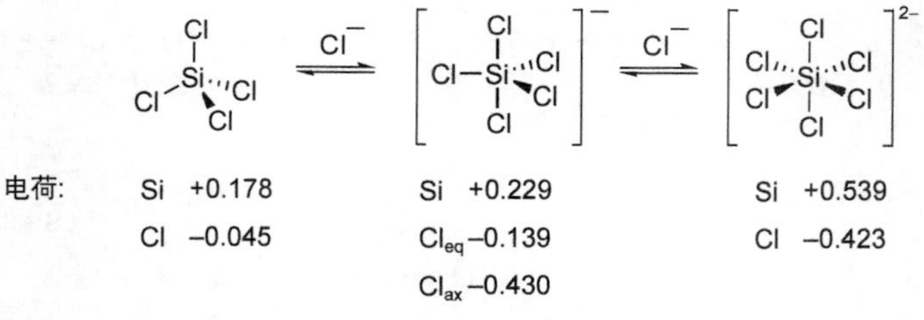

电荷:　Si +0.178　　Si +0.229　　Si +0.539
　　　Cl −0.045　　Cl$_{eq}$ −0.139　　Cl −0.423
　　　　　　　　　Cl$_{ax}$ −0.430

图 2.27　与 Lewis 碱形成超价物种时硅上的正电荷增加

手性磷酰胺催化剂提供了一个 Lewis 碱非共价活化硅物种的例子。这一工作中使用了两种截然不同的途径，一种使用含硅的底物，另一种使用四氯化硅。早期工作集中在前者，使用预先制备的三氯硅烷底物[38-41]，如图 2.28 中使用的三氯硅基烯醇盐[42-44]。此处磷酰胺直接活化其中一个有机底物。

在催化剂用量和 *anti/syn* 的比例之间发现了一个特别有趣的现象[45]：催化剂用量降低时 *anti* 非对映体的量降低了。这一发现与 *anti* 异构体的形成需要两分子(*S,S*)-Ph$_2$ 催化剂而 *syn* 异构体需要一分子催化剂相一致。(*S,S*)-Ph$_2$ 催化剂浓度的降低对形成 *anti* 异构体的二级的过程不利。在低的磷酰胺浓度下，生成 *syn* 非对映体的一级过程发生得更多。使用位阻更大的配体如(*S*,*S*)-Ph₄ 时更有利于一级过程。相应地，使用(*S*,*S*)-Ph₄ 时只得到了 *syn* 非对映体。

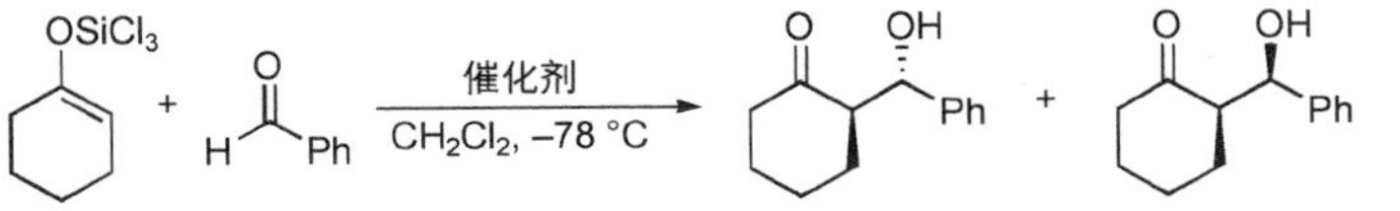

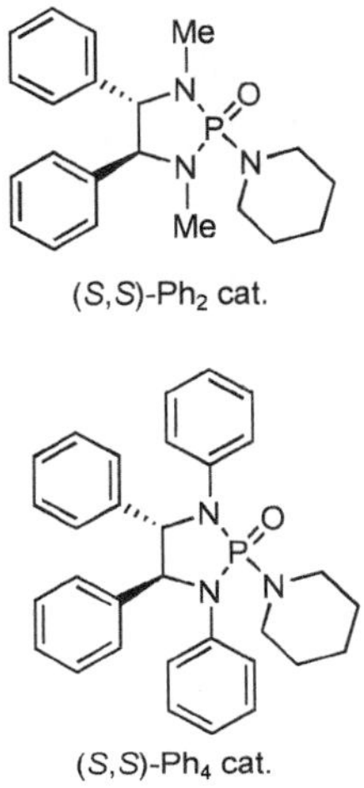

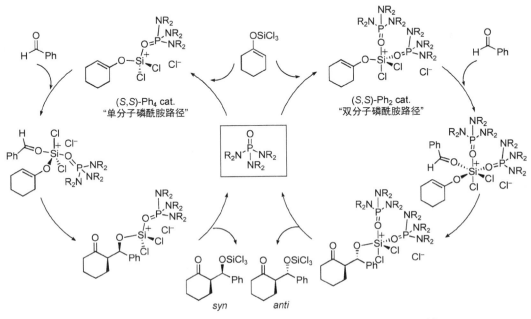

催化剂	用/Mol%	产率/%	*anti*:*syn*	ee(主产物)/%
(*S*,*S*)-Ph₂ cat.	10	95	98:2	92
(*S*,*S*)-Ph₂ cat.	2	96	97:3	91
(*S*,*S*)-Ph₂ cat.	0.5	53	83:17	91
(*S*,*S*)-Ph₄ cat.	10	94	1:99	51

图 2.28　Lewis 碱催化的三氯硅基烯醇负离子的 aldol 加成反应

　　在此基础上提出了如图 2.29 所示的反应机理，其中涉及一个高度亲电的磷酰胺结合的硅正离子[38]。催化循环由一个或两个磷酰胺分子结合到烯醇三氯硅烷中弱 Lewis 酸性的硅上而引发。这种结合使氯发生离子化而解离并产生了两个手性的三氯硅基正离子试

图 2.29　磷酰胺催化的三氯硅基烯醇负离子 aldol 加成反应的两种机理

剂。含有两分子磷酰胺的加合物看起来活性更高，这与图 2.27 中的电荷趋势一致。硅正离子物种然后与醛结合，引发 aldol 反应。通过从手性的磷酰胺上释放产物三氯硅基-aldol 加合物，催化循环得以完成。

支持以上反应途径的进一步的证据包括 (S,S)-Ph$_2$ 催化剂的二级动力学，表明双分子催化剂形成的加合物的存在[46]。氯离子解离得到阳离子物种也得到了外加的 n-Bu$_4$NCl 强烈抑制反应速率这一现象的支持[45]。

机理研究最终导致发展出一种连接起来的双磷酰胺催化剂（图 2.30）。这种催化剂将反应途径转移到"双分子磷酰路途径"（图 2.29）。这种对底物的双活化提供了更高效的不对称诱导，也缓解了前面二级过程中对催化剂浓度的强烈依赖作用。

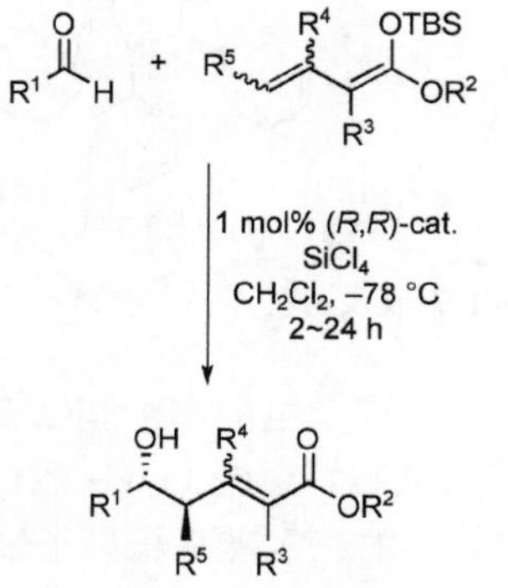

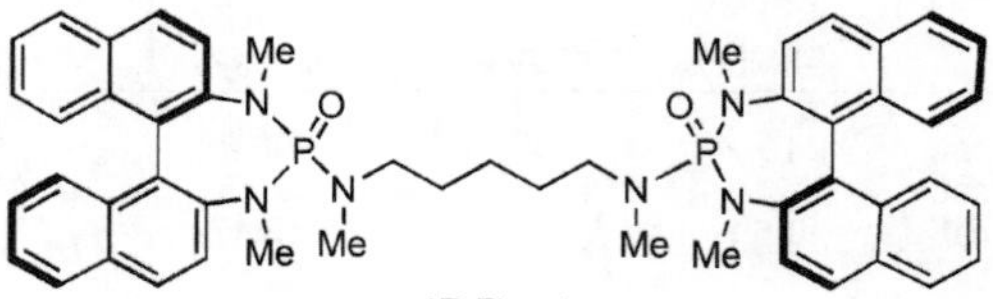

R^1	R^2	R^3	R^4	R^5	产率/%	ee/%
Ph	Et	H	H	H	89	98
PhCH=CH	Et	H	H	H	84	97
PhCH$_2$CH$_2$	Et	H	H	H	68[①]	91
Ph	Me	Me	H	H	93	99
Ph	Et	H	Me	H	91	92
Ph	t-Bu	H	H	Me	92	89

注：(R,R)-cat. 用量为 5 mol%

图 2.30　插烯型烯醇硅醚的 Mukaiyama aldol 反应中的双磷酰胺 Lewis 碱催化剂

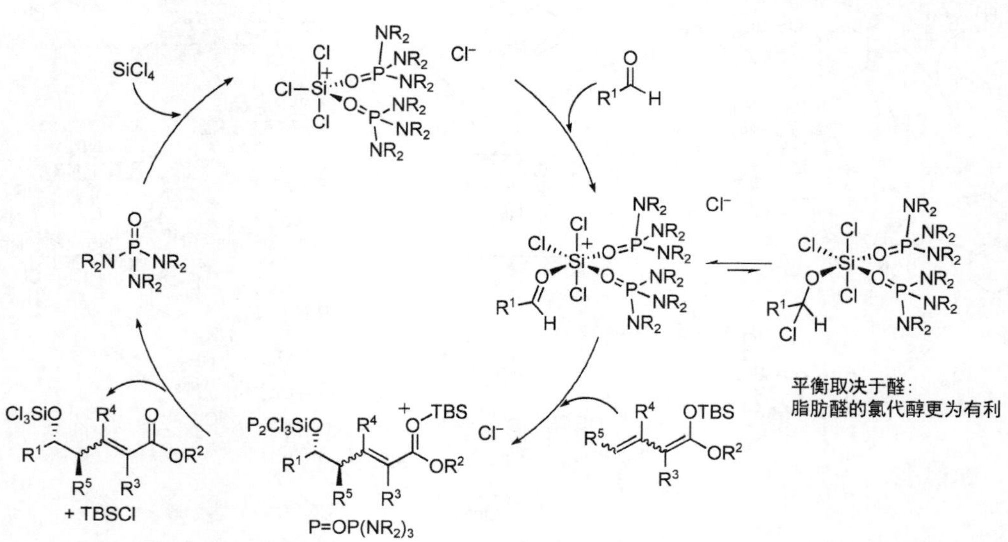

图 2.31　双磷酰胺催化剂催化的插烯型烯醇硅醚的 Mukaiyama aldol 反应（图 2.30）机理

进一步发展中，有机底物通过使用单独的硅试剂来活化。一个例子是图 2.30 中的插烯型烯醇硅醚的 aldol 反应[47-49]。在这些反应条件下，使用四氯化硅作为试剂，它在催化量的手性磷酰胺的作用下现场产生活性的手性 Lewis 酸（图 2.31）[48]。该物种然后促进亲核试剂与亲电试剂的反应。释放磷酰胺以后得到含有三氯硅基的产物。因此，这一过程使用的非手性 Lewis 酸四氯化硅并不是催化量的，而是使用催化量的手性 Lewis 碱磷酰胺。这是配体加速催化的一个极端例子（见图 2.1），因为四氯化硅在没有磷酰胺存在时并不能促进反应发生。

使用四氯化硅而非预先合成的烯醇或者烯丙基三氯硅烷使应用的底物更加广泛。几种反应类型，包括烯丙基锡试剂对醛的加成[50]和更多变的烯醇底物对醛的加成[48,51]都从这一策略中受益。而且这一策略还被卓有成效地应用于其他的 Lewis 碱[52]。

原则上这一策略可以被用于任何非手性 Lewis 酸，只要其与手性 Lewis 碱的加合物具有更高的反应活性。无论这种 Lewis 酸是有机底物的一部分还是作为独立的试剂在反应中对有机底物进行活化，都是适用的。Lewis 酸作为底物一部分的一个例子是烯醇锂盐在催化量 Lewis 碱作用下的不对称质子化（图 2.32）[53]。这里配位在 Lewis 碱上的烯醇负离子更容易发生质子化反应。手性 Lewis 碱提供的手性环境使质子化成为对映选择性的过程。

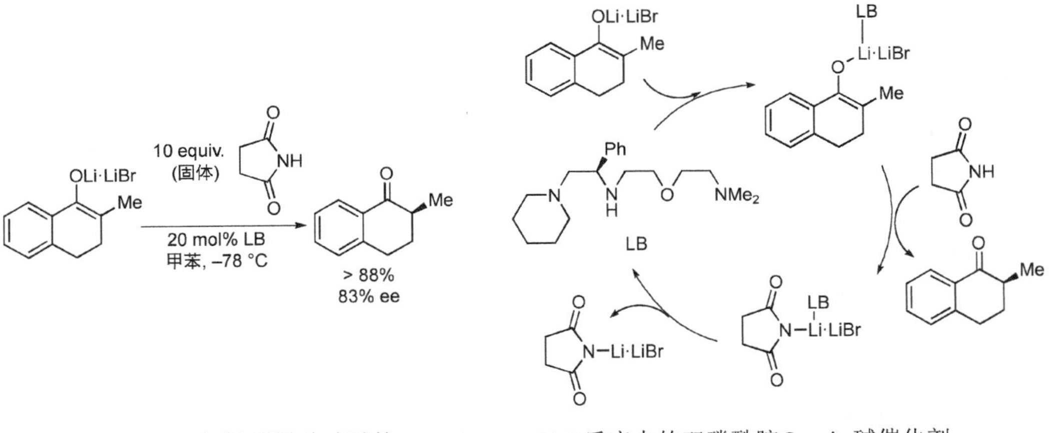

图 2.32　插烯型烯醇硅醚的 Mukaiyama aldol 反应中的双磷酰胺 Lewis 碱催化剂

一个 Lewis 酸部分不是参与反应的有机底物一部分的一个例子是现场产生的铜氢物种促进的酮的不对称氢硅化反应（式 2.1）[54]。这个例子中，非手性铜 Lewis 酸和手性膦 Lewis 碱与底物酮相比都是亚化学计量的。非手性的铜 Lewis 酸与手性 Lewis 碱结合产生催化物种。然而，在这里将这一反应归为 Lewis 碱催化的例子，因为手性 Lewis 碱的用量比非手性 Lewis 酸的用量要少得多（LB*：LA = 1：555）。

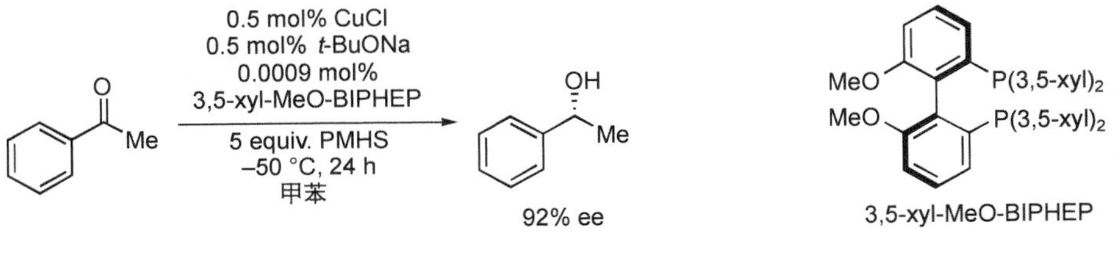

　　在与非手性 Lewis 酸结合使用的 Lewis 碱催化剂（2.2.1 节）与手性 Lewis 酸催化剂之间并没有严格的界限（见图 2.1）。这是尤其正确的，因为大部分手性 Lewis 酸催化剂是由非手性 Lewis 酸与手性 Lewis 碱配体组合得到的（见图 2.1）。本章中，二者的区别在于使用的 Lewis 碱与 Lewis 酸的相对用量。当 LA∶LB 的比例为 1∶1 时，反应被划分为 Lewis 酸催化。这种 Lewis 酸经常是预先制备的稳定的加合物。如果发生了配体减速催化（见图 2.1 的左侧部分），使用这种预先制备的催化剂尤为必要，因为不存在具有催化活性的非手性 Lewis 酸（见 1.2 节）。然而，一些配体加速的例子（见图 2.1 的右侧部分）也有报道，其中预先合成手性的配体加合物不是必须的，因为非手性 Lewis 酸的活性不如手性催化剂高。

　　当 LA∶LB 的比例超过 1∶1 时，反应被划分为 Lewis 碱催化，因为 Lewis 碱是体系中存在的最小摩尔比的物质。在这些反应中，典型的情况下 Lewis 酸的用量超过或等于有机底物的用量。这种反应想要成功实现的话，配体加速催化（见图 2.1 的右侧部分）必不可少。另外，配体交换也通常是很容易进行的。能够使用亚化学计量的手性 Lewis 碱可逆地现场产生手性 Lewis 酸试剂避免了预先合成手性 Lewis 酸-Lewis 碱加合物带来的很多问题（见 1.2 节）。这一策略的主要缺点是使用化学计量的 Lewis 酸。尽管如此，手性 Lewis 碱对底物的非共价修饰仍不失为一个强大的不对称催化策略。已经报道了许多例子（见 1.1 节、4.5.2 节和 11.2 节），而且这一策略无疑将来还会有进一步的应用。

2.2.2　通过对底物共价修饰的 Lewis 碱催化

　　尽管作为非共价，或者说配位修饰的手性 Lewis 碱催化剂已经很好地建立起来了，近年来，对映选择性 Lewis 碱催化（也称亲核催化）又出现了复苏。由于大部分手性 Lewis 碱都不含有金属，因此这些催化剂经常被认为是一类有机催化剂。有机催化，包括手性 Lewis 碱催化的综述见 *Acc. Chem. Res.* 杂志 2004 年第 8 号特刊《对映选择性有机催化》（*Acc. Chem. Res.* 2004, *37*, 487-463）以及 *Chem. Rev.* 杂志 2007 年第 12 号特刊《有机催化》（*Chem. Rev.* 2007, *107*, 5413-5883）中的文章。与 Lewis 酸同底物形成配位加合物不同，Lewis 碱通过与一个或多个底物分子形成瞬态的活性中间体。比配位键短的共价键造成的反应组分的距离更近，使得有机催化剂中的立体化学信息可以非常有效地转移到反应物中。

　　开创性的工作围绕图 2.33 中脯氨酸催化的三酮底物的环化反应展开[55-59]。早期的机理研究曾经饱受争议。人们提出了几种涉及一分子或两分子脯氨酸的过渡态模型。最终，进一步的机理[60,61]和计算化学[62,63]研究确定了目前广泛接受的机理，如图 2.33 中所示。在这个机理中，脯氨酸起到了 Lewis 碱和 Brønsted 酸两个作用（见图 2.33 中的过渡态结构[62]）。因此，最好将这个反应归为双功能催化来考虑（更多例子见第 12 章）。然而，手性 Lewis 碱催化的规范得以牢固建立，并产生了一个新的不对称催化领域。

　　这个工作的关键是发现当脯氨酸的胺部分起 Lewis 碱作用时，会与底物形成一个活性的烯胺形式。烯胺中包含的立体化学通过一个去对称化过程（见第 10 章）决定了接下来的烯胺 aldol 反应的立体化学（比较图 2.33 中的过渡态结构）。虽然对理解这个反应机理上取得的进展导致了大量的脯氨酸催化的新反应被发现[64,65]，本节剩下的部分将集中

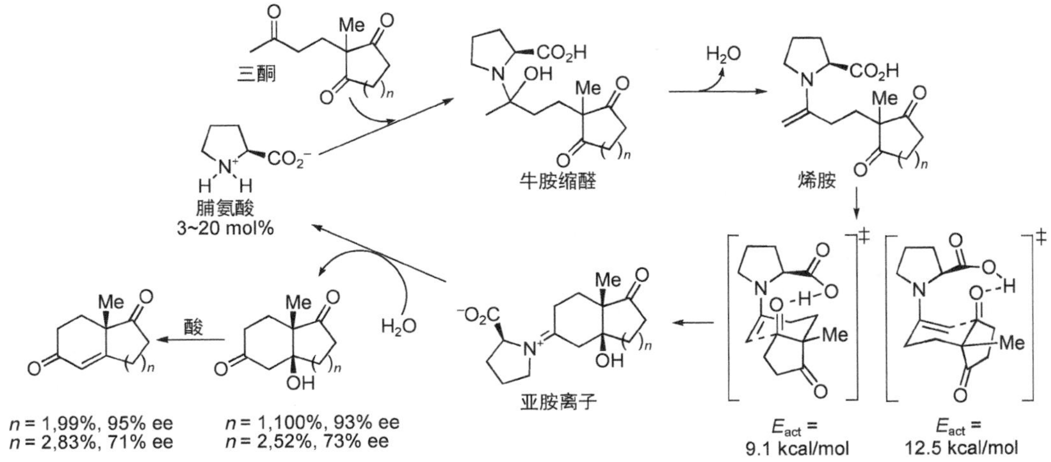

图 2.33 Hajos-Parrish-Eder-Sauer-Weichert 反应

在纯粹作为 Lewis 碱的不对称催化剂。提供的例子展示了与 Lewis 碱催化剂反应获得的不同类型的活化中间体。任何通过亲核试剂的瞬时加成得到活性中间体的反应都是 Lewis 碱催化的潜在候选。迄今，这种反应中大部分还是使用 Lewis 碱对羰基亲电试剂的加成。但是，从这一点出发，很广泛的化学是可能实现的（见 2.1.1 节和 2.1.2 节），包括直接的和间接的活化。手性活化的烯胺、酰基、亚胺和极性翻转等价物都可以由此被产生。

2.2.2.1 亲核试剂的活化

aldol 反应、Michael 反应以及相关的反应中使用的大多数烯胺催化剂都是由双功能的脯氨酸（见图 2.33）或手性胺催化剂与一个 Brønsted 酸的结合。如之前概述的，Brønsted 酸在活化亲电组分上起到了重要作用（也见第 12 章）。然而也有例外，如胺催化的醛对 α,β-不饱和硝基化合物的加成[66]（图 2.34）中没有使用额外的酸，而且立体化学与涉及烯胺中间体相一致。

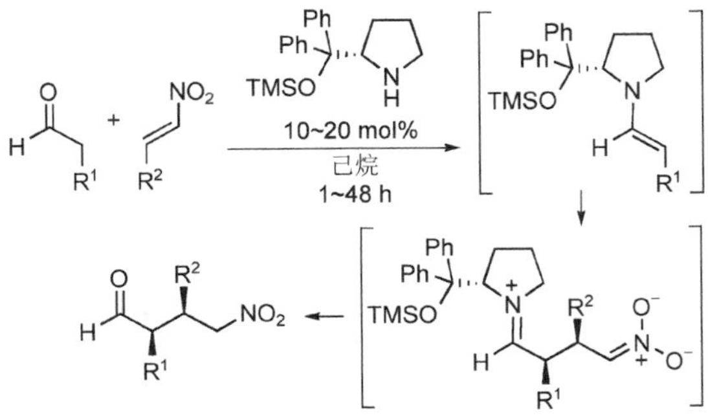

R[1]	R[2]	产率 /%	syn:anti	syn ee/%
Me	Ph	85	94:6	99
Me	n-Bu	52	84:16	99
Me	Cy	56	96:4	99
Et	Ph	66	93:7	99
i-Pr	Ph	72	93:7	99

图 2.34 醛对 α,β-不饱和硝基化合物的对映选择性共轭加成中 Lewis 碱的使用

类似的烯胺活化实现了一系列醛和酮的 α-官能团化反应，包括胺化、羟基化、亚磺酰化、氯化和氟化。α-氯化的一个例子如图 2.35 所示[67]。这个反应能够实现的一个关键

是对烯胺构型的控制。通过使用图 2.35 中取代的咪唑啉酮催化剂可以有利于其中一个加合物。具体而言，催化剂的二甲基部分处于远离烯胺的双键的构型。如此一来，苄基部分非常有效地挡住了烯胺的一个手性面。

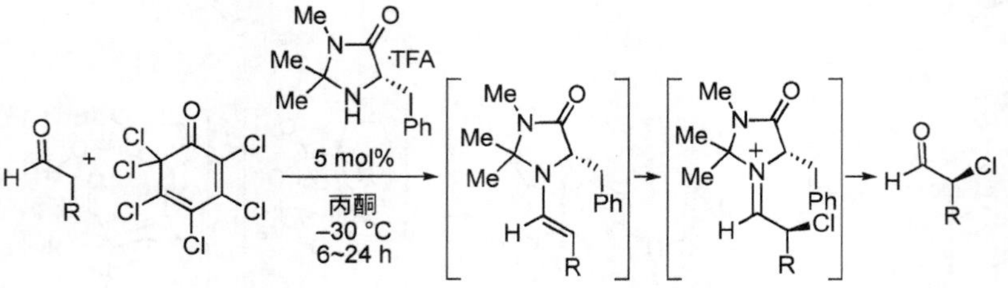

R	产率/%	ee/%
n-Hx	71	92
Cy	87	94
CH₂Ph	92	80
(CH₂)₃COMe	78	87

图 2.35　Lewis 碱催化的不对称 α-氯化反应

　　烯胺的活化也可以被用于杂 Diels-Alder 反应[68]（图 2.36）。烯胺催化成功的关键在于催化剂-产物加成物中 N=C 或 N—C 容易发生水解切断。在上述例子中，这一步骤的发生再生了原本在底物中的羰基。在下面的一个例子中，羰基产物是与其半缩醛形式平衡存在的。将这一反应混合物氧化得到了较高总体产率的内酯产物。因此，手性胺催化剂相当于是在一个总体上的环加成反应中活化了烯烃。

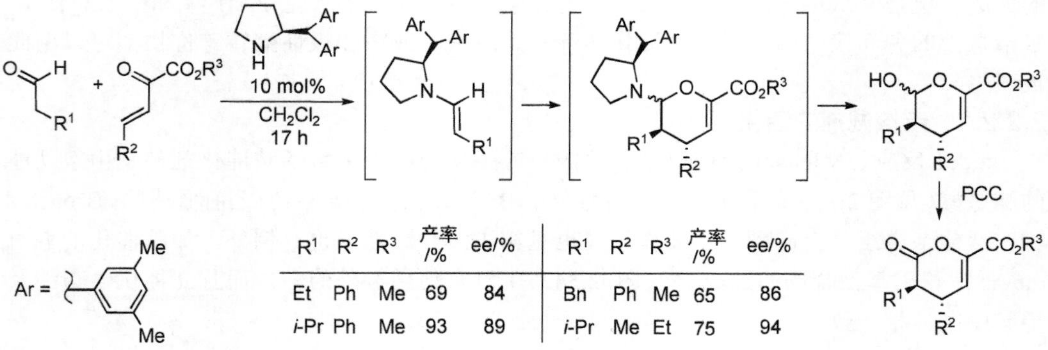

R¹	R²	R³	产率/%	ee/%	R¹	R²	R³	产率/%	ee/%
Et	Ph	Me	69	84	Bn	Ph	Me	65	86
i-Pr	Ph	Me	93	89	i-Pr	Me	Et	75	94

图 2.36　手性 Lewis 碱催化的杂 Diels-Alder 反应

　　烯胺在不对称合成中有较长的历史。它也能从烯酮和酰氯的反应得到。确实，取得高选择性的不对称有机催化的其中一个最早的例子就是甲基苯基烯酮的甲醇解反应[69]。该反应使用一个奎宁衍生物作为催化剂，经历了烯胺中间体。这种现场产生烯酮等价物的做法引起了这一研究领域的革命。Lewis 碱活化烯酮等价物的一组反应如图 2.37 所示。一个非亲核的酰胺类碱，质子海绵，与生物碱辛可宁衍生物苯甲酰奎宁（BQ）[70-72]共同催化 β-内酰胺的合成。从产物 β-内酰胺的高非对映选择性和对映选择性可以判断 Lewis 碱 BQ 也能够有效地进行不对称的传递。

　　通过一系列的动力学研究对该反应的机理进行了考察（图 2.38）[70-72]。有趣的是，酰氯对 BQ 的乙酰化是这个反应的决速步。酰基 BQ 中间体随后转化成手性的 BQ-烯醇盐。因此，Lewis 碱引起了邻近的碳原子（而非相连的碳原子）的亲核活化，使其进攻 α-

亚胺酯。最后，Lewis 碱 BQ 的立体化学控制了进攻的非对映选择性，也即产物的立体化学。

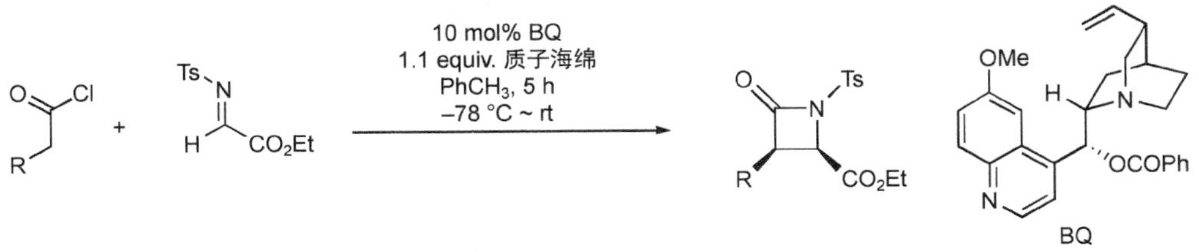

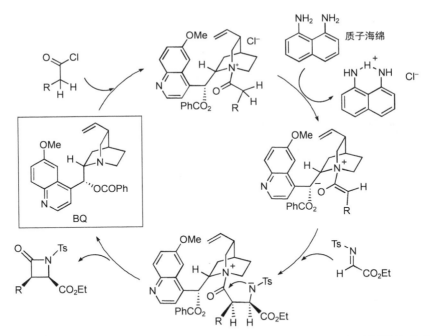

R	产率/%	ee/%	dr	R	产率/%	ee/%	dr
Ph	65	96	99:1	OBn	56	95	99:1
Et	57	99	99:1	CH=CH$_2$	58	98	99:1
Bn	60	96	33:1	N$_3$	47	98	25:1
OPh	45	99	99:1	Br	61	96	98:2
OAc	61	98	> 99:1				

图 2.37　烯酮等价物与亚胺的对映选择性[2+2]得到 β-内酰胺的反应中
使用了 Lewis 碱苯甲酰奎宁（BQ）

图 2.38　苯甲酰奎宁(BQ)-催化的由酰氯和亚胺形成 β-内酰胺中的不经历烯酮的反应路径

2.2.2.2　有机催化中的氧化活化

　　与广为熟知的催化条件下形成的烯胺作为亲核试剂的反应性不同，烯胺发生单电子氧化为一系列新型的转化提供了基础[73,74]。这一策略利用了富电子的烯胺容易氧化的性质。醛与咪唑啉酮 Lewis 碱现场形成烯胺之后，使用硝酸铈铵（CAN）进行氧化得到自由基阳离子，它与烯烃进行反应（图 2.39）。自由基断裂或者进一步氧化，然后亚胺盐的水解得到了观察到的产物。活化或非活化的烯烃都能发生反应。然而，当存在两种烯烃时，更亲核的烯烃选择性地发生反应（见图 2.39 中第一个例子：分子间和分子内反应的比较）。使用烯醇硅醚时得到了有用的 1,4-二羰基化合物。

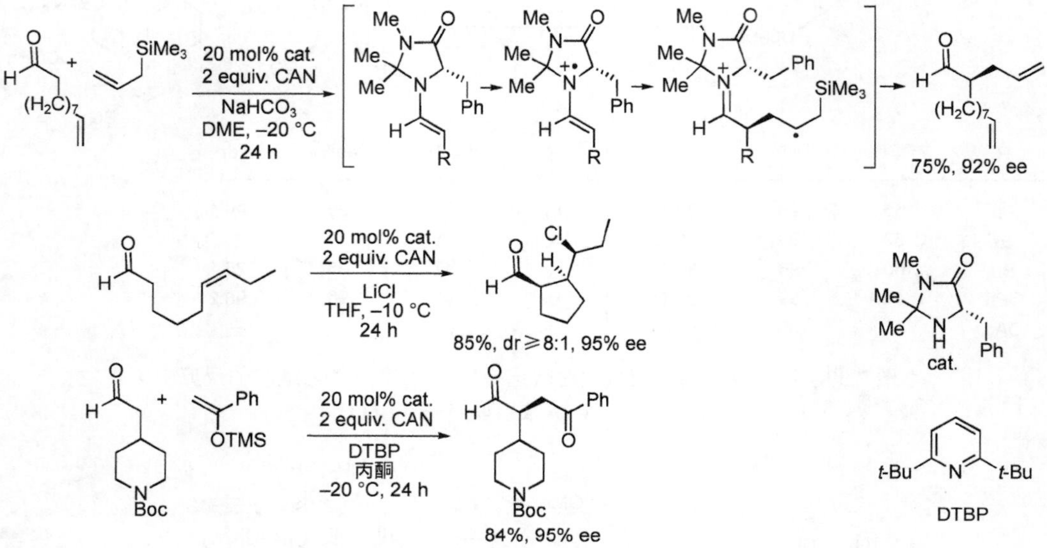

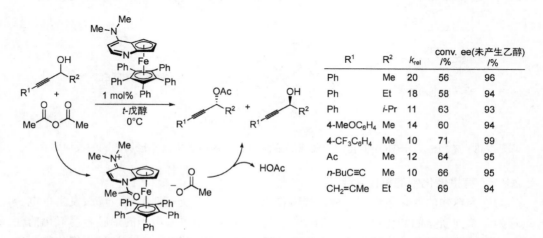

图 2.39　Lewis 碱催化的不对称氧化反应

2.2.2.3　亲电试剂的活化

　　一个熟悉的活化中间体是酰基-DMAP 复合物，见于 DMAP（4-二甲基氨基吡啶）催化的酸酐或酰氯对醇或胺的酰化反应。发展手性 Lewis 碱代替 DMAP 受到了广泛的关注[75-77]，一个突破是使用轴手性（应为平面手性——译者注）的 DMAP-二茂铁类似物取得的[78-80]（图 2.40）。虽然这一催化剂含有一个铁金属中心，但其在后续反应中是惰性的，仅作为

R^1	R^2	k_{rel}	conv. /%	ee(未产生乙醇) /%
Ph	Me	20	56	96
Ph	Et	18	58	94
Ph	i-Pr	11	63	93
4-MeOC$_6$H$_4$	Me	14	60	94
4-CF$_3$C$_6$H$_4$	Me	10	71	99
Ac	Me	12	64	95
n-BuC≡C	Me	10	66	95
CH$_2$=CMe	Et	8	69	94

图 2.40　手性 DMAP 类似物作为外消旋炔丙醇动力学拆分的 Lewis 碱催化剂

一个支持骨架元素。在几种类型的醇的动力学拆分中取得了好的结果[78]（见第 7 章）。这里描述了一个代表性的具有挑战性的炔丙醇底物动力学拆分的例子（图 2.40）[81]。由于得到了好的 k_{rel} 值，在转化率接近 50%时回收了高对映选择性的原料醇。手性 DMAP 类似物形成的酰基加合物的 X 射线晶体结构支持图 2.40 所示的直接活化机理。醇的两个对映体与手性酰基加合物的反应经历非对映选择性的过渡态。此例中底物的(*R*)-型对映体与酰基加合物的不对称环境更兼容，因此反应相对较快。

Lewis 碱催化剂也适用于间接活化 *α,β*-不饱和羰基化合物（见 2.1.2 节）。虽然 *α,β*-不饱和醛、酯和酰胺与手性 Lewis 酸形成确定的加合物，相应的 *α,β*-不饱和酮却产生了异构体的混合物（图 2.41）。这种活化确实提供了催化所需的低 LUMO，但是得到的不对称环境是混乱的，并不能提供高的对映选择性。一个使用咪唑啉酮为 Lewis 碱催化剂的方法很好地解决了这个问题[82]。从图 2.41 中的结果看出，*exo*/*endo* 选择性和对映选择性都是优秀的。这些结果的取得取决于 Lewis 碱催化剂对亚胺构型的有效控制。

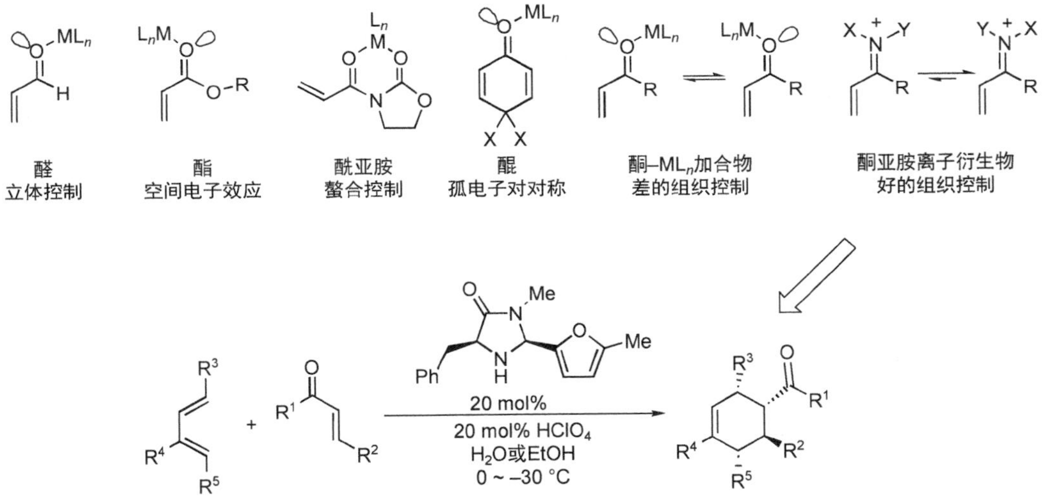
醛
立体控制
酯
空间电子效应
酰亚胺
螯合控制
醌
孤电子对对称
酮–MLn加合物
差的组织控制
酮亚胺离子衍生物
好的组织控制
20 mol%
20 mol% HClO4
H2O或EtOH
0 ~ –30 °C

二烯	亲二烯体	产物		产率/%	*endo*:*exo*	*endo* ee/%
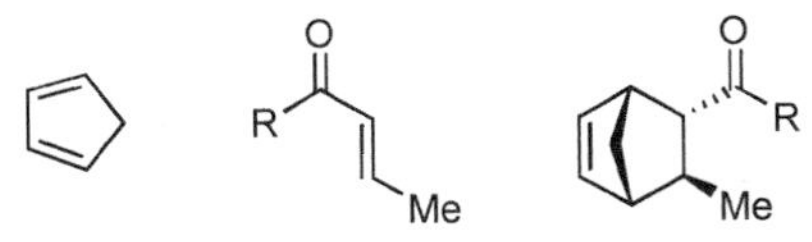			R = Me	85	14:1	61
			R = Et	89	25:1	90
			R = *n*-Bu	83	22:1	92
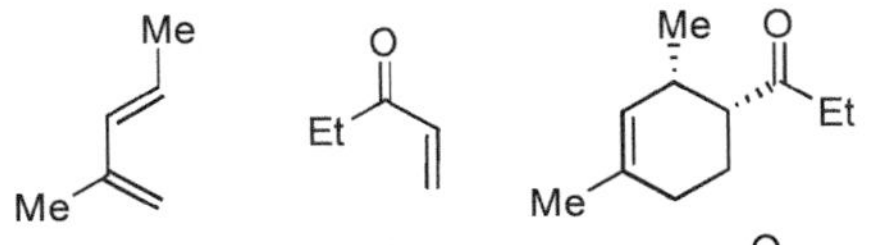				90	> 200:1	90
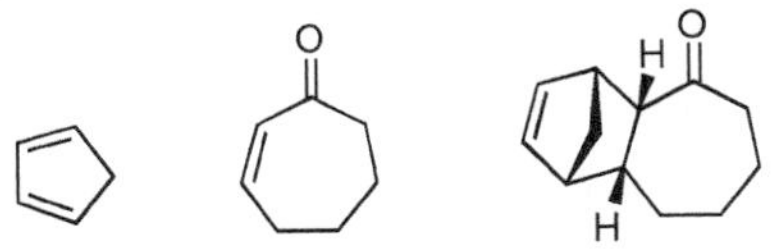				85	18:1	90

图 2.41　各种 *α,β*-不饱和羰基化合物的活化用于 Diels-Alder 反应

　　图 2.42 描绘了这个 Diels-Alder 反应的催化循环。所有情况下不对称诱导的意义（sense of asymmetric induction）都与 *cis*-型亚胺离子异构体的 *Si* 面与二烯底物反应一致。确实，计算模型提供的支持性的证据表明 *trans*-构型的亚胺离子异构体由于苄基和 R^1 基团的非键相互作用而导致能量上不利。此外，*cis*-亚胺盐异构体选择性地暴露出 *Si* 面进行环加成（图 2.42 所示的底面进攻）。

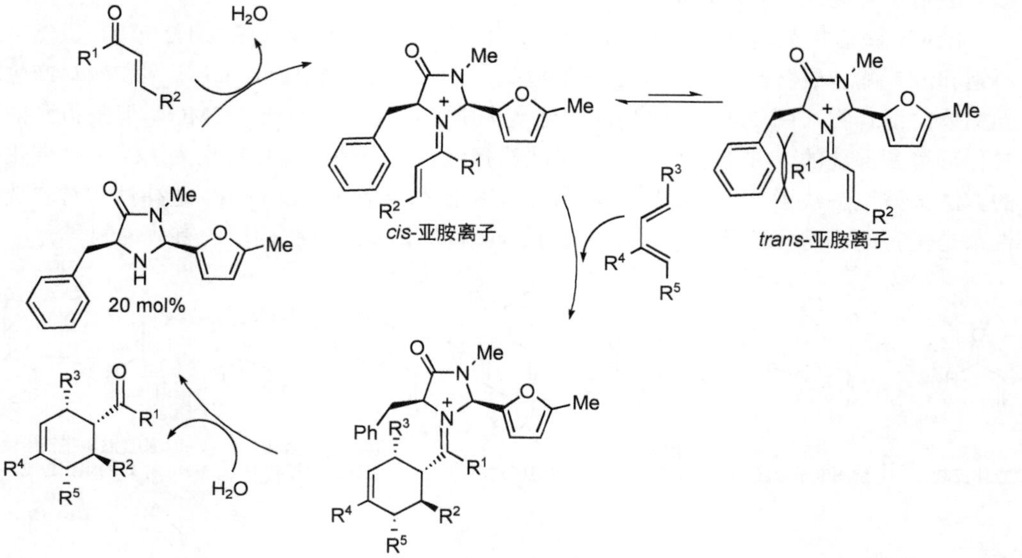

图 2.42　图 2.41 中咪唑啉催化的 Diels-Alder 反应的机理

　　这种类型的亚胺离子催化对一系列转化都是有效的，包括 Diels-Alder 反应、*endo*-选择性的[3+2]环加成、[4+3]环加成、转移氢化、Friedel-Crafts 反应、环氧化、环丙烷化，以及 Michael 反应[83]。确实，任何在 Lewis 酸有效活化 *α,β*-不饱和醛、酮的情况下能够很好地进行的反应自然都是候选。

2.2.2.4　极性翻转活化

　　Lewis 碱催化剂已被证明在进行"极性翻转"活化中是有效的[84,85]。这些反应中，底物的正常的极性遭到了翻转。这种现象也在 2.2.2.2 节中描述的烯胺的氧化型反应中看到。2.2.2.4 节讨论不涉及氧化过程的极性翻转活化。例如，手性亚三唑啉基（triazolinylidene）卡宾作为 Lewis 碱催化剂催化图 2.43 中的分子内 Stetter 反应[86]。此处醛的极性发生了翻转，产生了一种酰基负离子等价体。它与 *α,β*-不饱和酯或酮发生共轭加成，可以高效合成包含 1,4-二羰基结构的五元和六元环状化合物，同时建立两个新的手性中心。另外，反应的非对映选择性和对映选择性也是优秀的。

　　图 2.44 展示了 Stetter 反应的机理。卡宾对醛亲核加成之后，进一步发生去质子化得到一个非常富电子的双键。然后从苯基取代的双键一端对 *α,β*-不饱和羰基化合物发生亲核进攻，这是因为由"双烯胺"（或称为烯酮缩醛胺）所造成的极化比烯醇要强，因而决定了反应活性。与 *α,β*-不饱和体系发生 Michael 加成之后，发生消除反应再生卡宾催化

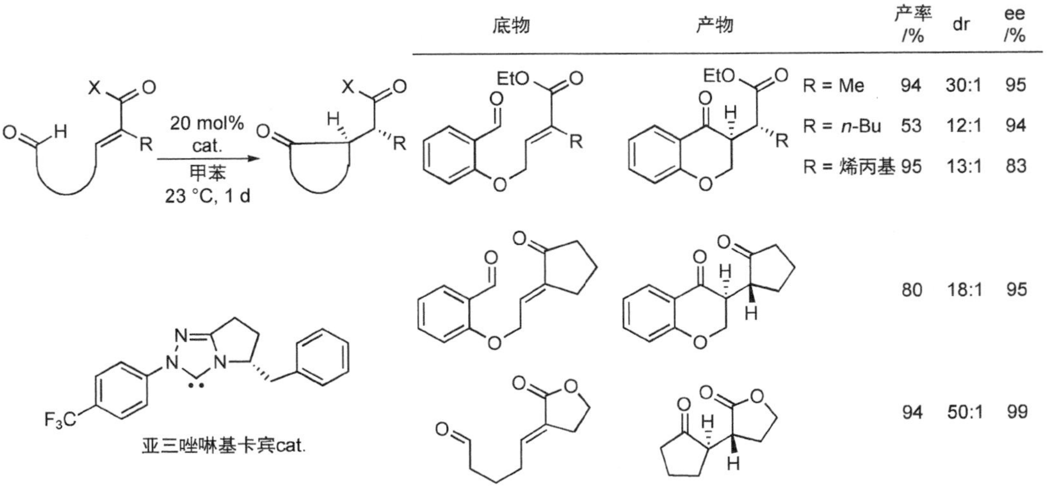
底物
产物
产率/%
dr
ee/%
20 mol% cat.
甲苯
23 °C, 1 d
R = Me 94 30:1 95
R = n-Bu 53 12:1 94
R = 烯丙基 95 13:1 83
80 18:1 95
94 50:1 99
亚三唑啉基卡宾cat.

图 2.43　对映选择性和非对映选择性分子内 Stetter 反应的普适性

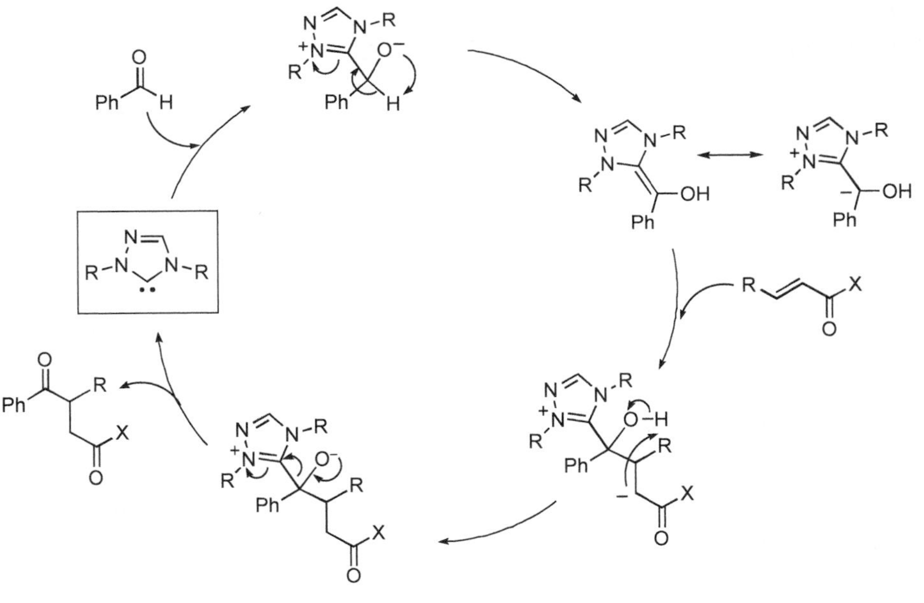

图 2.44　催化对映选择性 Stetter 反应的机理

剂和原本存在于底物醛中的羰基。在发现杂原子稳定的卡宾的高度稳定性之后，卡宾作为亲核催化剂的反应得到了快速发展[77,87-90]。

图2.45展示了另一个涉及极翻转和酰基负离子等价体的Lewis碱催化的例子[91-93]。此处酰基硅烷作为酰基负离子供体，亚磷酸锂盐中的负离子用作亲核催化剂。相比上面的例子，使用这个催化体系实现了更为困难的分子间反应。接下来与 α,β-不饱和酰胺反应和硅脱除之后，以良好的产率和高的对映选择性得到了非环状的 1,4-二羰基化合物。

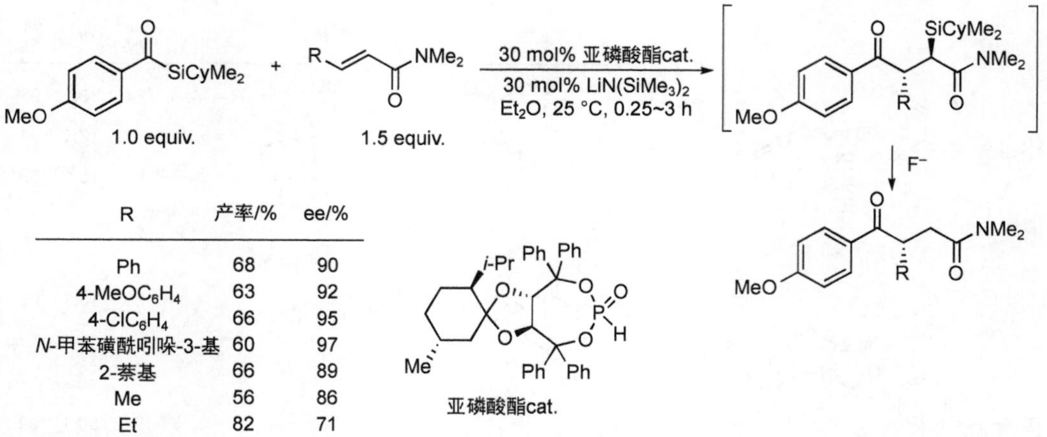

R	产率/%	ee/%
Ph	68	90
4-MeOC$_6$H$_4$	63	92
4-ClC$_6$H$_4$	66	95
N-甲苯磺酰吲哚-3-基	60	97
2-萘基	66	89
Me	56	86
Et	82	71

图 2.45　金属杂亚磷酸酯催化的酰基对 α,β-不饱和酰胺的加成反应

这个反应的机理与 Stetter 反应是截然不同的（见图 2.46）。反应的第一步是碱六甲基二硅胺基锂对亚磷酸酯的去质子化生成催化物种。这个负离子对酰基硅烷加成，得到的产物物种经历[1,2]-Brook 重排得到碳负离子。碳负离子再与 α,β-不饱和酰胺共轭加成。催化剂的释放是通过该加成产物发生一个不寻常的非对映选择性的逆[1,4]-Brook 重排引发的。

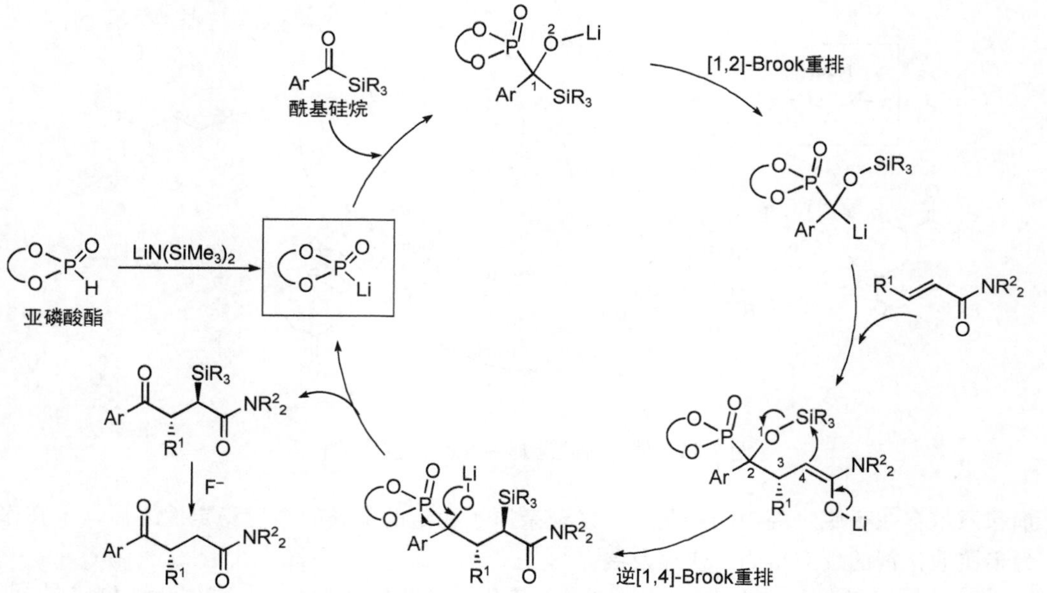

图 2.46　金属杂亚磷酸酯催化的酰基对 α,β-不饱和酰胺的加成反应

Lewis 碱催化的不对称反应的多样性和适用范围很令人震撼。如上面所展示的，Lewis 碱催化剂的强大在于它可以使用新型或不寻常的反应途径。另外，由于大部分 Lewis 碱催化剂不含金属，这使其在成本和催化剂去除方面具有优势。其最大的劣势在

于，与最有效的不对称催化过程相比通常使用较高的催化剂用量。这一问题很可能在不久的将来得到解决。

总结与展望

本章概括了 Lewis 酸和 Lewis 碱活化的基本类型。尽管 Lewis 酸催化已经是一个成熟的领域，新的发现仍然不断地被做出来。由于手性 Lewis 酸和一系列官能团化底物可能的强相互作用，Lewis 酸催化仍将继续作为不对称催化的一个主流方向。在 Lewis 碱催化中的重要发现正在迅速出现。Lewis 碱可用于催化活化化学计量的 Lewis 酸，因此具有种多样的 Lewis 碱活化方式：不可逆地配位和修饰 Lewis 酸（传统的手性 Lewis 酸催化）以及可逆地配位和活化含有 Lewis 酸性基团的试剂（手性 Lewis 碱催化）。最近有机催化的 Lewis 碱催化领域也出现了复苏。在这种类型的催化中，手性的 Lewis 碱与有机底物可逆地形成共价加合物。Lewis 碱活化亲核或亲电组分的例子都有报道。除此之外，通过 Lewis 碱进行极翻转活化的潜力为许多强有力的转化提供了途径。Lewis 碱活化的真正潜力还有待确定，但是很可能它会取得和 Lewis 酸催化一样的地位。

参 考 文 献

[1] Berrisford, D. J.; Bolm, C.; Sharpless, K. B. Ligand-Accelerated Catalysis. *Angew. Chem., Int. Ed. Engl.* **1995**, *34*, 1059-1070.

[2] Mikami, K.; Terada, M.; Sawa, E.; Nakai, T. Asymmetric Catalysis by Chiral Titanium Perchlorate for Carbonyl-Ene Cyclization. *Tetrahedron Lett.* **1991**, *32*, 6571-6574.

[3] Mikami, K.; Yajima, T.; Terada, M.; Uchimaru, T. Asymmetric Catalysis of Ene-type Reaction with Fluoral by Chiral Titanium Complex: A Semiempirical and Ab Initio Analysis of Ene Reactivity. *Tetrahedron Lett.* **1993**, *34*, 7591-7594.

[4] Mikami, K.; Jajima, T.; Terada, M.; Kato, E.; Maruta, M. Diastereoselective and Enantioselective Catalysis of the Carbonyl-Ene Reaction with Fluoral. *Tetrahedron: Asymmetry* 1994, 5, 1087-1090.

[5] Mikami, K.; Yajima, T.; Takasaki, T.; Matsukawa, S.; Terada, M.; Uchimaru, T.; Maruta, M. Asymmetric Catalysis of Carbonyl-ene and Aldol Reactions with Fluoral by Chiral Binaphthol-derived Titanium Complex. *Tetrahedron* **1996**, *52*, 85-98.

[6] Gademann, K.; Chavez, D. E.; Jacobsen, E. N. Highly Enantioselective Inverse-Electron-Demand Hetero-Diels-Alder Reactions of α,β-Unsaturated Aldehydes. *Angew. Chem., Int. Ed. Engl.* **2002**, *41*, 3059-3061.

[7] Evans, D. A.; Murry, J. A.; Kozlowski, M. C. C_2-Symmetric Copper(II) Complexes as Chiral Lewis Acids. Catalytic Enantioselective Aldol Additions of Silylketene Acetals to Benzyloxyacetaldehyde. *J. Am. Chem. Soc.* **1996**, *118*, 5814-5815.

[8] Evans, D. A.; Kozlowski, M. C.; Murry, J. A.; Burgey, C. S.; Campos, K. R.; Connell, B. T.; Staples, R. J. C_2-Symmetric Copper(II) Complexes as Chiral Lewis Acids. Scope and Mechanism of Catalytic Enantioselective Aldol Additions of Enolsilanes to (Benzyloxy)acetaldehyde. *J. Am. Chem. Soc.* **1999**, *121*, 669-685.

[9] Mikami, K.; Matsukawa, S. Asymmetric Catalytic Aldol-type Reaction with Ketene Silyl Acetals: Possible Intervention of the Silatropic Ene Pathway. *J. Am. Chem. Soc.* **1994**, *116*, 4077-4078.

[10] Evans, D. A.; Johnson, J. S. Catalytic Enantioselective Hetero Diels-Alder Reactions of α,β-Unsaturated Acyl Phosphonates with Enol Ethers. *J. Am. Chem. Soc.* **1998**, *120*, 4895-4896.

[11] Evans, D. A.; Johnson, J. S.; Olhava, E. J. Enantioselective Synthesis of Dihydropyrans. Catalysis of Hetero Diels-Alder Reactions by Bis(oxazoline)Copper(II) Complexes. *J. Am. Chem. Soc.* **2000**, *122*, 1635-1649.

[12] Abraham, L.; Czerwonka, R.; Hiersemann, M. The Catalytic Enantioselective Claisen Rearrangement of an Allyl Vinyl Ether. *Angew. Chem., Int. Ed. Engl.* **2001**, *40*, 4700-4703.

[13] Bao, J.; Wulff, W. D.; Rheingold, A. L. Vaulted Biaryls as Chiral Ligands for Asymmetric Catalytic Diels-Alder Reactions. *J. Am. Chem. Soc.* **1993**, *115*, 3814-3815.

[14] Hawkins, J. M.; Loren, S. Two-Point-Binding Asymmetric Diels-Alder Catalysts: Aromatic Alkyldichloroboranes. *J. Am. Chem. Soc.* **1991**, *113*, 7794-7795.

[15] Jarvo, E. R.; Lawrence, B. M.; Jacobsen, E. N. Highly Enantio- and Regioselective Quinone Diels-Alder Reactions Catalyzed by a Tridentate [(Schiff Base)Cr^{III}] Complex. *Angew. Chem., Int. Ed. Engl.* **2005**, *44*, 6043-6046.

[16] Wang, X.; Adachi, S.; Iwai, H.; Takatsuki, H.; Fujita, K.; Kubo, M.; Oku, A.; Harada, T. Enantioselective Lewis Acid-Catalyzed Mukaiyama-Michael Reactions of Acyclic Enones. Catalysis by *allo*-Threonine-Derived Oxazaborolidinones. *J. Org. Chem.* **2003**, *68*, 10046-10057.

[17] Harada, T.; Adachi, S.; Wang, X. Dimethylsilyl Ketene Acetal as a Nucleophile in Asymmetric Michael Reaction: Enhanced Enantioselectivity in Oxazaborolidinone- Catalyzed Reaction. *Org. Lett.* **2004**, *6*, 4877-4879.

[18] Narasaka, K.; Iwasawa, N.; Inoue, M.; Yamada, T.; Nakashima, M.; Sugimori, J. Asymmetric Diels-Alder Reaction Catalyzed by a Chiral Titanium Reagent. *J. Am. Chem. Soc.* **1989**, *111*, 5340-5345.

[19] Gothelf, K. V.; Hazell, R. G.; Jørgensen, K. A. Crystal Structure of a Chiral Titanium Catalyst-Alkene Complex. The Intermediate in Catalytic Asymmetric Diels-Alder and 1,3-Dipolar Cycloaddition Reactions. *J. Am. Chem. Soc.* **1995**, *117*, 4435-4436.

[20] Narasaka, K.; Hayashi, Y.; Shimadzu, H.; Niihata, S. Asymmetric [2 + 2] Cycloaddition Reaction Catalyzed by a Chiral Titanium Reagent. *J. Am. Chem. Soc.* **1992**, *114*, 8869-8885.

[21] Gothelf, K. V.; Jørgensen, K. A. Transition-Metal Catalyzed Asymmetric 1,3-Dipolar Cycloaddition Reactions Between Alkenes and Nitrones. *J. Org. Chem.* **1994**, *59*, 5687-5691.

[22] Desimoni, G.; Faita, G.; Quadrelli, P. Pyridine-2,6-bis(oxazolines), Helpful Ligands for Asymmetric Catalysts. *Chem. Rev.* **2003**, *103*, 3119-3154.

[23] McManus, H. A.; Guiry, P. J. Recent Developments in the Application of Oxazoline-Containing Ligands in Asymmetric Catalysis. *Chem. Rev.* **2004**, *104*, 4151-4202.

[24] Desimoni, G.; Faita, G.; Jørgensen, K. A. C_2-Symmetric Chiral Bis(oxazoline) Ligands in Asymmetric Catalysis. *Chem. Rev.* **2006**, *106*, 3561-3651.

[25] Evans, D. A.; Miller, S. J.; Lectka, T. Bis(oxazoline)copper(II) Complexes as Chiral Catalysts for the Enantioselective Diels-Alder Reaction. *J. Am. Chem. Soc.* **1993**, *115*, 6460-6461.

[26] Evans, D. A.; Murry, J. A.; von Matt, P.; Norcross, R. D.; Miller, S. J. C_2-Symmetric Cationic Copper(II) Complexes as Chiral Lewis Acids: Counterion Effects in the Enantioselective Diels-Alder Reaction. *Angew. Chem., Int. Ed. Engl.* **1995**, *34*, 798-800.

[27] Evans, D. A.; Miller, S. J.; Lectka, T.; von Matt, P. Chiral Bis(oxazoline)copper(II) Complexes as Lewis Acid Catalysts for the Enantioselective Diels-Alder Reaction. *J. Am. Chem. Soc.* **1999**, *121*, 7559-7573.

[28] Evans, D. A.; Barnes, D. M.; Johnson, J. S.; Lectka, T.; von Matt, P.; Miller, S. J.; Murry, J. A.; Norcross, R. D.; Shaughnessy, E. A.; Campos, K. R. Bis(oxazoline) and Bis(oxazolinyl)pyridine Copper Complexes as Enantioselective Diels-Alder Catalysts: Reaction Scope and Synthetic Applications. *J. Am. Chem. Soc.* **1999**, *121*, 7582-7594.

[29] Johnson, J. S.; Evans, D. A. Chiral Bis(oxazoline)Copper(II) Complexes: Versatile Catalysts for Enantioselective Cycloaddition, Aldol, Michael, and Carbonyl Ene Reactions. *Acc. Chem. Res.* **2000**, *33*, 325-335.

[30] Evans, D. A.; Wu, J. Enantioselective Rare-Earth Catalyzed Quinone Diels-Alder Reactions. *J. Am. Chem. Soc.* **2003**, *125*, 10162-10163.

[31] Evans, D. A.; Scheidt, K. A.; Fandrick, K. R.; Lam, H. W.; Wu, J. Enantioselective Indole Friedel-Crafts Alkylations Catalyzed by Bis(oxazolinyl)pyridine-Scandium(III) Triflate Complexes. *J. Am. Chem. Soc.* **2003**, *125*, 10780-10781.

[32] Evans, D. A.; Scheidt, K. A.; Johnston, J. N.; Willis, M. C. Enantioselective and Diastereoselective Mukaiyama-

Michael Reactions Catalyzed by Bis(oxazoline) Copper(II) Complexes. *J. Am. Chem. Soc.* **2001**, *123*, 4480-4491.

[33] Evans, D. A.; Johnson, D. S. *C*₂-Symmetric Copper(II) Complexes as Chiral Lewis Acids. Catalytic Enantioselective Amination of Enolsilanes. *Org. Lett.* **1999**, *1*, 595-598.

[34] Holmes, R. R. Comparison of Phosphorus and Silicon: Hypervalency, Stereochemistry, and Reactivity. *Chem. Rev.* **1996**, *96*, 927-950.

[35] Gutmann, V. *The Donor-Acceptor Approach to Molecular Interactions*; Plenum Press: New York, 1978.

[36] Jensen, W. B. *The Lewis Acid-Base Concept*; Wiley: New York, 1980.

[37] Gordon, M. S.; Carroll, M. T.; Davis, L. P.; Burggraf, L. W. Structure and Stability of Hexacoordinated Sila Dianions. *J. Phys. Chem.* **1990**, *94*, 8125-8128.

[38] Denmark, S. E.; Stavenger, R. A. Asymmetric Catalysis of Aldol Reactions with Chiral Lewis Bases. *Acc. Chem. Res.* **2000**, *33*, 432-440.

[39] Denmark, S. E.; Coe, D. M.; Pratt, N. E.; Griedel, B. D. Asymmetric Allylation of Aldehydes with Chiral Lewis Bases. *J. Org. Chem.* **1994**, *59*, 6161-6163.

[40] Denmark, S. E.; Fu, J. On the Mechanism of Catalytic, Enantioselective Allylation of Aldehydes with Chlorosilanes and Chiral Lewis Bases. *J. Am. Chem. Soc.* **2000**, *122*, 12021-12022.

[41] Denmark, S. E.; Fu, J. Catalytic, Enantioselective Addition of Substituted Allylic Trichlorosilanes Using a Rationally-Designed 1,2′-Bispyrrolidine-Based Phosphoramide. *J. Am. Chem. Soc.* **2001**, *123*, 9488-9489.

[42] Denmark, S. E.; Wong, K.-T.; Stavenger, R. A. The Chemistry of Trichlorosilyl Enolates. 2. Highly-Selective Asymmetric Aldol Additions of Ketone Enolates. *J. Am. Chem. Soc.* **1997**, *119*, 2333-2334.

[43] Denmark, S. E.; Stavenger, R. A.; Wong, K.-T. Lewis Base-Catalyzed, Asymmetric Aldol Additions of Methyl Ketone Enolates. *J. Org. Chem.* **1998**, *63*, 918-919.

[44] Denmark, S. E.; Stavenger, R. A.; Wong, K.-T.; Su, X. Chiral Phosphoramide-Catalyzed Aldol Additions of Ketone Enolates. Preparative Aspects. *J. Am. Chem. Soc.* **1999**, *121*, 4982-4991.

[45] Denmark, S. E.; Su, X.; Nishigaichi, Y. The Chemistry of Trichlorosilyl Enolates. 6. Mechanistic Duality in the Lewis Base-Catalyzed Aldol Addition Reaction. *J. Am. Chem. Soc.* **1998**, *120*, 12990-12991.

[46] Denmark, S. E.; Pham, S. M. Kinetic Analysis of the Divergence of Reaction Pathways in the Chiral Lewis Base Promoted Aldol Additions of Trichlorosilyl Enol Ethers: A Rapid-Injection NMR Study. *Helv. Chim. Acta* **2000**, *83*, 1846-1853.

[47] Denmark, S. E.; Beutner, G. L. Lewis Base Activation of Lewis Acids. Vinylogous Aldol Reactions. *J. Am. Chem. Soc.* **2003**, *125*, 7800-7801.

[48] Denmark, S. E.; Beutner, G. L.; Wynn, T.; Eastgate, M. D. Lewis Base Activation of Lewis Acids: Catalytic, Enantioselective Addition of Silyl Ketene Acetals to Aldehydes. *J. Am. Chem. Soc.* **2005**, *127*, 3774-3789.

[49] Denmark, S. E.; Heemstra, J. R., Jr. Lewis Base Activation of Lewis Acids. Vinylogous Aldol Addition Reactions of Conjugated N,O-Silyl Ketene Acetals to Aldehydes. *J. Am. Chem. Soc.* **2006**, *128*, 1038-1039.

[50] Denmark, S. E.; Wynn, T. Lewis Base Activation of Lewis Acids: Catalytic Enantioselective Allylation and Propargylation of Aldehydes. *J. Am. Chem. Soc.* **2001**, *123*, 6199-6200.

[51] Denmark, S. E.; Heemstra, J. R., Jr. Lewis Base Activation of Lewis Acids. Catalytic Enantioselective Addition of Silyl Enol Ethers of Achiral Methyl Ketones to Aldehydes. *Org. Lett.* **2003**, *5*, 2303-2306.

[52] Malkov, A. V.; Mariani, A.; MacDougall, K. N.; Kocovsky, P. Role of Noncovalent Interactions in the Enantioselective Reduction of Aromatic Ketimines with Trichlorosilane. *Org. Lett.* **2004**, *6*, 2253-2256.

[53] Riviere, P.; Koga, K. An Approach to Catalytic Enantioselective Protonation of Prochiral Lithium Enolates. *Tetrahedron Lett.* **1997**, *38*, 7589-7592.

[54] Lipshutz, B. H.; Noson, K.; Chrisman, W.; Lower, A. Asymmetric Hydrosilylation of Aryl Ketones Catalyzed by Copper Hydride Complexed by Non-racemic Biphenyl Bis-phosphine Ligands. *J. Am. Chem. Soc.* **2003**, *125*, 8779-8789.

[55] Hajos, Z. G.; Parrish, D. R. Asymmetric Synthesis of Optically Active Polycyclic Organic Compounds. 1971, German Patent: DE 2102623.

[56] Hajos, Z. G.; Parrish, D. R. Stereocontrolled Synthesis of Trans-Hydrindan Steroidal Intermediates. *J. Org. Chem.* **1973**, *38*, 3239-3243.

[57] Hajos, Z. G.; Parrish, D. R. Asymmetric Synthesis of Bicyclic Intermediates of Natural Product Chemistry. *J. Org. Chem.* **1974**, *39*, 1615-1621.

[58] Eder, U.; Sauer, G.; Weichert, R. Optically Active 1,5-Indanone and 1,6-Naphthalenedione. **1971**: DE2014757.

[59] Eder, U.; Sauer, G.; Weichert, R. Total Synthesis of Optically Active Steroids. 6. New Type of Asymmetric Cyclization to Optically Active Steroid CD Partial Structures. *Angew. Chem., Int. Ed. Engl.* **1971**, *10*, 496-497.

[60] Hoang, L.; Bahmanyar, S.; Houk, K. N.; List, B. Kinetic and Stereochemical Evidence for the Involvement of Only One Proline Molecule in the Transition States of Proline-Catalyzed Intra- and Intermolecular Aldol Reactions. *J. Am. Chem. Soc.* **2003**, *125*, 16-17.

[61] List, B.; Hoang, L.; Martin, H. J. Asymmetric Catalysis Special Feature Part II: New Mechanistic Studies on the Proline-Catalyzed Aldol Reaction. *Proc. Natl. Acad. Sci. U.S.A.* **2004**, *101*, 5839-5842.

[62] Bahmanyar, S.; Houk, K. N. The Origin of Stereoselectivity in Proline-Catalyzed Intramolecular Aldol Reactions. *J. Am. Chem. Soc.* **2001**, *123*, 12911-12912.

[63] Clemente, F. R.; Houk, K. N. Computational Evidence for the Enamine Mechanism of Intramolecular Aldol Reactions Catalyzed by Proline. *Angew. Chem., Int. Ed. Engl.* **2004**, *43*, 5766-5768.

[64] List, B. Proline-Catalyzed Asymmetric Reactions. *Tetrahedron* **2002**, *58*, 5573-5590.

[65] List, B. Enamine Catalysis Is a Powerful Strategy for the Catalytic Generation and Use of Carbanion Equivalents. *Acc. Chem. Res.* **2004**, *37*, 548-557.

[66] Hayashi, Y.; Gotoh, H.; Hayashi, T.; Shoji, M. Diphenylprolinol Silyl Ethers as Efficient Organocatalysts for the Asymmetric Michael Reaction of Aldehydes and Nitroalkenes. *Angew. Chem., Int. Ed. Engl.* **2005**, *44*, 4212-4215.

[67] Brochu, M. P.; Brown, S. P.; MacMillan, D. W. C. Direct and Enantioselective Organocatalytic α-Chlorination of Aldehydes. *J. Am. Chem. Soc.* **2004**, *126*, 4108-4109.

[68] Juhl, K.; Jørgensen, K. A. The First Organocatalytic Enantioselective Inverse-Electron Demand Hetero-Diels-Alder Reaction. *Angew. Chem., Int. Ed. Engl.* **2003**, *42*, 1498-1501.

[69] Pracejus, H. Asymmetric Syntheses with Ketenes. I. Alkaloid-Catalyzed Asymmetric Syntheses of α-Phenylpropionate Esters. *Liebigs Ann. Chem.* **1960**, *634*, 9-22.

[70] Taggi, A. E.; Hafez, A. M.; Wack, H.; Young, B.; Drury, W. J., III; Lectka, T. Catalytic, Asymmetric Synthesis of β-Lactams. *J. Am. Chem. Soc.* **2000**, *122*, 7831-7832.

[71] Taggi, A. E.; Hafez, A. M.; Wack, H.; Young, B.; Ferraris, D.; Lectka, T. The Development of the First Catalyzed Reaction of Ketenes and Imines: Catalytic, Asymmetric Synthesis of β-Lactams. *J. Am. Chem. Soc.* **2002**, *124*, 6626-6635.

[72] France, S.; Weatherwax, A.; Taggi, A. E.; Lectka, T. Advances in the Catalytic, Asymmetric Synthesis of β-Lactams. *Acc. Chem. Res.* **2004**, *37*, 592-600.

[73] Beeson, T. D.; Mastracchio, A.; Hong, J.-B.; Ashton, K.; MacMillan, D. W. C. Enantioselective Organocatalysis Using SOMO Activation. *Science* **2007**, 316, 582-585.

[74] Jang, H.-Y.; Hong, J.-B.; MacMillan, D. W. C. Enantioselective Organocatalytic Singly Occupied Molecular Orbital Activation: The Enantioselective α-Enolation of Aldehydes. *J. Am. Chem. Soc.* **2007**, *129*, 7004-7005.

[75] Vedejs, E.; Chen, X. Kinetic Resolution of Secondary Alcohols. Enantioselective Acylation Mediated by a Chiral (Dimethylamino)pyridine Derivative. *J. Am. Chem. Soc.* **1996**, *118*, 1809-1810.

[76] See references cited in Vedejs, E.; MacKay, J. A. Kinetic Resolution of Allylic Alcohols Using a Chiral Phosphine Catalyst. *Org. Lett.* **2001**, *3*, 535-536.

[77] Enders, D.; Balensiefer, T. Nucleophilic Carbenes in Asymmetric Organocatalysis. Acc. Chem. Res. 2004, 37,

534-541.

[78] Fu, G. C. Enantioselective Nucleophilic Catalysis with "Planar-Chiral" Heterocycles. *Acc. Chem. Res.* **2000**, *33*, 412-420.

[79] Fu, G. C. Asymmetric Catalysis with "Planar-Chiral" Heterocycles. *Pure Appl. Chem.* **2001**, *73*, 347-349.

[80] Fu, G. C. Asymmetric Catalysis with "Planar-Chiral" Derivatives of 4-(Dimethylamino)pyridine. *Acc. Chem. Res.* **2004**, *37*, 542-547.

[81] Tao, B.; Ruble, J. C.; Hoic, D. A.; Fu, G. C. Nonenzymatic Kinetic Resolution of Propargylic Alcohols by a Planar-Chiral DMAP Derivative: Crystallographic Characterization of the Acylated Catalyst. *J. Am. Chem. Soc.* **1999**, *121*, 5091-5092.

[82] Northrup, A. B.; MacMillan, D. W. C. The First General Enantioselective Catalytic Diels-Alder Reaction with Simple α,β-Unsaturated Ketones. *J. Am. Chem. Soc.* **2002**, *124*, 2458-2460.

[83] Lelais, G.; MacMillan, D. W. C. Modern Strategies in Organic Catalysis: The Advent and Development of Iminium Activation. *Aldrichimica Acta* **2006**, *39*, 79-87.

[84] Seebach, D.; Kolb, M. Umpolung (Dipole Inversion) of Carbonyl Reactivity. *Chem. Ind.* (London) **1974**, *7*, 687-692.

[85] Seebach, D. Methods of Reactivity Umpolung. *Angew. Chem., Int. Ed. Engl.* **1979**, *18*, 239-336.

[86] Read de Alaniz, J.; Rovis, T. A Highly Enantio- and Diastereoselective Catalytic Intramolecular Stetter Reaction. *J. Am. Chem. Soc.* **2005**, *127*, 6284-6289.

[87] Arduengo, A. J., III. Looking for Stable Carbenes: The Difficulty in Starting Anew. *Acc. Chem. Res.* **1999**, *32*, 913-921.

[88] Bourissou, D.; Guerret, O.; Gabbai, F. P.; Bertrand, G. Stable Carbenes. *Chem. Rev.* **2000**, *100*, 39-91.

[89] Herrmann, W. A. N-Heterocyclic Carbenes: A New Concept in Organometallic Chemistry. *Angew. Chem., Int. Ed.* **2002**, *41*, 1290-1309.

[90] Perry, M. C.; Burgess, K. Chiral N-Heterocyclic Carbene-Transition Metal Complexes in Asymmetric Catalysis. Tetrahedron: Asymmetry **2003**, *14*, 951-961.

[91] Johnson, J. S. Catalyzed Reactions of Acyl Anion Equivalents. *Angew. Chem., Int. Ed. Engl.* **2004**, *43*, 1326-1328.

[92] Nahm, M. R.; Linghu, X.; Potnick, J. R.; Yates, C. M.; White, P. S.; Johnson, J. S. Metallophosphite-Induced Nucleophilic Acylation of α,β-Unsaturated Amides: Facilitated Catalysis by a Diastereoselective Retro [1,4]-Brook Rearrangement. *Angew. Chem., Int. Ed. Engl.* **2005**, *44*, 2377-2379.

[93] Nahm, M. R.; Potnick, J. R.; White, P. S.; Johnson, J. S. Metallophosphite-Catalyzed Asymmetric Acylation of α,β-Unsaturated Amides. *J. Am. Chem. Soc.* **2006**, *128*, 2751-2756.

第3章 Lewis酸碱催化活化之外的其他活化模式

上一章中阐述了 Lewis 酸和 Lewis 碱催化剂。本章中将概述经常遇到的其余的几种催化剂类型，即 Brønsted 酸、Brønsted 碱、离子物种、基团转移试剂、交叉偶联试剂和 π-活化试剂。

3.1 Brønsted 酸和氢键催化剂

与 Lewis 碱催化剂一样，最近 Brønsted 酸催化领域也出现了复苏，导致出现了一些主要的新进展。本节讨论 Brønsted 酸或氢键催化剂[1]。这些催化剂按其功能不同可以分为两种类型：第一种催化剂通过提供氢键而活化底物；第二种情况下，手性催化剂导致前手性底物的对映选择性质子化。

3.1.1 通过提供氢键进行活化的催化剂

这两个类型中的第一种类型，即氢键催化，是从酶催化体系中获得的灵感[1]。酶催化体系中，一般酸活化是一个常见的部分。一般酸催化中，质子转移发生在决速步的过渡态中。在特殊酸催化中，一个可逆的质子化过程发生在预平衡步骤中。

小分子催化剂中的质子本质上可以作为一种活化元素代替 Lewis 酸。Lewis 酸催化中（图 3.1），周围的配体起到调控金属中心和制造不对称环境的作用。Brønsted 酸做到这一点的能力较差（图 3.1），加上它与 Lewis 碱较弱的、方向性较差的相互作用，这看起来将 Brønsted 酸置于不利的地位。然而，能够在水相体系工作、在温和的条件下提供活化以及避免使用金属等使 Brønsted 酸催化具有特殊的优势。在经过一段时间主要作为双功能催化剂使用之后，小分子 Brønsted 酸催化剂的发展和应用正在快速增长[1]。

图 3.1 一种典型底物的 Lewis 酸和 Brønsted 酸活化

小分子催化的一般酸催化过程中，氢键的本性至关重要，它取决于催化剂和底物的特性。取决于 X—H···A 的角度（90°～180°）与理想的 180°的偏离程度，氢键在强度上差别很大（<1～40 kcal/mol，<4.18～167.2 kJ/mol）。对大部分小分子催化剂来说，氢键

产生于中等强度的静电相互作用（4～15 kcal/mol，16.72～62.7 kJ/mol），而且对 X—H···A 的键角（130°～180°）没有那么严格的要求[1]。在这一框架下，称之为"Brønsted 酸"还是"氢键催化剂"仅有语义上的差别。起催化作用的官能团的酸性可以具有较大的范围（图 3.2）。酸性最强的催化剂，如磷酸和羧酸，通常被称为 Brønsted 酸催化剂。

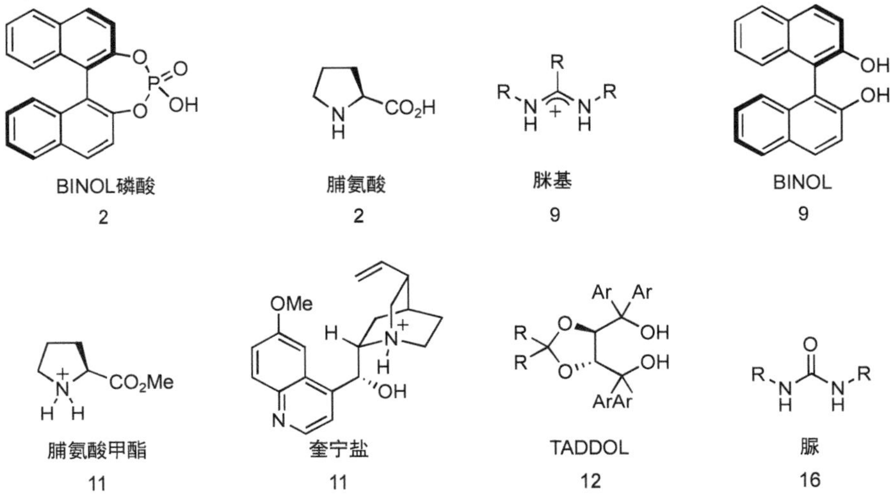

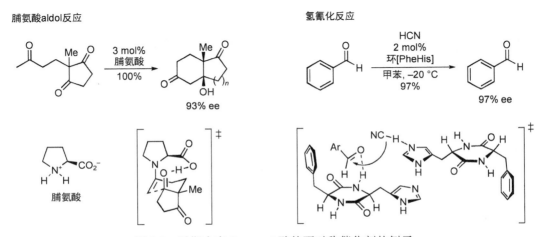

图 3.2　Brønsted 酸和氢键催化剂中官能团的近似 pK_a 值

　　许多早期的例子中提出氢键催化是在一些催化剂中至关重要的控制元素，这些催化剂最终被确定为本质上是多功能催化剂（见第 12 章）（图 3.3）。例如，一个早期的报道中提出的氢键[2]在脯氨酸催化的分子内 aldol 反应[3-7]起关键作用的提议最终得到了后来的机理[8,9]和计算化学研究[10,11]的支持（见 2.2.2 节关于这个反应的进一步讨论）。在环二肽催化的醛的氢氰化反应中[12]也提出了其中一个酰胺的氢键作为关键的控制元素，尽管有关机理的疑问仍然存在[13,14]。

图 3.3　早期含有 Brønsted 酸的不对称催化剂的例子

由于认识到氢键可以作为有效的控制元素，人们研究了包含各种不同的可作为氢键供体催化剂的官能团的手性结构在不对称催化上的效果（图 3.2）。这些有效的 Brønsted 酸催化剂中，脲和硫脲是酸性最弱的催化剂之一。一个例子是烯醇硅醚对活化的亚胺的不对称加成反应（图 3.4）[15]。硫脲催化剂可以作为双重氢键供体，在一个相关的体系中对这一说法有很好的证据[16a]。基于这些发展，相似的催化剂已经在许多反应中得到了应用，最值得一提的是亚胺或 N-酰基亚胺盐底物[1]。然而，其中很多反应很可能涉及一个不同的、配位到抗衡离子上的活化机制[16b]（见 3.3 节手性抗衡离子催化部分）。

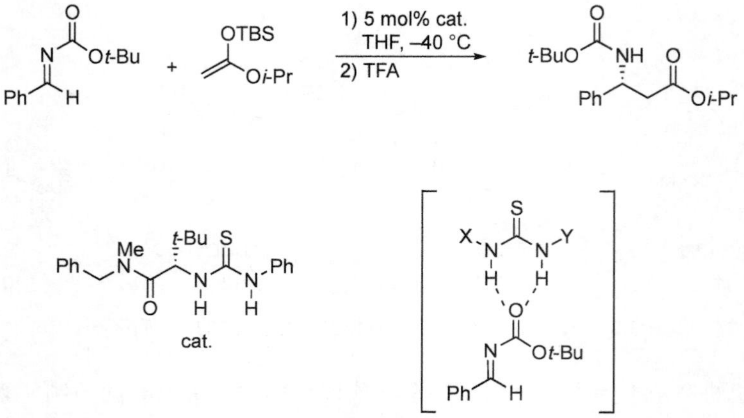

图 3.4   使用手性硫脲催化剂的 N-Boc 亚胺的不对称加成反应

鉴于水众所周知的参与氢键的能力，使用结构相近的醇衍生物作为手性氢键催化剂看起来是个相当合理的想法。尽管如此，仅使用醇作为活化元素的催化剂的出现还是相对近期的事。结果表明手性醇可以成为强有力的手性催化剂，如 TADDOL 催化的醛的 Diels-Alder 反应（图 3.5）[17-19]。这里由于二烯的高反应活性，催化剂的温和性质是最理想的。虽然 TADDOL 衍生物原则上可以提供两个氢键用于活化底物，但是 X 射线晶体学[20]和计算化学[21]的证据表明，TADDOL 的两个羟基存在分子内氢键，只有一个自由的氢键供体与底物作用（图 3.5）。

基于以上结果，手性的联酚或 BINOL（图 3.2）中的羟基应该可以作为稍微更强一些的 Brønsted 酸催化剂。确实，发现手性联酚可用于与图 3.5 的反应类似的 Diels-Alder 反应，醛与催化剂的晶体结构为单氢键供体模型提供了支持[22]。这些 Brønsted 酸也被用于其他类型的反应，如 Morita-Baylis-Hillman 反应（图 3.6）[23]。在这个例子中，手性联酚通过与烯酮形成氢键催化其与膦试剂形成两性离子加合物的反应。两性离子加合物中的立体化学环境造成对底物醛的立体选择性加成。接下来膦的消除为再生手性 Brønsted 酸催化剂和催化周转提供了醇上所需的质子。

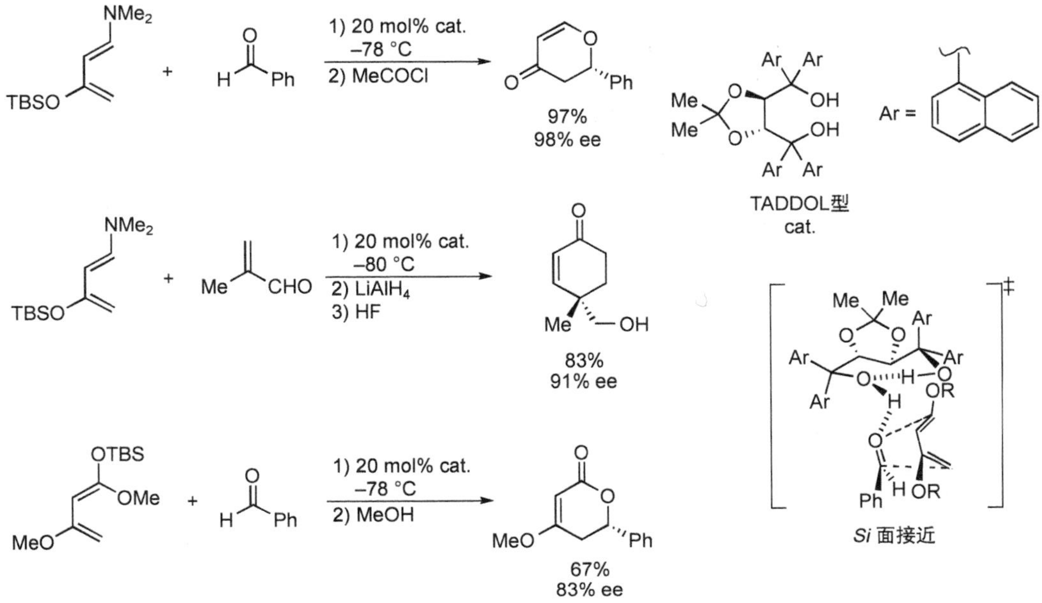

图 3.5 使用 TADDOL 衍生物作为单氢键供体的 Brønsted 酸催化的不对称 Diels-Alder 反应

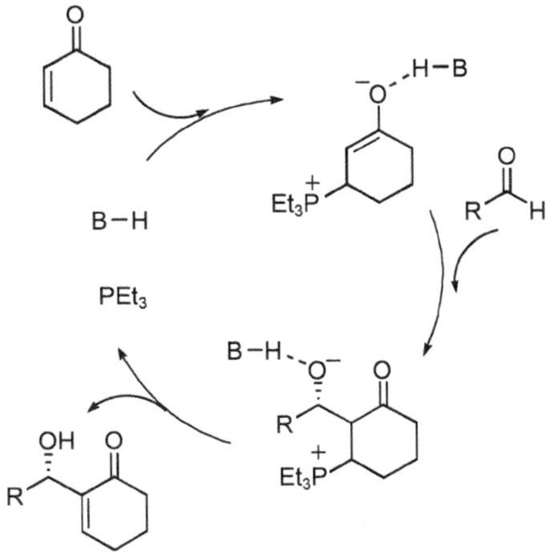

R	B–H X	产率/%	ee/%
PhCH$_2$CH$_2$	CF$_3$	88	90
BnOCH$_2$CH$_2$	CF$_3$	74	82
Cy	CH$_3$	71	96
i-Pr	CH$_3$	82	95
Ph	CF$_3$	40	67
PhCH=CH	CH$_3$	39	81

反应条件: 10 mol% B–H, 2 equiv. Et$_3$P, THF, −10 °C, 48 h

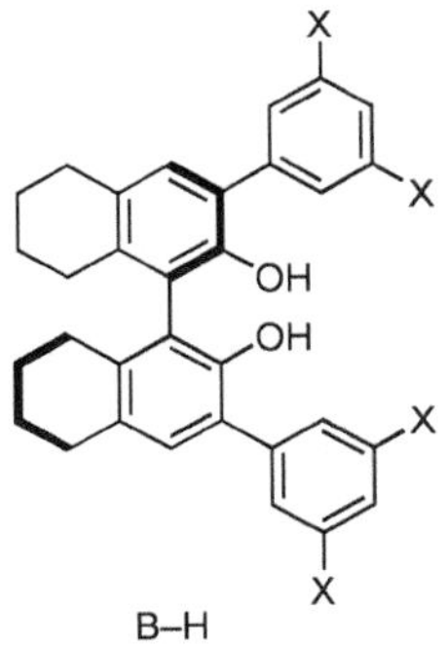

B–H

图 3.6 使用 BINOL 衍生物作为单氢键供体的 Brønsted 酸催化的不对称 Morita-Baylis-Hillman 反应

BINOL 膦酸及其衍生物是最强的 Brønsted 酸催化剂之一。这类催化剂的一个应用是 *α*-重氮酯对 *N*-酰基亚胺的加成（图 3.7）[24]。该反应中，膦酸上的质子被提出用于和亚胺作用以提供亲电活化，但是具体的作用模式（*N*-活化还是 *O*-活化）还不清楚。通过对底物亚胺的质子化形成离子对复合物（见 3.3 节）是另外一种可能的活化模式[25]，但这看起来不太可能，因为 *N*-酰基亚胺盐（p$K_a \approx -2$）与膦酸（p$K_a \approx 2$）相比有更强的酸性[26]。成键之后质子转移到氮原子上，使得膦酸催化剂得以再生。对芳基亚胺底物和 BINOL 衍生的催化剂上 3,3′-位取代基的严格要求说明 π-π 堆积作用可能在底物定向上起到了重要作用。

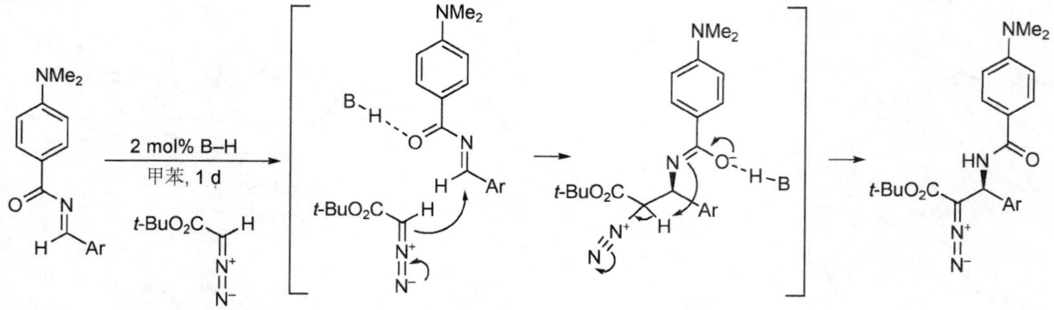

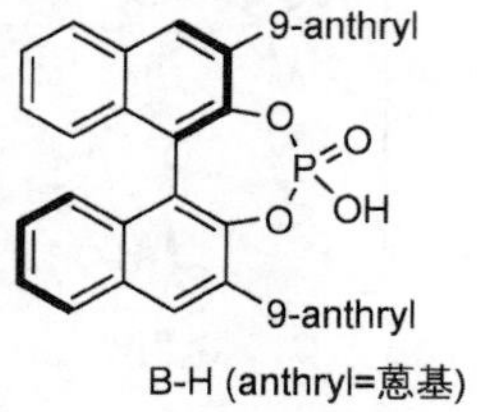

Ar	产率/%	ee/%
4-FC6H4	74	97
4-PhC6H4	71	97
4-MeOC6H4	62	97
2-FC6H4	89	91
2-MeOC6H4	85	91

图 3.7　重氮酯对 N-酰基亚胺的加成反应中的一个手性膦酸催化剂

　　在催化中氢键作为组织和活化元素的使用已经被相当完备地建立了。确实，Brønsted 酸在这方面的使用比通常认为的更加广泛，因为它们经常是多功能催化剂的一个元素（见第 12 章）。例如，图 A.46 中的动力学拆分中使用的肽催化剂（附录 A 中 A.1.2.6 节）结合了 Brønsted 酸和 Lewis 碱部分。具体而言，其中一个酰胺被提出以氢键方式与底物作用。

3.1.2　造成底物质子化的催化剂

　　以上例子中涉及的 Brønsted 酸与 Lewis 酸的作用方式相似，质子通过与底物发生瞬时的、可逆的相互作用而提供活化。不对称步骤之后，仅需简单地解开氢键即能完成催化周转。在另一种不同的模式中，Brønsted 酸可以用作一种手性质子源向非手性的底物上引入质子[27]。挑战在于催化周转，即手性 Brønsted 酸催化剂的再生这一步。

　　揭示这一方法可行性的一个早期例子如图 3.8 所示[28]。缓慢加入手性质子源以及小心地平衡 pK_a 和调控相对速率使得这一过程得以进行。具体而言，非手性质子源苯乙酸叔丁酯与底物烯醇锂盐的反应（见图 3.8 右下角）一定要比底物烯醇锂盐与手性质子源的反应慢（图 3.8 左上角）。矛盾的是，尽管非手性质子供体是反应混合物中酸性最强的组分（见图 3.8 中列出的 DMSO 中的 pK_a 值），却能够满足这一条件。表观上来看，杂原子碱（芳胺负离子）和碳原子酸（苯乙酸叔丁酯）之间的质子转移本质上比碳原子酸（苯乙酸叔丁酯）和碳原子碱（底物烯醇锂盐）之间的质子转移要快得多[28]。

　　在不使用更强酸性物种（图 3.2）的前提下产生强 Brønsted 酸的另外一种方法是使用一个辅助的 Lewis 酸来增强质子供体的酸性（图 3.9）[29]。当四氯化锡与手性萘酚配位时，锡与萘酚上氧原子的结合提高了酚羟基的酸性。得到的加合物选择性地质子化二甲基取代的烯烃的一个面，引发 polyprenoid 的立体选择性的多环化，以 87% ee 值得到

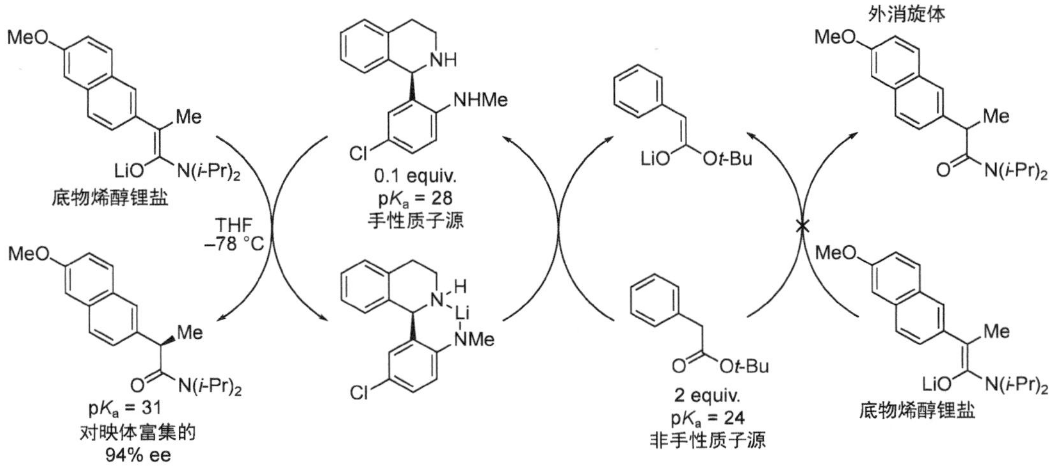

图 3.8 催化不对称质子化

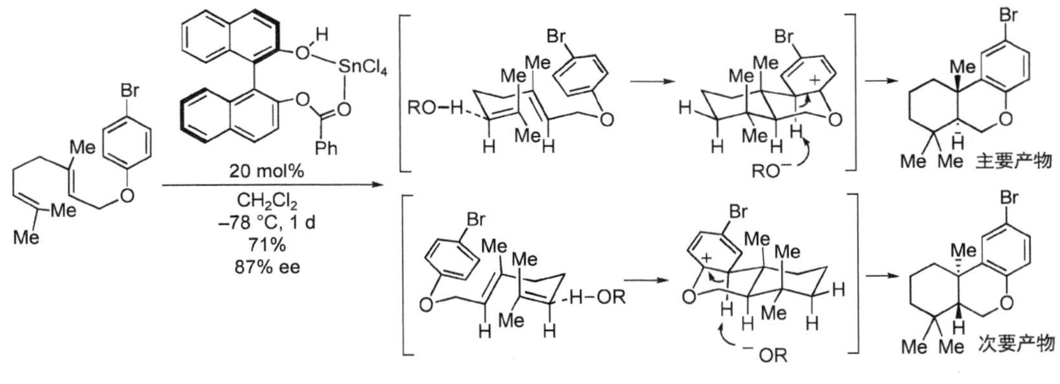

图 3.9 Lewis 酸辅助的 Brønsted 酸催化

含有两个手征性单元的三环产物[30]。尽管这一策略已经被用于非常复杂的底物（见图 16.22），发展具有更广泛的底物适用范围和较小催化剂用量的质子转移催化剂仍然是一个重大挑战。

图 3.10 描绘了 Brønsted 酸催化的一个有趣的模式。尽管目前认为大部分烯酮与图示的碱性催化剂的反应通过 Lewis 碱加合物进行（Cat1 路径，见 2.2.2.3 节），但是有很强的机理证据表明，取决于催化剂和底物的不同，另外一种途径也是可行的（Cat2 路径）[31]。在这种另外的途径中，催化剂首先对非手性底物进行去质子化产生一个手性 Brønsted 酸催化剂。生成的烷氧负离子与烯酮反应之后就形成了一个离子对。由于不对称诱导在该离子对内部发生，这种情况可以被认为是 3.3 节的一部分［离子对催化剂（静电催化剂）］。不管怎样，从离子对中的 Brønsted 酸发生立体选择性的质子转移产生了反应的立体化学。

迄今为止，涉及质子转移的 Brønsted 酸催化还局限于很少数体系。然而，非常有趣的是，不对称质子化在一些其他的催化反应（如 Nazarov 反应[32]）中是决速步。在这种情况下使用 Brønsted 酸催化剂是一个值得进一步研究的有趣的问题。

Ar	R	产率/%	ee/%
Ph	Me	87	79
Ph	Et	89	91
Ph	环戊基	88	87
Ph	*i*-Pr	66	91
2-MeC_6H_4	Et	84	92
4-ClC_6H_4	*i*-Pr	97	89
3-噻吩基	*i*-Pr	94	79

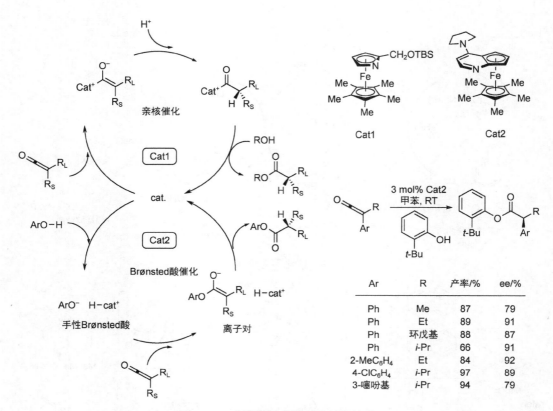

图 3.10 对烯酮加成的两种可能途径

3.2 Brønsted 碱催化剂

与 Brønsted 酸同 Lewis 酸相比发展较少一样，与 Lewis 碱相比，不对称 Brønsted 碱催化的发展要少得多。Lewis 碱可以与许多亲电的官能团相互作用，而 Brønsted 碱根据定义只能局限于与质子作用（图 3.11）。这将 Brønsted 碱催化剂局限于不对称去质子化及相关的反应。

$$\mathrm{LB + S \rightleftharpoons LB{-}S} \qquad \mathrm{S{-}H + BB^- \rightleftharpoons S^- + BB{-}H}$$

Lewis碱　　　　Brønsted碱

图 3.11 Lewis 碱与 Brønsted 碱催化剂

使用严格的 Brønsted 碱催化剂的例子是相对较为罕见的。然而，存在许多包含一个 Brønsted 碱催化组分的多功能不对称催化剂（见第 12 章）的例子。一个例子是图 3.12 所示的杂双金属 BINOLate 配合物催化的直接 aldol 反应[33]。提出的该催化剂的作用方式结合了 Lewis 碱催化的亲核试剂酮的去质子化和 Lewis 酸对亲电试剂醛的活化。BINOLate 上其中一个氧原子进行去质子化得到催化剂结合的烯醇盐。烯醇盐发生 aldol

反应，然后通过从单质子化的 BINOLate 上发生质子转移释放 aldol 加成产物并再生催化剂。

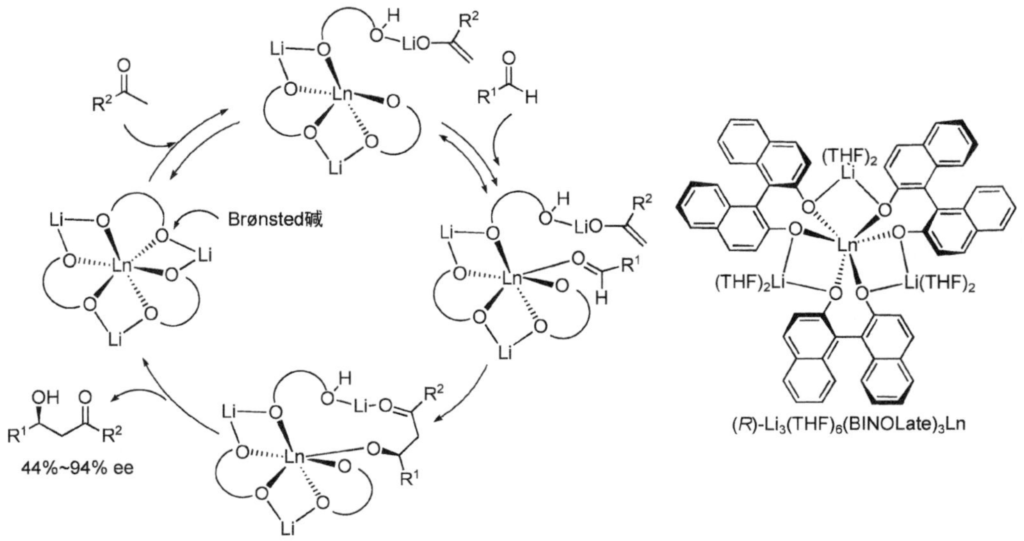

图 3.12　一个双功能催化剂中的 Brønsted 碱组分（Ln＝三价镧系金属）

使用 Brønsted 碱催化剂时，最困难的方面是催化剂的循环。由于第一步涉及底物的去质子化，因此反应条件必须能使得接下来对质子化的、非活性的催化剂进行去质子化而不引起底物的直接去质子化。图 3.13 中描述了这一两难问题其中一个最早的解决办法[34,35]。这里一个手性胺基锂被用于内消旋环氧化物的催化对映选择性质子化。

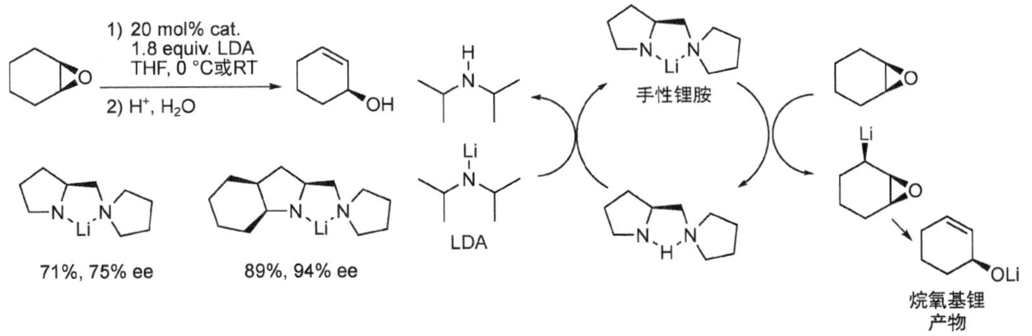

图 3.13　内消旋环氧化物的催化不对称去质子化

这一化学成功的关键在于无论是化学计量的碱（LDA）还是烷氧基锂产物都不能在催化不对称反应的时间尺度上对原料环氧化合物进行有效的去质子化（式 3.1）。前者实际上是令人吃惊的。纯粹从酸性的角度进行热力学分析的话，任何碱性强到能够对手性二胺去质子化的物质也应该能够对底物进行去质子化。此处 LDA 相对于手性胺基锂较大的位阻是阻止其对底物进行去质子化的关键。

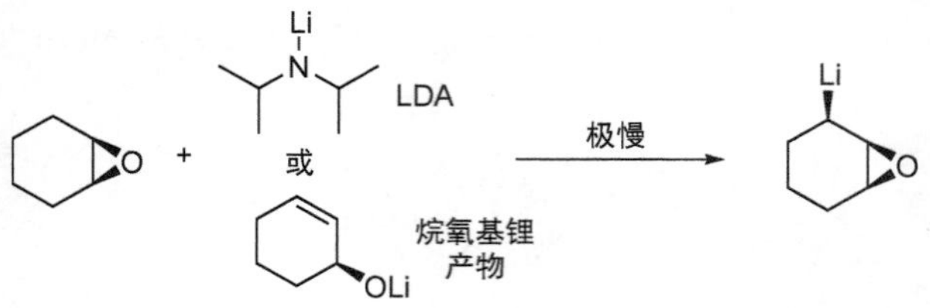

$$\text{（3.1）}$$

甚至在这个例子中，也不能完全确定催化剂仅仅起到 Brønsted 碱的作用。锂离子在将催化剂导向到反应中心上起到了一定作用（图 3.14）。锂的 Lewis 酸性也很可能协助了环氧化合物的开环。即便如此，这一早期工作仍然导致了内消旋环氧化物的对映选择性去质子化反应中用途更加广泛和高选择性的锂胺催化剂的进一步发展[36-39]。这些催化剂在外消旋环氧化物的动力学拆分中也有应用[40,41]。

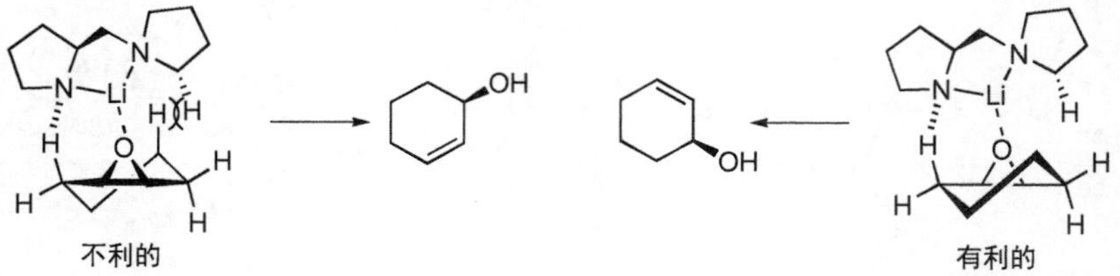

图 3.14   催化不对称去质子化：syn 式 β-消除的过渡态结构

利用这一活性差异的另一个转化是图 3.15 中的 α-环氧化物的锂化[42]。此处反应条件下烷基锂本身不足以导致关键的去质子化，只有二胺-烷基锂加合物能够引发这一步骤。接下来的手性二胺交换到新的 i-PrLi 上使得催化周转可以进行。

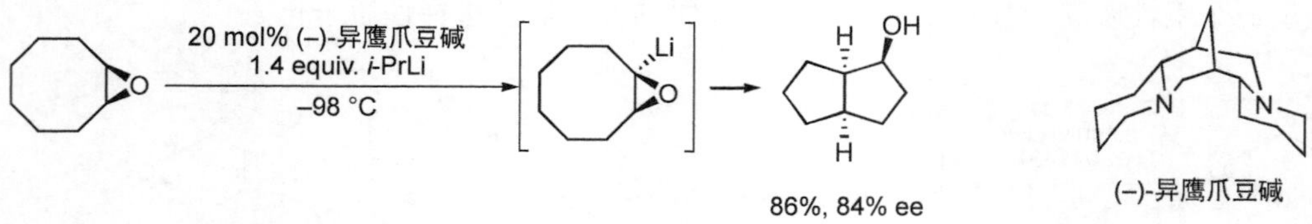

图 3.15   内消旋环氧化物的催化不对称 α 位去质子化和重排

一个概念上类似的反应是使用二胺-烷基锂加合物进行 N-Boc 吡咯烷的不对称去质子化（图 3.16）[43]。由于亲电试剂（EX）能够与烷基锂反应，所以首先将底物完全进行去质子化。为了实现使用催化量手性二胺这一目的，使用了一个计量的非手性二胺来"捕获"去质子化之后得到的手性的底物负离子。可能是非手性的双哌啶-烷基锂配合物由于两个 N-异丙基的大位阻的关系，其在底物的去质子化上活性要差。

一个使用有机催化剂的例子提供了一个不涉及从任何抗衡离子上引入的潜在 Lewis 酸的 Brønsted 碱催化过程。近年来研究发现辛可宁生物碱衍生物(DHQD)$_2$AQN（图 3.17）在许多涉及酸酐切断的不对称反应中是行之有效的催化剂[44]。与更早的使用其他辛可宁催化的同一反应相比，(DHQD)$_2$AQN 中缺乏羟基，不能作为 Brønsted 酸/氢键供体（见 3.1 节）。除此之外，(DHQD)$_2$AQN 表现出了广泛的适用范围。例如，氨基甲酸酯保护的

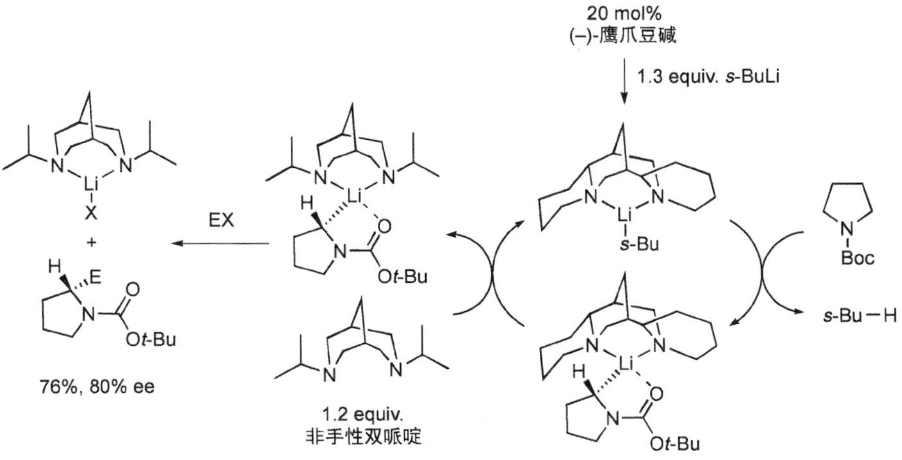

图 3.16 使用手性烷基锂进行的不对称催化去质子化

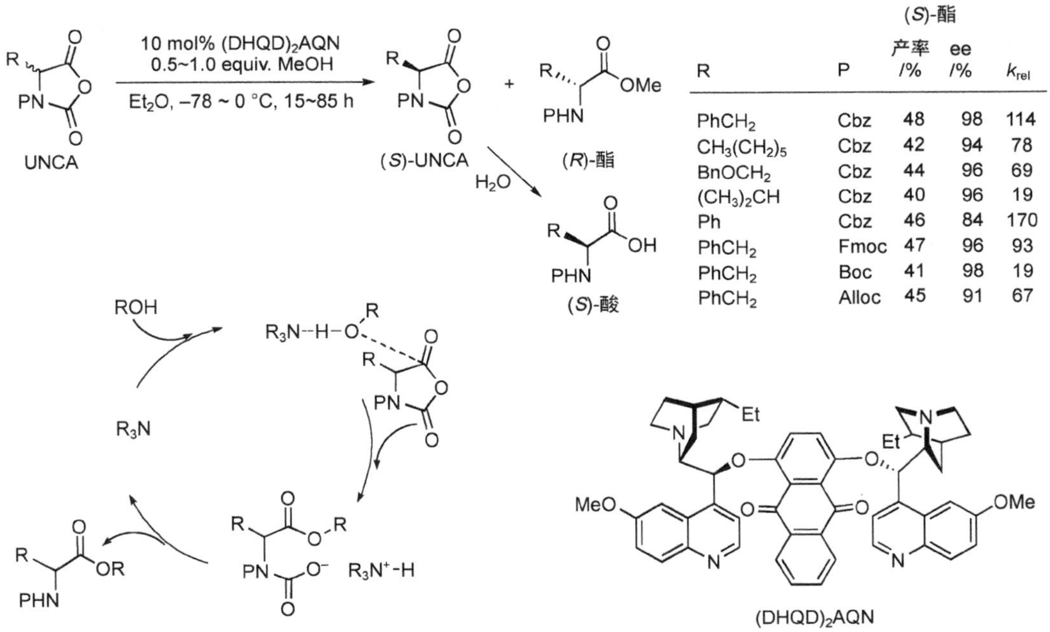

R	P	产率 /%	ee /%	k_{rel}
PhCH₂	Cbz	48	98	114
CH₃(CH₂)₅	Cbz	42	94	78
BnOCH₂	Cbz	44	96	69
(CH₃)₂CH	Cbz	40	96	19
Ph	Cbz	46	84	170
PhCH₂	Fmoc	47	96	93
PhCH₂	Boc	41	98	19
PhCH₂	Alloc	45	91	67

图 3.17 不对称醇解反应中的 Brønsted 碱催化

α-氨基酸 N-羧基内酸酐（UNCAs）的动力学拆分（见第 7 章）对一系列不同取代的和 N-保护的底物都能以高的选择性因子（k_{rel} 值）进行（图 3.17）[45]。机理研究表明反应对催化剂、醇和底物 UNCA 表现出了一级动力学依赖关系。加上动力学同位素效应（$k_{MeOH}/k_{MeOD} = 1.3$），这些结果支持图 3.17 所示的 Brønsted 碱催化机理。在这个机理中，(DHQD)₂AQN 上的其中一个胺作为一个一般碱催化剂，在醇进攻酸酐时将其去质子化。考虑到提出的过渡态中的弱氢键作用，这个复合物中的不对称诱导是相当有趣的。很可能还存在其他的组织元素，如催化剂和 UNCA 底物中部分单元的 π-堆积作用（见第 5 章）。

在酸酐的不对称断裂之后，得到的离子对中发生一个热力学上有利的质子转移过程 [pK_a(DMSO) 质子化的奎宁环(quinuclidinium) = 9.8；pK_a(DMSO) MeCO$_2$H = 12.3] 再生催化剂[46,47]。

　　由于近期在 Brønsted 碱催化上的进展，这种类型反应活性的催化剂将在更广泛的转化中有非常大的应用前景。

3.3　离子对催化剂（静电催化剂）

　　迄今为止，我们探讨了所有活化有机底物进行化学反应的经典方法，包括手性 Lewis 酸、Lewis 碱、Brønsted 酸和 Brønsted 碱。在活化非手性底物和/或控制非手性底物的接近以按照立体化学可控的方式制造新的分子方面还有什么其他的新方法？在以上介绍的许多酸碱反应中，没有明确地阐述抗衡离子的作用。然而，利用紧密离子对中抗衡的离子之间通常空间距离上非常接近这一性质，可以利用抗衡离子来进行产物的选择性控制。如果其中一个抗衡离子是手性物种，那么立体化学信息可以转移到离子对中参与反应的非手性组分。实现这一策略的关键是接下来的手性抗衡离子转移到一个新的底物分子上以实现催化周转，如图 3.18 所示。原则上，手性催化剂组分既可以是阳离子也可以是阴离子。

图 3.18　离子对催化中的反应通式
（阳离子 X$^+$ 和阴离子 Y$^-$ 二者之一是手性的）

3.3.1　含有手性阳离子的催化剂

　　证明这一原则的可行性的一个里程碑之一是烯醇盐反应中使用的相转移催化剂（图 3.19）[48]。在两相反应条件下，烯醇钠盐在水相中或者两相的界面上形成，因此它与溶于有机相的烷基化试剂（MeCl）隔开了。这种分隔防止了外消旋的烷基化反应的发生。相反，一旦烯醇钠盐与手性铵盐催化剂（PTC1）进行阳离子交换，得到的可溶于有机相的手性离子对就进入有机相，在阳离子提供的不对称环境下发生烷基化。烷基化完成之后，中性的产物仍然留在有机相，催化剂得以再生。

　　在发现甘氨酸亚胺的烯醇离子是一个适合的底物[49,50]，以及可通过理性改造催化剂骨架[51-53]（有 X 射线晶体学数据的支持）[51]而大幅提高选择性之后，这些离子对催化剂的使用有了相当大的进展。总的结果是发展了一条高效的 α-氨基酸合成方法，如图 3.20 所示。这一技术目前已经广泛应用于多种多样的烯醇盐与各种亲电试剂（如烷基卤化物、醛、烯基酮等）的反应[54-59]。

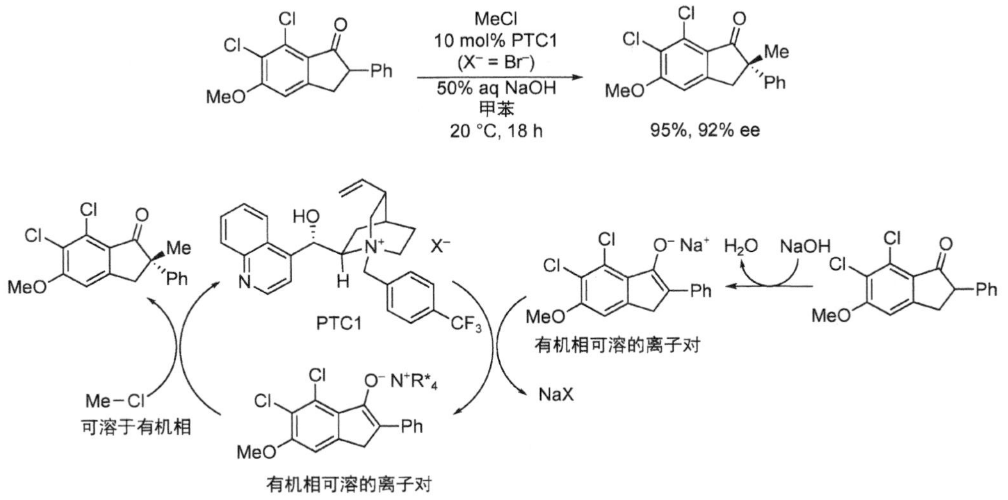

图 3.19　相转移条件下离子对手性催化剂的烯醇盐的不对称烷基化
（R_4N^+ 是手性相转移催化剂）

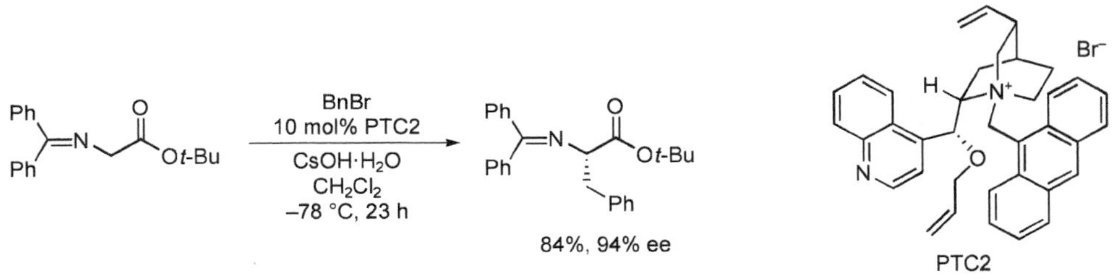

图 3.20　使用离子对手性催化剂的 α-氨基酸合成

　　虽然以上例子中的催化剂都是基于辛可宁骨架，离子对催化剂绝不仅限于这种结构类型[56]。最成功的其他类型的季铵盐离子对催化剂之一是 C_2-对称的联萘类催化剂，如图 3.21 所示[60,61]。由于 Ar 基团的可调以及两种对映体形式都可以获得，这种催化剂已经获得了很多应用[56,59]。

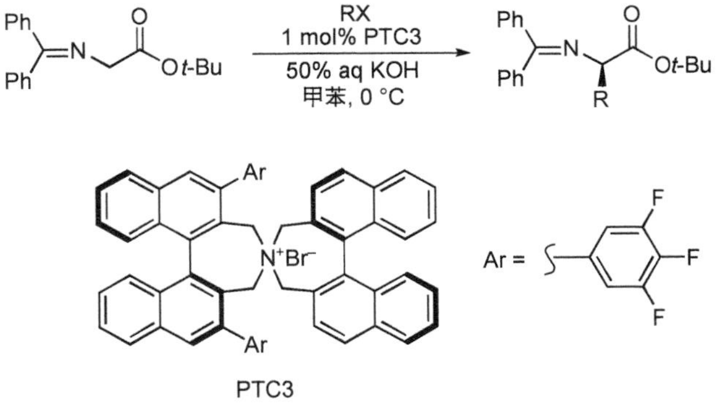

RX	产率/%	ee/%
$H_2C=CHCH_2Br$	80	99
$HCCCH_2Br$	80	99
$4\text{-}MeC_6H_4CH_2Br$	91	99
$4\text{-}FC_6H_4CH_2Br$	92	99
1-萘基-CH_2Br	90	99
$2,6\text{-}Me_2C_6H_3CH_2Br$	98	99
CH_3CH_2I	89	98
CH_3I	92	96

图 3.21　使用 C_2-对称的离子对手性催化剂的 α-氨基酸合成

以上例子展示了离子对催化剂在相转移条件下的应用。此外，人们也发展了一些反应条件使这类催化剂可以在均相的非水相条件下使用。这一发展刺激了将其进一步在可能进行离子对催化的一系列反应中进行了考察。一种情况是带电荷的硝基化合物与醛[62]和不饱和体系[63]的反应。后者的一个例子如图 3.22 所示。这个反应的催化循环非常有趣，因为催化剂的抗衡离子 HF_2^- 还被用于通过脱除 TMS 基团而活化氮酸硅酯。

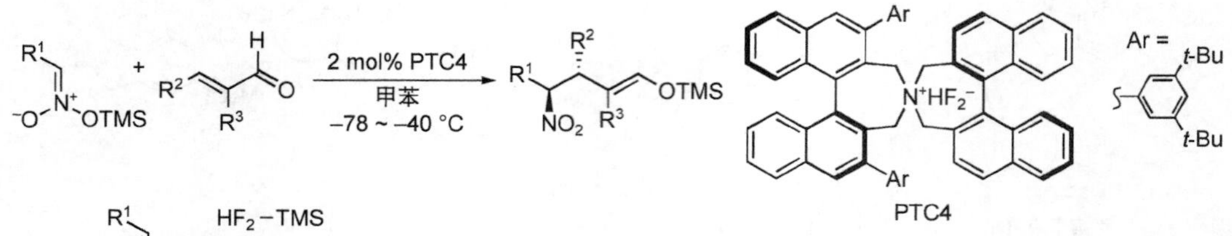

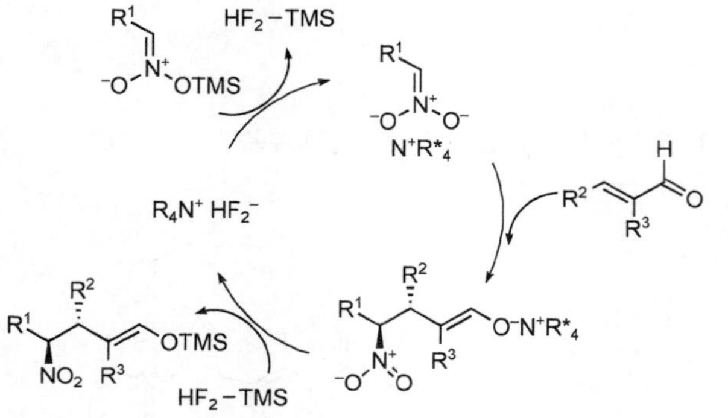

R^1	R^2	R^3	产率/%	*anti*:*syn*	ee/%
Me	Ph	H	90	83:17	97
Me	*n*-Pr	H	92	81:19	93
Me	Ph	Me	90	95:5	95
Me	-$(CH_2)_4$-		99	97:3	90
Et	Ph	H	87	90:10	98

图 3.22 均相条件下氮酸硅酯加成反应中使用的离子对催化剂（R_4N^+是手性相转移催化剂 PTC4）

3.3.2 含有手性阴离子的催化剂

前面的例子中，催化量的手性抗衡离子与反应途径中的某个带电中间体相搭配[64]。这一策略也可以用于通常以中性形式参与反应的底物（见图 3.23 上面部分）。这样做必然会导致形成一个带电中间体，如图 3.23 下面部分的亚胺阳离子。通常这种带电中间体还有一个额外的优势，就是它们具有比中性物种更高的反应活性。这种带电中间体与手性抗衡离子结合可以得到手性的中间体。由于带电中间体反应活性更高，反应都从这一途径进行，保证了外消旋的背景反应很少。只要带电中间体的形成与切断相对较快，就可以维持催化周转，得到一个高效、高选择性的无金属催化体系。

对于图 3.23 底部的反应，从离子对催化剂中的非手性胺部分形成亚胺离子中间体。与前面例子又一不同之处在于催化剂的手性部分由阴离子而非阳离子构成。在手性亚胺盐中间体中，阴离子膦酸根堵住了烯烃的一个面。因此，从 NADH 类似物二氢吡啶上发生的转移氢化反应得到了高的面选择性。一个关键的发现是条目 6，其中(*E*)-柠檬醛的氢化反应要比使用手性胺催化剂的体系（即 Lewis 碱催化，见 2.2.2.3 节）的选择性高得多。产物(*R*)-香茅醛是工业上合成薄荷醇的中间体，也是一种香料成分。

许多手性 Lewis 酸（见 2.1 节）和手性金属催化剂（见 3.4～3.6 节）的反应性也受益于阳离子活化。将传统的抗衡离子（即 BF_4^-、SbF_6^-等）用手性抗衡离子替代使得反应中可以使用非手性金属物种。一个巧妙的例子如图 3.24 所示[65]。Au(Ⅰ)催化的联烯的不

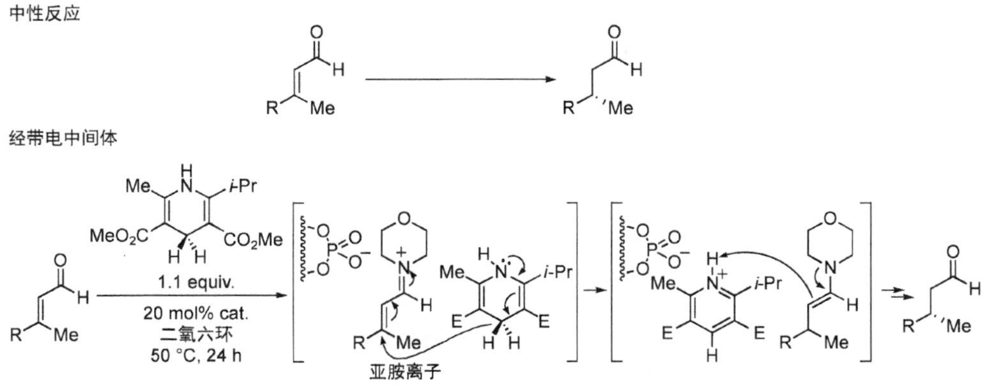

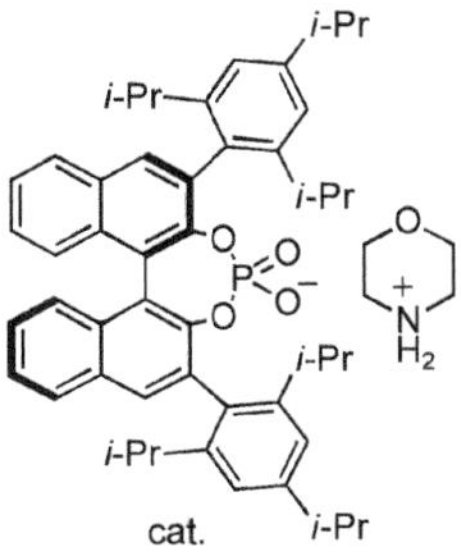

中性反应

经带电中间体

条目	R	产率/%	ee/%
1	4-Me-C_6H_4	87	96
2	4-NO_2-C_6H_4	90	98
3	4-Br-C_6H_4	67	96
4	2-Nap	72	99
5	t-Bu	<5	ND
6	CH_2CH_2CH=CMe_2	71	90

图 3.23　抗衡离子控制的不对称转移氢化

对称氢烷氧基化反应的广泛应用特别困难，可能是因为金的线性配位构型使手性组分离底物太远。然而，使用 BINOL 化合物衍生的手性抗衡离子却为氢胺化反应和氢烷氧基化反应都提供了高的对映选择性。与配合物离子对上阴离子的立体化学信息有效地传递至关重要这一前提一致，极性溶剂（如 CH_2NO_2、丙酮和 THF）中的选择性比非极性溶剂（如苯）中的差。手性阴离子催化，如图 3.24 中的例子，与手性 Lewis 酸催化之间只有一线之隔。假如阴离子与金中心发生了结合，那么以上反应就成了 Lewis 酸催化。

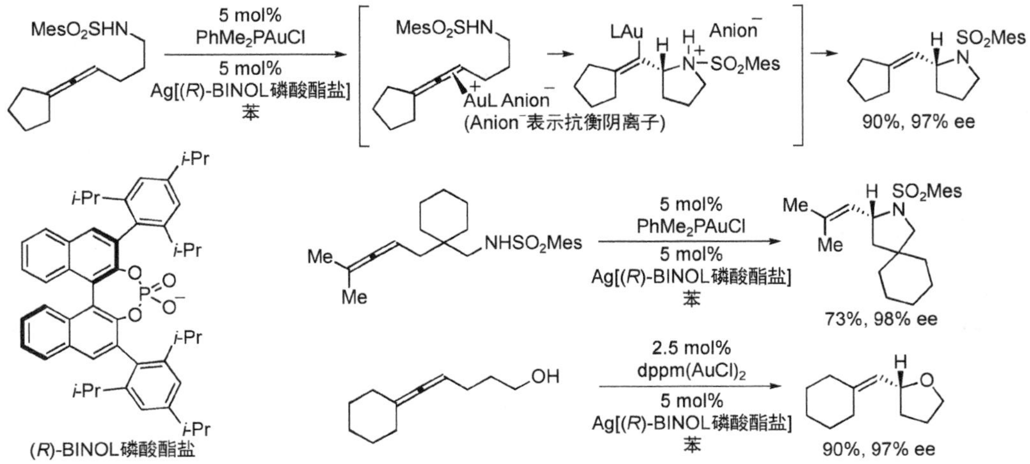

图 3.24　金属催化的反应中手性抗衡离子的不对称诱导

这一方法很可能会得到广泛的应用，也会使结合手性抗衡离子和手性金属配体来优化活性/选择性成为可能（见第 6 章中一个金属中心上使用两个手性配体进行优化的例子）。

3.3.3   导向的静电活化

许多结构元素，包括位阻排斥、范德华力、偶极-偶极相互作用、π-π 相互作用及其他作用（见第 5 章）等都被用以解释催化剂如何通过构象控制和底物操纵来实现不对称诱导。这些元素中也包括排斥和吸引的静电作用。使用静电作用作为活化和导向元素可以在上面的工作中发现，在图 3.25 所示的例子中这一作用尤其清楚[66]。此处催化剂通过形成带电的亚胺阳离子而活化 α,β-不饱和体系（见 2.2.2.3 节）。在这些条件下，如果催化剂中不存在额外的羧酸根，叶立德的阴离子部分不能反应。因此推断羧酸根离子通过与叶立德作用将其拉到反应位点。不仅如此，羧酸根还通过与其正电荷相抗衡而活化了叶立德。这一说法解释了一系列 α,β-不饱和醛与叶立德反应中观察到的活性和选择性模式。

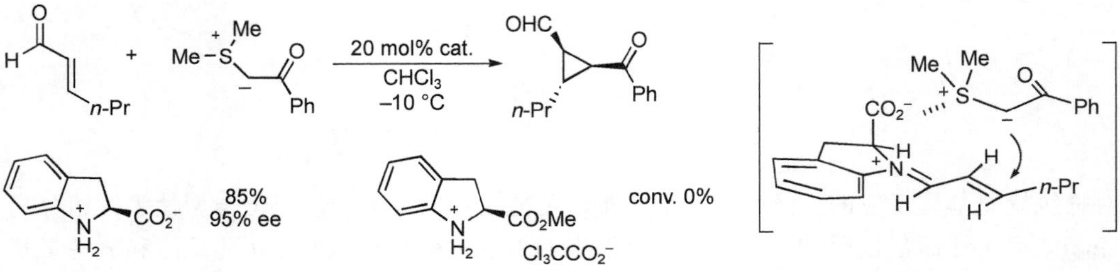

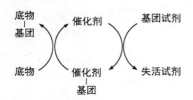

图 3.25   使用催化剂上的静电相互作用来活化反应试剂

3.4   基团转移催化剂

本章中，基团转移反应指由两个主要阶段组成的转化过程（图 3.26）。首先，手性催化剂与非手性试剂反应，产生一个活化的、含有一个新的"可转移"的基团的物种。第二步，被活化的手性催化剂与前手性底物反应，通常不经配位，直接导致该"基团"的立体选择性转移，得到新的手性产物并再生原来未活化的催化剂。这种基团转移可以是协同的一步过程，也可以是分步进行的。这种模式与在立体选择性决定步骤之后催化剂仍然结合在产物上的模式大相径庭（见 2.2 节的 Lewis 碱催化剂）。许多不同的化学转化都属于这一类型，包括双羟基化、氮杂环丙烷化、环丙烷化、环氧化、卡宾插入反应、烯烃复分解等等。其中一些转化中，转移的"基团"甚至可以用前面讲过的模式来进行活化（最常见的是 Lewis 酸和 Lewis 碱活化）。这些转化经常涉及催化剂氧化态的变化，但不总是如此。

图 3.26   基团转移反应的一般性机理

3.4.1　简单的基团转移

　　涉及基团转移的反应是最早发展不对称催化研究的反应之一。一个最典型的例子是烯烃的催化不对称双羟基化反应（图 3.27）[67]，这个反应展示了配体加速催化的概念（见第 1 章）[68,69]。

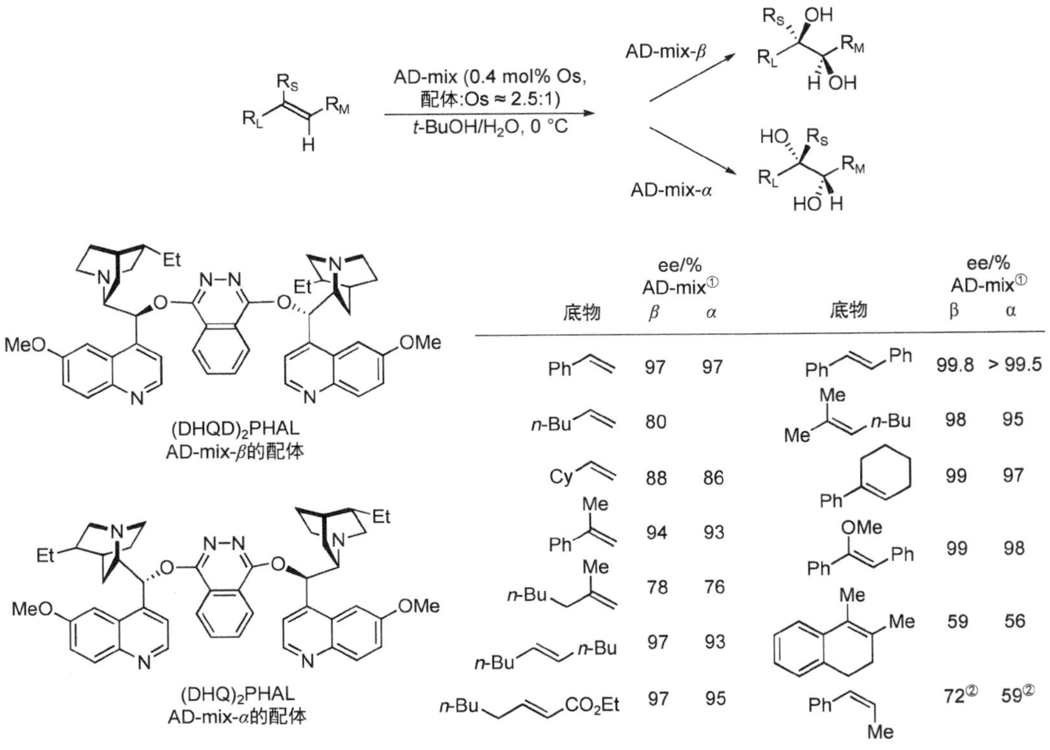

底物	ee/% AD-mix[①]		底物	ee/% AD-mix[①]	
	β	α		β	α
Ph⟍	97	97	Ph⟍⟍Ph	99.8	> 99.5
n-Bu⟍	80		Me⟍⟍n-Bu (Me)	98	95
Cy⟍	88	86	Ph cyclohexene	99	97
Ph⟍ Me	94	93	OMe Ph⟍⟍Ph	99	98
n-Bu⟍ Me	78	76	二甲基萘	59	56
n-Bu⟍⟍n-Bu	97	93	Ph⟍⟍Me	72[②]	59[②]
n-Bu⟍⟍CO₂Et	97	95			

①每千克 AD-mix 包含：K₃Fe(CN)₆，699.6 g；K₂CO₃，293.9 g；(DHQD)₂PHAL 或 (DHQ)₂PHAL，5.52 g；K₂OsO₂(OH)₂，1.04 g。在有些例子中，MeSO₂NH₂的加入加速了产物分离。
②使用了不同的配体连接基团。

图 3.27　催化不对称双羟基化反应

　　图 3.28 中使用 K₃Fe(CN)₆版本的催化循环展示了基团转移过程[70]。机理研究和计算[71]支持一种涉及[3+2]环加成决定立体化学过程的基团转移过程，接着二醇从金属配合物上发生水解。这一机理中，金属在锇（Ⅷ）和锇（Ⅵ）之间循环。两相反应体系的使用使不存在任何手性配体条件下催化剂的选择性再氧化得以发生。在均相条件下，产物结合的锇再氧化得到一个不同的、选择性较差的催化物种（见图 1.17）。配体（见图 3.27）不仅通过 sp³ 杂化的氮对锇配位为双羟基化提供了不对称环境，也制造了一个比未结合配体的 OsO₄ 活性高得多的催化物种。如此一来，尽管非手性催化剂仍然存在，外消旋的背景反应已经少到可以忽略！

　　手性钛-酒石酸酯催化剂也表现出了配体加速效应，并被发现对前手性烯丙醇及相关衍生物的不对称环氧化反应中是高度普适性的（图 3.29）[72-74]。同样的催化剂也在外消

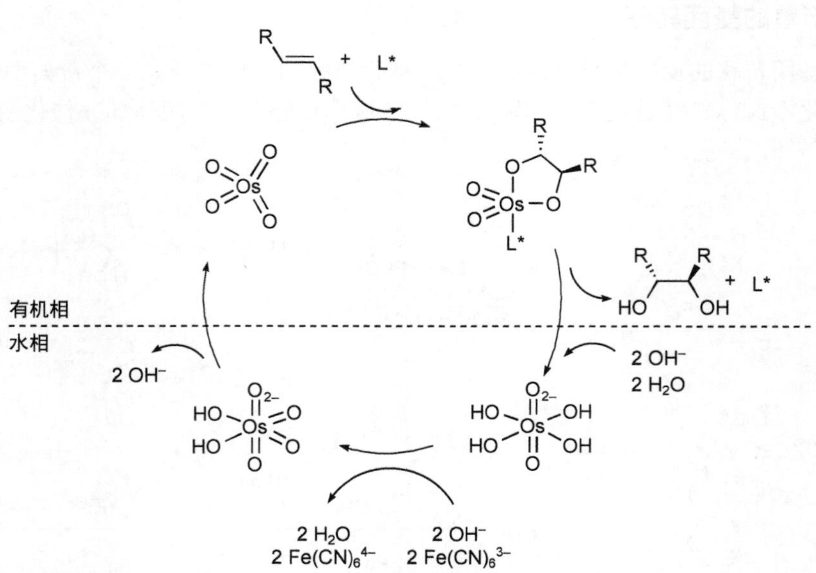

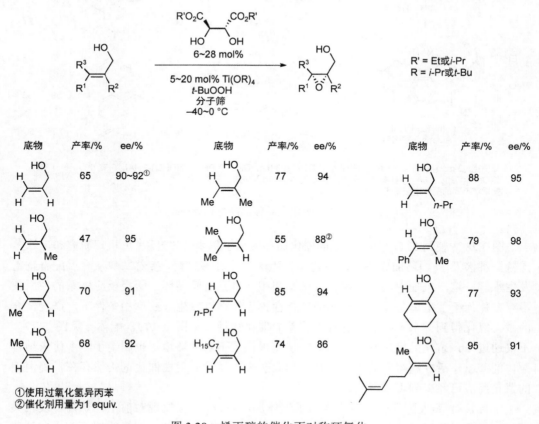

图 3.28　催化不对称双羟基化反应中的两个半反应［L* = (DHQD)₂PHAL 或(DHQ)₂PHAL］

①使用过氧化氢异丙苯
②催化剂用量为1 equiv.

图 3.29　烯丙醇的催化不对称环氧化

旋烯丙醇的动力学拆分和内消旋双烯丙基醇的去对称化反应中表现优异（见第 7 章）[74,75]。然而，钛-酒石酸酯催化剂仅限于烯丙醇，因为醇羟基起到了将烯烃安置在催化剂的配位场中进行反应的关键作用（图 3.30）。

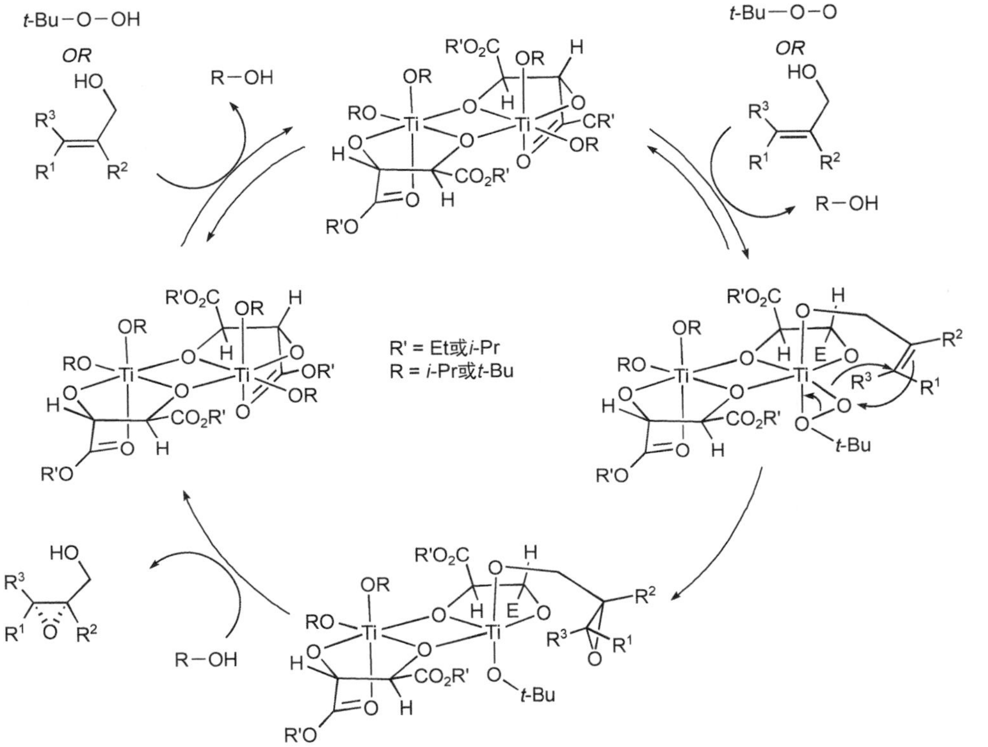

图 3.30　烯丙醇不对称环氧化的催化循环

一般认为钛加合物的二聚体是催化剂的活性形式（图 3.30）[76-78]。与上面的双羟基化反应不同，此处钛中心起到了组装配体和通过与过氧基团的两个氧配位而对其进行 Lewis 酸活化的作用。整个氧化还原过程发生在催化剂上的配体之间，其中叔丁基过氧化氢被还原，通过将过氧基上的一个氧原子转移到烯烃上而使烯烃发生了氧化。

对于烯丙位不含羟基的烯烃，环氧化发展出的一个催化体系是锰-salen 催化剂（图 3.31）[79-83]。这种类型的催化剂对顺式二取代和三取代烯烃的环氧化反应效果最好。然而其中一些变体也能对某些单取代、偕二取代和反式二取代的烯烃进行选择性的环氧化。

对这一反应进行了很多漂亮的机理研究表明，机理涉及氧原子从金属上转移到烯烃上。尽管对这些工作的综述已经超出了本书的讨论范围，在图 3.32 给出了一个简化的催化循环，描述了两种最可能的方式，一个协同过程和一个分步过程。Mn(V) 和 Mn(Ⅲ) 的催化循环得到了一致认同，但是在究竟发生了协同的氧转移、氧金属杂环中间体还是自由基中间体的过程上仍然有很大争议[82-86]。含有能稳定自由基的基团的顺式烯烃的反应得到了大量的反式环氧化物，这为分步过程提供了强有力的证据。对于不含有能稳定

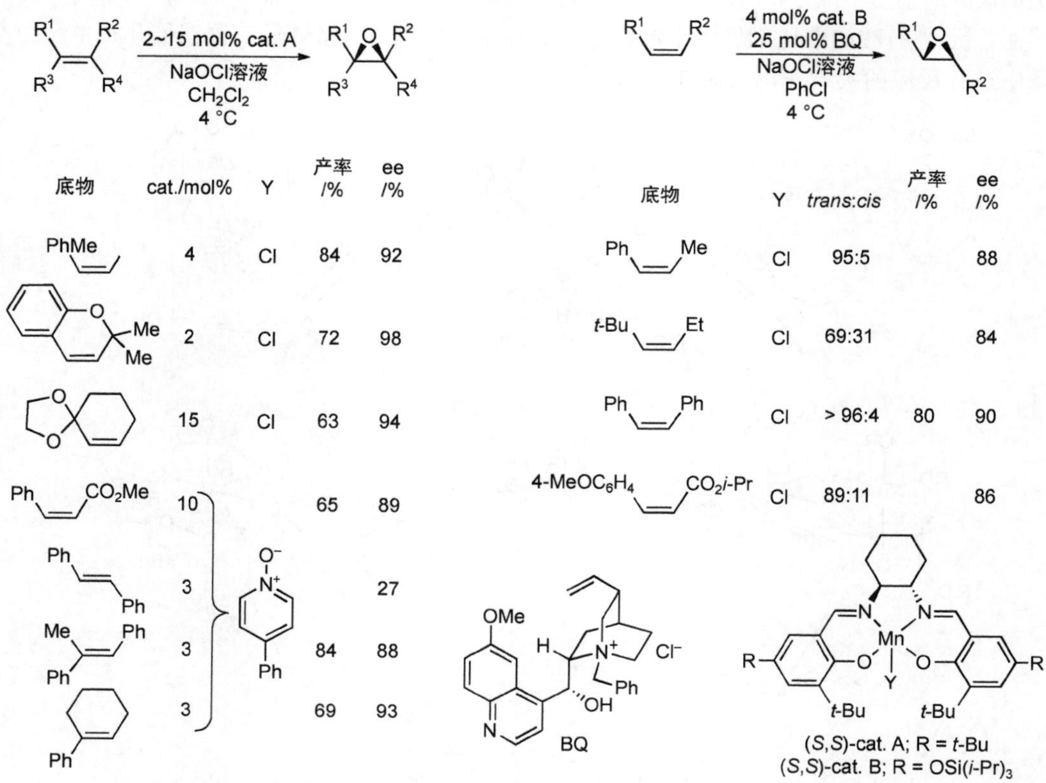

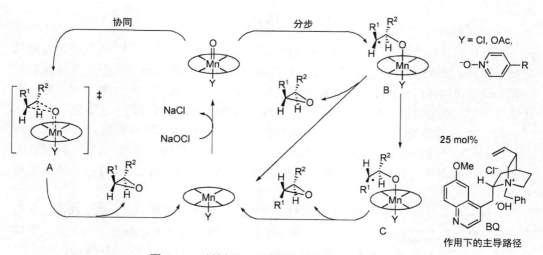

图 3.31   非官能团化醇的不对称环氧化中使用的手性锰-salen 催化剂

图 3.32   手性锰-salen 催化的环氧化反应机理

协同的 C—O 键形成过程（通过过渡态 A）和自由基中间体 B 的快速关环得到顺式环氧化合物。键的旋转得到中间体 C，它关环得到反式环氧化物。加入 BQ 有利于这一路径

自由基的基团的底物，一般认为要么经历协同路径，要么经历一个分步的、涉及键的旋转之前自由基发生快速瓦解的路径。最近的工作表明，一个给定的反应可以发生多种路径（不止以下将要讲到的那些例子！），具体采取哪种路径取决于催化剂、氧化剂、添加剂和底物的精确信息[82,83]。

提出的烯烃从 Mn(V)的侧面接近解释了反式烯烃差的选择性，因为烯烃的一个取代基与 salen 平面存在不利的位阻排斥作用。这种情况可以通过改变整个催化循环，使自由基中间体能够发生键的旋转，从而得到热力学上更稳定的反式环氧化合物来避免（见图 3.31 的右侧和图 3.32 的右下部分）[87]。

在使用有机催化剂的类似反应中，手性过氧化酮（dioxirane）被证明是烯烃不对称环氧化的强大试剂[88-91]。具体而言，图 3.33 中 D-果糖衍生的催化剂对于各种反式二取代的烯烃（包括二烯和烯炔）以及三取代的烯烃都表现出了高度的选择性[92-95]。值得注意的是，这种手性催化剂可以由 L-山梨糖非常容易地制得。相关的化合物[89,90]也在许多顺式烯烃的反应中取得了成功[96]。对于一些端烯也取得了令人鼓舞的对映选择性[97]。

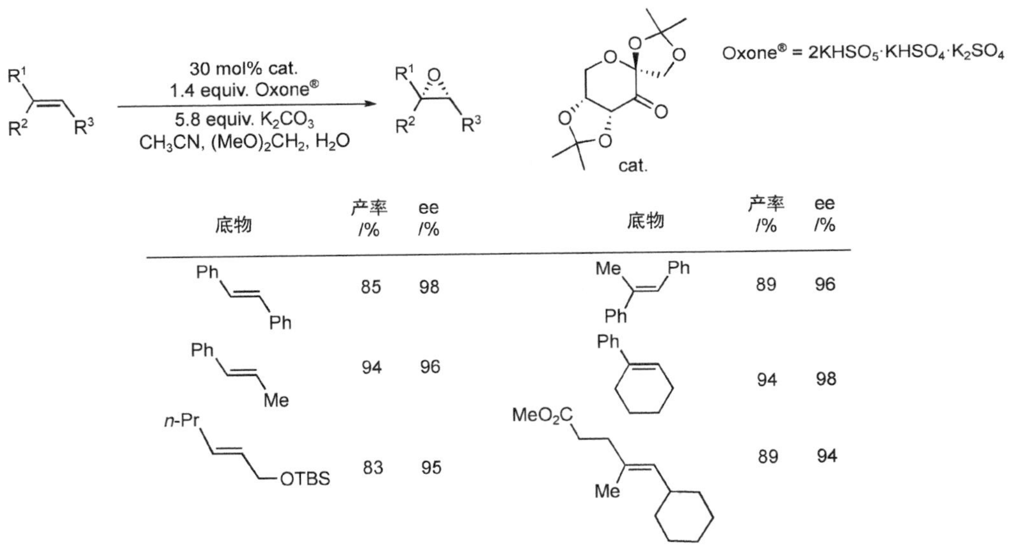

图 3.33　使用过氧化酮对非活化烯烃的催化不对称环氧化反应

由于催化剂的再氧化过程中伴随许多不希望出现的过程，发现高对映选择性的手性酮催化剂很有挑战性（图 3.34）。值得注意的是，在该条件下单独使用 Oxone® 进行的环氧化的反应可以忽略不计。一个有效的手性酮催化剂体现了羰基周围的手性控制元素中立体效应和电子效应的微妙平衡。糖衍生的催化剂中酮附近取代基的诱导拉电性在造成这种平衡上是相当有效的。即便如此，反应的突破性进展来自对其 pH 依赖性的认识[89,90]。早期的工作中使用了近中性的条件，因为 Oxone® 在更高的 pH 下分解更快。不幸的是，反应需要使用过量的手性酮，因为酮发生了快速分解，这可能是通过 Baeyer-Villiger 过程进行的。奇怪的是，在更高的 pH 下反应可以快速、选择性地进行，而且只需要亚计量的酮。在更高的 pH 下，Baeyer-Villiger 过程被抑制了，因为其前体更容易发生去质子

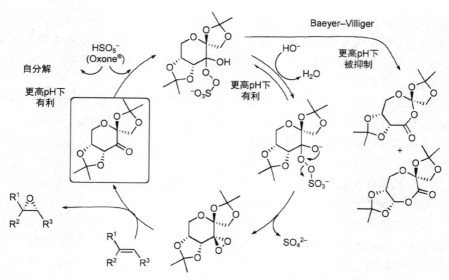

图 3.34　使用酮为催化剂的不对称环氧化反应的机理

化。另外，由于 Oxone® 物种的亲核性增强，关键的过氧化酮的形成更快。在这种条件下，总体的再氧化过程的加速抵消了 Oxone® 更快的分解。氧转移过程本身的立体化学结果可以用一个螺旋形的过渡态模型来解释，但在许多情况下一个平面型的过渡态与之竞争，导致了劣势对映体的形成（图 3.35）[97,98]。

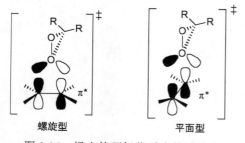

图 3.35　提出的环氧化反应的过渡态

基团转移反应并不仅限于氧中心。例如，相应的催化不对称氮杂环丙烷化[99]和环丙烷化[100,101]过程也已经被发展出来。

基于以上的例子，不对称基团转移反应可能看起来仅仅发生在烯烃或者其他的 π-体系。其实完全不是这么回事，如铑卡宾催化的不对称 C—H 键插入反应。羧酸盐衍生的手性催化剂的发明使这一领域充满了活力，早期的工作大部分集中于分子内转化[102-104]。随着同时含有拉电子和供电子的卡宾供体发现，分子间过程已经取得了极大的成功，尤其是使用非常简单的起始物的反应（图 3.36）[105-108]。

铑催化的插入反应的催化循环如图 3.37 所示。首先，非手性的重氮化合物与双铑催化剂反应，放出氮气，生成一个卡宾基团转移试剂。接下来，按照通常接受的机理，以一个三中心过渡态发生卡宾于 C—H 键的直接插入[102-104]。动力学同位素效应支持一个协同但不同步的 C—H 键插入过程，在 C—H 键的碳原子上有正电荷积累（图 3.37）。对于三级 C—H 键位点和四氢呋喃 2-位的选择性与这一机理一致，因为这些位点最适合稳定过渡态中积累的正电荷。

注：英文原著中文献［109-112］在文中没有呼应。——编辑注

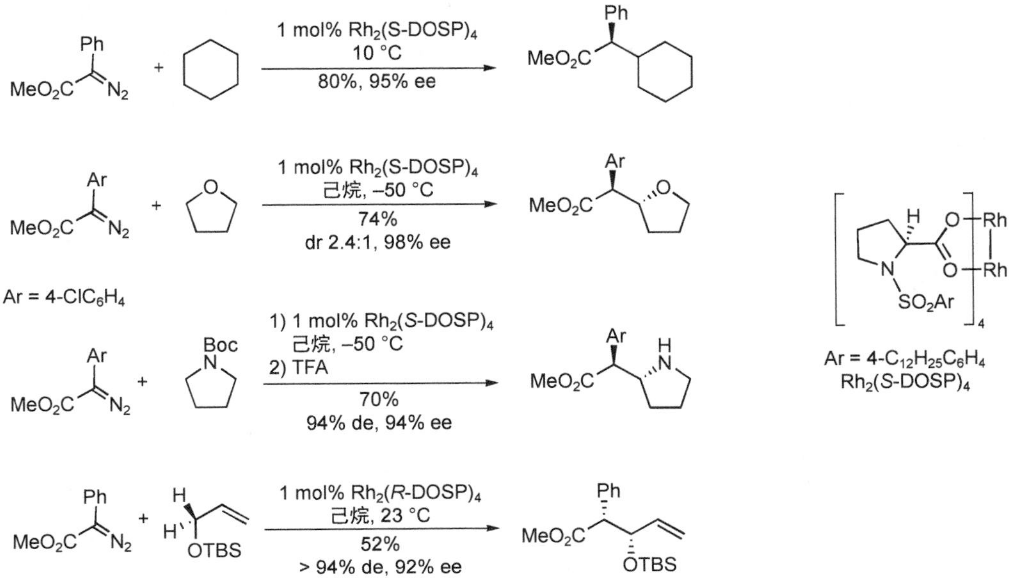

图 3.36　铑催化的不对称 C—H 键插入反应

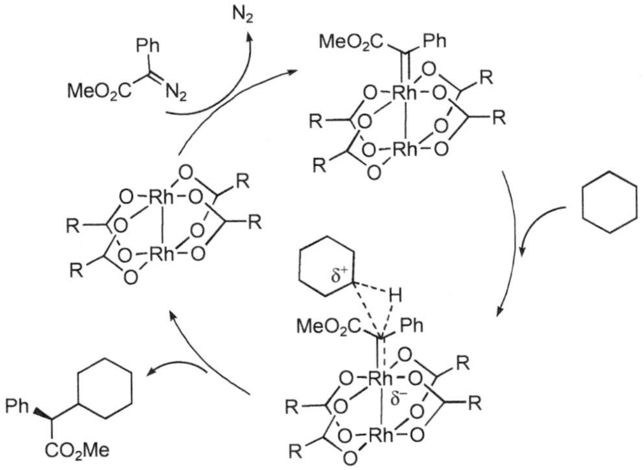

图 3.37　铑催化的不对称 C—H 键插入反应的催化循环

　　基团转移反应是最早的不对称催化反应的例子之一。最初的工作集中于金属催化的对烯烃的氧、氮和碳基团转移。该领域更近期的工作已经将适用范围扩展到饱和底物的插入反应，并表明有机催化剂也是有用的。作为不对称催化的主体，这一类型的反应将来无疑会有进一步的发展。

3.4.2　烯烃复分解

　　烯烃复分解[113]是金属催化的基团转移的另一个例子，尽管其次序与前节介绍的反应有所不同。在烯烃复分解中，一个金属结合的 CR$_2$ 基团转移到烯烃上，同时伴随着原来

烯烃损失一个 CR_2 基团。不对称烯烃复分解的例子取决于外消旋二烯的动力学拆分或二烯/三烯的去对称化[114,115]。在每个例子中，手性催化剂选择性地识别其中一个对映异位的烯烃并与之反应。如图 3.38 所示的一系列去对称化反应[116-118]，含有 5～8 元环的化合物可以用这一方法来制备[114,115]。

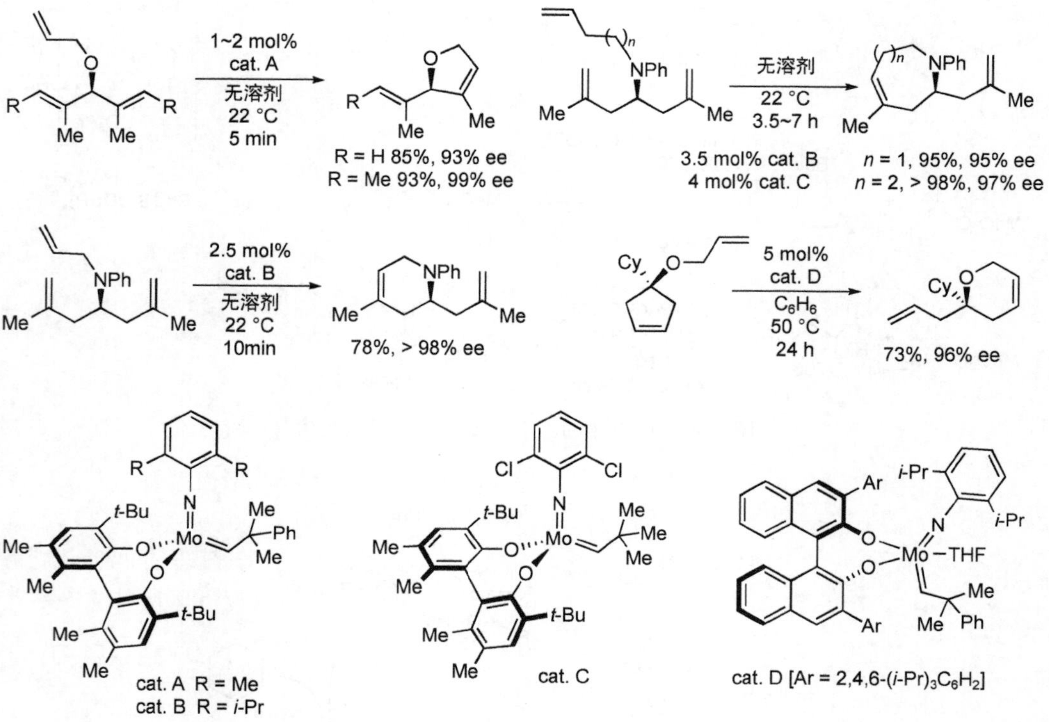

图 3.38　不对称烯烃复分解催化剂

该基团转移过程的机理涉及：首先催化剂与活性最高的烯烃通过发生[2+2]反应生成金属杂环丁烷（图 3.39）；接着发生逆[2+2]反应将烯烃的其中一半加载到催化剂上，产生亚烷基基团转移试剂。与两个对映异位的烯烃其中之一的反应是对映选择性决定步骤。与钌催化剂不同[119]，烯烃到钼催化剂上的 π-配位（见 3.6 节）看起来并没有发生[120]。最终得到了一个含被转移的亚烷基的新的烯烃。

烯烃复分解催化剂的一个强大特性是能够促进骨架重排，使简单的非手性底物转化成为更复杂的手性分子。尽管此处列举的都是分子内反应，分子间的交叉复分解的例子也有报道，它们通过相似的原理进行。另外，许多不对称串联过程（见第 14 章）也是可能的，并正如雨后春笋般发展着[114,115,121]。虽然早期的不对称催化剂集中于钼基配合物，现在已经有许多钨基[115]和钌基的手性配合物[121-124]。对于钌催化剂，机理的不同之处在于涉及一个烯烃的 η^2-配位（见 3.6.1 节）[125]。这一步单独或与接下来的氮杂环丁烷形成一步共同决定了反应的立体化学。

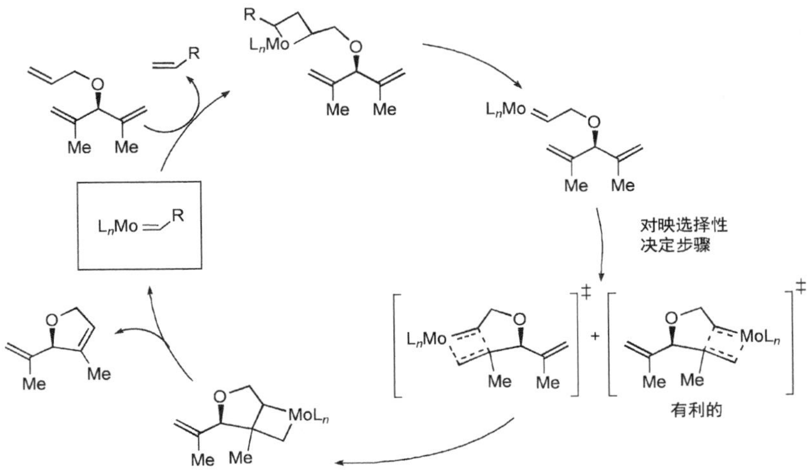

图 3.39　不对称烯烃复分解的一个代表性的催化循环（L_n = 手性配体）

3.5　交叉偶联催化剂

　　与基团转移反应有关的一个过程是金属催化的两个底物的片段的偶联，形成一个新的化学键。与金属将自身连接的基团转移到一个非配位的底物上不同，基团被转移到了另一个配位的底物上（图 3.40）。为此，两个片段必须按次序被接到催化剂上形成一个活化的中间体。催化循环中的最后一步反应在两个片段之间形成新键并释放金属催化剂。

　　这种交叉偶联反应的一个经典的例子是以 Suzuki 反应为背景的（图 3.41）[109-112]。此处通过将芳基卤化物与芳基硼酸上的芳基进行偶联产生了轴上的立体化学。

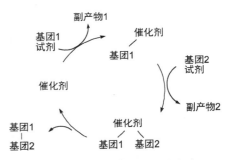

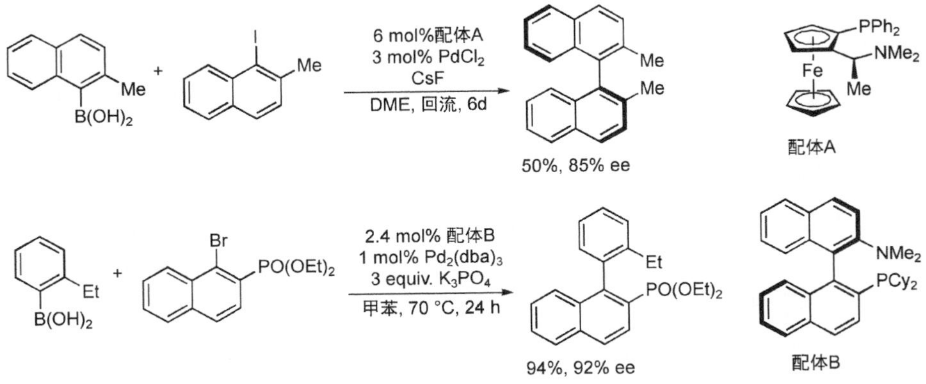

图 3.40　交叉偶联反应的一般性机理

图 3.41　催化不对称 Suzuki 交叉偶联反应

这一过程中，金属中心上发生了多个步骤，目前还不十分清楚哪一步是立体选择性决定步骤（图 3.42）。对映选择性可能由还原消除之前的二芳基钯中间体的相对构象来决定。这种关系最初是由金属交换来建立的，但是可以通过旋阻非对映异构的二芳基钯中间体之间的平衡转化而被改变。另外，从非对映异构的二芳基钯中间体还原消除得到其中一种对映体可能是更有利的。

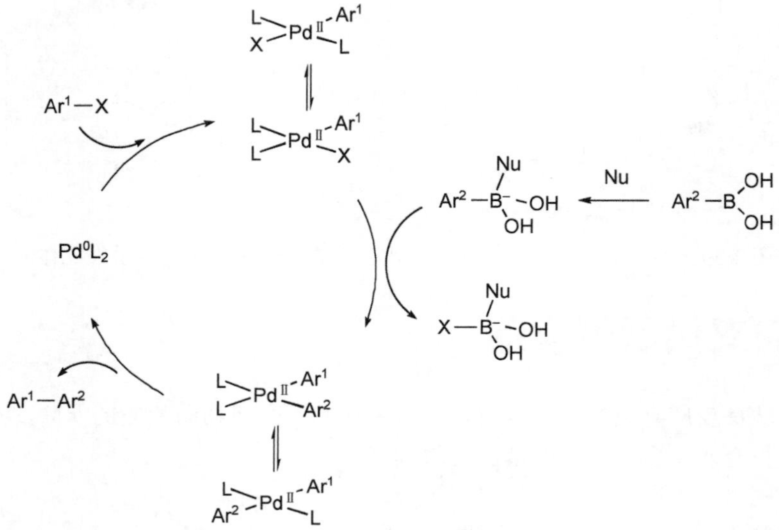

图 3.42　催化不对称 Suzuki 交叉偶联反应简化的催化循环

除了需要确定对映选择性决定步骤之外，几个竞争反应，包括质子化脱硼和还原偶联等使发展更加一般性的交叉偶联反应非常困难。

迄今催化不对称的交叉偶联反应数目还是很有限的，尤其是与大量的已知的催化过程相比。然而，金属催化不同寻常的成键过程的能力无疑会使这一领域得到进一步发展。

3.6　通过 π-配位的活化

通过金属对 π 轨道的配位来活化烯烃是很强大的策略，因为它能够实现与前面各章节中讨论的化学迥异的一系列广泛的化学。图 3.43 给出了这种相互作用的轨道基础。金属的空轨道接受烯烃占据的 π 轨道提供的电子，同时，金属占据的 d 轨道中两个电子提供给烯烃的 π^* 轨道（以一种被称为"反馈键"的相互作用）。大部分情况下，金属需要两个或者更多的 d 电子才能形成稳定的烯烃配合物。另外，π-配位可以出现同时涉及超过两个中心和超过两个 π 电子的情况，如图 3.43 中所示的 η^3-、η^4- 和 η^6-配位单元。由于 π 组分本身是非手性的，使用手性的金属中心提供了一个向接下来的反应中引入不对称的方法[126]。最终，金属活化有机 π 体系使其发生亲核或亲电加成和插入反应的能力提供了丰富多彩的化学键构筑方法[127]。

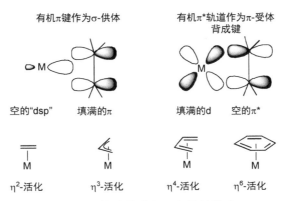

图 3.43　轨道基础和 π-配位的模式

3.6.1　通过 η² π-配位的活化

η²-配位是最为常见的 π-活化模式。这类活化对一系列使用烯烃为前体的不对称反应至关重要，包括氢化、氢甲酰化、氢羧基化、氢胺化、胺羧化、Wacker 反应、Heck 反应等。很多的这些转化的催化循环包含几个不同的、金属在其中扮演着非常不同角色的反应步骤，包括 π-活化、基团转移（见 3.4 节）以及其他。这些步骤中任何一步，或一些步骤的组合都可能决定立体选择性。本节中首先介绍那些 π-配位/π-活化被认为是立体选择性决定步骤的例子。最后的例子介绍可以导致有效过程的效应的平衡，甚至当 π-配位/π-活化并不是决定性的立体化学决定步骤时。

Wacker 过程是一个经典的通过 π-配位进行的烯烃亲电活化的例子（图 3.44，上）[128]。烯烃配位到缺电子的 Pd(Ⅱ)物种上时，可以被不同的亲核试剂进攻，得到中间体烷基钯物种。这种烷基钯物种可以进行多种反应，其中 β-H 消除反应通常是最容易进行的。经

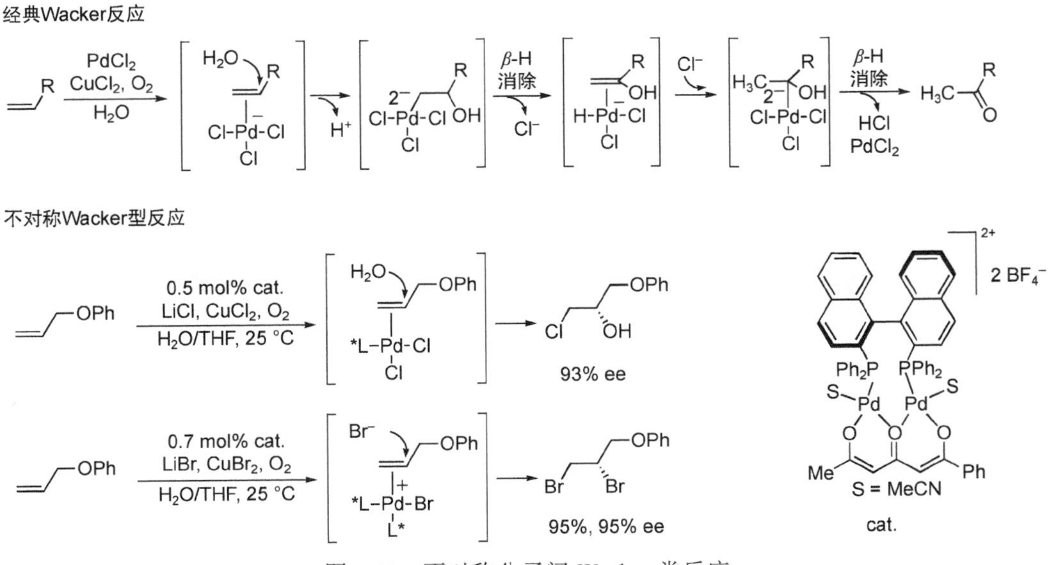

图 3.44　不对称分子间 Wacker 类反应

典的 Wacker 过程中，最终产物是在烯烃取代较多的位置产生一个酮。然而，配位的烯烃的亲核进攻通常是反式加成[129]，这意味着如果避免 β-H 消除，保留其中内在的立体中心，那么一个不对称过程就是可行的[130]。在高浓度的氯离子或溴离子下，这种情况的一个例子分别得到氯代醇[131]和二溴化物[132]（图 3.44，下）。当钯上的配体为同手性的配体时，通过 π-配位对烯烃对映面的区分可以实现不对称诱导。

相关的分子内过程已经被用于许多不同的亲核试剂。比如，邻位取代的苯酚在氧化条件下用手性钯/双噁唑啉催化剂处理时以高 ee 值发生环化得到碳环化合物（图 3.45）[133]。与上面的例子不同的是，这里使用苯醌而不是 O_2 作为氧化剂。对催化循环的考察很有启发意义（图 3.45）。第一步中，烯烃与 Pd(Ⅱ)催化剂形成 η^2-加合物。金属对烯烃的亲电活化促进了苯酚氧对其进行亲核进攻，产生一个烷基二价钯加成物。值得注意的是，其中没有可供消除的、以在底物上原来的两个碳原子之间形成双键的 β-氢。这一聪明的手段消除了不对称 Heck 反应的最大问题，即在原来的位置上再形成双键，同时伴随着立体化学的丢失。因此，消除甲基上的 β-H 而得到最终产物（原文"反式位置上的 β-H 消除得到最终产物"似乎不妥——译者注）。值得注意的是，这种手段可用于形成季碳立体中心，而对映选择性地产生季碳手性中心是比较困难的[134-136]。此时钯催化剂快速释放出酸（HX）得到 Pd(0)。催化量二价钯的再生是不对称 Wacker 类反应遇到的另一个重要问题。能与底物反应的温和的催化剂是至关重要的。通常用氧气和催化量的 Cu(Ⅱ)或者苯醌来起这一作用。

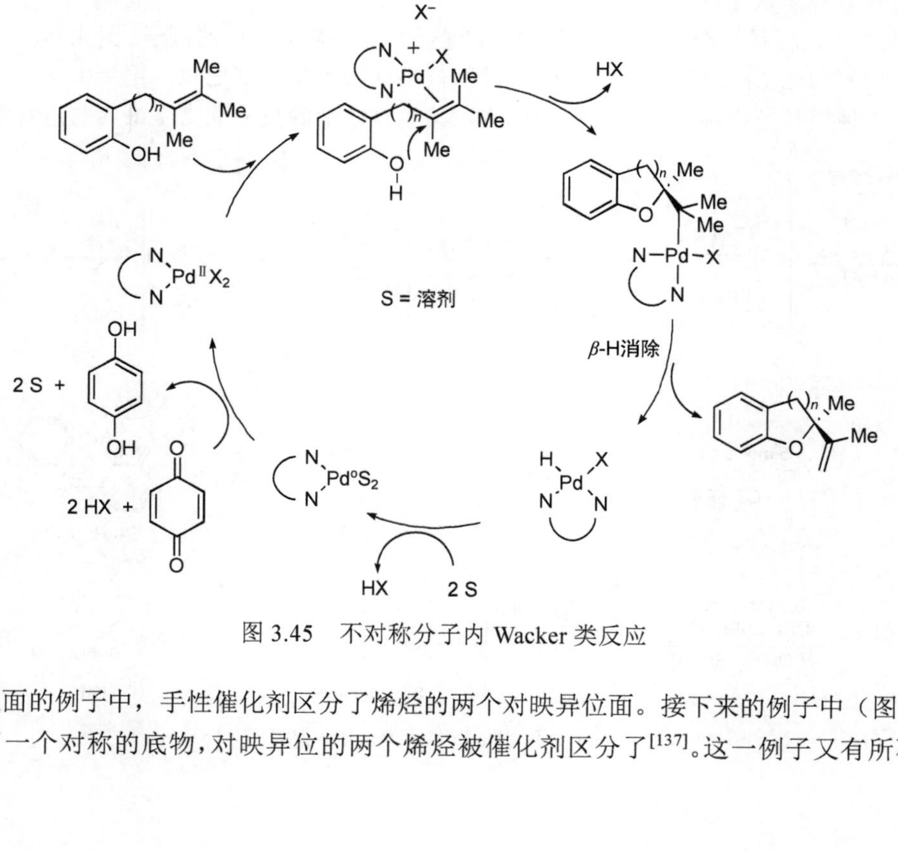

图 3.45　不对称分子内 Wacker 类反应

上面的例子中，手性催化剂区分了烯烃的两个对映异位面。接下来的例子中（图 3.46）使用了一个对称的底物，对映异位的两个烯烃被催化剂区分了[137]。这一例子又有所不同，因为最初钯催化剂与亲核试剂形成的烯烃加合物被第二个烯烃捕获,发生了进一步反应。在一系列步骤之后以高的对映选择性得到了双环产物。这个例子说明了许多过渡金属催化的反应有一个强大的共同特性,即可以发生连续的多步转化,从简单的原料出发快速构建复杂分子（见第 14 章）。

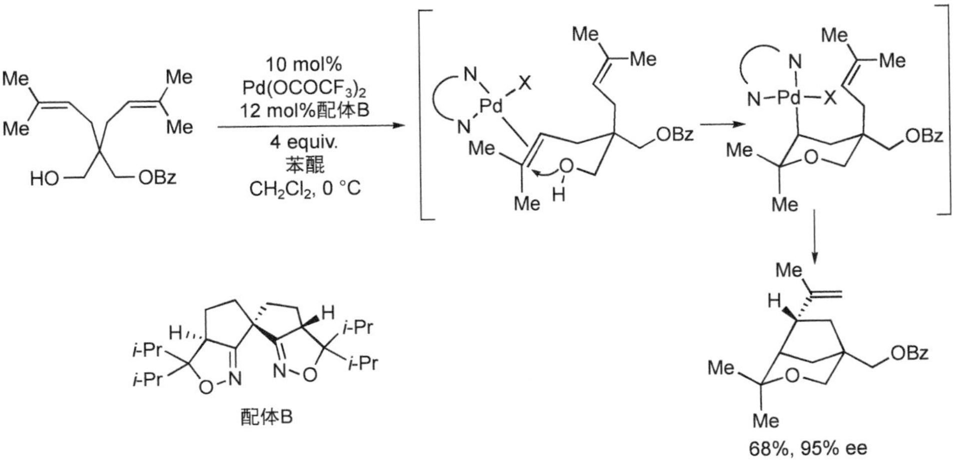

图 3.46　不对称 Wacker 类去对称化反应

跟 Wacker 类反应一样,Heck 反应也可以涉及 β-H 消除反应释放出钯物种。但是由于不需要外源的氧化剂就能完成催化循环,所以很多问题得以避免。同样,在发展有效的不对称催化反应上,β-H 消除的区域选择性也是一个关键因素。尽管有这样和其他的严重问题（如最初加成的区域选择性、钯氢物种的再插入等）,非常成功的不对称 Heck 反应已经被发展出来[138]。分子间的例子挑战性最大,而且仍然存在。使用膦-噁唑啉钯配合物的例子见图 3.47。不对称 Heck 反应的机理包括首先 Pd(0)对 C—X 键（C 通常是芳基或烯基）的氧化加成产生一个含有活性 Pd—C 键的二价钯物种。取决于底物和反应条件,接下来对映异位的烯烃的 π-配位可以通过中性或者阳离子（X 发生解离,如图 3.47 所示）途径进行[138]。无论哪种情况,对活化的烯烃的迁移插入得到了一个烷基 Pd(II)物种。由于环体系的立体化学的关系,接下来的顺式 β-H 消除不能得到双键还在原来位置的烯烃,而是在新的位置形成一个双键,保留了手性中心[139]。与类似的（BINAP）钯催化的反应不同,催化剂对底物的异构化并没有诱导双键的迁移（通过 Pd-H 物种）。

分子内的 Heck 反应更容易发展,对于很广泛的底物都适用[138]。例如,图 3.48 中的（Z）式烯烃的分子内反应能以高的对映选择性进行[140-142]。同样地,通过 π-配位对烯烃的活化和对映区分是这个反应成功的关键。此处没有可供在原来两个碳上重新生成烯烃的 β-H。值得指出的是,相似的过程被用于复杂得多的底物,为复杂生物碱 quadrigemine C 和 psycholeine 的合成提供了一条简洁的路线（见第 16 章）[143]。

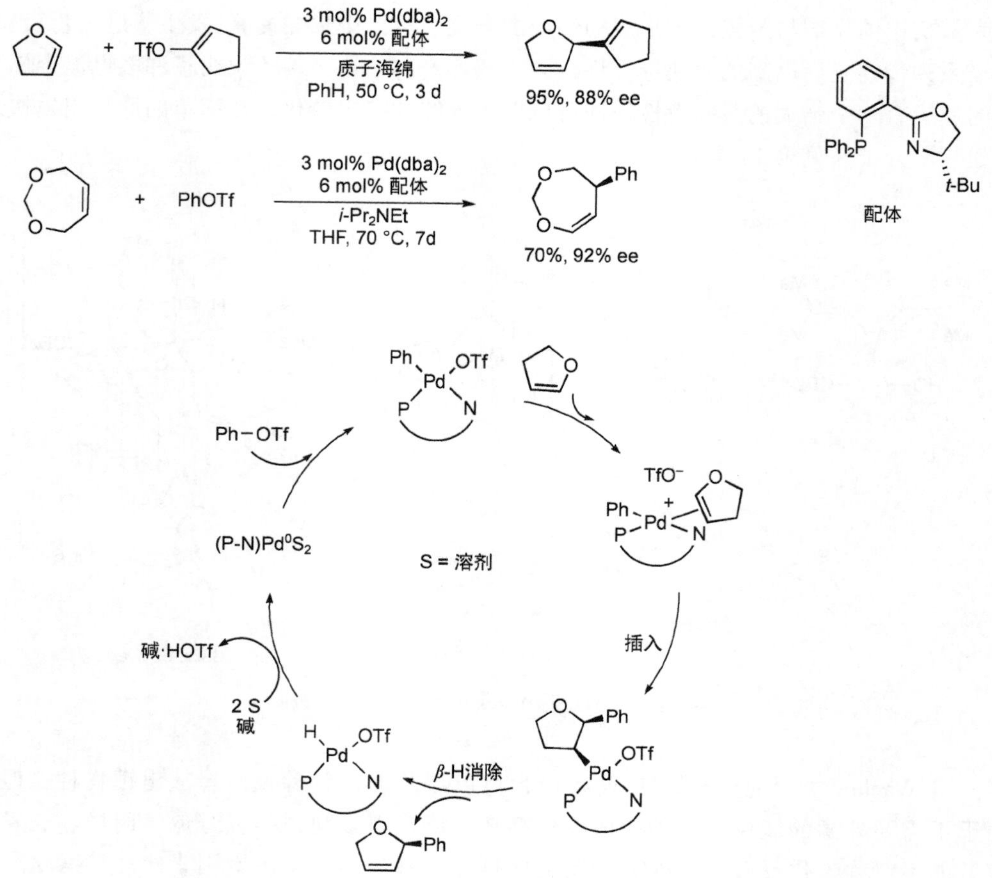

图 3.47   分子间催化不对称 Heck 反应

R = Me   87%, 90% ee
R = CH$_2$CH(OMe)$_2$ 93%, 91% ee

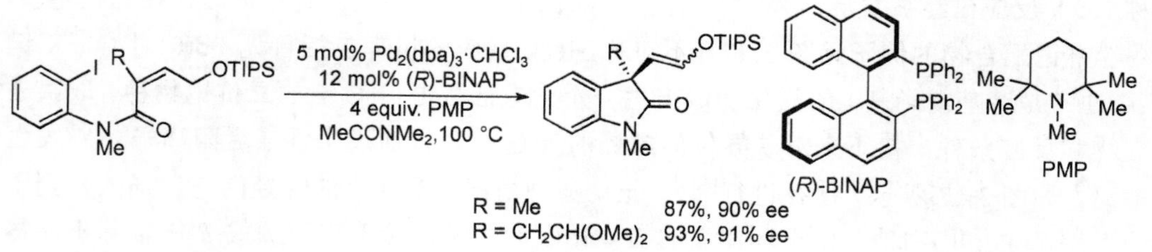

图 3.48   分子内的催化不对称 Heck 反应

烯酰胺氢化的例子[144]很有启发性，因为详细的机理研究表明，最初的烯烃配位不一定是立体化学决定步骤（图 3.49）[145,146]。π-结合之后确实发生了活化，但是不对称诱导既发生在 π-结合过程中，又发生在氢气的氧化加成过程中。实际上，催化剂与烯烃的两个对映异位面最初的 π-配位中表现出的选择性与不对称反应的最终结果关系不大。尽管 π-加合物 I$_2$ 产生得更多，但由于其更高的热力学稳定性，在后续的反应中它比 I$_1$ 反应更慢。由于这两种中间体 I$_2$ 和 I$_1$ 可以通过解络/再络合进行平衡转化，因此出现了 Curtin-Hamett 情形（见第 1 章），主要产物是经由 I$_1$ 而形成的。

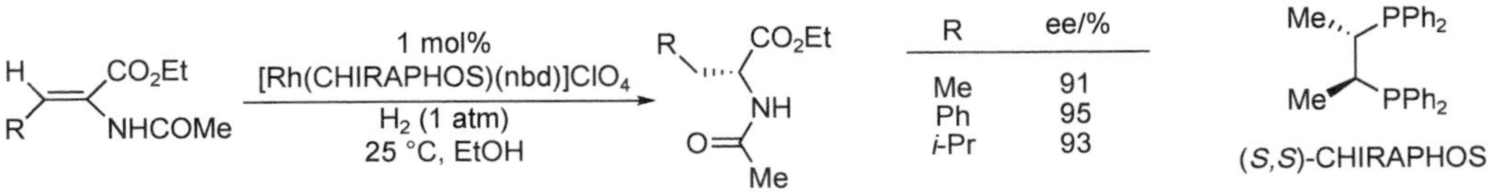

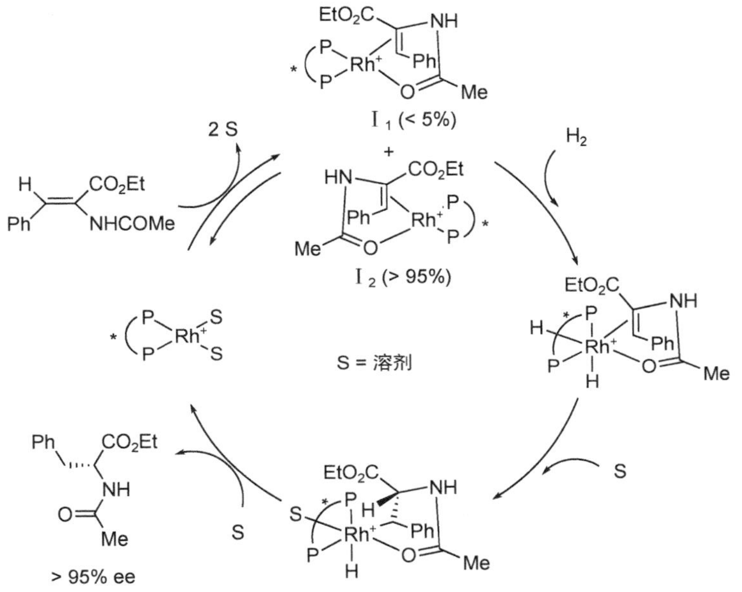

图 3.49 催化不对称氢化反应中的 π-活化

氢金属物种和烷基金属物种发生的氢金属化（如氢化中的情况）和碳金属化（如 Heck 反应的情况）反应是形成许多不同产物的强大过程。产生的烷基金属中间体可以被其他试剂进行分子内（一个例子见图 3.46）或分子间（一个例子见图 3.47）捕获。使用一氧化碳截获时（图 3.50）[147,148]得到一个不对称氢甲酰化过程。同样，立体化学决定步骤可以发生在这个过程的几个不同阶段。由于许多反应可以是可逆的，以及具体的立体化学决定步骤随着催化剂或底物的组成而变化，对这些体系的理性改造可能会很困难。

前面的这些例子表明，甚至当 π-配位/π-活化并非起主导作用的立体化学决定过程时，好几种因素也可以导致有效的不对称过程。许多涉及过渡金属 π-活化过程的机理是很复杂的。确定立体化学决定过程不是一件简单的事情，经常需要大量的研究。然而，与之前章节中讨论过的那些活化方式比较，π-活化产生的独特活化过程提供了一系列有价值的催化不对称转化。这些转化毫无疑问会有进一步的发展。此外，这些催化剂的持久性和高效性使其可以使用极低的用量。最后，这种正交的活化途径（π-活化）使其可以兼容很多在别的活化模式中（如 Lewis 酸等）缺乏选择性的官能团。

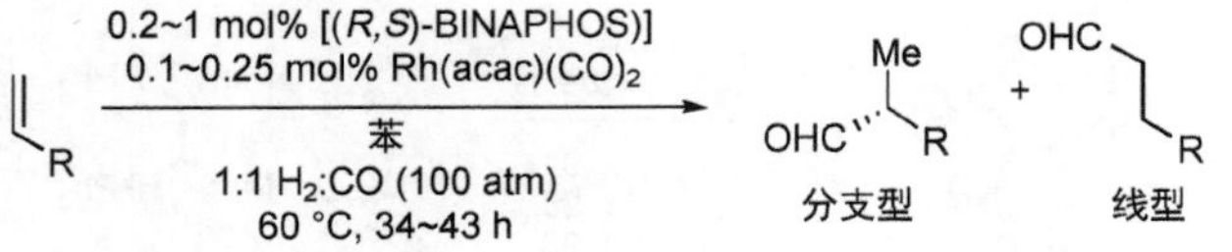

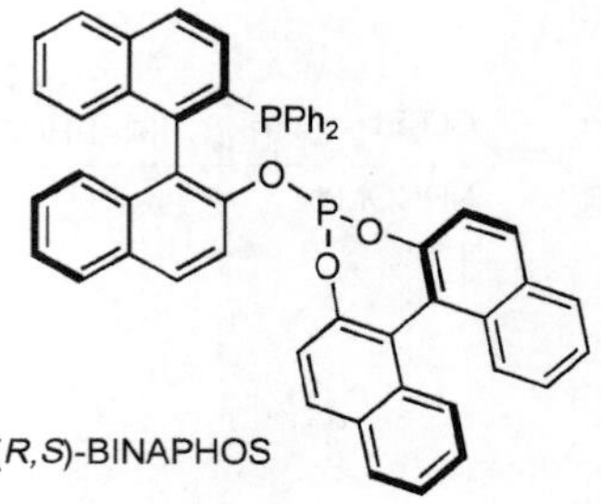

(R,S)-BINAPHOS

R	转化率 /%	分支型: 线型	ee/%
OAc	> 99	86:14	92
Ph	> 99	88:12	94
4-MeOPh	> 99	87:13	88
4-ClPh	> 99	87:13	93

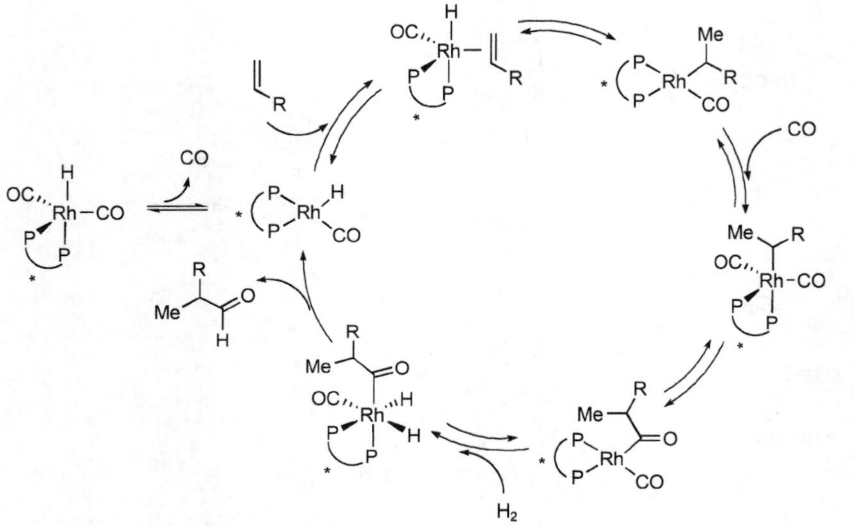

图 3.50 催化不对称氢甲酰化反应中的 π-活化

3.6.2 通过 η^3 π-配位的活化

过渡金属结合含两个以上连续的不饱和碳的π-体系的能力也在不对称催化中取得了良好的效果。三个碳原子中心的配位形成 η^3-烯丙基配合物（见图 3.43）。其中，阳离子型烯丙基钯配合物的化学尤其丰富[149,150]，尽管也可以使用其他的金属中心[149,151,152]。

图 3.51 展示了一个涉及 π-烯丙基的代表性反应的简化催化循环。典型的情况下，使用一个二价钯为催化剂前体，它被现场还原成活性的零价钯催化剂。接下来 η^2-烯烃的配位将底物引入金属的配位场，在这里发生形式上的氧化离子化过程，脱除离去基团(LG)。结果得到的 η^3-烯丙基钯配合物中手性配体可以影响接下来的亲核试剂的接近，得到手性产物。η^2-结合产物的解离再生 Pd(0)催化剂。

以上的机理框架中，有几种不对称诱导过程，使许多不同的底物类型（即非手性的、内消旋的、外消旋混合物等）得以成功应用[149,150]。第 4 章中详细讨论了这个反应中从催化剂到底物的不对称诱导的起因。对于图 3.51 中的具体反应，钯上手性配体的立体化学引起了对对映异位的端位的区分。

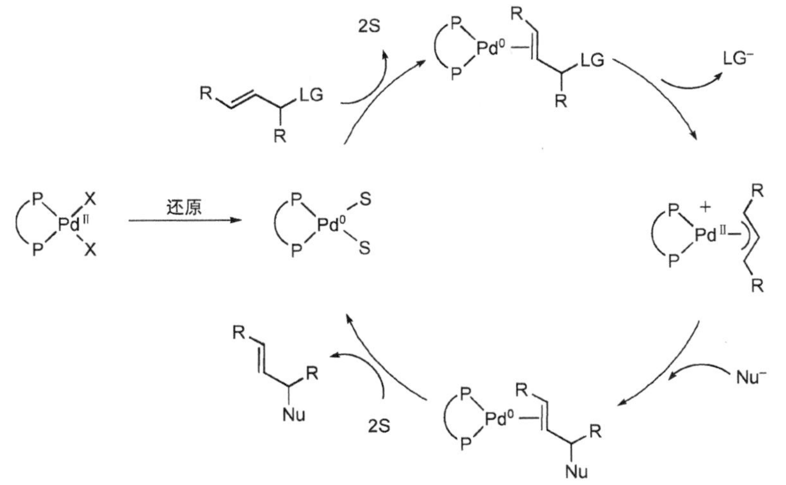

图 3.51 不对称阳离子型 π-烯丙基化反应的简化的机理

在图 3.52 中列出了 4 种主要过程的例子。第一种过程（对映面的区分）中，一个非手性底物产生一个非手性的烯丙基物种。通过起初手性催化剂对烯烃的其中一个对映面的选择性配位[153]或者经 η^1-到 η^3-的异构化形成更稳定的 η^3-烯丙基中间体[154]而进行不对称诱导。

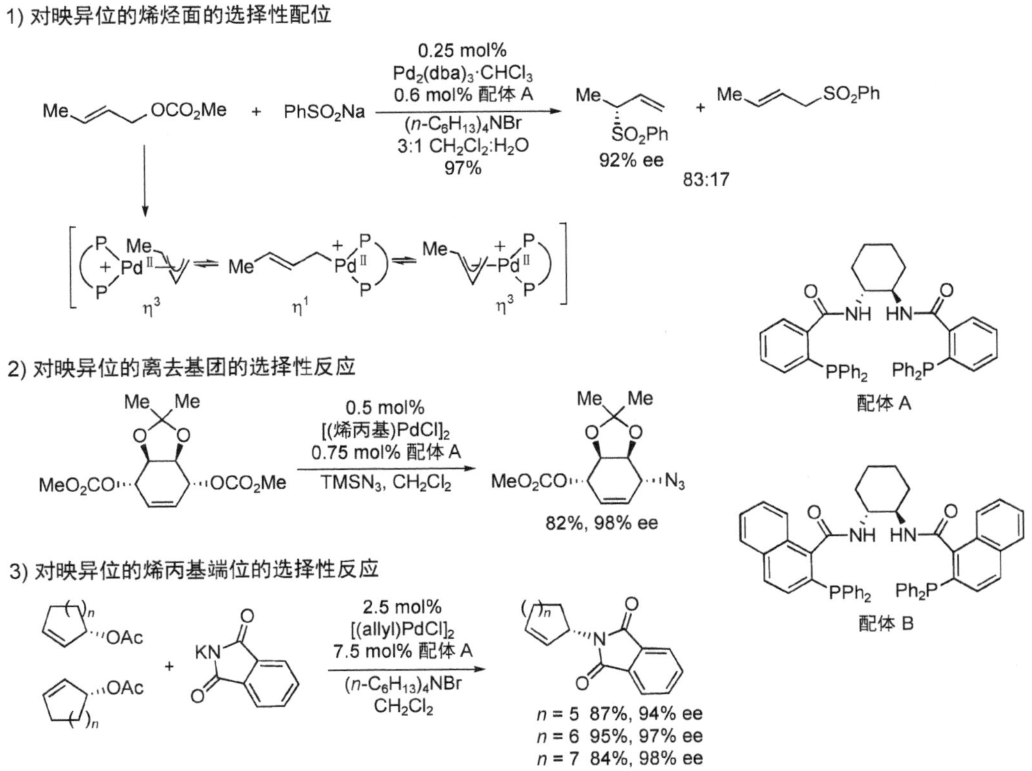

1) 对映异位的烯烃面的选择性配位

2) 对映异位的离去基团的选择性反应

3) 对映异位的烯丙基端位的选择性反应

$n = 5$ 87%, 94% ee
$n = 6$ 95%, 97% ee
$n = 7$ 84%, 98% ee

图 3.52

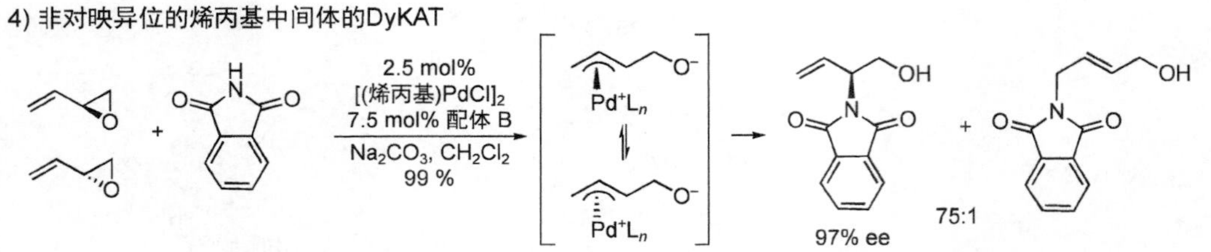

4) 非对映异位的烯丙基中间体的DyKAT

图 3.52　经历不同的对映区分机理的不对称 π-烯丙基化反应的例子

第二种过程（对映异位的离去基团的选择性反应）中，最初的烯烃配位之后，其中一个碳酸根基团选择性地发生离子化[155]。取决于底物、催化剂、亲核试剂以及反应条件，相对于钯，氧化离子化和亲核加成反应都可以以构型保留或翻转的方式进行。在这个例子中很可能发生了两次翻转，导致了净构型保持的叠氮取代反应。这类反应中使用内消旋底物能够快速引入复杂性，此处建立了 4 个手性中心。叠氮产物是合成抗肿瘤药物 (+)-pancratistatin 的有用的前体，它可以从二碳酸酯出发以 11% 的总体收率得到[156]。

在第三种过程（对映异位的烯丙基端位的选择性反应）中，一个外消旋混合物的两种对映体汇聚成同一种阳离子的烯丙基钯加和物，其中烯丙基片段的两个面是同手性关系（见附录 A）而不是对映异位关系[157]。因此，烯丙基的任一面的配位导致会产生同样的钯加和物。然而，烯丙基的两个端位是对映异位关系，通过控制亲核试剂对烯丙基的端位的接近可以进行不对称诱导。

第四种过程［非对映异位的烯丙基中间体的 DyKAT（动态动力学不对称转化）］中同样使用了一个外消旋的混合物。然而，其中的烯丙基片段具有对映异位面，导致当存在手性配体时，形成两个互为非对映异构体的烯丙基钯加和物。如果这两个非对映异构的烯丙基钯中间体可以快速平衡，一个 DyKAT（见第 9 章）就是可能的。立体化学从活性更高的烯丙基非对映体上产生。在这个例子中，一个关键的特性是作为离去基团的环氧化合物。由它形成的烷氧基负离子将亲核试剂定位到 π-烯丙基阳离子更拥挤的一端[158]。

上述例子都涉及烯丙基物种和一个亲核试剂的分子间反应。分子内版本也是可能的。一个例子（见图 3.53）很巧妙地利用了阳离子的 π-烯丙基化学来产生稳定的环丙基甲基碳正离子。这个中间体发生 Wagner-Meerwein 迁移以好的对映选择性产生扩环产物[159]。

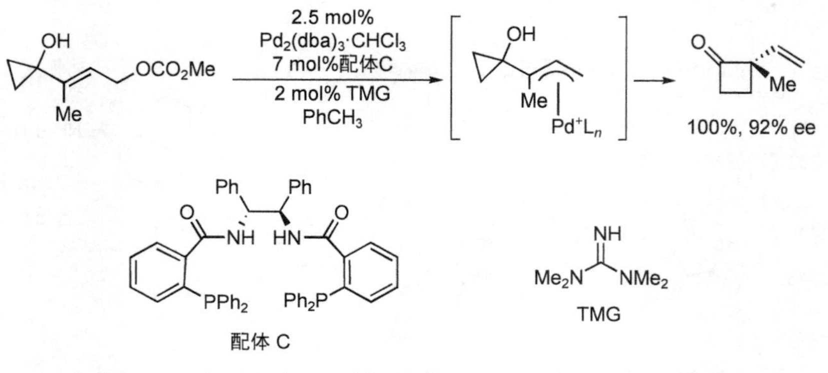

图 3.53　经历阳离子 π-烯丙基中间体的分子内不对称反应

　　π-烯丙基物种可以从许多不同的方法产生。以上几个例子着重阐述了从合适的底物上脱除一个离去基团来产生烯丙基阳离子的方法。另一种产生 η^3-烯丙基金属物种的方法是二烯、联烯或苯乙烯的氢金属化。对于图 3.54 中的例子，对映选择性的络合建立了 π-苄基加合物的立体化学。接下来苯胺以构型翻转的方式反应，以高 ee 值得到产物[160]。大量的机理研究支持图 3.54 中提出的催化循环[161-163]。即便如此，对映选择性的优化仍然难以捉摸，使用 SEGPHOS 配体得到了高达 85% ee[164]。尽管中间体的结构已经很清楚，精确的立体诱导条件的建立仍然有问题，造成了催化剂理性改进的困难。

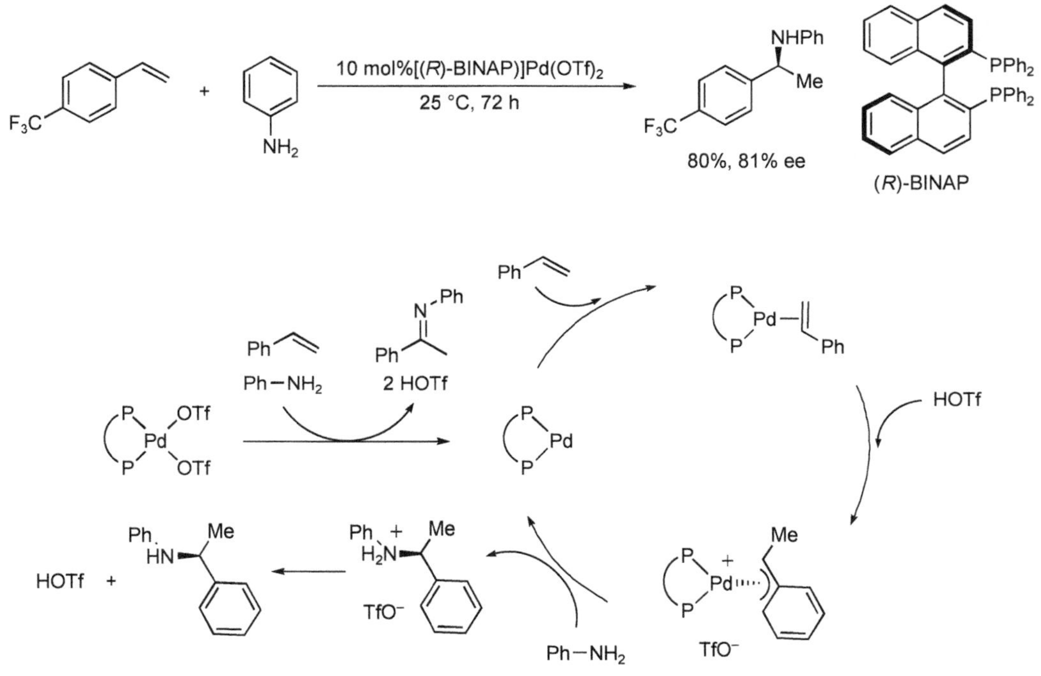

图 3.54　经历氢金属化过程的不对称阳离子 π-烯丙基化反应

3.6.3　通过 η^4 π-配位的活化

　　存在许多别的 π-配位模式（见图 3.43），其中 η^4-、η^5-和 η^6-金属加合物在金属有机化学中占据显著的地位[127]。不幸的是，这些配合物的反应中，催化周转经常有问题，限制了其在不对称催化中的应用。然而，有一些 η^4-配合物参与了催化循环并在立体化学诱导中起到了关键作用。

　　一个例子是图 3.55 中不饱和联烯与一氧化碳的 [4+1] 加成反应。这个过程中一个手性铑催化剂提供了不对称诱导，得到环戊烯酮产物[165,166]。DFT 计算支持图中所示的催化循环[167]。首先，催化剂中 η^2-配位的环辛二烯（cod）与 η^4-配位的底物发生交换。对不饱和联烯两个对映面的配位产生两个不同的非对映异构的加合物。计算表明其中一个加合物更稳定。在所有后续步骤中，对应于这个对映异构的加合物的中间体构成了最低能量的路径。因此，最初的 η^4-配位基本上确定了反应的立体化学。周转限制步骤（turnover limiting step）是一氧化碳的插入和六元金属杂环中间体的形成，这一步也建立了产物中的中心手性的立体中心。进一步发生还原消除和解络得到产物。

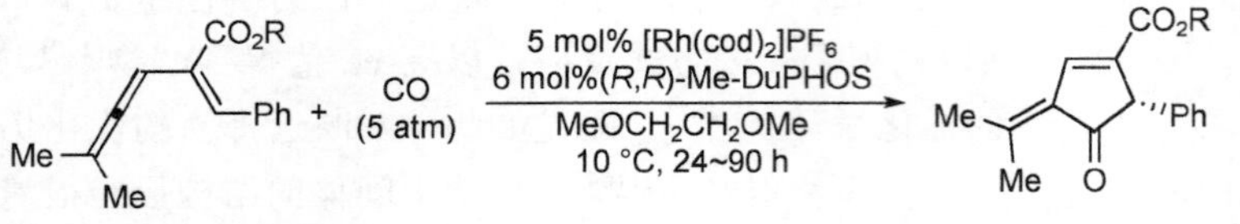

R	产率/%	ee/%
Et	93	92
i-Bu	96	92
Bn	94	95

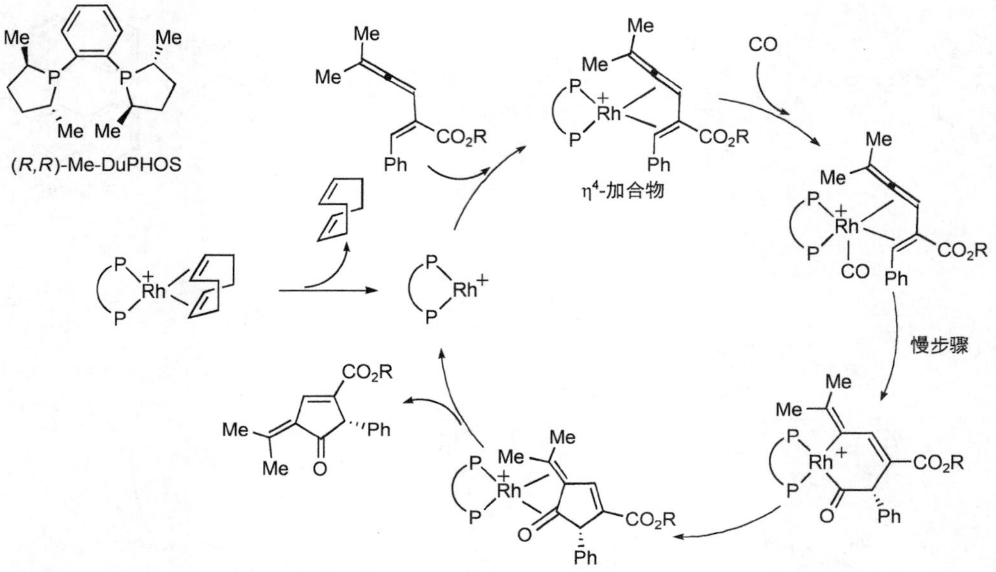

图 3.55 η^4-配位作为[4+1]不对称环加成反应的一部分

3.6.4   通过双 η^2 π-配位的活化

催化活化也可以基于两个或更多的不共轭的 π-片段。例如，图 3.56 中的[5+2]反应从 1,6-二烯基环丙烷底物开始[168]。在形成最稳定的双 η^2-配合物过程中，BINAP 的立体化学决定了每个烯烃上哪个对映面发生配位。这就确定了在烯基环丙烷开环和金属杂环形成过程中形成的第一个立体中心。下一个立体中心形成于非对映选择性的迁移插入。很可能顺式取代的环系的形成是动力学上有利的。还原消除形成最终的并环双环产物。能够高对映选择性地形成更大环系（如七元、八元、或九元等）的能力是一个特征，突出了过渡金属催化的环加成反应的用途。

另一个双 η^2-配位起到关键作用的反应是金属催化的[2+2+2]环加成反应。这些强大的过程将三个 π-体系（如炔烃、烯烃、异腈、亚胺、一氧化碳、酮等）组合到一起，产生一系列有趣的六元环[169,170]。许多可引入中心手性或轴手性立体化学的版本是有可能[169-171]的。一个以三联芳基的形式产生两个轴手性单元的例子如图 3.57 所示[172]。对于这些不同寻常的化合物来说，得到的高非对映选择性和对映选择性是值得一提的。在一个包含通常接受的乙炔三聚反应机理的催化循环中，一个早期的步骤是双 η^2-二炔加合物的形

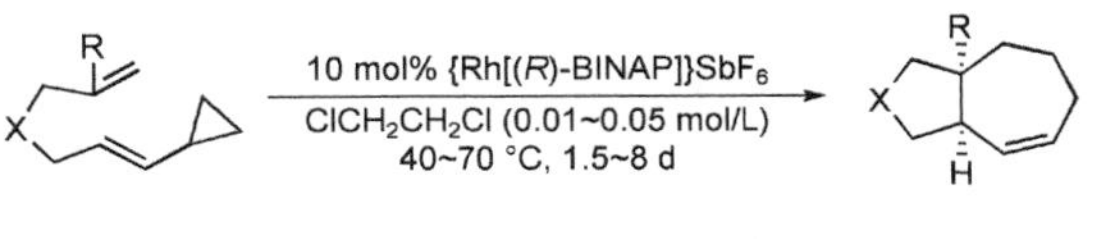

X	R	产率/%	ee/%
C(CO₂Me)₂	Me	72	> 95
C(CO₂Me)₂	CH₂OBn	80	> 99
C(CO₂Me)₂	H	73	52
NTs	H	90	96

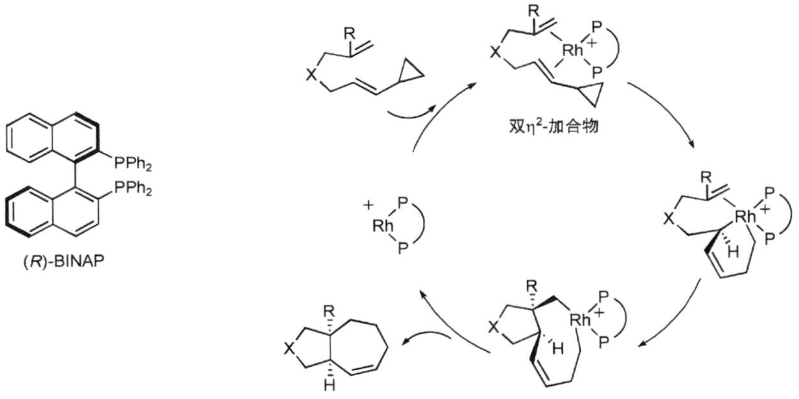

图 3.56 双 η²-配位作为[5+2]不对称环加成反应的一部分

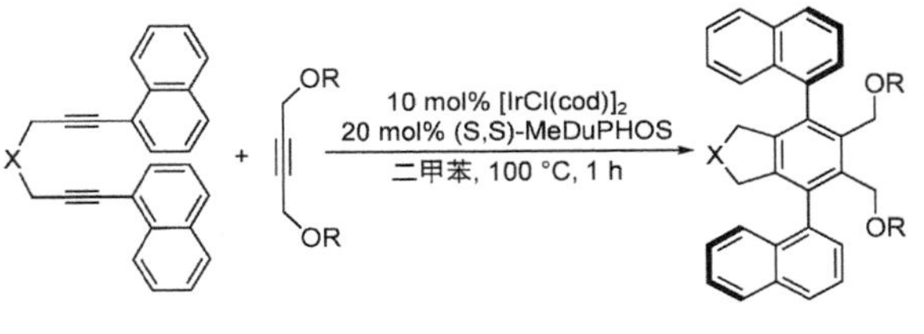

X	R	产率/%	dl:meso	ee/%
O	TBS	74	> 99:1	99.5
O	MOM	76	93:7	98.5
NTs	THP	97	> 99:1	99.1
C(CO₂Me)₂	Me	77	> 99:1	> 99.8
CH₂	TBS	77	91:9	98.6

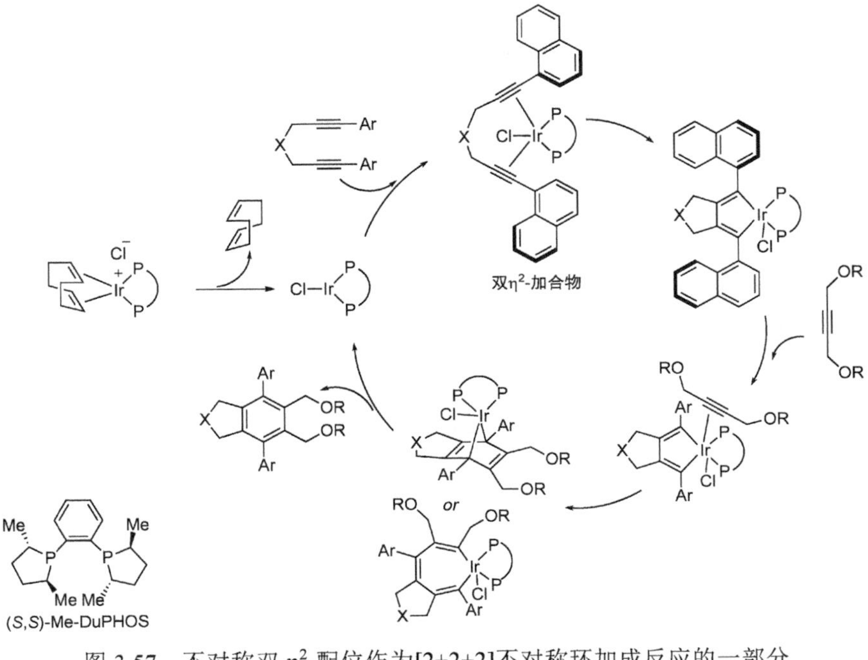

图 3.57 不对称双 η²-配位作为[2+2+2]不对称环加成反应的一部分

成。这一阶段中两个萘取代基的相对构象由手性配体 DuPHOS 控制，而且很有可能传递到了最初形成的金属杂环中。在这一步以及所有的后续阶段中，萘基的旋转很可能是受阻的，所以轴手性得以保留并成为最终产物的一种特性。

与前面各章描述的活化过程相比，由 π-配位造成的独特的活化提供了一些非常有价值的催化不对称转化，这些转化毫无疑问会得到进一步发展。

总结

第 2 章和第 3 章中对不对称催化剂的催化模式的讨论绝不是全面的。比如，通过排形或微环境修饰（即包合物和印记催化剂[173]）作用的催化剂没有被讨论到（见第 15 章）。另外，在双重催化和多功能催化（见第 12 章）中，催化剂可以组合不同的催化模式。再者，一些催化不对称反应不能归为这些简单的类型，因为催化剂为几个截然不同的步骤提供活化（如过渡金属催化的氢化）。尽管如此，上述活化模式为理解许多催化过程的优势和局限性提供了一个框架。在过去的十年中，对一些研究较少的活化模式（如 Brønsted 酸催化）的探索有了爆发式的增长。很明显，相似的推动力也正促进其他研究较少的活化模式的发展。

参 考 文 献

[1] Taylor, M. S.; Jacobsen, E. N. Asymmetric Catalysis by Chiral Hydrogen-Bond Donors. *Angew. Chem., Int. Ed. Engl.* **2006**, *45*, 1520-1543.

[2] Jung, M. E. A Review of Annulation. *Tetrahedron* **1976**, *32*, 3-31.

[3] Hajos, Z. G.; Parrish, D. R. Asymmetric Synthesis of Optically Active Polycyclic Organic Compounds. **1971**, German Patent: DE 2102623.

[4] Hajos, Z. G.; Parrish, D. R. Stereocontrolled Synthesis of Trans-Hydrindan Steroidal Intermediates. *J. Org. Chem.* **1973**, *38*, 3239-3243.

[5] Hajos, Z. G.; Parrish, D. R. Asymmetric Synthesis of Bicyclic Intermediates of Natural Product Chemistry. *J. Org. Chem.* **1974**, *39*, 1615-1621.

[6] Eder, U.; Sauer, G.; Weichert, R. Optically Active 1,5-Indanone and 1,6-Naphthalenedione. **1971**, German Patent: DE 2014757.

[7] Eder, U.; Sauer, G.; Weichert, R. Total Synthesis of Optically Active Steroids. 6. New Type of Asymmetric Cyclization to Optically Active Steroid CD Partial Structures. *Angew. Chem., Int. Ed. Engl.* **1971**, *10*, 496-497.

[8] Hoang, L.; Bahmanyar, S.; Houk, K. N.; List, B. Kinetic and Stereochemical Evidence for the Involvement of Only One Proline Molecule in the Transition States of Proline-Catalyzed Intra- and Intermolecular Aldol Reactions. *J. Am. Chem. Soc.* **2003**, *125*, 16-17.

[9] List, B.; Hoang, L.; Martin, H. J. Asymmetric Catalysis Special Feature Part II: New Mechanistic Studies on the Proline-Catalyzed Aldol Reaction. *Proc. Natl. Acad. Sci. U.S.A.* **2004**, *101*, 5839-5842.

[10] Bahmanyar, S.; Houk, K. N. The Origin of Stereoselectivity in Proline-Catalyzed Intramolecular Aldol Reactions. *J. Am. Chem. Soc.* **2001**, *123*, 12911-12912.

[11] Clemente, F. R.; Houk, K. N. Computational Evidence for the Enamine Mechanism of Intramolecular Aldol Reactions Catalyzed by Proline. *Angew. Chem., Int. Ed. Engl.* **2004**, *43*, 5766-5768.

[12] Tanaka, K.; Mori, A.; Inoue, S. The Cyclic Dipeptide Cyclo[(*S*)-phenylalanyl-(*S*)-histidyl] as a Catalyst for Asymmetric Addition of Hydrogen Cyanide to Aldehydes. *J. Org. Chem.* **1990**, *55*, 181-185.

[13] Jackson, W. R.; Jayatilake, G. S.; Matthews, B. R.; Wilshire, C. Evaluation of Some Cyclic Dipeptides as Catalysts for the Asymmetric Hydrocyanation of Aldehydes. *Aust. J. Chem.* **1988**, *41*, 201-213.

[14] Shvo, Y.; Gal, M.; Becker, Y.; Elgavi, A. Asymmetric Hydrocyanation of Aldehydes with Cyclodipeptides: A New Mechanistic Approach. *Tetrahedron: Asymmetry* **1996**, *7*, 911-924.

[15] a) Wenzel, A. G.; Jacobsen, E. N. Asymmetric Catalytic Mannich Reactions Catalyzed by Urea Derivatives: Enantioselective Synthesis of *β*-Aryl-*β*-Amino Acids. *J. Am. Chem. Soc.* **2002**, *124*, 12964-12965.
b) Wenzel, A. G.; Lalonde, M. P. Jacobsen, E. N. Divergent Stereoinduction Mechanisms in Urea-Catalyzed Additions to Imines. *Synlett* **2003**, 1919-1922.

[16] a) Zuend, S. J.; Jacobsen, E. N. Cooperative Catalysis by Tertiary Amino-Thioureas: Mechanism and Basis for Enantioselectivity of Ketone Cyanosilylation. *J. Am. Chem. Soc.* **2007**, *129*, 15872-15883.
b) Raheem, I. T.; Thiara, P. S.; Peterson, E. A.; Jacobsen, E. N. Enantioselective Pictet- Spengler-Type Cyclizations of Hydroxylactams: H-Bond Donor Catalysis by Anion Binding. *J. Am. Chem. Soc.* **2007**, *129*, 13404-13405.

[17] Huang, Y.; Unni, A. K.; Thadani, A. N.; Rawal, V. H. Hydrogen Bonding: Single Enantiomers from a Chiral-Alcohol Catalyst. *Nature* **2003**, *424*, 146.

[18] Thadani, A. N.; Stankovic, A. R.; Rawal, V. H. Enantioselective Diels-Alder Reactions Catalyzed by Hydrogen Bonding. *Proc. Natl. Acad. Sci. U.S.A.* **2004**, *101*, 5846-5850.

[19] Du, H.; Zhao, D.; Ding, K. Enantioselective Catalysis of the Hetero-Diels-Alder Reaction Between Brassard's Diene and Aldehydes by Hydrogen-Bonding Activation: A One-Step Synthesis of (*S*)-(+)-Dihydrokawain. *Chem. Eur. J.* **2004**, *10*, 5964-5970.

[20] Seebach, D.; Beck, A. K.; Heckel, A. TADDOLs, Their Derivatives, and TADDOL Analogues: Versatile Chiral Auxiliaries. *Angew. Chem., Int. Ed. Engl.* **2001**, *40*, 92-138.

[21] Zhang, X.; Du, H.; Wang, Z.; Wu, Y.-D.; Ding, K. Experimental and Theoretical Studies on the Hydrogen-Bond-Promoted Enantio- selective Hetero-Diels-Alder Reaction of Danishefsky's Diene with Benzaldehyde. *J. Org. Chem.* **2006**, *71*, 2862-2869.

[22] Unni, A. K.; Takenaka, N.; Yamamoto, H.; Rawal, V. H. Axially Chiral Biaryl Diols Catalyze Highly Enantioselective Hetero-Diels- Alder Reactions Through Hydrogen Bonding. *J. Am. Chem. Soc.* **2005**, *127*, 1336-1337.

[23] McDougal, N. T.; Schaus, S. E. Asymmetric Morita-Baylis-Hillman Reactions Catalyzed by Chiral Brønsted Acids. *J. Am. Chem. Soc.* **2003**, *125*, 12094-12095.

[24] Uraguchi, D.; Sorimachi, K.; Terada, M. Organocatalytic Asymmetric Direct Alkylation of *α*-Diazoester via C-H Bond Cleavage. *J. Am. Chem. Soc.* **2005**, *127*, 9360-9361.

[25] Akiyama, T.; Itoh, J.; Yokota, K.; Fuchibe, K. Enantioselective Mannich-Type Reaction Catalyzed by a Chiral Brønsted Acid. *Angew. Chem., Int. Ed. Engl.* **2004**, *43*, 1566-1568.

[26] Smith, M. B.; March, J. *March's Advanced Organic Chemistry*, 5th ed.; Wiley: New York, 2001.

[27] Duhamel, L.; Duhamel, P.; Plaquevent, J.-C. Enantioselective Protonations: Fundamental Insights and New Concepts. *Tetrahedron: Asymmetry* **2004**, *15*, 3653-3691.

[28] Vedejs, E.; Kruger, A. W. Catalytic Asymmetric Protonation of Amide Enolates: Optimization of Kinetic Acidity in the Catalytic Cycle. *J. Org. Chem.* **1998**, *63*, 2792-2793.

[29] Ishibashi, H.; Ishihara, K.; Yamamoto, H. Chiral Proton Donor Reagents: Tin Tetrachloride-Coordinated Optically Active Binaphthol Derivatives. *Chem. Rev.* **2002**, *102*, 177-188.

[30] Ishihara, K.; Nakamura, S.; Yamamoto, H. The First Enantioselective Biomimetic Cyclization of Polyprenoids. *J. Am. Chem. Soc.* **1999**, *121*, 4906-4907.

[31] Wiskur, S. L.; Fu, G. C. Catalytic Asymmetric Synthesis of Esters from Ketenes. *J. Am. Chem. Soc.* **2006**, *127*, 6176-6177.

[32] Liang, G.; Trauner, D. Enantioselective Nazarov Reactions through Catalytic Asymmetric Proton Transfer. *J. Am. Chem. Soc.* **2004**, 126, 9544-9545.

[33] Yamada, Y. M. A.; Yoshikawa, N.; Sasai, H.; Shibasaki, M. Direct Catalytic Asymmetric Aldol Reactions of Aldehydes with Unmodified Ketones. *Angew. Chem., Int. Ed. Engl.* **1997**, *36*, 871-1873.

[34] Asami, M.; Ishizaki, T.; Inoue, S. Catalytic Enantioselective Deprotonation of meso- Epoxides by the Use of Chiral Lithium Amide. *Tetrahedron: Asymmetry* **1994**, *5*, 793-796.

[35] Asami, M.; Suga, T.; Honda, K.; Inoue, S. A Novel Highly Efficient Chiral Lithium Amide for Catalytic Enantioselective Deprotonation of meso-Epoxides. *Tetrahedron Lett.* **1997**, *38*, 6425-6428.

[36] Södergren, M. J.; Andersson, P. G. New and Highly Enantioselective Catalysts for the Rearrangement of meso-Epoxides into Chiral Allylic Alcohols. *J. Am. Chem. Soc.* **1998**, *120*, 10760-10761.

[37] Södergren, M. J.; Bertilsson, S. K.; Andersson, P. G. Allylic Alcohols via Catalytic Asymmetric Epoxide Rearrangement. *J. Am. Chem. Soc.* **2000**, *122*, 6610-6618.

[38] Bertilsson, S.; Södergren, M. J.; Andersson, P. G. New Catalysts for the Base-Promoted Isomerization of Epoxides to Allylic Alcohols. Broadened Scope and Near-Perfect Asymmetric Induction. *J. Org. Chem.* **2002**, *67*, 1567-1573.

[39] Magnus, A.; Bertilsson, S.; Andersson, P. G. Asymmetric Base-Mediated Epoxide Isomerization. Chem. Soc. Rev. 2002, 31, 223-229.

[40] Gayet, A.; Bertilsson, S.; Andersson, P. G. Novel Catalytic Kinetic Resolution of Racemic Epoxides to Allylic Alcohols. *Org. Lett.* **2002**, *4*, 3777-3779.

[41] Gayet, A.; Andersson, P. G. Kinetic Resolution of Racemic Epoxides Using a Chiral Diamine Catalyst. *Tetrahedron Lett.* **2005**, *46*, 4805-4807.

[42] Hodgson, D. M.; Lee, G. P.; Marriott, R. E.; Thompson, A. J.; Wisedale; Witherington, R. Isomerisations of Cycloalkene- and Bicycloalkene-Derived Achiral Epoxides by Enantioselective α-Deprotonation. *J. Chem. Soc., Perkin Trans. 1* **1998**, 2151.

[43] O'Brien, P.; McGrath, M. J. Catalytic Asymmetric Deprotonation Using a Ligand Exchange Approach. *J. Am. Chem. Soc.* **2005**, *127*, 16378-16379.

[44] Tian, S.-K.; Chen, Y.; Hang, J.; Tang, L.; McDaid, P.; Deng, L. Asymmetric Organic Catalysis with Modified Cinchona Alkaloids. *Acc. Chem. Res.* **2004**, *37*, 621-631.

[45] Hang, J.; Tian, S.-K.; Tang, L.; Deng, L. Asymmetric Synthesis of α-Amino Acids via Cinchona Alkaloid Catalyzed Kinetic Resolution of Urethane-Protected α-Amino Acid N-Carboxyanhydrides. *J. Am. Chem. Soc.* **2001**, *123*, 12696-12697.

[46] Spivey, A. C.; Andrews, B. I. Catalysis of the Asymmetric Desymmetrization of Cyclic Anhydrides by Nucleophilic Ring-Opening with Alcohols. *Angew. Chem., Int. Ed. Engl.* **2001**, *40*, 3131-3134.

[47] Bordwell, F. G. Equilibrium Acidities in Dimethyl Sulfoxide Solution. *Acc. Chem. Res.* **1988**, *21*, 456-463.

[48] Dolling, U. H.; Davis, P.; Grabowski, E. J. J. Efficient Catalytic Asymmetric Alkylations. 1. Enantioselective Synthesis of (+)-Indacrinone via Chiral Phase Transfer Catalysis. *J. Am. Chem. Soc.* **1984**, *106*, 446-447.

[49] O'Donnell, M. J.; Bennett, W. D.; Wu, S. The Stereoselective Synthesis of α-Amino Acids by Phase Transfer Catalysis. *J. Am. Chem. Soc.* **1989**, *111*, 2353-2355.

[50] Lipkowitz, K. B.; Cavanaugh, M. W.; Baker, B.; O'Donnell, M. J. Theoretical Studies in Molecular Recognition: Asymmetric Induction of Benzophenone Imine Ester Enolates by the Benzylcinchoninium Ion. *J. Org. Chem.* **1991**, *56*, 5181-5192.

[51] Corey, E. J.; Xu, F.; Noe, M. C. A Rational Approach to Catalytic Enantioselective Enolate Alkylation Using a Structurally Rigidified and Defined Chiral Quaternary Ammonium Salt Under Phase Transfer Conditions. *J. Am. Chem. Soc.* **1997**, *119*, 12414-12415.

[52] Lygo, B.; Wainwright, P. G. A New Class of Asymmetric Phase-Transfer Catalysts Derived from Cinchona Alkaloids—Application in the Enantioselective Synthesis of α-Amino Acids. *Tetrahedron Lett.* **1997**, *38*, 8595-8598.

[53] Lygo, B.; Crosby, J.; Lowdon, T. R.; Peterson, J. A.; Wainwright, P. G. Studies on the Enantioselective Synthesis of α-Amino Acids via Asymmetric Phase Transfer Catalysis. *Tetrahedron* **2001**, *57*, 2403-2409.

[54] Shiori, T. In *Handbook of Phase-Transfer Catalysis*; Sasson, Y., Neumann, R., Eds.; Blackie Academic & Professional: London, 1997.

[55] Kacprzak, K.; Gawronski, J. Cinchona Alkaloids and Their Derivatives: Versatile Catalysts and Ligands in Asymmetric Synthesis. *Synthesis* **2001**, 961-998.

[56] Maruoka, K.; Ooi, T. Enantioselective Amino Acid Synthesis by Chiral Phase-Transfer Catalysis. *Chem. Rev.* **2003**, *103*, 3013-3028.

[57] O'Donnell, M. J. The Enantioselective Synthesis of α-Amino Acids by Phase-Transfer Catalysis with Achiral Schiff Base Esters. *Acc. Chem. Res.* **2004**, *37*, 506-517.

[58] Lygo, B.; Andrews, B. I. Asymmetric Phase-Transfer Catalysis Utilizing Chiral Quaternary Ammonium Salts: Asymmetric Alkylation of Glycine Imines. *Acc. Chem. Res.* **2004**, *37*, 518-525.

[59] Ooi, T.; Maruoka, K. Asymmetric Organocatalysis of Structurally Well-Defined Chiral Quaternary Ammonium Fluorides. *Acc. Chem. Res.* **2004**, *37*, 526-533.

[60] Ooi, T.; Kameda, M.; Maruoka, K. Molecular Design of a C_2-Symmetric Chiral Phase-Transfer Catalyst for Practical Asymmetric Synthesis of α-Amino Acids. *J. Am. Chem. Soc.* **1999**, *121*, 6519-6520.

[61] Ooi, T.; Kameda, M.; Maruoka, K. Design of *N*-Spiro C_2-Symmetric Chiral Quaternary Ammonium Bromides as Novel Chiral Phase-Transfer Catalysts: Synthesis and Application to Practical Asymmetric Synthesis of α-Amino Acids. *J. Am. Chem. Soc.* **2003**, *125*, 5139-5151.

[62] Ooi, T.; Doda, K.; Maruoka, K. Designer Chiral Quaternary Ammonium Bifluorides as an Efficient Catalyst for Asymmetric Nitroaldol Reaction of Silyl Nitronates with Aromatic Aldehydes. *J. Am. Chem. Soc.* **2003**, *125*, 2054-2055.

[63] Ooi, T.; Doda, K.; Maruoka, K. Highly Enantioselective Michael Addition of Silyl Nitronates to α,β-Unsaturated Aldehydes Catalyzed by Designer Chiral Ammonium Bifluorides: Efficient Access to Optically Active γ-Nitro Aldehydes and Their Enol Silyl Ethers. *J. Am. Chem. Soc.* **2003**, *125*, 9022-9023.

[64] Mayer, S.; List, B. Asymmetric Counterion-Directed Catalysis. *Angew. Chem., Int. Ed. Engl.* **2006**, *45*, 4193-4195.

[65] Hamilton, G. L.; Kang, E. J.; Mba, M.; Toste, F. D. A Powerful Chiral Counterion Strategy for Asymmetric Transition Metal Catalysis. *Science* **2007**, *317*, 496-499.

[66] Kunz, R. K.; MacMillan, D. W. C. Enantioselective Organocatalytic Cyclopropanations. The Identification of a New Class of Iminium Catalyst Based upon Directed Electrostatic Activation. *J. Am. Chem. Soc.* **2005**, *127*, 3240-3241.

[67] Kolb, H. C.; VanNieuwenhze, M. S.; Sharpless, K. B. Catalytic Asymmetric Dihydroxylation. *Chem. Rev.* **1994**, *94*, 2483- 2547.

[68] Jacobsen, E. N.; Marko, I.; Mungall, W. S.; Schroeder, G.; Sharpless, K. B. Asymmetric Dihydroxylation via Ligand-Accelerated Catalysis. *J. Am. Chem. Soc.* **1988**, *110*, 1968- 1970.

[69] Berrisford, D. J.; Bolm, C.; Sharpless, K. B. Ligand-Accelerated Catalysis. *Angew. Chem., Int. Ed. Engl.* **1995**, *34*, 1059-1070.

[70] Kwong, H.-L.; Sorato, C.; Ogino, Y.; Chen, H.; Sharpless, K. B. Preclusion of the Second Cycle. in the Osmium-Catalyzed Asymmetric Dihydroxylation of Olefins Leads to a Superior Process. *Tetrahedron Lett.* **1990**, *31*, 2999-3002.

[71] DelMonte, A. J.; Haller, J.; Houk, K. N.; Sharpless, K. B.; Singleton, D. A.; Strassner, T.; Thomas, A. A. Experimental and Theoretical Kinetic Isotope Effects for Asymmetric Dihydroxylation. Evidence Supporting a Rate-Limiting "(3 + 2)" Cycloaddition. *J. Am. Chem. Soc.* **1997**, *119*, 9907-9908.

[72] Katsuki, T.; Sharpless, K. B. The First Practical Method for Asymmetric Epoxidation. *J. Am. Chem. Soc.* **1980**, *102*, 5974-5976.

[73] Gao, Y.; Klunder, J. M.; Hanson, R. M.; Masamune, H.; Ko, S. Y.; Sharpless, K. B. Catalytic Asymmetric Epoxidation and Kinetic Resolution: Modified Procedures Including in situ Derivatization. *J. Am. Chem. Soc.* **1987**, *109*, 5765-5780.

[74] Katsuki, T. In *Comprehensive Asymmetric Catalysis*; Jacobsen, E., N., Pfaltz, A., Yamamoto, H., Eds.; Springer-Verlag: Berlin, 1999; Vol. II, pp 621-648.

[75] Martin, V. S.; Woodard, S. S.; Katsuki, T.; Yamada, Y.; Ikeda, M.; Sharpless, K. B. Kinetic Resolution of Racemic Allylic Alcohols by Enantioselective Epoxidation. A Route to Substances of Absolute Enantiomeric Purity? *J. Am. Chem. Soc.* **1981**, *103*, 6237-6240.

[76] Williams, I. D.; Pedersen, S. F.; Sharpless, K. B.; Lippard, S. J. Crystal Structures of Two Titanium Tartrate Asymmetric Epoxidation Catalysts. *J. Am. Chem. Soc.* **1984**, *106*, 6430-6431.

[77] Woodard, S. S.; Finn, M. G.; Sharpless, K. B. Mechanism of Asymmetric Epoxidation. 1. Kinetics. *J. Am. Chem. Soc.* **1991**, *113*, 106-113.

[78] Finn, M. G.; Sharpless, K. B. Mechanism of Asymmetric Epoxidation. 2. Catalyst Structure. *J. Am. Chem. Soc.* **1991**, *113*, 113-126.

[79] a) Zhang, W.; Loebach, J. L.; Wilson, S. R.; Jacobsen, E. N. Enantioselective Epoxidation of Unfunctionalized Olefins Catalyzed by Salen Manganese Complexes. *J. Am. Chem. Soc.* **1990**, *112*, 2801-2803. b) Jacobsen, E. N.; Zhang, W.; Muci, A. R.; Ecker, J. R.; Deng, L. Highly Enantioselective Epoxidation Catalysts Derived from 1,2-Diaminocyclohexane. *J. Am. Chem. Soc.* **1991**, *113*, 7063-7064. c) Brandes, B. D.; Jacobsen, E. N. Highly Enantioselective, Catalytic Epoxidation of Trisubstituted Olefins. *J. Org. Chem.* **1994**, *59*, 4378-4380.

[80] a) Irie, R.; Noda, K.; Ito, Y.; Matsumoto, N.; Katsuki, T. Catalytic Asymmetric Epoxidation of Unfunctionalized Olefins Using Chiral (Salen)manganese(III) Complexes. *Tetrahedron: Asymm.* **1991**, *2*, 481-494.   b) Hatayama, A.; Hosoya, N.; Irie, R., Ito, Y.; Katsuki, T. Highly Enantioselective Epoxidation of 2,2-Dimethyl- chromenes. *Synlett* **1992**, *5*, 407-409.

[81] a) Ito, Y. N.; Katsuki, T. Asymmetric Catalysis of New Generation Chiral Metallolsalen Complexes. *Bull. Chem. Soc. Jpn.* **1999**, *72*, 603-619. b) Katsuki, T. Chiral Metallosalen Complexes: Structures and Catalyst Tuning for Asymmetric Epoxidation and Cyclopropanation. *Adv. Synth. Cat.* **2002**, *344*, 131-147.

[82] Jacobsen, E. N.; Wu, M. H. In *Comprehensive Asymmetric Catalysis*; Jacobsen, E. N., Pfaltz, A., Yamamoto, H., Eds.; Springer-Verlag: Berlin, 1999; Vol. II, pp 649-677.

[83] McGarrigle, E. M.; Gilheany, D. G. Chromium- and Manganese-Salen Promoted Epoxidation of Alkenes. *Chem. Rev.* **2005**, *105*, 1563-1602.

[84] Fu, H.; Look, G. C.; Zhang, W.; Jacobsen, E. N.; Wong, C. H. Mechanistic Study of a Synthetically Useful Monooxygenase Model Using the Hypersensitive Probe trans-2-Phenyl- 1-vinylcyclopropane. *J. Org. Chem.* **1991**, *56*, 6497-6500.

[85] Zhang, W.; Lee, N. H.; Jacobsen, E. N. Nonstereospecific Mechanisms in Asymmetric Addition to Alkenes Result in Enantiodifferentiation After the First Irreversible Step. *J. Am. Chem. Soc.* **1994**, *116*, 425-426.

[86] Finney, N. S.; Pospisil, P. J.; Chang, S.; Palucki, M.; Konsler, R. G.; Hansen, K. B.; Jacobsen, E. N. On the Viability of Oxametallacyclic Intermediates in the (Salen)Mn-catalyzed Asymmetric Epoxidation. *Angew. Chem., Int. Ed. Engl.* **1997**, *36*, 1720- 1723.

[87] Chang, S.; Galvin, J. M.; Jacobsen, E. N. Effect of Chiral Quaternary Ammonium Salts on (Salen)Mn Catalyzed Epoxidation of Cis-Olefins. A Highly Enantioselective, Catalytic Route to trans-Epoxides. *J. Am. Chem. Soc.* **1994**, *116*, 6937-6938.

[88] Denmark, S. E.; Wu, Z. The Development of Chiral, Nonracemic Dioxiranes for the Catalytic, Enantioselective Epoxidation of Alkenes. *Synlett* **1999**, 847-859.

[89] Frohn, M.; Shi, Y. Chiral Ketone-Catalyzed Asymmetric Epoxidation of Olefins. *Synthesis* **2000**, 1979-2000.

[90] Shi, Y. Organocatalytic Asymmetric Epoxidation of Olefins by Chiral Ketones. *Acc. Chem. Res.* **2004**, *37*, 488-496.

[91] Yang, D. Ketone-Catalyzed Asymmetric Epoxidation Reactions. *Acc. Chem. Res.* **2004**, *37*, 497-505.

[92] Tu, Y.; Wang, Z.-X.; Shi, Y. An Efficient Asymmetric Epoxidation Method for trans-Olefins Mediated by a Fructose-Derived Ketone. *J. Am. Chem. Soc.* **1996**, *118*, 9806- 9807.

[93] Wang, Z.-X.; Tu, Y.; Frohn, M.; Shi, Y. A Dramatic pH Effect Leads to a Catalytic Asymmetric Epoxidation. *J. Org. Chem.* **1997**, *62*, 2328-2329.

[94] Wang, Z.-X.; Tu, Y.; Frohn, M.; Zhang, J.-R.; Shi, Y. An Efficient Catalytic Asymmetric Epoxidation Method. *J. Am. Chem. Soc.* **1997**, *119*, 11224-11235.

[95] Burke, C. P.; Shi, Y. Regio- and Enantioselective Epoxidation of Dienes by a Chiral Dioxirane: Synthesis of Optically Active Vinyl cis-Epoxides. *Angew. Chem., Int. Ed.* Engl. **2006**, *45*, 4475-4478.

[96] Tian, H.; She, X.; Shu, L.; Yu, H.; Shi, Y. Highly Enantioselective Epoxidation of Cis-Olefins by Chiral Dioxirane. *J. Am. Chem. Soc.* **2000**, *122*, 11551-11552.

[97] Hickey, M.; Goeddel, D.; Crane, Z.; Shi, Y. Highly Enantioselective Epoxidation of Styrenes: Implication of an Electronic Effect on the Competition Between Spiro and Planar Transition States. *Proc. Natl. Acad. Sci. U.S.A.* **2004**, *101*, 5794-5798.

[98] Lorenz, J. C.; Frohn, M.; Zhou, X.; Zhang, J.-R.; Tang, Y.; Burke, C.; Shi, Y. Transition State Studies on the Dioxirane-Mediated Asymmetric Epoxidation via Kinetic Resolution and Desymmetrization. *J. Org. Chem.* **2005**, *70*, 2904-2911.

[99] Müller, P. Enantioselective Catalytic Aziridinations and Asymmetric Nitrene Insertions into CH Bonds. *Chem. Rev.* **2003**, *103*, 2905-2919.

[100] Li, A.-H.; Dai, L.-X.; Aggarwal, V. K. Asymmetric Ylide Reactions: Epoxidation, Cyclopropanation, Aziridination, Olefination, and Rearrangement. *Chem. Rev.* **1997**, *97*, 2341- 2372.

[101] Lebel, H.; Marcoux, J.-F.; Molinaro, C.; Charette, A. B. Stereoselective Cyclopropa- nation Reactions. *Chem. Rev.* **2003**, *103*, 977- 1050.

[102] Doyle, M. P.; Forbes, D. C. Recent Advances in Asymmetric Catalytic Metal Carbene Transformations. *Chem. Rev.* **1998**, *98*, 911-936.

[103] Doyle, M. P.; McKervey, M. A.; Ye, T. *Modern Catalytic Methods for Organic Synthesis with Diazo Compounds*; Wiley: New York, 1998.

[104] Davies, H. M. L.; Beckwith, R. E. J. Catalytic Enantioselective C-H Activation by Means of Metal Carbenoid-Induced C-H Insertion. *Chem. Rev.* **2003**, *103*, 2861-2904.

[105] Davies, H. M. L.; Hansen, T.; Churchill, M. R. Catalytic Asymmetric C-H Activation of Alkanes and Tetrahydrofuran. *J. Am. Chem. Soc.* **2000**, *122*, 3063-3070.

[106] Davies, H. M. L.; Hansen, T. Asymmetric Intermolecular Carbenoid C-H Insertions Catalyzed by Rhodium(II) (*S*)-*N*-(*p*-Dodecyl- phenyl)sulfonylprolinate. *J. Am. Chem. Soc.* **1997**, *119*, 9075-9076.

[107] Davies, H. M. L.; Hansen, T.; Hopper, D. W.; Panaro, S. A. Highly Regio-, Diastereo-, and Enantioselective C-H Insertions of Methyl Aryldiazoacetates into Cyclic N-Boc-Protected Amines. Asymmetric Synthesis of Novel C_2-Symmetric Amines and threo Methyl- phenidate. *J. Am. Chem. Soc.* **1999**, *121*, 6509-6510.

[108] Davies, H. M. L.; Antoulinakis, E. G.; Hansen, T. Catalytic Asymmetric Synthesis of Syn-Aldol Products from Intermolecular C-H Insertions Between Allyl Silyl Ethers and Methyl Aryldiazoacetates. *Org. Lett.* **1999**, *1*, 383-386.

[109] Cammidge, A. N.; Crépy, K. V. L. The First Asymmetric Suzuki Cross-Coupling Reaction. *J. Chem. Soc., Chem. Commun.* **2000**, 1723-1724.

[110] Cammidge, A. N.; Crépy, K. V. L. Synthesis of Chiral Binaphthalenes Using the Asymmetric Suzuki Reaction. *Tetrahedron* **2004**, 60, 4377-4386.

[111] Yin, J.; Buchwald, S. L. A Catalytic Asymmetric Suzuki Coupling for the Synthesis of Axially Chiral Biaryl Compounds. J. Am. Chem. Soc. **2000**, 122, 12051-12052.

[112] Baudoin, O. The Asymmetric Suzuki Coupling Route to Axially Chiral Biaryls. Eur. J. Org. Chem. **2005**, 4223-4229.

[113] Buchmeiser, M. R. Homogeneous Metathesis Polymerization by Well-Defined Group VI and Group VIII Transition-Metal Alkylidenes: Fundamentals and Applications in the Preparation of Advanced Materials. *Chem. Rev.* **2000**, *100*, 1565-1604.

[114] Hoveyda, A. H.; Schrock, R. R. Catalytic Asymmetric Olefin Metathesis. *Chem. Eur. J.* **2001**, *7*, 945-950.

[115] Schrock, R. R.; Hoveyda, A. H. Molybdenum and Tungsten Imido Alkylidene Complexes as Efficient Olefin-Metathesis Catalysts. *Angew. Chem., Int. Ed. Engl.* **2003**, *42*, 4592-4633.

[116] La, D. S.; Alexander, J. B.; Cefalo, D. R.; Graf, D. D.; Hoveyda, A. H.; Schrock, R. R. Mo-Catalyzed Asymmetric Synthesis of Dihydrofurans. Catalytic Kinetic Resolution and Enantioselective Desymmetrization Through Ring-Closing Metathesis. *J. Am. Chem. Soc.* **1998**, *120*, 9720-9721.

[117] Cefalo, D. R.; Kiely, A. F.; Wuchrer, M.; Jamieson, J. Y.; Schrock, R. R.; Hoveyda, A. H. Enantioselective Synthesis of Unsaturated Cyclic Tertiary Ethers by Mo-Catalyzed Olefin Metathesis. *J. Am. Chem. Soc.* **2001**, *123*, 3139-3140.

[118] Dolman, S. J.; Sattely, E. S.; Hoveyda, A. H.; Schrock, R. R. Efficient Catalytic Enantioselective Synthesis of Unsaturated Amines: Preparation of Small- and Medium-Ring Cyclic Amines Through Mo- Catalyzed Asymmetric Ring-Closing Metathesis in the Absence of Solvent. *J. Am. Chem. Soc.* **2002**, *124*, 6991-6997.

[119] Costabile, C.; Cavallo, L. Origin of Enantioselectivity in the Asymmetric Ru-Catalyzed Metathesis of Olefins. *J. Am. Chem. Soc.* **2004**, *126*, 9592-9600.

[120] Goumans, T. P. M.; Ehlers, A. W.; Lammertsma, K. The Asymmetric Schrock Olefin Metathesis Catalyst. A Computational Study. *Organometallics* **2005**, *24*, 3200-3206.

[121] Gillingham, D. G.; Kataoka, O.; Garber, S. B.; Hoveyda, A. H. Efficient Enantioselective Synthesis of Functionalized Tetrahydropyrans by Ru-Catalyzed Asymmetric Ring-Opening Metathesis/Cross-Metathesis (AROM/CM). *J. Am. Chem. Soc.* **2004**, *126*, 12288-12290.

[122] Seiders, T. J.; Ward, D. W.; Grubbs, R. H. Enantioselective Ruthenium-Catalyzed Ring-Closing Metathesis. *Org. Lett.* **2001**, *3*, 3225-3228.

[123] Hoveyda, A. H.; Gillingham, D. G.; Van Veldhuizen, J. J.; Kataoka, O.; Garber, S. B.; Kingsbury, J. S.; Harrity, J. P. A. Ru Complexes Bearing Bidentate Carbenes: From Innocent Curiosity to Uniquely Effective Catalysts for Olefin Metathesis. *Org. Biomol. Chem.* **2004**, *2*, 8-23.

[124] Funk, T. W.; Berlin, J. M.; Grubbs, R. H. Highly Active Chiral Ruthenium Catalysts for Asymmetric Ring-Closing Olefin Metathesis. *J. Am. Chem. Soc.* **2006**, *128*, 1840-1846.

[125] Costabile, C.; Cavallo, L. Origin of Enantioselectivity in the Asymmetric Ru-Catalyzed Metathesis of Olefins. *J. Am. Chem. Soc.* **2004**, *126*, 9592-9600.

[126] Gladysz, J. A.; Boone, B. J. Chiral Recognition in π-Complexes of Alkenes, Aldehydes, and Ketones with Transition Metal Lewis Acids; Development of a General Model for Enantioface Binding Selectivities. *Angew. Chem., Int. Ed. Engl.* **1997**, *36*, 550-583.

[127] Hegedus, L. S. Transition Metals in the Synthesis of Complex Organic Molecules, 2nd ed.; University Science Books: Sausalito, CA, 1999.

[128] Collman, J. P.; Hegedus, L. S.; Norton, J. R.; Finke, R. G. Principles and Applications of Organotransition Metal Chemistry; University Science Books: Sausalito, CA, 1987.

[129] Stille, J. K.; Divakaruni, R. Stereochemistry of the Hydroxypalladation of Ethylene. Evidence for trans Addition in the Wacker Process. *J. Am. Chem. Soc.* **1978**, *100*, 1303-1304.

[130] Tietze, L. F.; Ila, H.; Bell, H. P. Enantioselective Palladium-Catalyzed Transformations. *Chem. Rev.* **2004**, *104*, 3453-3516.

[131] El-Qisairi, A.; Hamed, O.; Henry, P. M. A New Palladium(II)-Catalyzed Asymmetric Chlorohydrin Synthesis. *J. Org. Chem.* **1998**, *63*, 2790-2791.

[132] El-Qisairi, A. K.; Qaseer, H. A.; Katsigras, G.; Lorenzi, P.; Trivedi, U.; Tracz, S.; Hartman, A.; Miller, J. A.; Henry, P. M. New Palladium(II)-Catalyzed Asymmetric 1,2-Dibromo Synthesis. *Org. Lett.* **2003**, *5*, 439-441.

[133] Uozumi, Y.; Kato, K.; Hayashi, T. Catalytic Asymmetric Wacker-Type Cyclization. *J. Am. Chem. Soc.* **1997**, *119*, 5063-5064.

[134] Martin, S. F. Methodology for the Construction of Quaternary Carbon Centers. *Tetrahedron* **1980**, *36*, 419-460.

[135] Corey, E. J.; Guzman-Perez, A. The Catalytic Enantioselective Construction of Molecules with Quaternary Carbon Stereocenters. *Angew. Chem., Int. Ed. Engl.* **1998**, *37*, 388-401.

[136] Christoffers, J. M., A. Enantioselective Construction of Quaternary Stereocenters. *Angew. Chem., Int. Ed. Engl.* **2001**, *40*, 4591-4597.

[137] Arai, M. A.; Kuraishi, M.; Arai, T.; Sasai, H. A New Asymmetric Wacker-Type Cyclization and Tandem Cyclization Promoted by Pd(II)-Spiro Bis(isoxazoline) Catalyst. *J. Am. Chem. Soc.* **2001**, *123*, 2907-2908.

[138] Shibasaki, M.; Vogl, E. M.; Ohshima, T. Asymmetric Heck Reaction. *Adv. Synth. Catal.* **2004**, *346*, 1533-1552.

[139] Loiseleur, O.; Hayashi, M.; Schmees, N.; Pfaltz, A. Enantioselective Heck Reactions Catalyzed by Chiral Phosphinooxazoline-Palladium Complexes. *Synthesis* **1997**, 1338-1345.

[140] Ashimori, A.; Overman, L. E. Catalytic Asymmetric Synthesis of Quaternary Carbon Centers. Palladium-Catalyzed Formation of Either Enantiomer of Spirooxindoles and Related Spirocyclics Using a Single Enantiomer of a Chiral Diphosphine Ligand. *J. Org. Chem.* **1992**, *57*, 4571-4572.

[141] Ashimori, A.; Matsuura, T.; Overman, L. E.; Poon, D. J. Catalytic Asymmetric Synthesis of Either Enantiomer of Physostigmine. Formation of Quaternary Carbon Centers with High Enantioselection by Intramolecular Heck Reactions of (Z)-2-Butenanilides. *J. Org. Chem.* **1993**, *58*, 6949-6951.

[142] Ashimori, A.; Bachand, B.; Calter, M. A.; Govek, S. P.; Overman, L. E.; Poon, D. J. Catalytic Asymmetric Synthesis of Quaternary Carbon Centers. Exploratory Studies of Intramolecular Heck Reactions of (Z)-α,β-Unsaturated Anilides and Mechanistic Investigations of Asymmetric Heck Reactions Proceeding via Neutral Intermediates. *J. Am. Chem. Soc.* **1998**, *120*, 6488-6499.

[143] Lebsack, A. D.; Link, J. T.; Overman, L. E.; Stearns, B. A. Enantioselective Total Synthesis of Quadrigemine C and Psycholeine. *J. Am. Chem. Soc.* **2002**, *124*, 9008-9009.

[144] Fryzuk, M. D.; Bosnich, B. Asymmetric Synthesis. Production of Optically Active Amino Acids by Catalytic Hydrogenation. *J. Am. Chem. Soc.* **1977**, *99*, 6262-6267.

[145] Chan, A. S. C.; Pluth, J. J.; Halpern, J. Identification of the Enantioselective Step in the Asymmetric Catalytic Hydrogenation of a Prochiral Olefin. *J. Am. Chem. Soc.* **1980**, *102*, 5952-5954.

[146] Halpern, J. Mechanism and Stereoselectivity of Asymmetric Hydrogenation. *Science* **1982**, *217*, 401-407.

[147] Sakai, N.; Mano, S.; Nozaki, K.; Takaya, H. Highly Enantioselective Hydroformylation of Olefins Catalyzed by New Phosphine Phosphite-Rhodium(I) Complexes. *J. Am. Chem. Soc.* **1993**, *115*, 7033-7034.

[148] Agbossou, F.; Carpentier, J.-F.; Mortreux, A. Asymmetric Hydroformylation. *Chem. Rev.* **1995**, *95*, 2485-2506.

[149] Trost, B. M.; Van Vranken, D. L. Asymmetric Transition Metal-Catalyzed Allylic Alkylations. *Chem. Rev.* **1996**, *96*, 395-422.

[150] Trost, B. M. Designing a Receptor for Molecular Recognition in a Catalytic Synthetic Reaction: Allylic Alkylation. *Acc. Chem. Res.* **1996**, *29*, 355-364.

[151] Moberg, C.; Belda, O. Molybdenum-Catalyzed Asymmetric Allylic Alkylations. *Acc. Chem. Res.* **2004**, *37*, 159-167.

[152] Trost, B. M.; Machacek, M. R.; Aponick, A. Predicting the Stereochemistry of Diphenylphosphino Benzoic Acid (DPPBA)-Based Palladium-Catalyzed Asymmetric Allylic Alkylation Reactions: A Working Model. *Acc. Chem. Res.* **2006**, *39*, 747-760.

[153] Trost, B. M.; Krische, M. J.; Radinov, R.; Zanoni, G. On Asymmetric Induction in Allylic Alkylation via Enantiotopic Facial Discrimination. *J. Am. Chem. Soc.* **1996**, *118*, 6297-6298.

[154] Trost, B. M.; Toste, F. D. Regio- and Enantioselective Allylic Alkylation of an Unsymmetrical Substrate: A Working Model. *J. Am. Chem. Soc.* **1999**, *121*, 4545-4554.

[155] Trost, B. M.; Stenkamp, D.; Pulley, S. R. An Enantioselective Synthesis of cis-4-tert-Butoxycarbamoyl-1-methoxycarbonyl-2-cyclopentene—A Useful, General Building Block. *Chem. Eur. J.* **1995**, *1*, 568-572.

[156] Trost, B. M.; Pulley, S. R. Asymmetric Total Synthesis of (+)-Pancratistatin. *J. Am. Chem. Soc.* **1995**, *117*, 10143-10144.

[157] Trost, B. M.; Bunt, R. C. Asymmetric Induction in Allylic Alkylations of 3-(Acyloxy)cycloalkenes. *J. Am. Chem. Soc.* **1994**, *116*, 4089-4090.

[158] Trost, B. M.; Bunt, R. C.; Lemoine, R. C.; Calkins, T. L. Dynamic Kinetic Asymmetric Transformation of Diene Monoepoxides: A Practical Asymmetric Synthesis of Vinylglycinol, Vigabatrin, and Ethambutol. *J. Am. Chem. Soc.* **2000**, *122*, 5968-5976.

[159] Trost, B. M.; Yasukata, T. A Catalytic Asymmetric Wagner-Meerwein Shift. *J. Am. Chem. Soc.* **2001**, *123*, 7162-7163.

[160] Kawatsura, M.; Hartwig, J. F. Palladium-Catalyzed Intermolecular Hydroamination of Vinylarenes Using Arylamines. *J. Am. Chem. Soc.* **2000**, *122*, 9546-9547.

[161] Nettekoven, U.; Hartwig, J. F. A New Pathway for Hydroamination. Mechanism of Palladium-Catalyzed Addition of Anilines to Vinylarenes. *J. Am. Chem. Soc.* **2002**, *124*, 1166-1167.

[162] Hartwig, J. F. Development of Catalysts for the Hydroamination of Olefins. *Pure Appl. Chem.* **2004**, *76*, 507-516.

[163] Johns, A. M.; Utsunomiya, M.; Incarvito, C. D.; Hartwig, J. F. A Highly Active Palladium Catalyst for Intermolecular Hydroamination. Factors that Control Reactivity and Additions of Functionalized Anilines to Dienes and Vinylarenes. *J. Am. Chem. Soc.* **2006**, *128*, 1828-1839.

[164] Hu, A.; Ogasawara, M.; Sakamoto, T.; Okada, A.; Nakajima, K.; Takahashi, T.; Lin, W. Palladium-Catalyzed Intermolecular Asymmetric Hydroamination with 4,4-Disubstituted BINAP and SEGPHOS. *Adv. Synth. Cat.* **2006**, *348*, 2051-2056.

[165] Murakami, M.; Itami, K.; Ito, Y. Rhodium-Catalyzed Asymmetric [4+1] Cycloaddition. *J. Am. Chem. Soc.* **1997**, *119*, 2950-2951.

[166] Murakami, M.; Itami, K.; Ito, Y. Catalytic Asymmetric [4+1] Cycloaddition of Vinylallenes with Carbon Monoxide: Reversal of the Induced Chirality by the Choice of Metal. *J. Am. Chem. Soc.* **1999**, *121*, 4130-4135.

[167] Meng, Q.; Li, M.; Zhang, J. The Computational Study on the Mechanism of Rhodium(I)-Catalyzed Asymmetric Carbonylative [4+1] Cycloaddition with (R,R)-Me-DuPHOS-Type Ligand. A DFT Study. *J. Mol. Struct.: THEOCHEM* **2005**, *726*, 47-54.

[168] Wender, P. A.; Haustedt, L. O.; Lim, J.; Love, J. A.; Williams, T. J.; Yoon, J.-Y. Asymmetric Catalysis of the [5+2] Cycloaddition Reaction of Vinylcyclopropanes and π-Systems. *J. Am. Chem. Soc.* **2006**, *128*, 6302-6303.

[169] Vollhardt, K. P. C. Cobalt-Mediated [2+2+2]-Cycloadditions: A Maturing Synthetic Strategy. *Angew. Chem., Int. Ed. Engl.* **1984**, *23*, 539-556.

[170] Grigg, R.; Scott, R.; Stevenson, P. Rhodium-Catalyzed [2+2+2]-Cycloadditions of Acetylenes. *J. Chem. Soc., Perkin Trans. 1* **1988**, 1357-1364.

[171] Lautens, M.; Klute, W.; Tam, W. Transition Metal-Mediated Cycloaddition Reactions. *Chem. Rev.* **1996**, *96*, 49-92.

[172] Shibata, T.; Fujimoto, T.; Yokota, K.; Takagi, K. Iridium Complex-Catalyzed Highly Enantio- and Diastereoselective [2+2+2] Cycloaddition for the Synthesis of Axially Chiral Teraryl Compounds. *J. Am. Chem. Soc.* **2004**, *126*, 8382-8383.

[173] a) Dalko, P. I.; Moisan, L. In the Golden Age of Organocatalysis. Angew. Chem., Int. Ed. Engl. 2004, 43, 5138-5175. b) Tada, M. Iwasawa, Y. Advanced Chemical Design with Supported Metal Complexes for Selective Catalysis. Chem. Commun. **2006**, 2833-2844. c) Yang, H.; Li, J.; Yange, J.; Liu, Z.; Yang, Q.; Li, C. Asymmetric Reaction on Chiral Catalysts Entrapped within a Mesoporous Cage. *Chem. Commun.* **2007**, 1086-1088.

第4章　对映选择性催化中的不对称诱导

不对称催化一个最重要的目标之一是新催化剂的理性设计和优化。这一看起来挺直接的实践活动实际上远非如此简单。我们对催化剂结构和功能以及不对称反应的机理的理解仍然是非常初步的。虽然缺乏对机理研究的强调确实是一个因素，但是经常发现反应机理比预期的要复杂得多。再者，得到产物对映体的非对映选择性过渡态之间的能量差（$\Delta\Delta G^{\ddagger}$）通常很小，这使催化剂的理性优化变得复杂化。由于这些挑战的存在，目前大部分催化剂优化都是结合了理性设计、化学直觉和意外发现就不足为奇了。

想要理解不对称是如何从催化剂传递到底物中，就有必要知道配位的催化剂的三维结构。如果配体配位在金属上以后仍然保持着高度的构象上的灵活性，那么其三维结构的确定尤其具有挑战性，因为确定配体在过渡态中的构象更加困难。基于这些原因，从研究具有很小的转动自由度的配体-金属加合物催化剂的不对称传递过程开始是最容易的。

本章主要论述了不同类型的手性催化剂如何在对映选择性反应中实现不对称传递。重点开始放在结构确定的配体和催化剂。随着章节的展开，也会介绍具有额外的构象灵活性的催化剂。这些反应中提出的结构和过渡态是具有更多的推测的性质。尽管如此，从这些体系中我们仍然可以学到很多。

4.1　不对称的传递

在许多情况下手性催化剂选择性地结合底物的一个前手性面并与之反应。其他情况下，手性催化剂与底物结合并挡住了其中一个前手性面，阻碍在该面进行反应。这些策略虽然简单，但是很多体系中从催化剂到底物的不对称传递机制却很复杂，且了解得还不够充分。另外，存在着很多类型的手性配体和催化剂，其从催化剂到底物的不对称传递的本质差别很大。因此，本节先介绍不对称从催化剂传递到底物的一些方式。

不对称从催化剂到底物传递最常用的方法是位阻区分。其他的催化剂-底物相互作用，如催化剂和底物中芳香基团的 π-相互作用，或者催化剂和底物之间的氢键等，也可以起到重要的作用，因此可以与位阻区分结合来使用（见第 5 章）。

4.1.1　C_2-对称与非 C_2-对称的催化剂

C_2-对称的催化剂受到了很多重视，在研究不对称传递时值得特别注意。在不对称催化研究的最初年代，经常发现含 C_2-对称配体的催化剂总体上要比含非 C_2-对称配体的催化剂取得的对映选择性更高。有人提议这种选择性起源于（与对称性较差的配体的催化剂相比）这些催化剂存在数量较少的金属-底物加合物和过渡态[1-3]。这一原则可由图 4.1 中的不对称烯丙基化反应来说明。亲核试剂进攻 η^3-烯丙基最常见的方式是在位阻很大的钯催化剂的反面进行[4,5]。非对映异构的中间体的互相转化发生在金属的配位场内[6]。这种非对映异构的中间体的互相转化是通过一个被称为 π-σ-π 的过程可逆地产生 η^1-烯丙基中间体而实现的（图 4.2）。在后续章节中会看到，额外配体的配位会协助这种互相转化。

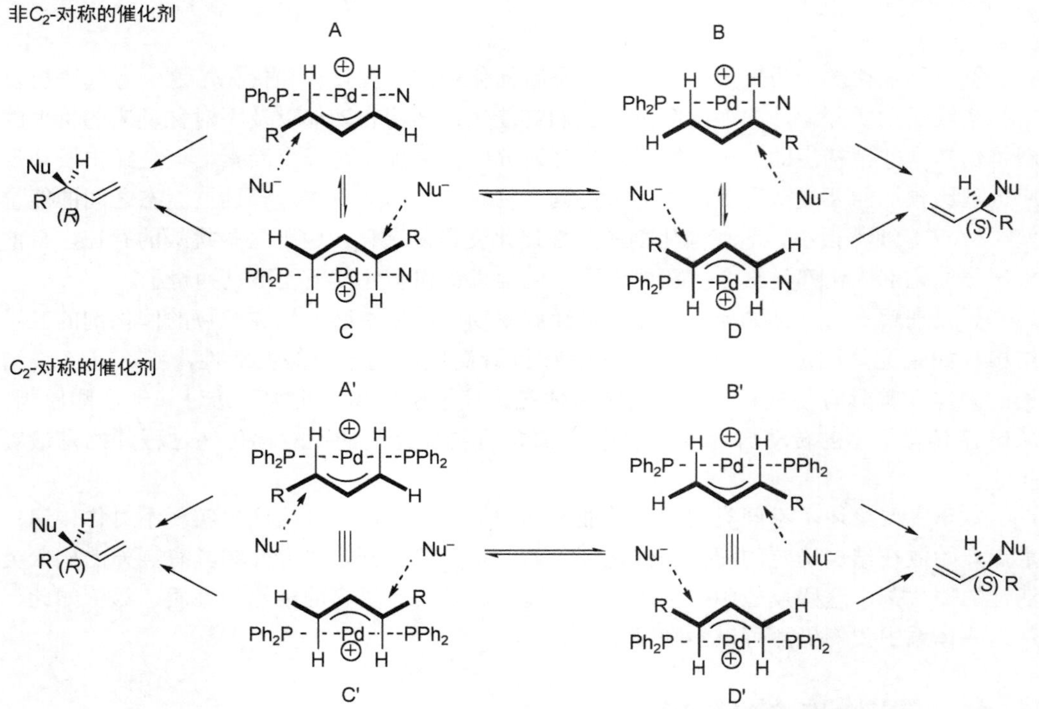

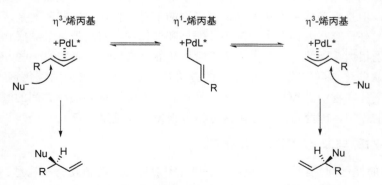

图 4.1　使用含非 C_2-对称的 P-N 配体和 C_2-对称的 P-P 配体的烯丙基钯配合物展示了亲核进攻的非对映异构的最低能量过渡态的数量

为清楚起见，省略了手性配体骨架和 Pd-烯丙基键

图 4.2　非对映异构的烯丙基钯配合物的相互转化

这种互相转化可以被外加配体的配位所协助

含有 P-N 配体的催化剂可以结合烯丙基的两个前手性面中任一面（图 4.1）。在中间体 A 和 C 中，亲核试剂如酚负离子可以分别从磷或者氮的假反式 (pseudotrans)位置进攻，得到 (R) 式产物（图 4.1，上）。这两种进攻的方式既是位阻上不等价的，又是电性上迥异的（由于反位效应的影响）[7]。类似地，对非对映异构体 B 和 D 的进攻形成（S）式产物。对比之下，使用 C_2-对称的配体时，进攻中间体 A'和 C'的过渡态是等价的，B'和 D'亦然。因此，使用 C_2-对称的催化剂减少了竞争的非对映异构体的过渡态的数量，简化了分析和催化剂设计。这种简化在五配位和六配位的中间体中更为显著，因为这些中间体非对映异构的金属-配体加合物数目更多（见图 A.8）。图 4.3 列出了一些 C_2-对称的双膦和非 C_2-对称的 P-N 配体。虽然很多缺乏 C_2-对称性的催化剂表现出了高水平的对映选择性，那些含有 C_2-对称的配体的催化剂是最重要、选择性最高的催化剂类型之一。

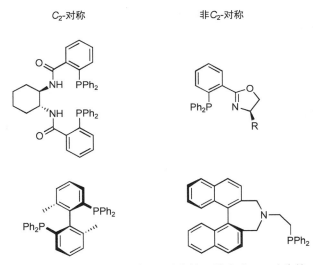

图 4.3　用于催化不对称烯丙基化反应的 C_2-对称的双膦和非 C_2-对称的 P-N 配体的例子

4.1.2　四象图

为了帮助预测催化剂-底物配合物和过渡态中的面立体选择性，提出了手性金属-配体加合物的位阻区分的一个通用模型。在这个模型中，金属周围的环境被分为四个象限，其中横向分割线位于催化剂中的一个平面或伪平面（pseudoplane）中。为了简化，下面给出了一个 C_2-对称的催化剂的四象图（图 4.4a）。处于对角线位置的两个阴影的象限代表被配体上的朝前的取代基占据的空间，而没有阴影的两个长方形代表占据较少的空间。烯烃的前手性面与金属的结合产生了不同的非对映异构体的加合物，其中较为稳定的非对映异构体中取代基 R 和 R'处于敞开的、没有阴影的象限（对比图 4.4b 与图 4.4c）。

手性配体的金属配合物屏蔽四象图的方式取决于配体和金属-配体加合物的本性。一些情况下，配体中的手性中心空间上离金属很近。另一些情况下，这些手性中心距离金属太远，以至于这些远程立体中心的效应传递到反应中心的方式并不明显。在接下来的章节中我们将介绍每种情况的例子。

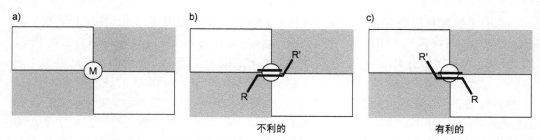

图 4.4　C_2-对称的催化剂的四象图；b，c）非对映异构的烯烃
配合物中烯烃的不利结合和有利结合

阴影部分代表被配体的取代基占据的象限，没有阴影的部分代表相对未占据的区域

4.2　手性配体形成的手性金属配合物

4.2.1　双噁唑啉

　　在配位后能提供刚性手性环境的两类常见配体是双噁唑啉配体，如 Box 和 PyBox 配体以及 semicorrin 配体。这些配体及其配位配合物的结构见图 4.5。与许多不同的主族金属和过渡金属搭配以后，这些配体会形成已成功用于许多不对称反应[8-10]，包括 aldol、环丙烷化[11,12]、氮杂环丙烷化[13]、Diels-Alder[14,15]、Michael[16]、ene[17]等反应的高对映选择性的催化剂。双齿配体配位后形成的接近平面型的金属杂环和旁边的五元环限制了这些配体体系的灵活性。图 4.5 中配体的一个共同特征是手性中心上的取代基向前方延伸，使其与金属中心和底物结合位点距离很近。下面会讲到，配体的这种明确的不对称环境促进了四象图的使用。电性上，semicorrin 配体的负离子性质使其成为比双噁唑啉更强的电子供体。因此，semicorrin 配合物的 Lewis 酸性更弱，其手性配体对金属的结合能力更强。

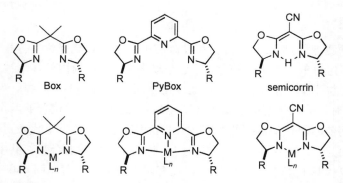

图 4.5　双噁唑啉配体 Box 和 PyBox 及 semicorrin 配体的结构及其金属配合物

4.2.1.1　通过手性配体控制亲核试剂的轨迹

　　使用螯合底物与 Cu(Ⅱ)-双噁唑啉配体的组合已经发展出了好几种成功的不对称转化。由于产生了结构明确的底物-催化剂加合物，可以进行更有效的催化剂优化[8]。图 4.6

所示的[(*S,S*)-*t*-Bu-Box]]Cu(OH₂)₂(SbF₆)₂的晶体结构[15]展示了 Jahn-Teller 畸化的 d⁹ 的铜中心的伪平面四边形构型[18]。抗衡离子 SbF₆ 并不与铜中心作用，因此没有在图中画出。催化剂[(*S,S*)-*t*-Bu-Box]]Cu²⁺ 在螯合的酰亚胺亲双烯体的不对称 Diels-Alder 反应中特别有效（式 4.1）[15]，它配位之后倾向于采取 *s-cis* 构象。

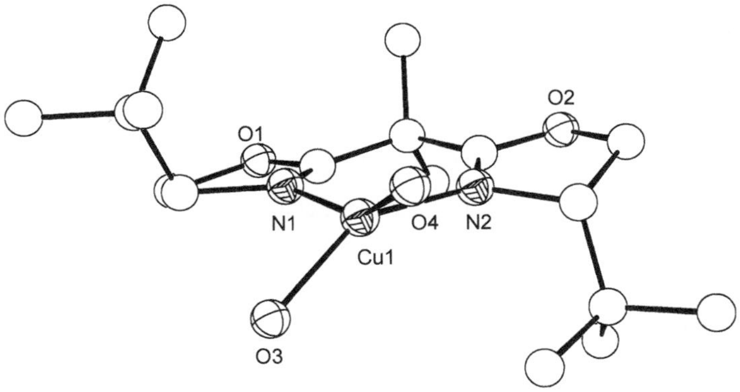

图 4.6　[(*S,S*)-*t*-Bu-Box]Cu(OH₂)₂(SbF₆)₂ 的晶体结构，展示了铜的畸化的平面四边形构型和配体环境

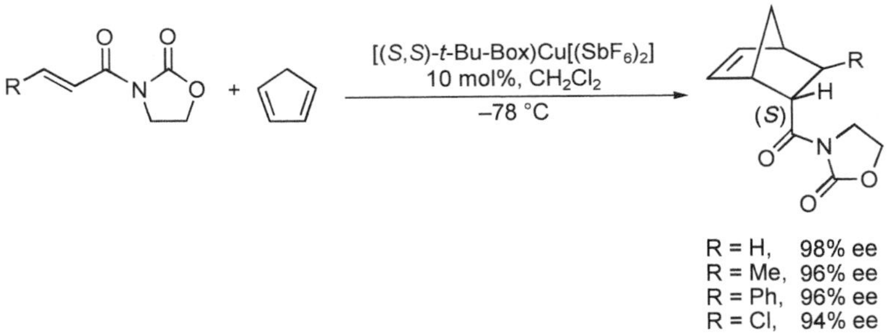

R = H,　 98% ee
R = Me,　96% ee
R = Ph,　96% ee
R = Cl,　 94% ee

（4.1）

图 4.7　双齿配位之后亲双烯体的 *s-cis* 构象比 *s-trans* 构象更有利

对 Cu(Ⅱ)(Box)Cu(Sub)²⁺ 配合物（Sub = 双齿二羰基化合物底物）的半经验计算表明其中也存在与[(*S,S*)-*t*-Bu-Box]]Cu(OH₂)₂(SbF₆)₂ 结构中程度相似的从平面正方形的扭曲（图 4.6）[14]。为了简化对反应立体化学结果的理解（式 4.1），将[(*S,S*)-*t*-Bu-Box]Cu²⁺ 的近平面型的骨架用一条水平直线表示，取代基向前方伸出（图 4.8）。酰亚胺底物配位到[(*S,S*)-*t*-Bu-Box]]Cu²⁺ 上之后，亲双烯体的两个前手性面处于截然不同的立体环境中，其中 *Si* 面（即烯烃的 *Si* 面）被 *t*-Bu-Box 配体中向前伸出的 *t*-Bu 基挡住了。因此双烯的进

攻以优秀的对映选择性发生在位阻较小的 *Re* 面（式 4.1）[19]。这种双噁唑啉配体的面选择性模型可用于几种涉及使用(Box)Cu²⁺家族催化剂和螯合二羰基化合物的不对称反应，只要催化剂-底物加合物中铜的几何构型接近平面四边形。

　　在使用这个基于双噁唑啉的催化剂的模型时需要谨慎，因为金属构型或配位数的改变会影响对映选择性。例如，将 Cu(Ⅱ)换成相邻的 Zn(Ⅱ)以形成[(*S,S*)-*t*-Bu-Box]Zn(SbF₆)₂时，导致以 56%的 ee 值形成了相反的对映体（式 4.2）。类似地，使用[(*S,S*)-Ph-Box]Zn(SbF₆)₂也得到了同样的面选择性，以 92%的 ee 值得到产物。金属的构型从扭曲的平面四边形（Cu²⁺）变成四面体（Zn²⁺）时，与 Cu²⁺配合物不同（图 4.8），烯烃的 *Re* 面被屏蔽（图 4.9）[20]。此外，换成也被认为是四面体构型的镁催化剂时，也得到了(*R*)-型的对映体[21]。另外，值得一提的是，构型很可能是正八面体的 Fe(Ⅲ)-双噁唑啉催化剂也得到了与 Zn(Ⅱ)和 Mg(Ⅱ)配合物相同的立体化学[21]。

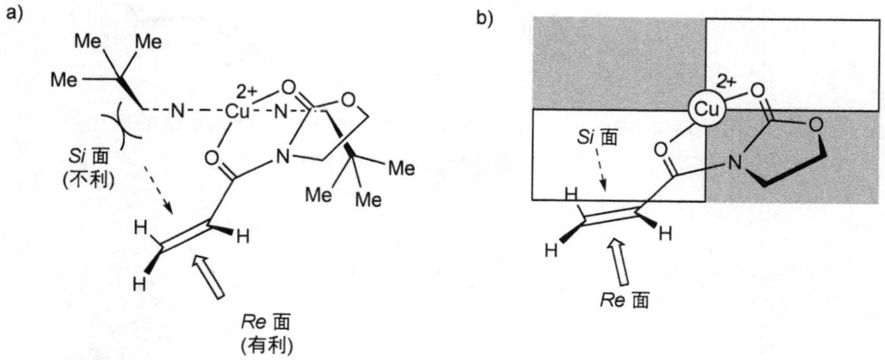

图 4.8　提出的 Diels-Alder 反应的立体化学控制模型：a）双噁唑啉配体用一条横线和突出的 *t*-Bu 基团表示；b）得到同样的面选择性的一个四象图

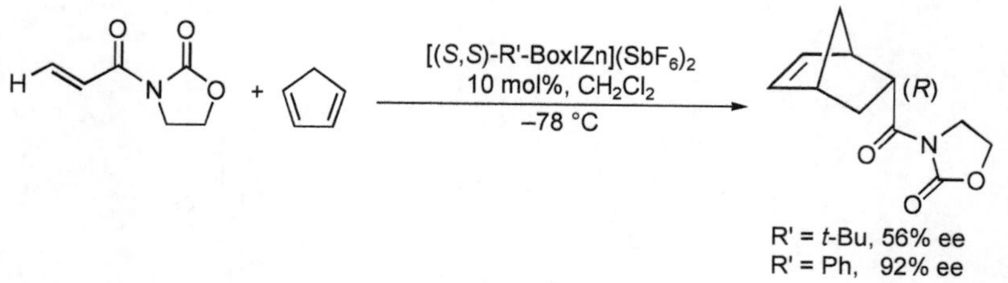

$$(4.2)$$

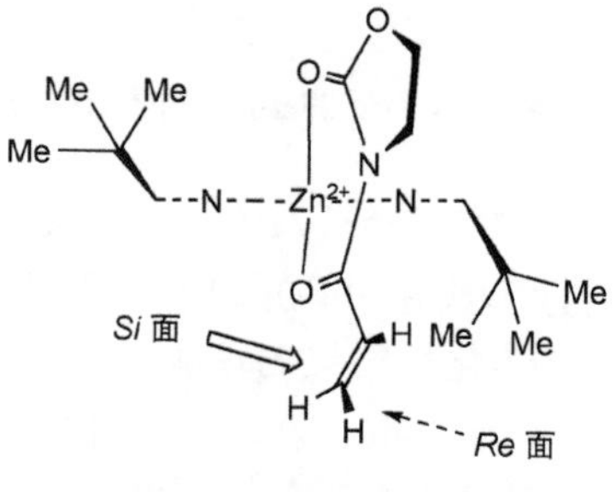

R' = *t*-Bu, 56% ee
R' = Ph,　92% ee

图 4.9　提出的 Diels-Alder 反应的立体化学控制模型

双噁唑啉配体用一条水平直线和向外突出的 *t*-Bu 基团表示

4.2.1.2 通过底物接力间接控制亲核试剂的轨迹

当进攻的亲核试剂的轨迹与配体的氮原子和金属中心确定的平面平行时，对基于双噁唑啉催化剂的反应的立体化学结果的分析变得更为困难。这种情况的一个有趣的例子见于 Tsuji-Trost 不对称烯丙基烷基化反应[22,23]。图 4.10 中给出了关键步骤和中间体。烯丙基乙酸酯的任一对映体与(Box)Pd(0)中间体反应形成 η^3-烯丙基配合物。亲核试剂 KCH(CO₂Me)₂ 从与钯相反的一面进攻 η^3-烯丙基的一端。在双噁唑啉配体的存在下，亲核试剂选择性地进攻两端中的一端，得到主要对映体，而次要对映体由进攻另外一端产生。

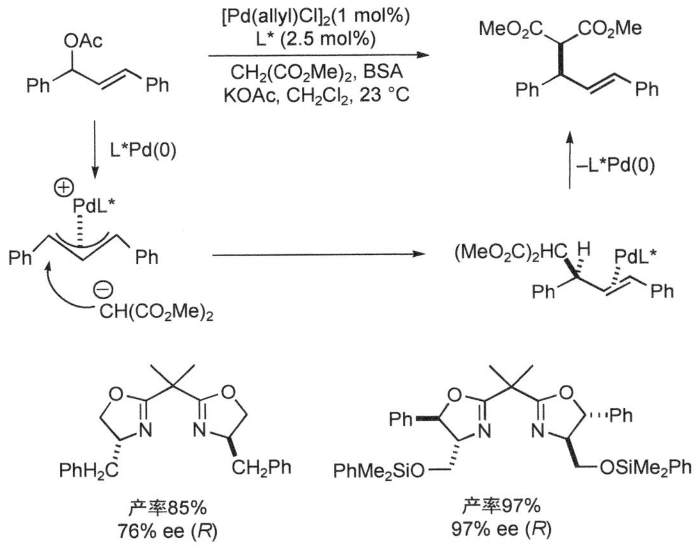

图 4.10　不对称烯丙基化反应的机理（BSA = 双硅基乙酰胺）

对控制亲核试剂进攻的区域选择性（即由此造成的对映选择性）的因素的认识来自于[(Box)Pd(η^3-allyl)]⁺衍生物的 X 射线晶体结构研究。在母体阳离子[(Bz-Box)Pd(allyl)]⁺中，钯具有预期的平面四边形构型，(Bz-Box)Pd 金属杂环是接近平面型的（图 4.11）。相比之下，在中间体[(Box)Pd(1,3-二苯基烯丙基)]⁺中存在着配体的一个苄基与附近 η^3-烯丙基上的苯基之间显著的非键相互作用。为了将此立体排斥作用降到最低，金属杂环从原来的平面结构发生了显著的扭曲，如图 4.11 所示。另外，与这些相互作用的基团相关的 Pd—N 键和 Pd—C 键的键长也变长了（图 4.11）。

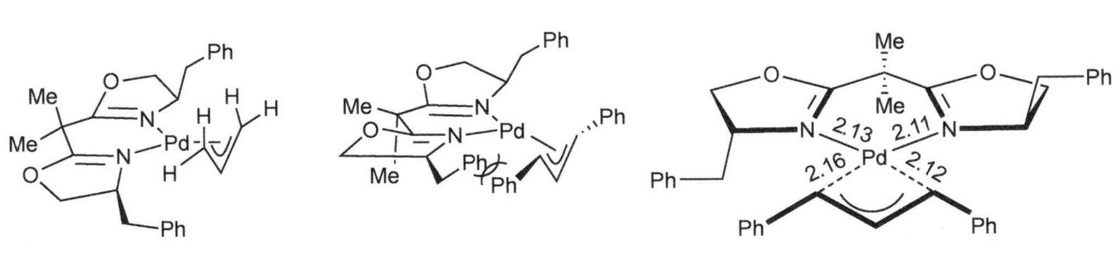

图 4.11　基于晶体结构画出的[(Bz-Box)Pd(烯丙基)]⁺和
[(Bz-Box)Pd(1,3-二苯基烯丙基)]⁺的结构（键长的单位是 Å）

　　根据[(Bz-Box)Pd(1,3-二苯基烯丙基)]⁺与亲核试剂反应产物的构型，判断亲核试剂的进攻发生在 Pd-C 键较长的烯丙基一端。这说明在更拥挤的一端进攻是有利的。随着反应进行，正在形成的碳碳双键旋转到包含钯和配体两个氮原子的平面中（图 4.12）。在较拥挤的位置进攻减轻了钯-烯烃配合物形成的过渡态中的非键作用[10]。对提出的烯烃产物构型的考察突出了非对映选择性产物的稳定性差别（图 4.12）。亲核进攻的区域选择性由结合的底物与配体的相互作用所控制这一想法与经常提到的不对称诱导的理论解释不同，后者涉及亲核试剂与手性配体直接发生相互作用。

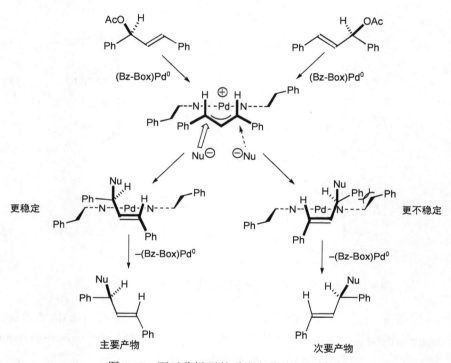

图 4.12　不对称烯丙基反应立体选择性模型

亲核试剂进攻变长的 C—Pd 键一端，导致张力较小的烯烃配合物的生成

4.2.2　基于 BINOL 的 Lewis 酸

　　以轴手性的 BINOL（1,1′-联-2-萘酚）为母体骨架的配体是一类重要的"优势配体"（图 4.13）[24]。BINOL 消旋化的能垒被确定为 37～38 kcal/mol（154.66～158.84 kJ/mol）[25,26]。在二氧六环和水的混合体系中将其加热到 100 ℃ 24 h 也没有观察到外消旋化，尽管加入强酸或强碱会导致它在该温度下发生外消旋化[26]。BINOL 衍生物能很好地结合许多主族金属、过渡金属和镧系化合物，形成表现出特别高水平对映选择性的催化剂[27-30]。与金属结合之后，BINOLate 配体形成一个刚性的手性金属杂环。图 4.14 展示了从 O—M—O 平面看到的 BINOLate 金属杂环倾斜的构象。

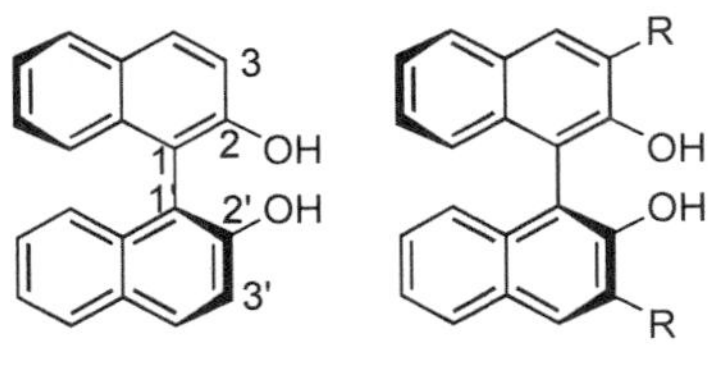

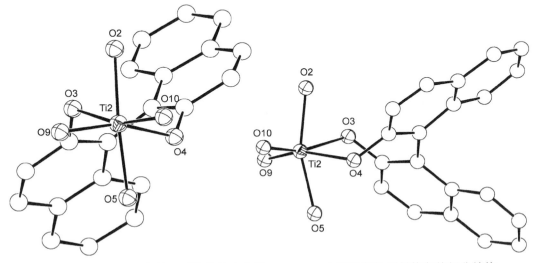

图 4.13　BINOL 母体及其常见的 3,3′-取代的衍生物的结构

图 4.14　结合到一个伪八面体的钛中心的 BINOLate 金属杂环的倾斜构象的部分结构

许多高对映选择性的催化剂使用了 BINOL 为母体的配体。另外，许多 BINOL 衍生物被合成并成功用于不对称催化[27-29,31]。要理解基于 BINOLate 的催化剂中不对称如何表达，从考察 3,3′-取代的体系入手最容易，因为这些取代基通常向底物结合位点方向延伸。相反，母体 BINOLate 上 3,3′-位的氢原子并不能伸入金属结合位点（图 4.14）。因此，对基于 BINOLate 的催化剂的不对称传递过程知之甚少。有可能 BINOLate 倾斜的构象导致了金属中心的电性不对称，这种电性的不对称影响了通过控制底物结合的取向进行的不对称传递（见 4.6 节）[32]。使我们对 BINOLate 的作用方式的理解复杂化的另一个原因是许多基于 BINOLate 的催化剂涉及前过渡金属，如钛、锆、镧系金属等。在这些体系中，金属的配位数和聚集状态经常是未知的。因此，为了简化对 BINOLate 配体的不对称诱导的讨论，我们使用一个基于硼的化学计量的 Lewis 酸。已经知道硼的这类化合物是四面体构型的，因此也是以单体形式存在的。

在迫位（peri）-羟基醌的 Diels-Alder 反应中，制备了一系列含有 BINOL 衍生物配体的硼 Lewis 酸（图 4.15）[33,34]。底物迫位-羟基醌螯合到硼上，限制了底物-Lewis 酸加合物的构象灵活性。环加成反应的对映选择性受 BINOL 上 3,3′-位取代基屏蔽亲双烯体其中一个前手性面的能力所控制。因此，当使用 3,3′-二甲基-BINOL 配体时（R = Me，图 4.15），蒽醌产物的对映选择性为 70%[33]。使用 3,3′-二苯基-BINOL（R = Ph）时，由于其苯基取代基进一步向前伸展，造成了对亲双烯体一个面更好的屏蔽，因此得到产物的

ee 值>98%[33]。这种立体化学结果可以通过考察图 4.16 中的图示来理解。虽然没有硼的 3,3'-二苯基-BINOLate 配合物的结构信息，图 4.16 中给出了这种配体结合到一个四面体型金属中心上的部分结构。从这些视图中可以看出，苯基挡住了两个邻近的象限，使另两个象限保持敞开。底物结合之后远端的苯基挡住了活性的双键使其不能被从后侧进攻，而前面是暴露的，允许从这一侧发生反应。

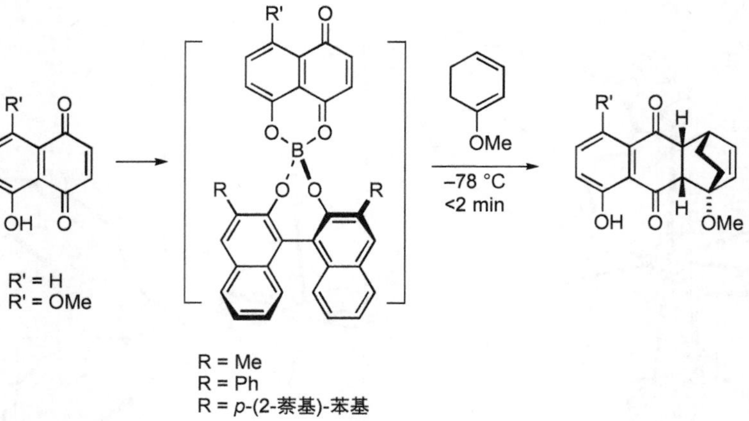

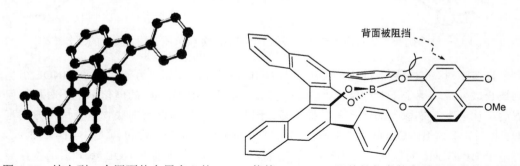

R = Me
R = Ph
R = *p*-(2-萘基)-苯基

图 4.15　BINOLate-硼 Lewis 酸促进的迫位-羟基醌的不对称 Diels-Alder 反应

图 4.16　结合到一个四面体金属中心的 3,3'-二苯基-BINOLate 配体的扭曲构象的部分结构（左图）和从一个不同的视角观察的加上了底物的（Ph₂-BINOLate）B 片段

（右图，活性双键的背面由于远处的苯基的阻挡而无法接近）

　　这个 Diels-Alder 反应被用于合成 (+)-diepoxin σ，它具有抗真菌、抗菌和抗肿瘤活性[34]。亲双烯体是迫位-羟基醌，其中 R′ = OMe。二烯是环戊二烯，它比图 4.15 中用来产生蒽醌衍生物的 2-甲氧基环己二烯要小。结果，3,3'-二苯基-BINOL 体系不能提供同样程度的立体区分，得到了低的 ee 值。发现进一步延伸 3,3'-位取代基的长度能够提高对映选择性。于是，当 R = *p*-(2-萘基)苯基时，对映选择性提高到 93%。

4.3　手性茂金属催化剂的不对称诱导

　　手性的第 4 族金属茂可以实现对聚合物结构的高度立体控制的末端烯烃的聚合反应[35]。

因此，这些金属茂被成功用于不对称催化也就不足为奇了[36]。在桥连金属茂催化剂中，金属周围的手性配体骨架在构象上被桥连的乙基限制住了，因此是相当明确的。这一特性促进了对这些 C_2-对称的配合物参与的反应的对映选择性意义（enantiomeric sense）的预测。不对称催化中最常应用的桥连金属茂是基于第 4 族金属和乙烯-1,2-双(η^5-4,5,6,7-四氢-1-茚基)，简写为 EBTHI（图 4.17）[36,37]。

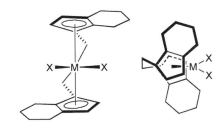

图 4.17　手性桥连金属茂配合物(EBTH)MX$_2$ 的两个视角图

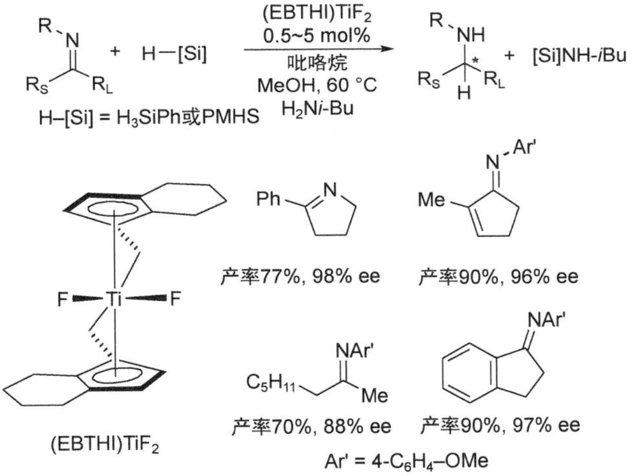

图 4.18　使用(EBTH)TiF$_2$ 催化剂前体对亚胺的不对称氢硅化（Ar′= 4-C$_6$H$_4$-OMe）

使用这种桥连金属茂催化剂的一个例子是亚胺的不对称还原生成相应的胺。在催化剂用量低达 0.02 mol%的条件下仍然可以以高的产率和对应选择性得到产物胺（图 4.18）[38-43]。反应中使用的硅烷通常是苯基硅烷（H$_3$SiPh）或一种可溶的聚合物聚甲基氢硅氧烷（PMHS），它有重复的单元[SiHMeO]$_n$[43]。

反应被苯基硅烷、甲醇和吡咯烷对（EBTHI）TiF$_2$ 的活化引发。在这些条件下很可能形成了一个活性的三价钛氢[38]。如图 4.19 所示，提出的机理认为反应经历了前手性酮亚胺对钛（Ⅲ）氢的插入产生二级胺基化合物（A）。不存在外加的胺时，中间体氨基化合物 A 的切断是决速步[39]。缓慢加入一种一级胺，如异丁胺，可以得到更高的 TOF，因为异丁胺与位阻更大的手性的氨基化合物交换，释放出对映富集的产物胺。这种位阻较小的一级胺的化合物更容易被硅烷经过一种四中心过渡态[44]切断，再生钛（Ⅲ）氢并产生一分子的硅基异丁胺。

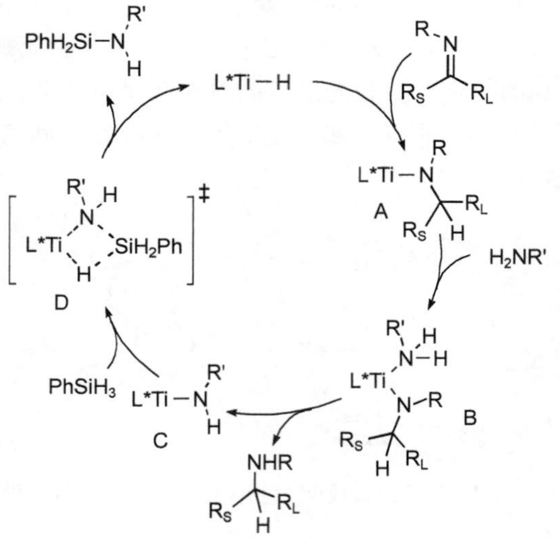

图 4.19   提出的亚胺的不对称氢硅化反应的机理

这一过程的不对称诱导的模型如图 4.20 中所示，其中 R_L 和 R_S 分别表示酮亚胺上的较大和较小的取代基[40]。大部分酮亚胺底物有两种异构体形式，即 *syn* 和 *anti*，它们能产生 4 种互为异构的过渡态（图 4.20）。*anti* 异构体形成的过渡态 A 和 B 中，A 由于其 R 和 R_L 与金属茂环的相互作用而被去稳定化。相反，过渡态 B 中只有 R_S 是朝向配体的。在 *syn* 酮亚胺形成的过渡态中，C 比 D 更有利，因为 D 中 R_S 和 R 都与配体有相互作用。经历了 *syn* 式过渡态的环状酮亚胺得到的产物的立体化学与这个模型一致。

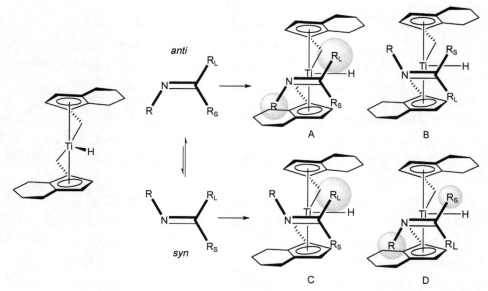

图 4.20   提出的 *anti* 式和 *syn* 式酮亚胺不对称还原的过渡态

球形突出了亚胺取代基与催化剂之间的立体位阻上的冲突

对于非环状的酮亚胺，模型预测 *anti* 异构体的反应经历过渡态 B，而 *syn* 异构体经历过渡态 C。这种两重路径的反应方式可能会导致观察到的对映选择性降低，因为这两个过渡态导致生成相反构型的产物。然而看来这并不是一个严重的问题。图 4.18 中的脂肪族亚胺的 *anti*：*syn* 的比例为 2.6：1，但以 88%的对映选择性发生了还原[43]。这一结果表明 *syn* 和 *anti* 的酮亚胺在还原条件下可以快速平衡，反应主要经过过渡态 B 进行。

4.4　金属配体加合物中不对称向取代基的传递

在早期的不对称催化研究中，曾认为将配体的手性中心或配体中心置于离金属的活性位点越近越好这一点是至关重要的[45]。因此早期制备的手性膦是手性位于膦上的配体，以 CAMP 为代表（图 4.21）[46]。事后看来，考虑到其沿着膦-碳键和铑-膦键的高度的转动自由度，这一配体的铑配合物取得了相当不错的对映选择性这一点是令人吃惊的。当 DIOP[1,47]，一种含有两个远程立体中心的手性双齿膦配体被引入时（图 4.21），化学家开始意识到配体的构象在对映选择性催化中起到的重要作用。基于 DIOP 的催化剂的表现启发了螯合配体 DiPAMP（图 4.21）的发展。它后来成了商业化生产 L-DOPA（一种治疗帕金森病的药物）的基础[45]。

4.4.1　手性金属杂环的构象：BINAP 和 TADDOL

鉴于对不对称催化的强烈兴趣，新手性配体的合成和筛选仍然是一个非常活跃的研究领域不足为怪。在已被应用于不对称催化的众多手性配体中，一小部分配体类型似乎对许多金属中心都一致地给出了高水平的对映选择性。由于这些配体在很广泛的反应中的有效性，它们被称为"优势配体"[24]。

4.4.2　基于 BINAP 的催化剂

这类配体中一个著名的例子是市场上可以买到的轴手性的 BINAP（图 4.22）[48]。由于联萘环的扭曲构象的关系，这个配体是手性的。而且由于沿着中间的 C—C 键旋转需要的高能垒，它很稳定，不易消旋化。BINAP 的金属配合物虽然在烯烃和酮的催化不对称氢化方面最为出名[49,50]，但是它们在不对称反应上有许多应用。BINAP 可以通过中间的芳基-芳基键和 2,2'-P—C 键的旋转来兼容不同半径的金属，但是一旦配位之后，配体的构象就会被形成的刚性的金属杂环所限制。

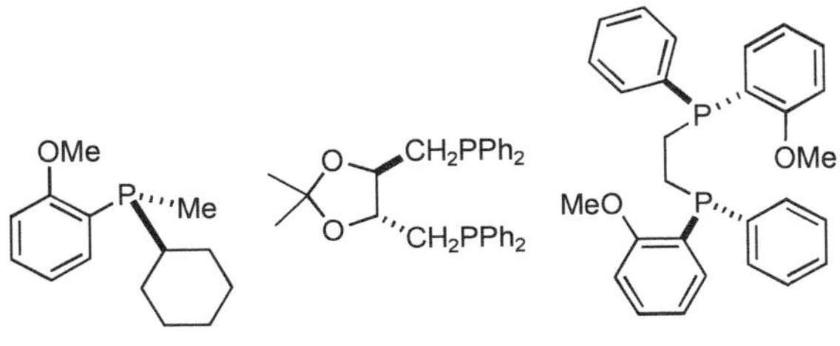

图 4.21　早期发展的重要手性膦配体

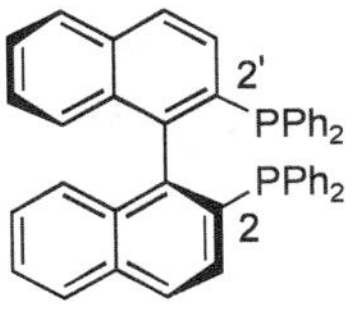

图 4.22　(*S*)-BINAP 的结构

　　基于 BINAP 的配体传递不对称的效率来自其对联萘骨架上轴手性的传递控制了非对映异位的苯基取代基的位置和取向。七元金属杂环的扭曲的构象是手性的，由联萘轴的立体化学所确定。在 BINAP 与钌的配合物的 X-射线晶体结构中可以看出（图 4.23）[51]，苯基占据假轴向（pseudoaxial）和假赤道向（pseudoequatorial）位置。一个立体视图（stereoview）如图 4.24 所示。假赤道向的两个苯基向前延伸，经过金属中心，而假轴向的两个苯基远离金属。为数众多的 BINAP 衍生物和几种其他手性双膦（见下）表现出了这一性质，但它们在假轴向和假赤道向位置的苯基的位置上并没有表现出如此明显的差别。据认为正是这向前伸出的赤道方向的苯基和轴向的苯基偏离底物结合位点的程度共同造成了这个配体体系的精密的对映选择性控制[52]。苯基对位的取代基经常影响催化剂

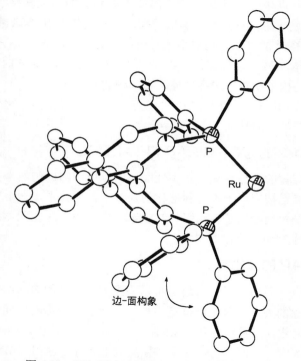

边-面构象

图 4.23　[(*S*)-BINAP]Ru(O$_2$C-*t*-Bu)$_2$ 的部分结构

为了清楚起见省略了羧酸根配体。假赤道方向的苯环伸向前方，而假轴向的苯基朝向远离钌中心

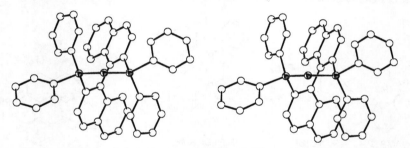

图 4.24　图 4.23 中金属-BINAP 核心的立视图展示了配体的手性环境

的对映选择性的事实是与这一假设相符的，尽管电子效应也可能比较重要[53]。另外，膦连接的芳基之间的边-面（edge-face）(CH-π)相互作用有助于区分假轴向和假赤道向位置苯基。依此，赤道方向的苯基以芳基的平面向前伸出。这一重要的相互作用可在图 4.23 中的结构和图 4.24 中的立体视图中看出[54,55]。

为了理解含 BINAP 配体的催化剂中不对称的控制，我们将考察图 4.23 中使用 (BINAP)Ru(O₂CR)₂ 为催化剂前体的对映选择性氢化反应。得到的催化剂对很广泛的底物表现出了高对映选择性[56]。对这一体系的详细研究促进了对一般认为的经历单氢化物中间体机理的认识[57]及一个可靠的不对称诱导模型的提出[57,58]。

如许多例子中报道的，该催化剂催化的不对称氢化适用的最好的底物中，除了被还原的官能团之外，还有一个附近挂着的 Lewis 碱性位点[56,59]，其可结合到钌中心以形成螯合物。这里用最重要的底物之一 β-酮酸酯来说明（式 4.3）。这种底物还原之后得到的产物与 aldol 缩合反应产物类似。在不对称诱导的模型中，酮羰基被认为以 π-方式配位到钌上，而酯通过氧的孤对电子结合（图 4.25）。由于这种不同的结合模式，酮组分对钌-BINAP 体系上的立体位阻要求更高，因此占据了催化剂最不拥挤的位点，如图 4.25 所示。在左侧的结构中，酮与 BINAP 上向前伸出的处于赤道方向的苯基（已加粗表示）的相互作用去稳定化了该非对映异构体。相反，右侧的结构将酮羰基置于远离底物的轴向的 P-Ph 所在的象限。此处假定底物-催化剂加合物中的主要非对映异构体得到产物的主要对映体。然而这一假设并不总是成立的[60,61]。

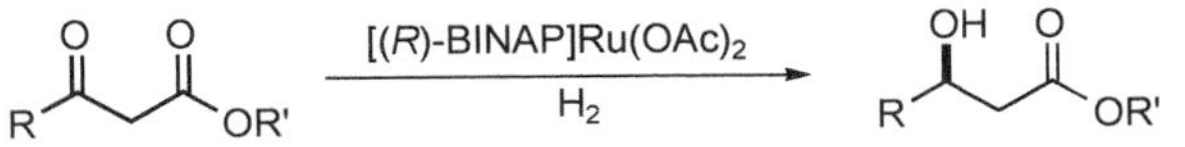

$$\underset{R}{\overset{O}{\underset{}{\|}}}\underset{}{\overset{O}{\underset{}{\|}}}OR' \quad \xrightarrow[\text{H}_2]{\text{[(R)-BINAP]Ru(OAc)}_2} \quad \underset{R}{\overset{OH}{\underset{}{}}}\overset{O}{\underset{}{}}OR' \tag{4.3}$$

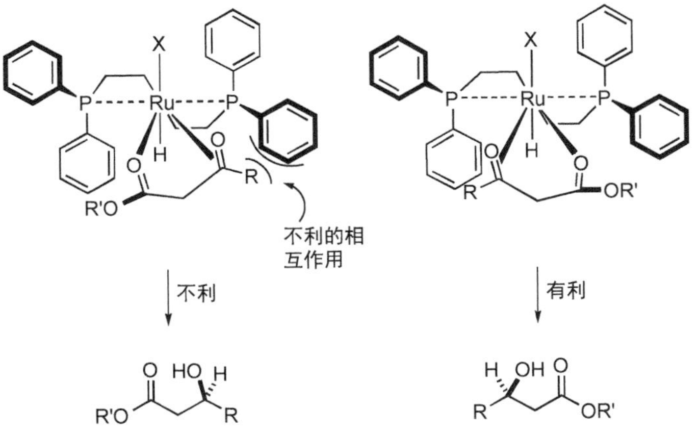

图 4.25　不对称氢化反应（式 4.3 所示）中提出的 β-酮酸酯对[(R)-BINAP]Ru 部分的螯合

BINAP 配体上赤道方向的苯基加粗表示。左图中酮与赤道方向的苯基的不利的相互作用去稳定化了这一异构体

另一个例子是含手性双齿膦配体的阳离子铑催化的 4-戊醛的分子内酰氢化反应（式 4.4）[62-65]。该反应在室温下在丙酮或二氯甲烷中进行，转化数高达 500，分离产率约 90%。催化剂前体[(S)-BINAP]Rh(NBD)ClO₄（NBD = 降冰片二烯）[48]用氢气处理简单即得到催化剂[(S)-BINAP]Rh(sol)₂ClO₄（sol = 溶剂）。根据标记实验[66-68]，认为机理首先发生酰氢

的氧化加成。

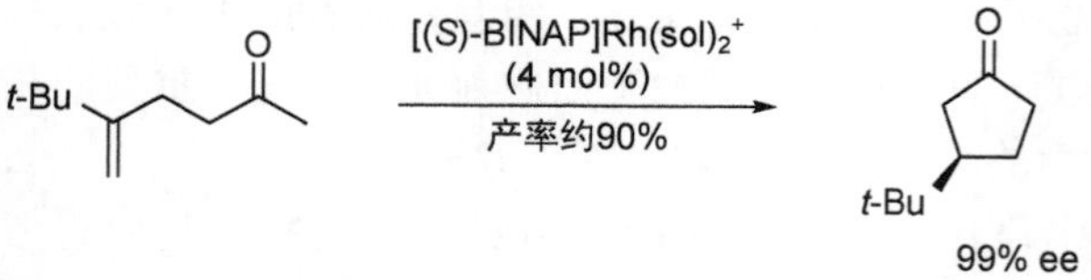

$$
\text{(4.4)}
$$

跟上述氢化反应的钌催化剂类似，氧化加成步骤之后得到的配位不饱和的 Rh(Ⅲ) 中间体含有空的配位点。附近挂着的烯烃以 C—C 双键与 Ru—H 键轴近乎平行的方式发生配位，得到烯烃插入步骤所需的合适排列（图 4.26）。烯烃与铑的配位使结合的底物与赤道位苯基的位阻排斥作用最小。图 4.26 左侧的非对映体中，体积庞大的叔丁基与远离的假轴向苯基位于同一象限。相反，另一非对映体导致向前伸出的假赤道向的苯基与叔丁基之间存在严重的立体位阻排斥，去稳定化了这一异构体。下一步是烯烃的插入，接下来的还原消除以高的对映选择性得到产物[62]。

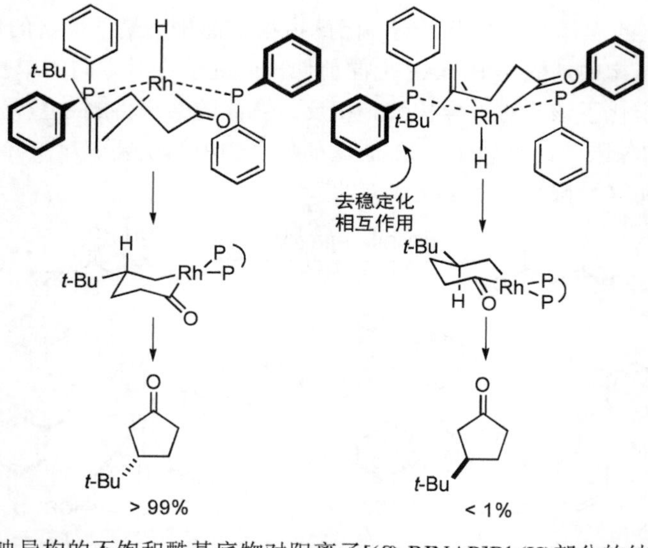

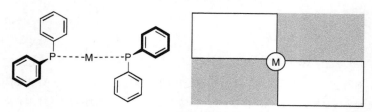

图 4.26 非对映异构的不饱和酰基底物对阳离子[(S)-BINAP]Rh(H)部分的结合模式和环化

赤道方向的苯基加粗表示

图 4.27 配体的空间位置模型

阴影区域被伸向前方的假赤道方向的苯基（加粗）所占据

4.1.2 节中的四象图模型被用于帮助预测使用含手性双膦配体的催化剂催化的反应的面选择性（图 4.27）。向前伸出的赤道方向的苯基占据了两个阴影的象限，阻止了对这些区域的占据。假轴向的苯基占据的两个象限没有阴影。为了使非键作用最小化，底物尽量避免与假赤道向的苯基接触（即模型中的阴影区域）。

其他类型的双膦配体对苯基取代基的配置与 BINAP 相似。例如，(2S,3S)-双(二苯基膦)丁烷［(S,S)-chiraphos，图 4.28］与金属配位形成的金属杂环采取一种扭曲的构象。尽管五元环的构象通常是灵活的，但 chiraphos 的构象被配体骨架上的甲基取代基所控制，甲基在最低能量的过渡态中处于假赤道方向。金属杂环构象的扭曲导致苯基采取假轴向和假赤道向位置（图 4.28）。基于结构信息[69]，chiraphos 中假赤道方向和假轴向的苯基的位置并不像 BINAP 配合物中苯基的差别那么大[70]。因此，假赤道方向的苯基不像 BINAP 配合物中苯基伸出的程度那么大，假轴向的苯基远离金属的程度也没有那么大。BINAP 衍生的七元金属杂环中的 sp^2 杂化的碳比 sp^3 碳骨架的金属杂环诱导出一个更扭曲的构象，因此制造了轴向和赤道向苯基之间更大的区分。

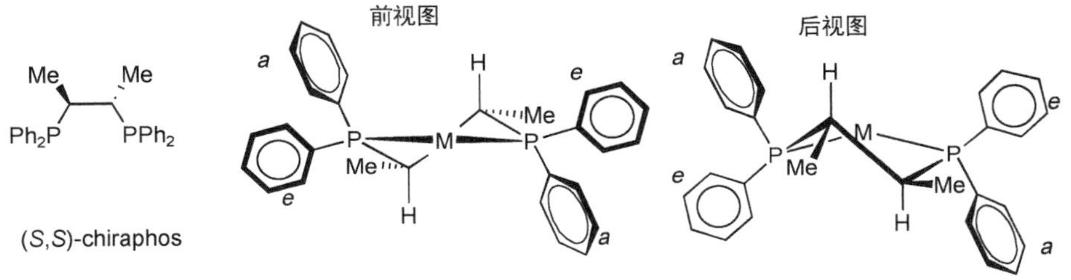

图 4.28 [(S,S)-chiraphos]的前视图和后视图，标出了假轴向（a）和假赤道向（e）的苯基

(S)-BINAP 和(S,S)-chiraphos 都已被用于图 4.29 中的不对称酰化反应。使用简单的底物，其中 R = Me 或 i-Pr 时，这两种配体都表现了同样的立体选择性意义，正如图 4.27 和图 4.28 中的模型预测的那样。这些模型中这两个配体都有同样的扭曲意义（twist sense），其赤道向的苯基挡住了同样的象限（图 4.27）。然而，R 为更大的基团，如 t-Bu 和 SiMe₃ 时，基于(S)-BINAP 和(S,S)-chiraphos 的催化剂给出了相反的立体选择性（图 4.29）。假定机理保持不变，这种相反的面选择性表明在 BINAP 体系中更稳定的非对映异构的酰基氢配合物在 chiraphos 催化剂体系中变成较不稳定的那个异构体。

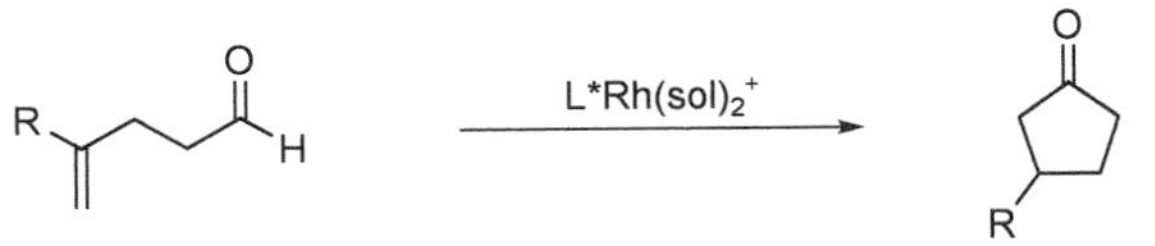

条目	R	(S)-BINAP ee/% (构型)	(S,S)-chiraphos ee/% (构型)
1	Me	78 (S)	42 (S)
2	i-Pr	60 (S)	45 (S)
3	t-Bu	99 (S)	29 (R)
4	SiMe₃	99 (S)	8 (R)
5	CO₂i-Pr	99 (S)	11 (R)
6	COt-Bu	94 (S)	63 (R)
7	COPh	94 (S)	64 (R)

图 4.29 BINAP 和 chiraphos 催化剂在酰氢化反应中的对映选择性比较

尽管相关中间体的结构未知，根据基态的晶体结构和这些催化剂产生了相反的产物对映体这一现象，有人提出由于 chiraphos 中轴向苯基的位置不像 BINAP 那样远离金属的程度那样大，因此与 t-Bu 产生了更大的位阻相互作用（图 4.26）[62]。然而，必须承认，看起来很小的配体构象上的差别竟然导致形成了相反的产物对映体，这是令人吃惊的。在 R = 酮或酯基的例子中，可能 R 中的羰基可以与(chiraphos)Rh 和(BINAP)Rh 催化剂发生不同的次级相互作用，导致形成相反的对映体。图 4.29 中条目 1～4 的比较提醒我们，手性配体构象上的细微差别可以导致对映选择性反应结果的显著改变。

4.4.3 基于 TADDOL 的配合物

不对称催化中经常使用的一类取得很好结果的催化剂是基于酒石酸的 TADDOL 配体（图 4.30）。在母体 TADDOL 配体报道之后，已经报道了为数众多的具有不同芳基和缩酮部分的类似物[71]。TADDOL 衍生的催化剂在很多 Lewis 酸催化的对映选择性反应中有应用[71]。去质子化之后，该配体可以很好地结合前过渡金属，在得到的 TADDOLate 配合物中形成强 M—O 键（图 4.30）[72]。

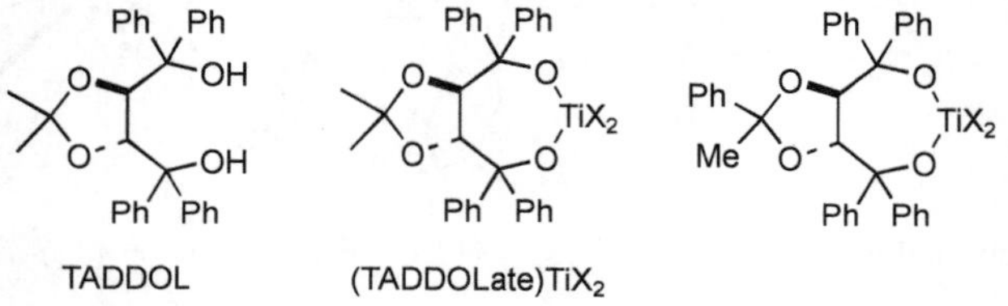

图 4.30　母体(R,R)-TADDOL 配体和（TADDOLate）Ti 配合物（X = 卤素或异丙氧基）

这些配体中的构象行为与前述的 BINAP 和 chiraphos 配体类似。根据未结合的 TADDOL 配体和与金属结合的 TADDOLate 配合物的 X 射线结构研究（图 4.31）[73,74]，人们猜测了一些使这些配体得以如此优秀的一些特性。TADDOL 配位到金属上之后形成一个反式

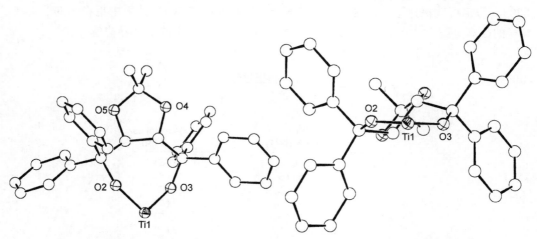

图 4.31　Ti (TADDOLate)配合物的部分结构，其中展示了配体周围的手性环境

左侧视图显示金属杂环的手性如何导致两个苯基向前伸出，两个偏离金属中心

并环的双环[5,3,0]癸烷环系。二氧杂环戊烷上的立体中心距离 TADDOLate 上的金属中心太远，不能直接影响对映选择性。然而，它们对邻近的金属杂环施加了强烈的构象偏好性，使非对映异位的芳基采取假赤道向和假轴向排列。假轴向的芳基与邻近的二氧杂环戊烷上的 C—H 键处于反式共平面。立体中心的不对称以这种方式向前接力，朝向金属及底物结合位点。然而，TADDOL 和 BINAP 配体体系之间存在一些重要的不同之处。对于 BINAP 来说，非对映异位的芳基直接与同金属结合的膦中心相连，而 TADDOL 中这些基团连接到邻近的碳原子上。因此，TADDOLate 配体中的芳基进一步远离金属中心，假赤道向的芳基不能像 BINAP 配合物中的一样延伸到经过金属。因此，这些假轴向的芳基被认为是 TADDOL 中起决定性作用的立体控制元素[75]。

TADDOL 配体在不对称催化中早期应用的例子集中于烷基对醛的催化不对称加成[71,76-78]和不对称 Diels-Alder 反应[79]，二者都使用基于(TADDOLate)Ti 的配合物作为 Lewis 酸。烷氧基配体的快速交换和前过渡金属烷氧基化合物通过形成桥联烷氧化物的聚集的性质使基于烷氧基的催化剂的研究复杂化[72]。

(TADDOLate)Ti 催化的 Diels-Alder 反应[79]的故事很好地说明了在阐释反应机理和不对称传递的细节中存在的挑战的一些要点。虽然对这个 Lewis 酸催化过程的机理进行了大量研究，有关活性的底物-催化剂加合物的结构仍然存在一些争议。在(R,R-TADDOLate)TiCl₂催化的 N-酰基噁唑啉酮与环戊二烯的反应中，预期的 endo 加合物占主要地位，它具有(S)-构型（图 4.32）[79]。这个过程中，亲双烯体通过螯合到钛上而被活化，产生八面体型的底物-催化剂加合物。底物-催化剂加合物的 X 射线晶体结构表明底物确实螯合到了钛上，支持了这一结合模式。晶体结构中 TADDOLate 配体中的氧和配位的底物位于赤道面上，处于反位的两个氯在轴向上（图 4.33）[74]。这一加合物被认为是与二烯反应直接生成产

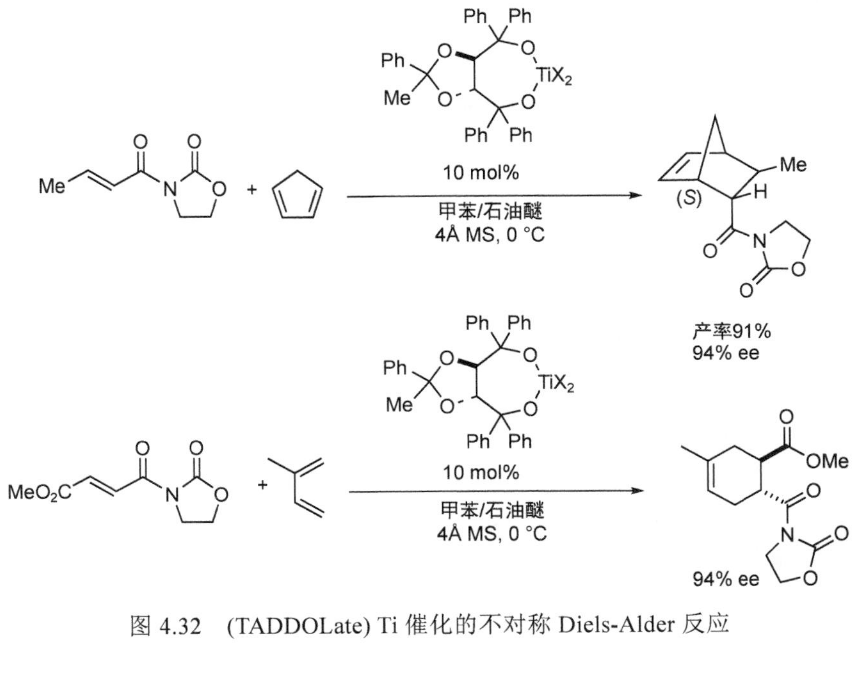

图 4.32　(TADDOLate) Ti 催化的不对称 Diels-Alder 反应

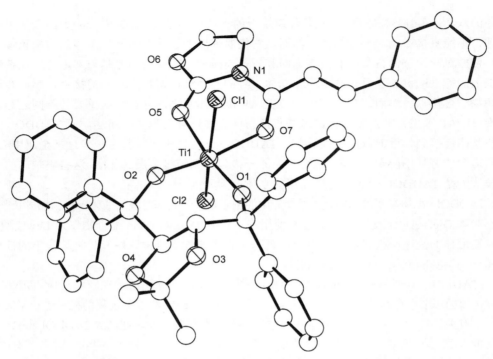

图 4.33　结合到底物上的(TADDOLate) TiCl$_2$ 催化剂的结构

物的活性中间体[74,80,81]。因为亲双烯体活性的 C—C 双键距离配合物中 TADDOLate 配体
上的手性环境远，还不清楚手性配体是如何区分 Diels-Alder 环加成的面选择性的。另外，
在晶体结构中底物加合物的几何构型中，亲双烯体的每个羰基氧都与 TADDOLate 配体
中碱性的、供电的烷氧基处于反位。这种几何上的安排导致了对底物较低程度的活化。
假如邻近活性双键的羰基氧与氯处于反式，预期会发生更强的活化。

　　对这一加合物是否为活性反应中间体的质疑引起了对这一反应的配体-底物加合物
溶液行为的进一步研究[82,83]。高级量子化学计算也被用于研究八面体的钛中心上以不同
方式安排配体时底物的活化程度[84]。对底物与钛中心配位模式的分析表明这一加合物存
在五种可能的构型，如图 4.34 所示。这些结构中加粗表示的竖直配体代表 TADDOLate
配体中轴向的苯基。在异构体 A 中，所有的氧都位于赤道平面中。非对映体 B 和 C 中
与双键相邻的羰基氧处于氯的反位，而在 D 和 E 中它位于 TADDOLate 上氧的反位。对
（TADDOLate）TiCl$_2$ 和底物的深入 NMR 研究表明，溶液中只存在五种非对映体中的三
种，其比例为 70：24：6[82]。溶液中最稳定的非对映异构体 A（图 4.34），即晶体结构观
察到的异构体，经计算表明是最稳定的[82,84]。在该异构体中，通过将 TADDOLate 配体
和底物置于赤道向的平面中，非键的相互作用得以最小化。

　　有关两种丰度较低的催化剂-底物加合物的精确结构的实验证据并不令人信服。也许
比这些基态加合物的几何结构更重要的是图 4.34 中的 A～E 中钛对底物的活化程度，即
它们的相对活性。对模型体系的高级计算预测，结合的底物在加合物 B 和 C 中表现出了
最大程度的活化，因为靠近烯烃一侧的羰基与弱供电的氯处于反位。配合物 D 和 E 中的

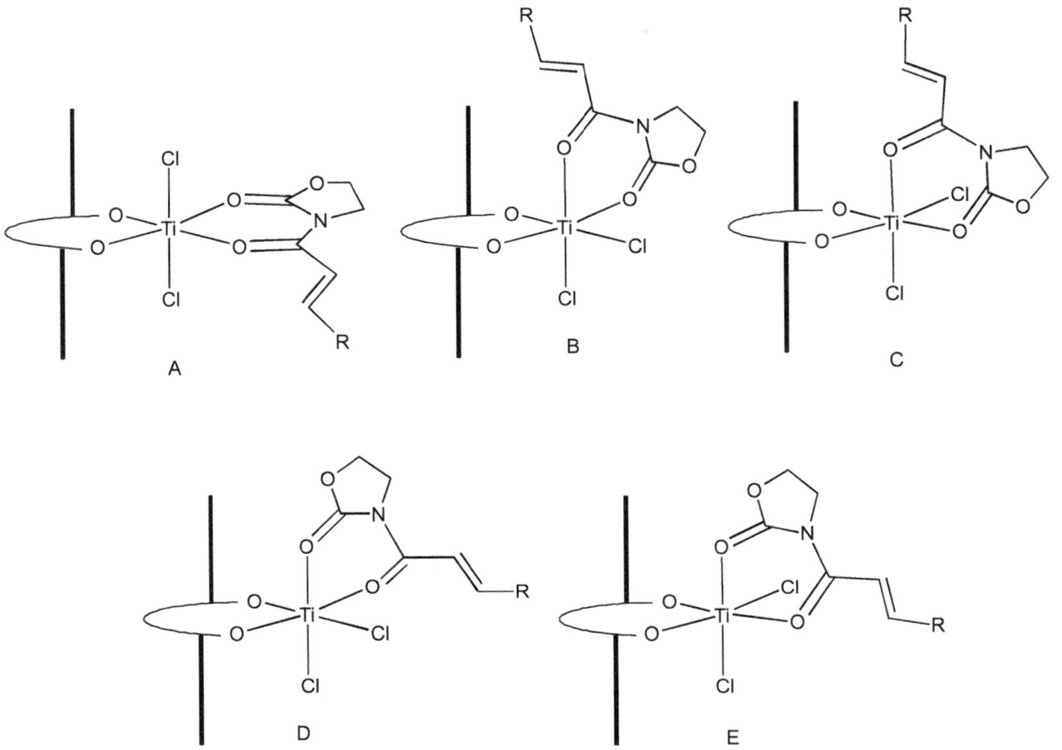

图 4.34　*N*-酰基噁唑啉酮与(*R*,*R*-TADDOLate)TiCl₂ 的五种可能的结合模式

粗线表示 TADDOLate 配体上假轴向的芳基

底物比 B 和 C 中的底物活性差，但比 A 中的高[84]。因此，尽管 A 是最稳定的非对映异构体，正如溶液浓度和理论研究所证实的那样，但是它被认为是反应性最差的。

这个反应一个很可能的情况是涉及底物对钛中心的可逆配位。已经发现结合的底物与自由的底物同(TADDOLate)TiCl₂ 之间的交换具有一个较低的能垒（15 kcal/mol，62.7 kJ/mol），且通过一个解离型的过程进行。这种交换比作为立体选择性和速率决定步骤的环加成快得多[82]。基于以上数据，认为该反应符合 Curtin-Hammett 条件（见 2.5 节）[85]。反应通过一个较不稳定的底物-催化剂加合物进行，因为这个中间体具有更高的反应活性以及不同底物加合物之间存在的快速平衡。

在图 4.34 中的底物加合物 B 和 C 中，*Si* 面被假轴向的 TADDOLate 芳基屏蔽了，二烯的进攻发生在 *Re* 面，如图 4.35 所示。

这个例子展示了不对称催化研究中的几个要点，包括：（1）配体在金属上的不同排列方式产生了手性位于金属中心上的非对映异构的配合物；（2）催化剂-底物加合物的不同构型是如何导致其表现出不同反应活性的；（3）反应活性是如何由 Curtin-Hammett 原理来控制的。它也展示了许多不同的实验和计算工具在阐释反应机理的各种方面中的应用。

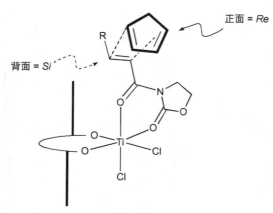

图 4.35　不对称 Diels-Alder 反应的一个可能的过渡态

其中环戊二烯的进攻发生在亲双烯体 α-碳的 Re 面，沿 Ti—Cl 键键轴方向

4.5　形成非对映体配合物的配体的手性环境

　　手性配体合成的一个挑战经常是组装配体的某种前体化合物的拆分。在不断重复的催化剂筛选，包括新配体的合成、催化剂的制备、新催化剂的筛选和评价中，对映体的拆分常常是最耗时的步骤。因此，如果配体设计可以这样进行，即未配位的配体中的单个立体中心在配体与金属结合之后可以控制配体后续的立体中心的生成，那么可以在不额外拆分的情况下增加配体-金属加合物中的立体中心的数目。这种情况的例子包括配体上非对映异位孤对电子对金属的选择性配位、非对映异位基团的配位和配体以非对映选择性的方式与金属结合，以使金属中心成为手性。此外，如下文将要阐述的，这种相互作用可以降低金属-配体骨架的转动自由度，因此可以延伸催化剂的手性环境并增加其刚性。

4.5.1　非对映异位的孤对电子的配位

　　新的对映选择性催化剂的发展部分地依赖于将配体的手性信息转移到底物中的创新性方法的发展和确认。一个很少使用的强有力的催化剂发展方法是配体对金属的非对映选择性的结合。在配体对金属的结合过程中，要么在配体上，要么在金属上会形成新的手性中心。例如，配体配位时氮或硫原子上 sp^3 杂化的孤对电子的非对映选择性配位可以增加手性中心的数目。

　　手性二胺与锌的组合被用作酮与聚甲基氢硅氧烷—[SiMe(H)O—]$_n$ 的不对称氢硅化反应的催化剂。二胺与二甲基锌的结合很容易产生该反应的催化剂前体（图 4.36）。在这一反应中，(二胺)ZnH$_2$，即通常认为的催化剂，将负氢转移到羰基上形成烷氧基锌。此烷氧化物与聚合物中的 Si—H 键反应得到硅醚，其在分离时发生水解得到产物醇[87]。

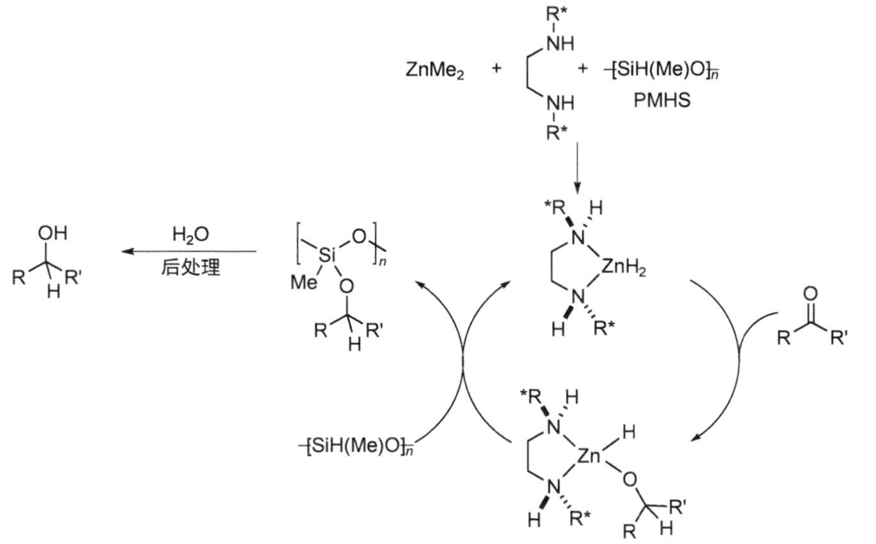

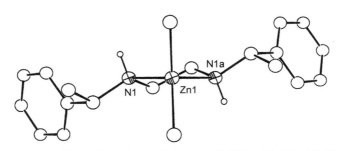

图 4.36 提出的锌-二胺催化的酮的不对称还原反应催化循环

图 4.37 配位到二甲基锌上的二胺 A（见表 4.1）的结构，展示了手性氮中心的构型

将二胺 A～C（表 4.1）与二甲基锌得到的催化剂进行苯乙酮的还原时，观察到了(R)-型的产物醇[88]。A 与二甲基锌的配位形成了一个五元的金属杂环，它比 B 和 C 得到的六、七元金属杂环具有较少的自由度。短链的配体 N,N'-乙烯双(1-苯乙胺)（A）结合到二甲基锌时，得到的配合物表明手性的 N-苯乙基基团上的立体化学信息被有效地接力到了氮中心上，手性的氮中心在配位之后其构型被稳定了。这个配合物的晶体结构如图 4.37 所示，其中氮原子的构型为 S[87]。氮手性中心距离锌很近，对催化剂的对映选择性具有重要影响（79% ee，表 4.1）。增加二胺骨架的连接链的长度导致对配位的氮原子的构型控制能力变差，得到了非对映异构的锌配合物。这种非对映体混合物在不对称反应中表现出了低的对映选择性（< 17% ee）。有趣的是，手性二亚胺 D 的二甲基锌配合物也能催化这个反应，但以中等的对映选择性（48% ee，表 4.1）给出了相反绝对构型的还原产物。这种情况下，二亚胺 D 中的氮原子是 sp² 杂化，侧链是负责控制反应不对称转移的唯一基团。

表 4.1 手性锌催化剂催化的使用聚甲基氢硅氧烷对酮的对映选择性还原反应

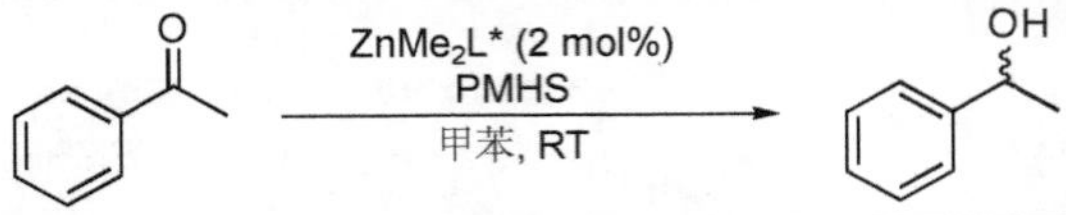

L*		产率/%	ee/%（构型）
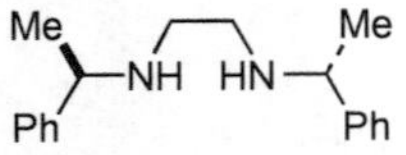	A	100	75（R）
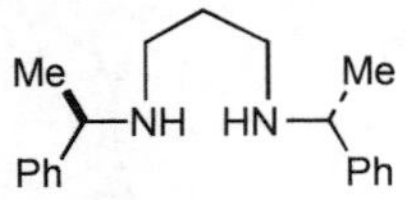	B	100	5（R）
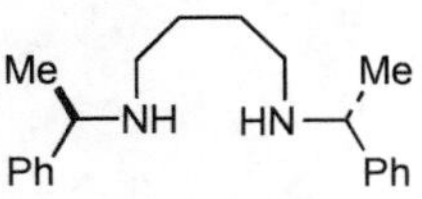	C	100	17（R）
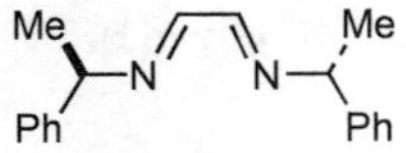	D	98	48（S）

4.5.2　非对映异位基团的结合

非对映异位的原子对配位不饱和金属的配位在许多配体参与的不对称催化反应中可以起到重要作用。例如，基于双磺酰胺的催化剂在许多反应，包括醛的不对称烷基化反应中表现出了高的活性和对映选择性（式 4.5）[89,90]。这个反应以优秀的对映选择性制备官能团化的二级醇[91]。

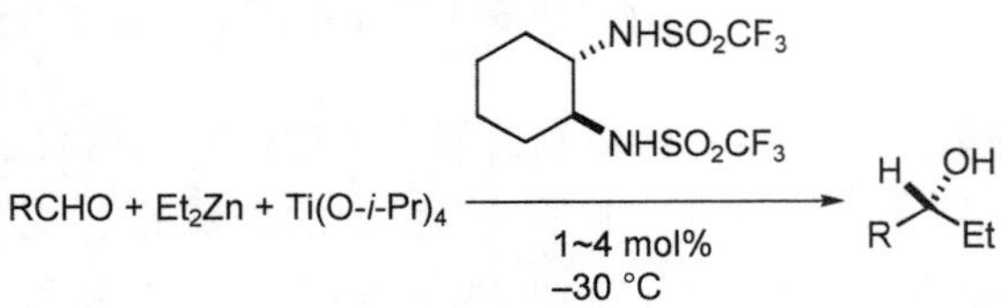

$$RCHO + Et_2Zn + Ti(O\text{-}i\text{-}Pr)_4 \longrightarrow \qquad (4.5)$$

R	ee/%（产率/%）
Ph	98(99)
PhCH=CH	85(99)
PhCH₂CH₂	99(92)
n-C₅H₁₁	78(99)

有报道提出双磺酰胺配体的钛配合物是这个反应的活性物种[89,90,92,93]。X 射线结构研究表明在每个磺酰胺基团的其中一个非对映氧原子与钛之间存在长的配位键[93]。这一Ti—O（磺酰基）作用导致硫原子变成手性中心，料想因此使 C_2-对称的配体骨架变得更加刚性，如图 4.38 所示。从某种意义上来说，其中一个非对映异位的磺酰基氧对钛的配位延伸了配体的手性环境[89,93-97]。

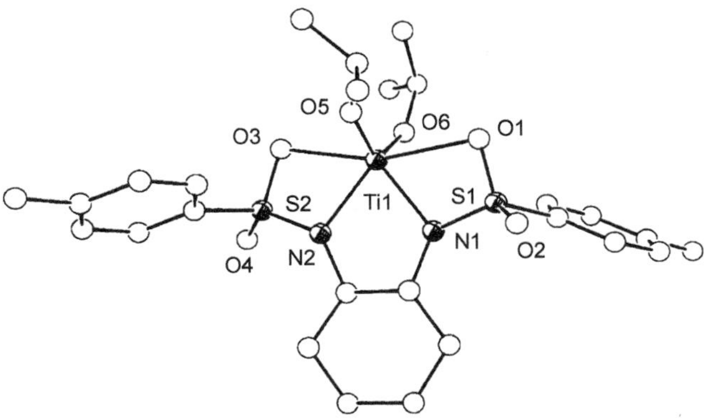

图 4.38 基于晶体结构的双磺酰基 Ti(Oi-Pr)$_2$ 中的成键情况图

Ti-O(磺酰基)键的键长在 2.2～2.4 Å，而共价的 Ti-O(烷氧基)的键长在 1.7～1.8 Å

双磺酰胺配体也是其他反应的重要催化剂组分，包括镁催化的 N-酰基噁唑啉酮的不对称胺化[98]、锌催化的烯丙醇的不对称环丙烷化[99-102]和铝催化的不对称 Diels-Alder 反应[103]。双磺酰胺镁配合物是 Lewis 酸性的，因此应该可以同磺酰基氧原子配位。这种相互作用的证据可以在相关体系中找到[104]。然而，铝[103]，尤其是锌[105]配合物中磺酰基氧的结合不太可能。这些体系中，使用手性配体骨架对磺酰基的构象配置可能延伸了不对称环境，造成了使用这些催化剂时观察到的高水平的对映选择性。

4.6 配位点上的电性不对称

配位后能形成额外立体中心的一类配体的另一个例子是图 4.39 中所示的膦硫配体。这些配体已经被成功用于钯催化的不对称烯丙基化[106,107]、不对称氢化（式 4.6）和铑催化的不对称氢硅化反应[108]。

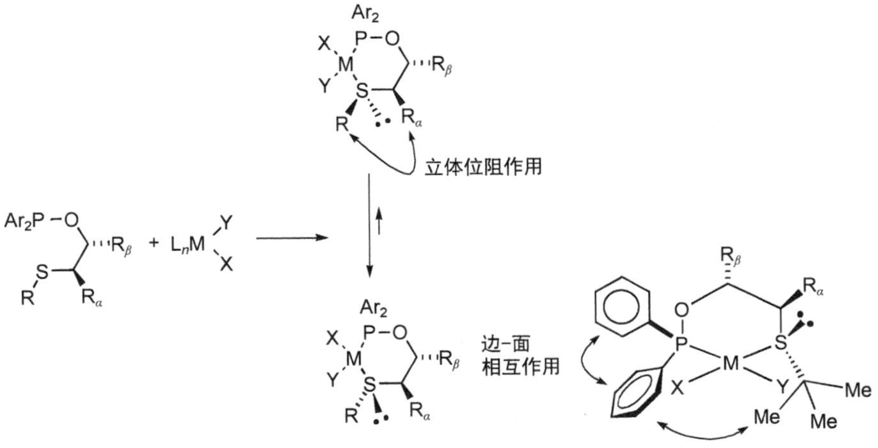

图 4.39 P-S 配体与金属的结合产生的两个非对映体可以通过硫的
翻转或硫的解离和再配位发生互相转化

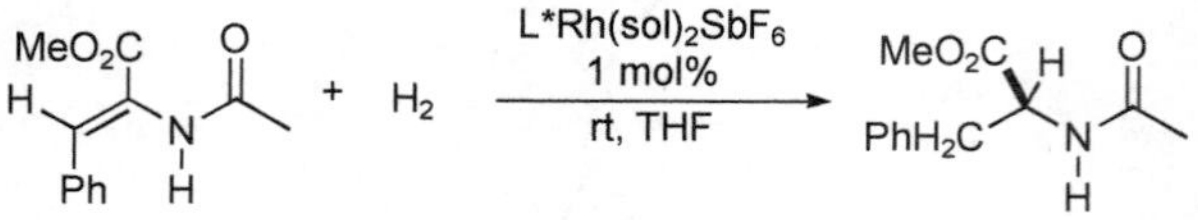

$$(4.6)$$

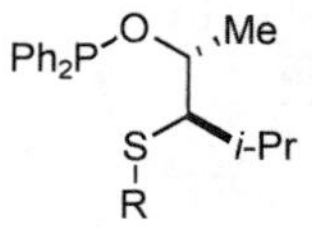

R	ee/%
Ph	95
3,5-C$_6$H$_3$-Me$_2$	97
CH$_2$Ph	90
Cy	NR
t-Bu	68

金属以双齿的方式与配体结合，配位到膦和硫上的其中一个非对映异位的孤电子对上。得到的一对非对映异构体（其中 S-R 分别朝上和朝下）可以通过需要很小能垒配位的硫的孤对电子的翻转，或硫原子解离然后使用另外一对孤对电子配位而快速互相转化。R$_\alpha$ 与硫上取代基 R 的立体位阻作用控制了金属选择性地结合其中一个非对映异构的孤对电子的程度，因此也控制了 S-R 的朝向。手性的硫中心对金属的直接结合及其与底物结合位点的接近使控制 S-R 取代基的朝向对于在催化剂和底物间进行有效的立体化学信息传递至关重要。已经发现硫的取代基倾向于占据假轴向位置，以避免与取代基 R$_\alpha$ 的非键作用，尽管电子效应也不能排除[108,109]。大位阻的硫取代基，如叔丁基，会影响到 P-苯基的朝向。为了使硫上的取代基与 P-苯基的相互作用最小化，cis 位置的 P-苯基采取边靠近（edge-on）的构象，导致余下的 P-苯基采取面靠近（face-on）的取向[109,110]。

混合的杂原子供体配体，如图 4.39 中的 P-S 配体的另一特性是它们在电性上区分了分别处于其反位的结合位点。在这个例子中，膦配体是比硫更强的反位供体，使得配体 Y 比配体 X 更易解离（图 4.39）。这种反位效应会影响到螯合的底物结合的方式，采取最弱的反位供体与最强的反位供体处于相对的方向。

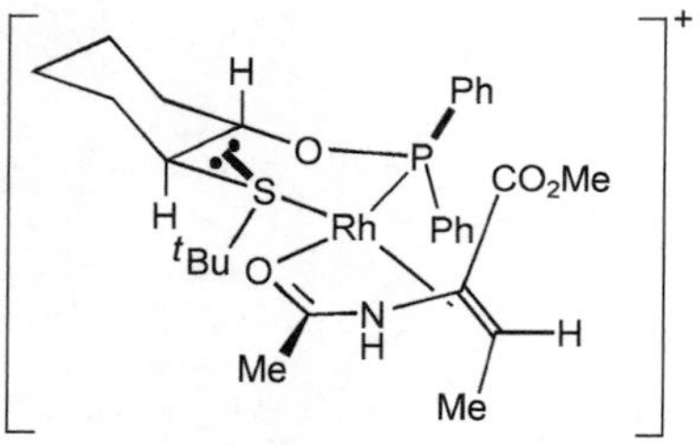

图 4.40　底物与铑配位得到的中间体的结构图
基于这一配合物的 X 射线晶体结构得出

使用这一 P-S 配体体系对不对称氢化反应进行了详细的机理研究。催化剂-底物加合物被独立合成出来并进行了 X 射线晶体衍射表征，其结构图如图 4.40 所示。^{1}H NMR 和 ^{31}P NMR 谱表明溶液中只存在四种可能的非对映异构体中的其中一个。

从晶体结构中的非对映异构体出发（A，图 4.41），可以通过反转羰基和双键的位置（B）以及利用烯烃相反一侧进行配位（C 和 D）而画出没有观察到的非对映异构体。

结合的配体的立体位阻限制加上膦和硫供体不等的反位影响导致的电子因素共同作用造成有利于生成观察到的非对映异构体。大位阻的硫取代基和邻近的边靠近（edge-on）的芳基挡住了金属周围的下面两个象限，使上面两个象限在立体位阻上不太拥挤（图 4.42）。由于膦和硫不同的反位影响，图的左半部分和右半部分在电性上不等价，有利于底物中较弱的反位供体结合到强供电性的膦的对位。这种反位影响可以由四象图上的格子区域来表示。底物中 C—C 双键比羰基上的孤对电子具有更强的反位影响，因此倾向于结合到较弱的硫供体的对位（图 4.42）。使用这一体系，催化剂-底物加合物的立体化学与还原产物中观察到的立体化学一致。如第 2 章 2.5 节中讨论过的，在不对称氢化反应中情况并不总是如此。

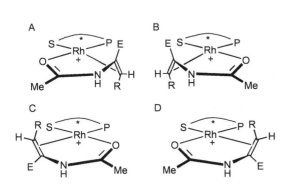

图 4.41 底物配位到(P-S)Rh⁺部分上可能的
非对映异构体（图 4.40）

非对映体 A 是预测的最稳定结构，也是晶体结构中
观察到的异构体

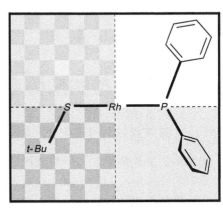

图 4.42 P-S 螯合型配体的铑配合物的
空间占据和电子效应模型

颜色较深的区域是被配体占据的部分。格子区域的
线是强反位影响的膦配体反位的结合位点

　　与(BINAP)Ru 催化的 β-酮酸酯的氢化反应类似，提出的反应机理包括：起初失去溶剂配体，上面讨论过的底物的螯合配位，接下来的 H₂ 的氧化加成（图 4.43）。注意氧化加成产物中具有最强反位影响的配体（膦和两个负氢）位于最弱的三个供体的反位。在中间体 B 中，烯烃的排列为迁移插入步骤做好了准备，迁移插入步骤建立了产物的立体

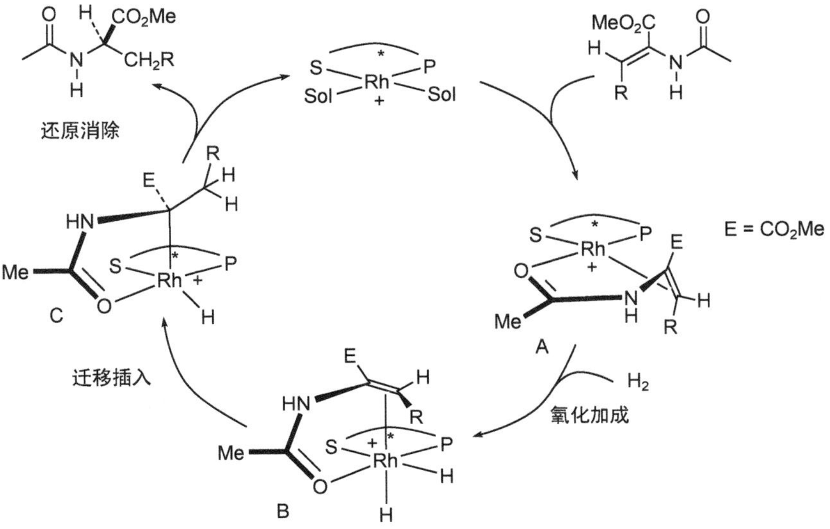

图 4.43 提出的(P-S)Rh⁺-催化的 α-酰基氨基丙烯酸酯的氢化反应的机理

化学。得到的烷基金属氢中间体（C）经历还原消除形成立体中心。接下来对铑配位不是很好的产物发生解离。

简要概括一下，这个体系的不对称的传递过程是由 S-R 取代基的取向主导的，而 S-R 的取向反过来又由邻近的立体中心决定。S-R 的取向进一步区分了 cis 的 P-苯基取代基。为了使跨环的相互作用最小化，cis 的 P-苯基采取以侧边朝向底物结合位点的方式，在立体位阻上挡住了这个象限。另外，反位影响决定了底物结合和氢气氧化加成过程的非对映选择性。

4.7　构型动态的配体手性中心的立体区分

4.7.1　含有不直接与金属相连的手性接力基团的配体

一个基于立体化学动态的官能团的聪明的催化剂设计中使用了二氢吡唑部分，其中一个固定的立体中心控制了两个构型不定的氮手性中心（图 4.44）[111]。连接 CH_2R 取代基的手性氮处于较远的位置，但是它对催化剂的对映选择性表现出了显著的影响。氨基醇中 N-甲基基团的立体化学与邻近的立体中心处于 $anti$ 关系，以避免重叠构象引起的不利的相互作用。活性研究的数据表明配体以三齿的方式进行结合，而且很可能采取了图 4.44 中所示的经向几何形态。

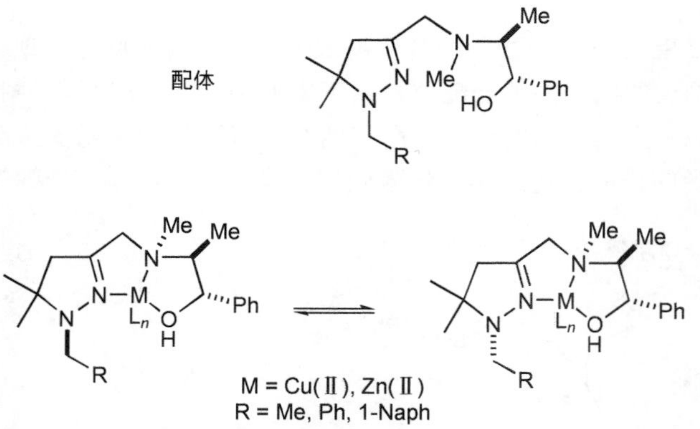

图 4.44　一个含手性接力的配体（它配位到金属上之后建立了两个额外的立体中心）以及通过氮翻转进行互相转化的两个可能的非对映异构的配合物

这些配合物被用于不对称 Diels-Alder 反应，以评估取代基 R 对催化剂的对映选择性的影响（图 4.45）。研究结果表明 R 基团的大小对催化剂的对映选择性起着至关重要的作用（图 4.45）。当远程的取代基 R 从甲基增大到 1-萘基时，产物的两个非对映异构体的对映选择性都从 50%提高到 >90%。从这些数据可以清楚地看出，立体化学不稳定的 NCH_2R 基团是面选择性的首要决定因素。

为解释立体不稳的 NCH_2R 基团的作用和反应的对映选择性而提出的模型见图 4.46。加粗表示的亲双烯体以双齿的方式结合到金属上。一个合理的假设是底物的 N-乙酰基部

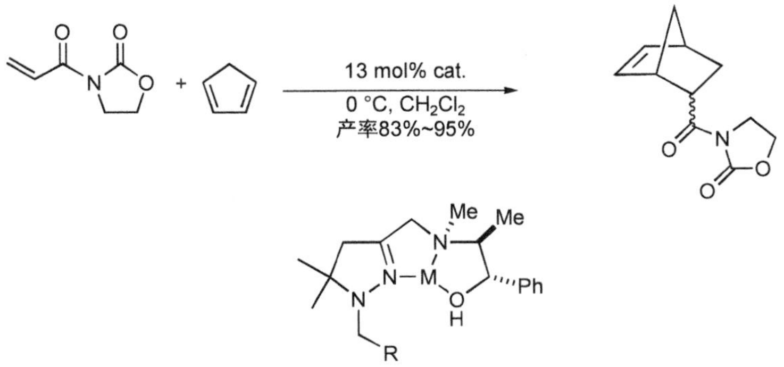

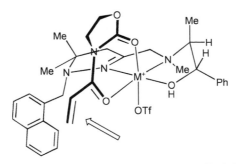

M=Cu(OTf)₂			M=Zn(OTf)₂		
		ee/%			ee/%
R	endo/exo	endo [exo]	R	endo/exo	endo [exo]
Me	4.6	59 [60]	Me	3.9	54 [41]
Ph	3.2	82 [92]	Ph	3.4	89 [87]
1-萘基	2.4	92 [97]	1-萘基	3.8	96 [95]

图 4.45 使用立体化学动态配体的不对称 Diels-Alder 反应

图 4.46 提出的不对称 Diels-Alder 反应的过渡态

亲双烯体用粗线表示，其中一个三氟甲磺酸根负离子占据了一个轴向位置

分从假赤道位的苯基反面的轴向位置与金属结合。因此，CH₂R 基团很可能会被导向下方，以减小接力取代基与底物之间的非键作用。为使谐二甲基中的一个甲基与手性接力基团之间的立体张力最小，CH₂R 基团应该朝向结合的底物（图 4.46）。在这个构象中，萘基屏蔽了底物的 *Re* 面，这与观察到的立体选择性意义 (sense of stereoselection) 一致。具有立体化学动态基团的配体的一个优势是通常可以从单一的拆分开的原料构建好几个配体，因此能够实现一类配体的快速组装[111]。

4.7.2 手性在金属中心上的催化剂

不对称催化剂设计的指导原则之一是将金属处于手性环境中。我们已经看到，可以通过几种方法做到这一点，包括通过利用过配体-金属加合物的构象偏好性将远端立体中心的立体化学信息投射到金属上，或者在另一个极端情况下，将立体中心置于很靠近金属中心的位置。在后一种策略中，还可以再进一步，设计金属本身为手性中心的催化剂[112,113]。合成手性元素只在金属中心的化合物是非常困难的，也是一个尚未开发的领域（见 A.1.1.2 节）。没那么困难但仍很棘手的一个方法是合成手性配体结合到金属中心的催化剂，使金属变成手性中心。挑战在于保持催化剂在整个反应过程中的立体化学完整性，因为金属的配位数不可避免地会发生变化，这提供了金属上的立体化学发生错乱的机会。我们将会在第 6 章看到，使用非对映异构的催化剂会使不对称催化过程的优化复杂化。然而，如果非对映异构的催化剂之间的能量差足够大，热力学也许可以保证只生成单一的非对映体。

　　二聚体[(η⁶-芳烃)MCl₂]₂（M = Ru，Os）与 P/O 配体 BINPO 和 NaSbF₆ 反应形成了 [(η⁶-arene)MCl(BINAPO)][SbF₆]（arene 为芳基），一个配位饱和的 18 电子配合物（图 4.47）。为了促进产生一个空配位点，将剩下的氯用 AgSbF₆ 处理除去，得到水合的双阳离子配合物[(η⁶-arene)M(OH₂)(BINAPO)][SbF₆]₂。对钌和锇的这种配合物的 ³¹P NMR 和 ¹H NMR 分析表明两种情况下都只形成了单一的非对映体。

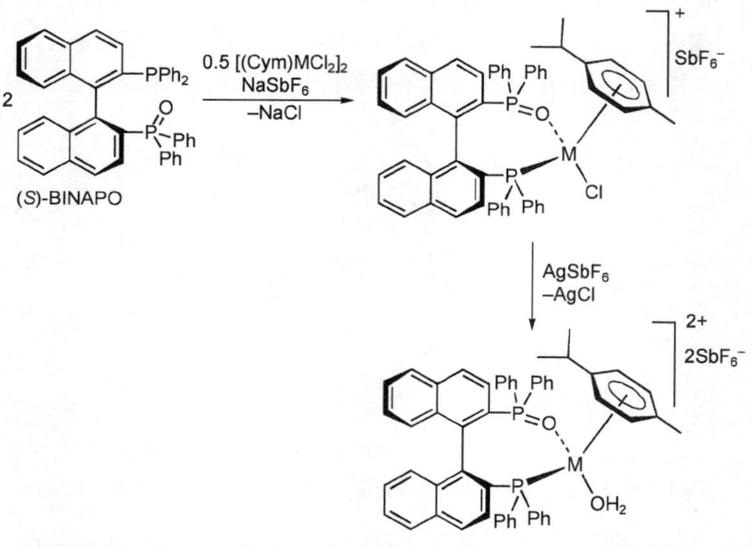

图 4.47　非对映选择性的钌和锇的 BINPO 配合物的合成（金属可以看作是假四面体构型）

　　这些配体然后被用于 Lewis 酸催化的环戊二烯与甲基丙烯醛，一种单齿亲双烯体的不对称 Diels-Alder 反应（图 4.48）。使用锇和钌两个体系均取得了优秀的对映选择性[114,115]。

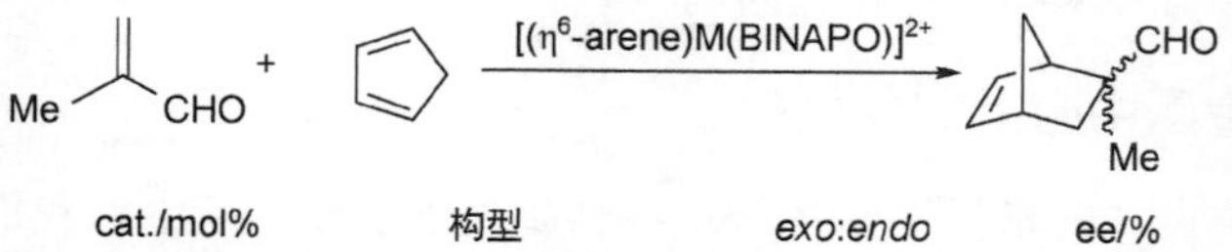

cat./mol%	构型	exo:endo	ee/%
Os (4)	R_Os,S_BINPO	98:2	93(S)
Ru (10)	R_Ru,S_BINPO	96:4	99(S)

图 4.48　钌和锇的 BINPO 配合物催化的不对称 Diels-Alder 反应

图 4.49 给出了[(η⁶-arene)OsCl(BINAPO)]⁺的晶体结构。基于这一结构提出了一个催化剂-底物加合物的结构，图 4.50 中展示了配体在金属周围的排列情况的部分结构。图 4.50 底部的图中提供了一个解释对映选择性意义的过渡态。

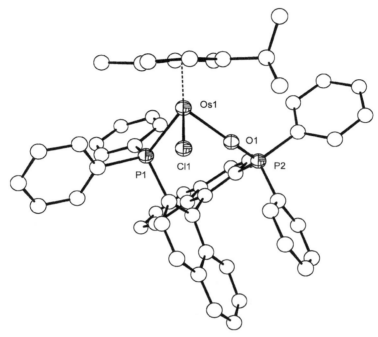

图 4.49　[(η⁶-arene)OsCl(BINAPO)]⁺的结构（P—Os—O 键角为 161.5°）

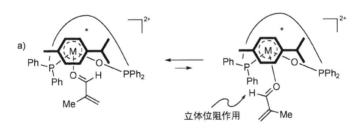

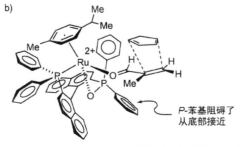

图 4.50　a）从 η⁶-芳基的上面观察亲双烯体的配位情况（图 4.49 中所示的 P—Os—O 键角为 161.5°），展示了提出的醛的两种可能构象；b）提出的 Diels-Alder 反应的过渡态

4.7.3　具有旋阻异构构象的配体

轴手性配体，如 BINAP 和 BINOL，已被发现在很多不对称转化中可与多种多样的金属形成高对映选择性的催化剂。这些配体不仅在诱导前手性底物的不对称上极其有效，而且能够有效地将不对称传递到配体中立体化学灵活的基团上[86,116-118]。以光学纯的形式制备这类通用配体的取代衍生物很费力，这启发了研究人员尽量避免进行具有旋阻异构结构单元的拆分。下面是几种成功使用这一策略的例子。

4.7.3.1　联苯类配体骨架中诱导出的轴手性

图 4.51 中的联萘配体具有一个中心手性和一个固定的手性轴[119]，而联苯衍生物含有一个构象不定的手性轴[120]。联苯类配体的 ^{1}H NMR 谱显示存在两个非对映异构的配合物，二者比例约为 1∶1，通过联苯轴的旋转而互相转化[120]。加入[(η3-1,3-二苯基烯丙基)PdCl]2（0.5 摩尔倍量）最多可以得到 4 种非对映体，即手性轴的两个非对映异构的构型和 1,3-二苯基烯丙基配体的两种不同取向（图 4.52）。实际上只观察到了两种非对映体，一种含有 W-型的烯丙基，另一种含有 M-型的烯丙基，二者都具有(S)-型的手性轴。手性轴的构型是通过 CD 谱上 250 nm 处的负 Cotton 效应来指认的[121,122]。因此，中心手性导致配位到（η3-1,3-二苯基烯丙基）钯部分之后形成的非对映异构的配体构象具有非常不同的能量。

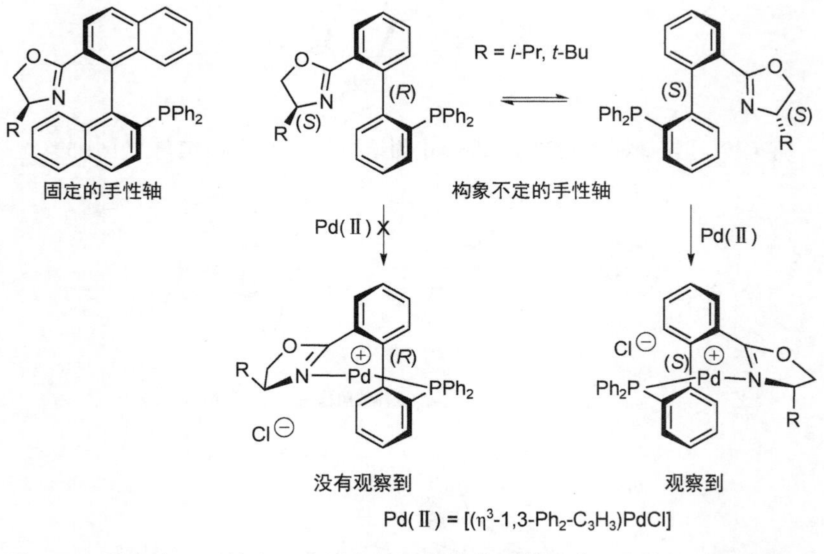

图 4.51　具有中心手性和一个固定的手性轴的联萘配体（左上）和具有中心手性和构象动态的轴的联苯配体（右上）

联苯配体与[(η3-1,3-Ph2allyl)PdCl]（allyl = 烯丙基）反应得到具有(S)-型手性轴的配合物（也见图 4.52）。为清楚起见省略了烯丙基部分

在与图 4.10 中几乎完全相同的条件下，使用 1,3-二苯基-2-丙烯基乙酸酯与丙二酸二甲酯的不对称烯丙基化反应（图 4.53）对图 4.51 中的联萘和联苯配体进行了对比。使用含固定的(S)-型手性轴的联萘配体（R = i-Pr）以 85%的 ee 值得到了(S)-型产物（图 4.53）。

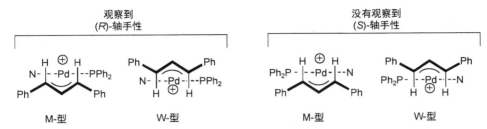

图 4.52 四种可能的非对映异构的烯丙基配合物

相对于 Ph₂P···N 配体平面，烯丙基可以采取 M-型或 W-型取向。
联苯配体可以(*S*)-型或(*R*)-型的轴手性

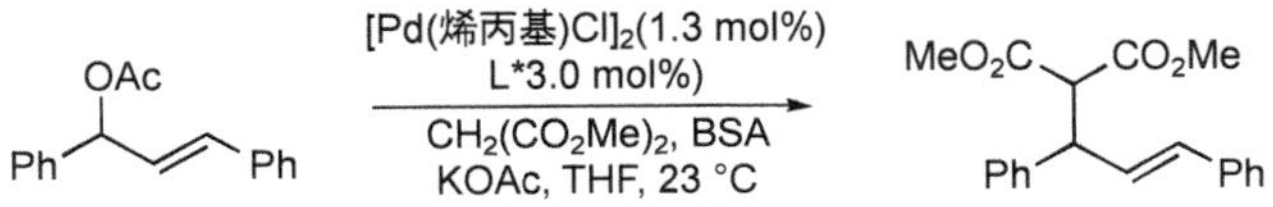

条目	配体	R	产率/%	ee/%(构型)
1	(*aS,S*)-二萘基	*i*-Pr	93	85 (*S*)
2	(*S*)-二苯基	*i*-Pr	95	83 (*S*)
3	(*S*)-二苯基	*t*-Bu	97	88 (*S*)
4	(*aR,S*)-二萘基	*i*-Pr	93	90 (*R*)

图 4.53 使用图 4.51 中的配体的钯催化的烯丙基烷基化反应

所有情况下配体的中心手性都具有(*S*)-构型

构象动态的联苯配体（R = *i*-Pr）表现出了非常相似的对映选择性[83% ee 的(*S*)-产物]，
而 *t*-Bu 衍生物给出了稍微高一点的对映选择性。使用具有固定的(*R*)-型手性轴的非对映
异构的联萘配体以 90%的 ee 值得到了相反构型的产物。从这些结果中可以得出几点重要
结论。使用联苯类构象动态配体的优势在于它能比合成上更具挑战性的构型固定的联萘
配体得到稍高一些的对映选择性。然而，使用动态的手性轴的劣势是，只能够得到非对
映选择性组合其中的一个[(*S*)-型中心手性只诱导(*S*)-型轴手性，图 4.51]。在这一特定的
例子中，含(*S*)-型手性中心和(*R*)-型手性轴的配体（图 4.51）给出了稍高一些的对映选择
性（90% ee，条目 4，图 4.53）。

这一方法已被成功用于其他的催化不对称反应[123]，且很可能在简化配体合成上得到
更多关注。

4.7.3.2　悬挂着的联苯类配体中诱导出的轴手性

双亚磷酸酯配体 A～D（图 4.54）已被用于铑催化的衣康酸二甲酯还原为手性二酯
的反应。使用的亚磷酸酯配体由两个部分组成，一个非消旋的糖骨架连接链和 BINOL-、
联苯二酚或 2-萘酚衍生作为悬挂基团。BINOL 衍生的配体 A$_S$ 和 A$_R$ 提供了一对在骨架和
联萘基的相对构型上不同的非对映异构体。配体 B 和 C（图 4.54）上含有可以通过轴的
旋转而发生异构化的构象灵活的基团。这些基团将配体骨架上的立体化学向金属中心进

行接力。这一过程具有较低的能垒，保证了非对映异构的配体，即催化剂之间可以快速互相转化[124]。虽然配体 B 和 C 存在三种可能的非对映体，但是它们不太可能等量存在，因为联苯二酚部分的立体化学取决于其与手性骨架的相互作用。配体 D 中含有一个不能采取旋阻异构构象的 2-萘氧基。

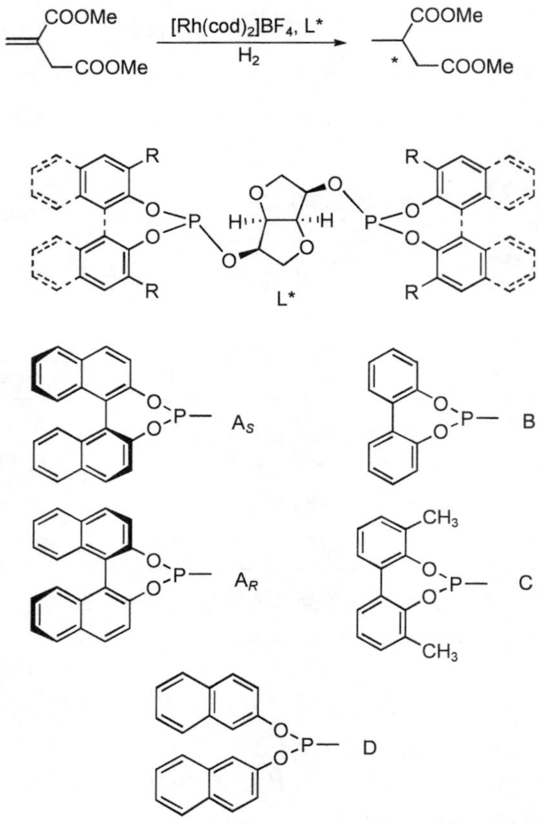

图 4.54　使用双亚磷酸酯配体的衣康酸二甲酯的不对称氢化

当使用(S)-BINOL 或(R)-BINOL 衍生的配体（A_S 和 A_R）时，对映选择性非常高，但对映选择性意义是相反的（表 4.2）。悬挂基团的轴手性在决定产物构型上起到了决定性作用。A_S 和 A_R 得到的对映选择性的大小相似，表明手性连接链对催化剂的对映选择性几乎没有影响。使用含有构象灵活的悬挂部分的基于联苯二酚的配体 B 时，得到了中等的对映选择性（39%），有利于(S)-型产物。可能这一配体产生了在还原反应中同时起作用的催化剂的非对映异构体。然而，不可能根据对映选择性来判断催化剂非对映体的比例，因为这些催化剂很可能具有不同的相对反应速率。

最高的对映选择性（97% ee）是由 3,3'-位甲基取代的配体 C 取得的。这个选择性比基于立体化学固定的 BINOL 衍生的配体 A_S 和 A_R 取得的选择性略高。由于 A_S 和 A_R 中不存在 3,3'-位取代基，C、A_S 和 A_R 的直接比较是比较复杂的。有趣的是，催化剂的活性次序与其对映选择性一致：A_S < A_R < C。配体 D 由于不能形成旋阻异构的构象，所以得

到了低 ee 值的产物（21%）。

引入构象动态基团的配体的优势使得可以从一个单一的手性骨架出发建立一个配体库。缺点是最优催化剂必须通过筛选一系列的手性配体才能获得。后续章节中会讲到，一个更有效的发展手性催化剂的方法是对手性和非手性配体进行组合[125]。用这种方式可以使用单一的手性配体来产生一个配体家族[126]。

表 4.2 基于配体 A~D（图 4.54）的催化剂催化的衣康酸二甲酯的氢化反应的对映选择性

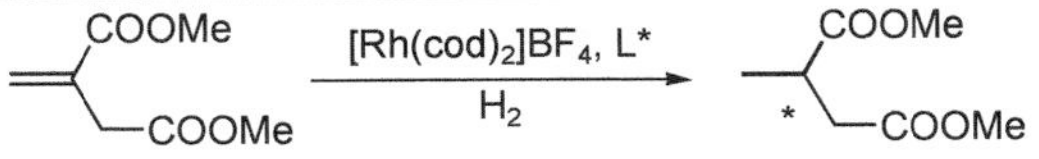

L*	conv. (20 h)/%	ee/%
A_S	>99	88(S)
A_R	>99	95(R)
B	74	39(S)
C	>99	97(R)
D	65	21(S)

4.7.3.3 旋阻异构的酰胺中诱导出的轴手性

几乎所有旋阻异构的配体（即由于旋转受阻而成为手性分子的配体）都是联芳类化合物。我们已经见过的配体有 BINAP 和 BINOL。在典型的反应条件下这些配体很稳定，不易外消旋化。其他类型的旋阻异构配体的使用不太常见，部分原因是这类配体合成上的困难。然而，这些困难一旦解决，其他类型的旋阻异构配体的使用很可能会更常见。在钯催化的烯丙基化中使用了一个利用旋阻异构构象的有趣的策略。在这个体系中，一个固定的中心手性影响了立体化学动态的具有旋阻异构的酰胺的构象[127,128]。

如图 4.55 所示，在钯催化的丙二酸二甲酯的烯丙基烷基化反应中，使用了一个旋阻异构的酰胺衍生的膦配体给出了 85% 的 ee 值。尽管反应中(π-allyl)Pd 配合物的结构信息

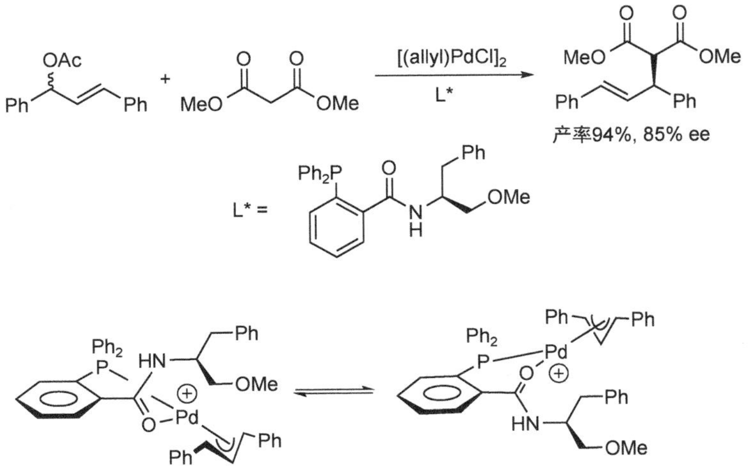

图 4.55 使用旋阻异构的酰胺为手性配体的不对称烯丙基烷基化反应（上图）和
可能的非对映异构的烯丙基中间体（下图）

并没有报道，核磁共振数据显示配体是双齿的，以膦和酰胺的羰基氧进行配位。这一加合物中，碳上的立体化学影响了轴手性酰胺的配置和两个 *P*-苯基取代基的取向（见 4.3.2 节）。

配体的中心手性距离金属中心太远，不太可能直接造成烯丙基化反应中如此优秀的对映选择性控制。更可能的情况是，不对称诱导是通过酰胺的轴向构象和非对映异构的 *P*-苯基基团取向的接力来传递的[110]。

4.8   底物中诱导的不对称

4.8.1   与前手性底物形成非对映异构的配合物

在一个使用[*N*-(对甲苯磺酰基)亚胺]苯碘烷（PhI = NSO₂Tol）为乃春源的烯烃的氮杂环丙烷反应研究中，依据密度泛函理论计算的结果提出了相似的磺酰基的氧的螯合配位（图 4.56）[129]。在使用双噁唑啉[13,130]和二亚胺[131,132]配体的体系中认为反应经历 Cu(Ⅰ)/Cu(Ⅲ)催化，也给出了铜乃春中间体的证据[129,132]。

图 4.56   铜催化的烯烃的氮杂环丙烷化反应

如图 4.57 所示，磺酰基氧的配位形成了两个非对映异构的中间体，其区别在于硫原子的构型不同。计算表明在 N—C 键的形成过程中磺酰基的氧一直连在铜上[129]。虽然还没有被研究过，但是由于其距离活性的乃春氮很近，硫手性中心的影响很可能很重要。

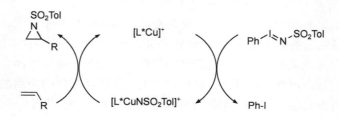

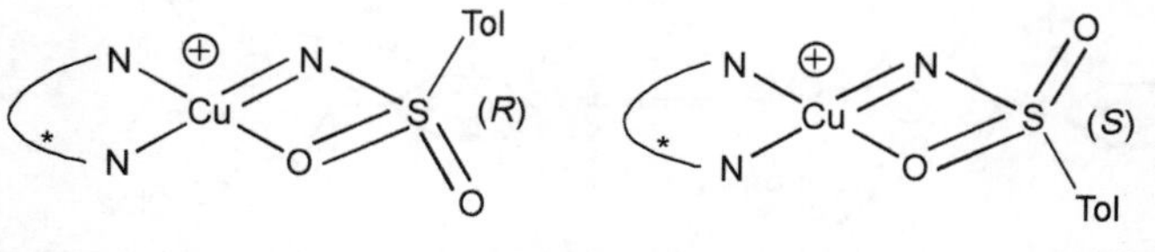

图 4.57   在烯烃氮杂环丙烷化中提出的乃春中间体中由于磺酰基的
氧配位而形成的非对映异构体

4.8.2 含手性接力的底物

我们已经看到了手性金属-配体加合物控制试剂对结合的底物进攻的例子和催化剂在对映选择性决定步骤中控制底物的前手性面的结合的例子。一个截然不同的巧妙方法是将立体化学信息从催化剂传递到底物中一个称为手性接力的立体化学不定的中心，由它控制外来试剂对底物进攻的立体化学[133]。

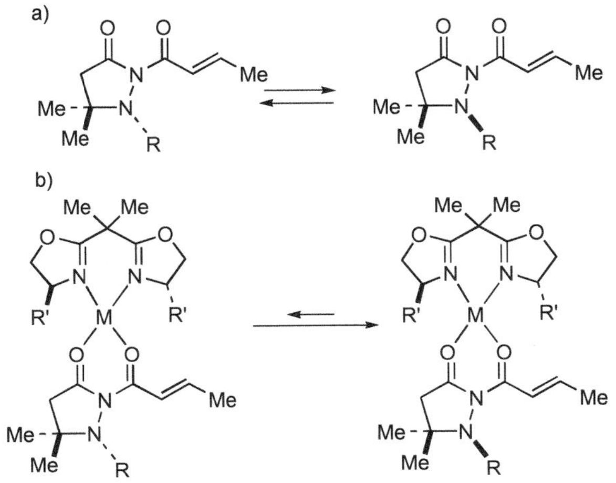

图 4.58　a) 氮的翻转使底物发生消旋化；b) 非对映异构的底物-催化剂加合物可以通过氮的翻转发生差向异构化（这些非对映异构体在能量上可能是非常不同的）

底物中内建的手性接力的一个例子如图 4.58 所示。这一方法中，底物中整合了一个快速消旋化的氨基。不对称催化剂的作用是与底物结合并暂时地将立体化学不稳定的氮转化成一个手性辅基。这个立体中心反过来又控制了外来试剂的接近。

这些底物被用于我们已熟悉的双噁唑啉-Cu(Ⅱ) 配合物催化的不对称 Diels-Alder 反应。这个反应的底物是含有不同的 N-烷基接力基团 R 的丁烯酰基吡唑烷酮（图 4.59）。可以想出两种配位和活化的模式。结合的底物可以经过差向异构化过程平衡到较低能量

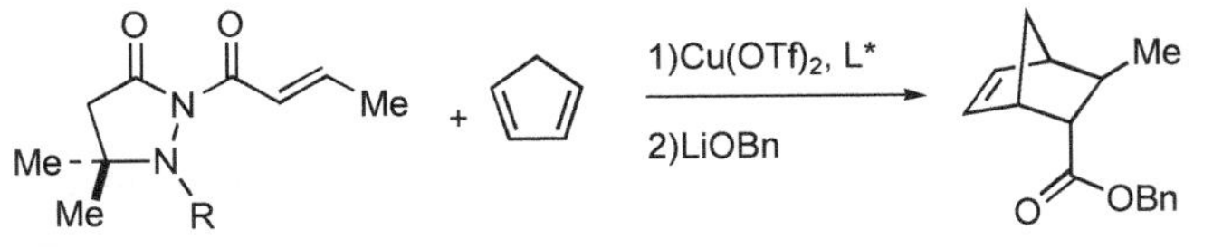

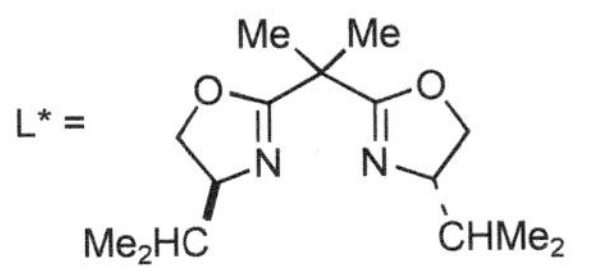

底物	ee/%
R = H	08
R = Et	56
R = Bn	71
R = 2-CH$_2$-Naph	65
R = 1-CH$_2$-Naph	92

图 4.59　手性接力基团 R 对不对称 Diels-Alder 反应对映选择性的影响

第二步中切断了底物中的手性接力基团

的非对映体，或者快速外消旋化的底物中的其中一个对映体选择性地与手性催化剂结合然后被活化。

在这一研究中，对底物中的接力基团和反应的对映选择性进行了比较（图 4.59）。当使用的手性接力基团不断变大时，对映选择性提高了。观察到的 ee 值范围（8%～92%）清楚地表明对映选择性高度依赖于手性接力基团的大小。而且，对映选择性的较大变化表明双噁唑啉配体不是决定对映选择性的唯一因素。另外还发现，当使用最有效的手性接力基团时，对映选择性与 C_2-对称的双噁唑啉配体上的取代基无关。这一证据也说明是手性接力基团决定了对双烯进攻的面的控制[133,134]。尽管手性接力的概念应该也适用于其他类型的底物，但是却也不仅仅限于在底物中使用（见 4.7.1 节）。

结语

本章阐述了描述手性催化剂进行不对称传递的基本概念，集中于使用不对称催化中最常遇到的配体类型。第 5 章将在此基础上进行扩展，讨论非经典的两点（two-point）催化剂-底物相互作用。本章中的一些体系已经得到深入的研究，提出的模型也是被广泛接受的。其他例子是最近才报道的，在扩展和应用上还有较大的潜力。

虽然本身还不够用于新的对映选择性催化剂的理性设计，理解本章中阐述的基本概念是必需的。另外，了解所研究的反应的基本特点也是很有帮助的。比如，催化剂和底物如何连接到金属上？金属的配位数是多少？金属的几何构型是什么样的？虽然一些特性的确定是非常容易的，但是情况并不总是如此。而且，为了增加成功的可能性，有关反应机理的详细认识是很有帮助的。即便已经获得了上述的理解水平，设计不对称催化剂仍然具有挑战性，因为非对映选择性过渡态之间的能量差本质上就很小，超出了我们目前能够进行可靠的预测和计算的能力。最后，还没有一个方案能够代替不断重复的包括催化剂设计、筛选、结果分析和催化剂改造在内的催化剂优化的循环。然而，随着对反应机理和从催化剂到底物不对称传递模式的认识的深入，这一过程可能会被极大地流程化。正如化学中常出现的，"运气（成功）往往钟情于有准备的头脑"这一古老的格言仍然是正确的。

参 考 文 献

[1] Kagan, H. B.; Phat, D.-T. Asymmetric Catalytic Reduction with Transition Metal Complexes. I. Catalytic System of Rhodium(I) with (−)-2,3-O-Isopropylidene-2,3-dihydroxy- 1,4-bis(diphenylphosphino)butane, a New Chiral Diphosphine. *J. Am. Chem. Soc.* **1972**, *94*, 6429-6433.

[2] Kagan, H. B. In Asymmetric Catalysis; Morrison, J. D., Ed.; Academic Press: New York, 1985; Vol. 5, pp 1-339.

[3] Whitesell, J. K. C_2-Symmetry and Asymmetric Induction. *Chem. Rev.* **1989**, *89*, 1581-1615.

[4] Trost, B. M. Designing a Receptor for Molecular Recognition in a Catalytic Synthetic Reaction: Allylic Alkylation. *Acc. Chem. Res.* **1996**, *29*, 355-364.

[5] Trost, B. M.; Machacek, M. R.; Aponick, A. Predicting the Stereochemistry of Diphenyl- phosphino Benzoic Acid (DPPBA)-Based Palladium-Catalyzed Asymmetric Allylic Alkylation Reactions: A Working Model. *Acc. Chem. Res.* **2006**, *39*, 747-760.

[6] Hegedus, L. S. *Transition Metals in the Synthesis of Complex Organic Molecules*, 2nd ed.; University Science Books: Sausalito, CA, 1999.

[7] Blochl, P. E.; Togni, A. First-Principles Investigation of Enantioselective Catalysis: Asymmetric Allylic Amination with Pd Com- plexes Bearing P,N-Ligands. *Organometallics* **1996**, *15*, 4125-4132.

[8] Johnson, J. S.; Evans, D. A. Chiral Bis(oxazoline)Copper(II) Complexes: Versatile Catalysts for Enantioselective Cycloaddition, Aldol, Michael, and Carbonyl Ene Reactions. *Acc. Chem. Res.* **2000**, *33*, 325-335.

[9] Jørgensen, K. A.; Johannsen, M.; Yao, S.; Audrain, H.; Thorhauge, J. Catalytic Asymmetric Addition Reactions of Carbonyls. A Common Catalytic Approach. *Acc. Chem. Res.* **1999**, *32*, 605-613.

[10] Pfaltz, A. Chiral Semicorrins and Related Nitrogen Heterocycles as Ligands in Asymmetric Catalysis. *Acc. Chem. Res.* **1993**, *26*, 339-345.

[11] Evans, D. A.; Woerpel, K. A.; Hinman, M. M.; Faul, M. M. Bis(oxazolines) as Chiral Ligands in Metal-Catalyzed Asymmetric Reactions: Catalytic Asymmetric Cyclopropanation of Olefins. *J. Am. Chem. Soc.* **1991**, *113*, 726-728.

[12] Fritschi, H.; Leutenegger, U.; Pfaltz, A. Semicorrin Metal-Complexes as Enantioselective Catalysts. 2. Enantioselective Cyclopropane Formation from Olefins with Diazo-Compounds Catalyzed by Chiral (Semicorrinato) Copper Complexes. *Helv. Chim. Acta* **1988**, *71*, 1553-1565.

[13] Evans, D. A.; Faul, M. M.; Bilodeau, M. T.; Anderson, B. A.; Barnes, D. M. Bis(oxazoline) Copper-Complexes as Chiral Catalysts for the Enantioselective Aziridination of Olefins. *J. Am. Chem. Soc.* **1993**, *115*, 5328-5329.

[14] Evans, D. A.; Miller, S. J.; Lectka, T. Bis(oxazoline)Copper(II) Complexes as Chiral Catalysts for the Enantioselective Diels-Alder Reaction. *J. Am. Chem. Soc.* **1993**, *115*, 6460-6461.

[15] Evans, D. A.; Miller, S. J.; Lectka, T.; von Matt, P. Chiral Bis(oxazoline)copper(II) Complexes as Lewis Acid Catalysts for the Enantioselective Diels-Alder Reaction. *J. Am. Chem. Soc.* **1999**, *121*, 7559-7573.

[16] Evans, D. A.; Rovis, T.; Kozlowski, M. C.; Tedrow, J. S. C_2-Symmetric Cu(II) Complexes as Chiral Lewis Acids. Catalytic Enantio- selective Michael Addition of Silylketene Acetals to Alkylidene Malonates. *J. Am. Chem. Soc.* **1999**, *121*, 1994-1995.

[17] Evans, D. A.; Burgey, C. S.; Paras, N. A.; Vojkovsky, T.; Tregay, S. W. C_2-Symmetric Copper(II) Complexes as Chiral Lewis Acids. Enantioselective Catalysis of the Glyoxylate- Ene Reaction. *J. Am. Chem. Soc.* **1998**, *120*, 5824-5825.

[18] Hathaway, B. J. In *Comprehensive Coordination Chemistry*, Wilkinson, G., Ed.; Pergamon: New York, 1987; Vol. 5, pp 533-774.

[19] Evans, D. A.; Barnes, D. M.; Johnson, J. S.; Lectka, T.; von Matt, P.; Miller, S. J.; Murry, J. A.; Norcross, R. D.; Shaughnessy, E. A.; Campos, K. R. Bis(oxazoline) and Bis(oxazolinyl)pyridine Copper Complexes as Enantioselective Diels-Alder Catalysts: Reaction Scope and Synthetic Applications. *J. Am. Chem. Soc.* **1999**, *121*, 7582-7594.

[20] Evans, D. A.; Kozlowski, M. C.; Tedrow, J. S. Cationic Bis(oxazoline) and Pyridyl-bis(oxazoline)Cu(II) and Zn(II) Lewis Acid Catalysts. A Comparative Study in Catalysis of Diels-Alder and Aldol Reactions. *Tetrahedron Lett.* **1996**, *37*, 7481-7484.

[21] Corey, E. J.; Imai, N.; Zhang, H. Y. Designed Catalyst for Enantioselective Diels-Alder Addition from a C_2-Symmetric Chiral Bis(oxazoline)-Iron(III) Complex. *J. Am. Chem. Soc.* **1991**, *113*, 728-729.

[22] Tsuji, J.; Minami, I. New Synthetic Reactions of Allylalkyl Carbonates, Allyl Beta-Keto Carboxylates, and Allyl Vinylic Carbonates Catalyzed by Palladium Complexes. *Acc. Chem. Res.* **1987**, *20*, 140-145.

[23] Trost, B. M. Cyclizations via Palladium-Catalyzed Allylic Alkylations. *Angew. Chem., Int. Ed. Engl.* **1989**, *28*, 1173-1192.

[24] Yoon, T. P.; Jacobsen, E. N. Privileged Chiral Catalysts. *Science* **2003**, *299*, 1691-1693.

[25] Meca, L.; Reha, D.; Havlas, Z. Racemization Barriers of 1,1'-Binaphthyl and 1,1'-Binaphthalene-2,2'-diol: A DFT Study. *J. Org. Chem.* **2003**, *68*, 5677-5680.

[26] Kyba, E. P.; Gokel, G. W.; De Jong, F.; Koga, K.; Sousa, L. R.; Siegel, M. G.; Kaplan, L.; Sogah, G. D. Y.; Cram, D. J. Host-guest Complexation. 7. The Binaphthyl Structural Unit in Host Compounds. *J. Org. Chem.* **1977**, *42*, 4173-4184.

[27] Rosini, C.; Franzini, L.; Raffaelli, A.; Salvadori, P. Synthesis and Applications of Binaphthylic C_2-Symmetric Derivatives as Chiral Auxiliaries in Enantioselective Reactions. *Synthesis* **1992**, 503-505.

[28] Pu, L. 1,1'-Binaphthyl Dimers, Oligomers, and Polymers: Molecular Recognition, Asymmetric Catalysis, and New Materials. *Chem. Rev.* **1998**, *98*, 2405-2494.

[29] Shibasaki, M.; Yoshikawa, N. Lanthanide Complexes in Multifunctional Asymmetric Catalysis. *Chem. Rev.* **2002**, *102*, 2187-2219.

[30] Aspinall, H. C.; Greeves, N. Defining Effective Chiral Binding Sites at Lanthanides: Highly Enantioselective Reagents and Catalysts from Binaphtholate and PyBox Ligands. *J. Organomet. Chem.* **2002**, *647*, 151-157.

[31] Chen, Y.; Yekta, S.; Yudin, A. K. Modified BINOL Ligands in Asymmetric Catalysis. *Chem. Rev.* **2003**, *103*, 3155-3212.

[32] Brown, S. N.; Chu, E. T.; Hull, M. W.; Noll, B. C. Electronic Dissymmetry in Chiral Recognition. *J. Am. Chem. Soc.* **2005**, *127*, 16010-16011.

[33] Kelly, R. T.; Whiting, A.; Chandrakumar, N. S. A Rationally Designed, Chiral Lewis Acid for the Asymmetric Induction of Some Diels-Alder Reactions. *J. Am. Chem. Soc.* **1986**, *108*, 3510-3512.

[34] Wipf, P.; Jung, J.-K. Formal Total Synthesis of (+)-Diepoxin σ. *J. Org. Chem.* **2000**, *65*, 6319-6337.

[35] Bochmann, M. Cationic Group 4 Metallocene Complexes and Their Role in Polymerisation Catalysis: The Chemistry of Well Defined Ziegler Catalysts. *J. Chem. Soc., Dalton Trans.* **1996**, 255-270.

[36] Hoveyda, A. H.; Morken, J. P. Enantioselective C-C and C-H Bond Formation Mediated or Catalyzed by Chiral EBTHI Complexes of Titanium and Zirconium. *Angew. Chem., Int. Ed. Engl.* **1996**, *35*, 1262-1284.

[37] Wild, F. R. W. P.; Zsolnai, L.; Huttner, G.; Brintzinger, H.-H. ansa-Metallocene Derivatives IV. Synthesis and Molecular Structures of Chiral ansa-Titanocene Derivatives with Bridged Tetrahydroindenyl Ligands. *J. Organomet. Chem.* **1982**, *232*, 233-247.

[38] Verdaguer, X.; Lange, U. E. W.; Reding, M. T.; Buchwald, S. L. Highly Enantioselective Imine Hydrosilylation Using (S,S)-Ethylenebis- (5-tetrahydroindenyl)titanium Difluoride. *J. Am. Chem. Soc.* **1996**, *118*, 6784-6785.

[39] Verdaguer, X.; Lange, U. E. W.; Buchwald, S. L. Amine Additives Greatly Expand the Scope of Asymmetric Hydrosilylation of Imines. *Angew. Chem., Int. Ed. Engl.* **1998**, *37*, 1103- 1107.

[40] Willoughby, C. A.; Buchwald, S. L. Asymmetric Titanocene-Catalyzed Hydrogenation of Imines. *J. Am. Chem. Soc.* **1992**, *114*, 7562-7564.

[41] Willoughby, C. A.; Buchwald, S. L. Synthesis of Highly Enantiomerically Enriched Cyclic Amines by the Catalytic Asymmetric Hydrogenation of Cyclic Imines. *J. Org. Chem.* **1993**, *58*, 7627-7629.

[42] Yun, J.; Buchwald, S. L. Efficient Kinetic Resolution in the Asymmetric Hydrosilylation of Imines of 3-Substituted Indanones and 4-Substituted Tetralones. *J. Org. Chem.* **2000**, *65*, 767-774.

[43] Hansen, M. C.; Buchwald, S. L. A Method for the Asymmetric Hydrosilylation of N-Aryl Imines. *Org. Lett.* **2000**, *2*, 713-715.

[44] Woo, H. G.; Tilley, T. D. Dehydrogenative Polymerization of Silanes to Polysilanes by Zirconocene and Hafnocene Catalysts. A New Polymerization Mechanism. *J. Am. Chem. Soc.* **1989**, *111*, 8043-8044.

[45] Knowles, W. S. Asymmetric Hydrogenation. *Acc. Chem. Res.* **1983**, *16*, 106-112.

[46] Knowles, W. S.; Sabacky, M. J.; Vineyard, B. D. Catalytic Asymmetric Hydrogenation. *J. Chem. Soc., Chem. Commun.* **1972**, 10-11.

[47] Dang, T. P.; Kagan, H. B. The Asymmetric Synthesis of Hydratropic Acid and Amino-Acids by Homogeneous Catalytic Hydrogenation. *J. Chem. Soc., Chem. Commun.* **1971**, 481-482.

[48] Miyashita, A.; Yasuda, A.; Takaya, H.; Toriumi, T.; Ito, K.; Souchi, T.; Noyori, R. Synthesis of 2,2'-Bis(diphenylphosphino)-1,1'-Binaphthyl (BINAP), an Atropisomeric Chiral Bis(triaryl)phosphine, and its use in the Rhodium(I)-Catalyzed Asymmetric Hydroge- nation of α-(Acylamino)acrylic Acids. *J. Am. Chem. Soc.* **1980**, *102*, 7932-7934.

[49] Noyori, R.; Ohkuma, T. Asymmetric Catalysis by Architectural and Functional Molecular Engineering: Practical Chemo- and Stereoselective Hydrogenation of Ketones. *Angew. Chem., Int. Ed. Engl.* **2001**, *40*, 40-73.

[50] Noyori, R.; Yamakawa, M.; Hashiguchi, S. Metal-Ligand Bifunctional Catalysis: A Nonclassical Mechanism for Asymmetric Hydrogen Transfer Between Alcohols and Carbonyl Compounds. *J. Org. Chem.* **2001**, *66*, 7931-7944.

[51] Ohta, T.; Takaya, H.; Noyori, R. Bis(diarylphosphino)-1,1'-Binaphthyl BINAP- Ruthenium(II) Dicarboxylate Complexes: New, Highly Efficient Catalysts for Asymmetric Hydrogenations. *Inorg. Chem.* **1988**, *27*, 566-569.

[52] Noyori, R. *Asymmetric Catalysis in Organic Synthesis*; Wiley: New York, 1994.

[53] Hao, J.; Hatano, M.; Mikami, K. Chiral Palladium(II)-Catalyzed Asymmetric Glyoxylate-Ene Reaction: Alternative Approach to the Enantioselective Synthesis of α-Hydroxy Esters. *Org. Lett.* **2000**, *3*, 4059-4062.

[54] Morton, D. A. V.; Orpen, A. G. Structural Systematics 4. Conformations of the Diphosphine Ligands in M₂(Ph₂PCH₂PPh₂) and M(Ph₂PCH₂CH₂PPh₂) Complexes. *J. Chem. Soc., Dalton Trans.* **1992**, 641-653.

[55] Brunner, H.; Winter, A.; Breu, J. Enantioselective Catalysis Part 114. Chirostructural Analysis of Bis(diphenylpho-sphanyl)ethane Transition Metal Chelates. *J. Organomet. Chem.* **1998**, *553*, 285-306.

[56] Noyori, R.; Takaya, H. BINAP: An Efficient Chiral Element for Asymmetric Catalysis. *Acc. Chem. Res.* **1990**, *23*, 345-350.

[57] Ashby, M. T.; Halpern, J. Kinetics and Mechanism of Catalysis of the Asymmetric Hydrogenation of α,β-Unsaturated Carboxylic Acids by Bis(carboxylato)[2,2'-bis(diphenyl- phosphino)-1,1'-binaphthyl]ruthenium(II), [Ruᴵᴵ(BINAP)(O₂CR)₂]. *J. Am. Chem. Soc.* **1991**, 113, 589-594.

[58] Noyori, R.; Tokunaga, M.; Kitamura, M. Stereoselective Organic Synthesis via Dynamic Kinetic Resolution. *Bull. Chem. Soc. Jpn.* **1995**, *68*, 36-56.

[59] Kitamura, M.; Ohkuma, T.; Inoue, S.; Sayo, N.; Kumobayashi, H.; Akutagawa, S.; Ohta, T.; Takaya, H.; Noyori, R. Homogeneous Asymmetric Hydrogenation of Functionalized Ketones. *J. Am. Chem. Soc.* **1988**, *110*, 629-631.

[60] Halpern, J. Mechanism and Stereoselectivity of Asymmetric Hydrogenation. *Science* **1982**, *217*, 401-407.

[61] Landis, C. R.; Halpern, J. Asymmetric Hydrogenation of Methyl (Z)-α-Acetamido- cinnamate Catalyzed by [1,2-Bis (phenyl-o-anisoyl)phosphinoethane]rhodium(I): Kinetics, Mechanism and Origin of Enantioselection. *J. Am. Chem. Soc.* **1987**, *109*, 1746-1754.

[62] Barnhart, R. W.; Wang, X.; Noheda, P.; Bergens, S. H.; Whelan, J.; Bosnich, B. Asymmetric Catalysis. Asymmetric Catalytic Intramolecular Hydroacylation of 4-Pentenals Using Chiral Rhodium Diphosphine Catalysts. *J. Am. Chem. Soc.* **1994**, *116*, 1821-1830.

[63] Taura, Y.; Tanaka, M.; Funakoshi, K.; Sakai, K. Asymmetric Cyclization Reactions by Rh(I) with Chiral Ligands. *Tetrahedron Lett.* **1989**, *30*, 6349-6352.

[64] Taura, Y.; Tanaka, M.; Wu, X.-M.; Funakoshi, K.; Sakai, K. Asymmetric Cyclization Reactions. Cyclization of Substituted 4-Pentenals into Cyclopentanone Derivatives by Rhodium(I) with Chiral Ligands. *Tetrahedron* **1991**, *47*, 4879-4888.

[65] Wu, X.-M.; Funakoshi, K.; Sakai, K. Highly Enantioselective Cyclization Using Cationic Rh(I) with Chiral Ligands. *Tetrahedron Lett.* **1992**, *33*, 6331-6334.

[66] Bosnich, B. In *Encyclopedia of Inorganic Chemistry*; King, R. B., Ed.; Wiley: New York, 1994; 219-236.

[67] Fairlie, D. P.; Bosnich, B. Homogeneous Catalysis. Mechanism of Catalytic Hydroacylation: The Conversion of 4-Pentenals to Cyclopentanones. *Organometallics* **1988**, *7*, 946-954.

[68] Fairlie, D. P.; Bosnich, B. Homogeneous Catalysis. Conversion of 4-Pentenals to Cyclopentanones by Efficient Rhodium- Catalyzed Hydroacylation. *Organometallics* **1988**, *7*, 936-945.

[69] Ball, R. G.; Payne, N. C. Chiral Phosphine Ligands in Asymmetric Synthesis. Molecular Structure and Absolute Configuration of (1,5-Cyclooctadiene)-(2S,3S)-2,3-bis(diphenyl-phosphino)butanerhodium(I) Perchlorate Tetrahedrofuran Solvate. *Inorg. Chem.* **1977**, *16*, 1187-1191.

[70] Fryzuk, M. D.; Bosnich, B. Asymmetric Synthesis. Production of Optically Active Amino Acids by Catalytic

Hydrogenation. *J. Am. Chem. Soc.* **1977**, *99*, 6262-6267.

[71] Seebach, D.; Beck, A. K.; Heckel, A. TADDOLs, Their Derivatives, and TADDOL Analogues: Versatile Chiral Auxiliaries. *Angew. Chem., Int. Ed. Engl.* **2001**, *40*, 92-138.

[72] Bradley, D. C.; Mehrotra, R. C.; Rothwell, I. P.; Singh, A. *Alkoxo and Aryloxo Derivatives of Metals*; Academic Press: New York, 2001.

[73] Seebach, D.; Plattner, D. A.; Beck, A. K.; Wang, Y. M.; Hunziker, D.; Petter, W. On The Mechanism of Enantioselective Reactions Using α,α,α′,α′-Tetraaryl-1,3-dioxolane-4,5-dimethanol(TADDOL)-Derived Titanates— Differences Between C_2-Symmetrical and C_1-Symmetrical TADDOLs: Facts, Implications and Generalizations. *Helv. Chim. Acta* **1992**, *75*, 2171-2209.

[74] Gothelf, K. V.; Hazzel, R., G; Jørgensen, K. A. Crystal Structure of a Chiral Titanium-Catalyst-Alkene Complex. The Intermediate in the Catalytic Asymmetric Diels-Alder and 1,3-Dipolar Cycloaddition Reactions. *J. Am. Chem. Soc.* **1995**, *117*, 4435-4436.

[75] Braun, M. The "Magic" Diarylhydroxylmethyl Group. *Angew. Chem., Int. Ed. Engl.* **1996**, *35*, 519-522.

[76] Weber, B.; Seebach, D. Ti-TADDOLate-Catalyzed, Highly Enantioselective Addition of Alkyl- and Aryl-Titanium Derivatives to Aldehydes. *Tetrahedron* **1994**, *50*, 7473-7484.

[77] Seebach, D.; Beck, A. K.; Schmidt, B.; Wang, Y. M. Enantio- and Diastereoselective Titanium-TADDOLate Catalyzed Addition of Diethyl and Bis(3-buten-1-yl) Zinc to Aldehydes. A Full Account with Preparative Details. *Tetrahedron* **1994**, *50*, 4363-4384.

[78] Seebach, D.; Beck, A. K.; Roggo, S.; Wonnacott, A. Chiral Alkoxytitanium(IV) Complexes for Enantioselective Nucleophilic Additions to Aldehydes and as Lewis Acids in Diels-Alder Reactions. *Chem. Ber.* **1985**, *118*, 3673-3682.

[79] Narasaka, K.; Iwasawa, N.; Inoue, M.; Yamada, T.; Kakashima, M.; Sugimori, J. Asymmetric Diels-Alder Reaction Catalyzed by a Chiral Titanium Reagent. *J. Am. Chem. Soc.* **1989**, *111*, 5340-5345.

[80] Gothelf, K. V.; Jørgensen, K. A. On the Mechanism of Ti-TADDOLate-Catalyzed Asymmetric Diels-Alder Reactions. *J. Org. Chem.* **1995**, *60*, 6847-6851.

[81] Gothelf, K. V.; Jørgensen, K. A. On the trans-cis Controversy in Ti-TADDOLate- Catalysed Cycloadditions. Experimental Indications for the Structure of the Reactive Catalyst-Substrate Intermediate. *J. Chem. Soc., Perkin Trans.1* **1997**, 111-116.

[82] Haase, C.; Sarko, C. R.; DiMare, M. TADDOL-Based Titanium Catalysts and Their Adducts: Understanding Asymmetric Catalysis of Diels-Alder Reactions. *J. Org. Chem.* **1995**, *60*, 1777-1787.

[83] Seebach, D.; Dahinden, R.; Marti, R. E.; Beck, A. K.; Plattner, D. A.; Kühnle, F. N. M. On the Ti-TADDOLate-Catalyzed Diels-Alder Addition of 3-Butenoyl-1,3-oxazolidine-2-one to Cyclopentadiene. General Features of Ti-BINOLate and Ti-TADDOLate-Mediated Reactions. *J. Org. Chem.* **1995**, *60*, 1788-1799.

[84] García, J. I.; Martinez-Merino, V.; Mayoral, J. A. Quantum Chemical Insights into the Mechanism of the TADDOL-TiCl$_2$ Catalyzed Diels-Alder Reactions. *J. Org. Chem.* **1998**, *63*, 2321-2324.

[85] Seeman, J. I. Effect of Conformational Change on Reactivity in Organic Chemistry. Evaluations, Applications, and Extensions of Curtin-Hammett-Winstein-Holness Kinetics. *Chem. Rev.* **1983**, *83*, 83-134.

[86] Muñiz, K.; Bolm, C. Configurational Control in Stereochemically Pure Ligands and Metal Complexes for Asymmetric Catalysis. *Chem. Eur. J.* **2000**, *6*, 2309-2316.

[87] Mimoun, H.; Yves de Saint Laumer, J.; Giannini, L.; Scopelliti, R.; Floriani, C. Enantioselective Reduction of Ketones by Polymethylhydrosiloxane in the Presence of Chiral Zinc Catalysts. *J. Am. Chem. Soc.* **1999**, *121*, 6158-6166.

[88] Mastranzo, V. M.; Quintero, L.; Anaya de Parrodi, C.; Juaristi, E.; Walsh, P. J. Use of Diamines Containing the α-Phenylethyl Group as Chiral Ligands in the Asymmetric Hydrosilylation of Prochiral Ketones. *Tetrahedron* **2004**, *60*, 1781-1789.

[89] Takahashi, H.; Kawakita, T.; Ohno, M.; Yoshioka, M.; Kobayashi, S. A Catalytic Enantioselective Reaction Using a C_2-Symmetric Disulfonamide as a Chiral Ligand: Alkylation of Aldehydes Catalyzed by Disulfonamide-Ti(O-*i*-Pr)$_4$-

Dialkylzinc Reagents. *Tetrahedron* **1992**, *48*, 5691-5700.

[90] Takahashi, H.; Kawakita, T.; Yoshioka, M.; Kobayashi, S.; Ohno, M. Enantioselective Alkylation of Aldehyde Catalyzed by Bissulfonamide-Ti(O-*i*-Pr)$_4$-Dialkylzinc System. *Tetrahedron Lett.* **1989**, *30*, 7095-7098.

[91] Knochel, P.; Jones, P. *Organozinc Reagents*; Oxford University Press: New York, 1999.

[92] Ostwald, R.; Chavant, P.-Y.; Stadtmuller, H.; Knochel, P. Catalytic Asymmetric Addition of Polyfunctional Dialkyl-zincs to *β*-Stannylated and *β*-Silylated Unsaturated Aldehydes. *J. Org. Chem.* **1994**, *59*, 4143-4153.

[93] Pritchett, S.; Woodmansee, D. H.; Gantzel, P.; Walsh, P. J. Synthesis and Crystal Structures of Bis(sulfonamide) Titanium Bis(alkoxide) Complexes: Mechanistic Implications in the Bis(sulfonamide) Catalyzed Asymmetric Addition of Dialkylzinc Reagents to Aldehydes. *J. Am. Chem. Soc.* **1998**, *120*, 6423-6424.

[94] Pritchett, S.; Gantzel, P.; Walsh, P. J. Synthesis and Structural Study of Titanium Bis(sulfonamido)Bis(amide) Complexes. *Organometallics* **1999**, *18*, 823-831.

[95] Royo, E.; Betancort, J. M.; Davis, T. J.; Walsh, P. J. Synthesis, Structure and Catalytic Properties of Bis[bis(sulfona-mido)] Titanium Complexes. *Organometallics* **2000**, *19*, 4840-4851.

[96] Armistead, L. T.; White, P. S.; Gagné, M. R. Synthesis and Structure of Titanium(IV) Amido Complexes Containing C_2-Symmetric Bis(sulfonamide) Ligands. *Organometallics* **1998**, *17*, 216-220.

[97] Pritchett, S.; Woodmansee, D. H.; Davis, T. J.; Walsh, P. J. Improved Methodology for the Asymmetric Alkylation of Aldehydes Employing Bis(sulfonamide) Complexes. *Tetrahedron Lett.* **1998**, *39*, 5941-5944.

[98] Evans, D. A.; Nelson, S. G. Chiral Magnesium Bis(sulfonamide) Complexes as Catalysts for the Merged Enolization and Enantioselective Amination of *N*-Acyloxazolidinones. A Catalytic Approach to the Synthesis of Arylglycines. *J. Am. Chem. Soc.* **1997**, *119*, 6452-6453.

[99] Takahashi, H.; Yoshioka, M.; Ohno, M.; Kobayashi, S. A Catalytic Enantioselective Reaction Using a C_2-symmetric Disulfonamide as a Chiral Ligand: Cyclopropanation of Allylic Alcohols by the Et$_2$Zn-CH$_2$I$_2$-Disulfonamide System. *Tetrahedron Lett.* **1992**, *33*, 2575-2578.

[100] Takahashi, H.; Yoshioka, M.; Shibasaki, M.; Ohno, M.; Imai, N.; Kobayashi, S. A Chiral Enantioselective Reaction Using a C_2-Symmetric Disulfonamide as a Chiral Ligand: Simmons-Smith Cyclopropanation of Allylic Alcohols by the Et$_2$Zn-CH$_2$I$_2$- Disulfonamide System. *Tetrahedron* **1995**, *51*, 12013-12026.

[101] Denmark, S. E.; O'Connor, S. P. Enantioselective Cyclopropanation of Allylic Alcohols. The Effect of Zinc Iodide. *J. Org. Chem.* **1997**, *62*, 3390-3401.

[102] Denmark, S. E.; O'Connor, S. P. Catalytic, Enantioselective Cyclopropanation of Allylic Alcohols. Substrate Generality. *J. Org. Chem.* **1997**, *62*, 584-594.

[103] Corey, E. J.; Sarshar, S.; Lee, D.-H. First Example of a Highly Enantioselective Catalytic Diels-Alder Reaction of an Achiral C_2-Symmetric Dienophile and an Achiral Diene. *J. Am. Chem. Soc.* **1994**, *116*, 12089-12090.

[104] Ichiyanagi, T.; Shimizu, M.; Fujisawa, T. Enantioselectie Diels-Alder Reaction Using Chiral Mg Complexes Derived from Chiral 2-[2-[(Alkyl- or 2-[2-[(Arylsulfonyl)amino]- phenyl]-4-phenyl-1,3-oxazoline. *J. Org. Chem.* **1997**, *62*, 7937-7941.

[105] Denmark, S. E.; O'Connor, S. P.; Wilson, S. R. Solution and Solid-State Studies of a Chiral Zinc-Sulfonamide Relevant to an Enantioselective Cyclopropanation Reaction. *Angew. Chem., Int. Ed. Engl.* **1998**, *37*, 1149-1151.

[106] Evans, D. A.; Campos, K. R.; Tedrow, J. S.; Michael, F. E.; Gagné, M. R. Application of Chiral Mixed Phosphorus/Sulfur Ligands to Palladium-Catalyzed Allylic Substitutions. *J. Am. Chem. Soc.* **2000**, *122*, 7905-7920.

[107] Evans, D. A.; Campos, K. R.; Tedrow, J. S.; Michael, F. E.; Gagné, M. R. Chiral Mixed Phosphorus/Sulfur Ligands for Palladium- Catalyzed Allylic Alkylations and Aminations. *J. Org. Chem.* **1999**, *64*, 2994-2995.

[108] Evans, D. A.; Michael, F. E.; Tedrow, J. S.; Campos, K. R. Application of Chiral Mixed Phosphorus/Sulfur Ligands to Enantioselective Rhodium-Catalyzed Dehydroamino Acid Hydrogenation and Ketone Hydrosilylation Processes. *J. Am. Chem. Soc.* **2003**, *125*, 3534-3543.

[109] Barbaro, P.; Currao, A.; Herrmann, J.; Nesper, R.; Pregosin, P. S.; Salzmann, R. Chiral P,S-Ligands Based on

D-Thioglucose Tetraacetate. Palladium(II) Complexes and Allylic Alkylation. *Organometallics* **1996**, *15*, 1879-1888.

[110] Brown, J. M.; Evans, P. Structure and Reactivity in Asymmetric Hydrogenation; a Molecular Graphics Analysis. *Tetrahedron* **1988**, *4*, 4905-4916.

[111] Sibi, M. P.; Zhang, R.; Manyem, S. A New Class of Modular Chiral Ligands with Fluxional Groups. *J. Am. Chem. Soc.* **2003**, *125*, 9306-9307.

[112] von Zelewsky, A. *Stereochemistry of Coordination Compounds*; Wiley: New York, 1996.

[113] Brunner, H. Optically Active Organo-metallic Compounds of Transition Elements with Chiral Metal Atoms. *Angew. Chem. Int., Ed. Engl.* **1999**, *38*, 1194-1208.

[114] Faller, J. W.; Parr, J. Utility of Osmium(II) in the Catalysis of Asymmetric Diels-Alder Reactions. *Organometallics* **2001**, *20*, 697-699.

[115] Faller, J. W.; Grimmond, B. J.; D'Alliessi, D. G. An Application of Electronic Asymmetry to Highly Enantioselective Catalytic Diels-Alder Reactions. *J. Am. Chem. Soc.* **2001**, *123*, 2525-2529.

[116] Babin, J. E.; Whiteker, G. T. U.S. Patent 5360938, *Chem. Abstr.* **1994**, *122*, 18660.

[117] Nozaki, K.; Sakai, N.; Nanno, T.; Higashijima, T.; Mano, S.; Horiuchi, T.; Takaya, H. Highly Enantioselective Hydroformylation of Olefins Catalyzed by Rhodium(I) Complexes of New Chiral Phosphine-Phosphite Ligands. *J. Am. Chem. Soc.* **1997**, *119*, 4413-4423.

[118] Reetz, M. T.; Neugebauer, T. New Diphosphite Ligands for Catalytic Asymmetric Hydrogenation: The Crucial Role of Conformationally Enantiomeric Diols. *Angew. Chem., Int. Ed. Engl.* **1999**, *38*, 179-181.

[119] Imai, Y.; Zhang, W.; Kida, T.; Nakatsuji, Y.; Ikeda, I. Diphenylphosphinooxazoline Ligands with a Chiral Binaphthyl Backbone for Pd-Catalyzed Allylic Alkylation. *Tetrahedron Lett.* **1998**, *39*, 4343-4346.

[120] Zhang, W.; Xie, F.; Yoshinaga, H.; Kida, T.; Nakatsuji, Y.; Ikeda, I. A Novel Axially Chiral Phosphine-Oxazoline Ligand with an Axis-Unfixed Biphenyl Backbone: Preparation, Complexation, and Application in an Asymmetric Catalytic Reaction. *Synlett* **2006**, 1185-1188.

[121] Superchi, S.; Casarini, D.; Laurita, A.; Bavoso, A.; Rosini, C. Induction of a Preferred Twist in a Biphenyl Core by Stereogenic Centers: A Novel Approach to the Absolute Configuration of 1,2- and 1,3-Diols. *Angew. Chem., Int. Ed. Engl.* **2001**, *40*, 451-454.

[122] Isaksson, R.; Rashidi-Ranjbar, P.; Sandstrom, J. Synthesis and Chromatographic Resolution of Some Chiral Four-Carbon 2,2'-Bridged Biphenyls. Some Unusually High Selectivity Factors. *J. Chem. Soc., Perkin Trans. 1* **1991**, 1147-1152.

[123] Imai, Y.; Zhang, W.; Kida, T.; Nakatsuji, Y.; Ikeda, I. Novel Chiral Bisoxazoline Ligands with a Biphenyl Backbone: Preparation, Complexation, and Application in Asymmetric Catalytic Reactions. *J. Org. Chem.* **2000**, *65*, 3326-3333.

[124] Pastor, S. D.; Shum, S. P.; Rodebaugh, R. K.; Debellis, A. D.; Clarke, F. H. Sterically Congested Phosphite Ligands: Synthesis, Crystallographic Characterization, and Observation of Unprecedented Eight-Bond ^{31}P, ^{31}P Coupling in the ^{31}P-NMR Spectra. *Helv. Chim. Acta* **1993**, *76*, 900-915.

[125] Hartwig, J. Synthetic Chemistry—Recipes for Excess. *Nature* **2005**, *437*, 487-488.

[126] Costa, A. M.; Jimeno, C.; Gavenonis, J.; Carroll, P. J.; Walsh, P. J. Optimization of Catalyst Enantioselectivity and Activity Using Achiral and Meso Ligands. *J. Am. Chem. Soc.* **2002**, *124*, 6929-6941.

[127] Mino, T.; Kashihara, K.; Yamashita, M. New Chiral Phosphine-Amide Ligands in Palladium-Catalyzed Asymmetric Allylic Alkylations. *Tetrahedron: Asymmetry* **2001**, *12*, 287-291.

[128] Clayden, J.; Lai, L. W.; Helliwell, M. Using Amide Conformation to "Project" the Stereochemistry of an (−)-Ephedrine-Derived Oxazolidine: A Pair of Pseudoenantiomeric Chiral Amido-Phosphine Ligands. *Tetrahedron: Asymmetry* **2001**, *12*, 695-698.

[129] Brandt, P.; Södergren, M. J.; Andersson, P. G.; Norrby, P.-O. Mechanistic Studies of Copper-Catalyzed Alkene Aziridination. *J. Am. Chem. Soc.* **2000**, *122*, 8013-8020.

[130] Evans, D. A.; Bilodeau, M. T.; Faul, M. M. Development of the Copper-Catalyzed Olefin Aziridination Reaction. *J.*

Am. Chem. Soc. **1994**, *116*, 2742-2753.

[131] Li, Z.; Conser, K. R.; Jacobsen, E. N. Asymmetric Alkene Aziridination with Readily Available Chiral Diimine-Based Catalysts. *J. Am. Chem. Soc.* **1993**, *115*, 5326-5327.

[132] Li, Z.; Quan, R. W.; Jacobsen, E. N. Mechanism of the (Diimine)copper-Catalyzed Asymmetric Aziridination of Alkenes. Nitrene Transfer via Ligand-Accelerated Catalysis. *J. Am. Chem. Soc.* **1995**, *117*, 5889-5890.

[133] Sibi, M. P.; Venkatraman, L.; Liu, M.; Jasperse, C. P. A New Approach to Enantiocontrol and Enantioselectivity Amplification: Chiral Relay in Diels-Alder Reactions. *J. Am. Chem. Soc.* **2001**, *123*, 8444-8445.

[134] Sibi, M. P.; Chen, J.; Stanley, L. Enantioselective Diels-Alder Reactions: Effect of the Achiral Template on Reactivity and Selectivity. *Synlett* **2007**, 298-302.

第5章 非经典的催化剂-底物相互作用

我们已经见过被催化剂通过两点结合而活化的底物的例子（见第 2 章）。底物对催化剂的螯合提高了结合常数，同时降低了催化剂-底物加合物的自由度。螯合不仅减少了竞争的过渡态的数目，同时也简化了对反应立体化学结果的解释。通常，双齿底物与催化剂形成两个配位键，其他类型的相互吸引的底物-催化剂相互作用包括涉及可极化的 π-体系的作用。这些弱的力（次级相互作用）很少被应用于催化剂设计，但是已经证明它们对催化剂的对映选择性水平具有重要的影响。

5.1 底物结合中的 π−π 相互作用

使用了次级相互作用的一个重要例子是 α,β-不饱和酯[1,2]、酰氯和酮[3]的 Diels-Alder 反应。如图 5.1 所示，α,β-不饱和酯可以与 Lewis 酸通过四种不同的结合模式进行配位。Lewis 酸可以结合到—OR 基团的顺式（syn）或反式（anti）位置，同时酯还可以有 s-trans 和 s-cis 构象[4]。未配位的酯倾向于采取 R 基团与羰基氧处于 syn 的构象，不利于图 5.1 中的 syn 结合模式。anti s-cis 构象从立体位阻的角度来看是不利的，因此，anti s-trans 构象是有利的。

为了研究次级相互作用可能扮演的角色，设计了一个含有在三配位硼中心周围具有确定的配体骨架的 Lewis 酸催化剂（图 5.2）。基于硼的催化剂在底物结合时表现出从三配位到四配位转化的强烈趋势。不像更重的主族元素和过渡金属，硼的配位数不超过

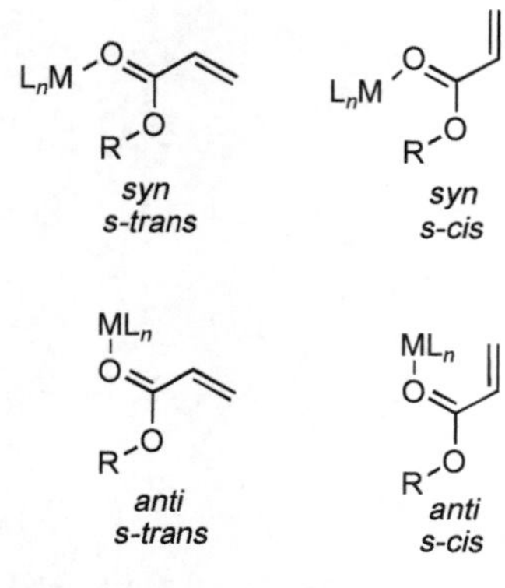

图 5.1 提出的 Lewis 酸-酯加合物的几何构型

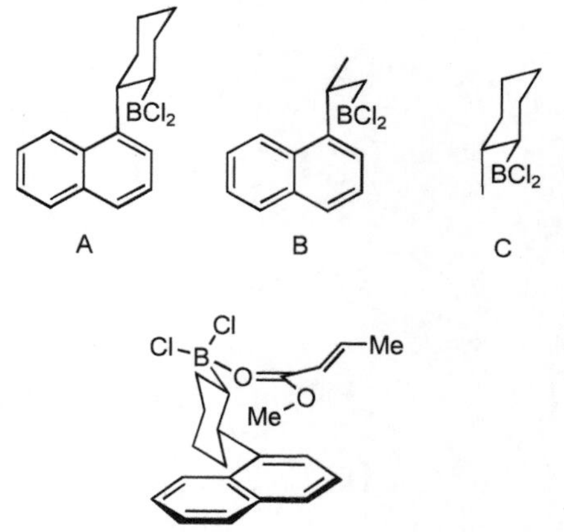

图 5.2 催化剂 A 与对照结构 B 和 C（上）；A 与巴豆酸甲酯的加合物在固态中的构象（下）

4 个。这个体系的一个关键特性是硼与富电子的、可极化的萘基距离很近。硼对羰基配位和活化之后，静电作用和偶极诱导的偶极作用便在可极化的芳基和亲双烯体的缺电子的羰基之间制造了一种吸引作用。这种有利的次级作用限制了被结合底物的构象自由度，同时屏蔽了其中一个前手性面使之无法反应（图 5.2）。

支持底物的两点配位模型的证据来自于对一系列底物-催化剂加合物的 X 射线晶体结构分析、变温核磁研究和环加成反应预测的面选择性的相关性[1,2]。A 结合到巴豆酸甲酯上的固态结构表明硼结合在羰基氧上与—OR 基团处于反式的一侧（图 5.2）[4]。酯处于萘环体系的上方并大致与之平行。亲双烯体处于萘基的范德华半径之内，其中羰基碳与萘环的最近距离为 3.17 Å。为了评估溶液中存在的次级相互作用，对 Lewis 酸 A、B、C 与等物质的量的巴豆酸甲酯的组合进行了一系列变温 ^{1}H NMR 实验。由于芳环的各向异性效应，处于其上方的取代基在 ^{1}H NMR 中的信号将会向高场位移。使用 Lewis 酸 A 和 B 时，酯基上甲氧基的共振信号随着温度的降低移向高场，而在 C 中则观察到了向低场位移。降低温度有利于 Lewis 酸-底物加合物的形成，导致其浓度增加。在−55 ℃时，结合到 A 和 C 上的底物中甲氧基化学位移之差为 1.2，表明 A 中甲氧基在时间平均上偏向于采取处于萘环上方的取向，与固态结构一致（图 5.2）。另外，如式 5.1 所示，A 催化的环戊二烯和环己二烯的 Diels-Alder 反应表现出了高水平的对映选择性。Diels-Alder 产物的构型与二烯进攻亲双烯体暴露的一面一致，如提出的过渡态中所示（图 5.3）。

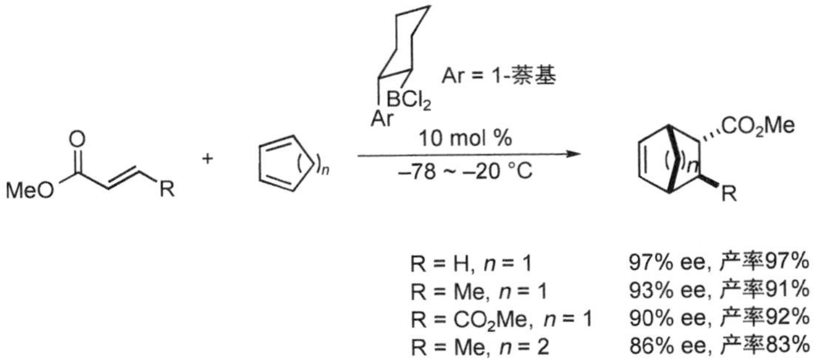
Ar = 1-萘基
BCl2
Ar
10 mol %
−78 ~ −20 °C
MeO
R
n
CO2Me
R = H, n = 1 97% ee, 产率97%
R = Me, n = 1 93% ee, 产率91%
R = CO2Me, n = 1 90% ee, 产率92%
R = Me, n = 2 86% ee, 产率83%

(5.1)

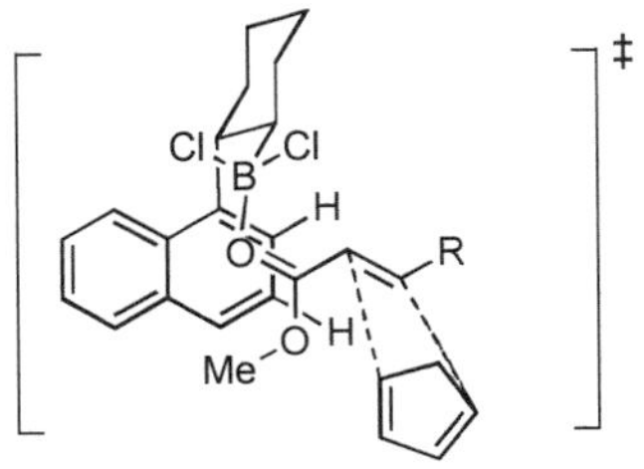
‡
Cl
B
Cl
H
O
R
O
H
Me

图 5.3 提出的 Lewis 酸催化的不对称 Diels-Alder 反应的过渡态

萘基与羰基的次级相互作用有利于图中所示的取向

上述的两点结合模型是一个重要的设计理念，很可能会被用于其他的催化剂与反应中。

5.2 底物结合中的 C—H⋯π 相互作用

尽管 C—H⋯π 相互作用在不对称催化领域之外已经得到了很好的体现[5,6]，关于这种相互作用影响对映选择性的证据还很罕见。但是很可能这种 C—H⋯π 相互作用本来比较常见，只是由于其本质太过于微妙而鲜有报道。下文提供的两个例子中，一个通过催化不对称反应可能中间体的 X 射线晶体学，另一个通过高水平计算化学研究发现了这种相互作用。

5.2.1 1,3-偶极环加成中的 C—H⋯π 相互作用

结合了几个重要概念的一个引人入胜的催化不对称反应的例子是铑和铱催化的硝酮与甲基丙烯醛的 1,3-偶极环加成反应[7]。图 5.4 中给出了该反应及其代表性结果。虽然使用的手性双膦配体(R)-Prophos 结构很简单（图 5.4），却观察到了优秀的区域化学、对映选择性和非对映选择性控制。对溶液和固态结构的研究阐释了这一体系立体化学控制的起因。

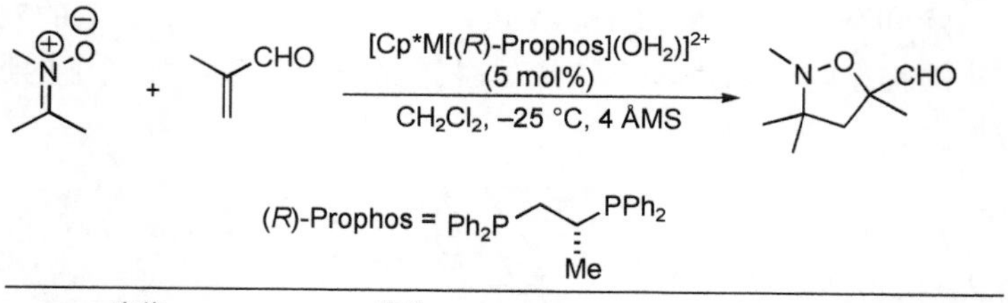

底物	产物	M	产率/%	ee/%
		Rh	100	86
		Ir	100	86
		Rh	99	91
		Ir	100	91
		Rh	58	81
		Ir	100	93

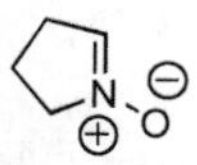

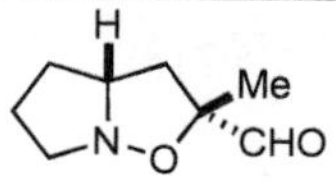

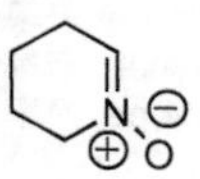

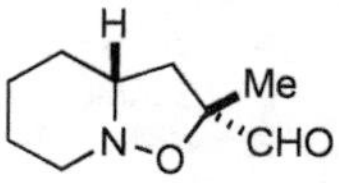

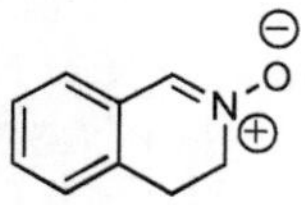

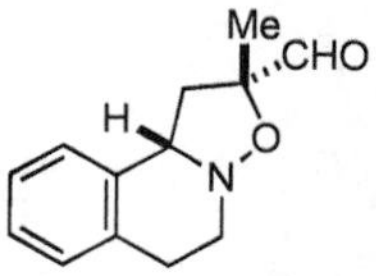

图 5.4　铑和铱催化的甲基丙烯醛的 1,3-偶极环加成反应

这一反应的催化剂前体是由 $Cp^*M(丙酮)_3{}^{2+}$ (M = Rh, Ir)与(R)-Prophos 在痕量水的存在下制备的（式 5.2）。变温 ^1H NMR 和 ^{31}P NMR 只观察到了金属中心为(S)-构型的配合物。(R)-构型会导致位阻很大的 Cp^*M 基团与磷配体骨架上甲基的位阻排挤。这个水合的配合物可逆地结合甲基丙烯醛上并替换掉水分子（式 5.2）。加入分子筛使平衡向甲基丙烯醛加合物的方向移动。铑和铱与甲基丙烯醛的加合物中的 ^1H NMR 显示，醛 CH 的化学位移分别在 δ 7.06 和 7.23 共振，比自由的醛上的 CH 的化学位移向高场移动了超过 2.5。

铑和铱衍生物的 X 射线结构解析表明，醛 CH 键位于 P-苯基的 pro-(S)面上方（图 5.5）是造成大的高场位移的原因。C—H⋯C_{Ph} 距离小于 3.05 Å 是 C—H⋯π 相互作用的一个特征。认为这种相互作用稳定了金属-甲基丙烯醛之间的键的构象。

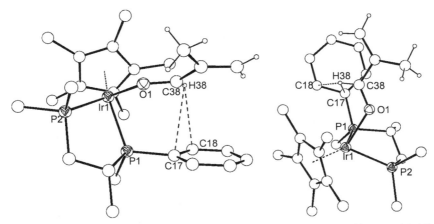

图 5.5　Cp*(Prophos)Ir(甲基丙烯醛)$^{2+}$结构的两个视图显示了与 H38 的 CH-π 相互作用

为了清楚起见，省略了阴离子和三个 P-苯基基团

根据 1,3-偶极环加成中间体的 NMR 和 X 射线晶体学表征，提出了图 5.6 中的催化循环。循环中包括光谱学上观察到的硝酮对催化剂的可逆配位，这抑制了反应。缓慢加入硝酮使得这种抑制作用得以最小化。图中给出了一个过渡态，其中硝酮进攻与催化剂结合的 s-trans 构象的甲基丙烯醛的 Re 面，得到观察到的产物的立体化学。这个反应中，不对称传递的关键是金属中心的立体化学。看起来 Prophos 上甲基的最重要的作用是控制式 5.2 中 Prophos 对金属前体配位的非对映选择性，而不是直接影响环加成过渡态中的对映选择性。

（5.2）

5.2.2　不对称转移氢化中通过计算发现的 C—H⋯π 相互作用

两点结合的一个有趣的例子是酮的不对称转移氢化（图 5.7）[8-10]。这个反应中，异丙醇既作为试剂又作为反应溶剂。另外，高浓度的异丙醇通过降低逆过程的速率而防止

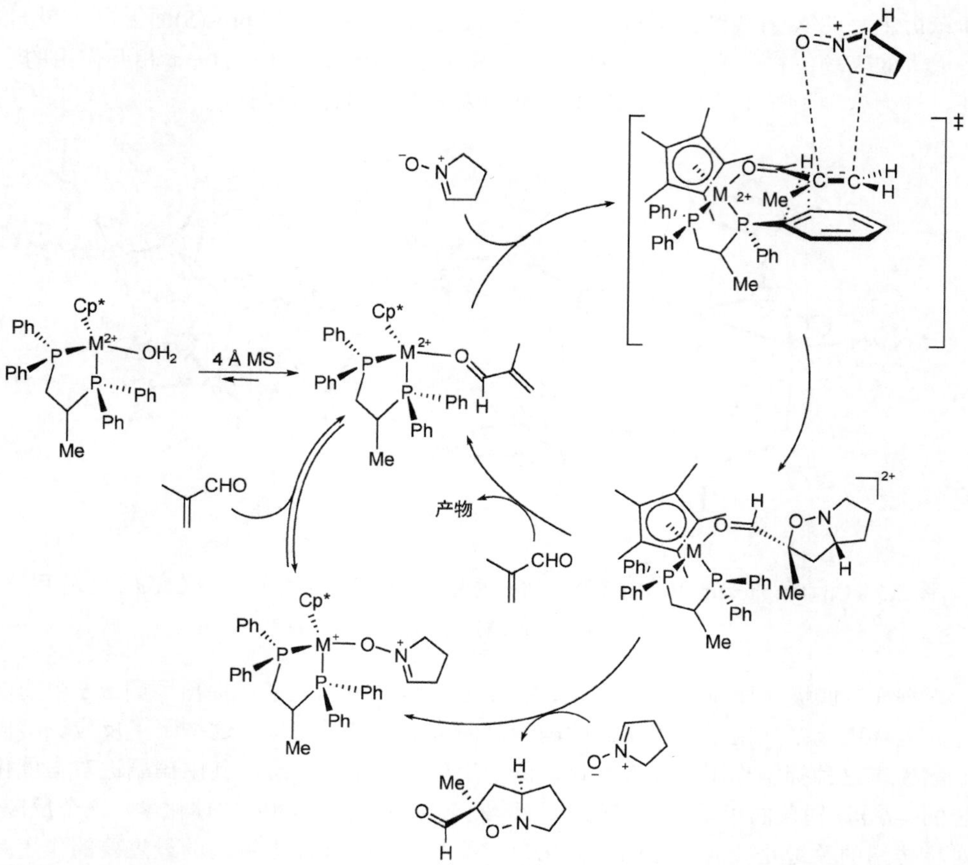

图 5.6　提出的 1,3-偶极环加成反应的可能的过渡态

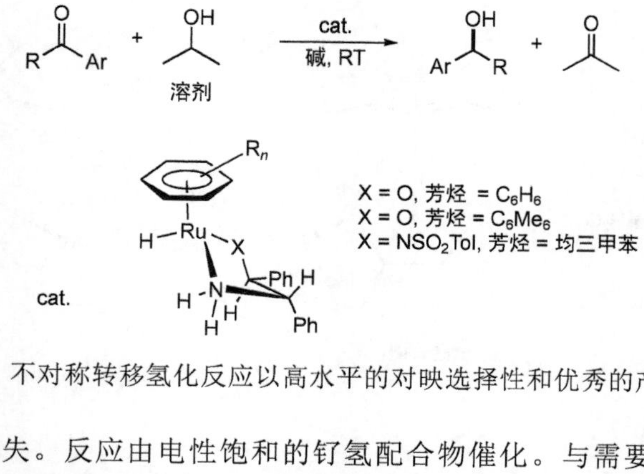

图 5.7　不对称转移氢化反应以高水平的对映选择性和优秀的产率进行

了对映选择性的损失。反应由电性饱和的钌氢配合物催化。与需要底物对金属的预先配位的大部分氢化催化剂不同，这一体系中还原过程发生在金属的外配位场中。换句话说，反应的发生并没有经过钌中心对底物的直接活化。瞬态的催化剂-底物复合物的形成涉及催化剂到底物的一个氢键和以 η^6-芳基为 C—H 供体和底物上的芳基为 π-受体的一个 C—H⋯π 相互作用。

如图 5.7 中所示,可以使用含有 η^6-芳基与氨基醇或 N-磺酰基二胺的不同组合的催化剂[9]。手性配体骨架上处于假赤道向的苯基影响了倾斜的五元金属杂环的构象,使其采取 δ-构型（见 A.1.1.2 节）。我们将会看到,环的构象在(R)-构型金属中心的非对映选择性地再生上起到了重要作用（图 5.8）。钌上的立体化学已由 X 射线晶体学研究确定[11],与计算化学得到的结果一致[12]。

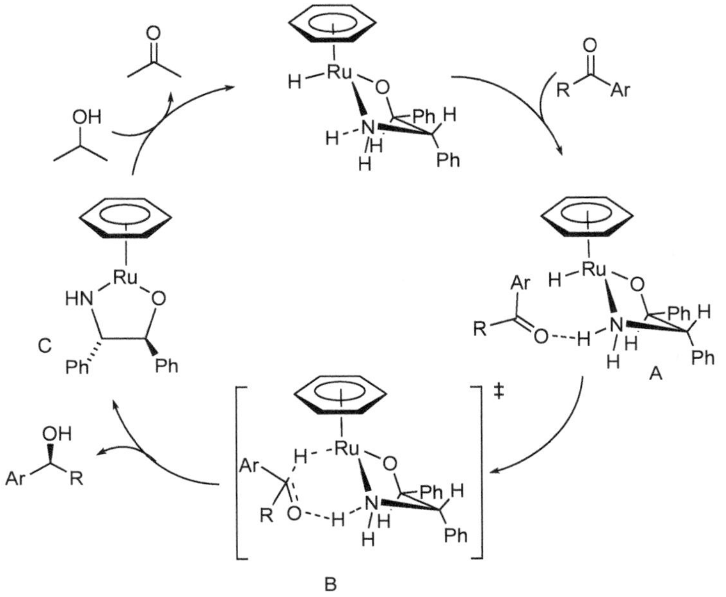

图 5.8 提出的转移氢化反应的催化循环（催化剂表现出了高的转化频率和优秀的对映选择性）

还原的机理中,起初底物与催化剂以配体上假轴向的 N—H 与羰基氧之间的氢键结合,得到中间体 A,如图 5.8 所示[10]。这一瞬态中间体被认为是形成六元环过渡态(B)的直接前体。负氢传递到羰基上的过程伴随着氮上的氢向该过程中首先形成的烷氧基上的转移。最初生成的以钌胺通过氢键与产物醇结合的 16 电子中间体释放产物,产生的 16 电子物种（C）已得到 X 射线晶体学表征[11]。通过上述反应的逆过程,C 与异丙醇发生非对映选择性的反应得到丙酮,并再生饱和的、手性在金属上的钌催化剂。

在图 5.8 中的六元环过渡态中,可以想象酮的两种可能取向,其分别导致两种对映体产物（图 5.9）。奇怪的是,对产物醇构型的分析却表明反应通过位阻更拥挤的过渡态进行,将氢传递到了羰基的 Re 面。使用高水平理论计算进行的进一步研究（R = H）发现,立体化学诱导不仅仅是螯合的手性配体和钌上的构型造成的结果,还与一种 η^6-芳基配体上的 C—H 与底物之间的相互吸引的 C—H···π 相互作用有关（图 5.9）[13]。

在使用苯甲醛为底物的模型体系中（图 5.9,R = H）,计算的（芳烃）C—H···Ph 与邻位碳的距离（2.86 Å）与二者的范德华半径之和（2.9 Å）接近。这种 C—H···π 吸引来自于静电和电荷转移作用[6]。这种有利的相互作用被两个因素所加强:（1）配位到钌上之后 η^6-芳氢上增加的部分正电荷（及酸性[14]）;（2）由底物在过渡态中不断发展的烷氧化物的性质导致的邻位碳上增加的部分负电荷[13]。这一相互作用稳定了 Re 型过渡态。

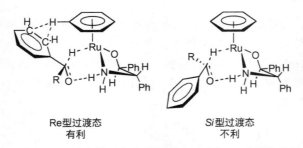

Re 型过渡态
有利

Si 型过渡态
不利

图 5.9　不对称转移氢化反应的 *Re* 型和 *Si* 型过渡态

尽管 *Re* 型过渡态在立体位阻上更加拥挤，它却被 η^6-芳基的 C—H 键与底物的邻位和
间位碳之间的一个 C—H···π 相互作用所稳定化

在一系列取代的 d_1-苯甲醛衍生物的还原中可以发现支持这一假设的实验证据（图
5.10）[15]。由于富电子芳环更强的氢键受体性质，含有供电取代基化合物的还原得到了
更高的对映选择性。相反，缺电子的底物给出了较低的对映选择性。与提出的过渡态模
型（图 5.9）一致，α,β-不饱和醛（d_1-肉桂醛）和一个饱和醛（d_1-氢化肉桂醛）给出了接
近外消旋的产物醇，表明了 C—H···π 相互作用的重要性。

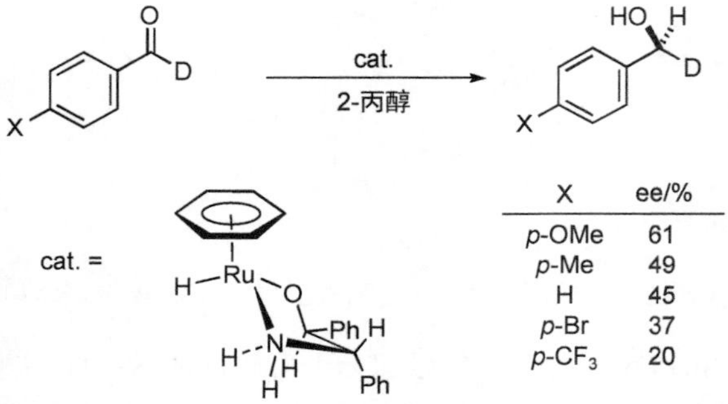

X	ee/%
p-OMe	61
p-Me	49
H	45
p-Br	37
p-CF$_3$	20

cat. =

图 5.10　取代的 d_1-苯甲醛的还原（金属氢化物催化剂由其氯化物前体通过加入碱而产生）

这种 C—H···π 吸引作用的另一个探针是 4-氰基-4′-甲氧基二苯甲酮——一种立体上
几乎对称，但却由于氰基和甲氧基不同的供电能力而在电性上非对称的酮。如图 5.11 所
示，还原反应优先产生(*S*)-构型的醇，这与富电子的 4-甲氧基芳基形成了更强的 C—H···
π 作用一致（34% ee）[13]。

根据以上基于(η^6-C$_6$H$_6$)Ru 催化剂的过渡态，预期将 η^6-芳基换成 C$_6$Me$_6$ 会导致反应
的过渡态从 *Re* 型变成 *Si* 型。但从产物醇的构型来看，实际上并非如此。对 *Re* 型和 *Si*
型过渡态的计算分析表明，一个 C(sp^3)H···π 的吸引足够强地稳定了 *Re* 型过渡态，克服
了底物与 η^6-C$_6$Me$_6$ 之间更大的空间排斥（图 5.12）。在 *Re* 型过渡态中，相互作用的甲基
碳与底物的邻位和间位碳的距离的计算值分别为 2.94 Å❶ 和 3.18 Å。跟母体 C$_6$H$_6$ 体系一
样，与非配位的芳烃相比，配位的 η^6-芳基上苄位氢增强的正电性提高了 C(sp^3)H···π 相
互吸引的强度。

❶ 1 Å = 0.1 nm。

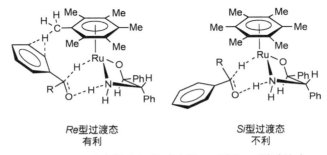

图 5.11　二苯甲酮衍生物中的孤对电子处于立体位阻上相似的环境，但是它们在电性上是迥异的
产物的构型与更富电子的 π-体系靠近 η⁶-芳基一致，是因为其更有利的 C—H⋯π 相互作用

Re型过渡态　　　　　　　　　Si型过渡态
有利　　　　　　　　　　　不利

图 5.12　不对称转移氢化反应的 Re 型和 Si 型过渡态
Re 型过渡态被一个 C(sp³)H⋯π 相互作用所稳定

此处描述的吸引的 C—H⋯π 相互作用在稳定其中一个非对映选择性的过渡态上是非常重要的。然而，其他因素，如配体的立体化学和钌中心的构型，对催化剂的对映选择性也至关重要。已经将上述 C—H⋯π 相互作用与无催化剂或促进剂的 Diels-Alder 反应中的次级轨道相互作用对 endo 路径的稳定化作用进行了类比[10]。

5.3　Lewis 酸催化中的甲酰基 C—H⋯O 相互作用

为了解释 Lewis 酸催化的醛的不对称反应中的立体化学诱导，曾经提出在配位的甲酰基 C—H 键与催化剂上一个碱性位点（通常是氧）之间存在一种相互作用能够稳定其中一种非对映选择性的过渡态[16-19]。这一相互作用尽管很可能较弱，不是决定立体选择性的主导因素，但却是需要与更经典的结构元素一起考虑的一个重要因素。这一组织元素可以用于限制沿羰基氧与 Lewis 酸催化剂之间的配位键的旋转。

通常并不认为甲醛或甲酰胺上的酰氢非常缺电子或参与形成氢键。然而，大量的 X 射线晶体学证据表明，酰基 C—H 键与邻近的羰基氧存在作用，这可以从 C—H⋯O 相互作用中存在很近的 C⋯O 距离判断出来（不超过 3～4 Å）[20-22]。这种短的 C—H⋯O 接触在固态中的频繁出现表明了其对晶体堆积的影响。另外，它们的几何特性，此处即酰基 C—H 键朝向羰基氧上 sp² 杂化的孤电子对，也与 O—H⋯O 氢键中的类似[20]。这些互相吸引的 C—H⋯O 相互作用本质上是静电作用。对于这些相互作用是否应称作氢键仍存在争议[21]。然而氢键一词用在这里足够了。

上面讲的短的甲酰基 C—H···O 接触主要是非活化醛的分子间的固态的现象。当醛被 Lewis 酸活化时，会出现几种重要的不同之处。羰基氧对 Lewis 酸的配位增加了羰基碳和酰氢的正电性质。这也增加了 Lewis 酸性位点的电子密度和与 Lewis 酸性原子相连的杂原子的 Lewis 碱性。与非活化体系相比，这两种因素都会导致这种分子内氢键（图5.13）中更加有利的相互作用。图中显示的羰基与 M—O 键顺叠式构象是在固体结构中经常观察到的。另外，醛中未配位的孤对电子与 M—O 的 σ* 轨道处于顺式共平面。跟异头碳效应的方式相似[23,24]，羰基氧的孤对电子向 M—O σ* 轨道的离域也可能会对这一构象的稳定化有所贡献。C—H···O 氢键的存在[23-28] 和 n 到 σ* 的轨道相互作用[23,24] 与分子轨道计算的结果一致。

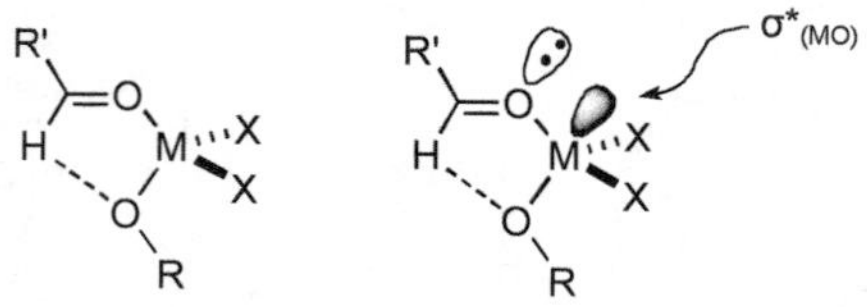

图 5.13　左图中显示了配位的醛上甲酰基 C—H 键与 Lewis 酸 M 上烷氧基配体的碱性的氧之间的相互作用；右图中显示了配体的 M—O σ*轨道与醛的孤对电子的排列方式

式 5.3 中使用硼 Lewis 酸提供了一个展示了 C—H···O 氢键作用、静电和偶极诱导的偶极吸引和 Lewis 酸配位如何结合起来并导致非常高的对映选择性的例子。我们感兴趣的反应是 2-取代丙烯醛衍生物与环戊二烯在一个由正丁基硼酸和色氨酸衍生物衍生的催化剂催化下的 Diels-Alder 反应（式 5.3）。

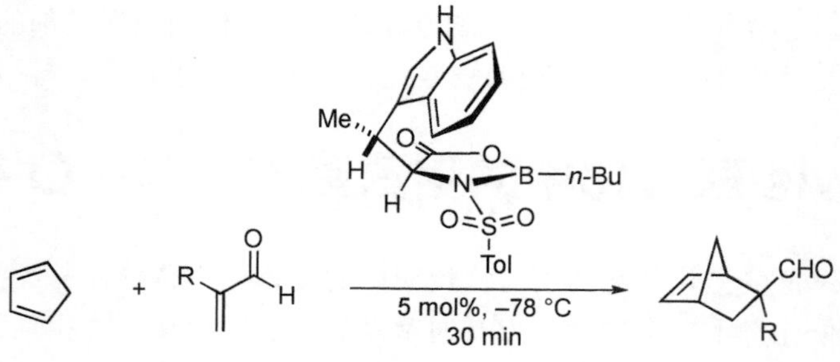

$$\tag{5.3}$$

R	ee/%
Br	> 99
Cl	> 99
Me	92
Et	92

在存在和不存在底物的情况下对催化剂的深入研究为该体系中控制对映选择性的相互作用提供了至关重要的认识。对催化剂的变温 NOE 研究表明催化剂是构象动态的。相反，一旦加入等物质的量的 2-甲基丙烯醛并降到低温至低温（210 K）之后，就观察到了非邻位氢之间的 NOE 效应。这一实验结果导致得出了这样的结论，即催化剂和底

物的加合物是构象刚性的，接近图 5.14 中所示的构象。对这一构象的进一步的证据是检测到了吲哚和结合的底物之间存在一个电荷转移配合物，表明这两个基团之间距离大约为 3 Å。另外，醛的配位是可逆的，甚至在低温下也是如此。当温度降低时，醛的甲基的共振移向高场，表明醛处于吲哚部分的正上方。相反，在 2-甲基丙烯醛与 BF₃ 形成的配合物中，温度降低时甲基的共振移向低场[29]。

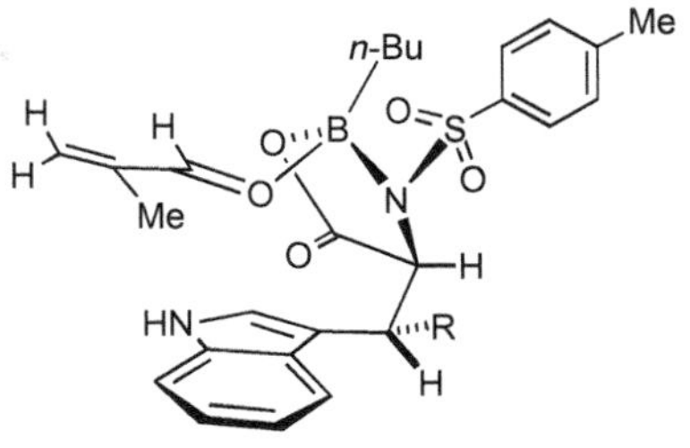

图 5.14　根据观察到的 NOE
推断的溶液结构

　　底物可以以 *s-cis* 或 *s-trans* 的方式与硼结合，这些构象异构体生成产物的不同对映体（图 5.15）。这些构象异构体之间的转换可以通过键的旋转或底物的交换进行，二者都比 Diels-Alder 反应要快。因此，一般认为这一体系受 Curtin-Hammett 关系控制。从这两种构象异构体形成产物的过程不取决于二者的丰度，而是其活化自由能。基于产物中的对映选择性的意义，*s-cis* 构象的活性更高。

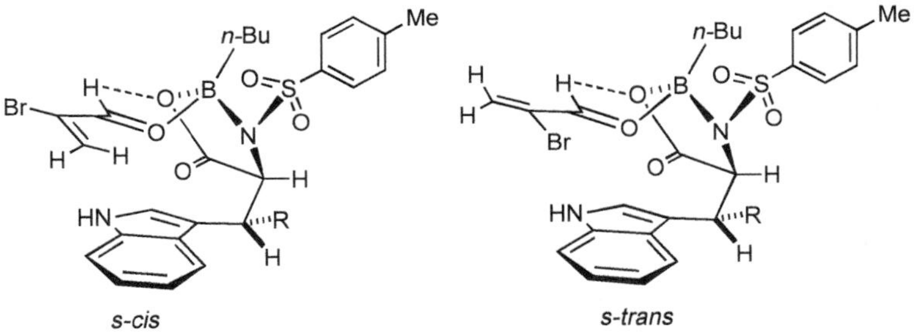

图 5.15　提出的 *s-cis* 构象和 *s-trans* 构象异构体的结构

　　在 Diels-Alder 反应的过渡态中，亲双烯体中参与反应的双键的杂化状态经历从 sp² 到 sp³ 的变化，增加了其立体位阻要求。提出在 *s-trans* 构象中，这些碳原子在 Diels-Alder 反应中的重新杂化将溴原子赶向吲哚，导致过渡态中非键作用的增加。在 s-cis 构象中这一效应极大地减弱了。图 5.16 显示了一个提出的过渡态。

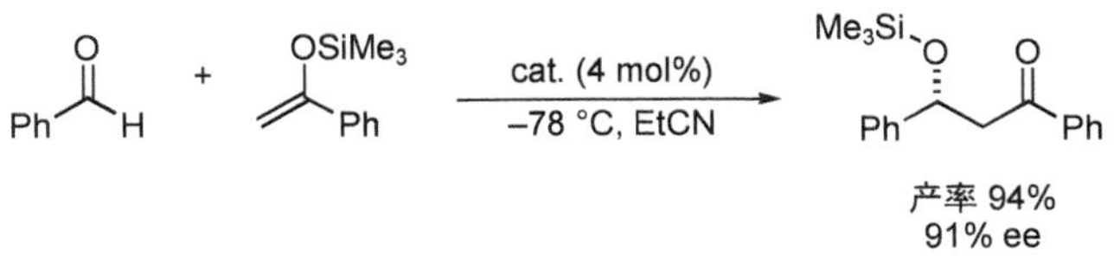

产率 94%
91% ee

（5.4）

　　一个结构很类似的催化剂被用于 Mukaiyama aldol 反应并取得了优秀的对映选择性（式 5.4）[30,31]。与上面 Diels-Alder 反应中用的 *n*-Bu 衍生物相比，拉电子的 3,5-二(三氟甲基)苯基（见图 5.17）提高了催化剂的 Lewis 酸性和转化频率。

　　对这个反应也提出了一个类似的醛活化模型，其中包括与硼的配位、吲哚与醛之间的 π 堆积和底物与羧酸根之间的 C—H···O 氢键作用（图 5.17）。

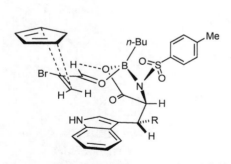

图 5.16   提出的不对称 Diels-Alder 反应的
过渡态，展示了酰基的 C—H 键与结合
在硼上的羧酸根的相互作用

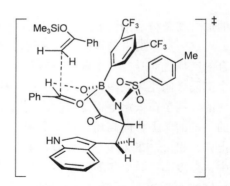

图 5.17   提出的不对称 Mukaiyama aldol
反应的过渡态

5.4   电荷-电荷相互作用

许多催化不对称反应涉及带电的中间体。如果催化剂或催化剂-底物加合物是带电荷的，由于静电力的作用，它将与一个抗衡离子结合。这样，抗衡离子的结构很可能影响到催化剂的活性和对映选择性。如果抗衡离子位于手性的催化剂-底物加合物中，那么其本性和所处的位置可能与一个次级相互作用相关联。由此它可以成为控制反应立体选择性的一个重要因素。在不对称相转移催化中，底物和催化剂之间不存在共价键，静电吸引作用负责将底物维持在催化剂的手性环境中，可能控制了底物的取向和反应的不对称诱导的意义（sense of asymmetric induction）（见第 3 章 3.3 节）。

5.4.1   含有内部抗衡离子的不对称银催化剂

提出电荷-电荷相互作用在不对称催化剂的对映选择性方面起到重要作用的其中一个最早和起到最重要贡献的例子是异氰基乙酸乙酯与醛生成 5-烷基-2-噁唑啉-4-羧酸酯的不对称 aldol 反应（图 5.18）[32-39]。反应的催化剂是从一个同时含有中心手性和平面手性的手性膦配体现场制备的 Au(Ⅰ)配合物。提出配体通过两个膦原子配位到金中心上[34,39]，

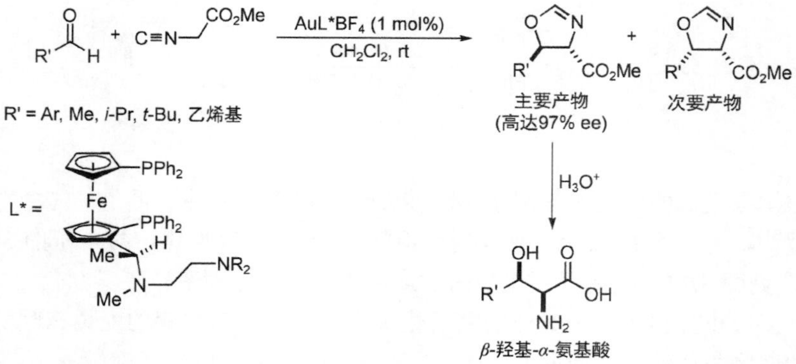

图 5.18   阳离子的双膦-Au(Ⅰ)催化剂催化的醛与异氰基乙酸乙酯的不对称 aldol 反应

而氨基并不与金属中心结合，这可以从该配体的钯配合物中看出[40]。然而有证据表明，金每次只与一个膦配位，并在两个膦之间快速移动[39]。不论配体的结合模式如何，得到的金催化剂非常高效［转化数（TON）高达 10000］，并对很多醛底物都给出了优秀的对映选择性和良好的非对映选择性（图 5.18）[36]。这一 aldol 缩合反应的杂环产物经过水解可以制备 β-羟基-α-氨基酸，它已被用于天然产物合成中[41]。

已通过底物普适性分析[33,38,42]和严格的机理研究[34,39]对金催化剂的作用模式进行了探索。对一系列含有不同的氨基连接链的二茂铁双膦配体的考察表明，对映选择性以及较轻程度上的非对映选择性，强烈依赖于氨基侧链的性质[33,38,42]。如图 5.19 所示，当 2 个亚甲基单元连接氨基时，如配体 A 和一些末端氨基上含不同烷基结构很相近的配体，观察到了高的对映选择性。相反，当亚甲基数目增加到 3 个时，如配体 B，催化剂的对映选择性发生了戏剧性的下降。将 A 中的末端二甲氨基换成羟基也造成了对映选择性的急剧降低。将第一个氨基后面的侧链砍掉之后导致产生了消旋的产物。有趣的时，使用与 A 具有相反的中心手性但相同平面手性的配体 E 时，以低的 ee 值得到了反式产物的相反的对映体[37]。这些结果清楚地表明，氨基侧链的性质和长度都对催化剂的对映选择性有影响。

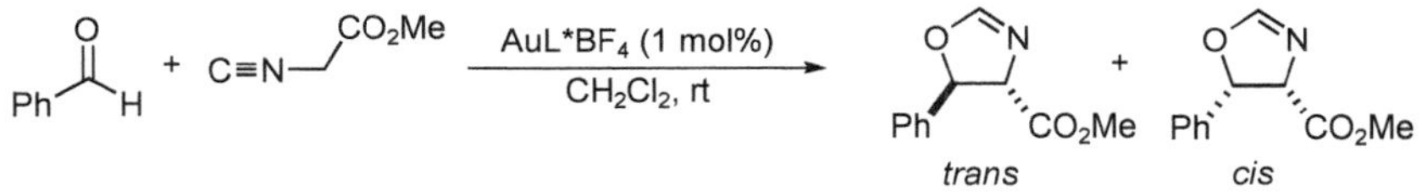

L*	产率/%	trans:cis	ee (trans)/% (构型)
A	91	90:10	91 (4S,5R)
B	99	89:11	23 (4S,5R)
C	91	69:31	37 (4S,5R)
D	80	68:32	0—
E	—	84:16	41 (4R,5S)

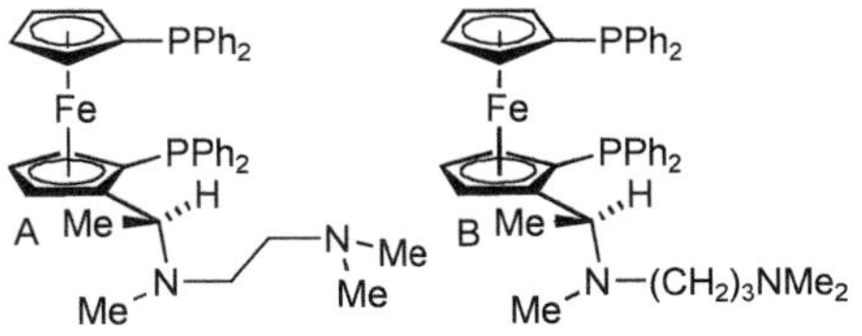

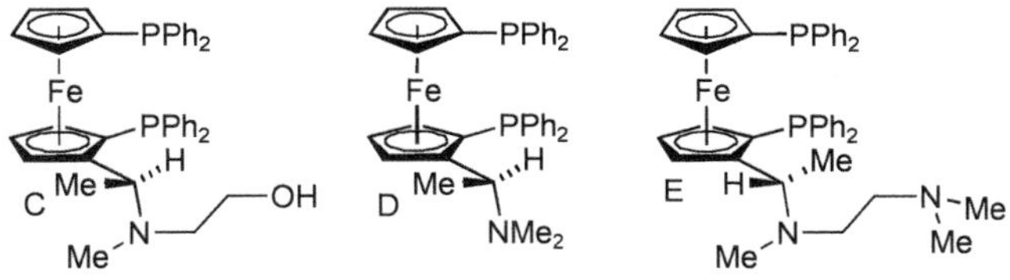

图 5.19 醛与异氰基乙酸乙酯的不对称 aldol 反应中配体结构对对映选择性和非对映选择性的影响

此反应适用于许多不同的醛，包括甲醛（图 5.20）[43]。根据图 5.19 和图 5.20 中的结果，以及机理研究表明的烯醇负离子对醛的进攻是反应的决速步[39]，提出了如图 5.21 所示的烯醇负离子中间体的模型。这一提法中的关键特性包括烯醇负离子通过异腈对 Lewis 酸性的金中心的配位和配体的端位氨基对酯 α-氢的去质子化（双功能催化，见第 12 章）。带正电的铵离子和烯醇负离子之间的静电相互作用应该控制了烯醇负离子的取向。结果是，烯醇负离子的一面被铵离子侧链屏蔽了，而不能被亲电试剂进攻。这种说法解释了对映选择性对悬挂着的氨基侧链的性质和长度的强烈依赖性。表面上看来，延长的侧链（图 5.19）将铵基进行了置位，使烯醇负离子无法采取能实现高对映选择性 aldol 缩合反应的取向。值得一提的是，无法排除在铵基与烯醇负离子间形成氢键的可能性。

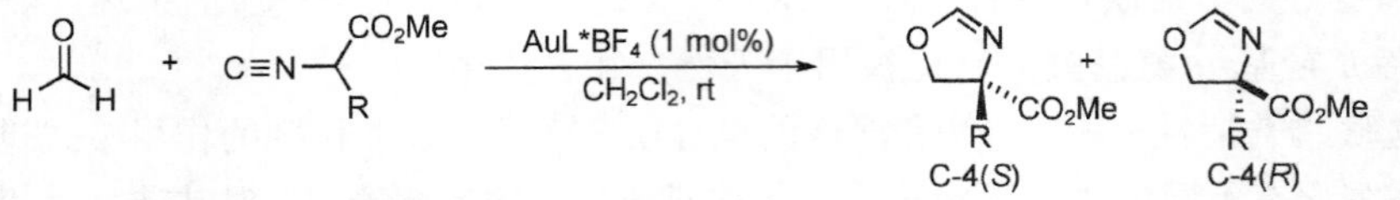

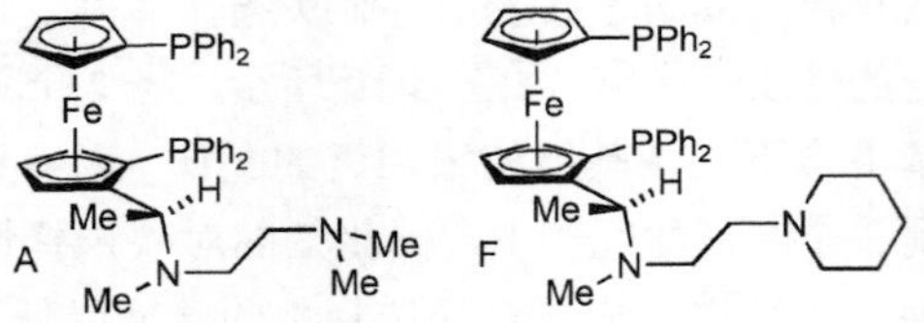

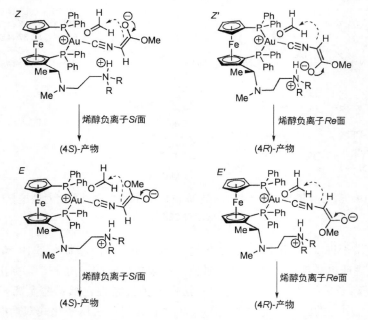

R	配体	产率/%	ee/%	构型
H	A	99	52	(S)
H	F	89	44	(S)
Me	A	100	64	(S)
Me	F	95	63	(S)
i-Pr	A	99	71	(S)
i-Pr	F	96	81	(S)

图 5.20　异氰基乙酸乙酯与醛（甲醛）的不对称 aldol 反应得到一个单一的立体中心

如图 5.21 所示，4 个过渡态的区别在于烯醇负离子的构型和与亲电试剂反应的烯醇负离子面的朝向（Re 还是 Si）[39]。为简化讨论，我们先来考虑甲醛作为亲电试剂的反应，因为它不会得到非对映异构体的混合物（图 5.20）。

如图 5.21 所示，烯醇负离子的前面一面被悬挂着的铵基侧链挡住了，甲醛被置于纸面所在平面的后方。(Z)-式的烯醇负离子 Z 和 Z'以其 Si 面和 Re 面反应分别得到(4S)-和

图 5.21　金催化的 aldol 反应的不对称诱导模型

在过渡态 Z 和 Z'中烯醇负离子具有(Z)-式构型，而在过渡态 E 和 E'中它们具有(E)-式构型。
烯醇负离子的面选择性与其几何构型无关。注意甲醛位于金催化剂的后方

(4R)-产物。类似地，(E)-式的烯醇负离子 E 和 E'在 Si 面和 Re 面反应也得到(4S)-和(4R)-产物。在这些提出的中间体中，C4 的构型与烯醇负离子的几何构型无关，因为产物 C-4 上的(S)-构型可以从中间体 Z 和 E 产生，(R)-构型可以从 Z'和 E'中间体得到。立体选择性由甲醛进攻烯醇负离子的面选择性决定，其中 Z 和 E 的路径更有利[39]。

　　当使用前手性的醛为底物时会形成非对映异构体，因为图 5.21 中进攻醛的烯醇负离子可以从醛的 Re 面或 Si 面进攻。对甲醛得到的产物进行立体化学分析可以清楚地看出，主要的非对映体是通过 Z 或 E 来形成的（图 5.21）。然而，Curtin-Hammett 原理（见 1.5 节）使我们无法得出有关这些中间体的活性的信息，即便我们已经知道其相对浓度。因此，我们仅考虑前手性醛底物反应的中间体 Z 和 Z'的情况，同时记住这个反应完全有可能是通过 E 和 E'发生的（图 5.22）。在与甲醛的反应中，烯醇负离子的 Si 面与亲电试剂反应。与前手性底物，如苯甲醛反应时（图 5.22），我们再次期望烯醇负离子的 Si 面表现出更高的反应活性。反应因此通过(Z)-烯醇负离子而非(Z')-烯醇负离子进行。醇负离子的 Si 面可以与醛的 Re 面或 Si 面（应为"Si 面或 Re 面"——译者注）中的任意一面进行反应，分别得到(4S,5R)-trans 或(4S,5S)-cis 产物。注意进攻醛的 Si 面得到(5R)-产物，而进攻 Re 面得到(5S)-产物。观察到了对醛 Si 面的加成，得到了(4S,5R)-产物，应该是通过过渡态 Z-Si 进行的。注意这一模型并没有考虑 P-苯基基团的取向，而这种取向在不对称催化中起着重要作用（见第 4 章）。这一例子中，对 Re 面的进攻很可能是不利的，因为苯甲醛上的苯基与配体的 P-苯基基团可能存在立体位阻排斥作用。

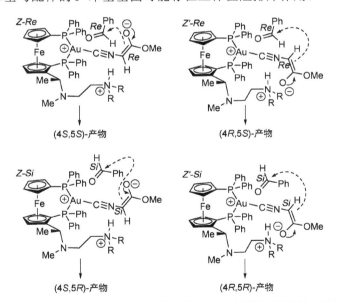

图 5.22　金催化的 aldol 反应的对映选择性和非对映选择性控制模型，分别得到 trans 和 cis 产物。在所有的过渡态中烯醇负离子都具有(Z)-式构型

　　值得一提的是，C4 的立体化学依赖于烯醇负离子进攻亲电试剂这一过程的面选择性。C5 的立体化学取决于醛对烯醇负离子接近的取向。它很可能与导致 C4 立体化学的亲核试剂的面选择性无关（然而也不尽然，见 A.2.2 节）。不对称催化的一个重要概念是

一个反应的对映选择性和非对映选择性不一定相互有关联。尽管如此，在形成了非对映异构体的反应中，给出高对映选择性的配体也经常会给出高的非对映选择性。

这个体系中另外一个值得注意的现象是图 5.19 中配体 A 上的中心手性和面手性以协同的方式起作用，而在非对映异构体的配体 E 中，这两种立体化学元素是相互对立的[37]。这种现象与不对称合成中的术语"匹配"和"不匹配"有关（见第 13 章）。在这些配体中，中心手性支配着立体化学控制。改变了这个立体中心的构型造成了立体选择性的翻转。有趣的是，配体上起支配作用的元素随使用的催化剂不同而异。在使用与 A 和 E 相似的双膦配体（图 5.19）的二级格氏试剂与芳基卤化物的催化不对称交叉偶联反应（Kumada 偶联）中，平面手性在决定反应的对映选择性上起到了更大的作用[44,45]。

在前面的例子中，实验证据表明手性配体上带正电荷的铵离子的位置影响了中间体烯醇负离子的取向。因此，氨基侧链上较小的变化或氨基取代基的变化对催化剂的对映选择性具有重要的影响。在这个体系中，催化剂起着双重作用：它通过与金中心活化了异氰酸酯并通过离子对作用定位了烯醇负离子。

5.4.2 不对称相转移催化剂

上述金催化体系与相转移条件下离子对介导的反应有一些共同的特性。在相转移催化（PTC）中[46,47]，将底物置于催化剂手性环境的主要作用是静电作用与范德华力的组合，因为在催化剂与底物间并不形成共价键或配位键（也见第 3 章 3.3 节）。相转移条件下发生的反应在不对称催化中日益重要[48]，已在对映选择性的烷基化[49,50]、Michael 加成[51,52]、aldol 及相关的缩合[53,54]、1,2-加成反应[55]、环氧合成[56,57]和还原反应[58]中有应用。例如，下面给出了相转移催化的烯醇负离子的烷基化（式 5.5）。这是一个高对映选择性合成非天然氨基酸的优秀的方法[59-63]。

$$
\begin{array}{c}
\underset{Ph}{\overset{Ph}{>}}C=N-CH_2-C(=O)-O\text{-}t\text{-Bu} + RCH_2X + NaOH \xrightarrow{\text{Q}^+\text{X}^-\ (cat.)} \underset{Ph}{\overset{Ph}{>}}C=N-\overset{*}{C}H(CH_2R)-C(=O)-O\text{-}t\text{-Bu} + NaX
\end{array} \quad (5.5)
$$

图 5.23 中描述了 PTC 过程的一个简化的机制，其中 Q^+ 是手性阳离子。在这一步骤中，典型的是含有有机相和水相的一个两相混合物被快速搅拌，以增加两相之间的接触。在式 5.5 的例子中，酯和烷基卤化物处于有机相，这里它们在没有碱存在的情况下不能反应。离子型的无机碱处于水相中。在反应的步骤 A 中（图 5.23），酯在水相和有机相的界面上被去质子化。生成的烯醇钠盐在步骤 B 中与手性的阳离子相转移催化剂发生离子交换，形成亲脂的紧密离子对。接下来亲脂的紧密离子对被萃取到有机相中，在这里发生步骤 C 中催化剂-烯醇负离子加合物与烷基卤化物的反应，得到中性的烷基化产物，同时阳离子的相转移催化剂与卤离子结合。为了理解烷基化过程中的立体化学诱导，有必要知道烯醇负离子是如何与手性模板相互作用的。因此，"烯醇负离子的立体化学是什么样的（E 式还是 Z 式）？""烯醇负离子结合到催化剂的什么位置？""催化剂与烯醇负离子之间还存在何种相互作用？"以及"亲核取代反应的面选择性的起因是什么？"等诸如此类的问题必须要得到解答，以加快催化剂的理性设计。然而这些问题很难得到确定性的答案。

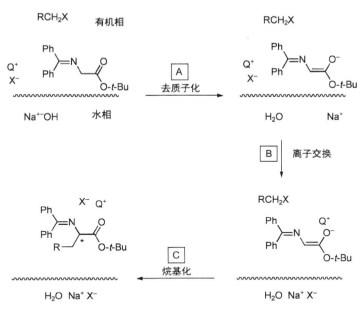

图 5.23 烯醇负离子不对称烷基化中相转移催化的机理

研究最多的一类手性相转移催化剂之一是金鸡纳碱衍生物,如辛可宁(A,图 5.24)[48-50]。其叔胺进行烷基化得到季铵盐。这种催化剂在许多反应中有成功的应用,包括图 5.5 中所示的甘氨酸叔丁酯二苯甲酮席夫碱的烷基化反应[48]。

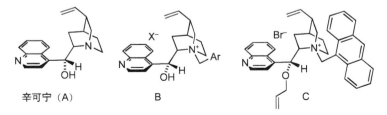

图 5.24 辛可宁的结构(A)、一类相转移催化剂(B)和 *O*(9)-烯丙基-
N-(9-蒽甲基)辛可宁溴化物(C)

对这一家族的催化剂的深入研究最终导致理性设计出了 O(9)-烯丙基-*N*-(9-蒽甲基)辛可宁溴化物(C,图 5.24),用于式 5.5 中不对称烷基化反应的一种高对映选择性的催化剂[61,62]。当低温下使用 CsOH·H₂O 作碱时,烷基化反应的对映选择性一致地非常高(表 5.1)。CsOH·H₂O 的使用降低了水相的用量,并使反应可以在比水溶液中低得多的温度下进行。

对蒽衍生物 C 的构象分析表明阳离子具有一个确定的、刚性几何结构,取代基蒽甲基与桥头氮原子上的 *N*-CH₂ 交错。另外,*O*-烯丙基基团帮助定位了喹啉环。得到的一个 C 的以 4-硝基苯酚负离子为抗衡离子的晶体结构,为烯醇负离子与手性阳离子可能的结合方式提供了关键信息[61]。在相转移催化剂-烯醇负离子的离子对模型中,酚负离子起到了底物类似物的作用。在图 5.25 所示的结构中,4-硝基苯酚负离子的氧位于带电荷的氮

表 5.1 使用 *O*(9)-烯丙基-*N*-(9-蒽甲基)辛可宁溴化物（C，图 5.24）的对映选择性相转移催化

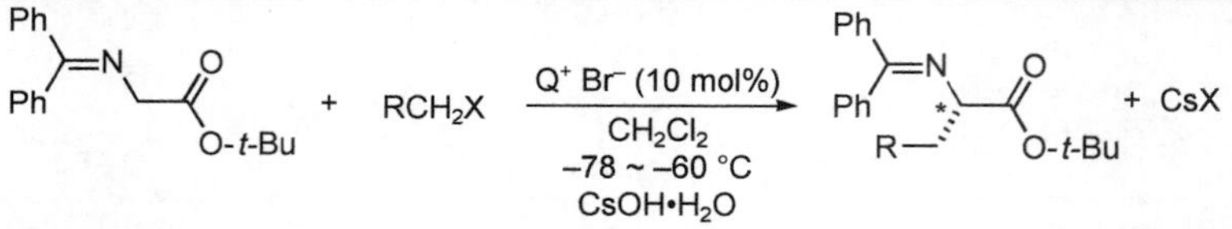

RCH_2X	ee/%	分离产率/%
EtI	98	82
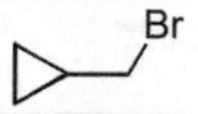	99	75
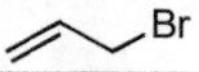	97	89
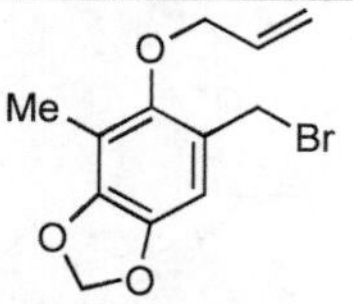	96	81
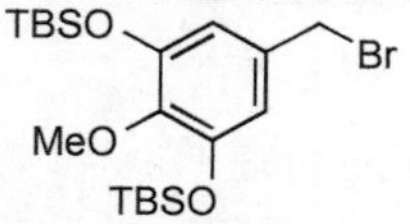	97	67

原子附近，距离为 3.46 Å，且处于奎宁双环上未取代的 CH_2—CH_2 桥的对面一侧。这是对阳离子氮进攻的立体位阻最小的方式。基于这个和相关的结构，预测烯醇负离子将占据结构中酚负离子同样的位置[61]。图 5.26 中的模型展示了烯醇负离子（加粗表示）在手

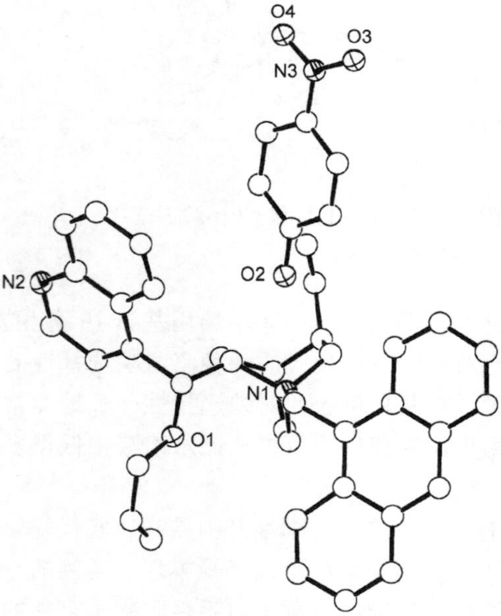

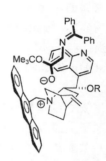

图 5.25 *O*(9)-烯丙基-*N*-(9-蒽甲基)辛可宁 4-硝基苯酚盐的结构

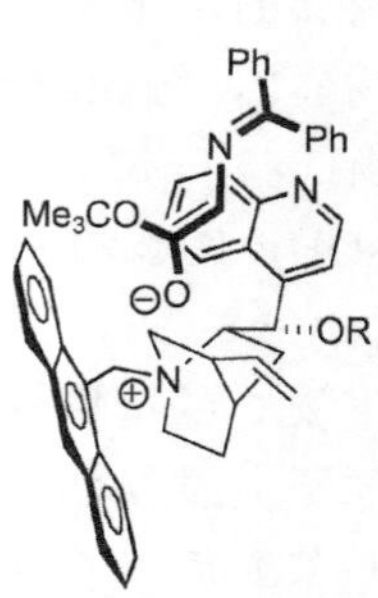

图 5.26 提出的烯醇负离子不对称烷基化中形成的离子对的取向

性铵离子的裂缝中的位置。烯醇负离子与喹啉环之间吸引的相互作用很可能屏蔽了烯醇负离子的一个面，使其不能被亲电试剂进攻。没有画出的亲电试剂从上面进攻烯醇负离子未被屏蔽的一面，得到了产物中观察到的立体化学。

结语

在合适的条件下，催化剂与底物间形成的非经典相互作用可以有助于甚至控制催化不对称反应的对映选择性。从上述的例子可以看出，一些次级相互作用经常很难被发现，将其用于不对称催化剂的理性设计很有挑战性。然而，我们对这些相互作用理解越多，就越可能实现这一目标。

参 考 文 献

[1] Hawkins, J. M.; Loren, S. Two-Point-Binding Asymmetric Diels-Alder Catalysts: Aromatic Alkyldichloroboranes. *J. Am. Chem. Soc.* **1991**, *113*, 7794-7795.

[2] Hawkins, J. M.; Loren, S.; Nambu, M. Asymmetric Lewis Acid-Dienophile Complexation: Secondary Attraction Versus Catalyst Polarizability. *J. Am. Chem. Soc.* **1994**, *116*, 1657-1660.

[3] Hawkins, J. M.; Nambu, M.; Loren, S. Asymmetric Lewis Acid-Catalyzed Diels-Alder Reactions of α,β-Unsaturated Ketones and α,β-Unsaturated Acid Chlorides. *Org. Lett.* **2003**, *5*, 4293-4295.

[4] Shambayati, S.; Crowe, W. E.; Schreiber, S. L. On the Conformation and Structure of Organometal Complexes in the Solid State: Two Studies Relevant to Chemical Synthesis. *Angew. Chem., Int. Ed. Engl.* **1990**, *29*, 256-272.

[5] Nishio, M. CH/p Hydrogen Bonds in Crystals. *Cryst. Eng. Comm.* **2004**, *6*, 130-158.

[6] Nishio, M.; Hirota, M.; Umezawa, Y. In *the CH/π Interaction: Evidence, Nature and Consequences*, Marchand, A. P., Ed.; Wiley: New York, 1998; Chapter 2, pp 11-45.

[7] Carmona, D.; Lamata, M. P.; Viguri, F.; Rodriguez, R.; Oro, L. A.; Lahoz, F. J.; Balana, A. I.; Tejero, T.; Merino, P. Enantioselective 1,3-Dipolar Cycloaddition of Nitrones to Methacrolein Catalyzed by (η⁵-C₅Me₅)M[(R)-Prophos] Containing Complexes [M = Rh, Ir; (R)-Prophos = 1,2-bis(Diphenylphosphino)propane]: On the Origin of the Enantioselectivity. *J. Am. Chem. Soc.* **2005**, *127*, 13386-13398.

[8] Noyori, R.; Ohkuma, T. Asymmetric Catalysis by Architectural and Functional Molecular Engineering: Practical Chemo- and Stereoselective Hydrogenation of Ketones. *Angew. Chem., Int. Ed. Engl.* **2001**, *40*, 40-73.

[9] Noyori, R.; Hashiguchi, S. Asymmetric Transfer Hydrogenation Catalyzed by Chiral Ruthenium Complexes. *Acc. Chem. Res.* **1997**, *30*, 97-102.

[10] Noyori, R.; Yamakawa, M.; Hashiguchi, S. Metal-Ligand Bifunctional Catalysis: A Nonclassical Mechanism for Asymmetric Hydrogen Transfer Between Alcohols and Carbonyl Compounds. *J. Org. Chem.* **2001**, *66*, 7931-7944.

[11] Haack, K.-J.; Hasiguchi, S.; Fujii, A.; Ikariya, T.; Noyori, R. The Catalyst Precursor, Catalyst and Intermediate in the Ru(II)-Promoted Asymmetric Hydrogenation Transfer Between Alcohols and Ketones. *Angew. Chem., Int. Ed. Engl.* **1997**, *36*, 285-288.

[12] Yamakawa, M.; Ito, H.; Noyori, R. The Metal-Ligand Bifunctional Catalysis: A Theoretical Study on the Ruthenium(II)-Catalyzed Hydrogen Transfer Between Alcohols and Carbonyl Compounds. *J. Am. Chem. Soc.* **2000**, *122*, 1466-1478.

[13] Yamakawa, M.; Yamada, I.; Noyori, R. CH/π Attraction: The Origin of Enantioselectivity in Transfer Hydrogenation of Aromatic Carbonyl Compounds Catalyzed by Chiral η⁶-Arene-Ruthenium(II) Complexes. *Angew. Chem., Int. Ed. Engl.* **2001**, *40*, 2818-2821.

[14] Crabtree, R. H. In *The Organometallic Chemistry of the Transition Metals*, 3rd ed.; Wiley: New York, 2001.

[15] Yamada, I.; Noyori, R. Asymmetric Transfer Hydrogenation of Benzaldehydes. *Org. Lett.* **2000**, *2*, 3425-3427.

[16] Corey, E. J.; Rohde, J. J.; Fisher, A.; Azimioara, M. D. A Hypothesis for Conformation Restriction in Complexes of Formyl Compounds with Boron Lewis Acids. Experimental Evidence for Formyl CH•••O and CH•••F Hydrogen Bonds. *Tetrahedron Lett.* **1997**, *38*, 33-36.

[17] Corey, E. J.; Barnes-Seeman, D.; Lee, T. W. The Formyl C—H···O Hydrogen Bond as a Key to Transition-State Organization in Enantioselective Allylation, Aldol and Diels-Alder Reactions Catalyzed by Chiral Lewis Acids. *Tetrahedron Lett.* **1997**, *38*, 1699-1702.

[18] Corey, E. J.; Rohde, J. J. The Application of the Formyl C—H···O Hydrogen Bond Postulate to the Understanding of Enantioselective Reactions Involving Chiral Boron Lewis Acids and Aldehydes. *Tetrahedron Lett.* **1997**, *38*, 37-40.

[19] Corey, E. J.; Lee, T. W. The Formyl C—H···O Hydrogen Bond as a Critical Factor in Enantioselective Lewis-Acid Catalyzed Reactions of Aldehydes. *J. Chem. Soc., Chem. Commun.* **2001**, 1321-1329.

[20] Taylor, R.; Kennard, O. Crystallographic Evidence for the Existence of CH···O, CH···N and CH···Cl Hydrogen Bonds. *J. Am. Chem. Soc.* **1982**, *104*, 5063-5070.

[21] Desiraju, G. R. The C—H···O Hydrogen Bond in Crystals: What Is It? *Acc. Chem. Res.* **1991**, *24*, 290-296.

[22] Chaney, J. D.; Goss, C. R.; Folting, K.; Santarsiero, B. Formyl C—H···O Hydrogen Bonding in Crystalline Bis-Formamides? *J. Am. Chem. Soc.* **1996**, *118*, 9432-9433.

[23] Mackey, M. D.; Goodman, J. M. Conformational Preferences of $R^1R^2C=O•H_2BF$ Complexes. *J. Chem. Soc., Chem. Commun.* **1997**, 2383-2384.

[24] Goodman, J. M. Molecular Orbital Calculations on $R^1R^2C=O•H_2BF$ Complexes: Anomeric Stabilization and Conformational Preferences. *Tetrahedron Lett.* **1992**, *33*, 7219-7222.

[25] Bernardi, N.; Bottoni, A.; Casolari, S.; Tagliavini, E. Zirconium Tetrachloride-Formaldehyde Complexes: A Computational and Spectroscopic Investigation. *J. Org. Chem.* **2000**, *65*, 4783-4790.

[26] Gung, B. W. The Difference in Strength of BF_3-Complexes of Aromatic and Aliphatic Aldehydes. *Tetrahedron Lett.* **1991**, *32*, 2867-2870.

[27] Gung, B. W.; Wolf, M. A. A Study of the Electronic Structures of Boron Trifluoride Complexes with Carbonyl Compounds by Ab Initio MO Methods. *J. Org. Chem.* **1992**, *57*, 1370-1375.

[28] Salvatella, L.; Mokrane, A.; Cartier, A.; Ruiz-López, M. F. The Role of Menthyl Group in Catalyzed Asymmetric Diels-Alder Reactions. A Combined Quantum Mechanics/Molecular Mechanics Study. *J. Org. Chem.* **1998**, *63*, 4664-4670.

[29] Corey, E. J.; Loh, T.-P.; Roper, T. D. The Origin of Greater Than 200:1 Enantioselectivity in a Catalytic Diels-Alder Reaction as Revealed by Physical and Chemical Studies. *J. Am. Chem. Soc.* **1992**, *114*, 8290-8292.

[30] Corey, E. J.; Cywin, C. L.; Roper, T. D. Enantioselective Mukaiyama-Aldol and Aldoldihydropyrone Annulation Reactions Catalyzed by a TryptophanDerived Oxazaborolidine. *Tetrahedron Lett.* **1992**, *33*, 6907-6910.

[31] Ishihara, K.; Kondo, S.; Yamamoto, H. Scope and Limitations of Chiral *B*-[3,5-Bis(trifluoromethyl) phenyl]oxazaborolidine Catalyst for Use in the Mukaiyama Aldol Reaction. *J. Org. Chem.* **2000**, *65*, 9125-9128.

[32] Ito, Y.; Sawamura, M.; Hayashi, T. Catalytic Asymmetric Aldol Reaction: Reaction of Aldehydes with Isocyanoacetate Catalyzed by a Chiral Ferrocenylphosphine-Gold(I) Complex. *J. Am. Chem. Soc.* **1986**, *108*, 6405-6406.

[33] Ito, Y.; Sawamura, M.; Hayashi, T. Asymmetric Aldol Reaction of an Isocyanoacetate with Aldehydes by Chiral Ferrocenylphosphine-gold(I) Complexes: Design and Preparation of New Efficient Ferrocenylphosphine Ligands. *Tetrahedron Lett.* **1987**, *28*, 6215-6218.

[34] Sawamura, M.; Ito, Y.; Hayashi, T. NMR Studies of the Gold(I)-Catalyzed Asymmetric Aldol Reaction of Isocyanoacetate. *Tetrahedron Lett.* **1990**, *31*, 2723-2726.

[35] Kuwano, R.; Ito, Y. In *Addition of Isocyanocaroxylates to Aldehydes in Comprehensive Asymmetric Catalysis.* Jacobsen, E. N.; Pfaltz, A.; Yamoto, H., Eds.; Springer-Verlag: Berlin, 1999; Vol. 2, pp 1067-1074.

[36] Sawamura, M.; Ito, Y. Catalytic Asymmetric Synthesis by Means of Secondary Interaction Between Chiral Ligands and Substrates. *Chem. Rev.* **1992**, *92*, 857-871.

[37] Pastor, S. D.; Togni, A. Asymmetric Synthesis with Chiral Ferrocenylamine Ligands: The Importance of Central Chirality. *J. Am. Chem. Soc.* **1989**, *111*, 2333-2334.

[38] Pastor, S. D.; Togni, A. Chiral Cooperativity: The Effect of Distant Chiral Centers in Ferrocenylamine Ligands upon Enantioselectivity in the Gold(I)-Catalyzed Aldol Reaction. *Helv. Chim. Acta* **1991**, *74*, 905-933.

[39] Togni, A.; Pastor, S. D. Chiral Cooperativity: The Nature of the Diastereoselective and Enantioselective Step in the Gold(I)-Catalyzed Aldol Reaction Utilizing Chiral Ferrocenylamine Ligands. *J. Org. Chem.* **1990**, *55*, 1649-1664.

[40] Hayashi, T.; Kumada, M.; Higuchi, T.; Hirotsu, K. Asymmetric Synthesis Catalyzed by Chiral Ferrocenylpheophine Transition Metal Complexes. 4. Crystal Structure of Dichloro{*N,N*-dimethyl-1[1′,2- bis(diphenylphosphino)ferrocenyl] ethylamine}palladium(II) [PdCl₂(BPPFA)]. *J. Organomet. Chem.* **1987**, *334*, 195-203.

[41] Ito, Y.; Sawamura, M.; Hayashi, T. Asymmetric Synthesis of *threo*- and *erythro*-Sphingosines by Asymmetric Aldol Reaction of α-Isocyanoacetate Catalyzed by a Chiral Ferrocenylphosphine-Gold(I) Complex. *Tetrahedron Lett.* **1988**, *29*, 239-240.

[42] Hayashi, T.; Sawamura, M.; Ito, Y. Asymmetric Synthesis Catalyzed by Chiral Ferrocenylphosphine Transition Metal Complexes. 10. Gold(I)-Catalyzed Asymmetric Aldol Reaction of Isocyanoacetate. *Tetrahedron* **1992**, *48*, 1999-2012.

[43] Ito, Y.; Sawamura, M.; Shirakawa, E.; Hayashizaki, K.; Hayashi, T. Asymmetric Aldol Reaction of α-Isocyanocarboxylates with Paraformaldehyde Catalyzed by Chiral Ferrocenylphosphine-Gold(I) Complexes: Catalytic Asymmetric Synthesis of α-Alkylserines. *Tetrahedron Lett.* **1988**, *29*, 235-238.

[44] Hayashi, T.; Tajika, M.; Tamao, K.; Kumada, M. High Stereoselectivity in Asymmetric Grignard CrossCoupling Catalyzed by Nickel Complexes of Chiral (Aminoalkylferrocenyl)phosphines. *J. Am. Chem. Soc.* **1976**, *98*, 3718-3719.

[45] Hayashi, T.; Konishi, K.; Fukushima, M.; Mise, T.; Kagotani, M.; Tajika, M.; Kumada, M. Asymmetric Synthesis Catalyzed by Chiral FerrocenylphosphineTransition Metal Complexes. 2. Nickel- and Palladium-Catalyzed Asymmetric Grignard Cross-Coupling. *J. Am. Chem. Soc.* **1982**, *104*, 180-186.

[46] Rabinovitz, M.; Cohen, Y.; Halpern, M. Hydroxide Ion Initiated Reactions Under Phase Transfer Catalysis Conditions: Mechanism and Implications. *Angew. Chem., Int. Ed. Engl.* **1986**, *25*, 960-970.

[47] Halpern, M., Ed. In *A.C.S. Symposium 659*; American Chemical Society: Washington, DC, 1997.

[48] O'Donnell, M. J. In *Catalytic Asymmetric Synthesis,* 2nd ed.; Ojima, I., Ed.; Wiley: New York, 2000; pp 727-755.

[49] Dolling, U. H.; Davis, P.; Grabowski, E. J. J. Efficient Catalytic Asymmetric Alkylations. 1. Enantioselective Synthesis of (+)-Indacrinone via Chiral Phase-Transfer Catalysis. *J. Am. Chem. Soc.* **1984**, *106*, 446-447.

[50] Hughes, D. L.; Dolling, U. H.; Ryan, K. M.; Schoenewaldt, E. F.; Grabowski, E. J. J. Efficient Catalytic Asymmetric Alkylations. 3. A Kinetic and Mechanistic Study of the Enantioselective Phase-Transfer Methylation of 6,7-Dichloro-5-methoxy-2-phenyl-1-indanone. *J. Org. Chem.* **1987**, *52*, 4745-4752.

[51] Corey, E. J.; Zhang, F.-Y. Enantioselective Michael Addition of Nitromethane to α,β-Enones Catalyzed by Chiral Quaternary Ammonium Salts. A Simple Synthesis of (*R*)-Baclofen. *Org. Lett.* **2000**, *2*, 4257-4259.

[52] Zhang, F.-Y.; Corey, E. J. Enantio- and Diastereoselective Michael Reactions of Silyl Enol Ethers and Chalcones by Catalysis Using a Chiral Quaternary Ammonium Salt. *Org. Lett.* **2001**, *3*, 639-641.

[53] Corey, E. J.; Zhang, F.-Y. *Re*- and *Si*-Face-Selective Nitroaldol Reactions Catalyzed by a Rigid Chiral Quaternary Ammonium Salt: A Highly Stereoselective Synthesis of the HIV Protease Inhibitor Amprenavir (Vertex 478). *Angew. Chem., Int. Ed. Engl.* **1999**, *38*, 1931-1934.

[54] Ando, A.; Miura, T.; Tatematsu, T.; Shioiri, T. Chiral Quarternary Ammonium Fluoride. A New Rreagent for Catalytic Asymmetric Aldol Reactions. *Tetrahedron Lett.* **1993**, *34*, 1507-1510.

[55] Arai, S.; S, H.; Shioiri, T. Catalytic Asymmetric Horner-Wadsworth-Emmons Reaction Under Phase-Transfer-Catalyzed Conditions. *Tetrahedron Lett.* **1998**, *39*, 2997-3000.

[56] Wynberg, H.; Marsman, B. Synthesis of Optically Active 2,3-Epoxycyclohexanone and the Determination of its Absolute Configuration. *J. Org. Chem.* **1980**, *45*, 158-161.

[57] Alcaraz, L.; Macdonald, G.; Ragot, J. P.; Lewis, N. Manumycin A: Synthesis of the (+)-Enantiomer and Revision of

Stereochemical Assignment. *J. Org. Chem.* **1998**, *63*, 3526-3527.

[58] Drew, M. D.; Lawrence, N. J.; Watson, W.; Bowles, S. A. The Asymmetric Reduction of Ketones Using Chiral Ammonium Fluoride Salts and Silanes. *Tetrahedron Lett.* **1997**, *38*, 5857-5860.

[59] O'Donnell, M. J.; Wu, S.; Huffman, J. C. A New Active Catalyst Species for Enantioselective Alkylation by Phase-Transfer Catalysis. *Tetrahedron* **1994**, *50*, 4507-4618.

[60] O'Donnell, M. J.; Bennett, W. D.; Wu, S. The Stereoselective Synthesis of α-Amino Acids by Phase-Transfer Catalysis. *J. Am. Chem. Soc.* **1989**, *111*, 2353-2355.

[61] Corey, E. J.; Noe, M. C. A Rational Approach to Catalytic Enantioselective Enolate Alkylation Using a Structurally Rigidified and Defined Chiral Quaternary Ammonium Salt Under Phase Transfer Conditions. *J. Am. Chem. Soc.* **1997**, *119*, 12414-12415.

[62] Lygo, B.; Wainwright, P. G. A New Class of Asymmetric Phase-Transfer Catalysts Derived from Cinchona Alkaloids—Application in the Enantioselective Synthesis of Alpha-Amino Acids. *Tetrahedron Lett.* **1997**, *38*, 8595-8598.

[63] Maruoka, K.; Ooi, T. Enantioselective Amino Acid Synthesis by Chiral Phase-Transfer Catalysis *Chem. Rev.* **2003**, *103*, 3013-3028.

第6章 手性毒化、手性活化和非手性配体的筛选

使用金属催化剂进行的对映选择性催化的传统途径是不断重复地合成高对映体富集的手性配体[1-3]。形成金属-配体配合物之后，对新形成的催化剂或催化剂前体进行筛选来确定其对映选择性和活性。对筛选结果进行分析，然后对下一代的配体和催化剂进行设计、合成和筛选。尽管我们理性设计配体和催化剂的能力在增加，优化过程仍然主要靠直觉，最优催化剂的发现依赖于研究团队的能力和好的运气。因此，在这一优化过程中，快速得到含各种不同手性环境的多种催化剂来提高成功率至关重要。不幸的是，对映体纯配体的合成可能会是个艰难的任务，这严重阻碍了不对称过程的优化[4]。因此，人们也研究了催化剂优化的其他途径来提高不对称催化剂制备、筛选和成功优化的效率。具体来说，使用两种单独的配体（两个都是手性的或其中一种是手性的）的催化剂为催化剂发展提供了更多的机遇。

6.1 使用对映体富集的手性配体优化不对称催化剂

6.1.1 外消旋催化剂的不对称去活化

在为不对称催化而进行的对映体纯配体的合成中，化学家经常到自然界的手性产物库中寻找配体的合成砌块。这些配体前体来自于多种多样的结构，比如氨基酸。它们能够提供配体结构的多样性并加快催化剂合成和优化过程。从自然界获得的手性砌块也非常有优势，因为它们能够以接近光学纯的形式得到。不幸的是，大自然很少会慷慨到以拆分开的形式提供所需配体前体的两种对映体。再者，许多常见的和最有用的配体是基于非天然的结构，其中大部分必须以消旋体的形式进行合成，然后将两种对映体分开。外消旋配体的拆分经常是很棘手的，而且，成功用于某个特定的配体前体的拆分试剂不大可能对结构非常相近的类似物也取得类似水平的成功。因此，发展拆分条件是很耗时和昂贵的过程。另一方面，外消旋的配体和配体前体通常要便宜得多。这些因素启发了基于使用外消旋配体的新型不对称催化策略的发展[5]。涉及使用外消旋配体的一个技术被称为"手性毒化"，下面进行介绍[6-8]。

在这一方法中，一个外消旋的配体与一个拆分开的配体（手性毒化剂）结合使用。手性毒化剂（P*）与外消旋催化剂的结合产生了具有不同结合常数的非对映异构体（图6.1）。理想情况下，手性配体特异性地与催化剂的其中一个对映体结合并将其去活化。有几种去活化的机制，最常见的是手性毒化剂紧密结合到催化所需的配位点上。剩下的

未反应的或者说未毒化的催化剂或催化剂前体的对映异构体促进不对称反应。

图 6.1 中这类理想体系比较罕见，因为大部分情况下手性毒化剂不会专一地与催化剂的其中一个对映体作用。更可能的是，催化剂的其中一个对映体比另一个受到更大程度的抑制（图 6.2）。产物的 ee 值和反应速率与对映纯的催化剂（取得的 ee 值和速率）相比反映了对每种催化剂对映体的抑制程度。例如，如果 $K_{(S)\text{-cat·P*}}/K_{(R)\text{-cat·P*}} = 20$，且对映纯的催化剂表现出 100%的对映选择性，那么预期产物的 ee 值将为 90%。对于 $K_{(S)\text{-cat·P*}}/K_{(R)\text{-cat·P*}} = 10$，将会以 82%的 ee 值得到产物。

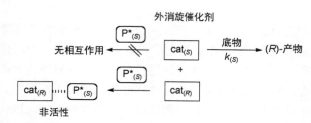

图 6.1　最优情况下的手性毒化的一个例子，其中手性毒化剂[$P^*_{(S)}$]只与催化剂的
其中一个对映体[cat$_{(R)}$]结合

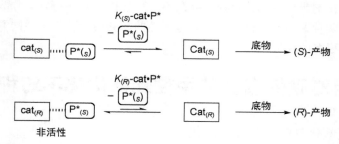

图 6.2　手性毒化的一个例子，其中毒化剂 $P^*_{(S)}$对 Cat$_{(R)}$比对 Cat$_{(S)}$表现出了更高的
亲和力，造成产物以(S)-构型为主

实施手性毒化技术时必须考虑的其他问题包括底物和手性毒化剂的相对结合常数。由于使用的毒化剂通常是催化量的，它必须对催化剂比底物表现出高得多的亲和性，否则底物就会取代手性毒化剂。然而，如果毒化剂对金属中心结合得太好，以至于取代了手性配体 L*[9]，或者如果手性毒化剂导致了配体的重新分布，比如得到 ML*$_2$ 和 MP*$_2$，而二者任一个都可能也催化反应，那么复杂的情况也可以发生。最后，非线性效应（第 11 章）对催化不对称反应可以有很大助益[10]，但对表现出非线性行为的反应实施手性毒化策略会对机理的分析再增加一层复杂性。

手性毒化方法的应用需要选择一个已经发展了高的对映选择性催化剂的反应。接下来制备催化剂的外消旋体，并使用一系列的手性毒化剂来考察其选择性地去活化外消旋催化剂中的某一对映体的能力。前面提到过，对映体富集的毒化剂抑制外消旋催化剂各个对映体的效率靠产物的 ee 值来判断。选择性地完全抑制催化剂的其中一个对映体会导致形成跟对映体纯的配体得到具有同样对映选择性的产物。与后面各节中的方法不同的是，手性毒化的其中局限性之一是产物的 ee 值不能超过对映纯的催化剂取得的 ee 值，而且在好几种情况下要差得多。

一个表现出接近理想去活化行为的体系的罕见例子是钌-Xyl-BINAP 催化剂（其中 Xyl = 3,5-二甲基苯基）。已经知道，对映纯的(Xyl-BINAP)RuCl$_2$(dmf)$_n$ 前体在活化后可以以非常高的对映选择性催化 β-酮酸酯的不对称氢化[11,12]。在不对称去活化中，0.5 倍（物质的量）的(S)-3,3′-二甲基-1,1′-联萘-2,2′-二胺，(S)-DM-DABN，被用作手性毒化剂。它选择性地结合到[(S)-Xyl-BINAP]RuCl$_2$ 中心上（图 6.3）。由于 3,3′-二甲基取代基与螯合的膦上假赤道方向的 Xyl 基团不利的空间位阻作用，[(R)-Xyl-BINAP]RuCl$_2$(dmf)$_n$ 并不与 (S)-DM-DABN 结合[13]。这在图 6.4 中可以更加清楚地看出。

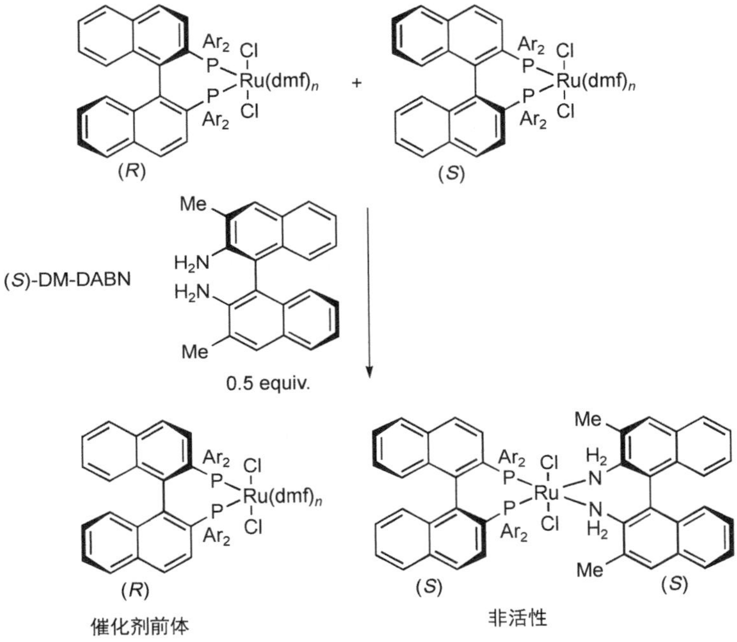

图 6.3 DM-DABN 选择性地结合钌催化剂前体的(S)-对映体，形成一个非活性的化合物

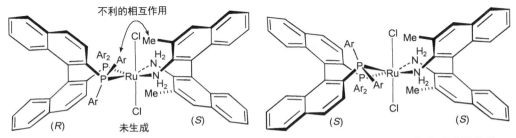

图 6.4 DM-DABN 与(Xyl-BINAP)RuCl$_2$ 的两个对映体配位可能形成的两个非对映异构体

左边的非对映体中假赤道方向的 P-Xyl 基团与 DM-DABN 中的甲基之间的非键排斥作用足够严重，阻止了这一配合物以较为可观的量形成

这一体系已经被用于 3-氧代丁酸甲酯的不对称氢化，如图 6.5 所示。使用外消旋的 (Xyl-BINAP)RuCl$_2$(dmf)$_n$ 与(S)-DM-DABN 得到了与手性的催化剂前体(Xyl-BINAP)RuCl$_2$(dmf)$_n$

几乎同样的对映选择性[13]。这个例子展示了手性毒化在催化不对称体系中的巨大潜力。

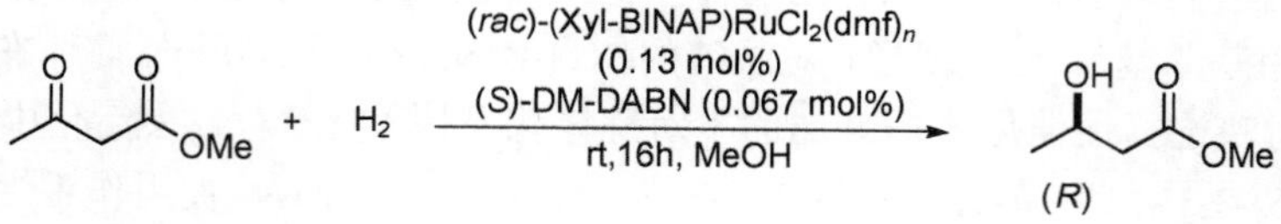

cat.	(S)-DM-DABN	产物 ee/%	产率/%
外消旋①	0.5equiv.	99.3(R)	100
(R)②	无	99.9(R)	100

① 底物:催化剂 = 750。
② 底物:催化剂 = 1500。

图 6.5　使用外消旋的催化剂前体(Xyl-BINAP)RuCl$_2$(dmf)$_n$ 与毒化剂(S)-DM-DABN
进行的羰基还原

同样的策略也被用于外消旋的 2-环己烯醇的动力学拆分（图 6.6）[14]。使用外消旋的(Xyl-BINAP)RuCl$_2$(dmf)$_n$ 和 0.5 倍（物质的量）的(S)-DM-DABN 毒化剂可以导致以 k_{rel} < 100 的选择性还原烯丙醇。在这个动力学拆分中，发生 53%的转化后剩余的原料几乎是对映纯的[13]。为了测量 k_{rel}，反应在发生 48%的转化之后进行取样（详见第 7 章中的动力学拆分）。

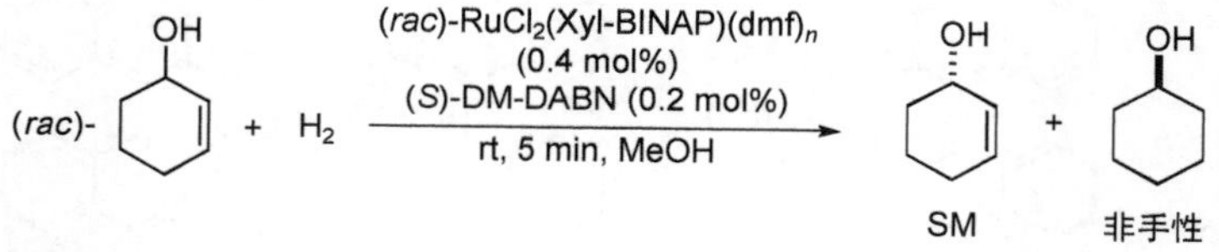

cat.	(S)-DM-DABN	conv./%	SM ee/%(构型)	k_{rel}
外消旋①	0.5 equiv.	53	100(S)	
(R)②	无	53	100(S)	
外消旋①	0.5 equiv.	48	88(S)	102

① 底物:催化剂 = 250。
② 底物:催化剂 = 500。

图 6.6　使用外消旋催化剂和(S)-DM-DABN 对 2-环己烯醇的动力学拆分

上述基于(Xyl-BINAP)Ru 的催化剂的独特之处在于其一个对映体可以几乎完全被去活化。更常见的是，手性毒化剂可逆地抑制催化剂的其中一个对映体，比对另一个对映体的程度更大。在铝催化的 Danishefsky 二烯与苯甲醛的杂 Diels-Alder 反应中可以观察到这种情况。当使用 3,3′-二(三苯基硅基)-BINOL[(Ph$_3$Si)$_2$-BINOL]时，cis 产物的对映选择性是 95% ee（式 6.1）[15]。研究发现催化剂在溶液中以单体形式存在，这表明很可能不存在非线性效应。

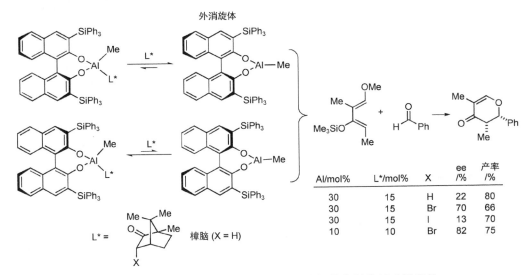

接下来考察了从外消旋 BINOL 和各种手性酮毒化剂制备的催化剂在杂 Diels-Alder 反应中的效果，以选择性地抑制催化剂的其中一个对映体。该研究的一些结果列于图 6.7 中，表明当手性的溴代樟脑与外消旋催化剂联用时，以 82% ee 得到 *cis* 非对映体（产率 75%）。在这个反应中樟脑和碘代樟脑表现出了差很多的对映选择性[16]。

Al/mol%	L*/mol%	X	ee /%	产率 /%
30	15	H	22	80
30	15	Br	70	66
30	15	I	13	70
10	10	Br	82	75

图 6.7　使用基于樟脑的配体对外消旋的铝催化剂进行手性毒化

这个体系中有几个方面值得注意。首先，酮比立体位阻小的底物醛对催化剂的结合更好，这是很奇怪的。最初，研究中使用了 2∶1 比例的外消旋催化剂与樟脑衍生物（图 6.7），并发现溴樟脑是最有效的抑制剂。然而，进一步研究发现当外消旋催化剂与溴樟脑的比例为 1∶1 时观察到最高的对映选择性——换句话说，溴樟脑的用量是被抑制的 BINOL 基催化剂的对映体的 2 倍。在溴樟脑和碘樟脑这两种抑制剂之间存在如此大的对映选择性差别也是很奇怪的。目前还不清楚是何种相互作用造成了溴樟脑对对映选择性催化剂如此巨大的亲和性差异[16]。

选择性地去除外消旋催化剂其中一个对映体的一个令人着迷的例子涉及了不对称自催化[17]，这是在第 11 章中详细讨论的主题[18,19]。反应是图 6.8 中的二异丙基锌对嘧啶醛的不对称加成。该反应的产物是能够以很高的对映选择性促进不对称加成的催化剂。反应混合物中不存在对映富集的物质时，最初形成的产物是外消旋的。然而，当存在镜像体的石英晶体时（即由非手性物质在固态由手性空间群堆积而形成的晶体），产物（催化剂）的其中一个对映体被选择性地吸附[20]。这种选择性吸附造成的不平衡使得溶液变成对映体富集的，尽管只是略微的。接下来这个体系中巨大的正非线性效应[21]以非常高的 ee 值（93%～97%！）生成产物。不出所料，使用石英的相反的对映体得到了产物的对映异构体。在这个例子中，手性晶体通过选择性地去活化产物/催化剂的其中一个对映体而起到了手性毒化剂的作用。

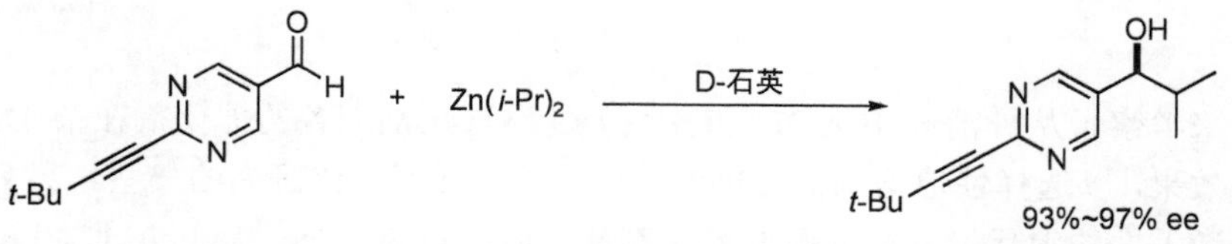

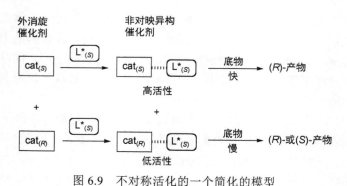

图 6.8　在这个不对称自催化体系中，手性 D-石英的晶体对产物/催化剂的其中一个对映体的选择性吸附造成了一种不平衡，这种不平衡由于不对称加成中很强的正非线性效应而被放大了

6.1.2　外消旋催化剂的不对称活化

使用对映富集的毒化剂对外消旋催化剂的其中一个对映体进行去活化的策略是有些局限性的。当不存在正的非线性效应[(+)-NLE，见第 11 章中的详细讨论]时，产物的 ee 值不会超过使用对映纯催化剂所能造成的 ee 值[5]。不对称催化中，与手性毒化相关的另一种使用外消旋催化剂的途径也涉及相外消旋催化剂中加入一种对映富集的配体。然而，与去活化一种对映体不同，这里的想法是活化外消旋催化剂的其中一种对映体。

在这种方法中，向外消旋的催化剂中加入一种拆分开的活化剂（L*）来选择性地活化外消旋催化剂前体的其中一个对映体。被活化的催化剂的活性和对映选择性都比催化剂前体更高。

不对称活化的一个理想情况如图 6.9 中所示，其中外消旋催化剂完全转化成了两种非对映异构的催化剂。这些非对映体必须表现出非常不同的活性，其中活性更高的非对映体表现出非常高的对映选择性。一种罕见的例外是两种催化剂都是高对映选择性的，而且给出同样构型的产物。这种方法的优势在于与对映富集的催化剂或催化剂前体相比，被活化的催化剂可以表现出更强的活性和对映选择性。这种不对称催化方法被称为不对称活化[22,23]。

图 6.9　不对称活化的一个简化的模型

真实图景要比图 6.9 中的简图更加复杂，催化剂和活化的催化剂之间可能存在平衡转化（图 6.10）。然而，如果催化剂的其中一个非对映体的活性比溶液中的其他物种高很多，并表现出高的对映选择性的话，净结果可能是一样的，即高对映选择性和高效的过程。

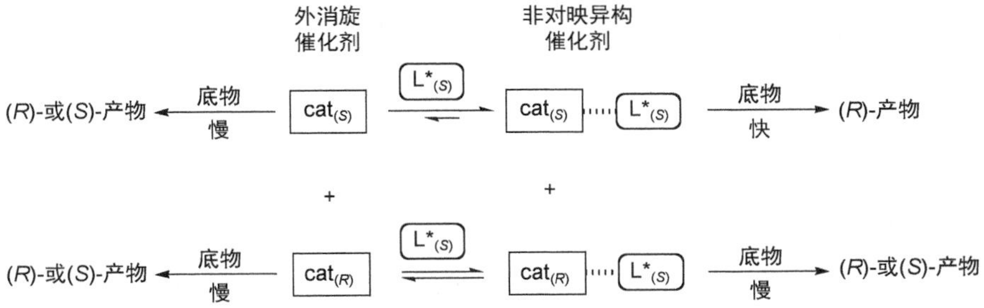

图 6.10　涉及几种平衡转化的不对称活化的示意图

　　然而，不对称活化策略存在一些困难。如果非对映选择性的催化剂具有相似的活性，对映选择性通常会降低。再者，产物的 ee 值是非对映异构催化剂相对浓度及其活性的函数，这使理性的催化剂优化变得复杂化。像大部分催化剂体系一样，反应速率取决于底物的结构。由于非对映选择性的催化剂存在于同一反应混合物中，可能存在产物 ee 值对底物结构的强烈依赖，因为产物的对映选择性既决于每个催化剂的相对速率及其对映选择性。这可能与传统的单催化剂体系非常不同，后者中催化剂的速率并不影响对映选择性（除非存在背景反应与配体加速的反应竞争，见第 1 章）。尽管有这些缺点，不对称活化策略仍然不失为非常有效的方法。

6.1.2.1　外消旋的羰基-烯反应催化剂的不对称活化

　　也考察了羰基-烯反应的不对称活化[24]，其一般性的反应机理如式 6.2 中所示。反应伴随着烯烃的转位，形成官能团化的二级醇。

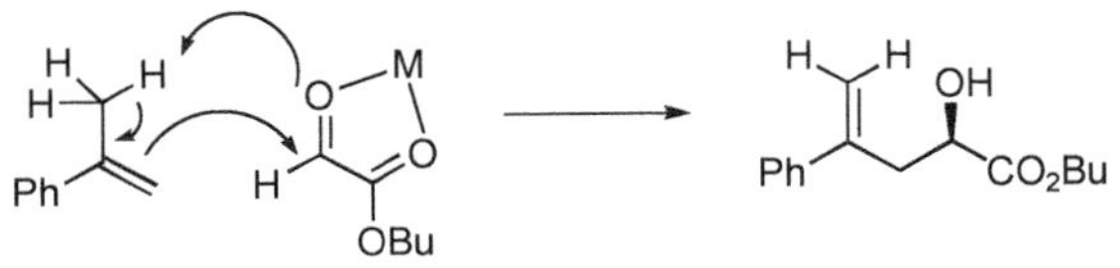

$$(6.2)$$

　　反应由基于(BINOLate)Ti 的催化剂催化[25]。使用固态中为三聚体[26,27]、溶液中以二聚体[28]存在的(BINOLate)Ti(Oi-Pr)$_2$ 得到了优秀的对映选择性，但是产率较低（图 6.11）。使用 5 mol% (R)-BINOL 对外消旋催化剂（10 mol%）进行活化时，与对映纯的(BINOLate)Ti(Oi-Pr)$_2$ 相比产率有提高，对映选择性只有略微降低（图 6.11）。这可以与使用(R)-BINOL 活化(R)-(BINOLate)Ti(Oi-Pr)$_2$ 的过程相比较，后者得到了最高的产率和96.8%的 ee 值。

　　由于已经知道各个对映体单独的对映选择性（图 6.11），活化催化剂与非活化催化剂的相对速率可以通过计算得出。假定(R)-BINOL 只活化外消旋催化剂的(R)-对映体，且其活化过程是完全的。即便如此，活化催化剂与非活化催化剂的相对速率（k_{rel}）的下限是

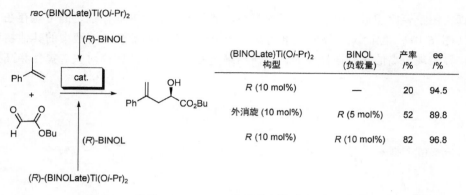

图 6.11 基于 BINOLate-Ti 的催化剂催化的羰基-烯反应

(BINOLate)Ti(O*i*-Pr)₂ 构型	BINOL (负载量)	产率 /%	ee /%
R (10 mol%)	—	20	94.5
外消旋 (10 mol%)	*R* (5 mol%)	52	89.8
R (10 mol%)	*R* (10 mol%)	82	96.8

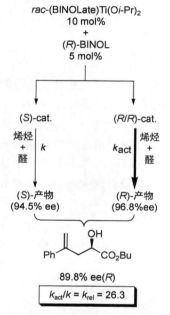

图 6.12 不对称羰基-烯反应中活化催化剂与非活化催化剂的相对速率的确定

26.3（图 6.12）。这些结果也提供了对(BINOLate)Ti 和外加的(*R*)-BINOL 起到不同作用的认识。如果在反应的时间尺度上发生了 BINOL 配体的快速交换，如根据烷氧基钛的交换速率[29,30]可能会预期的那样，那么催化剂的 ee 值将会是 33%。不存在非线性效应时可以预期产物的 ee 值会较低。实际情况并不是这样。这些现象表明最初结合到钛上的 BINOLate 配体与后加入的(*R*)-BINOL 与钛中心的相互作用是不同的。需要进一步研究来揭示催化剂的结构。

6.1.2.2 外消旋的氢化催化剂的不对称活化

使用手性二胺活化外消旋的氢化催化剂前体（与第 5 章介绍的有关）时发现了一些有趣并增长见识的结果。这一深入研究提供了对非对映异构催化剂及其相对速率的重要性的深刻理解[35]。

双膦-钌催化剂与二胺的组合，如 Tol-BINAP]RuCl₂(dmf)ₙ和(*S*,*S*)-DPEN，生成诸如[(*R*)-Tol-BINAP]RuCl₂[(*S*,*S*)-DPEN]之类的催化剂前体（式 6.3）。从这一前体得到的催化剂在 2,2,4-三甲基-2-环己烯酮还原成(*S*)-烯丙醇的反应中表现出 96%的 ee 值（式 6.4，表 6.1）。

(6.3)

$$（6.4）$$

由不匹配的配体(R)-Tol-BINAP 和 (R,R)-DPEN 组成的催化剂的反应要慢得多，而且仅以 26% ee 得到了被还原的(S)-构型的醇（表 6.1）。使用外消旋的 Tol-BINAP 和(S,S)-DPEN 得到了 50∶50 非对映异构体钌配合物的混合物，它以非常高水平的对映选择性（95% ee）将 2,2,4-三甲基-2-环己烯酮还原成(S)-烯丙醇。这种高的对映选择性说明非对映异构的催化剂不仅有不同的对映选择性，还有非常不同的转化频率（TOF）。如表 6.1 中所示，较快的催化剂还原底物的速率是其非对映体的 121 倍！这种巨大的速率差别强调了很重要的一点：当在同一反应中同时使用催化剂的非对映异构体混合物时，产物的 ee 值受每种非对映体的对映选择性及其相对速率的控制[31-34]。因此对映选择性和 TOF 都依赖于底物的性质。

表 6.1 非对映选择性的催化剂还原底物酮的对映选择性和效率的比较（式 6.4 和式 6.5）

酮	Tol-BINAP 构型	DPEN 构型	醇 ee/%（构型）	相对速率
	R	S,S	96(S)	121
	R	R,R	26(S)	1
	外消旋	S,S	95(S)	
	S	S,S	97.5(R)	13
	S	R,R	8(R)	1
	外消旋	S,S	90(R)	

这一事实使在同一反应器中使用非对映异构催化剂的反应过程的优化变得复杂化。这一点可以从 2-甲基苯乙酮的还原中看出（式 6.5）。使用外消旋 Tol-BINAP 和(S,S)-DPEN 以 90% ee 得到了醇的(R)-对映体（表 6.1）。使用对映纯的(S)-Tol-BINAP 和(S,S)-DPEN 制备催化剂前体时，得到的催化剂快速地以 97.5% ee 还原 2-甲基苯乙酮，得到(R)-产物。由(S)-Tol-BINAP 和(R,R)-DPEN 组成的催化剂的非对映体得到仅有 8% ee 的(R)-型醇（表 6.1）。在这个双催化剂体系催化的 2-甲基苯乙酮的反应中，较快的催化剂还原底物的速率其非对映异构体的 13 倍[35]。值得注意的是，在 2,4,4-三甲基-2-环己烯酮的还原中更快、对映选择性更高的催化剂在 2-甲基苯乙酮的反应中是更慢、对映选择性较差的那个非对映体。

$$（6.5）$$

表 6.1 中列出的结果显示，在正确地组合手性配体和底物时手性活化策略可以多有效

6.1.3　外消旋催化剂不对称活化和不对称去活化的组合

外消旋催化剂前体不对称活化[22]和不对称去活化[23]都被证明是对映选择性催化的有效方法。通过同时活化外消旋催化剂或催化剂前体的一个对映体并同时去活化另外一个对映体，两个催化剂的反应速率差别可以提高到比单独使用任一方法的速率差别更大。这种组合的活化/去活化策略如图 6.13 所示。

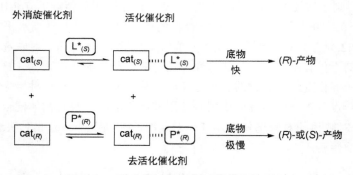

图 6.13　不对称活化和去活化策略的联用

对这一策略进行概念验证所使用的体系是 *rac*-(Xyl-BINAP)RuCl$_2$(dmf)$_n$[36]。如图 6.3 中所示，^{1}H NMR 光谱研究表明，*rac*-(Xyl-BINAP)RuCl$_2$(dmf)$_n$ 与(R)-DM-DABN 反应只形成了[(R)-Xyl-BINAP]RuCl$_2$[(R)-DABN]。没有检测到[(S)-Xyl-BINAP]RuCl$_2$[(R)-DABN]的形成，这与图 6.4 中的模型是一致的。[(R)-Xyl-BINAP]RuCl$_2$[(R)-DABN]的立体化学通过 X 射线衍射进行了确定。余下的[(S)-Xyl-BINAP]RuCl$_2$(dmf)$_n$ 使用(S,S)-DPEN 或(R,R)-DPEN 处理得到非对映异构体[(S)-Xyl-BINAP]RuCl$_2$[(S,S)-DPEN]或[(S)-Xyl-BINAP]RuCl$_2$[(R,R)-DPEN]（图 6.14）。

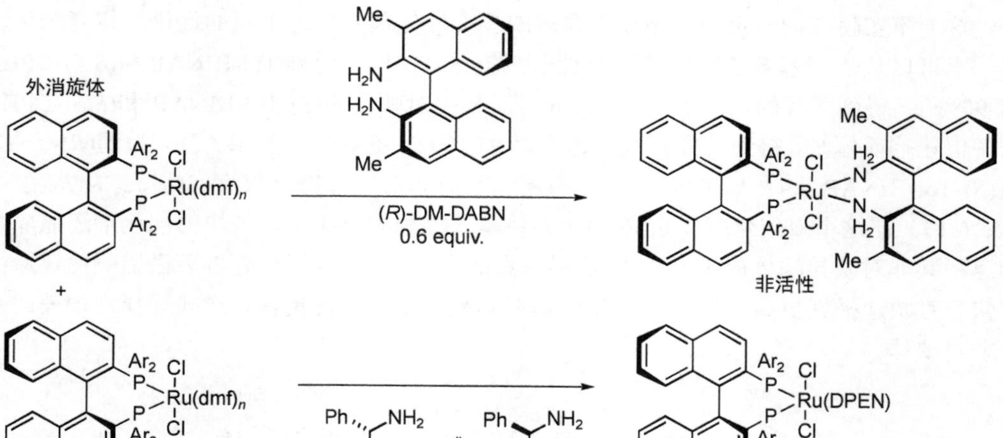

图 6.14　同时去活化/活化 *rac*-(Xyl-BINAP)RuCl$_2$(dmf)$_n$

　　为了分别考察活化和去活化的效果，将[(R)-Xyl-BINAP]RuCl$_2$(dmf)$_n$ 与一系列二胺添加剂进行组合，得到的催化剂混合物用于 1-萘乙酮的还原（图 6.15）。不加二胺时反应非常慢，产物几乎是外消旋的。同样地，当加入毒化剂 (R)-DM-DABN，一种匹配的去活化剂时，得到了类似的结果。向[(R)-Xyl-BINAP]RuCl$_2$(dmf)$_n$ 中加入(R,R)-DPEN 或 (S,S)-DPEN 分别得到了匹配和不匹配的配体组合（见第 13 章）。含匹配配体的催化剂以 99% ee 得到了(S)-构型的醇，而含不匹配配体的催化剂以 56% ee 得到了同样构型的产物（图 6.15）。

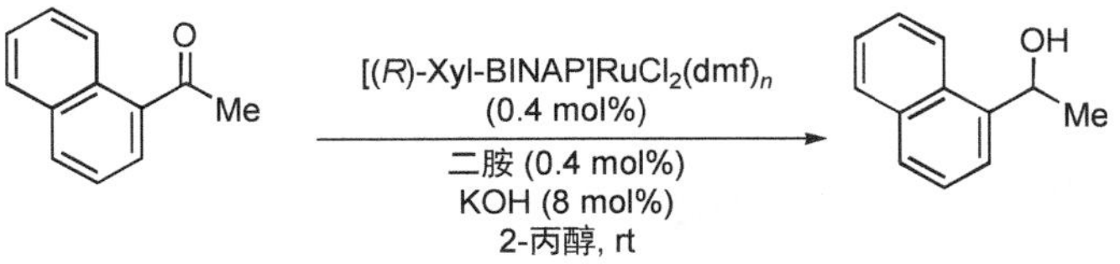

二胺	t/h	醇ee/%(构型)	产率/%
无	14	4 (R)	4
(R)-DM-DABN	14	7 (R)	6
(S,S)-DPEN	4	56 (S)	>99
(R,R)-DPEN	4	99 (S)	>99

图 6.15　1-萘乙酮的还原中使用二胺对[(R)-Xyl-BINAP]RuCl$_2$(dmf)$_n$去活化和活化

　　接下来对外消旋催化剂前体进行同时活化/去活化，以比较不对称活化和不对称活化/去活化组合步骤的效果。在这些实验中，将 rac-(Xyl-BINAP)RuCl$_2$(dmf)$_n$ 与略微超过 0.5 倍（物质的量）的(R)-DM-DABN 作为手性毒化剂和 0.5 倍的(R,R)-DPEN 或 (S,S)-DPEN 进行了组合。使用 1-萘乙酮和 2,4,4-三甲基-2-环己烯酮的研究结果列于图 6.16 和图 6.17 中。

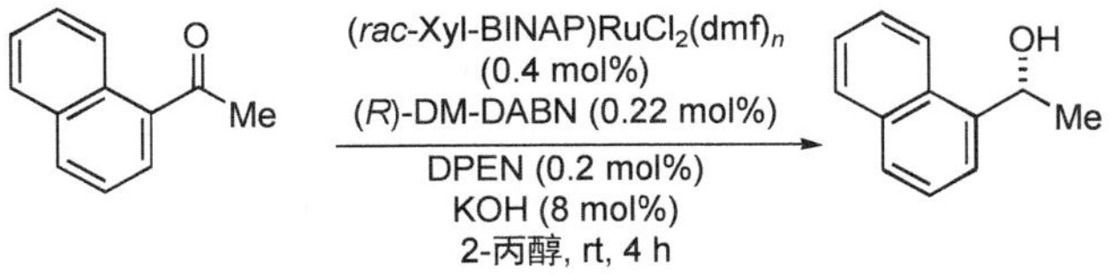

DM-DABN	DPEN	醇 ee/% (构型)	产率/%
无	(S,S)	80 (R)	>99
(R)	(S,S)	80 (R)	>99

图 6.16　1-乙酰萘酮的氢化中不对称活化方法与不对称
活化/去活化策略的比较（参考表 6.1）

　　如图 6.14，图 6.16 和图 6.17 所示，对 rac-(Xyl-BINAP)RuCl$_2$(dmf)$_n$ 使用不对称活化/去活化组合策略比仅使用不对称活化的效果要好得多。需要的活化试剂的立体化学再次是底物依赖性的（参考表 6.1）。

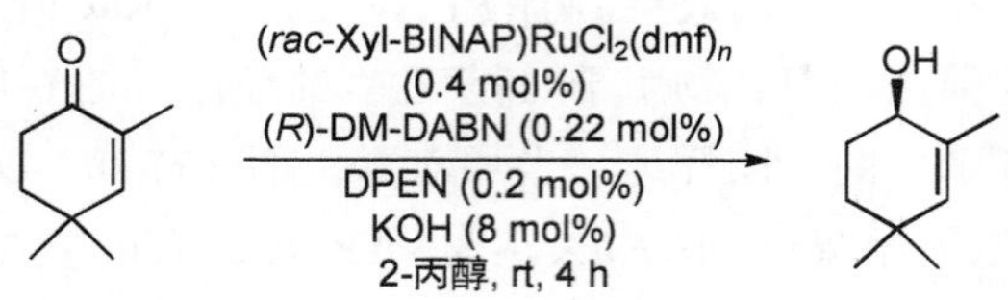

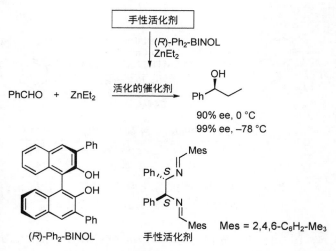

DM-DABN	DPEN	醇ee/%(构型)	产率/%
无	(R,R)	84 (R)	> 99
(R)	(R,R)	92 (R)	> 99

图 6.17　2,4,4-三甲基-2-环己烯酮的氢化中不对称活化方法与不对称活化/去活化策略的比较（参考表 6.1）

6.1.4　对映体富集的催化剂的不对称活化

上面的一些结果暗示着，手性活化技术也可以用来提高手性不对称催化剂的效率和对映选择性。这一策略的一个例子是锌催化剂催化的烷基基团对醛的不对称加成[37,38]。

由 3,3′-二苯基 BINOL（Ph$_2$-BINOL）与二乙基锌产生的催化剂反应很差，而且选择性不是很好（在该条件下只有 8% ee）（图 6.18）。相比之下，将这一催化剂用对映体纯的二亚胺配体处理产生了一个新的活化催化剂，它表现出了高度的配体加速[39]和更高的对映选择性。研究人员接下来通过筛选对映体富集的 BINOL 衍生物和二亚胺配体对催化剂的对映选择性进行优化。发现这个反应的最优的二亚胺配体是二苯乙胺衍生物（图 6.18）。ZnEt$_2$、Ph$_2$-BINOL 和这个二亚胺的组合产生了一个高对映选择性催化剂，能在 0 ℃以 90% ee、−78 ℃以 99% ee 得到产物 1-苯基-1-丙醇。这个催化剂优化过程展示了手性活化策略在最大限度地提高催化剂效率和对映选择性方面的强项，即能够以模块化的方式快速产生很多催化剂。

图 6.18　在手性催化剂中应用不对称活化策略导致了增强的活性和对映选择性

手性活化策略是不对称催化中的一个有用的技术。外消旋的催化剂可以被选择性地活化，以给出高的对映选择性。手性的催化剂也可以用手性活化剂来活化，以提高其效率和对映选择性。

6.2　使用非手性配体优化不对称催化剂

不对称催化中使用的手性配体通常以对映体富集的形式获得，而且不会发生消旋化，例如轴手性的配体 BINAP。然而，我们已经在第 4 章中看到，使用基于 BINAP 的催化剂时，控制对映选择性的决定性因素不是固定的轴手性，而是配位的配体中苯环的位置和取向。轴手性造成了金属杂环的扭曲，将苯环置于赤道向和轴向，这样做确定了底物结合位点的手性环境。以一种类似的方式，如果某个邻近的配体是立体化学动态的话，一个配体的不对称性可以强制这个邻近的配体采取一种不对称的构象。

虽然本节的重点是具有手性构象或手性结合模式的非手性配体的使用，众所周知，不含手性构象的非手性配体既可以影响催化剂的对映选择性，也能影响其活性，如下文所述[40]。

6.2.1　不含手性构象的非手性添加剂的应用

大部分非手性添加剂是 Lewis 碱，其可以通过许多机制影响催化剂的效率和对映选择性。这些机制包括：（1）解聚非活性的金属聚集体，形成活性更高的单体物种；（2）配位到金属中心上，造成金属的配位数、几何构型、电子性质的变化甚至反应机理的改变；（3）促进产物从催化剂上解离，再生活性物种并提高 TOF；（4）作为具有较低的对映选择性、较高活性催化剂的毒化剂；（5）与催化剂通过非共价和配位键以外的其他途径结合[40]。添加剂通过以上作用模式中的不止一种方式对催化剂起作用也是可能的。然而，不对称催化剂与非手性添加剂之间相互作用的本质经常很难确定，更难进行预测。

6.2.1.1　非手性添加剂的配位

简单的非手性添加剂对对映面选择性的戏剧性影响的一个例子可见于镧系 Lewis 酸催化的不对称 Diels-Alder 反应（式 6.6）[41,42]。该反应的催化剂是通过先将 Yb(OTf)$_3$ 和 (R)-BINOL 混合再加入 2 倍（物质的量）的 meso-1,2,6-三甲基哌啶来现场产生的。虽然催化剂的本质仍然不清楚，式 6.7 中给出了一个推测的结构。这种基于(BINOL)Yb 的催化剂促进环戊二烯与 3-酰基-1,3-噁唑啉-2-酮的反应，以高达 95% ee 发生不对称 Diels-Alder 反应。

$$\text{[(R)-BINOL]Yb(amine)}_2\text{(OTf)}_3 \quad 20 \text{ mol}\% \quad (\text{amine} = \text{胺})$$

高达95% ee

(6.6)

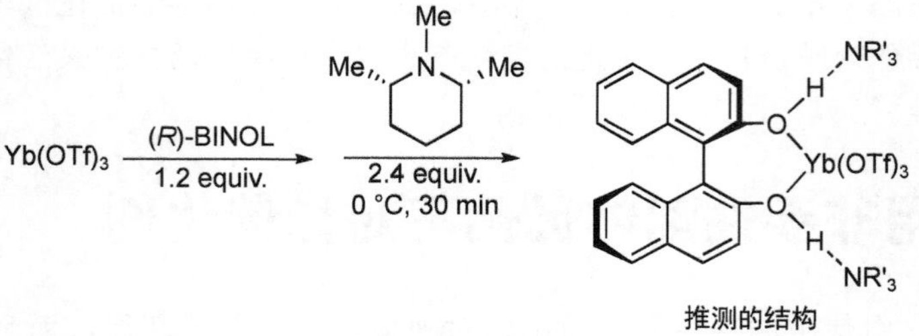

$$(6.7)$$

推测的结构

　　这一研究中发现，没有底物存在的情况下，催化剂的陈化会导致较低的对映选择性。随着陈化时间延长，对映选择性会进一步降低。相反，当存在底物时催化剂的陈化会获得更高的对映选择性。这些现象说明亲双烯体在稳定催化剂，这促使人们对与底物类似的添加剂对催化剂对映选择性的影响进行了考察。使用 3-乙酰基-1,3-噁唑啉-2-酮（图 6.19，A）作为添加剂导致以 93% ee 得到 endo 型的(2S,3R)-加合物。形成鲜明对比的是，加入乙酰丙酮类似物导致了面选择性的反转。例如，加入 3-苯基乙酰丙酮（图 6.19，B）导致以 81% ee 得到(2R, 3S)-加合物。这些反应中使用了 BINOL 的同一种对映体。

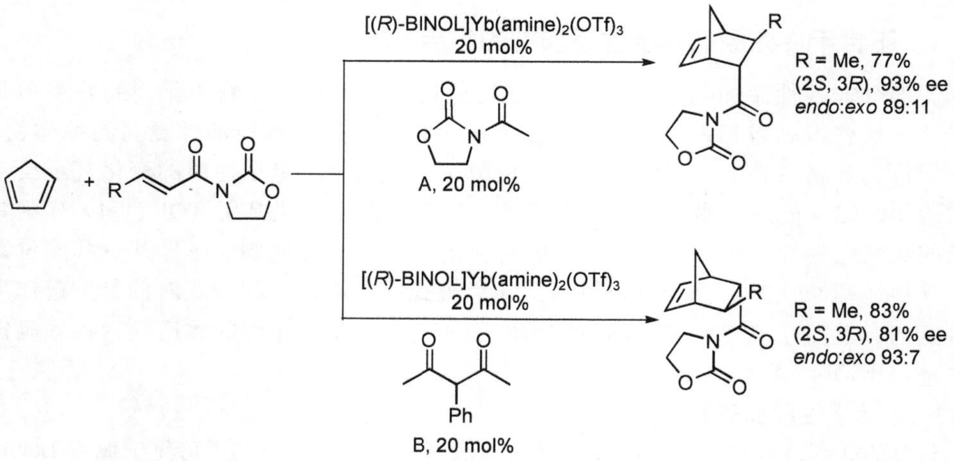

图 6.19　使用基于[(R)-BINOL]Yb 的催化剂的不对称 Diels-Alder 反应

使用添加剂 A 和 B 导致形成了产物的相反对映异构体

　　镧系金属如镱可以具有 8 个或更多的配位数。在这个例子中，添加剂很可能通过羰基的氧螯合配位到镱中心上（添加剂二酮可能会发生去质子化得到 acac 衍生物）。这些添加剂的螯合会改变镧系金属中心的几何构型，从而改变了手性的底物结合口袋。虽然一系列敏锐的观察引导研究者们探索了各种添加剂，发现一种具有如此重大影响的添加剂通常需要相当大的实验工作量。6.2.2 节中会阐述到，使用含手性构象的配体会提高成功发现有效添加剂的可能性。

6.2.1.2　非手性的氢键供体和受体

　　虽然靠加入添加剂来提高催化剂的效率和对映选择性最常见于可与添加剂结合的含金属的催化剂，其在有机催化领域中的应用也是可能的。在有机催化体系中使用非手性添加剂，其中一个有趣的途径是基于脯氨酸类催化剂前体与一系列添加剂之间互补的氢键作用[43]。

脯氨酸已被证明是一些非常广泛的反应的优秀催化剂（见第 12 章）[44,45]。然而，对这类适用广泛的催化剂来说，酮与硝基烯烃的 Michael 加成反应却是一个挑战。通过使用一个连接链将脯氨酸与氨基萘啶杂环连接起来，可以使脯氨酸与一个可形成互补的氢键配对物结合而改变其周围的环境。图 6.20 中展示了这一通用性的方法。

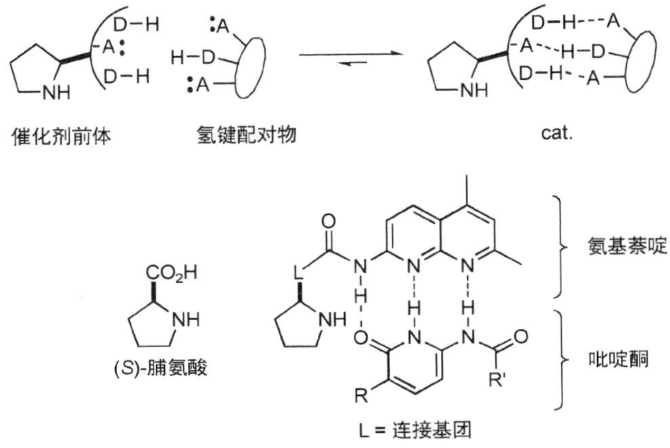

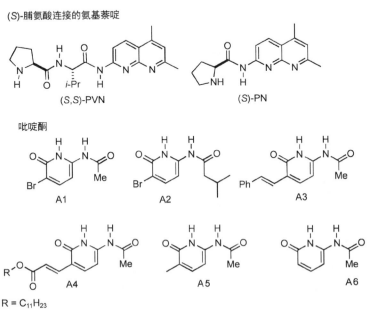

图 6.20　互补的氢键催化剂前体和与它配对的添加剂及提出的自组装方式
D 是一个氢键供体，A 是一个氢键受体

如图 6.20 所示，吡啶酮是与酰胺基萘啶互补的氢键配对物。图 6.21 中列出了这些

(S)-脯氨酸连接的氨基萘啶

(S,S)-PVN　　　　(S)-PN

吡啶酮

A1　　A2　　A3

A4　　A5　　A6

R = C₁₁H₂₃

图 6.21　(S)-脯氨酸连接的氨基萘啶[(S,S)-PVN 与(S)-PN]和一系列吡啶酮（A1～A6）

研究中使用的两个脯氨酸连接的氨基萘啶和一系列吡啶酮。脯氨酸氨基萘啶与吡啶酮的溶液 NMR 研究表明，自组装形成的结构比单个的组分有利，其比例约为 50:1。

表 6.2 中给出了不对称硝基 Michael 反应的结果。机理中，首先脯氨酸部分与环己酮反应得到烯胺。接下来烯胺与硝基烯烃发生共轭加成，得到的亚胺阳离子水解，再生脯氨酸催化剂（见 2.2.2.1 节和 12.2.3 节）。当(S)-脯氨酸被用作催化剂时，反应只转化了 1%，形成的产物的 ee 值为 27%（表 6.2，条目 1）。无论吡啶酮 A1～A6 存在与否，使用脯氨酸-缬氨酸-氨基萘啶[(S,S)-PVN]都给出了类似的低对映选择性，推测是由于氨基萘啶与脯氨酸部分距离太远的缘故。催化量截短了的(S)-PN 在不存在吡啶酮添加剂时也形成了几乎外消旋的产物（7% ee，条目 2）。然而，当吡啶酮 A1～A6 与(S)-PN 联用时，产物的非对映选择性和对映选择性都受到了影响（表 6.2，条目 3～9）。吡啶酮 A6 得到了最高对映选择性的产物（15 ℃时 72%，3～5 ℃时 79%）。对相关底物取得了高达 94%的对映选择性。另外值得指出的是，(S)-PN 与吡啶酮联用比其单独使用时反应要明显更快[43]。

表 6.2 使用催化剂前体(S)-PN 和图 6.21 中氢键添加剂的不对称硝基 Michael 反应的结果

条目	cat.	添加剂	NMR 产率/%	dr	ee/%
1	(S)-脯氨酸	无	1	—	27
2	(S)-PN	无	70	41:1	7
3	(S)-PN	A1	82	31:1	47
4	(S)-PN	A2	74	33:1	34
5	(S)-PN	A3	91	42:2	32
6	(S)-PN	A4	69	77:1	16
7	(S)-PN	A5	59	41:1	35
8	(S)-PN	A6	98	59:1	72
9	(S)-PN	A6	63	58:1	79[①]

① 反应温度：3～5 ℃。

这一反应说明通过形成分子间氢键可以改变催化剂的效率和对映选择性。很容易想到可以使用一个基于氨基萘啶和吡啶酮的催化剂前体和添加剂库来优化一个催化不对称反应。使用这一方法进行催化剂的优化将来势必会受到更多关注。

6.2.2 旋阻异构体系中的构象手性

近期的一些重要进展突出了含有手性构象但室温下构型不稳定的配体的使用。特别是，使用 2,2′-双-(二芳基膦)联芳基衍生物（图 6.22）配位的后过渡金属被证明是这类研究的理想体系。尽管由 BIPHEP 衍生的化合物的单个扭曲构象（图 6.22，Ar = Ph）是手性的，未配位的母体配体发生外消旋化的能垒仅有 22 kcal/mol（91.96 kJ/mol）[46]。这样一个大小的能垒不允许在室温对其两种对映异构的构象进行拆分，因而这类化合物被认为是构型上动态的。

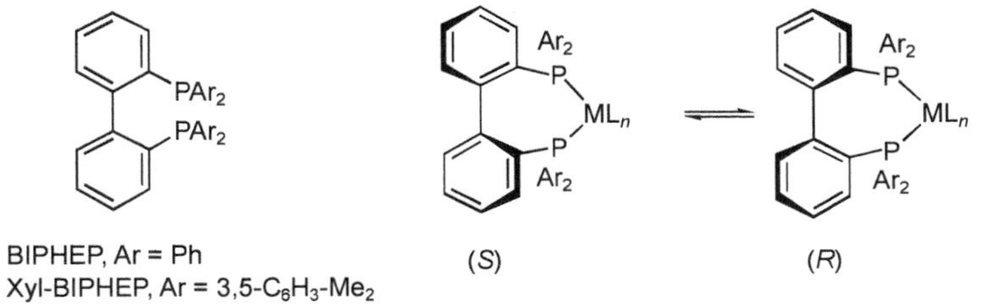

图 6.22　构象动态的 2,2'-双(二芳基膦)联芳基衍生物及其对映异构体配合物

　　如图 6.23 中受限的联苯衍生物所示，当含有两个非常大的邻位取代基时，或有一个连接链将 2-位和 2'-位连接起来时[47]，二取代的联苯衍生物可以进行拆分。这些连接的联苯衍生物发生外消旋化的能垒强烈依赖于连接链的性质[48-51]。BIPHEP 对金属中心配位形成一个与受限的联苯衍生物相关的金属杂环，其沿中心 C—C 键旋转的能垒比自由配体更高。

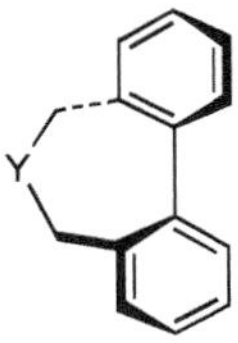

Y	$\Delta G^{\ddagger}$/(kcal/mol)
O	9
S	17
CH$_2$	12
C(CO$_2$H)$_2$	23
CH$_2$CH$_2$	24

图 6.23　受限的联苯衍生物的外消旋化能垒

6.2.2.1　使用 BIPHEP 配体的不对称氢化反应

　　基于上述使用外消旋 Tol-BINAP 的酮不对称还原的结果（式 6.4，表 6.1），可以设想使用构型动态的配体来替代 Tol-BINAP 配体。使用构型灵活的双膦配体 Xyl-BIPHEP（图 6.24）合成了催化剂前体 *rac*-(Xyl-BIPHEP)RuCl$_2$(dmf)$_n$。NMR 光谱观察到 *rac*-(Xyl-BIPHEP)RuCl$_2$(dmf)$_n$ 与(*S,S*)-DPEN 的结合最初形成了比例为 1∶1 的两个非对映异

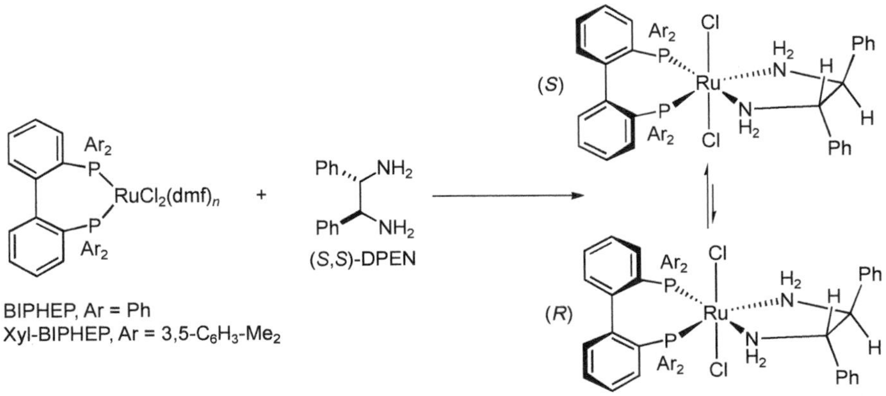

图 6.24　(BIPHEP)RuCl$_2$(dmf)$_n$ 与(*S,S*)-DPEN 反应产生了非对映异构的配合物

构体，这是意料之中的（图 6.24，表 6.3）。室温 3 h 之后，(S/S,S) 和 (R/S,S) 两个非对映体缓慢地平衡到了比例为 1：3 的混合物。

表 6.3 (BIPHEP)RuCl$_2$(dmf)$_n$ 衍生物与 (S,S)-DPEN 反应的动力学与热力学比例

项目	RuCl$_2$(二膦)(dmf)$_n$	二胺	S/S,S：R/S,S
动力学	Xyl-BIPHEP	(S,S)-DPEN	1：1
热力学			1：3
动力学	BIPHEP	(S,S)-DPEN	1：1
热力学			1：2

使用旋阻异构的 BIPHEP 和 (S,S)-DPEN 衍生的催化剂研究了 1'-萘乙酮的不对称还原。催化剂最初的非对映选择性比例影响了产物的 ee 值。非对映比为 1：1、2：1 和 3：1 的催化剂前体分别以 63% ee，73% ee 和 84% ee 得到了相应的产物醇，表明主要的非对映异构体具有更高的对映选择性（表 6.4，条目 1～3）。值得注意的是，条目 1～3 中的非对映选择性比例对应于二氯化物前体。然而，真正的催化活性物种被认为是二氢配合物[52-54]。但并没有研究二氢物种得到的非对映体比例。

在表 6.4 中，比较使用 Xyl-BIPHEP 的催化剂的 3：1 非对映体的混合物与基于外消旋 Xyl-BINAP 的催化剂的反应产物的 ee 值即能看出，使用 Xyl-BIPHEP 的优点是显而易见的。将 (S,S)-DPEN 加入 [(±)-Xyl-BINAP]RuCl$_2$(dmf)$_n$ 形成的 1：1 的非对映异构体混合物与从 Xyl-BIPHEP 产生的非对映异构的催化剂相比，得到产物的 ee 值略低（对比条目 3 和条目 4～6）。这些重要的研究为相关的使用通常不能拆分的配体（如 BIPHEP）的对映选择性反应，以及为引起观察到的非对映体相对比例的相互作用的考察奠定了基础。理解控制催化剂的非对映体平衡的动力学和热力学因素对使用构象灵活配体的催化剂发展至关重要。

表 6.4 非对映异构的催化剂的初始比例（图 6.24）及其还原 1'-萘乙酮的对映选择性

条目	二胺	S/S,S：R/S,S	T/℃	ee/%
1	Xyl-BIPHEP	1：1	28	63
2	Xyl-BIPHEP	2：1	28	73
3	Xyl-BIPHEP	3：1	28	84
4	(±)-Xyl-BIPHEP	1：1	28	80
5	Xyl-BIPHEP	3：1	−35	92
6	(±)-Xyl-BIPHEP	1：1	−35	89

6.2.2.2　使用通常无法拆分的配体的不对称催化

在表 6.4 中的 rac-(Xyl-BIPHEP)RuCl₂[(S,S)-DPEN]催化的氢化反应中，立体化学动态的 BIPHEP 衍生物是催化剂不对称环境的一个关键元素。后来的研究人员利用了 (BIPHEP)Pt 体系[55]中旋阻异构化的能垒，制备了其中仅有的手性配体是冻结在一个扭曲构象的、正常情况下不能拆分的 BIPHEP 的不对称催化剂[56]。

rac-(BIPHEP)PtCl₂ 与 rac-(BINOLate)Na₂ 反应得到了 1∶1 动力学比例的(BINOLate)Pt(BIPHEP)的非对映异构体（式 6.8）。

烷氧基交换反应通常可以被痕量的醇催化[29]。带着这一考虑，通过加入催化量的 rac-BINOL 对式 6.8 中(BINOLate)Pt(BIPHEP)的非对映异构体之间的平衡常数进行了测量，确定其值为 >17（式 6.9）。

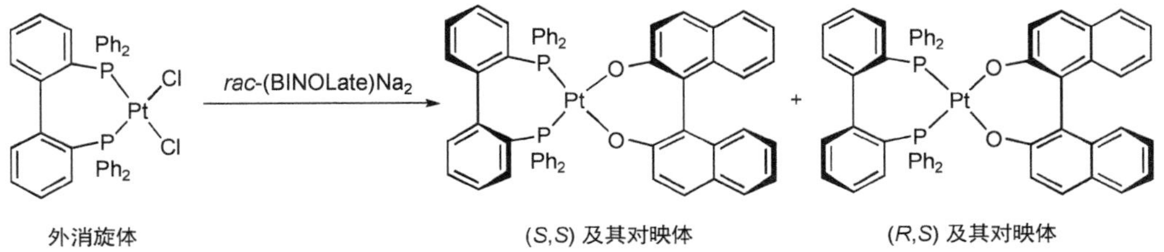

（6.8）

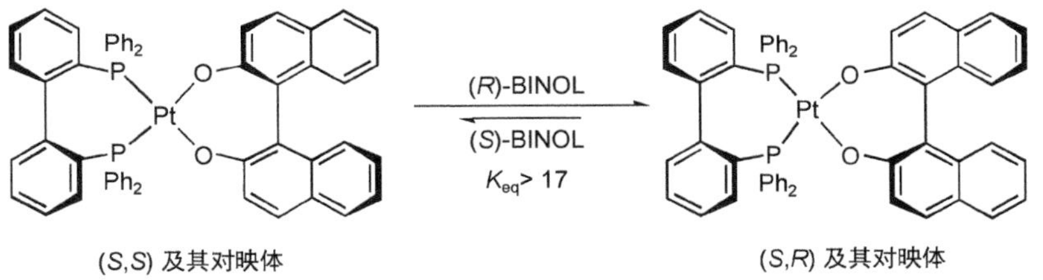

（6.9）

为了理解造成(BINOLate)Pt(BIPHEP)非对映体中强烈热力学偏好的分子相互作用，确定了劣势非对映体的结构，如图 6.25 中所示[57]。在这个化合物中，为了降低与 BINOLate

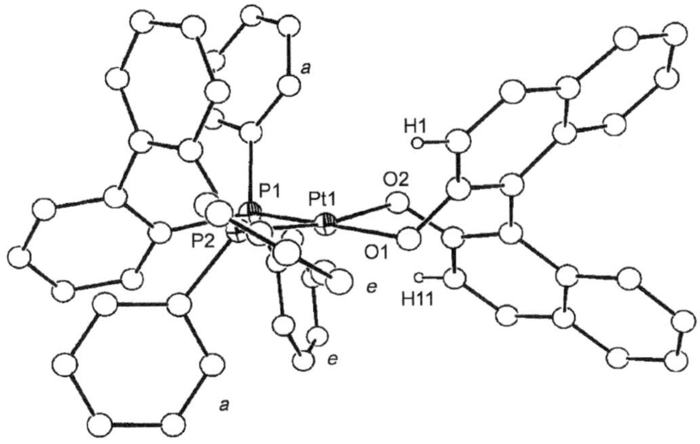

图 6.25　(BINOLate)Pt(BIPHEP)的非对映体中较不稳定的非对映体的结构

假轴向的苯基标为 a，假赤道向的苯基标为 e

中 3,3′-位的 H 之间的非键相互作用，BIPHEP 配体被严重扭曲了。3,3′-位的 H 朝向向前突出的赤道向的 *P*-苯基基团。在更稳定的非对映体中，3,3′-位的 H 朝向假轴向的 *P*-苯基，这些苯基远离铂中心，因而大大降低了配体间的位阻作用。

该工作的下一步是移除 BINOLate 配体，剩下 BIPHEP 配体作为铂配合物中仅有的手性元素。此处使用了(*S*)-BINOLateNa₂ 代替式 6.8 中所示的 *rac*-BINOLateNa₂ 来合成铂配合物。如图 6.26 所示，高非对映体纯度的[(*R*)-BIPHEP]Pt[(*S*)-BINOLate]与三氟甲磺酸反应，导致释放出(*S*)-BINOL 并形成[(*R*)-BIPHEP]Pt(OTf)₂。类似地，[(*R*)-BIPHEP]Pt [(*S*)-BINOLate]与氯化氢反应得到[(*R*)-BIPHEP]PtCl₂。二氯化物[(*R*)-BIPHEP]PtCl₂ 用 2 倍（物质的量）的三氟甲磺酸银处理可以转化成其三氟甲磺酸盐[(*R*)-BIPHEP]Pt(OTf)₂。

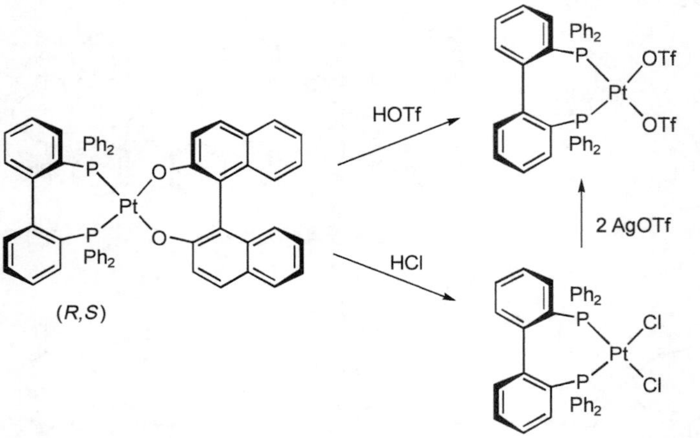

图 6.26   用酸质子化[(*R*)-BIPHEP]Pt[(*S*)-BINOLate]以高的对映体纯度得到(BIPHEP)PtX₂ 衍生物

为了确定质子化过程中是否发生外消旋化，将双三氟甲磺酸盐的样品用(*S*,*S*)-DPEN处理（式 6.10），得到的阳离子二胺加合物的非对映体过量用 ³¹P NMR 来确定。发现图6.26 中形成的[(*R*)-BIPHEP]Pt(OTf)₂ 具有 98% ee。用同样的方法测量了一部分在室温下放置了 8 h 的[(*R*)-BIPHEP]Pt(OTf)₂ 样品，发现其 ee 值为 96%。[BIPHEP]Pt[(*S*,*S*)-DPEN]²⁺在溶液中室温下的外消旋化是非常慢的。

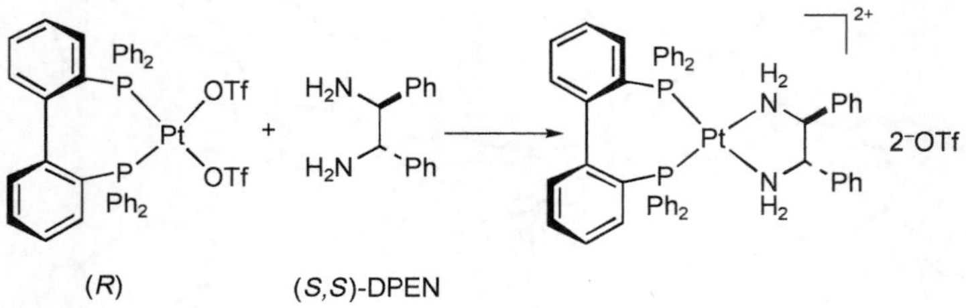

$$(6.10)$$

[BIPHEP]PtX₂ 在室温下几小时之内构型稳定、不发生外消旋化，表明这些化合物可以被用于室温或低于室温下很容易进行的催化不对称反应。在式 6.11 中的不对称Diels-Alder 反应中考察了这些基于 BIPHEN 的配合物的催化潜力。式 6.11 使用新制备的[(*R*)-BIPHEP]Pt(OTf)₂ 以 92%～94% ee (94：6 *endo*：*exo* 比例)得到环加成产物[56]。反

应过程中铂催化剂[(R)-BIPHEP]Pt(OTf)$_2$的对映体过量并没有降低，这是由在转化率> 90%时用[(S,S)-DPEN]淬灭反应，并将得到的混合物用 ^{31}P NMR 分析得出的。Diels-Alder 加合物的立体化学与之前报道的使用同样的底物用[(R)-BINAP]Pt(OTf)$_2$催化的产物的立体化学[58]一致。

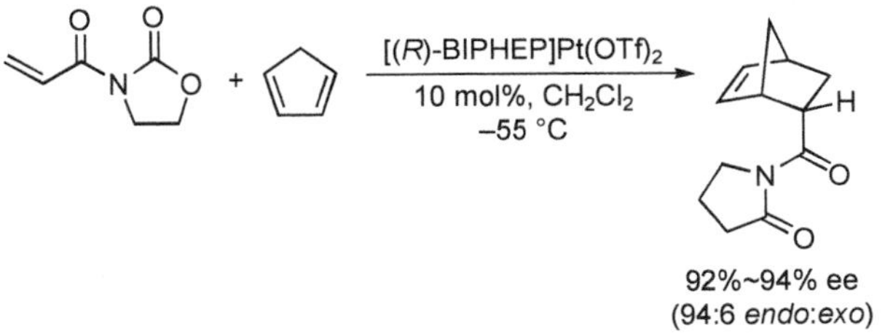

$$\text{(6.11)}$$

92%~94% ee
(94:6 endo:exo)

合成的一个相关的催化剂被用于催化高对映选择性的烯(ene)类反应。在这个例子中，rac-[(BINAP)Rh(NBD)]$^+$（其中 NBD = 降冰片二烯）与 H$_2$（用于氢化 NBD）和(R)-DABN 反应，在平衡之后产生了 rac-[(BINAP)Rh]$^+$ [(R)-DABN]的单一的非对映异构体。使用 2 倍（物质的量）的三氟甲磺酸处理将二胺从金属的配位场中去除，产生了一个活性非常高的对映选择性环化的催化剂，如式 6.12 所示[59]。

这些例子和相关的体系[60,61]表明，通常情况下无法进行拆分的双膦配体，当配位到取代惰性的金属上时，可以采取立体化学稳定的构象。螯合的手性双膦的普遍存在使这一策略在不对称催化中会有进一步的应用。

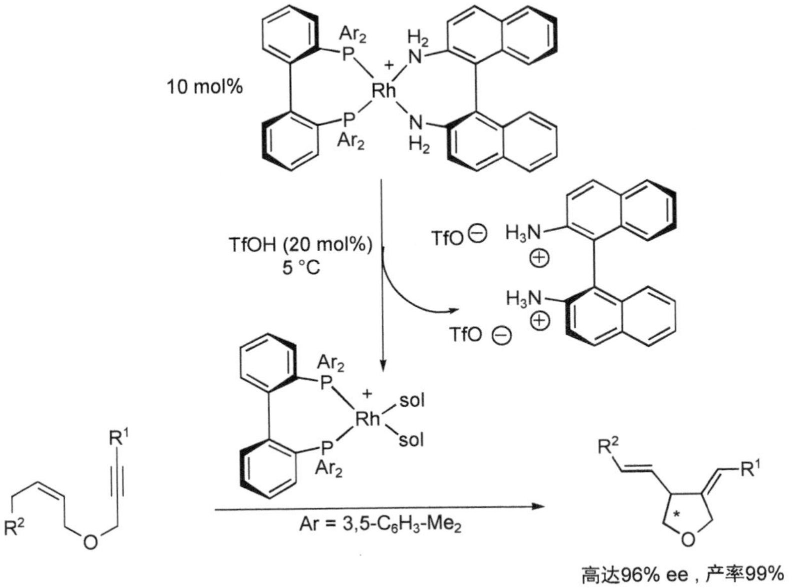

$$\text{(6.12)}$$

Ar = 3,5-C$_6$H$_3$-Me$_2$

高达96% ee，产率99%

6.2.3 非旋阻异构体系的构象手性

6.2.3.1 使用非手性和内消旋的配体优化不对称催化剂

传统的不对称催化剂的优化是通过合成和筛选手性配体来进行的[2]。在上述的对映体纯催化剂的不对称活化中，需要两个手性配体来产生催化剂。下文的结果表明，催化剂的对映选择性和活性也可以通过改变非手性的和内消旋的配体来进行优化[62]。

6.2.3.2　非手性和内消旋的二胺和二亚胺配体与 Zn(BINOLate)

一个比手性活化更高级的策略是非手性活化（图 6.27），其中具有手性构象的非手性或内消旋配体结合到配位在手性配体的金属上[63,64]。使用这一方法进行的催化剂优化更加有效，因为从每种手性配体出发，可以通过与一系列非手性和内消旋配体进行组合而形成许多种催化剂。商业上可获得的非手性和内消旋的配体前体和配体比光学活性的配体要多得多。另外，与手性配体相比，可以获得的非手性配体的形状更加多样。最后，非手性和内消旋物质的价格一般要比相关的对映纯物质的价格低得多。

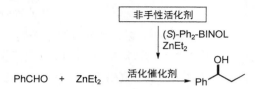

图 6.27　对手性催化剂活化可以提高对映选择性和反应效率

下面展示并阐述非手性配体在不对称催化中的应用。在这一概念验证研究中使用的催化体系在 6.1.4 节中进行了阐述（图 6.18）[37,38]。在使用 Et$_2$Zn 和 10 mol% (S)-Ph$_2$-BINOL，没有额外配体的反应中，苯甲醛缓慢地转化成了 44% ee 的 (S)-1-苯基-1-丙醇（表 6.5，条目 1）。28 h 后反应仅有 83% 的转化。接下来考察了几种非手性和内消旋的二亚胺和二胺添加剂，代表性的例子见表 6.5。Ph$_2$-BINOL 和非手性或内消旋配体的用量均为 10 mol%。二乙基锌的用量（物质的量）为底物醛的 3 倍。在不对称活化研究中（图 6.18），发现 2,4,6-三甲基苯甲醛衍生的手性二亚胺提供了对映选择性最高的催化剂。同样地，从这个醛衍生的非手性二亚胺也形成了对映选择性最高的催化剂。使用乙二胺和 1-萘甲醛形成的简单二亚胺（表 6.5，条目 2）与(S)-Ph$_2$-BINOL 组合比仅使用(S)-Ph$_2$-BINOL 的反应对映选择性略有提高。相比之下，使用三甲苯-二亚胺衍生物时对映选择性高达 87%，与不使用非手性添加剂的催化剂相比，得到的产物以相反构型的对映体为主（条目 3）。选择性的这种戏剧性变化说明甚至可以使用非手性配体来进行催化剂的修饰。

表 6.5　图 6.27 的反应中使用(S)-Ph$_2$-BINOL 筛选非手性二亚胺和二胺活化剂的结果[①]

条目	非手性配体	ee(0 ℃)/%（构型）	ee(−45 ℃)/%（构型）
1	无非手性活化剂	44(S)	—
2		52(S)	—
3		75(R)	87(R)

续表

条目	非手性配体	ee(0 ℃)/%（构型）	ee(−45 ℃)/%（构型）
4	Mes—N=〈联苯二亚胺〉=N—Mes	89(R)	96(R)
5	Et₂N⌒NEt₂	36(R)	72(R)
6	Me₃C—NH⌒HN—CMe₃	73(S)	76(S)
7	〈环己二胺衍生物〉	83(R)	92(R)

① 反应使用 10 mol% Ph₂-BINOL，10 mol%二亚胺配体，300 mol% ZnEt₂（Mes = 2,4,6-C₆H₂-Me₃）。

　　考察的几种配体是从 2,2′-二氨基联苯骨架制备的亚胺。这些配体配位之后提高了其旋阻异构的构象之间互相转化的能垒。如图 6.28 中所示，结合在锌上的二亚胺基联苯配体在(S)-Ph₂-BINOL 存在下变为非对映异构关系（手性接力）。如果这两种非对映体之间的能量差足够大，平衡就位于更稳定的非对映体一侧，在这种情况下配体就类似于对二氨基联苯配体进行了动态拆分（见 6.2.2 节）。联苯二亚胺配体的手性构象延伸了催化剂周围的手性空间（图 6.28）。图 6.27 中使用联苯二胺衍生物与(S)-Ph₂-BINOL 的组合得到了非常高的对映选择性（−45 ℃，96% ee）。

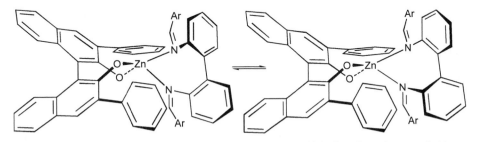

图 6.28　由二氨基联苯配体的不同构象产生的非对映异构的催化剂（表 6.5，条目 4）

　　二胺也对催化剂的对映选择性有重要影响。使用简单的二胺，如 N,N,N′,N′-四乙基乙二胺以 72% ee 得到了(R)-型的对映体（表 6.5，条目 5）。特别有趣的其他二胺是其二级衍生物，如 N,N′-二叔丁基乙二胺（条目 6）。两个氮原子对锌的配位冻结了氮的翻转，形成了两个直接与金属中心键合的新的手性中心（见 4.6.2 节）[47,65]。这种配位很可能是可逆的，使氮上的立体化学可以通过一个三配位的锌物种进行平衡转化。估计 C₂-对称的(Ph₂-BINOLate)Zn 会有利于二胺以 C₂-对称的方式结合（见图 6.30）。这样，手性氮中心就会影响不对称 C—C 键形成过程的立体化学。在图 6.27 中的反应中，这一二胺配体得到的产物具有 76% ee，这是该研究中对(S)-构型的醇取得的最高的对映选择性。

对含有悬挂着的联苯基团的内消旋二胺也进行了考察（表 6.5，条目 7）。手性联苯部分的旋阻异构化过程应该具有很低的能垒。预期立体化学动态的联苯基团与 (Ph₂-BINOLate)Zn 中心的相互作用会影响联苯的立体化学，并延伸了 Lewis 酸性的锌周围的手性空间。得到的催化剂很高效，在−45 ℃时以 92% ee 得到了(R)-构型的产物（条目 7）。值得注意的是，这比使用 N,N,N′,N′-四乙基乙二胺时观察到的对映选择性高得多（条目 5）。对映选择性的这种差异可能是由联苯-二胺衍生物的手性构象造成的。

也考察了非手性和内消旋配体对催化剂 TOF 的影响，如图 6.27 中所示。不存在其他配体时，二乙基锌与苯甲醛的反应在 0 ℃反应 8 h 只有 1%的转化（图 6.29）。反应中使用 Ph₂-BINOL 时提高了 TOF，1 h 之后得到了几乎 25%的转化。将 10 mol%的表 6.5 条目 3 中的二亚胺（在图 6.29 中用 e3 表示）或联苯二亚胺（条目 4）、二乙基锌和苯甲醛组合（不加入 Ph₂-BINOL）时，1 h 后只得到了<10%的转化率。当使用 Ph₂-BINOL 与二亚胺 e3 和 e4 组合时，两个反应都表现出了 TOF 的戏剧性的提高。对于配体 e4，反应在大约 10 min 内结束。使用二胺时 TOF 的提高更显著[64]。

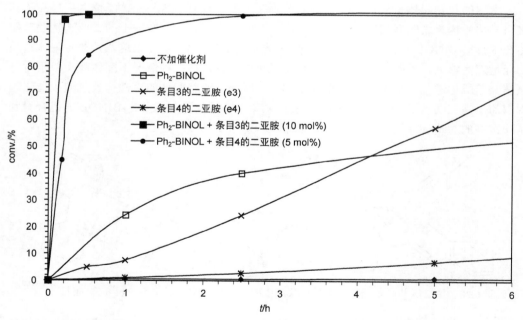

图 6.29　不加催化剂、仅用 Ph₂-BINOL、使用表 6.5 条目 3 和条目 4 中的二亚胺、二亚胺
配体与 Ph₂-BINOL 组合（图 6.27）的加成反应的转化率-时间曲线

对于这些反应，提出的催化剂是四配位的(BINOLate)Zn(二亚胺)和(BINOLate)Zn(二胺)配合物。后者的一个例子如图 6.30 中的 X 射线晶体结构所示。底物醛配位后接着发生 ZnEt₂ 上乙基基团的加成导致了产物的形成。

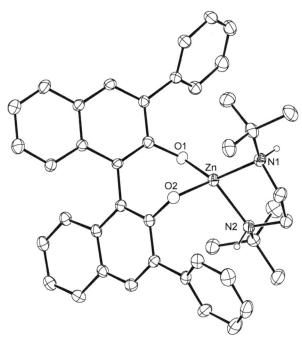

图 6.30 结合到 *N*,*N*′-二叔丁基乙二胺上的(Ph₂-BINOLate)Zn 的结构

乙二胺的氮具有预期的(*R*,*R*)-构型

这一优化不对称催化剂的深入研究中，使用的唯一手性配体是(*S*)-Ph₂-BINOL，并取得了 96% (*R*)和 76% (*S*)的对映选择性[64]。显然，不对称催化剂可以通过筛选非手性和内消旋配体来有效地进行优化。这一方法已经被成功应用于其他反应[66,67]，并在未来的催化剂发展中具有广阔的前景。

6.2.3.3 金属几何构型诱导的配体不对称

优化不对称催化剂的另一种策略涉及这样的配体，当金属采取某些构型时为对称的，而当金属结合了另外的配体如不对称反应中的底物时则变成不对称的。在这些情况下，非手性配体可能对催化剂的手性环境有贡献，因此影响了这一过程的对映选择性。接下来对这一概念进行阐述。

四配位的化合物(MBP)TiCl₂（图 6.31，其中 MBP = 亚甲基双酚氧基）是非手性的，因为 X-Ti-X 平面是平分 MBP 配体的船形构象的镜面。这一物种在 THF 中进行重结晶时，Lewis 酸性的钛配位了一个 THF 溶剂分子，形成了五配位的(MBP)TiCl₂(THF)。在这一五配位的化合物中，MBP 金属杂环上轴向（*a*）和赤道向（*e*）的氧原子由于结合位点不同，是不等价的（图 6.31）。(MBP)Ti 金属杂环因此是不对称的，在固态晶体结构中以外消旋混合物的形式存在[68]。

船形(MBP)Ti 金属杂环的翻转（图 6.32）在 NMR 的时间尺度上很慢，因为通过金属杂环来翻转其亚甲基会引起强烈的张力。H_a 和 H_b 是不等价的，二者在 ¹H NMR 谱上互相耦合，因为其中一个位于(MBP)Ti 金属杂环的正上方，另一个则位于杂环之外。

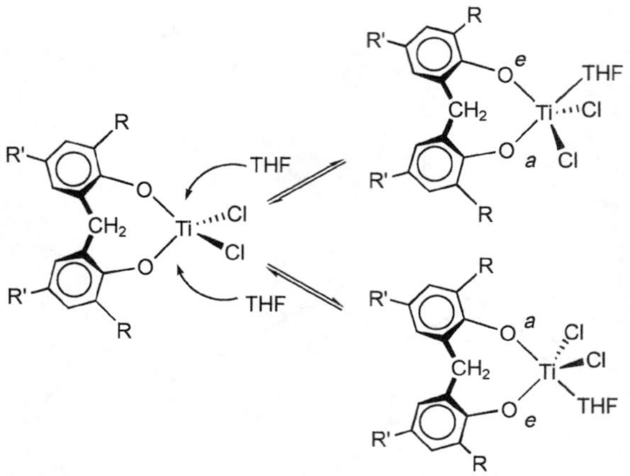

图 6.31   单齿的(MBP)TiCl₂ 是非手性的，因为 Cl—Ti—Cl 平面包含在分子的一个镜面中。
如果其中一个 MBP 的氧处于轴向(a)而另一个氧处于赤道向(e)的话，
THF 在轴向的配位会造成配合物变成手性的

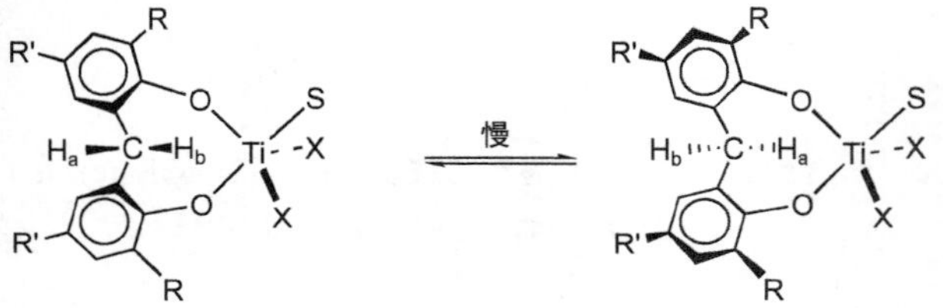

图 6.32   亚甲基通过金属杂环进行翻转是配合物(MBP)TiCl₂(THF)的
对映体互相转化（外消旋化）的一种方式

一般来说，亚甲基上的氢，H_a 和 H_b 在 NMR 时间尺度上是不等价的

　　这一工作的目的在于使用三角双锥构型的不对称(MBP)Ti 金属杂环作为不对称催化剂的手性环境的不可或缺的组成部分。概念上，如果将(MBP)TiCl₂(THF)的其中一个对映体中的 THF 分子用底物进行替代而不发生立体化学的混乱化（图 6.31），那么(MBP)Ti 金属杂环将为底物提供一个手性环境。试剂与被结合的底物作用得到非外消旋的产物。通过向钛的配位场中引入一个对映体富集的烷氧基配体（OR*），(MBP)Ti 金属杂环的构型可以被差异化（图 6.33）。图 6.33 中的两个非对映体是非对映异构关系，很可能以不同的数量存在。

　　在醛的不对称加成中，考察了一系列的 MBP-H₂（20 mol%）的非手性衍生物与 Ti(OR*)₄ 的组合（式 6.13）。考察表 6.6 中的结果表明，改变 MBP 上的非手性配体可以引起产物 ee 值的引人注目的变化 [从 9%(R)到 83%(S)]。含有小的 R^1 取代基的 MBP-H₂ 配体给出了较低的对映选择性（条目 1～4）。注意含 R^1 = H 的催化剂（条目 1 和条目 2）与仅使用手性烷氧基配合物 Ti(OR*)₄ 的背景反应相比表现出了重大的对映选择性差别 [9% ee (R)相对于 39% ee (S)]。将 MBP 配体上 R^1 取代基的位阻到增加到 t-Bu 导致了对映选择性的提高（条目 6～8）。当 R^1 是金刚烷基时 ee 值进一步提高（条目 9, 83% ee）。这样，对非手性的 MBP 配体的修饰造成的 ee 值改变超过了 90%。

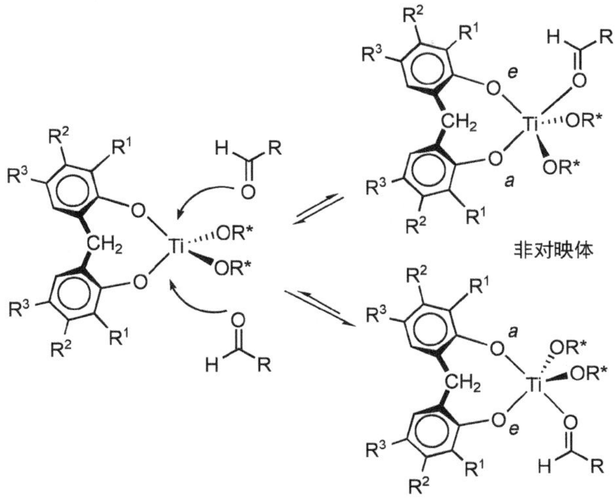

图 6.33　向(MBP)Ti 配合物中引入手性烷氧基造成其醛加合物为非对映体，因为 MBP 配体两种对映体形式都可以形成。这两个非对映体不大可能具有相同的能量

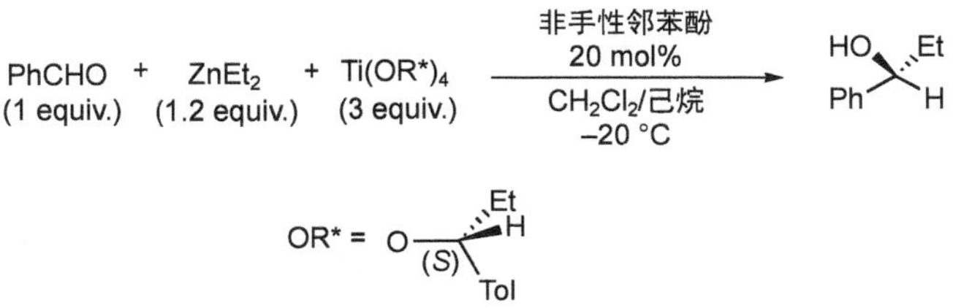

$$（6.13）$$

表 6.6　烷基对醛的不对称加成中使用的 MBP-H_2 配体（式 6.13）

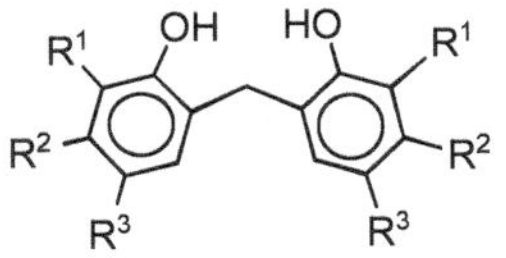

条目	R^1	R^2	R^3	ee[①]/%（构型）
1	H	H	H	1 (S)
2	H	H	Cl	9 (R)
3	Cl	Cl	Cl	24 (S)
4	Me	H	Me	16 (S)
5	Ph	H	H	36 (S)
6	t-Bu	H	t-Bu	68 (S)
7	t-Bu	H	Me	79 (S)
8	t-Bu	H	H	73 (S)
9	金刚烷基	H	Me	83 (S)
10	不加 MBP-H_2 配体			39 (S)

① 1 h 后的 ee 值。

　　底物配位可以暂时增加催化剂中手性单元的数目。在这个体系中，作者提出底物配位时金属的几何构型从四面体到三角双锥的变化可以通过造成一个手性构象而诱导 (MBP)Ti 金属杂环中的不对称（图 6.31）。一旦处于不对称的几何构型，(MBP)Ti 部分即可参与甚至控制不对称向底物的接力。结合的 MBP 配体的不对称可以在图 6.34 中的 X 射线晶体结构中看出。在这个例子中，二甲基胺起到了底物醛的类似物的作用。几何构型诱导的配体不对称的原理可以用于其他不对称催化剂的优化。

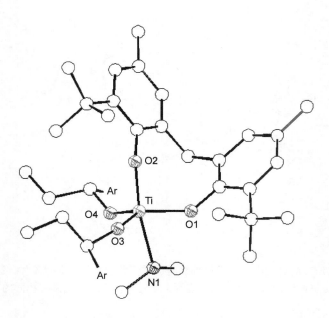

图 6.34　(MBP)Ti(OR*)$_2$(NHMe$_2$)的固态结构

为了清楚起见去掉了烷氧基上的芳基（式 6.13）

6.3　使用对映体富集的配体对非手性催化剂的不对称活化

6.3.1　非手性 salen 配合物在不对称环丙烷化中的应用

　　一类最重要的不对称催化剂是基于手性 salen 的配合物。然而，尽管基于 salen 的催化剂取得了广泛的应用，有关不对称如何从催化剂传递到底物的问题仍然存在。一种说法是金属-salen 配合物以非平面型或者说阶梯式构象存在，而且这种非平面的特性是催化剂手性环境中的一个重要因素（图 6.35）[73,74]。已在一部分而非所有的 X 射线表征的 (salen)M 配合物中观察到了这种阶梯式构象[71,72]。活性物种中存在阶梯式构象的假设启发了研究人员使用非手性的(salen)M 配合物与可能配位到金属中心的手性配体（L*）的组合[73,74]。如图 6.35 中所示，手性配体 L*对金属的配位产生了非对映体的配合物，其平衡常数不太可能是 1。这种概念已经被用于烯烃的不对称环丙烷化。

图 6.35　提出的在不对称传递中起到重要作用的(salen)M 的阶梯式构象

如果 L*是非手性的，那么平衡常数将会是 1。如果 L*是手性的，那么两个配合物是非对映异构体，很可能其中一个具有较低的能量

使用一个非手性的(salen)Ru(PPh$_3$)$_2$ 催化剂前体(1 mol%)、一系列手性亚砜（10 mol%）和重氮乙酸乙酯（EDA）[75]考察了苯乙烯的不对称环丙烷化反应。在亚砜的存在下 EDA 与催化剂前体反应生成活性催化剂，该催化剂接下来促进环丙烷化反应（图 6.36）。该反应中发现对映选择性依赖于亚砜的结构，而非对映选择性则不然。亚砜的配位影响 salen 配体的阶梯式构象之间的平衡，如图 6.35 所示。虽然这些配合物是非对映选择性的，但是手性亚砜距离活性的卡宾较远。因此，这一模型预测亚砜会改变催化剂的对映选择性而不改变其非对映选择性。

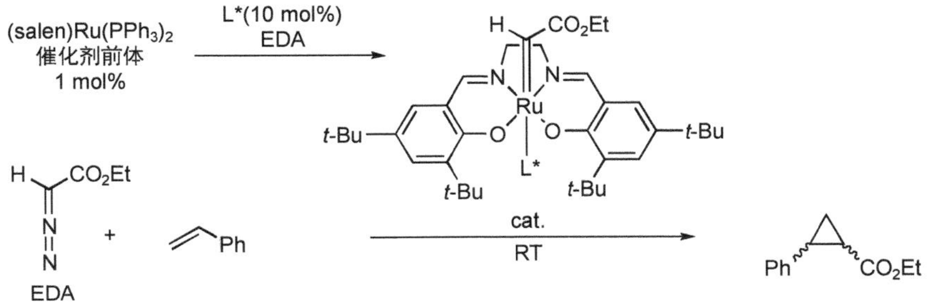

L* (10 mol%)		产率/%	cis:trans	cis ee/%	trans ee/%
	R				
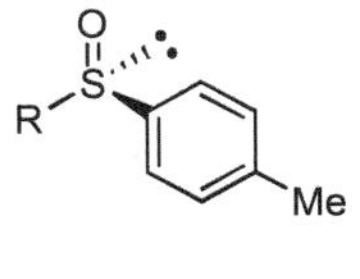	Me	84	1:7.2	57	46
	Et	96	1:7.4	51	29
	Bn	90	1:7.3	56	45
	H$_2$N	85	1:7.2	51	10
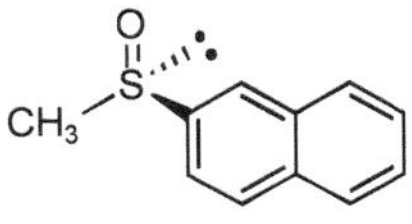		90	1:7.3	41	45
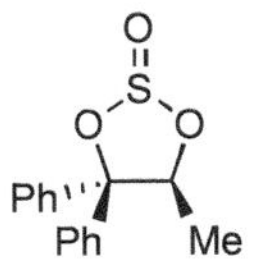		87	1:7.4	33	16

图 6.36 苯乙烯的不对称环丙烷化反应中对非手性的催化剂前体
(salen)Ru(PPh$_3$)$_2$ 和手性亚砜的优化

在进一步的催化剂优化实验中使用了最有前景的亚砜，即甲基-4-甲基苯基亚砜。增加亚砜的用量到 50 mol%，或增大反应浓度提高了对映选择性。当反应在−78 ℃进行时，对映选择性发生了最大程度的提高，这时分别以 93% ee 和 87% ee 得到了 cis 和 trans 的环丙烷。有趣的是，使用甲基-4-甲基苯基亚砜与卡宾配合物(salen)Ru(=CHCO$_2$Et)的 NMR 结合实验表明手性配体通过亚砜的氧而非硫原子进行结合，亚砜结合的 K_{eq} 为 129[75]。

可以想象使用 10 种具有不同取代模式的非手性 salen 配体与 10 种轴手性配体来产生一个含 100 个催化剂的库来扩展催化剂的筛选。这一研究展示了使用非手性 salen 配合物与轴手性配体在不对称催化中的潜力。

6.3.2   使用 DNA 优化 Diels–Alder 反应的非手性催化剂

除作为现代科学的象征之外，DNA 因其双链的右手螺旋结构也成为构建不对称催化剂的一个很有吸引力的骨架。发展基于 DNA 的催化剂的挑战之一是向 DNA 的骨架上引入催化活性的金属位点来利用其延伸的手性环境。组装基于 DNA 的不对称催化剂的一个聪明的方法是使用能与 DNA 以非共价方式结合的非手性配合物。在结合到 DNA 上时，非手性的配合物会适应到双链的手性环境中，使 DNA 的不对称传递到产物中。通过调整非手性配合物的性质可以调节催化剂在 DNA 上的位置以及金属与双螺旋之间的距离。这一策略已经被用于图 6.37 中所示的铜催化的 Diels-Alder 反应的催化剂的发展[76,77]。

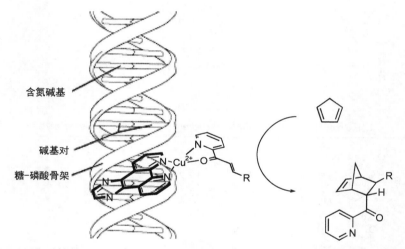

图 6.37   非手性的 Cu(Ⅱ)中心对 DNA 的结合将催化活性的铜置于 DNA 的手性环境中，实现不对称从双螺旋到底物的有效的传递

在该研究中使用了非手性配体 A～H（图 6.38）。每个配体都包含一个双齿的金属结合位点和一个疏水的芳香 π 体系。Cu(Ⅱ)-配体加合物的 DNA 结合常数被确定为介于 $9.3×10^3$～$8×10^5$ L/mol（表 6.7），表明它与 DNA 中等到强的结合。从表 6.7 中可以看出，Diels-Alder 反应可以得到高达 99% ee（图 6.38）。A～D 的配体结合位点具有相似的配位环境，因此可以对 DNA 结合强度与对映选择性的关系进行比较。非常有意思的是，在结合强度与对映选择性之间观察到了负相关，其中(bipy)Cu^{2+}表现出了最高的对映选择性（90%）和最低的 DNA 亲和力。值得一提的是，当使用 DNA 和 $Cu(NO_3)_2$ 而不使用配体时，仅以 10% ee 形成了相反构型的 Diels-Alder 加合物。

基于筛选配体 A～D 的初步结果，进一步考察了其他的联吡啶类配体。发现 4,4′-二甲基-2,2′-联吡啶（E）的 Cu(Ⅱ)配合物对考察的两个底物都表现出了完全的 *endo* 选择性和 97%～99% ee（表 6.7）。

在这一基于 DNA 的催化剂体系中，不对称是从 DNA 上进行传递的。预期催化剂的对映选择性强烈依赖于 DNA 和铜配合物的相互作用的性质。已经知道，配体 A 和配体 B

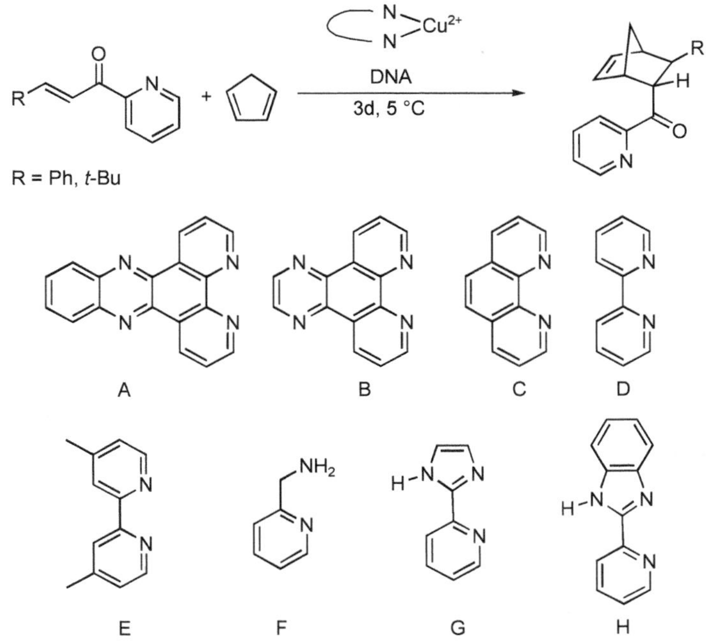

图 6.38　非手性配体 A～H 的 Cu(Ⅱ)配合物被用于形成催化不对称 Diels-Alder 反应的基于 DNA 的催化剂

表 6.7　图 6.38 中从配体 A～H 衍生的基于 DNA 的催化剂的结合常数和选择性[①]

非手性配体	$K_{b(DNA)}$/(mol/L)	亲双烯体 R	endo∶exo	ee/%
A	$(8\pm3)\times10^5$	Ph	96∶4	49
B	$(7.2\pm1.2)\times10^4$	Ph	95∶5	61
C	$(1.3\pm0.1)\times10^4$	Ph	96∶4	73
D	$(9.4\pm0.3)\times10^4$	Ph	98∶2	90
D		t-Bu	94∶6	83
E	$(1.12\pm0.02)\times10^4$	Ph	99∶1	99
E		t-Bu	99∶1	97
F	—	Ph	97∶3	< 5
G	$(5.2\pm0.3)\times10^3$	Ph	99∶1	91
H	$(1.5\pm0.1)\times10^4$	Ph	98∶2	92
H		t-Bu	98∶2	90
无配体	—	Ph	95∶5	−10

① 反应条件：1.3 mg/L DNA，0.3 mmol/L Cu(NO₃)₂，15 mmol/L 环戊二烯，3 d，5 ℃。

的加合物(dppbz)Cu(NO₃)₂ 和(dpq)Cu(NO₃)₂ 通过嵌入 DNA 的碱基对而进行结合[76]。其他的配体加合物与 DNA 作用的本质目前还不清楚，但是这些作用本质的揭示将为这一催化剂发展的重要途径提供关键线索。尽管如此，从简单易得的非手性配体出发，进行组装和优化基于 DNA 的模块化的催化剂是一个强有力的技术，将来很可能被用于其他反应。

总结

本章中概述了不对称催化的非传统方法。如手性毒化这类的技术使得使用较为廉价的外消旋配体与一个手性配体的组合成为可能。手性毒化剂抑制外消旋催化剂的其中一个对映体，剩下另外一个对映体进行催化过程。虽然手性毒化剂在一些情况下表现出了优秀的效率，使用手性毒化的大部分例子并不是高度有效的。一个相关但更高级的策略是使用手性活化剂，其中外消旋催化剂的一个对映体被选择性地活化，产生一个新的比起初的催化剂活性更高、通常选择性也更高的催化物种。这一方法已经被扩展到包括使用手性活化剂来活化手性催化剂。后者的缺点是需要使用两种对映体富集的配体。尽管如此，高效和高对映选择性催化剂的优点通常会超过配体拆分带来的额外付出。最后，使用具有手性构象的非手性活化剂有效地延伸了催化剂的手性环境。我们已经看到，对于每种手性催化剂，通过加入非手性配体可以产生许多新的催化剂。使用这些方法进行催化剂的组合筛选绝对是优化催化剂对映选择性活性的有效和成本划算的方法。

参 考 文 献

[1] Ojima, I., Ed. In *Catalytic Asymmetric Synthesis*, 2nd ed.; Wiley: New York, 2000.

[2] Jacobsen, E. N.; Pfaltz, A.; Yamamoto, H. In *Comprehensive Asymmetric Catalysis*; Springer-Verlag: Berlin, 1999; Vol. 1-3.

[3] Noyori, R. In *Asymmetric Catalysis in Organic Synthesis*; Wiley: New York, 1994.

[4] Seyden-Penne, J. In *Chiral Auxiliaries and Ligands in Asymmetric Synthesis*; Wiley: New York, 1995.

[5] Faller, J. W.; Lavoie, A. R.; Parr, J. Chiral Poisoning and Asymmetric Activation. *Chem. Rev.* **2003**, *102*, 3345-3367.

[6] Faller, J. W.; Parr, J. Chiral Poisoning: A Novel Strategy for Asymmetric Catalysis. *J. Am. Chem. Soc.* **1993**, *115*, 804-805.

[7] Alcock, N. W.; Brown, J. M.; Maddox, P. J. Substrate-Induced Kinetic Resolution of Racemic Biphosphines in situ for Homogeneous Catalysis. *J. Chem. Soc., Chem. Commun.* **1986**, 1532-1534.

[8] Brown, J. M.; Maddox, P. J. Iridium Complexes of Dehydroamino Acids: The Kinetic Resolution of Racemic Diphosphines and Their Application in Catalytic Asymmetric Hydrogenation. *Chirality* **1991**, *3*, 345-354.

[9] Faller, J. W.; Lavoie, A. R.; Grimmond, B. J. Application of the Chiral Poisoning Strategy: Enantioselective Diels-Alder Catalysis with a Racemic Ru/BINAPMonoxide Lewis Acid. *Organometallics* **2002**, *21*, 1662-1666.

[10] Girard, C.; Kagan, H. B. Nonlinear Effects in Asymmetric Synthesis and Stereoselective Reactions: Ten Years of Investigation. *Angew. Chem., Int. Ed. Engl.* **1998**, *37*, 2922-2959.

[11] Noyori, R.; Ohkuma, T. Asymmetric Catalysis by Architectural and Functional Molecular Engineering: Practical Chemo- and Stereoselective Hydrogenation of Ketones. *Angew. Chem., Int. Ed. Engl.* **2001**, *40*, 40-73.

[12] Agera, D. J.; Lanemana, S. A. Reduction of 1,3-Dicarbonyl Systems with Ruthenium-Biarylbisphosphine Catalysts. *Tetrahedron: Asymmetry* **1997**, *8*, 3327-3355.

[13] Mikami, K.; Yusa, Y.; Korenaga, T. Asymmetric Deactivation of Racemic BINAP-Ru (II) Catalysts Through Complete Enantiomer Discrimination by Dimethylbinaphthylamine: Highly Enantioselective Hydrogenation of Olefin and β-Keto Ester. *Org. Lett.* **2002**, *4*, 1643-1645.

[14] Faller, J. W.; Tokunaga, M. Chiral Poisoning in the Kinetic Resolution of Allylic Alcohols. *Tetrahedron Lett.* **1993**, *34*, 7359-7362.

[15] Maruoka, K.; Itoh, T.; Shirasaka, T.; Yamamoto, H. Asymmetric Hetero-Diels-Alder Reaction Catalyzed by Chiral

Organoaluminum Reagent. *J. Am. Chem. Soc.* **1988**, *110*, 310-312.

[16] Maruoka, K.; Yamamoto, H. Generation of Chiral Organoaluminum Reagent by Discrimination of the Racemates with Chiral Ketone. *J. Am. Chem. Soc.* **1989**, *111*, 789-790.

[17] Todd, M. H. Asymmetric Autocatalysis: Product Recruitment for the Increase in the Chiral Environment (PRICE). *Chem. Soc. Rev.* **2002**, *31*, 211-222.

[18] Soai, K.; Shibata, T.; Morloka, H.; Choji, K. Asymmetric Autocatalysis and Amplification of Enantiomeric Excess of a Chiral Molecule. *Nature* **1995**, *378*, 767-768.

[19] Shibata, T.; Yonekubo, S.; Soai, K. Practically Perfect Asymmetric Autocatalysis with (2-Alkynyl-5-pyrimidyl)alkanols. *Angew. Chem., Int. Ed. Engl.* **1999**, *38*, 659-661.

[20] Soai, K.; Osanai, S.; Kadowaki, K.; Yonekubo, S.; Shibata, T.; Sato, I. *D*- and *L*-Quartz-Promoted Highly Enantioselective Synthesis of a Chiral Organic Compound. *J. Am. Chem. Soc.* **1999**, *121*, 11235-11236.

[21] Sato, I.; Urabe, H.; Ishiguro, S.; Shibata, T.; Soai, H. Amplification of Chirality from Extremely Low to Greater than 99.5% ee by Asymmetric Autocatalysis. *Angew. Chem., Int. Ed. Engl.* **2003**, *42*, 315-317.

[22] Mikami, K.; Terada, M.; Korenaga, T.; Matsumoto, Y.; Ueki, M.; Angelaud, R. Asymmetric Activation. *Angew. Chem., Int. Ed. Engl.* **2000**, *39*, 3532-3556.

[23] Mikami, K.; Terada, M.; Korenaga, T.; Matsumoto, Y.; Matsukawa, S. Enantiomer-Selective Activation of Racemic Catalysts. *Acc. Chem. Res.* **2000**, *33*, 391-401.

[24] Mikami, K.; Shimizu, M. Asymmetric Ene Reactions in Organic Synthesis. *Chem. Rev.* **1992**, *92*, 1021-1050.

[25] Mikami, K.; Matsukawa, S. Asymmetric Synthesis by Enantiomer-Selective Activation of Racemic Catalysts. *Nature* **1997**, *385*, 613-615.

[26] Davis, T. J.; Balsells, J.; Carroll, P. J.; Walsh, P. J. Snapshots of Titanium BINOLate Complexes: Diverse Structures with Implications in Asymmetric Catalysis. *Org. Lett.* **2001**, *3*, 699-702.

[27] Balsells, J.; Davis, T. J.; Carroll, P. J.; Walsh, P. J. Insight into the Mechanism of the Asymmetric Addition of Alkyl Groups to Aldehydes Catalyzed by Titanium-BINOLate Species. *J. Am. Chem. Soc.* **2002**, *124*, 10336-10348.

[28] Martin, C. Design and Application of Chiral Ligands for the Improvement of Metal-Catalyzed Asymmetric Transformations. Ph.D. Thesis, Massachusetts Institute of Technology, Cambridge, MA, 1989.

[29] Bradley, D. C.; Mehrotra, R. C.; Rothwell, I. P.; Singh, A. In *Alkoxo and Aryloxo Derivatives of Metals*; Academic Press: New York, 2001.

[30] Katsuki, T. In *Comprehensive Asymmetric Catalysis*; Jacobsen, E. N., Pfaltz, A., Yamamoto, H., Eds.; Springer-Verlag: Berlin, 1999; Vol. 2, pp 621-648.

[31] Blackmond, D. G.; Rosner, T.; Neugebauer, T.; Reetz, M. T. Kinetic Influences on Enantioselectivity for Non-Diastereopure Catalysts Mixtures. *Angew. Chem., Int. Ed. Engl.* **1999**, *38*, 2196-2199.

[32] Bolm, C.; Muniz, K.; Hildebrand, J. P. Planar-Chiral Ferrocenes in Asymmetric Catalysis: The Impact of Stereochemically Inhomogeneous Ligands. *Org. Lett.* **1999**, *1*, 491-494.

[33] Kitamura, M.; Suga, S.; Niwa, M.; Noyori, R. Self and Nonself Recognition of Asymmetric Catalysts. Nonlinear Effects in the Amino Alcohol-Promoted Enantioselective Addition of Dialkylzincs to Aldehydes. *J. Am. Chem. Soc.* **1995**, *117*, 4832-4842.

[34] Balsells, J.; Walsh, P. J. Design of Diastereomeric Self-Inhibiting Catalysts for Control of Turnover Frequency and Enantioselectivity. *J. Am. Chem. Soc.* **2000**, *122*, 3250-3251.

[35] Ohkuma, T.; Doucet, H.; Pham, T.; Mikami, K.; Korenaga, T.; Terada, M.; Noyori, R. Asymmetric Activation of Racemic Ruthenium (II) Complexes for Enantioselective Hydrogenation. *J. Am. Chem. Soc.* **1998**, *120*, 1086-1087.

[36] Mikami, K.; Korenaga, T.; Ohkuma, T.; Noyori, R. Asymmetric Activation/Deactivation of Racemic Ru Catalysts for Highly Enantioselective Hydrogenation of Ketonic Substrates. *Angew. Chem., Int. Ed. Engl.* **2000**, *39*, 3707-3710.

[37] Mikami, K.; Angelaud, R.; Ding, K. L.; Ishii, A.; Tanaka, A.; Sawada, N.; Kudo, K.; Senda, M. Asymmetric Activation of Chiral Alkoxyzinc Catalysts by Chiral Nitrogen Activators for Dialkylzinc Addition to Aldehydes: Super

High-Throughput Screening of Combinatorial Libraries of Chiral Ligands and Activators by HPLC-CD/UV and HPLC-OR/RIU Systems. *Chem. Eur. J.* **2001**, *7*, 730-737.

[38] Ding, K.; Ishii, A.; Mikami, K. Super High Throughput Screening (SHTS) of Chiral Ligands and Activators: Asymmetric Activation of Chiral Diol-Zinc Catalysts by Chiral Nitrogen Activators for the Enantioselective Addition of Diethylzinc to Aldehydes. *Angew. Chem., Int. Ed. Engl.* **1999**, *38*, 497-501.

[39] Berrisford, D. J.; Bolm, C.; Sharpless, K. B. Ligand-Accelerated Catalysis. *Angew. Chem., Int. Ed. Engl.* **1995**, *34*, 1059-1070.

[40] Vogl, E. M.; Groger, H.; Shibasaki, M. Towards Perfect Asymmetric Catalysis: Additives and Cocatalysts. *Angew. Chem., Int. Ed. Engl.* **1999**, *38*, 1570-1577.

[41] Kobayashi, S.; Ishitani, H. Lanthanide (III)-Catalyzed Enantioselective Diels-Alder Reactions. Stereoselective Synthesis of Both Enantiomers by Using a Single Chiral Source and a Choice of Achiral Ligands. *J. Am. Chem. Soc.* **1994**, *116*, 4083-4084.

[42] Kobayashi, S.; Hachiya, I.; Ishitani, H.; Araki, M. Asymmetric Diels-Alder Reaction Catalyzed by a Chiral Ytterbium Trifluoromethanesulfonate. *Tetrahedron Lett.* **1993**, *34*, 4535-4538.

[43] Clarke, M. L.; Fuentes, J. A. Self-Assembly of Organocatalysts: Fine-Tuning Organocatalytic Reactions. *Angew. Chem., Int. Ed. Engl.* **2007**, *46*, 930-933.

[44] Berkessel, A.; Gröger, H. In *Asymmetric Organocatalysis*; Wiley: New York, 2005.

[45] Houk, K. N.; List, B. Eds. Asymmetric Organocatalysis (special issue). *Acc. Chem. Res.* **2004**, *37*, 487-631.

[46] Desponds, O.; Schlosser, M. The Activation Barrier to Axial Torsion in 2,2'-Bis(diphenylphosphino)biphenyl. *Tetrahedron Lett.* **1996**, *37*, 47-48.

[47] Eliel, E. L.; Wilen, S. H. In *Stereochemistry of Organic Compounds*; Wiley: New York, 1994.

[48] Kurland, R. J.; Rubin, M. B.; Wise, W. B. Inversion Barrier in Singly Bridged Biphenyls. *J. Chem. Phys.* **1964**, *40*, 2426-2431.

[49] Müllen, K.; Heinz, W.; Klärner, F.-G.; Roth, W. R.; Kindermann, I.; Adamczak, O.; Wette, M.; Lex, J. Inversion Barriers of ortho,ortho'-Bridged Biphenyls. *Chem. Ber.* **1990**, *23*, 2349-2371.

[50] Iffland, D. C.; Siegel, H. A Biphenyl Whose Optical Activity is Due to a Three-carbon Bridge Across the 2,2'-Positions. *J. Am. Chem. Soc.* **1958**, *80*, 1947-1950.

[51] Mislow, K.; Hyden, S.; Schaefer, H. Stereochemistry of the 1,2,3,4-Dibenzcyclonona-1,3-diene System. A Note on the Racemization Barrier in Bridged Biphenyls. *J. Am. Chem. Soc.* **1962**, *84*, 1449-1455.

[52] Noyori, R.; Yamakawa, M.; Hashiguchi, S. Metal-Ligand Bifunctional Catalysis: A Nonclassical Mechanism for Asymmetric Hydrogen Transfer Between Alcohols and Carbonyl Compounds. *J. Org. Chem.* **2001**, *66*, 7931-7944.

[53] Abdur-Rashid, K.; Faatz, M.; Lough, A. J.; Morris, R. H. Catalytic Cycle for the Asymmetric Hydrogenation of Prochiral Ketones to Chiral Alcohols: Direct Hydride and Proton Transfer from Chiral Catalysts *trans*-Ru(H)$_2$ (diphosphine)(diamine) to Ketones and Direct Addition of Dihydrogen to the Resulting Hydridoamido Complexes. *J. Am. Chem. Soc.* **2001**, *123*, 7473-7474.

[54] Abdur-Rashid, K.; Clapham, S. E.; Hadzovic, A.; Harvey, J. N.; Lough, A. J.; Morris, R. H. Mechanism of the Hydrogenation of Ketones Catalyzed by *trans*-Dihydrido(diamine)ruthenium(II) Complexes. *J. Am. Chem. Soc.* **2002**, *124*, 15104-15118.

[55] Becker, J. J.; White, P. S.; Gagné, M. R. Synthesis and Characterization of Chiral Platinum(II) Sulfonamides: (dppe)Pt(NN) and (dppe)Pt(NO) Complexes. *Inorg. Chem.* **1999**, *38*, 798-801.

[56] Becker, J. J.; White, P. S.; Gagné, M. R. Asymmetric Catalysis with the Normally Unresolvable, Conformationally Dynamic 2,2'-Bis(diphenylphosphino)-1,1'-biphenyl (BIPHEP). *J. Am. Chem. Soc.* **2001**, *123*, 9478-9479.

[57] Tudor, M. D.; Becker, J. J.; White, P. S.; Gagné, M. R. Diastereoisomer Interconversion in Chiral BiphepPtX$_2$ Complexes. *Organometallics* **2000**, *19*, 4376-4384.

[58] Ghosh, A. K.; Matsuda, H. Counterions of BINAP-Pt(II) and -Pd(II) Complexes: Novel Catalysts for Highly

Enantioselective Diels-Alder Reaction. *Org. Lett.* **1999**, *1*, 2157-2159.

[59] Mikami, K.; Kataoka, S.; Yusa, Y.; Aikawa, K. Racemic but Tropos (Chirally Flexible) BIPHEP Ligands for Rh(I)-Complexes: Highly Enantioselective Ene-Type Cyclization of 1,6-Enynes. *Org. Lett.* **2004**, *6*, 3699-3701.

[60] Mikami, K.; Aikawa, K.; Yusa, Y. Asymmetric Activation of the Pd Catalyst Bearing the Tropos Biphenylphosphine (BIPHEP) Ligand with the Chiral Diaminobinaphthyl (DABN) Activator. *Org. Lett.* **2002**, *4*, 95-97.

[61] Mikami, K.; Aikawa, K.; Yusa, Y.; Hatano, M. Resolution of Pd Catalyst with tropos Biphenylphosphine (BIPHEP) Ligand by DM-DABN: Asymmetric Catalysis by an Enantiopure BIPHEP-Pd Complex. *Org. Lett.* **2002**, *4*, 91-94.

[62] Hartwig, J. Synthetic Chemistry-Recipes for Excess. *Nature* **2005**, *437*, 487-488.

[63] Balsells, J.; Walsh, P. J. The Use of Achiral Ligands to Convey Asymmetry: Chiral Environment Amplification. *J. Am. Chem. Soc.* **2000**, *122*, 1802-1803.

[64] Costa, A. M.; Jimeno, C.; Gavenonis, J.; Carroll, P. J.; Walsh, P. J. Optimization of Catalyst Enantioselectivity and Activity Using Achiral and Meso Ligands. *J. Am. Chem. Soc.* **2002**, *124*, 6929-6941.

[65] von Zelewsky, A. *Stereochemistry of Coordination Compounds*; Wiley: New York, 1996.

[66] Reetz, M. T.; Mehler, G. Mixtures of Chiral and Achiral Monodentate Ligands in Asymmetric Rh-Catalyzed Olefin Hydrogenation: Reversal of Enantioselectivity. *Tetrahedron Lett.* **2003**, *44*, 4593-4596.

[67] Reetz, M. T.; Li, X. Mixtures of Configurationally Stable and Fluxional Atropisometric Monodentate P Ligands in Asymmetric Rh-Catalyzed Olefin Hydrogenation. *Angew. Chem., Int. Ed. Engl.* **2005**, *44*, 2959-2962.

[68] Okuda, J.; Fokken, S.; Kang, H.-C.; Massa, W. Synthesis and Characterization of Mononuclear Titanium Complexes Containing a Bis(phenoxy) Ligand Derived from 2,2'-Methylene-bis(6-*tert*-butyl-4-methylphenol). *Chem. Ber.* **1995**, *128*, 221-227.

[69] Norrby, P.-O.; Linde, C.; Åkermark, B. On the Chirality Transfer in the Epoxidation of Alkenes Catalyzed by Mn(salen) Complexes. *J. Am. Chem. Soc.* **1995**, *119*, 11035-11036.

[70] Hamada, T.; Fukuda, T.; Imanishi, H.; Katsuki, T. Mechanism of One Oxygen Atom Transfer from Oxo (Salen)manganese(V) Complex to Olefins. *Tetrahedron* **1996**, *52*, 515-530.

[71] Samsel, E. G.; Srinivasan, K.; Kochi, J. K. Mechanism of the Chromium-Catalyzed Epoxidation of Olefins. Role of Oxochromium(V) Cations. *J. Am. Chem. Soc.* **1985**, *107*, 7606-7617.

[72] Pospisil, P. J.; Carsten, D. H.; Jacobsen, E. N. X-Ray Structural Studies of Highly Enantioselective Mn(salen) Epoxidation Catalysts. *Chem. Eur. J.* **1996**, *2*, 974-980.

[73] Hashihayata, T.; Ito, Y.; Katsuki, T. Enantioselective Epoxidation of 2,2-Dimethylchromenes Using Achiral Mn-Salen Complexes as a Catalyst in the Presence of Chiral Amine. *Synlett* **1996**, 1079-1081.

[74] Hashihayata, T.; Ito, Y.; Katsuki, T. The First Asymmetric Epoxidation Using a Combination of Achiral (Salen)manganese(III) Complex and Chiral Amine. *Tetrahedron* **1997**, *53*, 9541-9552.

[75] Miller, J. A.; Gross, B. A.; Zhuravel, M. A.; Jin, W.; Nguyen, S. T. Axial Ligand Effects: Utilization of Chiral Sulfoxide Additives for the Induction of Asymmetry in (Salen)ruthenium(II) Olefin Cyclopropanation Catalysts. *Angew. Chem., Int. Ed. Engl.* **2005**, *44*, 3885-3889.

[76] Roelfes, G.; Feringa, B. L. DNA-Based Asymmetric Catalysis. *Angew. Chem., Int. Ed. Engl.* **2005**, *44*, 3230-3232.

[77] Roelfes, G.; Boersma, A. J.; Feringa, B. L. Highly Enantioselective DNA-Based Catalysis. *J. Chem. Soc., Chem. Commun.* **2006**, 635-637.

第7章 动力学拆分

随着对对映选择性催化的日益重视，动力学拆分已经被看成是没有那么"优雅"了。这其中原因之一就是，标准拆分的最大产率只有50%。然而，学术界和工业界仍然在使用拆分的事实当然说明了其有用性。当外消旋的底物比较廉价，或没有一个合适的对映选择性方法供使用，再或者当经典的拆分无法以高的 ee 值提供所需的物质时，动力学拆分通常是最好的选择[1-4]。

与经典的拆分需要使用化学计量的拆分试剂不同，此处概述的动力学拆分使用不对称催化剂，其与外消旋体的其中一个对映体的反应比另外一个对映体快得多，因而得到了对映体富集的没有反应的底物和对映体富集的产物。因此，想要使动力学拆分有用，被拆分开的起始原料和产物必须可以很容易地分离开，而且最好不需要费太大劲。一个成功的动力学拆分的另一个特点是，在接近50%的转化率时可以获得高 ee 值的起始原料（或产物）。所有催化不对称反应中的理想特征，如高产率、短的反应时间、易于放大规模（具有高的体积通量）、低的催化剂用量、廉价的催化剂、产生最少的废物、可重复性、广的底物适用范围以及官能团兼容性等都是动力学拆分的重要考虑因素。

7.1 动力学拆分的基本概念

动力学拆分的效率是通过底物的两个对映体（S_R 和 S_S）与手性催化剂（这个例子中用 cat_R 表示）反应得到产物（P_R 和 P_S）的相对速率来给出的。相对速率 $k_{rel} = k_{fast}/k_{slow}$ 和选择性因子 s 可以通用（图 7.1）。理想的情况是当 k_{rel} 很大时，反应可以在50%的转化率时淬灭，产生几乎对映纯的起始原料或产物。选择性因子与 $\Delta\Delta G^{\ddagger}$，即决定选择性的非对映选择性过渡态之间的自由能差相关联（图 7.1）。k_{rel} 可以通过实验确定某一时刻原料的转化率和 ee 值，然后通过式 7.1 很容易地计算出。随着反应的进行，起始原料的 ee 值不断提高，这可从图 7.2 中对应于不同的 k_{rel} 值的对映体过量-转化率趋势形象地看出。因此，即便 k_{rel} 只有中等，通过将反应进行到更高的转化率也可以得到高的底物 ee 值。然而，底物 ee 值的提高是以牺牲回收的拆分开的底物的产率为前提的。一般来说，具有 $k_{rel} > 10$ 的体系是有用的。

$$s = k_{rel} = \frac{\ln[(1-c)(1-ee)]}{\ln[(1-c)(1+ee)]} \tag{7.1}$$

c = 起始原料转化率

ee = 起始原料的 ee 值

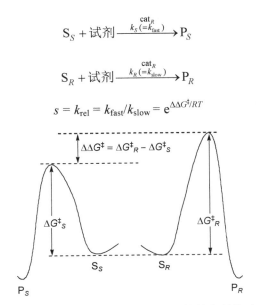

$$S_S + 试剂 \xrightarrow[k_S(=k_{fast})]{cat_R} P_S$$

$$S_R + 试剂 \xrightarrow[k_R(=k_{slow})]{cat_R} P_R$$

$$s = k_{rel} = k_{fast}/k_{slow} = e^{\Delta\Delta G^{\ddagger}/RT}$$

图 7.1　使用外消旋底物、非手性试剂和手性催化剂的动力学拆分

上面以能量图的方式展示的两个对映体的相对速率决定了动力学拆分的效率

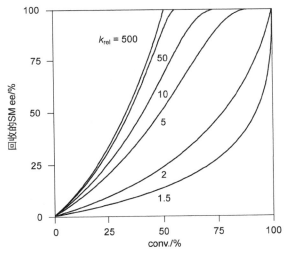

图 7.2　不同的 k_{rel} 作为转化率（%）和回收的起始原料（SM）的 ee 值（%）的函数图示

7.2　不产生额外的立体中心的动力学拆分

7.2.1　使用平面手性催化剂的醇的动力学拆分

外消旋的醇非常易得，而且是酶催化的动力学拆分的优秀底物。由于大部分酶催化剂缺乏普适性且需要高度稀释的条件，近年来的一个研究焦点是发展非酶的酰基转移方

法实现醇的动力学拆分。然而，手性的小分子酰基化催化剂催化的醇的动力学拆分直到最近才取得了成功。

将有机金属的二茂铁衍生物用于亲核不对称催化的一个创新性的概念在 1996 年被引入[5]。众所周知，亲核试剂如 DMAP（4-二甲氨基吡啶）能够催化醇的酰基化形成酯。制备了含以 π-方式键连到过渡金属上的 2-取代的杂环的手性 DMAP 类似物（图 7.3）。亲核性的氮位于环戊二烯和组合体 Fe(η^5-C$_5$Ph$_5$)制造的手性环境中，环戊二烯区分了杂环的左侧和右侧，而 Fe(η^5-C$_5$Ph$_5$)区分了顶面和底面。四象图中的每个象限被占据的程度都不相同，较深的阴影代表较大的立体位阻。如表 7.1 中所示，这些催化剂在二级芳基醇的酰化反应中效率和对映选择性很高[6]。动力学拆分最好的催化剂基于功能强大的二茂铁单元（图 7.3）。它可以在低的催化剂用量（0.5 mol%）下使用，并对多种多样的底物表现出了优异的选择性因子（表 7.1）。

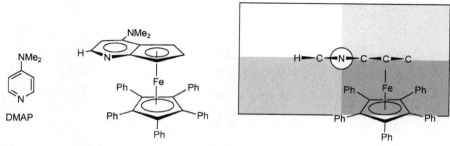

图 7.3   DMAP 和基于二茂铁的平面手性 DMAP 类似物

右侧的四象图展示了每个象限中被阻挡的程度，其中更深的阴影代表更大的
立体位阻（只画出了杂环上相关的原子）

表 7.1   使用图 7.3 中的手性二茂铁催化剂对芳基醇的动力学拆分

未反应的醇（主要对映体）		k_{rel}	ee/%	conv./%
	R = Me	43		55
	Et	59	99	54
	i-Pr	87	99	52
	i-Bu	95	97	51
			96	
		65	95	52
		> 200	99	51

基于二茂铁的催化剂也被用于烯丙醇的动力学拆分[7]。一个令人振奋的例子是图 7.4 中的 β-羟基酮的高效动力学拆分，其中使用了上述平面手性催化剂的对映异构体。动力学拆分的选择性因子（s）为 107，这使得以 47% 的产率和 98% ee 分离到了所需的醇[7]。产物醇被用于一种强效的抗癌剂埃博霉素 A（epothilone A）的合成。

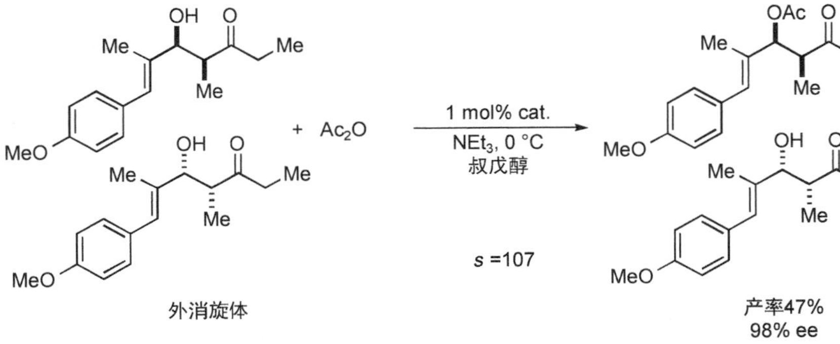

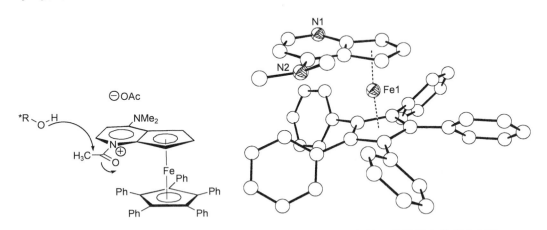

图 7.4　使用图 7.3 中平面手性催化剂的对映异构体对 epothilone A 的一个前体进行动力学拆分

提出的机理中涉及催化剂与酰基化试剂快速反应形成一个离子对（图 7.5）。其阳离子的结构通过晶体学方法得到了确定，如图 7.6 中所示。酰基位于环体系的平面内，较小的羰基氧靠近环戊二烯基，较大的甲基位于立体位阻较小的位置。醇对这一中间体的顶面进攻，经历一个四面体结构的中间体，它分解得到产物并再生催化剂。大的环体系 C_5Ph_5 挡住了从底面对酰基的进攻（图 7.5）。

图 7.5　提出的醇对阳离子的　　　　　图 7.6　图 7.5 中的二茂铁基亲核催化剂的
酰基中间体的进攻方式　　　　　　　　　　　对映体的 X 射线晶体结构

图 7.6 中的催化剂的 X 射线晶体结构清楚地表明 C_5Ph_5 的苯基如何挡住了 sp^2 杂化的氮的底面。当使用立体位阻较小的 C_5Me_5 时，催化剂的对映选择性不如之前的高，因为较小的 C_5Me_5 基团对酰基底面的屏蔽不如更大的 C_5Ph_5 有效。

7.2.2 胺的动力学拆分

图 7.3 中的平面手性的二茂铁催化剂在外消旋的一级胺的动力学拆分中也有不错的表现[8]。这个反应被证明使用非酶催化剂是很难实现的（表 7.2）。由于胺类底物更强的亲核性，它与常见的酰基化试剂的背景反应（即不用催化剂的参与即可进行的反应，见1.2 节）很快。背景反应导致了外消旋的产物，因此会损害反应的选择性。相反，发现一个 O-酰基化的吖内酯（azlactone）（其中 Ar' = β-萘基）与二茂铁基催化剂的反应比与一级胺的反应快得多（表 7.2）[8]。该催化剂对于这类具有挑战性的动力学拆分得到了好的选择性因子。一个很类似的催化剂也被成功用于吲哚啉的动力学拆分[9]。

表 7.2　使用图 7.3 中基于二茂铁的平面手性催化剂的胺的动力学拆分

未反应的胺（主要对映体）		k_{rel}
	X = H	12
	2-Me	16
	4-OMe	13
	3-OMe	22
	4-CF₃	13
		11

上面列出的反应是动力学拆分的优秀的例子。然而，更重要的是它们展示了亲核催化剂的平面手性设计特征的概念，这种概念在催化不对称体系中有广泛的应用[10,11]。

7.2.3　(salen)CoX 催化剂催化的环氧化合物的水合动力学拆分

某些类型的催化剂对许多机理迥异的反应都表现出优异的对映选择性。由于这一原因，它们被称为"优势结构"[12]。过渡金属-salen 配合物就是这样一类催化剂，仍不断有令人兴奋的应用被报道。这些催化剂在合成手性环氧化合物方面尤其有用。早期使用锰-salen 配合物对具有挑战性的非官能团化烯烃的立体选择性环氧化的研究以高水平的对映选择性提供了一系列环氧化物[13,14]。尽管付出了相当大的努力，但是直接合成高对映体富集的端位环氧的普适性的方法还没有被发展出来。高 ee 值的端位环氧化物是有机合成中最有用的手性砌块之一。

外消旋的端位环氧化物很容易从廉价的烯烃合成，一些甚至是商业化工品。Cr 和Co 的手性 salen 配合物催化环氧化物与多种亲核试剂，如羧酸、酚、叠氮和水的开环反应[15]。Co(Ⅲ)-salen 配合物在促进环氧化物的水合动力学拆分（HKR）中极其有效

（图 7.7）[16,17]。使用这些催化剂可以接近理论上最大的 50%产率和> 99% ee 得到环氧化物（表 7.3）。HKR 的选择性因子通常非常出众，大部分超过 50，还有几个超过了 200。在一些例子中反应使用了无溶剂条件，并被用于生产几百千克级的手性环氧化合物[17]。

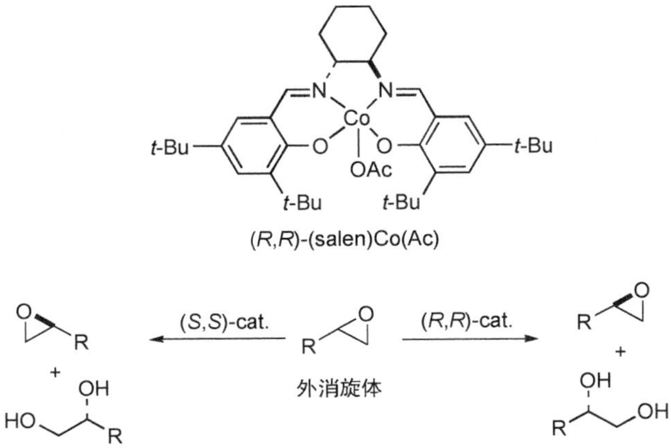

(R,R)-(salen)Co(Ac)

图 7.7 Co-salen 催化的 HKR

表 7.3 使用(salen)Co(OAc)催化剂的外消旋环氧化物的动力学拆分

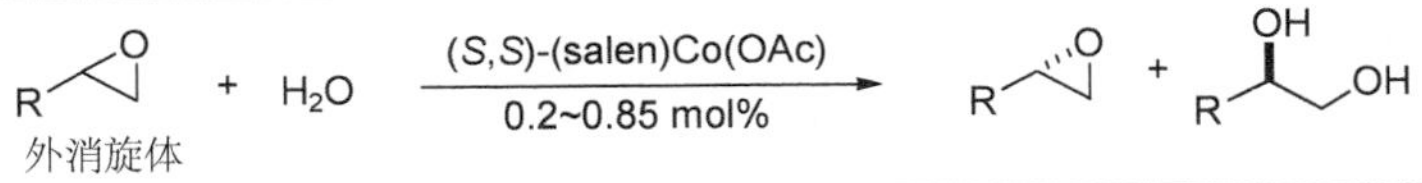

R	k_{rel}	环氧化物 ee(%)	产率/%
Me	> 400	> 98	44
CH2Cl	50	98	44
(CH2)3CH3	290	98	46
(CH2)5CH3	260	99	45
CH=CH2	30	99	29

最常使用的催化剂是乙酸盐衍生物，尽管观察到了对抗衡离子的依赖性[17,18]。催化剂的活性形式是(salen)Co(OH)，它可以从(salen)Co(OAc)或(salen)Co(Cl)出发，通过抗衡离子对环氧化合物的加成而产生，如式 7.2 所示。

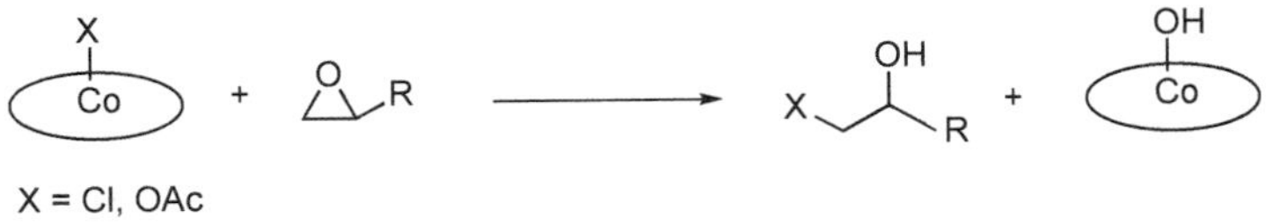

X = Cl, OAc

$$(7.2)$$

对 HKR 的详细的动力学研究提供了对这个优异的催化体系的工作机理的认识。研究发现，HKR 对催化剂是二级的[16,19]，通过一个协同的双金属机理进行，由不同的催化剂单体分别同时活化环氧试剂和亲核试剂，如图 7.8 所示（进一步的讨论见第 12 章）。奇怪的是，发现环氧的两个对映体与 (salen)Co(OH) 的配位具有相近的结合常数。那么开环的高选择性一定来自于其中一个非对映异构的催化剂-环氧加合物优先反应。另外也发现，水和环氧对(salen)Co(OH)有相似的亲和力，但二醇产物的亲和力低得多。

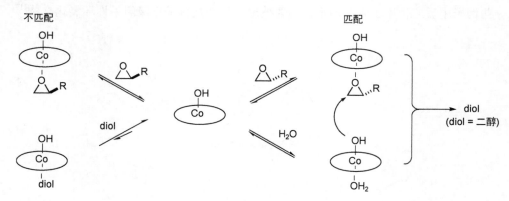

图 7.8   (salen)Co(OH)催化的 HKR 中有关的平衡

当(salen)Co(X)化合物中含有亲核性较弱的抗衡离子（如对甲苯磺酸酯）与(salen)Co(OH)共存时，活性提高了 30 倍之多。一般认为在这些条件下(salen)Co(X)和(salen)Co(OH)配合物在催化循环中起到了不同的作用（图 7.9）。(salen)Co(X)的 Lewis 酸性更强，预期与环氧化合物的结合更紧密，因此活化环氧接受亲核进攻的能力比 Lewis 酸性较差的(salen)Co(OH)更强。然而，(salen)Co(X)自己却不能单独促进水对环氧化物的加成[19]。活化亲核试剂的(H_2O)(salen)Co(OH)配合物也是必需的（图 7.9）。

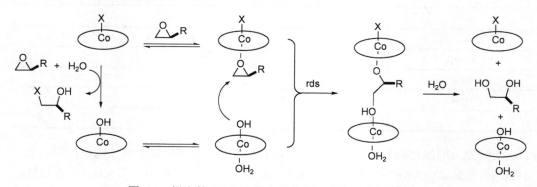

图 7.9   提出的 HKR 反应中催化剂双重作用的机理图

图 7.9 中提出的双重催化机理解释了当使用(salen)Co(OAc)时，HKR 反应最后阶段速率急剧降低的现象。随着反应的进行，Lewis 酸性更强的(salen)Co(OAc)被消耗了，因为乙酸根打开环氧，产生了(salen)Co(OH)。到反应接近结束时，所有的(salen)Co(OAc)都转化成了 Lewis 酸性和活性都较差的(salen)Co(OH)。这一例子在(salen)Co(X)化合物同时起到了催化剂前体和助催化剂这一点上也是独特的。

催化剂的双重作用激发了人们设计具有树枝状[20]和笼状[21,22]结构的催化剂，以将 Co-salen 单元在空间上靠得很近（图 7.10）。得到的催化剂表现出了两个金属分子内协同作用，增强了催化剂的效率并且可以降低催化剂用量。

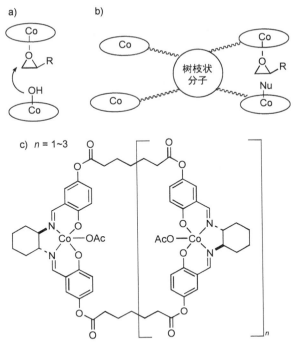

图 7.10 环氧化物的 HKR 反应中通过 a）单体的和 b）树枝状催化剂的协同
相互作用；c）笼状的 HKR 催化剂的结构

7.2.4 使用关环复分解催化剂的动力学拆分

C—C 键构建反应在天然产物和人工合成产物的合成中具有核心地位。因此，形成
C—C 键的动力学拆分可以被用于构建复杂结构。

关环复分解（RCM）反应已经成为构建环系的重要方法，经常被用作许多全合成中
的关键步骤[23,24]。手性、非消旋的复分解催化剂作为前手性底物的不对称关环复分解反
应被引入，且已经被用于多种外消旋二烯的动力学拆分。在使用不对称关环复分解催化
剂对二烯的动力学拆分中，发现反应较快和较慢的两种对映体的相对速率高度依赖于立
体中心相对于烯烃的位置及其取代方式。

关环复分解催化剂能够兼容多种多样的官能团，因此可以用于杂环合成[24]。一个例
子是图 7.11 中的手性钼催化剂在非环状氨基二烯的动力学拆分中的应用[25]。最初研究发
现 k_{rel} 值很低，只有 3～4（图 7.11）。在这一动力学拆分中，催化剂很可能首先与位阻较
小的末端烯烃反应形成一个新的亚烷基（alkylidene）金属（图 7.12）。催化剂与 SM 的
不同对映体反应的能垒很可能差不多，因为苄位的立体中心与催化剂的手性环境距离远
（图 7.12）。如果这个中间体直接转化为产物（通过 B），那么我们可以预期反应较快和较
慢的两个对映体的相对速率接近，正如观察到的那样（$k_{rel} = 3\sim4$）。

然而，如果最初的亚烷基金属中间体的形成是快速和可逆的话（即 A + 乙烯 ⇌
C + SM），关环形成 B 的步骤则变成立体化学决定步骤，因此会对对映体反应的相对速
率起到重要影响（图 7.12）。通过将反应在 1 atm（101325 Pa）乙烯氛围下进行，最初的

复分解过程变得更可逆，观察到了更高的 k_{rel} 值为 13～17（图 7.11）[25]。加入乙烯的另一个好处是抑制了导致两个底物分子通过未取代的双键进行偶联的反应分子间交叉复分解。

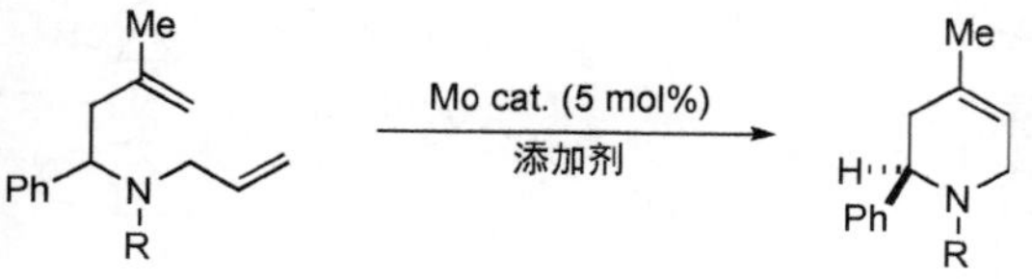

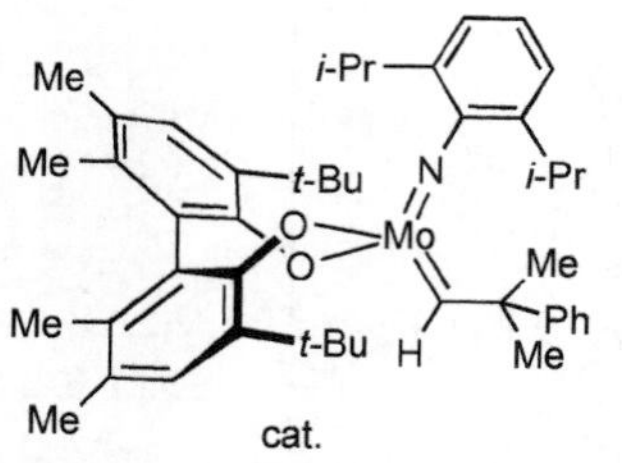

R	添加剂	k_{rel}
Ph	无	3
	乙烯	17
4-C$_6$H$_4$-OMe	无	4
	乙烯	13

图 7.11   使用不对称关环复分解催化剂进行的氨基二烯的动力学拆分

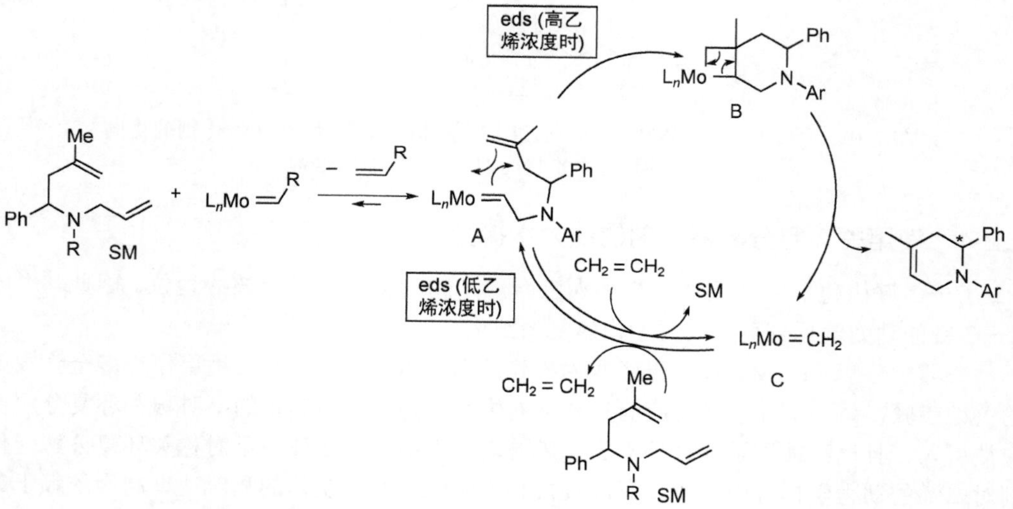

图 7.12   氨基二烯动力学拆分的机理图

在乙烯存在时，最初的复分解过程是很容易变成可逆的（eds = 对映选择性决定步骤）

使用图 7.11 中的钼催化剂对带有不同官能团的其他底物进行的动力学拆分也取得了不同程度的成功。硅醚在这一化学中十分有用，因为可以通过改变保护基团的大小来使选择性因子最大化（式 7.3）。硅醚可以用作暂时的连接链，在后期的步骤中切断（式 7.4）。切断之后，产物等价于专一生成(Z)-式烯烃的交叉复分解反应[28]。

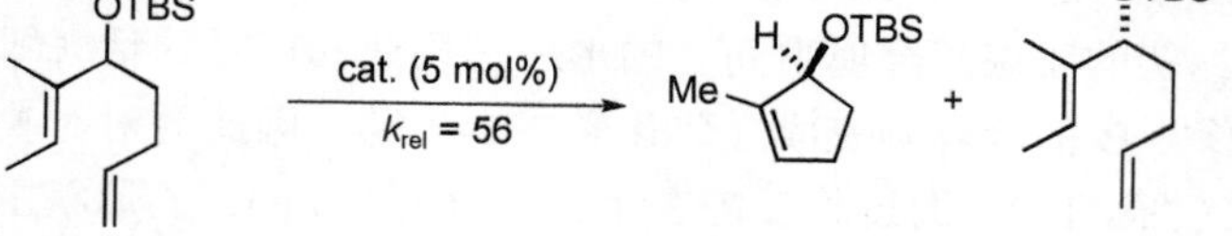

$$(7.3)$$

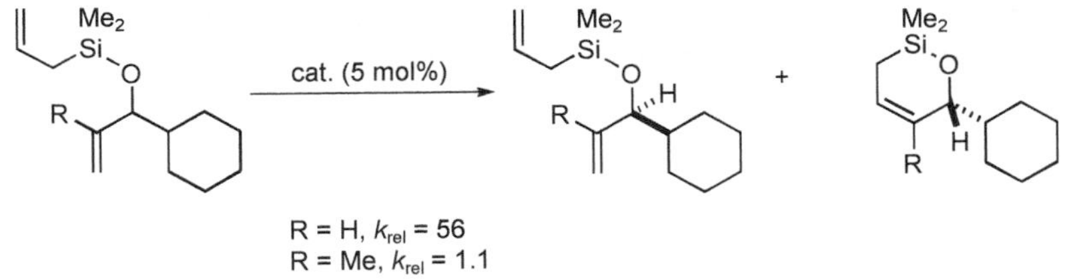

$$\text{（7.4）}$$

R = H, k_{rel} = 56
R = Me, k_{rel} = 1.1

7.3　产生额外的立体中心的动力学拆分

7.3.1　使用 Sharpless-Katsuki 环氧化催化剂进行的烯丙醇的动力学拆分

在不对称催化的历史上两个最重要的发展是 Sharpless-Katsuki 烯丙醇不对称环氧化的引入和这个反应在外消旋烯丙醇的动力学拆分中的应用[30,31]。Sharpless-Katsuki 不对称环氧化是第一个高对映选择性的氧化反应，对很广泛的烯丙醇都表现出了大于 90% 的对映选择性。它已经被用于众多的对映选择性合成中，并仍被看作是不对称催化中最有用的反应之一。在讨论这一反应在烯丙醇的动力学拆分中的应用之前，有必要交代一下有关前手性烯丙醇的不对称环氧化的背景信息。

Sharpless-Katsuki 不对称环氧化反应（AE）见图 7.13 所示。反应的操作简单，一般使用 5～20 mol% 四异丙氧钛和比它过量 10%～20% 的手性酒石酸二烷基酯。使用 DMT、DET 和 DIPT 配体在不对称环氧化反应中的对映选择性差不多（图 7.13），但 DIPT 和 DCHT 在动力学拆分中给出了更好的结果。为了保持催化剂的寿命，向反应混合物中加入了 3 Å 或 4 Å 分子筛，因为催化剂对痕量的水非常敏感。可以使用几种化学计量的无水过氧化氢型氧化剂（ROOH），其中叔丁基过氧化氢（TBHP）最常用。环氧醇的分离产率一般在 65%～90%，而且对映选择性也很高（图 7.13）。表现出较低的对映选择性的唯一一类烯丙醇底物是(Z)-双取代的烯丙醇。当 R^3 在靠近双键一侧不含有支链时这些底物可以获得高的对映选择性。然而当 R^3 位阻更大时，对映选择性降低。

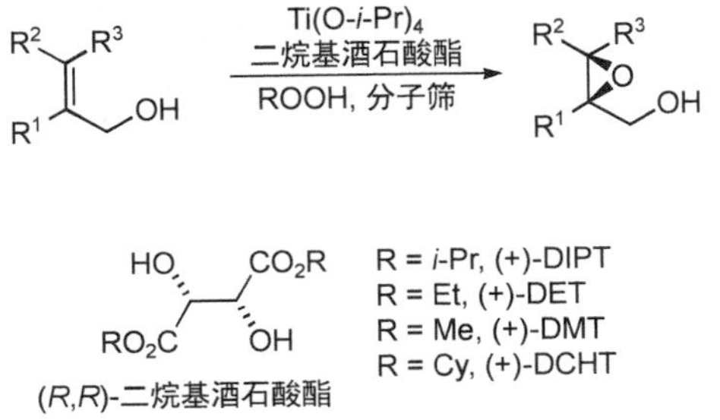

R = i-Pr, (+)-DIPT
R = Et, (+)-DET
R = Me, (+)-DMT
R = Cy, (+)-DCHT

(R,R)-二烷基酒石酸酯

R^1 = Me, R^2 = H, R^3 = H　　92% ee
R^1 = H, R^2 = Me, R^3 = H　　91% ee
R^1 = H, R^2 = H, R^3 = Me　　88% ee
R^1 = Me, R^2 = Me, R^3 = H　　94% ee

图 7.13　Sharpless-Katsuki 不对称环氧化反应的底物普适性

催化剂的结构和作用机理得到了广泛的研究[32]。酒石酸二烷基酯配体与钛中心螯合，释放出两分子的异丙醇。手性配体对金属的强配位很重要，因为四异丙氧钛自身可以催化烯丙醇环氧化，得到外消旋的环氧醇。幸运的是，酒石酸钛配合物比四异丙氧钛表现出高得多的 TOF，这种现象称为"配体加速"[33]。基于结构非常相近的酒石酸钛配合物的 X 射线晶体结构[34]和溶液研究[32]，认为催化剂在溶液中以二聚体形式存在，其中烷氧基桥联了螯合的配体和邻近的钛中心（图 7.14）。Lewis 碱性的酯羰基可以作为缺电子的钛中心的配价型配体，这种作用被认为在维持并不直接参与氧转移的钛中心的八面体构型上起到了重要作用。TBHP 与钛的结合导致释放出另一分子异丙醇。氧化剂通过螯合到钛上而被活化，这降低了 O—O σ* 轨道的能量。过渡态中被烯烃进攻的正是这个轨道。提出在紧邻氧转移过程之前的中间体中，手性配体、烯丙醇和氧化剂组装到一个单一的钛中心上，如图 7.14 所示。根据这个模型可以理解为何当 R^3 较大时(Z)-式取代的烯丙醇给出了较低的对映选择性：R^3 与邻近钛上的酯的相互作用去稳定化了这一构象及其后续的过渡态。为了缓解这种非键作用，烯烃可以旋转 180°，将相反的一面暴露给活化的过氧基。

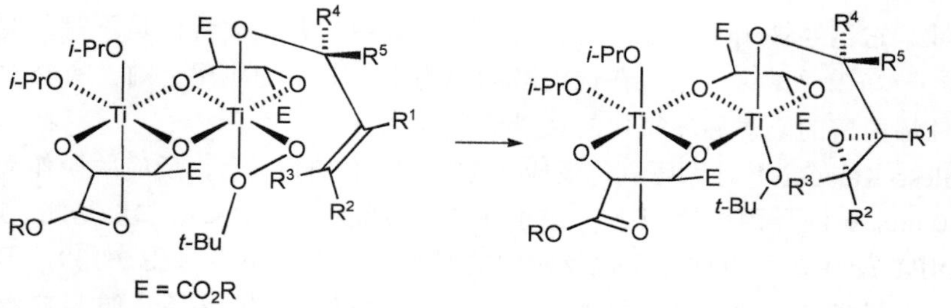

E = CO₂R

图 7.14　Sharpless-Katsuki 不对称环氧化反应中提出的活化配合物的结构
氧原子被传递到烯烃的底面上

使用 Sharpless-Katsuki AE 对烯丙醇的动力学拆分是第一例对很多外消旋底物表现出高选择性因子的非酶催化剂的例子。在这一开创性工作之后，许多催化剂被成功用于动力学拆分[1,2]。

使用 Sharpless-Katsuki 催化剂进行二级烯丙醇的动力学拆分时，必须考虑两点立体化学问题：（1）外消旋烯丙醇的动力学拆分；（2）环氧化过程的非对映选择性。如果目的是以高的对映选择性分离得到起始的烯丙醇，那么产物的非对映选择性就不相关了。另一方面，如果环氧醇是想要的产物，那么拆分的效率和非对映选择性都将是至关重要的（也见 16.2.3 节）。

动力学拆分中的一个重要因素是酒石酸二烷基酯的选择。随着酯变大选择性因子会逐渐提高（DCHT > DIPT > DET > DMT）。使用(+)-DIPT 时，(S)-对映体迅速反应，大部分情况下以高的非对映选择性得到 anti-环氧产物，而(R)-对映体发生缓慢的环氧化反应，通常得到 syn 和 anti 环氧化物的混合物（图 7.15）。这一体系的最不同寻常的特性之一是，快速反应的对映体通常比较慢反应的对映体发生环氧化的速率快 30 倍以上，高达 700 的 k_{rel} 值也已经被报道[35]。然而需要指出的是，随着反应相对速率的提高，在测量 k_{rel} 时会引入更大的误差。当相对速率超过 50 时，在转化率为 55%时中止反应会以 >99% ee 回收起始原料。表 7.4 中列出了一些使用 0.6～0.7 倍（物质的量）的 TBHP 在化学计量和催化量条件下利用 Sharpless-Katsuki 催化剂的一些代表性的动力学拆分的结果[30,35]。

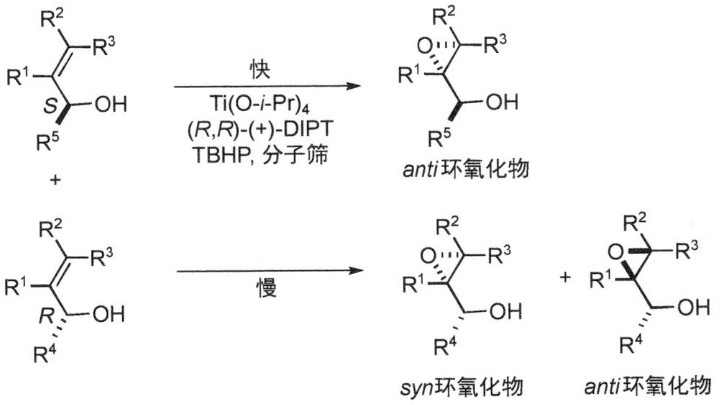

图 7.15　外消旋的二级烯丙醇的动力学拆分，外消旋体的两个对映体均被列出

反应快的对映体展示了高的非对映选择性，而反应慢的异构体没有。对于匹配的底物-催化剂组合
提出的立体化学模型见图 7.14（R⁴ = H）

表 7.4　使用 Sharpless-Katsuki 不对称环氧化反应对二级烯丙醇的动力学拆分

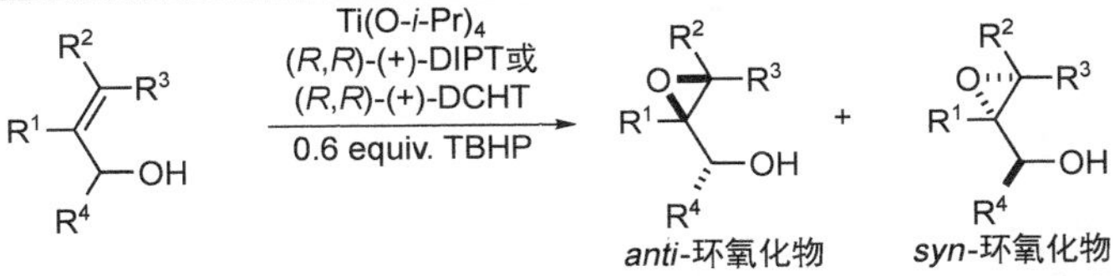

序号	底物	配体	用量/mol%	烯丙醇			环氧醇
				构型	ee/%	k_{rel}	anti : syn
1	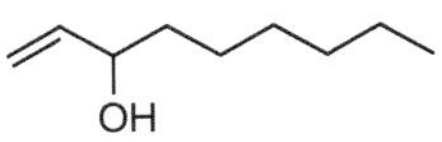	DIPT	120	R	> 96	83	99 : 1
		DIPT	15	R	66	29	—
		DCHT	15	R	> 98	—	—
2	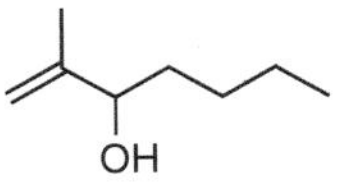	DIPT	120	R	> 96	138	98 : 2
		DIPT	15	R	94	33	—
		DCHT	15	R	97	76	—
3	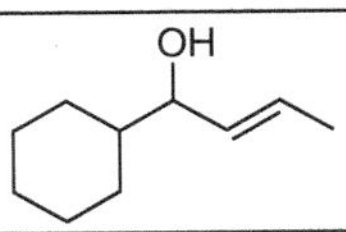	DIPT	120	R	> 96	104	97 : 3
		DIPT	15	R	94	32	—
		DCHT	15	R	95	56	—
4	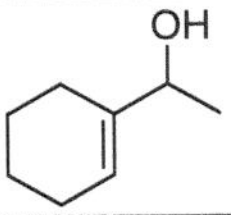	DIPT	120	R	> 96	83	98 : 2
		DIPT	15	R	> 98	—	—
		DCHT	15	R	> 98	—	—
5	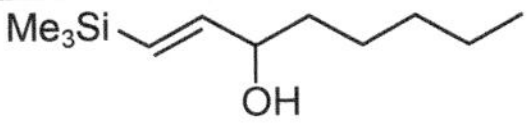	DIPT	120	R	> 99	700	> 99 : 1①
6	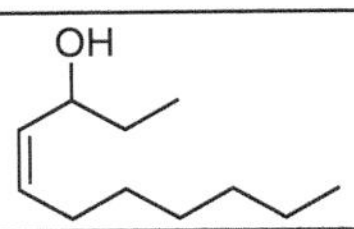	DIPT	120	R	95	16	40 : 60

① 形成 anti-环氧醇的 ee > 99%。

(Z)-烯丙醇的动力学拆分表现出了低得多的 k_{rel} 值（表 7.4，条目 6）。这种行为与前面讲过的催化剂对前手性(Z)-烯丙醇有较低的立体选择性是一致的。

如果动力学拆分的目的是分离环氧醇产物，那么必须及早进行淬灭反应，在起始原料的活性较差的对映体发生显著反应之前，一般在 40%～45%的转化率时将其淬灭。经常发现，如果进行动力学拆分，将对映体富集的烯丙醇分离出来，后续的单独一步非对映选择性控制的环氧化能够以更高的对映选择性得到想要的环氧醇。

前手性烯丙醇的不对称环氧化的立体诱导模型也很好地适用于预测二级烯丙醇的较快和较慢反应的对映体。如图 7.14 中所示，当 R^5 为烷基时，它与配体体系相远离，并不干扰反应活性（底物和催化剂匹配）。相反，R^4 基团朝向金属-配体骨架一侧，去稳定化了所示的中间体并妨碍了环氧化。这就产生了不匹配的催化剂-底物组合（对匹配和不匹配体系的进一步讨论见第 13 章）。即便对某些(Z)-烯丙醇体系 k_{rel} 还可以接受，形成的环氧醇产物通常具有低的非对映选择性（表 7.4，条目 6）。

7.3.2   通过亚胺硅氢化的动力学拆分

在 7.2.2 节中，通过选择性地酰化其中一个对映体来对胺进行的动力学拆分并不产生额外的立体中心。可以通过还原外消旋亚胺的 C=N 键，形成第二个立体中心来产生含有多个立体中心的手性胺。在这种情况下，可能形成产物的多种非对映体，给产物分离带来困难。与不形成新的手性中心的动力学拆分不同，对这些产生额外立体中心的过程的数学处理更加复杂[36]。

第 4 章中介绍了使用(EBTHI)TiF₂ [图 7.16，其中 EBTHI = 亚乙基-1,2-双(η⁵-4,5,6,7-四氢-1-茚基)] 衍生的催化剂对亚胺的硅氢化形成胺的反应[37-41]。这一催化剂也被用于亚胺的动力学拆分。这里没有反应的亚胺以酮的形式分离得到，而硅氢化之后的胺以游

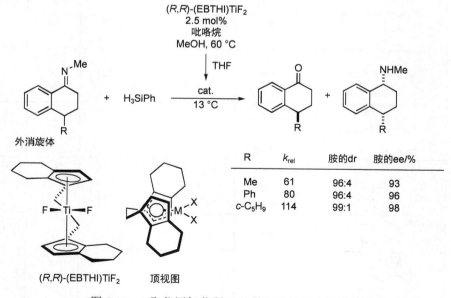

R	k_{rel}	胺的dr	胺的ee/%
Me	61	96:4	93
Ph	80	96:4	96
c-C₅H₉	114	99:1	98

图 7.16   4-取代四氢萘酮 N-甲基亚胺的动力学拆分

离胺的形式得到[42]。催化剂在动力学拆分中表现出了高的选择性，使得在 50%左右的转化率时以高的对映选择性和非对映选择性分离到了胺。

　　还原反应中面选择性背后的控制因素可以在图 7.17 中看出。亚胺底物对(R,R)-(EBTHI)Ti-H 催化剂有四种可能的接近方式。在所有的接近方式中，为了尽量减小与配体体系的相互作用，苯并（benzo）基团都被置于茂金属的前侧。在结构 A 中（图 7.17）N-甲基被置于没有手性配体体系占据的象限内。另外，R 基团远离催化剂。预期这种取向的能量最低，会导致亚胺的快速还原，以观察到的相对和绝对立体化学产生胺。由于取代基 R 朝向金属，结构 B 在能量上高于结构 A。在 C 和 D 中，N-甲基都被导向到含有手性配体的象限中，使这些路径都不利。与这一模型一致，带有更大的 4-位取代基的四氢萘酮的 N-甲基亚胺得到了更高的选择性因子和更高的非对映选择性（图 7.16）。

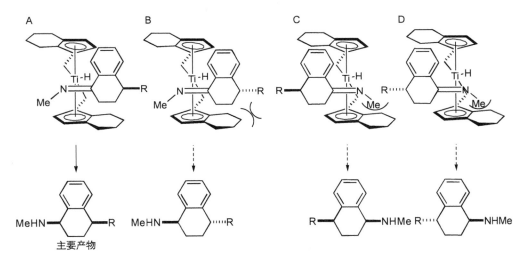

图 7.17　4-取代 N-甲基亚胺对手性催化剂(R,R)-(EBTHI)TiH 的接近

路径 A 具有最低的能量，解释了主要产物的相对和绝对立体化学

　　这个催化剂的对映异构体已被用于合成(1S,4S)-舍曲林，一个市售的商品名为 Zoloft 的抗抑郁药物（式 7.5）。商业上该化合物是使用 D-扁桃酸进行经典的拆分来制备的[43]。

7.3.3 旋阻异构的酰胺的动力学拆分

动力学拆分经常可以获得使用其他方法无法获得的高度对映体富集的手性化合物。一个这种例子是使用 Sharpless-Katsuki 不对称双羟基化（AD，图 7.18）对旋阻异构的酰胺的拆分[44,45]。除 *cis*-烯烃之外[46]，前手性烯烃的 AD 对于各种烯烃类型都表现出了优秀的对映选择性。AD 操作简单、可靠，而且易于重复。这些特性使它在对映选择性合成中取得了广泛的应用。

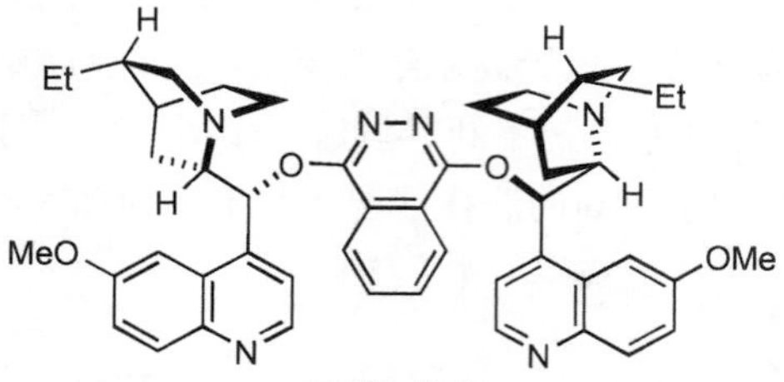

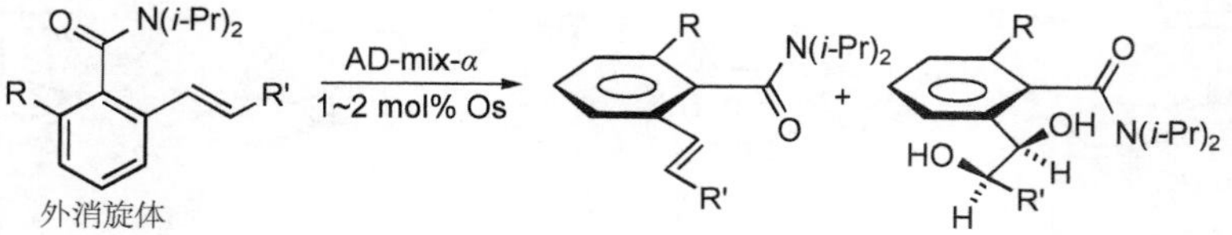

图 7.18 带有悬挂着的烯烃的旋阻异构的酰胺的 Sharpless 不对称双羟基化

由于芳环与酰胺的羰基垂直这一特性，芳基酰胺（如图 7.18 中的那些芳基酰胺）是手性的。沿着芳基-酰胺键的旋转就发生外消旋化过程。旋转的能垒受芳环上 2-位、6-位的取代基和 N,N'-二烷基的取代基大小控制[47]。

使用了市售的 AD-mix-α，其中含有 1 mol% $K_2OsO_2(OH)_2$，1 mol% 手性配体 (DHQ)$_2$PHAL 和化学计量的氧化剂［$K_3Fe(CN)_3$］和碱（K_2CO_3）对这些旋阻异构体进行了动力学拆分（图 7.18）[45]。在反应条件下，锇被氧化成四氧化锇，它以单齿的方式结合到手性配体的 sp^3 杂化的氮上。旋阻异构体上悬挂着的烯烃以一般到优秀的选择性因子发生氧化（表 7.5）[48]。

表 7.5 使用 Sharpless 不对称双羟基化对旋阻异构的酰胺的动力学拆分

底物	Os/mol%	$T/℃$	k_{rel}
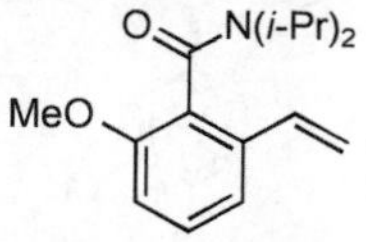	1	25	6.2
	1	0	16
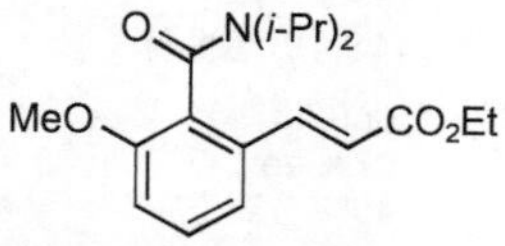	1	25	32

续表

底物	Os/mol%	T/℃	k_{rel}
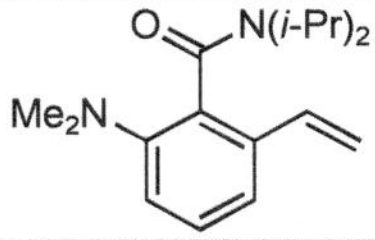	2	25	26
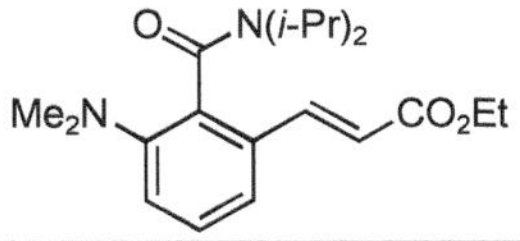	2	25	19

通过分离到的高对映体富集的旋阻异构体确定了其旋转的能垒和外消旋化的半衰期，室温下半衰期在 7～135 h。

7.4 外消旋体到其中一个对映体富集的产物的转化：动力学拆分与立体特异性反应的结合

动力学拆分最严重的缺陷是最高产率只有 50%。为了避免这个问题，引入了基于底物的外消旋化过程的精巧的拆分过程，如第 9 章中概述的动态动力学拆分。实现了 > 50% 产率的一个聪明的应用是烯醇酯环氧化物的顺次动力学拆分和后续的剩余起始原料的酸催化重排[49]。这个过程将外消旋体原料的两个对映体都转化成了产物的同一个对映体。这一步骤基于图 7.19 中所示的酸催化重排的机理针对 Lewis 酸（LA）的二重性。当使用强酸时重排有利于构型保持（路径 A）而使用弱酸有利于构型翻转（路径 B）[50,51]。

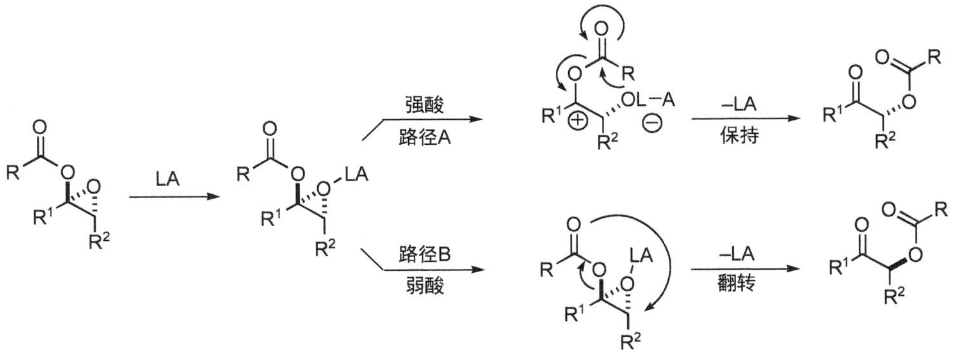

图 7.19　Lewis 酸催化的烯醇酯环氧化物的动力学拆分中的两种反应方式

使用 5 mol%基于 BINOLateTi 型的催化剂处理烯醇酯环氧化合物造成了以弱酸机理（路径 B）对环氧的动力学拆分，同时产生了表 7.6 中的 2-苯甲酰氧基酮。取决于转化率的不同，起始原料（SM）或反应产物都可以以良好到优秀的产率和对映选择性分离得到。使用环状的烯醇酯环氧化物时，反应较快和较慢的两个对映体之间的相对速率通常比较高。

表 7.6 烯醇酯环氧化物的动力学拆分

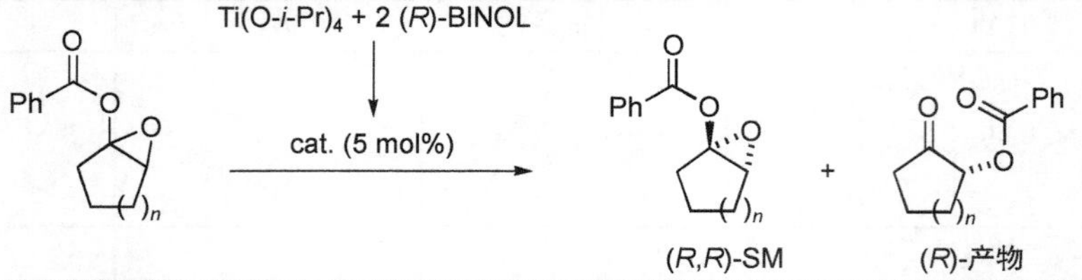

底物	conv./%	SM ee/%	产物 ee/%	k_{rel}
$n = 1$	55	99	89	49
$n = 2$	50	97	90	> 100
$n = 3$	54	98	80	50
$n = 4$	63	97	71	14

如表 7.6 中所示，未反应的环氧化合物与重排产物在 C2 位具有同样的构型，因为重排发生了构型翻转（图 7.19，路径 B）。现在可以利用这种反应路径的二重性，通过选择合适的催化剂促进剩余的环氧化物以构型保持的方式发生重排（图 7.19，路径 A）。这样，动力学拆分完成之后，过滤除去催化剂，将得到的混合物用对甲苯磺酸处理使反应按照路径 A 进行，以 78% 的产率和 93% ee 得到 2-(苯甲酰氧基)环己酮（图 7.20）[49]。

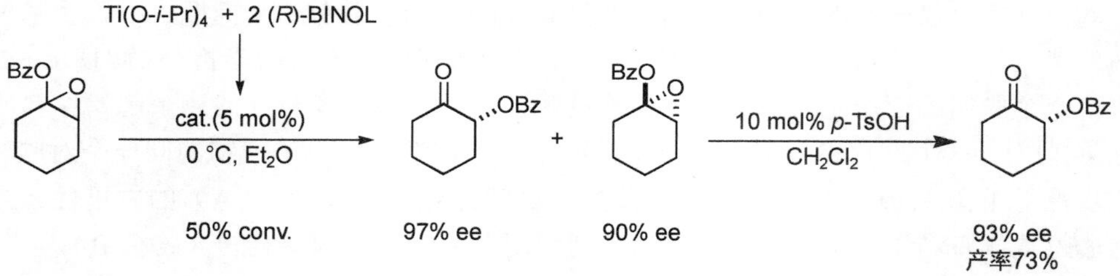

图 7.20 烯醇酯环氧化物的顺次动力学拆分和酸催化的重排

这个动力学拆分中的手性催化剂是通过将四异丙氧钛与 BINOL 以 1∶2 的比例混合得到的。除去溶剂和释放出来的异丙醇就得到了催化剂[49]。一般认为 BINOL 配体替换了钛上所有的 4 个异丙氧基，但是催化剂的具体结构还不清楚。

7.5 外消旋的非对映体混合物的动力学拆分

烯炔的环化异构化反应是另一个对于前手性底物可以对映选择性地进行[54,55]，同时也能应用于外消旋底物的动力学拆分[56]的有用的 C—C 键形成反应。在动力学拆分的情况下，反应产生了一个额外的立体中心，因此得到具有多个立体中心的产物。

外消旋的烯炔（式 7.6）与从[(COD)RhCl]$_2$（COD = 1,5-环辛二烯）、外消旋 BINAP 和 AgSbF$_6$ 得到的催化剂室温反应 2 min，便以 89% 的产率得到了外消旋的 trans-四氢呋喃衍生物作为环化异构化反应的唯一产物。奇怪的是，并没有观察到外消旋的 cis-四氢呋喃，表明反应是高度非对映选择性的。由于手性催化剂参与了新形成的立体中心的构建，因此如果发生了统计分布〔也就是说，底物每个对映体的一半与(S)-BINAP 形成的催化剂反应,另一半与(*R*)-BINAP形成的催化剂反应]的话,应该形成等量的*cis*和*trans*非对映体。为了解释观察到的事实,催化剂的每个对映体必须专一地与烯炔的其中一个对映体以极好的非对映选择性反应,如图7.21所示。这是双非对映选择性(见第13章)的一个极端的例子,表明使用对映体富集的催化剂时会造成动力学拆分[57]。

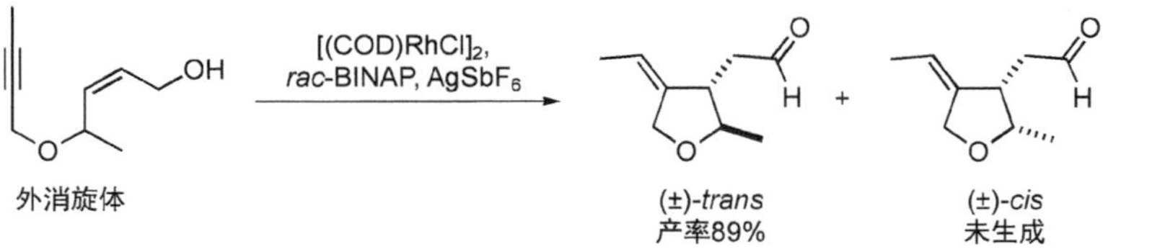

$$(7.6)$$

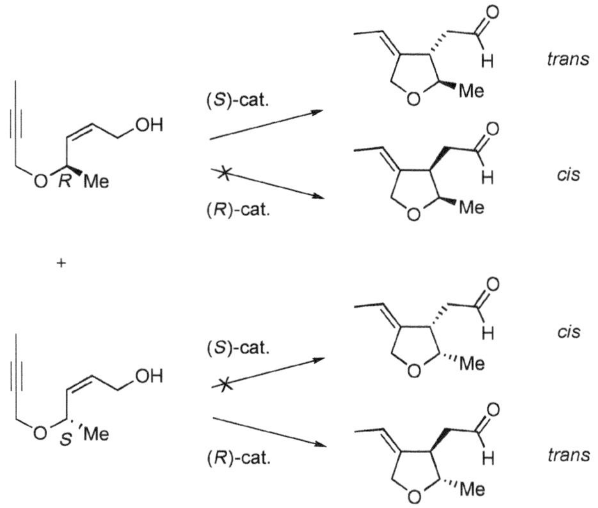

图 7.21　外消旋的烯炔中每个对映体与式 7.6 中基于外消旋的[(BINAP)-Rh]⁺催化剂的反应

提出的反应机理如图7.22中所示。烯炔的配位之后发生环化,伴随着金属的氧化。区域选择性的 *β*-H 消除和还原消除得到反式的四氢呋喃烯醇,它顺利地异构化得到观察到的醛。

在这个动力学拆分的一个聪明的应用中,利用了发生 *β*-H 消除的碳上立体化学的丢失这一点。使用从(*S*)-BINAP 制备的催化剂催化一个含有 *syn* 和 *anti* 非对映体(4 个化合物)的外消旋混合物的环化异构化反应。只有(2*R*)-构型的起始原料发生了反应,以 49%的产率和 >99%的 ee 得到具有(2*R*,3*S*)-构型的反式异构体(式 7.7)。剩下了(2*S*,5*R*)-和(2*S*,5*S*)-烯炔,它们以 48%的总收率分离得到,二者都有> 99% ee[57]。

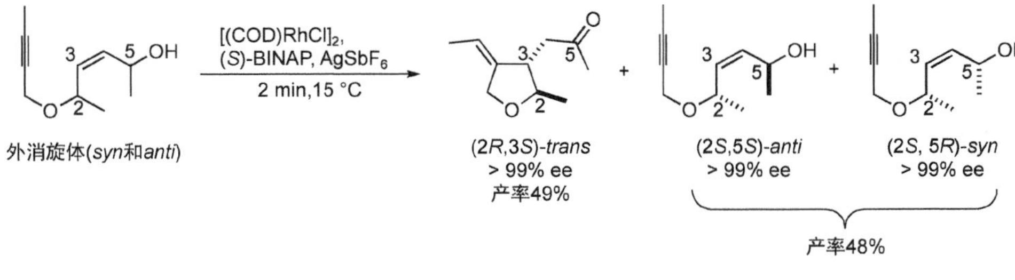

$$(7.7)$$

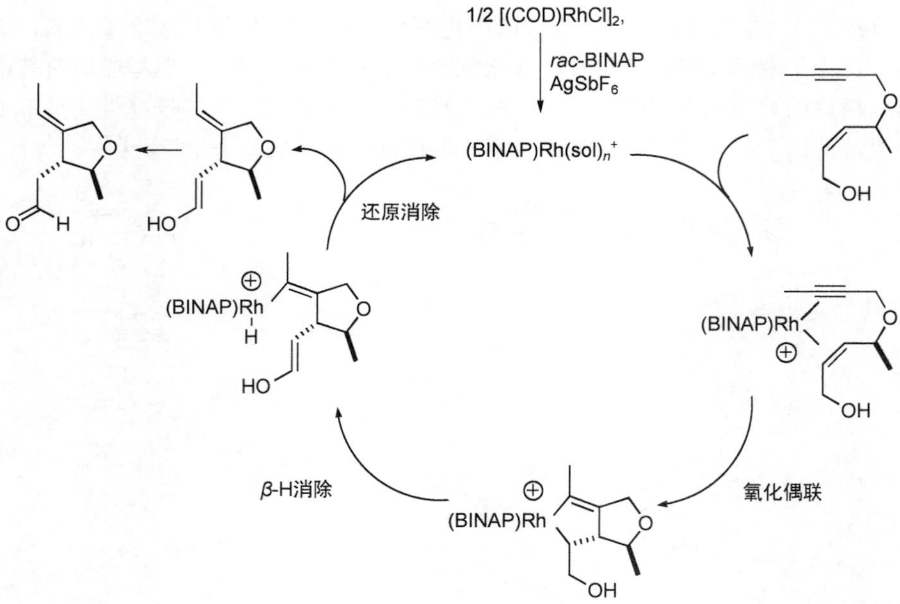

图 7.22　提出的烯炔环化异构化反应的机理

　　当使用从(*R*)-BINAP 和(*S*)-BINAP 衍生的催化剂对(±)-*syn* 和(±)-*anti* 烯炔分别进行动力学拆分时，起始原料的每个非对映体的两种对映体都能够分离得到。催化剂在动力学拆分中表现出了如此优美的选择性也令人印象深刻。

总结

　　动力学拆分不仅设计上引人入胜和具有挑战性，合成上也可以是非常有用的。经常出现不存在其他方法能够分离得到所需的对映体富集的化合物的，或对映体富集的起始原料和产物都很有价值的情况。动力学拆分可以以制备级的规模进行，用于合成大量的物质。如果底物的外消旋体和催化剂都成本低廉或易于制备，那么动力学拆分便有可能是获得高对映体富集的物质的不二之选。

参 考 文 献

[1] Kagan, H. B.; Fiaud, J. C. Kinetic Resolution. *Top. Stereochem.* **1988**, *18*, 249-330.

[2] Keith, J. M.; Larrow, J. F.; Jacobsen, E. N. Practical Considerations in Kinetic Resolution Reactions. *Adv. Synth. Catal.* **2001**, *1*, 5-26.

[3] Cook, G. R. Transition Metal-Mediated Kinetic Resolution. *Curr. Org. Chem.* **2000**, *4*, 869-885.

[4] Hoveyda, A. H.; Didiuk, M. T. Metal-Catalyzed Kinetic Resolution Processes. *Curr. Org. Chem.* **1998**, *2*, 489-526.

[5] Ruble, J. C.; Fu, G. C. Chiral π-Complexes of Heterocycles with Transition Metals: A Versatile New Family of Nucleophilic Catalysts. *J. Org. Chem.* **1996**, *61*, 7230-7231.

[6] Ruble, J. C.; Tweddell, J.; Fu, G. C. Kinetic Resolution of Arylalkylcarbinols Catalyzed by a Planar-Chiral Derivative of DMAP: A New Benchmark for Nonenzymatic Acylation. *J. Org. Chem.* **1998**, *63*, 2794-2795.

[7] Bellemin-Laponnaz, S.; Tweddell, J.; Ruble, J. C.; Breitling, F. M.; Fu, G. C. The Kinetic Resolution of Allylic Alcohols

by a Non-enzymatic Acylation Catalyst; Application to Natural Product Synthesis. *J. Chem. Soc., Chem. Commun.* **2000**, 1009-1010.

[8] Arai, S.; Bellemin-Laponnaz, S.; Fu, G. C. Kinetic Resolution of Amines by a Nonenzymatic Acylation Catalyst. *Angew. Chem., Int. Ed. Engl.* **2001**, *40*, 234-236.

[9] Arp, F. O.; Fu, G. C. Kinetic Resolutions of Indolines by a Nonenzymatic Acylation Catalyst. *J. Am. Chem. Soc.* **2006**, *128*, 14264-14265.

[10] Fu, G. F. Enantioselective Nucleophilic Catalysis with "Planar-Chiral" Heterocycles. *Acc. Chem. Res.* **2000**, *33*, 412-420.

[11] Fu, G. C. Asymmetric Catalysis with "Planar-Chiral" Derivatives of 4-(Dimethylamino)pyridine. *Acc. Chem. Res.* **2004**, *37*, 542-547.

[12] Yoon, T. P.; Jacobsen, E. N. Privileged Chiral Catalysts. *Science* **2003**, *299*, 1691-1693.

[13] Jacobsen, E. N.; Wu, M. H. In *Comprehensive Asymmetric Catalysis*; Jacobsen, E. N., Pfaltz, A., Yamamoto, H., Eds.; Springer-Verlag: Berlin, 1999; Vol. 2, pp 649-678.

[14] Bosnich, B. In *Encyclopedia of Inorganic Chemistry*; King, R. B., Ed.; John Wiley & Sons: New York, 1994; pp 219-236.

[15] Jacobsen, E. N. Asymmetric Catalysis of Epoxide Ring-Opening Reactions. *Acc. Chem. Res.* **2000**, *33*, 421-431.

[16] Tokunaga, M.; Larrow, J. F.; Kakuichi, F.; Jacobsen, E. N. Asymmetric Catalysis with Water: Efficient Kinetic Resolution of Terminal Epoxides by Means of Catalytic Hydrolysis. *Science* **1997**, *277*, 936-938.

[17] Schaus, S. E.; Brandes, B. D.; Larrow, J. F.; Tokunaga, M.; Hansen, K. B.; Gould, A. E.; Furrow, M. E.; Jacobsen, E. N. Highly Selective Hydrolytic Kinetic Resolution of Terminal Epoxides Catalyzed by Chiral (Salen)Co^{3+} Complexes. Practical Synthesis of Enantioenriched Terminal Epoxides and 1,2-Diols. *J. Am. Chem. Soc.* **2002**, *124*, 1307-1315.

[18] Kim, G.-J.; Leeb, H.; Kim, S.-J. Catalytic Activity and Recyclability of New Enantioselective Chiral Co-Salen Complexes in the Hydrolytic Kinetic Resolution of Epichlorohydrin. *Tetrahedron Lett.* **2003**, *44*, 5005-5008.

[19] Nielsen, L. P. C.; Stevenson, C. P.; Blackmond, G. D.; Jacobsen, E. N. Mechanistic Investigation Leads to a Synthetic Improvement in the Hydrolytic Kinetic Resolution of Terminal Epoxides. *J. Am. Chem. Soc.* **2004**, *126*, 1360-1362.

[20] Breinbauer, R.; Jacobsen, E. N. Cooperative Asymmetric Catalysis with Dendrimeric [Co(Salen)] Complexes. *Angew. Chem., Int. Ed. Engl.* **2000**, *39*, 3604-3607.

[21] Ready, J. M.; Jacobsen, E. N. Highly Active Oligomeric (Salen)Co Catalysts for Asymmetric Epoxide Ring-Opening Reactions. *J. Am. Chem. Soc.* **2001**, *123*, 2687-2688.

[22] Ready, J. M.; Jacobsen, E. N. A Practical Oligomeric [(Salen)Co] Catalyst for Asymmetric Epoxide Ring-Opening Reactions. *Angew. Chem., Int. Ed. Engl.* **2002**, *41*, 1374-1377.

[23] Grubbs, R. H.; Chang, S. Recent Advances in Olefin Metathesis and its Application in Organic Synthesis. *Tetrahedron* **1998**, *54*, 4413-4450.

[24] Deiters, A.; Martin, S. F. Synthesis of Oxygen- and Nitrogen-Containing Heterocycles by Ring-Closing Metathesis. *Chem. Rev.* **2004**, *104*, 2199-2238.

[25] Dolman, S. J.; Sattely, E. S.; Hoveyda, A. H.; Schrock, R. R. Efficient Catalytic Enantioselective Synthesis of Unsaturated Amines: Preparation of Small- and Medium-Ring Cyclic Amines Through Mo-Catalyzed Asymmetric Ring-Closing Metathesis in the Absence of Solvent. *J. Am. Chem. Soc.* **2002**, *124*, 6991-6997.

[26] Harrity, J. P. A.; Visser, M. S.; Gleason, J. D.; Hoveyda, A. M. Ru-Catalyzed Rearrangement of Styrenyl Ethers. Enantioselective Synthesis of Chromenes Through Zr- and Ru-Catalyzed Processes. *J. Am. Chem. Soc.* **1997**, *119*, 1488-1489.

[27] Weatherhead, G. S.; Ford, J. G.; Alexanian, E. J.; Schrock, R. R.; Hoveyda, A. H. Tandem Catalytic Asymmetric Ring-Opening Metathesis/Ring-Closing Metathesis. *J. Am. Chem. Soc.* **2000**, *122*, 1828-1829.

[28] Zhu, S. S.; Cefalo, D. R.; La, D. S.; Jamieson, J. Y.; Davis, W. M.; Hoveyda, A. H.; Schrock, R. R. Chiral Mo-BINOL Complexes: Activity, Synthesis, and Structure. Efficient Enantioselective Six-Membered Ring Synthesis Through

Catalytic Metathesis. *J. Am. Chem. Soc.* **1999**, *121*, 8251-8259.

[29] Katsuki, T.; Sharpless, K. B. The First Practical Method for Asymmetric Expoxidation. *J. Am. Chem. Soc.* **1980**, *102*, 5974-5776.

[30] Martín, V. S.; Woodard, S. S.; Katsuki, T.; Yamada, Y.; Ikeda, M.; Sharpless, K. B. Kinetic Resolution of Racemic Allylic Alcohols by Enantioselective Epoxidation. A Route to Substances of Absolute Enantiomeric Purity? *J. Am. Chem. Soc.* **1981**, *103*, 6237-6240.

[31] Gao, Y.; Klunder, J. M.; Hanson, R. M.; Masamune, H.; Ko, S. Y.; Sharpless, K. B. Catalytic Asymmetric Epoxidation and Kinetic Resolution: Modified Procedures Including in situ Derivatization. *J. Am. Chem. Soc.* **1987**, *109*, 5765-5780.

[32] Finn, M. G.; Sharpless, K. B. Mechanism of Asymmetric Epoxidation. 2. Catalyst Structure. *J. Am. Chem. Soc.* **1991**, *113*, 113-126.

[33] Berrisford, D. J.; Bolm, C.; Sharpless, K. B. Ligand-Accelerated Catalysis. *Angew. Chem., Int. Ed. Engl.* **1995**, *34*, 1059-1070.

[34] Williams, I. D.; Pedersen, S. F.; Sharpless, K. B.; Lippard, S. L. Crystal Structures of Two Titanium Tartrate Asymmetric Epoxidation Catalysts. *J. Am. Chem. Soc.* **1984**, *106*, 6430-6431.

[35] Kitano, Y.; Matsumoto, T.; Sato, F. A Highly Efficient Kinetic Resolution of γ-, and β-Trimethylsilyl Secondary Allylic Alcohols by the Sharpless Asymmetric Epoxidation. *Tetrahedron* **1988**, *44*, 4073-4086.

[36] Guette, J.-P.; Horeau, A. Asymmetric Synthesis by Action of an Optically Active Reagent on a Substrate Having At Least 1 Asymmetric Center. Relation Between Quantities of 4 Enantiomers Formed. *Bull. Soc. Chim. Fr.* **1967**, 1747-1752.

[37] Verdaguer, X.; Lange, U. E. W.; Reding, M. T.; Buchwald, S. L. Highly Enantioselective Imine Hydrosilylation Using (*S,S*)-Ethylenebis(5-tetrahydroindenyl)titanium Difluoride. *J. Am. Chem. Soc.* **1996**, *118*, 6784-6785.

[38] Verdaguer, X.; Lange, U. E. W.; Buchwald, S. L. Amine Additives Greatly Expand the Scope of Asymmetric Hydrosilylation of Imines. *Angew. Chem., Int. Ed. Engl.* **1998**, *37*, 1103-1107.

[39] Willoughby, C. A.; Buchwald, S. L. Asymmetric Titanocene-Catalyzed Hydrogenation of Imines. *J. Am. Chem. Soc.* **1992**, *114*, 7562-7564.

[40] Willoughby, C. A.; Buchwald, S. L. Synthesis of Highly Enantiomerically Enriched Cyclic Amines by the Catalytic Asymmetric Hydrogenation of Cyclic Imines. *J. Org. Chem.* **1993**, *58*, 7627-7629.

[41] Hansen, M. C.; Buchwald, S. L. A Method for the Asymmetric Hydrosilylation of *N*-Aryl Imines. *Org. Lett.* **2000**, *2*, 713-715.

[42] Yun, J.; Buchwald, S. L. Efficient Kinetic Resolution in the Asymmetric Hydrosilylation of Imines of 3-Substituted Indanones and 4-Substituted Tetralones. *J. Org. Chem.* **2000**, *65*, 767-774.

[43] Williams, M.; Quallich, G. Sertraline-Development of a Chiral Inhibitor of Serotonin Uptake. *Chem. Ind. (London)* **1990**, 315-319.

[44] Jacobsen, E. N.; Marko, I.; Mungall, W. S.; Schroeder, G.; Sharpless, K. B. Asymmetric Dihydroxylation via Ligand-Accelerated Catalysis. *J. Am. Chem. Soc.* **1988**, *110*, 1968-1970.

[45] Kolb, H. C.; VanNieuwenhze, M. S.; Sharpless, K. B. Catalytic Asymmetric Dihydroxylation. *Chem. Rev.* **1994**, *94*, 2483-2547.

[46] Wang, L.; Sharpless, K. B. Catalytic Asymmetric Dihydroxylation of *cis*-Disubstituted Olefins. *J. Am. Chem. Soc.* **1992**, *114*, 7568-7570.

[47] Clayden, J. Stereocontrol with Rotationally Restricted Amides. *Synlett* **1998**, 810-816.

[48] Rios, R.; Jimeno, C.; Carroll, P. J.; Walsh, P. J. Kinetic Resolution of Atropisomeric Amides. *J. Am. Chem. Soc.* **2002**, *124*, 10272-10273.

[49] Feng, X.; Shu, L.; Shi, Y. Chiral Lewis Acid Catalyzed Resolution of Racemic Enol Ester Epoxides. Conversion of Both Enantiomers of an Enol Ester Epoxide to the Same Enantiomer of Acyloxy Ketone. *J. Org. Chem.* **2002**, *67*,

2831-2836.

[50] Zhu, Y.; Manske, K. J.; Shi, Y. Dual Mechanisms of Acid-Catalyzed Rearrangement of Enol Ester Epoxides: Enantioselective Formation of α-Acyloxy Ketones. *J. Am. Chem. Soc.* **1999**, *121*, 4080-4081.

[51] Zhu, Y.; Shu, L.; Tu, Y.; Shi, Y. Enantioselective Synthesis and Stereoselective Rearrangements of Enol Ester Epoxides. *J. Org. Chem.* **2001**, *66*, 1818-1826.

[52] Trost, B. M.; Krische, M. J. Transition Metal-Catalyzed Cycloisomerizations. *Synlett* **1998**, 1-16.

[53] Aubert, C.; Buisine, O.; Malacria, M. The Behavior of 1,*n*-Enynes in the Presence of Transition Metals. *Chem. Rev.* **2002**, *102*, 813-834.

[54] Lei, A.; He, M.; Zhang, X. Highly Enantioselective Syntheses of Functionalized α-Methylene-γ-butyrolactones via Rh(I)-catalyzed Intramolecular Alder Ene Reaction: Application to Formal Synthesis of (+)-Pilocarpine. *J. Am. Chem. Soc.* **2002**, *124*, 8198-8199.

[55] Lei, A.; Waldkirch, J. P.; He, M.; Zhang, X. Highly Enantioselective Cycloisomerization of Enynes Catalyzed by Rhodium for the Preparation of Functionalized Lactams. *Angew. Chem., Int. Ed. Engl.* **2002**, *41*, 4526-4529.

[56] Lei, A.; Wu, S.; He, M.; Zhang, X. Highly Enantioselective Asymmetric Hydrogenation of α-Phthalimide Ketone: An Efficient Entry to Enantiomerically Pure Amino Alcohols. *J. Am. Chem. Soc.* **2004**, *126*, 1626-1627.

[57] Lei, A.; He, M.; Zhang, X. Rh-Catalyzed Kinetic Resolution of Enynes and Highly Enantioselective Formation of 4-Alkenyl-2,3-disubstituted Tetrahydrofurans. *J. Am. Chem. Soc.* **2003**, *125*, 11472-11473.

第8章 平行动力学拆分

动力学拆分的成功取决于手性的、非外消旋的催化剂与外消旋底物的两个对映体反应的相对速率（第 7 章）。在实施动力学拆分时，必须在某一时刻将反应淬灭以在对映选择性和产率之间达到一种平衡。设想在某个例子中动力学拆分的目的是以高的对映体过量（ee 值）分离得到底物的(R)-对映体（S_R）。随着反应的进行，快速反应的对映体 S_S 不断被消耗，起始原料的 ee 值不断提高。当起始原料的 ee 值很高时，反应较慢的对映体的相对量也很高。当反应接近完成时，两种对映体可以以相等的速率发生反应，因为反应速率既取决于相对速率常数（k_R 和 k_S），又取决于 S_R 和 S_S 的浓度。由于这一原因，为了能够在接近 50%的产率时以高的 ee 值回收起始原料，需要有非常高的相对速率值（k_{rel}）。

8.1 平行动力学拆分的概念

比动力学拆分更好的一个拆分策略是尽量减小随着动力学拆分接近完成时造成的反应性较差的底物对映体的累积。这可以通过将起始原料的每个对映体同时以相似的速率转化成不同的产物 P_1 和 P_2 来实现。在这些条件下，底物两个对映体的浓度比接近 1，起始原料保持在接近 0% ee（图 8.1）。如果这两个拆分能够协同进行，拆分的效率就能得到大大提高。这种策略被称为"平行动力学拆分"（parallel kinetic resolution，PKR）[1-3]。

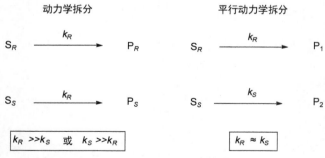

图 8.1 动力学拆分与平行动力学拆分的比较

在理想的平行动力学拆分中，起始原料在反应过程中保持 0% ee

平行动力学拆分很强大，因为为达到同样的结果，平行动力学拆分需要的选择性因子（$s = k_{rel}$）比标准的动力学拆分要低很多。例如，使用两个具有同样的中等选择性因子（$s_1 = s_2 = 50$）的并行反应的 PKR（100%的转化率）会与一个选择性因子高得多（$s = 200$）的标准动力学拆分（50%的转化率）取得同样的结果。在这两个实验中，每个被拆分开的对映体的理论产率都是 50%，ee 值均为 96%[1]。为了实现成功的 PKR，反应应该：（1）催化剂或试剂不能相互干扰；（2）具有相似的反应速率；（3）对底物有相反的对映控制；（4）得到易于分离的不同产物[1]。根据产物之间的关系不同，PKR 可以分为几种亚型。从底物的两个对映体出发，化学发散性 PKR 得到不同的、不互为异构体的产物；区域发散性 PKR 得到互为异构体但不互为非对映体的产物；立体发散性 PKR 得到互为非对映体的产物[3]。下面针对每种情况分别举例说明。

8.2　化学发散性 PKR

在化学发散性 PKR 中，反应产物之间不互为异构体，而且实际上还可能具有非常不同的结构。在研究外消旋的偶氮乙酸二级烯丙醇酯的分子内环丙烷化反应的经典动力学拆分过程中，可以找到催化的化学发散性 PKR 的一个早期例子[4]。反应中使用的催化剂是羧酰胺双铑（Ⅱ）Rh$_2$(MEOX)$_4$，其结构如图 8.2 所示。催化剂与重氮化合物反应，形成一个瞬态的卡宾中间体和氮气。发现原料重氮化合物 1-环己烯-1-基重氮乙酸乙酯的两个对映体得到了完全不同的产物，如图 8.2 所示。使用 Rh$_2$(MEOX)$_4$，A 的(S)-型对映体(S)-A 以 94%的对映选择性（40%产率）发生了预期的分子内环丙烷化反应[4]。奇怪的是，从(R)-A 与 Rh$_2$(MEOX)$_4$ 得到的产物是二烯（Z = CH$_2$）与环己烯酮（Z = O）。在这个情况下，连接的重氮的立体化学抵消了手性催化剂在烯烃 Re 面反应的倾向，将加成导向到了 Si 面。因此，只有一个非对映选择性的组合发生分子内环丙烷化的能垒比竞争的挤出途径（extrusion pathway）更低（图 8.3）。挤出途径中提出的非手性产物形成的机理涉及一个分子内的负氢攫取然后发生烯酮或二氧化碳的消除（图 8.3）[5]。

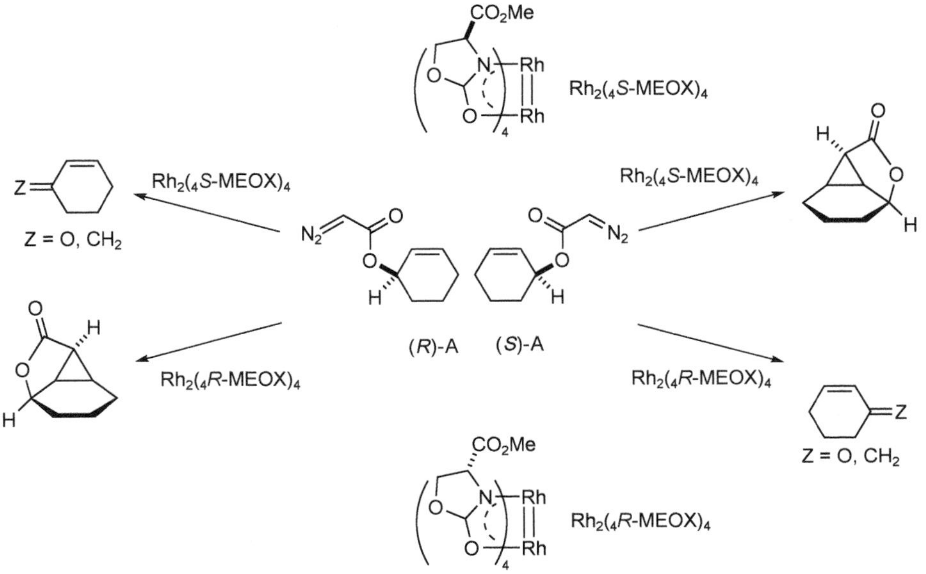

图 8.2　外消旋的 A 与 Rh$_2$(MEOX)$_4$ 的区域发散性反应从(S)-A 得到环丙烷衍生物，从(R)-A 得到共轭产物（X = O，CH$_2$）（上半部分）

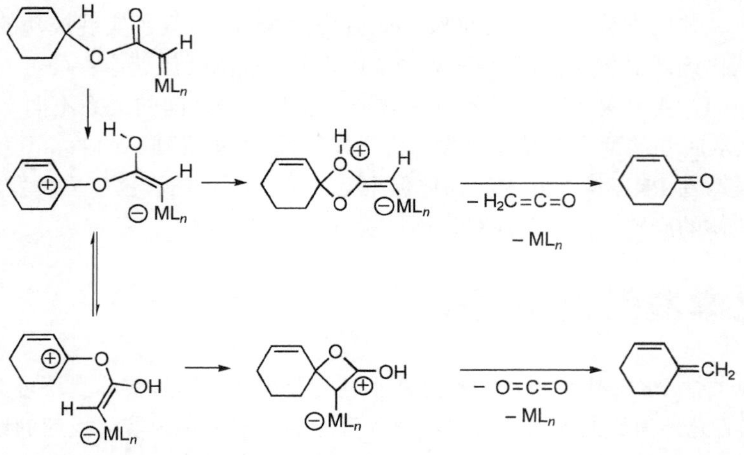

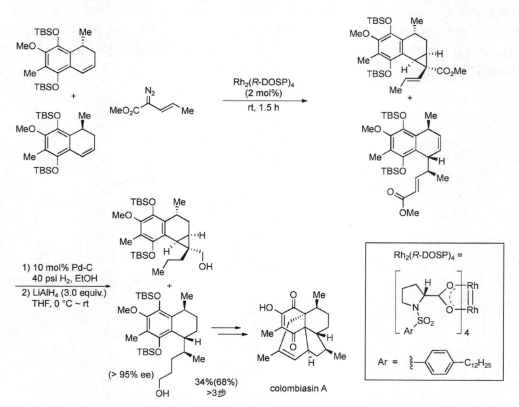

图 8.3 提出的图 8.2 中产生的酮和二烯产物的形成机理

化学发散性 PKR 的一个漂亮的应用可以在(−)-colombiasin A 的全合成的关键步骤中找到[6]。在基于脯氨酸的催化剂 Rh₂(R-DOSP)₄ 存在下，起始原料 1-甲基-1,2-二氢萘衍生物的一个对映体发生了一个相当于 C—H 活化/Cope 重排过程[7-10]，而另一对映体转化成了环丙烷（图 8.4）。C—H 活化/Cope 重排的机理还没有被阐明，但很可能并不经历 C—H

图 8.4 在(−)-colombiasin A 的全合成中使用脯氨酸铑催化的 PKR

键活化，然后产物发生 Cope 重排的分步过程。PKR 的产物不易分离，因此将混合物氢化和还原，3 步以 34% 的产率（68% 的理论产率）和 > 95% ee 和单一的非对映异构体得到了预期产物。使用标准步骤很容易实现这一中间体到(−)-colombiasin A 的转化。

图 8.4 中两个对映体经历反应途径的戏剧性的不同可以通过对使用该催化剂的 C—H 活化/Cope 重排[8]和环丙烷化[11]提出的预测性模型来理解（图 8.5）。一般认为催化剂采取 D_2-对称的形状，SO_2Ar 基团作为屏蔽基团交替朝上和朝下。为了便于讨论，将 1-甲基-1,2-二氢萘中与手性中心相连的甲基加粗显示（图 8.5）。在模型 A 中，(S)-底物中甲基可以远离配体上起屏蔽作用的芳基（用粗线表示），而 B 中(R)-底物中甲基与配体之间存在立体位阻冲突，不利于 C—H 活化/Cope 重排路径。在环丙烷化反应中情形正好相反。这里(S)-底物由于其甲基与配体体系的作用，是不利的。而(R)-底物可以将甲基远离配体骨架，导致可以顺利发生环丙烷化。如此不同的反应路径竟然能有这么相近的能垒使二者能够同时发生，这是很不同寻常的。

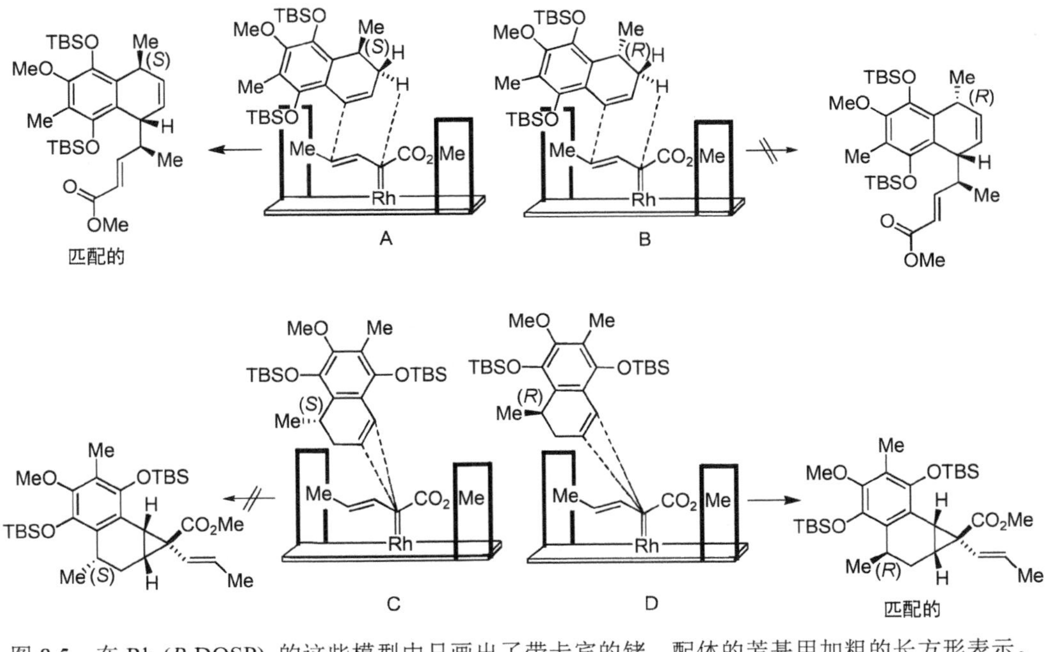

图 8.5　在 $Rh_2(R\text{-}DOSP)_4$ 的这些模型中只画出了带卡宾的铑。配体的芳基用加粗的长方形表示。(R)-底物中手性中心上的甲基与配体在 C—H 活化/Cope 重排中经历立体位阻作用（模型 B），而(S)-底物的甲基与配体在环丙烷化的过渡态中发生不利的相互作用（模型 C）

在上面讨论的每个例子中，都是一个单一的不对称催化剂促进起始原料的各个对映体发生截然不同的反应。也可以使用两种不同的催化剂来实施 PKR，其中每种催化剂选择性地与底物的其中一个对映体反应，得到不相似的产物。在这一情形中，每种催化剂必须仅能被两个衍生化试剂中的其中一个选择性地活化。如果两种催化剂促进不同类型的反应，这种选择性的活化可以比较直截了当。如果它们催化相似的反应，可以通过相分离的方法把衍生化试剂分开——也就是说，在反应过程中把它们限制在不同的相中。

双催化剂 PKR 的一个例子中使用了对底物两个相反的对映体具有选择性的两个酰化催化剂。其中一个催化剂是一种商品名为 ChiroCLEC-PC 的不溶的交联脂肪酶[12]，这是一种与脂肪酶新异性的酰基供体新戊酸乙烯酯联用的催化剂（图 8.6）。第二个催化剂是与酸酐活化剂共同使用的基于手性膦的亲核性酰基化催化剂。新戊酸乙烯酯并不与手性膦反应，而酸酐可以活化 ChiroCLEC-PC。因此，必须通过将这些试剂各自限定在不同的相中以防止其发生混合。为了实现相分离，使用了一种不溶的结合在聚苯乙烯（PS）上的混酐活化剂（图 8.6）。负载的酶和负载的混酐之间不能发生反应，因为它们都是不溶的固体。高聚物上远端的羰基被一个大位阻的 Mes 基团屏蔽（Mes = 2,4,6-C₆H₂-Me₃），以确保膦催化剂与混酐反应形成聚合物结合的酰基膦中间体，而不是进攻聚合物远端的酸酐羰基而得到非负载的酰基膦。聚合物结合的酰基膦中间体的形成对准对映异构的（quasi-enantiomeric）产物的成功分离至关重要，因为可以通过简单的过滤将含有衍生化的原料醇的一个对映体的聚苯乙烯固体与溶于有机相的物质分离开。

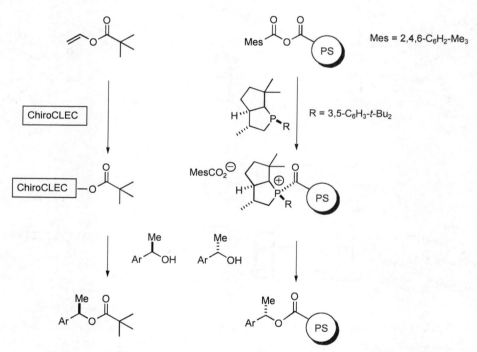

图 8.6　对交联的酶 ChiroCLEC-PC、与高聚物结合的酸酐和有机溶液相
采取相分离的双催化剂 PKR

如图 8.7 所示，一个初步的动力学拆分中使用了 PS-结合的酸酐活化剂。在分离出聚合物结合的产物并释放出醇之后，确定了选择性因子为 23。这一高的选择性因子表明底物到聚合物相的扩散在酰化反应的时间尺度上是快的。

PKR 实验包含三个相[13]：有机不溶的交联的 ChiroCLEC-PC，聚苯乙烯结合的酸酐，可溶于有机相的组分手性膦催化剂和新戊酸乙烯酯（图 8.6）。

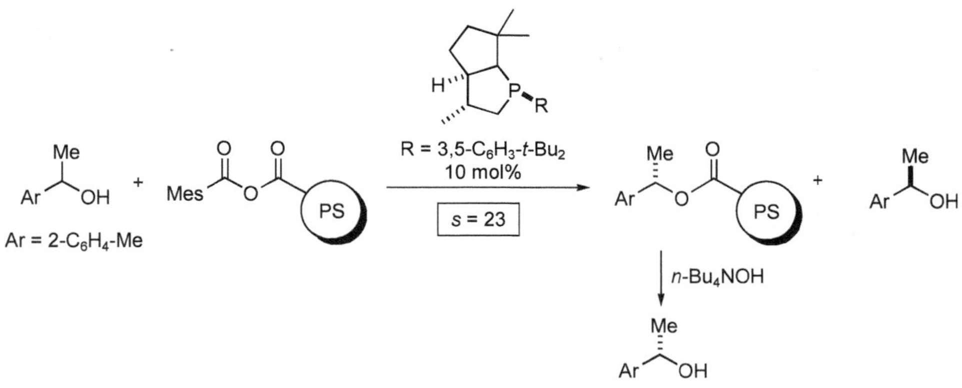

conv./%	SM ee/%	产率最大值/%	产物ee/%	产率最大值/%
50	81	50	81	50
54	89	46	77	54
56	94	44	74	56

图 8.7　使用膦催化剂的动力学拆分展示了中等的选择性因子，以及
ee 值和理论产量是转化率的函数

　　动力学拆分与 PKR 的直接对比突出了使用多催化剂体系的潜在好处。如上所述，图 8.7 所示的经典动力学拆分的选择性因子只有中等（s = 23）。当转化率从 50%提高到 56%时，以牺牲理论产率和产物酯的 ee 值为代价，回收的起始原料的 ee 值得到了提高。相反，在图 8.8 所示的 PKR 中，起始原料完全转化以后，聚合物结合的产物具有 89% ee，新戊酸酯具有 95% ee。PKR 中总回收率 >80%[14]。在 PKR 的最优条件下，随着反应的进行，起始原料醇始终保持外消旋，这表明两种对映体以相等的速率被消耗。在这些实验中，在 40%～70%的转化率区间内，测量到的起始原料醇的 ee 值为 6%～13%。

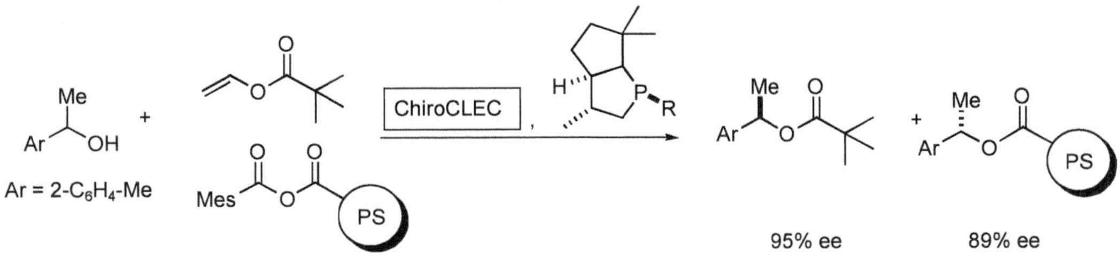

95% ee　　　89% ee

总收率 > 80%

图 8.8　使用双催化剂体系对苄醇的动力学拆分
将上述 PKR 与图 8.7 中的动力学拆分进行比较展示了这个体系中 PKR 的优势

　　本体系中使用的相分离使两个催化反应互不干扰，这大大提高了 PKR 中形成的准对映异构的酯的分离。原则上，只要它们表现出正交的反应性，两种都可溶的催化剂也可以一起使用。

这些例子说明为何化学发散性的 PKR 如此罕见。首先，设计具有成功的 PKR 必需的特征的双催化剂体系是具有挑战性的。其次，使用单一的催化剂体系从互为对映体的起始原料形成不互为异构体的产物很少见。更常见的情况是在 PKR 中给出互为异构体的产物的不对称催化剂。

8.3 区域发散性 PKR

在使用单一的对映体富集催化剂的区域发散性 PKR 中，互为对映体的两种底物通过不同的途径进行反应，得到区域异构体产物。这种类型的反应非常迷人，因为反应过程高度依赖于配体和底物的结构。在非常相似的反应条件下，非常类似的配体和底物的组合可能表现出不同的反应性。

使用手性的阳离子型双膦铑催化剂对 4-炔醛的动力学拆分是一个很恰当的有趣的例子。发现基于 [Rh(*i*-Pr-DUPHOS)] 的阳离子催化剂对式 8.1 中的反应表现出的选择性因子为 21。这个动力学拆分是在较低转化率的情况下以高的 ee 值获得 2-环戊烯酮，或稍高一点的转化率时以高的 ee 值得到起始的 4-炔醛的有效方法（56%的转化率时具有93% ee）[15]。

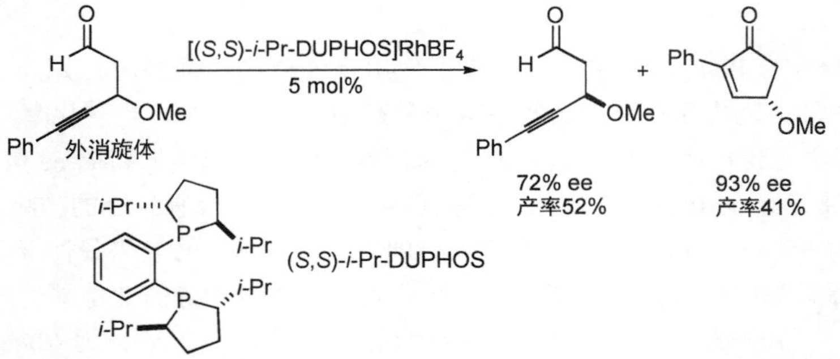

$$(8.1)$$

在一项关于配体结构对动力学拆分效率影响的研究中，发现基于 (Tol-BINAP)Rh$^+$ 的阳离子型催化剂导致同时形成两种不同的烯酮，每个产物都有高的对映选择性（式 8.2）。因此，对映异构的 4-炔醛的命运取决于配体的结构，其中基于 *i*-Pr-DUPHOS 和 Tol-BINAP 的催化剂分别促进动力学拆分（式 8.1）和平行动力学拆分（式 8.2）。

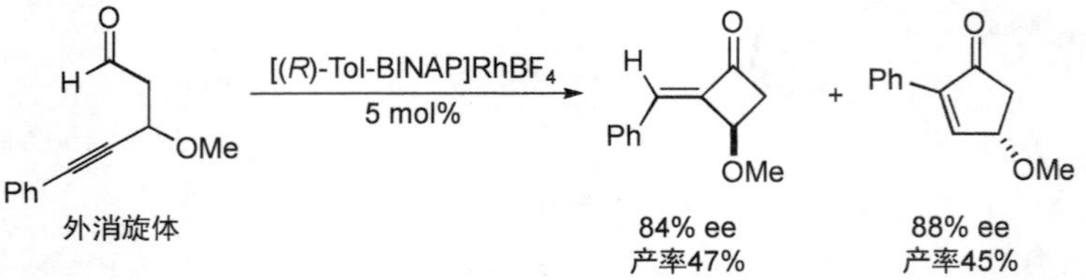

$$(8.2)$$

图 8.9 中提出了式 8.2 中形成烯酮的两种反应路径。Rh(Ⅰ)插入醛的 C—H 键产生 Rh(Ⅲ)-酰基-氢中间体 A。铑氢对炔烃的加成可以以净反式加成的方式进行，形成六元环的铑杂环 B，也可以以顺式的方式进行，形成五元金属杂环 C。中间体 B 和 C 还原消除得到互为异构体的烯酮。

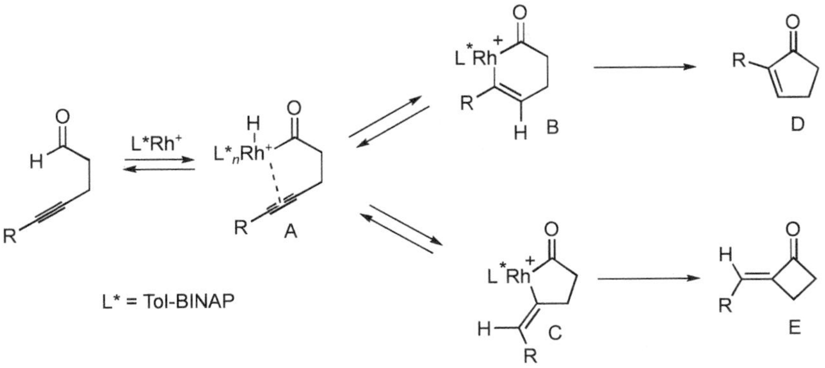

图 8.9 提出的(Tol-BINAP)铑催化的从 4-炔醛形成环戊烯酮和环丁酮的发散性路径

为了揭示催化剂的构型对底物命运的控制程度，对映体富集的 4-炔醛被用于使用手性催化剂的反应（式 8.3）。当使用(R)-Tol-BINAP 时，催化剂优先产生了具有张力的环丁酮产物，而(S)-Tol-BINAP 衍生的催化剂几乎完全产生了环戊烯酮。在这个体系中，可以通过选择合适的催化剂的对映体来获得任一产物。

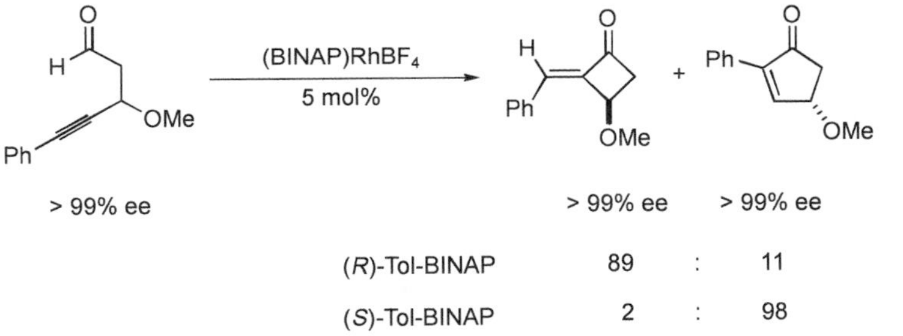

（8.3）

这种类型的反应很罕见，而且通常需要催化剂与配体的一个特定组合才能成功。比如，在这个体系中，其他的膦配体（如 CHIRAPHOS、DUPHOS、BPE 和 JOSIPHOS）基本上没有形成环丁酮产物。另外，使用一个结构很相似的底物与同一催化剂反应结果发生了动力学拆分（$s = 22$），而非平行动力学拆分（式 8.4）[15,16]。

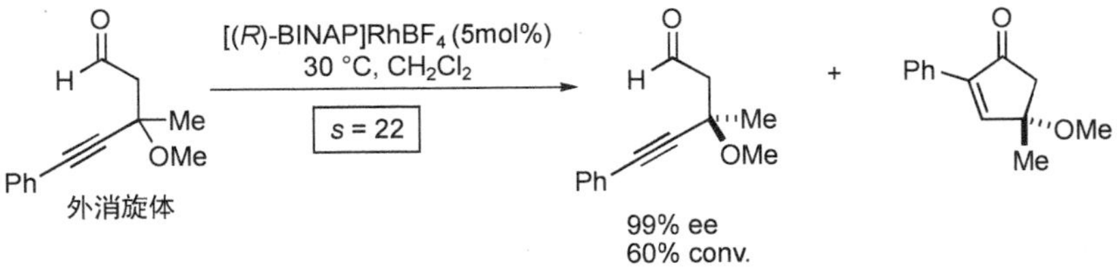

（8.4）

改造的辛可宁生物碱，如(DHQD)$_2$AQN（图 8.10），已经被证明在一系列过程如环状酸酐的去对称化[17]以及 N-羧酸内酸酐的动力学拆分[18]和动态动力学拆分[19]中是有效的催化剂。在使用这类生物碱催化剂对单取代的琥珀酸酐的动力学拆分的一项研究中（式 8.5），得到了与动力学拆分不一致的意外结果[20]。

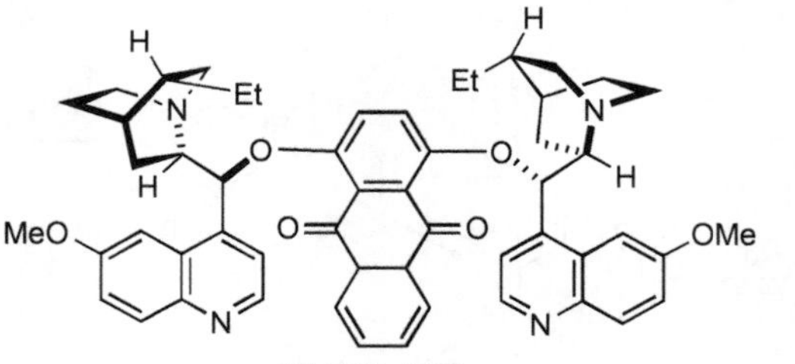

图 8.10   生物碱催化剂 (DHQD)₂AQN 的结构

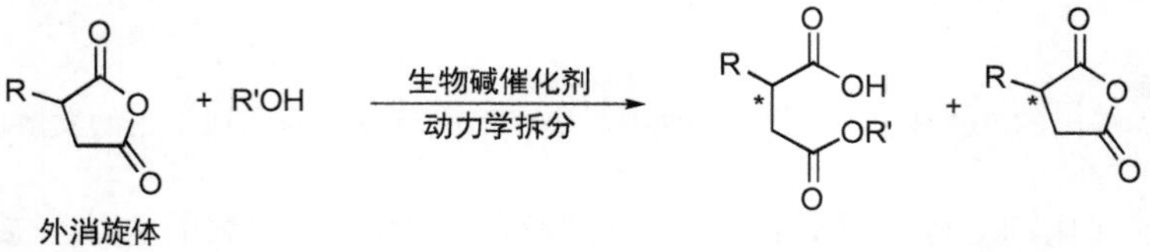

$$(8.5)$$

在(DHQD)₂AQN（10 mol%）存在下外消旋的 2-甲基琥珀酸酐（A）与过量的甲醇的反应中，整个反应过程中以相似的速率得到了两个单酯产物（B 和 C）（图 8.11）。反应完成后对产物分析表明 B 和 C 的比例为 39∶61，得到的每个产物都有中等的 ee（< 65%）。这些结果与区域发散性的 PKR 一致，其中外消旋的底物的两个对映体在酸酐的醇解中转化为互为异构体的产物。不出所料，PKR 与开环反应使用的醇有关。尽管使用乙醇得到了和甲醛相似的结果，使用三氟乙醇时可以在低温下以高达 91% ee 得到相应的酯（图 8.11）。

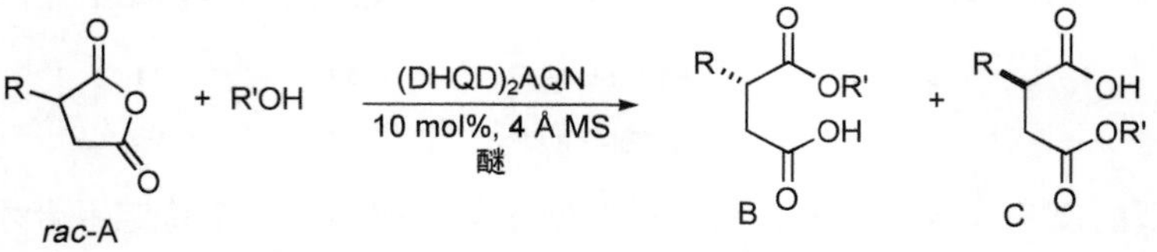

R'OH	T/℃	B:C	B ee/%	C ee/%
MeOH	25	39:61	74	67
EtOH	25	49:51	82	67
CF₃CF₂OH	25	49:51	85	72
CF₃CF₂OH	−25	44:56	91	80

图 8.11   改造的(DHQD)₂AQN 催化的琥珀酸酐开环的区域发散性 PKR 的结果

图 8.12 中展示了对映异构的酸酐(S)-A 和(R)-A 的区域发散性醇解。(DHQD)₂AQN 催化的高对映纯的酸酐(S)-A 与三氟乙醇的反应以 92∶8 的比例得到(S)-B 和(S)-C。在完全相同的条件下，(R)-A 的醇解以 3∶97 的比例得到 (R)-B 和(R)-C。这些结果清楚地表明反应的区域选择性是由催化剂控制的。使用 2-烷基琥珀酸酐和 2-芳基琥珀酸酐研究了 PKR 的底物普适性，发现其具有广阔的适用范围[20]。

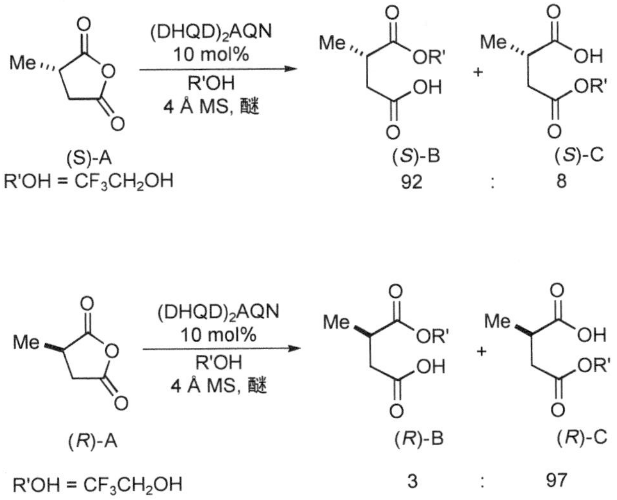

图 8.12 (S)-和(R)-甲基琥珀酸酐与三氟乙醇和催化量(DHQD)₂AQN 的
反应中催化剂控制的区域选择性

根据相关的研究[18]，反应的机理很可能涉及三分子反应，如图 8.13 所示。在这一过程中，与手性生物碱催化剂的桥头氮原子以氢键键合的底物醇进攻酸酐的其中一个羰基。在这个一般碱催化的机理中，开环是决速步。

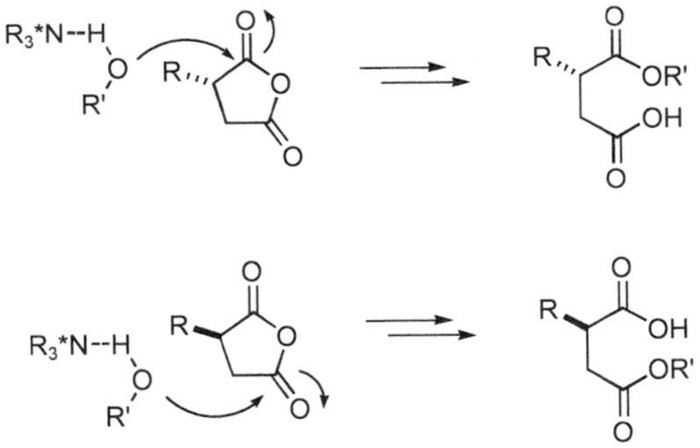

图 8.13 酸酐 PKR 中的发散性路径

涉及 C—C 键形成的区域发散性反应的一个罕见的例子是 Cu(OTf)₂ 和亚磷酰胺配体 (R,R,R)-L*催化的烯丙基环氧的开环（图 8.14）[21]。该反应中形成的手性催化剂在区分一些烯丙基环氧的对映体方面非常出色。如图 8.14 所示，有机锌试剂通过加成到双键的端位(S$_N$2′)与(1R,2S)-烯丙基环氧形成烯丙醇，而其对映异构体(1S,2R)-烯丙基环氧通过 S$_N$2 的环氧开环转化成了高烯丙醇。反应完全之后对产物进行分析，发现形成的两种区域异构体产物都有高的对映选择性，证实了这一过程是区域异构的 PKR[21]。当使用从 (R,R,R)-L*和(S,S,S)-L*产生的外消旋催化剂时，S$_N$2′∶S$_N$2 产物的比例为 92∶2，表明正是催化剂的构型导致了区域发散性的反应性。

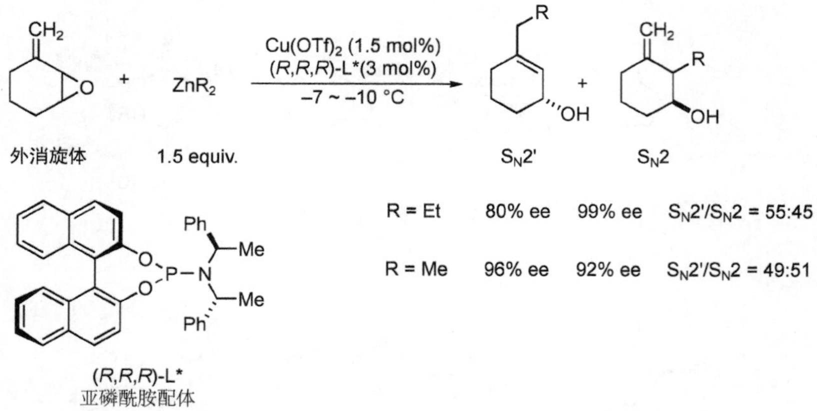

图 8.14　烯丙基环氧的区域发散性不对称开环

　　对这个过程的深入认识是通过跟踪二甲基锌的反应中烯丙基环氧起始原料与产物醇的相对浓度和对映选择性获得的。这些实验的数据表明，反应经历了两个截然不同的阶段。烯丙基环氧的反应较快的对映体在-78 ℃下，15 min 之内就通过 S_N2' 历程反应完全，以高的区域选择性得到烯丙醇。在反应的这个时间点上，起始原料烯丙基环氧接近对映体纯。剩余的环氧醇反应缓慢反应，在温度上升到-10 ℃之后达到完全转化。后面这个反应经历了 S_N2 历程，得到了高烯丙醇，也具有高的区域选择性。这些结果表明，对反应的第一阶段更准确的表述应该是动力学拆分，而不是平行动力学拆分，因为区域异构的产物并不是同时形成的。在这个转化中，烯丙基环氧的对映异构体的反应速率差别具有底物依赖性。如果底物的两个对映体表现出相似的速率，那么这个反应就会符合 PKR 的标准[22]。

　　图 8.15 中给出了为解释烯丙基环氧开环化学发散的反应性而提出的一个反应机理[21]。很可能 Cu(Ⅱ)被二烷基锌试剂还原成 Cu(Ⅰ)。最初形成了非对映异构的 π-配合物（A）之后发生氧化开环反应，得到烷基 Cu(Ⅲ)配合物[23] B 和 B'。提出产物的区域选择性取决于异构的 B 和 B'还原消除和异构化的相对速率。从 B 和 B'直接还原消除得到 C 和 C'，经过水解得到烯丙醇。另一方面，B 和 B'可以发生异构化产生 D 和 D'。这种可逆的异构化可以通过一个 π-烯丙基中间体或 1,3-σ 键迁移过程进行。中间体 D 和 D'的还原消除产生 E 和 E'，后处理之后形成高烯丙醇产物。在铜催化的反应中使用(R,R,R)-L*导致(1R,2S)-烯丙基环氧的快速开环，产生中间体 B'，它迅速发生还原消除得到 C'，而没有异构化到 D'再还原消除形成 E'。当(1R,2S)-烯丙基环氧消耗完，而且温度提高之后，烯丙基环氧的另一对映体发生氧化开环得到中间体 B。配合物 B 不容易直接发生还原消除形成 C，而是通过 D 发生异构化。D 还原消除形成 S_N2 产物 E。L*构型的影响造成了从中间体 B 和 D 的顶面和 B'与 D'的底面发生还原消除具有相当不同的速率。一个另外的机理涉及从一个共同的 π-烯丙基中间体的还原消除[22]。

　　在这一过程中，催化剂-底物匹配与不匹配的组合导致手性催化剂在结合环氧化合物的对映体时产生了区别。另外，手性亚磷酰胺配体与结合的底物之间的非对映选择性相互作用通过选择性地加速其中一个还原消除路径而决定了产物的区域选择性。

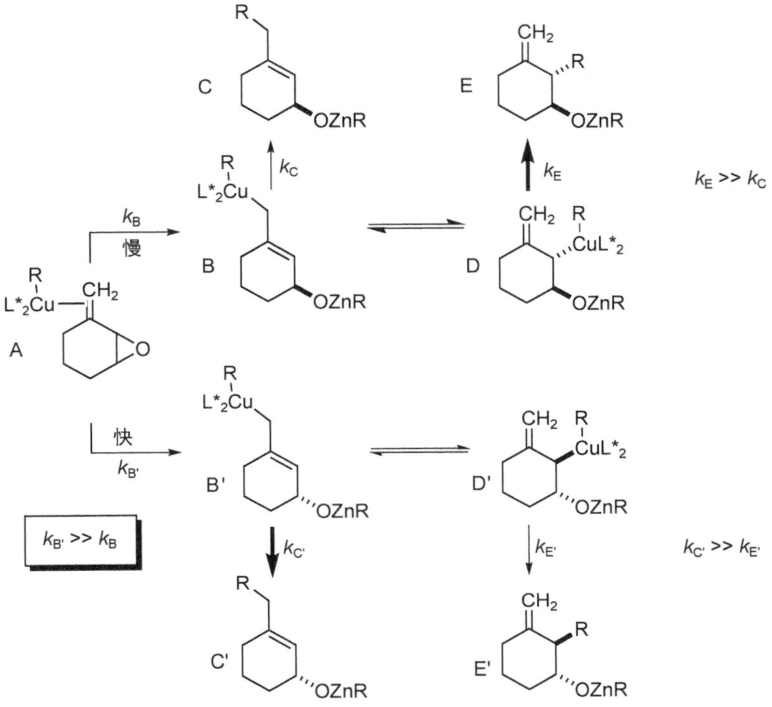

图 8.15　提出的(R,R,R)-L*存在下二烷基锌试剂对烯丙基环氧的区域发散性加成反应的机理

8.4　立体发散性 PKR

立体发散性 PKR 反应将外消旋底物转化成为非对映异构的产物。例如，这可以通过向外消旋底物中引入一个新的立体中心来实现，如式 8.6 中的例子所示[24]。这里催化剂决定了新形成的立体中心的立体化学，而无论底物中现有的立体化学如何（见第 13 章）。

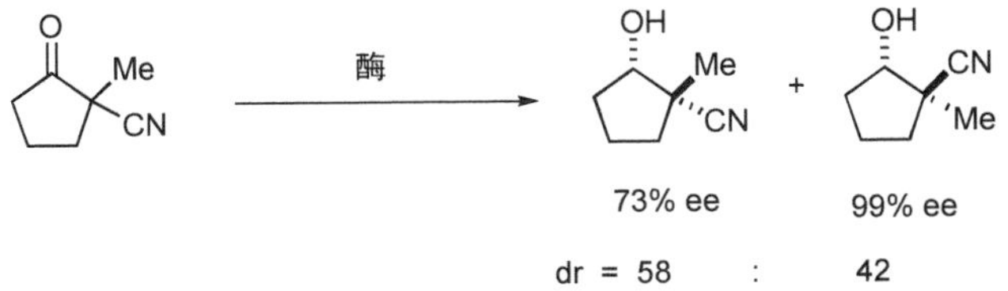

$$73\% ee \qquad 99\% ee$$
$$dr = 58 \quad : \quad 42 \tag{8.6}$$

尽管有已知的几例酶催化的立体发散性 PKR[3]，使用小分子催化剂的实例并不常见。立体发散性 PKR 少见的部分原因可能与非对映分离带来的困难有关。式 8.7 中用 Sharpless-Katsuki 动力学拆分对外消旋的醇尝试进行动力学拆分时很可能就有这种情况[25,26]。含有反式二取代双键的烯丙醇是不对称环氧化的优秀底物。基于不对称环氧化反应的过渡态模型（第 7 章），C-4 的立体中心远离催化剂，不应对环氧化的相对速率表现出重要的影响。使用 0.6 倍（物质的量）的 TBHP 进行的动力学拆分中，仅以 6% ee 回收了醇[27]。由于 Sharpless-Katsuki 环氧化的高对映选择性，预计产生的两个非对映异构的环氧醇都

具有高的对映选择性。

（8.7）

总结

　　动力学拆分接近完成时，较慢反应的对映体浓度的积累会造成两种对映体以相等的速率反应，因为速率 = k_{obs}[SM]。为了防止动力学拆分接近完成时较慢的对映体参与反应，可以实施平行动力学拆分。在最优的反应条件下，两种对映体以相等的速率被移除，并转化为易于分离的截然不同的产物。在这些条件下，选择性因子可以比动力学拆分的选择性因子小得多，而得到可与之相媲美的结果。然而，PKR 反应涉及更多变量，需要更多反应工程才能成功。PKR 更多的挑战与优点必将在未来很多年内继续吸引不对称催化实践者的注意。

参 考 文 献

[1] Vedejs, E.; Chen, X. Parallel Kinetic Resolution. *J. Am. Chem. Soc.* **1997**, *119*, 2584-2585.

[2] Eames, J. Parallel Kinetic Resolutions. *Angew. Chem., Int. Ed. Engl.* **2000**, *39*, 885-888.

[3] Dehli, J. R.; Gotor, V. Parallel Kinetic Resolution of Racemic Mixtures: A New Strategy for the Preparation of Enantiopure Compounds? *Chem. Soc. Rev.* **2002**, *31*, 365-370.

[4] Doyle, M. P.; Dyatkin, A. B.; Kalinin, A. V.; Ruppar, D. A.; Martin, S. F.; Spaller, M. R.; Liras, S. Highly Selective Enantiomer Differentiation in Intramolecular Cyclopropanation Reactions of Racemic Secondary Allylic Diazoacetates. *J. Am. Chem. Soc.* **1995**, *117*, 11021-11022.

[5] Doyle, M. P.; Dyatkin, A. B.; Autry, C. L. A New Catalytic Transformation of Diazo Esters: Hydride Abstraction in Dirhodium(II)-Catalyzed Reactions. *J. Chem. Soc., Perkin Trans. 1* **1995**, 619-621.

[6] Davies, H. M. L.; Dai, X.; Long, M. S. Combined C—H Activation/Cope Rearrangement as a Strategic Reaction in Organic Synthesis: Total Synthesis of (−)-Colombiasin A and (−)-Elisapterosin B. *J. Am. Chem. Soc* **2006**, *128*, 2485-2490.

[7] Davies, H. M. L.; Q, J. Catalytic Asymmetric Reactions for Organic Synthesis: the Combined C-H activation/Cope Rearrangement. *Proc. Natl. Acad. Sci. U.S.A.* **2004**, *101*, 5472-5475.

[8] Davies, H. M. L.; Jin, Q. Highly Diastereoselective and Enantioselective C-H Functionalization of 1,2-Dihydronaphthalenes: A Combined C-H Activation/Cope Rearrangement Followed by a Retro-Cope Rearrangement. *J. Am. Chem. Soc.* **2004**, *126*, 10862-10863.

[9] Davies, H. M. L.; Oystein, L. Intermolecular C-H Insertions of Donor/Acceptor-Substituted Rhodium Carbenoids: A Practical Solution for Catalytic Enantioselective C-H Activation. *Synthesis* **2004**, *16*, 2595-2608.

[10] Davies, H. M. L.; Beckwith, R. E. J. Catalytic Enantioselective C-H Activation by Means of Metal-Carbenoid-Induced C-H Insertion. *Chem. Rev.* **2003**, *103*, 2861-2903.

[11] Nowlan, D. T.; Gregg, T. M.; Davies, H. M. L.; Singleton, D. A. Isotope Effects and the Nature of Selectivity in Rhodium-Catalyzed Cyclopropanations. *J. Am. Chem. Soc* **2003**, *125*, 15902-15911.

[12] Khalaf, N.; Govardhan, C. P.; Lalonde, J. J.; Persichetti, R. A.; Wang, Y.-F.; Margolin, A. L. Cross-Linked Enzyme

Crystals as Highly Active Catalysts in Organic Solvents. *J. Am. Chem. Soc.* **1996**, *118*, 5494-5495.

[13] Rebek, J.; Brown, D.; Zimmerman, S. Three-Phase Test for Reaction Intermediates. Nucleophilic Catalysis and Elimination Reactions. *J. Am. Chem. Soc.* **1975**, *97*, 454-455.

[14] Vedejs, E.; Rozners, E. Parallel Kinetic Resolution Under Catalytic Conditions: A Three-Phase System Allows Selective Reagent Activation Using Two Catalysts. *J. Am. Chem. Soc.* **2001**, *123*, 2428-2429.

[15] Tanaka, K.; Fu, G. C. Enantioselective Synthesis of Cyclopentenones via Rhodium-Catalyzed Kinetic Resolution and Desymmetrization of 4-Alkynals. *J. Am. Chem. Soc.* **2002**, *124*, 10296-10297.

[16] Tanaka, K.; Fu, G. C. Parallel Kinetic Resolution of 4-Alkynals Catalyzed by Rh(I)/Tol-BINAP: Synthesis of Enantioenriched Cyclobutanones and Cyclopentenones. *J. Am. Chem. Soc.* **2003**, *125*, 8078-8079.

[17] Chen, Y.; Tian, S.-K.; Deng, L. A Highly Enantioselective Catalytic Desymmetrization of Cyclic Anhydrides with Modified Cinchona Alkaloids. *J. Am. Chem. Soc.* **2000**, *122*, 9542-9543.

[18] Hang, J.; Tian, S.-K.; Tang, L.; Deng, L. Asymmetric Synthesis of β-Amino Acids via Cinchona AlkaloidCatalyzed Kinetic Resolution of Urethane-Protected α-Amino Acid N-Carboxyanhydrides. *J. Am. Chem. Soc.* **2001**, *123*, 12696-12697.

[19] Hang, J.; Li, H.; Deng, L. Development of a Rapid, Room-Temperature Dynamic Kinetic Resolution for Efficient Asymmetric Synthesis of α-Aryl Amino Acids. *Org. Lett.* **2002**, *4*, 3321-3324.

[20] Chen, Y.; Deng, L. Parallel Kinetic Resolutions of Monosubstituted Succinic Anhydrides Catalyzed by a Modified Cinchona Alkaloid. *J. Am. Chem. Soc.* **2001**, *123*, 11302-11303.

[21] Bertozzi, F.; Crotti, P.; Macchia, F.; Pineschi, M.; Feringa, B. L. Highly Enantioselective Regiodivergent and Catalytic Parallel Kinetic Resolution. *Angew. Chem., Int. Ed. Engl.* **2001**, *40*, 930-932.

[22] Pineschi, M.; Del Moro, F.; Crotti, P.; Di Bussolo, V.; Macchia, F. Catalytic Regiodivergent Kinetic Resolution of Allylic Epoxides: A New Entry to Allylic and Homoallylic Alcohols with High Optical Purity. *J. Org. Chem.* **2004**, *69*, 2099-2105.

[23] Sofia, A.; Karlström, E.; Bäckvall, J.-E. Experimental Evidence Supporting a Cu(III) Intermediate in Cross-Coupling Reactions of Allylic Esters with Diallylcuprate Species. *Chem. Eur. J.* **2001**, *7*, 1981-1989.

[24] Dehli, J. R.; Gotor, V. Preparation of Enantiopure Ketones and Alcohols Containing a Quaternary Stereocenter Through Parallel Kinetic Resolution of α-Keto Nitriles. *J. Org. Chem.* **2002**, *67*, 1716-1718.

[25] Martín, V. S.; Woodard, S. S.; Katsuki, T.; Yamada, Y.; Ikeda, M.; Sharpless, K. B. Kinetic Resolution of Racemic Allylic Alcohols by Enantioselective Epoxidation. A Route to Substances of Absolute Enantiomeric Purity? *J. Am. Chem. Soc.* **1981**, *103*, 6237-6240.

[26] Gao, Y.; Klunder, J. M.; Hanson, R. M.; Masamune, H.; Ko, S. Y.; Sharpless, K. B. Catalytic Asymmetric Epoxidation and Kinetic Resolution: Modified Procedures Including in situ Derivatization. *J. Am. Chem. Soc.* **1987**, *109*, 5765-5780.

[27] Sharpless, K. B.; Behrens, C. H.; Katsuki, T.; Lee, A. W. M.; Martin, V. S.; Takatani, M.; Viti, S. M.; Walker, F. J.; Woodard, S. S. Stereo and Regioselective Openings of Chiral 2,3-Epoxy Alcohols. Versatile Routes to Optically Pure Natural Products and Drugs. Unusual Kinetic Resolutions. *Pure Appl. Chem.* **1983**, *55*, 589-604.

第**9**章 动态动力学拆分与动态动力学不对称转化

9.1 动态动力学拆分

　　动力学拆分的最大理论产率（50%，见第 7 章）启发化学家们探索将外消旋混合物的两个对映体都转化为一个单一的立体异构体产物的方法。尽管这可以通过像图 7.4 中烯醇酯环氧的重排那样的两步连续反应来实现[1]，一个更一般性和更实用的方法是同时实现这两个过程[2-7]。实现这种结果的一个方法是动态动力学拆分（dynamic kinetic resolution，DKR），在图 9.1 中将其与动力学拆分进行了比较（能量图见第 1 章）。

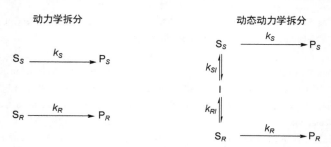

图 9.1　经典动力学拆分与动态动力学拆分的比较

动态动力学拆分中，I 是非手性的中间体或过渡态

　　DKR 将动力学拆分与一个将手性底物进行通过非手性中间体（I，图 9.1）或过渡态的快速原位外消旋化过程耦合起来。随着反应较快的底物对映体通过一个对映选择性的拆分过程不断地转化为产物，（底物的两个对映体之间的）平衡总是通过一个动态的外消旋化过程进行调节。外消旋化过程是热力学有利的，因为两种对映体混合时造成了熵的增加[5]。跟动力学拆分一样，反应较快的对映体的速率（k_{fast}）必须比较慢的对映体的速率（k_{slow}）快得多。当 $k_{fast}/k_{slow} > 20$ 时可以得到非常好的结果。一个成功的动态动力学拆分的典型条件是外消旋化过程的 k_{rac} 应该以大于或等于催化不对称过程的速率（即 $k_{rac} \geqslant k_{fast}$）进行。然而，当 k_{fast}/k_{slow} 非常高时，即使 $k_{rac} < k_{fast}$ 也可能得到高 ee 值的产物。除此之外，如果 $k_{rac} \geqslant k_{fast}$，DKR 会比经典动力学拆分获得更高的产物对映体过量，因为连续不断的外消旋化过程会防止阻碍动力学拆分其中一个底物对映体的累积这一过程的发生。DKR 过程的数学处理比较复杂，但已经有报道[8-10]。在 DKR 中，底物的外消旋化过程并不涉及手性催化剂。下面会提到，当底物的对映体之间的互相转化发生在

手性催化剂上时，这一过程称为动态动力学不对称转化（dynamic kinetic asymmetric transformation，DyKAT）。

要设计一个成功的 DKR，需要找出一个有效的动力学拆分，发现一种外消旋化的方法，并且外消旋化过程和拆分必须能够兼容。除此之外，动态动力学拆分的产物必须在反应条件下稳定，而不发生外消旋化过程。或许 DKR 最具挑战性的一个方面是优化反应条件来促进底物的顺利外消旋化，使其在化学和动力学上与拆分步骤很好地配合。我们将会讨论到，外消旋化过程可以通过好几种机制进行，包括碱或酸催化的外消旋化、热过程、加成/消除的序列过程、氧化-还原对以及通过一个退行性（degenerative）的亲核取代反应[4]。后面会将 DKR 与一个相关的称为 DyKAT 的方法进行对比。这些过程乍一看是一样的，但实际上它们之间存在着一些重要的不同[11]。

9.1.1 碱催化的外消旋化

含有带酸性氢的手性中心的底物可以发生碱催化的外消旋化过程，这被证明在许多 DKR 过程中是非常理想的情况。

9.1.1.1 通过不对称氢化对 1,3-二羰基化合物的 DKR

DKR 过程的一个常见反应涉及羰基 α-位立体中心的外消旋化[3,12]。通过碱催化的烯醇化形成的非手性中间体与酮之间存在平衡。DKR 的一类理想底物是 α-取代的 β-二羰基化合物，因为这类化合物中氢具有更强的酸性，及其可以在温和的条件下发生外消旋化。当这种快速外消旋化过程与一个能将其中一个对映体比另一种更快还原的氢化催化剂联合使用时，由此得到的 DKR 可以以高的对映选择性和非对映选择性产生多种有用的 α-取代的 β-羟基羰基化合物（图 9.2）。虽然 α-取代的 β-酮酸酯的还原可能得到 4 种立体异构体，但是通常可以找到反应条件来高选择性地生成单一的立体异构体[3]。

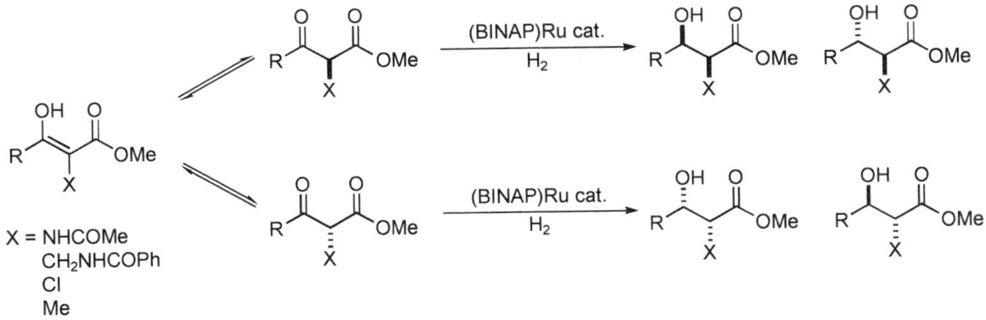

图 9.2 酮酯不对称还原过程中的 DKR

展示了外消旋化过程和 4 种可能的非对映体产物

如第 4 章中所述，基于(BINAP)Ru 的催化剂可以以优异的对映选择性还原前手性 β-酮酸酯[12]。这些催化剂也可以被用于 α-取代的 β-酮酸酯的对映选择性和非对映选择性的氢化。在这类底物的反应中，催化剂的构型决定了酮的哪个面被还原，而 β-碳的立体化学则取决于底物的结构（图 9.2）。因此，使用(R)-BINAP 通常以优秀的选择性得到 β-碳具有(R)-构型的产物。还原对羰基具有化学选择性；没有观察到对烯醇的还原。

许多非环状 β-二羰基衍生物的 DKR 已经成功实现了优秀的对映选择性和非对映选择性控制，例如图 9.3 中所示。这一过程中得到的 syn β-羟基酯被用于工业规模制备氮杂环丁酮（120t/a）[3]，合成抗生素碳青霉烯中的一个关键中间体。

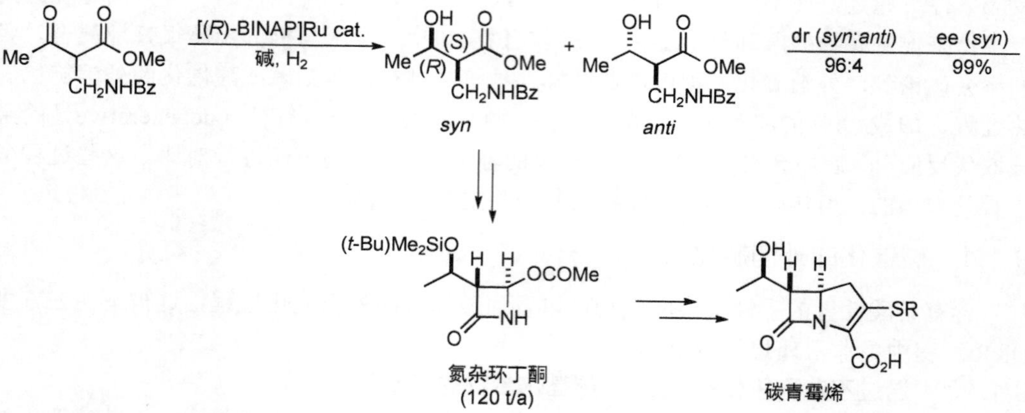

图 9.3   使用基于(BINAP)-Ru 的催化剂通过 DKR 合成 β-羟基酯

Syn 式产物使用这一方法实现了工业规模制备

提出的 DKR 中立体诱导的模型与第 4 章中介绍的类似。在这个例子中，底物的(S)-型对映体与基于(R)-BINAP 的催化剂反应较快，以使与 η^1-配位的酯基最近的假平伏的苯基之间的位阻作用最小化（更深入的讨论见第 4 章），如图 9.4 所示[3]。

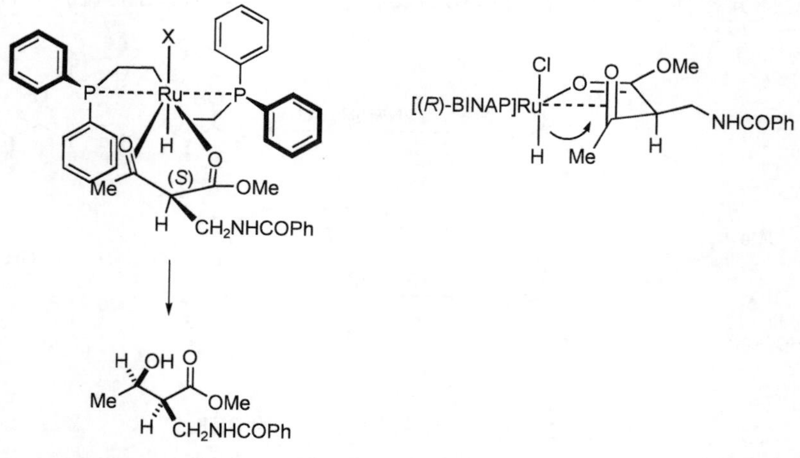

图 9.4   (BINAP)-Ru 催化的 α-取代 β-酮酸酯的 DKR 的立体化学模型的正面和侧面视图

BINAP 的骨架用示意图表示

DKR 过程的非对映选择性翻转的一个有趣的例子涉及苏氨酸衍生物的合成[13,14]。在 (BINAP)Ru(Ⅱ)催化含有 α-NHAc 或 NHCOPh 基团的 β-酮酸酯的还原过程中，还原以优秀的对映选择性和非对映选择性给出了 syn 式非对映体。这个 DKR 中令人印象深刻的

syn 选择性水平与酰胺导向的氢化反应不一致。相反，据认为酰胺基团参与了分子内氢键，如图 9.5 中的过渡态模型所示[13]。

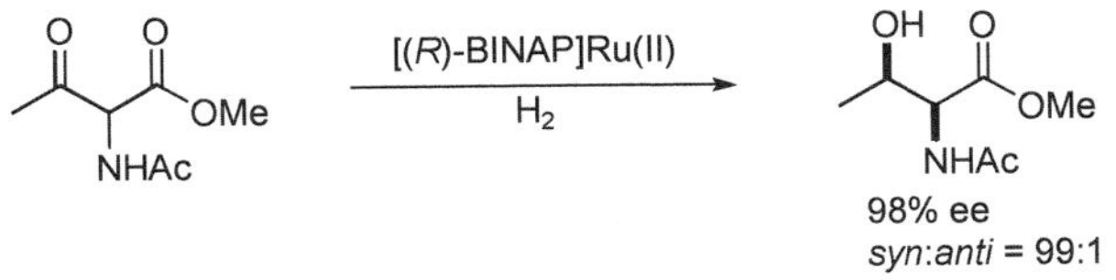

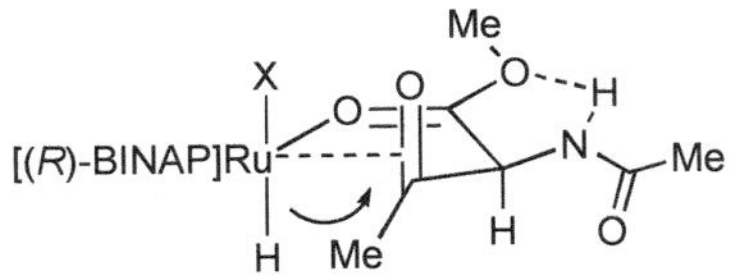

图 9.5　*β*-酮酸酯的 DKR 合成苏氨酸衍生物

酰胺和酯之间的一个氢键控制了底物结合模式，造成了观察到的高的 *syn:anti* 选择性

在使用 BINAP 类似物的 C3-Tunephos 对 *α*-邻苯二甲酰亚胺基 *β*-酮酸酯的 DKR 中[15]，反应有利于以高的对映选择性和非对映选择性生成 *anti* 型非对映体（图 9.6）[14]。不像图 9.5 中的酰胺，提出可通过氢键作用稳定形成 *syn* 式非对映体的过渡态，*α*-邻苯二甲酰亚胺基底物中不可能存在这样的相互作用。根据过渡态模型以及酰亚胺的羰基相对于酯羰基更强的碱性，反应很可能通过酰亚胺的螯合作用进行，如图 9.6 所示。因此，通过改变 N 上的保护基团和催化剂的构型可以得到苏氨酸的所有 4 个非对映异构体。

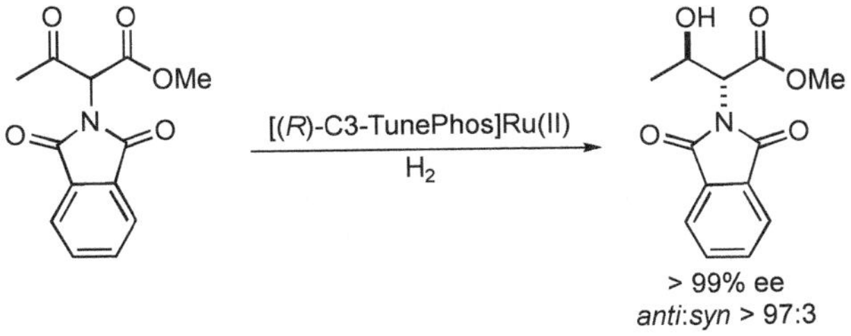

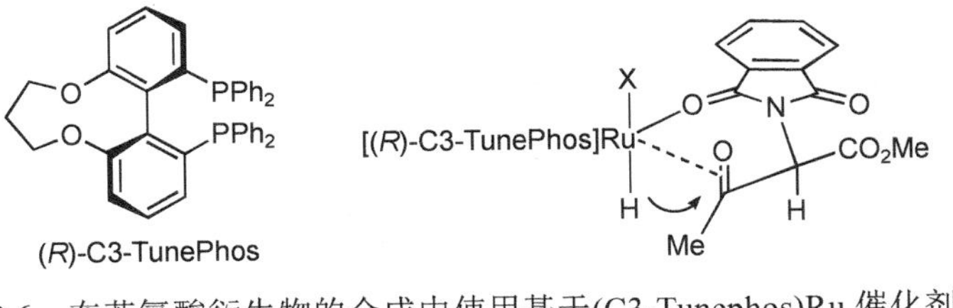

图 9.6　在苏氨酸衍生物的合成中使用基于(C3-Tunephos)Ru 催化剂的
α-邻苯二甲酰亚胺基 *β*-酮酸酯的 DKR

提出酰亚胺而非酮基与钌配位，造成了 *α*-碳上构型的翻转

基于[(*R*)-BINAP]Ru 的催化剂用于式 9.1 中的酮内酯的 DKR 时，主要产物(*R*)-醇具有 94% ee，其 *syn*：*anti* 比例为 98：2。相反，式 9.2 中外消旋的酮酸酯的还原得到了 1：99～

3：97 的 *syn*：*anti* 比例和 90%～95%的 ee 值。这些反应中的非对映选择性可以通过一个相似的立体化学模型来解释（图 9.7）[3]。

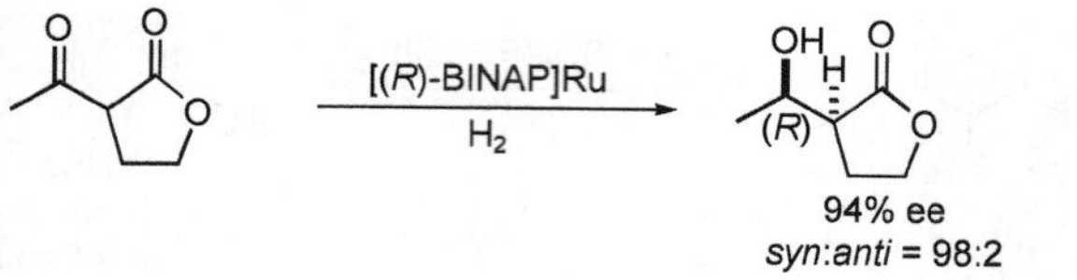

$$(9.1)$$

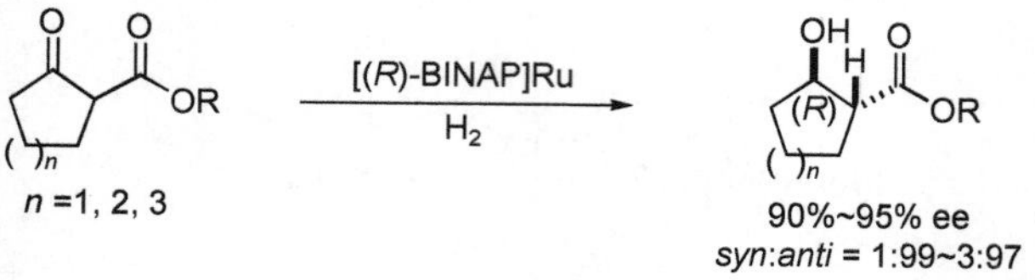

94% ee
syn:*anti* = 98:2

$$(9.2)$$

n =1, 2, 3

90%~95% ee
syn:*anti* = 1:99~3:97

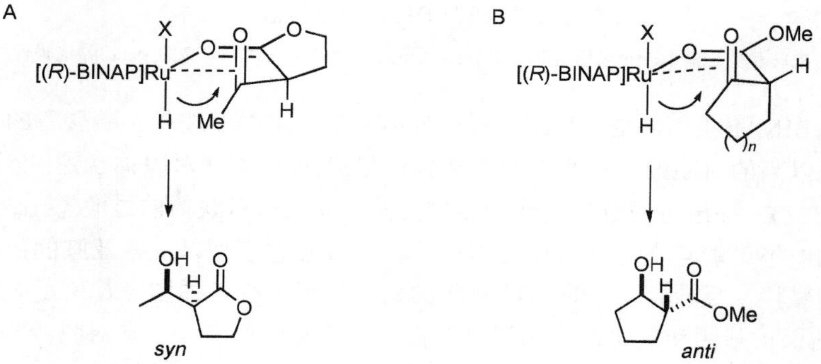

图 9.7　式 9.1（**A**）和式 9.2（**B**）中立体化学结果的模型

通过不对称氢化进行的 DKR 并不限于高度酸性的 β-二羰基化合物。在碱存在下使用[(S)-BINAP]RuCl$_2$[(R,R)-DPEN]进行的外消旋 2-异丙基环己酮的氢化中，以 99.8：0.2 的非对映体比例得到了产物醇。*cis* 产物具有 93% ee（式 9.3）[16]。

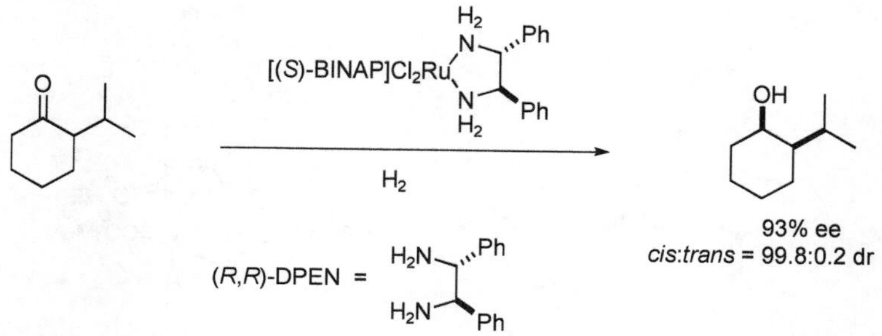

$$(9.3)$$

93% ee
cis:*trans* = 99.8:0.2 dr

(R,R)-DPEN =

进一步分析式 9.3 中的 DKR 的参数[9]表明(R)-酮的氢化是其对映异构体的 36 倍，而慢反应的(S)-酮的外消旋化是其氢化的 47 倍（图 9.8）[16]。根据这些数值，k_{rac} 是快反应 (k_R) 的 1.3 倍，满足了 DKR 的最佳需求（见 9.1 节）。

在(1R,2S)-2-甲氧基环己醇的合成中应用了一个类似的方法（图 9.9）[17]。这一反应的产物是合成山费培南（sanfetrinem），一种具有强效、广谱抗菌活性的抗生素的一个关键中间体[18]。与结构相近的 2-异丙基环己酮（式 9.3）的 DKR 相比，为了得到图 9.9 中的 *cis* 非对映体产物，需要催化剂的另外一种非对映体。

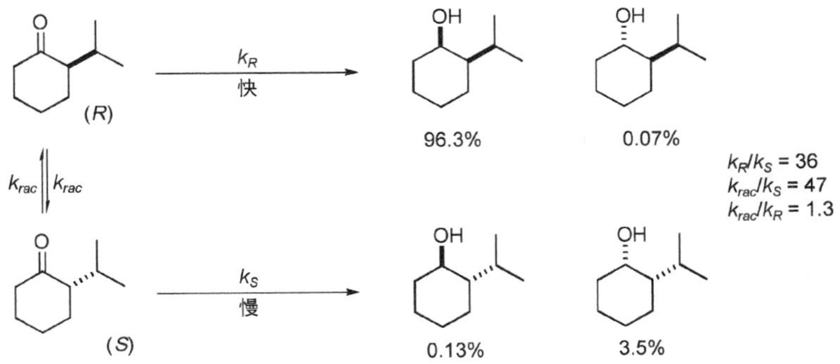
k_R
快
(R)
96.3%
0.07%
k_{rac}
k_{rac}
k_R/k_S = 36
k_{rac}/k_S = 47
k_{rac}/k_R = 1.3
k_S
慢
(S)
0.13%
3.5%

图 9.8 2-异丙基环己酮（式 9.3）的 DKR

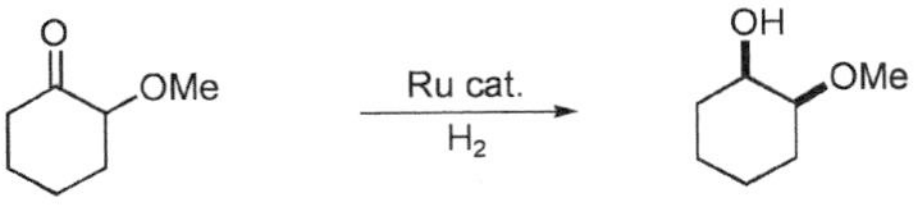
OMe
Ru cat.
H_2
OH
OMe

cat.	T/°C	*cis*:*trans*	ee/%
[(*S*)-BINAP]RuCl$_2$[(*S*,*S*)-DPEN]	50	96.5:2.5	87
[(*S*)-Xyl-BINAP]RuCl$_2$[(*S*,*S*)-DPEN]	50	98:2	96
[(*S*)-Xyl-BINAP]RuCl$_2$[(*S*,*S*)-DPEN]	5	> 99:1	99

图 9.9 2-甲氧基环己酮的 DKR

虽然 DKR 中 α-取代 β-酮酸酯的使用最为常见，这一方法也被成功用于其他底物，包括 α-取代的 β-羰基膦酸酯[19]。使用 (BINAP)Ru 催化剂的 DKR 在合成几种生物活性分子的前体上的应用使这一方法成为合成含多个立体中心的手性砌块最有用的方法之一。

9.1.1.2 *N*-羧基环内酸酐的 DKR

由于其在多肽和蛋白质合成中的用处，光学活性的非天然氨基酸衍生物的合成吸引了很多关注。对一种很容易从外消旋氨基酸制备的化合物 *N*-羧基环内酸酐的早期动力学拆分研究表明，修饰的辛可宁生物碱是这一过程的有效催化剂（图 9.10）[20,21]。

结构相近的底物的动力学拆分过程的动力学研究表明，反应对底物、醇和胺催化剂都表现出了一级依赖关系[20]。在假一级反应条件下，测量到的动力学同位素效应（k_{ROH}/k_{ROD}）为 1.3。这些观察到的结果很可能是由一般碱催化机制而引起的（式 9.4）。醇解是周转控制步骤（turn-over-limiting step），该步骤是由胺催化剂介导的。可以想到的另一种机理涉及胺催化剂对酸酐亲核进攻。如果决速步是乙酰铵盐的形成，那么反应应该与醇的浓度无关。另一方面，如果决速步是乙酰铵盐与醇的反应的话，亲核性更强的醇的反应速率应该更快。然而，发现三氟乙醇比乙醇的反应更快，这种结果与亲核性催化剂机理不一致[22-24]。

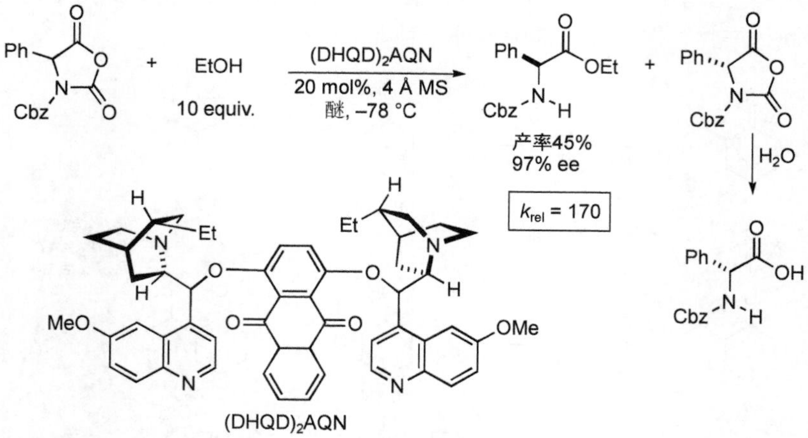

图 9.10　N-羧基环内酸酐的动力学拆分

三分子开环

双分子外消旋化

$$（9.4）$$

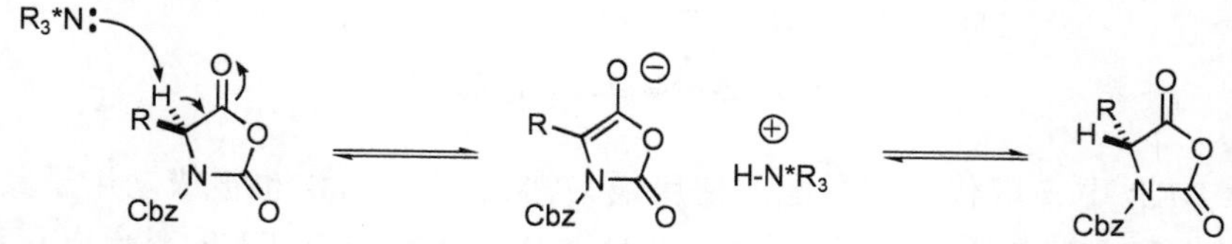

$$（9.5）$$

原则上，碱性的辛可宁生物碱催化剂可以起到对底物的可逆的去质子化而导致其发生外消旋化，以及催化醇解的双重作用（式 9.5）。然而，在动力学拆分的低温条件下（图 9.10），与 N-羧基环内酸酐的醇解速率相比，底物外消旋化的速率是微不足道的（$k_{rac} \ll k_{快}$，$k_{慢}$）。

三分子醇解与双分子外消旋化的速率的不同使得研究人员通过改进反应条件实现了动态动力学拆分[21]。与三分子醇解的活化熵相比，双分子外消旋化过程的活化熵通常具有较小的负值。因此，基于醇解和外消旋化的不同的温度行为，可以推断升高温度会造成对外消旋化比对醇解更大程度的加速。如表 9.1 中所示，将温度从 −78 ℃升高到 34 ℃实现了该过程从动力学拆分（条目 1）到 DKR（条目 2～7）的转变，醇解产物的对映体过量达到了 58%（条目 2～7）。通过在 34 ℃下缓慢加入 1.2 倍（摩尔比）醇，进一步有利于外消旋化，以 86% ee 得到了产物（条目 8）。

将醇变成烯丙醇时也使很多芳基和杂芳基底物的反应产物的 ee 值提高到了 ≥90%，产率 ≥93%（图 9.11）[21]。

表 9.1　N-羧基环内酸酐醇解条件的变化造成了从低温下的动力学
拆分到较高温度下的有效的 DKR 的转变

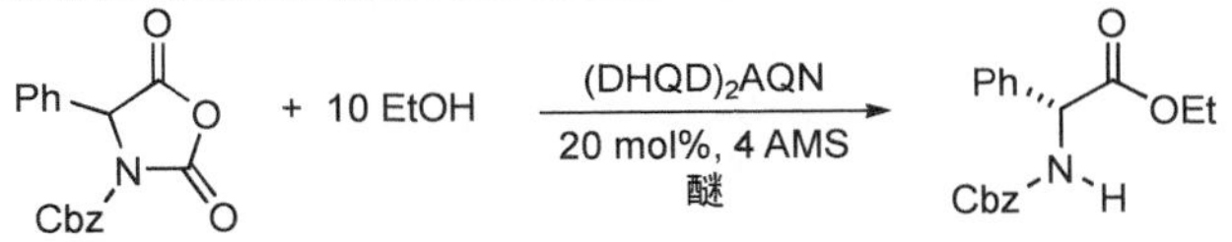

条目	$T/℃$	t/h	conv./%	产物 ee/%
1	−78	2.0	48	94
2	−78	336	100	12
3	−40	22	100	22
4	−20	3.0	100	32
5	0	1.0	100	44
6	23	0.3	100	56
7	34	0.2	100	58
8	34[①]	2.0	100	86

① 缓慢加入仅 1.2 equiv. 的 EtOH。

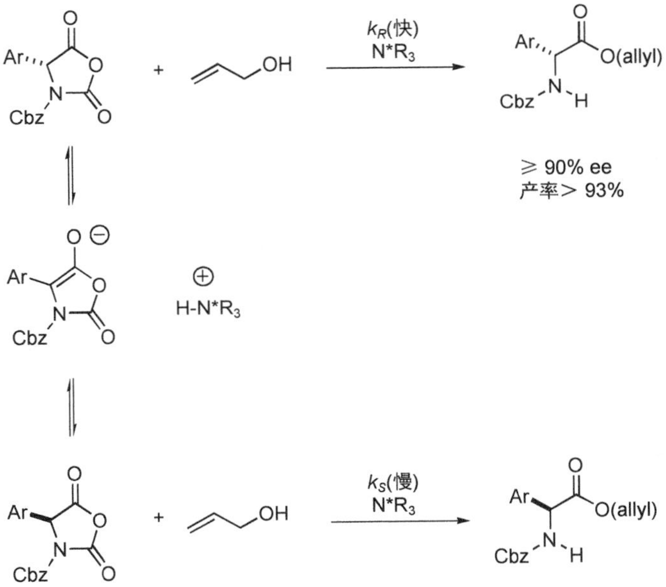

图 9.11　(DHQD)₂AQN 和烯丙醇存在下 N-羧基环内酸酐的 DKR

9.1.2　用于二级醇 DKR 的双催化剂氧化-还原过程

已经报道了许多醇动力学拆分的例子，其中酶催化剂对这一过程最为有效。实现酶促的二级醇的 DKR 具有挑战性，因为使用生物催化剂进行外消旋化步骤有困难[25,26]。然而，某些过渡金属配合物可以在温和的条件下催化二级醇的外消旋化。将过渡金属催化剂外消旋化二级醇的能力与酶催化的酰基化反应的高效性相结合，已经发展出了一类最令人印象深刻的动态动力学拆分。

底物醇的外消旋化过程选用的过渡金属催化剂是一个含有桥联负氢的二聚体钌配合物（式 9.6）[27,28]。与能促进氢转移的其他钌配合物不同[29,30]，这个钌催化剂外消旋化二级醇不需要外加的碱，因此避免了对酶活性的干扰和碱催化的酯交换带来的问题。如式 9.6 所示，二聚体催化剂前体解离成一个饱和的钌氢配合物和一个画成两个共振形式的不饱和的二羰基钌配合物。式 9.7 中给出了二级醇外消旋化的部分机理和关键中间体。机理研究和计算结果支持环戊二烯基上的羟基介导的协同氢转移[31-34]。钌催化的醇的外消旋化过程在室温下较慢，需要更高一点的温度才能以适当的速率进行。

$$(9.6)$$

$$(9.7)$$

确定了外消旋化的参数之后，将钌催化的外消旋化与生物催化的动力学拆分耦合起来。需要一个具有高的热稳定性的酶，以能够与外消旋化催化剂实现高 TOF 所需的条件相兼容。使用的酶是一个从南极假丝酵母（Candida Antactica）中分离出的、固载到丙烯酸树脂上的脂酶（Novozym 435®）。选用的酰基供体是乙酸 4-氯苯酯，因为它能与酶兼容，而且酯交换的副产物 4-氯苯酚不干扰钌催化剂。比较这两个催化循环的 TOF 表明，外消旋化比酶催化的酰基化要慢得多。然而，在这个体系中，酶拆分步骤的 k_{fast}/k_{slow} 非常高，大约在 200 左右。因此，可以以优秀的对映选择性和高的产率获得醇酰化的产物（表 9.2）。

表 9.2　使用二聚体钌催化剂（式 9.6）和生物催化剂 Novozyme 435®的二级醇的双催化剂 DKR

底物	产物	产率/%	ee/%
		80	99
		65	99

底物	产物	产率/%	ee/%
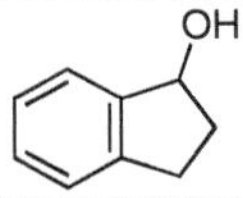	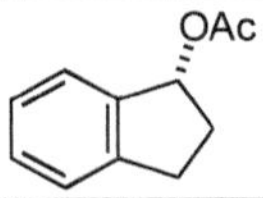	77	99
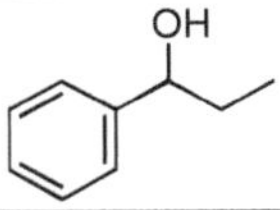	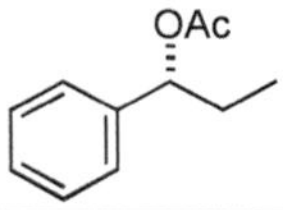	80	98
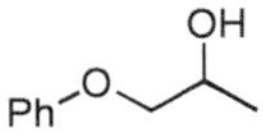	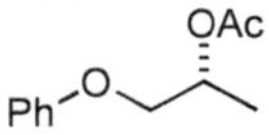	88	99
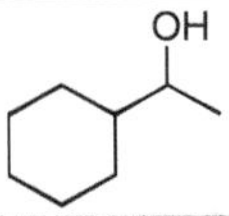	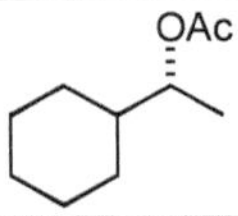	79	99

类似的方法也被成功用于二醇（式 9.8）[35]和 α-羟基酯（式 9.9）[36,37]。

（9.8）

产率78%, 99% ee

（9.9）

产率74%, 94% ee

钌和酶催化的 DKR 也被用于合成 β-羟基酸衍生物的一锅法 aldol/DKR 过程（图 9.12）[37]。首先使用 LDA 产生烯醇负离子，然后与醛偶联形成外消旋的 aldol 加合物。去除 THF，加入叔丁基甲基醚（TBME）、酶、酰基供体和式 9.6 中的二聚钌催化剂可以以非常高的对映选择性分离得到 aldol 产物（图 9.12）。更多串联反应见第 14 章。

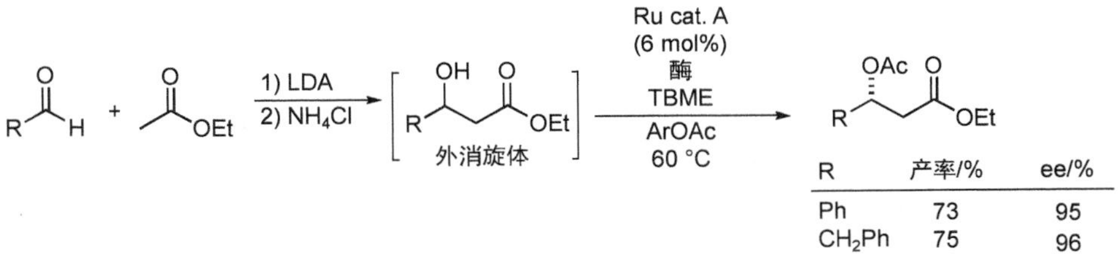

R	产率/%	ee/%
Ph	73	95
CH₂Ph	75	96

图 9.12　串联 aldol/DKR 过程用于对映选择性合成 β-羟基酯衍生物

使用酶催化剂的一个严重缺陷是只有酶的一个对映体是天然存在的。在研究过的大部分金属-酶双催化剂体系的例子中使用了脂酶催化剂。因此，只能获得(R)-构型的产物[38]。然而，最近开发出了(S)-选择性的酶，使得醇的两个对映异构体都可以直接获得[39,40]。在一个例子中[39]，酶有限的热稳定性需要开发出活性更高的金属催化剂用于外消旋化。因此，使用了加入叔丁醇钾活化的氨基环戊二烯基钌催化剂（图 9.13）。这一体系在较低的温度下得到了优秀的对映选择性和产率。

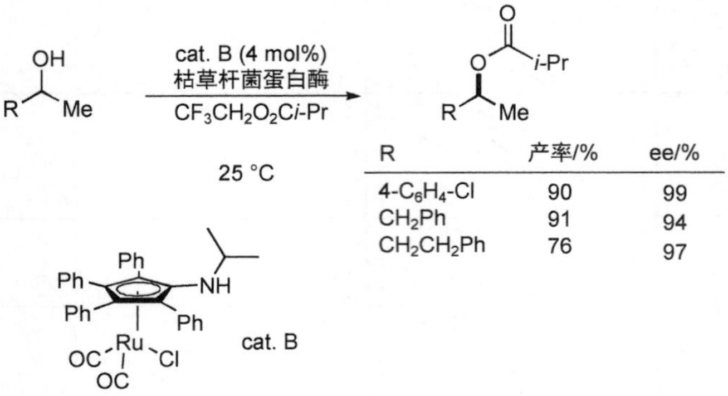

R	产率/%	ee/%
4-C$_6$H$_4$-Cl	90	99
CH$_2$Ph	91	94
CH$_2$CH$_2$Ph	76	97

图 9.13　使用枯草杆菌蛋白酶（subtilisin）和一个氨基环戊二烯基钌催化剂的 DKR

如图 9.14 中的 DKR 所示，使用这一活性更高的催化剂，外消旋的醇可以以优秀的对映选择性和产率转化为酰基化产物的任一对映体。

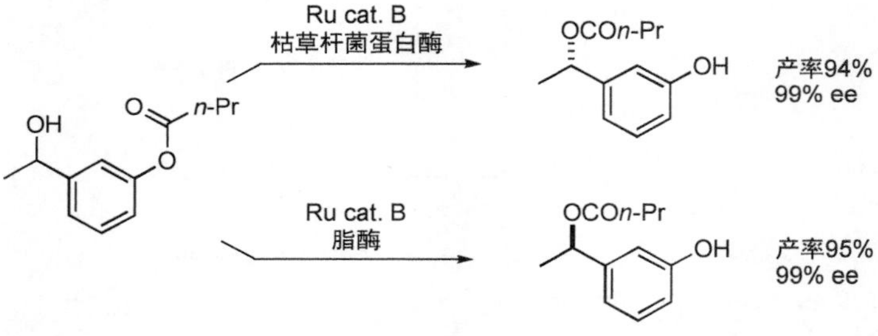

图 9.14　在该异构化反应中，氨基环戊二烯基钌催化剂（图 9.13）和枯草杆菌蛋白酶或脂酶催化的 DKR 可以获得产物的任一对映体

　　金属-酶双催化剂已经在醇的 DKR 中取得了巨大进展，这一方法也被扩展到二醇[41,42]。使用亚胺的一个类似的过程可以得到手性胺[43-45]。其他类型的官能团也可以参与这类反应，但是研究较少。一个例子是使用 Pd(Ⅱ)源作外消旋化催化剂和脂酶作生物催化剂的烯丙醇酯的 DKR[46]。在 Cl$_2$Pd(NCMe)$_2$ 存在下，烯丙基乙酸酯通过一个分子内的 1,3-乙酸根迁移发生外消旋化（图 9.15）[47]。这个体系中，酶水解烯丙基乙酸酯的其中一个对映体得到烯丙醇。烯丙醇在该条件下并不进一步发生反应。然而，外消旋化过程慢，DKR 需要几天才能实现高的收率。

9.1.3　通过亲核取代反应的外消旋化

　　sp^3 杂化的立体中心发生外消旋化的另一种机理是退行性亲核取代，基于这些反应的 DKR 已经出现[5]。在进行使用(salen)Co 配合物进行官能团化环氧化物的水解动力学拆分的一项研究中，发现表溴醇（epibromohydrin）在动力学拆分过程中发生了快速外消旋化，表明它可能是 DKR 的一个很好的底物（式 9.10）[48]。

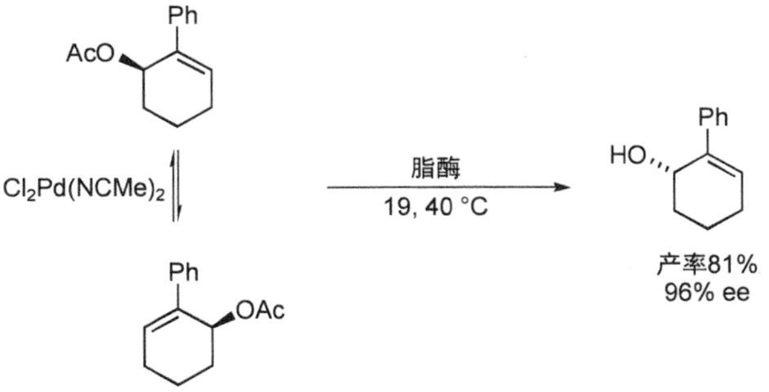

图 9.15　钯催化的外消旋化和脂酶催化的酯的水解的偶合用于外消旋烯丙基乙酸酯的 DKR

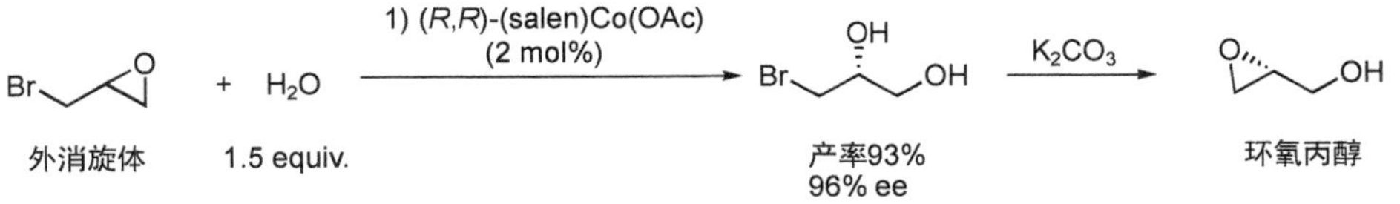

表溴醇的外消旋化很可能是由反应混合物中存在的痕量溴化物催化的（式 9.11）。如式 9.10 中所示，表溴醇与水（摩尔比 1∶1.5）在 2 mol% (R,R)-(salen)Co(OAc) 的存在下以 93% 的产率和 96% 的对映选择性得到了二醇。用碳酸钾处理时，二醇发生关环得到环氧化合物环氧丙醇，一种对映选择性合成中非常有用的 C_3 砌块。

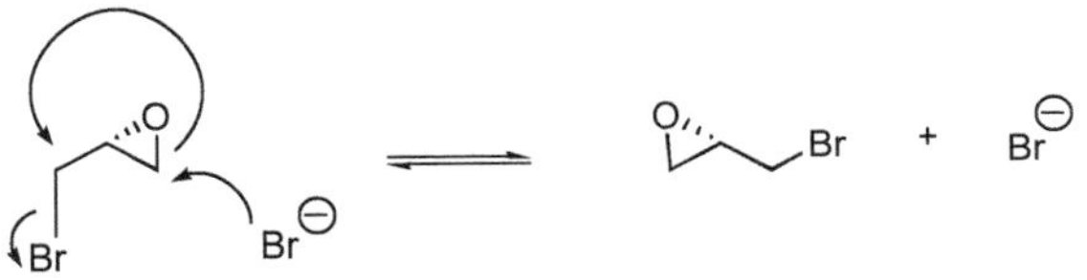

9.1.4　不对称交叉偶联反应中的 DKR

由于不存在催化剂时试剂的面外消旋化不常见，涉及底物在室温或更低温度下自发发生外消旋化的 DKR 很罕见。能够归入这一类型的一类重要的 C—C 键合成反应是不对称交叉偶联反应[49,50]。不对称交叉偶联反应通常使用手性碳中心直接与金属相连的二级格氏试剂或有机锌试剂（图 9.16）。这些有机金属试剂的外消旋化比它们的交叉偶联反应更快，使其成为 DKR 过程的合适底物。

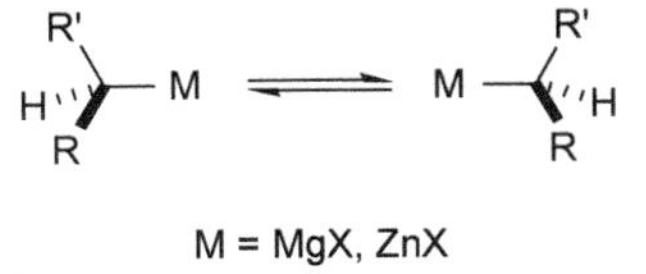

带有基于二茂铁的双齿 P,N-配体的镍和钯催化剂已经可以成功催化烯基溴化物与格氏试剂和有机锌试剂的不对称交叉偶联反应（图 9.17）[51,52]。格氏试剂(α-三甲基硅基)苄基溴化镁被证明是最好的不对称交叉偶联反应的有机金属试剂之一，反应得到手性的烯丙基硅烷。当使用二取代的烯基溴化物时，没有检测到双键的 E-Z 异构化现象。

图 9.16　手性有机金属试剂的外消旋化

不对称交叉偶联反应中的机理和立体诱导的细节还不是十分清楚。然而，图 9.18 中提出的一个催化循环给出了立体诱导的模型。格氏试剂将二价钯还原成零价钯之后，氧

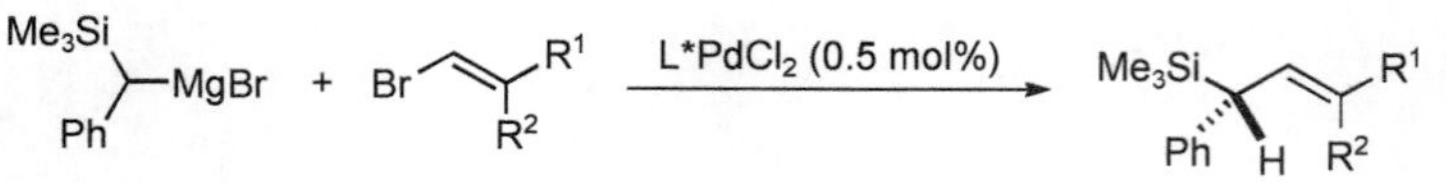

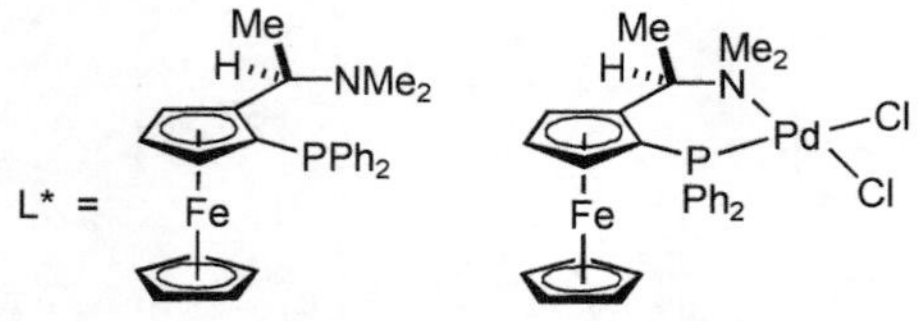

图 9.17   钯 P,N-配合物催化的不对称交叉偶联反应

条目	R¹	R²	ee/%
1	H	H	95
2	Me	H	85
3	H	Me	24
4	Ph	H	95
5	H	Ph	13

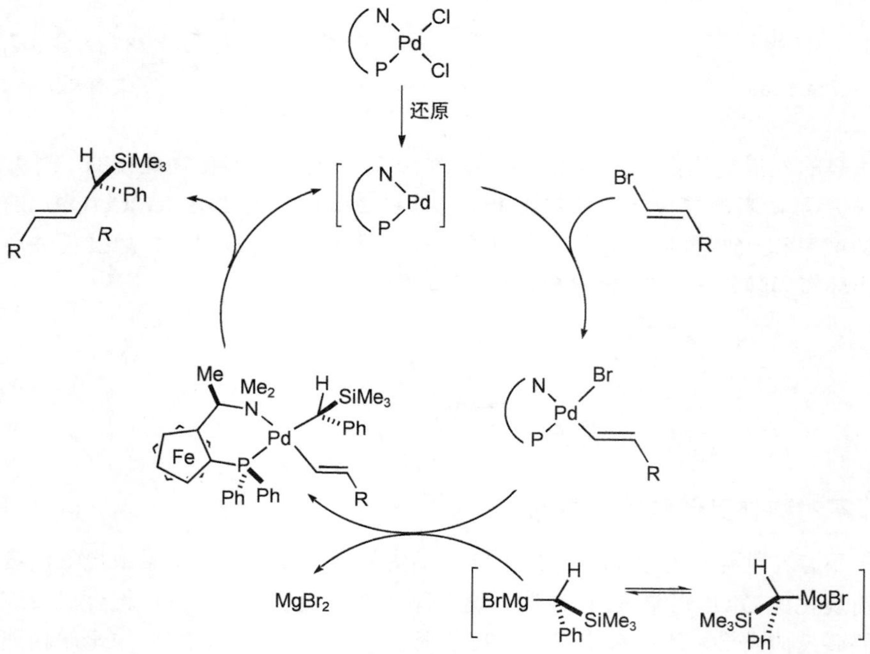

图 9.18   提出的不对称交叉偶联反应的机理和立体诱导模型

化加成产生一个手性的烯基溴化钯。格氏试剂的其中一个对映体选择性地发生转金属化，固定了烷基金属的构型，这种构型被带到最终产物烯丙基硅烷中。二价钯的还原消除很可能以碳上构型保持的方式进行[53-56]。

在不对称诱导的模型中，新形成的烷基钯上的氢处于平分配体上的 N,N-二甲基的位置，以使立体排斥作用最小化。三甲基硅基由于比苯基取代基位阻更大，会倾向于朝向二茂铁基团的上方。这个立体化学模型也正确地预测了 1-苯基乙基和 2-丁基格氏试剂的不对称交叉偶联反应中的立体诱导的意义（sense of stereoinduction）[51]。

对映体富集的烯丙基硅烷，如图 9.17 中所示的那些，是有机合成中的有用试剂，可用于 Lewis 酸促进的醛的烯丙基化。

9.2　动态动力学不对称转化

正如本章前面提到的，DKR 和动态动力学不对称转化（DyKAT）类似，而且实际上也造成了一些混淆[11]。DKR 和 DyKAT 的主要不同之处与底物中预先存在的立体中心翻转的机制有关。在图 9.1 中的 DKR 中讲过，底物的外消旋化通过一个非手性的中间体或过渡态进行。一般而言，促进外消旋化的催化剂是非手性的，与进行拆分步骤的催化剂无关。而在 DyKAT 中底物的立体化学的互相转化发生在手性催化剂上。由于催化剂是手性的，底物立体化学的翻转得到了非对映异构的催化剂-底物加合物。因此，这种翻转是差向异构化过程[57]。DyKAT 有两种亚型，它们均在图 9.19 中给出（能量图见第 1 章）。

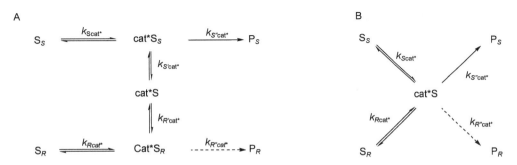

图 9.19　涉及差向异构化（A，左图）和去对称化（B，右图）的 DyKAT 反应途径

(R)-型、(S)-型底物和产物分别用 S_R、S_S、P_R 和 P_S 表示。手性催化剂是 Cat^*

在 A 类型中，底物的对映体 S_R 与 S_S 结合到催化剂（cat^*）上，得到非对映异构的催化剂-底物加合物（cat^*S_R 和 cat^*S_S）。在催化剂上通过一个手性的中间体或过渡态（Cat^*S）发生差向异构化。这种类型的 DyKAT 的结果依赖于几个因素，包括产物形成的相对速率（$k_{S''cat^*}/k_{R''cat^*}$）和催化剂-底物加合物（$cat^*S_R$ 和 Cat^*S_S）的相对浓度。催化剂-底物加合物的浓度也依赖于它们形成与损失的速率[11]。

在 B 类型的 DyKAT 中，从底物的两个对映体只形成了一个单一的催化剂-底物加合物，然后经过非对映选择性的反应途径生成产物。如此一来，选择性仅依赖于产物形成步骤的相对速率，$k_{S''cat^*}/k_{R''cat^*}$。中间体 cat^*S 形成的速率只决定产物生成的速率。

9.2.1　通过 A 类型差向异构化的 DyKAT

下面展示了 A 类型 DyKAT 的两个例子，即不对称 π-烯丙基化和不对称膦化。

9.2.1.1　不对称 π-烯丙基化中的 DyKAT

使用易得的丁烯酸内酯的 DyKAT 的一个有趣的例子得到了详细研究（式 9.12）。丁烯酸内酯是有用的手性砌块，它很容易进行官能团化，快速合成多种多样的结构。

$$\text{（9.12）}$$

　　这里强调的这一研究中，最初尝试使用手性钯催化剂进行丁烯酸内酯的动力学拆分，但在接近 50%的转化率时以低 ee 值回收了起始原料。推测这可能是由起始的丁烯酸内酯的外消旋化造成的，这表明 DyKAT 可能是一个更好的选择。

　　尝试进行 DKR 并通过加入碱来促进起始原料丁烯酸内酯的外消旋化（图 9.20，路径 a，Boc = t-BuOCO）得到了更低的对映选择性。另一种策略是非对映异构的 π-烯丙基钯配合物的异构化。认为 π-烯丙基非对映体发生异构化的最有可能的两种机理列于图 9.21 中。

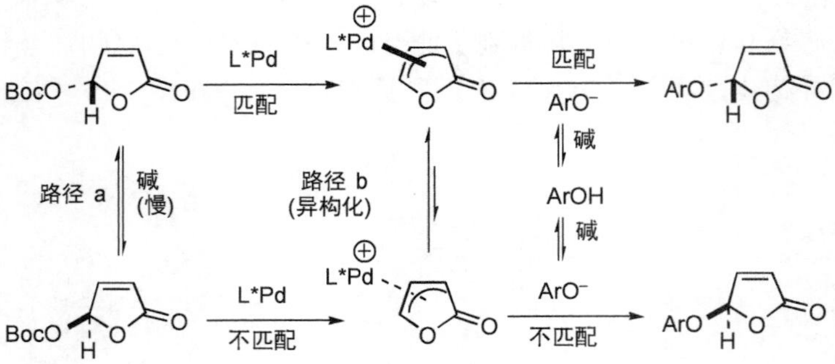

图 9.20　丁烯酸内酯的 DyKAT 中可能的反应途径

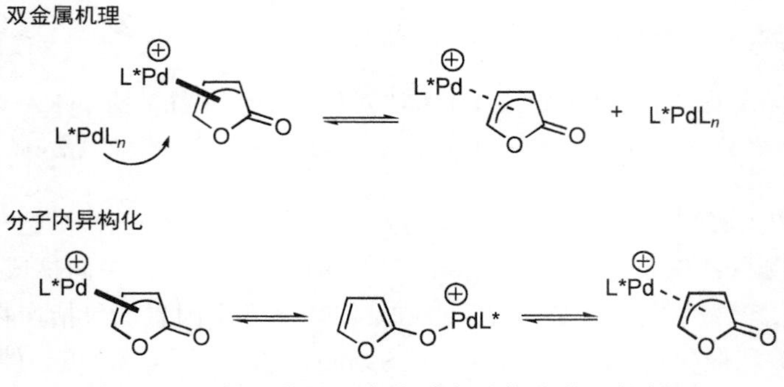

图 9.21　π-烯丙基钯配合物差向异构化的可能机理

　　双金属机理涉及钯(0)物种从与 PdL*阳离子配位的烯丙基的反面进攻。这种路径导致非对映异构的 π-烯丙基钯中间体的互相转化[58]。如果双金属机理起作用，可以预期增加催化剂的浓度会提高异构化的速率。然而，发现降低催化剂的浓度导致了产物 ee 值的提高，这与双金属路径不一致。第二种机理是分子内异构化，其中形成了一个 σ-结合的烷氧基中间体（图 9.21）。从这一中间体出发可以再次形成 π-烯丙基配合物的任一对映体。也已经知道，卤素会促进 η³-烯丙基与 η¹-烯丙基配合物的互相转化[59]。加入 30 mol% n-Bu₄NCl 导致 ee 值从 48%提高到了 75%，这被归因于促进了 π-烯丙基中间体异构化的缘故。又发现降低碱的用量会提高产物的 ee。降低碱的用量会减小 ArO⁻的浓度，因此会减慢对烯丙基的亲核进攻相对于异构化的速率。经过大量的实验，发现了能以高的产率和优秀的对映选择性产生丁烯酸内酯的最优条件，如图 9.22 所示。

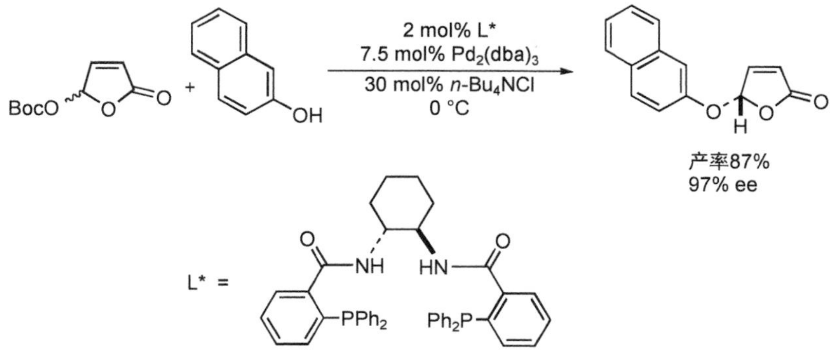

图 9.22　丁烯酸内酯的最优化的 DyKAT 为对映选择性合成提供了有用的手性砌块

9.2.1.2　使用不对称膦化进行的 DyKAT

在过渡金属催化的不对称合成中最有用的配体类型之一是手性膦。合成这些重要的配体通常需要经典的拆分或使用化学计量的手性辅基。合成手性膦的催化不对称途径是非常有吸引力的。另外，这种方法也有合成 *P*-手性的膦配体的潜力，*P*-手性的膦配体不仅在历史上很重要，而且在工业规模上也是高度有效和高度对映选择性的，如在 L-多巴胺的合成中[60]。

实现这一挑战性合成的一个有趣途径是使用了一个对映选择性膦化反应的 DyKAT 策略[61-69]。该反应以优秀的转化率和高达 88% 的对映选择性将一个外消旋的二级膦烷转化为构型稳定的叔膦（图 9.23）。该反应的催化剂前体是[(*R,R*)-Me-DUPHOS]Pd(*trans*-stilbene)（stilbene = 二苯乙烯），它与芳基碘化物通过氧化加成产生[(*R,R*)-Me-DUPHOS]Pd(Ar)I。

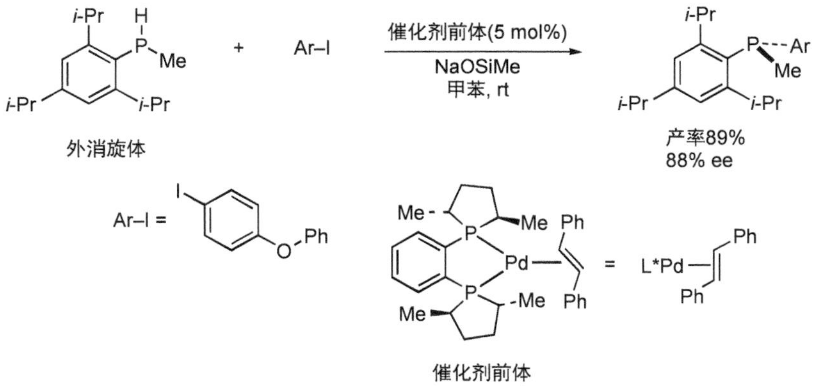

图 9.23　外消旋膦烷的 DyKAT 合成 *P*-手性叔膦

对反应的深入研究提供了控制对映选择性的因素的重要信息，并提供了图 9.24 中所示的反应机理的证据[Ar = 2,4,6-C$_6$H$_2$(*i*-Pr)$_3$]。L*Pd(Ph)I 与外消旋二级膦烷 HPArMe 的结合会造成对碘的可逆取代。在 NMR 谱上可以观察到形成的阳离子，它以非对映体混合物的形式存在。非对映体之间的区别在于金字塔形的膦中心的构型不同。对非对映选择性的阳离子中的 P—H 进行去质子化形成膦化物 L*Pd(Ph)P(Ar)Me。通过膦中心构型的翻转实现的差向异构化可以将两个非对映体互相转化（图 9.25）。还原消除形成 P—C 键并确定了膦中心的构型。得到的[(Me-DUPHOS)Pd]可以发生氧化加成（RE/OA 路径）或与两个二级膦烷配位。二级膦烷在氧化加成之前或氧化加成过程中解离，再生 L*Pd(Ph)I*（图 9.24）。

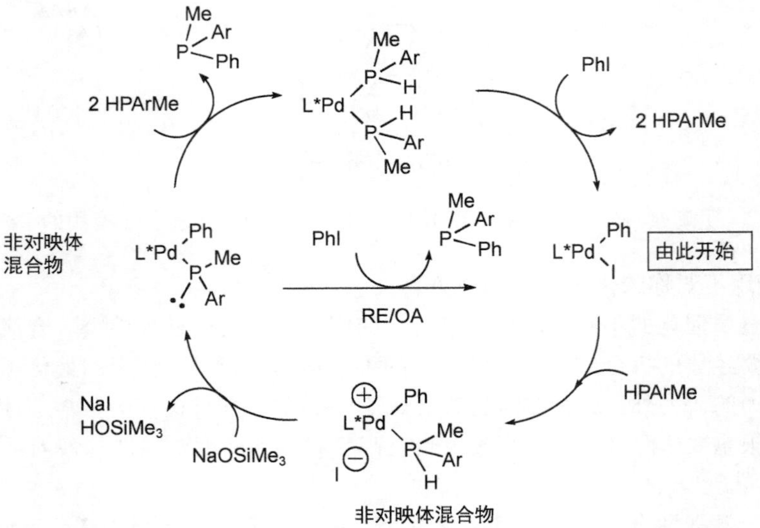

图 9.24   提出的膦化反应的机理

　　理解控制对映选择性的因素对催化剂的优化至关重要。在这个例子中，非对映体 B 和 B′的互相转化与还原消除的相对速率（图 9.25）可以控制对映选择性。如果 B 和 B′的还原消除比它们之间通过膦的翻转而互相转化的速率快，那么对映选择性就反映了非对映体 A 和 A′的比例。另一方面，如果 B 和 B′的互相转化比还原消除更快，那么对映异构的产物的比例很可能与 A 和 A′的比例不同。为了确定对映选择性决定步骤，将比例为 1∶1 和 1.4∶1 的 A 和 A′用碱处理，得到了对映体富集的产物膦。两个实验中得到的

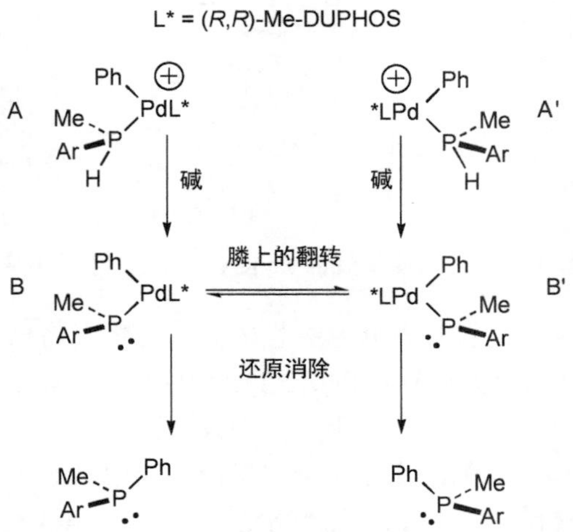

图 9.25   提出的反应机理，表明膦上的翻转比还原消除更快

对映异构体产物的比例相同，表明 B 和 B′翻转的速率比还原消除要快。进一步实验发现 B 和 B′之间的相互转化比还原消除快得多，表明产物膦的对映体比例既与非对映体 B 和 B′的相对比例有关，又与其还原消除的相对速率有关（即 Curtin-Hammett 行为，见第 1 章）。有趣的是，发现 B 和 B′之间的平衡常数较大（约为 50），但较为少量的对映体比主要对映体的还原消除速率快 3 倍，降低了产物的对映体比例。这些研究表明，在这样的体系中成功的关键是设计催化剂，使占优势的非对映体发生更快的还原消除[63]。

由于手性膦在不对称催化中的重要性，这类化合物的催化不对称合成方法必将是未来重要的研究焦点。

9.2.2　通过去对称化的 DyKAT（B 类型）

B 类型的 DyKAT 的一个例子是图 9.26 中烯丙基乙酸酯手性钯催化剂的不对称烯丙基化。底物的两个对映体与 L*Pd(0)反应得到一个共同的 π-烯丙基配合物，其中烯丙基配体是非手性的。对烯丙基两端的进攻是互为非对映异构的路径，在这个例子中两条路径以不同的速率进行。一个相关的例子见图 1.21。这个反应中已经使用了多种多样的螯合型配体，其中许多都给出了优秀水平的对映选择性。经常用这个反应来考察新配体，以衡量其在不对称催化中的潜在用途[70]。

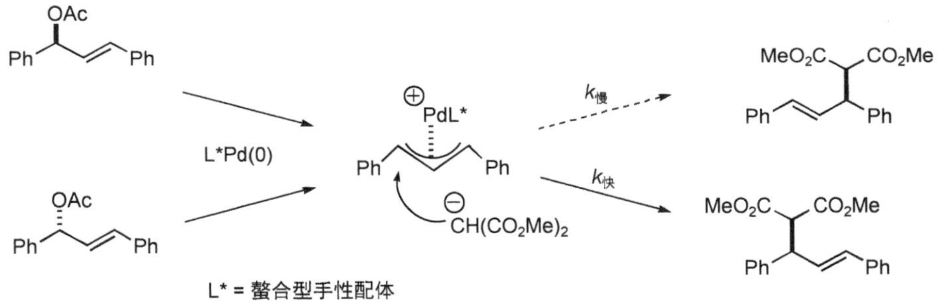

图 9.26　图中钯催化的不对称烯丙基化反应是 B 类型 DyKAT 的一个例子

9.3　两个外消旋底物之间的反应

图 9.27 中给出了遵循上述原则的使用两个外消旋反应底物的一个例子。如果没有简单的非对映选择性诱导发生（见第 13 章），那么将以每个不超过 25%的产率形成图中所示的四个异构体。在这个不对称 π-烯丙基化反应中，外消旋的烯丙基乙酸酯经历一个 B 类型的 DyKAT，外消旋的二氢噁唑酮发生一个 DKR。这个对亲核试剂的动态动力学拆分很有趣，因为二氢噁唑酮（azlactone）的两个对映体都转化成了同一个非手性的烯醇负离子（图 1.20d），且可以从形式上看作一个非手性底物的简单的不对称反应（前手性面的区分）。然而，如果二氢噁唑酮的烯醇负离子与抗衡离子手性钯结合，那么这一组分发生的是 A 类型的 DyKAT。无论具体机理如何，在这一不同寻常的过程中以高的产率和选择性形成了产物的 4 个可能异构体中的一个。图 9.28 中给出了不对称诱导的一个模

型，其中配体通过两个膦原子以 C_2-对称的方式配位[71]。然而，光谱数据表明配体的配位更加复杂，烯丙基钯配合物的单体与低聚体物种之间存在着平衡[72,73]。这个模型代表了一个含有 C_2-对称的配体的单体的时均形式，有助于解释立体化学结果[74]。有关 P-苯基基团如何通过边面相互作用传递不对称信息的进一步讨论见第 4 章。

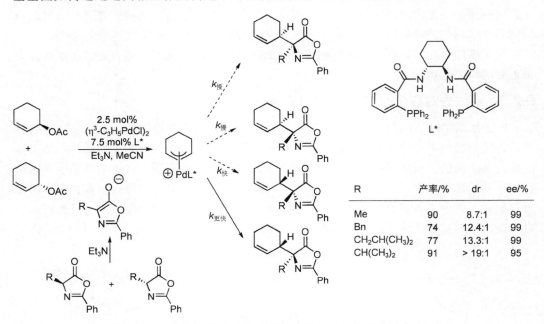

图 9.27　两个外消旋底物形成产物的一个异构体动态过程

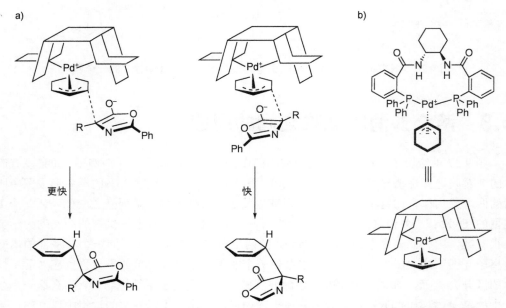

图 9.28　a）不对称诱导的立体化学模型；b）中间体的结构和钯周围手性环境的模型

构体产物的动态过程。平板表示朝向和远离钯中心的苯基

总结

第 9 章中讨论了催化动力学拆分在多种多样的重要过程中的应用，证明这是合成对映体富集化合物行之有效的方法。与传统的拆分一样，动力学拆分中能得到的最高产率为 50%。另外，为了实现高的对映选择性和产率的最大化，动力学拆分必须表现出较快和较慢反应的对映体的相对反应速率的巨大差别。需要高的相对速率来抵销拆分过程接近结束时由于反应较慢的对映体的累积造成的浓度困境。相比之下，DKR 具有底物发生原位外消旋化的优势，因此可以将起始原料以高的对映选择性完全转化为单一产物。而且，由于底物不断发生外消旋化，底物两个对映体的相对浓度将保持在接近理想值 1。

使 DKR 更加困难、应用性更加受限的原因是这一过程进一步增加的复杂性。然而，很多时候 DKR 的更大的挑战和更丰厚的回报抵消了这些消极的方面。

参 考 文 献

[1] Zhu, Y.; Shu, L.; Tu, Y.; Shi, Y. Enantioselective Synthesis and Stereoselective Rearrangements of Enol Ester Epoxides. *J. Org. Chem.* **2001**, *66*, 1818-1826.

[2] Ward, R. S. Dynamic Kinetic Resolution. *Tetrahedron: Asymmetry* **1995**, *6*, 1475-1490.

[3] Noyori, R.; Tokunaga, M.; Kitamura, M. Stereoselective Organic Synthesis via Dynamic Kinetic Resolution. *Bull. Chem. Soc. Jpn.* **1995**, *68*, 36-56.

[4] El Gihani, M. T.; Williams, J. M. J. Dynamic Kinetic Resolution. *Curr. Opin. Chem. Bio.* **1999**, *3*, 11-15.

[5] Huerta, F. F.; Minidis, A. B. E.; Bäckvall, J.-E. Racemization in Asymmetric Synthesis. Dynamic Kinetic Resolution and Related Processes in Enzyme and Metal Catalysis. *Chem. Soc. Rev.* **2001**, *30*, 321-331.

[6] Caddick, S.; Jenkins, K. Dynamic Resolutions in Asymmetric Synthesis. *Chem. Soc. Rev.* **1996**, *25*, 447-456.

[7] Pamies, O.; Backvall, J.-E. Combination of Enzymes and Metal Catalysts. A Powerful Approach in Asymmetric Catalysis. *Chem. Rev.* **2003**, *103*, 3247-3262.

[8] Kitamura, M.; Tokunaga, M.; Noyori, R. Mathematical Treatment of Kinetic Resolution of Chirally Labile Substrates. *Tetrahedron* **1993**, *49*, 1853-1860.

[9] Kitamura, M.; Tokunaga, M.; Noyori, R. Quantitative Expression of Dynamic Kinetic Resolution of Chirally Labile Enantiomers: Stereoselective Hydrogenation of 2-Substituted 3-Oxo Carboxylic Esters Catalyzed by BINAP-Ruthenium(II) Complexes. *J. Am. Chem. Soc.* **1993**, *115*, 144-152.

[10] Andraos, J. Quantification and Optimization of Dynamic Kinetic Resolution. *J. Phys. Chem. A* **2003**, *107*, 2374-2387.

[11] Faber, K. Non-sequential Processes for the Transformation of a Racemate into a Single Stereoisomeric Product: Proposal for Stereochemical Classification. *Chem. Eur. J.* **2001**, *7*, 5004-5010.

[12] Noyori, R.; Takaya, H. BINAP: An Efficient Chiral Element for Asymmetric Catalysis. *Acc. Chem. Res.* **1990**, *23*, 345-350.

[13] Noyori, R.; Ikeda, T.; Ohkuma, T.; Widhalm, M.; Kitamura, M.; Takaya, H.; Akutagawa, S.; Sayo, N.; Saito, T.; Taketomi, T.; Kumobayashi, H. Stereoselective Hydrogenation via Dynamic Kinetic Resolution. *J. Am. Chem. Soc.* **1989**, *111*, 9134-9135.

[14] Lei, A.; Wu, S.; He, M.; Zhang, X. Highly Enantioselective Asymmetric Hydrogenation of α-Phthalimide Ketone: An Efficient Entry to Enantiomerically Pure Amino Alcohols. *J. Am. Chem. Soc.* **2004**, *126*, 1626-1627.

[15] Zhang, Z.; Qian, H.; Longmire, J.; Zhang, X. Synthesis of Chiral Bisphosphines with Tunable Bite Angles and Their Applications in Asymmetric Hydrogenation of β-Ketoesters. *J. Org. Chem.* **2000**, *65*, 6223-6226.

[16] Ohkuma, T.; Ooka, H.; Yamakawa, M.; Ikariya, T.; Noyori, R. Stereoselective Hydrogenation of Simple Ketones

Catalyzed by Ruthenium(II) Complexes. *J. Org. Chem.* **1996**, *61*, 4872-4873.

[17] Matsumoto, T.; Murayama, T.; Mitsuhashi, S.; Miura, T. Diastereoselective Synthesis of a Key Intermediate for the Preparation of Tricyclic *β*-Lactam Antibiotics. *Tetrahedron Lett.* **1999**, *40*, 5043-5046.

[18] Di Modugno, E.; Erbetti, I.; Ferrari, L.; Galassi, G.; Hammond, S. M.; Xerri, L. In-Vitro Activity of the Tribactam GV104326 Against Gram-Positive, GramNegative, and Anaerobic-Bacteria. *Antimicrob. Agents Chemother.* **1994**, *38*, 2362-2368.

[19] Kitamura, M.; Tokunaga, M.; Noyori, R. Asymmetric Hydrogenation of *β*-Keto Phosphonates: A Practical Way to Fosfomycin. *J. Am. Chem. Soc.* **1995**, *117*, 2931-2932.

[20] Hang, J.; Tian, S.-K.; Tang, L.; Deng, L. Asymmetric Synthesis of *β*-Amino Acids via Cinchona Alkaloid-Catalyzed Kinetic Resolution of Urethane-Protected *α*-Amino Acid *N*-Carboxyanhydrides. *J. Am. Chem. Soc.* **2001**, *123*, 12696-12697.

[21] Hang, J.; Li, H.; Deng, L. Development of a Rapid, Room-Temperature Dynamic Kinetic Resolution for Efficient Asymmetric Synthesis of *α*-Aryl Amino Acids. *Org. Lett.* **2002**, *4*, 3321-3324.

[22] Hiratake, J.; Yamamoto, Y.; Oda, J. Catalytic Asymmetric Induction from Prochiral Cyclic Acid Anhydrides Using Cinchona Alkaloids. *J. Chem. Soc., Chem. Commun.* **1985**, 1717-1719.

[23] Hiratake, J.; M., I.; Yamamoto, Y.; Oda, J. Enantiotopic-Group Differentiation. Catalytic Asymmetric Ring-Opening of Prochiral Cyclic Anhydrides with Methanol, Using Cinchona Alkaloids. *J. Chem. Soc., Perkin Trans. 1* **1987**, 1053-1058.

[24] Chen, Y.; McDaid, P.; Deng, L. Asymmetric Alcoholysis of Cyclic Anhydrides. *Chem. Rev.* **2003**, *103*, 2965-2984.

[25] Ebbers, E. J.; Ariaans, G. J. A.; Houbiers, J. P. M.; Bruggink, A.; Zwanenburg, B. Controlled Racemization of Optically Active Organic Compounds: Prospects for Asymmetric Transformation. *Tetrahedron* **1997**, *53*, 9417-9476.

[26] Strauss, U. T.; Felfer, U.; Faber, K. Biocatalytic Transformation of Racemates into Chiral Building Blocks in 100% Chemical Yield and 100% Enantiomeric Excess. *Tetrahedron: Asymmetry* **1999**, *10*, 107-117.

[27] Blum, Y.; Czarkie, D.; Rahamim, Y.; Shvo, Y. (Cyclopentadienone)ruthenium Carbonyl Complexes—A New Class of Homogeneous Hydrogenation Catalysts. *Organometallics* **1985**, *4*, 1459-1461.

[28] Shvo, Y.; Czarkie, D.; Rahamim, Y.; Chodosh, D. F. A New Group of Ruthenium Complexes: Structure and Catalysis. *J. Am. Chem. Soc.* **1986**, *108*, 7400-742.

[29] Chowdhury, R. L.; Bäckvall, J.-E. Efficient RutheniumCatalyzed Transfer Hydrogenation of Ketones by Propan-2-ol. *J. Chem. Soc., Chem. Commun.* **1991**, 1063-1064.

[30] Samec, J. S. M.; Bäckvall, J.-E.; Andersson, P. G.; Brandt, P. Mechanistic Aspects of Transition MetalCatalyzed Hydrogen Transfer Reactions. *Chem. Soc. Rev.* **2006**, *35*, 237-248.

[31] Casey, C. P.; Singer, S. W.; Powell, D. R.; Hayashi, R. K.; Kavana, M. Hydrogen Transfer to Carbonyls and Imines from *α*-Hydroxycyclopentadienyl Ruthenium Hydride: Evidence for Concerted Hydride and Proton Transfer. *J. Am. Chem. Soc.* **2001**, *123*, 1090-1100.

[32] Pàmies, O.; Bäckvall, J.-E. Studies on the Mechanism of Metal-Catalyzed Hydrogen Transfer from Alcohols to Ketones. *Chem. Eur. J.* **2001**, *7*, 5052-5058.

[33] Martín-Matute, B.; Edin, M.; Bogár, K.; Kaynak, F. B.; Bäckvall, J.-E. Combined Ruthenium(II) and Lipase Catalysis for Efficient Dynamic Kinetic Resolution of Secondary Alcohols. Insight into the Racemization Mechanism. *J. Am. Chem. Soc.* **2005**, *127*, 8817-8825.

[34] Casey, C. P.; Johnson, J. B. Kinetic Isotope Effect Evidence for the Concerted Transfer of Hydride and Proton from Hydroxycyclopentadienyl Ruthenium Hydride in Solvents of Different Polarities and Hydrogen Bonding Ability. *Can. J. Chem.* **2005**, *83*, 1339-1346.

[35] Persson, B. A.; Huerta, F. F.; Bäckvall, J.-E. Dynamic Kinetic Resolution of Secondary Diols via Coupled Ruthenium and Enzyme Catalysis. *J. Org. Chem.* **1999**, *64*, 5237-5240.

[36] Huerta, F. F.; Laxmi, Y. R. S.; Bäckvall, J.-E. Dynamic Kinetic Resolution of *α*-Hydroxy Acid Esters. *Org. Lett.* **2000**, *2*, 1037-1040.

[37] Huerta, F. F.; Bäckvall, J.-E. Enantioselective Synthesis of β-Hydroxy Acid Derivatives via a One-Pot Aldol Reaction-Dynamic Kinetic Resolution. *Org. Lett.* **2001**, *3*, 1209-1212.

[38] Pamies, O.; Bäckvall, J.-E. Combination of Enzymes and Metal Catalysts. A Powerful Approach in Asymmetric Catalysis. *Chem. Rev.* **2003**, *103*, 3247-3262.

[39] Kim, M.-J.; Chung, Y. I.; Choi, Y. K.; Lee, H. K.; Kim, D.; Park, J. (*S*)-Selective Dynamic Kinetic Resolution of Secondary Alcohols by the Combination of Subtilisin and an Aminocyclopentadienylruthenium Complex as the Catalysts. *J. Am. Chem. Soc.* **2003**, *125*, 11494-11495.

[40] Borén, L.; Martín-Matute, B.; Xu, Y.; Córdova, A.; Bäckvall, J.-E. (*S*)-Selective Kinetic Resolution and Chemoenzymatic Dynamic Kinetic Resolution of Secondary Alcohols. *Chem. Eur. J.* **2006**, *12*, 225-232.

[41] Martín-Matute, B.; Edin, M.; Bäckvall, J.-E. Highly Efficient Synthesis of Enantiopure Diacetylated C_2-Symmetric Diols by Ruthenium- and EnzymeCatalyzed Dynamic Kinetic Asymmetric Transformation (DyKAT). *Chem. Eur. J.* **2006**, *12*, 6053-6061.

[42] Fransson, A.-B. L.; Xu, Y.; Leijondahl, K.; Bäckvall, J.-E. Enzymatic Resolution, Desymmetrization, and Dynamic Kinetic Asymmetric Transformation of 1,3-Cycloalkanediols. *J. Org. Chem.* **2006**, *71*, 6309-6316.

[43] Paetzold, J.; Bäckvall, J.-E. Chemoenzymatic Dynamic Kinetic Resolution of Primary Amines. *J. Am. Chem. Soc.* **2005**, *127*, 17620-17621.

[44] Privalov, T.; Samec, J. S. M.; Bäckvall, J.-E. DFT Study of an Inner-Sphere Mechanism in the Hydrogen Transfer from a Hydroxycyclopentadienyl Ruthenium Hydride to Imines. *Organometallics* **2007**, *26*, 2840-2848.

[45] Samec, J. S. M.; Ell, A. H.; Aberg, J. B.; Privalov, T.; Eriksson, L.; Bäckvall, J.-E. Mechanistic Study of Hydrogen Transfer to Imines from a Hydroxycyclopentadienyl Ruthenium Hydride. Experimental Support for a Mechanism Involving Coordination of Imine to Ruthenium Prior to Hydrogen Transfer. *J. Am. Chem. Soc.* **2006**, *128*, 14293-14305.

[46] Allen, J. V.; Williams, J. M. J. Dynamic Kinetic Resolution with Enzyme and Palladium Combinations. *Tetrahedron Lett.* **1996**, *37*, 1859-1962.

[47] Overman, L. E. Mercury(II)- and Palladium(II)-Catalyzed [3,3]-Sigmatropic Rearrangements. *Angew. Chem., Int. Ed. Engl.* **1984**, *23*, 579-586.

[48] Furrow, M. E.; Schaus, S. E.; Jacobsen, E. N. Practical Access to Highly Enantioenriched C-3 Building Blocks via Hydrolytic Kinetic Resolution. *J. Org. Chem.* **1998**, *63*, 6776-6777.

[49] Hayashi, T.; Sawamura, M.; Ito, Y. Asymmetric Synthesis Catalyzed by Chiral Ferrocenylphosphine Transition Metal Complexes. 10. Gold(I)-Catalyzed Asymmetric Aldol Reaction of Isocyanoacetate. *Tetrahedron* **1992**, *48*, 1999-2012.

[50] Ogasawara, M.; Hayashi, T. In *Catalytic Asymmetric Synthesis*, 2nd ed.; Ojima, I., Ed.; Wiley: New York, 2000; pp 651-674.

[51] Hayashi, T.; Konishi, K.; Fukushima, M.; Mise, T.; Kagotani, M.; Tajika, M.; Kumada, M. Asymmetric Synthesis Catalyzed by Chiral Ferrocenylphosphine-Transition Metal Complexes. 2. Nickel- and Palladium-Catalyzed Asymmetric Grignard Cross-Coupling. *J. Am. Chem. Soc.* **1982**, *104*, 180-186.

[52] Hayashi, T.; Konishi, M.; Okamoto, Y.; Kabeta, K.; Kumada, M. Asymmetric Synthesis Catalyzed by Chiral Ferrocenylphosphine-Transition-Metal Complexes. 3. Preparation of Optically Active Allylsilanes by Palladium-Catalyzed Asymmetric Grignard Cross-Coupling. *J. Org. Chem.* **1986**, *51*, 3772-3781.

[53] Netherton, M. R.; Fu, G. C. Suzuki Cross-Couplings of Alkyl Tosylates that Possess β Hydrogen Atoms: Synthetic and Mechanistic Studies. *Angew. Chem., Int. Ed. Engl.* **2002**, *41*, 3910-3912.

[54] Milstein, D.; Stille, J. K. Mechanism of Reductive Elimination. Reaction of Alkylpalladium(II) Complexes with Tetraorganotin, Organolithium, and Grignard Reagents. Evidence for Palladium(IV) Intermediacy. *J. Am. Chem. Soc.* **1979**, *101*, 4981-4991.

[55] Moncarz, J. R.; Brunker, T. J.; Glueck, D. S.; Sommer, R. D.; Rheingold, A. L. Stereochemistry of Palladium-Mediated Synthesis of PAMP-BH$_3$: Retention of Configuration at P in Formation of Pd-P and P-C Bonds. *J. Am. Chem. Soc.* **2003**, *125*, 1180-1181.

[56] Moncarz, J. R.; Brunker, T. J.; Jewett, J. C.; Orchowski, M.; Glueck, D. S.; Sommer, R. D.; Lam, K.-C.; Incarvito, C. D.; Concolino, T. E.; Ceccarelli, C.; Zakharov, L. N.; Rheingold, A. L. Palladium-Catalyzed Asymmetric Phosphination. Enantioselective Synthesis of PAMP-BH₃, Ligand Effects on Catalysis, and Direct Observation of the Stereochemistry of Transmetalation and Reductive Elimination. *Organometallics* **2003**, *22*, 3205-3221.

[57] Eliel, E. L.; Wilen, S. H. In *Stereochemistry of Organic Compounds*; Wiley: New York, 1994.

[58] Granberg, K. L.; Bäckvall, J. E. Isomerization of (π-Allyl)palladium Complexes via Nucleophilic Displacement by Palladium(0). A Common Mechanism in Palladium(0)-Catalyzed Allylic Substitution. *J. Am. Chem. Soc.* **1992**, *114*, 6858-6863.

[59] Faller, J. W.; Tully, M. T. Organometallic Conformational Equilibriums. XV. Preparation and Resolution of 1,2,3-η³-(1-Acetyl-2,3-dimethylallyl)[(S)-α-phenethylamine]chloropalladium. *J. Am. Chem. Soc.* **1972**, *94*, 2676-2679.

[60] Knowles, W. S. Asymmetric Hydrogenation. *Acc. Chem. Res.* **1983**, *16*, 106-112.

[61] Scriban, C.; Glueck, D. S.; Zakharov, L. N.; Kassel, W. S.; DiPasquale, A. G.; Golen, J. A.; Rheingold, A. L. P-C and C-C Bond Formation by Michael Addition in Platinum-Catalyzed Hydrophosphination and in the Stoichiometric Reactions of Platinum Phosphido Complexes with Activated Alkenes. *Organometallics* **2006**, *25*, 5757-5767.

[62] Moncarz, J. R.; Laritcheva, N. F.; Glueck, D. S. Palladium-Catalyzed Asymmetric Phosphination: Enantioselective Synthesis of a *P*-Chirogenic Phosphine. *J. Am. Chem. Soc.* **2002**, *124*, 13356-13357.

[63] Blank, N. F.; Moncarz, J. R.; Brunker, T. J.; Scriban, C.; Anderson, B. J.; Amir, O.; Glueck, D. S.; Zakharov, L. N.; Golen, J. A.; Incarvito, C. D.; Rheingold, A. L. Palladium-Catalyzed Asymmetric Phosphination. Scope, Mechanism, and Origin of Enantioselectivity. *J. Am. Chem. Soc.* **2007**, *129*, 6847-6858.

[64] Chan, V. S.; Stewart, I. C.; Bergman, R. G.; Toste, F. D. Asymmetric Catalytic Synthesis of P-Stereogenic Phosphines via a Nucleophilic Ruthenium Phosphido Complex. *J. Am. Chem. Soc.* **2006**, *128*, 2786-2787.

[65] Kovacik, I.; Wicht, D. K.; Grewal, N. S.; Glueck, D. S.; Incarvito, C. D.; Guzei, I. A.; Rheingold, A. L. Pt(Me-Duphos)-Catalyzed Asymmetric Hydrophosphination of Activated Olefins: Enantioselective Synthesis of Chiral Phosphines. *Organometallics* **2000**, *19*, 950-953.

[66] Scriban, C.; Glueck, D. S. Platinum-Catalyzed Asymmetric Alkylation of Secondary Phosphines: Enantioselective Synthesis of P-Stereogenic Phosphines. *J. Am. Chem. Soc.* **2006**, *128*, 2788-2789.

[67] Scriban, C.; Glueck, D. S.; Golen, J. A.; Rheingold, A. L. Platinum-Catalyzed Asymmetric Alkylation of a Secondary Phosphine: Mechanism and Origin of Enantioselectivity. *Organometallics* **2007**, *26*, 1788-1800.

[68] Korff, C.; Helmchen, G. Preparation of Chiral Triarylphosphines by Pd-catalysed Asymmetric P-C Cross-Coupling. *J. Chem. Soc., Chem. Commun.* **2004**, 530-531.

[69] Brunker, T. J.; Anderson, B. J.; Blank, N. F.; Glueck, D. S.; Rheingold, A. L. Enantioselective Synthesis of P-Stereogenic Benzophospholanes via Palladium-Catalyzed Intramolecular Cyclization. *Org. Lett.* **2007**, *9*, 1109-1112.

[70] Pfaltz, A.; Lautens, M. In *In Comprehensive Asymmetric Catalysis*; Jacobsen, E. N., Pfaltz, A., Yamamoto, H., Eds.; Springer-Verlag: Berlin, **1999**; Vol. 2; 833-884.

[71] Trost, B. M.; Ariza, X. Catalytic Asymmetric Alkylation of Nucleophiles: Asymmetric Synthesis of α-Alkylated Amino Acids. *Angew. Chem., Int. Ed. Engl.* **1997**, *36*, 2635-2637.

[72] Lloyd-Jones, G. C.; Stephen, S. C.; Fairlamb, I. J. S.; Martorell, A.; Dominguez, B.; Tomlin, P. M.; Murray, M.; Fernandez, J. M.; Jeffery, J. C.; RiisJohannessen, T.; Guerziz, T. Coordination of the Trost Modular Ligand to Palladium Allyl Fragments: Oligomers, Monomers, and Memory Effects in Catalysis. *Pure Appl. Chem.* **2004**, *76*, 589-601.

[73] Amatore, C.; Jutand, A.; Mensah, L.; Ricard, L. On the Formation of Pd(II) Complexes of Trost Modular Ligand Involving N-H Activation or P,O Coordination in Pd-Catalyzed Allylic Alkylations. *J. Organomet. Chem.* **2007**, *692*, 1457-1464.

[74] Trost, B. M.; Machacek, M. R.; Aponick, A. Predicting the Stereochemistry of Diphenylphosphino Benzoic Acid (DPPBA)-Based Palladium-Catalyzed Asymmetric Allylic Alkylation Reactions: A Working Model. *Acc. Chem. Res.* **2006**, *39*, 747-760.

第10章 去对称化反应

通过不对称催化剂对内消旋和中心对称底物的去对称化是构建对映体富集的有机化合物最强有力的方法之一[1]。这种破坏对称性的反应很独特，因为它们可以在好几个中心上同时建立立体化学。而且这些立体中心可以远离反应位点，并且用其他的方法难以构建。这种策略一般涉及底物中对映异位的原子或官能团与手性试剂或催化剂的反应活性的差异。下面的例子中会看到，一些情况下去对称化与动力学拆分非常相似；与（动力学拆分的催化剂）在底物的不同对映体之间选择不同，（去对称化过程的）催化剂在单个底物的对映异位基团之间选择。因此，在动力学拆分中表现好的催化剂也可以对内消旋底物实现高效的去对称化。在其他的去对称化中，分子上的活性官能团仅能够发生一次反应，如环氧化合物的亲核开环。与动力学拆分相比，去对称化的独特优势在于其理论产率可以达到 100%。

去对称化的底物可以被分为发生单一转化（如内消旋的环氧和氮杂环丙烷的开环）的化合物和经历两个反应（如二醇的酰化）的化合物。

10.1　具有一个含活性官能团的对映异位中心的化合物

10.1.1　内消旋环氧化合物的开环

在简单的内消旋环氧化物如环己烯氧化物衍生物的去对称化中，底物中含有对映异位的碳原子（图 10.1）。环氧一旦打开就不能再进一步发生反应。因此，只要催化剂没有改变，产物的 ee 值在反应过程中保持不变。这种活性杂环的亲核开环建立两个或更多的立体中心。

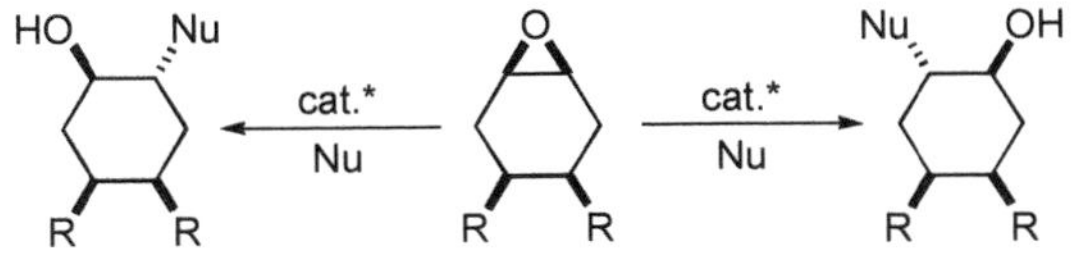

图 10.1　内消旋环氧化物的去对称化

基于可以结合到锆上形成二聚的催化剂前体的 C_3-对称的三氧烷基胺配体成功发展了一个用于硅基叠氮与内消旋环氧化物去对称化反应的催化剂（式 10.1）[2]。与通常可以发生快速交换的简单的单齿烷氧化物不同，这些配体紧密地配位到 Zr(Ⅳ) 上，交换非常缓慢[3,4]。

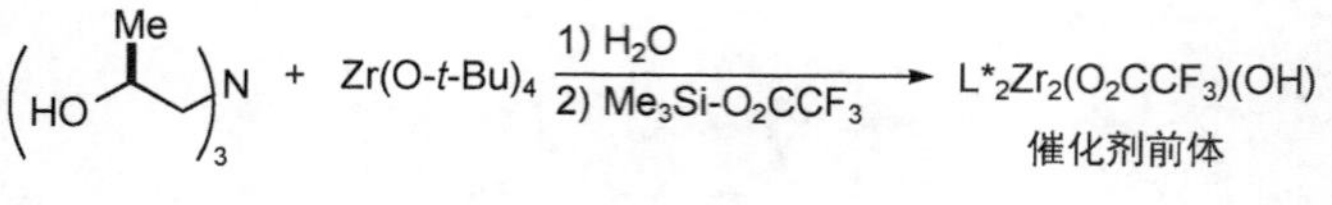

$$\left(\underset{\substack{\big\uparrow\\ \text{Me}}}{HO}\diagdown N\right)_3 + Zr(O\text{-}t\text{-Bu})_4 \xrightarrow[\text{2) } Me_3Si\text{-}O_2CCF_3]{\text{1) } H_2O} L^*{}_2Zr_2(O_2CCF_3)(OH)$$

$$\underset{L^*H_3}{} \qquad\qquad\qquad\qquad\qquad\qquad\qquad \underset{\text{催化剂前体}}{} \qquad（10.1）$$

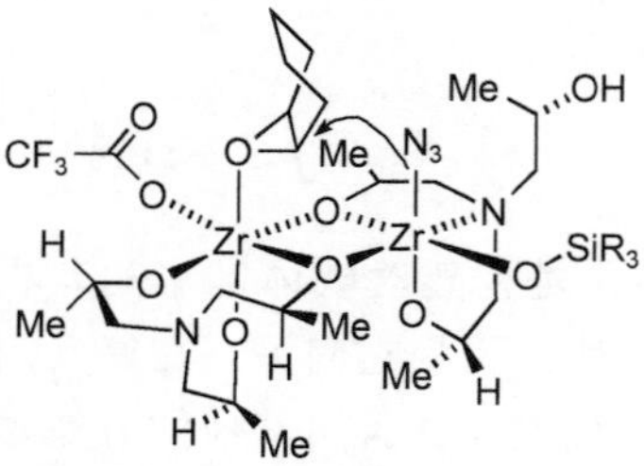

图 10.2　提出的环己烯氧化物去对称化的过渡态

对使用这些催化剂和三甲基硅基叠氮的不对称环氧开环的机理研究表明，催化剂中含有两个锆中心，二者通过协同的双功能的方式起作用[5]。如图 10.2 所示，提出环氧的活化发生在其中一个锆中心上，亲核试剂叠氮结合在另一个锆中心上。最初形成的叠氮烷氧化物被硅化，形成有机产物并再生锆-叠氮催化剂。图 10.2 中的使用环己烯氧化物的反应中，形成的叠氮产物的 ee 值为 93%。

如图 10.2 所示，环氧开环的机理要求亲核试剂从背后进攻环氧，形成开环产物的 *trans* 立体化学。这一限制制约了该反应的应用，因为无法合成 *cis*-双取代的产物。避开这一限制的一个方法是使用一种能在额外的步骤中被一种亲核试剂取代的卤素来打开环氧。起初的开环形成反式产物，接下来对卤素进行取代会导致两次净翻转，形成 *cis*-开环产物。

三烷基硅卤对内消旋环氧的对映选择性加成本来可以形成所需的 *β*-卤代醇，但不幸的是这种方法被证明是很困难的。一个解决这个挑战性问题的天才方法是"钓出-替换"（bait-and-switch）技术（式 10.2）[6]。使用了叠氮对环氧开环的催化剂体系，因为它能够有效地活化环氧化物和亲核试剂。想法是用卤素替代叠氮，将卤素传递到环氧上去。这可以通过使用较高活性的烯丙基卤化物捕获叠氮来实现。N_3^- 一旦生成，它与烯丙基碘反应更快，形成烯丙基叠氮并释放出亲核试剂碘负离子。碘负离子然后加成到环氧上，得到观察到的 *β*-碘代醇。环戊烯氧化物与三甲基硅基叠氮、烯丙基碘和二聚体的催化剂前体的反应形成了仅 4% 的叠氮开环产物和 96% 的保护的 *β*-碘代醇（式 10.2）。不出所料，也形成了副产物烯丙基叠氮。不加锆催化剂时没有观察到反应的发生。

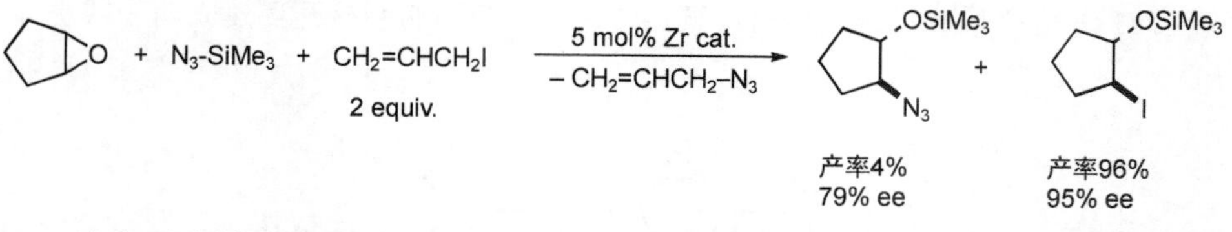

$$\underset{}{\square\!\!\!\triangle O} + N_3\text{-}SiMe_3 + \underset{\text{2 equiv.}}{CH_2=CHCH_2I} \xrightarrow[-\ CH_2=CHCH_2\text{-}N_3]{\text{5 mol\% Zr cat.}} \underset{\substack{\text{产率4\%}\\ \text{79\% ee}}}{\overset{OSiMe_3}{\bigcirc}N_3} + \underset{\substack{\text{产率96\%}\\ \text{95\% ee}}}{\overset{OSiMe_3}{\bigcirc}I} \qquad（10.2）$$

溴离子也被证明是合适的亲核试剂，尽管需要过量的（高达 20 倍物质的量）活性较差的烯丙基溴来抑制叠氮对环氧的开环。反应对许多底物表现出了较好的官能团兼容性和优异的对映选择性（表 10.1）。

在末端环氧的水合动力学拆分中表现出高效率和高对映选择性的 (salen)Co 催化剂并不能顺利地促进 1,2-二取代环氧化物的开环反应（见第 7 章）[7,8]。然而，基于 (salen)Cr 的催化剂能够以高水平的对映选择性促进内部环氧与亲核试剂，如三甲基硅基叠氮的开环[9-11]。

表 10.1 β-溴代醇的催化合成

底物	产物	产率/%	ee/%
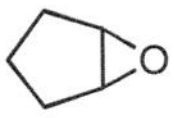 （环戊烯环氧化物）	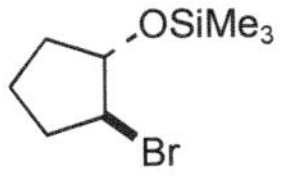 （环戊烷 OSiMe₃/Br）	81	95
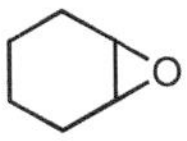 （环己烯环氧化物）	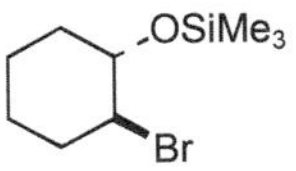 （环己烷 OSiMe₃/Br）	86	91
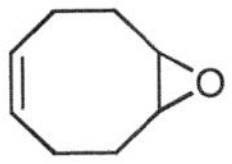 （环辛烯环氧化物）	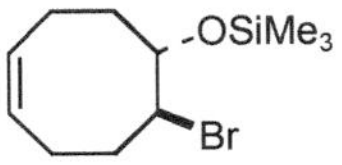 （环辛烯 OSiMe₃/Br）	92	84
 MeO（环戊烯环氧化物）	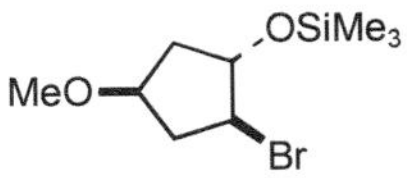 MeO（环戊烷 OSiMe₃/Br）	89	95
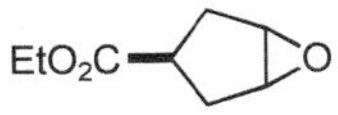 EtO₂C（环戊烯环氧化物）	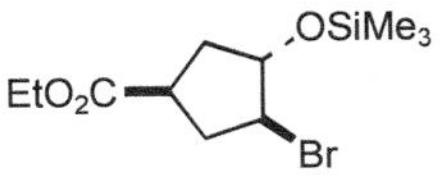 EtO₂C（环戊烷 OSiMe₃/Br）	83	95

10.1.2 通过 C—H 活化对非手性和内消旋化合物进行的去对称化

10.1.2.1 C—H 键氧化：具有两个对映选择性决定步骤的去对称化的优势

非活化的 C—H 键的对映选择性氧化是另一个仍然非常有挑战性的领域。这些键的不活泼的性质要求产生可以攫取 H⁺的高活性的氧化剂，同时还具有足够的选择性，能以化学选择性和对映选择性的方式区分各种不同类型的 C—H 键。自然界已经发展出了以高的立体选择性和区域选择性进行 C—H 键氧化的生物催化剂。例子包括基于铁卟啉的细胞色素 P450 和甲烷单加氧酶中的非血红素型双核铁中心。这些酶令人惊叹的效率和选择性启发了相关的小分子体系的设计。最近报道了在活性更高的 C—H 键，如苄基、烯丙基和氧、氮原子邻位的 C—H 键的不对称羟基化中的初步成功[12-14]。

提出的烃类羟基化的机理涉及活性金属-氧（metal-oxo）中间体的攫氢产生自由基。自由基对新生成的金属羟基物种得到羟基化产物和被还原的金属配合物（图 10.3）。这个分步的羟基化过程中的不对称诱导的程度取决于对自由基的捕获发生在自由基重新取向、暴露相反的一面进行进攻之前，还是在离开手性金属配合物之前。自由基在手性金属催化剂上解离的程度越大，立体化学的损失越大（图 10.3）[12,15]。溶剂黏度的增加预期会阻碍自由基从手性催化剂上解离。与这一假设一致，一种黏度更大的溶剂提高了不对称羟基化反应的对映选择性[16]。

大多数不对称过程涉及底物或试剂结合到催化剂上，不对称羟基化中碳中心自由基中间体则不然。对于小分子催化剂来说，抑制自由基的解离与（立体化学的）衰减（decay）是一个具有挑战性的任务。为了避开这一问题，考察了去对称化反应，如图 10.4 所示。对映选择性建立在攫氢一步，通过破坏底物的对称性实现。这个例子中的自由基衰减并不影响反应的对映选择性，但可能影响非对映选择性。

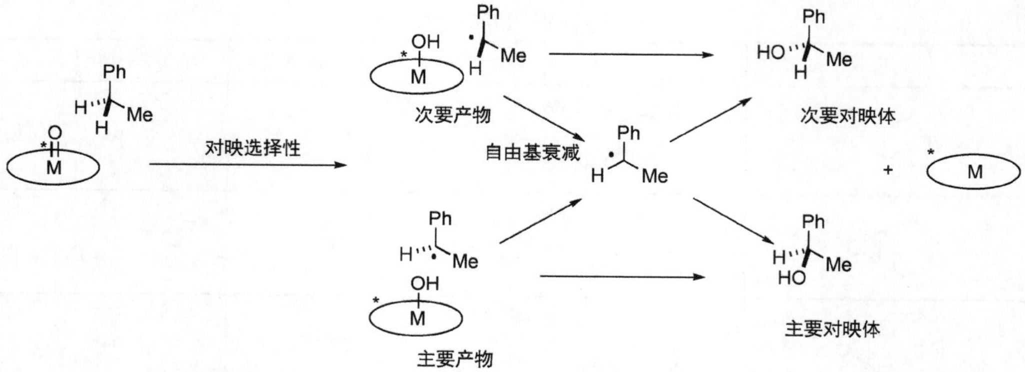

图 10.3　提出的 C—H 键氧化的机理和中间体自由基中立体化学的衰减

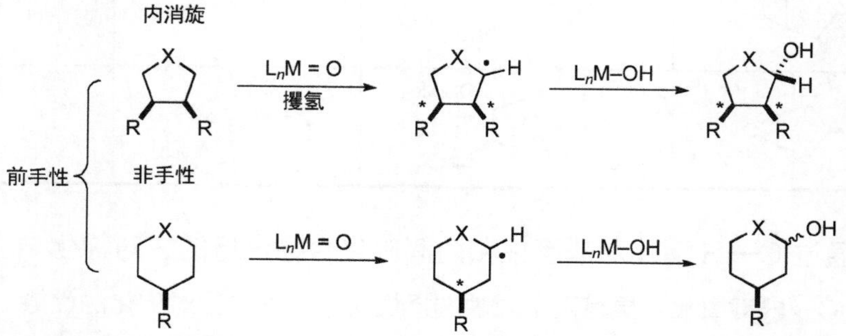

图 10.4　对内消旋和前手性底物的攫氢（X = O, NCO₂Ph）造成去对称化并建立立体选择性。自由基衰减会导致形成非对映异构体

　　如图 10.5 所示，尽管产率只有低到中等[17,18]，手性(salen)Mn⁺能够以非常高的对映选择性对环状醚进行羟基化。四氢吡喃衍生物以更差一些的速率与对映选择性发生不对称

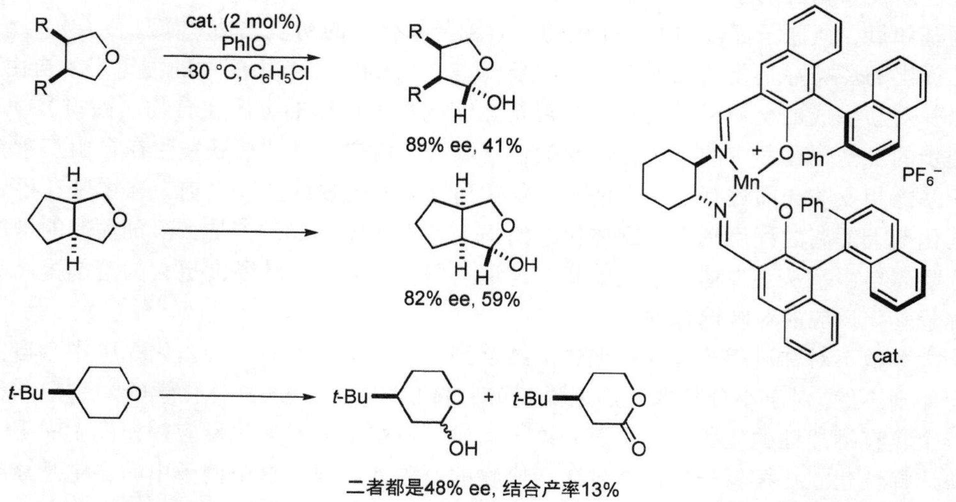

89% ee, 41%

82% ee, 59%

二者都是48% ee, 结合产率13%

图 10.5　使用阳离子型(salen)Mn 催化剂对内消旋和前手性底物的不对称羟基化

羟基化。另外，产物是内半缩醛和内酯的混合物，而且产率低。考虑到这一反应的挑战性，这些结果给人印象深刻，代表了不对称羟基化发展过程中的重要进步。

对于羟基化反应提出了两种可能的机理。对乙苯的羟基化提出的摄氢机理如图 10.3 所示。对于图 10.5 中的环醚，另一种机理涉及从氧到金属-氧（metal-oxo）上的单电子转移，紧接着发生对映选择性的去质子化（图 10.6）[15]。使用氘标记氧 α-位上的氢测量得到的动力学同位素效应与涉及直接 H·摄取的机理不一致。

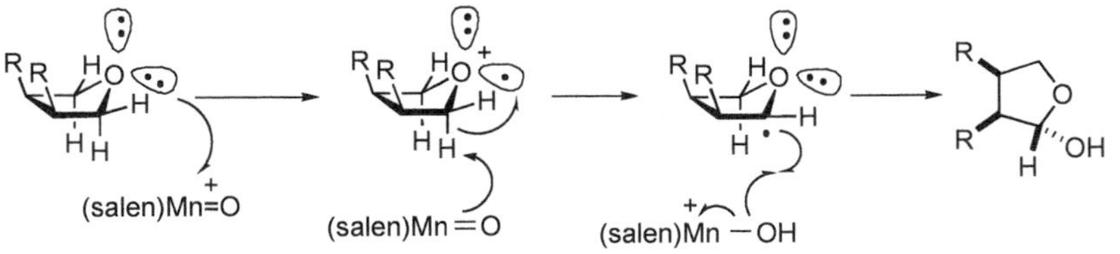

图 10.6　不对称羟基化的电子转移机制（图 10.5）

10.1.2.2　金属卡宾的 C—H 键插入

在对映选择性合成中，一个具有重要前景的令人振奋的 C—C 键形成反应是金属卡宾对非活化的 C—H 键的插入反应[19,20]。对于去对称化反应来说，大部分例子涉及分子内的 C—H 键插入，但分子间插入的版本也有报道。对于分子内的过程来说，最好的催化剂体系之一是含有 4 个单阴离子配体的双铑配合物，每个配体都跨越两个金属中心，如这类催化剂家族的一个重要成员 $Rh_2(5S\text{-}MEPY)_4$ 的结构所示（图 10.7）。这些催化剂具有脚踏板型的结构单元，这在这些双铑配合物中是很常见的。这些 C_2-对称的配合物中每个 Rh 都有处于 cis 位置的 N 和处于 cis 位置的 O，同时在 Rh—Rh 轴相反的位置有一个敞开的配位点[21]。

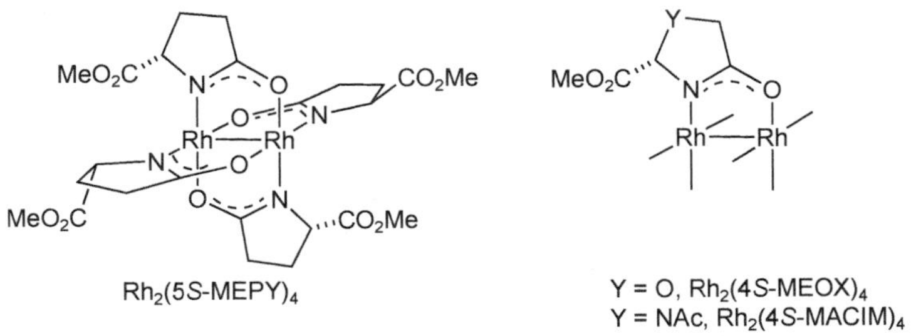

图 10.7　$Rh_2(5S\text{-}MEPY)_4$ 和相关的双铑催化剂的结构

一般认为，铑催化的 C—H 键插入的机理经历从重氮酯发生金属催化的氮气挤出反应，形成一个瞬态的金属卡宾。金属卡宾与 C—H 键反应导致 C—C 键形成（图 10.8）。图 10.8 给出了一个简化的过渡态，但其细节仍然没有定论[22-26]。认为发生插入的 C—H 键与 Rh—C 键平行，如过渡态中所示。一般认为只有一个铑参与卡宾插入，第二个铑通过接受电子密度和增加卡宾部分的亲电性而起协助作用[26]。

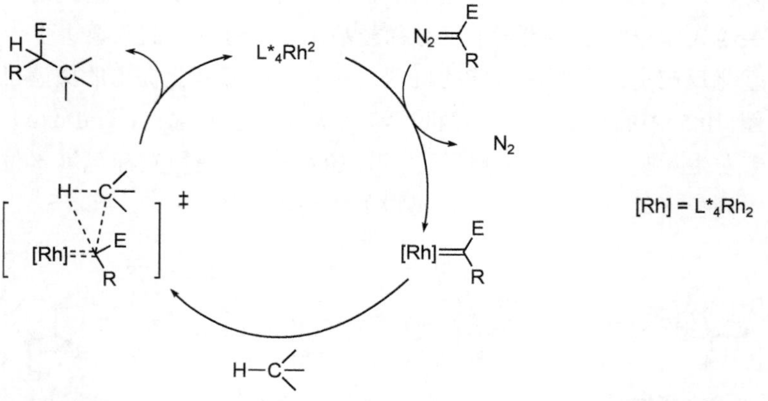

图 10.8　提出的金属卡宾对 C—H 键插入的机理中包含的三中心过渡态

如 Rh$_2$(5R-MEPY)$_4$ 这样的催化剂（图 10.7）很适合用于通过 C—H 键插入反应去对称化环状和非环状的重氮酯[27]。如图 10.9 所示，C—H 键中发生插入之后以非常高的对映选择性和非对映选择性控制得到五元环状内酯。这些反应中催化剂用量可以低至 0.1 mol%，产物的分离产率为 65%～70%。对于二苄基衍生物，很容易实现保护基脱除，以高的 ee 值得到 2-脱氧羟内酯（2-deoxyxylolactone）。

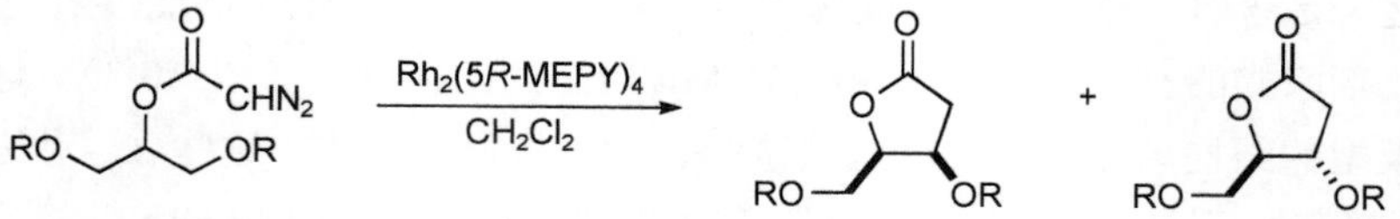

R	cis:trans	cis ee/%	trans ee/%
Me	93:7	97	50
Et	93:7	89	50
CH$_2$Ph	93:7	94	45

图 10.9　温和条件下 Rh$_2$(5S-MEPY)$_4$ 催化的高对映选择性的 C—H 插入反应

图 10.10 中给出了铑中心周围手性环境的一个简化模型。这个 Rh$_2$(5S-MEPY)$_4$ 的模型是从 Rh-Rh 轴的底面观察，其中酯基 (E) 向前伸出，屏蔽了上面两个象限并确定了卡宾部分的朝向。图中也给出了提出的中间体和导致观察到的产物的过渡态。

环状的重氮乙酸 cis-4-甲基环己基酯也是利用分子内 C—H 插入反应进行去对称化的很好的底物，产物几乎完全是顺式并环的双环内酯（式 10.3）。使用其非对映异构体重氮乙酸 trans-4-甲基环己基酯主要得到了反式并环的内酯（式 10.4）。当新生成的卡宾处于轴向位置时，如式 10.3 中的那样，对赤道向的 C—H 键的插入占主导。在重氮乙酸 trans-4-甲基环己基酯的情况下，卡宾处于赤道向的位置，可以进攻赤道向或轴向的 C—H 键，但更倾向于插入赤道向的 C—H 键（式 10.4）[28]。

综上所述，金属卡宾具有在温和条件下以高的对映选择性和非对映选择性进行 C—H

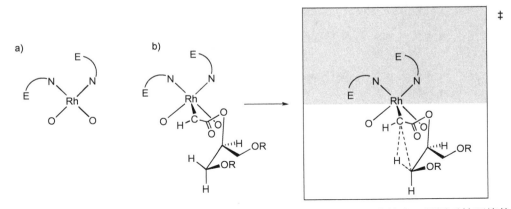

图 10.10　a）从 Rh—Rh 连接下方看 Rh$_2$(5S-MEPY)$_4$（图 10.7）得到的铑中心周围手性环境的
立体化学模型（E 代表向前伸出的酯基）；b）卡宾中间体和分子内 C—H 插入反应的
一个可能的过渡态（催化剂的顶面被酯基屏蔽，反应发生在底面）

键插入的能力，可以对非活化的 C—H 键进行官能团化。相关的反应正被用于合成许多
用其他方法难以顺利制备的天然化合物和非天然化合物[19,20]。

10.1.3　使用羰基–烯反应的去对称化

　　去对称化策略的优点之一就是可以同时在好几个中心建立立体化学，甚至这些中心
经常远离底物的活性位点。羰基-烯反应已被用于烯烃的去对称化，以好的对映选择性和
非对映选择性控制生成高烯丙醇。双环前手性烯烃（图 10.11）在(BINOLate)Ti 催化剂的
存在下与 3-甲酰基丙炔酸酯发生 Lewis 酸催化的羰基-烯反应。以 81%的产率和 92∶8
的非对映异构体比例得到了两种产物，主要产物的 ee 值为 89%[29]。净结果是一步高效
产生了 4 个立体中心。

　　如图 10.11 所示，可以通过将 Cl$_2$Ti(O-i-Pr)$_2$ 与 BINOL 在分子筛存在下混合来制备催
化剂[30]。由于其配位不饱和性[3]以及极易与甚至痕量的水反应，确定前过渡金属催化剂
的结构通常是极其困难的。该反应中催化剂的结构仍然不清楚。

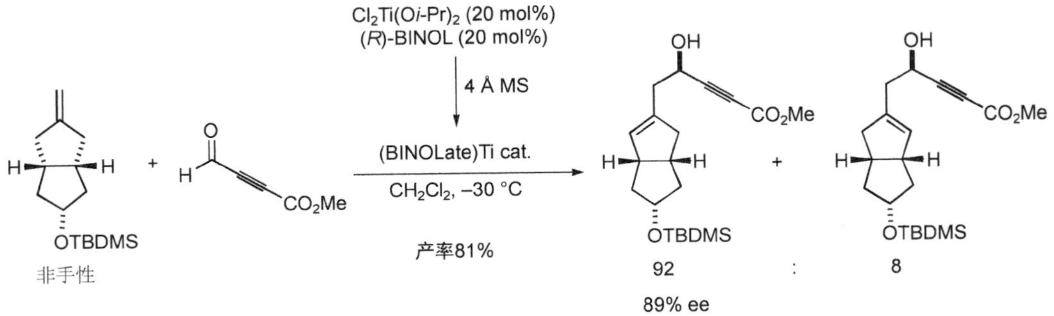

图 10.11　羰基-烯反应中利用(BINOLate)Ti 催化剂进行去对称化

10.1.4 内消旋的氧杂双环烯烃的开环

吸引了很大关注的一类内消旋底物是图 10.12 中的氧杂双环烯烃化合物[31,32]。这些张力不饱和环状体系可以在开环时伴随 C—H 键[33-35]、C—C 键[36]、C—N 键[37]和 C—O 键[38]的形成。取决于催化剂和反应条件的不同，可以从同一起始原料得到不同的立体异构体[38]。

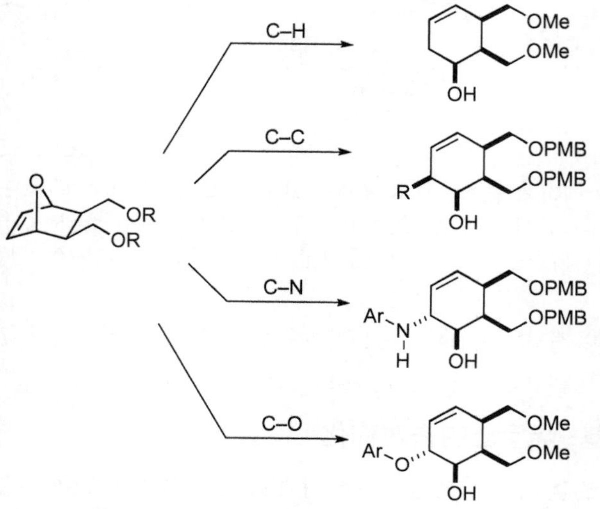

图 10.12 氧杂双环[2.2.1]庚烯与不同亲核试剂的开环以 > 90% ee 得到含有多个立体中心的产物

Pd(Ⅱ)催化的使用二乙基锌进行开环的一个具体例子见图 10.13[36]。可以设想该反应可能通过两种机理进行。钯配位到底物的双键上，然后开环，伴随着 C—O 键的切断得到烯丙基钯中间体。然而，机理证据支持如图 10.14 所示的碳钯化机理[39]。Lewis 酸性的 Et₂Zn 可逆活化钯催化剂，得到一个阳离子中间体。Pd—Me 键加成到烯烃上，紧接着发生 β-氧消除得到开环的烷氧基钯，它接下来与锌发生金属交换，释放出钯催化剂。

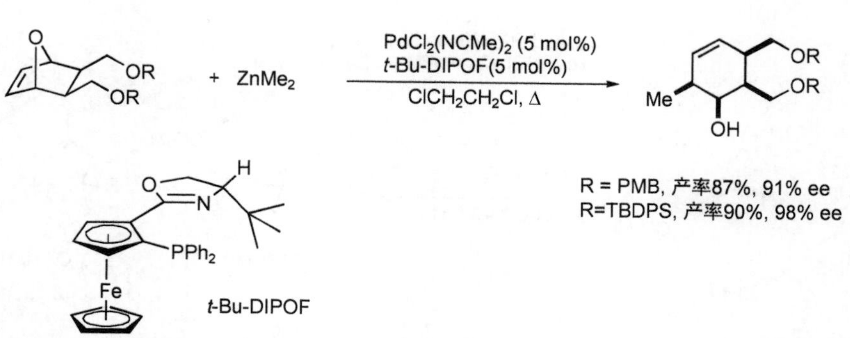

R = PMB, 产率87%, 91% ee
R = TBDPS, 产率90%, 98% ee

t-Bu-DIPOF

图 10.13 氧杂双环体系的对映选择性去对称化/开环可被用于合成官能团密集的合成砌块

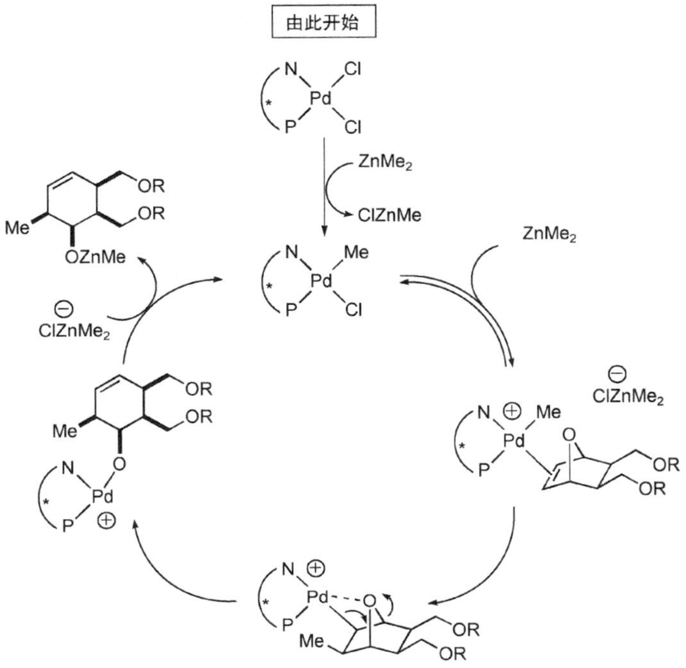

图 10.14 提出的钯催化的氧杂双环烯烃不对称开环反应的机理

在聚醚类抗生素伊屋诺霉素（ionomycin）的全合成中展示了这些开环反应的用处（图 10.15）[40]。在这个合成中，4 个片段中的两个是通过[3.2.1]氧杂双环烯烃的开环

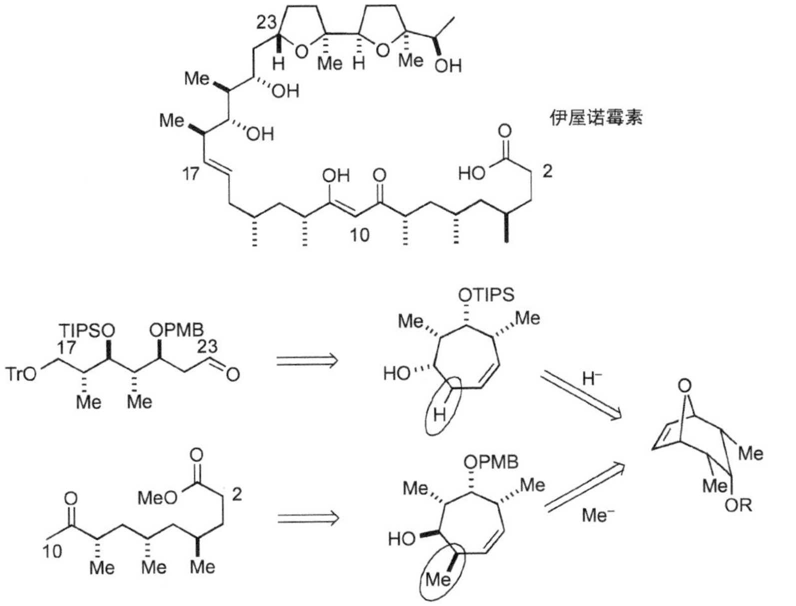

图 10.15 合成聚醚类抗生素伊屋诺霉素中使用的两个片段的逆合成切断
标出了正向合成中形成的键

反应来制备的。C_{17}～C_{23} 片段是通过 Ni(COD)$_2$/(S)-BINAP 催化的以 DIBAL-H 为负氢源的开环去对称化反应合成的，得到了 95% 的产率和 93%～95% ee。C_2～C_{10} 片段的合成从 Cl$_2$Pd[(R)-DIPOF]催化的氧杂双环烯烃的去对称化开始，该过程中使用 ZnMe$_2$ 和催化量的 Lewis 酸 Zn(OTf)$_2$ 帮助形成阳离子钯催化剂。产物以 80% 的产率和 94% ee 分离得到。

如上所示，这些去对称化反应可以使用许多亲核试剂，以高的产率和高的对映选择性（大部分情况下> 90%）进行。发生开环的同时伴随着构建了多个立体中心，这使这些方法在有机合成中的应用很有吸引力。

10.2　具有两个活性对映异位基团的化合物

10.2.1　仅与一个对映异位的官能团反应

10.2.1.1　去对称化与动力学拆分的组合：内消旋二醇

内消旋二醇是含有对称化的对映异位官能团的一类化合物的一个例子。在对这些重要的底物发展以非酶方法进行去对称化上已经耗费了巨大的努力，平面手性的配合物被证明是这一过程的优秀催化剂（图 10.16）[41]。亲核的平面手性催化剂的工作机制已经在第 2 章和第 7 章讨论过。

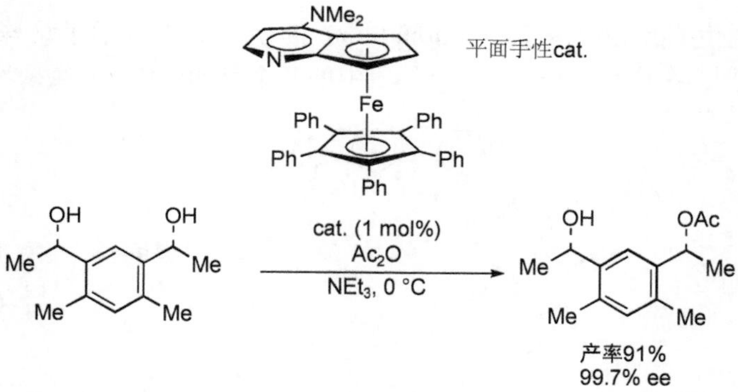

图 10.16　使用平面手性催化剂对内消旋二醇的高效去对称化

含有对映异位官能团的内消旋底物的去对称化在合成上非常有吸引力，因为这些反应中的第一步去对称化可以与一个动力学拆分步骤进行耦合，导致产物的 ee 值提高。虽然在上述二醇的去对称化反应（图 10.16）中展示了这一想法，但这一概念具有一般性，已被用于许多去对称化过程中用来制备具有极高 ee 值的物质（见 16.2.3 节）[42]。

在内消旋二醇与平面手性催化剂和乙酸酐的反应中，最初的去对称化导致形成了不等量的对映异构的单酯（图 10.17）。起始原料二醇的对映异构的两个醇与催化剂构成了匹配和不匹配的组合。匹配的一对导致快速形成单酯的主要对映体，而不匹配的组合反应较慢，生成次要的对映体。由于两个单酯都还有一个剩余的活性的醇，它们可以进一步发生酰基化，这就构成了一个动力学拆分。现在是单酯的次要的对映体与手性催化剂组成匹配的一对，从而反应更快。随着次要的对映体逐渐转化成内消旋的二酯，单酯的对映体过量就会增加。反应进行得越久，单酯的 ee 值越高。使用一种选择性的催化剂可以得到非常高的对映选择性。然而，同所有动力学拆分一样，产物 ee 值的增加是建立在牺牲所需要的单酯产率的基础上的。

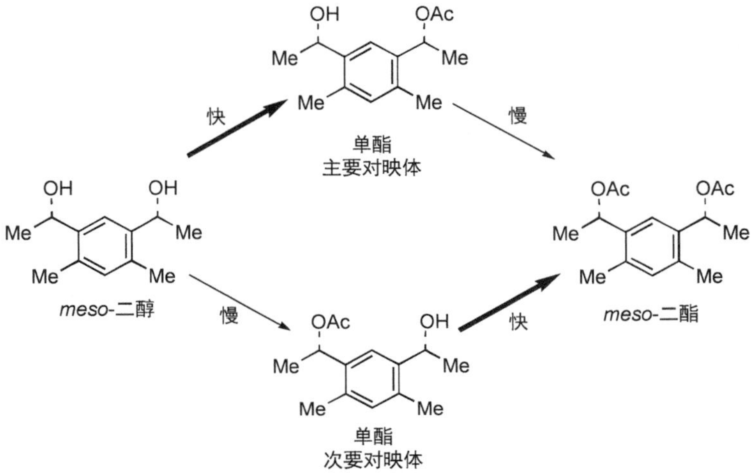

图 10.17　内消旋二醇的去对称化/动力学拆分

上面的代表性例子说明，小分子催化剂尤其擅长对其中手性中心与反应位点很靠近的情况进行去对称化。当反应位点与手性中心或前手性中心之间的距离增大时，去对称化变得更有挑战性。图 10.18 中给出了其中的活性羟基与反应位点之间距离为 5.7 Å 的底物的去对称化的一个不同寻常的例子[43]。微妙的分子识别相互作用可能对这个体系的成功至关重要。理解这类多肽催化剂如何识别对映异位的基团，以及发展催化体系区分远程位点是将来的研究方向。

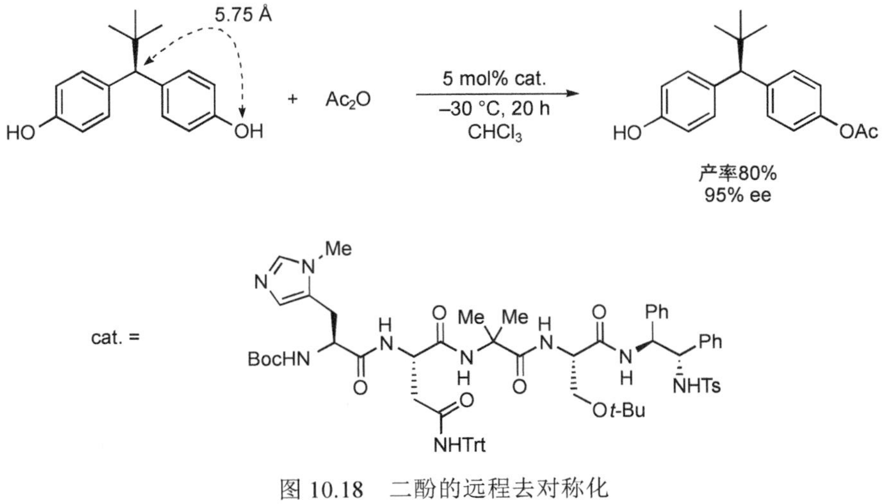

图 10.18　二酚的远程去对称化

10.2.1.2　中心对称的内消旋双环氧化物的开环反应

去对称化反应的优美之处在于它能用于复杂的内消旋和中心对称的底物，建立多个立体中心。几种天然产物中存在隐含的对称性。以合成对称的中间体为目标，然后对对称性进行破坏的的策略经常会得到更简便的路线[44,45]。多环醚（polycyclic ether）是含有埋在复杂的分子结构中的假中心对称（pseudo-centrosymmetric）部分的一类天然产物，hemibrevetoxin B 是这一家族的一个成员。图 10.19 中标出了其中的假中心对称的部分。hemibrevetoxin B 的合成包括逆合成切断到一个关键的单环氧化合物中间体。在正向合成中，一个优美的四氢吡喃到氧杂环庚烷的两重扩环给出了所需的骨架[46,47]。单环氧逆合成切断到一个非手性的中心对称的双环氧。

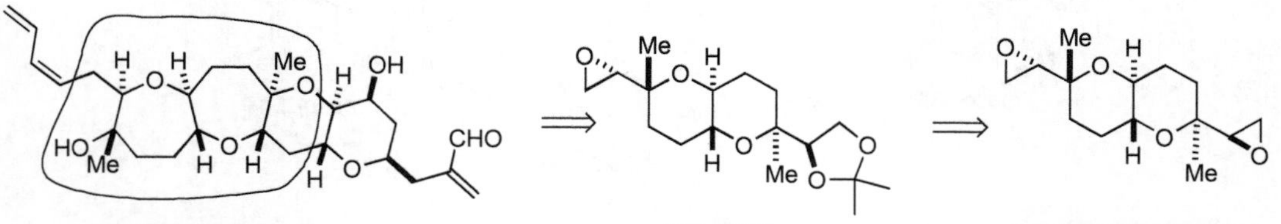

hemibrevetoxin B　　　　关键中间体　　　　内消旋双环氧化物

图 10.19　hemibrevetoxin B 的结构。标出的片段切断后得到关键环氧中间体，这个环氧化物可以进一步切断到一个中心对称的双环氧化物

从中心对称的双环氧（图 10.20）hemibrevetoxin B 是通过选择性地水解其中一个对映异位的环氧来实现的，二者具有相反的构型。在这一应用中选择的催化剂是(salen)Co(OAc)，因为它在末端环氧的水合动力学拆分中表现出了极致的选择性（第 7 章）[7,50]。配合物(salen)Co(OAc)促进了环氧与水的开环反应，以优秀的选择性得到了合成 hemibrevetoxin B 的关键中间体所需的二醇前体[48,49]。

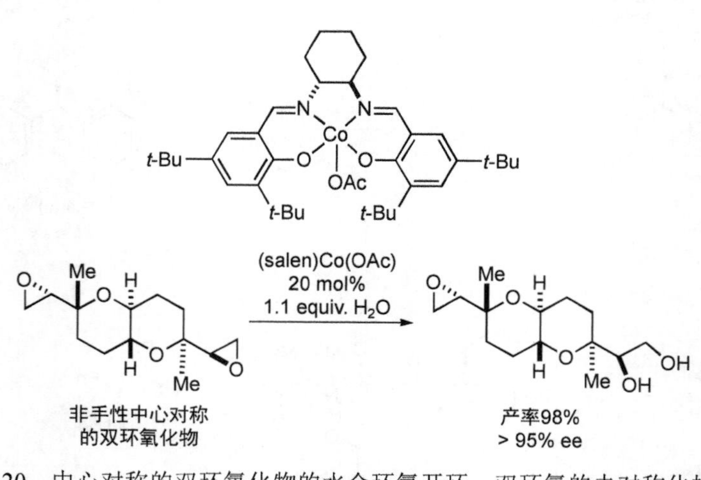

非手性中心对称　　　　　　　　产率98%
的双环氧化物　　　　　　　　　> 95% ee

图 10.20　中心对称的双环氧化物的水合环氧开环。双环氧的去对称化提供了合成 hemibrevetoxin B 的一个关键中间体（图 10.19）

10.2.1.3 二烯的环氧化

（1）非手性的双烯基醇

使用 Sharpless-Katsuki 环氧化催化剂对对称的双烯醇的去对称化提供了以高的选择性获得官能团密集的环氧醇的方法。Sharpless-Katsuki 催化剂内在的区分烯烃的非对映异位和对映异位面的高能力使基于酒石酸异丙酯的体系尤其具有吸引力。如第 7 章中详细阐述的，同样的这些特性也是其在二级烯丙醇的动力学拆分中表现出高效率的原因[51,52]。这种去对称化结合了不对称合成与随后的动力学拆分，以异乎寻常的高水平的对映体纯度得到了产物[53]。进一步的讨论见图 16.18 及相关的文字部分。这一方法被用于许多天然产物合成中立体化学的构建，其中一些例子在下面会讲到。

考察图 10.21 中双烯醇的不对称环氧化清楚地表明，产物的 ee 值随着转化率的增大而提高。这一现象与环氧醇的次要对映体通过动力学拆分发生了进一步的环氧化过程一致[42]。该反应的环氧醇产物接下来被转化成核黄素。应该指出的是，进行这些去对称化反应时通常使用化学计量的酒石酸二异丙酯（DIPT）和四异丙氧钛。

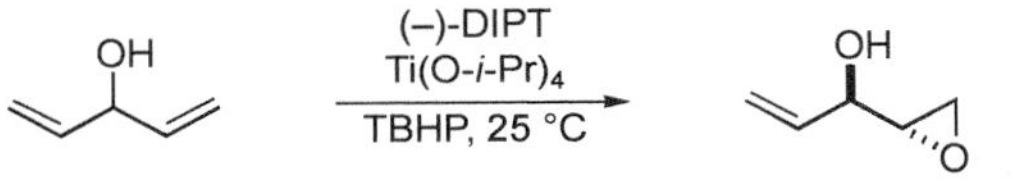

t/h	ee/%
3	84
24	93
140	≥97

图 10.21 由于环氧醇的次要对映体发生了更快的第二次环氧化，使用 Sharpless-Katsuki 不对称环氧化对双烯醇的去对称化中表现出了环氧醇 ee 值的不断提高

解释使用 Sharpless-Katsuki 催化剂时对映异位基团的不同反应性的模型（图 10.22）与第 7 章中描绘的模型相似。不匹配的双键远离催化剂的取向降低了环氧化的活化能（图 10.22 中左侧的结构）。

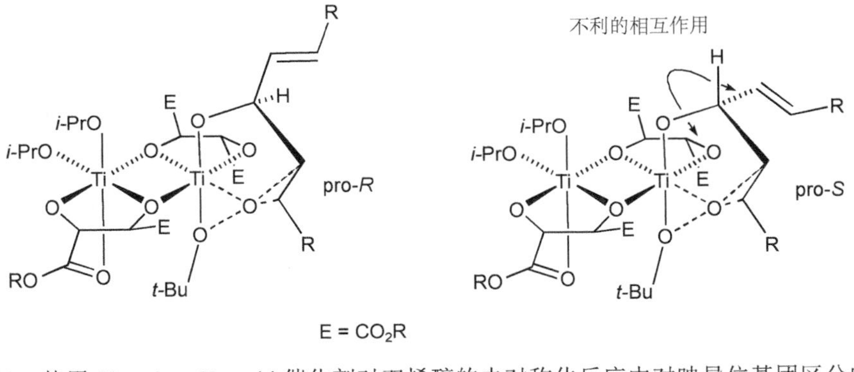

图 10.22 使用 Sharpless-Katsuki 催化剂对双烯醇的去对称化反应中对映异位基团区分的模型

（2）内消旋的双烯醇

图 10.23 中给出了一个使用烯丙醇的 Sharpless-Katsuki 不对称环氧化进行烯丙醇的去

对称化的令人惊叹的例子[54]。内消旋的二烯以高产率和优秀的对映选择性转化成了含有七个手性中心的环氧产物[44]。类似的去对称化反应也被用于其他天然产物的合成[55-57]。

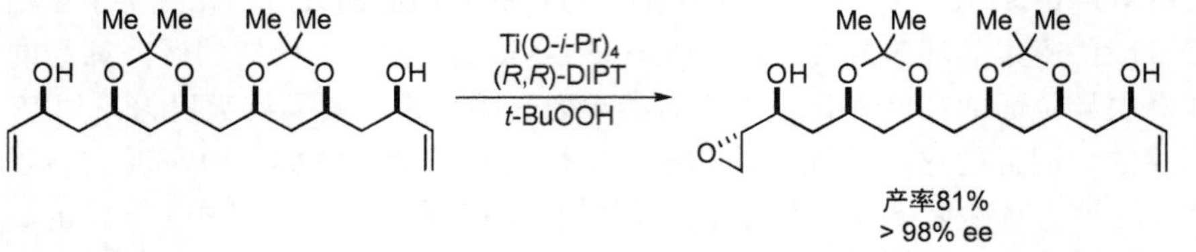

图 10.23　使用 Sharpless-Katsuki 不对称环氧化进行内消旋二醇的去对称化

另一个对高级中间体的关键去对称化出现在 celastraceae（卫矛科植物）的粗提取液中一个二级代谢物的合成路线中。多羟基化的 4β-hydroxyalatol 就是这样的一个例子，如图 10.24 所示。它切断后得到一个环氧醇，后者可以从双烯醇的去对称化来产生[58]。

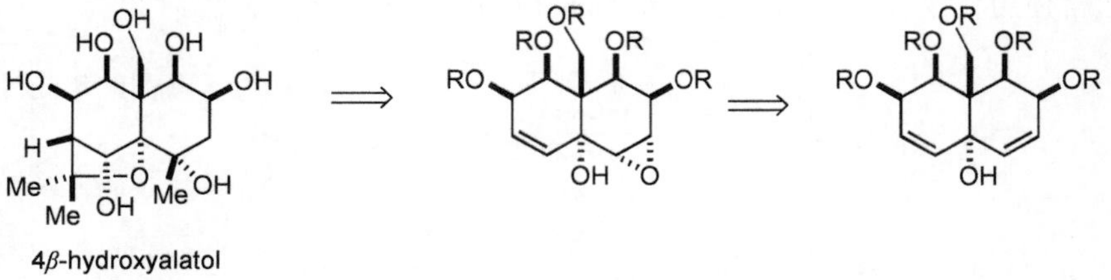

图 10.24　4β-hydroxyalatol 的逆合成分析得到一个内消旋的双烯醇

使用化学计量的四异丙氧钛和(+)-DIPT 进行双烯醇进行去对称化时，以低的产率和 14% ee 得到单环氧。使用锆修饰的试剂得到了预期产物，根据回收的原料计算出其分离产率为 55%（图 10.25）。

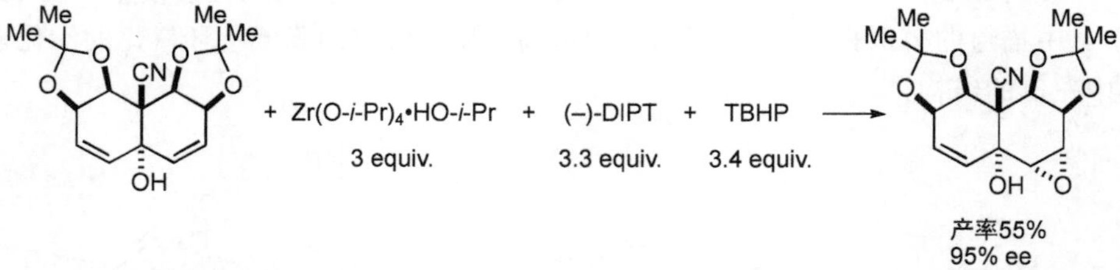

图 10.25　使用锆修饰的 Sharpless 试剂进行双烯醇的去对称化

上述情况说明，一些复杂底物的去对称化过程的效率仍然有提高的空间。然而，它们确实能够快速获得天然产物合成中有用的高级中间体。而且这些底物可以通过双向合成来制备，这样链的两端可以同时进行转化，接着再对链两端进行区分，如图 10.23 中的例子那样[45]。

10.2.2　与两个对映异位的官能团都发生反应

10.2.2.1　通过催化不对称氢硅化对非手性二烯的去对称化

烯烃的硅氢化造成 Si—H 键对 C—C 双键的加成[59]，不仅能够得到有机硅烷，也能通过氧化新生成的 Si—C 键得到醇和烷基卤化物[60,61]。分子内反应更加成功，因为分子内硅氢化比相应的分子间反应更容易控制区域选择性。另外，分子内反应中的环状中间体使得可以更好地控制对映选择性。与第 4 章中介绍的酰氢化反应类似[62]，该催化反应的中间体很可能有两个新的 σ 键（硅烷氧化加成之后形成的 M—H 键和 M—Si 键）和后续环化发生之前配位在金属上的 C—C 双键。因此，催化剂应该有三个可用的配位点，这使得(双膦)Rh(溶剂)$_2^+$催化剂很有吸引力。

考察了双烯醇的去对称化合成对映体富集的 1,3-二醇的反应[64]。1,3-二醇是合成多丙酸酯衍生的天然产物的有用中间体。在一个基于(R,R)-DIOP 的铑催化剂存在下，需要数天时间完成了分子内硅氢化反应。发现对映选择性依赖于硅上的取代基，取代基为芳基时得到了最高的对映选择性和非对映选择性（图 10.26）。当使用 3,5-二甲基苯基衍生物时，该过程的对映选择性达到了 93%[63]。

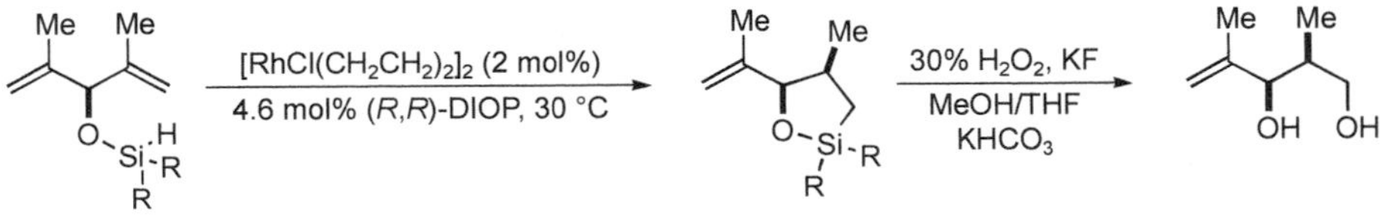

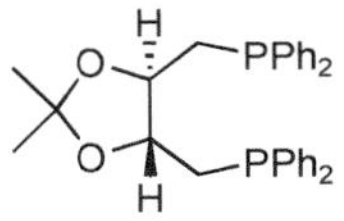

R	产率/%	syn:anti	syn ee/%
Me	60	86:14	18
Ph	94	98:2	84
3-C$_6$H$_4$-Me	80	99:1	87
3,5-C$_6$H$_3$-Me$_2$	66	99:1	93

图 10.26　通过催化不对称硅氢化反应进行二烯的去对称化
将产物进行氧化可以得到有价值的 1,3-二醇

硅氢化反应的机理如图 10.27 所示，很可能经历了最初的 Si—H 键氧化加成，然后发生烯烃配位和硅基与烯烃的插入，后者被认为是对映选择性决定步骤和周转限制步骤[64-66]。详细的氘同位素标记实验表明，存在好几种没有包括在图 10.27 中的简化机理中的其他不转化为产物的步骤。

不对称诱导的模型与第 4 章中讨论的其他双膦催化剂相似。认为对映选择性由双膦上假赤道方向的苯基的位置与烯烃的面选择性所控制，如图 10.28 所示。在烯烃配合物中，配位的烯烃与假轴向苯基的相互作用被最小化。

利用硅氢化形成含有轴手性的手性螺烷的去对称化反应的一个非常有趣的例子也被报道（图 10.29）[67]，同手性的两个 Si—H 键其中之一发生氧化加成，得到一个硅基金属氢化物中间体。在接下来的分子内硅氢化反应中，催化剂区分了两个非对映异位的烯基及其在硅基与烯烃插入反应中的非对映异位面（图 10.29）。在碳和硅上都产生了手性中心，此处只画出了硅上构型为(S)的产物。该过程中形成的两个非对映体为(S,S$_{Si}$)构型和(R,S$_{Si}$)构型。下一步是非对映选择性的硅氢化，其中余下的烯烃的两个面被区分，

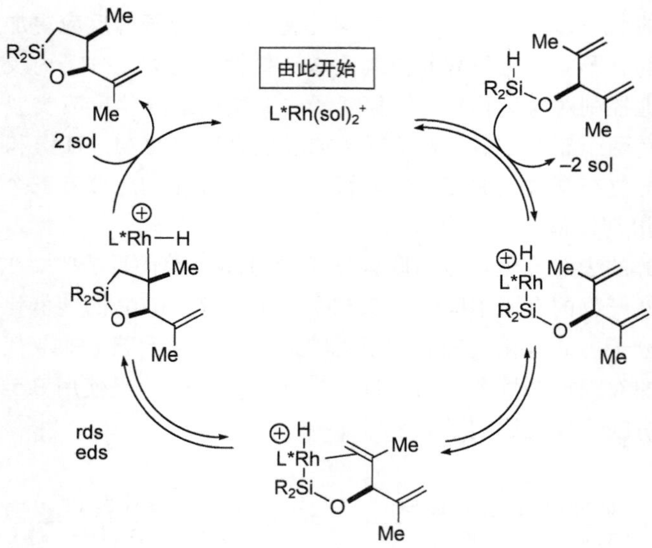

图 10.27 提出的不对称硅氢化的机理

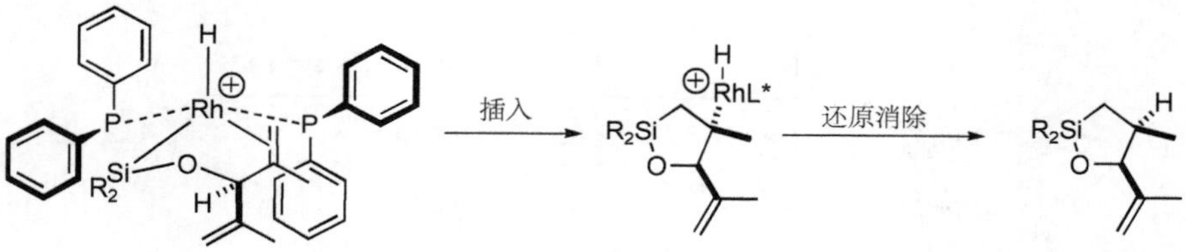

图 10.28 提出的不对称硅氢化的机理

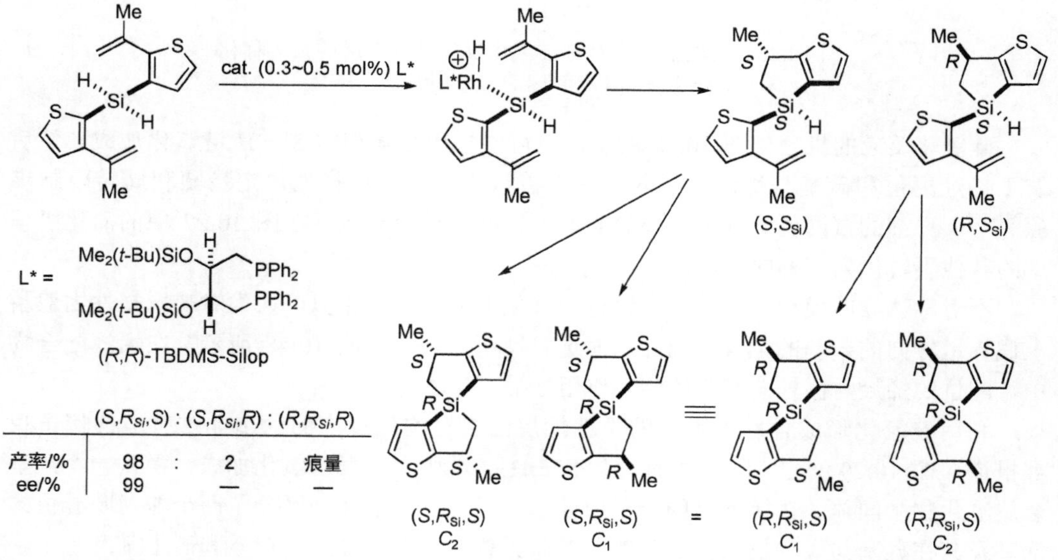

	(S,R$_{Si}$,S)	:	(S,R$_{Si}$,R)	:	(R,R$_{Si}$,R)
产率/%	98	:	2		痕量
ee/%	99		—		—

图 10.29 硅氢化从同手性的 Si—H 插入开始，接着发生烯烃插入和还原消除［只显示了(S)-构型的硅］，接下来的非对映选择性的硅氢化以高的选择性得到了螺环

产生了第三个立体中心,有三种可能的非对映异构体(两个 C_1-对称的非对映异构体是等价的)。使用 DIOP 的一个类似物 (R,R)-TBDMS-SILOP 时,非对映选择性为 98:2,以 (S,R_{Si},S) 构型的非对映体占主导。

10.2.2.2 通过 Heck 反应对非手性和内消旋二烯的去对称化

尽管存在为数众多的催化不对称反应,通用、高对映选择性的 C—C 偶联的例子仍然不多。从这个意义上来说,在合成上非常强大的一个反应是不对称 Heck 反应[68]。Heck 反应通常涉及芳基或烯基对烯烃的加成,然后再形成 C—C 双键。图 10.30 中给出了这个反应所提出的一个机理[69-72]。首先乙酸钯(Ⅱ),Heck 反应常用的起始原料,被叔胺还原成钯(0)。芳基或烯基卤化物或三氟甲磺酸酯的氧化加成形成含有 Pd—C 键的钯(Ⅱ)中间体。烯烃的配位和烯基或芳基的迁移插入形成 C—C 键和 Pd—C 键。如果新形成的 Pd—C 键有能够与 Pd—C 键采取 *syn* 式的 β-氢,则发生 β-H 消除得到烯烃和 Pd(Ⅱ)氢,它发生去质子化再形成 Pd(0)。

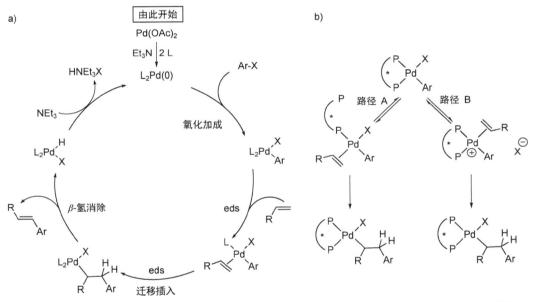

图 10.30　a)提出的 Heck 反应的机理,其中 X 不发生解离;b)中性和阳离子机理的比较

机理中的对映选择性决定步骤是烯烃的配位和 Pd-R 取代基的迁移插入。在基团 X⁻ 与钯发生强烈配位的条件下,认为钯配合物首先失去一个膦配体,打开一个配位点供烯烃配位。当使用手性双齿配体时,螯合配体一个臂的解离的后果可能对对映选择性不利(图 10.30,路径 A)。相反,在阳离子路径(图 10.30,路径 B)中 X⁻ 基团解离下来,而双膦配体保持配位在钯中心上。可以通过加入含有弱配位阴离子的银盐来捕获卤素,或使用烯基或芳基三氟甲磺酸酯来使路径 B 更有利。三氟甲磺酸根是弱的配体,在不对称 Heck 反应中使用的极性溶剂中很容易解离。经历阳离子路径的反应通常表现出更高的对映选择性[68,72,73]。

不对称 Heck 反应已被用于许多构建复杂环系的优雅合成中。图 10.31 所示的是使

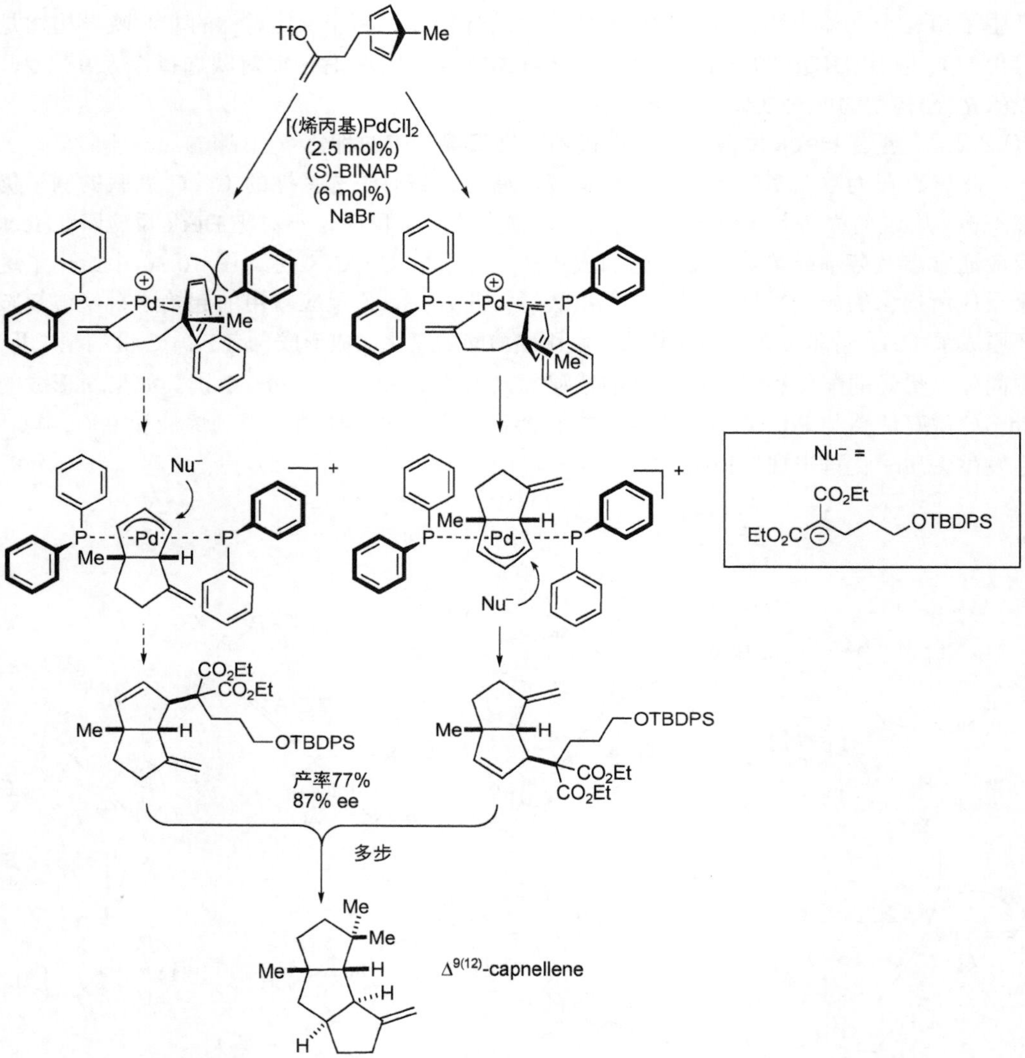

图 10.31　对形成 5,5-环系的钯催化的不对称级联反应提出的不对称诱导模型
形成次要对映体的左侧反应路径受到了结合的底物与(S)-BINAP 中
假赤道位置的苯基不利的位阻相互作用的影响

用相关过程对非手性二烯的去对称化，得到一个在众多天然产物骨架中可以发现的 5,5-环系。反应被由[Pd(烯丙基)Cl₂]、(S)-BINAP、NaBr 和亲核试剂组成的基于(BINAP)Pd 的催化剂所促进。这个例子比较古怪，因为反应混合物中加入了 NaBr。然而，提出该反应通过图 10.30 中的阳离子机理进行。烯基三氟甲磺酸酯氧化加成然后发生双键配位，得到两个可能的非对映异构的中间体。在立体化学诱导的模型中（图 10.31），位置较低的烯烃的配位会造成环戊二烯基团侵入到被向前伸出的假赤道位置的(S)-BINAP 的苯基占据的右上角象限中。相比之下，当上边的双键配位时，环戊二烯基团位于敞开的右下角象限，在这里非键相互作用被最小化了。回想一下，BINAP 配合物的假轴向的苯基远离金属

结合位点（第 4 章）。插入形成一个 π-烯丙基钯中间体，它不能发生 β-H 消除，因为这会形成一个五元环内的联烯。π-烯丙基钯中间体被 β-二羰基阴离子以非对映选择性的方式捕捉。以 77%的产率和 87% ee 得到的产物是合成 $\Delta^{9(12)}$-capnellene 的一个中间体[74,75]。

式 10.5 展示了不对称 Heck 反应在对映异位二烯的去对称化中的应用，该反应以非常好的对映选择性和产率得到双环烯酮。机理中在插入步骤之后，β-H 消除产生了一个烯醇，它异构化成产物酮。以 76%的产率和 86% ee 得到的产物酮被用于合成 vernolepin 的一个关键中间体[76,77]。

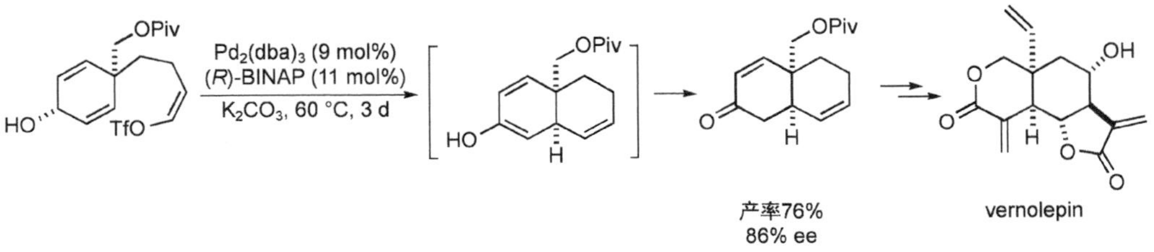

$$（10.5）$$

反映了不对称 Heck 反应的强大威力和化学家的天才的一个令人印象深刻的例子是在多吡咯烷吲哚啉生物碱 quadrigemine C 和 psycholeine 的合成中对一个内消旋中间体的去对称化（图 10.32）。quadrigemine C 由于其连接两个分子片段的连续的季碳手性中心和手性的二芳基季碳中心而令人望而生畏。钯控制的双 Heck 环化反应在 80 ℃进行，使用 1,2,2,6,6-五甲基哌啶（PMP）作为碱，以及化学计量的钯和(R)-Tol-BINAP。主要产物 C_1-对称的双氧化吲哚以 62%的产率和 90% ee 分离得到[78]。进一步的讨论见图 16.21 及其相关的文字部分。

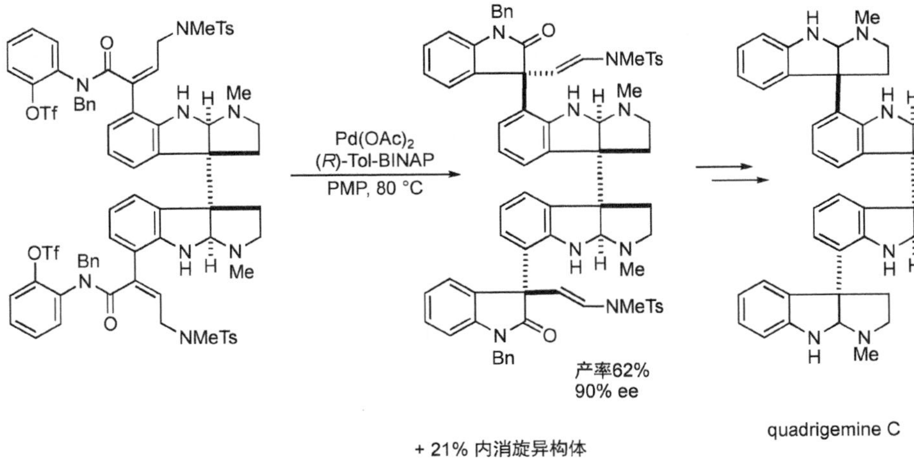

图 10.32 在 quadrigemine C 的合成中利用不对称 Heck 反应
对一个后期的中间体进行的去对称化

10.2.2.3 通过对映选择性偶联对联芳基化合物的去对称化

对映体富集的 1,1′-联萘，如 BINOL、BINAP 及其相关衍生物已经在不对称催化起到了巨大作用。这类配体的手性前体的对映选择性合成工作集中于形成中心的 C—C 联芳键。合成旋阻异构的联芳基化合物前体的一个独特的方法是对预先形成的非手性连芳基化合物通过对映选择性的交叉偶联反应进行去对称化[79,80]。

Cl$_2$Pd[(S)-PhePhos]催化的苯基溴化镁和双三氟甲磺酸酯的 Kumada 偶联反应（图 10.33）在低温下以 87%的产率和 93%的 ee 值得到了单苯基化的产物。单苯基化产物的 ee 值依赖于转化率，这表明第二步的动力学拆分过程起到了重要影响。在使用外消旋的单苯基产物进行的一个单独的对照实验中，在 20%转化成双苯基化产物之后，单苯基化产物的 ee 值为 17%，对应于 k_{rel} = 5（图 10.33）。在这个实验中，单苯基化产物的少量的(R)-型对映体发生第二个苯基化反应更快。

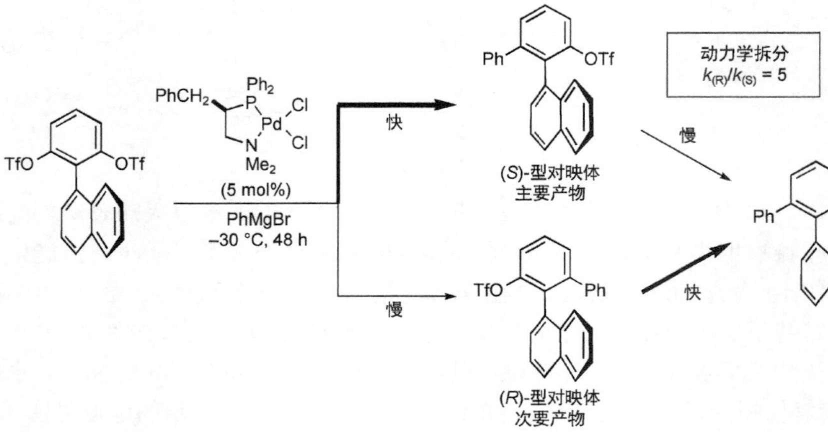

图 10.33　双三氟甲磺酸酯的对映选择性去对称化以高的对映选择性得到单苯基化产物。对映体富集的单苯基三氟甲磺酸酯的进一步反应构成了一个对产物的选择性因子为 5 的动力学拆分

去对称化反应中形成的单三氟甲磺酸酯产物可以进一步发生偶联反应，用于合成手性配体。如式 10.6 中所示，单三氟甲磺酸酯可以发生二苯基膦酰化反应而没有发生外消旋化。使用三氯硅烷和三乙胺还原，以好的总体收率得到旋阻异构的单膦。这一配体已被用于苯乙烯的硅氢化-氧化，以 91%的 ee 值得到 1-苯基乙醇[79]。

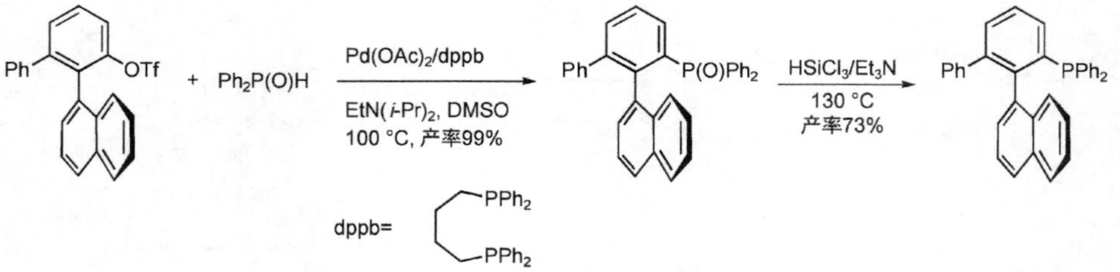

10.2.2.4　使用内消旋底物的 π-烯丙基钯反应

过渡金属催化的烯丙基取代反应已经成为不对称催化中最强有力的方法之一，因为它们可以用于形成碳-碳键和碳-杂原子键[81-83]。这类反应涉及产生能以优异的化学选择性、区域选择性和对映选择性控制参与好几种类型转化的 π-烯丙基金属中间体。使用后

过渡金属配合物，尤其是钯和铑，已经进行了很多研究。由于配体设计上进行的大量努力，已经开发出了许多手性配体。对于多种亲核试剂和烯丙基金属都可以获得高水平的对映选择性。

不对称烯丙基取代反应的一个重要子类是内消旋烯二醇二酯及相关底物的去对称化。这些底物已被广泛用于具有生物活性化合物的对映选择性全合成中。图 10.34 中内消旋的 1,4-双乙酰氧基-2-烯底物去对称化的机理中展示了这类反应的一般情况。一般认为机理是首先产生一种络合到底物离去基团的反面的钯（0）物种。下一步是其中一个对映异位基团的离子化，产生 π-烯丙基中间体接着发生亲核加成[83]。产物的解离再生了催化剂。这一过程的对映选择性决定步骤是离去基团的离子化。虽然产物仍然有一个苯甲酸烯丙基酯，催化剂取代余下的离去基团是不匹配的组合，比第一次离子化过程慢得多。这种活性差别已被用于合成复杂的天然产物，如下文所示。

这个过程能够取得巨大成功的一个关键因素是发展了基于易于拆分的手性二胺的膦配体[84]。关注最多的配体显示在图 10.35 中。一般认为这种配体通过膦中心与钯结合。然而，对于非 C_2-对称的钯配合物情况更加复杂，因其与低聚化合物之间存在平衡，后者中配体上的膦中心可以结合到不同的钯上[85]。在单体形式的加合物中，配体强制采取了一个大的 P—Pd—P 咬合角 θ。双膦配体中咬合角的打开迫使与 P 结合的用于传递不对称的芳基向前伸展，包住了 π-烯丙基[86,87]。得到晶体学表征的一个类似配体中 P—Pd—P 咬角为 110.5°[88]，比平面正方形化合物倾向于采用的理想的 90°咬角要大得多。本节中余下的部分将使用图 10.35 中所示的配体和催化剂，并用 L*来表示（其对映异构体用 ent-L*表示）。

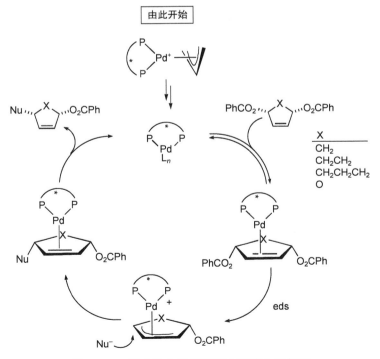

图 10.34　提出的内消旋底物去对称化的机理

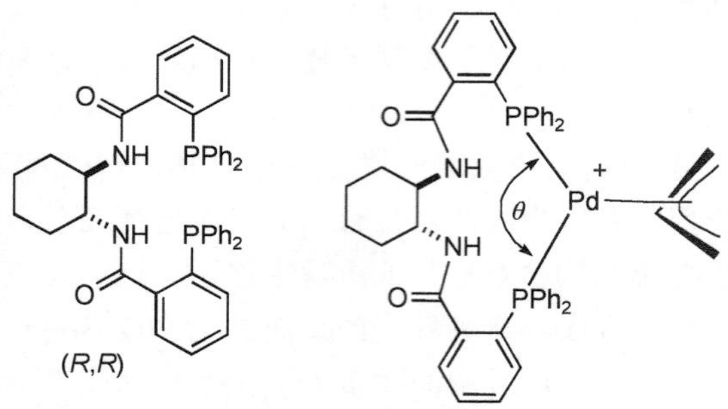

图 10.35　不对称烯丙基取代反应使用的螯合型双膦

　　使用图 10.35 中的钯-双膦配体对 2,5-二酰氧基-2,5-二氢呋喃进行的不对称去对称化可以为许多天然产物的合成构建关键中间体。在合成 C-2-*epi*-hygromycin 的过程中，使用一种酰基负离子等价体 1-苯磺酰基硝基乙烷的钠盐的反应以优秀的产率和对映选择性得到单取代产物（图 10.36）[89-91]。尽管在合成中无关紧要，得到的单苯甲酰化产物为 5∶1 的非对映体混合物，这表明烯丙基中间体对进攻的亲核试剂施加了立体化学控制[91]。单苯甲酰化产物与第一步中使用的催化剂具有不匹配的立体化学关系，因此反应非常缓慢。反过来，其催化剂的对映异构体与之匹配，因而反应快。将单苯甲酰化产物用配体的另一对映体（*ent*-L*）形成的催化剂和苯酚为亲核试剂处理时，顺利地发生取代得到产物醛。在第二步取代中，并不需要使用手性配体来实现所需的区域选择性和非对映选择性（见下文）。然而，这里选择了手性催化剂，因为与考察的其他非催化剂相比这个手性催化剂具有更高的活性。中间体醛接下来被转化成 C-2-*epi*-hygromycin。

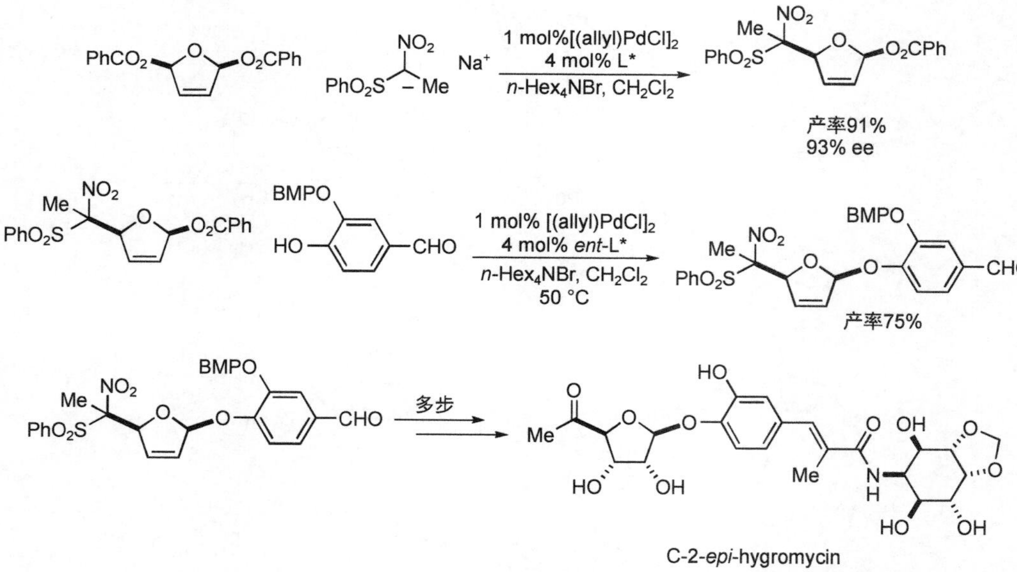

图 10.36　合成 C-2-*epi*-hygromycin 中关键的二酯的去对称化

一个类似的方法也被成功用于对映选择性合成(+)-valienamine（图 10.37）[92]。使用图 10.35 中的钯催化剂和苯磺酰基硝基甲烷对双苯甲酸酯的去对称化可以高效地合成单苯甲酸酯产物。上面讨论过，通过这一中间体中剩余的苯甲酸酯的离子化向异噁唑啉 *N*-氧化物的环化在该反应条件下是慢的。然而，在这种情况下加入非手性的催化剂 Pd(PPh₃)₄ 完成了环化，以 87% 的产率和 99% 的对映选择性给出双环产物。这一去对称化很有吸引力，尤其是其起始的双苯甲酸酯可以从环己二烯进行一步转化得到。

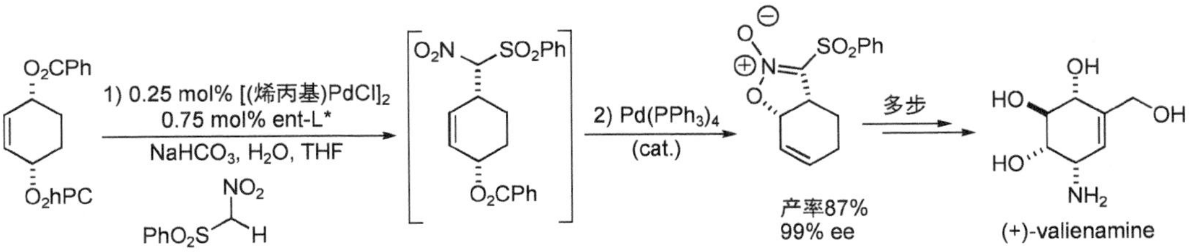

图 10.37　基于易得的内消旋二酯的去对称化合成(+)-valienamine

在前述的例子中，去对称化过程中发生的亲核进攻导致形成一个 C—C 键。去对称化也可以使用氮亲核试剂通过分子内（图 10.38）或分子间（图 10.39）的方式来实现。内消旋的双酰亚胺衍生物的去对称化（图 10.38）[93,94]导致了环化，以高的产率和对映选择性得到环状碳酰胺。这一重要中间体或其对映体已经被用于好几例合成中，包括(−)-swainsonine[95]和 mannostatin[93]的合成。

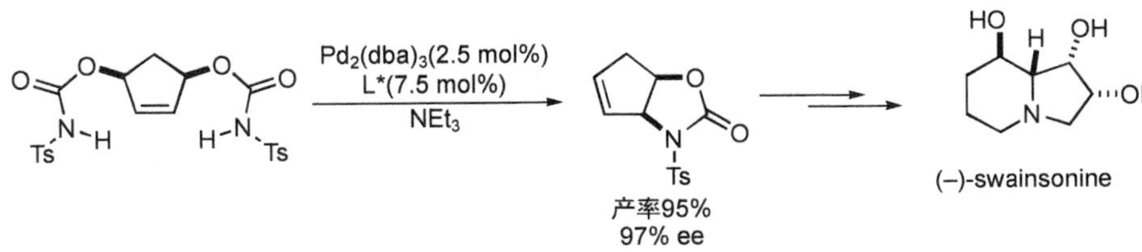

图 10.38　内消旋的二亚胺去对称化产生的环状碳酰胺是合成(−)-swainsonine 的重要中间体

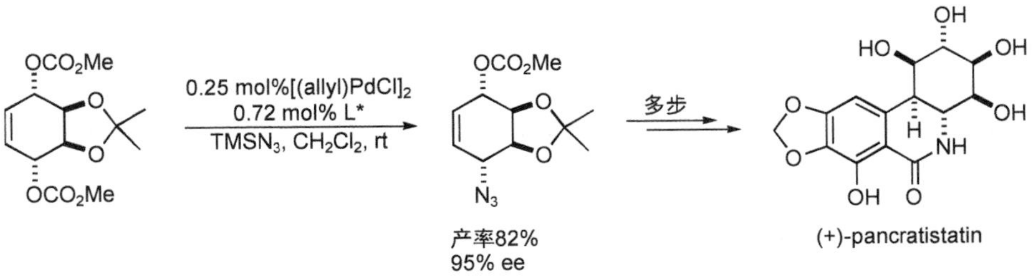

图 10.39　钯催化的使用叠氮化钠的去对称化表现出了优异的对映选择性，
建立了 4 个手性中心上的立体化学

使用叠氮作为亲核试剂也实现了内消旋二酯的去对称化（图 10.39）[96,97]。低天然丰度的生物活性化合物 (+)-pancratistatin （图 10.39）的合成从内消旋的二酯开始，使用图

10.35 中的钯催化剂和 NaN_3 对其去对称化,得到了 83% 的分离产率和 95% 的对映选择性。使用这一有价值的中间体合成了 (+)-pancratistatin[96]。

　　钯催化的内消旋底物的去对称化已被用于多种天然产物的不对称合成,表现了这一过程极高的有用性。本部分中我们集中于一种催化剂钯,但是这一反应对其他配体和金属都是有效的[83]。不对称烯丙基取代反应可以以优异的对映选择性和非对映选择性控制形成 C—C 键、C—N 键、C—O 键和 C—S 键,将来很可能得到重大发展和应用。

总结

　　涉及对复杂的内消旋和中心对称底物的去对称化的合成策略不仅非常优雅,而且经常是构建关键手性合成砌块和合成中间体的最高效的途径。可以快速产生含有多个立体中心的化合物（见第 16 章）。这些化合物的去对称化是不对称催化中一个没有被广泛探索的领域,但在将来必将得到全面的发展。

参 考 文 献

[1] Willis, M. C. Enantioselective Desymmetrisation. *J. Chem. Soc., Perkin Trans. 1* **1999**, 1765-1784.

[2] Nugent, W. A. Chiral Lewis Acid Catalysis. Enantioselective Addition of Azide to *Meso* Epoxides. *J. Am. Chem. Soc.* **1992**, *114*, 2768-2769.

[3] Bradley, D. C.; Mehrotra, R. C.; Rothwell, I. P.; Singh, A. In *Alkoxo and Aryloxo Derivatives of Metals*; Academic Press: New York, 2001.

[4] Balsells, J.; Costa, A. M.; Walsh, P. J. TemperatureDependent Nonlinear Effects and Catalyst Evolution in the Asymmetric Addition of Diethylzinc to Benzaldehyde. *Isr. J. Chem.* **2001**, *41*, 251-261.

[5] McCleland, B. W.; Nugent, W. A.; Finn, M. G. Mechanistic Studies of the Zirconium-Triisopropanolamine-Catalyzed Enantioselective Addition of Azide to Cyclohexene Oxide. *J. Org. Chem.* **1998**, *63*, 6656-6666.

[6] Nugent, W. A. Desymmetrization of *Meso* Epoxides with Halides: A New Catalytic Reaction Based on Mechanistic Insight. *J. Am. Chem. Soc.* **1998**, *120*, 7139-7140.

[7] Schaus, S. E.; Brandes, B. D.; Larrow, J. F.; Tokunaga, M.; Hansen, K. B.; Gould, A. E.; Furrow, M. E.; Jacobsen, E. N. Highly Selective Hydrolytic Kinetic Resolution of Terminal Epoxides Catalyzed by Chiral (Salen)Co^{3+} Complexes. Practical Synthesis of Enantioenriched Terminal Epoxides and 1,2-Diols. *J. Am. Chem. Soc.* **2002**, *124*, 1307-1315.

[8] Jacobsen, E. N. Asymmetric Catalysis of Epoxide Ring-Opening Reactions. *Acc. Chem. Res.* **2000**, *33*, 421-431.

[9] Schaus, S. E.; Larrow, J. F.; Jacobsen, E. N. Practical Synthesis of Enantiopure Cyclic 1,2-Amino Alcohols via Catalytic Asymmetric Ring Opening of *Meso* Epoxides. *J. Org. Chem.* **1997**, *62*, 4197-4199.

[10] Martínez, L. E.; Leighton, J. L.; Carsten, D. H.; Jacobsen, E. N. Highly Enantioselective Ring Opening of Epoxides Catalyzed by (Salen)Cr(III) Complexes. *J. Am. Chem. Soc.* **1995**, *117*, 5897-5898.

[11] Hansen, K. B.; Leighton, J. L.; Jacobsen, E. N. On the Mechanism of Asymmetric Nucleophilic Ring-Opening of Epoxides Catalyzed by (Salen)Cr(III) Complexes. *J. Am. Chem. Soc.* **1996**, *118*, 10924-10925.

[12] Groves, J. T.; Viski, P. Asymmetric Hydroxylation by a Chiral Iron Porphyrin. *J. Am. Chem. Soc.* **1989**, *111*, 8537-8538.

[13] Katsuki, T. Some Recent Advances in Metallosalen Chemistry. *Synlett* **2003**, 281-297.

[14] Larrow, J. F.; Jacobsen, E. N. Kinetic Resolution of 1,2-Dihydronaphthalene Oxide and Related Epoxides via Asymmetric C-H Hydroxylation. *J. Am. Chem. Soc.* **1994**, *116*, 12129-12130.

[15] Nishida, T.; Miyafuji, A.; Ito, Y. N.; Katsuki, T. Enthalpy- and/or Entropy-Controlled Asymmetric Oxidation: Stereocontrolling Factors in Mn-Salen-Catalyzed Oxidation. *Tetrahedron Lett.* **2000**, *41*, 7053-7058.

[16] Hamachi, K.; Irie, R.; Katsuki, T. Asymmetric Benzylic Oxidation Using a Mn-Salen Complex as Catalyst. *Tetrahedron Lett.* **1996**, *37*, 4979-4982.

[17] Miyafuji, A.; Katsuki, T. Enantiotopic-Place Selective C-H Oxidation Using a (Salen)manganese(III) Complex as a Catalyst. *Synlett* **1997**, 836-838.

[18] Miyafuji, A.; Katsuki, T. Asymmetric Desymmetrization of *Meso*-Tetrahydrofuran Derivatives by Highly Enantiotopic Selective C-H Oxidation. *Tetrahedron* **1998**, *54*, 10339-10348.

[19] Doyle, M. P.; McKervey, A. M.; Ye, T. In *Modern Catalytic Methods for Organic Synthesis with Diazo Compounds*; Wiley: New York, 1998.

[20] Davies, H. M. L.; Beckwith, R. E. J. Catalytic Enantioselective C-H Activation by Means of Metal-Carbenoid-Induced C-H Insertion. *Chem. Rev.* **2003**, *103*, 2861-2903.

[21] Timmons, D. J.; Doyle, M. P. Catalyst Selection for Metal Carbene Transformations. *J. Organomet. Chem.* **2001**, *617-618*, 98-104.

[22] Doyle, M. P.; Westrum, L. J.; Wolthuis, W. N. E.; See, M. M.; Boone, W. P.; Bagheri, V.; Pearson, M. M. Electronic and Steric Control in Carbon-Hydrogen Insertion Reactions of Diazoacetoacetates Catalyzed by Dirhodium(II) Carboxylates and Carboxamides. *J. Am. Chem. Soc.* **1993**, *115*, 958-964.

[23] Davies, H. M. L.; Hansen, T.; Churchill, M. R. Catalytic Asymmetric C-H Activation of Alkanes and Tetrahydrofuran. *J. Am. Chem. Soc.* **2000**, *122*, 3063-3070.

[24] Pirrung, M. C.; Morehead, A. T., Jr. Electronic Effects in Dirhodium(II) Carboxylates. Linear Free Energy Relationships in Catalyzed Decompositions of Diazo Compounds and CO and Isonitrile Complexation. *J. Am. Chem. Soc.* **1994**, *116*, 8991-9000.

[25] Taber, D. F.; Malcolm, S. C. Rhodium-Mediated Intramolecular C-H Insertion: Probing the Geometry of the Transition State. *J. Am. Chem. Soc.* **1998**, *63*, 3717-3721.

[26] Nakamura, E.; Yoshikai, N.; Yamanaka, M. Mechanism of C-H Bond Activation/C-C Bond Formation Reaction Between Diazo Compound and Alkane Catalyzed by Dirhodium Tetracarboxylate. *J. Am. Chem. Soc.* **2002**, *124*, 7181-7192.

[27] Doyle, M. P.; Dyatkin, A. B.; Tedrow, J. S. Synthesis of 2-Deoxyxylolactone from Glycerol Derivatives via Highly Enantioselective Carbon-Hydrogen Insertion Reactions. *Tetrahedron Lett.* **1994**, *35*, 3853-3856.

[28] Doyle, M. P.; Dyatkin, A. B.; Roos, G. H. P.; Canas, F.; Pierson, D.; van Basten, A.; Mueller, P.; Polleux, P. Diastereocontrol for Highly Enantioselective Carbon-Hydrogen Insertion Reactions of Cycloalkyl Diazoacetates. *J. Am. Chem. Soc.* **1994**, *116*, 4507-4508.

[29] Mikami, K.; Yoshida, A.; Matsumoto, Y. Catalytic Asymmetric Carbonyl-Ene Reactions with Alkynylogous and Vinylogous Glyoxylates: Application to Controlled Synthesis of Chiral Isocarbacyclin Analogues. *Tetrahedron Lett.* **1996**, *37*, 8515-8518.

[30] Mikami, K.; Terada, M.; Nakai, T. Asymmetric Glyoxylate-Ene Reaction Catalyzed by Chiral Titanium Complexes: A Practical Access to α-Hydroxy Esters in High Enantiomeric Purity. *J. Am. Chem. Soc.* **1989**, *111*, 1940-1941.

[31] Woo, S.; Keay, B. A. "S$_N$2'" and "S$_N$2' Like" Ring Openings of Oxa-*N*-Cyclo Systems. *Synthesis* **1996**, 669-686.

[32] Lautens, M.; Fagnou, K.; Hiebert, S. Transition Metal-Catalyzed Enantioselective Ring-Opening Reactions of Oxabicyclic Alkenes. *Acc. Chem. Res.* **2003**, *36*, 48-58.

[33] Lautens, M.; Chiu, P.; Ma, S.; Rovis, T. Nickel-Catalyzed Hydroalumination of Oxabicyclic Alkenes Ligand Effects on the Regio- and Enantioselectivity. *J. Am. Chem. Soc.* **1995**, *117*, 532-533.

[34] Lautens, M.; Ma, S.; Chiu, P. Synthesis of Cyclohexenols and Cycloheptenols via the Regioselective Reductive Ring Opening of Oxabicyclic Compounds. *J. Am. Chem. Soc.* **1997**, *119*, 6478-6487.

[35] Lautens, M.; Dockendorff, C.; Fagnou, K.; Malicki, A. Rhodium-Catalyzed Asymmetric Ring Opening of Oxabicyclic Alkenes with Organoboronic Acids. *Org. Lett.* **2002**, *4*, 1311-1314.

[36] Lautens, M.; Hiebert, S.; Renaud, J.-L. Enantioselective Ring Opening of Aza and Oxabicyclic Alkenes with Dimethylzinc. *Org. Lett.* **2000**, *2*, 1971-1973.

[37] Lautens, M.; Fagnou, K. Effects of Halide Ligands and Protic Additives on Enantioselectivity and Reactivity in Rhodium-Catalyzed Asymmetric Ring-Opening Reactions. *J. Am. Chem. Soc.* **2001**, *123*, 7170-7171.

[38] Bertozzi, F.; Pineschi, M.; Macchia, F.; Arnold, L. A.; Minnaard, A. J.; Feringa, B. L. Copper Phosphoramidite Catalyzed Enantioselective Ring-Opening of Oxabicyclic Alkenes: Remarkable Reversal of Stereocontrol. *Org. Lett.* **2002**, *4*, 2703-2705.

[39] Lautens, M.; Hiebert, S.; Renaud, J.-L. Mechanistic Studies of the Palladium-Catalyzed Ring Opening of Oxabicyclic Alkenes with Dialkylzinc. *J. Am. Chem. Soc.* **2001**, *123*, 6834-6839.

[40] Lautens, M.; Colucci, J. T.; Hiebert, S.; Smith, N. D.; Bouchain, G. Total Synthesis of Ionomycin Using Ring-Opening Strategies. *Org. Lett.* **2002**, *4*, 1879-1882.

[41] Ruble, J. C.; Tweddell, J.; Fu, G. C. Kinetic Resolution of Arylalkylcarbinols Catalyzed by a Planar-Chiral Derivative of DMAP: A New Benchmark for Nonenzymatic Acylation. *J. Org. Chem.* **1998**, *63*, 2794-2795.

[42] Schreiber, S. L.; Schreiber, T. S.; Smith, D. B. Reactions That Proceed with a Combination of Enantiotopic Group and Diastereotopic Face Selectivity Can Deliver Products with Very High Enantiomeric Excess: Experimental Support of a Mathematical Model. *J. Am. Chem. Soc.* **1987**, *109*, 1525-1529.

[43] Lewis, C. A.; Chiu, A.; Kubryk, M.; Balsells, J.; Pollard, D.; Esser, C. K.; Murry, J.; Reamer, R. A.; Hansen, K. B.; Miller, S. J. Remote Desymmetrization at Near-Nanometer Group Separation Catalyzed by a Miniaturized Enzyme Mimic. *J. Am. Chem. Soc.* **2006**, *128*, 16454-16455.

[44] Schreiber, S. L.; Goulet, M. T.; Schulte, G. Two Directional Chain Synthesis. The Enantioselective Preparation of *syn*-Skipped Polyol Chains from *meso* Precursors. *J. Am. Chem. Soc.* **1987**, *109*, 4718-4720.

[45] Poss, C. S.; Schreiber, S. L. Two-Directional Chain Synthesis and Terminus Differentiation. *Acc. Chem. Res.* **1994**, *27*, 9-17.

[46] Nakata, T. Synthetic Study of Marine Polycyclic Ethers. Total Synthesis of Hemibrevetoxin B. *Synth. Org. Chem. Jpn.* **1998**, *56*, 940-951.

[47] Morimoto, M.; Matsukura, H.; Nakata, T. Total Synthesis of Hemibrevetoxin B. *Tetrahedron Lett.* **1996**, *37*, 6365-6368.

[48] Holland, J. M.; Lewis, M.; Nelson, A. First Desymmetrization of a Centrosymmetric Molecule in Natural Product Synthesis: Preparation of a Key Fragment in the Synthesis of Hemibrevetoxin B. *Angew. Chem., Int. Ed. Engl.* **2001**, *40*, 4082-4084.

[49] Holland, J. M.; Lewis, M.; Nelson, A. Desymmetrization of a Centrosymmetric Diepoxide: Efficient Synthesis of a Key Intermediate in a Total Synthesis of Hemibrevetoxin B. *J. Org. Chem.* **2003**, *68*, 747-753.

[50] Tokunaga, M.; Larrow, J. F.; Kakuichi, F.; Jacobsen, E. N. Asymmetric Catalysis with Water: Efficient Kinetic Resolution of Terminal Epoxides by Means of Catalytic Hydrolysis. *Science* **1997**, *277*, 936-938.

[51] Martín, V. S.; Woodard, S. S.; Katsuki, T.; Yamada, Y.; Ikeda, M.; Sharpless, K. B. Kinetic Resolution of Racemic Allylic Alcohols by Enantioselective Epoxidation. A Route to Substances of Absolute Enantiomeric Purity? *J. Am. Chem. Soc.* **1981**, *103*, 6237-6240.

[52] Gao, Y.; Klunder, J. M.; Hanson, R. M.; Masamune, H.; Ko, S. Y.; Sharpless, K. B. Catalytic Asymmetric Epoxidation and Kinetic Resolution: Modified Procedures Including in situ Derivatization. *J. Am. Chem. Soc.* **1987**, *109*, 5765-5780.

[53] Smith, D. B.; Wang, D.; Schreiber, S. L. The Asymmetric Epoxidation of Divinyl Carbinols: Theory and Applications. *Tetrahedron* **1990**, *46*, 4793-4808.

[54] Katsuki, T. In *Comprehensive Asymmetric Catalysis*; Jacobsen, E. N., Pfaltz, A., Yamamoto, H., Eds.; Springer-Verlag: Berlin, 1999; Vol. 2, pp 621-648.

[55] Hatakeyama, S.; Sakurai, K.; Numata, H.; Ochi, N.; Takano, S. A Novel Chiral Route to Substituted Tetrahydrofurans. Total Synthesis of (+)-Verrucosidin and Formal Synthesis of (−)-Citreoviridin. *J. Am. Chem. Soc.* **1988**, *110*, 5201-5203.

[56] Nakatsuka, M.; Ragan, J. A.; Sammakia, T.; Smith, D. B.; Uehling, D. E.; Schreiber, S. L. Total Synthesis of FK506

and an FKBP Probe Reagent, (C$_8$,C$_{9-13}$C$_2$)-FK506. *J. Am. Chem. Soc.* **1990**, *112*, 5583-5601.

[57] Okamoto, S.; Kobayashi, Y.; Kato, H.; Hori, K.; Takahashi, T.; Tsuji, J.; Sato, F. Prostaglandin Synthsis via Two-Component Coupling. Highly Efficient Synthesis of Chiral Prostaglandin Intermediates 4-Alkoxy-2-alkyl-2-cyclopenten-1-one and 4-Alkoxy-3-alkenyl-2 methylenecyclopentan-1-one. *J. Org. Chem.* **1988**, *53*, 5590-5592.

[58] Spivey, A. C.; Woodhead, S. J.; Weston, M.; Andrews, B. I. Enantioselective Desymmetrization of *meso*-Decalin Diallylic Alcohols by a New Zr-Based Sharpless AE Process: A Novel Approach to the Asymmetric Synthesis of Polyhydroxylated Celas-traceae Sesquiterpene Cores. *Angew. Chem., Int. Ed. Engl.* **2001**, *40*, 769-771.

[59] Hishiyama, H.; Itoh, K. In *Catalytic Asymmetric Synthesis*; Ojima, I., Ed.; Wiley: New York, 2000; pp 111-143.

[60] Tamao, K.; Ishida, N.; Tanaka, T.; Kumada, M. Silafunctional Compounds in Organic Synthesis. Part 20. Hydrogen Peroxide Oxidation of the Silicon-Carbon Bond in Organoalkoxysilanes. *Organometallics* **1983**, *2*, 1694-1696.

[61] Tamao, K.; Kakui, T.; Kumada, M. Organofluorosilicates in Organic Synthesis. 2. A Convenient Procedure for Preparing Primary Alcohols from Olefins. A Novel Facile Oxidative Cleavage of Carbon-Silicon Bonds by *m*-Chloroperoxybenzoic Acid. *J. Am. Chem. Soc.* **1978**, *100*, 2268-2269.

[62] Barnhart, R. W.; Wang, X.; Noheda, P.; Bergens, S. H.; Whelan, J.; Bosnich, B. Asymmetric Catalysis. Asymmetric Catalytic Intramolocular Hydrosilation and Hydroacylation. *Tetrahedron* **1994**, *50*, 4335-4346.

[63] Tamao, K.; Tohma, T.; Inui, N.; Nakayama, O.; Ito, Y. Catalytic Asymmetric Intramolecular Hydrosilation. *Tetrahedron Lett.* **1990**, *31*, 7333-7336.

[64] Tamao, K.; Ito, Y. Deuterium-Labeling Studies on the Regioselective and Stereoselective Intramolecular Hydrosilation of Allyl Alcohols and Allylamines Catalyzed by Platinum and Rhodium Complexes. *Organometallics* **1993**, *12*, 2297-2308.

[65] Bergens, S. H.; Noheda, P.; Whelan, J.; Bosnich, B. Asymmetric Catalysis. Production of Chiral Diols by Enantioselective Catalytic Intramolecular Hydrosilation of Olefins. *J. Am. Chem. Soc.* **1992**, *114*, 2121-2128.

[66] Bergens, S. H.; Noheda, P.; Whelan, J.; Bosnich, B. Asymmetric Catalysis. Mechanism of Asymmetric Catalytic Intramolecular Hydrosilylation. *J. Am. Chem. Soc.* **1992**, *114*, 2128-2135.

[67] Tamao, K.; Nakamura, K.; Ishii, H.; Yamaguchi, S.; Shiro, M. Axially Chiral Spirosilanes via Catalytic Asymmetric Intramolecular Hydrosilation. *J. Am. Chem. Soc.* **1996**, *118*, 12469-12470.

[68] Shibasaki, M.; Vogl, E. M. The Palladium-Catalysed Arylation and Vinylation of Alkenes—Enantioselective Fashion. *J. Organomet. Chem.* **1999**, *576*, 1-15.

[69] de Meijere, A.; Meyer, F. E. Clothes Make the People: The Heck Reaction in New Clothing. *Angew. Chem., Int. Ed. Engl.* **1994**, *33*, 2379-2411.

[70] Brown, J. M.; Perez-Torrente, J. J.; Alcock, N. W.; Clase, H. J. Stable Arylpalladium Iodides and Reactive Arylpalladium Trifluoromethanesulfonates in the Intramolecular Heck Reaction. *Organometallics* **1995**, *14*, 207-213.

[71] Brown, J. M.; Hii, K. K. Characterization of Reactive Intermediates in Palladium-Catalyzed Arylation of Methyl Acrylate (Heck Reaction). *Angew. Chem., Int. Ed. Engl.* **1996**, *35*, 657-659.

[72] Cabri, W.; Candiani, I. Recent Developments and New Perspectives in the Heck Reaction. *Acc. Chem. Res.* **1995**, *28*, 2-7.

[73] Ashimori, A.; Overman, L. E. Catalytic Asymmetric Synthesis of Quarternary Carbon Centers. Palladium-Catalyzed Formation of Either Enantiomer of Spirooxindoles and Related Spirocyclics Using a Single Enantiomer of a Chiral Diphosphine Ligand. *J. Org. Chem.* **1992**, *57*, 4571-4572.

[74] Kagechika, K.; Shibasaki, M. Asymmetric Heck Reaction: A Catalytic Asymmetric Synthesis of the Key Intermediate for Δ-$^{9(12)}$-Capnellene-3β,8β,10α-triol and Δ-$^{9(12)}$-Capnellene-3β,8β,10α,14-tetrol. *J. Org. Chem.* **1991**, *56*, 4093-4094.

[75] Ohshima, T.; Kagechika, K.; Adachi, M.; Sodeoka, M.; Shibasaki, M. Asymmetric Heck Reaction—Carbanion Capture Process. Catalytic Asymmetric Total Synthesis of (-)-Δ$^{9(12)}$-Capnellene. *J. Am. Chem. Soc.* **1996**, *118*, 7108-7116.

[76] Kondo, K.; Sodeoka, M.; Mori, M.; Shibasaki, M. Asymmetric Heck Reaction. A Catalytic Asymmetric Synthesis of the Key Intermediate for Vernolepin. *Tetrahedron Lett.* **1993**, *34*, 4219-4222.

[77] Danishefsky, S.; Schuda, P. F.; Kitahara, T.; Etheredge, S. J. The Total Synthesis of *dl*-Vernolepin and *dl*-Vernomenin.

J. Am. Chem. Soc. **1977**, *99*, 6066-6075.

[78] Lebsack, A. D.; Link, J. T.; Overman, L. E.; Stearns, B. A. Enantioselective Total Synthesis of Quadrigemine C and Psycholeine. *J. Am. Chem. Soc.* **2002**, *124*, 9008-9009.

[79] Hayashi, T.; Niisuma, S.; Kamikawa, T.; Suzuki, N.; Uozumi, Y. Catalytic Asymmetric Synthesis of Axially Chiral Biaryls by Palladium-Catalyzed Enantioposition-Selective Cross-Coupling. *J. Am. Chem. Soc.* **1995**, *117*, 9101-9102.

[80] Kamikawa, T.; Uozumi, Y.; Hayashi, T. Enantioposition-Selective Alkynylation of Biaryl Ditriflates by Palladium-Catalyzed Asymmetric Cross-Coupling. *Tetrahedron Lett.* **1996**, *37*, 3161-3164.

[81] Trost, B. M.; Van Vranken, D. L. Asymmetric Transition-Metal-Catalyzed Allylic Alkylations. *Chem. Rev.* **1996**, *96*, 395-422.

[82] Trost, B. M. Designing a Receptor for Molecular Recognition in a Catalytic Synthetic Reaction: Allylic Alkylation. *Acc. Chem. Res.* **1996**, *29*, 355-364.

[83] Trost, B. M.; Crawley, M. L. Asymmetric Transition-Metal-Catalyzed Allylic Alkylations: Applications in Total Synthesis. *Chem. Rev.* **2003**, *103*, 2921-2944.

[84] Trost, B. M.; Vranken, D. L. V.; Bingel, C. A Modular Approach for Ligand Design for Asymmetric Allylic Alkylations via Enantioselective Palladium-Catalyzed Ionizations. *J. Am. Chem. Soc.* **1992**, *114*, 9327-9343.

[85] Lloyd-Jones, G. C.; Stephen, S. C.; Fairlamb, I. J. S.; Martorell, A.; Dominguez, B.; Tomlin, P. M.; Murray, M.; Fernandez, J. M.; Jeffery, J. C.; RiisJohannessen, T.; Guerziz, T. Coordination of the Trost Modular Ligand to Palladium Allyl Fragments: Oligomers, Monomers, and Memory Effects in Catalysis. *Pure Appl. Chem.* **2004**, *76*, 589-601.

[86] Trost, B. M.; Murphy, D. J. A Model for Metal-Templated Catalytic Asymmetric Induction via π-Allyl Fragments. *Organometallics* **1985**, *4*, 1143-1145.

[87] Hayashi, T.; Ohno, A.; Lu, S.-J.; Matsumoto, Y.; Fukuyo, E.; Yanagi, K. Optically Active Ruthenocenylbis(phosphines): New Efficient Chiral Phosphine Ligands for Catalytic Asymmetric Reactions. *J. Am. Chem. Soc.* **1994**, *116*, 4221-4226.

[88] Trost, B. M.; Breit, B.; Peukert, S.; Zambrano, J.; Ziller, J. W. A New Platform for Designing Ligands for Asymmetric Induction in Allylic Alkylations. *Angew. Chem., Int. Ed. Engl.* **1995**, *34*, 2386-2388.

[89] Trost, B. M.; Dirat, O.; Dudash, J.; Hembre, E. J. An Asymmetric Synthesis of *C-2-epi*-Hygromycin A. *Angew. Chem., Int. Ed. Engl.* **2001**, *40*, 3658-3660.

[90] Trost, B. M.; Dudash, J.; Hembre, E. J. Asymmetric Induction of Conduritols via AAA Reactions: Synthesis of the Aminocyclohexitol of Hygromycin A. *Chem. Eur. J.* **2001**, *7*, 1691-1629.

[91] Trost, B. M.; Dudash, J.; Dirat, O. Application of the AAA Reaction to the Aynthesis of the Furanoside of *C-2-epi*-Hygromycin Synthesis: A Total Synthesis of *C-2-epi*-Hygromycin A. *Chem. Eur. J.* **2002**, *8*, 259-268.

[92] Trost, B. M.; Chupak, L. S.; Lubbers, T. Total Synthesis of (±)- and (+)-Valienamine via a Strategy Derived from New Palladium-Catalyzed Reactions. *J. Am. Chem. Soc.* **1998**, *120*, 1732-1740.

[93] Trost, B. M.; Van Vranken, D. L. A General Synthetic Strategy Toward Aminocyclopentitol Glycosidase Inhibitors. Application of Palladium Catalysis to the Synthesis of Allosamizoline and Mannostatin A. *J. Am. Chem. Soc.* **1993**, *115*, 444-458.

[94] Trost, B. M.; Patterson, D. E. Enhanced Enantioselectivity in the Desymmetrization of *Meso*-Biscarbamates. *J. Org. Chem.* **1998**, *63*, 1339-1341.

[95] Buschmann, N.; Ruckert, A.; Blechert, S. A New Approach to (-)-Swainsonine by Ruthenium-Catalyzed Ring Rearrangement. *J. Org. Chem.* **2002**, *67*, 4325-4329.

[96] Trost, B. M.; Pulley, S. R. Asymmetric Total Synthesis of (+)-Pancratistatin. *J. Am. Chem. Soc.* **1995**, *117*, 10143-10144.

[97] Trost, B. M.; Cook, G. R. An Asymmetric Synthesis of (−)-Epibatidine. *Tetrahedron Lett.* **1996**, *37*, 7485-7488.

第11章　非线性效应、自催化和自诱导

11.1 化学中的非对映相互作用

不对称催化中的非线性效应的概念隶属于一个更广的称为非对映选择性相互作用的主题。回想一下，外消旋体同它们的对映纯化合物可以具有不同的标量物理性质，如熔点、沸点、溶解度、蒸气压等[1-3]。例如，固态下外消旋体混合物的每个晶体通常（不总是这样！）包含等量的两种对映体。然而，对于对映纯化合物，同样的晶体形式是不可能的，因为晶体中分子的堆积方式必须不同。由于这一原因，外消旋混合物与对映纯化合物的晶体通常将会具有不同的熔点、密度和溶解度。在一些更极端的情况下，外消旋体与其拆分开的对映纯化合物可能表现出结构上的差异[4]。

外消旋混合物与对映纯化合物表现出不同性质的一个戏剧性的例子是 α-三氟甲基乳酸（图 11.1）。外消旋体在 88 ℃ 融化，而对映纯物质在 110 ℃ 融化。因此，外消旋体比其对映纯物质升华得更快。80% ee 的 α-三氟甲基乳酸晶体室温下放置超过 60 h 之后 ee 值提高到 > 99%。对于这种不寻常现象的认识可以通过考察外消旋体与对映体纯化合物的固态结构中分子间相互作用来获得。对映纯酸的晶体比外消旋酸的晶体中包含更多的分子间氢键[5]。固态中氢键的增加导致了更高的密度和一个更稳定的晶体形式。

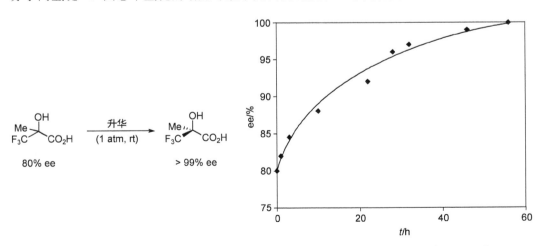

图 11.1　由于外消旋体的升华速率更快，(S)-α-三氟甲基乳酸（期初 ee 为 80%）的升华造成了 ee 值的提高

　　在纯液相中，不同的分子内相互作用也可以导致外消旋混合物与对映纯化合物具有不同的物理性质。例如，外消旋的三氟乙酸异丙酯 [$CF_3CH(OH)CO_2(i\text{-}Pr)$] 在 93 ℃沸腾，而其纯的对映体在 136 ℃沸腾[6]。对对映体富集的三氟乙酸异丙酯进行部分蒸馏可以造成馏出物与剩余组分与起初物质在 ee 值上的不同。

　　溶解之后，外消旋混合物与对映纯化合物晶体中存在的不同的相互作用通常被它们与溶剂的相互作用所取代。因此，经常观察到外消旋混合物与对映体富集的化合物具有完全一样的溶液光谱（NMR、IR、UV/Vis 等）。然而，在一些情况下，分子间的结合作用在溶液中仍然保持[7-10]。在这种情况下，可以发生有利于形成二聚体、低聚体、多聚体等的纯手性（homochiral）或异手性（heterochiral）形式的情况。例如，几乎对映纯的次膦酰胺 PhMeP(O)NHPh 分子中含有一个手性的膦中心，其 ^{1}H NMR 谱对 P-Me 在 δ 1.74 处表现出了一个双重峰（由于与自旋为 1/2 的 ^{31}P 的耦合）。与之相比，外消旋混合物的 P-Me 在 δ 1.68 处共振[11]。一个 80% ee 的 PhMeP(O)NHPh 的溶液以 90：10 的比例表现出两个双重峰。

　　IR 研究表明，次膦酰胺如 PhMeP(O)NHPh 通过氢键相结合。当前例子的一种可能性是形成了非对映异构关系的纯手性和异手性的二聚体，如图 11.2 所示。如果非对映异构的异手性二聚体和纯手性二聚体具有相似的能量，主要的对映体最有可能与具有同样构型的分子相互作用。相反，次要对映体很可能与一个主要对映体的分子相作用，因为主要对映体的浓度高得多。因此，即便非对映异构的二聚物中次膦酰胺分子在 NMR 的时间尺度上可以快速交换位置，对于这些对映体将会观察到不同的信号。当 PhMeP(O)NHPh 的 ee 值接近 0 时，这些信号会合并成一个。这种类型的结合方式会造成溶液的 ee 值与测量到的旋光之间的非线性关系[12,13]。值得指出的很重要的一点是，聚集状态会受到溶剂性质和浓度的影响。不含氢键供体和受体的极性较小的溶剂有利于聚集，而那些含有氢键供体和受体的溶剂对结合不利。由于这一原因，记录旋光时使用极性质子性溶剂会使由于溶质-溶质相互作用而引起误差的可能性降到最低。

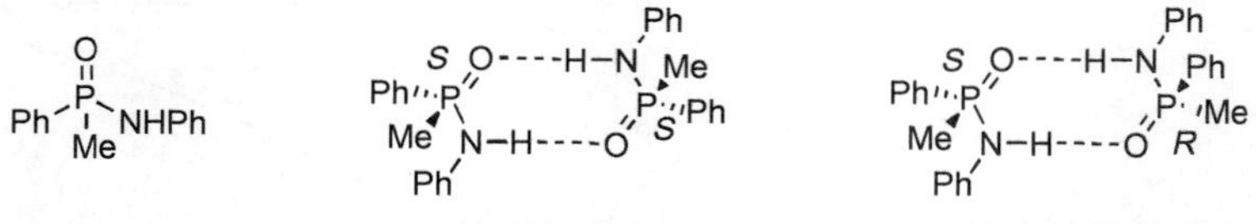

纯手性二聚体　　　　　异手性二聚体

图 11.2　P-手性次膦酰胺的结构以及单体可能结合成纯手性二聚体和异手性二聚体

　　在溶液中造成 NMR 光谱依赖于 ee 值的非对映选择性结合也可以造成非外消旋物质的纯化过程中其对映体比例的令人奇怪和严重的后果。为简单起见，此处只讨论非对映异构的二聚体，虽然也适用于低聚体和更高级的聚合体。我们考虑一种对映体富集物质的单体发生结合，其异手性二聚体比纯手性二聚体稳定得多的情况。在外消旋溶液中，大部分的这种物质会结合形成异手性二聚体。在(R)-型对映体富集的溶液中，异手性二聚体会一直形成，直到所有的次要的(S)-型对映体都被包含到异手性二聚体中为止。剩余的(R)-型对映体不能再以同样的方式结合，因此可能会形成纯手性二聚体（或保持不结合的状态）。纯手性二聚体和异手性二聚体是非对映异构的关系，而非对映异构体可以通过非手性色谱方法进行分离。

现在考虑一下图 11.3 中 66.6% ee 的 β-氨基酸。当使用常规的非手性硅胶，以己烷和乙酸乙酯（5∶1）为流动相进行柱色谱分离时，收集了含有这个化合物的 20 个组分。流出的第一个组分中的 β-氨基酸只有 8%的 ee 值。后面的组分中 β-氨基酸的 ee 值显著提高，含有超过 >99.9% ee 的 β-氨基酸衍生物[10]！在这个例子中，ee 值变化的幅度超过了 90%。这种现象被称作"对映体的自歧化"（"enantiomer self-disproportionation"或"self-disproportionation of enantiomers"）[10]。重要的是，纯化过的物质的 ee 值取决于哪些组分被放到一起。对比之下，当使用完全相同的条件对同样的 β-氨基酸衍生物进行柱色谱分离，仅将洗脱剂从己烷和乙酸乙酯换为氯仿时，具有最低 ee 值组分的 ee 值为 65.8%，而具有最高的为 68.8% ee[10]。虽然一般认为这种现象很罕见，这个例子提醒我们，甚至当使用标准的色谱条件分离对映体富集的样品（尤其是手性中心附近有氟烷基基团的样品[8]）时，也必须谨慎。图 11.4 中给出了可以发生自歧化的其他化合物[7,8]。这些化合物具有轴手性、中心手性和螺旋手性，说明对映体的自歧化可能是个普遍现象。

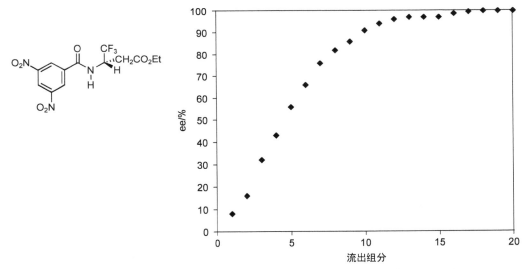

图 11.3　ee 值为 66.6%的 β-氨基酸衍生物使用常规硅胶进行的色谱分离

收集了 20 个含有酸的流出组分，图中画出了每个流出组分的 ee 值

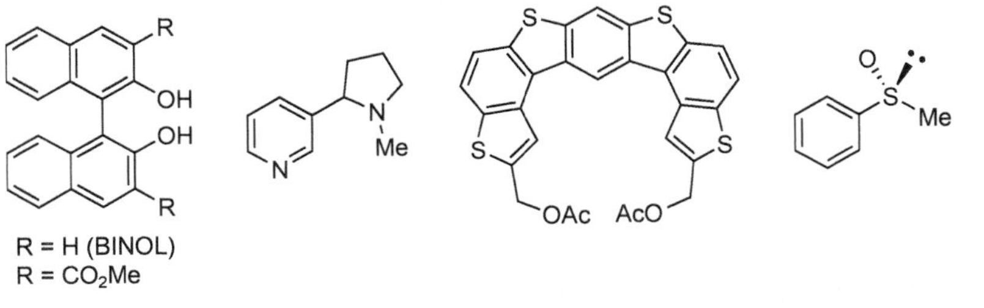

图 11.4　在非手性硅胶上色谱分离时在某些条件下可以发生自歧化的化合物

总体上看，非对映纯化合物的结晶可以造成回收的晶体的 ee 值的提高。这种有用的技术被药物工业广泛用作在制备单一对映体的药物时"升级"ee 值的手段。然而，标准的有机纯化技术，包括升华、蒸馏和使用非手性固定相的色谱可以造成对映体富集的化合物 ee 值改变这一事实却没有被广泛认识到。因此，在处理对映体富集的化合物时必须谨慎。造成这种行为的分子间相互作用可以是氢键、范德华力和偶极-偶极相互作用。图 11.5 中使用一个 60% ee 的样品为例描绘了对于对映富集的样品经常遇到的相互作用的情况[8]。这些情形有些已经不在非对映相互作用的范围内，因为它们产生了完全不同的化学物种。如果没有分子间相互作用或相互作用仅涉及形成纯手性二聚体，这些分子互为对映异构体，使用以上提到的纯化方法时不能观察到 ee 值的增加（图 11.5，A 组）。相反，异手性的二聚体、低聚体或具有不同链长即不同分子量的纯手性低聚体因此原则上可以通过标准的非手性技术进行分离开。

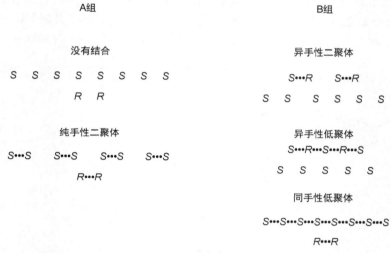

图 11.5   没有相互作用或仅形成纯手性二聚体的对映体富集的物质（A 组）不能通过升华、蒸馏或非手性硅胶上进行色谱分离；然而，B 组中的相互作用可以导致纯化中 ee 值发生变化

11.2   不对称催化中的非线性效应

在不对称催化和使用手性色谱进行对映体分离上取得的进展增加了易得的高对映体富集的有机物的数目和种类。就其本身而言，药物工业、农业化学工业和材料工业对接近对映纯的化合物的需求不断增长。为满足这些工业的标准而进行的最大限度地提高产物对映选择性的努力不可避免地导致提出有关催化剂的对映体纯度的问题。虽然通常认为催化剂是非常接近对映纯的，实际上却不总是如此。当催化剂是对映体不纯时，产物的 ee 值会发生什么？例如，二乙基锌与醛的不对称加成列于图 11.6[14,15]。在这个反应中，使用了催化量的 BINOL、1.2 equiv 的四异丙氧钛、3 equiv 的二乙基锌及 1 equiv 的苯甲醛。BINOL 与四异丙氧钛反应产生(BINOLate)Ti(O-i-Pr)₂，一种不对称的 Lewis 酸。

当使用对映纯的(*R*)-BINOL 时，以 89% ee 得到了产物醇。使用 20 mol%的 80%、60%、40%和 20% ee 的 BINOL 造成了产物 ee 值的线性降低，从图 11.7 中 BINOL ee 对产物 ee 的曲线上菱形数据点可以看出[14,16]。不对称催化中许多反应都表现出了催化剂 ee 与产物 ee 的这种线性关系。

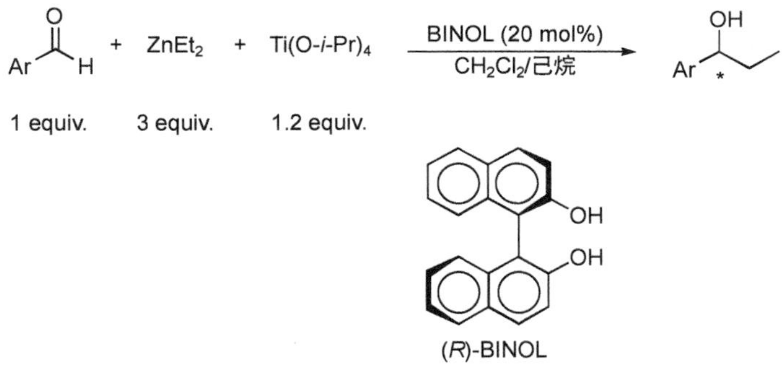

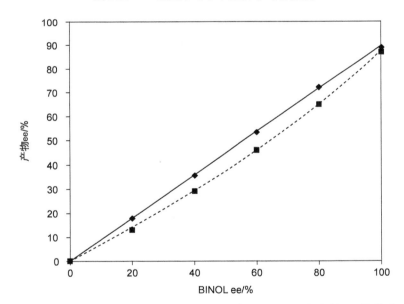

图 11.6　二乙基锌对苯甲醛的不对称加成

图 11.7　二乙基锌对苯甲醛的不对称加成中 BINOL ee 与产物 ee 的关系
◆ 代表反应按照图 11.6 中的条件进行时的数据点。■ 是使用(BINOLate)Ti(O-*i*-Pr)$_2$ 的、
没有外加的四异丙氧钛情况下化学计量反应的数据点

　　有趣的是，当使用 1.2 equiv 预先制备的 ee 值分别为 100%、80%、60%、40%和 20% 的(BINOLate)Ti(O-*i*-Pr)$_2$，而且不加入四异丙氧钛时，产物的 ee 值比根据线性关系预期的值低。例如，当使用 60% ee 的配体时，产物的 ee 值为 46%（见图 11.7 中的虚线），而不是根据线性关系所预测的 53%[16]。如何解释这些结果呢？
　　钛烷氧化物配合物通常是缺电子和不饱和的，而且经常形成二聚体或低聚体[17]。对图 11.6 中不对称加成的机理研究表明，当使用催化量的 BINOL 形成(BINOLate)Ti(O-*i*-Pr)$_2$

之后，这个 Lewis 酸与 1 equiv 的四异丙氧钛形成一个双核物种（图 11.8）。(BINOLate)Ti(O-*i*-Pr)₂ 与四异丙氧钛反应，而没有发生二聚，因为四异丙氧钛中的异丙基氧比更强 Lewis 酸性的(BINOLate)Ti(O-*i*-Pr)₂ 中的异丙基氧的 Lewis 碱性更强。然而，当没有四异丙氧钛存在时，(BINOLate)Ti(O-*i*-Pr)₂ 发生二聚。使用不是对映纯的(BINOLate)Ti(O-*i*-Pr)₂ 时，二聚体既可以是异手性的，又可以是纯手性的。跟上节中讲述过的非对映相互作用类似，非对映异构的(BINOLate)Ti(O-*i*-Pr)₂ 二聚体将在不对称加成中表现出不同的反应活性，造成观察到的非线性行为。与之相反，双核化合物只包含单一的 BINOLate 配体。

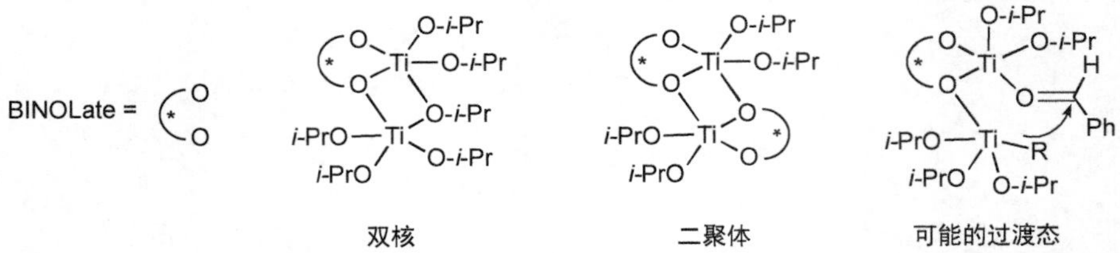

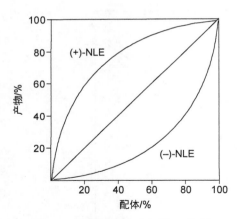

图 11.8　二乙基锌对苯甲醛的不对称加成中双核和二聚体物种的结构和提出的过渡态

图 11.9　催化剂 ee 对产物 ee 作图
在这个例子中，当使用对映纯配体时产物的 ee 值为 100%。凸型和凹型曲线分别是 (+)-NLE 和 (−)-NLE

也许很奇怪，存在很多这种在催化剂 ee 值与产物 ee 值之间的这种非线性关系（NLE = 非线性关系）的例子。为了便于讨论，将图 11.9 中的一般性曲线中当使用对映纯的配体（或催化剂）时催化剂的对映选择性为 100%。直线表示线性关系。当使用 50% ee 的配体时，产物的 ee 值将会是 50%。当产物的 ee 值比预计值低时，称为"不对称缩减"，反应表现出负的非线性效应［(−)-NLE］，如图 11.9 中所示。在这个假想的例子中，具有 50% ee 值的配体得到的产物 ee 值为 15%。相反，如果产物的 ee 比预期高，称为"不对称放大"，观察到的是正的非线性效应［(+)-NLE］。在这个例子中，50% ee 值的配体得到了>85% ee 的产物。因而，正非线性效应的好处是非常大的。

除在不对称催化实践中的重要性之外，非线性效应被广泛用于获得反应机理的信息。然而，不对称催化中非线性效应的概念只是在最近才引入[18]，还在不断地发展成为揭示催化剂结构和功能的更强大的工具[19,20]。正如反应机理的复杂性一样，非线性行为的理论和数学处理[19,20]相当复杂难懂，已经超出了本书的讨论范围。尽管如此，此处的内容仍然包括了产生非线性行为的大部分常见的分子相互作用类型。

11.2.1　非线性效应的起因

取决于配合物的结构甚至它们促进的反应的不同，催化剂和催化剂前体可以以多种多样的方式在溶液中结合或聚集。当使用 ee 值降低的手性配体时，这些相互作用可以导致非线性行为。产生非线性行为的相互作用随着结合到中心金属上的手性配体数目或聚集体中包含的配体数目的增加而变得相当复杂[19]。幸运的是，大部分表现出非线性行为的反应都可以使用含有一个或两个手性配体的相对简单的模型来理解。因此，我们将集中于这些体系中产生非线性效应的分子相互作用。本节将提供一些例子来说明非线性效应如何发生在对催化剂为二级的反应中，及其如何导致非对映异构的过渡态的。也会概述催化剂为一级但仍然表现出非线性效应（储蓄器效应）的反应。

在此有必要做一个谨慎性的说明。虽然非线性效应可以简单地通过使用具有不同 ee 值的配体或催化剂，将配体的 ee 值对产物的 ee 值作图来很容易地确定，但实验误差可以导致假的正非线性行为。通过视觉观察检查反应混合物，确保反应液为均相是很重要的。回想一下，外消旋体和对映纯化合物通常具有相当不同的溶解度，经常发现外消旋体比对映纯化合物更难溶一些。那些使用对映纯的催化剂得到均相反应混合物，而使用低 ee 值的催化剂导致外消旋的催化剂析出的例子并不罕见。经常由于外消旋催化剂的沉淀析出有效地增加了可溶性催化剂的 ee 值，从而导致了假的正非线性效应。

11.2.2　对催化剂为二级动力学的过程

11.2.2.1　(salen)Cr(Ⅲ)配合物催化的内消旋环氧化合物的开环

对催化剂为二级的催化不对称过程可以导致非线性行为。一个这样的例子是使用手性 Cr-salen 催化剂的叠氮化合物对内消旋环氧化合物的亲核开环（式 11.1）。如在前面去对称化和动力学拆分的章节中所说，好几种催化剂可以促进这种内消旋环氧化合物的对映选择性开环。

$$\text{（11.1）}$$

叠氮对环氧开环的机理与水合动力学拆分（HKR）的类似，因为它们对催化剂是二级的，而且认为涉及两个 Cr-salen 配合物分别活化环氧和叠氮[21,22]。当使用对映不纯的催化剂时，参与开环的两个(salen)Cr^{Ⅲ}催化剂可以具有相同或相反的构型（图 11.10）。因此，得到的过渡态处于非对映异构体关系并具有不同的活化能。进而两个过程的对映选择性也有差别，其中两种可能的异手性催化剂的组合（cat$_{RR}$•环氧 + cat$_{SS}$•亲核试剂，cat$_{SS}$•环氧 + Cat$_{RR}$•亲核试剂）相互抵消，并不给出净的对映选择性。如果纯手性催化剂的组合具有较低的能垒，如图 11.10 所示，那么将会出现(+)-NLE。实验上在这个体系中观察到了一个正的非线性效应（图 11.11），为机理中提出的双重底物活化提供了进一步的证据支持。

11.2.3　对催化剂为一级动力学的过程：储蓄器效应

11.2.3.1　ML$_2^*$储蓄器效应：手性铜催化剂的 Mukaiyama aldol 反应

在前面的例子中，在过渡态中存在两种可能的非对映异构的催化剂组合，每种存在两个(salen)Cr 部分，它会导致观察到的非线性行为。然而，有好几种其中单一金属负责促进不对称反应的机制也表现出了非线性行为。其中一类这样的催化剂 L*M 由金属和单一的手性配体组成，其非线性行为源自催化循环之外，由催化剂的歧化所造成（式 11.2）。

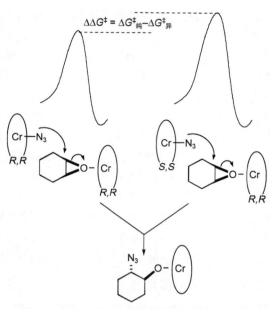

图 11.10　提出的使用 Cr(salen)配合物催化的环氧开环的反应机理

在这个例子中，纯手性催化剂的组合的反应比使用异手性对的反应具有较低的能垒

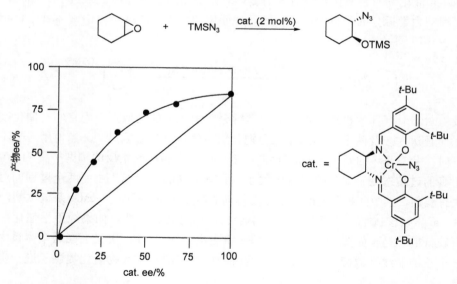

图 11.11　在 Cr(salen)催化的 TMSN$_3$ 对环氧开环过程中观察到的非线性效应

在这个例子中，配体的主要对映体是 L_R^*。可以形成两个非对映异构的配合物$(L_R^*)_2$M［加上$(L_S^*)_2$M］和$(L_R^*)(L_S^*)$M。非对映异构体$(L_R^*)_2$M 和$(L_R^*)(L_S^*)$M 很可能具有不同的能量，而且通常观察到异手性的非对映体$(L_R^*)(L_S^*)$M 更稳定，如图 11.12 中的能量图所示。不仅如此，通常这些 L_2^*M 配合物在催化上是非活性的。当制备催化剂时使用已知对映体过量（ee$_{ligand}$）的对映不纯的配体时，部分配体形成了非活性的非对映体 L_2^*M。L_2^*M 配合

物中配体的对映体过量要比起初加入的配体的对映体过量（ee$_{ligand}$）值低，因为异手性的配合物(L$_R^*$)(L$_S^*$)M 比纯手性配合物(L$_R^*$)$_2$M 和(L$_S^*$)$_2$M 形成的程度更大。因此，活性催化剂 L*M 的对映体过量(ee$_{act}$)要比 ee$_{ligand}$ 更大，导致观察到一个正的非线性效应。这个模型通常称为储蓄器效应，因为配体大部分的次要对映体存在于非活性的 L$_2^*$M 配合物中。许多表现出非线性效应的反应都可以用这个模型来解释。

$$2 L^*ML_n \rightleftharpoons L_2^*M + ML_m \tag{11.2}$$

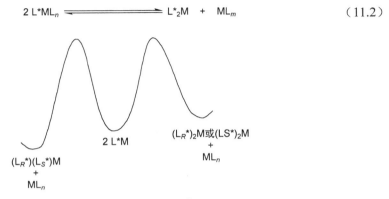

图 11.12　具有催化活性的 L*M、纯手性的(L$_R^*$)$_2$M（及其对映体）和
异手性的(L$_R^*$)(L$_S^*$)M 之间平衡的能量图

在这一平衡中也形成了 L$_n$M，其中 L 是非手性供体配体，如溶剂或水

　　一个研究较多的、表现出可以归因于储存器效应的非线性效应的体系是 C_2-对称的 Cu(Ⅱ)双噁唑啉吡啶（PyBox）配合物催化的不对称 aldol 反应（式 11.3）[23]。在这个反应中，硫代乙酸叔丁酯衍生的烯醇三甲基硅醚与苄氧基乙醛加成得到保护的 β-羟基酯。接下来硅醚切断得到 β-羟基酯。

$$\tag{11.3}$$

　　该反应提出的机理涉及苄氧基乙醛对铜中心的配位，如图 11.13 所示。d^9 构型的 Cu(Ⅱ)配合物是姜-泰勒扭曲（Jahn-Teller-distorted）的，已经知道这些配合物在扭曲的四边形平面对底物的配位和活化能力是最强的[24]。被活化底物的 Re 面被 PyBox 配体上的苯基屏蔽，因此对被活化羰基的进攻高对映选择性地发生在醛的 Si 面。

　　为了考察(PyBox)Cu(Ⅱ)催化的 aldol 反应中的非线性行为，使用较低 ee 值的配体合成了催化剂。在这些条件下观察到了一个强的正非线性效应，见图 11.14。

　　这种非线性效应可以用(PyBox)Cu(Ⅱ)$^{2+}$发生歧化形成了(PyBox)$_2$Cu(Ⅱ)的稳定的非对映异构体来解释，如图 11.15 所示。形成的(PyBox)$_2$Cu^{2+}没有催化活性，因为它们没有可用的配位点来结合底物。导致 meso-(PyBox)$_2$Cu^{2+}具有更大的稳定性，也因此造成该体系的非线性效应的结构因素可以通过考虑异手性和纯手性配合物中配体取代基的空间排

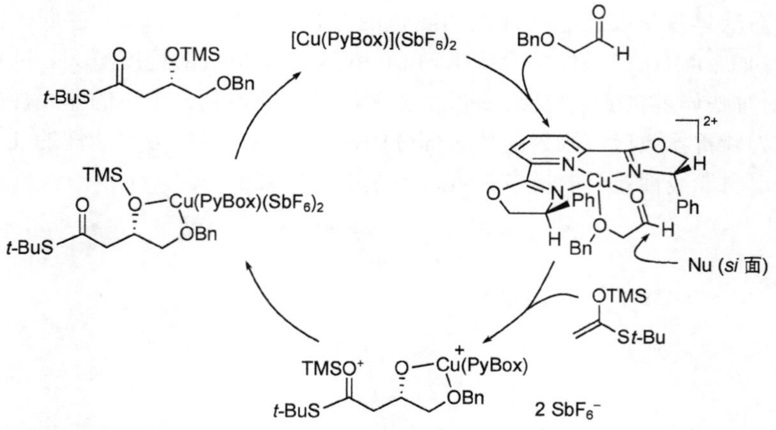

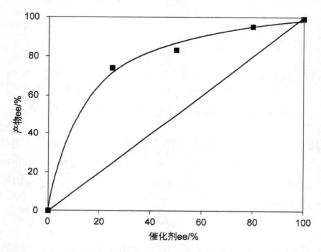

图 11.13　提出的(PyBox)Cu(Ⅱ)催化的不对称 aldol 反应的机理

图 11.14　(PyBox)Cu(Ⅱ)催化剂催化的苯氧基乙醛的 aldol 反应中的非线性效应

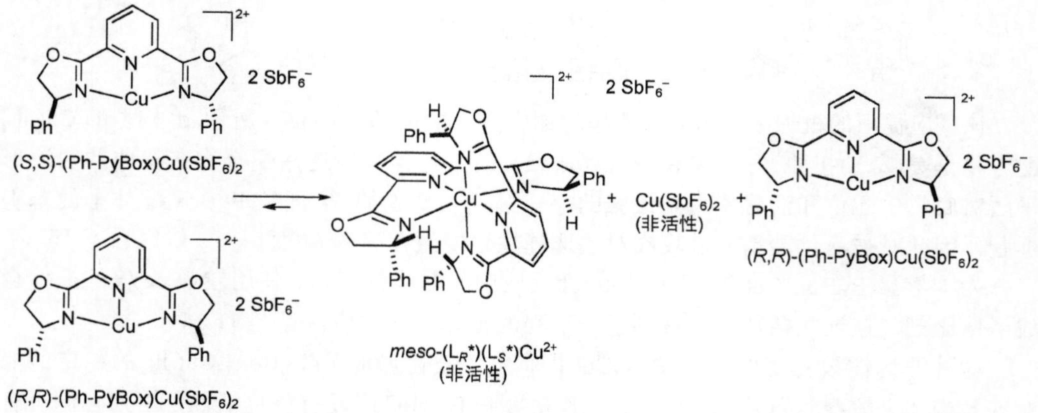

图 11.15　单体催化剂和非活性的异手性的$(L_R^*)(L_S^*)Cu^{2+}$之间的平衡

这个例子中催化剂的优势对映体由(R,R)-Phy-PyBox 衍生而来

列而看出。图 11.16 中给出了示意图，其中配体骨架用直线来表示，只画出了噁唑啉的氮。根据这个简化的模型，异手性的$(PyBox)_2Cu^{2+}$是两个非对映体中较为稳定的，因为每个苯基都位于不同的象限。相反，纯手性的非对映体含有两组造成去稳定化的苯基-苯基相互作用，因为 4 个苯基仅占据了两个象限。对这些模型的支持是从纯手性和异手性化合物的 X 射线晶体学表征获得的。半经验计算支持异手性二聚体具有更大的稳定性，它的能量比纯手性二聚体低约 3 kcal/mol（12.54 kJ/mol）。

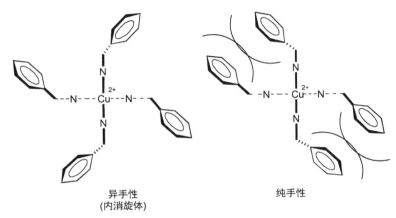

异手性
(内消旋体)

纯手性

图 11.16　异手性和纯手性的$(PyBox)_2Cu^{2+}$异构体的示意图

图中配体骨架用水平和竖直的直线表示，为了清楚起见只画出了噁唑啉上的氮（吡啶上的氮没有标出）。
在实际的结构中，由于 Cu(Ⅱ)的姜-泰勒畸变的关系，骨架之间的角度不是严格的 90°

　　观察到的强的正非线性效应提供了证据表明歧化得到的副产物铜并不能以显著的程度促进 aldol 反应，这种铜也可以由$Cu(SbF_6)_2$独立形成。这一铜物种的命运还不清楚，但是合理的可能性包括形成了一种不溶性的盐或氧化物。稳定的$[(S,S)\text{-Ph-PyBox}]Cu[(R,R)\text{-Ph-PyBox}]^{2+}$充当了配体的次要对映体的储蓄器的作用，将其束缚在非活性的异手性加合物中。因此，催化活性的$(PyBox)Cu^{2+}$的对映体过量被有效地提高了，造成了观察到的正非线性行为。

11.2.3.2　$(ML^*)_2$储蓄器效应：烷基锌试剂对醛的不对称加成

　　在所有研究过的表现出非线性行为的反应中，没有哪个反应像氨基醇衍生的 Lewis 酸催化的烷基锌对醛的不对称加成一样对我们对不对称催化的理解的贡献如此之大[25-27]。这类高对映选择性的反应[28,29]也表现出了观察到的最强的正的非线性效应[19]。被广泛研究的一个反应基于(−)-3-外型-(二甲氨基)异冰片、(−)-DIAB[26,27,30]和吗啉衍生物(−)-MIB[31]（式 11.4）。对映纯的(−)-DIAB 以 98%的对映选择性促进乙基对苯甲醛的加成。使用催化量 15% ee 的(−)-DIAB 以 95% ee 得到了 1-苯基-1-丙醇，几乎与对映体纯的(−)-DIAB 得到的对映选择性一样！

$$\text{PhCHO} \; + \; \text{ZnEt}_2 \xrightarrow[\text{甲苯/己烷, 0 °C}]{\text{手性配体(4 mol\%)}} \underset{\text{Ph}}{\overset{\text{Et \; OH}}{\diagdown \diagup}}\text{H} \qquad (11.4)$$

(1.0 equiv.)　　(2.0 equiv.)

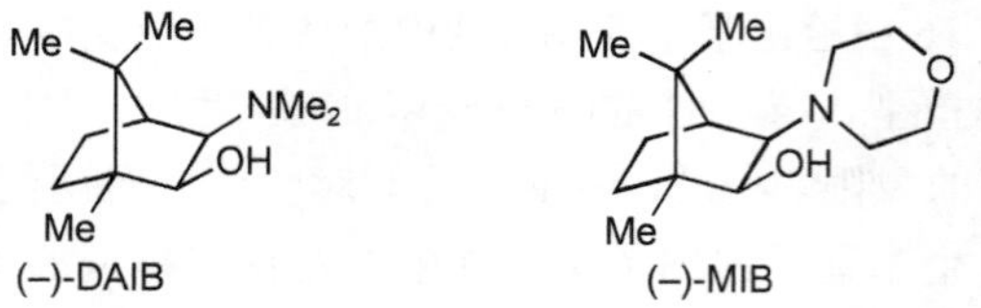

对这一独特过程的机理的理解对讨论下节中的主题自催化至关重要。在这个过程中，背景反应，即在不存在 Lewis 酸的情况下二烷基锌对醛的直接加成非常慢。然而，二甲基锌很容易与氨基醇发生质子解，得到甲烷和配位的烷氧基锌 L*ZnMe（图 11.17）。这个不饱和的三配位物种发生可逆的二聚，其平衡远远有利于二聚体一侧。当使用非对映纯的配体时，形成了两个非对映异构的二聚体，C_2-对称的纯手性二聚体和非手性的内消旋的异手性二聚体。这些配合物的结构在图 11.17 中画出；其三维结构已经得到 X 射线晶体学确定，显示在图 11.18 中[27]。

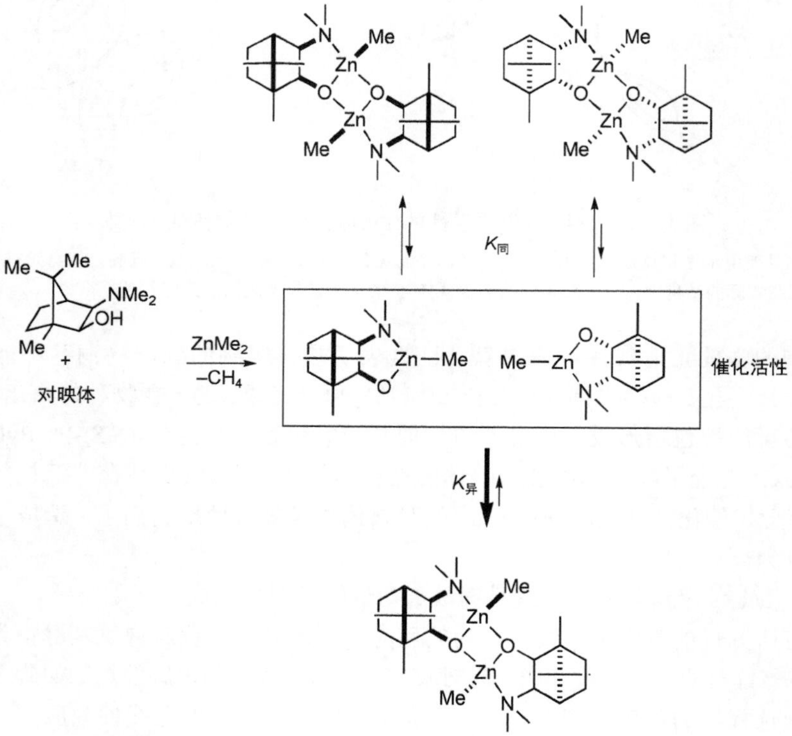

图 11.17   DIAB 与 Me₂Zn 的反应及建立的平衡

图 11.17 中的二聚体没有催化活性，在化学计量的条件下并不促进苯甲醛的烷基化[27]。然而，为了将甲基转移到醛羰基上，需要加入过量的二甲基锌，表明手性胺-烷氧基配体的锌加合物作为 Lewis 酸活化了羰基，使得二甲基锌可以进行甲基的转移。这一解释得到了计算的支持，图 11.19 中显示了计算得到的两个过渡态[32]。除了有利于对 *Si* 面加成外，还有利于锌结合到醛氢的 *syn* 位。相反，锌结合到苯基的 *syn* 位及加成到 *Re* 面由于不参与反应的 Zn-Me 与苯基的相互作用，是不利的。也计算了其他的过渡态[33]。

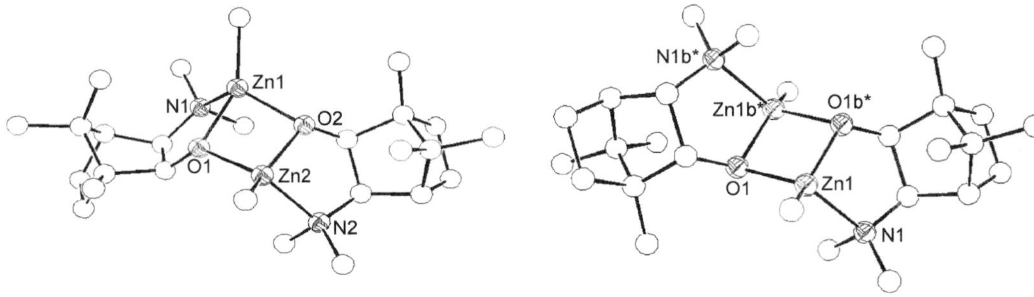

图 11.18　纯手性二聚体（左）和内消旋的异手性二聚体（右）的 X 射线晶体结构

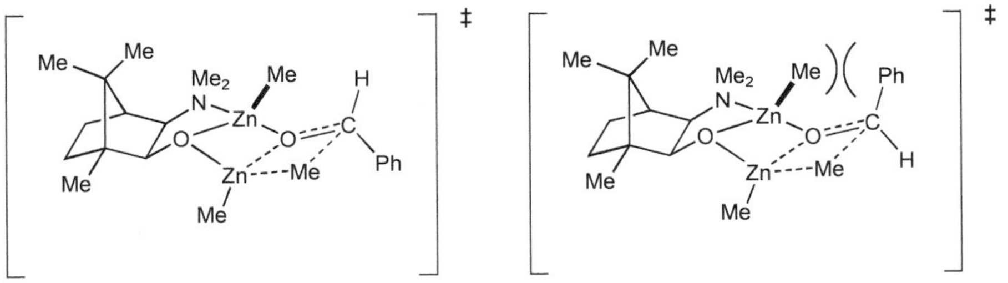

图 11.19　提出的二甲基锌上甲基对苯甲醛不对称加成的过渡态

　　溶液研究表明图 11.17 中的纯手性和异手性二聚体在外加的二甲基锌和底物醛的存在下具有非常不同的反应性。加入等摩尔的二甲基锌和底物醛时，异手性二聚体的 ^{1}H NMR 谱没有变化。与之对比，将二甲基锌和苯甲醛加入纯手性二聚体中造成二甲基锌和 L*ZnMe 的甲基共振信号的合并。另外还检测到了醛 C—H 共振信号的变宽。这些现象表明纯手性的二聚体发生了解离，二甲基锌、苯甲醛和配位的锌发生了聚集，准备进行图 11.20 中所示的不对称加成[27]。根据实验数据，估计纯手性二聚体得到的催化剂的转化频率是异手性配合物衍生的催化剂的 1200 倍，造成了这一体系中观察到的非常显著的非线性行为。注意催化剂和产物都是烷氧基锌。然而，产物与非活性的四配位锌物种形成了一个四聚体的[MeZn(OCHPhMe)]$_4$ 物种。

　　在这个例子中，异手性的二聚体是热力学上非常稳定的。因此，配体的几乎所有的次要对映体都被束缚到异手性的二聚体中，从而将其有效地从催化循环中去除了。配体的外消旋部分以一个非活性的储蓄器的形式存在，这就是"储蓄器效应"这一术语的由来。本质上，可以将这一体系想象成对映不纯配体的现场拆分过程。

　　使用低 ee 值的、表现出强的(+)-NLE 的催化剂的一个重要后果是反应比使用对映纯配体的反应慢很多。这并不奇怪，因为当使用低 ee 值的配体时大部分催化剂被绑定到非活性的异手性二聚体中。

　　烷基对醛的不对称加成是一个表现很好的反应，经常被用于后续的非线性行为研究[34]。一个例子是非线性效应的底物依赖性[35]。使用 10%和 20% ee 的非常相近的配体(−)-MIB（式 11.4）考察了一系列苯甲醛衍生物来确定立体效应和电子效应对对映选择性的影响。如图 11.21 所示，存在一个非线性效应对底物的显著的依赖性。使用 10% ee 的(−)-MIB

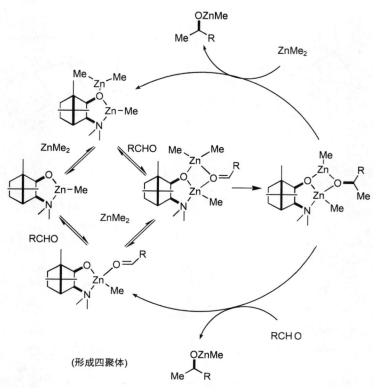

图 11.20   提出的烷基对醛的不对称加成反应的催化循环，展示了单体形式的活性中间体

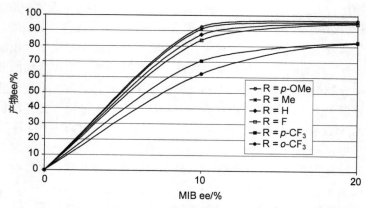

图 11.21   (−)-MIB 存在下 ZnEt₂ 对取代苯甲醛的加成反应中非线性效应的底物依赖性
图例中标出了苯甲醛衍生物上的取代基

时，4-甲氧基苯甲醛以 94.5%的对映选择性发生了加成，而 3-三氟甲基苯甲醛仅以 62.1%的对映选择性发生反应。当使用对映纯配体时，二者都以 98%的对映选择性得到了产物。烷基衍生物比苯甲醛衍生物表现出了较低的(+)-NLE[35]。非线性效应的底物依赖性已经被用于研究这个反应的机理。原则上，它也能用于获得其他的催化不对称反应的机理信息[35,36]。

11.2.4 非线性效应对催化剂制备方法的依赖性

为了得到用于非线性效应研究所需的对映不纯的催化剂，可以使用对映不纯的配体来制备催化剂，也可以分别制备对映纯催化剂的两个对映体，然后把它们按照所需的比例混合。这两种方法得到的催化剂混合物通常表现出同样的活性和对映选择性，即使反应涉及二聚体中间体，因为非对映异构的二聚体催化剂的快速平衡会导致形成热力学上最稳定的配合物的混合物。然而，在罕见的情况下，非线性效应与催化剂制备方法有关，下面举例说明。

1-乙酰氧基-1,3-丁二烯与甲基丙烯醛的不对称 Diels-Alder 反应可由(BINOLate)Ti 基催化剂催化[37]。可以通过在活化的分子筛存在下将 $Cl_2Ti(O\text{-}i\text{-}Pr)_2$ 与 BINOL 在二氯甲烷中混合来制备这些催化剂。新形成的钛配合物与分子筛通过离心进行分离，然后将钛配合物的二氯甲烷溶液通过双头针转移。这种(BINOLate)Ti 物种用于式 11.5 中的不对称 Diels-Alder 反应时，以 94% ee 形成的产物几乎完全是 *endo* 型的加合物（>98%）。

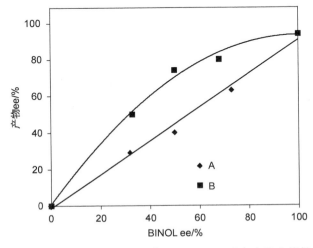

为了考察该反应的非线性效应，将预先制备的(*R*)-型催化剂与(*S*)-型催化剂进行混合来制备不同程度对映体纯度的催化剂。用这种方式制备的催化剂混合物表现出催化剂 ee 与产物 ee 的线性相关（图 11.22，A 线）。相反，将预先制备的(*R*)-催化剂与适量从外消旋的 BINOL 预先制备的催化剂混合来产生对映不纯的催化剂时，观察到了正的非线性效应（图 11.22，B 线）。如果涉及动力学稳定的(BINOLate)Ti 二聚体，这些结果就可以得到解释。在第一种催化剂制备方法中，(*R,R*)-型与(*S,S*)-型催化剂二聚体在反应过程中

图 11.22 　使用(BINOLate)Ti 的不对称 Diels-Alder 反应中的非线性关系研究

A 中各种不同 ee 值的催化剂由对映纯催化剂混合来制备，B 中这些催化剂由对映纯催化剂和外消旋 BINOL 产生的催化剂的混合来制备

并不交换 BINOLate 配体，而产生内消旋的(S,R)-型二聚体。因此，只涉及纯手性的催化剂二聚体，它们在反应条件下是稳定的。当催化剂制备过程中使用外消旋的 BINOL 时，最初形成的(BINOLate)Ti 物种可以与含配体任一构型对映体的物种进行缩合。这时纯手性和异手性的二聚体都会得到。将从外消旋配体得到的催化剂与对映纯催化剂混合来制备不同 ee 值的催化剂时，观察到了不对称放大（图 11.22，B 线）。如果异手性二聚体更稳定和/或反应性较差，那么这个体系中就会产生非线性行为。

虽然这个体系引起了很大兴趣，其催化剂结构仍然不清楚。在分子筛存在下制备钛配合物时可以形成稳定的 Ti-oxo 配合物，它几乎总是多核的。因此，很有可能反应的活性物种是 oxo 桥联的二聚体[38-42]。奇怪的是 BINOLate 配体在反应条件下并不发生交换，因为大部分烷氧基和芳氧基钛配合物可以发生很顺利的配体交换[17]。

因为催化剂制备方法不同而表现出线性和非线性行为的体系并不常见[43]。如果研究人员使用这两种不同的制备方法测试催化剂的非线性效应，这种行为可能会更常见一些。

11.2.5　NLE 在机理问题和催化剂优化中的应用

非线性效应已经成为催化不对称过程机理研究的一个重要诊断工具。非线性效应很容易测量，很少技术能够使用这样少的投入而得到有关不对称催化反应机理如此之多的信息。然而，在这些实验中，为了获得准确的数据，关注实验细节是至关重要的。制备较低 ee 值的催化剂过程中称量对映纯催化剂时的误差可以导致观察到假的非线性效应。类似地，反应过程中形成沉淀也会导致不正常的行为。回想一下，纯手性和异手性配合物是非对映异构体，具有不同的溶解性。最后，非线性效应也可以因为催化剂分解或在反应过程中发生了改变而产生。后续的章节中会谈到，不对称反应的产物可能会包含到催化剂中，形成新的催化剂。如果这些新的催化剂表现出不同的反应活性，就可能观察到非线性行为。考察反应产物的 ee 值随转化率变化的函数关系，保证 ee 值在整个反应过程中没有发生变化很重要。

下节中提供了一些具有启发性的例子来展示如何利用非线性效应为起点揭示催化不对称反应机理。有关反应机理的知识对于理性设计新一代催化剂至关重要。在理解非线性效应上需要谨慎。比如，不存在非线性效应并不能排除二级催化剂机理的可能性。然而，存在非线性效应确实能够表明一个可能由好几种原因导致的复杂情形。

11.2.5.1　内消旋环氧化物的不对称异构化

内消旋环氧化物的不对称异构化提供了一个合成烯丙醇的简便方法（式 11.6），已经被用于天然产物合成中[44-46]。使用同时含有二级胺和三级胺的二胺配体衍生的催化剂已经得到了优异的结果[46,47]。一般认为关键的消除步骤通过环氧对氨基锂的配位而进行，配位活化了 β-C 上的 H，从而促进了 syn 式消除路径。式 11.6 中给出了环氧开环的不包括溶剂化或簇集的一个简化的图景。

$$(11.6)$$

对很多内消旋环氧化合物表现出高水平的对映选择性，并被用于外消旋环氧化合物的动力学拆分而且取得了优异结果的一个催化体系在式 11.7 中给出[48-50]。在这个反应中二异丙基氨基锂（LDA）常被用作化学计量的碱，因为它去质子化二胺配体产生催化剂比对环氧去质子化更有效。然而，催化剂更慢时，LDA 与环氧化物的背景反应会损害这个过程的对映选择性。在这个和相关的体系中，发现加入 DBU 能够提高对映选择性。一些环氧化物使用 5 equiv. DBU 的结果汇总于表 11.1 中。

$$(11.7)$$

表 11.1 式 11.7 中内消旋环氧的对映选择性开环

环氧化物	产物	L^*/mol%	产率/%	ee/%
		5	91	96
		5	95	97
		5	60	97
		20	42	95
		5	89	96

氨基锂介导的反应中簇集和溶剂化可以影响反应活性和选择性[46,51]。最初推测 DBU 的作用是作为一个配价型配体，通过配位到锂上破坏掉对映选择性较差的催化剂聚集体$(LiL^*)_n$。为了得到聚集状态与 DBU 浓度的关系，进行了一系列研究考察式 11.7 中的二胺体系与环己烯氧化物反应的非线性行为。使用含有环氧 0～6 equiv.的 DBU 的 THF 溶液，将催化剂的 ee 值在 25%～100%进行变化[48,49]。在几种不同含量的 DBU 存在下开环产物的(R)-环己烯-2-醇的 ee 值与催化剂 ee 值的曲线关系列于图 11.23。在较高浓度的 DBU（6 equiv.）存在下，催化剂 ee 值与产物 ee 值存在线性关系。然而 DBU 较少时除了催化剂的对映选择性降低之外，还观察到了负的非线性效应。起初这些数据被理解为在高 DBU 浓度下形成了 $L^*Li(DBU)$ 类型的单核催化剂。较低的 DBU 浓度下的非线性效应被归结为 DBU 对异手性二聚体比对纯手性二聚体的干扰具有更高的倾向性。

后续使用 ^6Li 和 ^{15}N NMR 谱对 DBU 对对映选择性影响起因的研究揭示了 DBU 更加

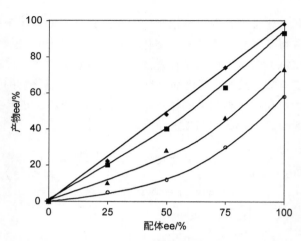

图 11.23   使用不同用量的 DBU 的非线性关系研究

◆　6 equiv.，■　3 equiv.，▲　1 equiv.，○　不添加 DBU

复杂的作用。在这些研究中发现 LDA 与 DBU 反应，建立了式 11.8 中所示的平衡，其平衡常数大于 1。DBU 也与 n-BuLi 很干净地反应得到 $Li^+(DBU^-)$，使得可以不存在 LDA 和二异丙基胺的情况下研究 $Li^+(DBU^-)$。

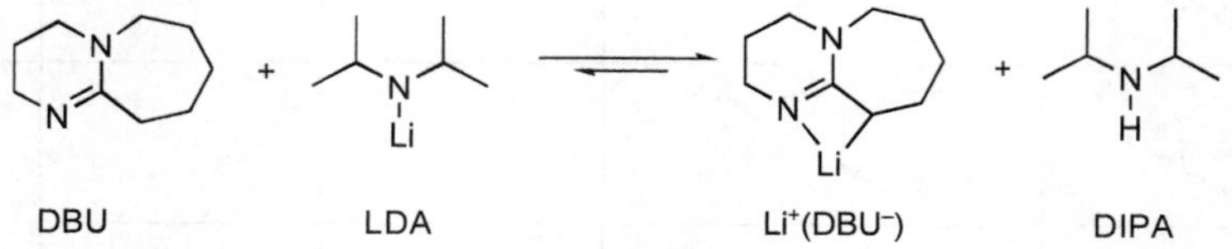

$$\text{DBU} \qquad \text{LDA} \qquad\qquad\qquad Li^+(DBU^-) \qquad \text{DIPA} \tag{11.8}$$

使用去甲麻黄碱衍生的手性氨基锂进行了详细的光谱研究，它也能促进内消旋环氧的对映选择性消除。

^{15}N 标记的去甲麻黄碱衍生的二聚体的溶液 ^6Li NMR 谱由两个同等强度的三重峰组成，表明纯手性的二聚体有两个不等价的锂中心配位到标记的氮上（图 11.24）。

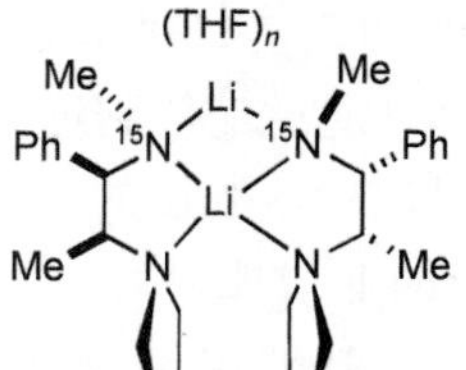

图 11.24   基于 ^6Li-^{15}N 耦合和分子建模的溶液 NMR 研究确定的纯手性二聚体的结构

图 11.25 中给出了一个类似的纯手性二聚体，它可能造成了图 11.23 中观察到的负的非线性效应。$Li^+(DBU^-)$ 与纯手性二聚体反应得到双核物种[52]。一般认为正是这些双核物种参与了对映选择性的环氧开环反应。在低的 DBU 浓度下，平衡朝向二聚体一侧，观察到了非线性行为。由于双核物种只含有一个手性配体，它应该不能表现出非线性行为。

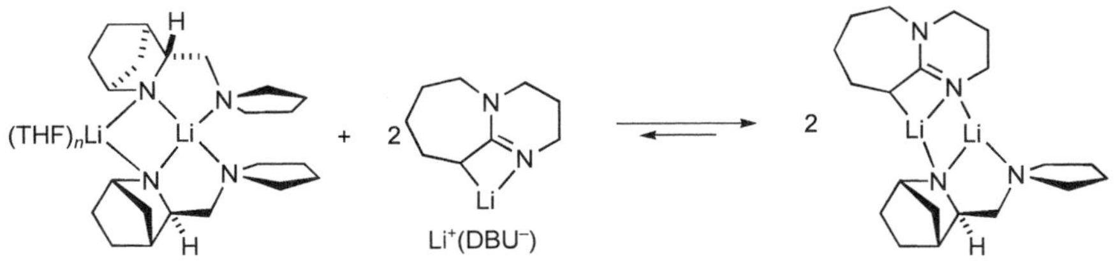

图 11.25 双核二聚体和 Li⁺(DBU⁻)之间可能存在的平衡

在这些研究中，对非线性效应的分析加上溶液相 NMR 研究提供了对催化活性物种本质的认识。

11.2.5.2 Lewis 碱催化的醛的烯丙基化反应的机理研究

我们已经看到，手性 Lewis 酸可以促进种类繁多的不对称反应。大部分这些过程涉及不饱和底物的配位，这增加了底物的亲电性，促进其与亲核试剂的反应。在这些体系中，Lewis 碱对含有多个空配位点的 Lewis 酸的配位通常会降低其与其他配体或底物进行配位的倾向性，但并不总是如此。Lewis 酸的一个违反直觉的行为是可以使用手性 Lewis 碱配体来活化 Lewis 酸。Lewis 碱配体结合到 Lewis 酸上之后，得到的 Lewis 酸与底物结合的能力增强了，而非减弱了。一些含有电负性取代基的有机硅烷就属于这种情况。这些化合物可以与 Lewis 碱结合得到超配位物种。与四配位前体相比，它对 Lewis 碱性的底物可以表现出更强的活性[53]。进一步的讨论见第 2 章。

高价硅已被用于不对称 aldol 反应[54]和醛的烯丙基化[55,56]反应（图 11.26）[57]。如下文所述，对烯丙基化反应的非线性效应的考察对于揭示这一过程的机理起到了非常关键的作用。

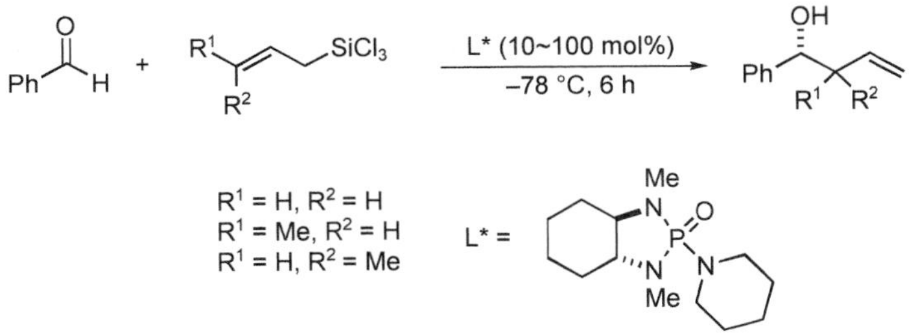

图 11.26 Lewis 碱催化的醛的烯丙基化

对苯甲醛的不对称烯丙基化的早期研究表明反应对醛和烯丙基硅烷都是一级的。通过改变浓度也确定了磷酰胺配体的级数为 1.77。一个介于 1 和 2 之间的级数表明反应可能包含涉及 1 equiv.或 2 equiv.手性磷酰胺配位到硅上的两个互相竞争的路径。与这种可能性一致，高烯丙醇产物 ee 值与磷酰胺配体 ee 值的函数关系的确定表明存在一个小的正非线性效应，如图 11.27 所示。图 11.27 的非线性解释了研究中发现的另外一个起初令人费解的现象，即当磷酰胺的用量从 100 mol%降低到 10 mol%时，产物的 ee 值从 81%降低到了 40%，尽管并没有烯丙基硅烷和苯甲醛直接进行的竞争的背景反应[55,56]。产物的 ee 值对磷酰胺浓度的依赖性为存在差别在于磷酰胺的级数不同的两个互相竞争的路径这一推测提供了进一步的支持。在高的磷酰胺浓度下，烯丙基化主要通过两个磷酰胺结合到硅上的物种进行。降低手性 Lewis 碱活化剂的浓度会造成反应机理从两个磷酰胺配体配位朝只有一个磷酰胺结合到硅上的对映选择性较差的路径转变。

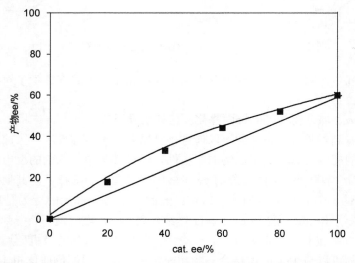

图 11.27　图 11.26 中反应的烯丙醇 ee 值对磷酰胺 ee 值依赖关系曲线

只有当其中一个配位的氯离子从硅上解离下来形成阳离子的中间体时，基于两个磷酰胺结合到烯丙基硅上的反应途径才有可能。三氯硅基烯醇的 aldol 反应[54]、使用四氯化硅的环氧开环反应[58]和醛与三氯硅烷的烯丙基化反应[59]就是这样的情况，所有这些反应都是手性 Lewis 碱促进的。图 11.28 中所示的是提出的过渡态之前的三角双锥型和八面体型中间体[55]。

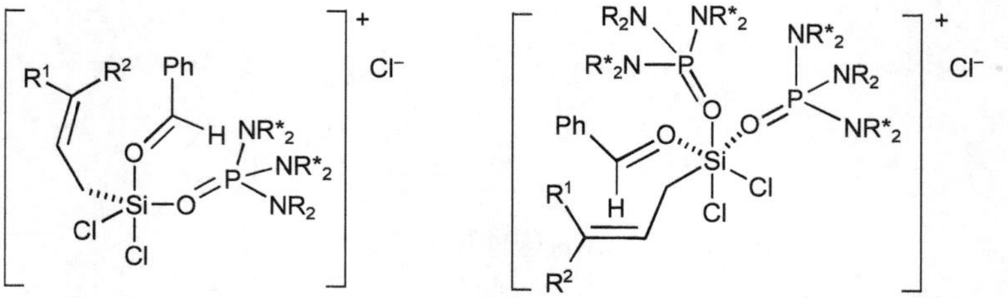

图 11.28　提出的过渡态之前的三角双锥型和八面体型中间体

为了探索在不发生因竞争的、选择性较差的单(磷酰胺)路径造成的对映选择性下降的情况下降低催化剂用量可能性，制备了一系列具有不同长度连接链的螯合型双(磷酰胺)配体（图 11.29）。对这些配体进行了筛选并与一个单(磷酰胺)进行了对比，单(磷酰胺)用于模拟双(磷酰胺)以单齿配位方式作用的情况。图 11.29 中也给出了使用这些双(磷酰胺)配体和单(磷酰胺)配体的苯甲醛的烯丙基化反应的对映选择性。高烯丙醇产物的 ee 值依赖于双(磷酰胺)配体中亚甲基的数目。当 $n = 4$ 时，对映选择性低于 20%；将链延长到 $n = 5$

导致对映选择性突然陡升到高达 72%。相反，再加入一个亚甲基（$n=6$）导致产物的 ee 值降低到 46%。这些急剧的变化与一个涉及配体单齿配位的机理不符，因为在发生单齿配位的情况下所有的双齿和单齿配体都预期会表现出相似的对映选择性。产物的 ee 值对连接链长度的强烈依赖性与涉及双(磷酰胺)螯合作用的机理一致。使用相关的双(磷酰胺)配体和取代的烯丙基三氯硅烷的一项后续研究也得到了相似的对映选择性对连接链长度的依赖性[60]。

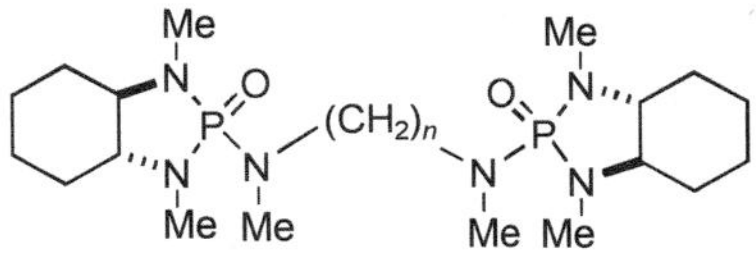

n	摩尔分数/%	ee/%
2	50	0
3	50	35
4	50	17
4	10	10
5	50	65
5	10	72
6	50	46
单齿配体	100	51

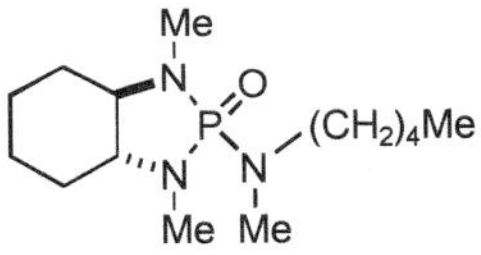

图 11.29　使用螯合型和单齿磷酰胺配体时 ee 值对连接链长的依赖性

　　使用单齿磷酰胺时，两个竞争的烯丙基化路径对手性配体分别是一级和二级动力学关系。由此，烯丙基化反应的对映选择性依赖于磷酰胺的浓度。如果双(磷酰胺)配体螯合到硅上，对映选择性不应该表现出强的浓度依赖性。比较使用 50 mol% 和 10 mol% 的 $n=5$ 和 $n=4$ 的磷酰胺配体得到的对映选择性显示二者只有很小的差别。尤其有趣的是，当 $n=5$ 时，降低催化剂用量到 10 mol% 时对映选择性提高到了 72%。这些结果对双(磷酰胺)在烯丙基化过渡态中螯合到硅酮上提供了进一步的支持。

　　Lewis 碱催化的不对称烯丙基化的反应机理研究的最初突破可以追溯到图 11.27 中的非线性效应。通过将非线性效应与动力学分析相结合，研究人员对这一令人着迷的反应开发出了改进的反应条件和催化剂。

11.2.6　相行为对非线性效应的影响

　　为了评估一个催化体系表现出非线性效应的可能性，必须非常谨慎，确保反应混合物是均相的。为了说明这一点，研究人员进行了两组使用现场制备的含有低对映体纯度配体的同样催化剂的实验。在第一组中观察到了强的正非线性效应，而第二组没有观察到非线性效应。怎么会这样呢？原来，在第一个实验中反应混合物是非均相的，而第二个中反应混合物是均相的。将非均相的溶液过滤，发现在滤饼中含有非常低 ee 值的配体，而溶液中配体的 ee 值很高[61]。

　　回想一下，高对映体富集的化合物同外消旋化合物通常具有不同的物理性质，比如溶解度（见 11.1 节）。因此，如果反应混合物是非均相的，由于部分催化剂前体或催化剂从溶液中析出，溶液中催化剂的 ee 值很可能与加入到溶液中的催化剂的 ee 值不同（起初的 ee ＝ 可溶的 ee ＋ 沉淀的 ee）。在非均相条件下测量非线性行为可以导致观察到非线性效应，并将其错误地归结为纯手性与异手性催化剂之间的相互作用。这一最初被看成是实验技术的东西实际上却有深刻含义，下面会谈到这一点。为了完全理解非均相体系中非线性效应的起因，有必要回顾一下相图，这已经超出了本文的范围。详尽的讨论可以参见原始文献[61-65]或一个简要的综述[66]。尽管如此，下面还是提供了这种行为的一个例子，使读者对这一现象能有基本的理解。

　　对映体富集的和外消旋的脯氨酸在氯仿中几乎不溶。然而，当存在痕量乙醇时（氯仿：乙醇 ＝ 99：1），与其外消旋体相比，对映体富集的脯氨酸的溶解度有了非常重大的提高。在这一溶剂体系中，对映体纯的脯氨酸的溶解度比起外消旋体高出超过 100 倍。通过将对映体纯的(R)-和(S)-脯氨酸混合得到 1% ee 的脯氨酸固体。该 1% ee 的固体在氯仿/乙醇溶液中 0 ℃下搅拌 24 h，其间溶液一直保持非均相。将不溶的的脯氨酸过滤并收集滤液。发现滤液中脯氨酸的 ee 值为 97%～99%！不溶的脯氨酸经鉴定为晶体状的外消旋体。随着对映体纯的物质的溶解，溶解度较差的外消旋体形成并结晶析出，得到了高对映体富集的脯氨酸溶液。

　　在第 12 章双功能催化中将会讨论到，脯氨酸对许多反应都是高对映选择性的催化剂，其中之一就是醛的 α-胺羟基化。借助于脯氨酸的结晶行为，将 10% ee 的固体脯氨酸在氯仿/乙醇溶液（99：1）中搅拌。相之间平衡足够长时间之后，将溶液过滤，滤液用 α-胺羟基化。由于滤液中含有几乎对映纯的脯氨酸，所以该 α-胺氧化(aminoxylation)-还原序列反应以非常高的对映选择性得到了产物（图 11.30）[67-69]。

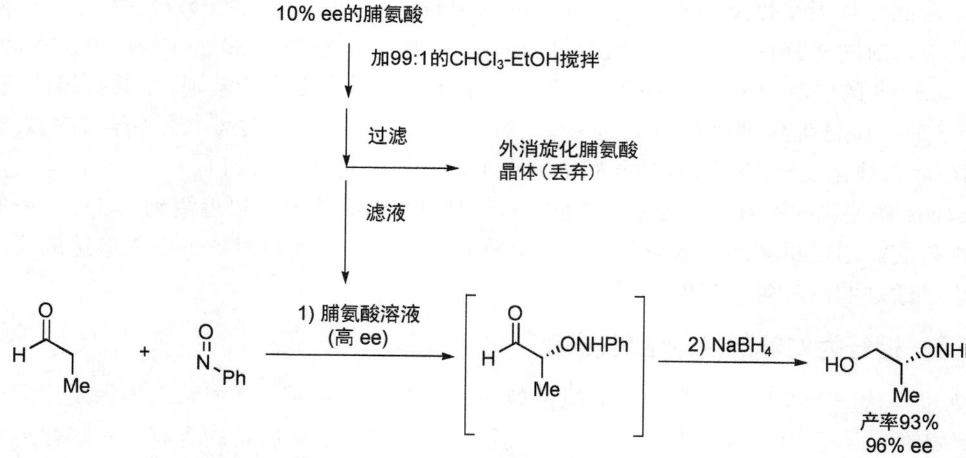

图 11.30　从非常低 ee 值的脯氨酸溶液开始的 α-胺化

　　人们也提出了造成对映体纯的脯氨酸与其外消旋体在溶解度上的很大差别的原因。研究发现，外消旋的脯氨酸从氯仿中结晶时，晶体中带有一个溶剂化的氯仿分子。氯仿与外消旋的脯氨酸形成了一个氢键。目前认为相对于对映体纯的脯氨酸，这种相互作用降低了外消旋脯氨酸的溶解度。对映体纯的脯氨酸在氯仿中得到晶体没有包夹氯仿[63]。小的非手性分子，如氯仿，可以增加溶液 ee 值的现象具有重要含义。

11.3　自催化反应

当催化剂发生自我复制，即它促进自身的形成时，发生的是自催化（图 11.31）。这不应与自诱导相混淆。在自诱导中，反应产物被整合到催化剂中形成一个具有不同的对映选择性和 TOF 的新的催化剂（见 11.4 节）。

$$S \quad + \quad R \quad \xrightarrow{\text{cat.} = P} \quad P$$

图 11.31　底物（S）和试剂（R）之间的一个自催化反应得到
产物（P），它与催化剂具有同样的结构

自催化是为了解释生命起源之前的时代纯手性的扩增而提出的一个过程[70]。要成功进行纯手性的扩增，反应必须具有完美的对映选择性，这是高度不可能的。对映选择性从 100% 有很小的降低就会导致催化剂 ee 值的降低。过一段时间之后，催化剂的 ee 值会逐渐损耗，最终得到接近外消旋的催化剂。例如，一个初始 ee 值为 99%，以 99% 的 ee 值得到产物的自催化剂在经过 200 个催化周转之后 ee 值会降低到不到 94%。在同样的转化数下，一个初始 88% ee，以 88% 的 ee 值得到自身的催化剂会降低到不到 50% ee[71]。为了避免 ee 值降低的问题，接下来提出了一个涉及产物的对映体形成热力学稳定的、活性很差或没有活性的异手性二聚体的模型[72]。这种二聚造成了不断捕获催化剂的次要异构体（即储蓄器效应，见 11.2.3 节），增加了活性催化剂的 ee 值。

不对称催化中自催化的例子非常罕见[73-75]，但代表着未来研究的一个具有挑战性的领域。不对称催化中最不同寻常的发现之一是表现出不对称放大的自催化反应，如前面讨论过的[73,76,77]。自催化和不对称放大的令人惊叹的组合说明非常低 ee 值的催化剂可以以非常高的对映选择性进行自我复制。表现出自催化和强的正非线性效应的一个体系使用嘧啶醇作为催化剂前体，用于异丙基对嘧啶醛的不对称加成（式 11.9）。该反应对 2-位取代的嘧啶醛和异丙基锌具有特异性[78]。

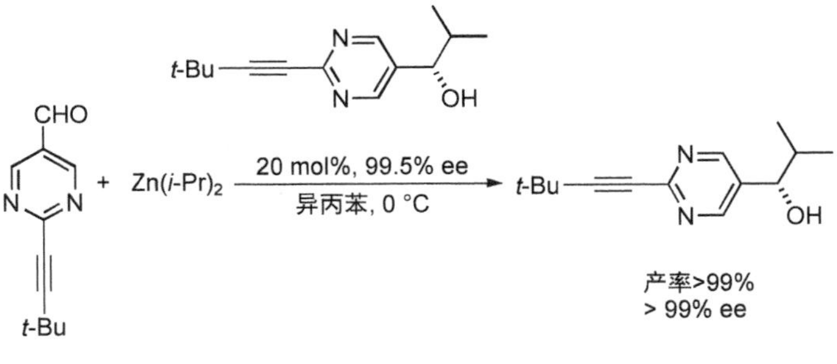

$$（11.9）$$

产率>99%
> 99% ee

对这个自催化过程的早期研究中使用了几乎对映体纯的催化剂来优化条件和对映选择性。筛选了几种催化剂-底物体系之后，发现当图 11.9 中的嘧啶催化剂与相应的嘧啶醛底物一起使用时，催化剂可以以接近完美的对映选择性进行自我复制。使用 99.5% ee

的催化剂时，以> 99.5% ee 得到产物。当反应依次进行，使每个反应的产物作为催化剂催化下一周期的反应时，催化剂可以自我复制，在 10 个周期之后仍然获得 99%的产率和> 99.5% ee。

跟本章前面介绍的烷基对醛的不对称加成类似（式 11.4），式 11.9 中的反应表现出了强的正非线性效应。在这个自催化反应中，使用几乎外消旋的配体导致了催化剂 ee 值的不可思议的提高。例如，使用 5.5% ee 的嘧啶醇（R = t-Bu）在一个循环之后得到了 69.6% ee 的加成产物（将最初催化剂的 ee 值考虑进去了，式 11.10）。类似地，使用 8.4% ee 值的 R = SiMe₃ 衍生物得到了 74.2% ee 的催化剂。为了确定这一体系的极限，将 ee 值为 0.00005%的 R = t-Bu 的嘧啶醇用于自催化反应，缓慢加入底物醛。第一个周期之后得到了 57% ee 的产物。使用这个产物作为第二个周期的催化剂得到了 99% ee 的产物。重复这一步骤进行第三个周期得到了> 99.5% ee 的产物。这些结果证明了自催化与非线性效应结合可以产生的令人惊叹的能力[79,80]。

$$(11.10)$$

R = t-Bu   5.5% ee   循环 1
R = SiMe₃   8.4% ee   → 69.6% ee
R = t-Bu   0.00005% ee   → 74.2% ee   循环 2
                          → 57% ee   → 99% ee

尽管进行了详细的动力学和溶液研究[71,78,81,82]，仍然没有对这一催化剂的作用机理和本质的详细解释。纯手性和异手性聚集体存在着平衡，平衡常数接近 1。光谱证据支持烷氧基锌的二聚体是催化剂的休眠态（resting state）（图 11.32）[82]。图 11.32 中也展示了一个含两个三配位的 Lewis 酸性的锌中心的四聚体[78,83,84]。在本章前面介绍的基于氨基醇配体的四配位锌二聚体的反应中，涉及解离成为催化活性的三配位单体的过程[29]。相反，Soai 反应中的聚集体含有催化活性的三配位锌中心，它不太可能形成单体。动力学研究表明纯手性二聚体具有催化活性，而异手性二聚体是非活性的[81]。分析该反应的

(R,R)   (S,R)

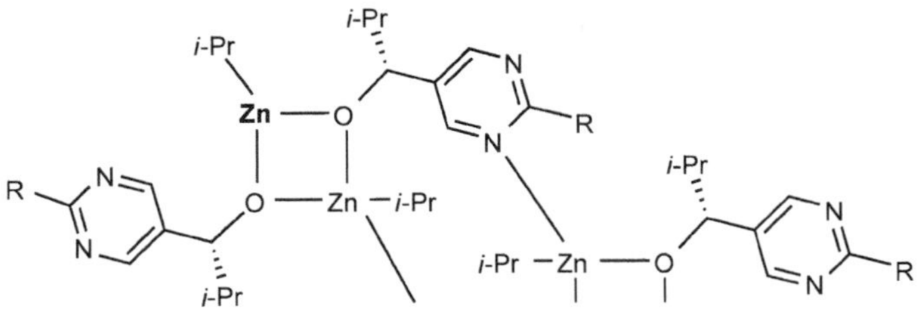

图 11.32 提出的自催化反应（式 11.9 和 11.10）中的纯手性和异手性二聚体

也给出了二聚体的一个二聚体结构，它具有潜在的催化活性。其中加粗的锌是三配位的

动力学数据表明涉及了一个四核的锌物种[83]。显然，将来还会有对这一非常迷人的反应的机理的进一步研究。

11.3.1 绝对不对称合成

在自催化过程的背景下介绍绝对不对称合成这一主题是比较合适的。绝对不对称合成定义为"从非手性前体出发，不使用手性试剂或催化剂的干预而形成对映体富集的产物"[85]。当不存在对映体富集的试剂或催化剂的情况下合成含有手性中心的分子时，得到的产物通常不具有可观测到的 ee 值，因而被称为"外消旋的"。然而，多年来我们就已清楚，产物并不是真的外消旋，而是在对映体的比例上有非常小的失衡。从非手性的前体得到的对映体富集的产物是由于"外消旋"起始原料的 ee 值的统计学涨落引起的。换句话说，存在产物对映体的很小的不均衡，虽然 ee 值通常太小而检测不出来。如果这种不均衡能够在自催化反应中得到放大，就有可能自发地产生高对映体富集的产物。这里必须十分谨慎，因为手性的非外消旋杂质可以作为种子来区分（bias）反应的手性[86]。这种非外消旋的杂质可以有多种来源，包括溶剂、玻璃反应瓶、大气等。

Soai 反应为研究绝对不对称合成打下了基础。该反应在没有外加的锌催化剂，而是有痕量的对映体纯物质存在的情况下进行。通过自催化的不对称放大，这些实验的产物醇表现出了高水平的 ee 值[75]。例如，可以以非常高的对映体纯度得到在手性空间群中结晶的石英。当反应在对映体富集的石英晶体存在下进行时，石英可以引发自催化反应，得到高 ee 值的嘧啶醇[87]。这尤其令人印象深刻，因为在反应的最初阶段催化剂的产生必须在液体-固体的界面上发生。更让人惊叹的是，甚至痕量的 95% ee 的(S)-α-氘代苄醇可以造成以 95% ee 得到(R)-型产物[88]。

好几个实验报道了绝对不对称合成中使用 Soai 反应的例子[80,84,89]。在一项研究中，在不加入手性物质的情况下进行的 Soai 反应仍然得到了对映体富集的嘧啶醇。在这些研究中，以完全相同的反应条件进行了 37 次实验，产物嘧啶醇的 ee 值在 15%～91%！这 37 次实验中，(S)-构型的嘧啶醇得到了 19 次，(R)-构型的嘧啶醇得到了 18 次[89]。其他研究人员使用不同的反应条件也得到了类似的结果[84]。有人提出这些结果反映了在最初形成的嘧啶基烷氧化物催化剂的 ee 上存在随机涨落，它在自催化中被放大了。在这些实验中，研究人员极其小心，以避免引入痕量的手性杂质。这些结果表明 Soai 反应可被用来使用名义上非手性的起始原料，在没有手性物质的情况下利用绝对不对称合成产生对映体富集的产物[85]。

这一体系是展现具有强的(+)-NLE 的自催化反应的潜力的一个不同寻常的例子。而且，Soai 反应为地球上同手性的化学起源提供了一种可能的解释。虽然烷基锌试剂对醛的加成在原始汤中起作用的想法还令人难以想象，但 Soai 反应提供的事实令人深思。化学家在发展其他的自催化过程中仍面临相当大的挑战。

11.4   不对称催化中的自诱导

前节中展示了一个反应的产物是如何与催化剂具有相同的结构的。自催化的反应的例子在不对称催化中很少见。更常见的是产物与催化剂结合，改变了催化剂的活性与对映选择性。这种相互作用可以采取好几种形式，从通过氢键的弱相互作用到通过强共价键将产物整合到催化剂中。这类型的行为被称为"自诱导"[90,91]或"不对称自诱导"，如图 11.33 所示。其中 S 是底物，R 是试剂，P 是产物。

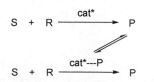

图 11.33   自诱导的一般性机理
最初的催化剂（cat*）和新形成的催化剂（cat*—P）通常表现出不同的反应活性和对映选择性

产物与催化剂的结合可以影响催化剂的对映选择性和/或转化频率。通常可以简单地通过监测不同转化率下反应产物的 ee 值来检测自诱导。在转化的早期，产物的浓度比较低时，产物对最初的催化剂的对映选择性通常较小。然而随着反应的进行，产物对催化剂的比例增加，将平衡移向 cat*—P 一侧并增加了产物对催化剂的影响。

11.4.1   催化剂–底物与催化剂–产物相互作用影响的对比

根据自诱导如何用于获得反应机理的信息，并最终导致了理性改进催化剂的一个有趣的例子是轴手性的拱形联萘酚配体配位的铝催化剂催化的不对称 Diels-Alder 反应（式11.11）[92]。二甲基氯化铝与(S)-VAPOL 反应释放出两分子的乙烷，产生一个铝 Lewis 酸催化剂。将 10 mol%这种催化剂与甲基丙烯酸甲酯和环戊二烯混合，导致以非常高的 *endo*选择性（99：1）得到产物。

$$\text{（11.11）}$$

ClAlEt$_2$ (10 mol%)
(S)-VAPOL (10 mol%)
CH$_2$Cl$_2$, −78 °C

(S)-VAPOL

通过移除部分反应液用具有手性固定相的气相色谱对反应进行跟踪，发现在 20% 转化率时，Diels-Alder 加合物具有 48% ee。如图 11.34 所示，到转化率为 60% 时产物的 ee 值升到超过 80%

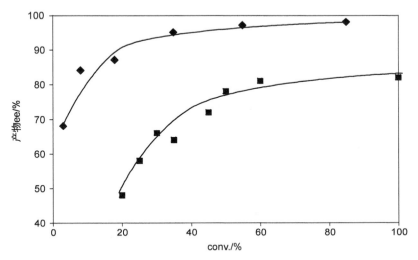

图 11.34 不存在（■）和存在（◆）新戊醛添加剂时式 11.11 中
反应产物的 ee 值对转化率的依赖关系

为了解释对映选择性随转化率增加的现象，提出铝催化剂为五配位，其中两个酯羰基结合到金属上，而且存在互相竞争的两个催化循环（图 11.35）。这类超价的铝配合物是众所周知的[93]。转化率较低时，铝物种与 2 equiv. 的甲基丙烯酸酯结合（图 11.35）。随着反应的进行，产物与甲基丙烯酸酯的比例增加，更多的产物结合到铝上。产物整合

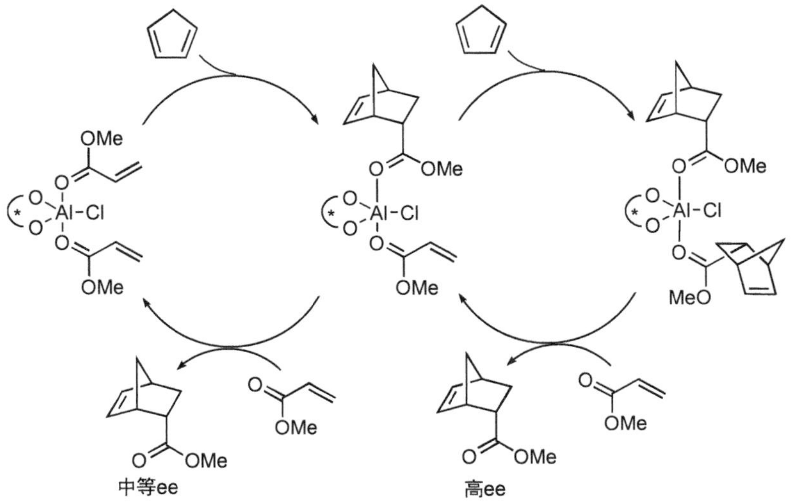

图 11.35 不对称 Diels-Alder 反应中提出的双重路径
转化率低时左边的催化循环占主导，在较高的转化率时右边的对映选择性更高的催化循环占主导

到催化剂中形成了一个对映选择性更高的催化剂，它造成了对映选择性的提高。对这一假设的支持来自在 0.5 equiv.对映体富集的（> 99% ee）产物存在下进行的反应。在 40%转化率时取出部分反应液分析表明，扣除最初加入的 0.5 equiv.的产物后产物的 ee 值为93%。在相同的条件下，只是不加入 0.5 equiv.的对映体富集的产物时，在 40%的转化率时产物的 ee 值只有 70%。这些结果表明产物影响了催化剂的对映选择性。

发现不参与反应的羰基可以与铝中心结合并影响催化剂的对映选择性后，筛选了一系列羰基化合物作为添加剂来优化 Diels-Alder 加合物的 ee 值。使用的其中一个添加剂是特戊醛。图 11.34 中给出了使用与不使用新戊醛时产物 ee 值的对比。考察对映选择性的表现表明特戊醛的结合导致反应早期形成了一个更好的催化剂。然而，随着反应的进行，添加新戊醛的反应的 ee 值提高了，表明产物通过自诱导参与了进来。通过选择合适的羰基化合物添加剂可以得到超过 99%的对映选择性[92]。这一研究不仅展示了如何通过监测反应的对映选择性水平随反应进程的变化来获得反应机理的信息，而且为如何有效优化催化剂提供了线索。

11.4.2 烷氧化物催化的形成烷氧化物产物的反应中的自诱导

许多不对称反应最初形成的产物是手性烷氧化物，它在分离时被质子化得到醇。这种例子很多，包括烷基、芳基、烯丙基和烯基对醛和酮的不对称加成和一些酮的不对称还原。这些反应经常由含烷氧化物的 Lewis 酸催化剂所催化。考虑到烷氧基交换过程通常很快[17]，手性烷氧化物产物经常整合到催化剂中，导致催化剂的变化以及对映选择性随着反应进程而改变的情况并不奇怪。

发展合成对映体富集的 β-羟基羰基化合物的方法是有机合成中的一个长期目标。早期对对映选择性的 aldol 反应的努力中使用了预先合成的、使用前需要现场制备的烯醇负离子等价体。使用非衍生的羰基的直接 aldol 缩合更加复杂，但最近已经取得成功[94-101]。一个已证明能有效和高对映选择性地催化直接 aldol 反应的体系是基于从脯氨酸制备的双核锌催化剂（式 11.12）[96]。

$$(11.12)$$

这一双核催化剂被用于炔酮和丙酮酸酯衍生的醛的 aldol 反应（式 11.13）。反应以良好的产率和优异的对映选择性得到官能团化的 β-羟基酮[102]。

$$(11.13)$$

R = CH₂CH = CH₂   产率76%，> 98% ee
R = CH₂C(Me) = CH₂   产率79%，> 98% ee
R = CH₂OTBS   产率84%，> 95% ee

　　对产物的对映选择性跟踪时，发现产物的 ee 值随着反应进程发生了戏剧性的变化。反应 5 min 后以 69%的对映选择性得到了(S)-产物。进一步反应时产物的 ee 值降低，而且对映面选择性发生了反转。反应结束时相反的对映体占主导，见图 11.36。观察到了对产物缓慢的动力学拆分，其中次要异构体被选择性地破坏掉了。由于产物的产率远超过 50%，动力学拆分仅能说明图 11.36 中产物 ee 值的少量提高。为了解释这种古怪的行为，假设在反应早期形成了第二种催化剂，与最初形成的催化剂相比，它表现出了相反的对映面选择性。这个新催化剂被认为是由自诱导产生的。为了考察这种可能性，将式 11.12 中的催化剂用等物质的量的高 ee 值的 β-羟基酮产物孵化。得到的催化剂在整个反应过程中一致地表现出了高的产物 ee 值（图 11.36，◆点）。这些结果表明产物整合到催化剂中，形成了一个对映选择性高得多的新催化剂。还发现非手性的 β-羟基羰基添加剂与起初的催化剂孵化导致反应初期主要产生了产物的对映异构体，但比使用对映体富集的 β-羟基酮为添加剂时得到的 ee 值低。加入简单醇，如异丙醇在转化率较低时比没有添加剂时给出了更高的对映选择性，但不如加入对映体富集的 β-羟基酮的反应的对映选择性高（更多有关不对称催化中的非手性添加剂的例子见第 6 章）。这些结果表明酮羰基很重要，它可能与其中一个锌中心发生了结合。

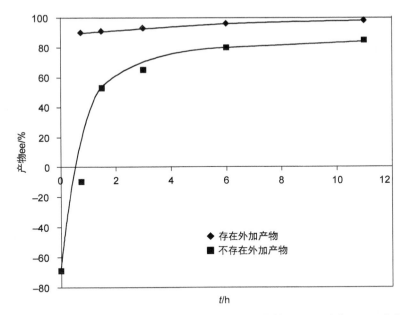

图 11.36　不存在（■）和存在（◆）外加产物的情况下不对称 aldol 反应
（式 11.13）的 ee 值随时间变化的曲线

　　许多不对称催化剂都可以形成烷氧化物产物，但考察自诱导的实验通常没有报道或没有进行。而自诱导的存在可以提供重要的机理信息，促进催化剂发展和优化。正如检测非线性效应一样，考察反应自诱导特征的实验也是很容易做的。理想情况下，科学家不仅在反应结束后，也会在反应过程中测量产物的 ee 值。

11.4.3　使用对映不纯催化剂的自诱导

在上述自诱导的例子中认为催化剂是单体的。因此，预期在低转化率时最初催化剂 ee 值与产物 ee 值之间会表现出线性关系。回想一下，在表现出自诱导的反应中产物的 ee 值会随着转化率而变化。为了将自诱导对 ee 值的影响降到最小，必须在转化早期测量产物的 ee 值。正如我们在上述的 aldol 反应中看到的那样，当使用对映体纯的催化剂时，将产物的两个对映体整合到催化剂中形成两个新的催化剂——cat*----P$_R$ 和 cat*----P$_S$。这些催化剂是非对映体，因此预期会有不同的反应活性、对映选择性和结合常数。现在想象使用一个可以表现出自诱导的对映体不纯的催化剂。使用对映不纯的催化剂时，自诱导可以产生 4 个新催化剂——cat$_R$----P$_R$、cat$_R$----P$_S$、cat$_S$----P$_R$ 和 cat$_S$----P$_S$。在这样一个体系中，产物的 ee 值超过起始催化剂的 ee 值是可能的。如果一个反应的手性产物选择性地活化最初催化剂的其中一个对映体，形成一个新的催化剂，如 cat$_R$----P$_R$，它比其他的非对映体 cat$_S$----P$_R$ 具有更高的反应活性和对映选择性时，就会产生这种情况。在这种情况下，随着产物浓度的增加其 ee 值也会提高。

如果这个体系也表现出正的非线性效应，预计最初的产物 ee 值比催化剂的 ee 值高。在自诱导和强的正非线性效应的共同影响下，一个具有低 ee 值的较差的催化剂会产生高 ee 值的产物。下面会介绍一个使用低 ee 值的催化剂和高 ee 值的产物得到比最初的催化剂和外加的产物 ee 值更高的产物的一个体系。

在前面两节中描述的自诱导是基于形成强键，即不对称 aldol 反应中的共价键和不对称 Diels-Alder 反应中的配价键。较弱的相互作用，如催化剂和产物之间的氢键，也可以对催化剂的活性和对映选择性产生深刻影响（见第 5 章）。在环二肽催化的 3-苯氧基苯甲醛的不对称氢氰化[103]中产生了一个基于氢键的自诱导的非常有趣的例子（式 11.14）[104]。该反应的产物氰醇的(S)-对映体是杀虫剂拟除虫菊酯的一个重要前体。

$$(11.14)$$

环状二肽催化（2.2 mol%）的 3-苯氧基苯甲醛的不对称氢氰化的对映选择性在反应进程的几个点进行了确定。如图 11.37 中的曲线所示，产物的 ee 值在反应过程中并不恒定，而是从 21%转化率时的 34% ee 戏剧性地提高到了反应结束时的 95% ee（◆）[103]。当使用(R,R)-型环肽的反应中掺加 8.8 mol%的 92% ee 的(S)-产物时，得到的产物具有>95% ee（■）。相反，向(R,R)-型环肽中加入由这一构型的催化剂产生的产物的次要对映体，即产物的(S)-型对映体(8.8 mol%, 85% ee)时，产物的 ee 值（▲）与未加入产物的反应的 ee 值（◆）相似。这些结果表明只有产物的(S)-型对映体与(R,R)-型的催化剂作用，得到一个比(*R*,*R*)-型的催化剂本身对映选择性更高、表现出更高的转化频率的新催化剂。

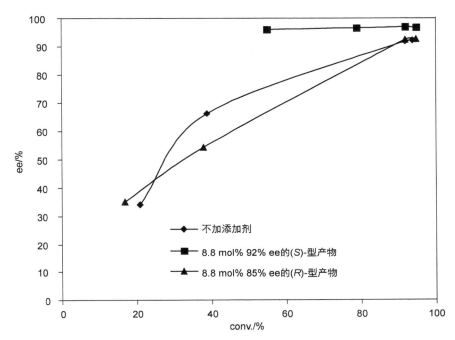

图 11.37　不加添加剂（◆）、加入 8.8 mol% 92% ee 的(*S*)-型产物（■）和加入 8.8 mol%的 (*R*)-型产物（▲）的式 11.14 中的(*R*,*R*)-型环状二肽催化的反应中的转化率和 ee 值的数据

产物的 ee 值根据最初加入的产物的量进行了校正

　　从没有添加剂的反应中的产物 ee 值随时间变化的曲线中可以明显看出，(*S*)-型产物对这一自催化过程的对映选择性具有非常大的影响。为了评估这一相互作用的特异性，将几乎外消旋的催化剂与产物的任一对映体联合使用。通过这一实验发现掺加的产物的构型决定了哪种产物占主导。氰醇产物本身并不能催化这个反应，排除了自催化过程的可能性。然而，它确实能够控制反应的立体化学结果。这种情形发生的原因是只有匹配的催化剂-产物的组合［(*R*,*R*)-型催化剂与(*S*)-型产物或(*S*,*S*)-型催化剂与(*R*)-型产物］是高活性的。

　　接下来在几种反应条件下研究了反应的 ee 值随催化剂 ee 值的变化情况。起初，随着催化剂 ee 值的改变观察到反应的 ee 值发生了线性的变化（图 11.38）。接下来加入 8.8 mol% 92% ee 的(*S*)-型产物，并类似地进行反应。在外加产物的存在下观察到了一个强的正非线性效应，表明存在一个显著不同的催化物种。

　　对这一引人入胜的反应的机理研究由于反应体系的非均相性而变得复杂化。尽管如此，研究表明二肽通过氢键作用形成一个不具有催化活性的高聚物（图 11.39）。认为(*S*)-型氰醇产物引起了聚合的二肽的部分解离，形成了一个通过氢键结合在一起的含有(*R*,*R*)-型二肽和(*S*)-型产物的催化剂。在(*S*)-型产物的存在下进行的动力学研究表明反应对

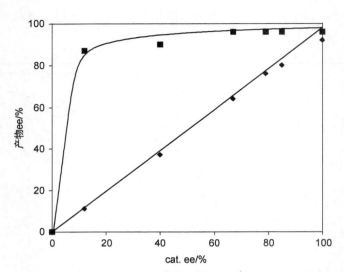

图 11.38　没有外加产物（◆）和加入 **8.8 mol%**的 92% ee 的(*S*)-型产物（■）的
反应中催化剂 ee 相对于产物 ee 的曲线图

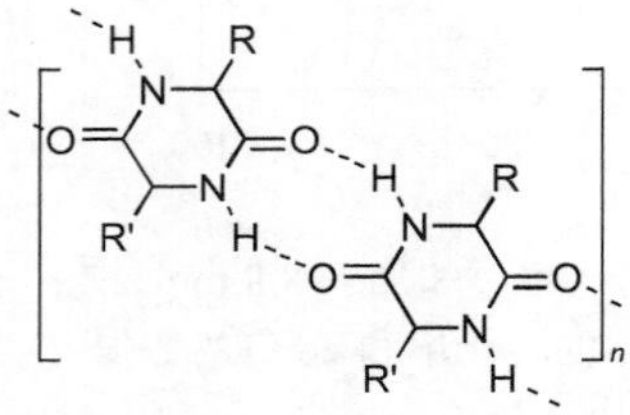

图 11.39　提出的二肽
高聚物的结构

(*R,R*)-型二肽是二级的[105]。与这一解释一致，当环状二肽
被负载到一个聚合物上，向其中加入(*S*)-型产物时，这种
条件下的对映选择性很低[106]。通过将环状二肽连接到聚合
物上，基本上抑制了其通过氢键的自身结合。在甲醇中进
行反应得到了低的对映选择性。二肽的甲醇溶液是均相的，
甲醇很可能干扰了二肽单体之间关键的氢键作用。

尽管对这个反应的机理还有很多未解的疑问，它仍然
是一个独特和引人注意的例子，说明自诱导如何与非线性
效应相结合而得到一个高对映选择性的过程。跟前面介绍的 Soai 反应一样，类似于上述
氢氰化的一个过程可能为早期地球上的原始汤中发生的过程提供一个机理模型。

总结

非线性效应在不对称催化中的重要性不容低估。除了可使用较低 ee 值的催化剂产生
高对映体富集的产物这一实用的重要意义之外，非线性效应在理解反应机理上极其有用，
也可以用于指导催化剂优化过程。

一类迷人和发人深省的反应是结合了自催化和强的(+)-NLE 的过程。通过这种方式
催化剂可以自我复制并保持非常高水平的对映选择性。与自催化过程相比，更为常见的
是对映体富集的产物被整合到催化剂中，形成一个新的催化剂。这个新催化剂可能具有
非常不同的活性和对映选择性，并可以极大地改变产物的 ee 值，甚至对映面选择性。尽
管在表现出自诱导的反应中使用对映异构不纯的催化剂为分析带来了另一层复杂性，得
到的数据对理解反应机理可能是十分有用的[107]。

在催化剂优化过程中，最常见的疏忽之一是没有确定催化剂是否表现出非线性行为。考察非线性效应带来的对反应体系潜在的丰富理解远远超过这样做所需的很少的努力。

参 考 文 献

[1] Eliel, E. L.; Wilen, S. H. In *Stereochemistry of Organic Compounds*; Wiley: New York, 1994.

[2] Heller, D.; Drexler, H.-J.; Fischer, C.; Buschmann, H.; Baumann, W.; Heller, B. How Long Have Nonlinear Effects Been Known in the Field of Catalysis? *Angew. Chem., Int. Ed. Engl.* **2000**, *39*, 495-499.

[3] Jacques, J.; Collet, A.; Wilen, S. H. In *Enantiomers, Racemates, and Resolutions*; Wiley: New York, 1981.

[4] Pritchett, S.; Gantzel, P.; Walsh, P. J. Synthesis and Crystal Structures of Chiral Titanium Bis(sulfonamido) Bis(amide) Complexes: Differences in Ligand Hapticity Caused by Crystal Packing Forces. *Organometallics* **1997**, *16*, 5130-5132.

[5] Soloshonok, V. A.; Ueki, H.; Yasumoto, M.; Mekala, S.; Hirschi, J. S.; Singleton, D. A. Phenomenon of Optical Self-Purification of Chiral Non-Racemic Compounds *J. Am. Chem. Soc.* **2007**, *129*, 12112-12113.

[6] Katagiri, T.; Yoda, C.; Furuhashi, K.; Ueki, K.; Kubota, T. Separation of an Enantiomorph and its Racemate by Distillation: Strong Chiral Recognizing Ability of Trifluorolactates. *Chem. Lett.* **1996**, 115-116.

[7] Noyori, R.; Kitamura, M. Enantioselective Addition of Organometallic Reagents to Carbonyl Compounds: Chirality Transfer, Multiplication, and Amplification. *Angew. Chem., Int. Ed. Engl.* **1991**, *30*, 49-69.

[8] Soloshonok, V. A.; Berbasov, D. O. Selfdisproportionation of Enantiomers on Achiral Phase Chromatography. One More Example of Fluorine's Magic Powers. *Chim. Oggi/Chemistry Today* **2006**, *24*, 44-47.

[9] Soloshonok, V. A.; Berbasov, D. O. Selfdisproportionation of Enantiomers of (*R*)-Ethyl 3-(3,5-dinitrobenzamido)-4,4,4-trifluorobutanoate on Achiral Silica Gel Stationary Phase. *J. Fluro. Chem* **2006**, *127*, 597-603.

[10] Soloshonok, V. A. Remarkable Amplification of the Self-disproportionation of Enantiomers on AchiralPhase Chromatography Columns. *Angew. Chem., Int. Ed. Engl.* **2006**, *45*, 766-769.

[11] Harger, M. J. P. Proton Magnetic Resonance Nonequivalence of the Enantiomers of Alkylphenylphosphinic Amides. *J. Chem. Soc,. Perkin. Trans. 2* **1977**, 1882-1887.

[12] Horeau, A.; Guette, J. P. Diastereoisomeric Interactions of Antipodes in the Liquid Phase. *Tetrahedron* **1974**, *30*, 1923-1931.

[13] Horeau, A. Interactions Between Enantiomers in Solution; Effect on the Rotatory Power. Optical Purity and Enantiomeric Purity. *Tetrahedron Lett.* **1969**, *10*, 3121-3124.

[14] Mori, M.; Nakai, T. Asymmetric Catalytic Alkylation of Aldehydes with Diethylzinc Using Chiral Binaphthol-Titanium Complex. *Tetrahedron Lett.* **1997**, *38*, 6233-6236.

[15] Zhang, F.-Y.; Yip, C. W.; Cao, R.; Chan, A. S. C. Enantioselective Addition of Diethylzinc to Aromatic Aldehydes Catalyzed by a Ti(BINOL) Complex. *Tetrahedron: Asymmetry* **1997**, *8*, 585-589.

[16] Balsells, J.; Davis, T. J.; Carroll, P. J.; Walsh, P. J. Insight into the Mechanism of the Asymmetric Addition of Alkyl Groups to Aldehydes Catalyzed by Titanium-BINOLate Species. *J. Am. Chem. Soc.* **2002**, *124*, 10336-10348.

[17] Bradley, D. C.; Mehrotra, R. C.; Rothwell, I. P.; Singh, A. In *Alkoxo and Aryloxo Derivatives of Metals*; Academic Press: New York, 2001.

[18] Puchot, C.; Samuel, O.; Dunach, E.; Zhao, S. H.; Agami, C.; Kagan, H. B. Nonlinear Effects in Asymmetric Synthesis. Examples in Asymmetric Oxidations and Aldolization Reactions. *J. Am. Chem. Soc.* **1986**, *108*, 2353-2357.

[19] Girard, C.; Kagan, H. B. Nonlinear Effects in Asymmetric Synthesis and Stereoselective Reactions: Ten Years of Investigation. *Angew. Chem., Int. Ed. Engl.* **1998**, *37*, 2922-2959.

[20] Blackmond, D. G. Kinetic Aspects of Nonlinear Effects in Asymmetric Catalysis. *Acc. Chem. Res.* **2000**, *33*, 402-411.

[21] Martínez, L. E.; Leighton, J. L.; Carsten, D. H.; Jacobsen, E. N. Highly Enantioselective Ring Opening of Epoxides

Catalyzed by (Salen)Cr(III) Complexes. *J. Am. Chem. Soc.* **1995**, *117*, 5897-5898.

[22] Jacobsen, E. N. Asymmetric Catalysis of Epoxide Ring-Opening Reactions. *Acc. Chem. Res.* **2000**, *33*, 421-431.

[23] Evans, D. A.; Kozlowski, M. C.; Murry, J. A.; Burgey, C. S.; Campos, K. R.; Connell, B. T.; Staples, R. J. C_2-Symmetric Copper(II) Complexes as Chiral Lewis Acids. Scope and Mechanism of Catalytic Enantioselective Aldol Additions of Enolsilanes to (Benzyloxy)acetaldehyde. *J. Am. Chem. Soc.* **1999**, *121*, 669-685.

[24] Hathaway, B. J. In *Comprehensive Coordination Chemistry*; Wilkinson, G., Ed.; Pergamon: New York, 1987; Vol. 5, pp 533-774.

[25] Oguni, N.; Matsuda, Y.; Kaneko, T. Asymmetric Amplification Phenomena in Enantioselective Addition of Diethylzinc to Benzaldehyde. *J. Am. Chem. Soc.* **1988**, *110*, 7877-7878.

[26] Kitamura, M.; Suga, S.; Oka, H.; Noyori, R. Quantitative Analysis of the Chiral Amplification in the Amino Alcohol-Promoted Asymmetric Alkylation of Aldehydes with Dialkylzincs. *J. Am. Chem. Soc.* **1998**, *120*, 9800-9809.

[27] Kitamura, M.; Okada, S.; Suga, S.; Noyori, R. Enantioselective Addition of Dialkylzincs to Aldehydes Promoted by Chiral Amino Alcohols. Mechanism and Nonlinear Effect. *J. Am. Chem. Soc.* **1989**, *111*, 4028-4036.

[28] Soai, K.; Niwa, S. Enantioselective Additions of Organozinc Reagents to Aldehydes. *Chem. Rev.* **1992**, *92*, 833-856.

[29] Pu, L.; Yu, H.-B. Catalytic Asymmetric Organozinc Additions to Carbonyl Compounds. *Chem. Rev.* **2001**, *101*, 757-824.

[30] Noyori, R. In *Asymmetric Catalysis in Organic Synthesis*; Wiley: New York, 1994.

[31] Nugent, W. A. MIB: An Advantageous Alternative to DAIB for the Addition of Organozinc Reagents. *J. Chem. Soc., Chem. Commun.* **1999**, 1369-1370.

[32] Yamakawa, M.; Noyori, R. Asymmetric Addition of Dimethylzinc to Benzaldehyde Catalyzed by (2*S*)-3-exo-(Dimethylamino)isobornenol. A Theoretical Study on the Origin of Enantioselection. *Organometallics* **1999**, *18*, 128-133.

[33] Rasmussen, T.; Norrby, P.-O. Characterization of New Six-Membered Transition States of the Amino-Alcohol Promoted Addition of Dialkyl Zinc to Aldehydes. *J. Am. Chem. Soc.* **2001**, *123*, 2464-2465.

[34] Ding, K.; Du, H.; Yuan, Y.; Long, J. Combinatorial Chemistry Approach to Chiral Catalyst Engineering and Screening: Rational Design and Serendipity. *Chem. Eur. J.* **2004**, *10*, 2872-2884.

[35] Chen, Y. K.; Costa, A. M.; Walsh, P. J. Substrate Dependence of Nonlinear Effects: Mechanistic Probe and Practical Applications. *J. Am. Chem. Soc.* **2001**, *123*, 5378-5379.

[36] Buono, F.; Walsh, P. J.; Blackmond, D. G. Rationalization of Anomalous Nonlinear Effects in the Alkylation of Substituted Benzaldehydes. *J. Am. Chem. Soc.* **2002**, *124*, 13652-13653.

[37] Mikami, K.; Motoyama, Y.; Terada, M. Asymmetric Catalysis of Diels-Alder Cycloadditions by an MS-Free Binaphthol-Titanium Complex: Dramatic Effect of MS, Linear vs. Positive Nonlinear Relationship, and Synthetic Applications. *J. Am. Chem. Soc.* **1994**, *116*, 2812-2820.

[38] Terada, M.; Matsumoto, Y.; Nakamura, Y.; Mikami, K. Molcular Assembly of BINOL-Ti Complexes into an Active μ_3-Oxo Titanium Catalyst. *Inorg. Chim. Acta* **1999**, *296*, 267-272.

[39] Terada, M.; Matsumot, Y.; Nakamura, Y.; Mikami, K. Anomalous Role of Molecular Sieves 4Å in the Preparation of a Binaphthol-Derived Active μ_3-Oxo Titanium Catalyst. *J. Chem. Soc., Chem. Commun.* **1997**, 281-282.

[40] Pandiaraju, S.; Chen, G.; Lough, A.; Yudin, A. K. Generation of Highly Enantioselective Catalysts from the Pseudoenatiomeric Assembly of BINOL, F_8-BINOL, and Ti(O*i*-Pr)$_4$. *J. Am. Chem. Soc.* **2001**, *123*, 3850-3851.

[41] Mikami, K.; Ueki, M.; Matsumoto, Y.; Terada, M. Tetranuclear Titanium 7,7-Modified Binaptholate Cluster as a Novel Chiral Lewis Acid Catalyst. *Chirality* **2001**, *13*, 541-544.

[42] Hanawa, H. J.; Hashimoto, T.; Maruoka, K. Bis{[(*S*)-binaphthoxy](isopropoxy)titanium} Oxide as a μ-Oxo-Type Chiral Lewis Acid: Application to Catalytic Asymmetric Allylation of Aldehydes. *J. Am. Chem. Soc.* **2003**, *125*, 1708-1709.

[43] Luukas, T. O.; Fenwick, D. R.; Kagan, H. B. Presence or Absence of a Nonlinear Effect According to the Asymmetric

Catalyst Preparation in the Alkylation of Benzaldehyde. *C. R. Chim.* **2002**, *5*, 487-491.

[44] Hodgson, D. M.; Gibbs, A. R.; Lee, G. P. Enantioselective Desymmetrization of Achiral Epoxides. *Tetrahedron* **1996**, *52*, 14361-14384.

[45] O'Brien, P. Recent Advances in Asymmetric Synthesis Using Chiral Lithium Amide Bases. *J. Chem. Soc., Perkin. Trans. 1* **1998**, 439-1458.

[46] Magnus, A.; Bertilsson, S. K.; Andersson, P. G. Asymmetric Base-Mediated Epoxide Isomerisation. *Chem. Soc. Rev.* **2002**, *31*, 223-229.

[47] Asami, M.; Suga, T.; Honda, K.; Inoue, S. A Novel Highly Effective Chiral Lithium Amide for Catalytic Enantioselective Deprotonation of *meso* Epoxides. *Tetrahedron Lett.* **1997**, *38*, 6425-6428.

[48] Södergren, M. J.; Andersson, P. G. New and Highly Enantioselective Catalysts for the Rearrangment of *meso* Epoxides into Chiral Allylic Alcohols. *J. Am. Chem. Soc.* **1998**, *120*, 10760-10761.

[49] Södergren, M. J.; Bertilsson, S. K.; Andersson, P. G. Allylic Alcohols via Catalytic Asymmetric Epoxide Rearrangement. *J. Am. Chem. Soc.* **2000**, *122*, 6610-6618.

[50] Gayet, A.; Bertilsson, S.; Andersson, P. G. Novel Catalytic Kinetic Resolution of Racemic Epoxides to Allylic Alcohols. *Org. Lett.* **2002**, *4*, 3777-3779.

[51] Collum, D. B. Solution Structures of Lithium Dialkylamides and Related *N*-Lithiated Species: Results from Lithium-6-Nitrogen-15 Double Labeling Experiments. *Acc. Chem. Res.* **1993**, *26*, 227-234.

[52] Pettersen, D.; Amedjkouh, M.; Lill, S. O. N.; Ahlberg, P. On the Novel Function of the Additive DBU. Catalytic Stereoselective Deprotonation by a Mixed Dimer of Lithiated DBU and a Chiral Lithium Amide. *J. Chem. Soc., Perkin. Trans. 2* **2002**, 1397-1405.

[53] Chuit, C.; Corriu, R. J. P.; Reye, C.; Young, Y. C. Reactivity of Penta- and Hexacoordinate Silicon Compounds and Their Role as Reaction Intermediates. *Chem. Rev.* **1993**, *93*, 1371-1448.

[54] Denmark, S. E.; Stavenger, R. A. Asymmetric Catalysis of Aldol Reactions with Chiral Lewis Bases. *Acc. Chem. Res.* **2000**, *33*, 432-440.

[55] Denmark, S. E.; Fu, J. On the Mechanism of Catalytic, Enantioselective Allylation of Aldehydes with Chlorosilanes and Chiral Lewis Bases. *J. Am. Chem. Soc.* **2000**, *122*, 12021-12022.

[56] Denmark, S. E.; Coe, D. M.; Pratt, N. E.; Griedel, B. D. Asymmetric Allylation of Aldehydes with Chiral Lewis Bases. *J. Org. Chem.* **1994**, *59*, 6161-6163.

[57] Denmark, S. E.; Fu, J. Catalytic Enantioselective Addition of Allylic Organometallic Reagents to Aldehydes and Ketones. *Chem. Rev.* **2003**, *103*, 2763-2794.

[58] Denmark, S. E.; Barsanti, P. A.; Wong, K.-T.; Stavenger, R. A. Enantioselective Ring Opening of Epoxides with Silicon Tetrachloride in the Presence of a Chiral Lewis Base. *J. Org. Chem.* **1998**, *63*, 2428-2429.

[59] Nakajima, M.; Saito, M.; Shiro, M.; Hashimoto, S.-I. (*S*)-3,3'-Dimethyl-2,2'-biquinoline *N,N*'-Dioxide as an Efficient Catalyst for Enantioselective Addition of Allyltrichlorosilanes to Aldehydes. *J. Am. Chem. Soc.* **1998**, *120*, 6419-6420.

[60] Denmark, S. E.; Fu, J. Catalytic, Enantioselective Addition of Substituted Allylic Trichlorosilanes Using a Rationally-Designed 2,2'-Bispyrrolidine-Based Bisphosphoramide. *J. Am. Chem. Soc.* **2001**, *123*, 9488-9489.

[61] Satyanarayana, T.; Ferber, B.; Kagan, H. B. Asymmetric Amplification in Catalysis by *trans*-1,2-Diaminocyclohexane Bistriflamide. *Org. Lett.* **2007**, *9*, 251-253.

[62] Klussmann, M.; Iwamura, H.; Mathew, S. P.; Wells, D. H. J.; Pandya, U.; Armstrong, A.; Blackmond, D. G. Thermodynamic Control of Asymmetric Amplification in Amino Acid Catalysis. *Nature* **2006**, *441*, 621-623.

[63] Klussmann, M.; White, A. J. P.; Armstrong, A.; Blackmond, D. G. Rationalization and Prediction of Solution Enantiomeric Excess in Ternary Phase Systems. *Angew. Chem., Int. Ed. Engl.* **2006**, *45*, 7985-7989.

[64] Klussmann, M.; Mathew, S. P.; Iwamura, H.; Wells, D. H. J.; Armstrong, A.; Blackmond, D. G. Kinetic Rationalization of Nonlinear Effects in Asymmetric Catalysis Based on Phase Behavior. *Angew. Chem., Int. Ed. Engl.* **2006**, *45*, 7989-7992.

[65] Hayashi, Y.; Matsuzawa, M.; Yamaguchi, J.; Yonehara, S.; Matsumoto, Y.; Shoji, M.; Hashizume, D.; Koshino, H. Large Nonlinear Effect Observed in the Enantiomeric Excess of Proline in Solution and That in the Solid State. *Angew. Chem., Int. Ed. Engl.* **2006**, *45*, 4593-4597.

[66] Kellogg, R. M. The Crystallization Behavior of Proline and its Role in Asymmetric Organocatalysis. *Angew. Chem., Int. Ed. Engl.* **2007**, *46*, 494-497.

[67] Zhong, G. A Facile and Rapid Route to Highly Enantiopure 1,2-Diols by Novel Catalytic Asymmetric α-Aminoxylation of Aldehydes. *Angew. Chem., Int. Ed. Engl.* **2003**, *42*, 4247-4250.

[68] Brown, S. P.; Brochu, M. P.; Sinz, C. J.; MacMillan, D. W. C. The Direct and Enantioselective Organocatalytic α-Oxidation of Aldehydes. *J. Am. Chem. Soc.* **2003**, *125*, 10808-10809.

[69] Hayashi, Y.; Yamaguchi, J.; Hibino, K.; Shoji, M. Direct Proline Catalyzed Asymmetric α-Aminooxylation of Aldehydes. *Tetrahedron Lett.* **2003**, *44*, 8293-8296.

[70] Calvin, M. In *Chemical Evolution*; Clarendon: London, 1969; Chapter 7.

[71] Blackmond, D. G. Asymmetric Autocatalysis and its Implications for the Origin of Homochirality. *Proc. Natl. Acad. Sci. U.S.A.* **2004**, *101*, 5732-5736.

[72] Frank, F. C. Spontaneous Asymmetric Synthesis. *Biochem. Biophys. Acta* **1953**, *11*, 459-463.

[73] Soai, K.; Shibata, T.; Morloka, H.; Choji, K. Asymmetric Autocatalysis and Amplification of Enantiomeric Excess of a Chiral Molecule. *Nature* **1995**, *378*, 767-768.

[74] Mauksch, M.; Tsogoeva, S. B.; Martynova, I. M.; Wei, S. Evidence of Asymmetric Autocatalysis in Organocatalytic Reactions. *Angew. Chem., Int. Ed. Engl.* **2006**, *46*, 393-396.

[75] Soai, K.; Shibata, T.; Sato, I. Enantioselective Automultiplication of Chiral Molecules by Asymmetric Autocatalysis. *Acc. Chem. Res.* **2000**, *33*, 382-390.

[76] Shibata, T.; Yonekubo, S.; Soai, K. Practically Perfect Asymmetric Autocatalysis with (2-Alkynyl-5-pyrimidyl) alkanols. *Angew. Chem., Int. Ed. Engl.* **1999**, *38*, 659-661.

[77] Shibata, T.; Yamamoto, J.; Matsumoto, N.; Yonekubo, S.; Osanai, S.; Soai, K. Amplification of a Slight Enantiomeric Imbalance in Molecules Based on Asymmetric Autocatalysis: The First Correlation Between High Enantiomeric Enrichment in a Chiral Molecule and Circularly Polarized Light. *J. Am. Chem. Soc.* **1998**, *120*, 12157-12158.

[78] Klankermayer, J.; Gridnev, I. D.; Brown, J. M. Role of the Isopropyl Group in Asymmetric Autocatalytic Zinc Alkylations. *J. Chem. Soc., Chem. Commun* **2007**, 3151-3153.

[79] Sato, I.; Urabe, H.; Ishiguro, S.; Shibata, T.; Soai, H. Amplification of Chirality from Extremely Low to Greater than 99.5% ee by Asymmetric Autocatalysis. *Angew. Chem., Int. Ed. Engl.* **2003**, *42*, 315-317.

[80] Singleton, D. A.; Vo, L. K. Enantioselective Synthesis Without Discrete Optically Active Additives. *J. Am. Chem. Soc.* **2002**, *124*, 10010-10011.

[81] Blackmond, D. G.; McMillan, C. R.; Ramdeehul, S.; Schorm, A.; Brown, J. M. Origins of Asymmetric Amplification in Autocatalytic Alkylzinc Additions. *J. Am. Chem. Soc.* **2001**, *123*, 10103-10104.

[82] Gridnev, I. D.; Serafimov, J. M.; Brown, J. M. Solution Structure and Reagent Binding of the Zinc Alkoxide Catalyst in the Soai Asymmetric Autocatalytic Reaction. *Angew. Chem., Int. Ed. Engl.* **2004**, *43*, 4884-4887.

[83] Buono, F. G.; Blackmond, D. G. Kinetic Evidence for a Tetrameric Transition State in the Asymmetric Autocatalytic Alkylation of Pyrimidyl Aldehydes. *J. Am. Chem. Soc.* **2003**, *125*, 8978-8979.

[84] Gridnev, I. D.; Serafimov, J. M.; Quiney, H.; Brown, J. M. Reflections on Spontaneous Asymmetric Synthesis by Amplifying Autocatalysis. *Org. Biomol Chem.* **2003**, *1*, 3811-3819.

[85] Mislow, K. Absolute Asymmetric Synthesis: A Commentary. *Collect. Czech. Chem. Commun.* **2003**, *68*, 849-864.

[86] Podlech, J.; Gehring, T. New Aspects of Soai's Asymmetric Autocatalysis. *Angew. Chem., Int. Ed. Engl.* **2005**, *44*, 5776-5777.

[87] Soai, K.; Osanai, S.; Kadowaki, K.; Yonekubo, S.; Shibata, T.; Sato, I. *D*- and *L*-Quartz-Promoted Highly Enantioselective Synthesis of a Chiral Organic Compound. *J. Am. Chem. Soc.* **1999**, *121*, 11235-11236.

[88] Sato, I.; Omiya, D.; Saito, T.; Soai, K. Highly Enantioselective Synthesis Induced by Chiral Primary Alcohols Due to Deuterium Substitution. *J. Am. Chem. Soc.* **2000**, *122*, 11739-11740.

[89] Soai, K.; Sato, I.; Shibata, T.; Komiya, S.; Hayashi, M.; Matsueda, Y.; Imamura, H.; Hayase, T.; Morioka, H.; Tabira, H.; Yamamoto, J.; Kowata, Y. Asymmetric Synthesis of Pyrimidyl Alkanol Without Adding Chiral Substances by the Addition of Diisopropylzinc to Pyrimidine-5-carbaldehyde in Conjunction with Asymmetric Autocatalysis. *Tetrahedron: Asymmetry* **2003**, *14*, 185-188.

[90] Alberts, A. H.; Wynberg, H. The Role of the Product in Asymmetric C-C Bond Formation: Stoiciometric and Catalytic Enantioselective Autoinduction. *J. Am. Chem. Soc.* **1989**, *111*, 7265-7266.

[91] Bolm, C.; Bienewald, F.; Seger, A. Asymmetric Autocatalysis with Amplification of Chirality. *Angew. Chem., Int. Ed. Engl.* **1996**, *35*, 1657-1659.

[92] Heller, D. P.; Goldberg, D. R.; Wulff, W. D. Positive Cooperativity of Product Mimics in the Asymmetric Diels-Alder Reaction Catalyzed by a VAPOL-Aluminum Catalyst. *J. Am. Chem. Soc.* **1997**, *119*, 10551-10552.

[93] Atwood, D. A.; Hutchison, A. R.; Zhang, Y. Z. Compounds Containing Five-Coordinate Group 13 Elements. *Struct. Bonding* **2003**, *105*, 167-201.

[94] Yamada, Y. M. A.; Yoshikawa, N.; Sasai, H.; Shibasaki, M. Direct Catalytic Asymmetric Aldol Reactions of Aldehydes with Unmodified Ketones. *Angew. Chem., Int. Ed. Engl.* **1997**, *36*, 1871-1873.

[95] List, B.; Lerner, R. A.; Barbas, C. F., III. Proline-Catalyzed Direct Asymmetric Aldol Reactions. *J. Am. Chem. Soc.* **2000**, *122*, 2395-2396.

[96] Trost, B. M.; Ito, H. A Direct Catalytic Enantioselective Aldol Reaction via a Novel Catalyst Design. *J. Am. Chem. Soc.* **2000**, *122*, 12003-12004.

[97] Northrup, A. B.; Mangion, I. K.; Hettche, F.; MacMillan, D. W. C. Enantioselective Organocatalytic Direct Aldol Reactions of α-Oxyaldehydes: Step One in a Two-Step Synthesis of Carbohydrates. *Angew. Chem., Int. Ed. Engl.* **2004**, *43*, 2152-2154.

[98] Palomo, C.; Oiarbide, M.; García, J. M. Current Progress in the Asymmetric Aldol Addition Reaction. *Chem. Soc. Rev.* **2004**, *33*, 65-75.

[99] Tang, Z.; Jiang, F.; Yu, L.-T.; Cui, X.; Gong, L.-Z.; Mi, A.-Q.; Jiang, Y.-Z.; Wu, Y.-D. Novel Small Organic Molecules for a Highly Enantioselective Direct Aldol Reaction. *J. Am. Chem. Soc.* **2003**, *125*, 5262-5263.

[100] Yao, W.; Wang, J. Direct Catalytic Asymmetric Aldol-Type Reaction of Aldehydes with Ethyl Diazoacetate. *Org. Lett.* **2003**, *5*, 1527-1530.

[101] Yoshikawa, N.; Kumagai, N.; Matsunaga, S.; Moll, G.; Ohshima, T.; Suzuki, T.; Shibasaki, M. Direct Catalytic Asymmetric Aldol Reaction: Synthesis of Either *syn*- or *anti*-alpha, beta-Dihydroxy Ketones. *J. Am. Chem. Soc.* **2001**, *123*, 2466-2467.

[102] Trost, B. M.; Fettes, A.; Shireman, B. T. Direct Catalytic Asymmetric Aldol Additions of Methyl Ynones. Spontaneous Reversal in the Sense of Enantioinduction. *J. Am. Chem. Soc.* **2004**, *126*, 2660-2661.

[103] Danda, H.; Nishikawa, H.; Otaka, K. Enantioselective Auto Induction in the Asymmetric Hydrocyanation of 3-Phenoxybenzaldehyde Catalyzed by Cyclo (*R*)-Phenylalanyl-(*R*)-Histidyl. *J. Org. Chem.* **1991**, *56*, 6740-6741.

[104] Tanaka, K.; Mori, A.; Inoue, I. The Cyclic Dipeptide Cyclo[(*S*)-phenylalanyl-(*S*)-histidyl] as a Catalyst for Asymmetric Addition of Hydrogen Cyanide to Aldehydes. *J. Org. Chem.* **1990**, *55*, 181-185.

[105] Kogut, E. F.; Thoen, J. C.; Lipton, M. A. Examination and Enhancement of Enantioselective Autoinduction in Cyanohydrin Formation by Cyclo[(*R*)-His-(*R*)-Phe]. *J. Org. Chem.* **1998**, *63*, 4604-4610.

[106] Shvo, Y.; Gal, M.; Becker, Y.; Elgavi, A. Asymmetric Hydrocyanation of Aldehydes with Cyclo-Dipeptides: A New Mechanistic Approach. *Tetrahedron: Asymmetry* **1996**, *7*, 911-924.

[107] Balsells, J.; Costa, A. M.; Walsh, P. J. TemperatureDependent Nonlinear Effects and Catalyst Evolution in the Asymmetric Addition of Diethylzinc to Benzaldehyde. *Isr. J. Chem.* **2001**, *41*, 251-261.

第12章 双功能、双重和多功能催化体系

对于任何一个催化不对称过程，至少需要一种活化模式（见第2、3章）来实现使催化能够发生所需的活化能降低（通过对过渡态进行稳定化或对基态进行去稳定化）。一个典型的例子是羰基氧对 Lewis 酸催化剂配位。相对于未配位的羰基化合物的进攻，亲核加成的能垒降低了。另外，亲核试剂与催化剂结合可以提高其亲核特性，因此，它与亲电试剂的反应活性也被增强了。不仅存在许多种可能的活化模式，而且在一个单一的转化中可能包含了不止一种活化模式。这种组合可以在同一金属上按次序发生（如氢化中的烯烃配位、氢气氧化加成，接着发生迁移插入等等）。

也有一些例子中，对底物或试剂的活化并不足以将活化能降得足够低，以使反应在想要的条件下发生。在这些情况下，双重（dual）活化策略可能能够满足条件，其中将亲电试剂和亲核试剂同时进行活化。本章讨论的主题是同时进行的活化模式的组合，主要集中在那些手性的活化组分不止一个，并在最终赋予产物的立体选择性上起到作用的体系[1-8]。

在双重催化剂活化中，分别使用两种催化剂在分子间意义上活化化学上迥异的试剂。尽管这种活化模式很有吸引力，因为它不需要双功能或多功能催化剂复合体，其缺点包括两种或更多催化实体之间可能的相互作用、特定催化剂需要在混合物中选择性地识别各个底物以及反应高的分子数（即熵限制）。双功能催化剂可以通过包含两个具有特定关系的催化组分来解决许多上述问题。互相依赖的双功能催化剂仍然受限于这些问题中的第一个问题，因为催化位点可以互相影响。尽管如此，已经发现了许多有用的这类催化剂。独立的双功能催化剂含有两个可以分别独立调节的催化部分，因此，原则上可以更容易地进行精细调控。可以通过将两个催化部分连接或通过第一性原理进行设计来获得双功能催化剂。包含超过两个催化实体的多功能催化剂也是可能的。然而，除非进行了机理研究，否则这些催化体系的特征是双重、双功能还是多功能催化剂，并不是十分清楚。机理研究中发现的原则对改进催化剂和构想新催化剂体系十分有用。

大自然使用了许多多功能催化剂对许多原本很难促进的反应实现了高的转化频率和转化数。许多酶催化剂中涉及两个或更多活性位点的协作来对两个反应组分同时进行活化。在这种体系中，催化剂也将被活化的组分以最优的相对取向维持在一个有利的距离，以实现反应活性和选择性的最大化。

图 12.1 中给出了自然界中使用的催化酮供体和醛受体的 aldol 反应的两个多功能酶的例子[9]。醛缩酶可以分为不需要金属离子作为辅助因子即可运转的 I 型和涉及锌辅助因子的 II 型两类。在图 12.1 上图中的 I 型醛缩酶中，一个赖氨酸残基加成到酮羰基上，

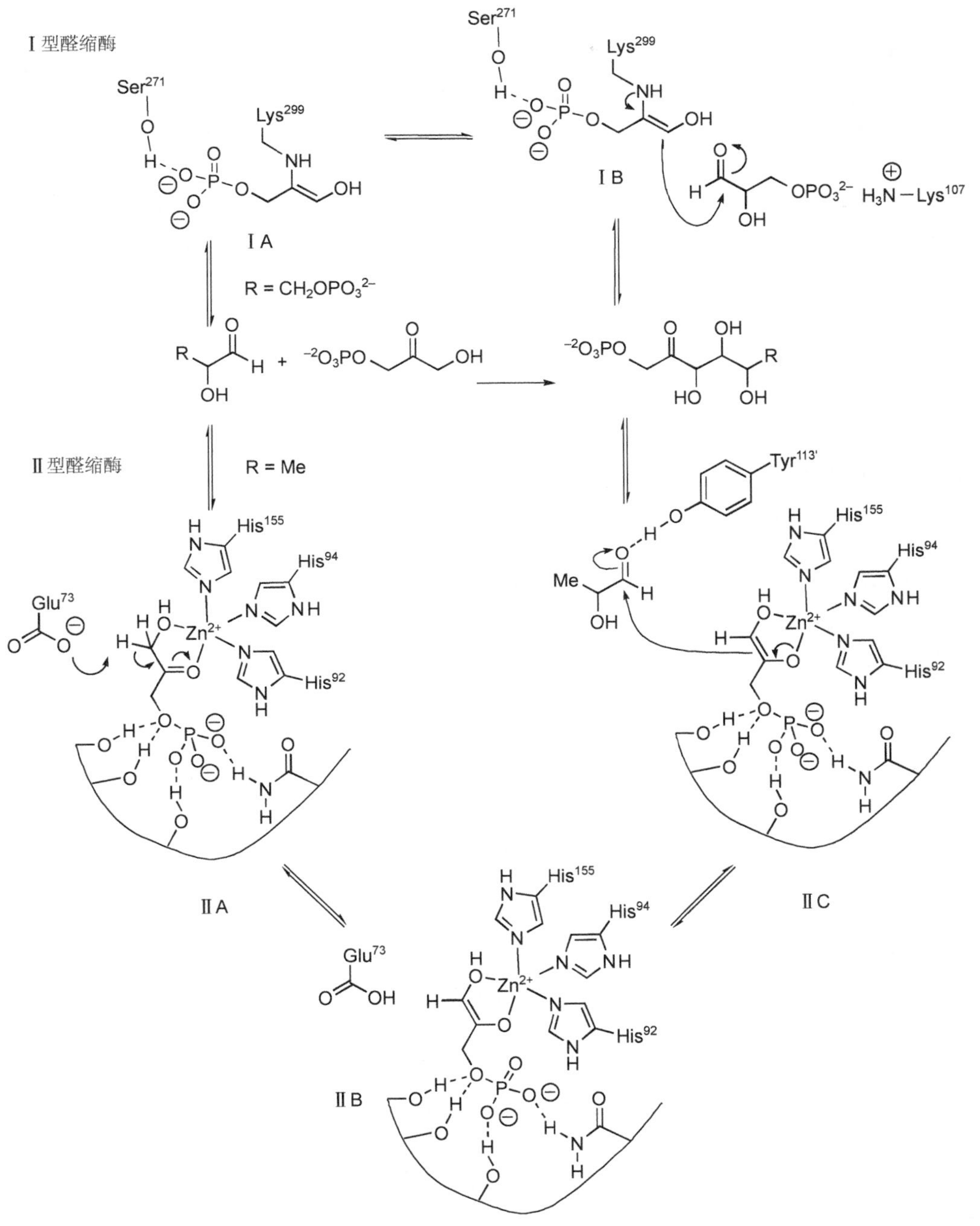

图 12.1 Ⅰ型（上）和Ⅱ型醛缩酶反应的机理

这些酶催化磷酸二羟基丙酮酯供体对醛的不对称加成

形成的亚胺随后互变异构成为烯胺ⅠA。一般认为在ⅠB中显示的烯胺供体与受体醛之间的立体选择性加成反应中，几个氢键协助了反应组分的取向。在图 12.1 的底部，磷酸二羟基丙酮酯通过配位到锌上而被活化，而磷酸酯基团被置于一个含有好几个氢键供体的口袋中。与锌的结合增强了磷酸二羟基丙酮酯 α-H 的酸性，其中一个 α-H 接着被邻近的谷氨酸残基去质子化，如 ⅡA 中所示，得到烯醇锌盐 ⅡB。在 ⅡC 中一个酪氨酸残基与底物醛以氢键结合，将其活化并稳定了在加成的过渡态中积累的电荷。

　　跟上述的有机催化的 Ⅰ 型醛缩酶和基于锌的 Ⅱ 型醛缩酶一样，后续各节中也展示了纯有机的和基于金属的小分子如何能够作为双功能和多功能催化剂起作用。接下来讨论的主题根据催化体系的特点进行组织。对一个催化体系进行改进可能得到一个通过同样的机理进行反应但是却属于不同类型的催化剂。在这些情况下，将这些催化剂放在一起讨论比较方便。

12.1　分子内双功能催化

　　在同一个复合物中含有两个催化活性位点的催化剂被定义为分子内双功能催化剂。这一类型可以进一步分为含有电性上耦合的或独立的两个活性位点的催化剂。在相互依赖的双功能催化剂中，两个活性位点是电性上耦合的。在这种方式下，一个位点的改变会影响到邻近位点的反应活性。这些催化剂中的位点通常用一个共同的原子或官能团连接。一个例子是金属烷氧化物 L_nM-OR。金属可以作为 Lewis 酸，而氧可以作为 Brønsted 碱来对底物去质子化，或作为 Lewis 碱向第二个金属提供一对孤对电子。相互影响的双功能催化剂的优势通常来自其高度的组织性。另外，这些双功能催化剂通常自组装形成活性物种。相互依赖的双功能催化剂的缺点是不容易调节其中一个位点而不影响另外一个。

　　具有分离的、相互不影响的位点的分子内双功能催化剂称为独立双功能催化剂。在这些体系中，两个位点通常被几个介于其间的原子分开。独立的双功能催化剂的优势是它具有更强的可调节性，因为每个位点都可以进行调节而不影响另一个。通常独立的双功能催化剂刚性较小，具有更高的转动自由度。虽然灵活性的增加会导致更大的可调节性和更宽泛的底物普适性，它可能会使催化剂的理性设计变得复杂化。

　　本章中介绍的一些例子已经在之前的章节中以不同的关注点讨论过。这些例子在这里不再详细介绍，读者可以在之前的章节中找到进一步的讨论。

12.1.1　相互依赖的 Lewis 酸和 Lewis 碱组分

　　一些最早发展的双功能催化剂结合了直接连接起来的Lewis酸性和Lewis碱性位点。由于对任一位点的修饰会改变另一位点的反应活性，所以它们被归为相互依赖的双功能催化剂。其双功能本质、非常引人注目的反应机理和优异的立体诱导控制引起了强烈兴趣并启发了基于这些概念的相关的催化剂的发展。

12.1.1.1　双功能噁唑硼烷催化的酮的不对称还原（CBS 还原）

　　互相依赖的双功能催化的一个很好的例子是噁唑硼烷（oxazaborolidine）催化的酮的不对称还原[10-16]。通常将这一体系按提出目前接受的机理和发展下面提到的催化剂的研究人员的名字命名，称为 "CBS 还原" [13]。如式 12.1 所示，催化剂噁唑硼烷通过氨基醇与 BH₃ 反应来制备。噁唑硼烷本身并不与酮反应。然而，向噁唑硼烷和酮的混合物中加入硼烷可以以高水平的对映选择性快速还原多种酮类底物。*B*-Me 衍生物是较好的催化剂，因为它对空气较不敏感，并且给出了稍高一些的对映选择性。

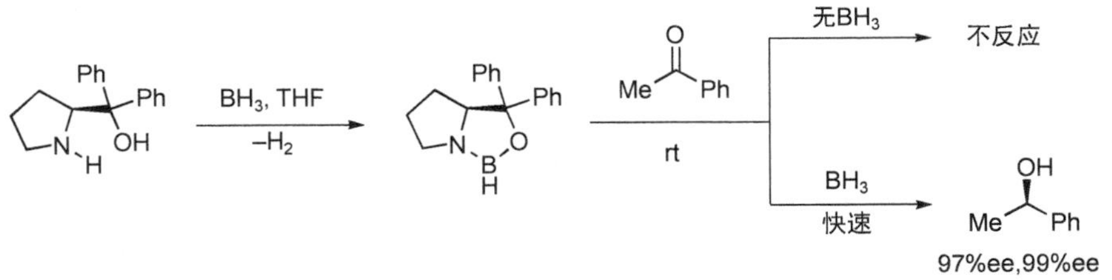

(12.1)

　　提出的反应机理的基本步骤如图 12.2 中所示。BH₃首先配位到 N 上，接着发生底物酮的结合。接着负氢转移到羰基碳上，形成一个硼烷氧化合物。它发生解离，完成催化剂再生。

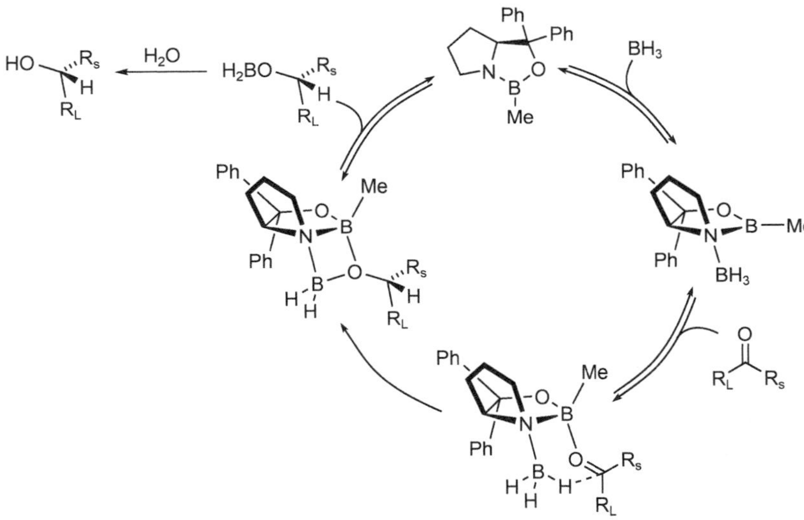

图 12.2　提出的噁唑硼烷催化的酮的不对称还原的机理

　　考虑机理的各个步骤表明了这一经典双功能催化剂的互相影响性。噁唑硼烷的 N 上的孤对电子离域到硼的空的 p 轨道中，使得 B—N 键具有部分双键的性质。BH₃与 N 的孤对电子的结合破坏了这种相互作用，增加了环内的 B 的 Lewis 酸性。BH₃与噁唑硼烷的配位也增强了硼氢的亲核性。注意 BH₃的结合得到了一个 *cis*-并环的结构。另一种方式，即硼烷以 *syn* 式配位到醇上得到一个 *trans*-并环的 5,5-环系，根据计算其能量要高约 10～15 kcal/mol（41.8～62.7 kJ/mol）（图 12.3）[17]。

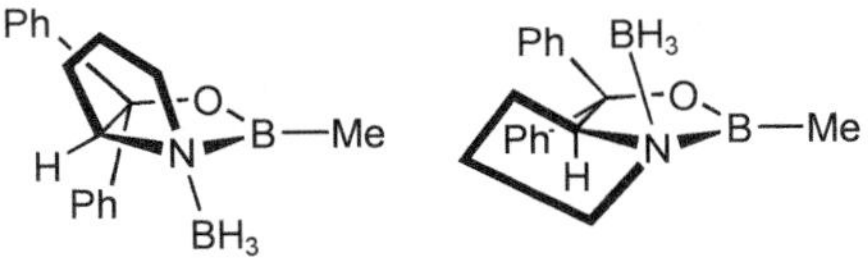

图 12.3　BH₃对 B 的顶面的配位（右图）由于形成一个张力的双环环系而不利

在下一步中，酮与不饱和的 B 中心结合，得到非对映异构的底物加合物。酮对噁唑硼烷的顶面的配位由于与脯氨酸骨架的作用而非常不利。因此，不饱和的 B 中心的底面与酮结合，配位到其最不拥挤的孤对电子上。酮与 Lewis 酸性的 B 的结合不仅活化了羰基，也定位了底物，使底物的一面暴露给了邻近的 BH_3 基团。然后以六元环状过渡态发生负氢转移。

早期的噁唑硼烷催化剂从非环状的氨基醇衍生而来（图 12.4）。在这个体系中，BH_3 和酮的配位可以得到比基于脯氨酸的体系中的中间体能量更为接近的非对映异构的加合物。这些加合物的异构体导致产生了对映异构的产物，造成了比脯氨酸衍生物低的对映选择性。

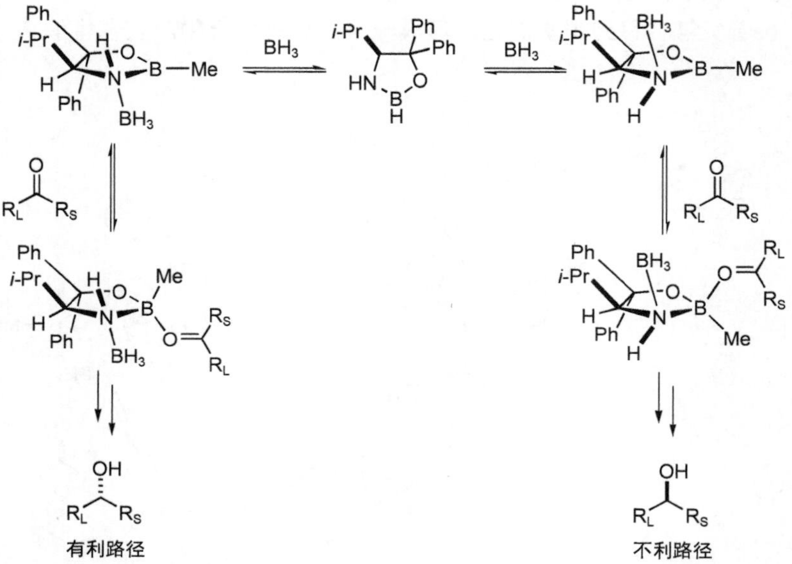

图 12.4　BH_3 的配位形成的非对映异构的噁唑硼烷导致了相反的对映面选择性

BH_3 对环系顶面的配位得到次要异构体

虽然在图 12.2 中没有包含进去，硼氢化合物的 3 个负氢中的两个可以被转移到底物酮中。在还原了两分子的酮之后，第 3 个负氢是非活性的，很可能由于二烷氧基硼烷和噁唑硼烷之间的立体位阻太大所导致。也需要指出，噁唑硼烷催化剂也可以用于肟醚和 β-酮肟醚的不对称还原，分别得到对映体富集的胺和氨基醇[10,11,18,19]。

CBS 催化剂易于制备，其在酮的还原中具有高对映选择性，这些特点使这一体系成为产生对映体富集的二级醇的一个很受欢迎的选择。

12.1.1.2　用于烷基对醛的不对称加成的基于氨基醇的催化剂

与上面讨论到的还原酮的催化剂 CBS 一样，用于烷基对醛的不对称加成的基于氨基醇的催化剂也是通过双重活化机理进行的互相依赖的双功能催化剂[20-24]。这些催化剂的反应机理和非线性行为在第 7 章中讨论过，所以此处仅强调其双功能本质。氨基醇 DAIB 与二烷基锌试剂反应，得到三配位的氨基烷氧化合物，它的休眠态是其二聚体（图 12.5）。二烷基锌与 Lewis 碱性的烷氧化合物的结合增加了中间的锌的 Lewis 酸性，使其能够更好地活化醛。不仅 O-结合的 ZnR_2' 处于更加活性的构型，而且由于结合的 ZnR_2' 比自由的 ZnR_2' 具有更高的电子密度，烷基的亲核性也增强了。

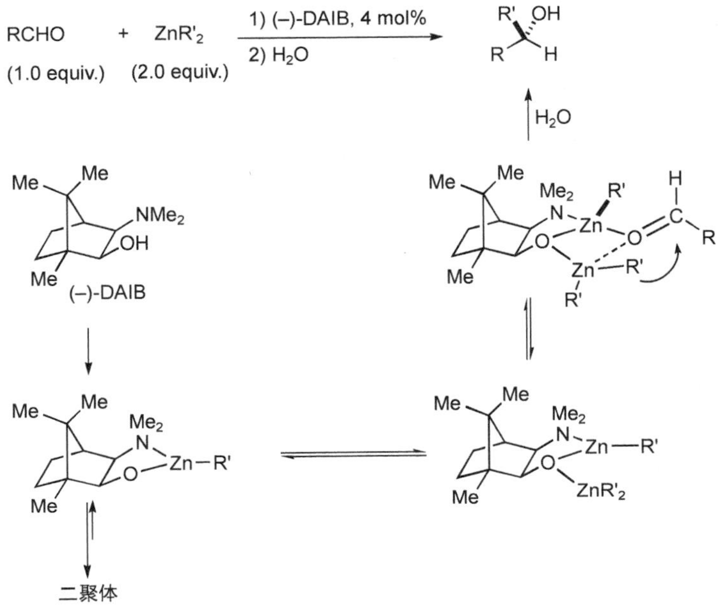

图 12.5　氨基醇催化剂催化的烷基锌试剂对醛的不对称加成的基本步骤

更多细节见第 11 章

　　基于从这一历史上重要的体系衍生的概念，后来对该反应发展了许多有效和高对映选择性的催化剂[23-25]。

12.1.2　酮的不对称氢化中相互依赖的 Brønsted 酸-金属氢化物活化

　　前手性酮的不对称氢化是制备手性二级醇的一个重要方法。这些对映体富集的二级醇是药物工业、农药化学工业以及香料和香水工业的重要中间体。然而，直到最近，这些反应还局限于含有悬挂着的结合位点的、可以与催化剂进行螯合的底物，如 β-酮酸酯[3]。许多有效地氢化 C—C 双键的催化剂对孤立的酮活性很差甚至没有活性。这一差异可能归结为烯烃和酮不同的结合模式。含有 C—C 双键的底物很容易形成金属 π-配合物，而这一配位模式对酮来说却不常见。酮最常见的是通过氧的孤对电子进行配位。烯烃与羰基截然不同的配位模式导致有人提出成功进行酮的氢化的催化剂很可能通过不相似的机理进行。发现情况确实如此，机理研究表明酮的还原通过一个出乎意料的、并不涉及底物酮对金属中心配位的路径进行。

　　发展酮的氢化催化剂的过程中，一个关键发现是观察到含有至少一个 NH_2 基团的二胺对钌-膦催化剂的效率的有利影响。含有手性二胺和双齿膦配体的钌配合物，如图 12.6 中所示的催化剂前体，在碱存在下的酮还原中表现出了高的对映选择性和效率[3,4,26,27]。碱和异丙醇在将催化剂前体转化成金属二氢化物中是必需的。这些催化剂的其他吸引人的特征包括低的催化剂用量、官能团兼容性和与 C=C 键相比对 C=O 键的高选择性。

另外，它们还可以被用于 C＝N 键的不对称氢化得到对映体富集的胺，尽管还没有实现与酮的还原差不多的对映选择性[28,29]。

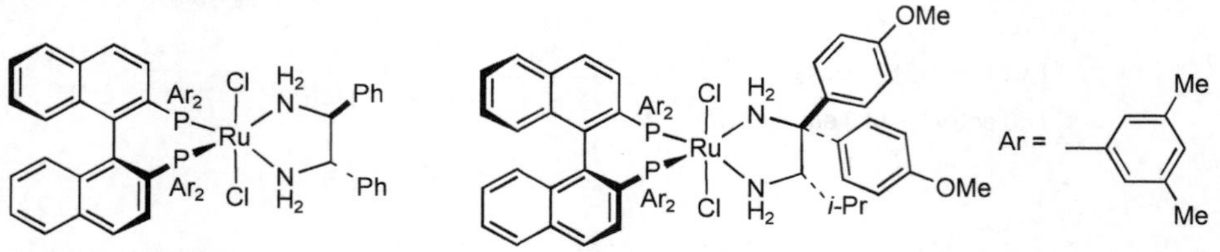

trans-RuCl₂[(S)-Xyl-BINAP)][(S,S)-DPEN]　　trans-RuCl₂[(S)-Xyl-BINAP)][(S)-DAIPEN]

图 12.6　催化剂前体 *trans*-RuCl₂[(*S*)-Xyl-BINAP][二胺]

如表 12.1 所示，从 *trans*-RuCl₂[(*S*)-Xyl-BINAP][(*S*)-DAIPEN]生成的催化剂可以以极高的对映选择性控制还原芳基酮、杂芳基酮、*α,β*-不饱和酮和环丙基酮[26,30]。尤其令人印象深刻的是这些催化剂在烯烃存在下还原羰基时表现出的化学选择性。虽然含有新型膦配体的类似体系对 2-己酮表现出高达 75%的对映选择性[31]，二烷基酮对这些催化剂来说仍然是一类困难的底物[3]。

表 12.1　使用 *trans*-RuCl₂[(*S*)-Xyl-BINAP][(*S*)-DAIPEN]进行的酮的还原

底　物		ee/%	底　物			ee/%
R =						
	Me	99				97
	Et	99				
	i-Pr	99				
	环丙基	96				
X =						
	Me	99				97
	Br	97				
	CF₃	96				
	OMe	92				
				R^1	R^2	
		99		H	Me	96
				H	Ph	96
				Me	Me	98
		96				85
		94				01

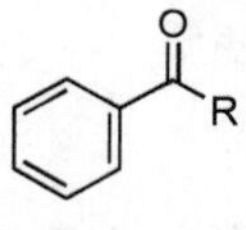

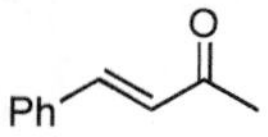

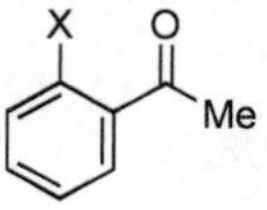

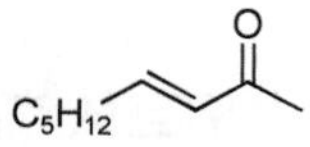

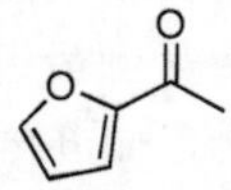

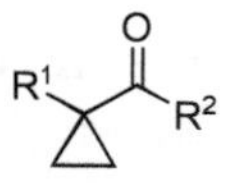

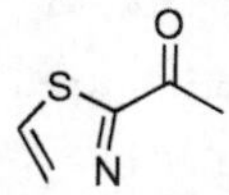

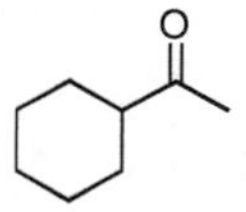

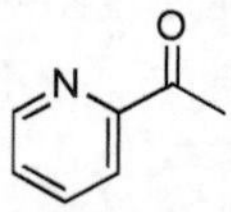

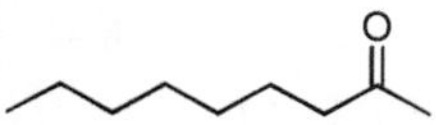

这个催化剂体系已经被用于合成多种药物分子[3]，例如合成抗抑郁药物(*R*)-氟西汀（式 12.2）。使用 7.3 mg 的催化剂前体，使用碱活化，在异丙醇（30 mL）中加入底物 3-二甲氨基苯丙酮（10.6 g，S/C = 10000），在 8 atm H₂ 下，25 ℃反应 5 h 以 97.5% ee（产率 96%）得到了(*R*)-氟西汀的前体[32]。

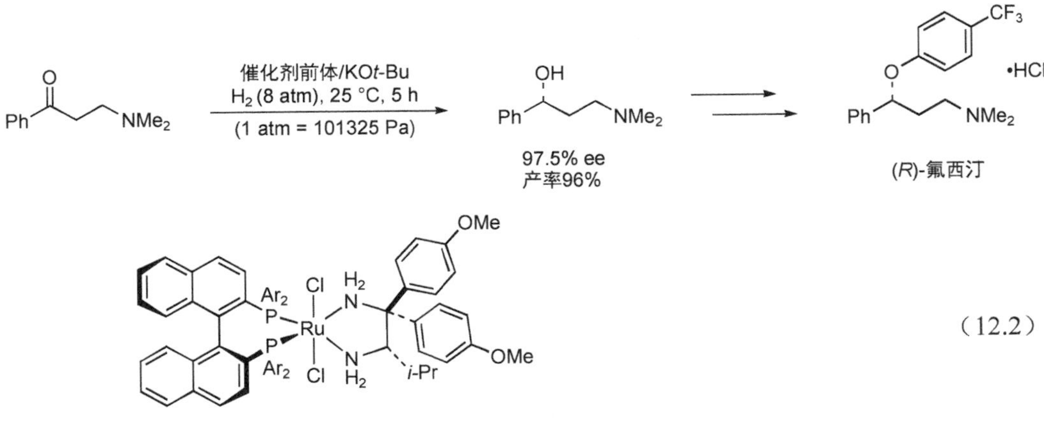

催化剂前体

(12.2)

值得指出的是，配体 BINAP 衍生物和二胺的构型的正确组合对于取得好的对映选择性至关重要（图 12.7）。不匹配的组合比用外消旋的配体取代手性二胺或双膦得到的催化剂得到的对映选择性还低。

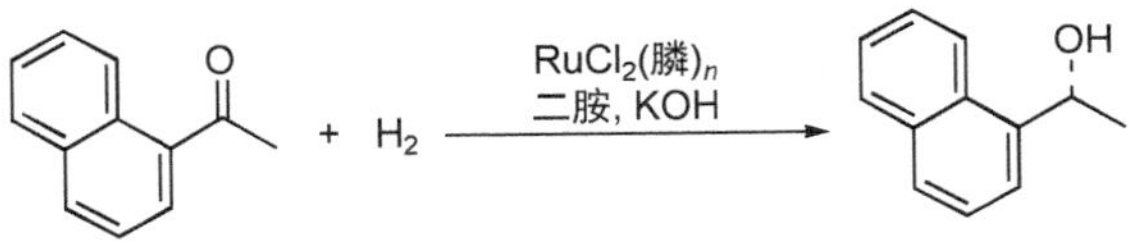

膦	二胺	ee/%
(*S*)-BINAP	(*S*,*S*)-DPEN	97
(*S*)-BINAP	(*R*,*R*)-DPEN	14
(*S*)-BINAP	$NH_2CH_2CH_2NH_2$	57
PPh_3	(*S*,*S*)-DPEN	75

催化剂前体

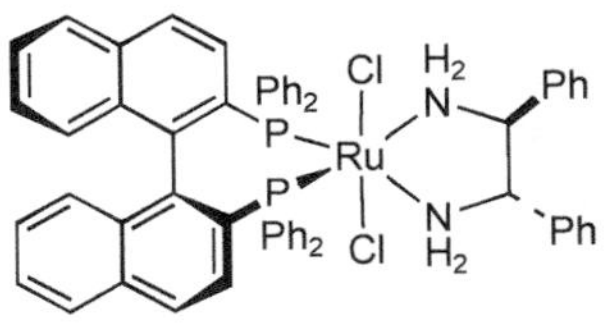

(*S*)-BINAP　(*S*,*S*)-DPEN

图 12.7 (*S*)-BINAP 与(*S*,*S*)-DPEN 的互补的相互作用与非互补的组合对比

后者比每种手性催化剂与一个非手性配体的组合给出更低的对映选择性

详细的实验和理论研究为这些不同寻常的催化剂的机理提供了一个综合图景[4,33-35]。认为活性催化剂是金属二氢化物（图 12.8），它由二氯化物催化剂前体（图 12.6）、烷氧化物碱和氢气在异丙醇中混合产生。类似的二氢化合物已经被制备出来并通过晶体学进行了表征[34]。催化循环的第一步一般认为是在底物酮和催化剂的 N—H 键之间形成一个弱的氢键，如图 12.8 所示。从这一氢键中间体出发，通过六元环过渡态发生顺利的还原，得到手性醇和 Ru-酰胺。在这个例子中催化剂起到了双功能的作用，N—H 是 Brønsted 酸，而金属中心是负氢供体。

这类后过渡金属-酰胺配合物非常活泼[36-38]，而且已经在模型体系中得到了表征[34]。氢气的异裂切断是催化循环的周转限制步骤（turn-over limiting step）（图 12.9）。这一步骤可能通过先形成一个二氢配合物（dihydrogen complex）进行，在模型体系中已经观察到了这个配合物[39]。提出的二氢配合物的断裂机理包括酰胺氮攫取质子得到二氢化物配合物（dihydride complex），烷氧化物碱对二氢化合物（dihydrogen compoud）的去质子

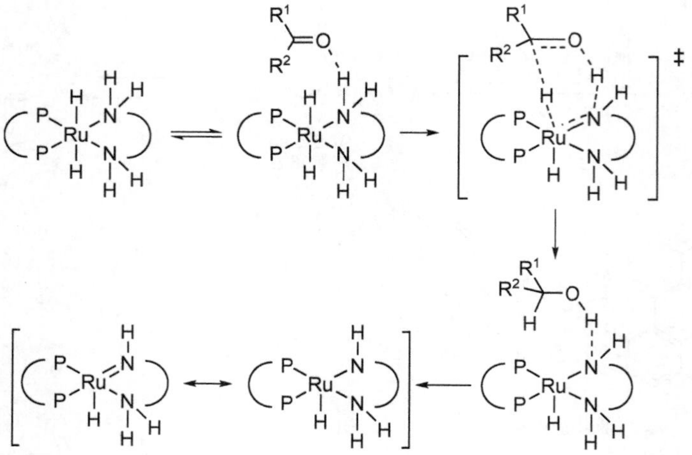

图 12.8   提出的使用(BINAP)RuH$_2$(二胺)衍生物的酮的氢化反应的机理

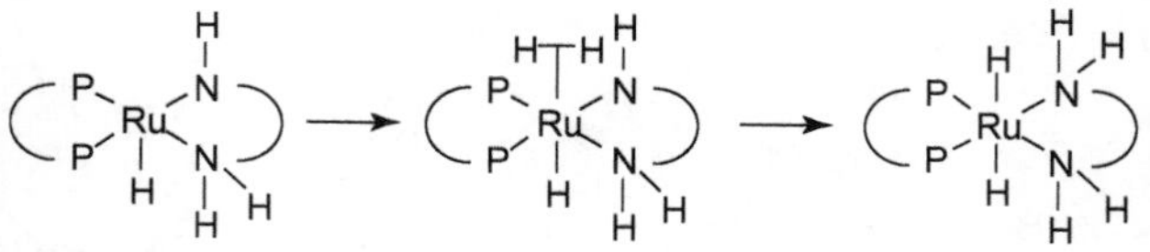

图 12.9   提出的氢气异裂切断的机理

化[40,41]，或在中性条件下一个醇协助的路径[35]。与这些猜想一致，观察到了反应速率对钌催化剂和氢气浓度的一级依赖和对酮浓度的零级依赖。另外，$\Delta S^{\ddagger}$约为-25 cal/(mol·K) [-104.5 J/(mol·K)]，表明存在一个高度有序的过渡态。

有意思的是，这些氢化催化剂是 18 电子物种，而且不需要像许多烯烃氢化催化剂那样[42]打开一个配位点产生 16 电子中间体。这些催化剂的双功能本性使其可以通过一个氢转移机制获得一个非传统的第二配位场。通过配体上的氢键对酮进行活化暗示这些微妙的相互作用在不对称催化中的威力。

12.2   独立的双功能催化

在独立的双功能催化剂一类中，活性位点被几个介入的原子分开。这使得在调控催化剂活性和对映选择性上具有更大的灵活度。我们将会看到，可以将各种不同的官能团进行组合来发展这些非常有趣的催化剂。

12.2.1   独立的 Lewis 酸-Brønsted 碱组分

含有带悬挂的氨基的手性膦配体的金配合物催化的异氰基乙酸乙酯与醛的不对称反应是双功能催化的一个经典例子。该反应在第 5 章中讲过，在这里只是简单概述一下。回想一下，提出的反应机理中包括悬挂的氨基对配位到金上的异腈去质子化，得到一个离子对（图 5.21）。醛的配位，接着烯醇负离子进攻，发生 aldol 类反应形成产物。该反应的对映选择性强烈依赖于侧链的结构和氨基上的取代基。使用乙醛作为底物时尤其惊人，从图 12.10 中可以看出。

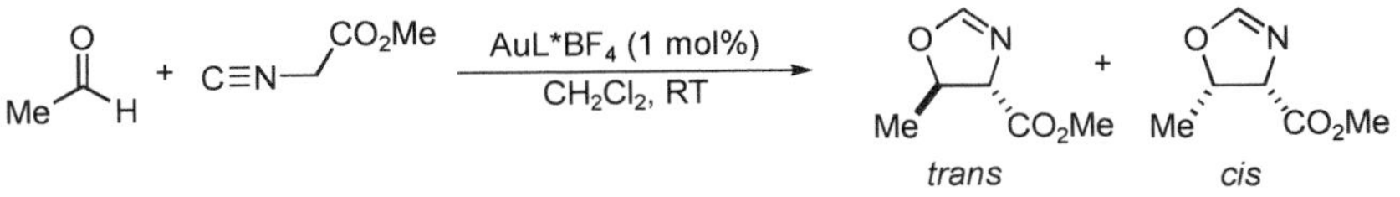

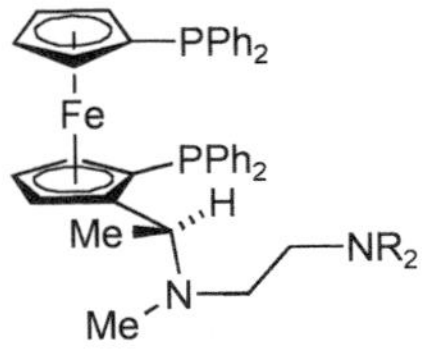

L*	trans/cis	trans ee/%（构型）
NR₂ = NMe₂	78/22	37 (4S, 5R)
NR₂ = NEt₂	84/16	72 (4S, 5R)
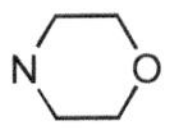 NR₂ = N◯	89/11	89 (4S, 5R)

图 12.10　双功能的阳离子双膦 Au(Ⅰ)催化剂可以促进 aldol 类反应

乙醛在这个反应中是个非常敏感的底物。催化剂结构中看起来很小的变化对对映选择性具有极大的影响

提出的过渡态在图 12.11 给出。在这个组合体中，金中心和烯醇负离子与铵根离子之间的电荷-电荷相互作用将烯醇负离子进行了定位。由于铵基与烯醇负离子距离很近，悬挂着的 N 上的取代基会影响烯醇负离子的构象并影响反应的对映选择性。

12.2.2　含有独立的 Lewis 酸-Lewis 碱的催化剂

必须十分小心地设计同时含 Lewis 酸性和 Lewis 碱性位点的催化剂，以免这些部分发生内部的或分子间的络合。三甲基氰硅烷对羰基的加成是已知的可以同时被 Lewis 酸和 Lewis 碱催化的反应。Lewis 酸活化羰基，Lewis 碱活化三甲基氰硅烷。由于这些特性，这一反应引起了从事 Lewis 酸-Lewis 碱双功能催化剂研究的科学家的强烈兴趣。

基于修饰的 BINOL 骨架的双功能催化剂已经被设计用来与一个 Lewis 酸性的金属中心结合，并通过其配位到 3,3'-位悬挂着的 Lewis 碱性位点的配位来活化三甲基氰硅烷（图 12.12）[43,44]。发现铝基催化剂在该反应中有很好的表现，尤其是在膦氧化物为添加剂的情况下（图 12.13）。提出膦氧化物添加剂通过配位缓和了铝中心的 Lewis 酸

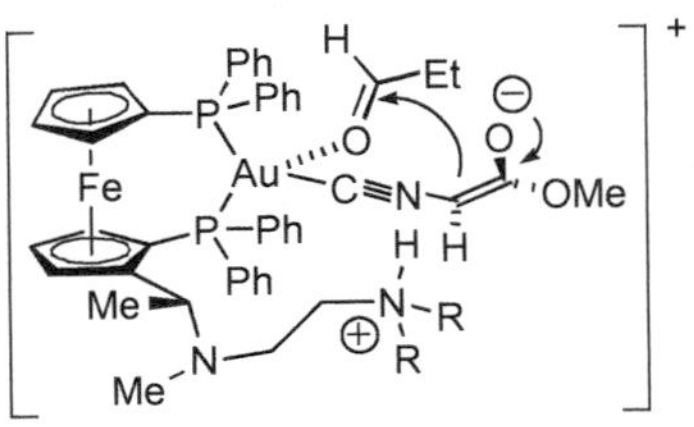

图 12.11　不对称 aldol 反应中形成主要非对映体的过渡态

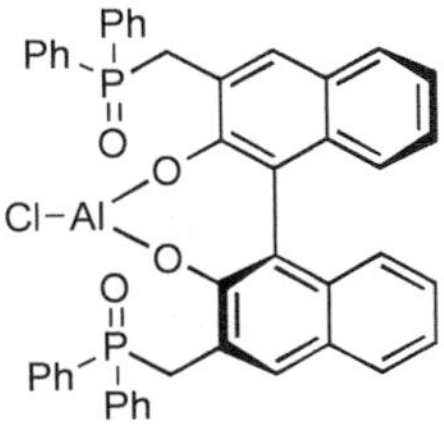

图 12.12　提出的氰基对醛的加成中双功能催化剂的结构

提出 Lewis 碱性的膦氧化物部分活化了氰硅烷

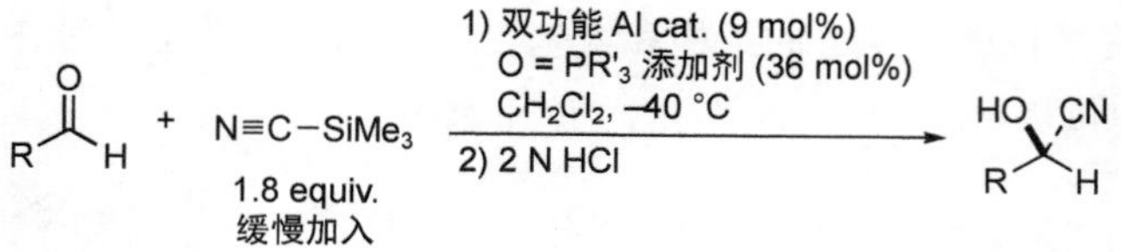

$$R-CHO + N{\equiv}C-SiMe_3 \xrightarrow[\substack{2)\ 2\ N\ HCl}]{\substack{1)\ 双功能\ Al\ cat.\ (9\ mol\%) \\ O=PR'_3\ 添加剂\ (36\ mol\%) \\ CH_2Cl_2,\ -40\ ℃}} R-CH(OH)(CN)H$$

1.8 equiv.
缓慢加入

R	产率/%	ee/%
Me(CH₂)₅	100	98
Me₂CH	96	90
trans-PhCH=CH	99	96
Ph	98	96
 (呋喃基)	86	95

图 12.13　双功能 Lewis 酸-Lewis 碱催化的 TMS-CN 对醛的加成

性[43]。不存在这种添加剂时，铝的高 Lewis 酸性导致了氰基对底物醛的没有选择性的加成。膦氧化物添加剂的结合也增加了铝的配位数并改变了金属中心的几何构型和手性环境[43]。

　　确定一个催化剂是否通过双功能路径促进某个反应通常很困难。确定机理的一个方法是使用其中一个活性位点被删除的催化剂。当配体的 3,3′-位被大位阻的非配位基团 (CH₂CHPh₂]取代时，以低的对映选择性得到了产物的相反的对映体。另外，三甲基氰硅烷的 IR 光谱的移动表明加入膦氧化物时发生了三甲基氰硅烷的 Lewis 碱活化。图 12.14 中提出了一个可能的过渡态，但需要进一步的工作来弄清楚这一过程的机理。

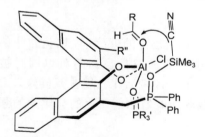

图 12.14　提出的双功能催化剂催化的氰基对醛的加成的过渡态

　　该催化剂体系在改进的不对称 Strecker 反应中也表现良好。Strecker 反应在合成 α-氨基酸前体中很重要，而且涉及氰基对亚胺的加成（图 12.15）。在这个反应中，最优的条件包括 20 mol% TMS-CN 和 120 mol% HCN[45]。发现对映选择性强烈依赖于 *N*-烷基取代基，其中芴基给出了最好的结果。对大部分亚胺底物都得到了优秀的产率和> 90%的对映选择性。

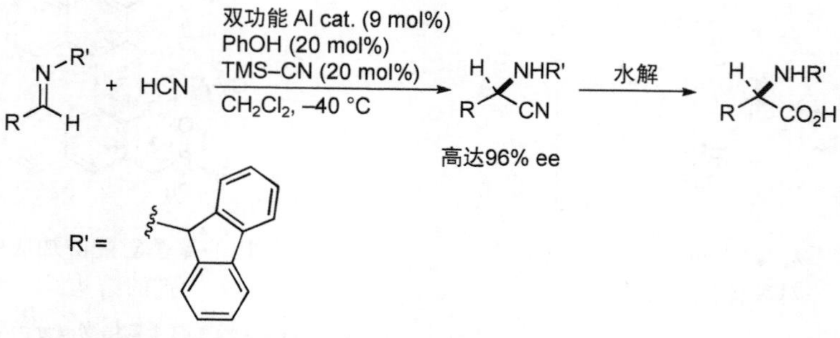

$$R-CH=N-R' + HCN \xrightarrow[\substack{CH_2Cl_2,\ -40\ ℃}]{\substack{双功能\ Al\ cat.\ (9\ mol\%) \\ PhOH\ (20\ mol\%) \\ TMS-CN\ (20\ mol\%)}} R-CH(NHR')(CN)H \xrightarrow{水解} R-CH(NHR')(CO_2H)H$$

高达96% ee

R' = (芴-9-基)

图 12.15　图 12.12 中的双功能催化剂催化的不对称 Strecker 反应

在不对称催化中一个众所周知的事实是，对于醛给出优异的对映选择性的反应对于酮来说通常不能给出令人满意的结果。为了成功发展出针对酮的催化剂，必须克服两个问题：反应活性和对映选择性。醛通常以与醛氢处于 *syn* 式的孤对电子与金属中心配位（图 12.16）。相反，酮必须以立体位阻更大的烷基的 *syn* 位与金属配位。因此，酮的结合不如醛的更紧密，造成了其活性较低。第二，通常广为认可的是，为了实现高的对映选择性，催化剂必须能够将酮羰基氧上的两个孤电子对进行区分。如果这两对孤电子对处于位阻上相似的环境中，这通常是一个很困难的任务。考虑到这些限制，酮的反应通常需要比醛活性更高的催化剂就不足为怪了。三甲基氰硅烷对酮的不对称加成就是这种情况。

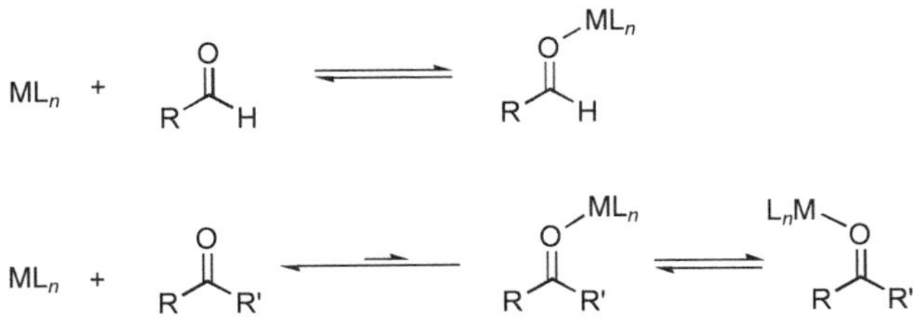

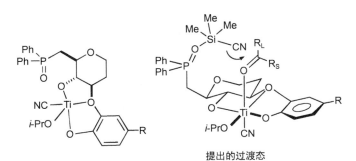

图 12.16　醛与酮跟 Lewis 酸配位的比较

　　氰基对酮不对称加成的催化剂的设计中使用了类似的双重活化策略，但使用了碳水化合物骨架和一个前过渡金属 Lewis 酸。提出的催化剂的结构如图 12.17 所示。该催化剂在低的催化剂用量（1～2.5 mol%）下促进氰基对酮的加成，对许多酮底物实现了优秀的对映选择性（图 12.18）。

图 12.17　三甲基氰硅烷与酮的加成中提出的催化剂结构和双重活化的模式

　　本章前面介绍了用于烷基锌试剂对醛不对称加成的基于手性氨基醇的互相依赖的双功能催化剂。相关的基于氨基醇的催化剂在烷基锌试剂对 α-酮酸酯的应用是一个更具有挑战性的问题。早期研究表明主要产物是酮被还原的产物，而且分离到的加成产物几乎是外消旋的（式 12.3）。烷基对 α-酮酸酯的加成比对醛的加成困难得多，因为与醛不同，二乙基锌与 α-酮酸酯的直接反应很快，而且催化剂对加成路径的加速必须超过对酮还原路径的加速。加成产物是合成 α-酮酸，一些有价值的合成材料的前体[46]。对这个重要的反应也进行了发展双功能催化剂的努力[47-50]。

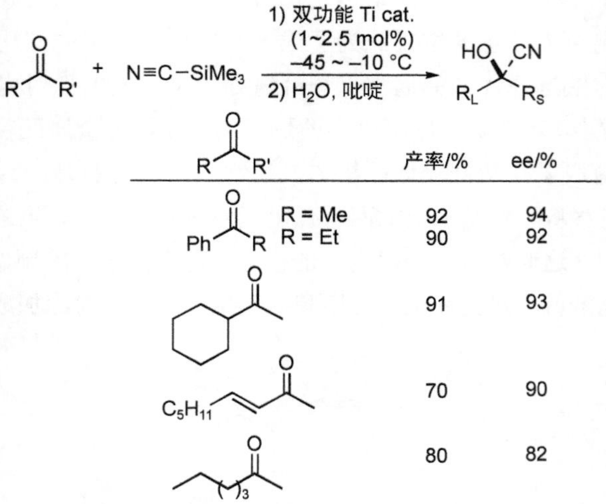
1) 双功能 Ti cat.
(1~2.5 mol%)
–45 ~ –10 °C
2) H₂O, 吡啶
N≡C–SiMe₃
HO CN
产率/%
ee/%
R = Me
R = Et
92 94
90 92
91 93
70 90
80 82

图 12.18 双功能钛催化剂催化的三甲基氰硅烷对酮的不对称加成（图 12.17）

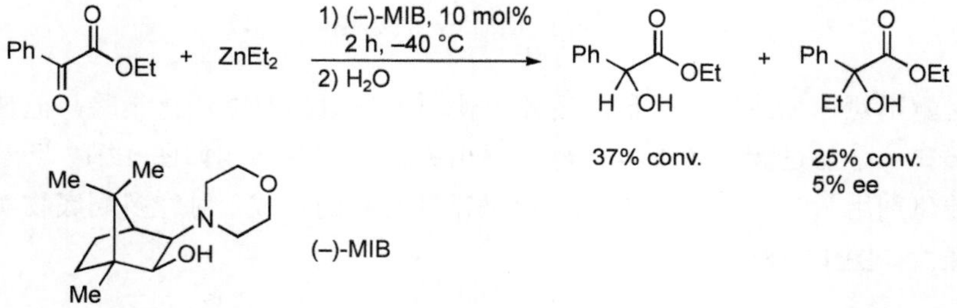
1) (–)-MIB, 10 mol%
2 h, –40 °C
2) H₂O
ZnEt₂
37% conv.
25% conv.
5% ee
(–)-MIB
（12.3）

一类新的基于 salen 骨架的模块化的双功能催化剂最近被证明在烷基锌与 α-酮酸酯的加成反应中表现出了优异的化学选择性控制（图 12.19）[47,48]。使用这些双功能催化剂实现了高达 88%的对映选择性[49]。

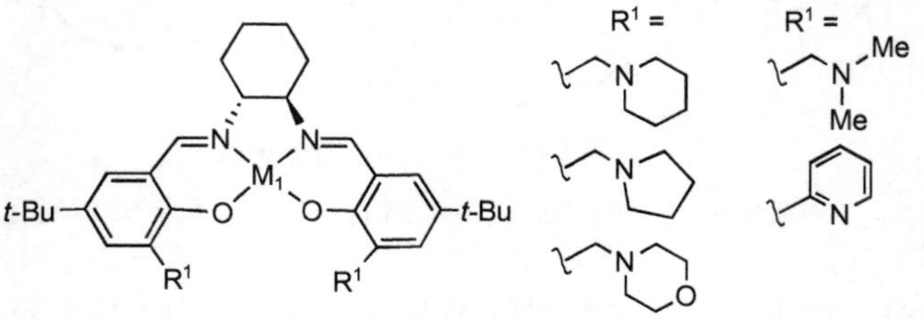
R¹ =
R¹ =
t-Bu
t-Bu

图 12.19 用于烷基对 α-酮酸酯的不对称加成的双功能 salen 催化剂

在 α-酮酸酯的加成中存在双功能机理的证据包括在结构相似的催化剂之间进行的对比，其中一个催化剂缺少悬挂着的胺活化剂。在完全相同的条件下，标准的 salen 催化剂比双功能催化剂得到了更多的还原产物。另外，标准的 salen 催化剂得到的加成产物几乎是外消旋的（图 12.20）。

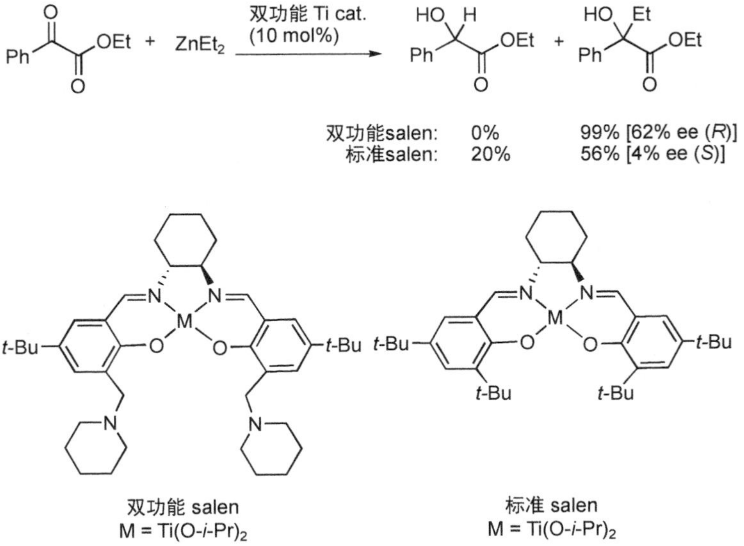

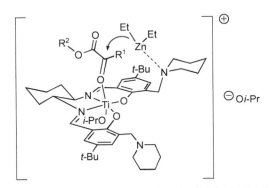

双功能salen: 0%　　　99% [62% ee (R)]
标准salen: 20%　　　56% [4% ee (S)]

双功能 salen
M = Ti(O-*i*-Pr)₂

标准 salen
M = Ti(O-*i*-Pr)₂

图 12.20　乙基对 α-酮酸酯的不对称加成反应中双功能 salen
与标准 salen 催化剂的比较

提出的机理中涉及烷氧化物的离子化，产生一个与底物酮配位的五配位钛正离子（图 12.21）。支持这一假设的证据包括使用 Ti(O*i*-Pr)₄ 和 Ti(O*t*-Bu)₄ 时得到了同样的对映选择性。这里的双功能催化剂不仅高效，而且积极地影响了产物的分布，以至于几乎完全得到了想要的加成产物。

图 12.21　提出的双功能 salen 催化的 α-酮酸酯加成反应的过渡态

12.2.3　独立的 Lewis 碱和 Brønsted 碱催化剂

Lewis 碱性和 Brønsted 碱性是有机分子的常见特征，在酶的活性位点中也经常见到。因此，纯有机小分子，又称"有机催化剂"，也可以作为不对称催化剂并不奇怪。虽然不对称催化仍然由金属催化剂占主导，但是大部分有机催化剂可以避免金属催化剂的一些缺点，如对空气和水的敏感性、一些金属前体的高成本、金属的潜在毒性、产物中痕量金属的去除等。因此，发展和研究不对称有机催化的反应已经成为一个活跃的研究方向[51-56]。在双功能催化剂的背景下，我们将重点介绍一些不对称有机催化剂。

对映体富集的有机化合物催化不对称反应的能力直到最近才被注意到[53,57]。20 世纪 70 年代出现了这一刚刚兴起的领域的里程碑，发现简单的对映体富集的有机化合物可以以高的对映选择性催化 aldol 反应。在这一由两个工业实验室报道的开创性工作[58,59]中使用了天然的氨基酸脯氨酸。有机催化基本上沉寂了许多年（除了辛可宁生物碱的使用，例子见第 5 章），最近才在不对称环氧化反应、相转移催化反应和 aldol 反应等化学上取得了重要发展。

被认为是有机催化的开端的反应是 Hajos-Parrish-Ender-Sauer-Wiechert 反应（式 12.4）。反应涉及三酮与脯氨酸经历一个烯胺中间体的分子内 aldol 缩合。取决于反应条件的不同，最初产生的 aldol 产物还可以发成消除得到共轭烯酮[58,59]。

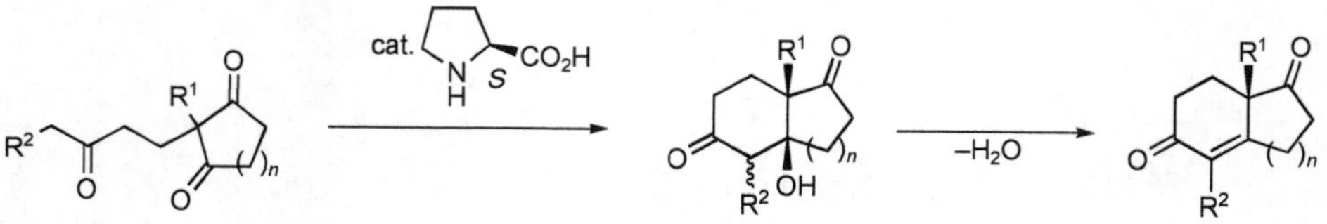

$$(12.4)$$

动力学研究表明在过渡态中只有一个脯氨酸。另外，使用 10%～100% ee 的脯氨酸并没有观察到非线性效应[60]。如图 12.22 所示，脯氨酸与甲基酮反应得到一个亲核的烯胺中间体。根据量子力学计算和实验研究，认为环化过程中，烯胺对羰基碳进攻的同时脯氨酸上的羧基部分和正在发展的烷氧化物之间发生了氢转移。烯胺的亲核加成和羧酸对酮的活化的组合被认为是这一双功能催化剂取得高对映选择性的原因[61,62]。

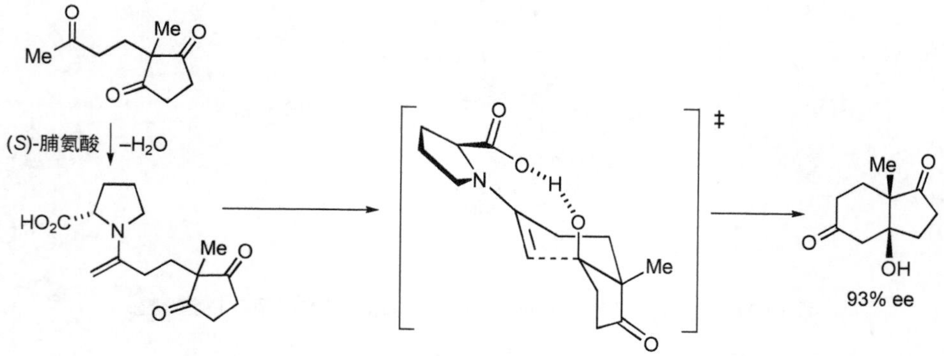

图 12.22　根据量子力学模型提出的 Hajos-Parrish-Ender-Sauer-Wiechert 反应的机理

(S)-脯氨酸催化的分子内 aldol 反应已经被成功应用于多种其他底物，实现了高的对映选择性和中等到较高的非对映选择性[63]。图 12.23 中列出了一些代表性的产物。

脯氨酸也催化酮和醛的不对称分子间 aldol 反应[51,64,65]，甚至醛的交叉 aldol 反应（图 12.24）[66]。对映选择性和非对映选择性的交叉 aldol 反应是一个重大挑战，尤其是

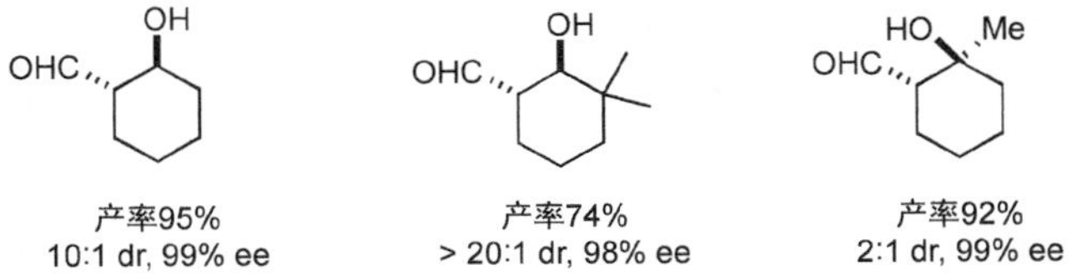

图 12.23 (S)-脯氨酸催化的分子内 aldol 反应的一些结果

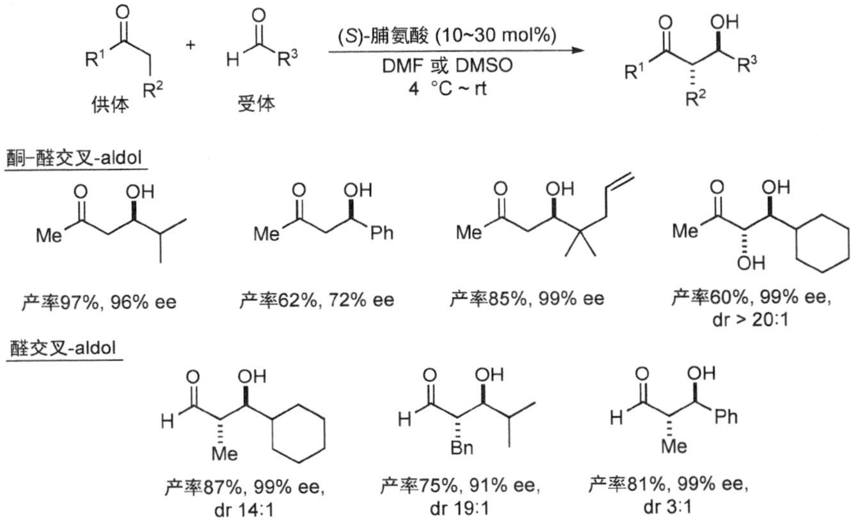

图 12.24 脯氨酸催化的酮和醛的 aldol 反应以及不同醛之间的交叉 aldol 反应

当两个醛都有可以发生烯醇化的氢时。反应中两个醛必须扮演非常不同的角色，即其中一个充当亲核的供体，而另一个作为亲电的受体。而且交叉 aldol 产物必须在反应条件下对烯醇化和羰基加成反应保持惰性。在图 12.24 中的醛的交叉 aldol 反应中，缓慢加入丙醛以抑制二聚并有利于交叉 aldol 反应。在这样的反应条件下，^{1}H NMR 光谱中只观察到了产物的单一的区域异构体[66]。

脯氨酸也催化 α-氧代醛的对映选择性二聚，形成保护的赤藓糖衍生物，一种有用的手性合成砌块（图 12.25）[67]。

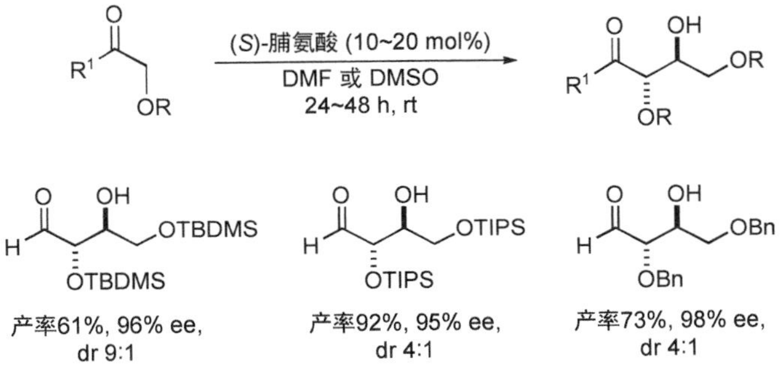

图 12.25 脯氨酸催化的 α-氧代醛的二聚

　　α-氧代醛的二聚是两步法合成碳水化合物中的第一步，如图 12.26 所示[68]。合成的第二步是 Mukaiyama aldol 反应紧接着发生环化，快速形成各种保护的糖。选取合适的 Lewis 酸进行 Mukaiyama aldol 反应可以以非常高的立体化学控制合成己糖的异构体[68]。这种两步法合成保护的有差别的六碳糖的方法可以获得许多之前很难制备的药物上有用的合成砌块。

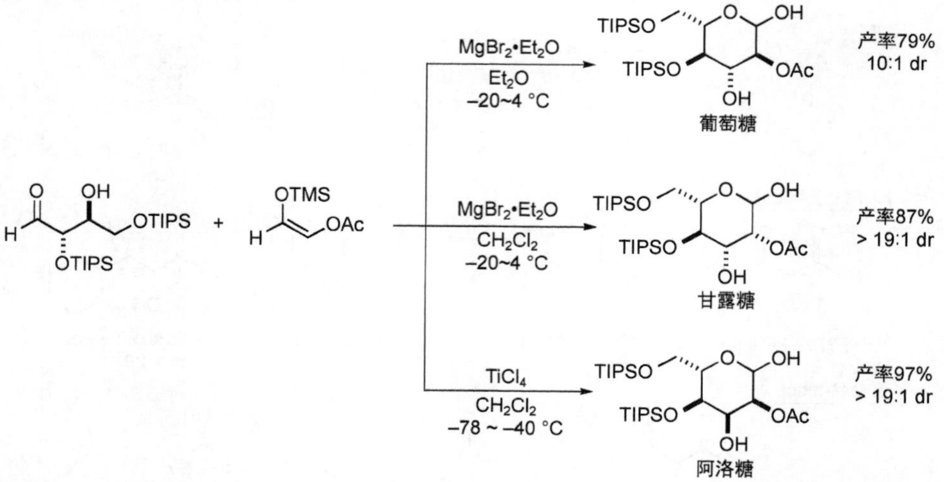

图 12.26　Lewis 酸促进的非对映选择性的 Mukaiyama aldol 反应得到了各种不同的保护的糖

　　一个脯氨酸催化的交叉 aldol 反应已经被用于高效合成天然产物(−)-prelactone B（图 12.27），聚酮类抗生素的生物合成中的一个次级代谢物[69]。进行丙醛和异丁醛的交叉 aldol 反应时，将丙醛缓慢地滴加到 4 equiv. 的异丁醛和(S)-脯氨酸的混合物中，以使丙醛的二聚反应最少。将保护的醛进行 Felkin 选择性的 Mukaiyama aldol 反应，接着发生 HF 水溶液引发的去质子化/内酯化得到(−)-prelactone B[69]。

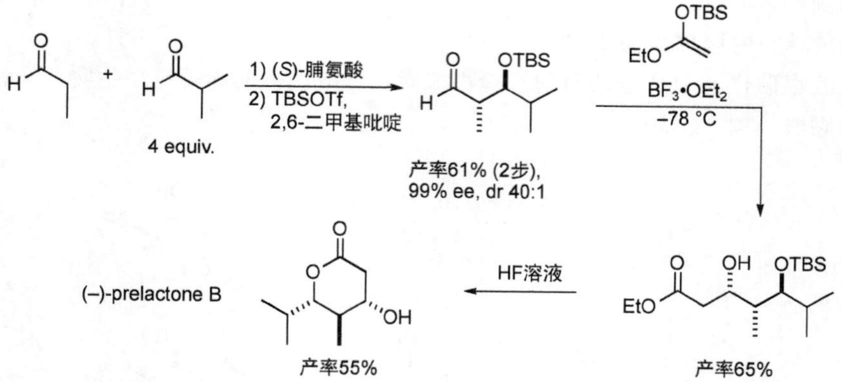

图 12.27　(−)-prelactone B 的简洁合成，突出了辅氨酸催化的醛的交叉 aldol 反应的使用

　　根据计算发展出了解释脯氨酸催化的 aldol 反应的立体化学模型，如图 12.28 所示[61,62,70,71]。一个从类似于 Zimmerman-Traxler 的过渡态衍生的、将羰基和烯胺以椅式方式

配置的过渡态模型可以用于解释和预测这些反应的立体选择性。非对映选择性产生于 *anti*-烯胺的反应,而 *syn* 式烯胺的过渡态(没有画出)估计能量上高 2～10 kcal/mol(8.36～41.8 kJ/mol)[62]。

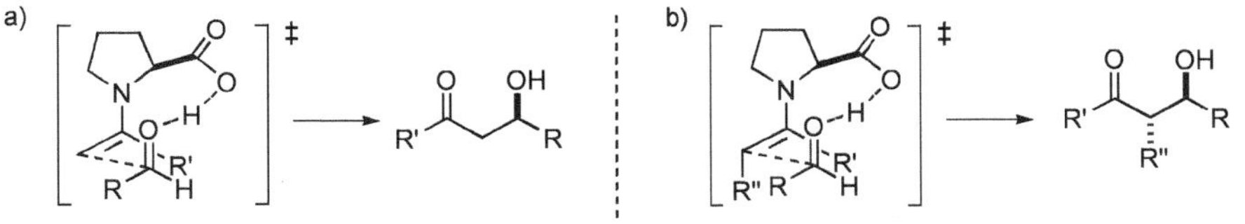

图 12.28 对映选择性 (a) 和非对映选择性 (b) 的(*S*)-脯氨酸催化的
aldol 反应的立体选择性模型

脯氨酸在 aldol 转化中的成功促使人们进行了许多研究,发现脯氨酸可以以高的对映选择性催化多种反应,包括 Mannich 反应[72-75]、醛的 α-胺化反应[76,77]以及醛的 α-氧胺化反应[78-80] (图 12.29)。这些反应的一个共同点是亲电试剂上存在一个可以在过渡态中接受来自脯氨酸上羧酸的氢键的孤电子对。可以将上面对 aldol 反应提出的立体选择性模型加以改造用于解释这些反应的立体化学结果。(*S*)-脯氨酸催化的 Mannich 反应得到了与 aldol 反应相反的对映面选择性[72-75]。*N*-芳基取代基位于脯氨酸的羧酸基团的反式,亚胺处于更有利的(*E*)-式构型 (图 12.29a)[73]。

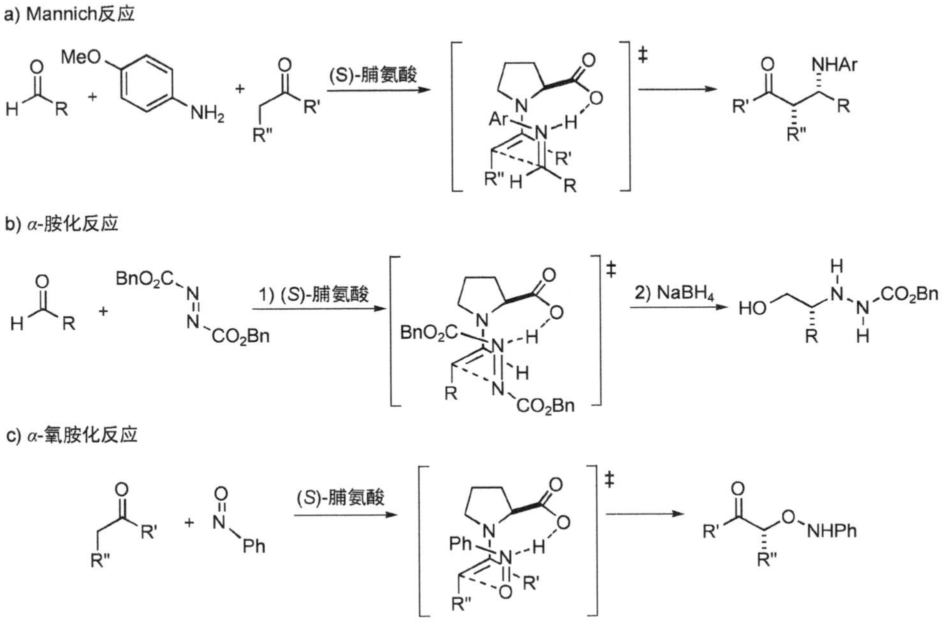

a) Mannich反应

b) α-胺化反应

c) α-氧胺化反应

图 12.29 提出的 Mannich 反应 (a)、醛的 α-胺化反应 (b) 以及
醛的 α-氧胺化反应 (c) 的过渡态

偶氮二羧酸二烷基酯是可以发生加成,以高的对映选择性得到 α-胺化反应的一类亲电试剂 (图 12.29b)[76,77]。最初形成的 α-肼基醛可以在静置时发生外消旋化,因此被还

原成了 α-肼基醇。计算表明，在脯氨酸催化的不对称 α-氧胺化反应中[78-80]从脯氨酸的羧酸上发生了质子转移，烯胺以 *anti* 方式进攻亚硝酰的氧（图 12.29c）[81]。

　　一个脯氨酸催化的串联反应的很好的例子是形成六碳糖阿洛糖的反应（式 12.5）[82]，表明这一简单催化剂具有产生立体化学复杂的分子的强大能力。将 α-苄氧基乙醛在 DMF 中用 10 mol% 脯氨酸处理，得到了赤藓糖（95%～99% ee）和阿洛糖（99% ee）衍生物的混合物。

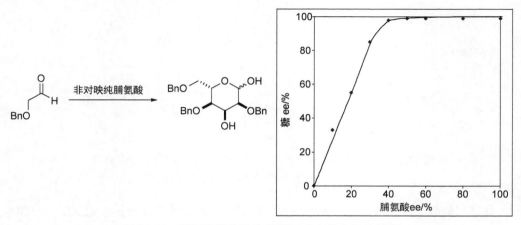

$$（12.5）$$

　　在这个反应中，从脯氨酸催化的 α-苄氧基乙醛的高对映选择性和非对映选择性的二聚得到的赤藓糖衍生物接下来发生非对映选择性的 aldol 反应和环化，得到保护的阿洛糖（式 12.6）。脯氨酸与 α-苄氧基乙醛得到的烯胺同赤藓糖衍生物的缩合是这一过程的决速步。

$$（12.6）$$

　　使用对映体纯度降低的脯氨酸进行的机理研究表明在合成六碳糖衍生物过程中存在强烈的正非线性效应，如图 12.30 所示。在脯氨酸的 ee 值降低到 40% 以下之前，没有观察到六碳糖 ee 值的变化[82]。很可能这一体系的非线性行为是由于外消旋催化剂更难溶解，导致它可能从溶液中析出。溶解的脯氨酸因此很可能比最初加入的脯氨酸的 ee 值高很多（见第 11 章中的非线性效应）[83]。

图 12.30　脯氨酸催化的六碳糖形成中的非线性效应

在这一过程中观察到非线性效应表面看来与脯氨酸催化的 Hajos-Parrish-Ender-Sauer-Wiechert 反应不同,后者中在脯氨酸的对映体纯度与 aldol 产物的 ee 值之间表现出了线性关系[60]。对六碳糖形成中的非线性效应起因的考察集中于第二步非对映选择性的 aldol 缩合反应。在一个非常近似的模型体系中(式 12.7),向外消旋的 *anti-β*-羟基醛中加入催化量的(*R*)-脯氨酸,以 22%的产率、95% ee 和 > 19∶1 dr 得到了聚酮产物[82]。以72%的产率和 < 5% ee 分离得到起始的交叉 aldol 产物,排除了简单的动力学拆分的可能性(见第 7 章)。

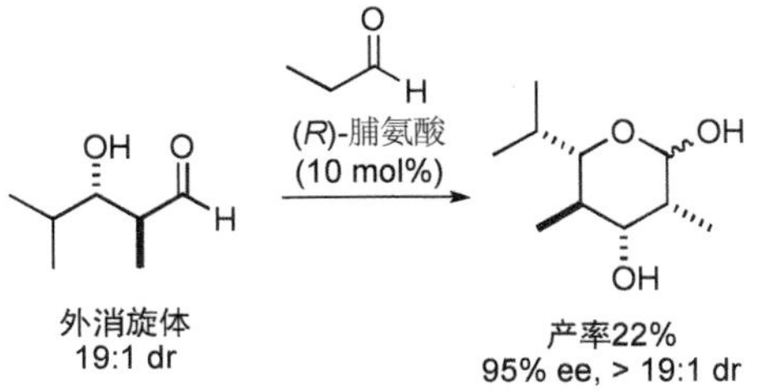

$$(12.7)$$

外消旋体
19:1 dr

产率22%
95% ee, > 19:1 dr

六碳糖形成的非线性行为和外消旋 *anti-β*-羟基醛的回收使我们确定脯氨酸催化 *anti-β*-羟基醛的逆 aldol 反应,以此平衡了 *anti-β*-羟基醛的两个对映体,保持接近 0% ee(图 12.31)。可能(*R*)-脯氨酸衍生的烯胺与(2*S*,3*S*)-*anti-β*-羟基醛的反应比与其对映体快得多,体系经历了一个动态动力学拆分过程(见第 9 章)。

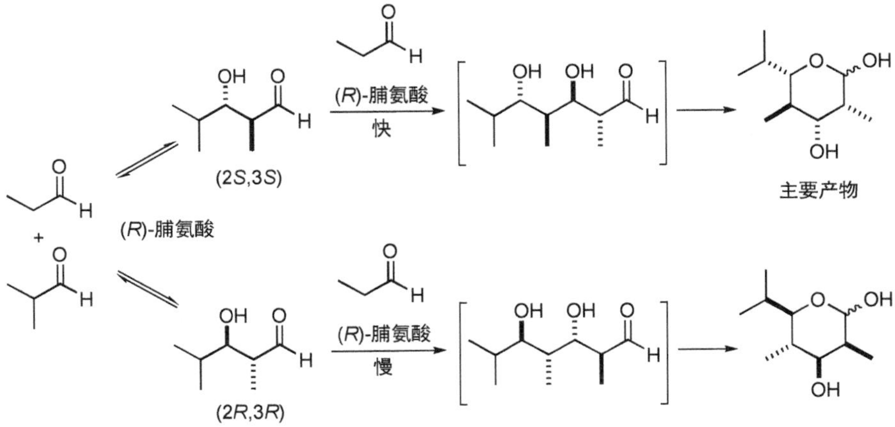

图 12.31   (*R*)-脯氨酸催化的对映选择性和非对映选择性的六碳糖形成中提出的动态动力学拆分

12.2.4   独立的 Brønsted 酸和 Lewis 碱组分

Morita-Baylis-Hillman 反应[84](图 12.32)通常涉及氮或磷亲核试剂对不饱和羰基化合物的进攻,产生中间体烯醇负离子。然后这一烯醇负离子可以与醛,或在氮杂Morita-Baylis-Hillman 反应的情况下对亚胺发生 1,2-加成。接下来的消除(逆 Michael)脱掉 Lewis 碱催化剂并重新建立羰基的共轭。消除可以通过第二分子的醛的参与进行(没有画出)[85]。几项研究中研究了加速 Morita-Baylis-Hillman 反应的方法。Lewis 酸对反应的加速通过稳定中间体烯醇负离子或者活化醛以促进对其加成,或者二者兼有[86]。然而，反应中引入 Lewis 酸会变得复杂化，因为 Lewis 酸可以配位到亲核催化剂上而抑制反应[86,87]。在氢键供体如甲醇存在下或在含有悬挂着的羟基基团的底物中观察到了 Morita-Baylis-Hillman 反应速率的中等加速[89]。类似于 Lewis 酸，氢键供体可以稳定中间体烯醇负离子并提高其浓度，或可以活化醛。

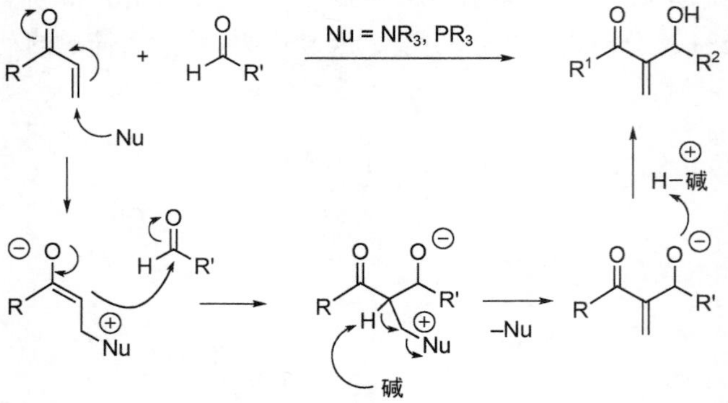

图 12.32　提出的 Morita-Baylis-Hillman 反应的机理

在 Lewis 碱催化的 Morita-Baylis-Hillman 和氮杂 Morita-Baylis-Hillman 反应中 Lewis 酸或 Brønsted 酸的有利效应激发了设计对映选择性双功能催化剂来加速反应并将两个反应物进行配置以使对映选择性最大化。双功能催化剂的一个这种类型基于含有吡啶基 Lewis 碱的 BINOL（图 12.33）[90]。最初考察了 2-吡啶基和 3-吡啶基衍生物在氮杂 Morita-Baylis-Hillman 反应中的效果，表明 2-吡啶基衍生物（A，图 12.33）不能有效促进反应，3-吡啶基类似物（B）以 73%的对映选择性给出了产物（产率 41%）。与之相比，使用(S)-BINOL（10 mol%）和 DMAP 的对照实验给出了仅 3% ee 的产物（产率 48%）。

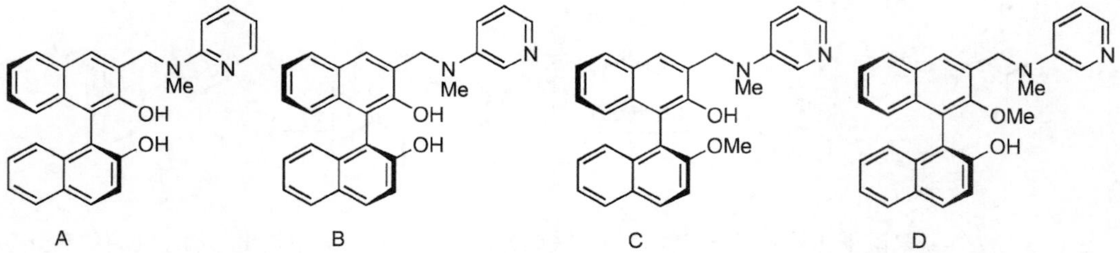

图 12.33　含有 Lewis 碱性的吡啶基团和 Brønsted 酸性的氢键供体的双功能催化剂

为了研究双功能催化剂 B 中每个组分的作用，反应中筛选了单 O-甲基化的衍生物 C 和 D。催化剂 C 表现出了较差的活性（产率 5%），但催化剂 D 表现出了好的对映选择性和产率（79% ee，产率 85%）。进一步优化催化剂的结构得到了图 12.34 中的 N-i-Pr 催化剂，其中还给出了一些代表性的结果。

根据氮杂 Morita-Baylis-Hillman 反应的机理和上述的结构-活性关系，提出了一个可能的机理，如图 12.35 所示[90]。

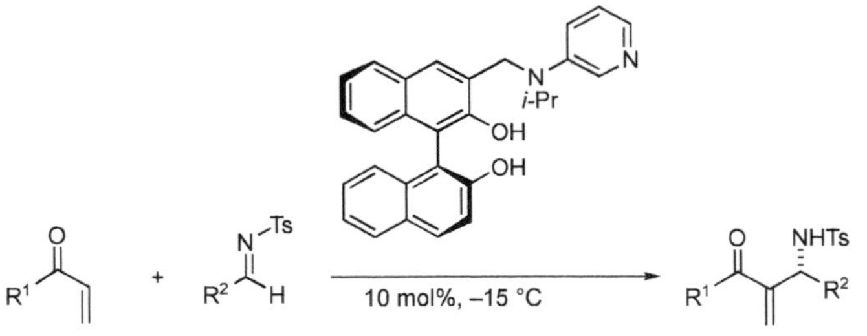

R¹	R²	ee/%	产率/%
Me	Ph	87	93
Me	2-呋喃基	88	100
Et	4-C_6H_4-NO_2	88	96
H	4-C_6H_4-NO_2	94	36

图 12.34 对映选择性的氮杂 Morita-Baylis-Hillman 反应的一些结果

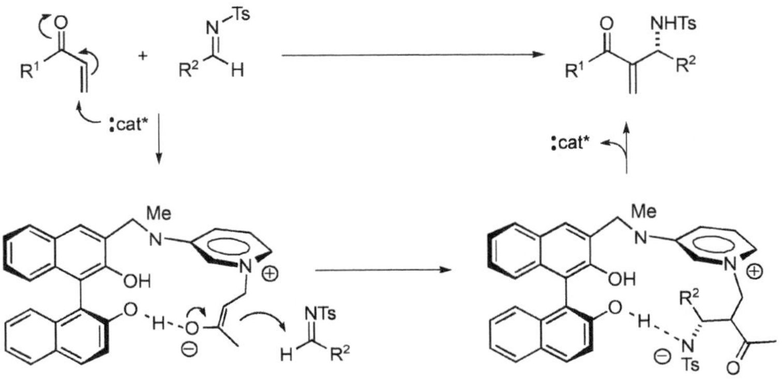

图 12.35 用于氮杂 Morita-Baylis-Hillman 反应的 Lewis 碱-Brønsted 酸催化剂的可能机理

相关的双功能催化剂也被发展出来并认为通过相似的方式起作用。在图 12.36 中给出了一个这种高对映选择性的催化剂，其中提出了一个立体化学模型来解释观察到的面选择性[87,91]。

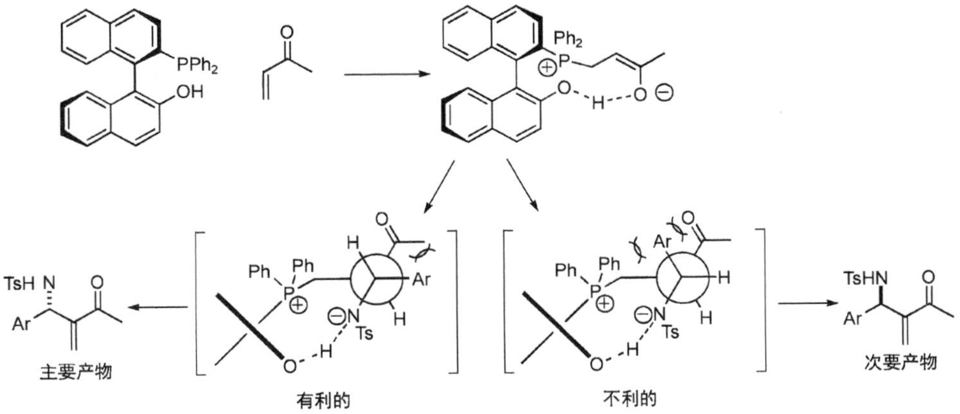

图 12.36 解释氮杂 Morita-Baylis-Hillman 反应的对映选择性的立体化学模型

12.2.5   独立的 π-配位和 Lewis 碱组分

在研究不对称催化剂的反应机理的过程中，研究人员偶尔也会制备双功能催化剂，希望理解单功能催化剂。一个这种例子是不对称烯丙基烷基化（图 12.37），其中提出了几个提议来解释不对称诱导的意义[92]。这些提议包括与钯催化剂上的手性环境的立体位阻相互作用和亲核试剂的抗衡阳离子与催化剂上的 Lewis 碱性位点的次级相互作用[1,93]。后一种假设的证据来自不对称烯丙基化中对映选择性表现出的强抗衡离子效应，以 $Na^+ < K^+ < Rb^+ < Cs^+$ 的顺序递增[92]。以四烷基铵离子为抗衡离子时，也观察到了随离子半径的增大对映选择性提高（$Me_4N^+ < Et_4N^+ < n\text{-}Bu_4N^+ < n\text{-}Hex_4N^+$）[94]。在不对称烯丙基化中，阳离子的性质比阴离子对对映选择性具有更大的影响。这是违反直觉的，因为是亲核试剂在对映选择性决定步骤中进攻活化的烯丙基，而金属抗衡离子的作用只是护送阴离子性的亲核试剂。

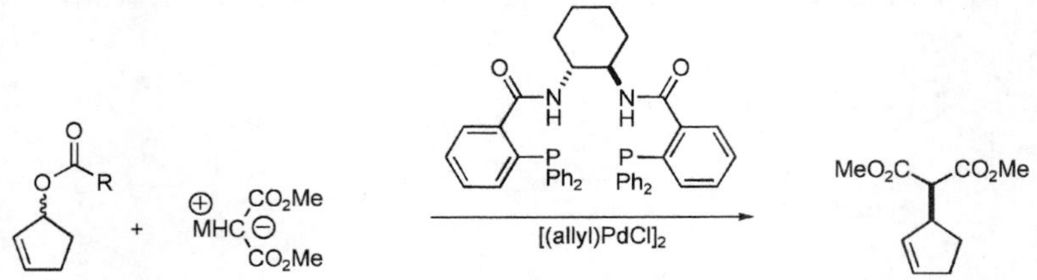

图 12.37   使用丙二酸酯为亲核试剂的不对称烯丙基化反应

为了探索该反应中阳离子的作用，设计了一系列含有类似乙二醇的亚单元的阳离子结合位点的手性配体（图 12.38）。设想这些金属结合触角会与阳离子配位，并将离子对导向到结合的底物上。

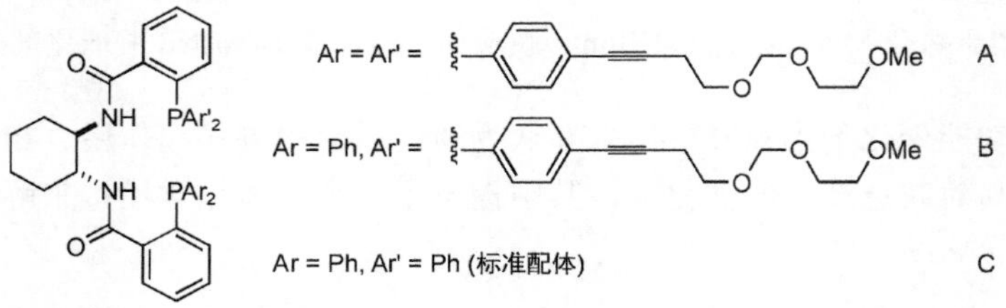

图 12.38 C_2-对称的四齿配体和 C_1-对称的双齿配体

使用 0.6 mol%四齿配体（A，图 12.38）和 0.2 mol%二聚的[(allyl)PdCl]$_2$ 对式 12.8 中的不对称烯丙基化反应进行考察，结果以 99%的对映选择性得到了烯丙基化产物。相比之下，从标准配体 C 制备的催化剂的反应需要 16 h，而使用四齿配体的反应仅 2 h 就达到了完全转化（产率 99%）。

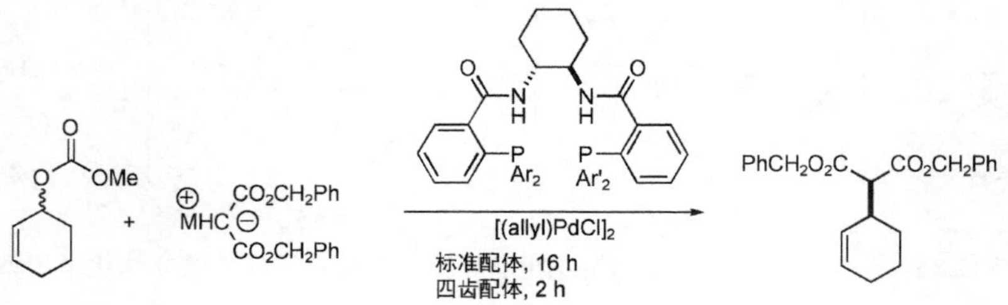

（12.8）

在苯亚磺酸钠为亲核试剂和环己烯基底物的反应中（图 12.39），标准配体再次表现得明显更慢。双齿配体在 10 min 之内实现了 50%的转化率，而标准配体在 180 min 内仅达到了 15%的转化率。

如果使用双齿和四齿配体催化剂的反应机理中确实涉及对烯丙基和阳离子的双功能活化，那么预期应该有对阳离子本身的依赖性。这种依赖性可以表现在反应的对映选择性上、速率上或二者都有。为了确定这一效应的程度，对苯亚磺酸钠取代反应进行了跟踪并记录了达到 50%转化率的时间。如图 12.39 所示，反应速率表现出了对抗衡离子的强依赖性，相对速率为 Na > Li > K >> NH₄。速率的增强可以归因于阳离子与聚醚触角的结合降低了离子对的结合，因此增加了阴离子的亲核性（亲核试剂活化）。虽然反应速率依赖于阳离子，对映选择性却与阳离子无关，表明催化剂-阳离子相互作用并不影响对映选择性。在这种情况下，亲核的阴离子与催化剂的手性环境之间的界面控制了不对称诱导[92]。

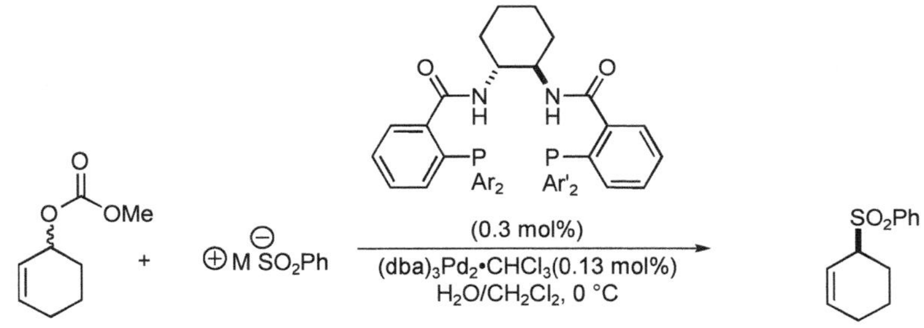

M	$t_{1/2}$/min
Na	<10
Li	70
K	180
NH₄	>> 180

图 12.39　阳离子的性质对使用图 12.38 中的双齿配体的烯丙基化反应的半衰期影响的比较

12.3　双重催化剂体系

顾名思义，双重催化剂体系使用同时活化反应双方的两个手性催化剂来促进不对称转化。一些情况下，反应可以对催化剂呈二级动力学关系，其中一分子催化剂活化反应试剂，第二分子同时活化底物。或者催化剂可以具有完全不同的结构，其中每个被设计用于活化某个特定的试剂。使用不同的结构来活化反应组分的情况下，通过独立优化单个催化剂实现其特定作用，可能实现对反应活性和对映选择性更好的控制。如果催化剂具有不同的结构，它们可以通过组合的方式进行筛选来加快反应优化过程。当然，催化剂必须互相兼容，以避免催化剂的分解。另外，如果反应对每个催化剂是一级的，低催化剂用量可能会导致很长的反应时间。由于双重催化剂体系的挑战和潜力，预计将来对这一领域的探索的兴趣会有增加。

12.3.1　全同的催化剂

在第 7 章中我们概述了 Co(salen)催化剂在末端环氧的水合动力学拆分（HKR）中的应用。回想一下，详细的动力学研究表明对 Co 催化剂具有二级依赖关系，使作者提出了一个涉及 Co(salen)催化剂活化环氧化合物和亲核试剂（氢氧根）的机理[95]。在(salen)Co(Ⅲ)催化的苯酚对末端环氧的动力学拆分[96]和使用(salen)Cr 催化剂的环氧的不对称开环中[97,98]都发现了类似的双功能催化机理。在其最简单的形式中，活化环氧化物和氢氧根的 Co 前体是完全相同的，如式 12.9 中的 HKR 所示。然而，Co 物种并不是必须一样，因为它们起了活化底物或亲核试剂的不同作用。

$$H_2O-\boxed{Co}-OH \quad \longrightarrow \quad \overset{O}{\underset{R}{\triangle}}-\boxed{Co}-OH \quad \longrightarrow \quad 开环产物 \qquad (12.9)$$

增加环氧活化催化剂的 Lewis 酸性很可能会导致环氧更强的结合以及结合的环氧更强的亲电性。预期这两种效应都会造成反应速率的提高。与式 12.9 中使用(salen)Co—OH的 HKR 相比，使用(salen)Co—OH 为亲核组分和(salen)Co—OTs 为环氧活化组分的混合催化剂体系反应速率增加了高达 30 倍（式 12.10）。当(salen)Co—OH 与(salen)Co—OTs的浓度相同时，得到了最大的反应速率。有趣的是，当使用纯的(salen)Co—OH 催化剂和混合的(salen)Co—OH/(salen)Co—OTs 体系时选择性因子很接近。这很可能由于 OTs基团结合到配位的环氧的相反一侧，因此对不对称诱导影响很小。

$$H_2O-\left(\boxed{Co}\right)-OH \quad \longrightarrow \quad \overset{O}{\underset{R}{\triangle}}-\left(\boxed{Co}\right)-OTs \quad \longrightarrow \quad 开环产物 \qquad (12.10)$$

在上面的例子中，活化亲核试剂和亲电试剂的催化剂是等同的或非常相似的。下面会说明，催化剂组分不需要彼此有关系，因此使得在反应优化上有了更大的灵活性。

12.3.2　结构不同的双重催化剂体系

12.3.2.1　Lewis 酸-Lewis 酸催化

据报道，(salen)AlCl 配合物催化氢氰酸对不饱和酰亚胺的加成，以高的对映选择性得到 β-氰基酰亚胺（图 12.40）[99]。该(salen)Al 催化剂促进氰基对酰亚胺的共轭加成的效率比其他亲核试剂，如叠氮[100]和二取代、三取代腈[101]的加成效率低得多。还发现含氧桥的二聚体（oxo dimer）[(salen)Al]_2O 并不催化氰基对酰亚胺的共轭加成，下面的讨论中会涉及这个问题。根据这些现象，以及(salen)AlCl 催化的反应通过对酰亚胺和氰基的双重活化的机理进行，推测该体系低的反应活性是由于(salen)Al 催化剂对氰基的活化不够有效。为了提高反应速率，将已知可以有效地活化氰基的催化剂与(salen)AlCl 的组合进行了筛选。

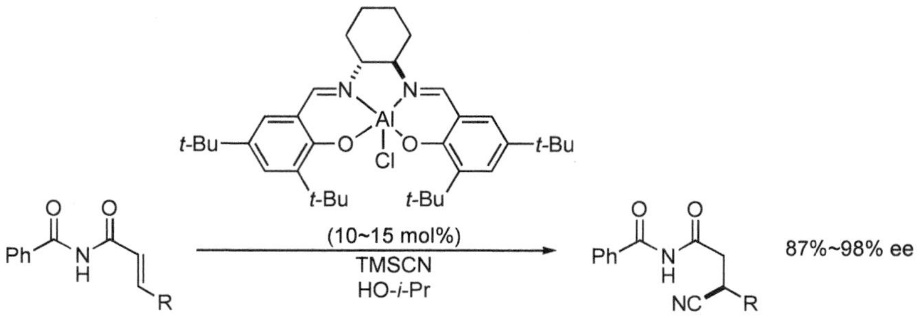

图 12.40 氢氰酸对 α,β-不饱和酰亚胺的共轭加成

镧系金属配合物如(PyBox)YbCl$_3$被报道可以通过协同的双重催化剂机理促进氰基对环氧化合物的亲核加成[102]。尽管镧系配合物在该反应中能同时活化氰基和环氧，它们并不能顺利催化氰基对不饱和酰亚胺的加成，可能镧系配合物不能活化酰亚胺底物[103]。考虑到镧系催化剂在活化氰基上的效率以及(salen)Al 催化剂活化酰亚胺的能力，猜想这两个催化剂可以形成一个双催化剂的杂双金属体系，促进不饱和酰亚胺的共轭氰基化。该研究中使用的催化剂如图 12.41 所示[103]。

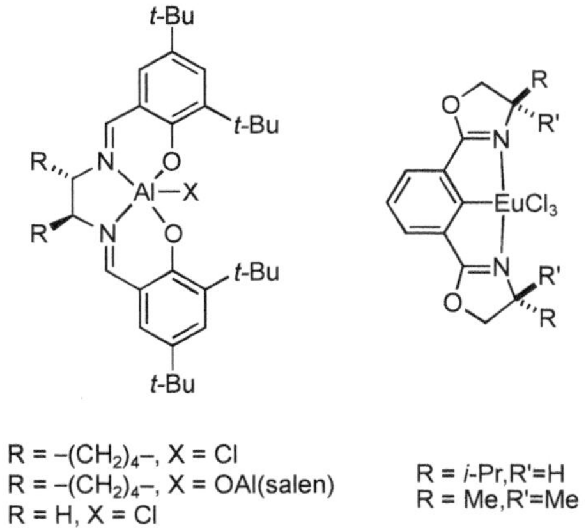

R = –(CH$_2$)$_4$–, X = Cl
R = –(CH$_2$)$_4$–, X = OAl(salen)
R = H, X = Cl

R = i-Pr,R'=H
R = Me,R'=Me

图 12.41 针对氰根对酰亚胺的不对称加成反应的杂双金属双重催化体系中筛选的配合物

如表 12.2 所示，单独使用二聚体[(salen)Al]$_2$O 配合物（2 mol%，条目 1）或(PyBox)EuCl$_3$（3 mol%，条目 2）得到了> 3%的转化率。然而将这两个化合物组合使用时得到了 99%的转化率和 96%的对映选择性。对这一双催化剂体系的动力学分析表明对二聚体[(salen)Al]$_2$O 和 i-Pr$_2$(PyBox)EuCl$_3$都表现出一级依赖关系，这与两个配合物都参与了决速步的过渡态是一致的。

通过在共轭加成反应中使用手性和非手性催化剂的组合获得了对每个配合物的手性环境的重要性的认识（表 12.3）。(S,S)-[(salen)Al]$_2$O 和(S,S)- i-Pr$_2$(PyBox)EuCl$_3$的组合表现出了高的效率和对映选择性，而非对映异构的(S,S)-[(salen)Al]$_2$O 和(R,R)-i-Pr$_2$(PyBox)EuCl$_3$的组合造成了对映选择性和 TOF 的降低（表 12.3 中没有显示）。用非手性的 Me$_4$(PyBox)EuCl$_3$（图 12.41，R = R' = Me）代替(S,S)-i-Pr$_2$(PyBox)EuCl$_3$造成了对映选择性的降低（条目 3）。

表 12.2   使用二聚体的铝配合物（条目 1）、铕配合物（条目 2）和二者都用（条目 3）的氰根共轭加成

条目	(Salen)AlX	(PyBox)ErCl$_3$	conv./%	ee/%
1	(S,S)-[(Salen)Al]$_2$O	—	< 3	—
2	—	(S,S)-i-Pr(PyBox)EuCl$_3$	< 3	—
3	(S,S)-[(Salen)Al]$_2$O	(S,S)-i-Pr(PyBox)EuCl$_3$	99	96

表 12.3   配体的立体化学对氰根对酰亚胺的共轭加成的效率和对映选择性的影响

条目	(Salen)AlX	(PyBox)ErCl$_3$	24 h 后 conv./%	ee/%
1	(S,S)-[(Salen)Al]$_2$O	(S,S)-i-Pr$_2$(PyBox)EuCl$_3$	99	96
2	(S,S)-[(Salen)Al]$_2$O	(R,R)-i-Pr$_2$(PyBox)EuCl$_3$	99	72
3	(S,S)-[(Salen)Al]$_2$O	Me$_4$(PyBox)EuCl$_3$	45	84
4	—	(S,S)-i-Pr$_2$(PyBox)EuCl$_3$	< 3	16
5	Achiral[(Salen)Al]$_2$O	(S,S)-i-Pr$_2$(PyBox)EuCl$_3$	98	78

单独使用(S,S)-i-Pr$_2$(PyBox)EuCl$_3$ 表现出了低的对映选择性和 TOF。将(S,S)-i-Pr$_2$(PyBox)EuCl$_3$ 与图 12.41 中的非手性[(salen)Al]$_2$O 一起使用时，反应活性和大部分对映选择性得到了恢复。使用这一催化剂的组合，转化率很高（98%），而且对映选择性也不错（78%，条目 5）。机理和立体化学研究的结果表明在过渡态中催化剂以一种协同的方式进行工作，来对反应物实施不对称控制。

12.3.2.2 Lewis 碱-Lewis 碱催化

许多酶和多肽催化剂的一个关键特征是其能形成非共价相互作用的能力，其既可以以分子内的方式形成次级结构，又可以以分子间的方式促进与底物的反应。在双重手性催化剂体系中，可与共催化剂或共催化剂-底物复合物形成非共价相互作用的多肽催化剂是不对称催化的一个独特策略。这种基于氨基酸的双重催化剂策略曾被用于 Morita-Baylis-Hillman 反应[84]，因为这个已知的多步反应中涉及可以被氢键稳定的带电中间体，参见 12.2.4 节[85]。

早期研究发现 10 mol% N-甲基咪唑（NMI）可以催化甲基乙烯基酮与 2-硝基苯甲醛的 Morita-Baylis-Hillman 反应（图 12.42），虽然 TOF 较低（24 h 后转化率为 40%）。使用脯氨酸没有反应，而脯氨酸与 NMI 的组合转化最快（24 h 后具有 75%的转化率）。尽管脯氨酸在很多转化中取得了令人叹为观止的成功[51]，此处的产物只有 10%的 ee 值，表明脯氨酸对这一过程的对映选择性表现出很小的控制作用[104,105]。

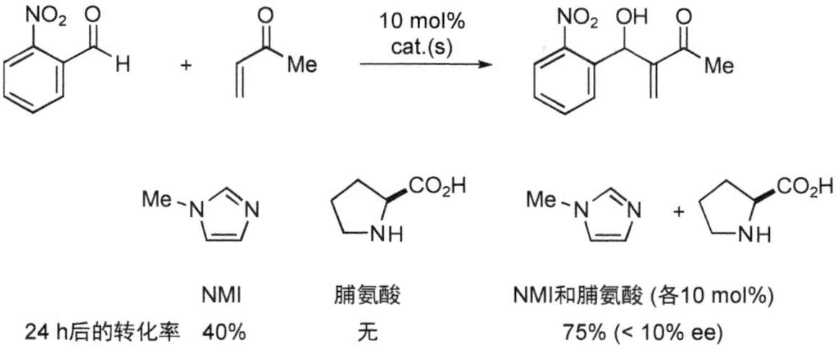

图 12.42 不对称氮杂 Morita-Baylis-Hillman 反应中的对照实验

表 12.4 在图 12.42 中的不对称 Morita-Baylis-Hillman 反应中与
脯氨酸（10 mol%）一起使用的 Pmh 催化剂（10 mol%）

条目	cat.	肽长度	ee/%
1	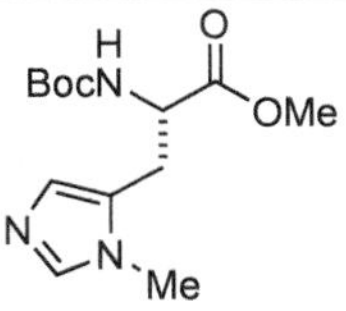 = Boc-Pmh-OMe		19
2	Boc-Pmh-Alb-OMe	二肽	33
3	Boc-Pmh-Alb-Phe-OMe	三肽	33
4	Boc-Pmh-Alb-Phe-DPhe-OMe	四肽	40
5	Boc-Pmh-Alb-Cha-hPhe-DPhe-OMe	五肽	47
6	Boc-Pmh-Alb-Gin(trt)-DPhe-Phe-OMe	六肽	61
7	Boc-Pmh-Alb-Chg-Gin(trt)-DPhe-(Boc)Trp-Phe-OMe	七肽	73
8	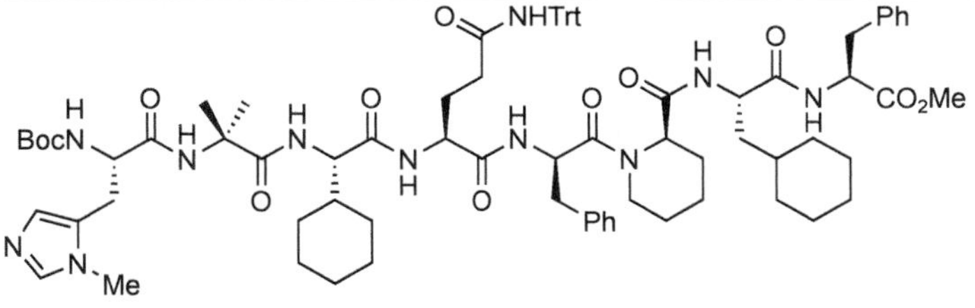	八肽	78

　　将 NMI 用 Me-His(Pmh) 替换在共催化剂中引入了手性，并可以作为模版来引入额外的氨基酸基团。当脯氨酸与 Pmh 一起使用来促进 Morita-Baylis-Hillman 反应时，对映选择性提高到了 19%（表 12.4，条目 1）。发现增加多肽中的氨基酸数目时对映选择性逐渐提高，直到加入了八个氨基酸为止。比八聚体更长的多肽导致对映选择性有所降低。然而，本研究中使用的多肽并没有通过改变每个氨基酸进行单独优化，因此不太可能代表对映选择性最高的催化剂[104]。

　　不加脯氨酸共催化剂的情况下，使用表 12.4 中的多肽进行的对照实验表明多肽本身是较差的催化剂，只以低的产率和对映选择性（< 10%）得到产物。这一现象表明脯氨酸在反应效率和对映选择性上都起着重要作用。为了评估脯氨酸的立体化学对反应对映选择性

的影响，使用八聚体和脯氨酸的两个对映体的组合分别进行了反应（图 12.43）。(*S*)-脯氨酸与八聚体的组合以 78% ee 得到了(*R*)-型产物，而与此形成鲜明对比的是，(*R*)-脯氨酸与八聚体以 39% ee 得到了(*S*)-型产物。使用脯氨酸的对映异构体时对映面选择性的变化表明脯氨酸的立体化学在对映选择性决定步骤中比八聚体表现出了更大的控制作用。

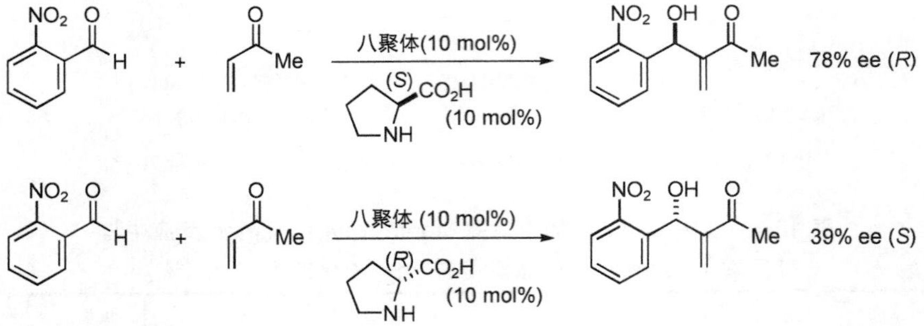

图 12.43 脯氨酸的对映异构体与表 12.4 中的八聚体的组合得到了相反的立体选择性

脯氨酸和八聚体的相对立体化学的重要性、二者单独使用时差的对映选择性和反应效率，以及在双催化剂体系中对映选择性对多肽长度的依赖性表明存在一个更高阶的过渡态。图 12.44 中显示了两个可能的过渡态，其中脯氨酸形成了烯胺或发生了共轭加成得到烯醇负离子[104]。这一双重催化剂体系的对映选择性应该可以通过优化多肽催化剂中的单个氨基酸残基而得到进一步提高。

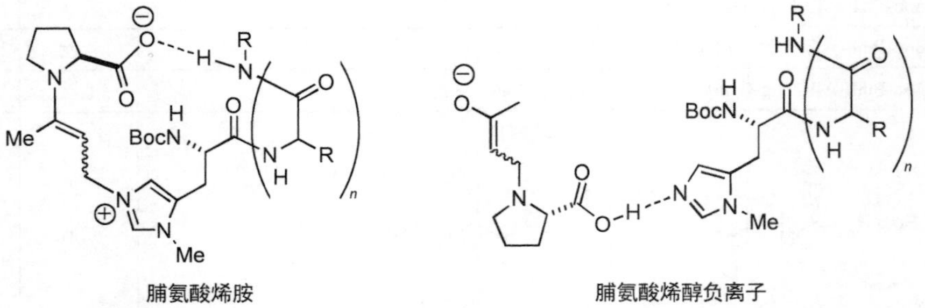

脯氨酸烯胺   脯氨酸烯醇负离子

图 12.44 Morita-Baylis-Hillman 反应中可能的脯氨酸-多肽-底物相互作用

12.3.2.3 对映选择性的、双重和双功能催化剂体系的互相转化

到目前为止，我们已经学习了只活化单一底物的对映选择性催化剂、双功能催化剂和双重催化剂体系。在发展和优化对映选择性过程时，每种类型的催化剂都可以进行考察。本节中将介绍催化剂优化的一个例子，展示了从单点活化的催化剂出发理性发展双重和双功能催化剂。

β-内酰胺是最重要的药效团之一，存在于青霉烷类抗生素中。自从 1929 年发现盘尼西林以来，*β*-内酰胺的合成受到了很大的关注，对映选择性的版本已经被发展出来。某些对映体富集的 *β*-内酰胺可以通过 Lewis 碱催化的对映选择性[2+2]环加成反应来获得。反应通过酰氯去质子化得到高活性的烯酮中间体（图 12.45）进行。Lewis 碱对烯酮进攻

形成一个两性的烯醇负离子，它与亚胺酯进行加成，然后发生关环并释放出亲核催化剂。当反应使用手性 Lewis 碱苯甲酰奎宁（BQ*）催化时，得到的产率较低（45%~65%），可能是由于酰氯和亚胺酯的聚合所致[106]。

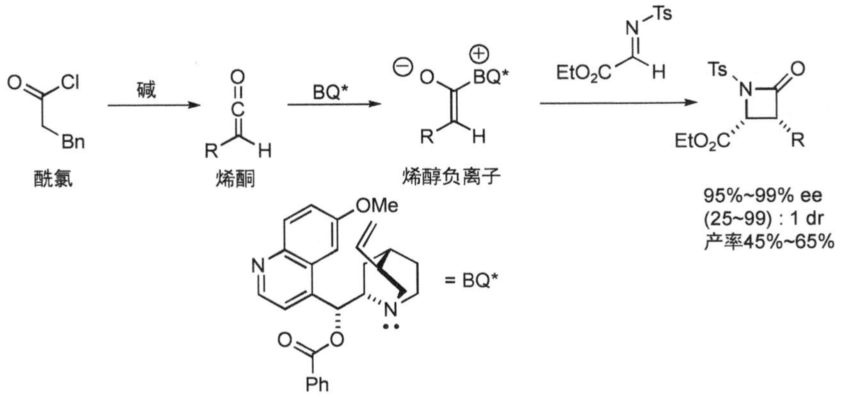

图 12.45　Lewis 碱性的苯甲酰基奎宁与烯酮反应形成一个两性的烯醇负离子，它与亚胺反应得到 β-内酰胺

设想引入一个 Lewis 酸共催化剂配位到亚胺酯上可能会促进两性的烯醇负离子的进攻，从而提高 β-内酰胺的产率（图 12.46）[107,108]。因此筛选了一系列非手性的 Lewis 酸共催化剂，使用 10 mol%的催化剂用量基于产率对反应进行了评估（表 12.5）。

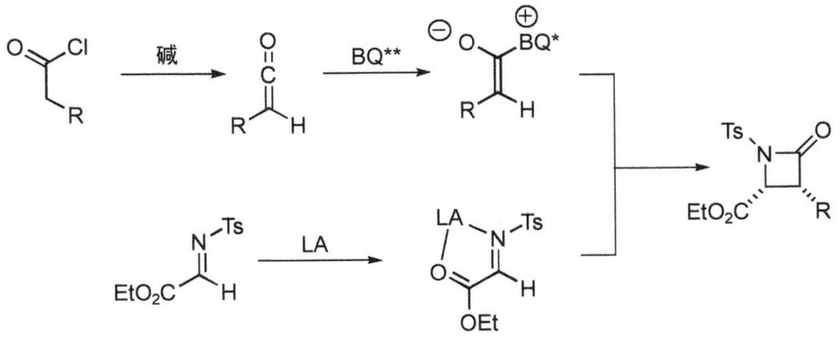

图 12.46　手性 Lewis 碱-Lewis 酸催化的 β-内酰胺形成

发现与 Rh(PPh₃)₃(OTf) 和 Cu(PPh₃)₂(OTf) 很类似的 Lewis 酸性的膦配位的后过渡金属催化剂可以催化亚胺酯的反应[107]，在图 12.46 中的 β-内酰胺合成中对这些催化剂进行了考察。然而，在这些配合物的存在下产率降低了（条目 1~6）。这一现象可以归因于亲氮的 Lewis 酸对苯甲酰基奎宁中叔胺的配位。接下来在该体系中这一假设得到了光谱学证据的支持[109]。Pearson 观察到[110]，软的可极化的金属选择性地结合到软的 Lewis 碱，如胺类，这与表 12.5 中的实验发现相一致。相反，硬的 Lewis 酸选择性地结合硬 Lewis 碱，如那些含氧的化合物。这样，与更软的 Lewis 酸相比，更亲氧的 Al(OTf)₃、Zn(OTf)₂ 和 In(OTf)₃ 更不可能配位并钝化 BQ*。与不存在金属共催化剂的反应（条目 1）相比，共催化剂 Al(OTf)₃、Zn(OTf)₂ 和 In(OTf)₃（条目 8~10）明显提高了反应产率。

表 12.5 图 12.6 中作为共催化剂筛选的 Lewis 酸以及 β-内酰胺产物的分离产率

条目	Lewis 酸（10 mol%）	分离产率/%	
1	无	65	
2	Rh(PPh₃)₃(OTf)	27	
3	Pd(PPh₃)₂Cl₂	30	软，亲氮的 Lewis 酸
4	Cu(OTf)₂	35	
5	Cu(PPh₃)₂ClO₄	49	
6	Sn(OTf)₂	44	
7	Sm(OTf)₃	45	
8	Al(OTf)₃	67	更硬，更亲氧的 Lewis 酸
9	Zn(OTf)₂	85	
10	In(OTf)₃	95	

与亚胺酯同 Lewis 酸共催化剂发生了配位一致，In(OTf)₃ 或 Zn(OTf)₂ 与亚胺酯的混合导致了较低的 C═O 和 C═N 伸缩频率以及 NMR 光谱中相对于未结合的底物化学位移的发生了较小的偏移。

虽然 BQ* 与 In(OTf)₃ 的组合催化的反应以＞95% ee 得到了 β-内酰胺，但是在一些情况下非对映选择性有轻微降低[从只用 BQ* 的 50∶1 降低到 BQ* 和 In(OTf)₃ 联用的 10∶1][109]。在生理活性物质的合成与研究中，获得高选择性尤其重要。如图 12.47 中的 β-内酰胺是一个人类白细胞弹性蛋白酶的高效抑制剂[111]。为了解决这一选择性问题，同时研究使用手性 Lewis 酸共催化剂对对映选择性和非对映选择性的影响，使用 BQ* 筛选了一些手性 Lewis 酸（图 12.47）[112]。最初选用了 (R)-(BINOLate)Al(OTf) 作为手性 Lewis 酸。这一由 BQ* 和 (R)-(BINOLate)Al(OTf) 各 10 mol% 组成的双重催化剂体系以 80% ee 和 8∶1 dr

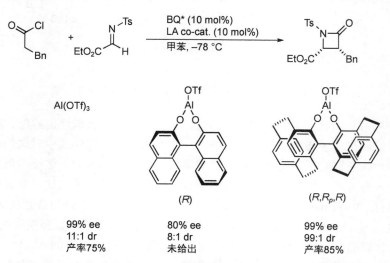

图 12.47 在一种抑制人类白细胞弹性蛋白酶的 β-内酰胺的合成中
将非手性和手性 Lewis 酸共催化剂与 BQ* 组合使用

得到了 β-内酰胺。相比之下，使用简单的非手性 Lewis 酸 Al(OTf)$_3$ 在同样的条件下以 99% ee 和 11：1 dr 得到了产物。也考察了手性(R,R_p,R)-环番烷配体的铝配合物（图 12.47）。跟 BINOL 类似，这个配体有伸离金属中心的轴手性。另外，环番烷部分朝向上方和下方，增加了金属中心周围邻近象限的立体区分。应用铝-环番烷催化剂得到了 99% ee 和极好 dr（99：1）的产物。这些结果表明双重手性催化剂途径可以在催化不对称过程中提供更好的可调节性。

　　如本章前言中所述，双重催化剂体系的一个可能的缺陷是其更高的分子数（也就是说，反应的速率可能对两个催化剂的浓度都有依赖）。在这些情况下，为了实现所需的 TOF 可能需要提高催化剂用量。这一问题可以通过将两个催化活性位点整合到一个单一的双功能催化剂中来避免。当然，这两个位点可能需要通过一个协同的分子内的方式进行作用，以受益于双功能设计的潜在加速作用。

　　在形成 β-内酰胺的环加成反应中，向 BQ* 中加入 In(OTf)$_3$ 时发现产率比不加 Lewis 酸的反应产率有提高（表 12.5）。然而，这两个反应的对映选择性差别 < 2%，表明 In(OTf)$_3$ 对立体诱导几乎没有影响。通过向奎宁催化剂中加入金属结合位点，将这一手性 Lewis 碱-非手性 Lewis 酸的组合转化成了一个单一的双功能催化剂。由于 BQ* 是高对映选择性的催化剂，想法是尽量多地保留 BQ* 的结构。带着这一想法，向其中引入了基于水杨酸的结合位点（图 12.48）。将这一新的 Lewis 碱性的 BQ* 衍生物进行去质子化并加入 In(OTf)$_3$ 得到了双功能的 In—BQ*，它以优秀的对映选择性（99%）和产率（90%）以及好的 dr 值（10：1）催化 β-内酰胺形成。

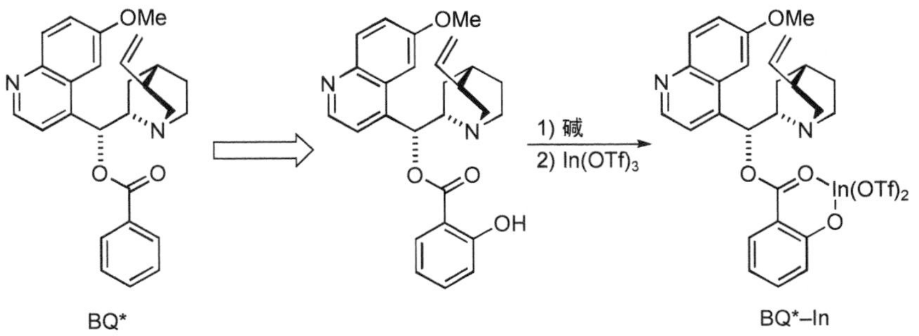

图 12.48　使用水杨酸酯代替苯甲酸酯提供了一个金属结合位点

去质子化和加入 In(OTf)$_3$ 产生了一个双功能催化剂

　　BQ*—In 催化的内酰胺形成反应对 BQ*—In 为一级动力学[109]，排除了涉及一分子 BQ*—In 产生两性烯醇负离子，另外一分子 BQ*—In 上的铟活化亚胺酯的分子间过程的可能性。根据这些动力学数据以及其他实验结果，提出了一个协同的分子内机理。如图 12.49 所示，在叔氮上形成一个两性的烯醇负离子，加上亚胺酯对铟中心的配位产生了一个三元中间体。接下来在决速步中发生 C—C 键形成，然后进行酰基交换释放出催化剂[109]。

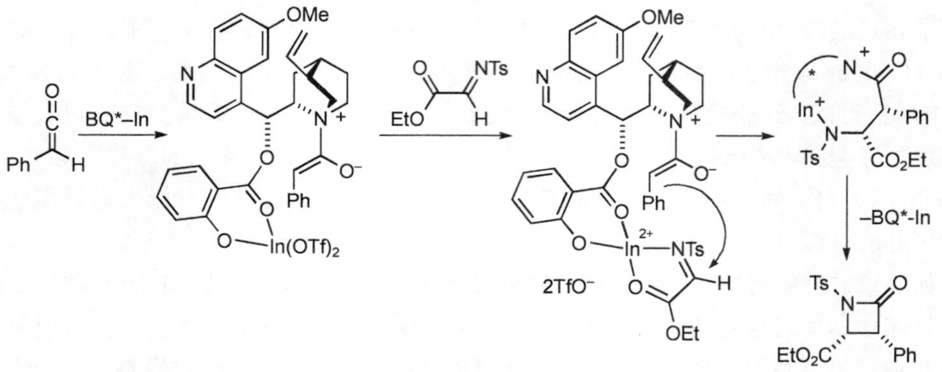

图 12.49 提出的双功能催化剂 BQ*—In 催化的形成 β-内酰胺的反应机理

12.4 多功能催化

含有超过两个活性位点用于底物和试剂活化的催化剂属于多功能催化剂。自然界已经发展了许多活性位点中存在多个官能团的酶用于底物活化，如本章引言部分举的醛缩酶的例子（图 12.1）。酶的多种活化模式通过控制反应各方的位置和取向协同作用。这些属性使得酶可以在非常温和的条件下工作，并得到极高的对映选择性和 TOF。同样的这些特点通常也产生了高度的底物特异性。然而与酶不同，小分子催化剂通常可以促进机理上非常不同的转化。多功能催化剂的活性位点的十分靠近看来是使这些催化剂在不相关的反应中实现高对映选择性的一个关键特征。

12.4.1 多功能镧系-主族杂双金属催化剂

不对称合成中一个最为广泛和成功的催化体系之一是杂双金属镧系 BINOL 衍生物（Ln = 镧系金属，图 12.50）[7,113-115]。这些多功能催化剂包括一个配位数为 6～8 的镧系金属中心[113,116]。在镧系列中，最倾向形成的氧化态是+3，8～9 的配位数最为常见[117]。围绕镧系金属中心的三个 BINOLate 配体制造了手性环境并携带着−6 的总电荷。为了平衡镧系金属上过量的电荷，需要三个第 I 族的抗衡离子（锂、钠或钾）。如图 12.50 所示，第 I 族金属配位到相邻的两个 BINOLate 配体的萘酚的氧上。这种桥联作用稳定了杂双金属结构，同时通过移走 BINOLate 氧上的电子密度增加了镧系金属中心的 Lewis 酸性[7,115]。

对这些配合物的手性环境进一步有贡献的是，镧系金属中心由于 BINOLate 配体的排列的方式而变成手性的（见附录 A）[118]。在溶液（NMR）中和固态（X 射线）中只观察到了一个非对映体，表明 BINOLate 配体的手性强烈影响了金属中心的构型（图 12.50）。

这些催化剂可以通过将 3 分子的(BINOLate)M_2（M = Li, Na, K）与 LnX_3（X = Cl, Otf）混合来制备[7,119]。或者它们也可以通过 La(O-i-Pr)$_3$ 或 Ln[N(SiMe$_3$)$_2$]$_3$ 与 3 分子的 BINOL 的单锂盐反应来产生，反应分别释放出 3 分子的异丙醇或 HN(SiMe$_3$)$_2$[7,119]。几个衍生物

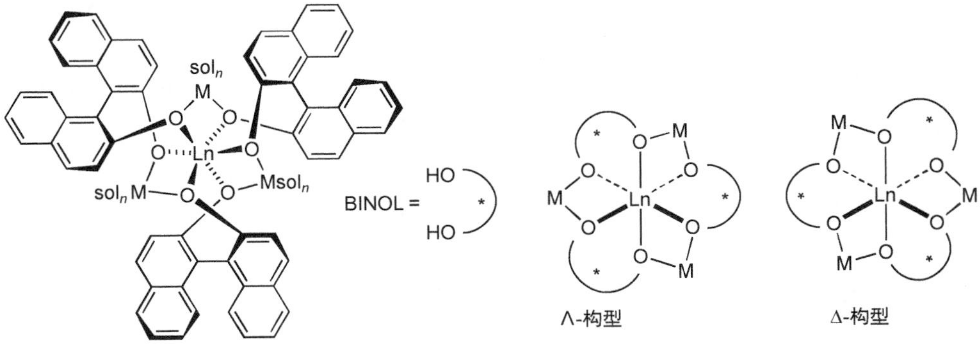

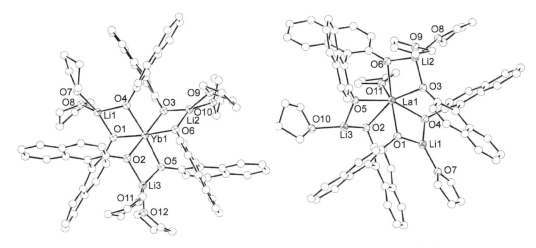

M₃(sol)ₙ(BINOLate)₃Ln

Ln = 镧系金属离子
M = Li, Na, K
sol = 溶剂 (n = 1 或 2)

∧-构型　　Δ-构型

图 12.50　杂双金属 M₃(sol)ₙ(BINOLate)₃Ln（M = Li, Na, K；Ln = +3 价镧系
金属离子；sol = 溶剂，通常是 THF 或乙醚）的结构

使用(S)-BINOL 在镧系金属中心形成了Δ-构型

已经在固态中得到了表征，如六配位的配合物 Li₃(THF)₆(BINOLate)₃Yb 和七配位的
Li₃(THF)₄ (BINOLate)₃La(THF)[116,120]（图 12.51）[119,121,122]。从这些结构中可以看出，镧
系金属和主族金属都与配价的配体配位，因此是 Lewis 酸。碱性的萘酚氧可以作为
Brønsted 碱对酸性的底物进行去质子化，产生亲核试剂。这些杂双金属配合物中的
Ln-O-M(Ⅰ)连接链的本性使它们成为互相影响的多功能催化剂。M₃(THF)ₙ(BINOLate)₃Ln
的多功能性质使其表现出多样的活性模式，成功应用于非常广泛的不对称反应。同时，
其多面性的反应活性使机理研究变得复杂。

图 12.51　六配位的 Li₃(THF)₆(BINOLate)₃Yb（左）和七配位的
Li₃(THF)₄(BINOLate)₃La(THF)（右）的结构

基于镧系金属的催化剂（如 $M_3(THF)_n(BINOLate)_3Ln$ 配合物）的一个独特特征是其催化剂的优化方法。传统上，不对称催化剂通过合成和筛选手性配体来进行。如果配体难以合成的话，这可能是一个非常耗时的过程。相反，$M_3(THF)_n(BINOLate)_3Ln$ 催化剂主要通过使用不同的镧系金属与主族金属的组合来优化[7,115]。优化过程取决于镧系元素的独特特性——镧系收缩，即随着原子数的增加其离子半径发生稳步减小。八配位的三价镧系金属离子半径从镧的 1.17 Å 收缩到 Lu 的 1.00 Å。如下面所述，镧系金属半径可以对这些同构（isostructrual）的催化剂的对映选择性具有重大影响。

12.4.2   杂双金属催化剂在硝基 aldol 反应中的应用

多功能的 $M_3(THF)_n(BINOLate)_3Ln$ 催化剂已经被成功应用于一系列 Lewis 酸催化的过程[7]。其中之一是硝基 aldol 反应或称为 Henry 反应（式 12.11）。该反应在有机合成中十分有用，因为产物的硝基可以被很容易还原，提供一种合成有价值的 β-氨基醇的方法。

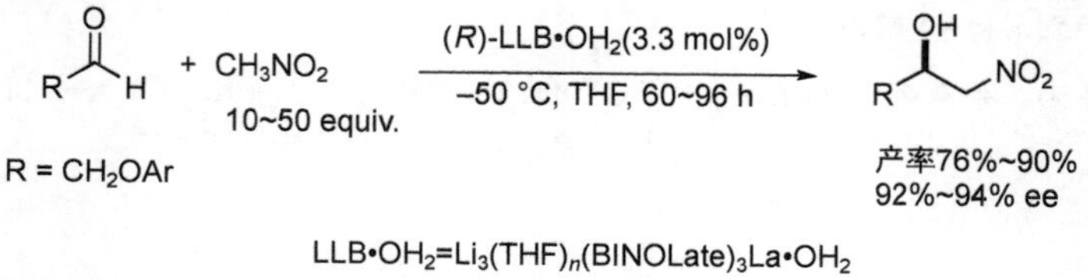

$$R = CH_2OAr$$

产率76%~90%
92%~94% ee

（12.11）

$$LLB \cdot OH_2 = Li_3(THF)_n(BINOLate)_3La \cdot OH_2$$

尽管机理的细节还没有完全理解，图 12.52 中给出了一个作用模型。推测碱性的芳氧化物的氧作为 Brønsted 碱对硝基甲烷（$pK_a = 10$）去质子化得到氮酸锂。Lewis 酸性的镧

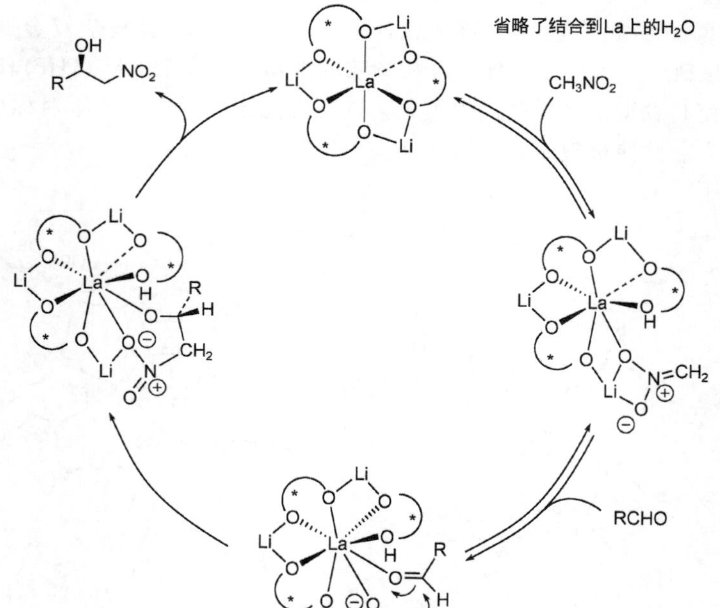

图 12.52 $Li_3(THF)_n(BINOLate)_3Ln(OH_2)$催化的硝基 aldol 反应的可能机理

为了清楚起见省略了结合到锂上的 THF 溶剂分子和结合到 La 上的 H_2O

系金属中心与醛配位并将其活化，接受氮酸盐的进攻。得到的烷氧化物产物攫取萘酚中的氢，形成醇并再生催化剂。水分子的作用还不清楚，可能是增加了镧系金属的配位数。根据 X 射线晶体学研究，已经知道七配位的 $M_3(THF)_n(BINOLate)_3Ln(L)$ 配合物中镧系金属中心被替换出了主族金属的平面，增加了手性 BINOLate 配体与结合的底物之间的距离。在含有 *trans*-配体 L 的八配位的配合物 $M_3(THF)_n(BINOLate)_3LnL_2$ 中，镧系金属重新回到主族金属的平面中[116]。

虽然双功能催化剂给出了优异的对映选择性，但反应很差。为了提高催化剂的效率，使用了 BuLi 和水产生的催化量的碱来促进硝基烷烃的去质子化。这一改进的催化剂实现了高的对映选择性和非对映选择性，如式 12.12 所示。不存在 LiOH 时只形成了痕量的产物。

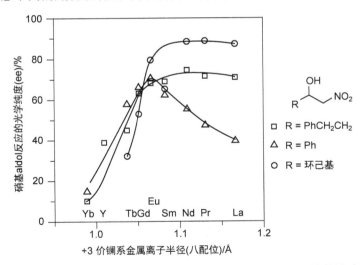

$$\text{LLB} = \text{Li}_3(\text{THF})_n(\text{BINOLate})_3\text{La}$$

(12.12)

产率76%
syn:*anti* = 94:6
96% ee (*syn*)

上面提到过，这些反应的对映选择性与镧系金属催化剂的离子半径有关。这在图 12.53 中的三个底物的硝基 aldol 反应中八配位的镧系（Ⅲ）半径与对映选择性的关系图中可以看出[7]。注意不同的底物表现出对映选择性对离子半径的截然不同的依赖性。

图 12.53　硝基 aldol 反应中镧系金属离子半径对产物 ee 值的影响
经美国化学会批准使用此图

12.4.2.1　杂双金属催化剂在直接 aldol 反应中的应用

展现了 $M_3(THF)_n$ $(BINOLate)_3Ln$ 催化剂的可调性的一个与硝基 aldol 相关的反应是直接 aldol 反应。在不对称 aldol 反应的早期发展中，使用了预先制备的烯醇硅醚或甲硅烷基烯酮缩醛（Mukaiyama 型供体）。这样做避免了醛和酮竞争性的烯醇化问题并限制了不想要的 aldol 产物的形成[9,122]。尽管这一化学的重要性不容低估，这种方法的缺陷是供体需要单独制备，而且 aldol 产物需要脱保护才能获得（图 12.54）。直接应用非活化的酮证明是更具挑战性的（图 12.54）。一个原因是酮（$pK_a \approx 17$）比硝基烷烃（水中的 $pK_a \approx 10$）的去质子化需要碱性更强的条件。

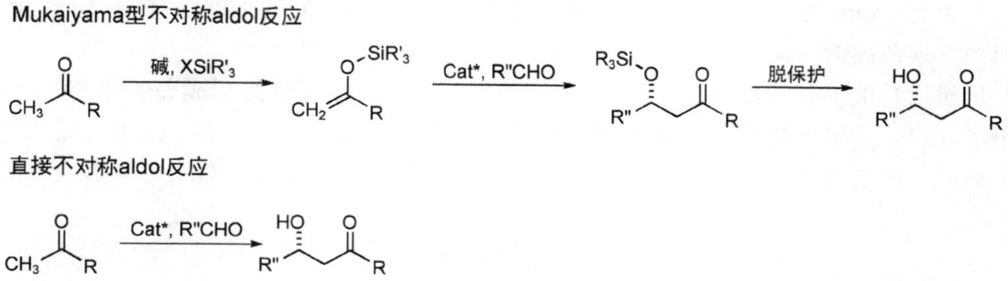

Mukaiyama型不对称aldol反应

直接不对称aldol反应

图 12.54　Mukaiyama 型 aldol 反应与直接 aldol 反应的比较

在寻找直接 aldol 反应的催化剂过程中，筛选了一系列 $M_3(THF)_n(BINOLate)_3Ln$ 配合物。研究发现 $Li_3(THF)_n(BINOLate)_3La$ 以最高的对映选择性形成了 aldol 产物[123]。然而，催化剂的 TOF 较低，需要 20 mol% 的催化剂用量。后来发现加入催化量的从 $KN(SiMe_3)_2$ 产生的碱增强了催化剂的活性，这很可能通过促进烯醇负离子的形成而实现的。使用氘代的乙酰丙酮 $PhCOCD_3$ 得到的 $k_H/k_D = 5$，支持这一提法。另外，速率与醛的浓度无关。这些结果表明决速步是烯醇负离子形成一步。该研究的一些结果列于图 12.55 中。

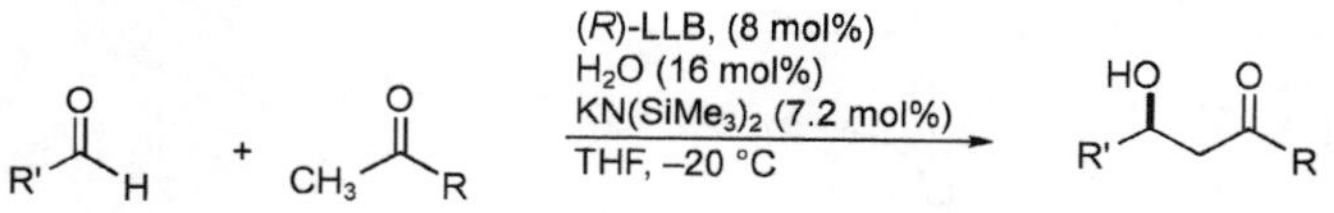

R'	R	ee/%	产率/%
t-Bu	Ph	89	75
t-Bu	Me	76	62
BnOCH₂CMe₂	Ph	93	70
PhCH₂CH₂	3-C₆H₄-NO₂	80	60

LLB = Li₃(THF)ₙ(BINOLate)₃La

图 12.55　由镧系金属、锂、BINOLate (LLB)和碱组成的杂双金属催化剂催化的直接 aldol 反应的一些结果

这一催化剂体系已被用于合成重要的天然产物前体（图 12.56）。通过 Baeyer-Villiger 氧化将图 12.55 中对映体富集的 aldol 产物转化成相应的酯，随后进行四步反应，得到合成埃博霉素（epothilone）的一个中间体[124]。Baeyer-Villiger 氧化产物也被保护成 TBS 硅醚，然后转化成 β-羟基醛。从乙酰丙酮与 LDA 产生的烯醇负离子发生非对映选择性加成得到了 3∶1 的 anti∶syn 的非对映体的混合物。相比之下，由(S)-LLB/KOH 催化的直接 aldol 缩合反应以 95% ee 和 90% 总体产率得到了 anti-aldol 产物（dr = 7∶1）。这一 anti 产物是合成草苔虫素 7（bryostatin 7）的一个中间体[125]。这是双重非对映选择性反应的一个例子（第 13 章）。

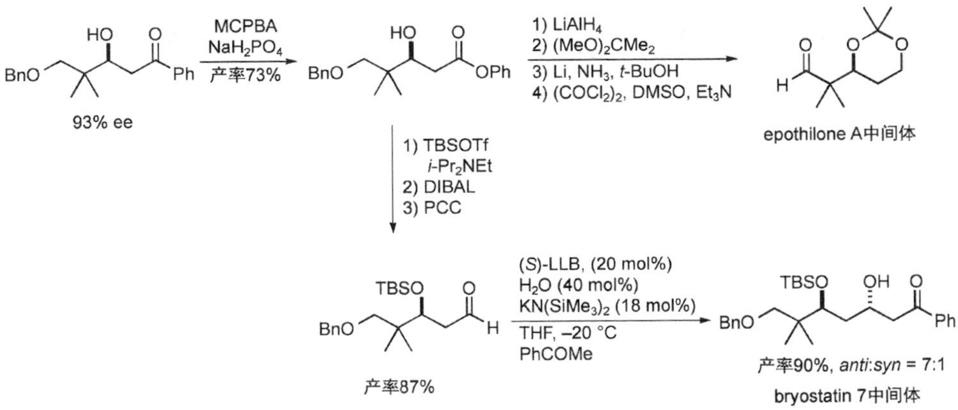

图 12.56 杂双金属催化剂得到的 aldol 产物在合成埃博霉素和草苔虫素 7 的中间体中的应用

直接 aldol 反应中得到了最高的对映选择性和 TOF 的碱添加剂是 KOH，由 KN(SiMe₃)₂ 或 KO-t-Bu 与水反应得来。有趣的是，从含有 KOH 的 Li₃(THF)(BINOLate)₃La 产生的催化剂比使用 LiOH 时给出了更高的对映选择性和产率。另外，将 K₃(THF)ₙ(BINOLate)₃La 与 KOH 一起使用时效果较差。作者提出催化剂的核心结构中含有三个锂和一个配位到镧系金属中心的 KOH。图 12.57 中给出了根据上述观察到的事实提出的一个机理。值得

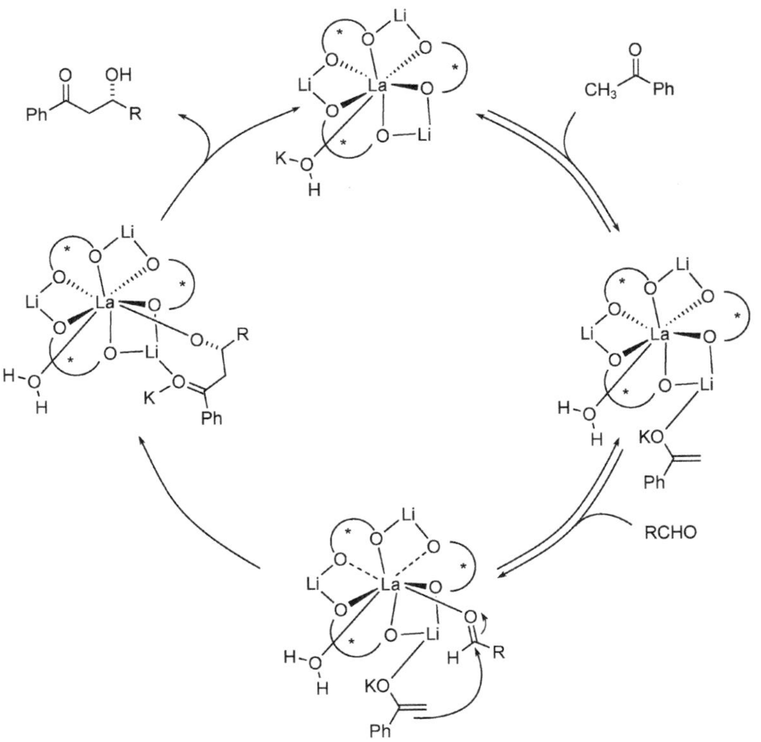

图 12.57 提出的对映选择性的直接 aldol 反应的机理

为清楚起见，省略了锂和钾上的 THF 溶剂分子

注意的是，主族金属 M 的性质对 $M_3(THF)_n(BINOLate)_3Ln$ 的底物结合能力具有戏剧性的影响[126]。

12.4.3 胺对烯酮的不对称共轭加成：机理上的发现

$M_3(THF)_n(BINOLate)_3Ln$ 类型的催化剂已经被用于促进胺对 α,β-不饱和羰基化合物的 1,4-加成，得到生物学上感兴趣的 β-氨基羰基化合物（图 12.58）[127]。

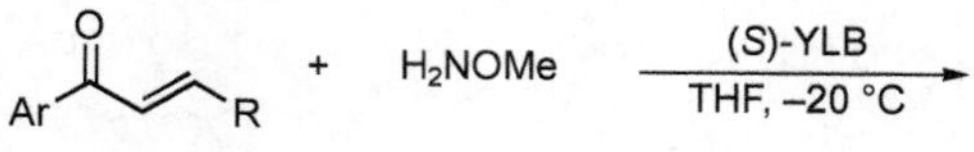

YLB = $Li_3(THF)_n(BINOLate)_3Y$

Ar	R	ee/%	产率/%
Ph	Ph	95	97
2-呋喃基	Ph	94	95
Ph	4-吡啶基	85	91
Ph	CH_2i-Pr	93	93

图 12.58 使用杂双金属催化剂 $Li_3(THF)_n(BINOLate)_3Y$ 的胺对烯酮的不对称加成反应的一些结果

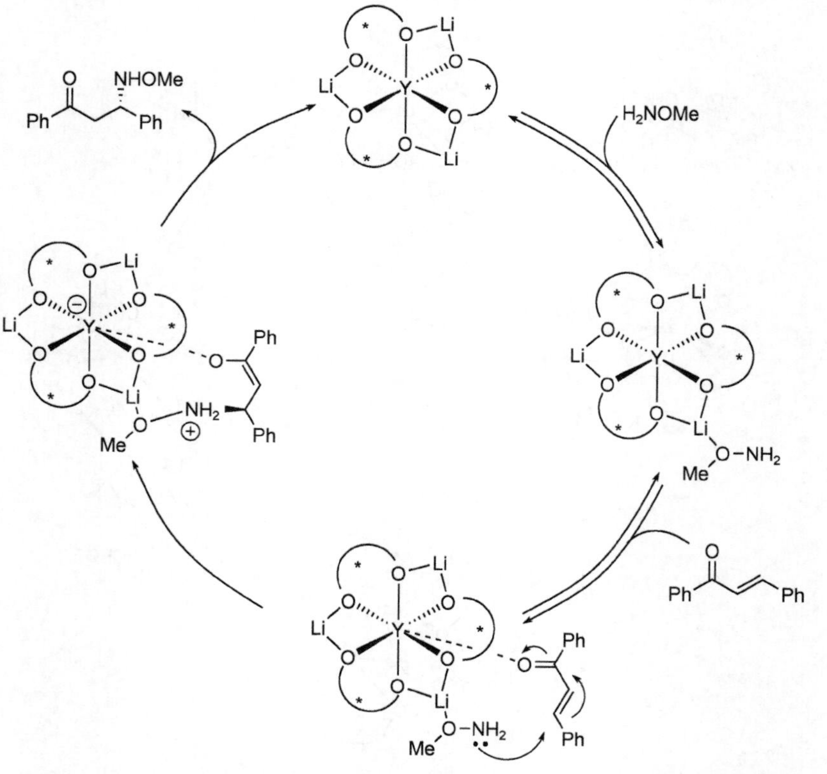

图 12.59 *O*-甲基羟胺对查尔酮的 1,4-加成的可能机理

为清楚起见，省略了锂中心上的 THF 溶剂分子

对这一体系中的机理研究提供了催化剂 M₃(THF)ₙ(BINOLate)₃Ln 作用的重要信息。动力学分析表明反应对 Li₃(THF)ₙ(BINOLate)₃Y 和底物查尔酮都是一级的，但对胺为零级[128]。在研究相关的镱配合物 Na₃(THF)ₙ(BINOLate)₃Yb 时，提出 Yb 中心太拥挤，不能与额外的配体配位，Yb 必须解离掉(BINOLate)Na₂ 才能与底物配位[129]。值得提出的是，在稀土元素中，Yb 的离子半径是最小的离子半径之一（见图 12.53）。在胺的共轭加成中（图 12.58），使用 1 mol% Li₃(THF)ₙ(BINOLate)₃Y 与 0～3% (BINOLate)Li₂ 并没有导致对映选择性（96%）或 TOF 的变化。然而，仅使用(BINOLate)Li 得到了低得多的 TOF，而且形成的产物仅有 17% 的对映选择性。不存在抑制作用表明在胺对烯酮的共轭加成中，Li₃(THF)ₙ(BINOLate)₃Y 并不失去(BINOLate)Li 产生 Li(BINOLate)₂Y 物种[128]。还观察到反应可以被水抑制，而且存在一个强的正非线性效应（见第 11 章）[128]。在这种情况下，水很可能与胺或酮竞争结合到镧系金属中心。共轭加成的一个可能机理如图 12.59 所示。

本节中讨论的 M₃(THF)ₙ(BINOLate)₃Ln 催化剂具有好几种反应模式。主族和稀土金属中心都是 Lewis 酸性的，而且都具有空配位点。BINOLate 的氧可以作为 Brønsted 碱，对底物去质子化并活化底物用于反应。最后，添加剂如水和氢氧根也可以提高这些催化剂的反应活性和对映选择性。镧系金属同时结合多个反应物并使它们紧密接触的能力是 M₃(THF)ₙ(BINOLate)₃Ln 家族催化剂的一个关键特征。

结论

可提供多种活化方式的手性催化剂，如本章中讨论的这些催化剂，在不对称合成中具有广阔的前景。跟许多传统的不对称催化剂不同，双重、双功能和多功能催化剂可以促进那些不能用单点活化来催化的反应。正如这里讨论的，多种可能的组合使得可以结合不同的活化模式，得到多种多样的高效、高对映选择性的双重、双功能和多功能催化剂。由于这些特点，对具有多种活化模式的催化剂的研究会进一步扩展并导致发现新的催化对映选择性过程。

参 考 文 献

[1] Sawamura, M.; Ito, Y. Catalytic Asymmetric Synthesis by Means of Secondary Interaction Between Chiral Ligands and Substrates. *Chem. Rev.* **1992**, *92*, 857-871.

[2] van den Beuken, E. K.; Feringa, B. L. Bimetallic Catalysis by Late Transition Metal Complexes. *Tetrahedron* **1998**, *54*, 12985-13011.

[3] Noyori, R.; Ohkuma, T. Asymmetric Catalysis by Architectural and Functional Molecular Engineering: Practical Chemo- and Stereoselective Hydrogenation of Ketones. *Angew. Chem., Int. Ed. Engl.* **2001**, *40*, 40-73.

[4] Noyori, R.; Yamakawa, M.; Hashiguchi, S. Metal-Ligand Bifunctional Catalysis: A Nonclassical Mechanism for Asymmetric Hydrogen Transfer Between Alcohols and Carbonyl Compounds. *J. Org. Chem.* **2001**, *66*, 7931-7944.

[5] Rowlands, G. J. Ambifunctional Cooperative Catalysts. *Tetrahedron* **2001**, *57*, 1865-1882.

[6] Shibasaki, M.; Kanai, M.; Funabashi, K. Recent Progress in Asymmetric Two-Center Catalysis. *J. Chem. Soc., Chem. Commun.* **2002**, 1989-1999.

[7] Shibasaki, M.; Yoshikawa, N. Lanthanide Complexes in Multifunctional Asymmetric Catalysis. *Chem. Rev.* **2002**, *102*,

2187-2219.

[8] Ma, J.-A.; Cahard, D. Towards Perfect Catalytic Asymmetric Synthesis: Dual Activation of the Electrophile and the Nucleophile. *Angew. Chem., Int. Ed. Engl.* **2004**, *43*, 4566-4583.

[9] Machajewski, T. D.; Wong, C.-H.; Lerner, R. A. The Catalytic Asymmetric Aldol Reaction. *Angew. Chem., Int. Ed. Engl.* **2000**, *39*, 1352-1374.

[10] Itsuno, S.; Nakano, M.; Miyazaki, K.; Masuda, H.; Ito, K. Asymmetric Synthesis Using Chirally Modified Borohydrides. Part 3. Enantioselective Reduction of Ketones and Oxime Ethers with Reagents Prepared from Borane and Chiral Amino Alcohols. *J. Chem. Soc., Perkin. Trans.* **1985**, 2039-2044.

[11] Itsuno, S.; Sakurai, Y.; Ito, K.; Hirao, A. Catalytic Behavior of Optically Active Amino Alcohol-Borane Complex in the Enantioselective Reduction of Acetophenone Oxime O-Alkyl Ethers. *Bull. Chem. Soc. Jpn.* **1987**, *60*, 395-396.

[12] Hirao, A.; Itsuno, S.; Nakahama, S.; Yamazaki, N. Asymmetric Reduction of Aromatic Ketones with Chiral Alkoxy-Amineborane Complexes. *J. Chem. Soc., Chem. Commun.* **1981**, 315-317.

[13] Corey, E. J.; Bakshi, B. K.; Shibata, S. Highly Enantioselective Borane Reduction of Ketones Catalyzed by Chiral Oxazaborolidines. Mechanism and Synthetic Implications. *J. Am. Chem. Soc.* **1987**, *109*, 5551-5553.

[14] Corey, E. J.; Bakshi, R. K.; Shibata, S.; Chen, C. P.; Singh, V. A Stable and Easily Prepared Catalyst for the Enantioselective Reduction of Ketones. Applications to Multistep Syntheses. *J. Am. Chem. Soc.* **1987**, *109*, 7925-7926.

[15] Corey, E. J.; Shibata, S.; Bakshi, R. K. An Efficient and Catalytically Enantioselective Route to (S)-(−)-Phenyloxirane. *J. Org. Chem.* **1988**, *53*, 2861-2863.

[16] Corey, E. J.; Helal, C. J. Reduction of Carbonyl Compounds with Chiral Oxazaborolidine Catalysts: A New Paradigm for Enantioselective Catalysis and a Powerful New Synthetic Method. *Angew. Chem., Int. Ed. Engl.* **1998**, *37*, 1986-2012.

[17] Alagona, G.; Ghio, C.; Persico, M.; Tomasi, S. Quantum Mechanical Study of Stereoselectivity in the Oxazaborolidine-Catalyzed Reduction of Acetophenone. *J. Am. Chem. Soc.* **2003**, *125*, 10027-10039.

[18] Sakito, Y.; Yoneyoshi, Y.; Suzukamo, G. Asymmetric Reduction of Oxime Ethers. Distinction of *anti* and *syn* Isomers Leading to Enantiomeric Amines. *Tetrahedron Lett.* **1988**, *29*, 223-224.

[19] Tillyer, R. D.; Boudreau, C.; Tschaen, D.; Dolling, U.-H.; Reider, P. J. Asymmetric Reduction of Keto Oxime Ethers Using Oxazaborolidine Reagents. The Enantioselective Synthesis of Cyclic Amino Alcohols. *Tetrahedron Lett.* **1995**, *36*, 4337-4340.

[20] Kitamura, M.; Suga, S.; Kawai, K.; Noyori, R. Catalytic Asymmetric Induction. Highly Enantioselective Addition of Dialkylzincs to Aldehydes. *J. Am. Chem. Soc.* **1986**, *108*, 6071-6072.

[21] Kitamura, M.; Suga, S.; Oka, H.; Noyori, R. Quantitative Analysis of the Chiral Amplification in the Amino Alcohol-Promoted Asymmetric Alkylation of Aldehydes with Dialkylzincs. *J. Am. Chem. Soc.* **1998**, *120*, 9800-9809.

[22] Kitamura, M.; Oka, H.; Noyori, R. Asymmetric Addition of Dialkylzincs to Benzaldehyde Derivatives Catalyzed by Chiral β-Almino Alcohols. Evidence for the Monomeric Alkylzinc Aminoalkoxide as Catalyst. *Tetrahedron* **1999**, *55*, 3605-3614.

[23] Pu, L.; Yu, H.-B. Catalytic Asymmetric Organozinc Additions to Carbonyl Compounds. *Chem. Rev.* **2001**, *101*, 757-824.

[24] Soai, K.; Niwa, S. Enantioselective Additions of Organozinc Reagents to Aldehydes. *Chem. Rev.* **1992**, *92*, 833-856.

[25] Pu, L. Asymmetric Alkynylzinc Additions to Aldehydes and Ketones. *Tetrahedron* **2003**, *59*, 9873-9886.

[26] Ohkuma, T.; Ooka, H.; Hashiguchi, S.; Ikariya, T.; Noyori, R. Practical Enantioselective Hydrogenation of Aromatic Ketones. *J. Am. Chem. Soc.* **1995**, *117*, 2675-2676.

[27] Xie, J.-H.; Wang, L.-X.; Fu, Y.; Zhu, S.-F.; Fan, B.-M.; Duan, H.-F.; Zhou, Q.-L. Synthesis of Spiro Diphosphines and Their Application in Asymmetric Hydrogenation of Ketones. *J. Am. Chem. Soc.* **2003**, *125*, 4404-4405.

[28] Cobley, C. J.; Henschke, J. P. Enantioselective Hydrogenation of Imines Using a Diverse Library of Ruthenium Dichloride(diphosphine)(diamine) Precatalysts. *Adv. Synth. Catal.* **2003**, *345*, 195-201.

[29] Abdur-Rashid, K.; Lough, A. J.; Morris, R. H. RuHCl(diphosphine)(diamine): Catalyst Precursors for the Stereoselective Hydrogenation of Ketones and Imines. *Organometallics* **2001**, *20*, 1047-1049.

[30] Ohkuma, T.; Koizumi, M.; Doucet, H.; Pham, T.; Kozawa, M.; Murata, K.; Katayama, E.; Yokozawa, T.; Ikariya, T.; Noyori, R. Asymmetric Hydrogenation of Alkenyl, Cyclopropyl, and Aryl Ketones. RuCl$_2$(Xyl-BINAP)(1,2-diamine) as a Precatalyst Exhibiting a Wide Scope. *J. Am. Chem. Soc.* **1998**, *120*, 13529-13530.

[31] Jiang, Q.; Jiang, Y.; Xiao, D.; Cao, P.; Zhang, X. Highly Enantioselective Hydrogenation of Simple Ketones Catalyzed by a Rh-PennPhos Complex. *Angew. Chem., Int. Ed. Engl.* **1998**, *37*, 1100-1103.

[32] Ohkuma, T.; Ishii, D.; Takeno, H.; Noyori, R. Asymmetric Hydrogenation of Amino Ketones Using Chiral RuCl$_2$(diphophine)(1,2-diamine) Complexes. *J. Am. Chem. Soc.* **2000**, *122*, 6510-6511.

[33] Noyori, R. Asymmetric Catalysis: Science and Opportunities. *Angew. Chem., Int. Ed. Engl.* **2002**, *41*, 2008-2022.

[34] Abdur-Rashid, K.; Clapham, S. E.; Hadzovic, A.; Harvey, J. N.; Lough, A. J.; Morris, R. H. Mechanism of the Hydrogenation of Ketones Catalyzed by *trans*-Dihydrido(diamine)ruthenium(II) Complexes. *J. Am. Chem. Soc.* **2002**, *124*, 15104-15118.

[35] Sandoval, C. A.; Ohkuma, T.; Muñiz, K.; Noyori, R. Mechanism of Asymmetric Hydrogenation of Ketones Catalyzed by BINAP/1,2-DiamineRuthenium(II) Complexes. *J. Am. Chem. Soc.* **2003**, *125*, 13490-13503.

[36] Fulton, J. R.; Bouwkamp, M. W.; Bergman, R. G. Reactivity of a Parent Amidoruthenium Complex: A Transition Metal Amide of Exceptionally High Basicity. *J. Am. Chem. Soc.* **2000**, *122*, 8799-8800.

[37] Bryndza, H. E.; Tam, W. Monomeric Metal Hydroxides, Alkoxides, and Amides of the Late Transition Metals: Synthesis, Reactions, and Thermochemistry. *Chem. Rev.* **1988**, *88*, 1163-1188.

[38] Fulton, J. R.; Holland, A. W.; Fox, D. J.; Bergman, R. G. Formation, Reactivity, and Properties of Nondative Late Transition Metal-Oxygen and -Nitrogen Bonds. *Acc. Chem. Res.* **2002**, *35*, 44-56.

[39] Hamilton, R. J.; Leong, C. G.; Bigam, G.; Miskolzie, M.; Bergens, S. H. A Ruthenium-Dihydrogen Putative Intermediate in Ketone Hydrogenation. *J. Am. Chem. Soc.* **2005**, *127*, 4152-4153.

[40] Hartmann, R.; Chen, P. Noyori's Hydrogenation Catalyst Needs a Lewis Acid Cocatalyst for High Activity. *Angew. Chem., Int. Ed. Engl.* **2001**, *40*, 3581-3585.

[41] Hartmann, R.; Chen, P. Numerical Modeling of Differential Kinetics in the Asymmetric Hydrogenation of Acetophenone by Noyori's Catalyst. *Adv. Synth. Catal.* **2003**, *345*, 1353-1359.

[42] Hegedus, L. S. In *Transition Metals in the Synthesis of Complex Organic Molecules*, 2nd ed.; University Science Books: Sausalito, CA, 1999.

[43] Hamashima, Y.; Sawada, D.; Kanai, M.; Shibasaki, M. A New Bifunctional Asymmetric Catalyst: An Efficient Catalytic Asymmetric Cyanosilylation of Aldehydes. *J. Am. Chem. Soc.* **1999**, *121*, 2641-2642.

[44] North, M. Synthesis and Applications of Non-Racemic Cyanohydrins. *Tetrahedron: Asymmetry* **2003**, *14*, 147-176.

[45] Takamura, M.; Hamashima, Y.; Usuda, H.; Kanai, M.; Shibasaki, M. A Catalytic Asymmetric Strecker-Type Reaction: Interesting Reactivity Difference Between TMSCN and HCN. *Angew. Chem., Int. Ed. Engl.* **2000**, *39*, 1650-1652.

[46] Coppola, G. M.; Schuster, H. F. In *α-Hydroxy Acids in Enantioselective Synthesis*; VCH Publishers: New York, 1997.

[47] DiMauro, E. F.; Kozlowski, M. C. The First Catalytic Asymmetric Addition of Dialkylzincs to α-Ketoesters. *Org. Lett.* **2002**, *4*, 3781-3784.

[48] DiMauro, E. F.; Kozlowski, M. C. Development of Bifunctional Salen Catalysts: Rapid, Chemoselective Alkylations of α-Ketoesters. *J. Am. Chem. Soc.* **2002**, *124*, 12668-12669.

[49] Fennie, M. W.; DiMauro, E. F.; O'Brien, E. M.; Annamalai, V.; Kozlowski, M. C. Mechanism and Scope of Salen Bifunctional Catalysts in Asymmetric Aldehyde and α-Ketoester Alkylation. *Tetrahedron* **2005**, *61*, 6249-6265.

[50] Funabashi, K.; Jachmann, M.; Kanai, M.; Shibasaki, M. Multicenter Strategy for the Development of Catalytic Enantioselective Nucleophilic Alkylation of Ketones: Me$_2$Zn Addition to α-Ketoesters. *Angew. Chem., Int. Ed. Engl.* **2003**, *42*, 5489-5492.

[51] List, B. Proline-Catalyzed Asymmetric Reactions. *Tetrahedron* **2002**, *58*, 5573-5590.

[52] Seayad, J.; List, B. Asymmetric Organocatalysis. *Org. Biomol. Chem.* **2005**, *3*, 719-724.

[53] Berkessel, A.; Gröger, H. In *Asymmetric Organocatalysis*; Wiley: New York, 2005.

[54] Lelais, G.; MacMillan, D. W. C. Modern Strategies in Organic Catalysis: The Advent and Development of Iminium Activation. *Aldrichimica Acta* **2006**, *39*, 79-87.

[55] Dalko, P. I.; Moisan, L. In the Golden Age of Organocatalysis. *Angew. Chem., Int. Ed. Engl.* **2004**, *43*, 5138-5175.

[56] Enders, D.; Grondal, C.; Hüttl, M. R. M. Asymmetric Organocatalytic Domino Reactions. *Angew. Chem., Int. Ed. Engl.* **2007**, *46*, 1570-1581.

[57] Houk, K. N.; List, B. Asymmetric Organocatalysis (special issue). *Acc. Chem. Res.* **2004**, *37*, 487-631.

[58] a) Eder, U.; Sauer, G.; Wiechert, R. New Type of Asymmetric Cyclization to Optically Active Steroid CD Partial Structures. *Angew. Chem., Int. Ed. Engl.* **1971**, *10*, 496-497; b) list, B (Ed.) Organocatalysis (special issue) *Chem. Rev.* **2007**, *107*, 5413-5883.

[59] Hajos, Z. G.; Parrish, D. R. Asymmetric Synthesis of Bicyclic Intermediates of Natural Product Chemistry. *J. Org. Chem.* **1974**, *39*, 1615-1621.

[60] Hoang, L.; Bahmanyar, S.; Houk, K. N.; List, B. Kinetic and Stereochemical Evidence for the Involvement of Only One Proline Molecule in the Transition States of Proline-Catalyzed Intra- and Intermolecular Aldol Reactions. *J. Am. Chem. Soc.* **2003**, *125*, 16-17.

[61] Clemente, F. R.; Houk, K. N. Computational Evidence for the Enamine Mechanism of Intramolecular Aldol Reactions Catalyzed by Proline. *Angew. Chem., Int. Ed. Engl.* **2004**, *43*, 5766-5768.

[62] Allemann, C.; Gordillo, R.; Clemente, F. R.; Cheong, P. H.-Y.; Houk, K. N. Theory of Asymmetric Organocatalysis of Aldol and Related Reactions: Rationalizations and Predictions. *Acc. Chem. Res.* **2004**, *37*, 558-569.

[63] Pidathala, C.; Hoang, L.; Vignola, N.; List, B. Direct Catalytic Asymmetric Enolexo Aldolizations. *Angew. Chem., Int. Ed. Engl.* **2003**, *42*, 2785-2788.

[64] List, B.; Lerner, R. A.; Barbas, C. F., III. Proline-Catalyzed Direct Asymmetric Aldol Reactions. *J. Am. Chem. Soc.* **2000**, *122*, 2395-2396.

[65] Notz, W.; List, B. Catalytic Asymmetric Synthesis of *anti*-1,2-Diols. *J. Am. Chem. Soc.* **2000**, *122*, 7386-7387.

[66] Northrup, A. B.; MacMillan, D. W. C. The First Direct and Enantioselective Cross-Aldol Reaction of Aldehydes. *J. Am. Chem. Soc.* **2002**, *124*, 6798-6799.

[67] Northrup, A. B.; Mangion, I. K.; Hettche, F.; MacMillan, D. W. C. Enantioselective Organocatalytic Direct Aldol Reactions of α-Oxyaldehydes: Step One in a Two-Step Synthesis of Carbohydrates. *Angew. Chem., Int. Ed. Engl.* **2004**, *43*, 2152-2154.

[68] Northrup, A. B.; MacMillan, D. W. C. Two-Step Synthesis of Carbohydrates by Selective Aldol Reactions. *Science* **2004**, *305*, 1752-1755.

[69] Pihko, P. M.; Erkkilä, A. Enantioselective Synthesis of Prelactone B Using a Proline-Catalyzed Crossed-Aldol Reaction. *Tetrahedron Lett.* **2003**, *44*, 7607-7609.

[70] Bahmanyar, S.; Houk, K. N. The Origin of Stereoselectivity in Proline-Catalyzed Intramolecular Aldol Reactions. *J. Am. Chem. Soc.* **2001**, *123*, 12911-12912.

[71] Bahmanyar, S.; Houk, K. N.; Martin, H. J.; List, B. Quantum Mechanical Predictions of the Stereoselectivities of Proline-Catalyzed Asymmetric Intermolecular Aldol Reactions. *J. Am. Chem. Soc.* **2003**, *125*, 2475-2479.

[72] List, B. The Direct Catalytic Asymmetric Three-Component Mannich Reaction. *J. Am. Chem. Soc.* **2000**, *122*, 9336-9337.

[73] Bahmanyar, S.; Houk, K. N. Origins of Opposite Absolute Stereoselectivities in Proline-Catalyzed Direct Mannich and Aldol Reactions. *Org. Lett.* **2003**, *5*, 1249-1251.

[74] Notz, W.; Tanaka, F.; Watanabe, S.-i.; Chowdari, N. S.; Turner, J. M.; Thayumanavan, R.; Barbas, F. C. The Direct Organocatalytic Asymmetric Mannich Reaction: Unmodified Aldehydes as Nucleophiles. *J. Org. Chem.* **2003**, *68*, 9624-9634.

[75] List, B.; Pojarliev, P.; Biller, W. T.; Martin, H. J. The Proline-Catalyzed Direct Asymmetric Three-Component Mannich Reaction: Scope, Optimization, and Application to the Highly Enantioselective Synthesis of 1,2-Amino Alcohols. *J. Am. Chem. Soc.* **2002**, *124*, 827-833.

[76] List, B. Direct Catalytic Asymmetric α-Amination of Aldehydes. *J. Am. Chem. Soc.* **2002**, *124*, 5656-5657.

[77] Bøgevig, A.; Juhl, K.; Kumaragurubaran, N.; Zhuang, W.; Jørgensen, K. A. Direct Organo-Catalytic Asymmetric α-Amination of Aldehydes—A Simple Approach to Optically Active α-Amino Aldehydes, α-Amino Alcohols, and α-Amino Acids. *Angew. Chem., Int. Ed. Engl.* **2002**, *41*, 1790-1793.

[78] Brown, S. P.; Brochu, M. P.; Sinz, C. J.; MacMillan, D. W. C. The Direct and Enantioselective Organocatalytic α-Oxidation of Aldehydes. *J. Am. Chem. Soc.* **2003**, *125*, 10808-10809.

[79] Hayashi, Y.; Yamaguchi, J.; Hibino, K.; Shoji, M. Direct Proline Catalyzed Asymmetric α-Aminooxylation of Aldehydes. *Tetrahedron Lett.* **2003**, *44*, 8293-8296.

[80] Zhong, G. A Facile and Rapid Route to Highly Enantiopure 1,2-Diols by Novel Catalytic Asymmetric α-Aminoxylation of Aldehydes. *Angew. Chem., Int. Ed. Engl.* **2003**, *42*, 4247-4250.

[81] Cheong, P. H.-Y.; Houk, K. N. Origins of Selectivities in Proline-Catalyzed α-Aminoxylations. *J. Am. Chem. Soc.* **2004**, *126*, 13912-13913.

[82] Córdova, A.; Engqvist, M.; Ibrahem, I.; Casas, J.; Sundén, H. Plausible Origins of Homochirality in the Amino Acid Catalyzed Neogenesis of Carbohydrates. *J. Chem. Soc., Chem. Commun.* **2005**, 2047-2049.

[83] Klussmann, M.; Mathew, S. P.; Iwamura, H.; Wells, D. H. J.; Armstrong, A.; Blackmond, D. G. Kinetic Rationalization of Nonlinear Effects in Asymmetric Catalysis Based on Phase Behavior. *Angew. Chem., Int. Ed. Engl.* **2006**, *45*, 7989-7992.

[84] Basavaiah, D.; Rao, A. J.; Satyanarayana, T. Recent Advances in the Baylis-Hillman Reaction and Applications. *Chem. Rev.* **2003**, *103*, 811-892.

[85] Price, K. E.; Broadwater, S. J.; Walker, B. J.; McQuade, D. T. A New Interpretation of the Baylis-Hillman Mechanism. *J. Org. Chem.* **2005**, *70*, 3980-3987.

[86] Aggarwal, V. K.; Mereu, A.; Tarver, G. J.; McCague, R. Metal- and Ligand-Accelerated Catalysis of the Baylis-Hillman Reaction. *J. Org. Chem.* **1998**, *63*, 7183-7189.

[87] Shi, M.; Chen, L.-H.; Li, C.-Q. Chiral Phosphine Lewis Bases Catalyzed Asymmetric aza-Baylis-Hillman Reaction of *N*-Sulfonated Imines with Activated Olefins. *J. Am. Chem. Soc.* **2005**, *127*, 3790-3800.

[88] Ameer, F.; Drewes, S. E.; Freese, S.; Kaye, P. T. Rate Enhancement Effects in the DABCO-Catalyzed Synthesis of Hydroxyalkenoate Esters. *Synth. Commun.* **1988**, *18*, 495-500.

[89] Basavaiah, D.; Sarma, P. K. S. Terminal Hydroxyalkyl Acrylates as Substrates for Baylis-Hillman Reaction. *Synth. Commun.* **1990**, *20*, 1611-1615.

[90] Matsui, K.; Takizawa, S.; Sasai, H. Bifunctional Organocatalysts for Enantioselective aza-Morita--Baylis-Hillman Reaction. *J. Am. Chem. Soc.* **2005**, *127*, 3680-3681.

[91] Shi, M.; Chen, L.-H. Chiral Phosphine Lewis Base Catalyzed Asymmetric aza-Baylis-Hillman Reaction of *N*-Sulfonated Imines with Methyl Vinyl Ketone and Phenyl Acrylate. *J. Chem. Soc., Chem. Commun.* **2003**, 1310-1311.

[92] Trost, B. M.; Radinov, R. On the Effect of a Cation Binding Site in an Asymmetric Ligand for a Catalyzed Nucleophilic Substitution Reaction. *J. Am. Chem. Soc.* **1997**, *119*, 5962-5963.

[93] Sawamura, M.; Nakayama, Y.; Tang, W.-M.; Ito, Y. Enantioselective Allylation of Nitro Group-Stabilized Carbanions Catalyzed by Chiral Crown Ether Phosphine-Palladium Complexes. *J. Org. Chem.* **1996**, *61*, 9090-9096.

[94] Trost, B. M.; Bunt, R. C. Asymmetric Induction in Allylic Alkylations of 3-(Acyloxy)cycloalkenes. *J. Am. Chem. Soc.* **1994**, *116*, 4089-4090.

[95] Nielsen, L. P. C.; Stevenson, C. P.; Blackmond, G. D.; Jacobsen, E. N. Mechanistic Investigation Leads to a Synthetic Improvement in the Hydrolytic Kinetic Resolution of Terminal Epoxides. *J. Am. Chem. Soc.* **2004**, *126*, 1360-1362.

[96] Ready, J. M.; Jacobsen, E. N. Asymmetric Catalytic Synthesis of α-Aryloxy Alcohols: Kinetic Resolution of Terminal Epoxides via Highly Enantioselective Ring-Opening with Phenols. *J. Am. Chem. Soc.* **1999**, *121*, 6086-6087.

[97] Hansen, K. B.; Leighton, J. L.; Jacobsen, E. N. On the Mechanism of Asymmetric Nucleophilic Ring-Opening of Epoxides Catalyzed by (Salen)Cr(III) Complexes. *J. Am. Chem. Soc.* **1996**, *118*, 10924-10925.

[98] Jacobsen, E. N. Asymmetric Catalysis of Epoxide Ring-Opening Reactions. *Acc. Chem. Res.* **2000**, *33*, 421-431.

[99] Sammis, G. M.; Jacobsen, E. N. Highly Enantioselective, Catalytic Conjugate Addition of Cyanide to α,β-Unsaturated Imides. *J. Am. Chem. Soc.* **2003**, *125*, 4442-4443.

[100] Myers, J. K.; Jacobsen, E. N. Asymmetric Synthesis of β-Amino Acid Derivatives via Catalytic Conjugate Addition of Hydrazoic Acid to Unsaturated Imides. *J. Am. Chem. Soc.* **1999**, *121*, 8959-8960.

[101] Taylor, M. S.; Jacobsen, E. N. Enantioselective Michael Additions to α,β-Unsaturated Imides Catalyzed by a Salen-Al Complex. *J. Am. Chem. Soc.* **2003**, *125*, 11204-11205.

[102] Schaus, S. E.; Jacobsen, E. N. Asymmetric Ring Opening of *Meso-* Epoxides with TMSCN Catalyzed by (PyBox)lanthanide Complexes. *Org. Lett.* **2000**, *2*, 1001-1004.

[103] Sammis, G. M.; Danjo, H.; Jacobsen, E. N. Cooperative Dual Catalysis: Application to the Highly Enantioselective Conjugate Cyanation of Unsaturated Imides. *J. Am. Chem. Soc.* **2004**, *126*, 9928-9929.

[104] Imbriglio, J. E.; Vasbinder, M. M.; Miller, S. J. Dual Catalyst Control in the Amino Acid-PeptideCatalyzed Enantioselective Baylis-Hillman Reaction. *Org. Lett.* **2003**, *5*, 3741-3743.

[105] Shi, M.; Jiang, J. K.; Li, C. Q. Lewis Base and ImageProline Co-Catalyzed Baylis-Hillman Reaction of Arylaldehydes with Methyl Vinyl Ketone. *Tetrahedron Lett.* **2002**, *43*, 127-130.

[106] France, S.; Wack, H.; Hafez, A. M.; Taggi, A. E.; Witsil, D. R.; Lectka, T. Bifunctional Asymmetric Catalysis: A Tandem Nucleophile/Lewis Acid Promoted Synthesis of β-Lactams. *Org. Lett.* **2002**, *4*, 1603-1605.

[107] Taggi, A. E.; Hafez, A. M.; Lectka, T. α-Imino Esters: Versatile Substrates for the Catalytic, Asymmetric Synthesis of α- and β-Amino Acids and β-Lactams. *Acc. Chem. Res.* **2003**, *36*, 10-19.

[108] France, S.; Weatherwax, A.; Taggi, A. E.; Lectka, T. Advances in the Catalytic, Asymmetric Synthesis of β-Lactams. *Acc. Chem. Res.* **2004**, *37*, 592-600.

[109] France, S.; Shah, M. H.; Weatherwax, A.; Wack, H.; Roth, J. P.; Lectka, T. Bifunctional Lewis Acid-Nucleophile-Based Asymmetric Catalysis: Mechanistic Evidence for Imine Activation Working in Tandem with Chiral Enolate Formation in the Synthesis of β-Lactams. *J. Am. Chem. Soc.* **2005**, *127*, 1206-1215.

[110]Pearson, R. G. Hard and Soft Acids and Bases. *J. Am. Chem. Soc.* **1963**, *85*, 3533-3539.

[111]Firestone, R. A.; Barker, P. L.; Pisano, J. M.; Ashe, B. M.; Dahlgren, M. E. Monocyclic β-Lactam Inhibitors of Human Leukocyte Elastase. *Tetrahedron* **1990**, *46*, 2255-2262.

[112]Wack, H.; France, S.; Hafez, A. M.; Drury, W. J., III; Weatherwax, A.; Lectka, T. Development of a New Dimeric Cyclophane Ligand: Application to Enhanced Diastereo- and Enantioselectivity in the Catalytic Synthesis of β-Lactams. *J. Org. Chem.* **2004**, *69*, 4531-4533.

[113]Aspinall, H. C. Chiral Lanthanide Complexes: Coordination Chemistry and Applications. *Chem. Rev.* **2002**, *102*, 1807-1850.

[114]Shibasaki, M.; Gröger, H. Chiral Heterobimetallic Lanthanoid Complexes: Highly Efficient Multifunctional Catalysts for the Asymmetric Formation of C—C, C—O and C—P Bonds. *Top. Organometal. Chem.* **1999**, *2*, 200-232.

[115]Shibasaki, M.; Sasai, H.; Arai, T. Asymmetric Catalysis with Heterobimetallic Compounds. *Angew. Chem., Int. Ed. Engl.* **1997**, *36*, 1236-1256.

[116]Wooten, A. J.; Carroll, P. J.; Walsh, P. J. Evidence for Substrate Binding by the Lanthanide Centers in $Li_3(THF)_n$ (BINOLate)$_3$Ln: Solution and Solid-State Characterization of 7- and 8-Coordinate $Li_3(sol)_n$(BINOLate)$_3$Ln(S)$_m$ Adducts. *Angew. Chem., Int. Ed. Engl.* **2006**, *45*, 2549-2552.

[117]Cotton, F. A.; Wilkinson, G. *Advanced Inorganic Chemistry*, 5th ed.; Wiley: New York, 1988.

[118]von Zelewsky, A. *Stereochemistry of Coordination Compounds*; Wiley: New York, 1996.

[119]Aspinall, H. C.; Bickley, J. F.; Dwyer, J. L. M.; Greeves, N.; Kelly, R. V.; Steiner, A. Pinwheel-Shaped Heterobimetallic Lanthanide Alkali Metal Binaptholates: Ionic Size Matters! *Organometallics* **2000**, *19*, 5416-5423.

[120] Aspinall, H. C.; Greeves, N. Defining Effective Chiral Binding Sites at Lanthanides: Highly Enantioselective Reagents and Catalysts from Binaphtholate and PyBox Ligands. *J. Organomet. Chem.* **2002**, *647*, 151-157.

[121] Sasai, H.; Suzuki, T.; Itoh, N.; Tanaka, K.; Date, T.; Okamura, K.; Shibasaki, M. Catalytic Asymmetric Nitroaldol Reaction Using Optically Active Rare Earth BINOL Complexes: Investigation of the Catalyst Structure. *J. Am. Chem. Soc.* **1993**, *115*, 10372-10373.

[122] Gröger, H.; Vogl, E. M.; Shibasaki, M. New Catalytic Concepts for the Asymmetric Aldol Reaction. *Chem. Eur. J.* **1998**, *4*, 1137-1333.

[123] Yamada, Y. M. A.; Yoshikawa, N.; Sasai, H.; Shibasaki, M. Direct Catalytic Asymmetric Aldol Reactions of Aldehydes with Unmodified Ketones. *Angew. Chem., Int. Ed. Engl.* **1997**, *36*, 1871-1873.

[124] Schinzer, D.; Limberg, A.; Bauer, A.; Böhm, O. M.; Cordes, M. Total Synthesis of (−)-Epothilone A. *Angew. Chem., Int. Ed. Engl.* **1997**, *36*, 523-524.

[125] Kageyama, M.; Tamura, T.; Nantz, M. H.; Roberts, J. C.; Somfai, P.; Whritenour, D. C.; Masamune, S. Synthesis of Bryostatin 7. *J. Am. Chem. Soc.* **1990**, *112*, 7407-7408.

[126] Wooten, A. J.; Carroll, P. J.; Walsh, P. J. Impact of Na- and K-C π-Interactions on the Structure and Binding of $M_3(sol)_n(BINOLate)_3Ln$ Complexes. *Org. Lett.* **2007**, *9*, 3359-3362.

[127] Yamagiwa, N.; Matsunaga, S.; Shibasaki, M. Heterobimetallic Catalysis in Asymmetric 1,4-Addition of O-Alkylhydroxylamine to Enones. *J. Am. Chem. Soc.* **2003**, *125*, 16178-16179.

[128] Yamagiwa, N.; Matsunaga, S.; Shibasaki, M. Mechanistic Studies of a Reaction Promoted by the {YLi₃[tris (binaphthoxide)]} Complex: Are Three 1,1′-Bi-2-naphthol Units in a Rare-Earth-Alkali-Metal Heterobimetallic Complex Necessary? *Angew. Chem., Int. Ed. Engl.* **2004**, *43*, 4493-4497.

[129] Di Bari, L.; Lelli, M.; Pintacuda, G.; Pescitelli, G.; Marchetti, F.; Salvadori, P. Solution versus Solid-State Structure of Ytterbium Heterobimetallic Catalysts. *J. Am. Chem. Soc.* **2003**, *125*, 5549-5558.

第13章 使用对映纯底物的不对称催化：双重非对映选择性

当在对映纯试剂或催化剂参与的反应中使用对映纯的底物，而且产物中至少产生一个新的手性单元时，会产生双重非对映选择性的情况。在这些情况下，有两个独立的因素可以影响到正在形成的立体中心：底物中现有的立体化学（内部立体控制）和手性试剂/催化剂的不对称特性（外部立体控制）。这两个因素可以协同作用，得到一个高度立体选择性的过程（匹配的情况），或者相互抵消，得到一个立体选择性较差的过程（不匹配的情况）。在一些情况下，不匹配的程度太强，以至于预期的反应路径在动力学上不利，而是形成了完全不同的产物。在底物并不施加强的立体控制的条件下，可能会发生完全的外部立体控制。在这些情况下，使用催化剂的对映异构体和同样的底物反应会以高的选择性得到不同的非对映异构体。本章首先从介绍内部立体选择性开始，提供一个引起匹配/不匹配相互作用的特性的概述。余下的内容介绍不对称催化中相当常见的双重非对映控制，以及较不常见的三重非对映控制。

13.1 简单的非对映选择性

非对映选择性合成的概念最早由 Emil Fischer 提出[1]，指的是一个结构中的手性单元可以影响后续的手性单元的构建。由于含有 n 个手性单元的分子具有 2^n 个可能的立体异构体，这一概念深刻地影响了有机合成[2]。存在两种主要类型的非对映选择性，一种是非手性底物之间的反应产生的（简单的非对映选择性，图 13.1），另一种是手性底物的反应导致产生新的手性中心（底物控制或内部非对映选择性，图 13.2）。对于这两类过程来说，手性催化剂都可以对得到的非对映选择性有影响。不对称催化剂对第一类过程的影响已经讨论过了（见附录 A 中 A.3 节和 2.1.2 节）。本章中将概述后一种类型的非对映选择性，即对映体纯的底物与不对称催化剂之间产生的对映选择性。为了理解催化剂在这些非对映选择性过程中面临的挑战（外部立体控制），下面提供了来自底物的非对映选择性（内部立体控制）的简要概述。

13.1.1 使用手性底物的非对映选择性

在环状体系中，非对映选择性的过程由相对比较直接的立体作用、扭转效应和立体电子效应等因素控制。例如，在 4-甲基环己酮的反应中，扭转效应控制了立体位阻较小的亲核试剂的加成（式 13.1）[9]。

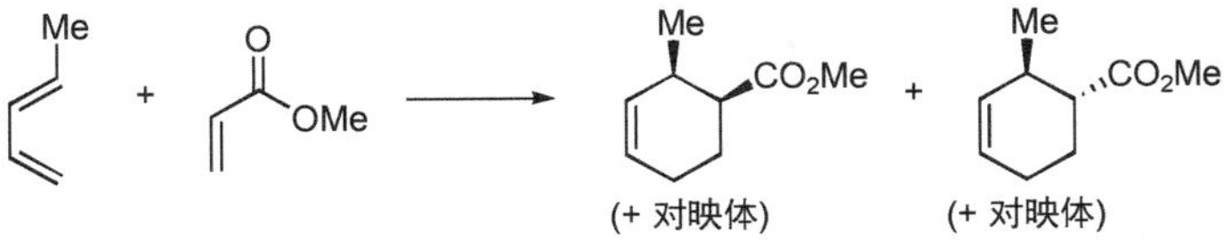

图 13.1　在 Diels-Alder 反应[3]和 aldol 反应[4]中使用非手性底物的简单的非对映选择性

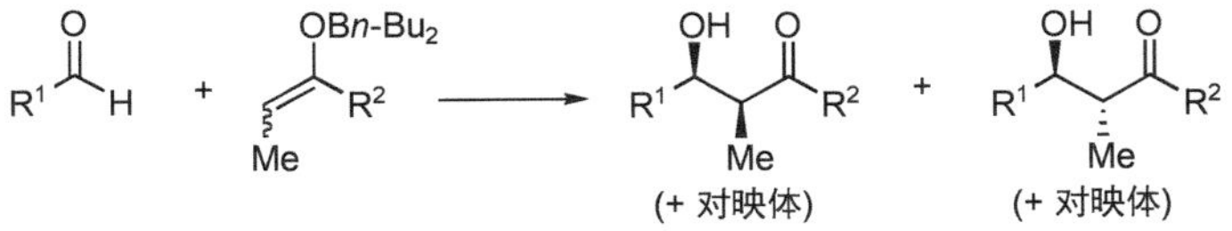

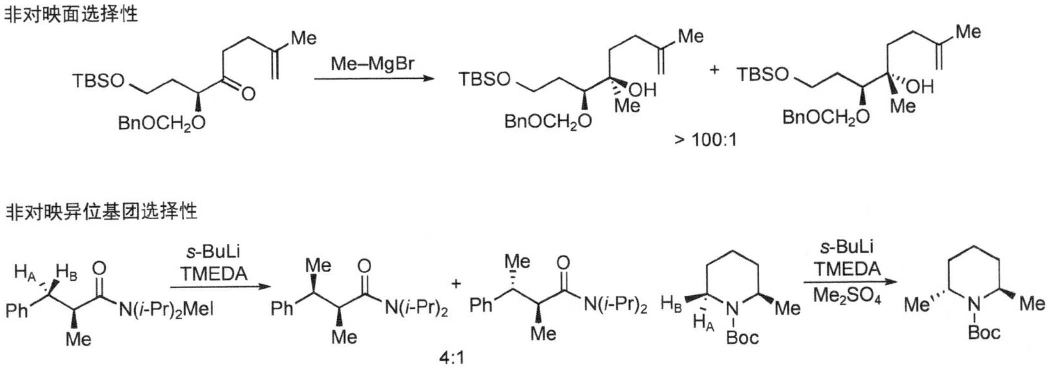

非对映面选择性

非对映异位基团选择性

图 13.2　使用手性底物的非对映面[5]和非对映异位基团[6,7,8]选择性（内部非对映选择性）

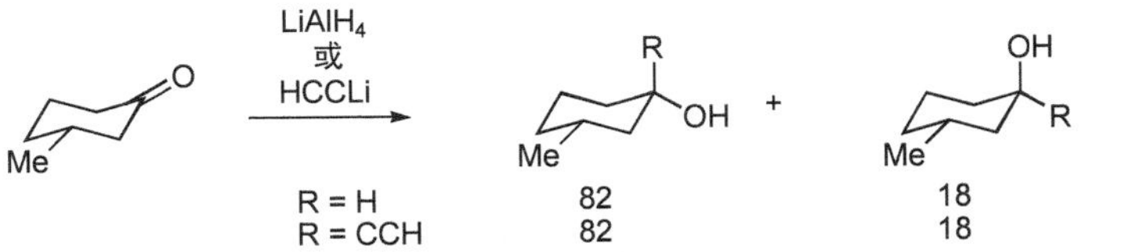

虽然非环状体系的非对映选择性合成中的控制因素并不如此明显，但也已经发现了许多可以进行分析的选择性的过程[10,11]。例如，对 α-手性醛的亲核加成以高水平的立体选择性进行，如式 13.2 中的情况[12]。这种类型的 1,2-立体控制的产生是由于曾广受争议的立体电子效应因素的影响[9,13]。例如，基于 σ*(R_L-C) 和 π(C=O)的轨道交叠建立的 Felkin-Anh 模型具有高度预测性，也是直觉上合理的（图 13.3）[14,15]。

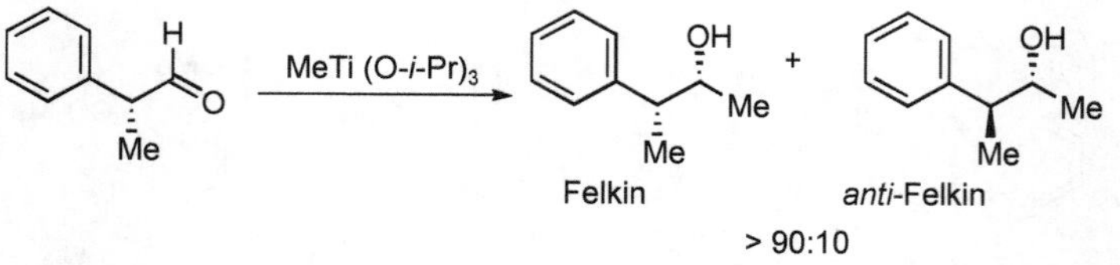

（13.2）

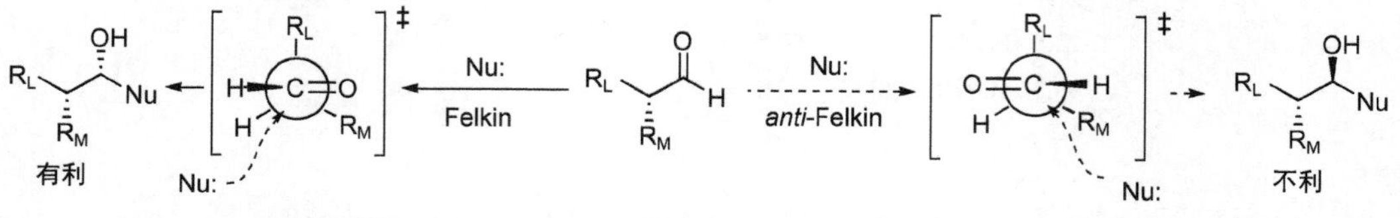

图 13.3   解释亲核试剂对羰基化合物加成中的 1,2-立体控制的 Felkin-Anh-Eisenstein 模型

R_L 和 R_M 分别是最大和中等大小的取代基

使用含有邻近的配位基团的底物，如式（13.3）中的底物时[16]，金属试剂可以通过螯合作用发生另一种 1,2-立体控制模式（图 13.4）[17]。本质上，金属中心建立了一个环状体系，使得可以有效地传递立体化学信息。由于许多手性催化剂含有金属中心，对于这些底物需要考虑螯合作用。可以通过调节潜在的配位基团上的取代基而使之不利于螯合；例如，大位阻的硅醚很少发生螯合，而烷基醚和较小的硅醚很容易发生螯合。

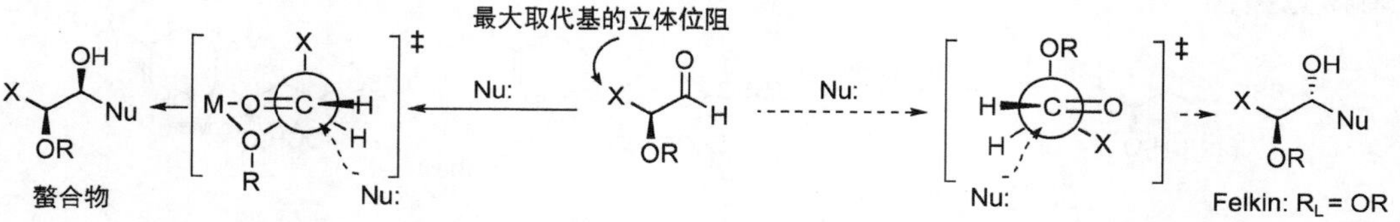

图 13.4   解释亲核试剂对羰基化合物加成中的 1,2-立体控制的 α-螯合作用和
Felkin-Anh-Eisenstein 模型的对比

螯合时 1,3-立体控制（图 13.5）也是非常可靠的，如式 13.4 中的情况就是如此[18]。同样，当使用含金属的手性催化剂时，对这些底物需要考虑螯合作用。

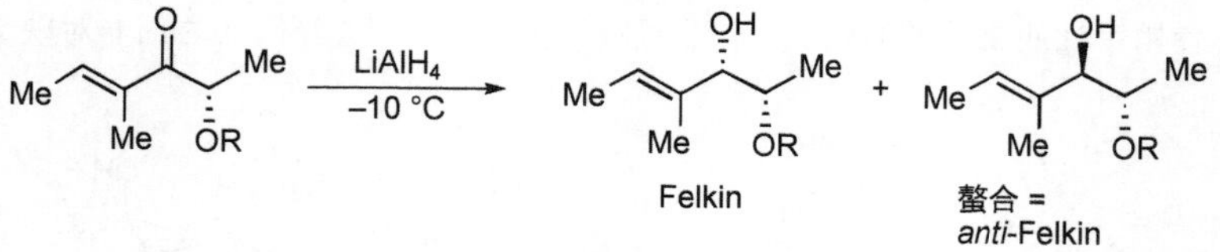

R = CH₂OBn	THF	30:70	螯合
R = CH₂OBn	Et₂O	2:98	螯合
R = SiPh₂-t-Bu	THF	95:5	Felkin: R_L = OR

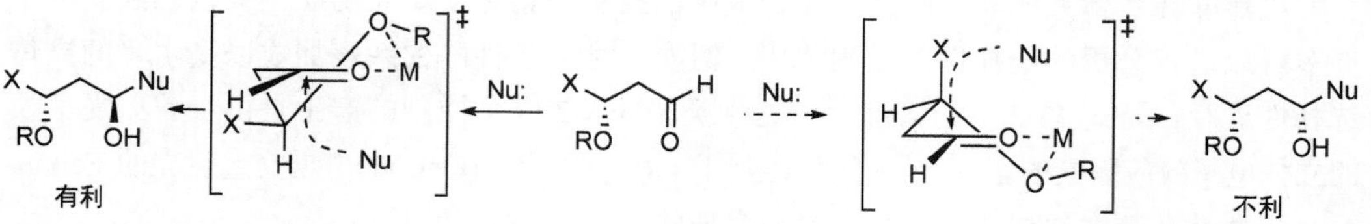

（13.3）

图 13.5   解释亲核试剂对羰基化合物加成中的 1,3-立体控制的 β-螯合模型

没有螯合时 1,3-非对映控制也是可行的，如式 13.5 中所示。此处手性单元上的取代基不能发生螯合，但仍然获得了不错的非对映选择性水平[19]。为了解释这类体系的结果已经提出了好几种模型[19-26]。总体而言，1,3-非对映控制通常比 1,2-非对映控制要弱一些，可以被不对称催化剂克服。

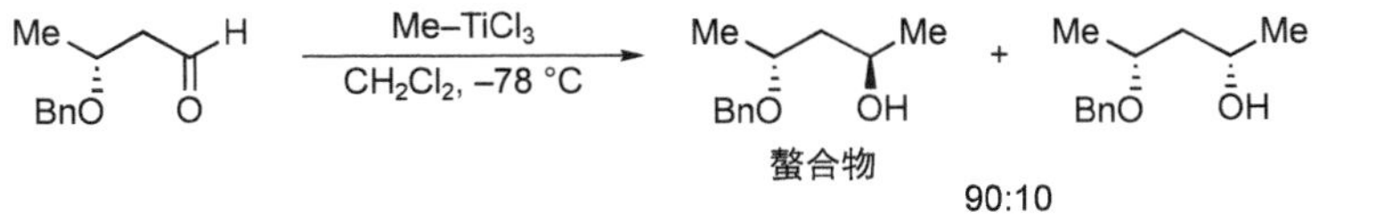

Me–TiCl₃ 写作 Me–TiCl₃

$$（13.4）$$

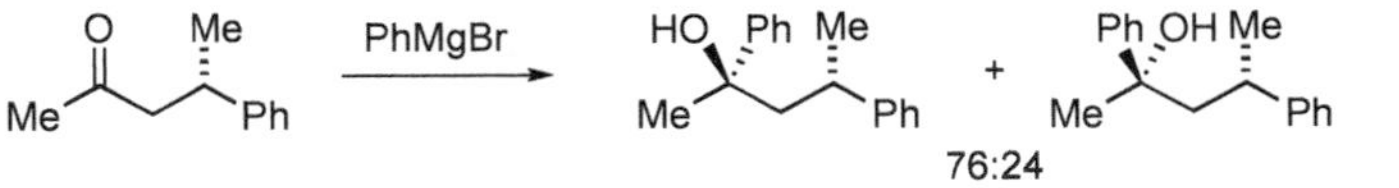

螯合物　90:10

PhMgBr

$$（13.5）$$

76:24

短程立体控制并不限于羰基，而且已经在许多体系中观察到。图 13.6 中给出了依赖烯丙基张力来组织构象的 Diels-Alder 反应[27]和双羟基化反应[28]的例子。

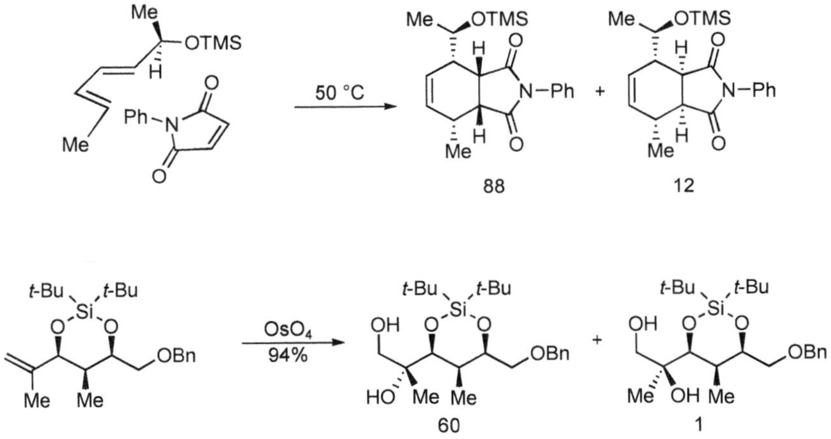

88　12

OsO_4　94%

60　1

图 13.6　非羰基体系加成中的短程非对映控制

可以克服强的短程非对映选择性控制效应的不对称催化剂是非常理想的。不幸的是，内部的 1,2-和 1,3-非对映控制元素可以在决定非对映选择性上起到决定性作用，超过催化剂控制。内部元素通过短的强键共价连接在底物上，而大部分金属催化剂通过较弱、更长的配位键起作用。当底物手性单元上的取代基和催化剂的一部分之间发生立体位阻冲突时，催化剂的配位通常被削弱，造成低水平的催化剂立体控制。由于许多手性有机催化剂与底物形成共价加合物（见 2.2 节），这些催化剂可以造成更大水平的非对映控制。

13.1.2　底物导向的反应

导向的反应很强大，因为底物上的一个官能团用于定位试剂或催化剂，接下来从某些方面主导反应的区域化学和立体化学。可以在图 13.7 中的环氧化[29]和氢化[30]反应中发现这两方面都被控制的例子。更远程的官能团也可以提供高效的立体控制和区域控制[31]。

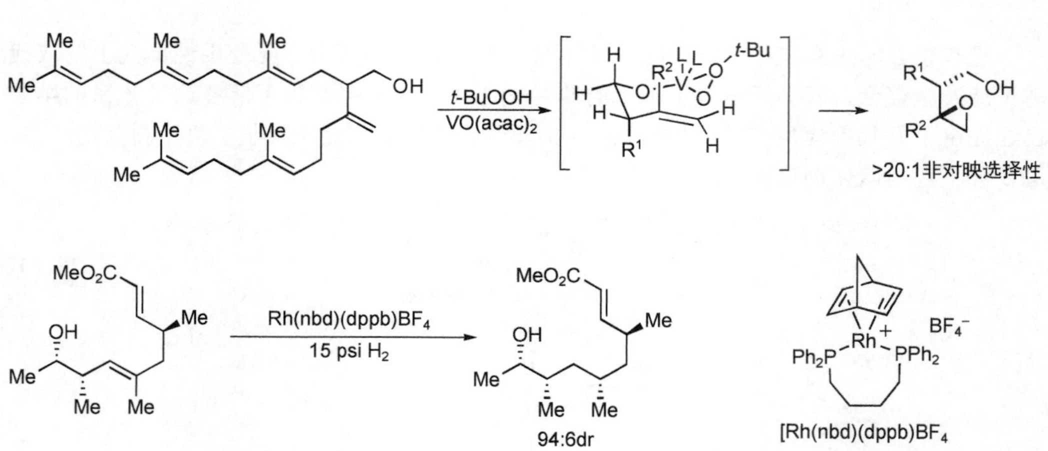

图 13.7   底物导向的氧化和还原中的区域选择性和非对映选择性

导向的反应并不限于氧化和还原。涉及 C—C 键形成的一个例子是图 13.8 中的环丙烷化[32]。此处现场生成的烷氧基锌基团导向了试剂的接近。定位基不限于羟基，一系列 Lewis 碱性的官能团，包括酰胺、酯、醚等，已经被证明是有用的定位基团[31]。

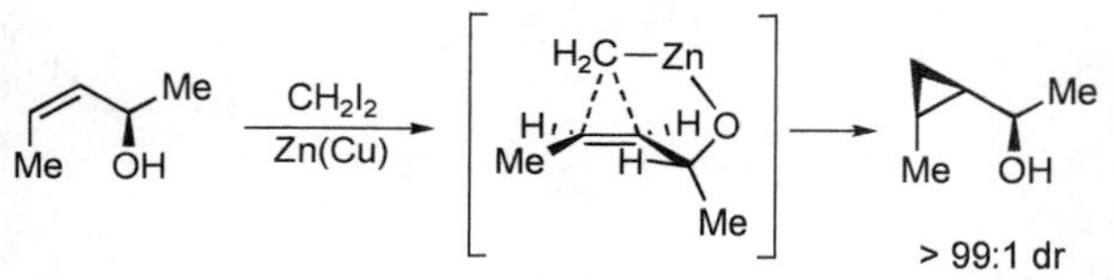

图 13.8   涉及 C—C 键形成的非对映选择性的底物导向的反应

导向基团也可以是催化不对称反应中至关重要的组分。氢化反应中有许多已知的例子，有几个已经在前面章节中讨论过（见 1.5 节和 4.4.2 节）。氢化反应以外的一个著名的例子是式 13.6 中的不对称环氧化[33,34]。在这个反应中，羟基配位到钛催化剂上，将其拉近到其中一个烯烃附近。这种邻近效应至关重要，因为没有羟基导向基的底物很少发生或不发生反应。此外，手性催化剂施加了一个对对映异位面的较大的区分，导致以高的产率和选择性形成了图中所示的环氧化合物。

导向的反应的一个经典的例子是图 13.9 中所示的 *N,N*-二乙基香叶胺（*N,N*-diethyl-geranylamine）的不对称异构化[35]。在异构化反应中，胺将氢转移过程导向到邻近的烯烃的其中一个面，导致区域选择性和对映选择性地异构化形成香茅醛的(*E*)-烯胺。这一高效的过程已经被用于以 7 t 的规模商业合成(−)-薄荷醇，也是催化不对称反应的一个具有重要影响的应用。

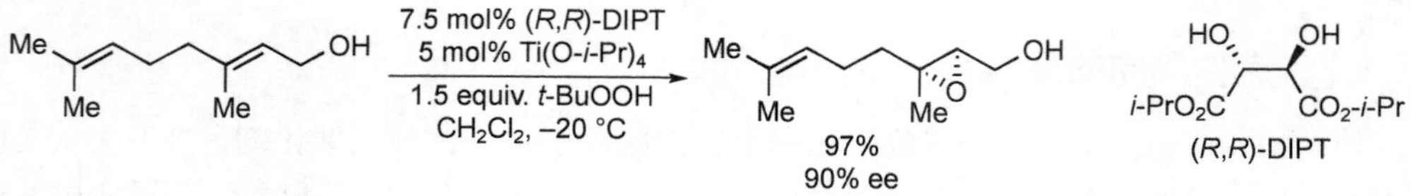

（13.6）

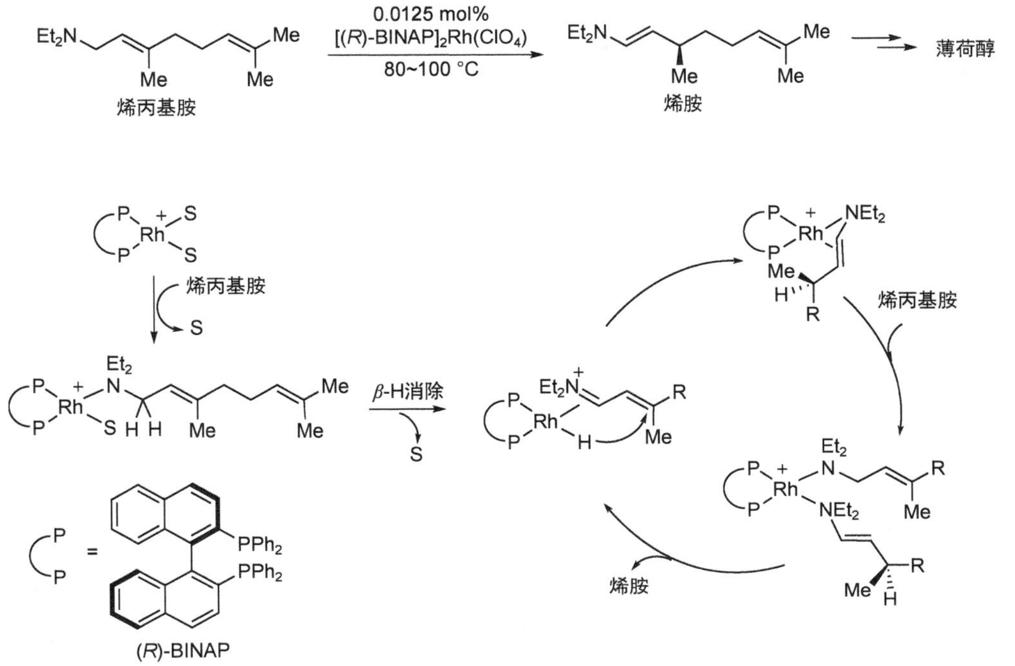

0.0125 mol%
[(R)-BINAP]2Rh(ClO4)
80~100 °C
Et2N
Me
Me
Me
烯丙基胺
Et2N
Me
Me
Me
烯胺
薄荷醇
烯丙基胺
S
β-H消除
S
烯丙基胺
烯胺
PPh2
PPh2
(R)-BINAP

图 13.9 使用手性催化剂的底物导向的区域选择性异构化

底物的导向发生在许多类型的反应中。导向基施加了很强而且常规的立体化学效应，在使用对映体纯底物与对映体纯催化剂时，这种效应通常起主导作用。如此之强的底物控制可以导致匹配和不匹配的情况的戏剧性的对比。一个不想要的后果是某些立体化学序列（stereochemical arrays）可能无法达到（不匹配的情况）。另一方面，当匹配与不匹配情况的反应速率差别特别大时，使用相应的外消旋体混合物进行动力学拆分成为一个可行的过程（见第 7～9 章）。

13.1.3 远程立体控制

远程手性单元的立体控制是可能的，但随着立体导向基团与反应中心的距离增大，这种立体控制变得越来越不可靠[36]。因此，1,2-和 1,3-立体选择性（见 13.1.1 节）可以以相当高的可靠性来使用，但 1,4-以及更高的立体选择性则不行。远程立体选择性一般发生在当可以发生某种类型的长程组织的情况下，而且最常发生于立体导向基团被分子骨架置于离反应中心很近的环状体系中。由于这些原因，非环状体系的远程立体控制更加困难[36]。非环状体系中成功的 1,4-[37]、1,5-[38,39]、1,6-[38,39]和 1,7-立体选择性[40]的例子是已知的。总体而言，反应中心与立体导向基团之间的距离越远，发现的例子就越少。例如，1,7-或更远的非环状的非对映控制相对很少见。一个这种情况的例子是式 13.7 中的反应[40]。在这些体系中，长程组织并非由环状骨架施加，而是由与试剂的螯合产生的瞬时的环状体系所产生。羰基与硼酸酯的分子内配位产生了一个六元环的扭船式螯合物。外部的负氢传递由扭船上的取代基控制，得到了高水平的非对映选择性（98.5∶1.5 = 97% de）。

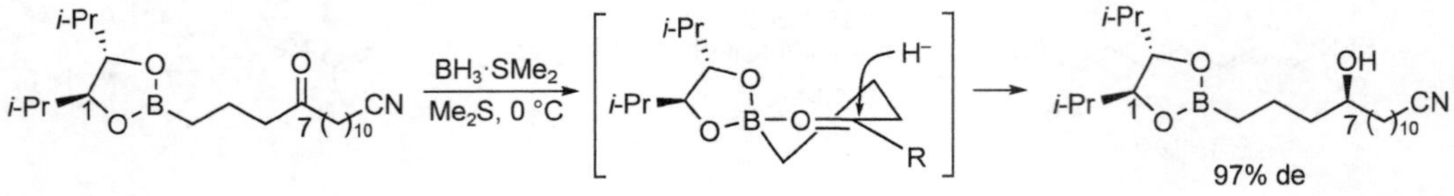

（13.7）

　　上述 1,4-, 1,5-, 1,6-,和 1,7-立体选择性的例子都涉及对前手性羰基的非对映选择性加成。在合适的反应条件下，任何前手性单元都可以发生非对映选择性的转化。例如，由于羟基立体中心的定位作用，式 13.8 中的烯烃的环氧化以 90：10 的 1,4-非对映选择性进行[41]。

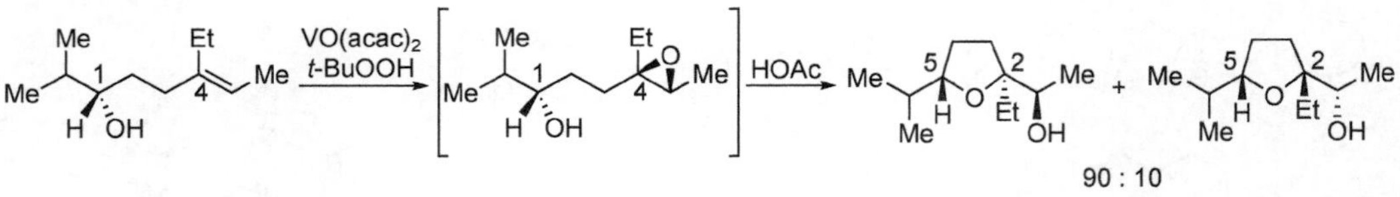

（13.8）

　　非对映选择性控制也可以以分子间的方式（式 13.9[42]）而非分子内的方式（式 13.1～式 13.8）进行。这个反应中，新产生的手性单元来自另一底物醛，而不是含有立体化学控制单元的底物烯丙基硅烷。

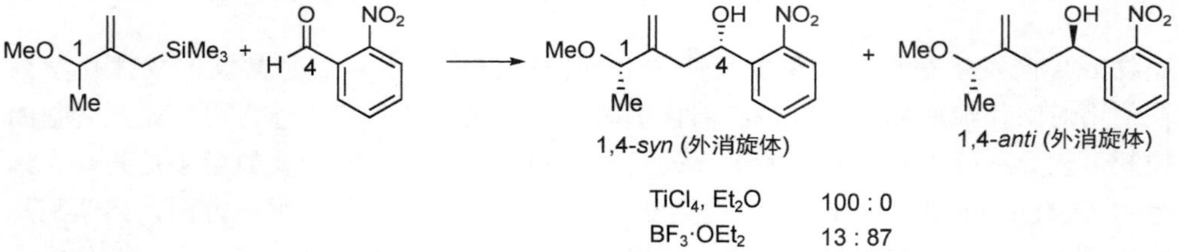

（13.9）

　　式 13.1～式 13.9 中的例子都是建立在中心手性单元上的和针对手性单元的非对映选择性，其他类型的手性单元也可以作为非对映选择性的定位基，或者以同样的方式被建立。式 13.10 展示了一个从轴手性单元到中心手性单元的 1,5-非对映选择性的例子[43]。

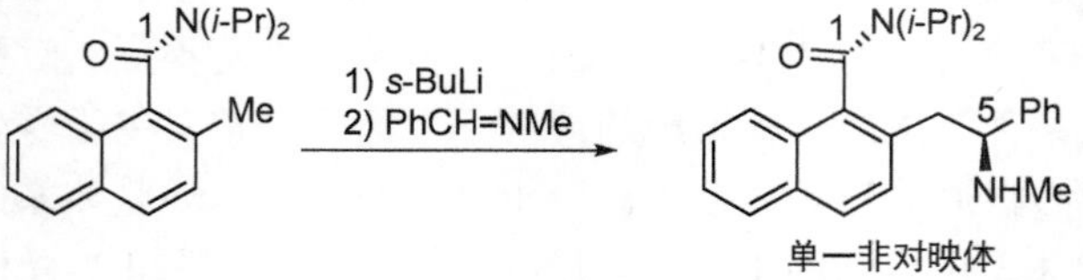

（13.10）

　　在一些体系中甚至更远的非对映选择性控制也是可能的，1,9-非对映选择性[44]和 1,23-非对映选择性就已经被报道[45]。后一例子尤其不同寻常，因为立体控制发生在超过了 20 根化学键的长度上，通过分子中接力传递的构象变化得以实施。类似的概念已经被用于不对称催化的设计，使得可以使用更简单的和/或更廉价的手性催化剂来从催化剂的远端向反应中心传达立体化学信息（见第 4、6 章）。

　　手性催化剂可以干扰上述的弱组织元素，如螯合作用或齿轮作用（geared interaction），使得在许多情况下可以以高度的可靠性进行独立的催化剂立体控制（见 13.2.6 节）。当外部的立体中心与反应中心被介入的结构单元隔开时，独立的催化剂控制可以顺利实现。例如，在图 13.10 中的双苯乙烯的不对称氢化中，芳烃单元有效地将最左侧烯烃的立体化学结果进行了隔离，使之无法影响最右侧烯烃的氢化[46]。结果，两个氢化都被手性铑催化剂有效地控制了，第一个是高对映选择性的，第二个是高非对映选择性的。更多例子在 16.2.3 节中可以见到。

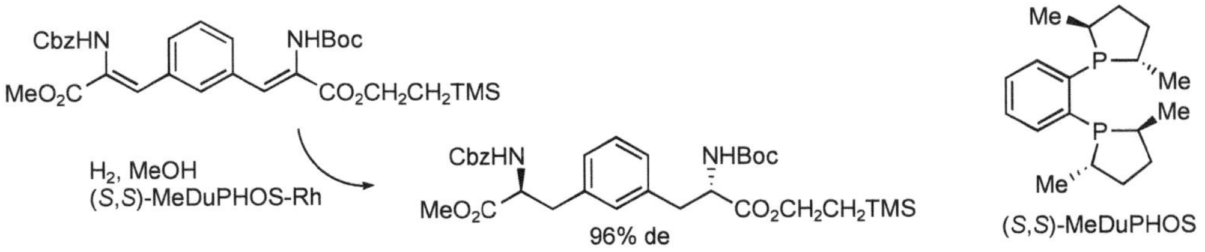

图 13.10 独立于远端的立体中心的立体控制的例子

13.2 双重非对映选择性控制

本章中有关双重对映控制的讨论仅限于对映体纯的底物。使用外消旋体和一个手性催化剂时，匹配和不匹配情况的显著差别可以提供动力学拆分的基础（见第 7～9 章）。

当一个使用对映体纯的底物和对映体纯催化剂的反应中引入新的手性单元时，会产生非对映异构的产物。在这种双立体区分的反应中，从底物上的（内部非对映控制）和催化剂上的（外部非对映控制）立体化学控制元素可能建设性地或破坏性地起作用。取决于不同的情况，内部或外部非对映控制会占主导，造成观察到的产物比例。使用对映体纯的底物时，当外在的立体中心较远时，外部的催化剂立体控制最容易实现。底物中紧邻反应中心的手性单元可能会强烈影响反应的立体化学路径，并超越催化剂控制立体化学的能力（见 13.2.2 节）。手性催化剂的一个非常理想的特征是在这种情况下能够完全或接近完全地控制立体化学。这一目标偶尔能够满足，但是更常见的是混合的结果，其中底物的立体化学和手性催化剂都对立体选择性的结果有贡献。这是由底物控制和催化剂控制效应的加合性本质造成的。除双重立体区分反应在合成上的有用性之外，这些结果还可以用于获得催化反应的机理，尤其是有关立体化学诱导方式的信息。

13.2.1 加合性效应

双重非对映诱导情况下立体化学结果是由底物和催化剂立体控制的加合性产生的（图 13.11）[47]。对于一个使用手性底物和非手性催化剂，在室温下以 10∶1 的非对映体比例得到主要产物的反应，两个反应路径的能量差相当于 1.4 kcal/mol（5.852 kJ/mol）。这一分析的前提是动力学控制，而非热力学控制起作用，正如不对称催化的情形。此外，假如一个非常类似的反应使用非手性底物和手性催化剂，得到了 10∶1 的对映异构体比例的产物。当手性催化剂与手性底物组合时，可以产生两种不同的结果。当内在的底物控制与内在的催化剂选择性都有利于在新产生的手性单元上形成同一构型时，会发生匹配的情况。如果两个单独的效应具有严格的加合性的话（1.4 kcal/mol + 1.4 kcal/mol = 2.8 kcal/mol），那么观察到的非对映选择性应该是(10×10)：(1×1) = 100：1。如果底物和催化剂在新产生的手性单元上产生相反的构型，那么它们是不匹配的。对于我们讨论的这个例子，非对映选择性应该是(10×1)：(1×10) = 1：1。

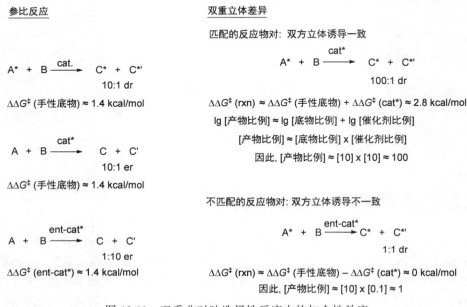

图 13.11　双重非对映选择性反应中的加合性效应

　　能量的加合性及其后果可以在反应坐标图中很容易看出（图 13.12）。在图 13.12a 中，作为参考的手性底物与一个非手性催化剂进行反应。在图 13.12b 和 13.12c 中显示了非手性底物与手性催化剂的两个对映体的反应。图 13.12a～13.12c 中的底物和催化剂是非常类似的，这一点是很重要的。如果图 13.12a 中的手性底物和图 13.12b 中的手性催化剂进行组合，就会得到图 13.12d 中的反应坐标图，导致这两种路径之间更大的能量差和一个匹配的情况。如果图 13.12a 中的手性底物与 13.12c 中手性催化剂的对映体进行组合，会得到图 13.12e 中的反应图，导致这两种途径之间更小的能量差和一个不匹配的情况。

　　对于手性底物的对映异构体（A*'），除了所有的立体化学和比例都将会反过来之外，会观察到同样的反应方式。最后，图 13.12d 中的反应显示主要产物也是热力学上更稳定的化合物（C*）。由于这些反应受到动力学控制，也可能产生热力学上较不稳定的化合物的能垒较低，导致主要生成 C*'的情况。

　　遵循以上规律的一个例子是图 13.13 中的 α,β-不饱和酰亚胺的不对称 Diels-Alder 反应[48]。这里催化剂的立体化学保持不变，使用了底物的两个对映体进行反应（参考图 13.11 和图 13.12）。然而，分析是一样的。这两个参比反应展示了在非常类似的体系中手性底物控制（95：5）[49]和手性催化剂控制（＞ 99：1）的水平。(R)-型底物与(S,S)-t-BuBox-铜催化剂的反应得到了匹配的情形，其中根据上述数据估计的非对映体比例

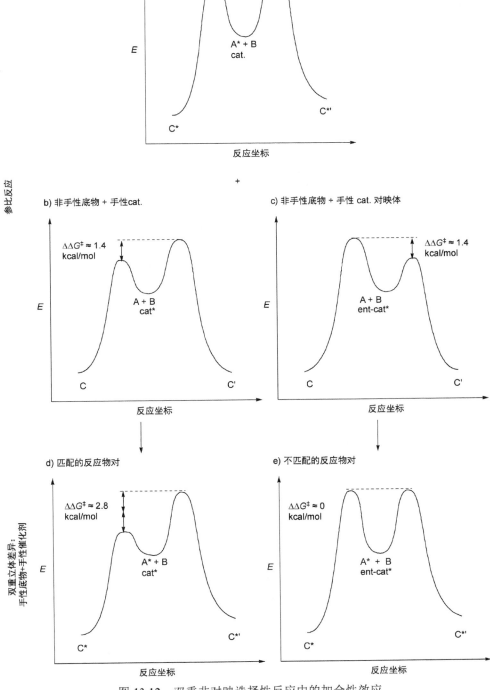

图 13.12 双重非对映选择性反应中的加合性效应

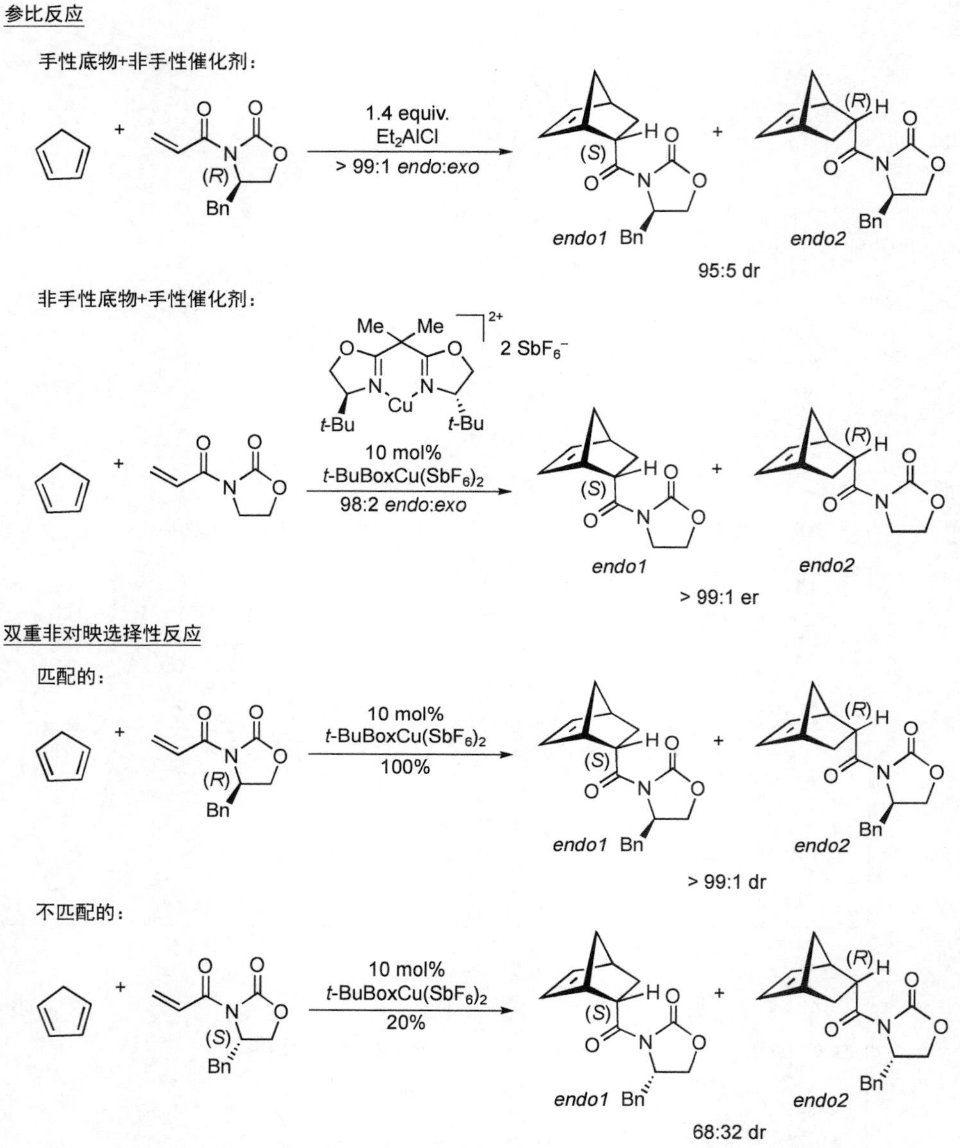

参比反应

手性底物+非手性催化剂：

非手性底物+手性催化剂：

双重非对映选择性反应

匹配的：

不匹配的：

图 13.13　双重非对映选择性的 Diels-Alder 反应中的加合性效应

$(95 \times > 99)$: (1×1) = > 99 : 1 也确实被观察到了。(R)-型底物与(S,S)-t-BuBox-铜催化剂的反应产生了不匹配的情形，根据上述数据估计的非对映体比例为 $(1 \times > 99)$: (95×1) = > 51 : 49。定性地看，上述结果与观察到的 68 : 32 的比例是一致的。在两种情况下，催化剂控制都占主导，得到(S)-$endo1$ 为主要的加合物。不幸的是，在不匹配情况下的选择性水平在合成上没有什么用处。

13.2.2　底物控制主导

当手性催化剂的立体控制较弱时，手性底物可能会在不对称转化中施加一个净的控制性影响。在图 13.14 中的例子中[48]，在使用与(*S,S*)-PhBox 组成的稍微不同的手性铜催化剂进行的 Diels-Alder 反应中观察到了低的对映选择性（65∶35 er）。回想起手性底物给出了 95∶5 的非对映选择性（见图 13.13），因此预期底物的立体化学应该在匹配的情况下以 97∶2 的比例，不匹配的情况下以 9∶91 的比例控制反应的立体化学路径。观察到的比例分别为 96∶4 和 9∶91，与估计的数值吻合得非常好。这些使用对映体纯底物的反应通常在合成上没有用处，因为仅从底物控制，不用昂贵的手性催化剂就可以实现高的选择性。表现出弱的催化剂非对映控制的反应的另一个缺点是不能得到使用底物非对映控制无法获得的非对映异构序列（diastereomeric arrays）。

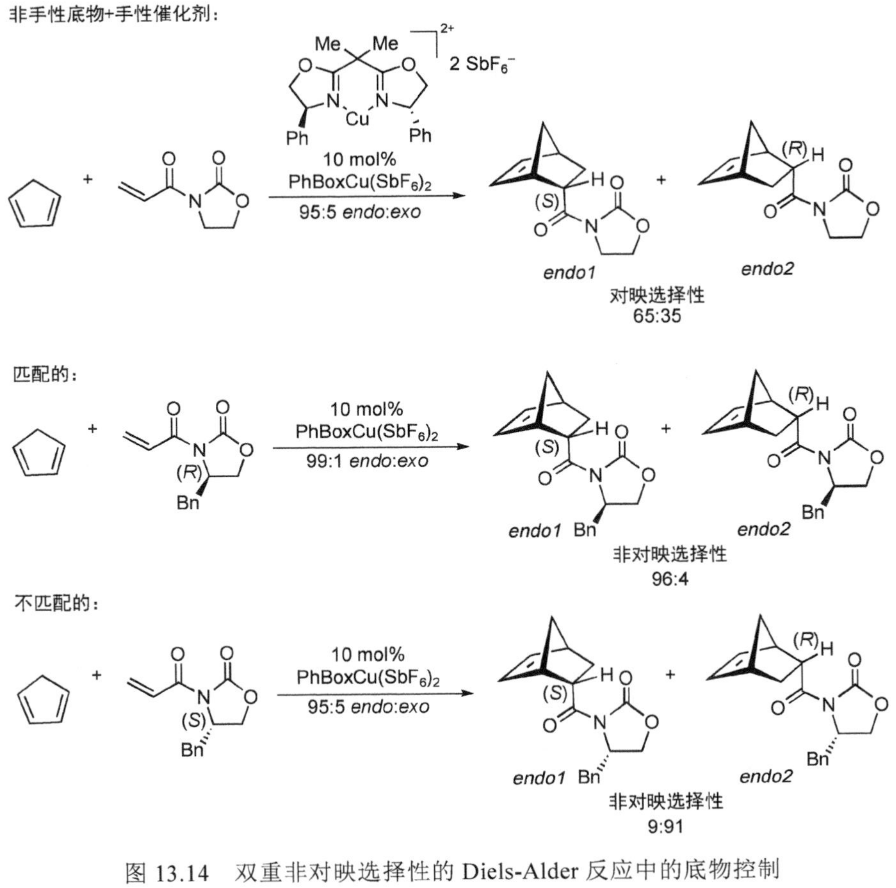

图 13.14 双重非对映选择性的 Diels-Alder 反应中的底物控制

13.2.3 底物控制导致动力学拆分

虽然上述非对映选择性过程中的底物控制的例子对于使用对映纯的手性催化剂和底物的反应来说通常没有多大用处，但对使用外消旋底物的反应可以有很大用处。如果立体控制元素可以进行适当组合，使反应不匹配情况的能垒足够高，那么可以进行动力学拆分（见第 7 章）。一个例子是图 13.15 中的不对称 C—H 插入反应[50]。在使用非手性的 *N*-Boc 吡咯烷的参比反应中，(*S*)-铑催化剂有利于插入 pro-(*S*)氢，形成主要的非对映体。使用手性的 3-叔丁基苯基硅氧基取代的 N-Boc 吡咯烷时，可以进行插入的四个 C-H 基团（H_A、H_B、H_C 和 H_D）都是独特的。处于 3-叔丁基苯基硅氧基（OTBDPS）基团旁边的两个 C—H 基团（H_A 和 H_B）在位阻上被屏蔽，无法进行插入，只留下分子右手侧的两个 C—H 基团（H_C 和 H_D）可以进行反应。使用(S)-铑催化剂时，pro-(S)型插入可以很好地进行（> 97：3 dr），因为 H_C 处于环上远离大的取代基 OTBDPS 的位阻较小的一面。相反，使用(R)-铑催化剂时不发生反应，因为对 H_D 的 pro-(R)型插入需要在与大位阻的 OTBDPS 取代基的同一面发生反应。此处，在匹配的情况下一个非对映体的反应能垒足够低，因此它可以形成。相反，不匹配情况下的两个非对映体的反应能垒都很高，因此，在同样的条件下并没有观察到产物的形成。这些结果是典型的双重非对映选择性过程的一个夸张形式，其中匹配的反应比不匹配的反应更快（见图 13.11～图 13.13）。基于上述观察，将手性 N-Boc 吡咯烷的外消旋混合物使用手性(S)-铑催化剂处理，实现了一个高选择性的动力学拆分。

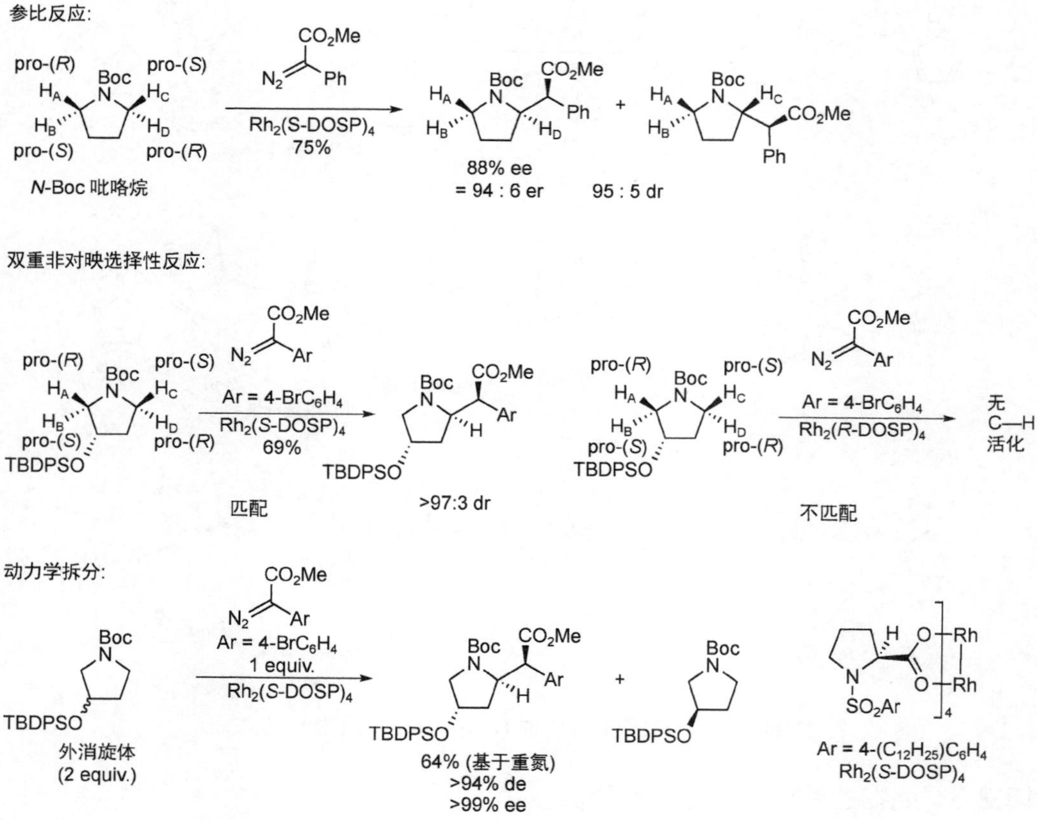

图 13.15　双重非对映选择性造成的动力学拆分

13.2.4　混合的底物和催化剂控制

　　使用手性的 PhPyBox-铜催化剂（图 13.17）与(R)-和(S)-α-苄氧基丙醛进行了双立体区分的 Mukaiyama aldol 反应（图 13.16）[51]。在第一个参比反应中，SnCl₄-介导的从硫代乙酸叔丁酯衍生的烯醇硅醚与 α-苄氧基丙醛的加成以高的选择性得到了螯合控制的加合物（98：2）[52]。在第二个参比反应中，手性催化剂[(*S,S*)-(PhPyBox)Cu](SbF$_6$)$_2$形成了一个螯合的底物加合物并导向对非手性的 α-苄氧基丙醛的上面的 *Si* 面加成，得到(*S*)-型产物。根据这些参比反应，将催化剂[(*S,S*)-(PhPyBox)Cu](SbF$_6$)$_2$与(*S*)-α-苄氧基丙醛进行组合应该会得到匹配的情况，其中催化剂和底物都会倾向于对醛的 *Si* 面加成。实际上，(*S*)-α-苄氧基丙醛发生了快速反应，得到了 98.5：1.5 的非对映体混合物，有利于螯合控制的产物。这个例子强调这些效应可能并不具有完美的加合性，因为根据图 13.11 和图 13.12 中的分析，预测会得到> 99.9：0.1 的比例。这个结果产生的原因是参比反应与双非对映选择性反应并不是完美地相似。最后，[(*S,S*)-(PhPyBox)Cu](SbF$_6$)$_2$催化的(*R*)-α-苄氧基丙醛的反应得到了一个没有选择性的很慢的反应（不匹配）。然而值得指出的是，在不匹配的情况下，虽然手性催化剂并没有以合成上有用的非对映选择性得到产物，但它确实在相当程度上改变了非对映选择性。

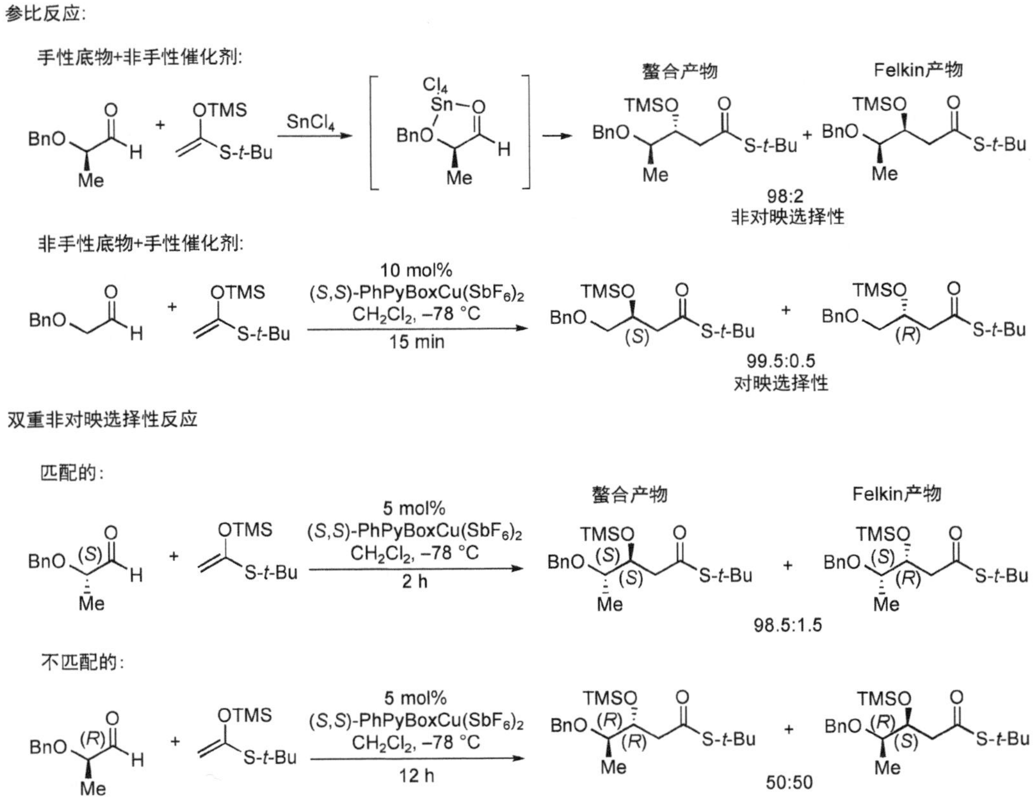

图 13.16　铜催化的 Mukaiyama aldol 反应中的双非对映选择性

13.2.5　对机理的理解

　　上述的不对称 Mukaiyama aldol 反应中的双立体区分性的实验（图 13.16）也为立体化学模型提供了支持[51]。具体来说，为了解释使用非手性醛观察到的立体选择性，提出了一个包括羰基在赤道向配位和苄氧基在轴向配位的四方锥形的催化剂-底物加合物模型（图 13.17，左上）。与这一模型一致，$[(S,S)\text{-}(\text{PhPyBox})\text{Cu}](\text{SbF}_6)_2$ 催化的 $(R)\text{-}\alpha$-苄氧基丙醛的反应得到了一个没有选择性的很慢的反应（图 13.16，不匹配的情况）。这一结果与催化剂-底物的四方锥形配位一致，其中底物上的（Me）和配体上的（Ph）取代基挡住了醛羰基的相反的对映面（图 13.17）。在匹配的情况下，$(S)\text{-}\alpha$-苄氧基丙醛发生了快速反应，得到了 98.5：1.5 的非对映体混合物，有利于螯合控制的产物（图 13.16）。在四方锥配合物中（图 13.17），$(S)\text{-}\alpha$-苄氧基丙醛的 α-甲基取代基加强了催化剂施加的面区分。这些实验的一个直接推论是料想 $(R)\text{-}\alpha$-苄氧基丙醛起到了催化剂抑制剂的作用，因为这个对映体通过将其甲基伸向四方锥配合物的唯一一个敞开的象限中而完美地与催化剂互补。$(R)\text{-}\alpha$-苄氧基丙醛的低反应活性表明情况确实如此。匹配与不匹配的反应底物的表现与这个四方锥型的模型一致。另一方面，使用非对映异构的、羰基在轴向配位的四方锥模型和三角双锥模型预测的匹配与不匹配的情况与观察到的结果相反。

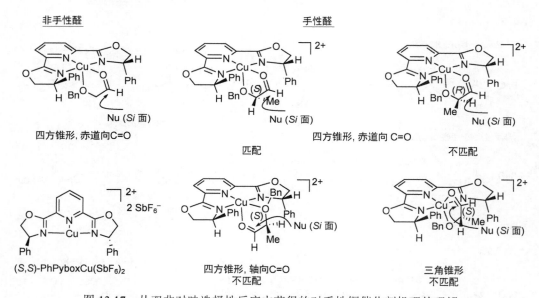

图 13.17　从双非对映选择性反应中获得的对手性铜催化剂机理的理解

13.2.6　催化剂控制主导

　　当催化剂控制在手性底物与手性催化剂的反应中占主导时，这种情况在合成上具有重大的用途，因为通过简单地选择不同的催化剂就可以建立非对映异构的序列。另外，如果催化剂控制确定而且立体规则的话，那么便无须对反应的立体化学结果进行猜测。这些特点使不对称催化剂在高级手性中间体的反应上有了很多应用（见 16.3 节）。

　　随着不对称还原和氧化催化剂发展的巨大进步，许多在这些转化中使用手性底物的高非对映选择性过程的例子已经被报道。例如，使用一个 JOSIPHOS2-铑催化剂实现了式 13.11 中四取代烯烃的氢化[53,54]。来自底物 α-甲基苄基上的底物控制很弱，以至于在大规模的合成中更昂贵的手性催化剂变得更加有效。

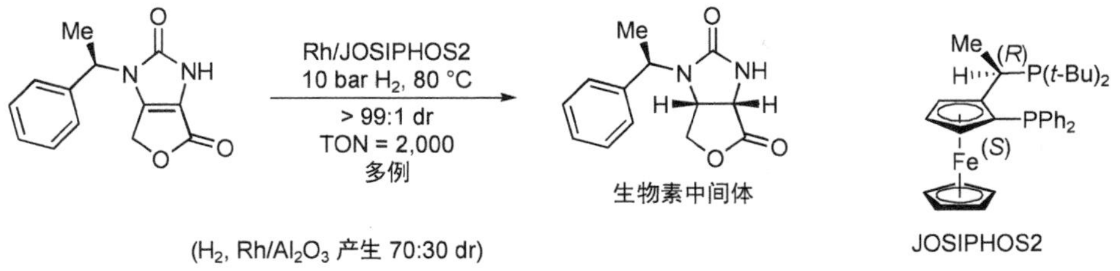

（13.11）

(H₂, Rh/Al₂O₃ 产生 70:30 dr)

JOSIPHOS2

具有一个预先存在的手性中心的炔基酮的不对称转移氢化得到非对映异构的炔丙醇。当图 13.18 中的手性酮使用含有(R,R)-钌催化剂的异丙醇进行还原时，以> 97%的产率和> 99% ee 得到了 anti 非对映异构体产物以及少量的其他立体异构体[55]。类似地，使用其对映异构体(S,S)-钌催化剂进行还原以> 97%的产率和> 99% ee 得到了 syn 非对映异构体产物。因此，在手性的 α,β-不饱和酮中羰基的两个非对映异位面被 Ru 模板上的手性有效地区分开了，而邻近的 N-取代的手性中心没有起到任何显著作用。使用外消旋的酮与(R,R)-钌催化剂的反应表明(S)-型对映体的活性比(R)-型对映体高 4 倍。因此，匹配的组合是(R,R)-钌催化剂与(S)-酮的搭配。不匹配的组合是(R,R)-钌催化剂与(R)-酮的搭配。此处由于催化剂对反应过程的决定性影响，匹配与不匹配的情况都得到了高的立体选择性。

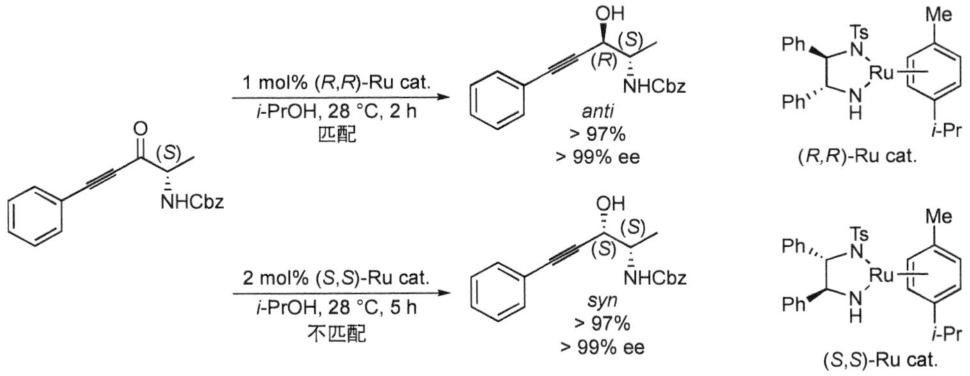

图 13.18　不对称催化还原中的双非对映控制

试剂控制的概念在氧化化学中也已经被广为接受。例如，使用 AD-mix 催化剂，图 13.19 中的复杂的手性烯烃以高的立体选择性发生不对称双羟基化[56]。使用 AD-mix-β 和 (DHQD)₂PHAL 时，以 >20∶1 的比例得到 anti 产物，而使用 AD-mix-β 催化剂和(DHQ)₂PHAL 时以相反的 syn 非对映体为主，比例为 10∶1。syn 式非对映异构体被成功转化成天然产物(+)-castanospermine。

在这个例子中，底物的立体控制较弱，当不存在手性催化剂的情况下进行双羟基化时，仅以 2∶1 的比例有利于 anti 非对映异构体。另一方面，催化剂的立体控制要强得多，即便在不匹配的情形中，也可以得到有用的产物比例（10∶1 的 syn∶anti）。匹配和不匹配情况的立体选择性差别是在接近烯烃的两个非对映面时底物和催化剂分别施加的能量差决定的。底物上施加的能量差较小（约 0.4 kcal/mol，约 1.672 kJ/mol），因而从催化剂上产生的能量差更为可观（约 1.4～1.8 kcal/mol，约 5.852～7.524 kJ/mol）。

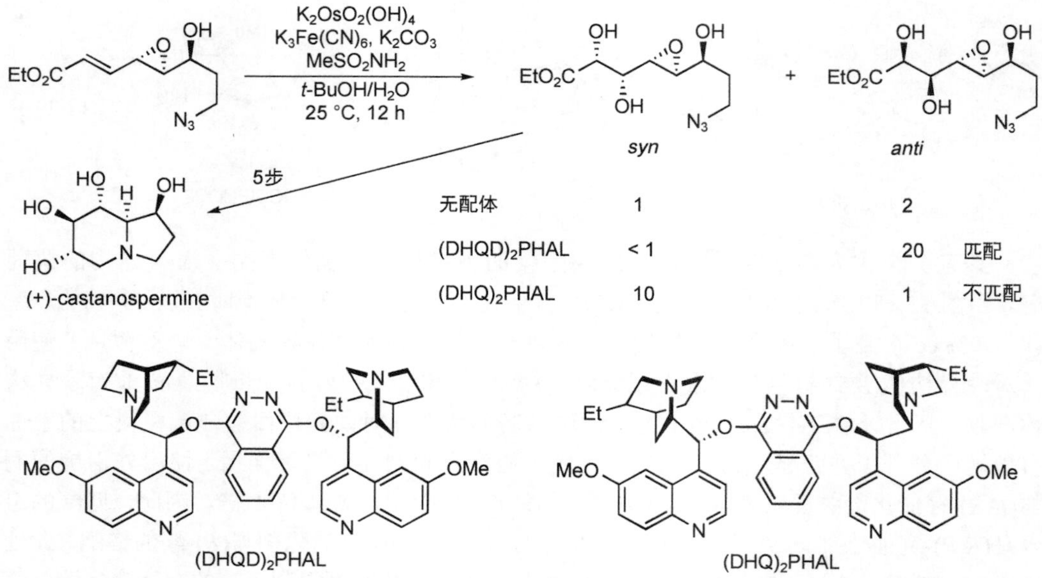

图 13.19   不对称催化氧化中的双非对映控制

在涉及 C—C 键形成的双重非对映选择性反应中，不对称催化剂的常规使用落后于其他过程，但也已报道了许多例子（见图 13.13）。一个涉及不对称相转移烷基化的例子如图 13.20 中所示[57]。此处新形成的手性中心的立体化学结果很明显由催化剂的立体化学决定，两个底物都得到了高的立体选择性。然而，第二个反应是不匹配的情形，立体选择性较低（11∶1，而匹配的组合只得到一个单一的异构体），而且更重要的是，产率要低得多（同样的时间内产率 34%，匹配的产率为 89%）。这一现象暗示着，不匹配的底物和催化剂的净反应较慢，说明与(S)-型底物相比，(R)-型底物的两个非对映异构的反应路径在能量上都较高。前面提到过，这种区分可以实现高度有效的动力学拆分（见第 7~9 章）。

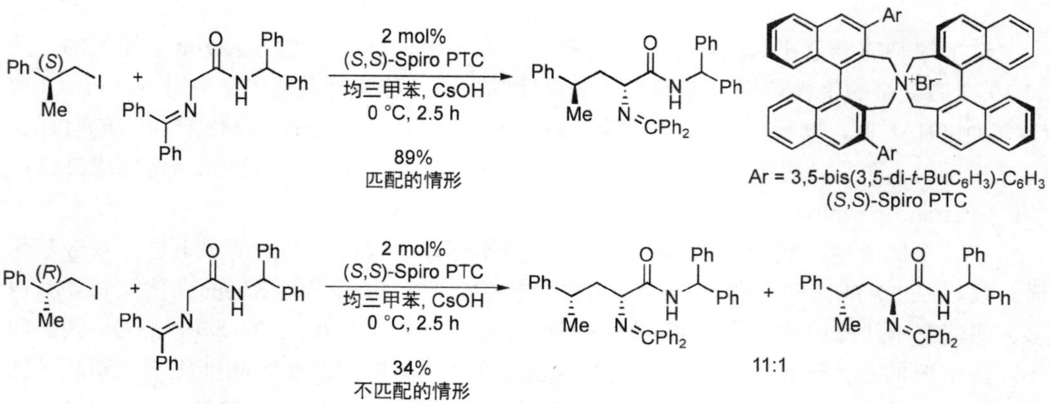

图 13.20   不对称的催化相转移烷基化中的双非对映控制

一个在匹配和不匹配的情形中得到差不多的产率的 C-C 键形成的例子见图 13.21[58]。这个杂 Diels-Alder 反应的结果是使用手性醛底物与非手性和手性的铬 Lewis 酸催化剂得到的。对于前面两个例子，底物的控制是微不足道的，这从非手性催化剂的结果可以看出。如此一来，手性催化剂使得可以以对新形成的手性中心的高的外部立体控制［(9～15)∶1 dr］得到产物。另外，从主要的非对映体一致的高对映体过量(> 99%)可以判断，在这些条件下，底物醛没怎么发生消旋化。如果对于同样的催化剂使用底物的另一对映异构体，那么能够选择性地产生产物的四个非对映体中的任何一个。对于第三个例子，观察到了 5∶1 的底物（内部）非对映控制，导致在使用手性催化剂时得到了一个不匹配（1∶1 dr）和匹配（1∶33 dr）的情况。这个例子表明，底物的精确结构对于底物的非对映控制（见 13.1 节）和双重非对映选择性过程的结果有着重要影响。

Cr cat.	产率/%	dr	ee主/%
非手性的	81	1 : 2	nd
(1*R*,2*S*)	96	1 : 12	> 99
(1*S*,2*R*)	97	15 : 1	> 99
非手性的	50	1 : 1	nd
(1*R*,2*S*)	90	1 : 11	> 99
(1*S*,2*R*)	86	9 : 1	99
非手性的	68	1 : 5	> 99
(1*R*,2*S*)	76	1: 1	98
(1*S*,2*R*)	84	1 : 33	99

反应条件: 1) 5 mol% cat., EtOAc, BaO, 4 °C; 2) TFA

非手性Cr cat.　(1*R*,2*S*)-Cr cat.　(1*S*,2*R*)-Cr cat.

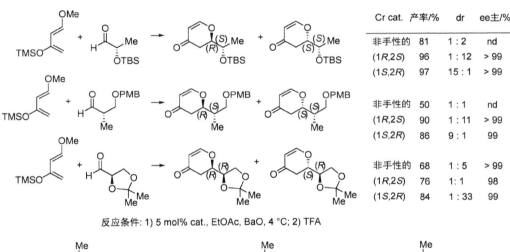

图 13.21　杂 Diels-Alder 反应中的双重非对映控制

在制备规模的双重非对映选择性过程中使用不对称催化剂时，可靠性是一个关键特性。理想情况下，催化剂控制较强（外部控制占主导），而底物的控制较弱。换句话说，相对于底物，催化剂应该导致非对映异构的路径之间一个更大的$\Delta\Delta G^{\ddagger}$。另外，立体规则的（stereoregular）催化剂是最理想的，因为可以有高度的信心来估计产物的立体化学。还需要进一步发展能够实现这些目标的催化剂体系。

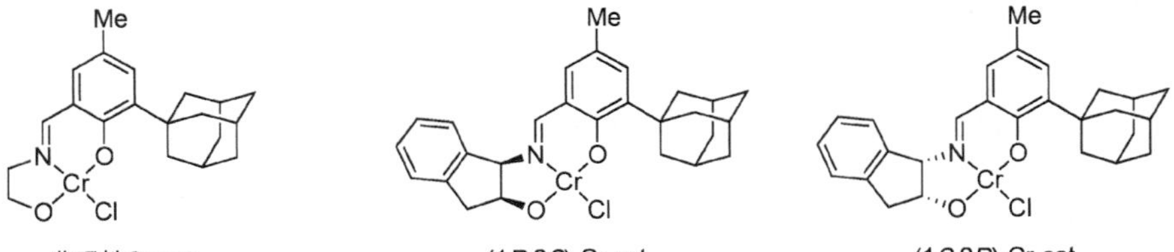

13.2.7　催化剂的区域控制与非对映控制

图 13.22 中给出了一个不对称催化剂影响区域选择性而不是非对映选择性或对映选择性的一个例子[59]。在这个例子中底物是手性的，叠氮进攻的立体化学路径由环氧的 S_N2

开环控制。然而，叠氮进攻环氧的两端导致产物的不同区域异构体。对于第一个底物，当使用非手性的 Cr-salen 催化剂时，没有观察到区域选择性（比例为 1∶1），表明对两端的进攻没有强的区分。当使用手性催化剂时，使用(*R,R*)-和(*S,S*)-salen 催化剂分别得到不同的区域异构体占主导的产物（2∶1 对 1∶4）。

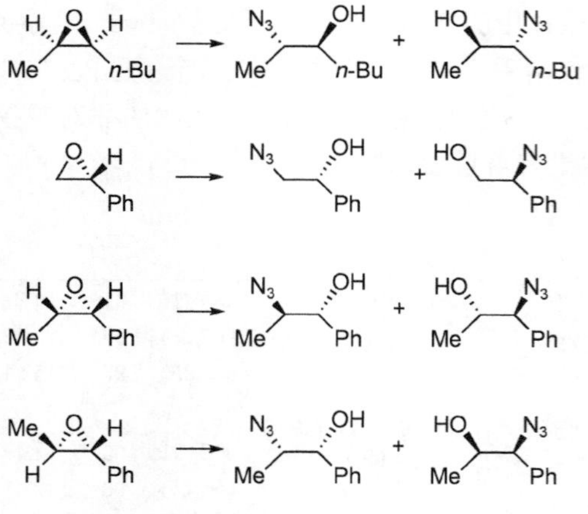

Cr cat	产率/%	区域选择性
非手性	81	1∶1
(*R,R*)	79	2∶1
(*S,S*)	77	1∶4
非手性	88	4∶1
(*R,R*)	87	1∶7
(*S,S*)	87	18∶1
非手性	73	3∶1
(*R,R*)	85	1∶4
(*S,S*)	70	45∶1
非手性	89	1∶9
(*R,R*)	85	1∶1
(*S,S*)	88	1∶84

条件：5 mol% (salen)Cr, *t*-BuOMe, TMSN₃

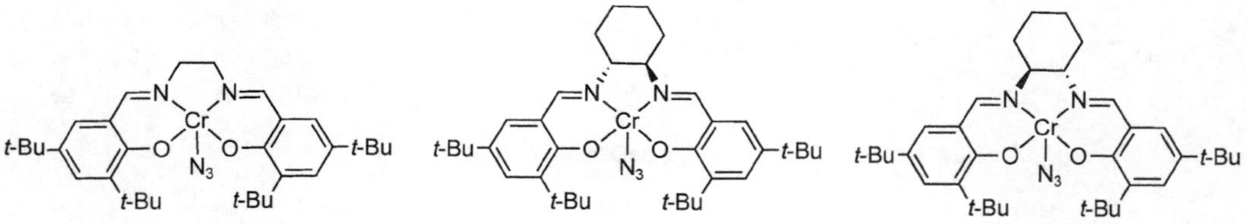

非手性 (salen)Cr　　　　(*R,R*)-(salen)Cr　　　　(*S,S*)-(salen)Cr

图 13.22　手性环氧化物的叠氮开环反应中催化剂决定的区域控制

　　如果考虑内消旋环氧化物的同样的反应，这个选择性的基础就很容易理解。对于这些反应，手性 salen 配合物催化其中一个对映异位的 C—O 键的选择性切断。salen 配合物的对映异构体催化另一个 C—O 键的切断，形成产物的对映异构体。使用对映体富集的手性环氧化物时（图 13.22），异手性（heterotopic）的两个 C—O 键可以看成是假对映异位的（pseudoenantiotopic）关系；同样的选择性原则会导致催化剂的对映体得到对映互补（stereocomplementary）的产物。因为 C—O 键仅仅是假对映异位关系，发生切断的中心上的取代基也会对反应方式有所贡献。因此，使用手性催化剂时会观察到不匹配的和匹配的反应方式，其中(*S,S*)-salen 催化剂强化了使用非手性 salen 催化剂时观察到的区分。总的来说，随着使用非手性催化剂时区域选择性的提高，匹配和不匹配情形下的差异也会增大。

　　在上面的例子中，使用叠氮的 S$_N$2 开环只会得到区域异构体。如果使用对映体富集的底物可能会产生多个非对映体以及区域异构体的话，那么更复杂的情况也可以发生。

对于图 12.23 中的例子[50]，有两个可能的区域异构体产物，每个都存在 4 种非对映体。因此，在手性原料与手性催化剂的反应中可以产生多达八个化合物。使用这个底物，对 H_D 或 H_B 的插入被甲氧基在立体位阻上阻断了。只剩下两个假对映异位的氢，pro-(R) H_A 和 pro-(S) H_C。催化剂 Rh_2(R-DOSP)$_4$ 对 pro-(R) 的氢具有选择性，通过插入 H_A 导致了完全的区域化学控制。另外，在形成邻近芳基的第二个立体中心时存在一个高度的立体控制，以 72% 的产率分离得到了单一的化合物。使用催化剂 Rh_2(S-DOSP)$_4$ 时，对假对映异位的 pro-(S) H_C 的插入占主导，以 63% 的产率得到了图中的产物，然而，也观察到了其他的插入产物。邻近 H_C 的甲氧基制造了立体位阻，导致在这一不匹配情形中较差一些的选择性。尽管如此，非对映选择性仍然较高。

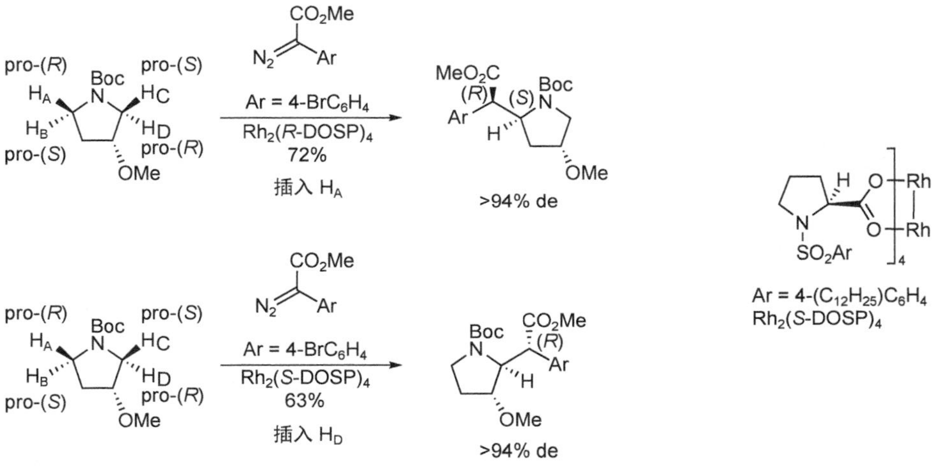

图 13.23　不对称 C—H 插入中的手性催化剂区域控制和双重非对映控制

这一类型的双重不对称合成定义了一个实现没有立体和电性上偏向的底物的区域选择性反应的独特策略。在有机转化中，能够任意得到不同区域异构体的能力与产生纯的对映异构体和非对映异构体同样重要。这些转化强调了不对称催化剂在传统的对映选择性过程之外的应用。将上述的选择性原则应用于外消旋混合物会得到平行动力学拆分，进一步的讨论见第 8 章。

13.3　三重非对映选择性控制

不对称催化中的双重非对映控制相对较为常见，而三重非对映控制的例子则相当罕见。在三重非对映控制中，三个对映体纯的组分参与反应。由于每个组分都会对立体化学事件施加一些控制，匹配的和不匹配的情形的组合更加复杂。可能出现完全匹配（立体选择性很高）、部分匹配（立体选择性中等）和完全不匹配（立体选择性很差）的情况。

跟双重非对映控制一样，三重非对映控制最早的例子之一也是在 aldol 反应中发现的（图 13.24）。在这个使用化学计量的硼试剂的反应中[60]，一个手性的酮转化成了烯醇酯。当使用非手性硼试剂来产生烯醇酯时，观察到了与图中的手性醛的立体选择性相当好的加成（88∶12 的 *anti*∶*syn*）。当使用手性硼为烯醇化试剂时，结果发生了戏剧性的改变。使用(*S*,*S*)-二甲基环戊硼烷时，底物赋予的内部非对映选择性被抵消了。另一方面，(*R*,*R*)-二甲基环戊硼烷则加强了内部的非对映选择性，以 96∶4 的 *anti*∶*syn* 的比例得到了产物。使用化学计量不对称试剂的三重非对映选择性的更多例子已有综述报道[61]。

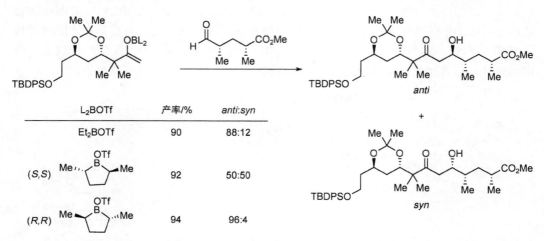

L₂BOTf	产率/%	anti:syn
Et₂BOTf	90	88:12
(*S*,*S*)	92	50:50
(*R*,*R*)	94	96:4

图 13.24　不对称 aldol 化学中的三重非对映控制

　　使用不对称催化剂的三重非对映选择性研究更少。一个值得注意的例外是在 Nozaki-Hiyama-Kishi 偶联中发现的，其中，不仅使用化学计量的手性铬试剂的三重非对映选择性的版本，催化的对映选择性[62]、双重非对映选择性[62]和三重非对映选择性[63]的反应都已发展出来（图 13.25）[64]。使用非手性底物的催化对映选择性反应进行得相当好（约 90% ee），如图 13.25 的第一个反应式所示。通过调节反应条件成功实现烯丙基、烯基和烷基卤代烃加成，这种能力为这些铬催化的反应提供了广阔的适用范围。使用手性醛底

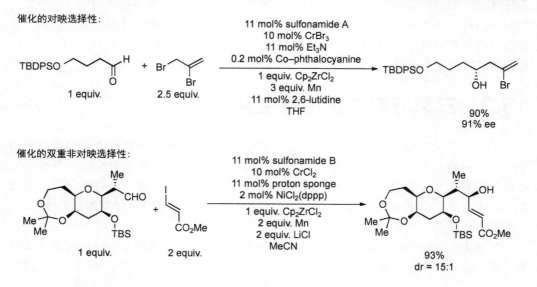

催化的三重非对映选择性：

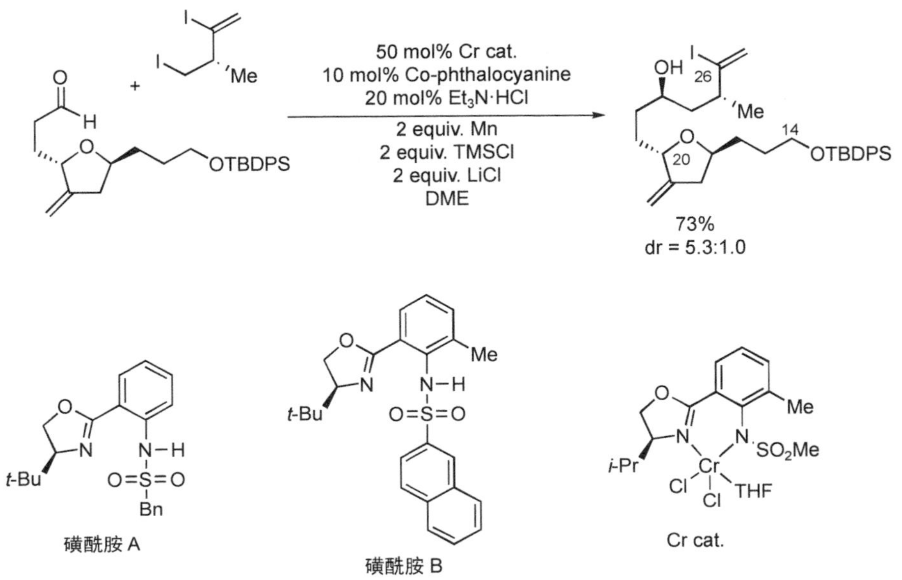

图 13.25 不对称催化中的对映选择性、双重和三重非对映选择性控制

物时，手性催化剂也实现了高度的非对映选择性的反应（15∶1 dr，图 13.25，第 2 个反应式）。当使用手性醛、手性卤代烃以及手性催化剂时，观察到了良好的三重非对映选择性（图 13.25，第 3 个反应式）。由于对于这些复杂的底物的所有可能的立体化学组合的反应的结果没有报道，每个反应物提供的立体化学贡献现在还无法估计。因此，对能够实现理性地选择底物/催化剂的相关因素的理解还需进一步研究。尽管如此，这个方法学很强大，这在软海绵素（halichondrin）的 C_{14}～C_{26} 片段的高效合成中可以看出（图 13.25，第 3 个反应式）[63]。

展望

不对称催化剂可以很强大，甚至对对映体富集的底物进行非对映选择性控制时也能如此。当立体化学元素远离反应位点，或者即使较近，但其提供的控制可以忽略时，这种双重不对称合成尤其有用。双重非对映选择性的不对称反应也可以提供反应机理的信息。在双重不对称区域选择性和三重不对称合成中已经报道的少数几个例子突显了这一使用对映体纯底物的不对称催化中正在发展的领域。在双重不对称合成中，发展低用量的、能主导非对映选择性的催化剂体系会扩展许多转化的应用价值，因为通过同一过程可以产生所有可能的非对映异构体。为了实现这一目标和理性地选择底物-催化剂组合，需要更好地理解来自底物和催化剂组分的立体化学控制因素及其加合性。

参 考 文 献

[1] Fischer, E. Synthesen in der Zuckergruppe II. *Chem. Ber.* **1894**, *27*, 3189-3232.

[2] Eliel, E. L.; Wilen, S. H.; Mander, L. N. In *Stereochemistry of Organic Compounds*; Wiley: New York, 1994.

[3] Inukai, T.; Kojima, T. Aluminum Chloride Catalyzed Diene Condensation. III. Reaction of *trans*-Piperylene with Methyl Acrylate. *J. Org. Chem.* **1967**, *32*, 869-871.

[4] Evans, D. A.; Nelson, J. V.; Vogel, E.; Taber, T. R. Stereoselective Aldol Condensations via Boron Enolates. *J. Am. Chem. Soc.* **1981**, *103*, 3099-3111.

[5] Still, W. C.; McDonald, J. H., III. Chelation-Controlled Nucleophilic Additions. 1. A Highly Effective System for Asymmetric Induction in the Reaction of Organometallics with α-Alkoxy Ketones. *Tetrahedron Lett.* **1980**, *21*, 1031-1034.

[6] Lutz, G. P.; Wallin, A. P.; Kerrick, S. T.; Beak, P. Complex Induced Proximity Effects: β-Lithiations of Carboxamides. *J. Org. Chem.* **1991**, *56*, 4938-4943.

[7] Beak, P.; Lee, W. K. α-Lithioamine Synthetic Equivalents: Syntheses of Diastereoisomers from the Boc Piperidines. *J. Org. Chem.* **1990**, *55*, 2578-2580.

[8] Beak, P.; Basu, A.; Gallagher, D. J.; Park, Y. S.; Thayumanavan, S. Regioselective, Diastereoselective, and Enantioselective Lithiation-Substitution Sequences: Reaction Pathways and Synthetic Applications. *Acc. Chem. Res.* **1996**, *29*, 552-560.

[9] Gung, B. W. Diastereofacial Selection in Nucleophilic Additions to Unsymmetrically Substituted Trigonal Carbons. *Tetrahedron* **1996**, *52*, 5263-5301.

[10] Nógrádi, M. In *Stereoselective Synthesis*; VCH Publishers: New York, 1995.

[11] Bartlett, P. A. Stereocontrol in the Synthesis of Acyclic Systems—Applications to Natural Product Synthesis. *Tetrahedron* **1980**, *36*, 3-72.

[12] Reetz, M. T.; Steinbach, R.; Westermann, J.; Urz, R.; Wenderoth, B.; Peter, R. Stereoselectivity and Relative Reactivity in the Reaction of Organotitanium and Organozirconium Reagents with Carbonyl Compounds. *Angew. Chem., Int. Ed. Engl.* **1982**, *21*, 135.

[13] Mengel, A.; Reiser, O. Around and Beyond Cram's Rule. *Chem. Rev.* **1999**, *99*, 1191-1223.

[14] Anh, N. T.; Eisenstein, O. Theoretical Interpretation of 1,2-Asymmetric Induction—Importance of Anti-Periplanarity. *Nouv. J. Chim.* **1977**, *1*, 61-70.

[15] Anh, N. T. Regio- and Stereo-Selectivities in Some Nucleophilic Reactions. *Top. Curr. Chem.* **1980**, *88*, 146-162.

[16] Overman, L. E.; McCready, R. J. Marine Natural-Products from the Atlantic Zone. 30. Highly Stereocontrolled Reduction of Alpha'-Alkoxyenones to Give Either the Threo or Erythro Allylic 1,2-Diol— Assignment of the Threo Configuration to the C-15, C-16 Diol of Pumiliotoxin-B. *Tetrahedron Lett.* **1982**, *23*, 2355-2358.

[17] Reetz, M. T. Structural, Mechanistic, and Theoretical Aspects of Chelation-Controlled Carbonyl Addition Reactions. *Acc. Chem. Res.* **1993**, *26*, 462-468.

[18] Reetz, M. T.; Jung, A. 1,3-Asymmetric Induction in Addition-Reactions of Chiral β-Alkoxy Aldehydes—Efficient Chelation Control via Lewis Acidic Titanium Reagents. *J. Am. Chem. Soc.* **1983**, *105*, 4833-4835.

[19] Leitereg, T. J.; Cram, D. J. Studies in Stereochemistry. XXXVII. Open-Chain Models for 1,3-Asymmetric Induction in Stereospecific Addition Polymerization. *J. Am. Chem. Soc.* **1968**, *90*, 4011-4018.

[20] Leitereg, T. J.; Cram, D. J. Studies in Stereochemistry. XXXVIII. Open-Chain vs. Cyclic Models for 1,3-Asymmetric Induction in Addition Reactions. *J. Am. Chem. Soc.* **1968**, *90*, 4019-4026.

[21] Brienne, M. J.; Ouannes, C.; Jacques, J. 1,3-Asymmetric Induction. 2. Lithium Aluminium Hydride Reduction of Ketones Having a β-Asymmetric Center. *Bull. Soc. Chim. Fr.* **1968**, 1036-1047.

[22] Evans, D. A.; Bartroli, J.; Godel, T. Acyclic Diastereoselection in the Hydroboration Process—Documented Cases of 1,3-Asymmetric Induction. *Tetrahedron Lett.* **1982**, *23*, 4577-4580.

[23] Reetz, M. T.; Kesseler, K.; Jung, A. Concerning the Role of Lewis-Acids in Chelation Controlled Addition to Chiral

Alkoxy Aldehydes. *Tetrahedron Lett.* **1984**, *25*, 729-732.

[24] Fleming, I.; Kilburn, J. D. The Diastereoselectivity of Electrophilic Attack on Trigonal Carbon Adjacent to a Stereogenic Center—Diastereoselective Aldol Reactions of Open-Chain Enolates Having a Stereogenic Center Carrying a Silyl Group at the Beta Position. *J. Chem. Soc., Perkin Trans. 1* **1992**, 3295-3302.

[25] Nakada, M.; Urano, Y.; Kobayashi, S.; Ohno, M. Nonchelation Controlled 1,3-Asymmetric Induction in β-Chiral Acylsilanes. *Tetrahedron Lett.* **1994**, *35*, 741-744.

[26] Evans, D. A.; Dart, M. J.; Duffy, J. L.; Yang, M. G. A Stereochemical Model for Merged 1,2- and 1,3-Asymmetric Induction in Diastereoselective Mukaiyama Aldol Addition Reactions and Related Processes. *J. Am. Chem. Soc.* **1996**, *118*, 4322-4343.

[27] Tripathy, R.; Franck, R. W.; Onan, K. D. Diels-Alder Reaction of Dienes Having Stereogenic Allylic Substituents: Control of Diastereoface Selectivity by the Dienophile. *J. Am. Chem. Soc.* **1988**, *110*, 3257-3262.

[28] Evans, D. A.; Kaldor, S. W. Stereoselective Osmylation of 1,1-Disubstituted Olefins: Effect of Allylic Substituents on Reaction Diastereoselectivity. *J. Org. Chem.* **1990**, *55*, 1698-1700.

[29] Van Tamelen, E. E.; Leopold, E. J. Mechanism of Presqualene Pyrophosphate-Squalene Biosynthesis. 2. Synthesis of Bifarnesol. *Tetrahedron Lett.* **1985**, *26*, 3303-3306.

[30] Evans, D. A.; Morrissey, M. M.; Dow, R. L. Hydroxyl-Directed Hydrogenation of Homoallylic Alcohols. Effects of Achiral and Chiral Rhodium Catalysts on 1,3-Stereocontrol. *Tetrahedron Lett.* **1985**, *26*, 6005-6008.

[31] Hoveyda, A. H.; Evans, D. A.; Fu, G. C. Substrate-Directable Chemical Reactions. *Chem. Rev.* **1993**, *93*, 1307-1370.

[32] Ratier, M.; Castaing, M.; Godet, J.-Y.; Pereyre, M. Stereochemistry in the Simmons-Smith Reaction on Acyclic Allylic Alcohols. *J. Chem. Res., Synop.* **1978**, 179.

[33] Hanson, R. M.; Sharpless, K. B. Procedure for the Catalytic Asymmetric Epoxidation of Allylic Alcohols in the Presence of Molecular Sieves. *J. Org. Chem.* **1986**, *51*, 1922-1925.

[34] Hashimoto, M.; Yanagiya, M.; Shirahama, H. Total Synthesis of *meso*-Triterpene Ether, Teurilene. *Chem. Lett.* **1988**, 645-646.

[35] Inoue, S.-i.; Takaya, H.; Tani, K.; Otsuka, S.; Sate, T.; Noyori, R. Mechanism of the Asymmetric Isomerization of Allylamines to Enamines Catalyzed by 2,2'-Bis(diphenylphosphino)-1,1'-Binaphthyl-Rhodium Complexes. *J. Am. Chem. Soc.* **1990**, *112*, 4897-4905.

[36] Mikami, K.; Shimizu, M.; Zhang, H.-C.; Maryanoff, B. E. Acyclic Stereocontrol Between Remote Atom Centers via Intramolecular and Intermolecular Stereo-communication. *Tetrahedron* **2001**, *57*, 2917-2951.

[37] Reetz, M. T.; Kesseler, K.; Schmidtberger, S.; Wenderoth, B.; Steinbach, R. Chelation or Non-chelation Control in Stereoselective Reactions of Titanium Reagents with Chiral Alkoxycarbonyl Compounds. *Angew. Chem., Int. Ed. Engl.* **1983**, *22*, 989-990.

[38] Lawson, E. C.; Zhang, H. C.; Maryanoff, B. E. Remote Stereocontrol in Acyclic Systems. Hydride Addition to 1,5- and 1,6-Hydroxy Ketones Mediated by Metal Chelation. *Tetrahedron Lett.* **1999**, *40*, 593-596.

[39] Zhang, H.-C.; Harris, B. D.; Costanzo, M. J.; Lawson, E. C.; Maryanoff, C. A.; Maryanoff, B. E. Stereocontrol Between Remote Atom Centers in Acyclic Substrates. *Anti* Addition of Hydride to 1,5-, 1,6-, and 1,7-Hydroxy Ketones. *J. Org. Chem.* **1998**, *63*, 7964-7981.

[40] Molander, G. A.; Bobbitt, K. L. Keto Boronate Reduction: 1,7-Asymmetric Induction. *J. Am. Chem. Soc.* **1993**, *115*, 7517-7518.

[41] Fukuyama, T.; Vranesic, B.; Negri, D. P.; Kishi, Y. Synthetic Studies on Polyether Antibiotics. 2. Stereocontrolled Syntheses of Epoxides of Bis-Homoallylic Alcohols. *Tetrahedron Lett.* **1978**, 2741-2744.

[42] Nishigaichi, Y.; Takuwa, A.; Jodai, A. Divergently Stereocontrolled Reaction of an Allylic Silane Bearing an Asymmetric Ethereal Carbon Toward Aldehydes. *Tetrahedron Lett.* **1991**, *32*, 2383-2386.

[43] Clayden, J.; Darbyshire, M.; Pink, J. H.; Westlund, N.; Wilson, F. X. Remote Stereocontrol Using Rotationally Restricted Amides: (1,5)-Asymmetric Induction. *Tetrahedron Lett.* **1997**, *38*, 8587-8590.

[44] Linnane, P.; Magnus, N.; Magnus, P. Induction of Molecular Asymmetry by a Remote Chiral Group. *Nature (London)*

1997, *385*, 799-801.

[45] Clayden, J.; Lund, A.; Vallverdú, L.; Helliwell, M. Ultra-remote Stereocontrol by Conformational Communication of Information Along a Carbon Chain. *Nature (London)* **2004**, *431*, 966-971.

[46] Travins, J. M.; Etzkorn, F. A. Design and Enantioselective Synthesis of a Peptidomimetic of the Turn in the Helix-Turn-Helix DNA-Binding Protein Motif. *J. Org. Chem.* **1997**, *62*, 8387-8393.

[47] Masamune, S.; Choy, W.; Petersen, J. S.; Sita, L. R. Double Asymmetric Synthesis and a New Strategy for Stereo-chemical Control in Organic Synthesis. *Angew. Chem., Int. Ed. Engl.* **1985**, *24*, 1-76.

[48] Evans, D. A.; Miller, S. J.; Lectka, T.; von Matt, P. Chiral Bis(oxazoline)copper(II) Complexes as Lewis Acid Catalysts for the Enantioselective Diels-Alder Reaction. *J. Am. Chem. Soc.* **1999**, *121*, 7559-7573.

[49] Evans, D. A.; Chapman, K. T.; Bisaha, J. Asymmetric Diels-Alder Cycloaddition Reactions with Chiral α,β-Unsaturated *N*-Acyloxazolidinones. *J. Am. Chem. Soc.* **1988**, *110*, 1238-1256.

[50] Davies, H. M. L.; Venkataramani, C.; Hansen, T.; Hopper, D. W. New Strategic Reactions for Organic Synthesis: Catalytic Asymmetric C—H Activation α to Nitrogen as a Surrogate for the Mannich Reaction. *J. Am. Chem. Soc.* **2003**, *125*, 6462-6468.

[51] Evans, D. A.; Kozlowski, M. C.; Murry, J. A.; Burgey, C. S.; Campos, K. R.; Connell, B. T.; Staples, R. J. C_2-Symmetric Copper(II) Complexes as Chiral Lewis Acids. Scope and Mechanism of Catalytic Enantioselective Aldol Additions of Enolsilanes to (Benzyloxy)acetaldehyde. *J. Am. Chem. Soc.* **1999**, *121*, 669-685.

[52] Gennari, C.; Cozzi, P. G. Chelation Controlled Aldol Additions of the Enolsilane Derived from *tert*-Butyl Thioacetate : A Stereosetective Approach to 1β-Methylthienamycin. *Tetrahedron* **1988**, *44*, 5965-5974.

[53] Blaser, H. U.; Spindler, F.; Studer, M. Enantioselective Catalysis in Fine Chemicals Production. *Appl. Catal., A* **2001**, *221*, 119-143.

[54] Imwinkelried, R. Catalytic Asymmetric Hydrogenation in the Manufacture of *d*-Biotin and Dextromethorphan. *Chimia* **1997**, *51*, 300-302.

[55] Matsumura, K.; Hashiguchi, S.; Ikariya, T.; Noyori, R. Asymmetric Transfer Hydrogenation of α,β-Acetylenic Ketone. *J. Am. Chem. Soc.* **1997**, *119*, 8738-8739.

[56] Kim, N. S.; Choi, J. R.; Cha, J. K. A Concise, Enantioselective Synthesis of Castanospermine. *J. Org. Chem.* **1993**, *58*, 7096-7099.

[57] Ooi, T.; Takeuchi, M.; Kato, D.; Uematsu, Y.; Tayama, E.; Sakai, D.; Maruoka, K. Highly Enantioselective Phase-Transfer-Catalyzed Alkylation of Protected α-Amino Acid Amides Toward Practical Asymmetric Synthesis of Vicinal Diamines, α-Amino Ketones, and α-Amino Alcohols. *J. Am. Chem. Soc.* **2005**, *127*, 5073-5083.

[58] Joly, G. D.; Jacobsen, E. N. Catalyst-Controlled Diastereoselective Hetero-Diels-Alder Reactions. *Org. Lett.* **2002**, *4*, 1795-1798.

[59] Brandes, B. D.; Jacobsen, E. N. Regioselective Ring Opening of Enantiomerically Enriched Epoxides via Catalysis with Chiral (Salen)Cr(III) Complexes. *Synlett* **2001**, 1013-1015.

[60] Duplantier, A. J.; Nantz, M. H.; Roberts, J. C.; Short, R. P.; Somfai, P.; Masamune, S. Triple Asymmetric Synthesis for Fragment Assembly: Validity of Approximate Multiplicativity of the Three Diastereofacial Selectivities. *Tetrahedron Lett.* **1989**, *30*, 7357-7360.

[61] Cowden, C. J.; Paterson, I. Asymmetric Aldol Reactions Using Boron Enolates. *Org. React.* **1997**, *51*, 1-200.

[62] Namba, K.; Kishi, Y. New Catalytic Cycle for Couplings of Aldehydes with Organochromium Reagents. *Org. Lett.* **2004**, *6*, 5031-5033.

[63] Choi, H.-w.; Nakajima, K.; Demeke, D.; Kang, F.-A.; Jun, H.-S.; Wan, Z.-K.; Kishi, Y. Asymmetric Ni(II)/Cr(II)-Mediated Coupling Reaction: Catalytic Process. *Org. Lett.* **2002**, *4*, 4435-4438.

[64] Wan, Z.-K.; Choi, H.-w.; Kang, F.-A.; Nakajima, K.; Demeke, D.; Kishi, Y. Asymmetric Ni(II)/Cr(II)-Mediated Coupling Reaction: Stoichiometric Process. *Org. Lett.* **2002**, *4*, 4431-4434.

第14章 多步不对称催化

除发现新的转化或发展已知过程的高效的对映选择性版本外，未来对合成的最重要的贡献之一将是发展可以结合好几个步骤的过程的不对称催化剂。这些过程满足现代有机合成化学的最重大的挑战之一，即能够以高的效率实现重要的复杂性的创建而不需纯化中间体。在一个反应容器中发生多个化学转化的过程有好几个名字，包括串联（tandem）、多米诺（domino）、级联（cascade）、次序（sequential）以及多步(multi-step)过程[1]。本章中将所有这些转化都称为多步过程。

多步过程在这里定义为在一个过程中进行的无须分离或纯化任何中间产物的一个序列的反应。多步过程存在三种截然不同的种类（图 14.1）。在次序反应（sequential reaction）中，通过加入试剂和/或改变条件以引发后续反应。按其发展来说，次序过程、连续（consecutive）过程或迭代过程（iterative）最直截了当，因为可以在不同的阶段使用不兼容的试剂而不会产生交叉反应性问题。在级联（cascade）或多米诺过程中，一个反应引发整个序列反应的发生。例如，第一个转化中的产物的形成显露出一个官能团，使得第二个反应得以发生，第二个反应的产物又显示出一个官能团能够促使第三个反应发生，等等。在次序反应中，除了需要在特定的节点上加入试剂或催化剂以使整个序列进行之外，大致上发生了同样的情况。操作上，级联过程（cascade processes）是非常理想的，因为只加入了一组试剂便使整个序列可以发生。另一方面，由于兼容性问题，级联过程中可行的试剂组合更少。第三类多步过程是并行过程（concurrent process），其中所有的试剂都一起存在，其中第二个反应的发生不需要第一个反应。最后这类反应是最具挑战性的，因为试剂的兼容性及其对不同的活性基团的选择性至关重要。也可能一个多步过程结合了这三类过程的某些方面［即一个次序-级联（sequential-cascade）过程；见图 14.1］。

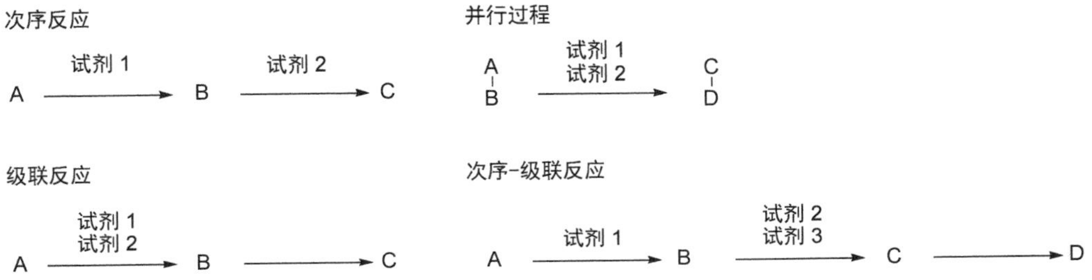

次序反应　　　　　　　　　　　　　并行过程

试剂 1　　　　试剂 2　　　　　　　A　　试剂 1
A ────→ B ────→ C　　　　　　│　试剂 2　　C
　　　　　　　　　　　　　　　　B ──────→ │
　　　　　　　　　　　　　　　　　　　　　　D

级联反应　　　　　　　　　　　　　次序-级联反应

试剂 1　　　　　　　　　　　　　　　　　　　　　　试剂 2
试剂 2　　　　　　　　　　　　试剂 1　　　　　　试剂 3
A ────→ B ────→ C　　　A ────→ B ────→ C ────→ D

图 14.1　各种多步反应过程的图示

许多不同种类的反应适合多步过程，包括通过中性（如周环反应）、阴离子（如 aldol 反应）、阳离子或有机金属（如氢甲酰化）过程来形成 C—C 键的反应，涉及氧化还原的反应（例如烯烃的双羟基化或烯烃还原）和涉及官能团转化的反应（如酰基化）。有许多有关多步过程的各个方面的详尽的综述，主要探讨没有立体化学发生或仅考虑非对映选择性的体系[2-17]。还有一些综述集中于涉及快速组装多个组分的多步过程，但这些体系中使用催化对映选择性反应的很少[18-27]。本章中只讨论从非手性或外消旋起始原料出发，并在至少一步转化中涉及不对称催化的过程。

14.1　催化不对称诱导作为一个多步过程的一部分

以可控的方式引入立体中心可以发生在多步过程的许多不同阶段。这些不对称反应可以是第一步、最后一步或中间的某步。重要的是，多步过程可以在一个对映体纯的物质形成之后，利用后续步骤相对的非对映选择性产生多个立体中心。

14.1.1　催化不对称诱导作为一个多步过程的第一部分

催化不对称反应通常比没有选择性的或非对映选择性的过程更难，因为需要解决化学选择性、区域选择性、非对映选择性、对映选择性的许多问题，而且手性催化剂并不总是很强劲。因此，迄今为止报道的大部分多步不对称反应在第一步使用了手性催化剂。

例如，已经报道了烯酰胺次序的不对称氢化和 Suzuki 偶联，得到一系列新型的非天然 α-氨基酸（图 14.2）[28]。在这个例子中，这一两步过程中的每一步转化中都使用了不同的过渡金属催化剂。对于第一步，使用了一个手性的铑-DuPHOS 催化剂实现不对称氢化。第二步中使用了非手性的钯催化剂实现 Suzuki 交叉偶联。可以使用许多不同的烯酰胺和硼酸，因此可以以高的产率和对映选择性合成多种多样的 α-氨基酸。由于 DuPHOS

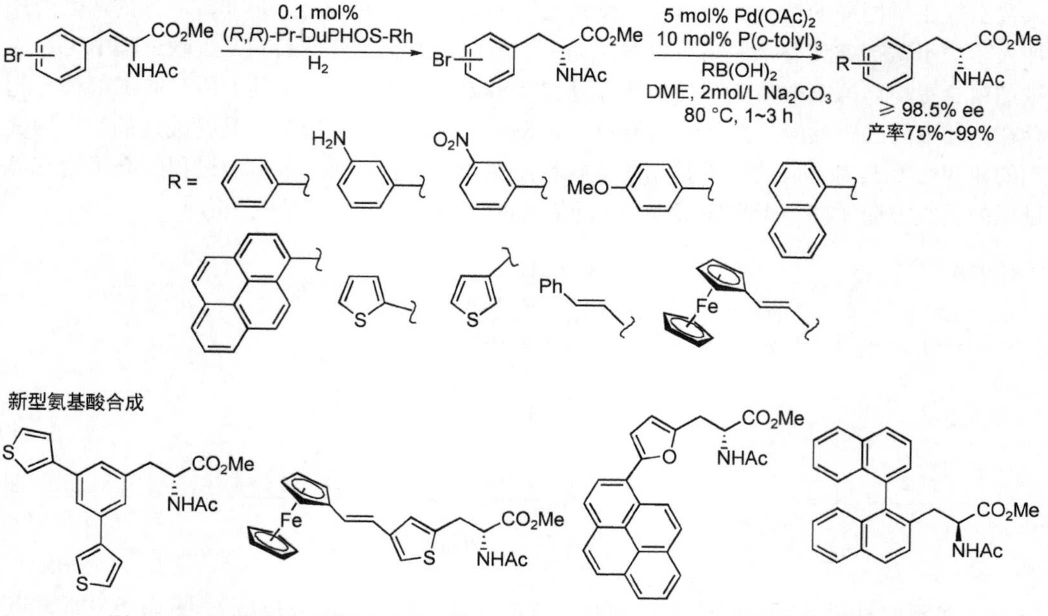

图 14.2　烯酰胺次序的不对称氢化和 Suzuki 偶联得到新型的 α-氨基酸衍生物

的任一对映体都可以获得,这些 α-氨基酸衍生物的两个系列的对映体都可以很容易得到。从形式上来看,这个次序反应系列并不属于导言部分定义的多步过程,因为第一步的催化剂通过过滤被除掉了,而且反应混合物被转移到第二个反应容器中进行后续反应。可溶的不对称氢化催化剂和 Suzuki 交叉偶联的催化剂可能无法互相兼容,这突出了在发展多步过程时遇到的主要困难。然而,这一例子表明了次序的方法在快速有效地产生多种结构时的有用性。

在下一个例子中（图 14.3）,首先发现了两个兼容的催化剂。进而,最终通过发现使单一配合物催化多个反应的条件而避免了整个的催化剂兼容性问题。图 14.3 中 Rh-DuPHOS 催化二烯的氢化之后接着发生 Rh-PPh₃ 或 Rh-BIPHEPHOS 催化的氢甲酰化/脱水环化[29]。在温和的反应压力下,只有 Rh-Et-DuPHOS 催化剂能够在非手性的氢甲酰化催化剂的存在下促进烯酰胺的对映选择性氢化,高的对映选择性（≥95% ee）就是证明。进一步实验表明,氢甲酰化/脱水环化催化剂的作用可以用 Rh-Et-DuPHOS 催化剂来完成,但是需要更强烈的反应条件,因为 Rh-Et-DuPHOS 在这些步骤中不够高效。因此,使用 Rh-Et-DuPHOS 为催化剂,首先使用 H₂,室温,然后使用 80~400 psi（551.6~2757.9 kPa）1∶1（H₂-CO）可以直接得到产物。在这一高效的过程中,可以以好的产率、高的区域选择性和对映选择性得到环状的氨基酸衍生物。由于每步需要不同的反应条件(对比 H₂ 与加压的 H₂/CO 和加热）,尽管只用了一个催化剂,这个多步转化形式上是一个次序的过程。使用不同的气体混合物的次序反应尤其具有吸引力,因为可以在好几步中使用同一个催化剂,而且化学选择性很容易通过反应气氛的调控来控制。

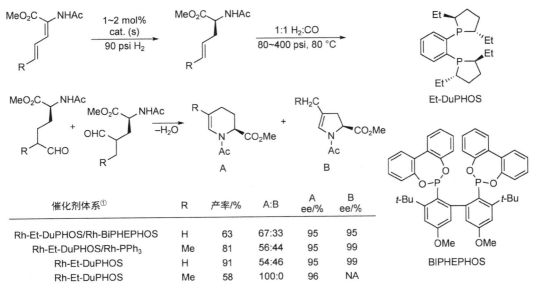

催化剂体系①	R	产率/%	A:B	A ee/%	B ee/%
Rh-Et-DuPHOS/Rh-BiPHEPHOS	H	63	67:33	95	95
Rh-Et-DuPHOS/Rh-PPh₃	Me	81	56:44	95	99
Rh-Et-DuPHOS	H	91	54:46	95	99
Rh-Et-DuPHOS	Me	58	100:0	96	NA

①DuPHOS的抗衡离子是⁻OTf, 其他的抗衡离子是⁻OAc

图 14.3 次序的一锅不对称氢化、氢甲酰化和缩合得到手性环状氨基酸

虽然烯烃复分解催化剂具有高度的适用性,使得已经发展了多步的烯烃复分解/氢化[30]、烯烃复分解/烯烃异构化[31]、多重烯烃复分解[32]、开环复分解聚合（ROMP）/原

子转移自由基聚合（ATRP）/氢化[33]等过程，这些催化剂在不对称多步过程中的使用还发展得不够完善。在一个例子中结合了不对称烯丙基取代反应与关环复分解（RCM）反应（图 14.4）。最初，这个次序过程的对映选择性较低[34]。然而，优化第一步中的磷酰胺配体得到了高的对映选择性（> 90% ee）[35]。在这个转化中，烯基格氏试剂可能与催化剂形成了一个有机铜试剂，它与烯丙基氯发生不对称 S_N2'反应得到产物二烯。进一步加入 5 mol% Grubbs 钌配合物可以在室温下催化分子内的 RCM 反应，以良好的总体产率得到手性的环戊烯和环己烯。值得一提的是，Grubbs 钌催化剂与过量的格氏试剂和痕量的铜盐兼容。这一过程的分子间版本也是可行的，其中使用了不含烯烃的格氏试剂。后续加入 Grubbs 钌催化剂和第二分子烯烃丙烯酸乙酯得到了交叉复分解产物，虽然产率有所降低。与许多用于简单官能团转化的多步过程不同，这一过程中两步都实施了催化的碳碳键形成反应，使用了两个不同的有机金属试剂（烷基金属和亚烷基金属），并形成了两个不同类型的碳-碳键（σ 键和 π 键）。

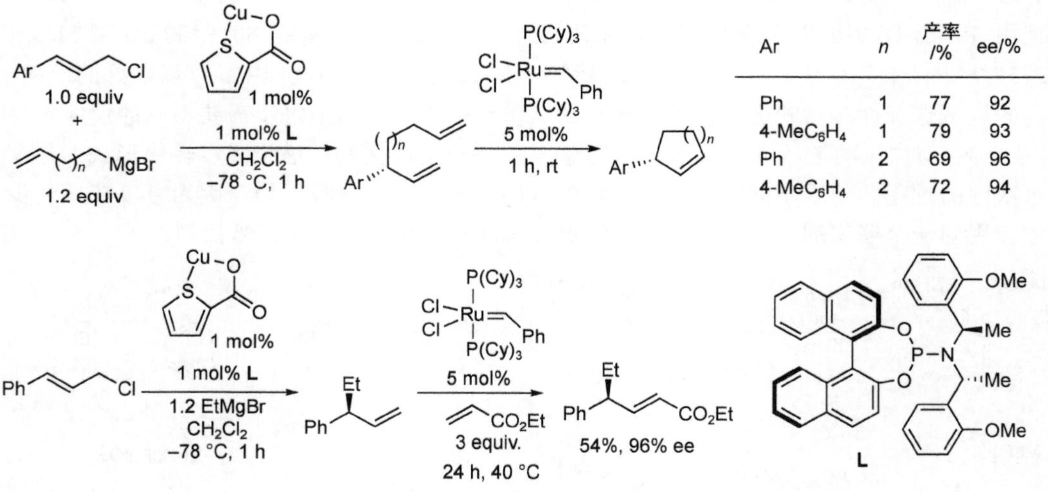

Ar	n	产率/%	ee/%
Ph	1	77	92
4-MeC6H4	1	79	93
Ph	2	69	96
4-MeC6H4	2	72	94

图 14.4 次序的不对称烯丙基取代和关环复分解

在上面的例子中，预先制备并使用了一个活化的碳偶联组分——格氏试剂。在图 14.5 中所示的多步过程中，活化的碳偶联组分 1,2-双硼酸酯通过第一步反应制备得到，因此可以使用稳定的烯烃和芳基卤化物为起始原料[36]。在这个次序过程中，手性铑催化的不对称双硼化以高的对映选择性进行。进一步加入碱、芳基卤化物和钯催化剂可以与位阻较小的硼部分直接发生 Suzuki 偶联。重要的是，铑和钯催化剂在反应条件下兼容。Suzuki 偶联反应之后，加入过氧化物和氢氧化钠水溶液引发剩余硼酸酯氧化。最终，这个三步的次序过程立体选择性和区域选择性地得到了烯烃碳羟基化的产物。

本章中讨论的大部分级联过程由得到完全不同的可分离的中间体的各个反应组成（例如图 14.5 中的双硼化）。然而，存在大量的级联过程，其中的有机金属中间体可以发生进一步转化。此处对这类转化不详细讨论，只给出一个具有指导性的例子（图 14.6）[37]。在这个反应中，起初的对映选择性氧钯化得到一个手性的、通常无法分离的烷基钯中间体。在这个特殊的例子中，将烷基钯物种通过一个 Heck 反应进行捕捉，可以以很高的产率和高选择性得到最终产物。由于有机钯[38]和其他有机金属中间体可以参与多种不同类型的转化，已经设计了为数众多的这类级联过程。

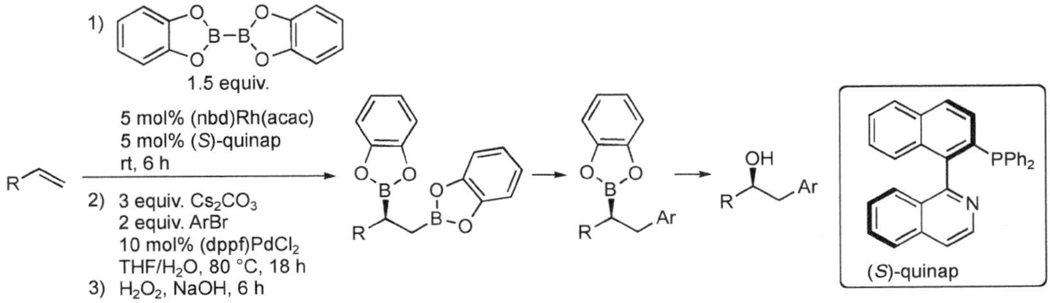

产物	产率/%	ee/%	产物	产率/%	ee/%
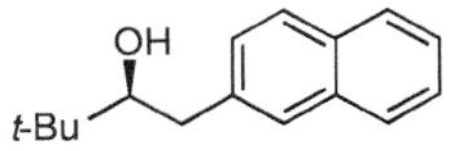	69	92	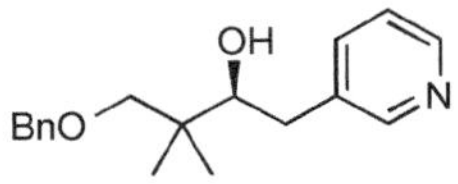	58	93
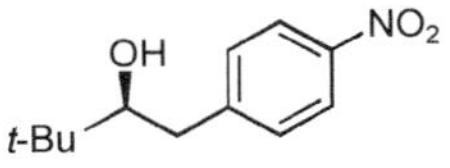	62	94	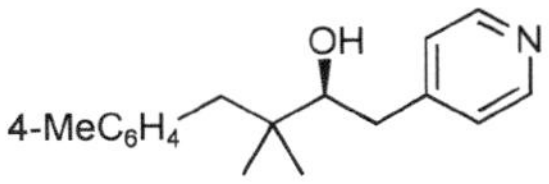	58	96
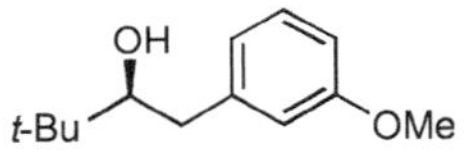	77	95	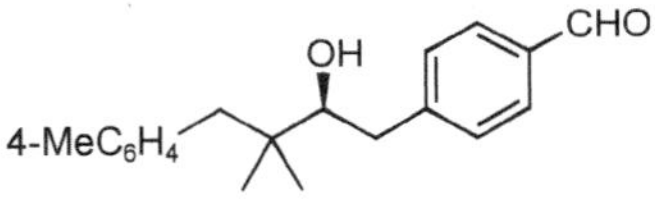	48	96

图 14.5 通过次序的烃不对称双硼化的烯烃碳羟基化、区域选择性 Suzuki 交叉偶联和烷基硼烷的氧化进行的烯烃的碳羟基化

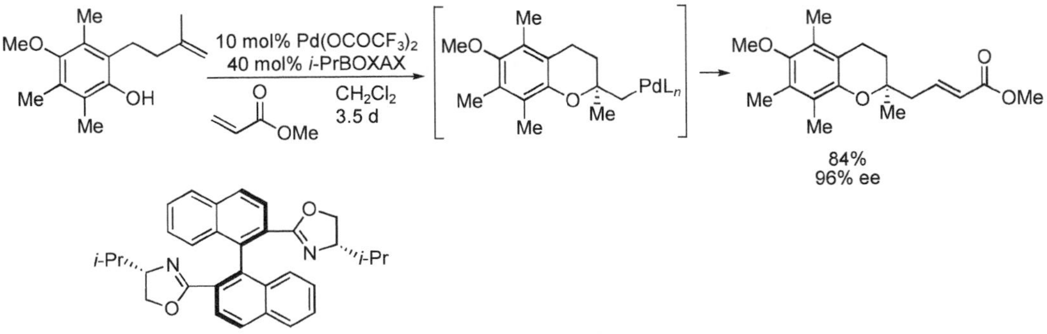

i-PrBOXAX

图 14.6 对映选择性氧钯化和 Heck 反应的多米诺过程

14.1.2 催化不对称诱导作为一个多步过程的后期部分

在前节中介绍了多步过程的第一步使用了催化不对称反应的例子。由于手性催化剂

通常是一个多步过程中最为敏感的组分，大部分催化不对称多步过程遵循这一模式就不足为奇了。然而，在适当的条件下，催化不对称反应可以发生在多步过程的任何节点。

例如，图 14.7 中的多步过程在第二步实施了一个催化不对称反应[39]。在这个级联过程中，手性双噁唑啉-铜催化剂起到了两个截然不同的作用（有关多个催化剂作用的进一步讨论见 14.4 节）。在第一步中，铜配合物催化底物烯酮与醇的醚交换。这一步不涉及不对称诱导，原则上一个非手性的催化剂就可以做到。然而，铜配合物通过催化第一步转化可以实现两个作用，使这一过程变得简化和程式化。在将两个底物连接之后，手性铜催化剂催化分子内杂 Diels-Alder 反应，该反应以高的对映选择性进行。这一多步过程有几个优点，包括：（1）操作方便（只需一个催化剂）；（2）两个组分汇聚式结合；（3）快速增加结构复杂性。

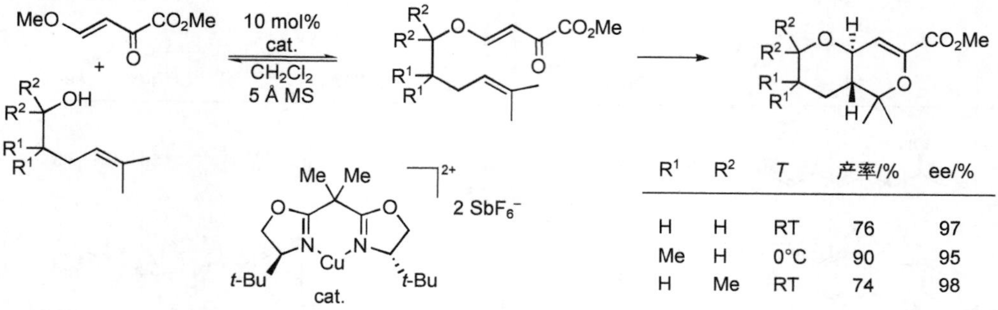

R^1	R^2	T	产率/%	ee/%
H	H	RT	76	97
Me	H	0°C	90	95
H	Me	RT	74	98

图 14.7　醚交换和分子内杂 Diels-Alder 级联反应，其中两步都由同一双噁唑啉铜配合物催化

在后期步骤中涉及催化不对称诱导的多步过程的更多例子见 14.4 节。涉及分别进行催化对映选择性与内部非对映控制的多步过程的例子见 14.3 节。

14.2　多步过程中的连续的立体选择性反应

与前节中的例子不同，大部分在后期步骤中构建立体选择性的催化不对称多步过程中涉及非对映选择性的过程。同样，最敏感的组分——手性催化剂，被用于在第一步中产生手性结构。接下来在进一步的化学转化中发生非对映选择性的反应。

在这种次序的立体选择性过程中，最常遇到的范式涉及一个立体选择性的反应，如对烯酮的共轭加成形成一个手性的烯醇负离子，然后进行一个利用分子间或分子内亲电试剂对其进行非对映选择性捕捉的步骤。例如，一个铝-锂双 BINOLate 催化剂（ALB）已经被用于引发对烯酮的 Michael 加成（图 14.8）[40]。机理研究表明，ALB 造成了甲基丙二酸二乙酯的去质子化，并形成一个含锂中心烯醇负离子的加合物。加合物中的铝对烯酮的羰基进行配位（见图 14.8）。从这个杂双金属配合物出发，发生 Michael 反应，得到一个铝中心的手性烯醇负离子。接下来对反应混合物中存在的醛的 aldol 加成可以以高的（对于二氢肉桂醛）或低的（对于苯甲醛）π-面选择性进行。无论哪种情况，由于羰基邻位的酸性中心容易发生差向异构化，总是观察到热力学上更稳定的 *trans*-取代的环戊酮。值得注意的是，反应开始时体系中就存在两个亲电试剂——醛和烯酮。丙二酸酯负离子对醛的加成是可逆的，而图中所示的级联过程是不可逆的。另外，中间体烯醇负离子位阻很大，会加成到活性更高的醛上而不会加成到烯酮上。如此一来，反应序列的顺序便自动确定了，不需要按次序加入两个亲电试剂。

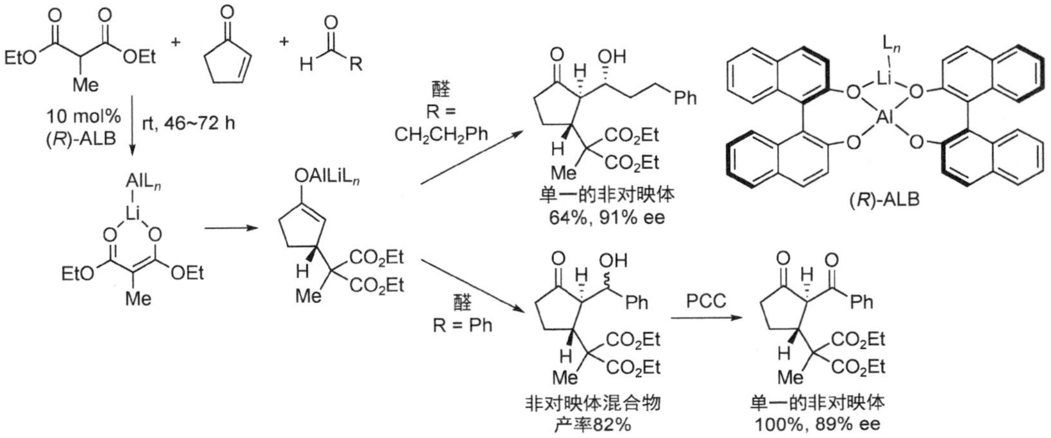

图 14.8　级联的对映选择性 Michael 加成和非对映选择性的分子间 aldol 反应

由于其步骤少、反应汇聚，使用环戊烯酮[41]的这类三组分偶联对于合成前列腺素类化合物特别具有吸引力。前列腺素广泛分布于哺乳动物体内，其药理效应非常广泛，因此对其进行了大量研究[42]。有几个合成的前列腺素衍生物目前被用作药物，但其合成仍然是需要改进和革新的课题[43]。级联的 Michael-aldol 不对称过程已经被应用于立体选择性合成一个 11-去氧前列腺素 $F_{1\alpha}$（11-deoxyPGF$_{12}$）的前体（图 14.9）[44]。使用更复杂的底物醛证明是直截了当的。ALB 催化的多步反应产物的脱水以 92% ee 值得到了烯酮单一的(E)-式非对映体。接下来从图示的(E)-烯酮再以 14 步转化得到了 11-去氧前列腺素 $F_{1\alpha}$。

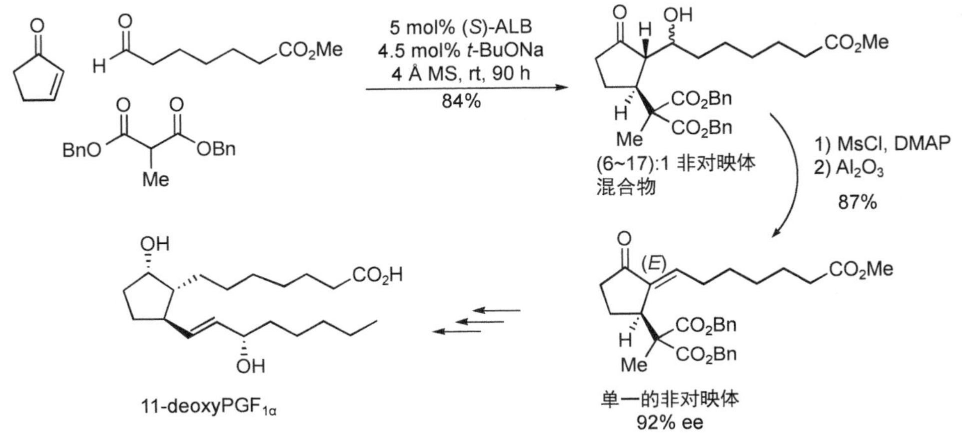

图 14.9　次序的对映选择性 Michael 加成和非对映选择性的分子间 aldol 反应在合成 11-去氧前列腺素 $F_{1\alpha}$ 中的应用

　　类似的手性烯醇负离子可以由催化的对映选择性共轭加成来得到（图 14.10）[45,46]。在这个例子中使用了一个官能团更密集的环戊烯酮。手性的铜-亚磷酰胺对二烷基锌试剂作用形成了一个手性的亲核试剂。这一物种对烯酮的不对称加成得到了手性的烯醇铜盐或锌盐，它可以进一步与存在的醛发生 aldol 反应。aldol 反应中形成的两个手性中心都具有高的选择性。不出所料，醛从烯醇负离子位阻较小的一面进攻，与共轭加成中引入的 R^2 基团处于反面。此处同样是反应开始烯酮和醛两个亲电试剂都存在于反应体系中。每一步中高的化学选择性驱动了这个级联过程。具体来说，如果没有催化剂的干预，二烷基锌试剂不能加成到任一亲电试剂上。这个反应很可能通过二烷基锌试剂发生金属交换形成的烷基铜进行的。得到的烷基铜较软，对较软的烯酮 C═C 键的化学选择性加成比对活性更高、更硬的醛羰基的加成更容易。形成的烯醇金属盐与活性更高、更硬的醛的羰基反应，而不是与较软的烯酮 β-碳或亲电性较差的羰基反应。

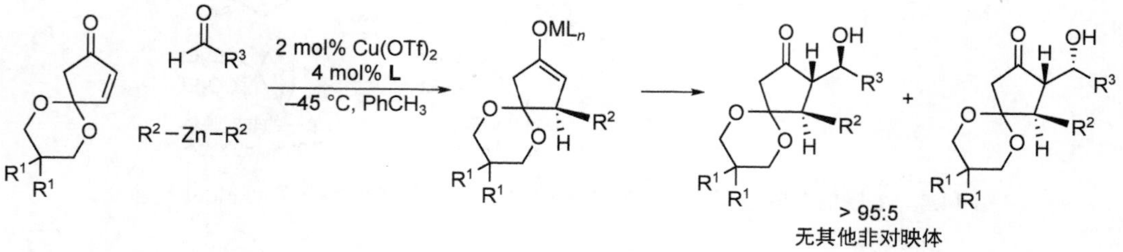

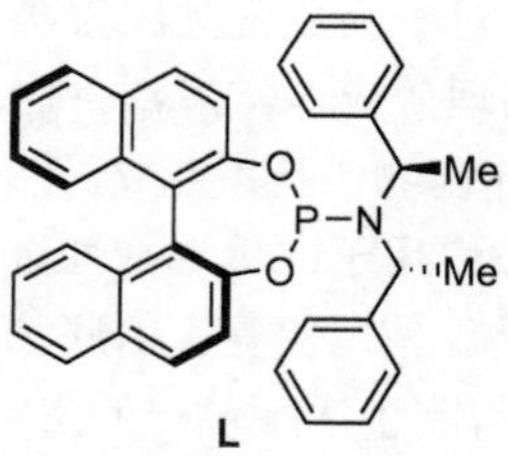

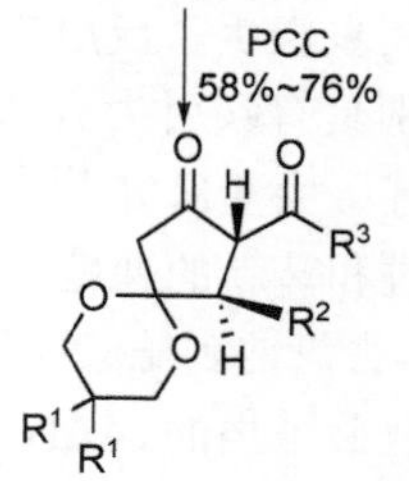

图 14.10　级联的对映选择性共轭加成和非对映选择性的分子间 aldol 反应

R^1	R^2	R^3	产率/%	ee/%
Me	Et	Ph	67	87
Me	n-Bu	Ph	64	87
Ph	Et	Ph	76	94
Ph	n-Bu	Ph	69	94

　　这类三组分多步过程在制备前列腺素类化合物时高度有效，如前列腺素 E_1 甲酯的高效合成（图 14.11）[45,46]。该合成从烯酮、醛（ω-链的前体）和官能团化的锌试剂（α-链的前体）开始。为了区分两个底物的不饱和羰基部分，将不饱和的醛中放置了一个可脱除的硅基，利用了 β,β-二取代的烯酮在此条件下不发生 1,4-加成反应的性质。在 3 mol% 铜-亚磷酰胺催化剂的存在下，以 60%产率和 83：17 的羟基碳上的非对映体比例得到了共轭加成/aldol 加合物。将主要的非对映体用 $Zn(BH_4)_2$ 还原，以 63%的产率和 94% ee 得到了单一的异构体，表明第一步的立体化学选择性很高。再经过五步反应便实现了前列腺素 E_1 甲酯的简洁合成。

　　共轭加成/aldol 多步过程的分子内版本也是可行的，而且可以使用活性较差的第二个亲电试剂。例如，报道了使用手性铑催化剂，以芳基硼酸为芳基供体的酮烯酮结构的催化对映选择性碳金属化（图 14.12）[47]在烯酮上选择性的反应得到了碳结合的铑物种，它可以很容易地异构化成为氧结合的烯醇盐。该手性烯醇盐对酮的非对映选择性分子内

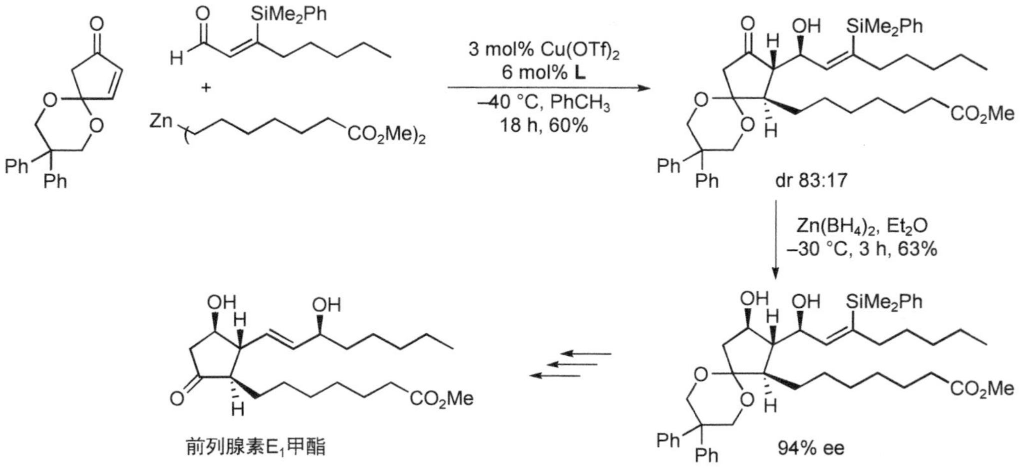

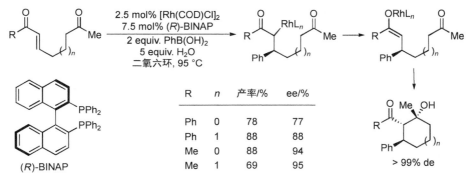

图 14.11 次序的共轭加成和分子间 aldol 反应在合成前列腺素 E_1 甲酯中的应用

配体 **L** 结构见图 14.10

R	n	产率/%	ee/%
Ph	0	78	77
Ph	1	88	88
Me	0	88	94
Me	1	69	95

图 14.12 级联的对映选择性共轭加成和非对映选择性 aldol 环化

加成以高的非对映选择性和对映选择性得到产物。在设计这一级联过程时，考虑到铑催化的芳基硼酸对醛羰基加成容易进行，因此使用了酮而没有用醛作为分子内的亲电捕获试剂。这里反应次序也是由相对活性决定的。芳基转移更容易发生在碳碳双键而非任一酮羰基上。从烯醇盐出发，对酮的分子内加成比与起始原料的任一羰基之间的分子间反应要容易得多。相反，在上面讨论的共轭加成/分子间 aldol 反应（图 14.10）中，使用酮作为第二个亲电试剂有问题，因为烯醇负离子与起始的烯酮底物可以发生竞争反应[46]。

在进一步的工作中，已通过将非对映选择性的捕捉步骤从对单一羰基的前手性面的加成替换成了对一个对称二羰基基团的对称化（图 14.13）[48]，从而将上述前提进行了进一步的扩展。这种转化可以从简单的前体出发，快速组装一系列并环[3.3.0]、[4.3.0]和[4.4.0]双环环系结构。在这个级联过程中，以高的化学产率形成了两个碳碳键，以高的非对映选择性和对映选择性形成了四个连续的不对称中心，其中两个是季碳中心。

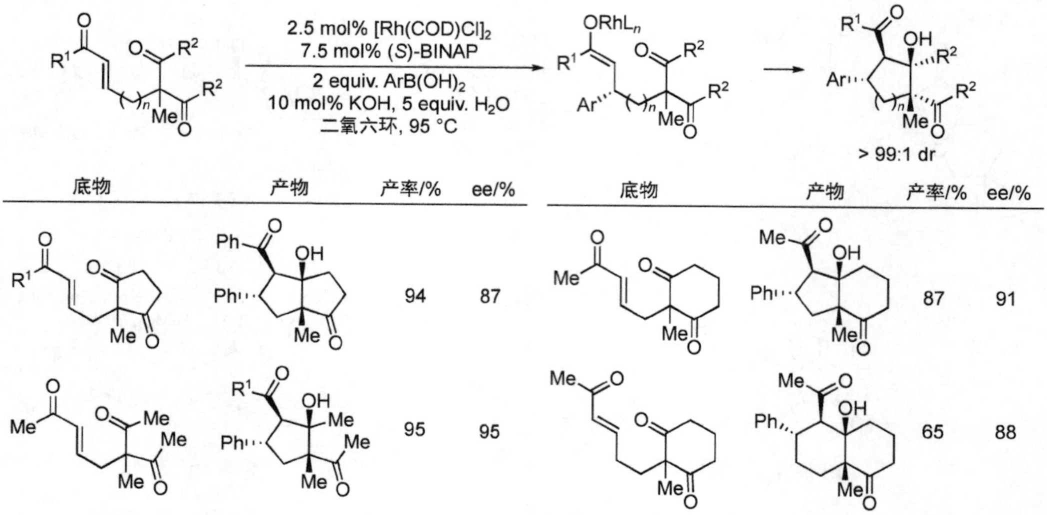

图 14.13 级联的对映选择性共轭加成和非对映选择性 aldol 环化形成双环结构

除使用羰基作为共轭加成形成的手性烯醇负离子的亲电捕获剂，烷基对甲苯磺酸酯和烷基卤化物也可以实现这一作用（图 14.14）[49]。首先，在一个单独的步骤中使用烯烃复分解将烯酮和对甲苯磺酸酯两个反应组分连接起来。接下来手性铜催化剂催化的二烷基锌试剂对烯酮的不对称共轭加成得到了一个手性的烯醇锌盐，它发生非对映选择性的分子内烷烃化。对于环戊基（ $n=1$ ）和环己基产物，总体过程是高效的。对于 $n=3$，

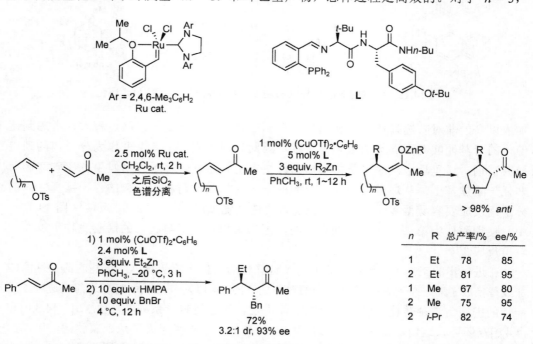

n	R	总产率/%	ee/%
1	Et	78	85
2	Et	81	95
1	Me	67	80
2	Me	75	95
2	i-Pr	82	74

图 14.14 次序的烯烃交叉复分解、不对称烯酮共轭加成和非对映选择性的烯醇盐的烷基化

不对称共轭加成可以顺利进行，形成七元环的环化反应不能发生，而是以高的产率（91%）和选择性（95% ee）分离到了对甲苯磺酸酯产物。这个级联过程可以很好地进行，是因为二烷基锌试剂并不能有效地与对亲电试剂甲苯磺酸酯反应。也通过不对称共轭加成接着将得到的手性烯醇盐与苄溴进行加成而实现了这一过程的分子间版本（图 14.14，底图）。在后面的例子中，必须使用一个次序过程，因为苄基溴会与二烷基锌试剂反应。

从催化不对称转化形成的手性烯醇负离子还有许多其他应用。例如发展了一个次序的过程，其中用类似的方法从烯酮的不对称共轭加成得到的手性烯醇锌盐被三甲基硅基三氟甲磺酸酯捕获成为烯醇硅醚（图 14.15）[50]。进一步加入二碘甲烷，在共轭加成步骤剩余的二烷基锌试剂的存在下引发烯醇双键上的 Simmon-Smith 类型的环丙烷化反应。尽管这一过程中第三步的非对映选择性中等，第一步的对映选择性非常高。这个次序过程的产物是一个环丙醇，它可以发生好几种不同类型的重排反应，得到手性的饱和环烷基酮、环外烯酮和扩环的环状烯酮。总之，可以产生一系列六、七、八元环的手性环状体系。反应并不局限于环状前体，但使用非环状烯酮时选择性稍有下降。

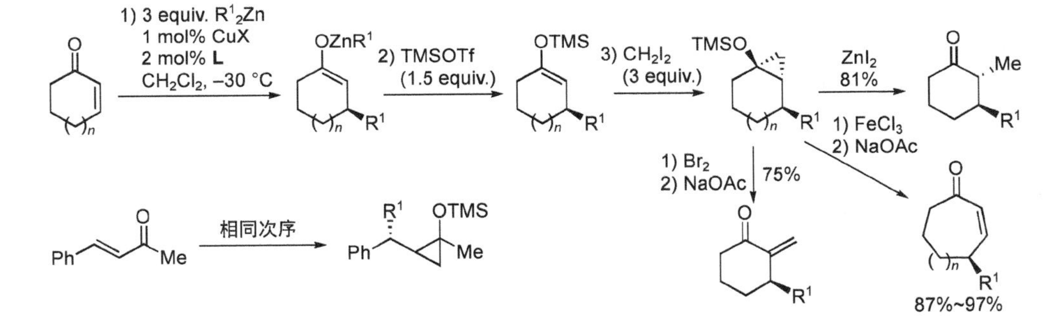

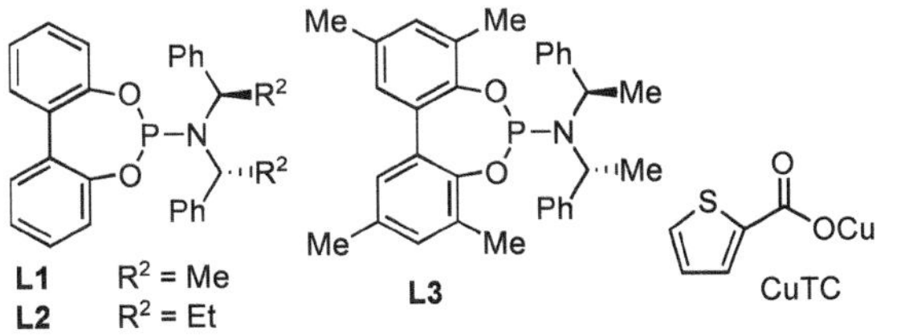

环丙烷产物

n	R^1	CuX	L	产率/%	ee/%	de/%
1	Et	CuTC	2	95	98	77
2	Et	CuTC	1	97	93	84
2	Me	$Cu(OTf)_2$	2	91	97	71
无环	Et	$Cu(OAc)_2$	3	97	89	60

图 14.15　次序的不对称共轭加成、硅化和非对映选择性的环丙烷化

上述例子展示了从催化不对称加成得到的手性烯醇盐在许多非对映选择性转化中的广泛应用。许多其他的手性中间体也可以发生进一步的立体选择性的多步过程。例如，手性铜-双噁唑啉催化剂已经被用于促进联烯基 β-酮酸酯与偶氮二羧酸酯的不对称胺化（图 14.16）[51]。得到的联烯基肼很适合与非手性钯催化剂发生碳钯化反应得到 π-烯丙基钯中间体。通过使用肼进一步将该中间体进行分子内捕获得到了吡唑烷衍生物。非对映选择性可以在碳钯化反应或与 π-烯丙基钯中间体的反应中建立。在任一情况中，对两个立体面的接近都非常相似（酮和酯基具有类似的大小），因此得到了差的非对映选择性。尽管如此，这些非对映异构体具有显著不同的极性，可以很容易进行分离。

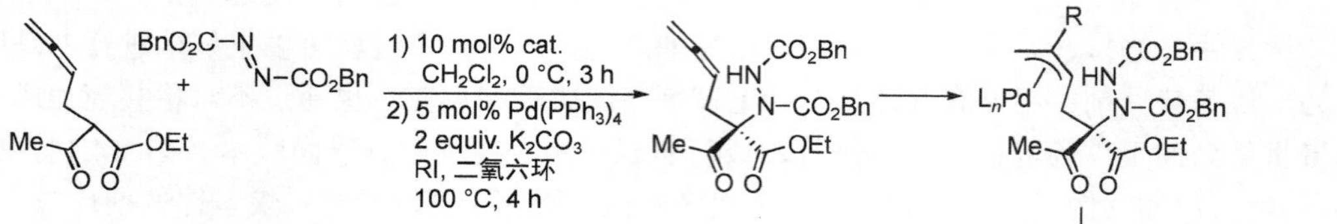

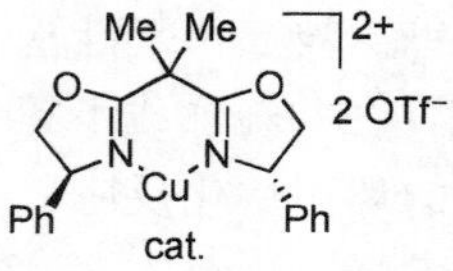

R	产率/%	dr	ee(*R*,*S*) /%	ee(*R*,*R*) /%
Ph	85	67:33	98	98
4-MeOC$_6$H$_4$	92	67:33	98	98
4-MeO$_2$CC$_6$H$_4$	96	62:38	98	97
trans-PhCH=CH	86	63:37	99	99
trans-n-BuCH=CH	75	66:34	98	97
2-噻吩基	71	64:36	99	91

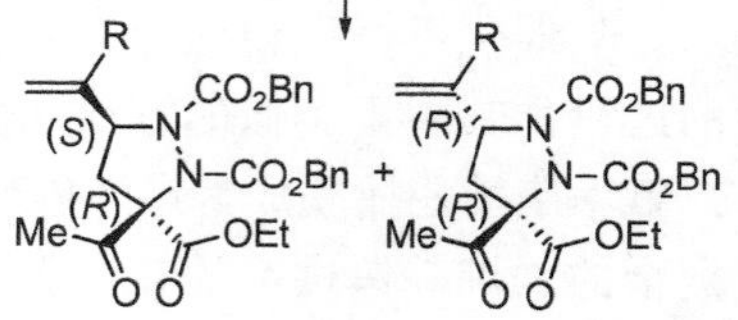

图 14.16 次序的烯烃交叉复分解、不对称烯酮共轭加成和非对映选择性的烯醇负离子烷基化

虽然上述例子中非对映选择性很低，这一反应强调了，将手性 Lewis 酸的传统的亲电活化的特点与后过渡金属催化剂发生金属有机转化的特点相结合是可行的。重要的是，这两类催化剂可以互相兼容。

对映选择性合成中一些最重要的手性砌块是环氧醇，它可以通过前手性烯丙醇的 Sharpless-Katsuki 不对称环氧化反应很容易获得[52]。包含 3 个连续中心的更复杂的环氧醇可以使用手性烯丙醇的 Sharpless 动力学拆分来获得（见第 7 章的动力学拆分）。然而这一过程只能给出最高 50%的产率而且通常需要化学计量的四异丙氧钛和酒石酸酯配体[53,54]。图 14.17 中给出了一个从非手性前体合成复杂环氧醇的一锅方法[55-57]。这个反应由末端炔与二乙基硼烷的氢硼化引发，得到烯基硼烷。向这个中间体中加入二乙基锌，发生金属交换得到一个烯基锌试剂。在一个氨基醇［如(−)-MIB］，衍生的催化剂[58]的存在下，烯基锌试剂与烯醛加成，以高的对映选择性得到双烯丙基烷氧化物。然后向反应瓶中引入氧气，它与过量的二烷基锌试剂反应得到过氧化锌。过氧化锌的亲电性不够强，不足以将烯丙醇进行环氧化。然而，四异丙氧钛是众所周知的进行烯丙醇的非对映选择性环氧化的优秀催化剂。向过氧化锌和双烯丙基烷氧化锌的溶液中加入四异丙氧钛导致了以高的非对映选择性将四个烯烃的面中的其中一个进行选择性的导向环氧化。更富电子的双键氧化得最快。环氧化中，面选择性的控制是由其中一个非对映异构的过渡态中存在的 $A^{1,2}$ 或 $A^{1,3}$ 张力决定的[59]。如图 14.17 所示，可以以高的对映选择性和非对映选择性制备官能团密集的烯丙基环氧醇。

众多含环丙基的天然和非天然产物表现出重要的生理活性。合成这些手性砌块的一个适于将环丙烷环进行进一步转化的模块化方法是非常需要的。与图 14.17 中的烯丙基环氧的合成有关的一个合成环丙醇的灵活方法展示在图 14.18 中[60]。在这一化学中，二烷基锌试剂对 α,β-不饱和醛不对称加成，然后烯丙基烷氧化锌与 RO-Zn-CH_2-I 发生导向的 Simmons-Smith 环丙烷化。在加成步骤中观察到了优异的对映选择性和非常高的非对映选择性。有趣的是，使用 RO-Zn-CHI_2 为卡宾前体时，转移了一个碘卡宾，形成了第 4 个手性单元。以 60%～78%的产率和≥95% ee 分离得到了碘代环丙醇。在产生最后 3 个

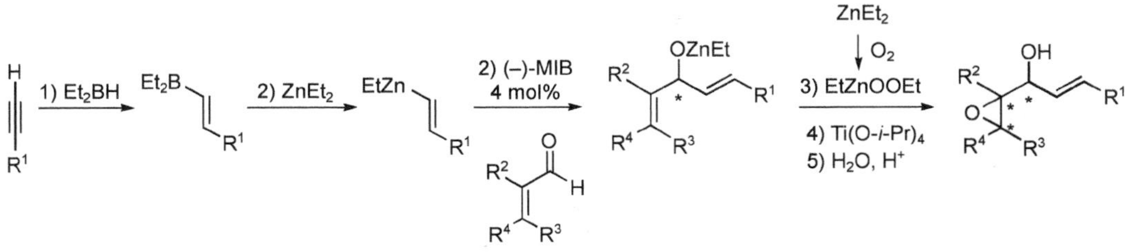

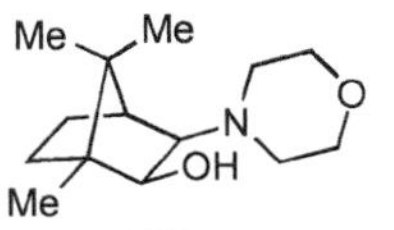

(−)-MIB

烯丙基环氧醇	ee /%	产率 /%	dr (*erythro*:*threo*)
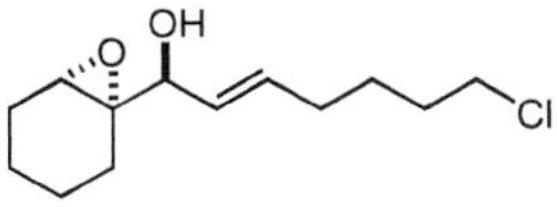	99	78	20:1
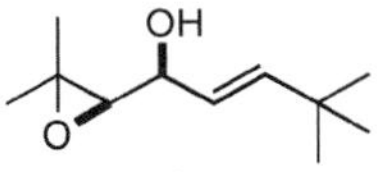	98	76	1:20
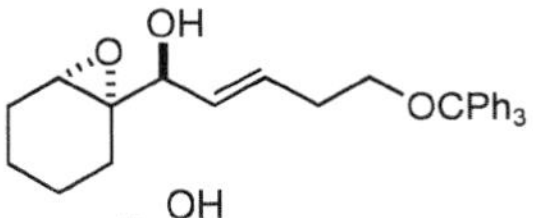	92	60	20:1
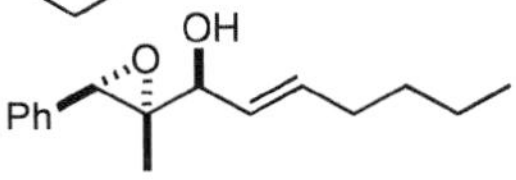	90	80	20:1

图 14.17 从炔和醛一锅合成烯丙基环氧醇

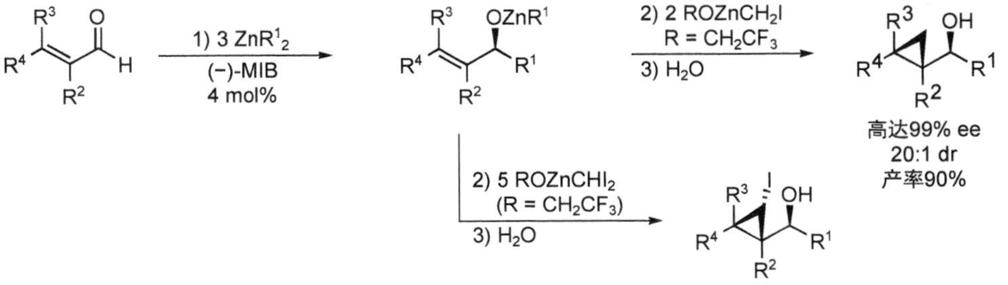

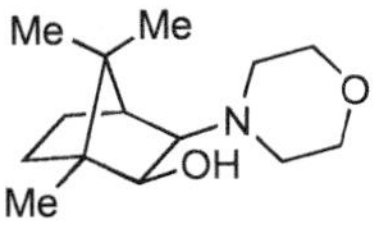

(−)-MIB

R^1	环丙醇	ee/%	dr	产率/%
Et	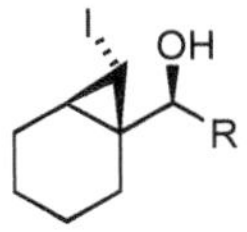	99	> 20:1	68
$(CH_2)_5OTBDPS$		98	> 20:1	70
Me	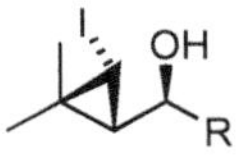	99	> 20:1	78
Et		95	> 20:1	62
$(CH_2)_4i$-Pr		96	> 20:1	60
Et	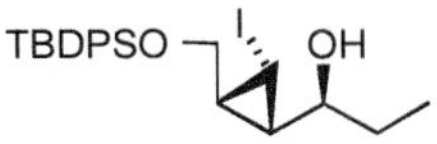	98	> 20:1	74

图 14.18 环丙醇和碘环丙醇的一锅法合成

中心时观察到的极高的非对映选择性说明了锌在该反应中控制立体选择性的能力。醇羟基与碘取代基的顺式关系表明，在环丙烷化步骤中碘配位在锌上。利用这些手性砌块应该可以合成自然界和生物活性分子中常见的 1,2,3-取代的环丙烷。

对映选择性的有机催化化学近年来出现了复兴[61]。典型的情况下，这些反应中包括不含金属的催化剂与一个或多个底物分子之间形成共价键，得到瞬态的活性中间体。共价键所造成的紧密接近可以产生非常高的对映选择性，因为有机催化剂中的立体化学信息可以被有效地传达到反应物中。跟许多其他类型的不对称催化剂一样，有机催化剂也可以被整合到多步过程中[26]，而且原则上可以被用于多步过程的早期或后期步骤。然而，迄今为止大部分使用手性有机催化剂的多步过程仍然在第一步中使用有机催化剂。接下来的反应以次序或级联的过程进行，可以得到高的非对映选择性。

在下文将展示的第一个例子中，一个分子间的对映选择性有机催化反应之后发生一个非对映选择性的分子内环化（图 14.19）[62]。一个手性的咪唑烷催化 β-酮酸酯对烯酮的对映选择性 Michael 加成，得到的加合物发生非对映选择性的环化，产生环己酮产物。观察到的高对映选择性是第一步的结果，其中亚胺离子中间体的一个面被手性催化剂的苄基有效地屏蔽了。然而，由于可差向异构化的 β-酮酸酯中心的存在，在这一步中观察到了非对映异构体的混合物。在最后一步中，在另外两个立体中心，包括 β-酮酸酯中心上都建立了高的非对映选择性，其中涉及一个所有基团都处于赤道向位置的最稳定的六元环过渡结构。在这个级联过程中，手性咪唑烷起了三个作用。第一，它通过形成亚胺离子活化了 Michael 受体；第二，它通过去质子化差向异构化了 β-酮酸酯；第三，它作为分子内的 aldol 反应中的碱。然而，并不能完全排除通过烯胺机理进行的分子内 aldol 反应的可能性。

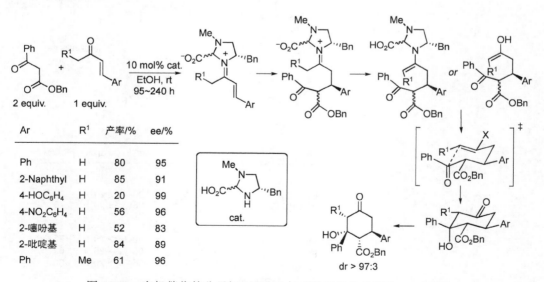

图 14.19　有机催化的分子间 Michael 加成然后发生分子内 aldol 环化

使用亚胺阳离子活化的另一个有机催化的级联反应如图 14.20 所示[63]。这里第二步中并不依赖于由对手性 α,β-不饱和亚胺离子的加成而形成的烯胺/烯醇中间体。而是从亲核试剂吲哚形成的亚胺离子中间体在一个非对映选择性的过程中捕捉 Boc-保护的胺，得到并环的吡咯并吲哚啉环系。快速产生含有具有挑战性的季碳中心的复杂体系凸显了这一方法的用处。

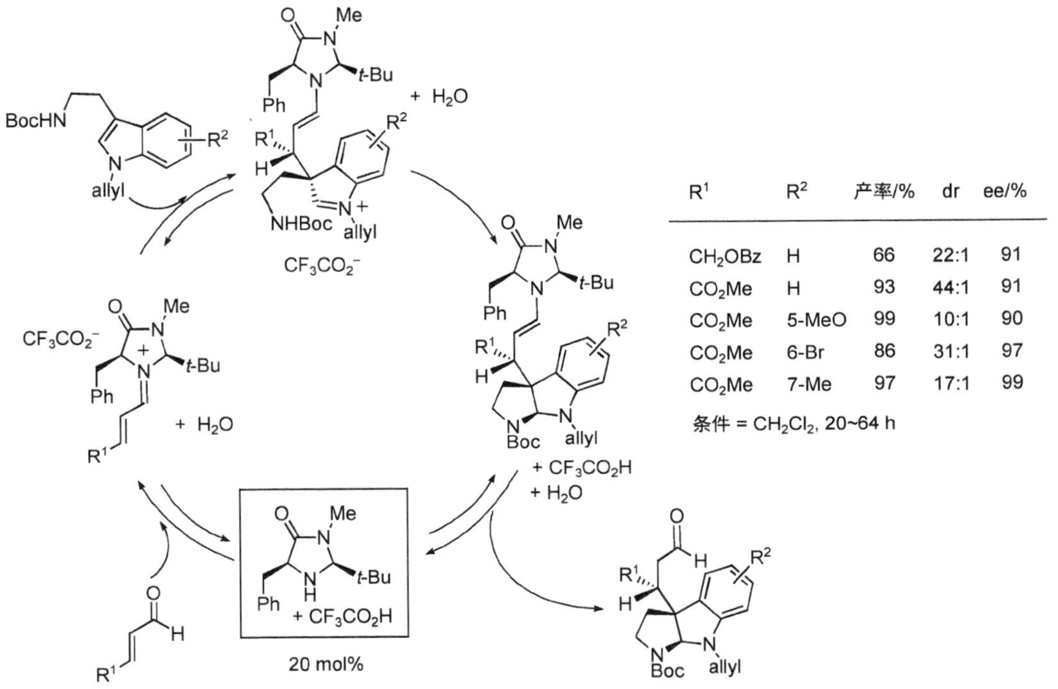

R¹	R²	产率/%	dr	ee/%
CH₂OBz	H	66	22:1	91
CO₂Me	H	93	44:1	91
CO₂Me	5-MeO	99	10:1	90
CO₂Me	6-Br	86	31:1	97
CO₂Me	7-Me	97	17:1	99

条件 = CH₂Cl₂, 20~64 h

图 14.20 通过催化的级联反应对映选择性合成吡咯并吲哚啉

相对于亚胺阳离子，形成活性烯胺中间体的手性二级胺催化剂也可以被用于多步过程。例如，图 14.21 展示了一个次序过程，其中脯氨酸催化可烯醇化的醛与亚胺酯经过

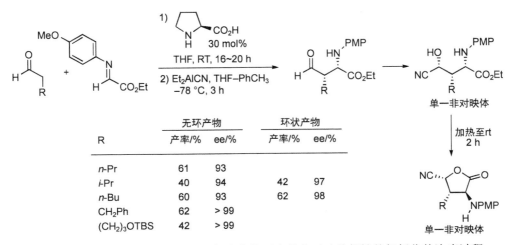

	无环产物		环状产物	
R	产率/%	ee/%	产率/%	ee/%
n-Pr	61	93		
i-Pr	40	94	42	97
n-Bu	60	93	62	98
CH₂Ph	62	> 99		
(CH₂)₃OTBS	42	> 99		

图 14.21 包含有机催化的亚胺酯加成和接下来的非对映选择性的氢氰化的次序过程

一个手性的烯胺加合物的不对称加成[64]。得到的亚胺离子水解之后，β-氨基醛进一步用二乙基氰化铝处理，形成了高非对映选择性的氰醇。如果这个次序过程的第二部分在低温下进行，可以直接分离到加合物氰醇。或者反应可以在室温进行，得到环状的加合物。总之，这一次序过程提供了一个通过三组分偶联产生 γ-氰基-γ-羟基-α-氨基酸的简单、高立体选择性的方法。

由于上述过程的第一部分中的产物醛可以参与许多类型的反应，这些多步过程应该有相当的广泛性。例如，上面讲的醛产物已经被由烯丙基溴和金属铟现场产生的烯丙基亲核试剂截获（图 14.22）[65]。尽管这个次序过程的第一步的对映选择性很高（≥93% ee），第二步的非对映选择性却很低，介于 1∶1 与 2∶1 之间。尽管如此，非碱性的亲核物种（相对于格氏试剂或烷基锂亲核试剂）可以从温和的条件现场产生，而且无须去除脯氨酸催化剂这一事实使这一过程很有前景。

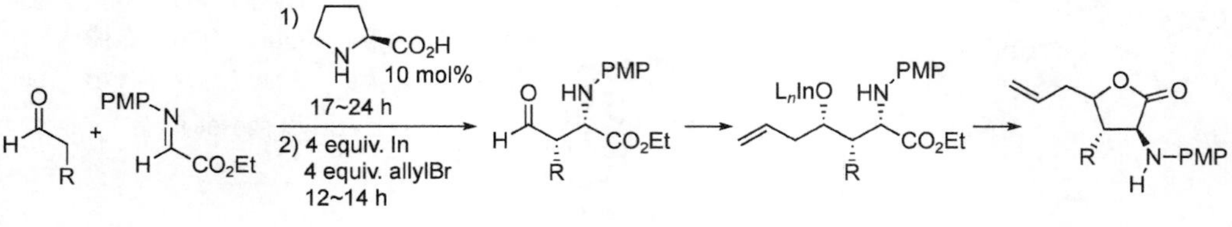

R	溶剂	产率/%	dr	ee/%
i-Pr	THF	63	2:1	93
 (烯基)	H₂O/THF	77	1:1	>99

图 14.22   含有机催化的亚胺酯加成然后烯丙基化的次序过程

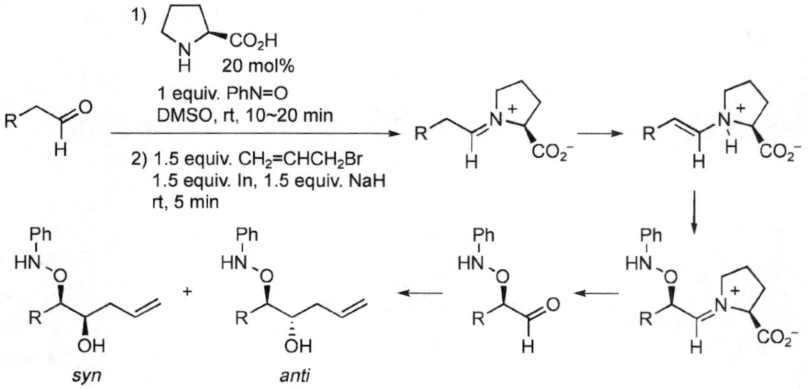

R	产率/%	syn:anti	ee/% syn/anti
Me	80	3:2	98/98
i-Pr	71	5:3	99/97
n-Pr	65	3:2	98/98
n-Bu	82	3:2	98/98
CH₂Ph	74	3:2	99/>99
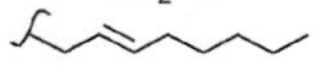 (烯基)	70	4:1	97/>99

图 14.23   次序的有机催化的羟基化和醛的烷基化

在一个相关的报道中，描述了一个次序的对映选择性/非对映选择性过程[66]（图 14.23），其中第一步是脯氨酸催化的醛的对映选择性羟基化[67,68]。快速水解完全之后，加入金属铟和烯丙基溴产生亲核试剂烯丙基铟。接下来的非对映选择性加成得到二醇等价物，它可以很容易地使用 H_2/PtO_2 或 $Cu(OAc)_2$ 转化成二醇。尽管第一步的对映选择性非常高（≥97% ee），第二步的非对映选择性又很低，介于 3∶2 与 4∶1 之间。显然，使用亲核试剂烯丙基铟时，在醛的立体面之间不存在足够高的区分。这种情形凸显了立体选择性合成中一个特有的问题，即内部和外部非对映控制（见第 13 章）。在下一节中我们将举几个例子讨论这一问题。

14.3 多步过程中独立的对映选择性催化反应

在使用内部立体控制以获得高非对映选择性过程上已经付出了许多努力。然而，需要优化条件以及缺乏普适性会减低这一过程的重要性。在形成一个或一组手性中心之后，在后面的步骤中使用多种手性催化剂进行立体选择性的反应一般被看作是不太理想的。对于合成一个具有给定的立体化学的结构，这可能是对的，因为手性催化剂通常价格很高。然而，对于高效合成所有可能的非对映体的纯品来说，使用额外的手性催化剂具有快速和灵活性高的优点。前提是在这些非对映选择性的过程中，催化剂的立体化学控制能够压倒底物的非对映选择性控制（见第 13 章）。

如果在一个反应序列中使用了两种（或更多）不同的催化剂来促进两个（或更多）立体选择性的反应，而且每种催化剂能够产生完全的立体控制，那么便可以高效地组装大量的多样性。已在碳水化合物的合成中意识到了这种方法的潜在优势，并设计了一个可控地立体选择性合成一系列立体异构的多醇的通用方法。选择性地合成这种碳水化合物的前体及其衍生物的许多立体异构体在糖识别问题中具有重要应用[69]。这种通用方法使用了连续的不对称双羟基化和不对称酶促 aldol 反应（图 14.24）[70]。该方法的一个关键

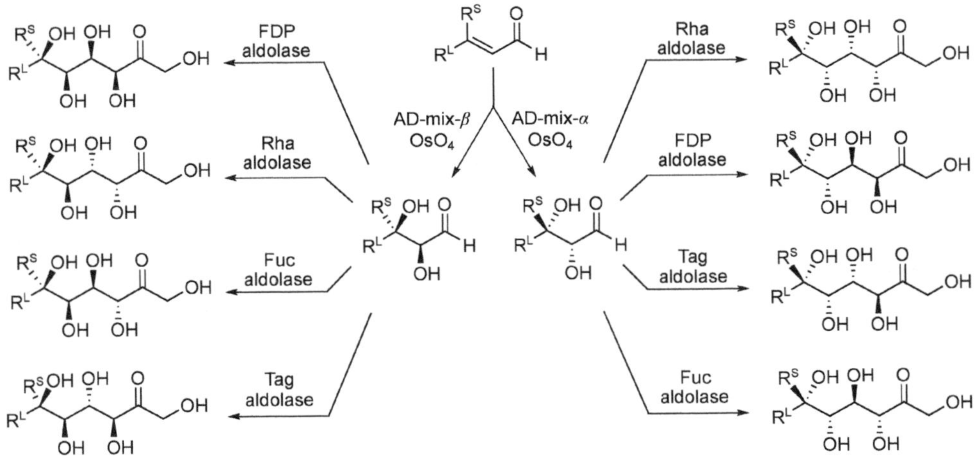

图 14.24 在次序的烯烃双羟基化和酶促 aldol 反应得到新型碳水化合物衍生物中的独立的立体化学控制

特征是醛缩酶（aldolase）催化的第二个立体选择性的反应受到了完全的催化剂立体控制。因此，这个复杂系列中的每个立体异构体产物都可以被选择性地合成出来。相反，使用内部的底物非对映控制对不同的立体异构体序列来实现这种水平的立体选择性时，其底物依赖性出了名地强，需要大量的优化工作[71-73]。

在该方法的第一步中，取决于使用 AD-mix-α 还是 AD-mix-β，锇催化不饱和缩醛的不对称双羟基化得到二醇的任一对映异构体（图 14.25）。脱除缩醛得到醛，它与磷酸二羟基丙酮发生酶促 aldol 加成，接着在酸性磷酸酶作用下发生酶促去磷酸化。对磷酸二羟基丙酮供体具有特异性，可以提供强的立体化学诱导，具有广泛的底物特异性，容易获得的几种醛缩酶包括二膦酸果糖（FDP，提供 3S,4R 立体化学）和 L-rhamnulose 1-phosphate（Rha—提供 3R,4S 立体化学）醛缩酶。在 aldol 加成中醛缩酶实施了完全的非对映控制，使得可以以单一的非对映异构体和由不对称双羟基化反应得到的对映选择性分离得到产物。在图 14.25 中显示的应用中，双羟基化催化剂和醛缩酶的组合可以以纯品形式获得对映异构的序列。

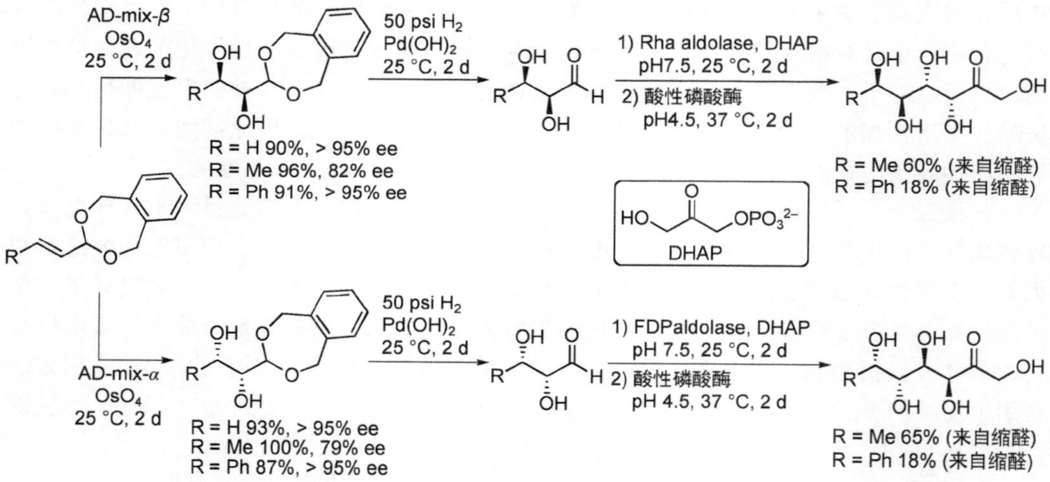

图 14.25   次序的不对称烯烃双羟基化、缩醛脱保护、立体选择性 aldol 以及去磷酸化得到新型的碳水化合物衍生物

根据简介中的定义，形式上这一组次序反应并不属于多步过程的范畴，因为并非所有的反应都在一步操作中不经分离完成。但是，这一方法的最后部分，aldol 和去磷酸化，的确代表一个次序的多步过程。不管怎样，这个例子展示了次序的方法在快速高效产生多种结构上的强大力量。本节余下的部分集中于两个或多个步骤受到完全催化剂立体控制影响的多步过程。

在进一步研究中，证明使用 2-脱氧核糖 5-磷酸（DER）醛缩酶的一个多步 aldol/aldol 过程也是可行的（图 14.26）[74]。DER 醛缩酶是仅有的几个可以以次序的和立体选择性的方式接受两个或三个醛底物的醛缩酶之一。当使用含有第一步加成之后不能环化的取代基的 α-取代醛时，可以发生第二步 aldol 加成，得到可以环化成吡喃酮的产物。在这个级联过程中，得到的产物具有高的对映选择性和非对映选择性。

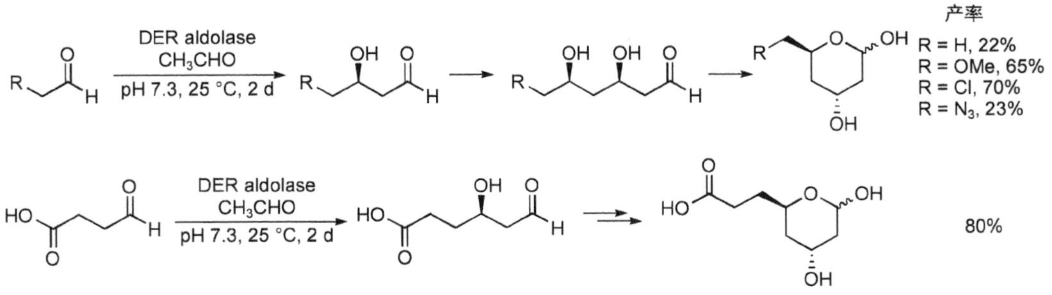

图 14.26 酶催化的级联 aldol/aldol/缩醛化过程

在前一过程中，通过使用一个催化剂重复进行 aldol 反应，朝一个方向建立了产物结构。通过使用适当的前体，也可以进行一个类似的过程，其中 aldol 反应在该前体的不同部分进行。通过在两端进行构建来组装新结构是一个强大和高效的方法，可以快速产生复杂性[75]。如图 14.27 中展示了一个双向不对称反应的例子[76]。这里，烯醇硅醚的末端双键与醛的 ene 反应得到了含末端双键的新的烯醇硅醚。该中间体可以接着发生第二个烯反应得到(R,R)-产物，其中最初烯醇硅醚的两端都发生了成键。这种类型的级联过程具有很大优势，因为与一个官能团的反应使第二个新的官能团暴露出来。如此一来，两个官能团的相对反应性就无须考虑了（见图 14.29）。

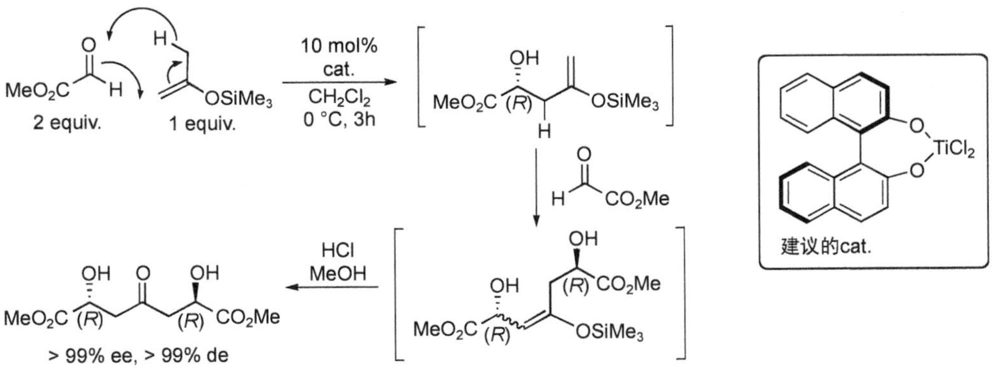

图 14.27 双向的不对称 ene 反应

对于图 14.27 中的每个 ene 反应而言，钛-BINOL 催化剂主导了立体控制并提供了(R)-构型。通过将第一个反应中得到的(R)-型和(S)-型加合物使用同一手性的(BINOLate)Ti 催化剂处理对这一前提的正确性进行了检验（图 14.28，上图）。在每种情况下，新形成的立体中心都具有(R)-构型。观察到了轻微程度的底物非对映控制，因为(R)-型化合物比(S)-型化合物反应的选择性更高。无论从(S)-型还是(R)-型的单加合物出发，(R)-型立体中心的形成都更快这一事实导致了这一两组分反应中出现了不对称放大（图 14.28，上图）。具体来说，(R)-型单加合物形成(R,R)-型非对映体的速率是形成内消旋的(R,S)-型非对映体的 34 倍。而且，手性催化剂作用在(S)-型单加合物上提供的第二个手性中心上的(R)-构型也快 16 倍。因此，与(R)-型单加合物相比，(S)-型单加合物被更大限度地虹吸到了内消旋的双加合物中。因此，对于图 14.27 中的反应，对映体过量从单加合物的 **98.4%**提高到了双加合物的 **99.6%**。这一对映体过量的增加是以形成更多的内消旋的非对映体为代价的。这个例子让人想起了第 10 章中讨论的某些去对称化反应。

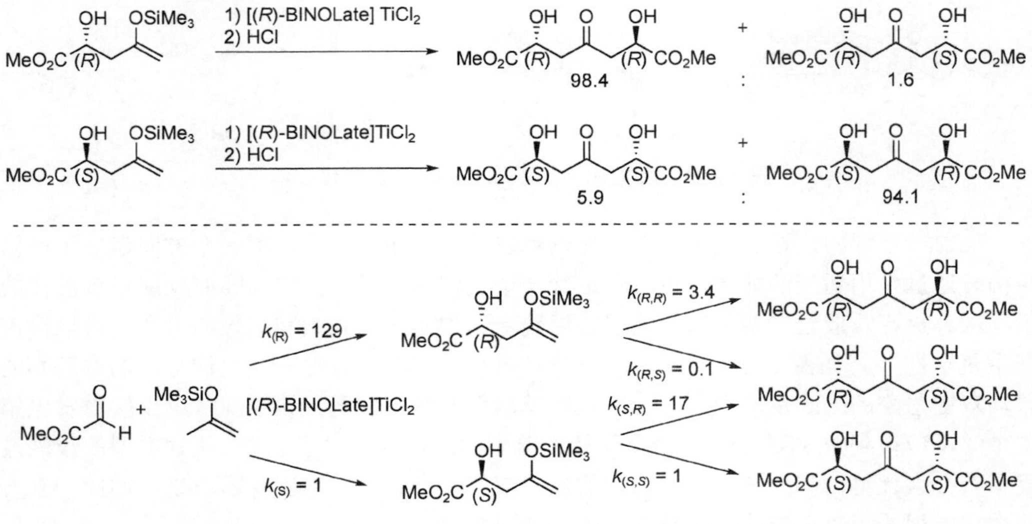

图 14.28　双向的 ene 反应中底物与催化剂立体控制的比较

　　在上面讨论的含有独立的对映选择性的催化反应的多步过程的例子中，两个独立的反应非常相似（即两个 aldol 反应或两个 ene 反应）。发展含有根本不同的独立反应的多步过程的挑战性要大得多[17]。在图 14.29 中二醛的不对称氰基化和硝基 aldol 反应（Henry 反应）中已经实现了一个这样的过程[77]。在这个次序的反应中，反应的顺序受存在的试剂控制。另外，两个活性的醛组分化学上非常不同，更亲电的烷基醛首先发生反应。由于两个活性位点距离较远（7 根键），底物的非对映控制将会很弱。因此，两个立体中心都由手性的钇-锂-BINOLate 催化剂（YLB）控制。在第一个氰基化反应中，手性催化剂以 98% ee 形成酰基氰醇的立体中心。在第二个硝基 aldol 反应中，手性催化剂以约 57% ee 值产生羟基立体中心，得到了 3.7∶1 的非对映体比例。使用单醛的对照实验证实了这

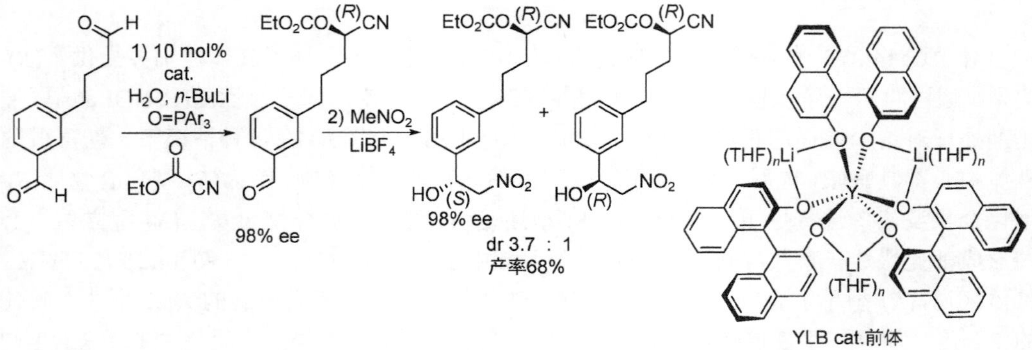

图 14.29　次序的独立的对映选择性氧化和同一金属配合物催化的对映选择性 Henry 反应

一说法：（1）手性催化剂以 94% ee 得到了己醛的氰化产物；（2）手性催化剂以 59% ee 得到了苯甲醛的硝基 aldol 产物。这一次序过程甚至更复杂，因为两步的催化剂是不同的。在第一步中，添加剂水、正丁基锂和三芳基膦氧化物对于高对映选择性至关重要，猜测是由于它们改变了活性催化剂。不幸的是，同样的这些添加剂对第二步的对映选择性不利（降低到 11% ee）。因此，在第二步中加入了四氟硼酸锂来抵消第一步中引入的添加剂。有关使用 YLB 类催化剂对底物进行活化的讨论见第 12 章中的双功能催化。

图 14.30 中展示了单一手性催化剂实施两个独立的对映选择性反应的另一个例子[78]。首先发生了一个 Danishefsky 二烯的不对称杂 Diels-Alder 反应，然后发生醛与 Et₂Zn 的不对称烷基化。对于对位取代的例子，观察到了 < 3% 的双杂 Diels-Alder 和醛双烷基化的产物。对于间位取代的例子，观察到了 6.4% 的双杂 Diels-Alder 和 10% 的醛双烷基化的产物。一种金属催化剂再次依次催化了在反应之初就存在的两个活性官能团的两种不同转化。转化的次序由分步加入两种试剂来控制。值得注意的是，如果两个醛在第一步中有相同的反应活性，那么应该预期会得到统计学混合物（起始原料：单 Diels-Alder 产物：双 Diels-Alder 产物为 1∶2∶1）。然而，在第一步 Diels-Alder 反应之后，余下的醛由于失去了另一个拉电子的醛而亲电性变差。因此，在第一步过程中可以避免双杂 Diels-Alder 产物。

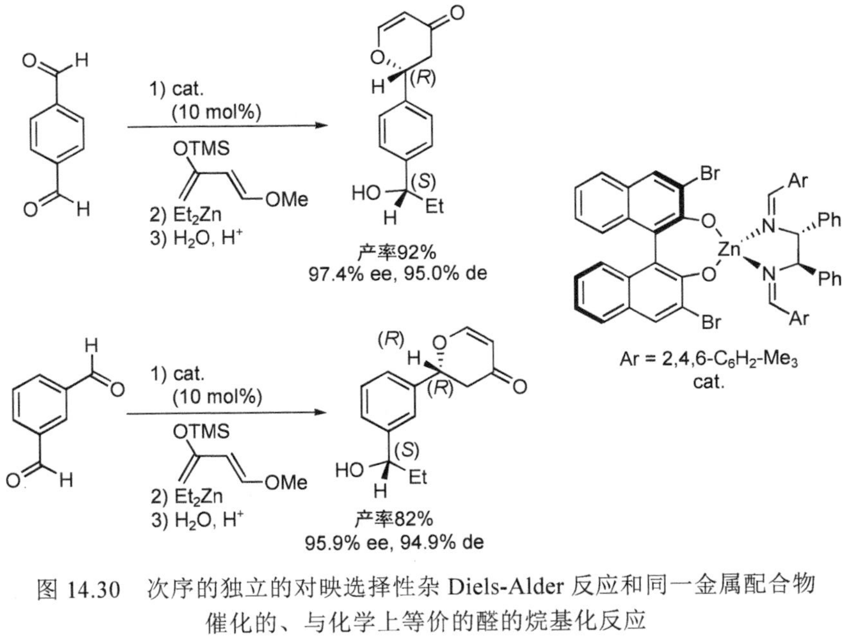

图 14.30　次序的独立的对映选择性杂 Diels-Alder 反应和同一金属配合物
催化的、与化学上等价的醛的烷基化反应

与前一个例子不同，手性锌催化剂在两个反应中施加的对映选择性相似，在杂 Diels-Alder 反应中具有 97.4% ee，在醛的烷基化反应中约是 95% ee。这些选择性跟单官能团底物的同一反应中观察到的选择性差不多，表明底物的非对映控制被催化剂的立体控制遮蔽了。

在上面的这些反应中（图 14.27～图 14.30），同一催化剂被用于两步反应。使用两个不同催化剂的过程更有挑战性，因为催化剂必须不与对方作用，而且必须只跟它要作用的化学靶点部分反应。在图 14.31 中给出了一个优雅的例子[79]。铑和钌催化剂在整个反应过程中都一直存在。在 10 atm（1013250 Pa）时，钌催化剂不反应，只发生高对映选择性的铑催化的烯酰胺的氢化。提高压力时，钌催化剂接着以高的非对映选择性将酮进行还原。

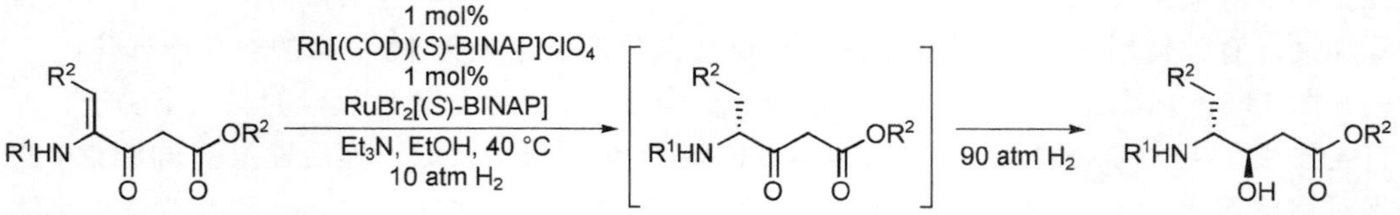

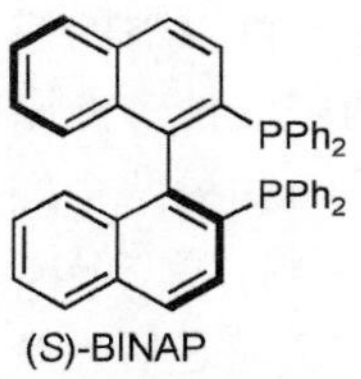

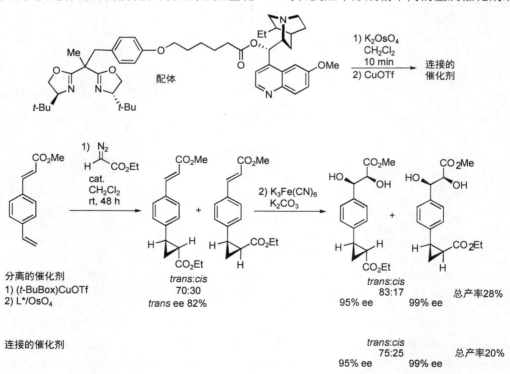

R¹	R²	R³	产率/%	dr	ee/%
Ac	Ph	Et	99	> 95:5	> 95
Ac	Ph	Me	99	> 95:5	> 95
Boc	Ph	Et	99	> 95:5	> 95
Ac	4-ClC₆H₄	Et	90	> 95:5	> 95

图 14.31　次序的独立对映选择性的烯酰胺的氢化和酮的氢化

在两步中使用独立催化剂立体控制的多步过程的另一个有趣的策略是图 14.32 中所示的依次进行的环丙烷化和烯烃的双羟基化[80]。与在反应中形成稍不同的金属催化剂或

图 14.32　含两个用于依次催化同一底物内化学迥异的烯烃发生不对称环丙烷化
和双羟基化反应的不同亚单元的连接的催化剂

使用同一金属催化剂催化两个不同的反应不同，这里使用了一个含两个分离的催化组分片段的复合物。在产生连接的催化剂时，金属加入的次序至关重要，因为双功能配体上的不同金属结合位点可以对铜和锇阳离子竞争配位。通过先加入锇酸钾再加入三氟甲磺酸铜（Ⅰ），可以选择性地分别将双噁唑啉和二氢奎宁部分配位到铜和锇上[81]。反应完毕后，可以在柱色谱分离产物之后以91%的产率回收手性配体。

在这一次序过程中，试剂加入的顺序控制着底物中官能团的反应。每步的立体化学由各个相应的金属中心独立建立（催化剂控制与底物非对映控制，见第13章）。对于环丙烷化，当使用单核的(t-BuBox)Cu(OTf)时观察到了82% ee，而使用连接的催化剂时观察到了50% ee。不对称双羟基化组分表现更好，使用单核和连接的双羟基化催化剂都能得到95%～99% ee。值得注意的是，连接的催化剂的总体产率与使用分开的催化剂的反应产率相当。应该记住的是，虽然环丙烷化的对映选择性低，但高选择性的双羟基化将环丙烷化产物的劣势对映体转化成了一个非对映体，导致了双羟基化产物的对映体过量的提高（见第8章，平行动力学拆分部分）。

通过将两个或更多催化剂包含在固体负载物中，可以解决在这种将两个催化剂连接到一个结构的类型中遇到的许多问题，包括两个催化剂之间不利的相互作用和催化剂的回收问题。固体负载物的刚性限制了催化剂的流动性，从而阻止了不同的催化位点之间的相互作用。另外，固体负载的催化剂还可以通过过滤而很方便地回收。有关固体负载的多个催化剂的进一步讨论见15.5节。

使用了两个不同手性催化剂的级联类型过程的一个罕见的例子是图14.33中的不对称氢氟化反应[82]。在这个一锅过程中，两个不同的催化剂分别在两个催化循环中实施立体控制。在第一个循环（亚胺离子循环）中，咪唑啉酮催化剂形成了一个与亲核试剂负氢反应的亚胺阳离子物种。接下来产物烯胺水解，得到了带有可烯醇化的氢的中间体醛，它是第二个催化循环（烯胺循环）中所需的。使用第二个咪唑啉酮催化剂的反应产生了一个烯胺，它接着与一个氟化物亲电试剂反应。考虑到两个催化剂的相似性以及它们在反应序列的后半部分（烯胺循环）都存在于反应体系中，这一转化尤其引人注意。然而，从使用不同的催化剂组合得到的立体化学结果（*syn* 对 *anti* 选择性）来看，肯定发生了循环特异性的催化（cycle-specific catalysis）。另外，在第二个反应中催化剂的立体控制胜过了底物立体控制（见第13章）。这一催化剂立体控制的一个后果是通过选择合适的催化剂组合可以得到所有的4种非对映异构体产物（图14.33中的结构及其相应的对映异构体）。

在一个序列中将不对称反应进行组合的一个重要的好处是导致第二个循环中发生对映体富集的数学需求。即使在两个独自的催化循环都只有中等的选择性，仍然可以实现很高的对映体过量（≥99% ee）。例如，在一个级联过程中将两个86% ee值的催化循环相结合可以得到7∶1的非对映体的混合物，其中主要对映体可以以99% ee形成（进一步的讨论见16.2.3节和第13章）。

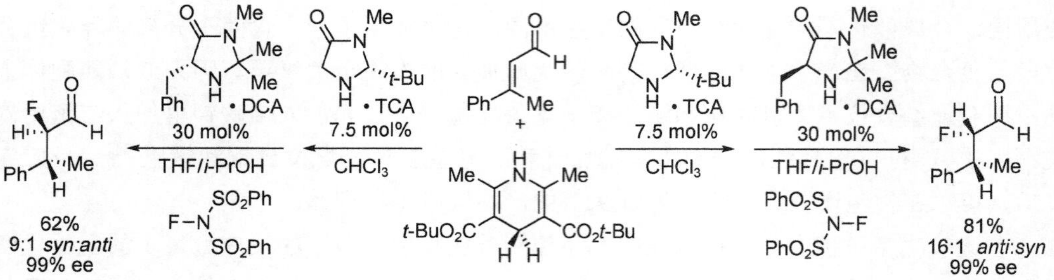

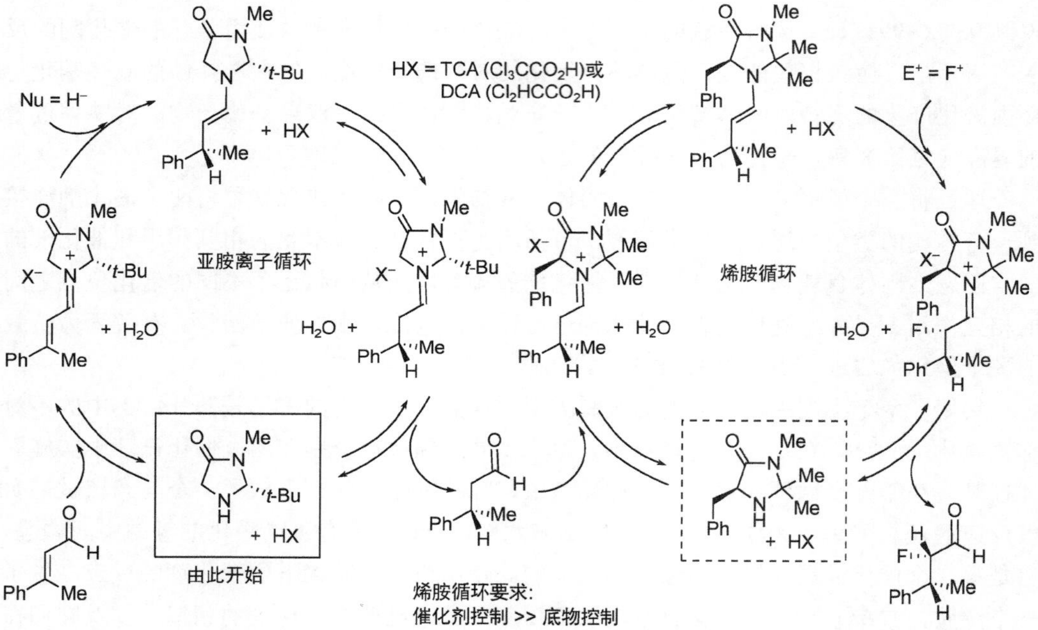

图 14.33 使用两个不同的手性催化剂在单独的催化循环中工作的一锅次序过程

14.4 手性催化剂参与到一个多步过程的几个阶段

许多多步反应由通过不同方式活化的反应所组成。例如，多步反应中的其中一个转化可能需要一个金属催化剂，第二个转化需要碱，第三个转化在前一个反应中引入一个官能团之后自动发生。在这些情况下，最重要的标准是所有的试剂/催化剂可以互相兼容，或可以按照次序加入试剂/催化剂。一些其他的多步过程在超过一个转化中使用同一个催化剂。

在前面各节中，我们已经看到了催化剂参与一个过程中的多个步骤的好几个例子。在一个例子中，一个手性催化剂参与了一个其中不引入立体化学的转化和一个对映选择性的转化（14.1.2 节；图 14.7）。在其他情况下，手性催化剂引发了一个不对称反应，然后在第二步中形成了一个活性的烯醇负离子（14.2 节，图 14.8～图 14.15 和图 14.19）。

在最后一节中，一个手性催化剂以独立的对映选择性控制参与了一个过程的两个步骤（14.3 节，图 14.26、图 14.27、图 14.29 和图 14.30）。本节中重点介绍手性催化剂在催化一个多步过程中手性和非手性转化的例子。

例如，在不对称联芳基氧化偶联中使用的手性铜催化剂也在从炔烃产生二炔的 Glaser-Hay 偶联中高度有效[83]。对于含有炔和 2-萘酚的双功能底物，铜催化剂高效地催化两个反应，得到含有交替的二炔和手性联萘连接结构的高聚物材料（图 14.34）。在每个相继的联芳键形成中都发生了独立的催化剂立体诱导（对每个联芳基中心约 73% ee）。铜催化剂催化的两个反应具有显著的不同。氧化的不对称联芳基偶联涉及螯合的铜中间体和氧化还原化学，而 Glaser-Hay 偶联涉及对铜的 π-配位和炔基铜中间体。尽管如此，表观上这两组不同的铜加合物并没有交叉，这从硅基化炔的联芳基偶联反应中观察到的类似的对映选择性可以判断出来。这两个过程的化学选择性都极高（炔烃只与炔烃反应，萘酚只与萘酚反应），从而不需要进行次序反应，可以进行一个同时发生的过程。

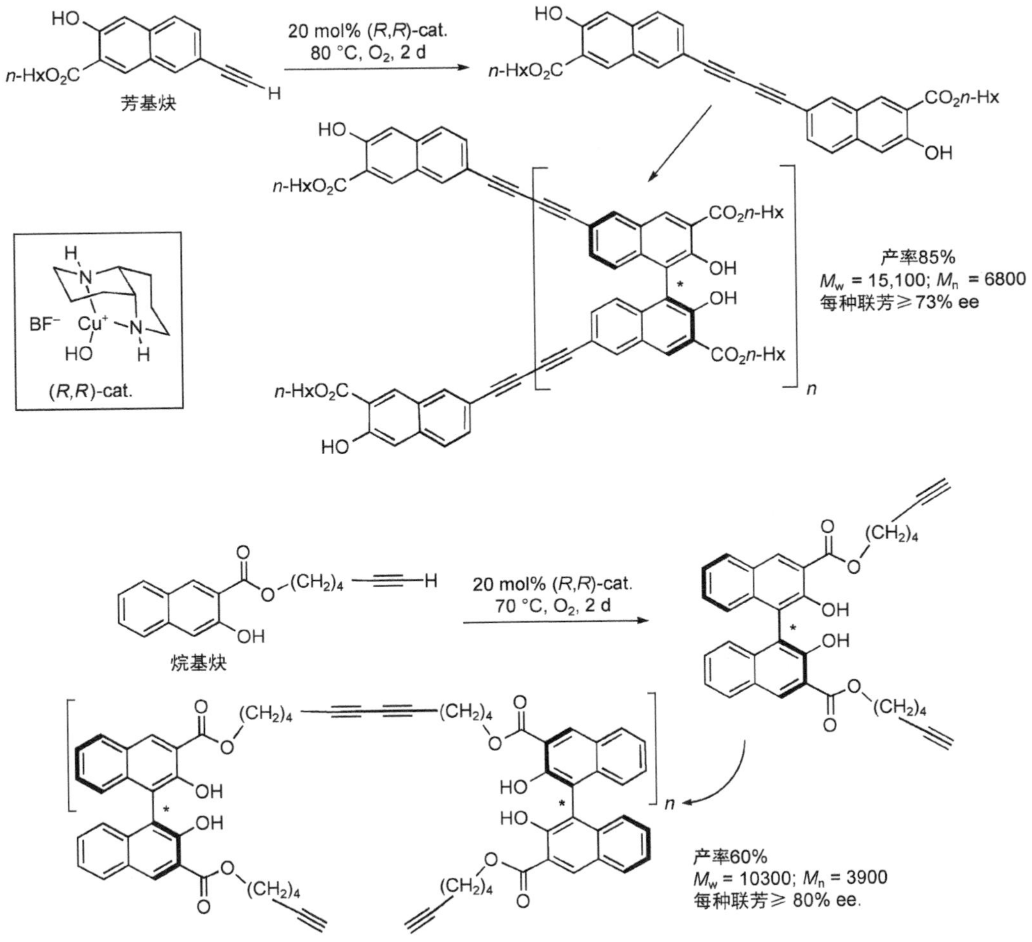

图 14.34　同一个手性铜催化的（M_w = 高聚物分子的平均重量，M_n = 所有高分子的重量/高分子的分子数）同时的 Glaser-Hay 偶联和氧化的联芳基偶联

底物的炔烃部分可以在不同位置（即芳基炔与烷基炔），但每个情况下 Glaser-Hay 和对映选择性的联芳基偶联都是高度有效的。有趣的是，这两个反应确实以不同的速度发生。对于芳基炔，Glaser-Hay 偶联首先发生，然后发生不对称联芳基偶联。相反，显示的第二个反应中使用了烷基炔，其反应次序发生了颠倒。值得注意的是，两个反应次序都是可行的。

有机催化剂执行多个任务的一个优雅的例子是图 14.35 中的从酰氯和 α-氯代胺以高对映选择性和非对映选择性合成 β-氨基酸衍生物的反应[84,85]。

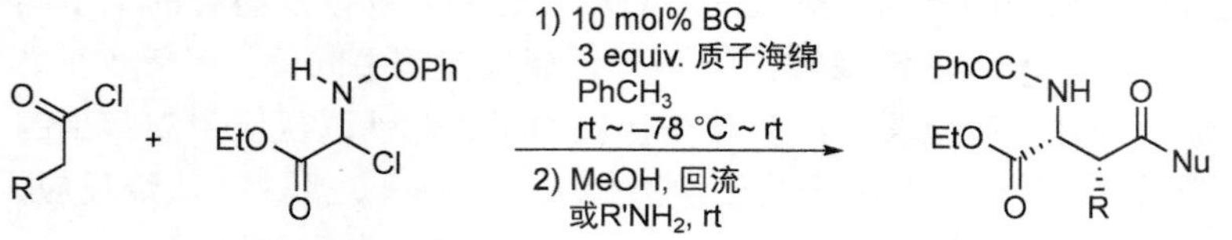

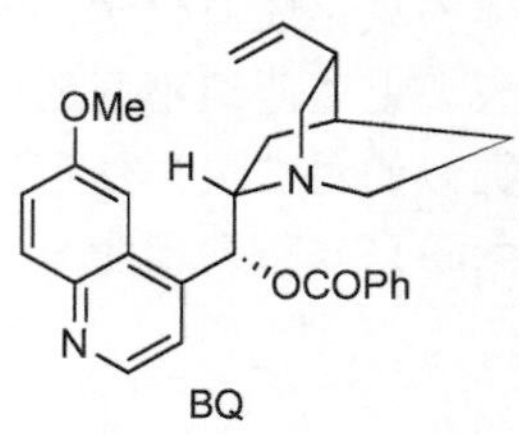

R	NuH	产率	ee	dr
Ph	MeOH	62%	95%	12:1
PhO	MeOH	63%	95%	14:1
4-MeOC6H4	MeOH	62%	94%	10:1
4-ClC6H4	MeOH	60%	94%	12:1
Ph	PhCH2NH2	61%	95%	11:1
Ph	MeO2CCH2NH2	43%	95%	11:1
Ph	SerOMe	42%	95%	12:1

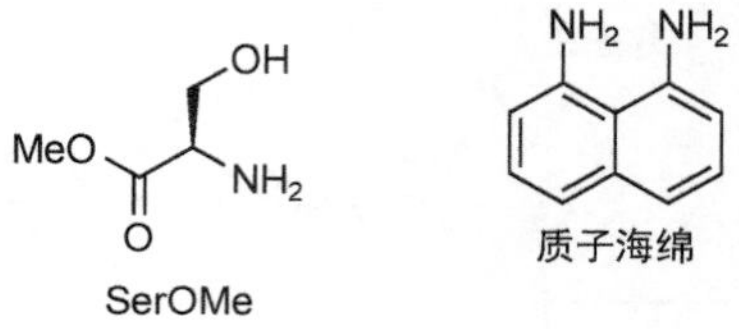

图 14.35   在一个一锅多步过程中形成 β-氨基酸衍生物

在图 14.35 中的过程中，手性辛可宁生物碱催化剂苯甲酰奎宁（BQ）催化不少于 4 个单独的步骤（图 14.36）：（1）脱卤化氢形成烯酮；（2）脱卤化氢形成亚胺；（3）通过烯醇负离子加合物进行形式上的[2+2]环加成；（4）β-内酰胺的切断形成 β-氨基酯或酰胺。另外，BQ 催化剂形成了一个手性的烯醇负离子，因此造成了[2+2]环加成中的绝对立体选择性。使用苯甲酰基奎尼丁时，可以以类似的方法得到对映异构的序列。几个实验证实质子海绵不是任何一个脱卤化氢步骤中的碱。相反，提出 BQ 引发了去质子化，然后质子被循环往复地转移到化学计量的质子海绵上。因此，BQ 是 3 个反应的简单催化剂（没有对映诱导）和一个反应的手性催化剂（第 3 步）。这些反应的前两个同时发生，而剩下的以一个级联的方式进行。因此，这是一个混合的并行-级联（concurrent-cascade）过程的例子。

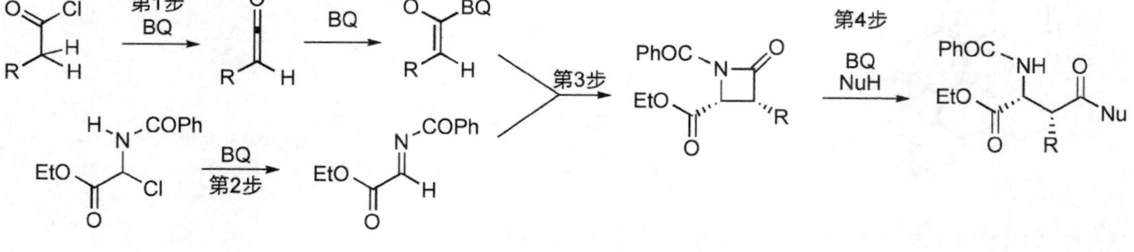

图 14.36   BQ 催化过程的步骤

当使用三氟乙酯时，BQ 的第 5 个作用也是可能的。对于式 14.1 中的例子，在使用丝氨酸切断 β-内酰胺形成酰胺之后可以进一步发生反应。BQ 催化三氟乙酯被甘氨酸取代，再得到一个酰胺键形成一个三肽[84,,85]。

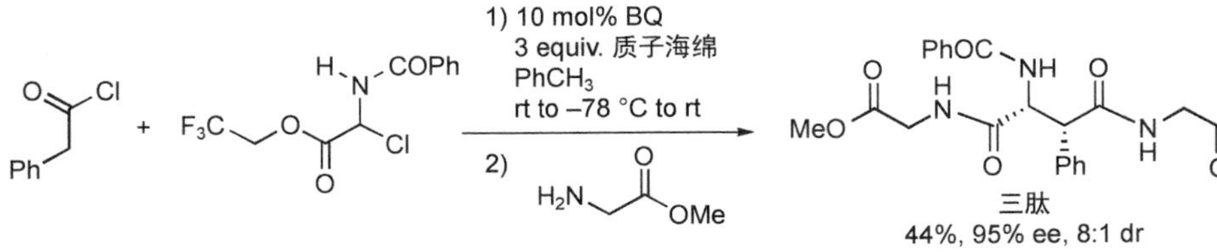

（14.1）

本节中介绍的过程是非常理想的，因为需要尽量少的不同催化剂来引发可以组装多个组分的复杂多步反应。从效率来讲优势是很明显的，但是需要多个试剂和催化剂互相兼容，并且每个组分以化学选择性的方式参与反应这些条件在某种程度上抵消了这种优势。

14.5　动力学拆分作为一个多步过程的一部分

其中一步是动力学拆分或动态动力学拆分的多步过程更罕见。在大部分报道的例子中，第一步是一个动力学拆分，因此反应从一个外消旋的起始原料开始的。原则上，在第一步（前面几步）中也可以使用非手性物质，产生一个外消旋的中间体，然后接着发生一个后续的拆分步骤。

14.5.1　简单动力学拆分作为一个多步过程的一部分

在这个例子中，我们再回顾一下一个不同寻常的级联的醚交换/分子内杂 Diels-Alder 反应（图 14.7）[39]。首先非手性醇与非手性烯醇醚发生醚交换，使用同样的手性双噁唑啉-铜催化剂催化第二步烯醇醚的分子内不对称杂 Diels-Alder 反应。当使用外消旋的醇时（图 14.37），发现手性双噁唑啉-铜催化剂造成了第一步中的动力学拆分，以及后续的

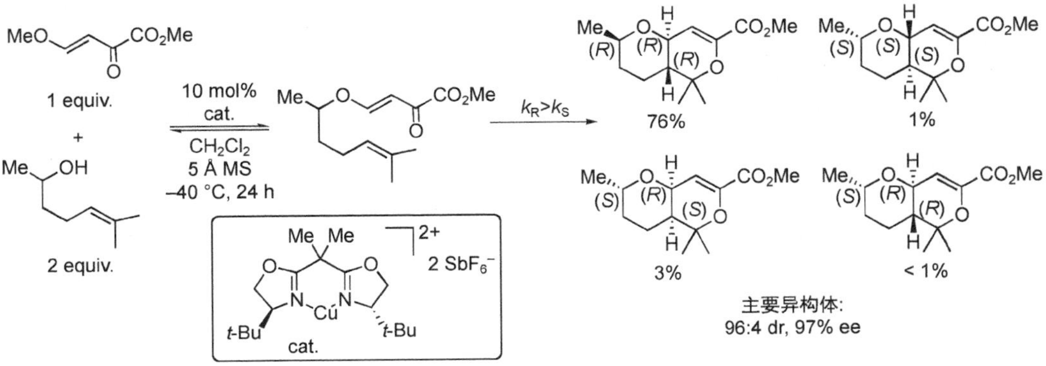

图 14.37　一种金属配合物催化的通过酯交换和不对称分子内杂
Diels-Alder 反应的级联动力学拆分

立体选择性的 Diels-Alder 反应[86]。通过使用 2 倍（物质的量）的外消旋的醇，可以从烯醇醚前体以 80%的产率得到从(*R*)-型醇得到的 Diels-Alder 加合物。另外，反应还提供了非常高的立体控制（97% ee，92% de）。有关动力学拆分的别的例子见第 7 章。

14.5.2 动态动力学拆分作为一个多步过程的一部分

动力学拆分与非对映选择性的分子内Diels-Alder反应的组合得到了高的对映选择性（图 14.37）[87,88]。然而，这一过程中，基于外消旋醇前体的最大产率是 50%。进一步的工作表明，在这一序列反应中一个动态动力学拆分（见第 9 章）是可行的[89]。图 14.38 中描述了这一策略及其在合成能用于天然产物如康帕定（compactin）[90]和福斯考林（foskolin）[91-93]的合成的对映体富集的三环中间体中的应用。

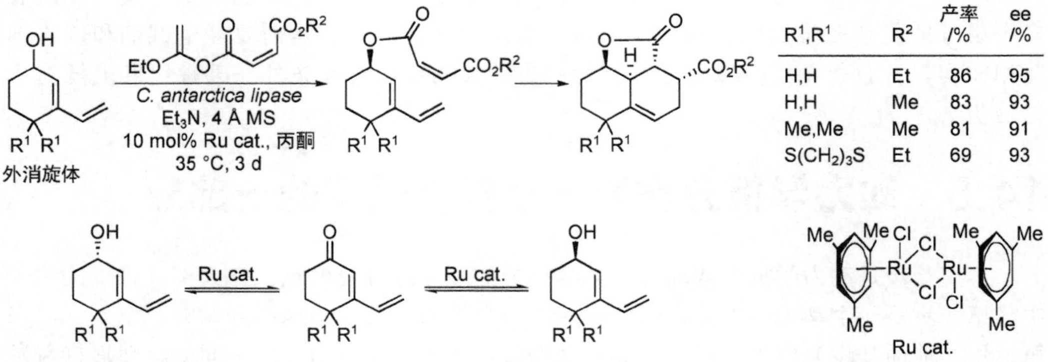

R1,R1	R2	产率 /%	ee /%
H,H	Et	86	95
H,H	Me	83	93
Me,Me	Me	81	91
S(CH2)3S	Et	69	93

图 14.38 酯交换中的动态动力学拆分随后发生非对映选择性的 Diels-Alder 环加成

前面两步由能将起始的醇进行外消旋化的一个钌配合物催化。这个可逆反应负责动力学拆分的动态部分，将没反应的(*S*)-型醇转化成(*R*)-型醇，后者可以迅速发生酶催化的酰基化。酰基化产物易于发生分子内 Diels-Alder 反应，在一个高非对映选择性的过程中创造了三个额外的立体中心（观察到了 0～8%的其他非对映体）。总体上，整个序列包含四个反应，从含单一的立体中心的外消旋起始原料出发产生了含有四个立体中心的单一的对映体。这个多步过程是一个混合的并行-级联过程。外消旋化步骤与其他步骤同时发生，而醚交换/Diels-Alder 反应是一个级联过程。

在这个工作的进一步延伸中加入了另一个转化（图 14.39）。即反应从酸出发，所需的烯醇醚通过钌催化的加成反应来制备。有趣的是，在后面的外消旋化反应中使用了同

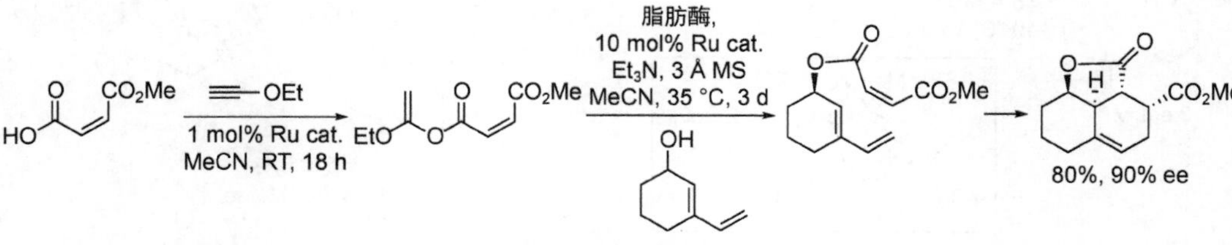

图 14.39 次序-并行-级联的多步过程的组合。活性酯的形成、酯交换中的动态动力学拆分和非对映选择性的分子内 Diels-Alder 环加成

样的钌催化剂，尽管用量较大。接下来加入剩余组分引发了与图 14.38 中的过程同样的并行-级联过程。在这个混合的次序-并行-级联过程中，产物可以从三个组分以高的选择性（90% ee）进行高效组装（80%产率）。

14.5.3 平行动力学拆分作为一个多步过程的一部分

基于对映选择性的碳金属化和对称二羰基化合物的非对映选择性分子内 aldol 反应的更早期的工作（图 14.40a），发现了使用非对称的二羰基底物进行类似反应的一个平行动力学拆分的机会（图 14.40b）[48]。在图 14.40b 中的例子中，环化一步没有化学选择性，因为两个不同的前立体异构的（prostereoissomeric）羰基都发生了亲核加成。这导致形成了两个不同的构造异构体。对于两个前立体异构的羰基来说，都只有其中一个非对映面被手性烯醇盐进攻，这就建立了 3 个新的立体中心。原则上，这个级联过程本来可以产生两个不同的组成异构体，每个由 8 个立体异构组成（除反式并环的结构之外，包含了所有的对映体和非对映体）。实际上，对于图 14.40b 中的两个组成异构体，每个只主要得到了其中一个立体异构体。

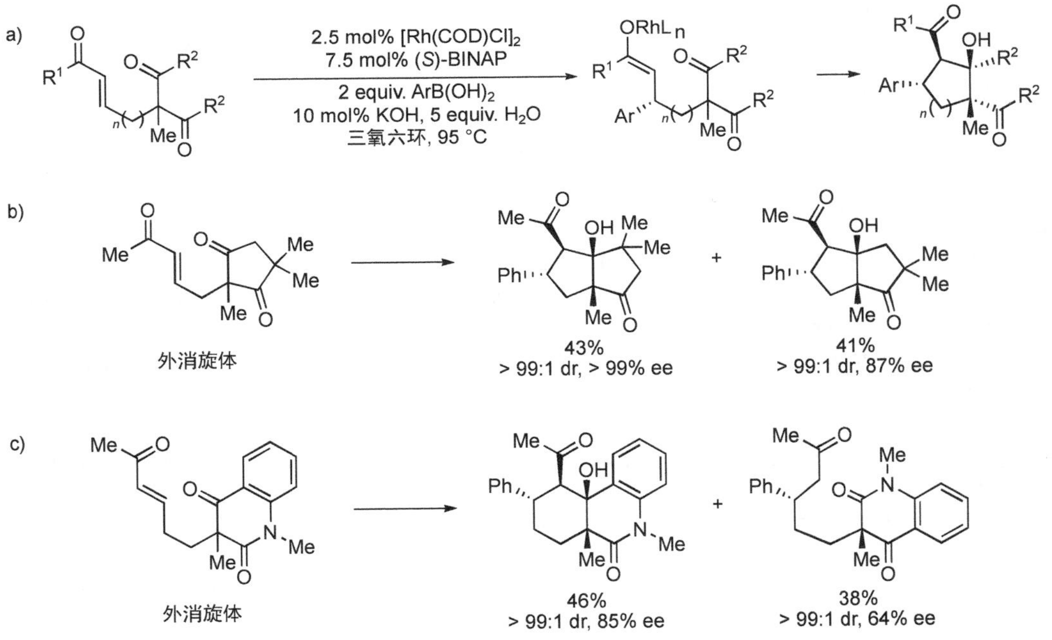

图 14.40 级联的对映选择性共轭加成和非对映选择性的 aldol 环化过程中的平行动力学拆分

在图 14.40c 中，β-酮酰胺上的两个羰基具有不同的活性。因此，碳金属化之后形成的手性烯醇铑盐只能进攻酮羰基。手性烯醇盐进攻前立体异构的羰基的其中一面较为容易，得到了三环的产物。另一方面，手性烯醇盐进攻羰基的另外一面而得到第一个产物的非对映异构体是不利的，导致了一个非环状产物。

在这两个级联反应中，外消旋前体得到了具有不同连接方式的两个立体异构纯的产物。由于每个产物的最大产率是 50%，该过程以高的效率发生。本质上，手性催化剂将前体的一个对映体转化成了一个产物，而将另外一个对映体转化成了另一不同的产物。因此，前体的两个对映体被拆分开了。有关平行动力学拆分的更多例子见第 8 章。

结语

在当今时代，只要提供足够的时间、资源和决心，即便最复杂的目标分子都可以以高的对映体纯度和非对映纯度制备出来。然而，随着合成化学家开展的目标的复杂性的增加，对发展能够以经济和环境友好的方式将简单前体快速组装成复杂产物的复杂方法学有了更高的需求。为了提高目标分子组装的效率，必须引入建立碳骨架的新方法。理想情况下，这些改进的方法应该表现出高的化学、区域、对映和非对映选择性。也需要新的反应与许多官能团兼容，以降低保护和脱保护步骤的数目。发展满足这些要求的方法学是本章的中心焦点。

发展串联反应时，化学家面临的障碍之一是催化剂的兼容性问题。如第 15 章关于负载催化剂中描述的，使用好几种催化剂的多步反应可以使用固载的催化剂来进行，甚至当催化剂并不完全兼容时都可以。多步反应也可以使用连接在连续流动反应器上的固载催化剂。考虑到简洁和高效合成的日益重要性，预期发展新的、更高效的多步反应的研究将来会继续增加。

参 考 文 献

[1] Wender, P. A. Introduction: Frontiers in Organic Synthesis. *Chem. Rev.* **1996**, *96*, 1-2.

[2] Posner, G. H. Multicomponent One-Pot Annulations Forming 3 to 6 Bonds. *Chem. Rev.* **1986**, *86*, 831-844.

[3] Ho, T.-L. In *Tandem Organic Reactions*; Wiley: New York, 1992.

[4] Tietze, L. F.; Belfuss, U. Sequential Transformations in Organic Chemistry: A Synthetic Strategy with a Future. *Angew. Chem., Int. Ed. Engl.* **1993**, *32*, 131-163.

[5] Bunce, R. A. Recent Advances in the Use of Tandem Reactions for Organic Synthesis. *Tetrahedron* **1995**, *51*, 13103-13159.

[6] Tietze, L. F. Domino Reactions in Organic Synthesis. *Chem. Rev.* **1996**, *96*, 115-136.

[7] Denmark, S. E.; Thorarensen, A. Tandem [4+2]/[3+2] Cycloadditions of Nitroalkenes. *Chem. Rev.* **1996**, *96*, 137-166.

[8] Winkler, J. D. Tandem Diels-Alder Cycloadditions in Organic Synthesis. *Chem. Rev.* **1996**, *96*, 167-176.

[9] Ryu, I.; Sonoda, N.; Curran, D. P. Tandem Radical Reactions of Carbon Monoxide, Isonitriles, and Other Reagent Equivalents of the Geminal Radical Acceptor/Radical Precursor Synthon. *Chem. Rev.* **1996**, *96*, 177-194.

[10] Parsons, P. J.; Penkett, C. S.; Shell, A. J. Tandem Reactions in Organic Synthesis: Novel Strategies for Natural Product Elaboration and the Development of New Synthetic Methodology. *Chem. Rev.* **1996**, *96*, 195-206.

[11] Wang, K. K. Cascade Radical Cyclizations via Biradicals Generated from Enediynes, Enyne-Allenes, and Enyne-Ketenes. *Chem. Rev.* **1996**, *96*, 207-222.

[12] Padwa, A.; Weingarten, M. D. Cascade Processes of Metallo Carbenoids. *Chem. Rev.* **1996**, *96*, 223-270.

[13] Harvey, D. F.; Sigano, D. M. Carbene-Alkyne-Alkene Cyclization Reactions. *Chem. Rev.* **1996**, *96*, 271-288.

[14] Malacria, M. Selective Preparation of Complex Polycyclic Molecules from Acyclic Precursors via Radical Mediated- or Transition Metal-Catalyzed Cascade Reactions. *Chem. Rev.* **1996**, *96*, 289-306.

[15] Molander, G. A.; Harris, C. R. Sequencing Reactions with Samarium(II) Iodide. *Chem. Rev.* **1996**, *96*, 307-338.

[16] Snider, B. B. Manganese(III)-Based Oxidative Free-Radical Cyclizations. *Chem. Rev.* **1996**, *96*, 339-364.

[17] Ajamian, A.; Gleason, J. L. Two Birds with One Metallic Stone: Single-Pot Catalysis of Fundamentally Different Transformations. *Angew. Chem., Int. Ed. Engl.* **2004**, *43*, 3754-3760.

[18] Dax, S. L.; McNally, J. J.; Youngman, M. A. Multi-Component Methodologies in Solid-Phase Organic Synthesis. *Curr. Med. Chem.* **1999**, *6*, 355-370.

[19] Weber, L.; Illgen, K.; Almstetter, M. Discovery of New Multi Component Reactions with Combinatorial Methods. *Synlett* **1999**, 366-374.

[20] Tietze, L. F.; Modi, A. Multicomponent Domino Reactions for the Synthesis of Biologically Active Natural Products and Drugs. *Med. Res. Rev.* **2000**, *20*, 304-322.

[21] Dömling, A.; Ugi, I. Multicomponent Reactions with Isocyanides. *Angew. Chem., Int. Ed. Engl.* **2000**, *39*, 3168-3210.

[22] Bienaymé, H.; Hulme, C.; Oddon, G.; Schmitt, P. Maximizing Synthetic Efficiency: Multi-Component Transformations Lead the Way. *Chem. Eur. J.* **2000**, *6*, 3321-3329.

[23] Hulme, C.; Gore, V. Multi-Component Reactions: Emerging Chemistry in Drug Discovery "From Xylocain to Crixivan." *Curr. Med. Chem.* **2003**, *10*, 51-80.

[24] Zhu, J. Recent Developments in the Isonitrile-Based Multicomponent Synthesis of Heterocycles. *Eur. J. Org. Chem.* **2003**, 1133-1144.

[25] Orru, R. V. A.; de Greef, M. Recent Advances in Solution-Phase Multicomponent Methodology for the Synthesis of Heterocyclic Compounds. *Synthesis* **2003**, 1471-1499.

[26] Enders, D.; Grondal, C.; Hüttl, M. R. M. Asymmetric Organocatalytic Domino Reactions. *Angew. Chem., Int. Ed. Engl.* **2007**, *46*, 1570-1581.

[27] Chapman, C. J.; Frost, C. G. Tandem and Domino Catalytic Strategies for Enantioselective Synthesis Enantioselective Tandem and Domino Catalytic Strategies. *Synthesis* **2007**, 1-21.

[28] Burk, M. J.; Lee, J. R.; Martinez, J. P. A Versatile Tandem Catalysis Procedure for the Preparation of Novel Amino Acids and Peptides. *J. Am. Chem. Soc.* **1994**, *116*, 10847-10848.

[29] Teoh, E.; Campi, E. M.; Jackson, W. R.; Robinson, A. J. A Highly Enantioselective Synthesis of Cyclic α-Amino Acids Involving a One-Pot, Single Catalyst, Tandem Hydrogenation-Hydroformylation Sequence *Chem. Commun.* **2002**, 978-979.

[30] Louie, J.; Bielawski, C. W.; Grubbs, R. H. Tandem Catalysis: The Sequential Mediation of Olefin Metathesis, Hydrogenation, and Hydrogen Transfer with Single-Component Ru Complexes. *J. Am. Chem. Soc.* **2001**, *123*, 11312-11313.

[31] Sutton, A. E.; Seigal, B. A.; Finnegan, D. F.; Snapper, M. L. New Tandem Catalysis: Preparation of Cyclic Enol Ethers Through a Ruthenium-Catalyzed Ring Closing Metathesis-Olefin Isomerization Sequence. *J. Am. Chem. Soc.* **2002**, *124*, 13390-13391.

[32] Zuercher, W. J.; Scholl, M.; Grubbs, R. H. Ruthenium-Catalyzed Polycyclization Reactions. *J. Org. Chem.* **1998**, *63*, 4291-4298.

[33] Bielawski, C. W.; Louie, J.; Grubbs, R. H. Tandem Catalysis: Three Mechanistically Distinct Reactions from a Single Ruthenium Complex. *J. Am. Chem. Soc.* **2000**, *122*, 12872-12873.

[34] Alexakis, A.; Croset, K. Tandem Copper-Catalyzed Enantioselective Allylation-Metathesis. *Org. Lett.* **2002**, *4*, 4147-4149.

[35] Tissot-Croset, K.; Polet, D.; Alexakis, A. A Highly Effective Phosphoramidite Ligand for Asymmetric Allylic Substitution. *Angew. Chem., Int. Ed. Engl.* **2004**, *43*, 2426-2428.

[36] Miller, S. P.; Morgan, J. B.; Nepveux, F. J. V.; Morken, J. P. Catalytic Asymmetric Carbohydroxylation of Alkenes by a Tandem Diboration/Suzuki Cross-Coupling/Oxidation Reaction. *Org. Lett.* **2004**, *6*, 131-133.

[37] Tietze, L. F.; Sommer, K. M.; Zinngrebe, J.; Stecker, F. Palladium-Catalyzed Enantioselective Domino Reaction for the Efficient Synthesis of Vitamin E. *Angew. Chem., Int. Ed. Engl.* **2005**, *44*, 257-259.

[38] Tietze, L. F.; Ila, H.; Bell, H. P. Enantioselective Palladium-Catalyzed Transformations. *Chem. Rev.* **2004**, *104*, 3453-3516.

[39] Wada, E.; Koga, H.; Kumaran, G. A Novel Catalytic Enantioselective Tandem Transetherification-Intramolecular Hetero Diels-Alder Reaction of Methyl (*E*)-4-Methoxy-2-oxo-3-butenoate with δ,ε-Unsaturated Alcohols. *Tetrahedron Lett.* **2002**, *43*, 9397-9400.

[40] Arai, T.; Sasai, H.; Aoe, K.-I.; Okamura, K.; Date, T.; Shibasaki, M. A New Multifunctional Heterobimetallic

Asymmetric Catalyst for Michael Additions and Tandem Michael-Aldol Reactions. *Angew. Chem., Int. Ed. Engl.* **1996**, *35*, 104-106.

[41] Suzuki, M.; Yanagisawa, A.; Noyori, R. Prostaglandin Synthesis. 16. The Three-Component Coupling Synthesis of Prostaglandins. *J. Am. Chem. Soc.* **1988**, *110*, 4718-4726.

[42] Marks, F.; Furstenberger, G. In *Prostagladins, Leukotrienes, and Other Eicosanoids. From Biogenesis to Clinical Applications*; Wiley: New York, 1999.

[43] Collins, P. W.; Djuric, S. W. Synthesis of Therapeutically Useful Prostaglandin and Prostacyclin Analogs. *Chem. Rev.* **1993**, *93*, 1533-1564.

[44] Yamada, K.-I.; Arai, T.; Sasai, H.; Shibasaki, M. A Catalytic Asymmetric Synthesis of 11-DeoxyPGF$_{1\alpha}$ Using ALB, a Heterobimetallic Multifunctional Asymmetric Complex. *J. Org. Chem.* **1998**, *63*, 3666-3672.

[45] Arnold, L. A.; Naasz, R.; Minnaard, A. J.; Feringa, B. L. Catalytic Enantioselective Synthesis of Prostaglandin E1 Methyl Ester Using a Tandem 1,4-Addition-Aldol Reaction to a Cyclopenten-3,5-dione Monoacetal. *J. Am. Chem. Soc.* **2001**, *123*, 5841-5842.

[46] Arnold, L. A.; Naasz, R.; Minnaard, A. J.; Feringa, B. L. Catalytic Enantioselective Synthesis of (−)-Prostaglandin E1 Methyl Ester Based on a Tandem 1,4-Addition-Aldol Reaction. *J. Org. Chem.* **2002**, *67*, 7244-7254.

[47] Cauble, D. F.; Gipson, J. D.; Krische, M. J. Diastereoand Enantioselective Catalytic Carbometallative Aldol Cycloreduction: Tandem Conjugate AdditionAldol Cyclization. *J. Am. Chem. Soc.* **2003**, *125*, 1110-1111.

[48] Bocknack, B. M.; Wang, L.-C.; Krische, M. J. Desymmetrization of Enone-Diones via Rhodium-Catalyzed Diastereo- and Enantioselective Tandem Conjugate Addition-Aldol Cyclization. *Proc. Natl. Acad. Sci. U.S.A.* **2004**, *101*, 5421-5424.

[49] Mizutani, H.; Degrado, S. J.; Hoveyda, A. H. Cu-Catalyzed Asymmetric Conjugate Additions of Alkylzinc Reagents to Acyclic Aliphatic Enones. *J. Am. Chem. Soc.* **2002**, *124*, 779-781.

[50] Alexakis, A.; March, S. Tandem Enantioselective Conjugate Addition-Cyclopropanation. Application to Natural Products Synthesis. *J. Org. Chem.* **2002**, *67*, 8753-8757.

[51] Ma, S.; Jiao, N.; Zheng, Z.; Ma, Z.; Lu, Z.; Ye, L.; Deng, Y.; Chen, G. Cu- and Pd-Catalyzed Asymmetric One-Pot Tandem Addition-Cyclization Reaction of 2-(2',3'-Alkadienyl)-β-keto Esters, Organic Halides, and Dibenzyl Azodicarboxylate: An Effective Protocol for the Enantioselective Synthesis of Pyrazolidine Derivatives. *Org. Lett.* **2004**, *6*, 2193-2196.

[52] Katsuki, T. In *Comprehensive Asymmetric Catalysis*; Jacobsen, E. N., Pfaltz, A., Yamamoto, H., Eds.; Springer-Verlag: Berlin, 1999; Vol. II, pp 621-648.

[53] Martín, V. S.; Woodard, S. S.; Katsuki, T.; Yamada, Y.; Ikeda, M.; Sharpless, K. B. Kinetic Resolution of Racemic Allylic Alcohols by Enantioselective Epoxidation. A Route to Substances of Absolute Enantiomeric Purity? *J. Am. Chem. Soc.* **1981**, *103*, 6237-6240.

[54] Gao, Y.; Klunder, J. M.; Hanson, R. M.; Masamune, H.; Ko, S. Y.; Sharpless, K. B. Catalytic Asymmetric Epoxidation and Kinetic Resolution: Modified Procedures Including in situ Derivatization. *J. Am. Chem. Soc.* **1987**, *109*, 5765-5780.

[55] Lurain, A. E.; Maestri, A.; Kelly, A. R.; Carroll, P. J.; Walsh, P. J. Highly Enantio- and Diastereoselective One-Pot Synthesis of Acyclic Epoxy Alcohols with Three Contiguous stereocenters. *J. Am. Chem. Soc.* **2004**, *126*, 13608-13609.

[56] Lurain, A. E.; Carroll, P. J.; Walsh, P. J. One-Pot Asymmetric Synthesis of Chiral Epoxy Alcohols: A Tandem Approach Using Vinylzinc Addition to an Aldehyde and in situ Epoxidation with Molecular Oxygen. *J. Org. Chem.* **2005**, *70*, 1262-1268.

[57] Rowley Kelly, A.; Lurain, A. E.; Walsh, P. J. Highly Enantio- and Diastereoselective One-Pot Synthesis of Acyclic Epoxy Alcohols and Allylic Epoxy Alcohols. *J. Am. Chem. Soc.* **2005**, *127*, 14668-14674.

[58] Nugent, W. A. MIB: An Advantageous Alternative to DAIB for the Addition of Organozinc Reagents. *J. Chem. Soc., Chem. Commun.* **1999**, 1369-1370.

[59] Adam, W.; Wirth, T. Hydroxy Group Directivity in the Epoxidation of Chiral Allylic Alcohols: Control of

Diasteroselectivity Through Allylic Strain and Hydrogen Bonding. *Acc. Chem. Res.* **1999**, *32*, 703-710.

[60] Kim, H. Y.; Lurain, A. E.; García-García, P.; Carroll, P. J.; Walsh, P. J. Highly Enantio- and Diastereoselective Tandem Generation of Cyclopropyl Alcohols with up to Four Contiguous stereocenters. *J. Am. Chem. Soc.* **2005**, *127*, 13138-13139.

[61] a) For an overview, see the articles in a) special issue #8: Enantioselective Organocatalysis. *Acc. Chem. Res.* **2004**, *37*, 487-631. b) special issue #12: Organocatalysis. *Chem Rev.* **2007**, *107*, 5413-5883.

[62] Halland, N.; Aburel, P. S.; Jørgensen, K. A. Highly Enantio- and Diastereoselective Organocatalytic Asymmetric Domino Michael-Aldol Reaction of α-Ketoesters and α,β-Unsaturated Ketones. *Angew. Chem., Int. Ed. Engl.* **2004**, *43*, 1272-1277.

[63] Austin, J. F.; Kim, S.-G.; Sinz, C. J.; Xiao, W.-J.; MacMillan, D. W. C. Enantioselective Organocatalytic Construction of Pyrroloindolines by a Cascade Addition-Cyclization Strategy: Synthesis of (−)-Flustramine B. *Proc. Natl. Acad. Sci. U.S.A.* **2004**, *101*, 5482-5487.

[64] Watanabe, S.-I.; Cordova, A.; Tanaka, F.; Barbas, C. F., III One-Pot Asymmetric Synthesis of α-Cyanohydroxymethyl α-Amino Acid Derivatives: Formation of Three Contiguous Stereogenic Centers. *Org. Lett.* **2002**, *4*, 4519-4522.

[65] Córdova, A.; Barbas, C. F., III. Direct Organocatalytic Asymmetric Mannich-Type Reactions in Aqueous Media: One-Pot Mannich-Allylation Reactions. *Tetrahedron Lett.* **2003**, *44*, 1923-1926.

[66] Zhong, G. A Facile and Rapid Route to Highly Enantiopure 1,2-Diols by Novel Catalytic Asymmetric α-Aminoxylation of Aldehydes. *Angew. Chem., Int. Ed. Engl.* **2003**, *42*, 4247-4250.

[67] Zhong, G. Tandem Aminoxylation-Allylation Reactions: A Rapid, Asymmetric Conversion of Aldehydes to Mono-Substituted 1,2-Diols. *J. Chem. Soc., Chem. Commun.* **2004**, 606-607.

[68] Brown, S. P.; Brochu, M. P.; Sinz, C. J.; MacMillan, D. W. C. The Direct and Enantioselective Organocatalytic α-Oxidation of Aldehydes. *J. Am. Chem. Soc.* **2003**, *125*, 10808-10809.

[69] Wong, C. H.; Halcomb, R. L.; Ichikawa, Y.; Kajimoto, T. Enzymes in Organic Synthesis: Application to the Problems of Carbohydrate Recognition (Part 1). *Angew. Chem., Int. Ed. Engl.* **1995**, *43*, 412-432.

[70] Henderson, I.; Sharpless, K. B.; Wong, C. H. Synthesis of Carbohydrates via Tandem Use of the Osmium-Catalyzed Asymmetric Dihydroxylation and Enzyme-Catalyzed Aldol Addition Reactions. *J. Am. Chem. Soc.* **1994**, *116*, 558-561.

[71] Evans, D. A.; Dart, M. J.; Duffy, J. L.; Yang, M. G.; Livingston, A. B. Diastereoselective Aldol and Allylstannane Addition Reactions. The Merged Stereochemical Impact of α and β Aldehyde Substituents. *J. Am. Chem. Soc.* **1995**, *117*, 6619-6620.

[72] Evans, D. A.; Dart, M. J.; Duffy, J. L.; Yang, M. G. A Stereochemical Model for Merged 1,2- and 1,3-Asymmetric Induction in Diastereoselective Mukaiyama Aldol Addition Reactions and Related Processes. *J. Am. Chem. Soc.* **1996**, *118*, 4322-4343.

[73] Evans, D. A.; Allison, B. D.; Yang, M. G.; Masse, C. E. The Exceptional Chelating Ability of Dimethylaluminum Chloride and Methylaluminum Dichloride. The Merged Stereochemical Impact of α- and β-stereocenters in Chelate-Controlled Carbonyl Addition Reactions with Enol Silane and Hydride Nucleophiles. *J. Am. Chem. Soc.* **2001**, *123*, 10840-10852.

[74] Wong, C.-H.; Garcia-Junceda, E.; Chen, L.; Blanco, O.; Gijsen, H. J. M.; Steensma, D. H. Recombinant 2-Deoxyribose-5-phosphate Aldolase in Organic Synthesis: Use of Sequential Two-Substrate and Three-Substrate Aldol Reactions. *J. Am. Chem. Soc.* **1995**, *117*, 3333-3339.

[75] Poss, C. S.; Schreiber, S. L. Two-Directional Chain Synthesis and Terminus Differentiation. *Acc. Chem. Res.* **1994**, *27*, 9.

[76] Mikami, K.; Matsukawa, S.; Nagashima, M.; Funabashi, H.; Morishima, H. Tandem and Two-Directional Asymmetric Catalysis of the Mukaiyama Aldol Reaction. *Tetrahedron Lett.* **1997**, *38*, 579-582.

[77] Tian, J.; Yamagiwa, N.; Matsunaga, S.; Shibasaki, M. An Asymmetric Cyanation Reaction and Sequential Asymmetric Cyanation-Nitroaldol Reaction Using a {YLi$_3$[tris(binaphthoxide)]} Single Catalyst Component: Catalyst Tuning with Achiral Additives. *Angew. Chem., Int. Ed. Engl.* **2002**, *41*, 3636-3638.

[78] Du, H.; Ding, K. Enantioselective Catalysis of Hetero Diels-Alder Reaction and Diethylzinc Addition Using a Single Catalyst. *Org. Lett.* **2003**, *5*, 1091-1093.

[79] Doi, T.; Kokubo, M.; Yamamoto, K.; Takahashi, T. One-Pot Sequential Asymmetric Hydrogenation Utilizing Rh(I) and Ru(II) Catalysts. *J. Org. Chem.* **1998**, *63*, 428-429.

[80] Annunziata, R.; Benaglia, M.; Cinquini, M.; Cozzi, F.; Puglisi, A. Sequential Stereoselective Catalysis: Two Single-Flask Reactions of a Substrate in the Presence of a Bifunctional Chiral Ligand and Different Transition Metals. *Eur. J. Org. Chem.* **2003**, 1428-1432.

[81] Annunziata, R.; Benaglia, M.; Cinquini, M.; Cozzi, F. Synthesis of a Bifunctional Ligand for the Sequential Enantioselective Catalysis of Various Reactions. *Eur. J. Org. Chem.* **2001**, 1045-1048.

[82] Huang, Y.; Walji, A. M.; Larsen, C. H.; MacMillan, D. W. C. Enantioselective Organo-Cascade Catalysis. *J. Am. Chem. Soc.* **2005**, *127*, 15051-15053.

[83] Xie, X.; Phuan, P.-W.; Kozlowski, M. C. Novel Pathways for the Formation of Chiral Binaphthyl Polymers: Oxidative Asymmetric Phenolic Coupling Alone and in Tandem with the Glaser-Hay Coupling. *Angew. Chem., Int. Ed. Engl.* **2003**, *42*, 2168-2170.

[84] Dudding, T.; Hafez, A. M.; Taggi, A. E.; Wagerle, T. R.; Lectka, T. A Catalyst that Plays Multiple Roles: Asymmetric Synthesis of β-Substituted Aspartic Acid Derivatives Through a Four-Stage, One-Pot Procedure. *Org. Lett.* **2002**, *4*, 387-390.

[85] Hafez, A. M.; Dudding, T.; Wagerle, T. R.; Shah, M. H.; Taggi, A. E.; Lectka, T. A Multistage, One-Pot Procedure Mediated by a Single Catalyst: A New Approach to the Catalytic Asymmetric Synthesis of β-Amino Acids. *J. Org. Chem.* **2003**, *68*, 5819-5825.

[86] Koga, H.; Wada, E. A New Strategy in Enantioselective Intramolecular Hetero Diels-Alder Reaction: Catalytic Double Asymmetric Induction During the Tandem Transetherification-Intramolecular Hetero Diels-Alder Reaction of Methyl (*E*)-4-Methoxy-2-oxo-3-butenoate with rac-6-Methyl-5-hepten-2-ol. *Tetrahedron Lett.* **2003**, *44*, 715-719.

[87] Kita, Y.; Naka, T.; Imanishi, M.; Akai, S.; Takebe, Y.; Matsugi, M. Asymmetric Diels-Alder Reaction via Enzymatic Kinetic Resolution Using Ethoxyvinyl Methyl Fumarate. *J. Chem. Soc., Chem. Commun.* **1998**, 1183-1184.

[88] Akai, S.; Naka, T.; Omura, S.; Tanimoto, K.; Imanishi, M.; Takebe, Y.; Matsugi, M.; Kita, Y. Lipase-Catalyzed Domino Kinetic Resolution/Intramolecular Diels-Alder Reaction: One-Pot Synthesis of Optically Active 7-Oxabicyclo [2.2.1]heptenes from Furfuryl Alcohols and β-Substituted Acrylic Acids. *Chem. Eur. J.* **2002**, *8*, 4255-4264.

[89] Akai, S.; Tanimoto, K.; Kita, Y. Lipase-Catalyzed Domino Dynamic Kinetic Resolution of Racemic 3-Vinylcyclohex-2-en-1-ols/Intramolecular Diels-Alder Reaction: One-Pot Synthesis of Optically Active Polysubstituted Decalins. *Angew. Chem., Int. Ed. Engl.* **2004**, *43*, 1407-1410.

[90] Takatori, K.; Hasegawa, K.; Narai, S.; Kajiwara, M. A Microwave-Accelerated Intramolecular Diels-Alder Reaction Approach to Compactin. *Heterocycles* **1996**, *42*, 525-528.

[91] Corey, E. J.; da Silva Jardine, P.; Mohri, T. Enantioselective Route to a Key Intermediate in the Total Synthesis of Forskolin. *Tetrahedron Lett.* **1988**, *29*, 6409-6412.

[92] Nagashima, S.; Kanematsu, K. A Synthesis of an Optically Active Forskolin Intermediate via Allenyl Ether Intramolecular Cycloaddition Strategy. *Tetrahedron: Asymmetry* **1990**, *1*, 743-749.

[93] Calvo, D.; Port, M.; Delpech, B.; Lett, R. Total Synthesis of Forskolin. Part III. Studies Related to an Asymmetric Synthesis. *Tetrahedron Lett.* **1996**, *37*, 1023-24.

第15章　负载的手性催化剂

已经发展了许多在温和条件下以低的催化剂用量高对映选择性和非对映选择性地组装复杂分子的均相催化不对称过程。这些过程的催化剂虽然在它们适合工业规模应用之前在实验室中使用很方便，但存在许多挑战使其无法适用于工业规模的应用。均相催化剂的一个严重缺陷是最终必须将其与反应产物分离开。均相催化剂的分离和回收通常需要大量的溶剂，而且是化学反应中产生废物的一个重要贡献者之一[1]。促进催化剂的回收可以减少废物的产生，是绿色化学的一个首要目标。与均相催化剂不同，非均相催化剂可以很容易地从反应混合物中分离。然而，已经证明发展高对映选择性的非均相催化剂更加困难，因为我们对非均相催化剂的作用机制的理解很初步，而且对其研究也更有挑战性。

为了利用均相和非均相催化的最好的特性，化学家们研究了将均相催化剂连接到可溶和不溶的固载物上。除了上述的特性之外，固载催化剂的其他好处来自其由固载物所造成的独特的微环境。固载物的基质可以造成更高的催化剂稳定性，而且催化剂周围微环境的大小可以影响立体化学和催化剂活性。在一些情况下，固载的催化剂比相应的均相催化剂活性更高，尽管通常并非如此。

已经出现了很多固载催化剂的综述，包括不对称负载催化剂的综述[2-20]。在一个非常全面的综述[21]中总结了许多转化（如还原、氧化和 Diels-Alder 反应）的固载手性催化剂。在使用固载的试剂和清道夫的 29 步合成天然产物埃博霉素 C（epothiolone C），一个高效的抗肿瘤试剂中，凸显了固载试剂和催化剂的真正实用性[22]。每步中至少使用了一个固载的试剂或清道夫，在整个反应路线中使用了不少于 11 种不同类型的固载试剂和清道夫。固载材料的使用极大地方便了纯化，与之前使用传统的溶液方法和纯化手段的合成相比，这一合成很有优势。

固载催化剂的一个独特的性质是能在一个反应瓶中使用两个不同的而且不一定必须互相兼容的催化剂。这些催化剂可以被固定到同一种或不同的固载物上。在任一情况下，固载物将两者分开，同时允许溶解的组分发生串联或次序的过程（见第 14 章）。固载催化剂的另一个好处是其在连续流动过程中的潜在应用。原则上，通过简单地将底物通过一系列固定的手性催化剂，底物就可以发生一组固定的化学转化。固载催化剂的一个优势是配体、催化剂前体或催化剂可以在支持介质上制备，促进催化剂合成和纯化的同时打开了组合方法的可能性。

本章从概述最常使用的手性催化剂的固载方法开始，包括共价连接到预先形成的载体上、共价整合为固载物的一部分以及以非共价方式整合到固载物中[19]。

15.1　催化剂负载——概述

催化剂已经被固载到各种固载物上，固载物可以大致分为聚合物有机固载和无机固载物。有机固载物可以是可溶或不溶的聚合物。可溶的高聚物通常是线型的（没有交联）。理论上，可溶的固载催化剂与均相催化剂非常近似。与没有负载的催化剂相比，可溶载体应该对催化剂的活性和选择性具有尽量小的影响。从反应混合物中去除可溶的负载催化剂通常使用沉淀和过滤的方法。相反，交联的高分子载体在有机溶剂中不溶，可以促进催化剂通过过滤来进行分离。这种高分子负载的催化剂的活性和选择性通常取决于反应溶剂。溶剂使高分子溶胀，导致更容易接近固载物的内表面，增加了传质。增加聚合物载体上的交联是高聚物更加刚性，减少溶胀性和传质，因此限制催化剂的 TOF。

无机固载物通常是具有明显不同的表面积的多孔材料，以硅和铝为代表。沸石作为含有结构确定的孔道和孔隙的结晶材料，也被成功用作载体。无机基质也是机械刚性的，不受溶剂和温度影响。相反，有机聚合物不是刚性的，它们的形状和结构受到溶剂、温度和压力的强烈影响。

15.1.1　催化剂非均相化的方法

图 15.1 中给出了产生高分子负载的催化剂的最常用的方法。在 a～c 中，催化剂通过共价键附着在载体上。这可以通过将催化剂嫁接到一个预先合成的含有官能团（FG，图 15.1a）的高分子上来实现，其中许多已经被商业化了。使用这一技术的均相催化剂的多相化通常需要对手性催化剂进行改造，使其包含一个系绳（tether）或连接头（linker）。不然的话，图 15.1b 展示了通过单体和适当官能化的催化剂结合的高聚物的聚合产生负

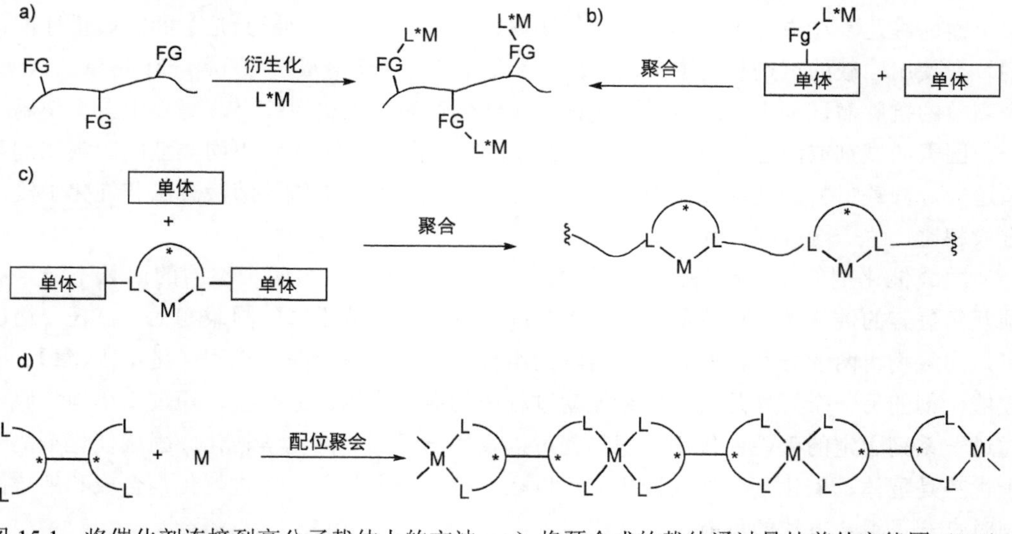

图 15.1　将催化剂连接到高分子载体上的方法：a）将预合成的载体通过悬挂着的官能团（FG）进行衍生化；b）单体和携带手性配体或手性催化剂的单体的共聚；c）将活性位点整合到聚合物的聚合物的交联剂中；d）形成配位聚合物

载的催化剂。后者的一个例子是苯乙烯和含有苯乙烯基的配体或催化剂的共聚。在图 15.1c 中，使用了含有两个可聚合的基团的催化剂或配体，可以将活性位点整合到聚合物的骨架上，或者使用交联试剂。通过将两个手性配体连接在一起使其可以结合两个金属中心，可以产生配位聚合物（图 15.1d）。这种类型的金属-配体聚合物含有高密度的活性位点。

　　图 15.2 展示了已被成功用于均相催化剂非均相化的其他重要方法。将含有官能团的均相催化剂加入固体载体如硅胶中，形成了共价连接（图 15.2a）。带电荷的催化剂与离子交换树脂或含有离子的固体反应形成了通过电荷吸引而非均相化的催化剂（图 15.2b）。一个催化剂固定的天才方法是在载体孔隙中合成催化剂，孔隙中含有窗口，催化剂一旦组装成功之后便无法通过。图 15.2c 中的这个方法被贴切地称为"瓶子中造船"。后两个方法的一个重要特征是，与图 15.1 和图 15.2a 中的方法不同，它们不需要改造均相催化剂的结构。

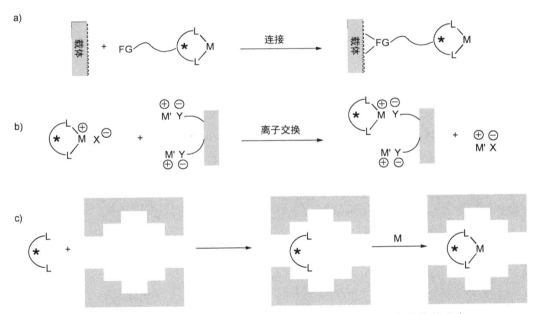

图 15.2　通过连接到固体载体（a）、电荷-电荷吸引（b）和在载体的孔中
构建催化剂（c）进行的均相催化剂的非均相化

　　均相催化剂连接到载体上之后催化剂的性质经常会发生改变。例如，固载物上的官能团可能会干扰催化剂活性。当手性催化剂被局限于固体载体上时，孔道或空腔的形状可以限制反应物的接近或取向，影响体系的对映选择性。催化剂的微环境也可以通过溶剂挤出或与固体载体的壁相互作用改变局部的介电性质从而改变反应速率。前面提到过，当通道的尺寸较小或聚合物不够溶胀时，会出现传质问题，限制试剂接近催化剂。下面小节中会论述到，在催化剂的非均相化中存在许多挑战。考虑到催化剂性能和可回收性的提高可以严重改变这个过程的经济和环境影响，预计未来这个领域中会有相当多的研究投入。

15.1.2 聚苯乙烯上的手性催化剂

最常见的有机高分子载体是聚苯乙烯（PS）衍生物[3]。聚苯乙烯易得、廉价、易于官能团化并表现出了好的化学惰性和力学稳定性。这些载体通常由苯乙烯和一个官能团化的苯乙烯在一个交联试剂，如二烯基苯的存在下发生聚合制备。催化剂可以在后续的步骤中接到官能团化的苯乙烯上。交联剂的用量对聚合物的性质具有非常重要的影响。例如，使用 2%的二乙烯基苯制备的聚苯乙烯是微孔胶体。它必须与合适的溶剂一起使用，来诱导溶胀并使内部的位点可以进入。极性溶剂如水和醇类可能造成问题，因为它们无法充分溶胀高分子载体，导致其位点的可进入性差。相反，使用超过 10%～15%交联剂得到大孔树脂，有机溶剂改变时它表现出很小的结构变化。

为了提高交联的苯乙烯载体在极性溶剂中的溶剂化性质，将聚乙二醇（PEG）部分接到了 PS 骨架上。这类载体中两个最常见的例子是 TentaGel 和 ArgoGel（图 15.3），二者都是市场上可以买到的。催化剂通常通过共价键连接到聚苯乙烯载体上，尽管也用过离子配对和诱捕（entrapment）。

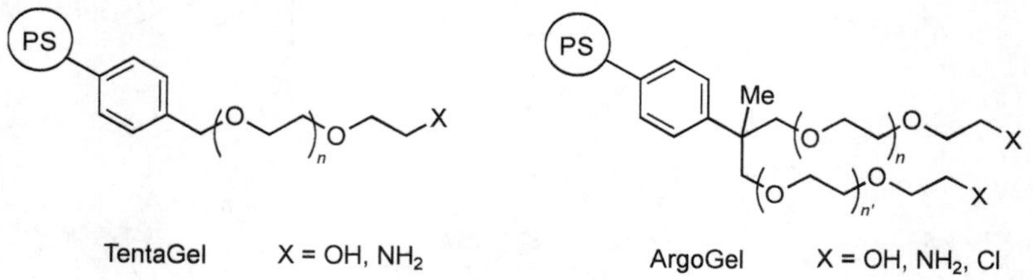

TentaGel   X = OH, NH₂

ArgoGel   X = OH, NH₂, Cl

图 15.3 TentaGel 和 ArgoGel 的结构（$n, n' \approx 70$）

聚合物负载的催化剂在 Co(salen)配合物催化的某些环氧化物的水合动力学拆分上至关重要。例如，表氯醇在从催化剂中蒸馏出来时发生了部分外消旋化。需要一个更好的方法将其从催化剂的溶液中分离出来。如图 15.4 所示，羟甲基聚苯乙烯被衍生为 4-硝

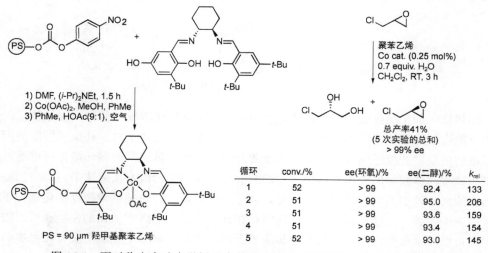

循环	conv./%	ee(环氧)/%	ee(二醇)/%	k_{rel}
1	52	> 99	92.4	133
2	51	> 99	95.0	206
3	51	> 99	93.6	159
4	51	> 99	93.4	154
5	52	> 99	93.0	145

图 15.4 不对称水合动力学拆分中使用的聚苯乙烯负载的钴-salen 催化剂

基苯基碳酸酯，在碱的存在下与一个羟基-salen 配体进行组合。向 PS-结合的配体中加入一个 Co(Ⅱ)盐形成了(salen)Co(Ⅱ)配合物，它暴露在氧气下被氧化得到 Co(Ⅲ)衍生物。经元素分析测定得到的深红色珠子发现每克树脂中含有 160 μmol 钴配合物。

图 15.4 中给出了在表氯醇的 HKR 中应用树脂结合的催化剂得到的结果。使用 0.25 mol% 催化剂用量，反应较快的对映体在 3 h 之内完全消耗。将不溶的负载催化剂通过过滤分离和并循环利用了四次，没有发现选择性因子的显著损耗[23]。

回想第 7 章中(salen)Co-催化的 HKR 的机理研究表明反应对催化剂是二级关系，其中一分子催化剂活化环氧，另一分子活化亲核试剂氢氧化物。使用聚合物结合的树脂观察到了一个高效的动力学拆分，表明固载物足够灵活，以至于两个钴中心可以以协同的方式进行作用[23]。

15.1.3　硅胶上的手性催化剂

在均相催化剂的非均相化中，另一个常用的固体载体是硅胶。与可溶胀的交联高分子载体不同，硅胶是含有多孔结构的不发生溶胀的刚性材料。因此，它可以在很宽的温度和压力范围内在许多不同的溶剂中使用。通过使用高表面积（通常 > 100 m^2/g）和 > 20 Å 的孔径使试剂有效地扩散到活性位点，可以实现高的催化剂用量[1]。孔径在微孔和介孔（5～500 Å）之间的硅胶可以有高的表面积（> 600 m^2/g）。硅胶的表面含有可以衍生化的 Si—OH 和 Si—O—Si 基团。这些 Si—OH 基团的 pK_a 是 7.1，它可以干扰需要碱性试剂的反应[24]。然而，硅的表面可以被化学包封，使其变得惰性和疏水[25]。

为了将聚苯乙烯和硅胶载体进行比较，我们继续讨论 HKR 反应的(salen)Co 催化剂。如图 15.5 所示，手性 salen 配体对硅胶的附着是通过硅醚与硅载体的缩合实现的。在环氧醇的 HKR 中应用负载的催化剂（图 15.5）表明 0.4 mol% 的催化剂用量造成了环氧醇的反应较快的对映体在 2.5 h 之内转化了 34%[23]。

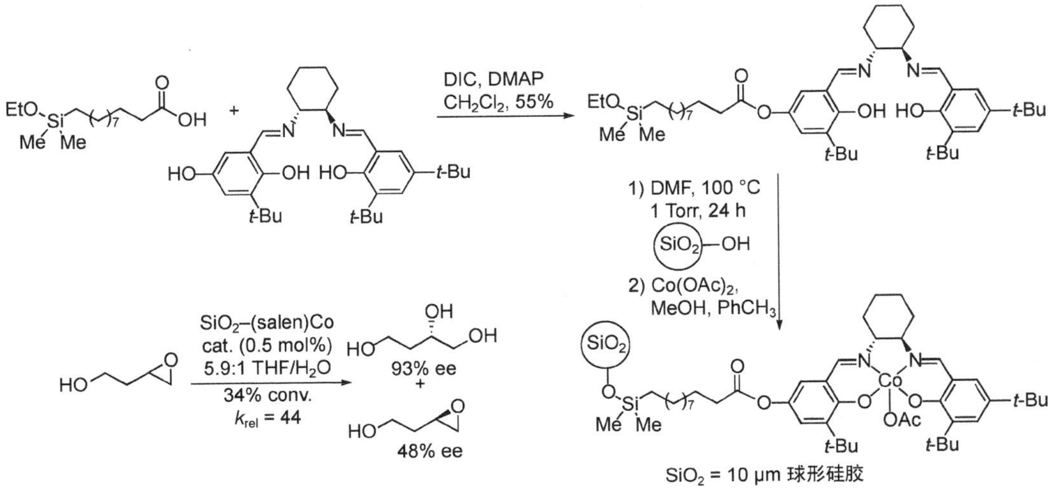

图 15.5　硅负载的手性钴-salen 催化剂的合成（DIC = 二异丙基碳酰亚胺）

硅胶负载的手性催化剂可以用于连续流动反应体系，如图 15.6 所示的例子。通过使用注射泵将环氧醇和 THF/H₂O 的混合物引入反应。该溶液通过图 15.5 中一个装有硅胶负载的(salen)Co 催化剂的柱子。待其从柱子中流出时进行收集。结果如图 15.6 所示。进行了第二个循环也得到了相似的结果[23]。

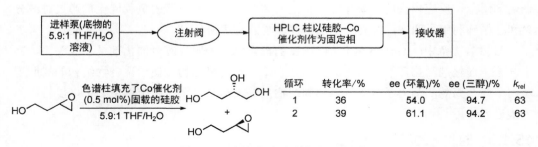

循环	转化率/%	ee (环氧)/%	ee (三醇)/%	k_{rel}
1	36	54.0	94.7	63
2	39	61.1	94.2	63

图 15.6　连续流动反应装置示意图

在连续流动反应器中进行的使用图 15.5 中硅胶负载的(salen)Co 催化剂为固定相的环氧醇的 HKR

刚性的硅胶载体的另一个优势在于其能够控制催化剂密度的能力，即控制催化剂的位点之间的距离和相互作用的程度。活性位点之间具有确定的距离的负载催化剂可以实现位点分离（site isolation），这在探究反应机理和催化剂的分解途径时很有用。例如，通过控制整合到硅胶载体上的催化剂的用量，在钴-salen 催化的不对称 HKR 反应中建立了局部浓度和活性的明确的关系（图 15.7）[23]。根据连接链的长度、硅胶的表面积和硅胶上的催化剂用量，它可以用元素分析确定，可以计算位点相互作用的概率[26]。制备了一系列活性位点之间距离逐渐降低的负载催化剂。如图 15.7 所示，当活性位点之间的距离大时，反应不能发生。一旦达到一个临界催化剂密度，协同的环氧开环变得更可能，

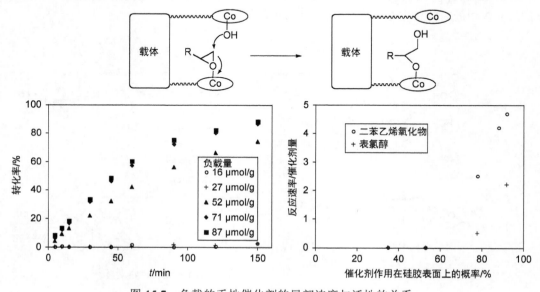

图 15.7　负载的手性催化剂的局部浓度与活性的关系

反应很容易进行。这些数据支持均相催化中对催化剂的浓度表现出二级依赖关系的动力学结果。值得注意的是，使用聚苯乙烯作为固体载体时，没有观察到同样的效应。聚苯乙烯的柔性使两个钴配合物可以进行相互作用，甚至当这些配合物在高聚物的骨架上分离较远时也可以[23]。

在上面的情况中，对催化剂的二级依赖导致必须考虑催化位点的接近度，确保催化中心距离足够近以能够促进不对称环氧开环反应。然而，在其他的体系中，催化剂的分解是一个二级过程，位点分离可以被用于延长催化剂的寿命[27,28]。在使用基于双膦配体 (2S,4S)-4-二苯膦基-2-(二苯膦甲基)吡咯烷（PPM）的铑催化剂与乙酰胺基肉桂酸甲酯（MAC）的不对称氢化中，TOF 表现出了对位点接近度的依赖性（图 15.8）。最初，将从 BPPM 和 0.5 倍（物质的量）的[Rh(cod)Cl]₂二聚体得到的单体催化剂与连接的类似物进行了比较。在恒定的催化剂用量下，催化剂的相对速率是 BPPM > PPM-C₁₂-PPM > PPM-C₆-PPM（图 15.8）。比较单体催化剂与连接的催化剂表明随着局部浓度的增加，催

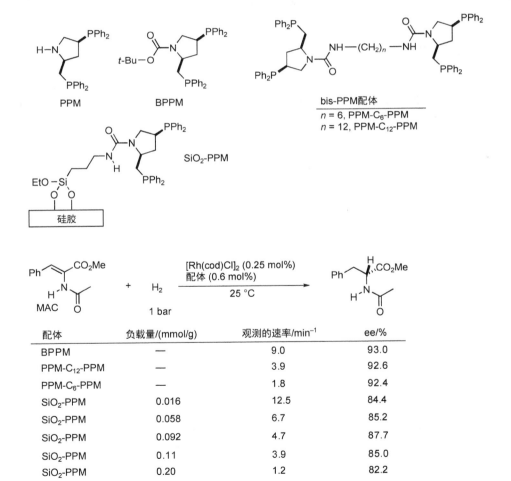

配体	负载量/(mmol/g)	观测的速率/min⁻¹	ee/%
BPPM	—	9.0	93.0
PPM-C₁₂-PPM	—	3.9	92.6
PPM-C₆-PPM	—	1.8	92.4
SiO₂-PPM	0.016	12.5	84.4
SiO₂-PPM	0.058	6.7	85.2
SiO₂-PPM	0.092	4.7	87.7
SiO₂-PPM	0.11	3.9	85.0
SiO₂-PPM	0.20	1.2	82.2

图 15.8 不对称氢化催化剂的去活化过程对催化剂是二级的

通过降低载体上催化剂的浓度实现更大的位点分离会导致催化剂更大的平均 TOF

化剂的活性发生了降低。这一行为表明了一个双分子的失活路径，可能涉及通过桥联的氯离子形成二聚体的过程。与均相催化剂都可形成二聚体不同，非均相化的催化剂可以分为足够邻近的可以相互作用的催化剂和孤立的不与邻近催化剂相作用的催化剂。邻近的催化剂很可能形成非活性的二聚体，而位点分离的催化剂会保持活性。随着每克硅胶上的催化剂的克数增加，可以发生双分子失活的催化剂的百分比提高，催化剂的总体活性降低，如图 15.8 所示。降低硅胶上的催化剂的浓度会造成更大的位点分离和更高的活性[28]。如果载体是刚性的，且单个催化中心随机地分布在载体表面的话，可以模拟这一行为[29]。

15.1.4   无定形硅上的手性催化剂

IUPAC 将多孔材料分为三个孔径范围：微孔（< 2 nm）、介孔（2～50 nm）和大孔（> 50 nm）。然而，直到最近，许多多孔材料还都有不规则的孔径和宽的孔径分布。硅材料 MCM-41[30]，第一例规整的具有非常窄的孔径的介孔材料的合成是材料科学领域的一个重大突破。其蜂巢结构中含平行的圆柱体孔按照有序的六边形排列。由于其一致的孔尺寸，将催化剂连接到 MCM-41 内可以研究孔径、底物大小、对映选择性与固定在介孔材料壁上的催化剂的活性之间的关系。以此为目标，将 Mn(salen)连接到了 MCM-41 上，如图 15.9 所示[31]。通过 IR 光谱对 Mn(salen)/MCM-41 进行表征显示在 1635 cm^{-1} 处一个特征的亚胺的吸收，也用 EPR 和 UV-vis 光谱对该催化剂进行了表征。根据元素分析估计 Mn(salen)的用量为 0.73 mmol/g 载体。

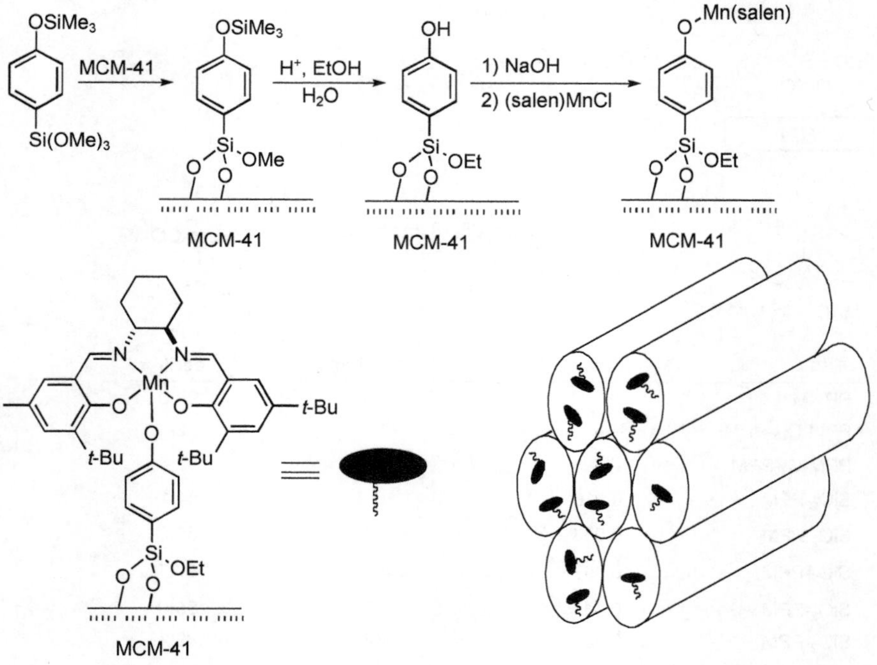

图 15.9   将(salen)Mn 固定在介孔 MCM-41 上

在不对称环氧化反应中考察了 Mn(salen)/MCM-41，将负载的催化剂（0.1 g）与 NaOCl（0.4 mol/L，2 mmol）的水溶液和 1 mmol 烯烃底物在二氯甲烷（3 mL）中搅拌（式 15.1）。在非均相的二氯甲烷/水体系中，均相催化剂以 56% 的对映选择性对 α-甲基苯乙烯进行了环氧化。对比之下，Mn(salen)/MCM-41 在 24 h 的反应时间内表现出了较低的活性，但具有较高的对映选择性（72%）。在二氯甲烷中的较低活性是由在两相溶剂体系中底物和氧化剂向介孔载体的扩散较慢导致的。Mn(salen)/MCM-41 比均相催化剂对映选择性的提高主要被归结于链造成的空间限制和介孔的大小。使用乙醇为溶剂时，Mn(salen)/MCM-41 反复使用三次都给出了相似的对映选择性，表明催化剂浸出很少。有趣的是，均相催化剂很容易地对 1-苯基环己烯进行环氧化（转化率 93%，78% ee），而使用 Mn(salen)/MCM-41 时这个底物并没有反应。这个结果表明 1-苯基环己烯太大了，以至于无法在介孔材料中发生反应，而且 Mn(salen)/MCM-41 中的 Mn 保持结合在载体上[31]。

$$Ph\diagup + NaOCl \xrightarrow{\text{Mn cat.}} Ph\diagup\hspace{-0.3em}\triangle O \quad (15.1)$$

cat.	循环	溶剂	conv./%	ee/%
ClMn(salen)	—	CH_2Cl_2	96	56
Mn(salen)/MCM-41	—	CH_2Cl_2	60	72
Mn(salen)/MCM-41	1	EtOH	99	70
Mn(salen)/MCM-41	2	EtOH	99	70
Mn(salen)/MCM-41	3	EtOH	98	73

MCM-41 确定的孔径使其成为研究介孔载体、链长和催化剂结构对催化体系的对映选择性和 TOF 的影响的理想体系。这些研究将会加深我们对这种相互作用的理解，可以为负载在介孔载体上的催化剂的活性和对映选择性的优化提供一条更加理性的途径。

15.1.5 沸石上的手性催化剂

沸石（分子筛）是含有互相联通的尺寸为 4～13 Å 的空腔的一类硅铝酸盐。由于其规整的孔径大小和活性微环境，沸石已经被用于非均相催化。其高活性来自其孔道和空腔和壁上的阳离子和阴离子，以及孔道和空腔中由于接近无溶剂的环境而改变了的体介电性质（bulk dielectric）。在发展手性沸石及其相关的多孔固体以将这些性质用于不对称催化上已经付出了巨大努力。通常通过在表面活性剂周围组装硅铝酸盐基质，然后高温煅烧除去表面活性剂来制备沸石。使用手性表面活性剂时，高温煅烧会破坏表面活性剂产生的任何手性空腔，形成非手性的或外消旋的沸石。因此，人们使用了其他方法来设计沸石负载的对映选择性催化剂，包括在沸石的空腔中组装手性催化剂（见 15.3.4.1 节）和将催化剂连接到沸石的孔道和空腔的壁上。

为了比较均相不对称氢化催化剂与相关的连接到硅胶和 USY 沸石（孔径为 12～30 Å）上的类似催化剂的活性和对映选择性，制备了图 15.10 中的催化剂[32,33]。通过连接链上的硅醚键与硅胶或沸石表面的 Si—OH 键的可控反应实现了催化剂与载体的连接，然后对载体进行洗涤以除去没有连接上的催化剂。负载的配合物的光谱和分析性质与其均相前体相似。

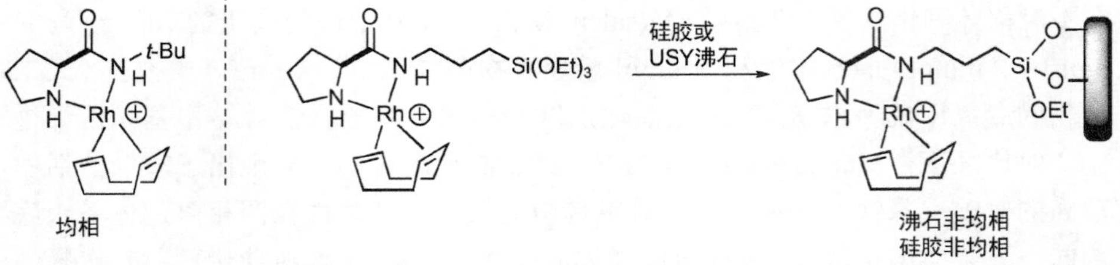

图 15.10 提出的固定到沸石上的手性催化剂的结构

接下来使用(Z)-α-N-乙酰基肉桂酸衍生的不对称氢化反应对这些催化剂进行了考察，如图 15.11 所示。在每个例子中，USY 沸石固载的催化剂的对映选择性水平都比硅胶负载的催化剂和均相催化剂的对映选择性更高。另外，在(Z)-α-苯甲酰肉桂酸乙酯的氢化中，达到 50%转化率所需的时间对于沸石、硅胶和均相催化剂分别为 2 h、5 h 和 3 h。根据这些结果，猜想沸石载体的性质在催化剂的对映选择性和活性上都起了重要作用[32]。值得指出的是，沸石结合的催化剂可以重复使用好几次而不损失活性或对映选择性，也没有检测到金属浸出。

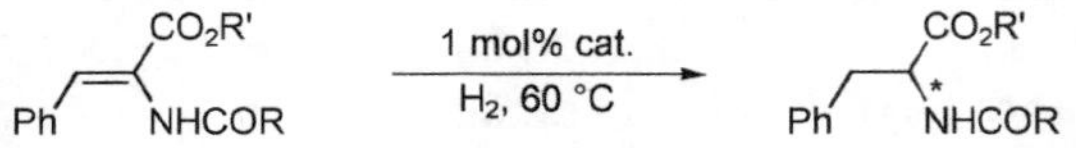

R'	R	ee/%		
		均相	硅胶	USY沸石
H	Me	84.1	88.6	97.8
H	Ph	90.3	93.5	96.8
Et	Me	54.4	58.0	94.2
Et	Ph	85.6	92.2	99.0

图 15.11 对映选择性氢化中使用均相、硅胶结合的和沸石结合的催化剂的对映选择性的比较

在使用同样的配体体系和与镍用于二乙基锌对烯酮的共轭加成（图 15.12）时，发现沸石负载的催化剂再次给出了比均相体系更高的对映选择性。然而，在这个例子中均相体系表现出了更高的 TOF[34]。

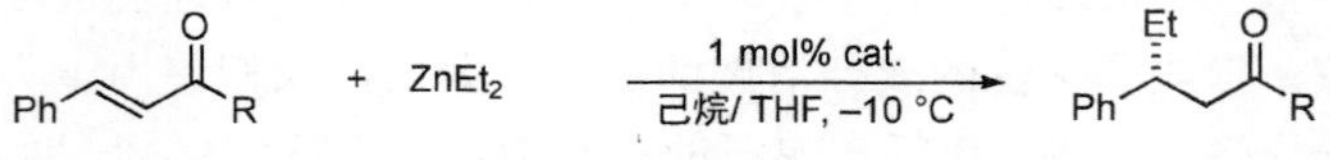

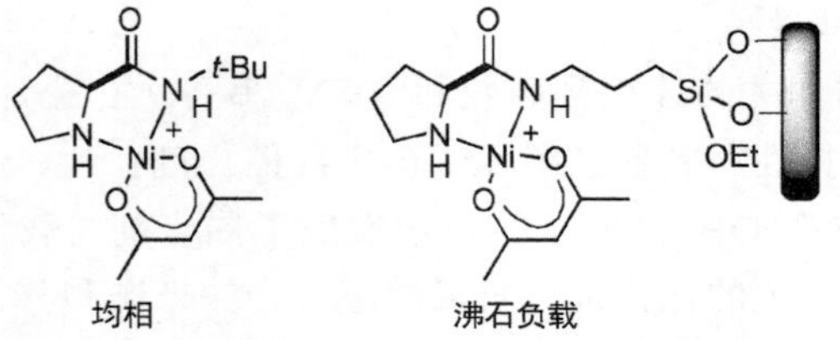

R	对映选择性/%	
	均相	USY沸石
Me	77	91
Ph	75	95

图 15.12 沸石负载的催化剂与均相催化剂在二乙基锌对烯酮的共轭加成反应的对比

上述例子表明沸石载体可以对催化剂的对映选择性起到积极影响。还需要进一步的研究来理解对映选择性提高的原因。

15.1.6　连接到纳米粒子上的手性催化剂

本章的一个中心焦点是比较均相催化剂与非均相对应物的性质。介于这两种重要类型之间的是纳米粒子，也被称为纳米簇、巨簇或胶体。由于其尺寸小，这些纳米粒子具有非常高的表面积。在一些情况下它们甚至是可溶的，也因此被称为"半均相的"（semihomogeneous）[35]。虽然已经报道了许多催化的纳米粒子的例子[36]，已知的能用于不对称催化的例子非常少。由于纳米技术的日益重要，预计将来纳米粒子在不对称催化剂中的应用会有很大的增长。

纳米粒子有高的表面积而且可以很容易地分散到有机溶剂中，一般通过沉降或过滤来实现纳米粒子负载的催化剂的回收，这两种方法都可能因粒子太小而变得复杂。回收纳米粒子负载的催化剂的一个新方法是将催化剂固载到可通过磁回收的纳米粒子上[37]。

超顺磁材料在没有磁场存在时本身是非磁性的。但存在外部磁场时，它们可以很容易被磁化。图 15.13 中展示了将一个磷酸取代的钌配合物固载到超顺磁纳米粒子上。对比未负载的和纳米粒子负载的催化剂在酮的不对称氢化中的对映选择性表明，催化剂表现出几乎完全一样的对映选择性水平。可以通过使用一个外部磁场吸引纳米粒子的同时将反应液进行倾倒来实现纳米粒子负载的催化剂的回收。在与纳米粒子分离之后，上层清液对氢化反应没有活性，表明发生了很少或没有发生催化剂浸出。直到第六次重复使用，纳米粒子才开始表现出对映选择性的降低[37]。

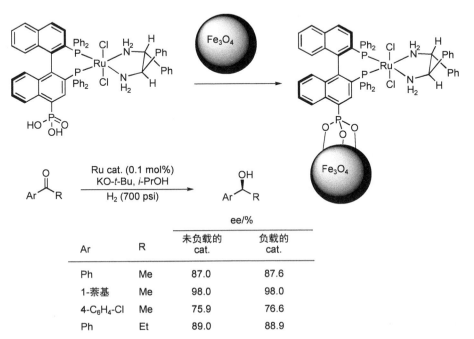

| Ar | R | ee/% | |
		未负载的 cat.	负载的 cat.
Ph	Me	87.0	87.6
1-萘基	Me	98.0	98.0
4-C$_6$H$_4$-Cl	Me	75.9	76.6
Ph	Et	89.0	88.9

图 15.13　催化剂在超顺磁纳米粒子上的固载及在酮的不对称氢化中的应用

15.2　手性催化剂被整合为固体载体的一部分

可以固定到预先形成的固体载体上的手性催化剂的数量受限于可以获得的表面积。另外，对聚合物内部的空腔官能团化比较困难。因此，预先形成的固体载体上的催化剂量通常较低。在形成高分子过程中催化剂被整合到高分子骨架上时，可以得到更高的催化剂密度。在这些条件下，可以实现高达每个单体上有一个催化剂。如果需要催化剂单元之间有更大的间隔，可以在聚合时将催化剂取代的单体与惰性单体混合。得到的聚合物的机械稳定性和孔径也可以通过改变交联试剂的用量来调节。

15.2.1　整合到聚苯乙烯上的手性催化剂

交联的聚苯乙烯树脂已经被成功用于负载多种多样的手性催化剂。制备 PS 负载的催化剂的方法包括前面所示的将催化剂嫁接到官能团化的 PS 载体上，或带催化剂前体或催化剂的苯乙烯单体的共聚（图 15.1b）。配体或催化剂必须在自由基聚合过程使用的反应条件下稳定存在。一般情况下使用三类单体形成载体：结合了催化剂的苯乙烯、苯乙烯和交联剂二乙烯基苯（图 15.14）。高聚物基质的性质依赖于交联的程度和交联剂的性质，下文中会谈到。

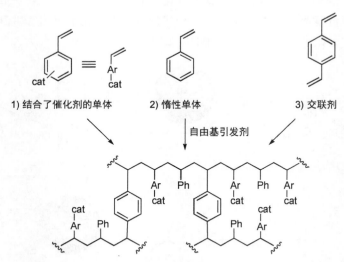

图 15.14　制备聚苯乙烯衍生的手性催化剂聚合物中的三类单体

手性噁唑硼烷酮催化剂在不对称 Diels-Alder 反应中可以给出高的对映选择性。产生这些催化剂的磺酰胺配体在聚合条件下是惰性的，使它们成为共聚反应的理想底物。图 15.15 中所示的悬浮聚合得到了具有较好的溶胀性质的球珠。聚合物用 $BH_3 \cdot SMe_2$ 处理得到催化剂，并用于甲基丙烯醛与环戊二烯的不对称 Diels-Alder 反应（图 15.16）[38]。

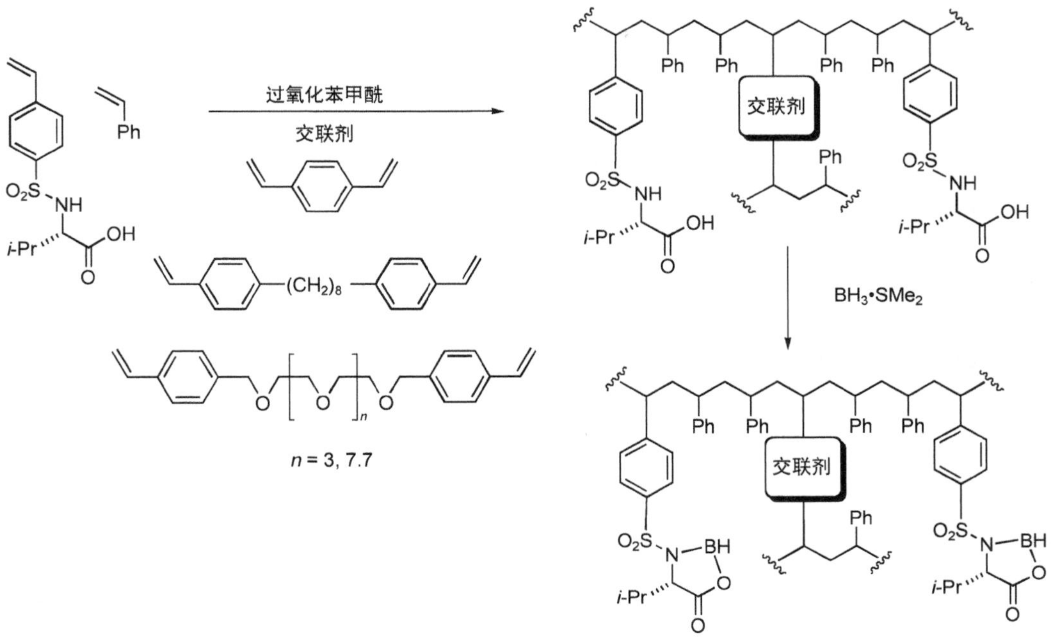

图 15.15 使用各种交联剂制备 PS-负载的噁唑硼烷酮催化剂

图 15.15 中使用 PS-负载的噁唑硼烷酮以高的 *exo*：*endo* 选择性（＞90：10，图 15.16）形成了 Diels-Alder 加合物。比较使用不同交联剂得到的对映选择性显示了这一基团的重要性。使用二烯基苯交联的 PS 表现出了 65% ee，而烃连接的双苯乙烯交联剂给出了 84% ee。这一值与使用均相类似物得到的值类似（86% ee）[39,40]。低聚氧亚乙基交联的聚合物在−78 ℃表现出了 92%～95%的对映选择性。低聚氧亚乙基被用于连续流

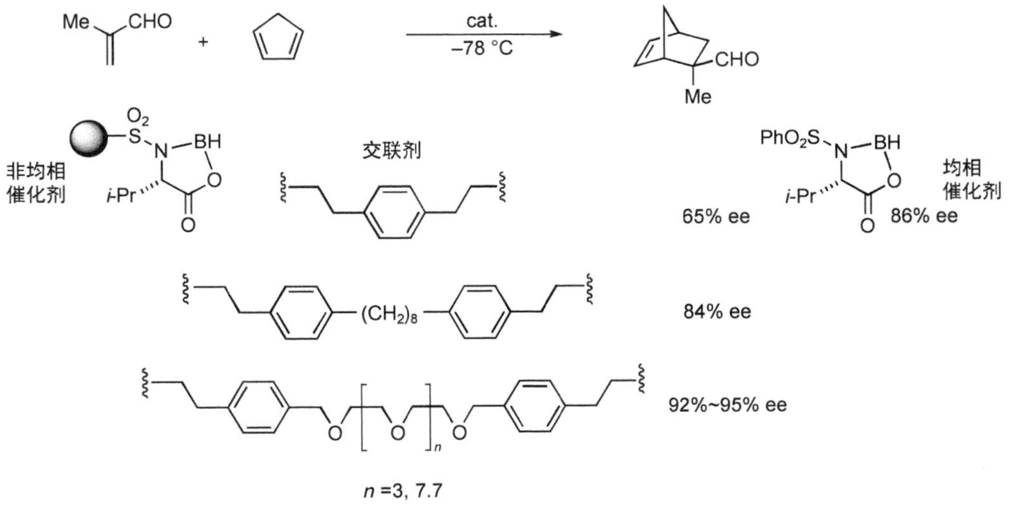

图 15.16 使用各种交联剂制备 PS-负载的噁唑硼烷酮催化剂

柱，其中甲基丙烯醛和环戊二烯经过催化剂混合物。发现连续流动体系的对映选择性与间歇反应一样[38]。需要进一步研究来理解聚合物结合的催化剂比均相催化剂的对映选择性提高的原因。

15.2.2 通过 ROMP 整合的手性催化剂

通过使用衍生的苯乙烯单体，以较好的效果将对映选择性的烯烃复分解催化剂整合到了聚苯乙烯中[41]。另一负载的烯烃复分解催化剂也被报道，其中聚合物是通过烯烃复分解来形成的[4,42]。将两个降冰片烯单元接到手性二酚上，使用钌催化剂进行开环复分解聚合（ROMP）将手性亚单元进行聚合，然后在载体上形成钼催化剂（图 15.17）。有趣的是，得到的聚合物上的钼催化剂位点不能导致聚合物的烯烃单元发生复分解反应。手性钼聚合物却可以分别作为小分子的三烯和二烯底物的催化剂，实现高效的去对称化和动力学

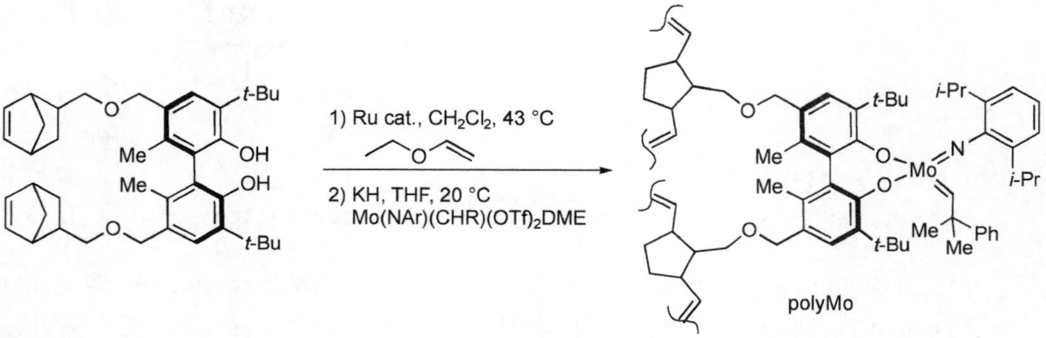

底物	产物①	均相催化剂 产率/%	均相催化剂 ee/%	polyMo 产率/%	polyMo ee/%
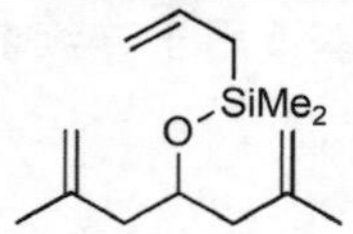	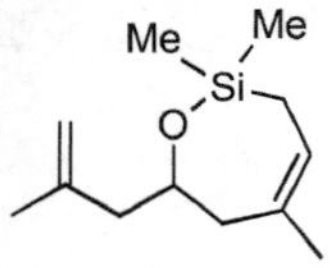	86	89	97	90
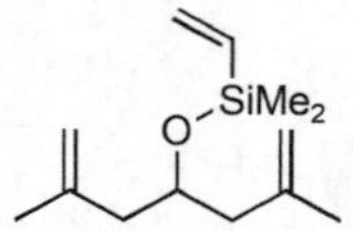	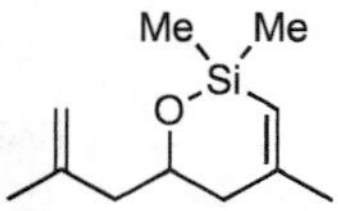			61	95
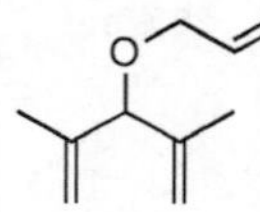	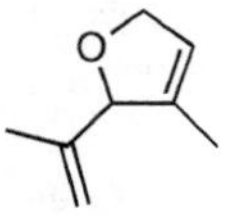	97	89	96	90
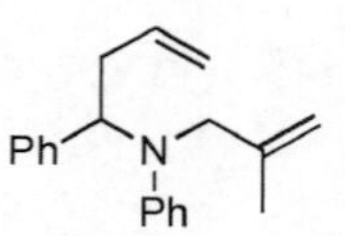	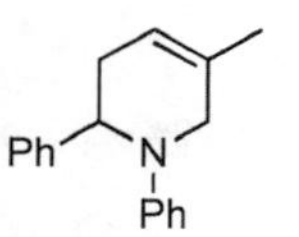	21	45	22	50

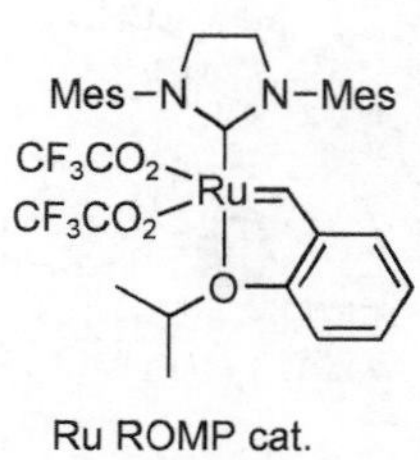

Ru ROMP cat.

①条件: 2.8~5.0 mol% Mo, CH_2Cl_2, 在20 °C下30 min, 在45 °C下2 h

图 15.17 通过 ROMP 形成的手性聚合物 RCM 催化剂

拆分。使用这个聚合物得到的转化率和对映选择性与使用相应的均相的单体催化剂相当。另外，通过过滤除去催化剂非常方便，这在不能接受痕量钌的情况下是尤其重要的。

15.2.3 整合到其他有机聚合物中的手性催化剂

尽管许多非均相化催化剂表现出了与均相的母体催化剂接近的对映选择性，由于很多这类反应的两相性质，这些催化剂通常活性要低得多。成功使用的一个策略是将催化剂装到一个可溶的、在反应结束后容易析出以利于催化剂分离和回收的聚合物载体上。原则上，这样的负载催化剂结合了均相催化剂高的催化活性和对映选择性与非均相体系的易于催化剂分离和回收的性质。这种类型的负载催化剂被称为"一相催化-两相分离"[43]。

非对映异构的高聚物负载的 BINAP 衍生物通过(R)-或(S)-5,5'-二氨基-BINAP、对苯二甲酰氯和(2S,4S)-戊二醇在吡啶的存在下缩聚制得（图 15.18）。为了进行比较，使用两

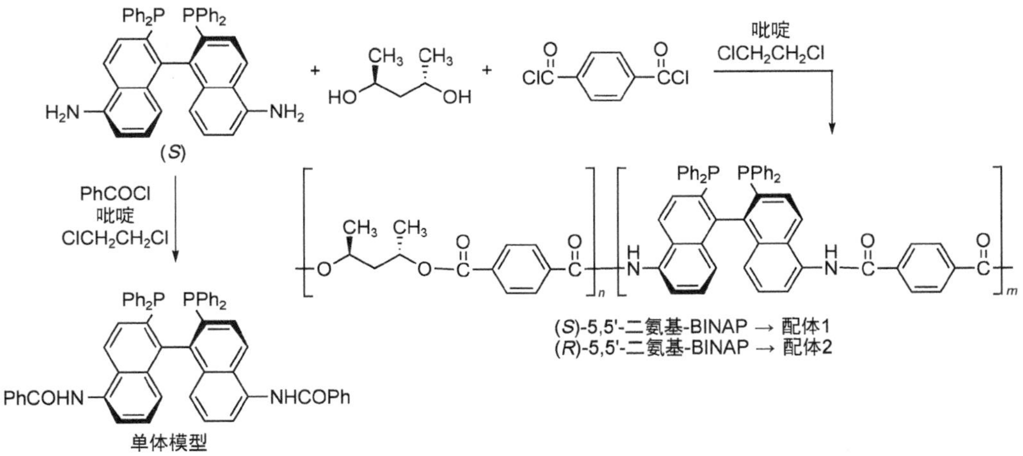

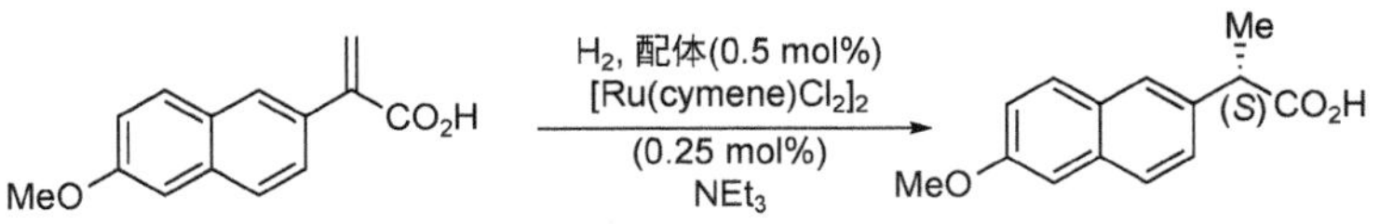

条目	配体	T/°C	t/h	conv./%	ee/%
1	配体2	1	18	100	92.9 (R)
2	配体1	1	12	97.4	93.6 (S)
3	单体模型	1	36	99.8	93.5 (S)
4	(S)-BINAP	1	48	94.7	93.5 (S)
5	配体1	rt	4	95.4	87.7 (S)
6	单体模型	rt	4	64.2	89.2 (S)
7	(S)-BINAP	rt	4	56.5	88.7 (S)

图 15.18 手性聚酯负载的 BINAP 聚合物的合成及其在一个丙烯酸
衍生物的不对称氢化中的应用

分子的苯甲酰氯（PhCOCl）与(S)-5,5′-二氨基-BINAP 缩合制备了一个单体的模型配体。高聚物配体在非质子性溶剂如甲苯和二氯甲烷中可以溶解，但在甲醇中不溶。通过加入芳烃配合物[(η⁶-cymene)RuCl₂]₂ 将高聚的和单体的配体转化成了钌催化剂前体。

使用 2-芳基丙烯酸的氢化反应对高聚物催化剂、单齿模型体系和(S)-BINAP 类似物进行了比较（图 15.18）。氢化产物是萘普生，一种常见的抗炎药物。氢化反应在甲苯和甲醇的混合物中进行，在底物/催化剂为 200∶1 的情况下催化剂完全溶解。结果展示在图 15.18 中。(R)-和(S)-5,5′-二氨基-BINAP 衍生的非对映异构的催化剂给出了与单体模型体系和基于 BINAP 的催化剂相似的对映选择性（条目 1～4），表明聚合物骨架中的手性二醇对对催化剂的对映选择性几乎没有影响。有趣的是，聚合物催化剂的 $t_{1/2}$ 小于单体模型体系的 1/2、BINAP 基催化剂的 1/4。还不清楚为何聚合物载体对催化剂的 TOF 表现出积极的影响。

氢化反应完成之后，可以通过向反应混合物中加入甲醇来容易地实现聚合物负载的催化剂的回收和再利用。过滤掉沉淀出来的高聚物，并通过原子吸收光谱对滤液进行分析，结果表明钌含量低于 16μg/L。不断地重复使用高聚物负载的催化剂时，超过 10 个周期之后活性或对映选择性都没有变差[43]。这些结果证明了负载催化剂在催化剂回收和 TOF 上的潜在优点。

用类似的方法，使用同一个手性双膦(R)-5,5′-二氨基-BINAP 制备了手性在聚合物骨架上的树枝状的负载的配体和催化剂（图 15.19）。树枝状聚合物比更高代的树状聚合物（dendrimer）更容易制备。

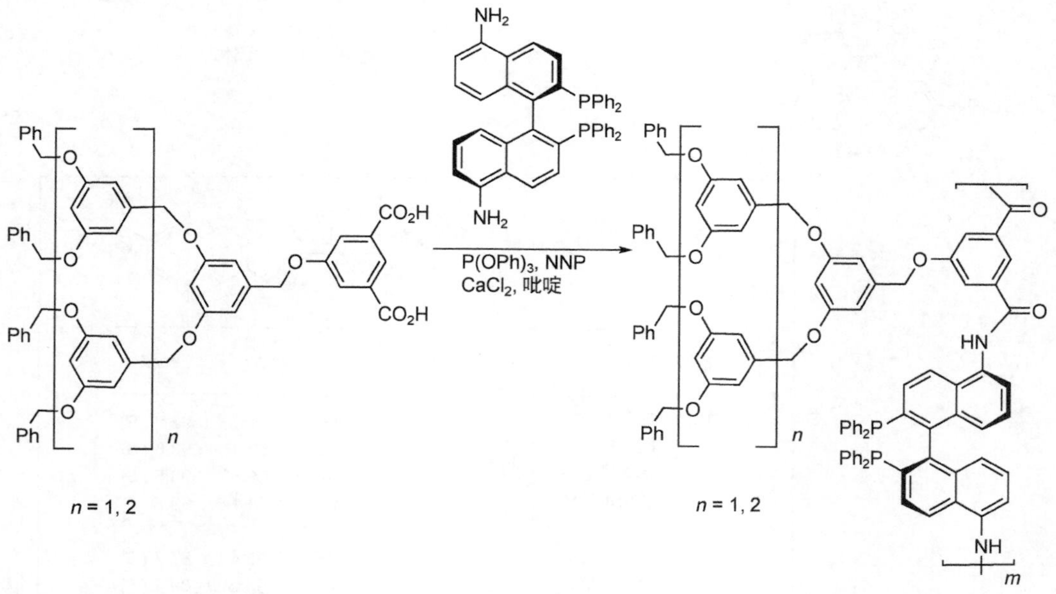

图 15.19 树枝状聚 BINAP 配体的合成

图 15.19 中的树枝状聚合物接下来被用于酮的不对称还原，如图 15.20 所示。反应在 50 ℃下进行，使用的底物∶钌的比例为 500∶1。在这个反应中，第三代，$n=2$ 的配

体比第二代（$n = 1$）配体表现出的对映选择性高 4%[44]。第三代催化剂回收了三次，对映选择性没有损失。

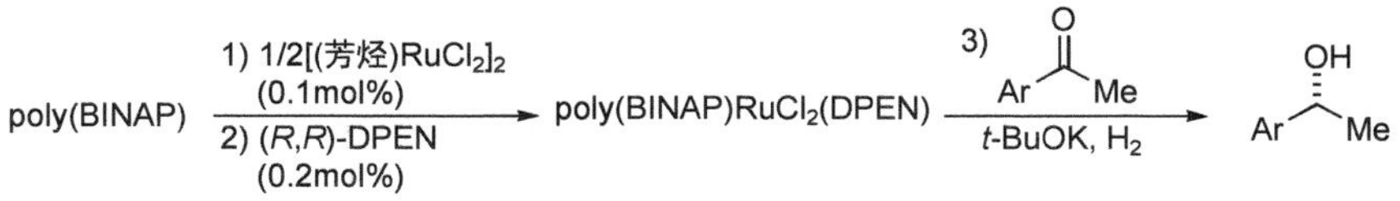

poly(BINAP) = 树枝状聚合物负载的 BINAP

配体代数	Ar	ee/%
$n = 1$	2-C_6H_4-Me	88
$n = 2$	2-C_6H_4-Me	92
$n = 1$	1-萘基	88
$n = 2$	1-萘基	92

图 15.20 树枝状聚合物负载的配体在不对称转移氢化反应中的应用

15.2.4 催化活性的手性纳米粒子（胶体催化剂）

虽然可以使用本章中介绍的技术将催化剂连接到纳米粒子载体上（见 15.1.6 节），纳米粒子本身也可以有催化活性。直接从分子前体合成纳米粒子的一个例子是在含旋阻异构的联苯二酚单元的糖基双亚膦酸酯配体的存在下 $Pd_2(dba)_3$ 在 THF 中使用氢气的分解反应（Pd∶L* = 5∶1；图 15.21）[45]。在这些条件下，形成了平均直径为 4 nm 的小球状粒子。使用外消旋的 3-乙酰氧基-1,3-二苯基-丙烯的烯丙基烷基化反应将手性配体配位的钯纳米粒子与由$[Pd(allyl)Cl]_2 + 2L^*$制备的均相配合物的活性和对映选择性进行了比较。

$$\underset{0.5\ \text{equiv.}}{Pd_2(dba)_3} + \underset{0.2\ \text{equiv.}}{L^*} \xrightarrow[\text{THF, RT}]{3\ \text{bar}\ H_2} \underset{\text{胶体}}{Pd_x(THF)_y(L^*)_z}$$

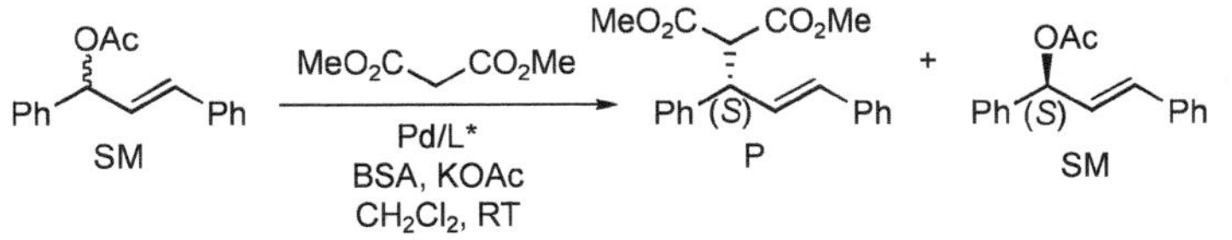

催化剂	SM:Pd:L*	t/h	conv. /%	ee(P) /%	ee(SM) /%
胶体	100:1:0.2	24	56	97	89
	100:1:0.2	168	59	97	89
	100:1:1.05	168	61	97	89
均相	500:1:1	1.5	—	95	0
	2000:1:1	18	—	95	27
	10000:1:1	48	—	95	40

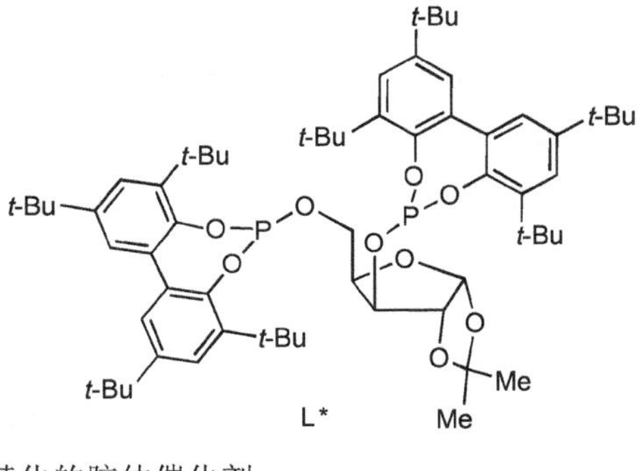

图 15.21 用于不对称烯丙基化的胶体催化剂

在碱性条件下将 3-乙酰氧基-1,3-二苯基-丙烯与丙二酸二甲酯混合时，均相催化剂和纳米粒子催化剂都以类似水平的对映选择性得到了烯丙基烷基化产物（图 15.21）。然而，这两个反应表现出了一些重要的不同点，最值得一提的是，纳米粒子催化剂在转化率大约 50% 时表现出了反应速率的急剧变化。使用外消旋的手性底物的反应中的这种行为通常表明存在动力学拆分（KR，见第 7 章）。确实，纳米粒子催化的反应中剩余的起始原料的 ee 值为 89%，表明发生了一个高效的 KR。降低均相催化剂的用量导致与纳米粒子体系类似的 TOF 值。均相催化剂的选择性因子 s（$= k_{rel}$）为 2，而对于纳米粒子催化剂，s 要高得多，介于 12 和 20 之间[45]。

为了确定纳米粒子是否发生分解而产生了少量活性的均相催化剂，进行了几个实验并观察到了以下现象：（1）将纳米粒子催化剂与过量手性配体组合之后没有观察到选择性的改变或动力学拆分；（2）在纳米粒子催化剂的反应达到 50%～60% 的转化率并停止之后，向反应混合物中再加入一批外消旋底物引起了 (R)-型起始原料的进一步消耗；（3）向纳米粒子催化剂中加入汞或 CS_2 抑制了催化，但对均相体系没有影响或影响不大。已经知道在许多情况下，汞可以毒化胶体催化剂。这些实验加上胶体和均相体系中选择性因子的重大不同，表明二者的对映选择性有本质的不同，尽管二者都使用了同样的金属和手性配体。需要进一步研究来确定是否可以制备其他纳米粒子催化剂并将其成功用于催化不对称反应。

15.2.5　整合到金属–有机配位网络中的手性催化剂

已经报道了几种含有机官能团的具有高稳定性和多孔性的新型金属-有机配位网络[46-49]。如负载催化剂概述中所描述的那样，这些材料可以通过将简单的桥联有机配体与金属离子进行组合来快速构建（图 15.1d）。已经展示了这些材料的非手性版本在有机反应中的用处[50,51]。通过使用手性桥联有机配体在这些材料的空腔中形成手性环境，可以构建不对称催化剂[52,53]。由于金属-有机配位网络在大部分溶剂中的低溶解度，这些"自负载"的催化剂可被用于均相催化剂的非均相化，可以进行方便的产物纯化和催化剂循环利用[54]。

金属-有机组合体背后的想法是将均相催化中使用的传统上只含单个结合位点的配体转化成含有两个或两个以上金属结合位点的配体。与金属前体反应时，金属结合配体形成金属-有机配位网络（也称为金属-配体高聚物）[53]。金属-有机配位网络中的金属可以作为非催化活性的桥来连接手性的金属配合物（M'，图 15.22a），或同时作为桥和活性的金属中心（M'，图 15.22b）。也有一些例子中，每个金属中心上必须结合两个不同的配体来形成催化活性的金属-有机配位网络（图 15.22c）。

下面描述了图 15.22a 中的配位网络的一个例子。在这样一个体系中，一个关键因素是使用了一个可以进行自选择的金属-配体的组合。自组装的概念已被用于构建含有 BINAP 配体的金属-有机配位网络（图 15.23）[55,56]对于这一载体，向 BINAP 框架中加入了磷酸根基团作为连接物将催化剂固定在锆-磷酸酯载体上。注意金属和配体的性质是正交的，钌、膦和胺是软的，因此它们互相匹配，而磷酸根和锆是硬的（它们也互相匹配）。然而，钌中心与磷酸根、锆与膦配体和胺是不匹配的[57]。因为整合了膦配体的钌

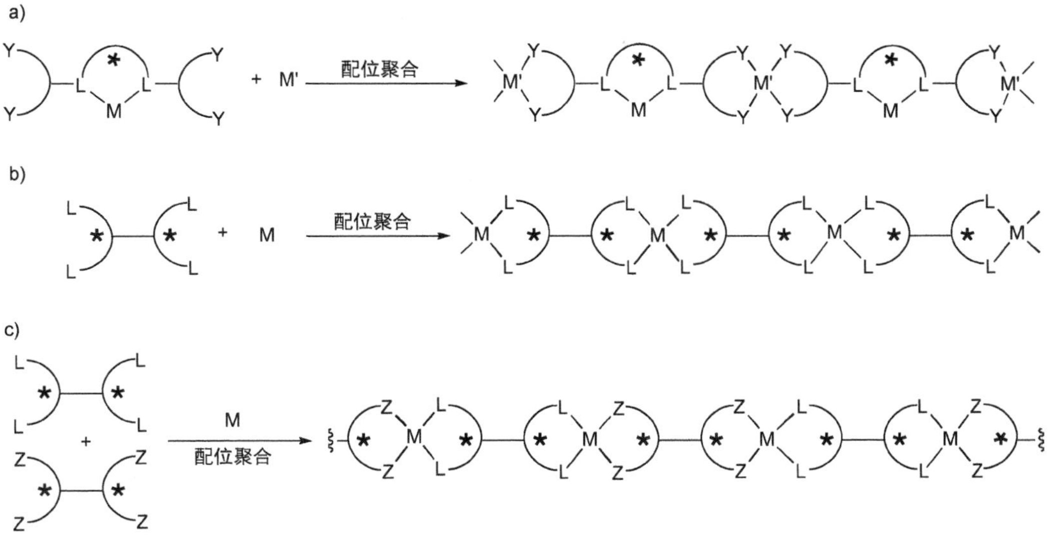

a)

b)

c)

图 15.22　金属-有机配位网络的合成

a）杂双金属体系，其中 M'为非催化活性的连接物；b）M 是金属连接物和催化
活性位点；c）金属配合物连接的杂合配体

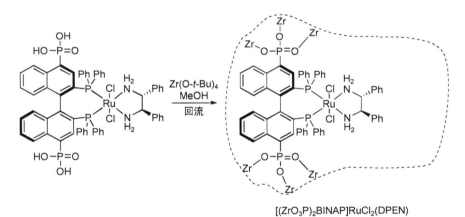

[(ZrO₃P)₂BINAP]RuCl₂(DPEN)

图 15.23　含桥联的磷酸锆基团的 BINAP-DPEN 钌聚合物

加合物非常稳定，预先形成的钌配合物可以经得住用于产生载体的条件。因此，将 Zr(O-*t*-Bu)₄ 在甲醇中与钌前体加热产生了锆-磷酸盐负载的催化剂。对载体进行表征显示它是由具有相当宽的孔径分布的高度多孔的无定形固体组成的亚微米级粒子。

　　催化剂[(ZrO₃P)₂BINAP]RuCl₂(DPEN)在芳香酮的氢化中表现出了异常高的活性和对映选择性（图 15.24）[55]。例如，当使用 0.1 mol%的该催化剂可以将乙酰丙酮以 100%的转化率和 96% ee 氢化为 1-苯基乙醇。相比之下，均相的单体催化剂前体(BINAP)RuCl₂(DPEN)在类似的条件下只得到了约 80% ee。这种局限性效应（见 15.4 节）隐含的重要意义是，它表明可能通过将催化剂整合到相似的载体上来提高过程的对映选择性。猜想载体中延伸的手性环境加上空腔中受限的反应体积造成了这种对映选择性的提高。对于 TOF =

$500\ h^{-1}$（均相催化剂的 TOF 为 $1250\ h^{-1}$）也可以使用低的催化剂用量（0.005 mol%）。除此之外，催化剂非常强悍，可以成功地循环使用 6 次而转化率和对映选择性没有变低。经确定，>0.02% 的金属钌在氢化反应中浸出到了有机相。在使用很相近的催化剂的 β-酮酸酯的反应中报道了类似水平的对映选择性和活性[56]。

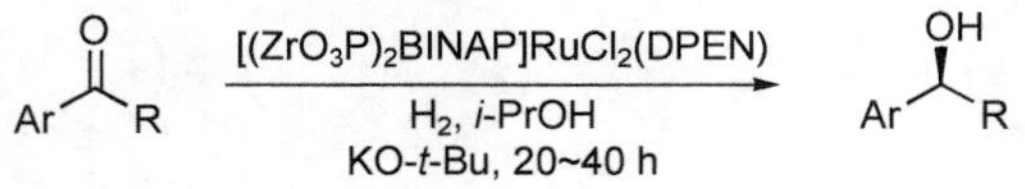

Ar	R	Ru /mol%	KOt-Bu /mol%	ee/%
Ph	Me	0.1	1	96
2-萘基	Me	0.1	1	97
4-C_6H_4-OMe	Me	0.1	1	96
4-C_6H_4-Cl	Me	0.1	1	95
Ph	Et	0.1	1	93
1-萘基	Me	0.005	0.02	99

图 15.24　使用图 15.23 中的手性多孔杂合固体催化剂[(ZrO$_3$P)$_2$BINAP]RuCl$_2$(DPEN)的不对称氢化

通过将二聚的 BINOL 单元与铝或钛前体进行结合，可以形成基于双 BINOLate 催化剂的金属-有机配位网络（图 15.25）[58]。此处金属既作为桥联单元又是催化中心（图 15.22b）。聚合物的特征的 IR 峰与从 BINOL 制备的相应的均相配合物相似。通过元素分析对金属-有机配位网络的组成进行了确认。

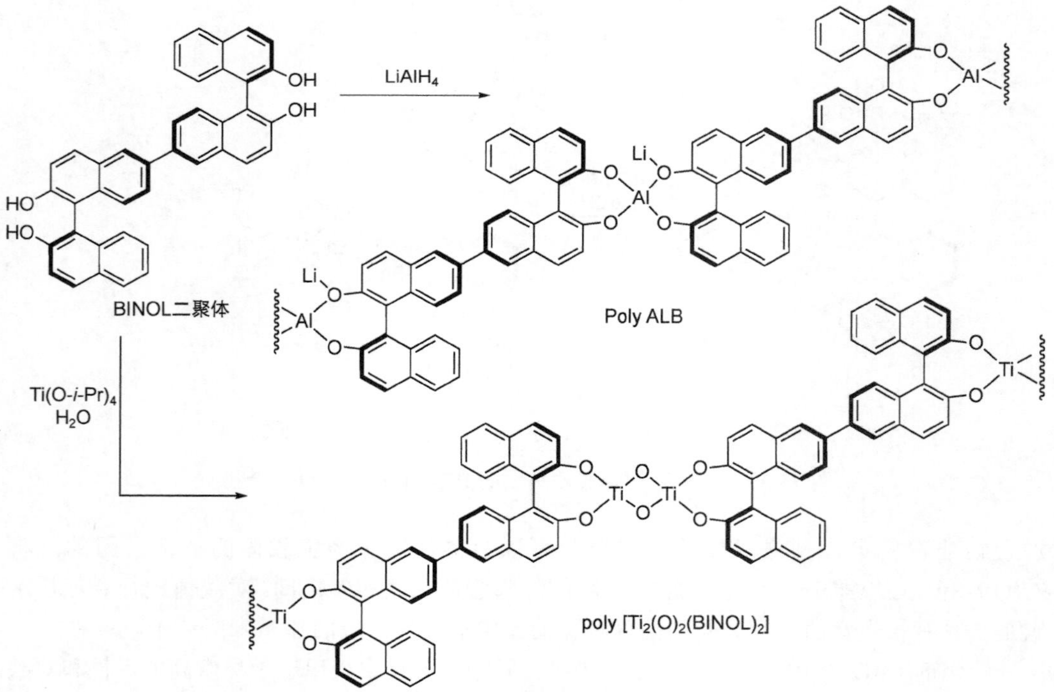

图 15.25　不溶的金属桥联的 BINOL 聚合物的合成

在丙二酸二苄酯的共轭加成反应中，ALB 配位网络表现出了与均相的 ALB 催化剂类似的的活性和选择性（式 15.2）。非均相的 ALB 配位网络催化剂的上清液没有催化活性，证实不溶的配位网络是催化活性的。可以通过在惰性气体氛下去除含有产物的上清液，然后再加入溶剂和起始原料来实现催化剂的再利用。虽然在接下去的循环利用中反应活性仍然保持（产率 59%～86%），对映选择性被损耗了（第 2 个循环：87% ee）。

（15.2）

cat.	t/h	产率/%	ee/%
非均相 ALB	48	86	96
均相 ALB	12	100	97

与均相 ALB 催化剂不同，非均相的 $Ti_2O_2(BINOL)_2$ 催化剂可以在空气中回收。另外，非均相的 $Ti_2O_2(BINOL)_2$ 在 α-甲基苯乙烯与乙醛酸乙酯的不对称羰基-烯反应的 5 次循环使用中表现出了一致的活性（产率 66%～88%）和对映选择性（88%～92% ee）（式 15.3）[59]。总体上，尽管有许多优点，这些非均相催化剂通常比相应的均相类似物活性低（更长的反应时间和/或更低的转化率）。

（15.3）

cat.	产率/%	ee/%
poly [Ti_2(O)_2(BINOL)_2]	81	90
Ti_2(O)_2(BINOL)_2	82	97

一个程序化组装两个不同的多配位点配体来产生金属-有机配位网络（图 15.22c）的一个有趣的例子也有报道[60]。其中一个多配位点配体由通过 1,4-亚苯基基团隔离开的 BINAP 单元衍生而来（图 15.26），第二个由两个二乙基隔开的 DPEN 衍生物组成。构建催化剂网络的挑战在于，相对于没有催化活性的双二胺和双二膦配合物，必须有一个强的有利于形成杂配位组合的倾向性。将含有配位不牢的 η^6-芳烃配体的钌二聚体和 BINAP 在 100 ℃ 下混合形成了双二膦 $[RuCl_2(dmf)_2]_2$。加入连接的二胺得到了非均相负载的催化剂前体，它被称为"自负载"。元素分析、^{13}P CP-MAS 和 FT-IR 光谱与图 15.26 中的结构一致。这种散状材料由微米级的粒子组成，是无定形的。

在苯乙酮的氢化中应用负载的 P-苯基衍生物得到了 78%的对映选择性的产物，与均相的类似物(BINAP)RuCl_2(DPEN)的 (80% ee)的结果相似[61]。当 Ar = 3,5-C_6H_3-Me_2 时，均相体系在苯乙酮的氢化中表现出 96%的对映选择性。根据这一结果，制备了 Ar = 3,5-C_6H_3-Me_2 的自负载的催化剂。在类似的反应中使用这个体系得到了比均相催化剂稍高的对映选择性（97% ee；图 15.27）。很容易通过过滤将不溶的自负载催化剂从反应混合物中除去，滤液对苯乙酮的氢化没有活性。另外，发现钌的浸出 < 0.1 μg/g。这两个现象都与非均相催化剂是一致的。自负载的催化剂在对映选择性氢化中被重复使用了 7 次，并没有发现对映选择性或活性的损失。甚至在 0.01 mol%钌时，苯乙酮仍然以 95%的 ee 值被氢化，TOF 大约为 500 h^{-1}[60]。

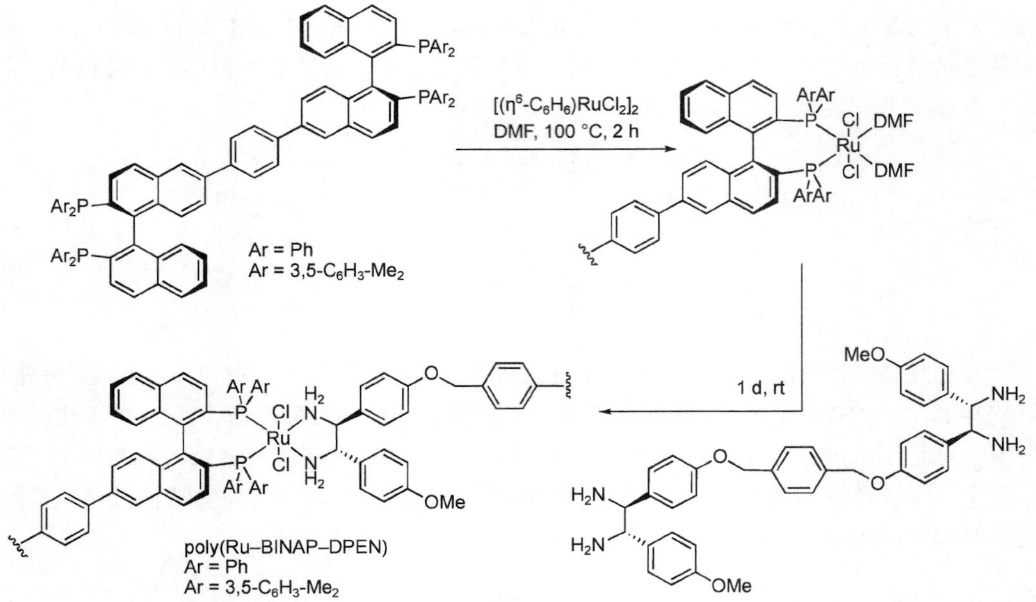

图 15.26　通过 BINAP 和 DPEN 桥联的 BINAP-DPEN 钌聚合物

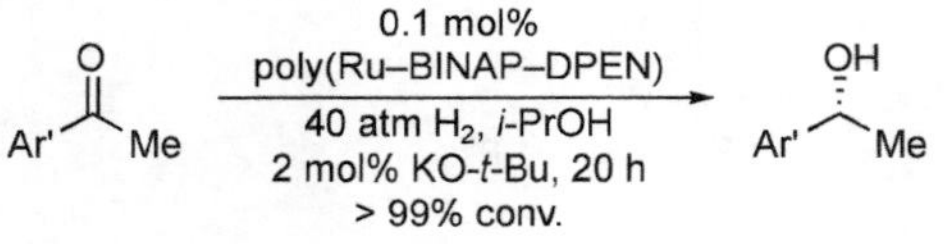

L*, Ar =	Ar'	ee/%
Ph	Ph	78
3,5-C₆H₃-Me₂	Ph	97
3,5-C₆H₃-Me₂	2-萘基	95
3,5-C₆H₃-Me₂	4-C₆H₄-OMe	96
3,5-C₆H₃-Me₂	4-C₆H₄-Cl	97
3,5-C₆H₃-Me₂	1-萘基	98

图 15.27　使用图 15.26 中自组装催化剂的不对称氢化

　　由于其易于组装、催化位点密度高、稳定性好、催化效率高、对映选择性优秀、容易回收和再利用性好等优点,在不对称催化中手性金属-有机配位网络的使用必然会进一步增加。这个领域未来的挑战之一是发展有效的合成含多个结合位点的配体的方法。

15.3　通过非共价相互作用附着在固体载体上的手性催化剂

　　把均相催化剂负载到载体上最常见的方法是使用共价的连接物,它通常连接到手性配体上。这种方法虽然取得了一些成功,但是也有几个缺陷。首先,必须要改造手性配体来容纳连接链。安装连接链不仅需要更多的合成投入,而且修饰配体对对映选择性的影响经常是无法预料的。为了使负载的催化剂的制备流程化,并防止共价连接链的干扰造成的潜在问题,化学家发展了几种非共价的方法来实现不对称催化剂非均相化,包括离子交换、封装(encapsulation)、在载体内部组装催化剂以及在催化剂周围构建载体。

15.3.1　吸附的手性催化剂

　　直接将手性催化剂吸附到金属表面还不是一个制备高对映选择性催化剂的普遍方

法。首先，手性配体，也称手性修饰物，必须附着到金属表面。金属的表面不是平的，而是含有缺陷，如结（kinks），这种结可能是手性的。然而，存在等量的这种对映异构的手性结。手性修饰物必须要么屏蔽掉金属上手性位点的一个构型（见第 6 章，尤其是有关手性毒化的讨论），要么加速对映选择性过程相对于未修饰的金属位点的背景反应的速率（即配体加速催化）[62]。

一个值得一提的例外是辛可宁生物碱修饰的硅或铝负载的铂，用于 α-官能团化的酮，如 α-酮酯、α-羰基酰胺、α-酮酸、α-二酮、α-羰基缩醛和 α-羰基醚等的不对称氢化（图 15.28）[63-66]。这个催化剂体系在 1979 年发现[67-69]，随后得到了广泛研究。生物碱修饰的催化剂可以通过负载的铂与生物碱混合来现场产生，然后加入底物和氢气。反应可以在室温、氢气压力 1～100 bar（0.1～10 MPa）下进行。为了实现最大的对映选择性所需的生物碱的量相当低，估计为每 10～20 个表面铂原子有一个吸附的辛可宁分子[70]。在这个体系中已经实现了高达 90%～95%的对映选择性。

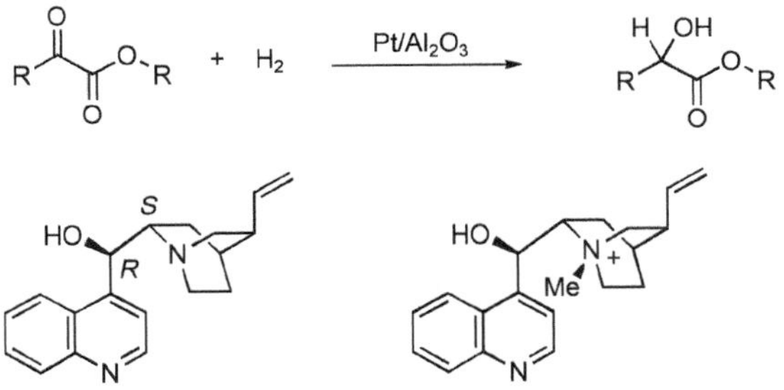

图 15.28　辛可宁生物碱修饰的铝负载的铂用于 α-酮酸酯的不对称氢化。
将碱性氮原子进行烷基化导致失去了对映选择性

辛可宁修饰的铂催化剂被用于合成 ACE 抑制剂贝那普利（benazepril）的一个中间体（图 15.29，上图）。将二酮酯的氢化放大到了 10～200 kg 的生产规模（产率 98%，79%～82% ee）[71]。已经推行了一个适于大规模反应的更有效的路径。

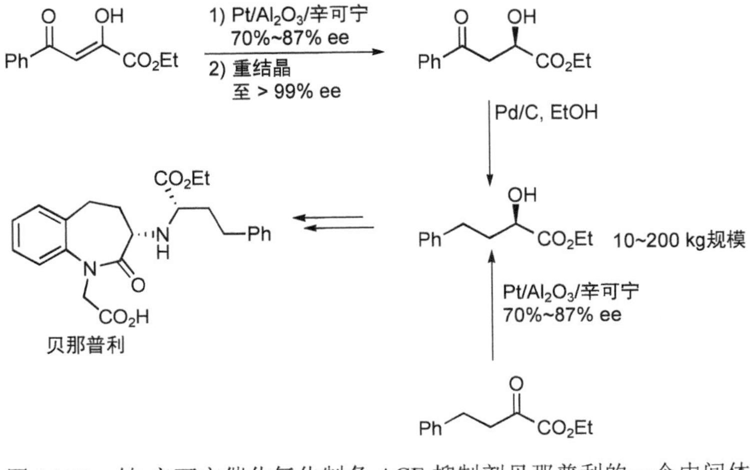

图 15.29　铂-辛可宁催化氢化制备 ACE 抑制剂贝那普利的一个中间体

虽然相当大的注意力集中于理解这个独特的催化剂体系的作用机制，有几个根本性的问题仍然存在争议。人们普遍认为辛可宁通过喹啉基团吸附，认为它在铂表面倾向于采取平的取向。在这个取向中，辛可宁通过喹啉环的 π-体系牢固地结合在铂表面上[72]。使用 N-烷基化的衍生物完全损失了对映选择性，揭示了奎宁环上氮至关重要的作用（图 15.28）[73]。根据这个和其他的机理研究，提出了一个解释速率增强和对映选择性的模型，其中涉及奎宁环上的氮被溶剂乙酸进行质子化。质子化的奎宁 N—H 被认为与 α-酮酸酯上酮羰基的氧以氢键结合，优先将吸附的底物导向进行还原（图 15.30，左图）[74]。另一个模型中涉及与酯羰基形成氢键[75]。

一个非常不同的模型基于碱性的氮对酮基的亲核进攻，在辛可宁和丙酮酸酯之间形成一个两性加合物（图 15.30，右图）。在酸性的反应条件下，两性离子中间体被氢键稳定化（没有画出）。然后 C—N 键发生还原，伴随着构型翻转，得到观察到的产物的对映体[76]。对于这个重要过程提出的不一致的反应机理反映了研究吸附的催化剂的困难。

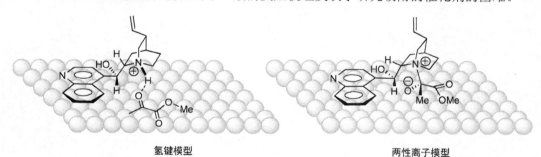

氢键模型　　　　　　　　　　　　**两性离子模型**

图 15.30　铂-辛可宁催化的丙酮酸酯氢化的两个模型

涉及氢键对酮基的活化（左图）和一个两性离子中间体，它接下来被还原，伴随构型翻转（右图）

几个研究人员研究了催化剂再利用和连续反应方法的可行性[65]。当加入新鲜的修饰物时催化剂再利用是可能的。在连续流动反应器（如固定床反应器）中，必须在投料时加入 10^{-6} 浓度的手性修饰物，以维持高的对映选择性[77]。

15.3.2　通过离子相互作用对手性催化剂的非均相化

许多基于金属的不对称催化剂带正电荷，而且含有非配位性的或弱配位性的阴离子。将阳离子型催化剂固定在固体载体上的一个有效的方法是用阳离子交换树脂处理。这个方法的优点包括：（1）不需要修饰手性配体；（2）许多离子交换树脂都商业可得而且价格不贵；（3）负载的催化剂可以从反应混合物中很容易去除和回收利用；（4）负载催化剂的效率和对映选择性可以与相应的均相催化剂相当。然而，当反应使用或产生盐类时，催化剂的浸出可能会造成问题。

阳离子催化剂在阳离子交换树脂上的固载相当简单。例如，将商业上可获得的一种磺酸酯类聚苯乙烯树脂 DOWEX 50WX2-100 用氢氧化锂水溶液处理得到阳离子交换珠。将锂化的树脂与阳离子铑配合物在甲醇中搅拌得到固载的催化剂（图 15.31）[78]。通过分析技术确定树脂的金属吸附量为 0.93%（质量分数），68%的最初加入的铑配合物被吸附到了树脂上。

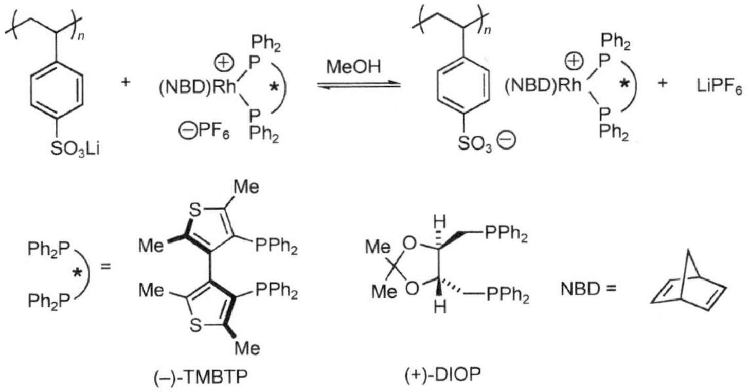

图 15.31 将手性催化剂前体固定到阳离子交换树脂上

使用 2-乙酰胺基丙烯酸酯（MAA）的不对称氢化反应对均相的和树脂结合的催化剂进行了比较（式 15.4）。在使用 PF_6^- 盐的均相氢化反应中，基于 DIOP 的铑配合物表现出了一般的对映选择性（57%），而 TMBTP 衍生物可以以优秀的对映选择性（> 99%）催化该反应。在同样的反应条件下，与相应的均相催化剂相比，固载的催化剂表现出了类似的对映选择性水平和 TOF。在第二次使用时，树脂结合的催化剂的活性明显降低，而基于 TMBTP 的催化剂在第二次和第三次循环使用之间的变化更小。在第二次循环利用中 DIOP 催化剂的对映选择性稍有损失，而 TMBTP 催化剂则没有变化。去除催化剂珠子之后对反应混合物进行分析表明在每个循环中发生了 > 2% 的铑浸出。为了比较均相催化剂和非均相催化剂的溶液结构，将 [(DIOP)Rh(NBD)]$^+$ 的溶液使用 H_2 加压。高压 NMR 光谱表明在还原掉 NBD 配体之后均相和固载的配合物都形成了 (DIOP)Rh(MeOH)$^{2+}$。对使用均相和非均相催化剂的不对称氢化反应进行原位低温 ^{31}P NMR 跟踪表明它们具有共同的休眠态 (DIOP)Rh(MAA)$^{2+}$，其化学位移完全一致。固载催化剂与磺酸根阴离子基团的相互作用对催化剂的光谱特征基本没有什么影响。还检测到了痕量被氧化的膦。与催化剂去活化和铑浸出的模式一致，从反应液中除去负载的催化剂，然后加入底物和使用氢气加压并没有导致 MAA 的氢化[78]。这一研究不仅表明使用离子交换树脂固载带电荷的过渡金属配合物很容易以及这种非均相化过程的好处，也说明可以使用 NMR 光谱来研究催化剂和载体之间的相互作用。

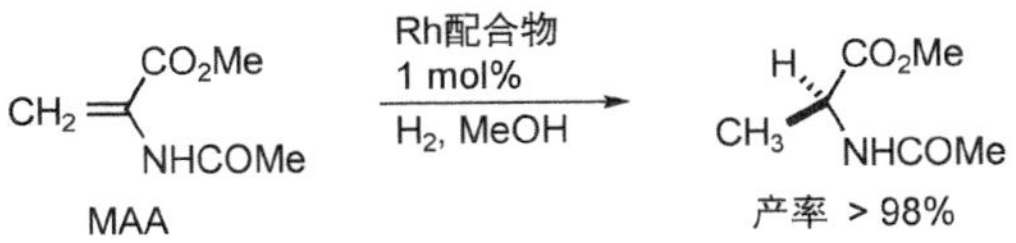

（15.4）

cat.	均相		非均相			
			循环 1		循环 2	
	t/h	ee/%	t/h	ee/%	t/h	ee/%
(DIOP)Rh$^+$	2.5	57.3	2.5	54.6	12	49.6
(TMBTP)Rh*	2.0	99.9	2.0	99.9	10	99.9

通过离子交换的方法进行催化剂固载并不限于使用高聚物树脂，也可以使用无机材料。后者的一个例子是锇催化的烯烃不对称双羟基化（AD）反应催化剂的固载。AD 可

以以高水平的对映选择性得到多种有用的二醇[79]。尽管所有这些特性，AD 在大规模药物合成中的应用受限于锇前体和手性配体的高成本、通常认为的锇的毒性和从产物中除去痕量锇的潜在困难。为了避免这些问题已经发展了几种固载策略。大部分策略集中于将手性配体固载到可溶[80-83]和不溶的聚合物[84]或硅胶[83,85,86]上。使用这些方法时对锇的回收具有挑战性，因为它们依赖于将锇结合到连接的配体上。然而，OsO$_4$ 对负载的配体的亲和性通常较低，干扰了这种有价值的金属的再利用。

AD 催化剂的非均相化的其他方法集中于将锇金属保留在载体上。OsO$_4$ 的一个有价值的前体是 OsO$_4^{2-}$，其钾盐是商业可得的。在该研究中使用的离子交换载体是水滑石（LDH），一类由交替的阳离子和阴离子层组成的材料（图 15.32）。阳离子层 $M(II)_{1-x}M(III)_x(OH_2)^{x+}$ 被阴离子和水分隔开。在这一研究中使用了结构为 $Mg_{1-x}Al_x(OH)(Cl)_x \cdot zH_2O$（$x = 0.25$）的水滑石晶体，晶体的尺寸为 50～100 nm，外部表面积约为 100 m^2/g[87]。K$_2$OsO$_4$ 与 LDH 交换得到 LDH·OsO$_4$，其中每克含有 0.975 mmol Os[88,89]。在 LDH·OsO$_4$ 的 FTIR 谱中，O=Os=O 的不对称吸收显示了一个靠近 830～860 cm^{-1} 处的宽带。与 K$_2$OsO$_4$ 在 IR 谱中的 819 cm^{-1} 处的尖峰对比可以得出结论，即非均相化的 OsO$_4^{2-}$ 只与 LDH 有弱的相互作用。X 射线粉末衍射表明 LDH 与 LDH·OsO$_4$ 的层间具有相似的间隔，表明锇盐可能并没有嵌入到层间，而是 OsO$_4^{2-}$ 位于边上和表面。

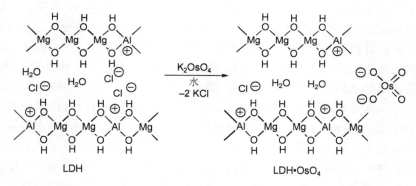

图 15.32   K$_2$OsO$_4$ 离子交换进入 LDH 得到 LDH·OsO$_4$

图 15.33 中展示了 LDH·OsO$_4$ 和配体(DHQD)$_2$PHAL 在 AD 中的应用。反应在与均相 AD 类似的条件下进行，并表现了高水平的对映选择性。反应完全后，通过过滤回收了 LDH·OsO$_4$，用酸萃取回收了(DHQD)$_2$PHAL（95%的配体回收）。滤液没有催化活性，表明没有发生催化剂浸出。回收的 LDH·OsO$_4$ 又在接下来的 AD 反应中使用了 4 次，而且活性没有降低。在 LDH·OsO$_4$/(DHQD)$_2$PHAL 体系中的高对映选择性为锇（Ⅵ）没有嵌入到 LDH 中提供了进一步的支持。层间距即阳离子层之间的距离仅约 3 Å。如果锇发生了嵌入，由于配体体积很大，其嵌入并结合到金属上是非常困难的。实验证据支持中性的 OsO$_4$ 在 AD 中的 Os(Ⅵ)/Os(Ⅷ)的氧化还原循环中被物理吸附到了载体上[88]。

本节中的结果表明，简单的离子交换技术可以在性质非常不同的载体上进行。这些载体不仅可以通过促进催化剂的使用和回收来提高过程的实用性，它们也对环境温和的化学过程的开发有所贡献。我们相信这些技术在将来的催化不对称过程中日益重要。

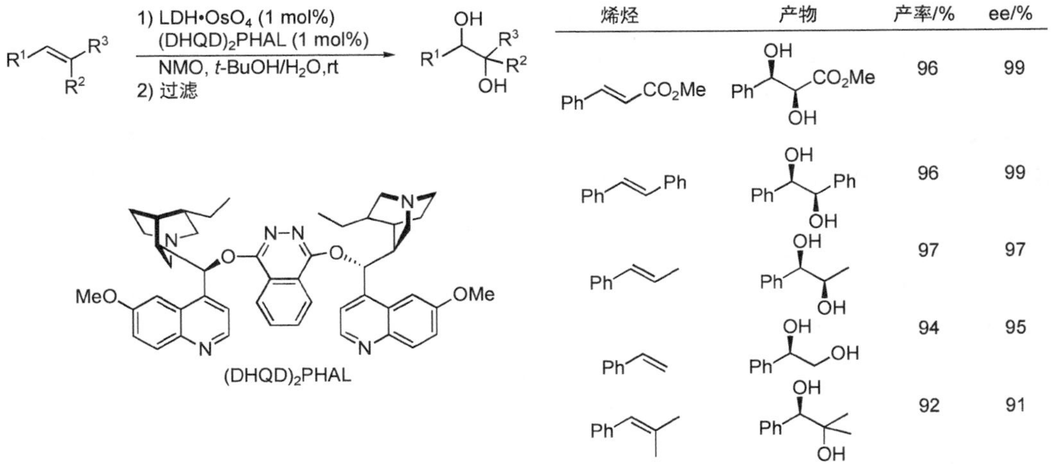

图 15.33 使用 LDH·OsO₄ 和(DHQD)₂PHAL 的烯烃的不对称双羟基化

15.3.3 通过阴离子捕获的固载

另一个通过非共价的方法将带电荷的催化剂固载到硅胶上的方法目前只特异性地对磺酸根抗衡离子有效。已经表明，在配体上含有磺酸根基团（L-SO₃⁻）的配合物与表面的硅醇之间可以形成氢键[90]。这一技术需要修饰配体来安装磺酸根。一个更简单的版本使用了具有三氟甲磺酸根（triflate, ⁻OTf）的阳离子的金属配合物与 MCM-41 的组合。使用 MCM-41 的原因是它具有大的、可定制的、结构确定的空腔，这使其适于系统研究。除此之外，也已知道它具有比其他的硅基载体具有更高的表面硅醇密度。通过分析技术得知[91]，[(R,R)-Me-(DuPHOS)Rh(COD)]OTf（图 15.34）与 MCM-41 的组合高效地将铑催化剂整合到了载体中。

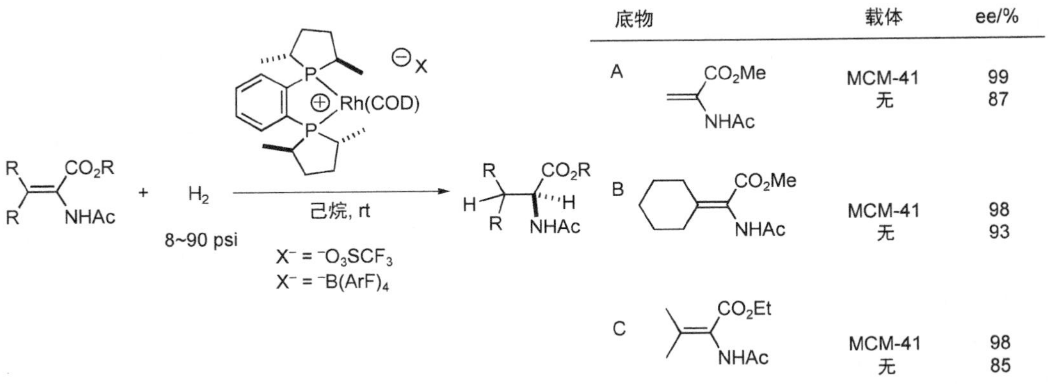

图 15.34 均相催化剂和通过载体的硅醇与三氟甲磺酸根抗衡离子的氢键作用
连接到载体上基于 MCM-41 的催化剂在不对称氢化中的比较

为了研究催化剂与载体的结合，进行了 ³¹P NMR 和 ¹⁹F NMR 实验。与均相配合物相比，固载的催化剂的 ³¹P NMR 和 ¹⁹F NMR 谱都显示出了变宽的共振吸收，表明 MCM-41

上的催化剂前体的流动性受限。加入 NaB(ArF)$_4$ {NaB(ArF)$_4$ = NaB[3,5-C$_6$H$_3$(CF$_3$)$_2$]$_4$} 造成 [(R,R)-Me-(DuPHOS)Rh(COD)]B(ArF)$_4$ 从载体上释放出来，又给出了尖锐的 ^{31}P NMR 谱。相反，载体的 ^{19}F NMR 仍然是加宽的，没有发生变化，这与载体上没有损失三氟甲磺酸根一致。硅醇结合的三氟甲磺酸根与 NaB(Ar$_F$)$_4$ 没有交换以及从载体上损失了 [(R,R)-Me- (DuPHOS)Rh(COD)]B(Ar$_F$)$_4$，表明三氟甲磺酸根可能紧密地结合在 MCM-41 上。阳离子型的[(R,R)-Me-(DuPHOS)Rh(COD)]$^+$通过与三氟甲磺酸根的电荷-电荷相互作用而结合在 MCM-41 上[91]。

接下来对 MCM-41 负载的[(R,R)-Me-(DuPHOS)Rh(COD)]OTf 与均相的三氟甲磺酸盐在烯酰胺的氢化中进行了比较（图 15.34）。在每个情况下，负载的催化剂都给出了更高的对映选择性。对于 β,β-二取代的底物，均相和非均相催化剂之间存在着重大的活性差异。例如，使用负载的催化剂时，底物 C 的氢化在 8 psi（55.16 kPa）氢气下 16 h 完成，而均相催化剂在提高的压力（40 psi，275.8 kPa）下 22 h 之后只得到了 26%的转化率。

底物 A 发生氢化完全之后，将使用 MCM-41 的催化剂的反应混合物过滤，发现滤液对再加入的底物的氢化没有活性。因此，发生了很少或没有发生催化剂浸出。催化剂循环使用高达 4 次也没有观察到活性或对映选择性的损失。这种固载技术目前还仅限于含有三氟甲磺酸根的催化剂和具有高密度硅醇基团的载体。尽管如此，它看起来具有巨大潜力，这些局限性在将来的研究之后很可能会得到减少。

15.3.4 微囊化的手性催化剂

到目前为止，介绍的催化剂非均相化的方法涉及了共价连接、物理吸附和离子交换技术。连接需要对催化剂进行结构改造，而离子交换和物理吸附涉及催化剂与载体的紧密结合，这可以导致催化剂的对映选择性与其均相催化剂的选择性不同。另一方面，微囊化不涉及对均相催化剂的修饰，也不需要催化剂与载体直接作用。由于这个原因，它代表了对均相体系最接近的近似[19,20]。

15.3.4.1 瓶子中造船：在载体内部组装催化剂

在第一类微囊化中，催化剂在预先合成的空腔内部构建。为了将催化剂进行微囊化，催化剂必须足够小，以能够进入载体的空腔中；但比孔道要大，以防止其逃脱。可以在预先合成的载体内部从较小的前体来组装催化剂，实现催化剂的微囊化，这种方法通常称为"瓶子中造船"途径[92]。如果催化剂在载体空腔内部组装，使用的反应必须高产率，以防止载体中俘获副产物，俘获副产物也可能形成能起作用但对映选择性较差的催化剂。进行催化剂微囊化最常见的载体是沸石（分子筛），一种具有规则结构的微晶。有许多天然存在的和合成的沸石，它们提供了各种尺寸的孔径。

微囊化的一个方法中使用了沸石 EMT，其部分结构显示在图 15.35 中[93]。沸石 EMT 中含有由三个 0.69 nm×0.74 nm 的孔窗和两个 0.74 nm 的圆孔组成的超笼。这一研究中使用的(salen)MnCl 配合物具有大于 1.3 nm 的尺寸，因此一旦被微囊化之后便不能逃离。

从脱水的沸石 EMT 出发，对 1 mol EMT 晶胞（重复单元）加入 1 mol 的(R,R)-或(S,S)-trans-1,2-二氨基环己烷加热（图 15.36）[94]。然后加入水杨醛（2 mol），致使沸石的颜色变化成亚胺配体的特征的黄色。加入金属前体 Mn(OAc)$_2$·4H$_2$O，得到的配合物

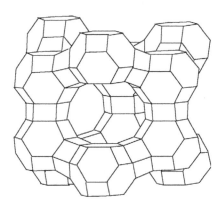

图 15.35　沸石 EMT 的部分结构（经 PCCP 所有者协会允许复制使用，感谢 Michael W. Anderson）

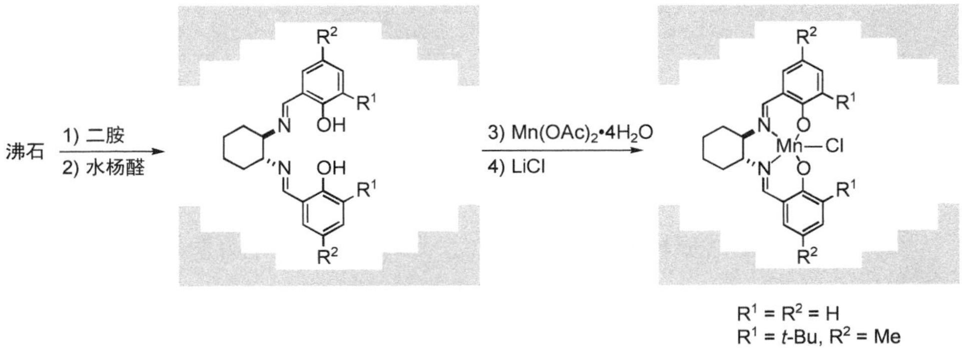

沸石　1) 二胺　2) 水杨醛　→　3) Mn(OAc)$_2$·4H$_2$O　4) LiCl　→

R^1 = R^2 = H
R^1 = t-Bu, R^2 = Me

图 15.36　用于催化剂合成的瓶子中造船的方法
催化剂分子(salen)MnCl 不能通过孔逃逸

在空气中氧化，然后加入 LiCl 产生 (salen)MnCl 配合物。沸石经过索氏提取器提取，除掉过量的反应物、配体和任何没有微囊化的配合物。新的物质通过 FT-IR 谱中亚胺 C=N 伸缩振动得到了表征。测量的沸石内的配合物与其均相类似物的伸缩频率接近[94]。图 15.37 中展示了一个微囊化到沸石内部的 (salen)MnCl 配合物的模型。

在图 15.38 中的不对称环氧化中对微囊化的(salen)MnCl 配合物进行了考查[94]。向负载的催化剂中加入烯烃和 NaOCl 导致烯烃被环氧化。微囊化的催化剂与均相催化剂的对映选择性非常接近，尽管均相催化剂的活性要高一些。

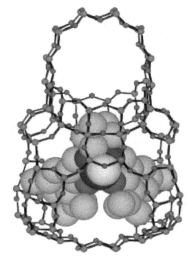

图 15.37　计算的微囊化到沸石中的(salen)MnCl 的结构（感谢 Thomas Bein 教授同意使用这一图片）

使用 EMT-2 和 *cis-β*-甲基苯乙烯得到了最高的对映选择性（使用吡啶-*N*-氧化物为添加剂，88% ee）。在这一研究中，观察到较小的烯烃与微囊化的催化剂反应更快，这与孔结构影响了向活性位点的扩散是一致的。非常大的烯烃，如胆固醇，没有发生环氧化，因为其无法通过沸石载体的孔。这一结果表明较小底物的环氧化确实发生在沸石结构内部[94]。除此之外，从反应混合物中除去沸石以后环氧化停止了，表明环氧化发生在沸石载体上。对这一概念新颖的催化剂固载策略的优化是一个重大挑战，也会有许多潜在的应用。

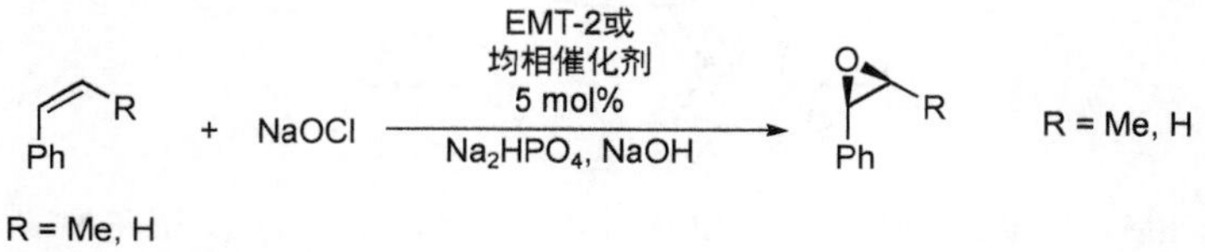

| | EMT-2 | | 均相 | | |
	conv./%	ee/%	conv./%	ee/%	构型
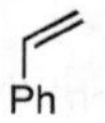 Ph（苯乙烯）	15	34	55	35	(S)
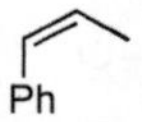 Ph（cis-β-甲基苯乙烯）	15	80	85	80	(1S,2R)
胆固醇	无	—	13	—	

图 15.38　烯烃的不对称环氧化中的 EMT-2 和均相的 (salen)MnCl 配合物的比较

使用吡啶 *N*-氧化物的 ee (%) 为 88%

15.3.4.2　聚合物中通过物理包封进行的微囊化

在这个微囊化的例子中，一个金属配合物被聚合物进行了物理封装。在这个例子中，当聚合物被溶解或溶胀时，金属配合物可以进入。加入合适的溶剂导致聚合物沉淀或收缩时，就会将配合物束缚在聚合物中。

本节中将强调 Sharpless AD，以将 OsO$_4$ 进行微囊化的方法与 15.3.2 节中讨论的使用 LDH 离子交换树脂的例子相对比。通过将悬浮着 1% 的二乙烯基苯交联的聚苯乙烯树脂的 THF 溶液与 OsO$_4$ 在 65 ℃ 下混合，制备了聚苯乙烯微囊化的 OsO$_4$ (PS-MC·OsO$_4$)。冷却之后加入甲醇，将没有微囊化的 OsO$_4$ 从聚合物珠子上洗脱下来。发现 1 g 聚合物可以吸收 170 mg OsO$_4$，即固载化过程中使用的锇的 85%[95]。经确定，得到的 PS-MC·OsO$_4$ 中含有 10～20 nm 大小的固载着锇的胶囊。在 AD 中使用了 PS-MC·OsO$_4$，以水为溶剂，(DHQD)$_2$PHAL 和一种非离子型的表面活性剂 Triton X-405 来促进对配体和底物的溶解（图 15.39）。尽管对映选择性中等，但是发现 PS-MC·OsO$_4$ 可以被回收利用，活性没有损失，在循环使用 5 次之后对映选择性只有少许降低（6%）。在反应条件下没有检测到催化剂的浸出（图 15.39）。

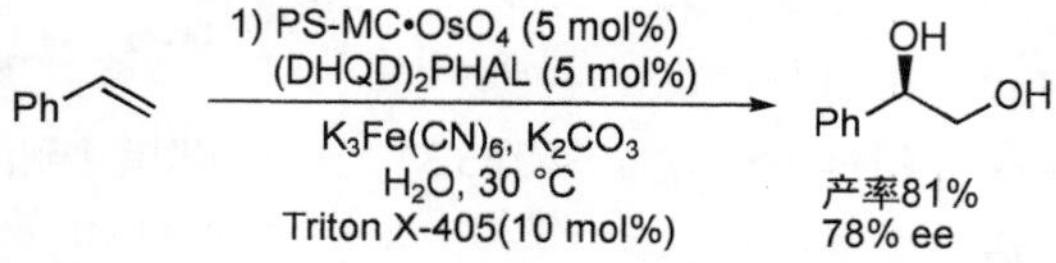

图 15.39　使用 PS-Mc·OsO$_4$ 和 (DHQD)$_2$PHAL 的烯烃的不对称双羟基化

有趣的是，催化剂的活性和浸出取决于交联剂的用量。在较低的交联程度下活性最高，但是浸出增加了。使用 2～5 mol% 的交联剂的 PS-MC•OsO₄ 表现出了较低的活性但没有检测到锇的浸出。提出 PS 的 π-电子与金属中心上的空轨道的相互作用对固载有贡献，并防止了催化剂的浸出[96]。

15.3.5　在催化剂周围组装载体

催化剂微囊化的第二个策略是在催化剂周围构建载体。这一方法与上述的瓶子中的船技术有许多重要区别，尽管二者都使用了未修饰的均相催化剂作为前体。大部分不对称催化剂的敏感性排除了使用沸石合成中常用的对载体进行高温退火的方法的可能性。因此，使用的载体通常基于硅胶或聚二甲硅氧烷（PDMS）。可以通过溶胶-凝胶法来实现在催化剂周围产生硅载体，其中包括四烷氧基硅 Si(OR)₄ 与水的可控水解。得到的硅含有尺寸非常不同的空腔和通道，产生了一系列催化位点[19]。例如，将催化剂微囊化到较小的空腔中时，会由于催化剂构象和底物接近的受限而影响对映选择性，同时减慢的传质会降低 TOF。更大的空腔里的催化剂位点估计会表现出更高的 TOF，但可能会造成更大的催化剂浸出。

微囊化到弹性的 PDMS 中与使用硅进行微囊化具有类似的优点和缺陷。载体是通过铂催化的端位为烯基二甲基的聚硅氧烷与交联剂的交联促进基质形成而得到的。不对称催化剂的前体(MeDUPHOS)Rh(COD)⁺（COD = 1,4-环辛二烯）在交联之前就引入了体系（图 15.40）。缓慢蒸发掉溶剂之后得到了一个含有咬合的催化剂的薄膜[97]。提出催化剂-聚合物的相互作用包括范德华力和位阻微囊化[16]。溶剂引起了严重溶胀，扩大了载体的孔，促进了催化剂的浸出。最好的溶剂是那些催化剂在其中的溶解度有限同时也引起较低的溶胀的溶剂。另外，可以通过增加催化剂的尺寸或提高载体的交联度来降低催化剂浸出。

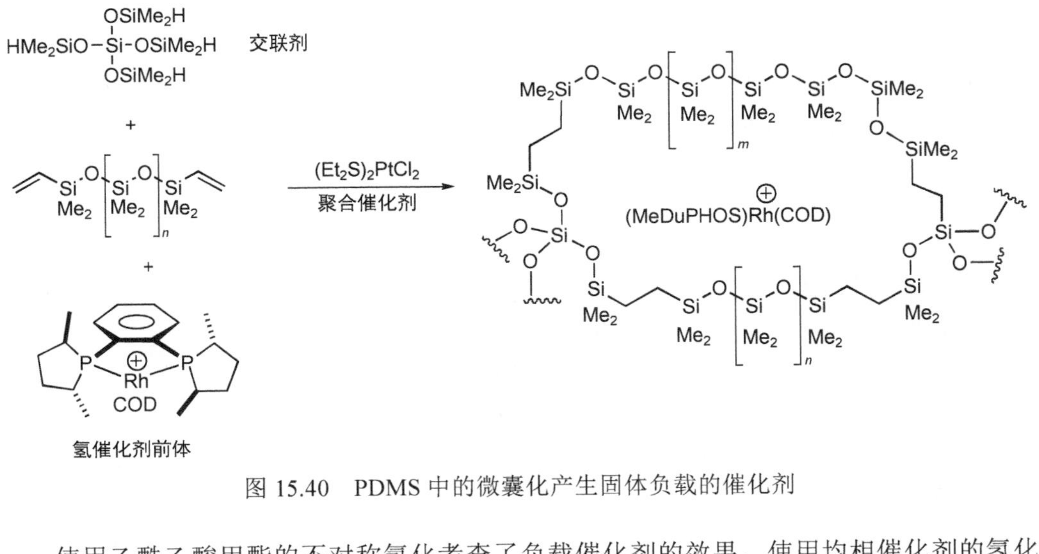

图 15.40　PDMS 中的微囊化产生固体负载的催化剂

使用乙酰乙酸甲酯的不对称氢化考查了负载催化剂的效果。使用均相催化剂的氢化给出了优秀的对映选择性和 TOF（图 15.41）。膜负载的催化剂表现出了稍低一点的对映选择性，TOF 约低一个数量级。重要的是，报道在第二次循环使用中没有活性或对映选择性的损失。加入更多试剂并除去膜没有进一步反应，表明催化剂仍然嵌在载体中[97]。在相关的底物的水相氢化中也得到了类似的结果。阳离子型的(MeDuPHOS)Rh 在水中不溶，最大程度地降低了浸出[98]。

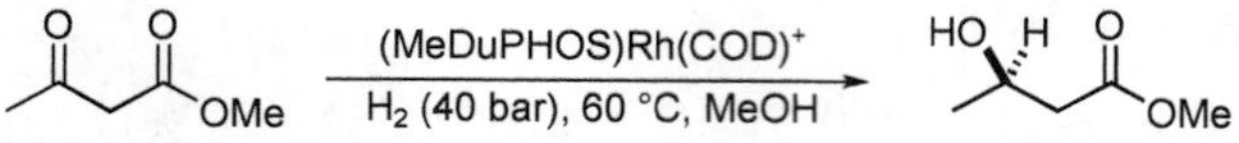

介质	循环次数	TOF/h^{-1}	ee/%
均相	1	482	99
膜	1	28	90
膜	2	28	90

图 15.41   膜-微囊化的手性不对称氢化催化剂（图 15.40）与均相类似物的比较

15.4   固载催化剂的限制效应

固体载体的空间限制对负载的催化剂的活性和选择性（即对映选择性、非对映选择性和化学选择性）造成的影响称为限制效应。不管这种效应是积极的还是消极的，当催化剂和/或底物与载体表面的相互作用变强时，限制效应都会变得更为显著。因此，将催化剂限制在狭小的空间内会限制其构象。然而，目前预测这种相互作用如何影响对映选择性非常困难。正如第 1 章中讨论过的，导致高对映体富集产物的非对映异构的过渡态之间的能量差相对较小（室温下 < 4 kcal/mol，< 16.72 kJ/mol）。这些能量差的大小与分子间的弱相互作用以及分子与表面之间的相互作用如范德华力、氢键和物理吸附等相当。载体不仅能施加空间限制，还可以诱导电子效应，提高或降低反应空腔中的极性。如果催化剂或底物与载体的相互作用与非对映选择性的过渡态之间的能量差在同一数量级，这种相互作用就会影响对映选择性的大小，甚至改变立体诱导的意义。化学家们才刚刚开始设计实验探究载体和过渡态之间相互作用的本质。由于现在很难预测均相不对称催化反应的对映选择性，预测非均相体系的挑战性更大就不足为奇了。

尽管我们对载体对催化剂性质和立体选择性影响的理解还很初步，通过设计直截了当的实验来测量这种效应的强度，我们可以学到很多。这些实验的关键是通过一次改变一个变量来进行系统研究。值得一提的一个例子是使用将苯甲酰甲酸甲酯不对称氢化为扁桃酸甲酯的反应来研究孔大小对非均相催化剂的对映选择性的影响（图 15.42）[99]。这一研究中使用了具有确定的孔径为 38 Å、60 Å 和 250 Å 的硅胶为载体。利用硅醇与三氟甲磺酸根之间的氢键导致的对三氟甲磺酸根的俘获，将具有三氟甲磺酸根抗衡离子的带正电荷的催化剂前体进行了固载（见 15.3.3 节）[91]。首先考查了均相催化剂，发现[Rh(COD)AEP][OTf] 和[Rh(COD)DPEN][OTf]在考查的反应条件下没有对映选择性。[Rh(COD)PMP][OTf]表现出了中等的对映选择性（53%）。在这个反应中考查非均相的衍生物清楚地表明了限制效应对催化剂的活性和对映选择性的积极影响。与均相催化剂和负载在较大孔径的载体上的催化剂相比，结合到硅胶上的具有较小平均孔径的催化剂前体表现出了对映选择性戏剧性的提高。这些结果展示了空间限制可能造成的深刻影响。

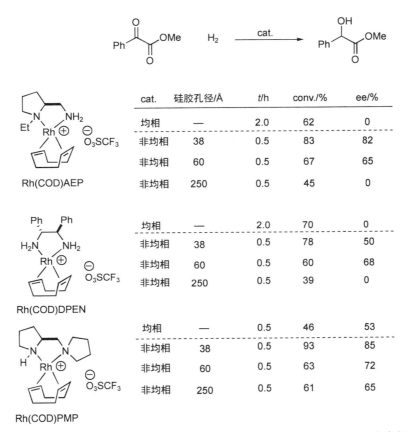

图 15.42　均相催化剂与负载在孔径为 38 Å、60 Å 和 250 Å 的硅胶上的非均相化类似物的比较

15.5　连接链对催化的影响

将催化剂连接到载体上通常会导致其活性和/或对映选择性相对其均相类似物的不可预料的变化。这种效应经常被归因于催化剂与载体之间的相互作用。可以通过筛选不同类型的连接物和催化剂与载体之间的连接链的长度来尽量减小载体对催化的消极作用。

直觉告诉我们，长的刚性连接物会将催化剂导向远离载体，因此会更好地模拟均相条件。相反，短的、更柔性的连接链预期会允许更多的催化剂-树脂相互作用，限制对催化中心的接近并影响对映选择性[84,100]。为了探索这些可能性，将 Wang 树脂[101]，一种含有 4-羟基苄醇衍生的交联的聚苯乙烯核心的聚合物，使用大大过量的二酰氯 A～C

（图 15.43）进行单酯化。加入奎宁与剩余的酰氯反应，得到负载的奎宁有机催化剂，它被用于内酰胺的催化不对称合成[102]。如图 15.43 所示，连接链的性质对产物的对映选择性有着较小的影响。相反，非对映体比例从使用芳基连接链的≥10∶1 降低到了柔性 C_9 链的 2∶1。非对映选择性降低的一个可能的解释是带有柔性链的催化剂在位阻大的树脂附近有更长的滞留时间。

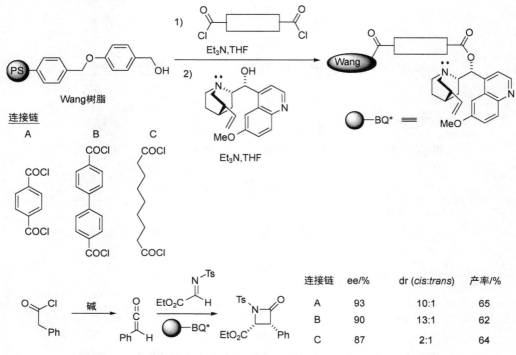

连接链	ee/%	dr (cis:trans)	产率/%
A	93	10:1	65
B	90	13:1	62
C	87	2:1	64

图 15.43　在负载的奎宁催化的不对称 β-内酰胺合成中对映选择性和非对映选择性对连接链的依赖性

15.6　通过协同的催化剂−表面相互作用增强非均相催化

本章中讨论过，催化剂的载体本质上是伴演着一个惰性的旁观者的角色，目的是有利于催化剂操作、回收和再利用。不幸的是，实际情况是均相催化剂的非均相化通常对催化剂的选择性和活性有消极的影响。由于这一原因，化学家们选择了通过尽量减小载体对催化剂表现的影响来解决这一问题。尽管其挑战性大得多，一个更好的途径是，也许可以利用载体上的官能团来增强催化剂的活性和选择性，跟在含金属的酶中自然界使用蛋白质的二级结构来促进反应类似[103]。在这种协同的催化剂-载体相互作用中，载体的作用可以采取几种不同的形式。例如，载体可以作为配体、氢键供体或作为内部的 Brønsted 酸。作为一个配体，载体可以稳定在溶液中不稳定的不饱和有机金属中间体，或促进固载的组装体的形成及稳定化。换句话说，表面主动地参与并协助了催化的反应。

氧化物载体（如硅胶）的一个重要性质是其表面上允许负载的配合物形成在均相条件下由于受到熵禁阻而无法形成的聚集体。这一行为可以有助于形成新的表面结构和活性，或产生活性较低的簇。在发展 2-萘酚对映选择性自偶联合成 BINOL 的反应的催化剂时，将钒席夫碱配合物固载到了 SiO₂ 上。通过 IR 光谱和 EXAFS 对固载的物种进行表征表明，单齿前体中配位的水丢失了。另外，发现表面的硅醇与配体的酚氧基发生了交换，将钒固定在了表面上。ESR 光谱表明两个 V(Ⅳ)中心间隔 4 Å，表明单体单元发生了结合（图 15.44）。提出两个钒配合物发生了表面结合而且在酚羟基（OH）与羰基氧之间形成了氢键[104]。

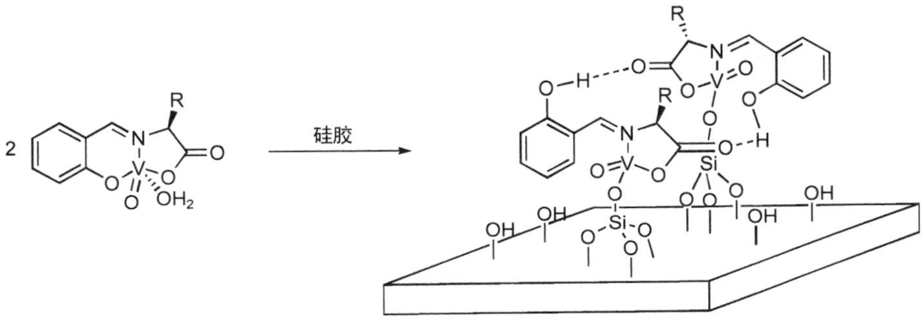

图 15.44 单体的钒席夫碱加合物与硅胶的反应及提出的二聚体产物

在 2-萘酚的氧化偶联反应中对单体的和硅负载的硅席夫碱配合物进行了考查。单体的催化剂在图 15.45 中的条件下没有活性。硅负载的催化剂促进了偶联反应，尽管 TOF 很低。发现对映选择性和活性依赖于钒物种的表面密度，这与一个活性的二聚体催化剂是一致的。

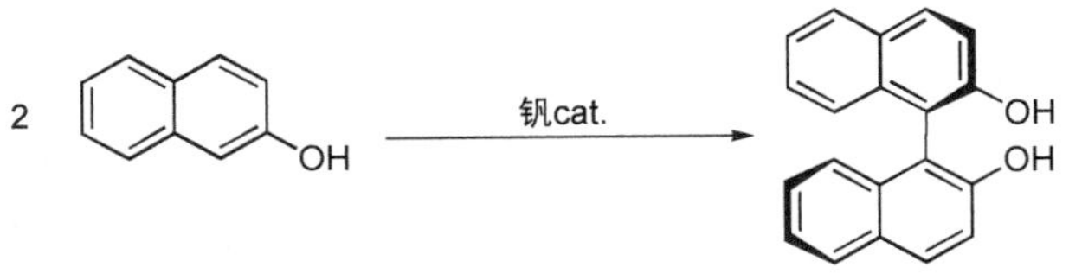

钒负载量 (质量分数)/%	t/d	conv./%	ee/%
均相	5	0	—
0.3	5	11	32
0.8	5	33	39
1.6	5	42	48
3.4	11	93	90

图 15.45 使用均相催化剂和图 15.44 中的非均相催化剂的 2-萘酚的偶联

在这个例子中，钒的配位场在固载时被改变了，增强了其在不对称氧化偶联反应中的活性。

15.7　单一载体上的多个催化剂

正如第 14 章中多步不对称反应中强调的，化学合成的前沿之一是发展无须分离纯化中间体、在一个反应容器中进行好几步反应的不对称过程。这些过程可以以高效的方式产生显著的复杂性。解决这个挑战的一个有前景的方法是使用非均相催化剂。如果使用的催化剂之间可以互相兼容，那么就可以将它们负载到同一种载体上。不然的话，可能需要通过将其连接到不同的载体上，然后将这些载体放在一个反应瓶中保证催化剂保持分离状态。负载在不同载体上的互不兼容的非均相催化剂不能以较为明显的程度相互作用。接下来的一节中将会概述使用负载催化剂的多催化剂反应的方法。

15.7.1　双重金属-配体组合体

设计含两个独立的催化活性位点的非均相催化剂的一个策略是利用 Pearson 规则。这个规则认为，硬的正电性金属中心倾向于结合到硬的负电性配体上，而软的金属倾向于配位到软的配体上[57]。硬的金属如 Al(Ⅲ)、Ti(Ⅳ)、Zn(Ⅱ) 和 Ln(Ⅲ) 与软的金属如 Ru(Ⅱ) 和 Rh(Ⅲ)的截然不同的配位能力使得可以产生整合到一个单一的载体中的正交的结合位点，为设计不对称次序反应中的多功能催化剂提供了一个机会。在这个例子中，硬的配体 BINOL 形成了非常强的 Ti—O 键，而软的配体 BINAP 紧密地结合到 Ru(Ⅱ)，而不是硬的钛中心上。利用硬的和软的金属不同的配位亲和性，研究人员制备了如图 15.46 所示的一种光学活性的 BINOL/BINAP 共聚物[105]。共聚物可以通过 Suzuki 偶联高效地合成，使用一个三苯基的连接物将 BINOL 和 BINAP 单元隔开，防止这些单元之间发生相互作用。这样一来，BINOL 和 BINAP 单元被随机地分布在聚合物的链上。重要的是，三苯基连接物上的 R 取代基——正己基（$n\text{-}C_6H_{13}$）是能产生溶解度足够大的聚合物用于均相不对称催化反应的关键。

根据聚合物的重复单元计算，在对乙酰基苯甲醛和间乙酰基苯甲醛的次序的不对称反应中使用了 4 mol% 的催化剂（图 15.47）。加入 Et_2Zn 的甲苯溶液，然后使用 $i\text{-}PrOH$ 淬灭并转移到一个使用 H_2 的高压装置中，由于醛的不对称烷基化（92%～94% ee）和酮的不对称氢化（75%～86% de）而得到了一个二醇。每步转化的立体选择性与使用催化剂单体的结果类似。与很多可溶聚合物的情况一样，向聚合物的 CH_2Cl_2 溶液中加入溶解度差的 MeOH 即可通过沉淀和过滤容易地将其回收。回收的催化剂在对乙酰苯甲醛的次序反应的第二次使用中几乎与第一次一样有效（图 15.47）。总体而言这个步骤操作简单，通过建立两个独立的不对称中心而快速构建了复杂性（由于两个反应部分距离较远，第二个催化剂的选择性独立于第一个立体中心），而且催化剂回收非常方便。

15.7.2　负载的双重催化剂体系

制备了一个双重催化剂体系来催化串联的 Heck 反应/不对称双羟基化（AD）[106]。在图 15.48 中给出了这个双重催化剂体系的合成。将硅胶用 3-硫丙基三甲基硅烷进行官能团化，得到了表面的巯基，可以用于连接催化活性金属配合物。使用一个自由基引发

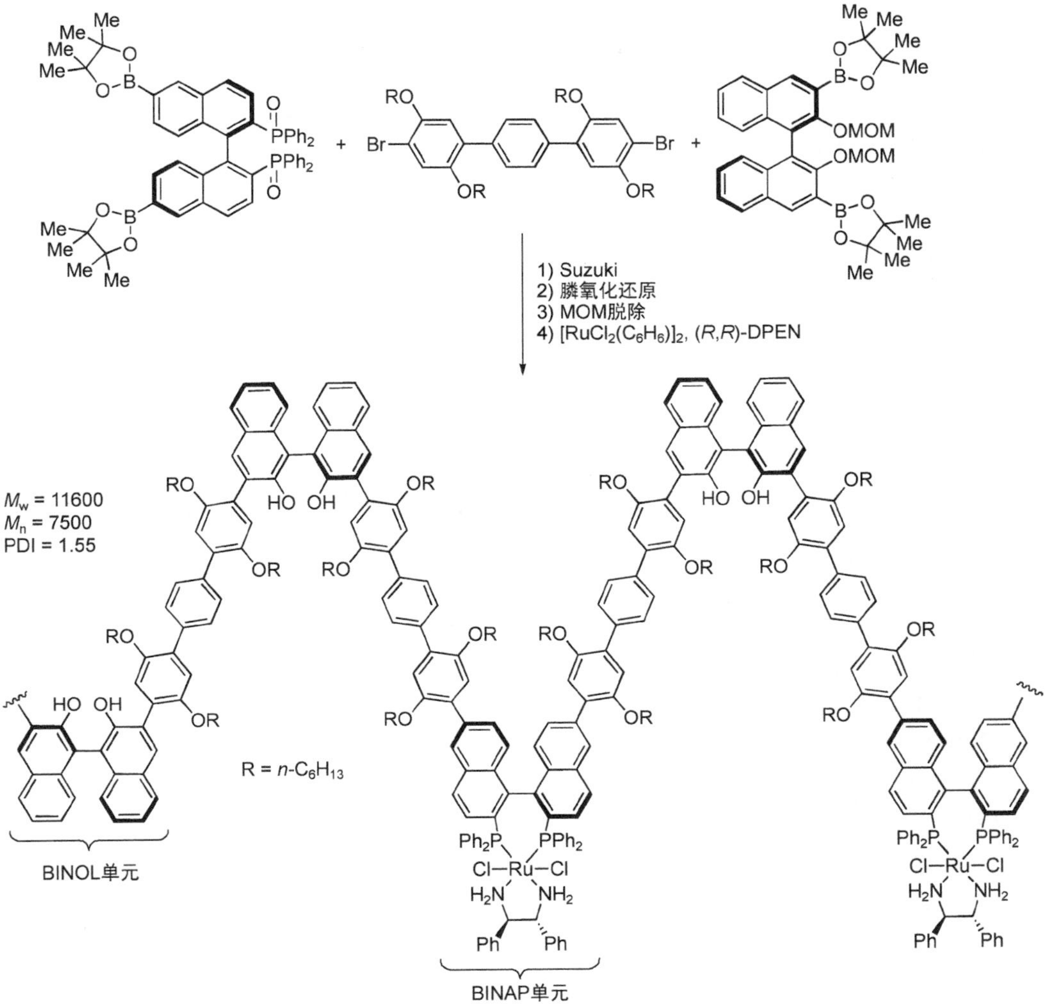

图 15.46 含有 BINOL 和 BINAP 的聚合物催化剂

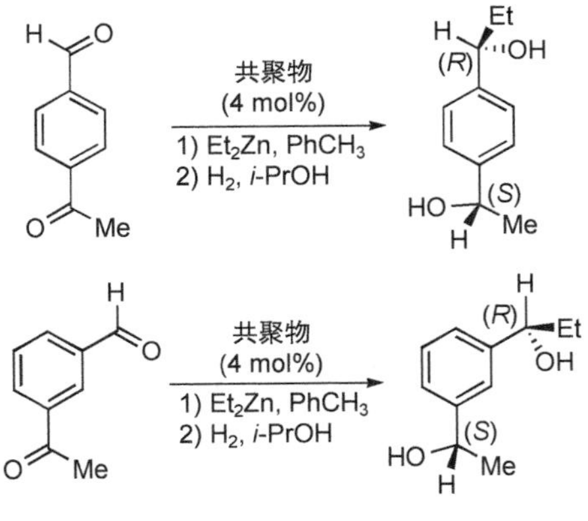

循环次数	conv./%	ee/%	de/%
1	> 99	92	86
2	> 99	93	78
1	> 99	94	75

图 15.47 在次序的醛烷基化和酮还原中使用的含 BINOL 和 BINAP 的聚合物催化剂

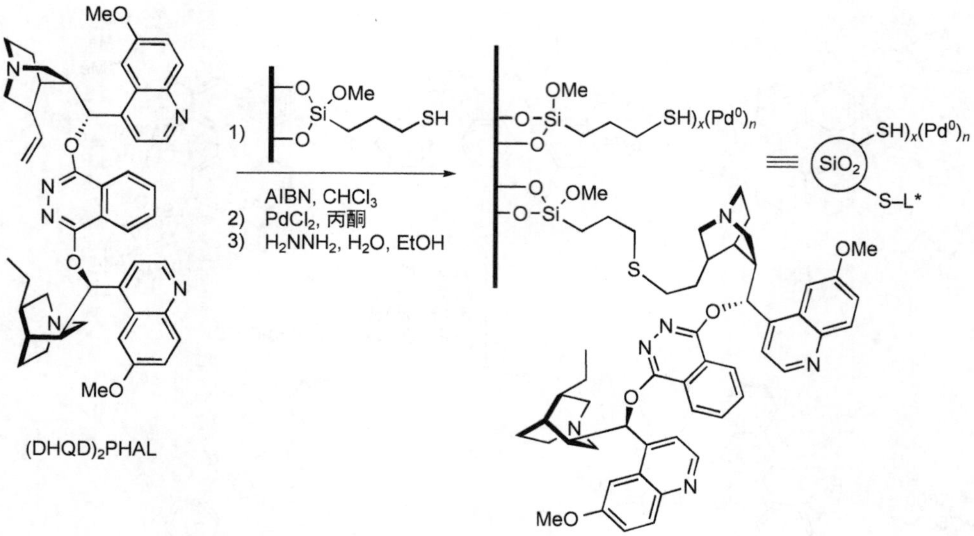

图 15.48 硅负载的双催化剂体系的合成

剂将 DHQD 类似物连接到衍生化的硅胶上。元素分析表明，15.3%（质量分数）的手性配体被整合到了硅胶上，自由的硫醇基团还保留着，这可以从材料的 IR 光谱证实。将官能团化的硅胶在回流的丙酮中用 PdCl$_2$ 处理以装上钯。将钯用水合肼在乙醇中还原，形成了粒度分布大约为直径 10～15 nm 的钯纳米粒子的分散液。

图 15.49 中展示了这一双重催化剂在串联的 Heck 反应/AD 中的应用。硅胶-凝胶负载的钯纳米粒子/连接的 PHAL(DHQD)$_2$ 被悬浮到乙腈中，用 OsO$_4$、芳基碘、烯烃和碱处理并加热到 70 ℃恒温 8 h，得到了反式烯烃中间体。去除溶剂之后，加入用于 AD 的 N-甲基吗啉 N-氧化物的 t-BuOH/H$_2$O 溶液，AD 反应在室温下进行。二醇产物的产率和对映选择性令人印象深刻（图 15.49）。虽然再利用时没有观察到钯纳米粒子活性（应

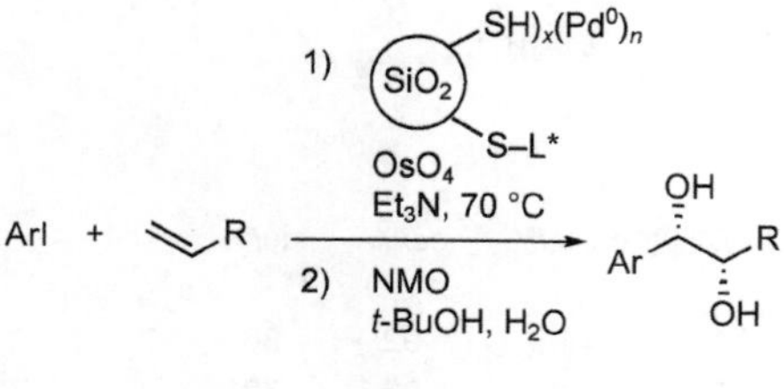

R	产物	产率/%	ee/%
CO$_2$Me	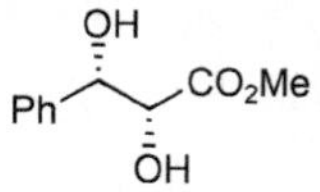	90	93
CO$_2$Et	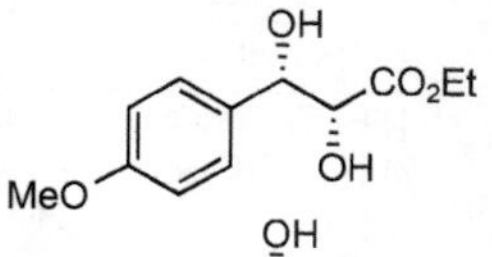	94	93
CO$_2$Et	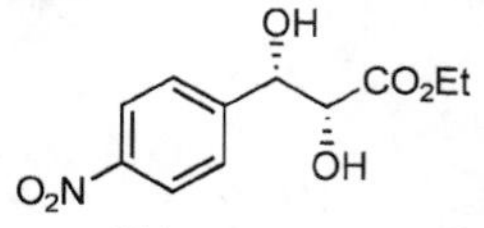	92	88
Ph	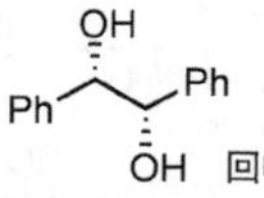	90	99
	回收的催化剂	67	99
	回收的催化剂 + 0.3 mol% OsO$_4$	89	99

图 15.49 硅负载的 Pd 和 Os 催化剂用于次序的烯烃的 Heck 和 AD 反应

该为对映选择性——译者注）的改变，在 AD 中的活性降低了。这一现象被归因于锇从载体上的浸出。将额外的 0.3 mol% 的锇与回收的催化剂一起使用时，恢复了负载的催化剂在 AD 中的催化活性。这个双重催化剂体系也被非均相化到了 AgO 微晶上[107]。含有两种催化剂的非均相载体能通过降低分离和纯化的步骤来提高合成效率。它们也很容易回收，并且具有再利用的潜力，这使得这样的体系从长远来看更加经济。

15.8　使用多种固载催化剂的次序反应

合成的终极目标是引入方法从简单易得的材料出发，不经中间体的分离，以高的纯度、产率、对映选择性和非对映选择性产生复杂的产物。可以想象到，这种串联合成中的催化剂必须按照次序进行工作而且不互相干扰。当然，这些催化剂应该很容易循环使用。解决这个挑战的一个方法是使用一系列安装到相互连接着的柱子上的固载的催化剂和试剂。当载着中间体的溶液相经过每个催化剂时，起始原料应该能够被连续地注射到柱子上并发生所需的顺次转化。对映体富集的产物在这一系列柱子的底端流出。虽然使用次序的柱子合成复杂分子的能力仍然看起来很遥远，朝这一目标的努力已经有了一些进展，体现在使用负载的试剂和催化剂合成 β-内酰胺上[102]。

对映体富集的 β-内酰胺长期以来一直是青霉烯类抗生素类的重要药效团组分。不对称的 Lewis 碱催化的 Staudinger 反应中涉及烯酮-亚胺环化，提供了对映体富集的 β-内酰胺，已经在第 12 章中的双功能催化中介绍过。该反应已经被加以改进，用于使用连续柱技术来实施四步不同的反应。在图 15.50 中给出了这个转化以及反应器的示意图。柱 1 中填装了硅藻土稀释的 NaH，而柱 2 中填装了 BEMP 树脂，它含有碱性的三氨基磷酰胺亚胺。柱 3 中含有使用连接物连接到 Wang 树脂上的奎宁催化剂，如图 15.43 中所讨论的。最后，柱 4 中含有一个清洗树脂以从流出物中去除未反应的烯酮和/或亚胺。

通过向柱 1 中注入氯代甘氨酸衍生物的 THF 溶液，使其在室温下与化学计量的非均相的强碱 (NaH/硅藻土) 反应，脱卤化氢得到底物亚胺。同时，苯乙酰氯的 THF 溶液被引入柱 2 的顶端，柱 2 预先被冷却到 -78 ℃。酰氯通过 BMEP 树脂的渗滤造成了脱卤化氢，形成活性的底物烯酮。烯酮和亚胺流到柱 3 上，柱 3 已被预先冷却到 -43 ℃。在负载的催化剂存在下，这些反应物在 2 h 时间内转化成 β-内酰胺。最终，反应混合物经过清洗柱流出，以 62% 的收率得到了对映体富集的 β-内酰胺（90% ee，10 : 1 的 cis : trans）[102]。

使用连续柱的一个潜在优点是，可以将试剂加入到一个系列的或平行的柱子中产生复杂的目标分子。柱子中含有反应物或催化剂，其中许多可以被再生、存储并再次用于同样的或类似的过程。考虑到本章中已经概述的大量的负载的不对称催化剂和过程，能想到很多转化适用于这种方法。

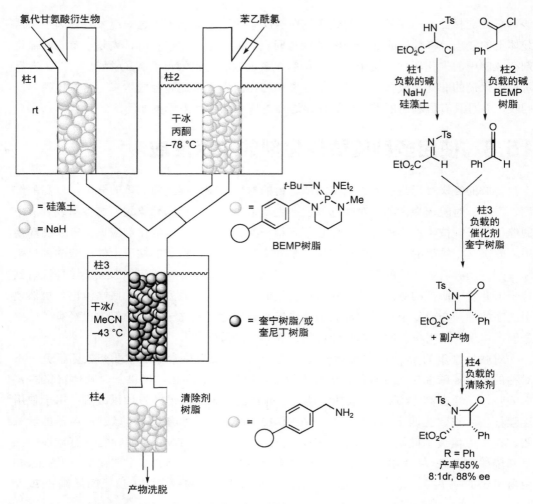

图 15.50　用于合成和纯化手性 β-内酰胺的一系列负载催化剂和试剂

15.9　非均相不对称催化的前景

　　尽管在对负载的对映选择催化剂的合成、机理和应用上已经有了大量研究，这个重要的领域仍然处于早期发展阶段。简单地将均相催化剂进行非均相化通常会造成催化剂活性和/或对映选择性的降低。然而，非均相催化在催化剂去除、分离和再利用上的潜在好处仍将继续推动这一领域的研究。未来发展的具有前景的课题包括通过非共价相互作用负载催化剂，因为这些方法不需要对均相催化剂进行修饰。催化活性的纳米粒子的研究也相对较少，预计将来会成为一个活跃的领域。

　　非均相催化中最重要也是理解最少的一个领域之一是催化剂-载体的相互作用。生物体中的活性催化剂能够通过在活性位点内部和周围精密地组织官能团来实现极高的活性和对映选择性。当前，对于人类能否通过将不对称催化剂非均相化到不仅能够促进催化剂的分离、纯化和再利用，也能主动参与催化的载体上来模拟自然界的催化剂仍然不清楚。这种催化剂和载体之间的协作，或者说双功能行为，可以造成活性和对映选择性的巨大提升（见第 12 章的双功能催化）。这个领域中的突破可以重新定义对映选择性非均相催化。

参 考 文 献

[1] Price, P. M.; Clark, J. H.; Macquarrie, D. J. Modified Silicas for Clean Technology. *J. Chem. Soc., Dalton. Trans.* **2000**, 101-110.

[2] Leadbeater, N. E.; Marco, M. Preparation of Polymer-Supported Ligands and Metal Complexes for Use in Catalysis. *Chem. Rev.* **2002**, *102*, 3217-3274.

[3] McNamara, C. A.; Dixon, M. J.; Bradley, M. Recoverable Catalysts and Reagents Using Recyclable Polystyrene-Based Supports. *Chem. Rev.* **2002**, *102*, 3275-3300.

[4] Barrett, A. G. M.; Hopkins, B. T.; Köbberling, J. ROMPgel Reagents in Parallel Synthesis. *Chem. Rev.* **2002**, *102*, 3301-3324.

[5] Dickerson, T. J.; Reed, N. N.; Janda, K. D. Soluble Polymers as Scaffolds for Recoverable Catalysts and Reagents. *Chem. Rev.* **2002**, *102*, 3325-2244.

[6] Bergbreiter, D. E. Using Soluble Polymers To Recover Catalysts and Ligands. *Chem. Rev.* **2002**, *102*, 3345-3384.

[7] Fan, Q.-H.; Li, Y.-M.; Chan, A. S. C. Recoverable Catalysts for Asymmetric Organic Synthesis. *Chem. Rev.* **2002**, *102*, 3385-3466.

[8] Rechavi, D.; Lemaire, M. Enantioselective Catalysis Using Heterogeneous Bis(oxazoline) Ligands: Which Factors Influence the Enantioselectivity? *Chem. Rev.* **2002**, *102*, 3467-3494.

[9] Song, C. E.; Lee, S.-g. Supported Chiral Catalysts on Inorganic Materials. *Chem. Rev.* **2002**, *102*, 3495-3524.

[10] Duchateau, R. Incompletely Condensed Silsesquioxanes: Versatile Tools in Developing Silica-Supported Olefin Polymerization Catalysts. *Chem. Rev.* **2002**, *102*, 3525-3542.

[11] Lu, Z.-l.; Lindner, E.; Mayer, H. A. Applications of Sol-Gel-Processed Interphase Catalysts. *Chem. Rev.* **2002**, *102*, 3543-3578.

[12] De Vos, D. E.; Dams, M.; Sels, B. F.; Jacobs, P. A. Ordered Mesoporous and Microporous Molecular Sieves Functionalized with Transition Metal Complexes as Catalysts for Selective Organic Transformations. *Chem. Rev.* **2002**, *102*, 3615-3640.

[13] Dupont, J.; de Souza, R. F.; Suarez, P. A. Z. Ionic Liquid (Molten Salt) Phase Organometallic Catalysis. *Chem. Rev.* **2002**, *102*, 3667-3692.

[14] Van Heerbeek, R.; Kamer, P. C. J.; van Leeuwen, P. W. N. M.; Reek, J. N. H. Dendrimers as Support for Recoverable Catalysts and Reagents. *Chem. Rev.* **2002**, *102*, 3717-3756.

[15] Roucoux, A.; Schulz, J.; Patin, H. Reduced Transition Metal Colloids: A Novel Family of Reusable Catalysts? *Chem. Rev.* **2002**, *102*, 3757-3778.

[16] Vankelecom, I. F. J. Polymeric Membranes in Catalytic Reactors. *Chem. Rev.* **2002**, *102*, 3779-3810.

[17] Saluzzo, C.; Lemaire, M. Homogeneous-Supported Catalysts for Enantioselective Hydrogenation and Hydrogen Transfer Reduction. *Adv. Synth. Catal.* **2002**, *244*, 915-928.

[18] Benaglia, M.; Puglisi, A.; Cozzi, F. Polymer-Supported Organic Catalysts. *Chem. Rev.* **2003**, *103*, 3401-3430.

[19] McMorn, P.; Hutchings, G. J. Heterogeneous Enantioselective Catalysts: Strategies for the Immobilisation of Homogeneous Catalysts. *Chem. Soc. Rev.* **2004**, *33*, 108-122.

[20] Li, C. Chiral Synthesis on Catalysts Immobilized in Microporous and Mesoporous Materials. *Catal. Rev.* **2004**, *46*, 419-492.

[21] Ley, S. V.; Baxendale, I. R.; Bream, R. N.; Jackson, P. S.; Leach, A. G.; Longbottom, D. A.; Nesi, M.; Scott, J. S.;

Storer, R. I.; Taylor, S. J. Multi-Step Organic Synthesis Using Solid-Supported Reagents and Scavengers: A New Paradigm in Chemical Library Generation. *J. Chem. Soc., Perkin Trans. 1* **2000**, 3815-4195.

[22] Storer, R. I.; Takemoto, T.; Jackson, P. S.; Ley, S. V. A Total Synthesis of Epothilones Using Solid-Supported Reagents and Scavengers. *Angew. Chem., Int. Ed. Engl.* **2003**, *42*, 2521-2525.

[23] Annis, D. A.; Jacobsen, E. N. Polymer-Supported Chiral Co(Salen) Complexes: Synthetic Applications and Mechanistic Investigations in the Hydrolytic Kinetic Resolution of Terminal Epoxides. *J. Am. Chem. Soc.* **1999**, *121*, 4147-4154.

[24] Biernat, J. F.; Konieczka, P.; Tarbet, B. J.; Bradshaw, J. S.; Izatt, R. M. In *Separation and Purification Methods*; Wankat, P. C., van Oss, C. J., Henry, J. D., Eds.; Marcel Dekker: New York, 1994; Vol. 23, pp 77-348.

[25] Heckel, A.; Seebach, D. Preparation and Characterization of TADDOLs Immobilized on Hydrophobic Controlled-Pore-Glass Silica Gel and Their Use in Enantioselective Heterogeneous Catalysis. *Chem. Eur. J.* **2002**, *8*, 559-572.

[26] Collman, J. P.; Belmont, J. A.; Brauman, J. I. Silica Supported Rhodium Hydroformylation Catalysts. Evidence for Dinuclear Eliminations. *J. Am. Chem. Soc.* **1983**, *105*, 7288-7294.

[27] Vilim, J.; Hetflejs, J. Catalysis by Metal-Complexes. 50. Kinetics of Enantioselective Hydrogenation of α,α-Acetyla-minocinnamic Acid-Catalyzed by a Rhodium Complex. *Collect. Czech. Chem. Commun.* **1978**, *43*, 121-133.

[28] Purgin, G. Immobilized Catalysts for Enantioselective Hydrogenation: The Effect of Site-Isolation. *J. Mol. Catal.* **1996**, *107*, 273-279.

[29] Grubbs, R. H.; Lau, C. P.; Cukier, R.; Brubaker, C. Polymer Attached Metallocenes. Evidence for Site Isolation. *J. Am. Chem. Soc.* **1977**, *99*, 4517-4518.

[30] Kresge, C. T.; Leonowicz, M. E.; Roth, W. J.; Vartuli, J. C.; Beck, J. S. Ordered Mesoporous Molecular Sieves Synthesized by a Liquid-Crystal Template Mechanism. *Nature* **1992**, *359*, 710-712.

[31] Xiang, S.; Zhang, Y. L.; Q., X.; Li, C. Enantioselective Epoxidation of Olefins Catalyzed by Mn(Salen)/MCM-41 Synthesized with a New Anchoring Method. *J. Chem. Soc., Chem. Commun.* **2002**, 696-2697.

[32] Corma, A.; Iglesias, M.; del Pino, C.; Sánchez, F. Optically Active Complexes of Transition Metals (RhI, RuII, CoII and NiII) with 2-Aminocarbonylpyrrolidine Ligands. Selective Catalysts for Hydrogenation of Prochiral Olefins. *J. Organomet. Chem.* **1992**, *431*, 233-246.

[33] Corma, A.; Iglesias, M.; del Pino, C.; Sánchez, F. New Rhodium Complexes Anchored on Modified USY Zeolites. A Remarkable Effect of the Support on the Enantioselectivity of Catalytic Hydrogenation of Prochiral Alkenes. *J. Chem. Soc., Chem. Commun.* **1991**, 1253-1255.

[34] Corma, A.; Iglesias, M.; Martín, M. V.; Rubio, J.; Sanchez, F. Conjugate Addition of Diethylzinc to Enones Catalyzed by Homogeneous and Supported Chiral Ni-Complexes. Cooperative Effect of the Support on Enantioselectivity. *Tetrahedron: Asymmetry* **1992**, *3*, 845-848.

[35] Astruc, D.; Lu, F.; Aranzaes, J. R. Nanoparticles as Recyclable Catalysts: The Frontier Between Homogeneous and Heterogeneous Catalysis. *Angew. Chem. Int. Ed. Engl.* **2005**, *44*, 7852-7872.

[36] Grunes, J.; Zhu, J.; Somorjai, G. A. Catalysis and Nanoscience. *J. Chem. Soc., Chem. Commun.* **2003**, 2257-2260.

[37] Hu, A.; Yee, G. T.; Lin, W. Magnetically Recoverable Chiral Catalysts Immobilized on Magnetite Nanoparticles for Asymmetric Hydrogenation of Aromatic Ketones. *J. Am. Chem. Soc.* **2005**, *127*, 12486-12487.

[38] Kamahori, K.; Itsuno, S. Asymmetric Diels-Alder Reaction of Methacrolein with Cyclopentadiene Using Polymer-Supported Catalysts: Design of Highly Enantioselective Polymeric Catalysts. *J. Org. Chem.* **1996**, *61*, 8321-8324.

[39] Sartor, D.; Saffrich, J.; Helmchen, G. Enantioselective Diels-Alder Additions with New Chiral Lewis Acids Derived from Amino Acids. *Synlett* **1990**, 197-199.

[40] Sartor, D.; Saffrich, J.; Helmchen, G.; Richards, C. J.; Lambert, H. Enantioselective Diels-Alder Reactions of Enals: Fighting Species Multiplicity of the Catalyst with Donor Solvents. *Tetrahedron: Asymmetry* **1991**, *2*, 639-642.

[41] Hultzsch, K. C.; Jernelius, J. A.; Hoveyda, A. H.; Schrock, R. R. The First Polymer-Supported and Recyclable Chiral

Catalyst for Enantioselective Olefin Metathesis. *Angew. Chem., Int. Ed. Engl.* **2002**, *41*, 589-593.

[42] Kröll, R. M.; Schuler, N.; Lubbad, S.; Buchmeiser, M. R. A ROMP-Derived, Polymer-Supported Chiral Schrock Catalyst for Enantioselective Ring-Closing Olefin Metathesis. *J. Chem. Soc., Chem. Commun.* **2003**, 2742-2743.

[43] Fan, Q.-h.; Ren, C.-y.; Yeung, C.-h.; Hu, W.-h.; Chan, A. S. C. Highly Effective Soluble Polymer-Supported Catalysts for Asymmetric Hydrogenation. *J. Am. Chem. Soc.* **1999**, *121*, 7407-7408.

[44] Deng, G.-J.; Yi, B.; Huang, Y.-Y.; Tang, W.-J.; He, Y.-M.; Fan, Q.-H. Dendronized Poly(Ru-BINAP) Complexes: Highly Effective and Easily Recyclable Catalysts for Asymmetric Hydrogenation. *Adv. Synth. Catal.* **2004**, *346*, 1440-1444.

[45] Jansat, S.; Gomez, M.; Philippot, K.; Muller, G.; Guiu, E.; Claver, C.; Castillon, S.; Chaudret, B. Case for Enantioselective Allylic Alkylation Catalyzed by Palladium Nanoparticles. *J. Am. Chem. Soc.* **2004**, *126*, 1592-1615.

[46] Yaghi, O. M.; Li, H.; Davis, C.; Richardson, D.; Groy, T. L. Synthetic Strategies, Structure Patterns, and Emerging Properties in the Chemistry of Modular Porous Solids. *Acc. Chem. Res.* **1998**, *31*, 474-484.

[47] Hagrman, P. J.; Hagrman, D.; Zubieta, J. Organic-Inorganic Hybrid Materials: From "Simple" Coordination Polymers to Organodiamine-Templated Molybdenum Oxides. *Angew. Chem., Int. Ed. Engl.* **1999**, *38*, 2639-2684.

[48] Blake, A. J.; Champness, N. R.; Hubberstey, P.; Li, W.-S.; Withersby, M. A.; Schroder, M. Inorganic Crystal Engineering Using Self-Assembly of Tailored Building-Blocks. *Coord. Chem. Rev.* **1999**, *183*, 117-138.

[49] Moulton, B.; Zaworotko, M. J. From Molecules to Crystal Engineering: Supramolecular Isomerism and Polymorphism in Network Solids. *Chem. Rev.* **2001**, *101*, 1629-1658.

[50] Sawaki, T.; Dewa, T.; Aoyama, Y. Immobilization of Soluble Metal Complexes with a Hydrogen-Bonded Organic Network as a Supporter. A Simple Route to Microporous Solid Lewis Acid Catalysts. *J. Am. Chem. Soc.* **1998**, *120*, 8539-8540.

[51] Sawaki, T.; Aoyama, Y. Immobilization of a Soluble Metal Complex in an Organic Network. Remarkable Catalytic Performance of a Porous Dialkoxyzirconium Polyphenoxide as a Functional Organic Zeolite Analogue. *J. Am. Chem. Soc.* **1999**, *121*, 4793-4798.

[52] Kesanli, B.; Lin, W. B. Chiral Porous Coordination Networks: Rational Design and Applications in Enantioselective Processes. *Coord. Chem. Rev.* **2003**, *241*, 305-326.

[53] Dai, L. X. Chiral Metal-Organic Assemblies—A New Approach to Immobilizing Homogeneous Asymmetric Catalysts. *Angew. Chem., Int. Ed. Engl.* **2004**, *43*, 5726-5729.

[54] Seo, J. S.; Whang, D.; Lee, H.; Jun, S. I.; Oh, J.; Jeon, Y. J.; Kim, K. A Homochiral Metal-Organic Porous Material for Enantioselective Separation and Catalysis. *Nature* **2000**, *404*, 982-986.

[55] Hu, A.; Ngo, H. L.; Lin, W. Chiral Porous Hybrid Solids for Practical Heterogeneous Asymmetric Hydrogenation of Aromatic Ketones. *J. Am. Chem. Soc.* **2003**, *125*, 11490-11491.

[56] Hu, A.; Ngo, H. L.; Lin, W. Chiral, Porous, Hybrid Solids for Highly Enantioselective Heterogeneous Asymmetric Hydrogenation of β-Keto Esters. *Angew. Chem., Int. Ed. Engl.* **2003**, *42*, 6000-6003.

[57] Pearson, R. G. Hard and Soft Acids and Bases. *J. Am. Chem. Soc.* **1963**, *85*, 3533-3539.

[58] Takizawa, S.; Somei, H.; Jayaprakash, D.; Sasai, H. Metal-Bridged Polymers as Insoluble Multicomponent Asymmetric Catalysts with High Enantiocontrol: An Approach for the Immobilization of Catalysts without Using any Support. *Angew. Chem., Int. Ed. Engl.* **2003**, *42*, 5711-5714.

[59] Guo, H.; Wang, W.; Ding, K. Assembled Enantioselective Catalysts for Carbonyl-Ene Reactions. *Tetrahedron Lett.* **2004**, *45*, 2009-2012.

[60] Liang, Y.; Jing, Q.; Li, X.; Shi, L.; Ding, K. Programmed Assembly of Two Different Ligands with Metallic Ions: Generation of Self-Supported Noyori-Type Catalysts for Heterogeneous Asymmetric Hydrogenation of Ketones. *J. Am. Chem. Soc.* **2005**, *127*, 7694-7695.

[61] Ohkuma, T.; Ooka, H.; Hashiguchi, S.; Ikariya, T.; Noyori, R. Practical Enantioselective Hydrogenation of Aromatic Ketones. *J. Am. Chem. Soc.* **1995**, *117*, 2675-2676.

[62] Berrisford, D. J.; Bolm, C.; Sharpless, K. B. Ligand-Accelerated Catalysis. *Angew. Chem., Int. Ed. Engl.* **1995**, *34*, 1059-1070.

[63] Baiker, A. Progress in Asymmetric Heterogeneous Catalysis: Design of Novel Chirally Modified Platinum Metal Catalysts. *J. Mol. Cat. A.* **1997**, *115*, 473-493.

[64] Mallat, T.; Orgimester, E.; Baiker, A. Asymmetric Catalysis at Chiral Metal Surfaces. *Chem. Rev.* **2007**, *107*, 4863-4890.

[65] Studer, M.; Blaser, H. U.; Exner, C. Enantioselective Hydrogenation Using Heterogeneous Modified Catalysts: An Update. *Adv. Synth. Catal.* **2003**, *345*, 45-65.

[66] Blaser, H.-U.; Pugin, B.; Spindler, F. Progress in Enantioselective Catalysis Assessed from an Industrial Point of View. *J. Mol. Catal.* **2005**, *231*, 1-20.

[67] Orito, Y.; Imai, S.; Niwa, S. Asymmetric Hydrogenation of α-Keto Esters Using a Platinum-Alumina Catalyst Modified with Cinchona Alkaloid. *J. Chem. Soc. Jpn.* **1980**, *37*, 670-672.

[68] Orito, Y.; Imai, S.; Niwa, S.; Nguyen, G. H. Asymmetric Hydrogenation of Methyl Benzoylformate Using Platinum-Carbon Catalysts Modified with Cinchonidine. *J. Synth. Org. Chem. Jpn.* **1979**, *37*, 173-174.

[69] Orito, Y.; Imai, S.; Niwa, S. Asymmetric Hydrogenation of Methyl Pyruvate Using a Platinum-Carbon Catalyst Modified with Cinchonidine. *J. Chem. Soc. Jpn.* **1979**, *37*, 1118-1120.

[70] Garland, M.; Blaser, H. U. A Heterogeneous Ligand-Accelerated Reaction: Enantioselective Hydrogenation of Ethyl Pyruvate Catalyzed by Cinchona-Modified Platinum/Aluminum Oxide Catalysts. *J. Am. Chem. Soc.* **1990**, *112*, 7048-7050.

[71] Studer, M.; Burkhardt, S.; Indolese, A. F.; Blaser, H.-U. Enantio- and Chemoselective Reduction of 2,4-Diketo Acid Derivatives with Cinchona Modified Pt-Catalyst—Synthesis of (*R*)-2-Hydroxy-4-Phenylbutyric Acid Ethyl Ester. *J. Chem. Soc., Chem. Comm.* **2000**, 1327-1328.

[72] Büergi, T.; Baiker, A. Heterogeneous Enantioselective Hydrogenation over Cinchona Alkaloid Modified Platinum: Mechanistic Insights into a Complex Reaction. *Acc. Chem. Res.* **2004**, *37*, 909-917.

[73] Blaser, H. U.; Jalett, H. P.; Monti, D. M.; Baiker, A.; Wehrli, J. T. Enantioselective Hydrogenation of Ethyl Pyruvate: Effect of Catalyst and Modifier Structure. *Surf. Sci. Catal.* **1991**, *67*, 147-55.

[74] Bonalumi, N.; Bürgi, T.; Baiker, A. Interaction between Ketopantolactone and Chirally Modified Pt Investigated by Attenuated Total Reflection IR Concentration Modulation Spectroscopy. *J. Am. Chem. Soc.* **2003**, *125*, 13342-13343.

[75] Lavoie, S.; Laliberté, M. A.; McBreen, P. H. Adsorption States and Modifier-Substrate Interactions on Pt(111) Relevant to the Enantioselective Hydrogenation of Alkyl Pyruvates in the Orito Reaction. *J. Am. Chem. Soc.* **2003**, *125*, 15756-15757.

[76] Vayner, G.; Houk, K. N.; Sun, Y. K. Origins of Enantioselectivity in Reductions of Ketones on Cinchona Alkaloid Modified Platinum. *J. Am. Chem. Soc.* **2004**, *126*, 199-203.

[77] Künzle, N.; Hess, R.; Mallat, T.; Baiker, A. Continuous Enantioselective Hydrogenation of Activated Ketones. *J. Catal.* **1999**, *186*, 239-241.

[78] Barbaro, P.; Bianchini, C.; Giambastiani, G.; Oberhauser, W.; Morassi Bonzi, L.; Rossi, F.; Dal Santo, V. Recycling Asymmetric Hydrogenation Catalysts by Their Immobilisation onto IonExchange Resins. *J. Chem. Soc., Dalton Trans.* **2004**, 1783-1784.

[79] Kolb, H. C.; VanNieuwenhze, M. S.; Sharpless, K. B. Catalytic Asymmetric Dihydroxylation. *Chem. Rev.* **1994**, *94*, 2483-2547.

[80] Han, H.; Janda, K. D. Soluble Polymer-Bound Ligand-Accelerated Catalysis: Asymmetric Dihydroxylation. *J. Am. Chem. Soc.* **1996**, *118*, 7632-7633.

[81] Han, H.; Janda, K. D. Multipolymer-Supported Substrate and Ligand Approach to the Sharpless Asymmetric Dihydroxylation. *Angew. Chem. Int. Ed. Engl.* **1997**, *36*, 1731-1733.

[82] Bolm, C.; Gerlach, A. Asymmetric Dihydroxylation with MeO-Polyethyleneglycol-Bound Ligands. *Angew. Chem. Int.*

Ed. Engl. **1997**, *36*, 741-743.

[83] Bolm, C.; Gerlach, A. Polymer-Supported Catalytic Asymmetric Sharpless Dihydroxylations of Olefins. *Eur. J. Org. Chem.* **1998**, 21-27.

[84] Kim, B. M.; Sharpless, K. B. Heterogeneous Catalytic Asymmetric Dihydroxylation: Use of a Polymer-Bound Alkaloid. *Tetrahedron Lett.* **1990**, *31*, 3003-3006.

[85] Bolm, C.; Maischak, A.; Gerlach, A. Asymmetric Dihydroxylation with Silica-Anchored Alkaloids. *J. Chem. Soc., Chem. Commun.* **1997**, 2353-2354.

[86] Motorina, I.; Crudden, C. M. Asymmetric Dihydroxylation of Olefins Using Cinchona Alkaloids on Highly Ordered Inorganic Supports. *Org. Lett.* **2001**, *3*, 2325-2328.

[87] Trifiro, F.; Vaccari, A. In *Comprehensive Supramolecular Chemistry*; Atwood, J. L., Macnicol, D. D., Davies, J. E. D., Vogtle, F., Eds.; New York: Oxford, 1996; Vol. 7, pp 251-291.

[88] Choudary, B. M.; Chowdari, N. S.; Kantam, M. L.; Raghavan, K. V. Catalytic Asymmetric Dihydroxylation of Olefins with New Catalysts: The First Example of Heterogenization of OsO_4^{2-} by Ion-Exchange Technique. *J. Am. Chem. Soc.* **2001**, *123*, 9220-9221.

[89] Choudary, B. M.; Chowdari, N. S.; Jyothi, K.; Kantam, M. L. Catalytic Asymmetric Dihydroxylation of Olefins with Reusable OsO_4^{2-} on Ion-Exchangers: The Scope and Reactivity Using Various Cooxidants. *J. Am. Chem. Soc.* **2002**, *124*, 5341-5349.

[90] Bianchini, D. G.; Burnaby, D. G.; Evans, J.; Frediani, P.; Meli, A.; Oberhauser, W.; Psaro, R.; Sordelli, L.; Vizza, F. Preparation, Characterization, and Performance of Tripodal Polyphosphine Rhodium Catalysts Immobilized on Silica via Hydrogen Bonding. *J. Am. Chem. Soc.* **1999**, *121*, 5961-5971.

[91] de Rege, F. M.; Morita, D. K.; Ott, K. C.; Tumas, W.; Broene, R. D. Non-covalent Immobilization of Homogeneous Cationic Chiral Rhodium-Phosphine Catalysts on Silica Surfaces. *J. Chem. Soc., Chem. Commun.* **2000**, 1797-1798.

[92] Herron, N. A Cobalt Oxygen Carrier in Zeolite Y. A Molecular "Ship in a Bottle." *Inorg. Chem.* **1986**, *25*, 4714-4717.

[93] Feijen, E. J. P.; De Vadder, K.; Bosschaerts, M. H.; Lievens, J. L.; Martens, J. A.; Grobet, P. J.; Jacobs, P. A. Role of 18-Crown-6 and 15-Crown-5 Ethers in the Crystallization of Polytype Faujasite Zeolites. *J. Am. Chem. Soc.* **1994**, *115*, 2950-2957.

[94] Ogunwumi, S. B.; Bein, T. Intrazeolite Assembly of a Chiral Manganese Salen Epoxidation Catalyst. *J. Chem. Soc., Chem. Commun.* **1997**, 901-902.

[95] Ishida, T.; Akiyama, R.; Kobayashi, S. A Novel Microencapsulated Osmium Catalyst Using Cross-Linked Polystyrene as an Efficient Catalyst for Asymmetric Dihydroxylation of Olefins in Water. *Adv. Synth. Catal.* **2005**, *347*, 1189 - 1192.

[96] Kobayashi, S.; Akiyama, R. Renaissance of Immobilized Catalysts. New Types of Polymer-Supported Catalysts, "Microencapsulated Catalysts," Which Enable Environmentally Benign and Powerful High-Throughput Organic Synthesis. *J. Chem. Soc., Chem. Comm.* **2003**, 449-460.

[97] Vankelecom, I.; Wolfson, A.; Geresh, S.; Landau, M.; Gottlieb, M.; Hershkovitz, M. First Heterogenisation of Rh-MeDuPHOS by Occlusion in PDMS (Polydimethylsiloxane) Members. *J. Chem. Soc., Chem. Commun.* **1999**, 2407-2408.

[98] Wolfson, A.; Janssens, S.; Vankelecom, I.; Geresh, S.; Gottlieb, M.; Herskowitz, M. Aqueous Enantioselective Hydrogenation of Methyl 2-Acetamidoacrylate with Rh-MeDuPHOS Occluded in PDMS. *J. Chem. Soc., Chem. Commun.* **2002**, 388-389.

[99] Raja, R.; Thomas, J. M.; Jones, M. D.; Johnson, B. F. G.; Vaughan, D. E. W. Constraining Asymmetric Organometallic Catalysts Within Mesoporous Supports Boosts Their Enantioselectivity. *J. Am. Chem. Soc.* **2003**, *125*, 14982-14983.

[100] Pini, D.; Petri, A.; Nardi, A.; Rosini, C.; Salvadori, P. Heterogeneous Catalytic Asymmetric Dihydroxylation of Olefins with the OsO₄/Poly(9-ImageAcylquinine-co-Acrylonitrile) System. *Tetrahedron Lett.* **1991**, *32*, 5175-5178.

[101] Wang, S.-S. *p*-Alkoxybenzyl Alcohol Resin and *p*-Alkoxybenzyloxycarbonylhydrazide Resin for Solid Phase

Synthesis of Protected Peptide Fragments. *J. Am. Chem. Soc.* **1973**, *95*, 1328-1333.

[102] Hafez, A. M.; Taggi, A. E.; Dudding, T.; Lectka, T. Asymmetric Catalysis on Sequentially-Linked Columns. *J. Am. Chem. Soc.* **2001**, *123*, 10853-10859.

[103] Notestein, J. M.; Katz, A. Enhancing Heterogeneous Catalysis Through Cooperative Hybrid Organic-Inorganic Interfaces. *Chem. Eur. J.* **2006**, *12*, 3954-3965.

[104] Tada, M.; Kojima, N.; Izumi, Y.; Taniike, T.; Iwasawa, Y. Chiral Self-Dimerization of Vanadium Complexes on a SiO_2 Surface for Asymmetric Catalytic Coupling of 2-Naphthol: Structure, Performance, and Mechanism. *J. Phys. Chem. B* **2005**, *109*, 9905-9916.

[105] Yu, H.-B.; Hu, Q.-S.; Pu, L. The First Optically Active BINOL-BINAP Copolymer Catalyst: Highly Stereoselective Tandem Asymmetric Reactions. *J. Am. Chem. Soc.* **2000**, *122*, 6500-6501.

[106] Choudary, B. M.; Chowdari, N. S.; Jyothi, K.; Kumar, N. S.; Kantam, M. L. A New Bifunctional Catalyst for Tandem Heck-Asymmetric Dihydroxylation of Olefins. *J. Chem. Soc., Chem. Commun.* **2002**, 586-587.

[107] Choudary, B. M.; Jyothi, K.; Roy, M.; Kantam, M. L.; Sreedhar, B. Bifunctional Catalysts Stabilized on Nanocrystalline Magnesium Oxide for One-Pot Synthesis of Chiral Diols. *Adv. Synth. Catal.* **2004**, *346*, 1471-1480.

第16章 不对称催化在合成中的应用

16.1 对映体纯组分

对映体纯的有机小分子是合成许多更高级结构的关键起始原料。这些物质已被应用于商业化学品市场，包括杀虫剂、香料、聚合物和材料。此外，精细化学品工业以较小的规模生产多种多样的官能团化和非官能团化的单一对映体的化合物用于药物合成和化学研究。许多这类化合物是从天然来源中获得的。这些化合物被称为自然界的手性原料库[1-3]，依其定义，它被限定为从唾手可得的天然源中以纯品的形式分离得到的化合物。随着许多对一系列底物有效的市售手性催化剂的出现，手性化合物库得到了极大的扩充[4,5]。通过不对称催化反应获得的对映体纯的手性小分子的例子包括那些介绍部分概述的和图16.1~图16.5中的结构。

不断增长的手性小分子单元减少了使用一种组分所需的合成操作的数目；为了能够用作合成前体，天然来源的组分经常需要进行多步转化来调整氧能态、官能团和保护基。此外，催化不对称方法提供的更大的多样性意味着更少的合成路线会由于缺乏合适前体而被舍弃。最后，通过促进汇聚式地组装多个手性组分，而不是重复地用非对映选择性的方式引入手性单元[6]（见16.1.2节和16.1.3节），这些手性前体的易得性正推动在构建含多个手性单元的复杂结构构建上的变革。本章的焦点将集中在不对称催化反应在合成复杂结构的中的应用。

16.1.1 对映体纯组分的产生：早期不对称诱导

介绍部分列举了一些不对称合成反应在小/简单有机结构合成中最成功的例子。尤其是，集中在还原、氧化和环丙烷化的催化不对称方法已经取得了令人惊叹的成功。总体来说，催化不对称还原（图16.1）和氧化（图16.2）技术[7-9]引领了这一领域；由于这些方法具有的高立体选择性、高可靠性、宽底物适用范围和良好的周转速率，一系列多种多样的对映异构体纯小分子可以很容易地被合成出来。虽然这些过程中许多反应可以以几乎完美的对映选择性（> 99% ee）进行，但是取决于其应用场合，或者如果对映体过量进一步富集比较容易的话，较差一点的对映选择性（> 80% ee）通常也可以接受。值得注意的是，用转化数（TON = 产物物质的量/催化剂物质的量）或底物/催化剂比（s/c）表示的催化剂的生产能力成为决定这些过程中的成本的主要因素。对于使用贵金属催化剂的氢化反应，高价值产物需要 TON 大于 1000，大规模的或相对廉价的产物需要保证 TON 大于 50000（催化剂的再利用可以提高生产能力）[7]。使用转化频率［TOF = (产物物质的量/催化剂物质的量)h^{-1}] 表示的催化剂的活性会影响生产容量。对于氢化反应，小规模产物的 TOF 大于 500 h^{-1} 和大规模产物的 TOF 大于 10000 h^{-1} 是较好的[7]。由于较低的催化剂成本和经常较高的附加值，对于对映选择性氧化反应（图 16.2）和少数已实现大规模生产的 C—C 键形成反应（图 16.3）来说，较低的 TON 和 TOF 值是可以接受的。

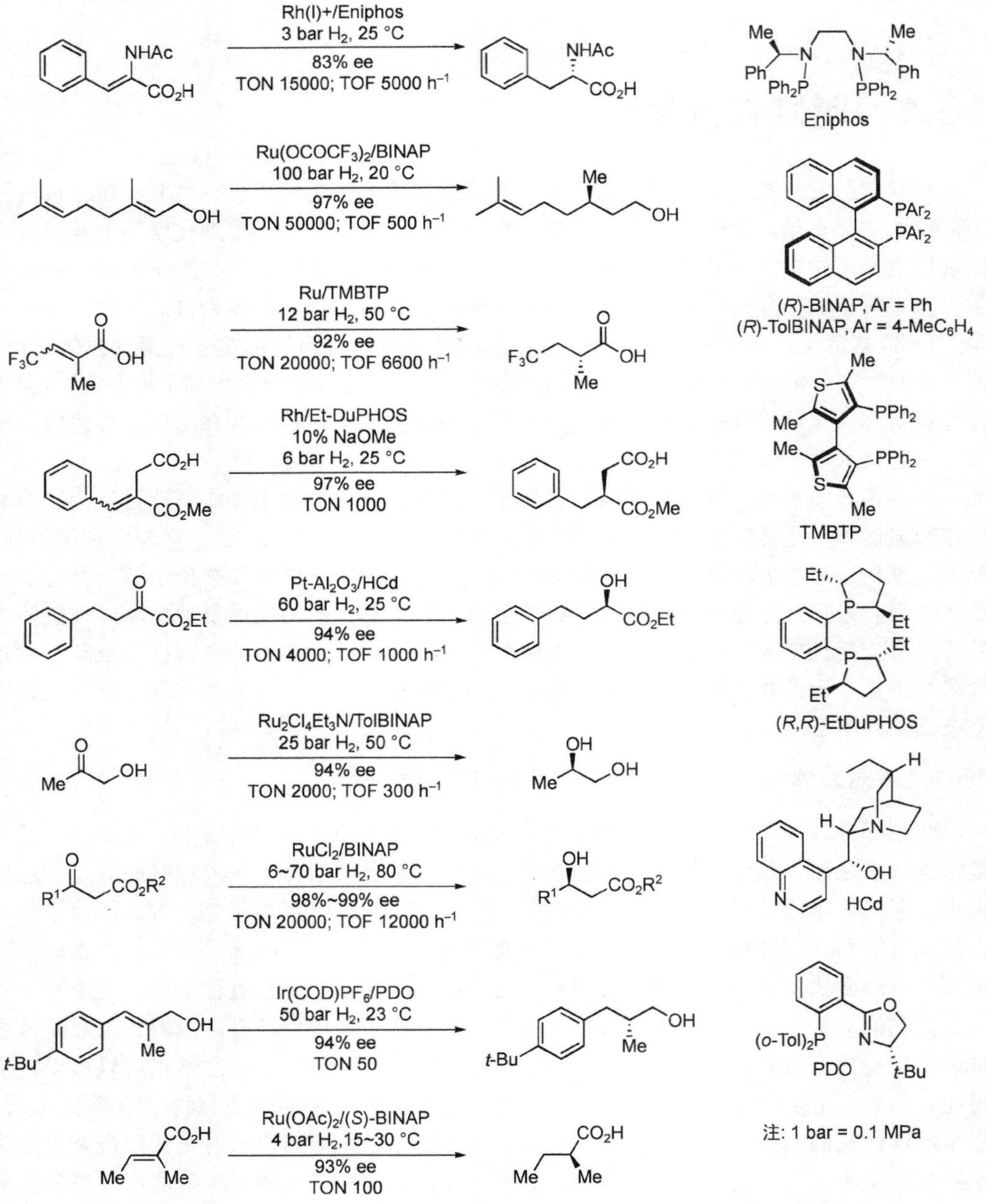

注: 1 bar = 0.1 MPa

图 16.1 通过不对称还原反应大规模制备的简单组分[7,8]

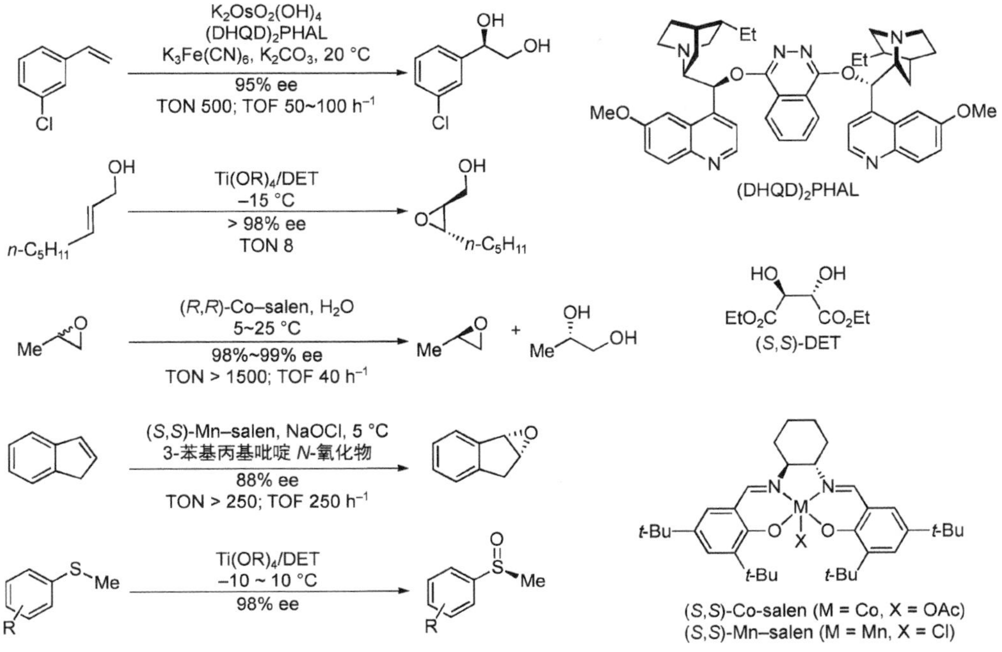

图 16.2　通过不对称氧化反应大规模制备的简单组分[7]

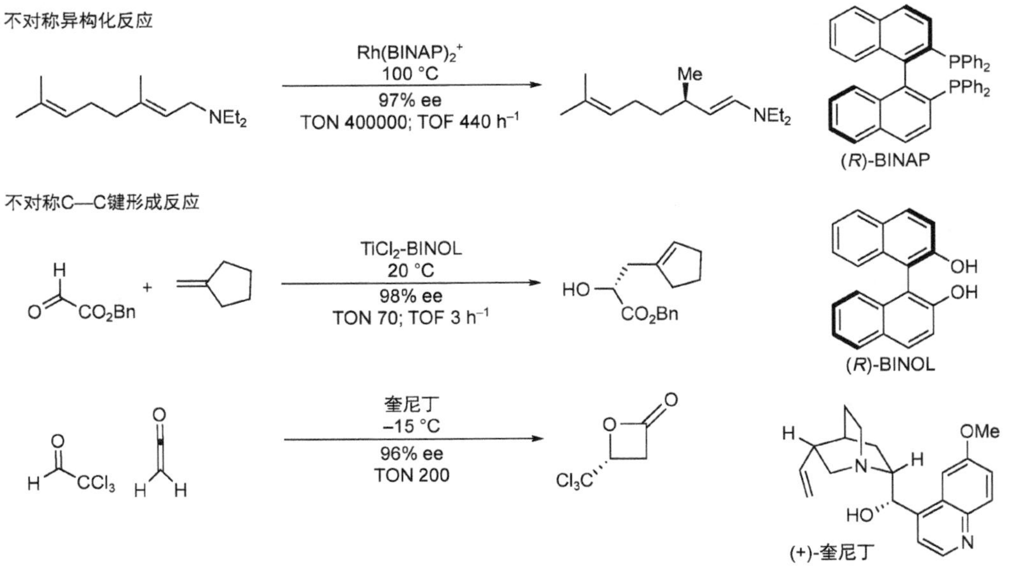

图 16.3　通过其他不对称反应大规模制备的简单组分[7]

　　已经具有许多这样特征的、均衡地做出相似贡献的 C—C 键形成反应的例子，包括氢甲酰化、烯烃复分解、π-烯丙基化[8-10]以及共轭加成反应[11-13]（图 16.4），类似地，涉及取代而非氧化反应的 C—O 和 C—N 键形成反应展示了有利的催化特性，并且提供了许多有用的官能团化小分子（图 16.5）[10]。

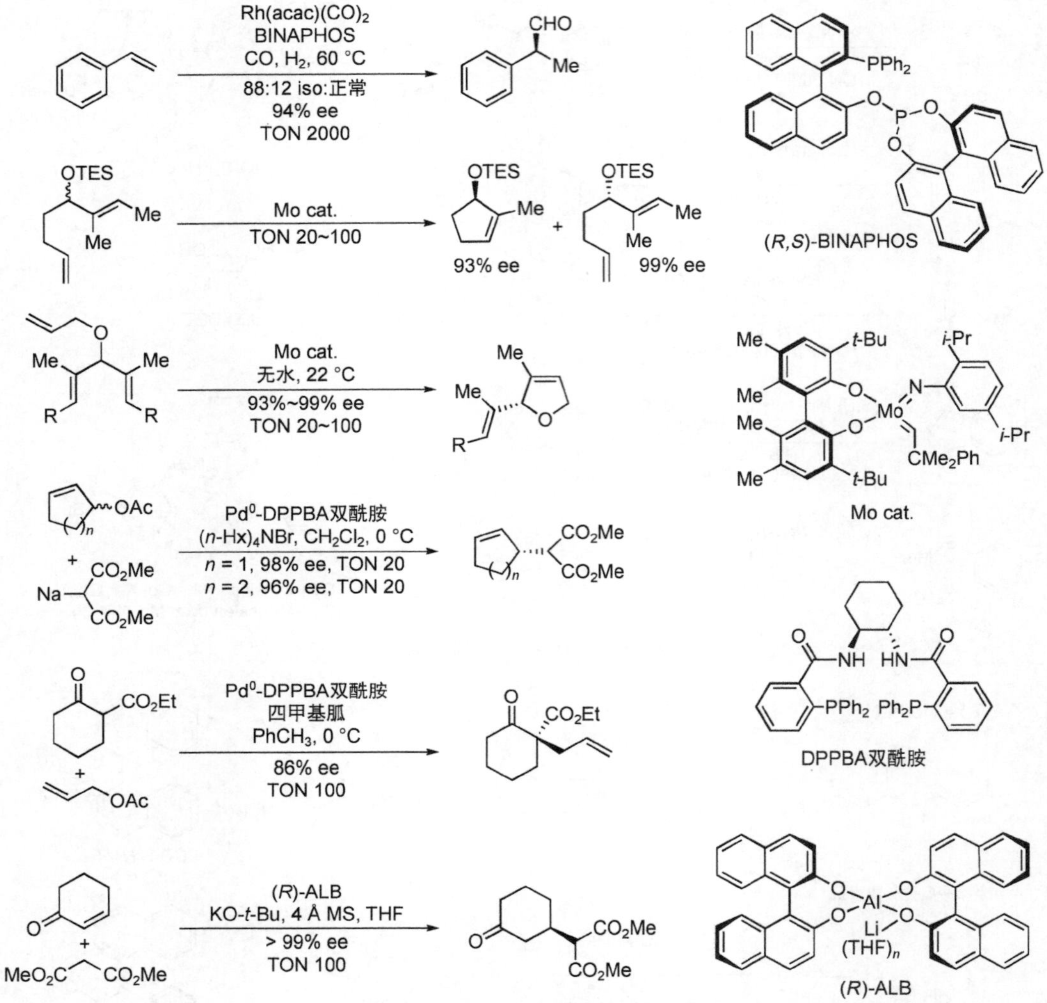

图 16.4   通过不对称 C—C 键形成过程制备的简单组分[8-10, 12]

不对称C–O键形成反应:

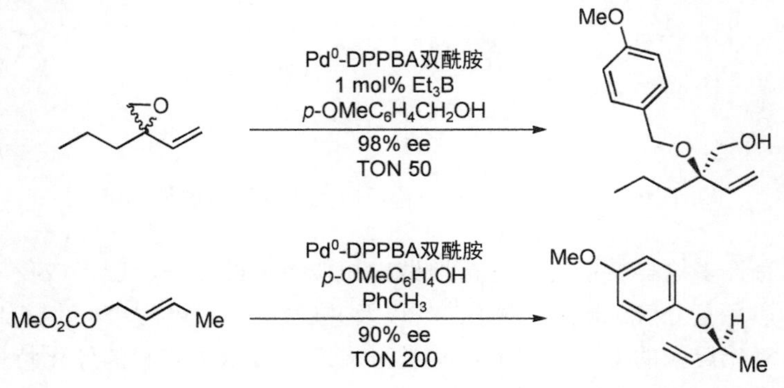

不对称C-N键形成反应:

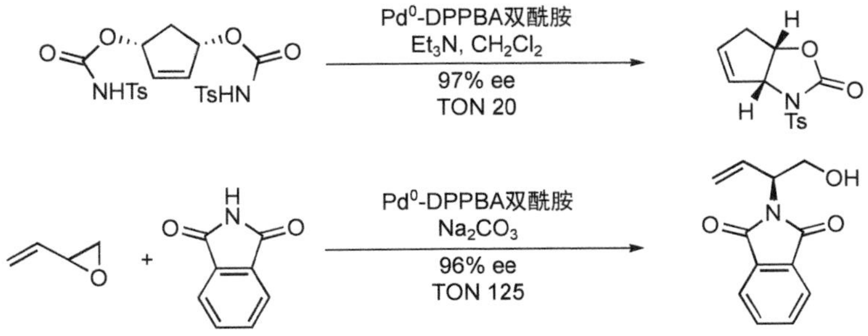

图 16.5　通过取代反应制备的简单组分[10]

16.1.2　进一步产生手性单元的小分子组分

不对称合成领域非常受益于两个主要因素。第一个因素是从天然来源（例如氨基酸、糖、酒石酸盐等）获得的一系列多种多样的对映体纯的小分子。第二个因素是 Emil Fischer 首先提出的非对映选择性合成的概念[14]，其中一个结构中的手性单元能够被用于影响随后的手性单元的产生。含有 n 个立体异构单元的分子可以有 2^n 个立体异构体，如果没有上述贡献，即便构建中等大小的结构也将是没有希望的。

例如，噻烯霉素（thienamycin）的一个简洁合成是从对映体纯的 L-天冬氨酸为起始原料开始的（图 16.6）[15]。这个化合物的立体异构中心被纳入图中的 β-内酰胺中。该 β-内酰胺的烯醇负离子然后被用于酰化反应。由于 β-内酰胺中的手性中心的存在，其烯醇负离子的两个面是非对映异位面，亲电试剂从底面接近有利，从而建立了第 2 个手性中心。在接下来的步骤中，现存的两个手性中心引导从底部的非对映异位面对羰基进行还原，从而产生第 3 个手性中心。总的来说，来自纯的 L-天冬氨酸的最初的手性中心被用于建立噻烯霉素剩下的两个手性中心。早期的非对映选择性合成研究主要集中于控制比较有组织的环状体系的相对立体化学，其中立体化学控制元素是刚性和易于辨认的。后来的工作主要集中在构象柔性的非环体系的控制特性[16,17]。现在这两种策略已经被常规地用于立体选择性合成中。不管怎样，非对映选择性策略依赖于多种多样的对映体纯的手性砌块的现成供应，因为必须存在至少一个手性单元才可以使用这些策略。

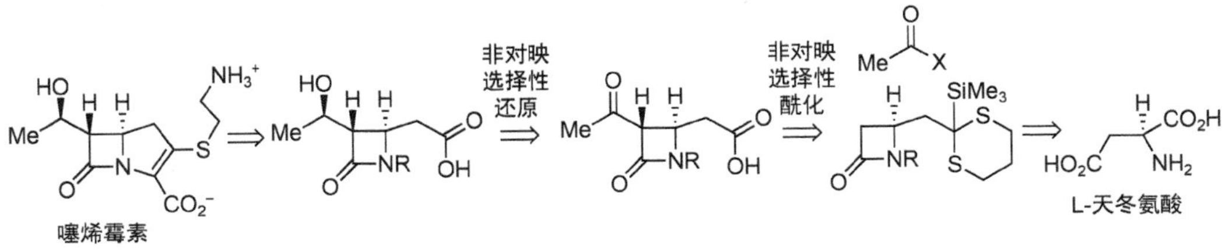

图 16.6　从单一的小手性组分出发的噻烯霉素的非对映选择性逆合成

上述例子中使用了天然来源的对映体纯的手性砌块。从不对称催化获得的手性材料库[4,5]的扩充容许通过截然不同的、更高效和具有更高选择性的路线进行非对映选择性合成。例如，图 16.7 所示的复杂天然产物番木鳖碱（strychnine）的全合成中[18]使用了通过不对称催化产生的对映体纯组分作为唯一的手性起始原料。逆合成分析中概述了从中间体 A 出发的一系列非对映选择性过程用于形成剩下的手性单元。中间体 A 的手性单元是通过催化不对称 π-烯丙基化反应将两个简单组分连接来建立的[19]。在这个应用中，催化不对称方法具有普遍适用性，以能够包容那些很可能不同于在最初发展过程中使用的那些底物这一点是至关重要的。

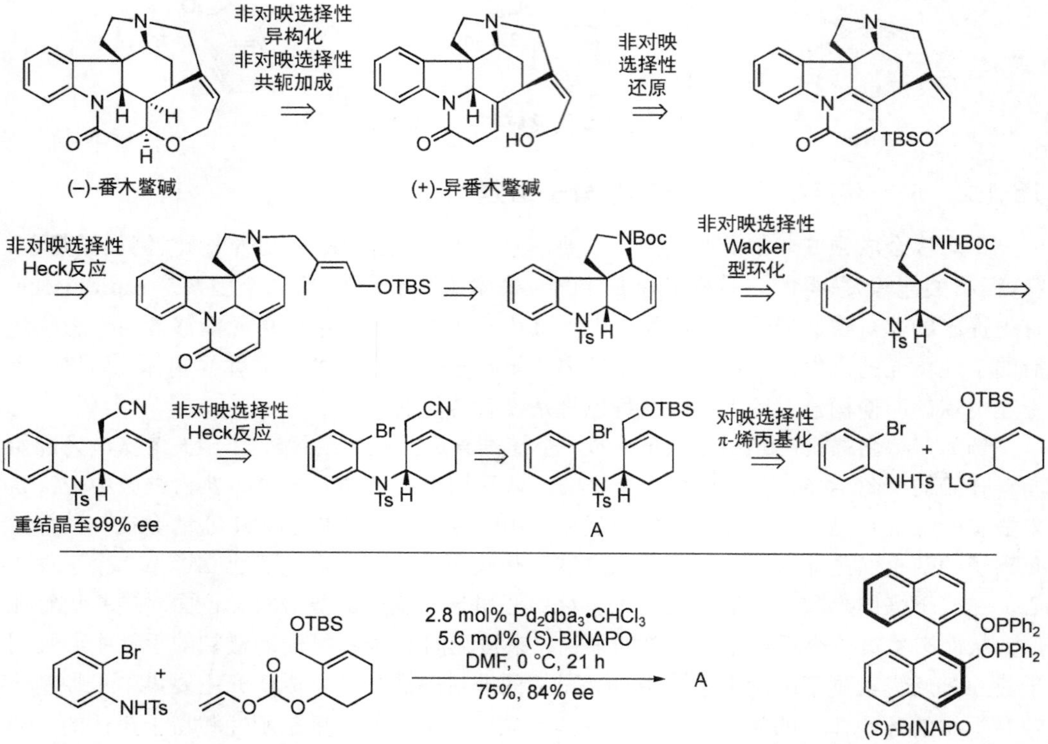

图16.7　从不对称催化反应制备的单一的小手性组分成分出发的番木鳖碱的非对映选择性合成

16.1.3　汇聚式合成中的小分子组分

由不对称催化获得的手性组分库的不断扩展[4,5]也大大提高了使用超过一个对映体纯的手性组分为起始原料的汇聚式合成策略的应用[6]。对目标结构的分析建立在确定手性合成子（"手性子"）[1,20-24]并将其与可得到的原料联系起来的基础上。例如，图 16.8 中所示的 FR901464 的合成[25,26]采用了三个独立的手性成分 A、B 和 C，它们都是通过不对称催化产生的。含一个手性单元的炔丙醇 A 是通过炔基酮使用市售钌催化剂进行不对称氢化得到的[27]。分别有三个和两个手性单元的二氢吡喃 B 和 C 由简单的席夫碱铬催化剂催化的不对称杂 Diels-Alder 反应组装而成。FR901464 中最后的三个手性单元是由 B 和 C 的非对映选择性反应产生的。三个复杂的组分对应于 FR901464 中三个不同的立体化学序列（stereochemical arrays），它们随后被连接起来得到了天然产物。

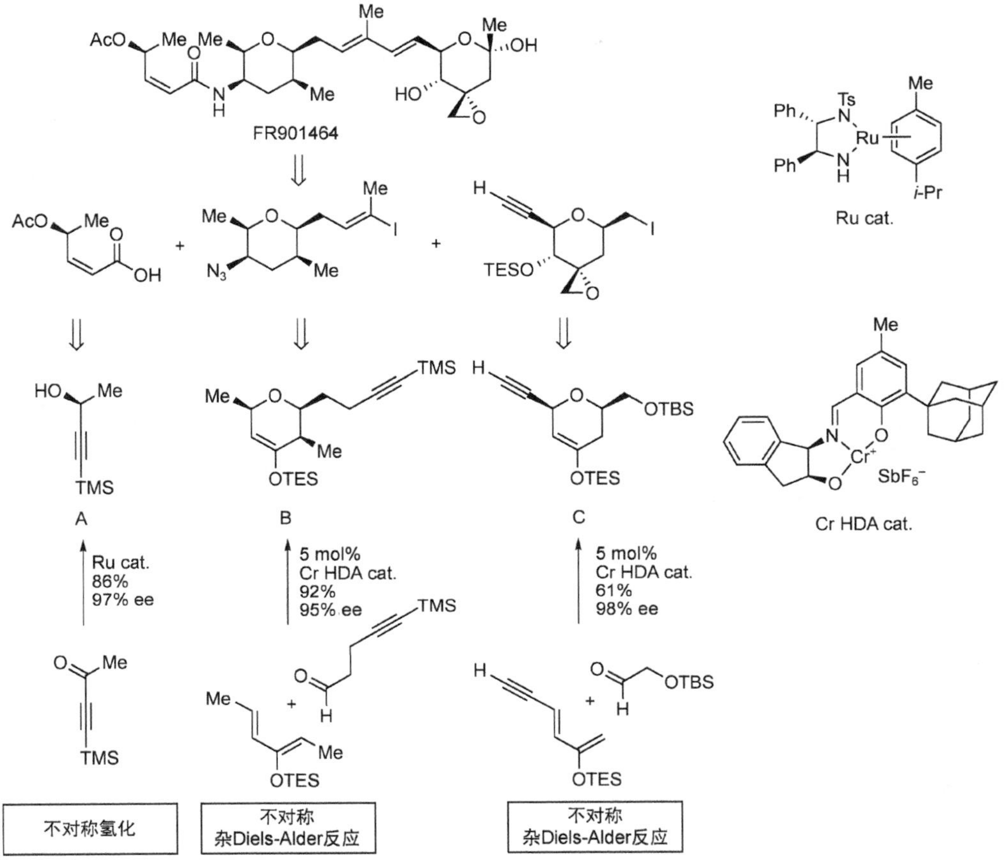

图 16.8　使用不对称催化反应制备的手性组分进行的 FR901464 的汇聚式合成

这种汇聚式途径在合成立体化学类似物方面特别有力。这些类似物在确保产生天然产物中的立体化学以及发现特定的生物活性需要的关键结构元素方面非常有用。例如，使用相同的合成序列方便地构建了 FR901464 的两个非对映异构体（图 16.9）。对于异构

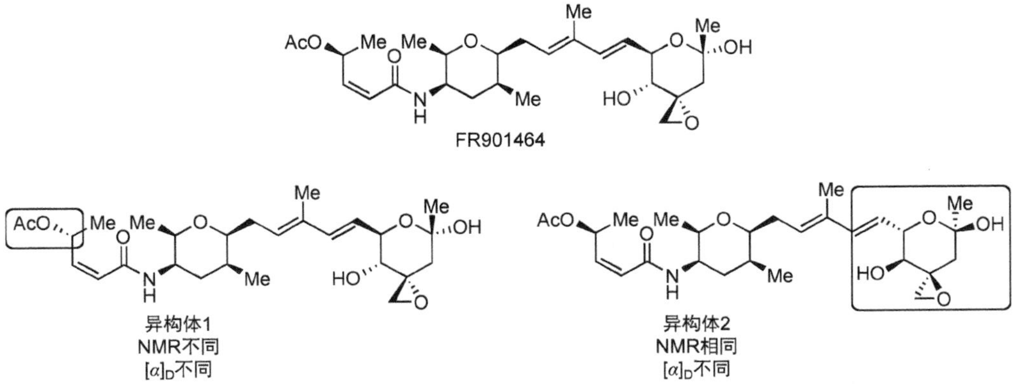

图 16.9　使用不对称催化反应制备的手性组分进行 FR901464 的汇聚式合成方法的灵活性

体 1，使用了组分 A 的对映异构体，它可以使用钌催化剂的对映异构体很容易地得到。类似地，在合成异构体 2 时使用了组分 C 的对映异构体。随后的表征排除了这两种异构体作为 FR901464 结构候选的可能性。

这个汇聚式方法的成功取决于存在能够独立进行合成，然后进行组装的相对分离的立体化学序列。如果立体化学序列不是分离的，那么组装目标结构的不同立体异构体时，由于非对映选择性效应可能会变得复杂（参见第 13 章中双重非对映选择性的讨论部分）。

使用不对称催化得到的手性成分的汇聚式合成的第二个例子是图 16.10 中所示的黏膜素（muconin）的合成[28]。在这个例子中，使用了 4 个不同的手性组分，它们贡献了位于黏膜素 C4、C13、C22 和 C36 位的总共 4 个手性单元。剩余 4 个手性单元通过非对映选择性过程建立。其中一个手性组分是由两个简单的非手性分子的催化不对称杂Diels-Alder 反应产生，剩余 3 个手性组分通过外消旋起始原料的动力学拆分获得。具体来说，使用钴-salen 催化剂的环氧水解开环提供了所需的二醇或者环氧化物。尽管动力学拆分后只有一半的手性外消旋环氧化物能够使用，但是通过相应烯烃的环氧化反应获得的环氧化物的低成本、催化剂的低成本以及拆分高效性使得这种过程非常实用[29]。

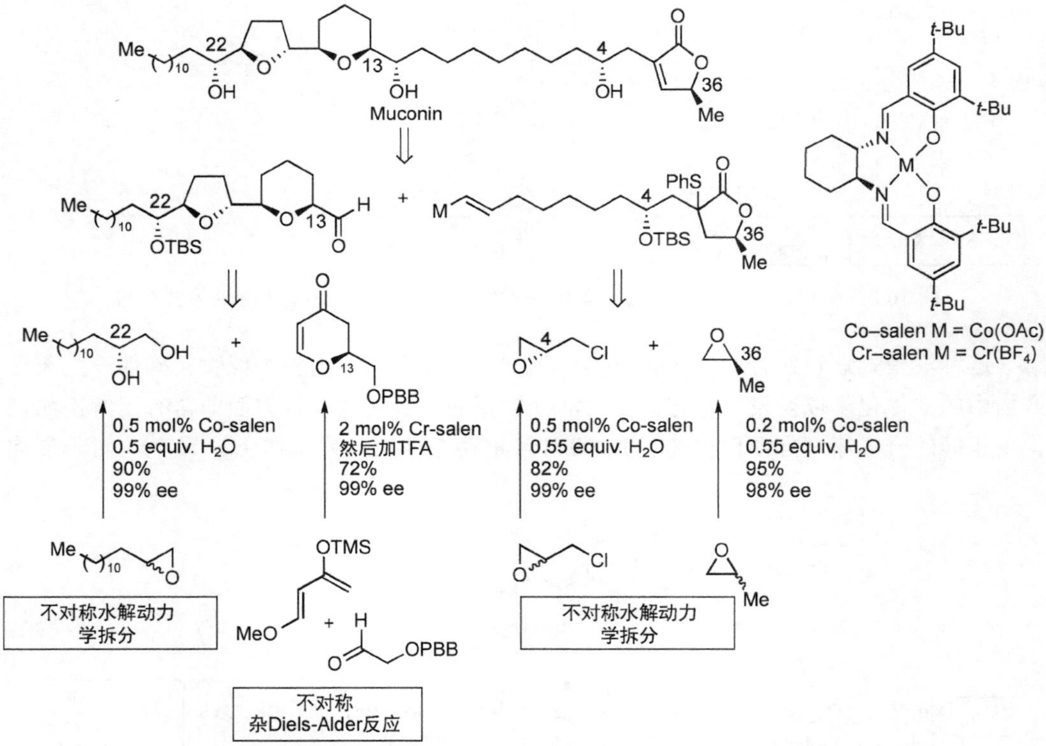

图 16.10　使用不对称催化反应制备的手性组分进行的黏膜素的汇聚式合成

使用来自不对称催化的手性成分的汇聚式合成的第三个例子是图 16.11 中埃博霉素（epothiolone）的合成[30]。在这个例子中使用了两个不同的手性组分，每个组分贡献一个手性单元。这些化合物通过催化不对称氰硅化反应和共轭加成反应制得。在共轭加成反应中，立体化学并不是在 C—C 键形成的过程中（即在 β-C 上）产生，而是产生于烯醇中间体的不对称质子化（即在 α-C 上）。剩余的手性单元是通过简单的内部非对映选择性过程（见 13.1 节）和外来的手性催化剂控制的非对映选择性过程建立的（见 13.3 节）。

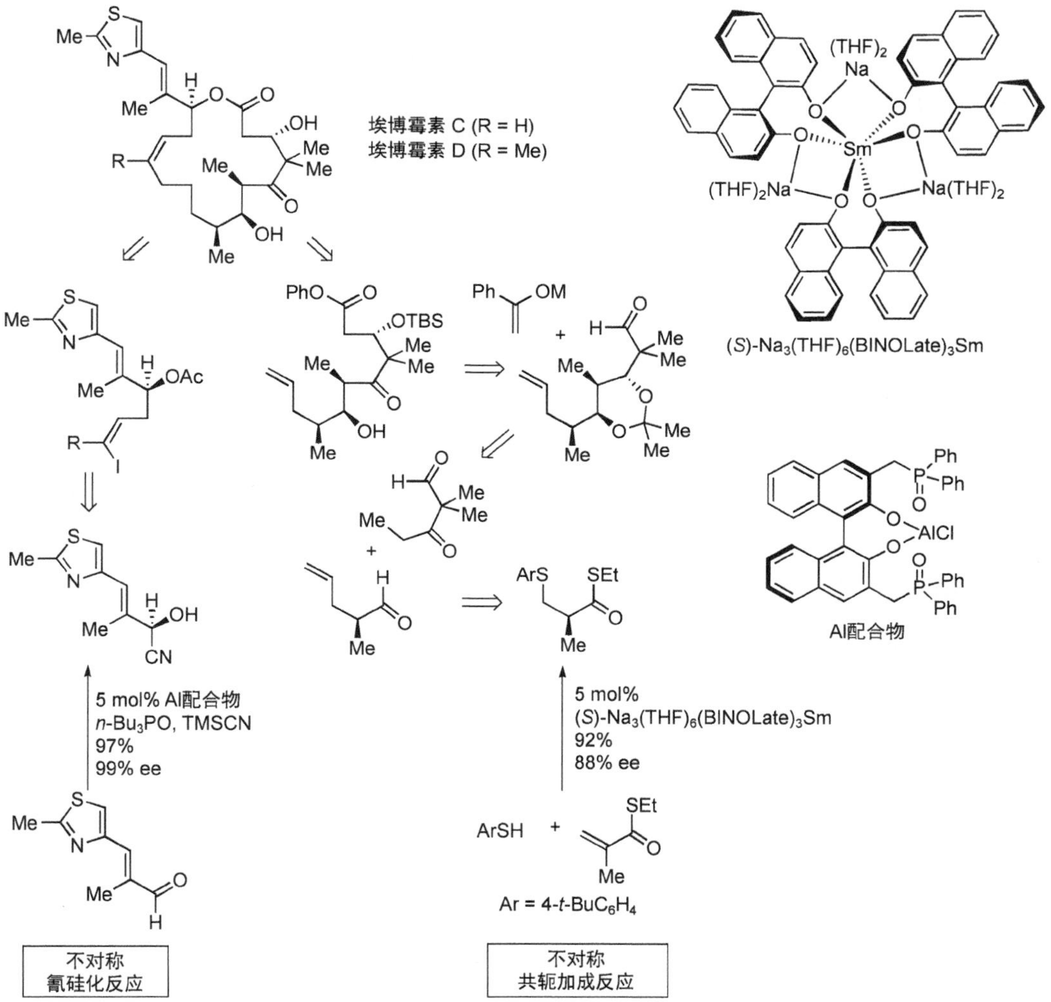

图 16.11　使用不对称催化反应制备的手性组分进行的埃博霉素的汇聚式合成

16.2　后期不对称诱导

在合成后期向高级、昂贵的中间体[6]中引入手性单元是非常吸引人的，因为与在合成的路线早期应用这些反应相比，这样做需要更少的"高成本的"催化剂。另一方面，在致力于合成一个高级非手性前体之前，保证手性催化剂的表现具有高度的可靠性绝对至关重要。在催化不对称方法中，氧化和还原方法在这一类型中表现得特别强大。

16.2.1 高级非手性中间体

在萨拉哥酸（zaragozic acid）的一个合成中[31-33]，利用了图 16.12 中所示的官能团化二烯的不对称双羟基化反应建立了 C5 和 C6 位的手性单元。所需的二烯是通过 4 步从图 16.12 中的三个组分合成的。不对称双羟基化反应得到了非常充分的研究，并且展示了高度的立体化学规律性[34]。即便如此，使用这样一个官能团化二烯的反应的区域化学或立体化学过程都不一定很确定。事实上，考查了许多保护基团的组合才发现了一个选择性的过程。除起始原料外，这一转化可能会出现八种产物，包括二醇和四醇。乍看起来，C3—C4 位的双键预期会发生双羟基化，因为它更富电子。事实上，双羟基化反应以完全的区域选择性以及良好的对映选择性（83% ee 值）发生在 C5—C6 位烯烃上。分子模拟结果表明，酯基与二烯的平面的 π-体系垂直。而且羟甲基取代基的 C—O 键垂直于二烯的平面，使超共轭的拉电子效应最大化。如此一来，与表面的预期相反，只有一个羟甲基取代的 C5—C6 键可能更加富电子。

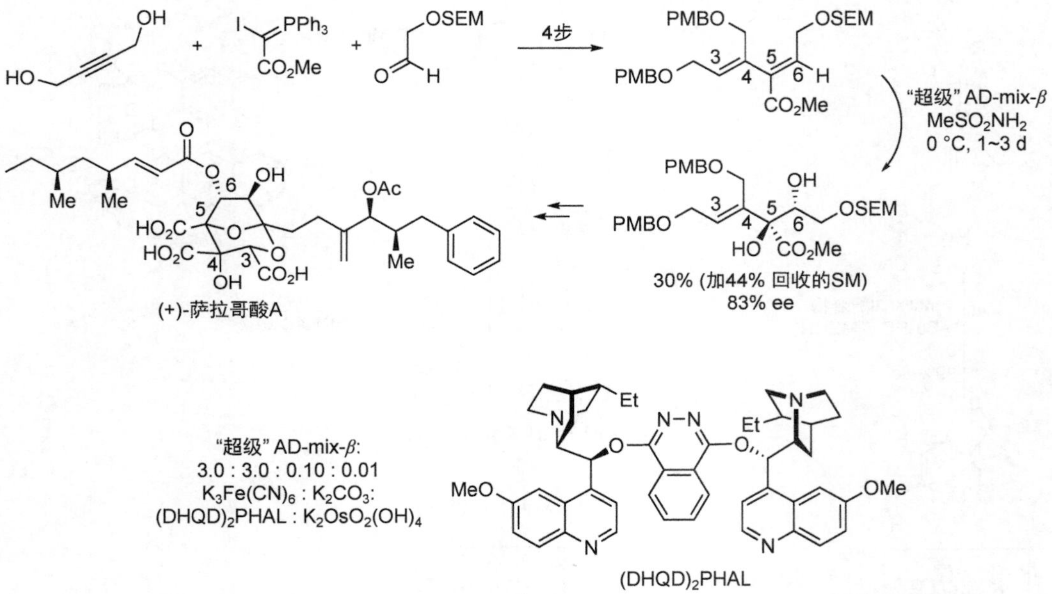

图 16.12 一个高级非手性中间体的不对称双羟基化反应产生两个新手性单元

在用于治疗充血性心力衰竭的 β_1-受体激动剂地诺帕明[(R)-denopamine]的对映选择性合成中可以发现一个高级中间体不对称还原的例子（图 16.13）[35]。在这个例子中，已有大量的先例证明手性钌催化剂是可靠的。使用配合物 trans-RuCl$_2$[(R)-Xyl-BINAP][(R)-DAIPEN]作为催化剂前体以定量的产率和 97% ee 值得到了手性醇。接下来移除酰胺、形成 HCl 盐、重结晶以及苄基的氢解以 94%产率得到了地诺帕明盐酸盐。由于催化剂的成本较高，低催化剂用量（底物：催化剂 = 2000：1）是这一方法得以应用的关键。

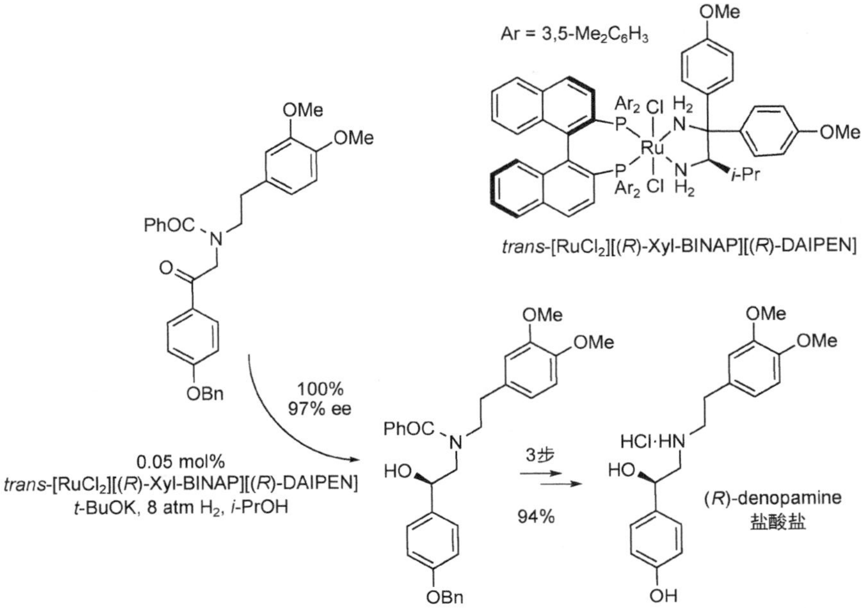

图 16.13　高级非手性中间体的不对称还原反应

除不对称氧化和还原以外，使用复杂中间体的反应较不常见。这些反应相对不成熟，进一步研究无疑将解决对底物的普适性/可预测性、官能团的兼容性、催化剂用量等的担忧。一个例子是图 16.14 中的烯丙基二乙酸酯和硅基吖内酯（silyl azlactone）的不对称 π-烯丙基化反应[36]。以 96% ee 值和 2.4∶1.0 的非对映异构体比例形成了得到的加合物。选择性决定步骤同时涉及对亲核试剂对映异位面的区分和前手性的乙酸酯离去基团的对映选择性的离子化。与甲基（10.5∶1.0，89% ee）类似物相比，硅甲基的非对映选择性明显低很多（2.4∶1.0，96% ee）。这突出了使用这些转化的困难，因为即使较小的改变就可以导致发散性的结果，需要重新筛选反应条件甚至催化剂。使用这一关键的碳-碳键形成的反应，以总共 17 步和 5.1% 的总产率完成了鞘氨酸抗菌素 E（sphingofungin E）的合成。

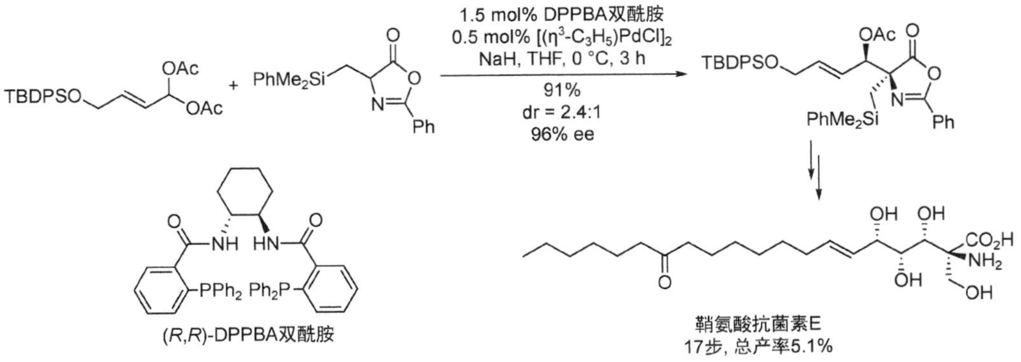

图 16.14　从中等复杂非手性中间体出发的对映选择性和非对映选择性的催化 C—C 键形成反应

　　另一个例子是图 16.15 中所示的非手性萘酚的氧化联芳基偶联反应。在这个例子中，需要 5～9 步从市场购得的原料合成的高级中间体以好的对映选择性（85%～90% ee）发生可靠的偶联反应得到手性的 1,1'-联萘[37]。高度官能团化萘酚的产生十取代 1,1'-联萘的偶联反应的可靠性使其被发展成了合成 perylenenquinone 类天然产物的一个通用的不对称方法。发展更多可靠的过程，特别是那些涉及碳-碳键形成的反应，是促进后期不对称转化应用的关键。

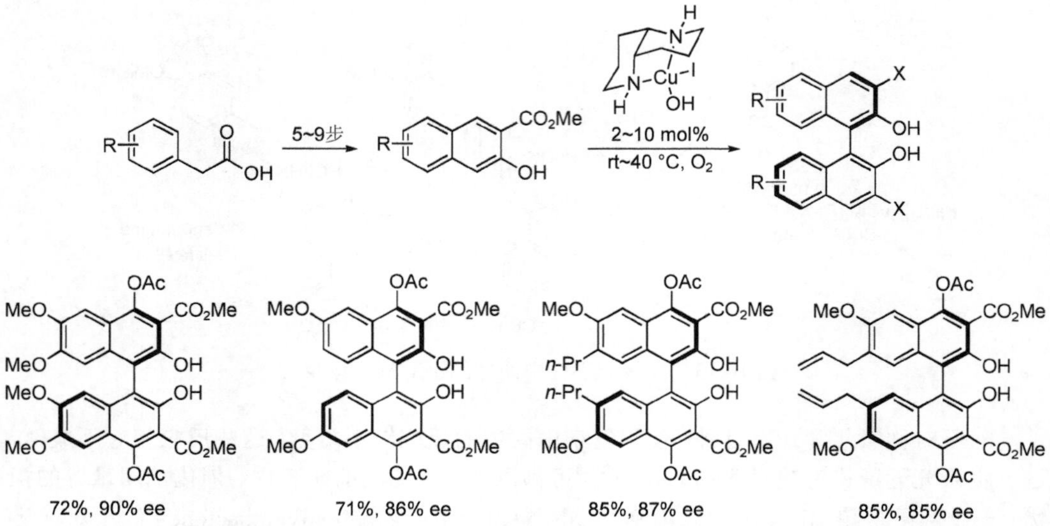

72%, 90% ee　　　71%, 86% ee　　　85%, 87% ee　　　85%, 85% ee

图 16.15　高级的非手性中间体的不对称的催化 C—C 键形成反应制备轴手性单元

16.2.2　从一个对映选择性过程产生多个新的手性单元

　　上节中的过程都是使用一个高级非手性中间体的催化不对称转化，建立一个或者两个手性单元。由于高级中间体的价值，能产生更大立体化学序列的过程受到了高度重视。几乎所有这样的例子都是内消旋化合物的去对称化反应[38,39]。例如，使用 Sharpless- Katsuki 不对称环氧化对图 16.16 中所示的复杂内消旋二烯的去对称化得到了含有 7 个手性单元的非环状聚酮前体[40]。得到了良好的产率（81%）和非常高的选择性（> 98% ee）。在这个复杂的例子中需要化学计量的手性钛配合物。针对如此高度复杂底物的更高效的催化剂体系自然将是进一步研究的领域。类似的使用亚化学计量手性催化剂的去对称化策略已经被应用于一些天然产物，包括黄绿青霉素（citreoviridin）、FK506 和前列腺素（prostaglandin）类中间体的合成中[38]。关于对映选择性去对称化反应的进一步讨论见第 10 章。

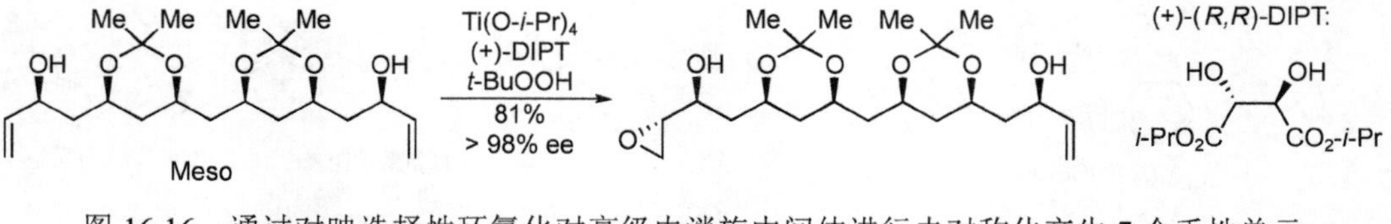

图 16.16　通过对映选择性环氧化对高级内消旋中间体进行去对称化产生 7 个手性单元

16.2.3 从多于一步反应生成多个新的手性单元：催化的对映选择性和非对映选择性过程

当一个单一的手性催化剂催化高级非手性化合物发生不止一个选择性过程时，也能产生更大的立体化学序列。例如，图 16.17 中的内消旋二烯的双不对称环氧化建立了含六个手性单元的非对映体和对映体纯的化合物[41]；得到的双环氧被进一步转化到了软海绵素（halichondrin）的 C22—C34 片段。这类双向策略通过在两端同时进行底物的自组装而有效地建立了复杂性[40, 42]。关于对映选择性去对称化反应的更多例子见第 10 章。

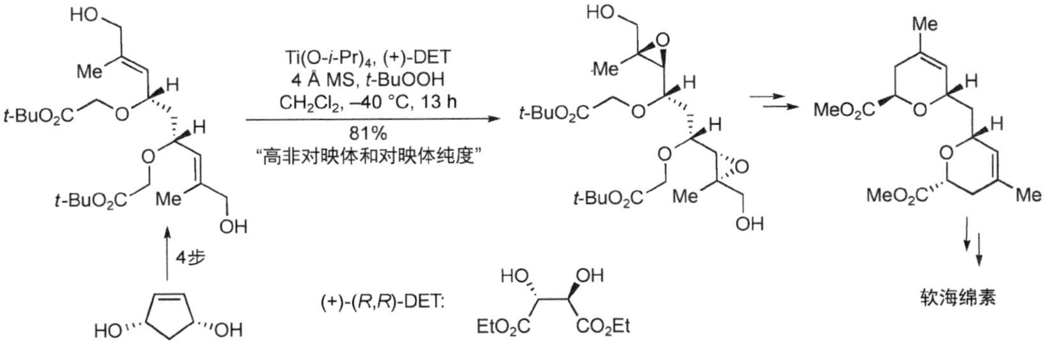

图 16.17　通过高级内消旋中间体的对映选择性和非对映选择性的
不对称环氧化进行的去对称化反应产生六个手性单元

两个因素对这些反应中高的对映体过量有贡献。第一，针对同一底物的两个不对称反应总体的内禀选择性是单个反应的选择性的乘积。第二，第一个不对称反应的立体化学误差在第二个不对称反应中被抵消，因此产生了可分离的非对映异构体。这些概念已经得到了深入考查，提出的数学模型与观察的结果相一致[43,44]。其基本前提在图 16.18 中给出。对于给出的二烯，有 4 个不同的烯烃的面，其关系在下文有交代。如果使用 Ti(O-i-Pr)$_4$ 和酒石酸酯（图 16.17 中的例子正是这种情况）发生导向的环氧化反应，图 16.18 中的 X 基团作为导向元素，那么第一个环氧化反应中应该只有对映异构的单环氧化物 A 和 C 生成（假设反应是完全非对映选择性的）。如果反应使用的氧化剂足够强，也消耗对映异构体 C，那么这个对映体将被选择性地通过动力学拆分（见第 7 章）以 C1 的形式消耗掉。反应终止后，只得到单环氧化物 A 和内消旋的双环氧化物 C1。由于 A 和 C1 是不同的化合物，简单的分离即可获得对映体纯的 A 作为主产物。因此，内消旋化合物的对映选择性去对称化反应是一个非常强有力的技术，可以以接近完美的对映体过量获得产物，即便使用的不对称方法本身并不是高选择性的过程。

非手性的非内消旋中间体也可以经历单一催化剂催化的多立体选择性反应。例如，可以将图 16.18 中的分析应用于如图 16.19 所示的 N-Boc 吡咯烷的 C—H 插入反应[45]。在这个例子中，对映异位基团，而不是对映异位面被区分，但涉及的相关因素是一样的。可以发生第一步插入反应的 4 个氢中，只有两组对映异构体（也就是说，H$_C$ 或 H$_B$ 发生第一步插入得到相同产物）。如第一个单插入反应的式所示，催化剂 Rh$_2$(S-DOSP)$_4$ 选择

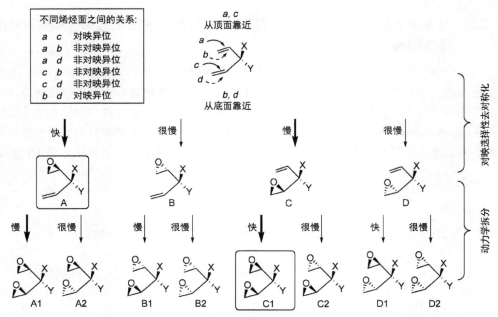

图 16.18　对映异位基团和非对映异位面选择性的组合可以以非常高的对映体过量生成产物

X = 导向基团；Y = 非导向基团

pro-(S)氢，以 88% ee 值获得产物，即 94：6 的对映异构体比例。如果相同的控制因素在随后的第二步插入反应中起作用（见图 16.19 中的第二个式），那么利用这一 94：6 对映异构体比例来计算双插入反应产物的选择性应该是可能的。计算练习列在图 16.19 的底部。第一个插入反应之后，预期可以得到 94：6 的 pro-(S)：pro-(R)插入产物的比例。这两个单插入反应产物现在都有 3 个质子可能发生插入反应。如果由于第一个插入反应的立体位阻，H_C 和 H_D 无法发生第二次插入反应，那么只需要考虑 H_A 和 H_B。将 pro-(S)：pro-(R)选择性的比例 94：6 应用于每一个单插入反应产物得到图中所示的分配比例，其中预测的非内消旋的双插入反应产物的选择性为 99% ee。观察到的选择性较计算的略低，这可能是由于单插入反应产物中的手性单元也影响了第二步插入反应的立体化学（见第 13 章双重非对映选择性的讨论）。

　　使用单一催化剂的多个立体选择性反应的一个极端例子是角鲨烯（squalene）发生的不对称双羟基化反应——没有观察到区域选择性，而且由于反应发生在不止一个烯烃上，得到了二醇的混合物。然而，在每一个烯烃上的面选择性非常高。这一特性已被用于合成高羟基化的角鲨烯（perhydroxy squalene）（图 16.20）[46]。在将角鲨烯进行了三轮不对称双羟基化和丙酮类化合物形成（用于增加其溶解性）之后，只观察到了 36 个可能的立体异构体的一个。这个对映体纯的十二醇以令人震惊的 79%产率生成（每一步双羟基化反应的产率 >96%）。这个 96%产率相当于第一步双羟基化反应的 ee 值≥98%，而且随后 5 个非对映选择性的双羟基化反应的 de 值≥98%。如果没有手性配体，根据统计分布将会生成所有可能的立体异构体。在这一例子中，使用一个单一的催化剂建立了 12 个新手性中心，强调了手性催化剂在产生含多个新手性单元的对映体纯化合物中的应用潜力。

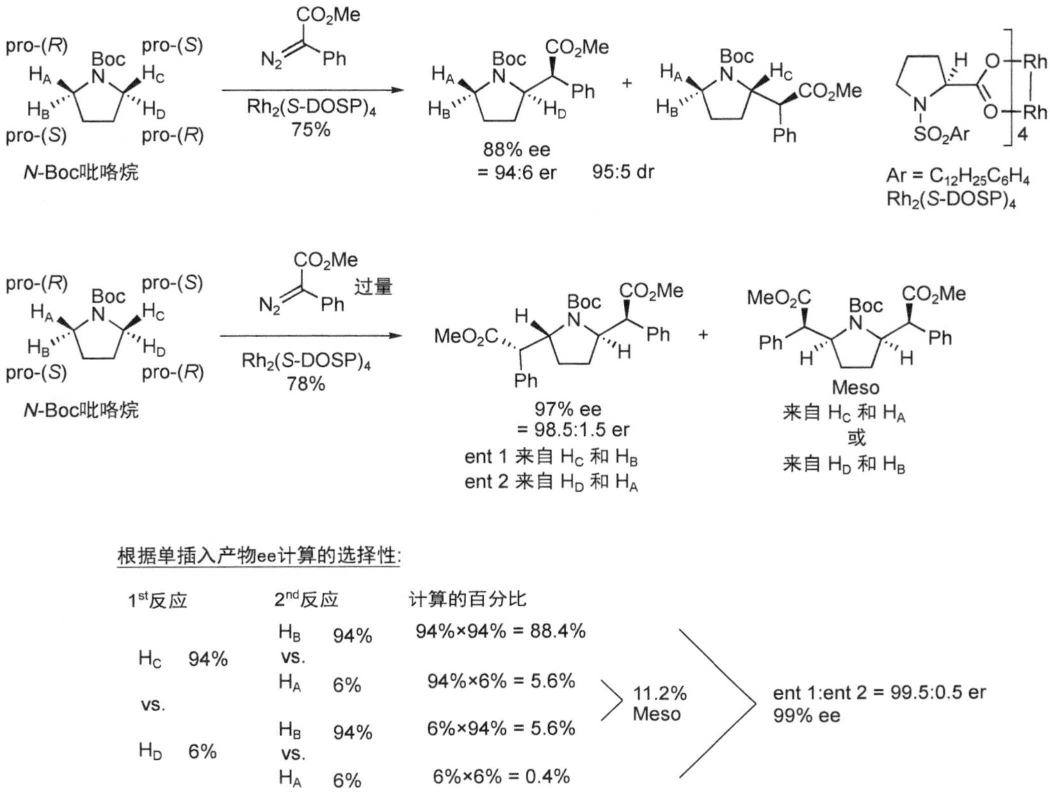

图 16.19　使用一个催化剂的次序的非对映选择性反应中选择性的提高

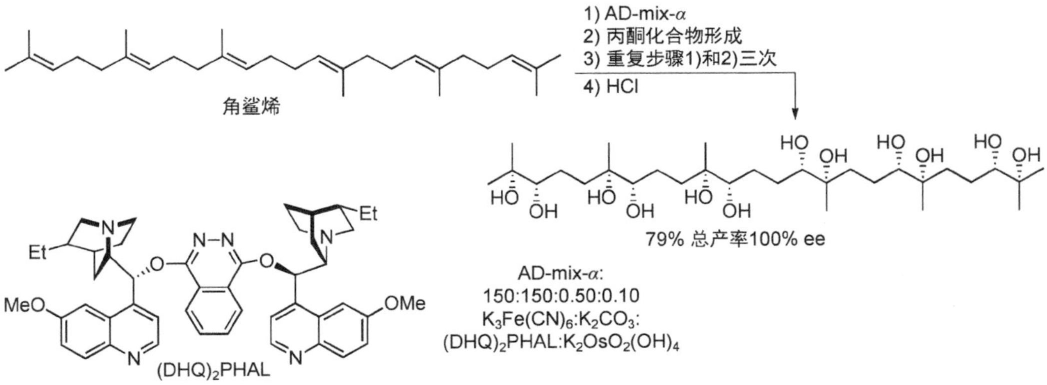

图 16.20　角鲨烯的立体选择性多羟基化反应制备 12 个手性单元

生物碱 quadrigemine C 和 psycholeine 的合成表明催化剂控制的内消旋化合物的去对称化可以在全合成中发挥非常巨大的效应（图 16.21）[47]。对称的内消旋二烯底物从市售的原料出发经过 17 步反应合成。之后，将这个后期中间体重复地进行两步手性钯-BINAP 配合物催化的 Heck 环化反应。第一步对映选择性的和第二步非对映选择性的 Heck 反应以非常好的选择性进行，得到的产物中含有天然产物的 8 个手性单元中的 6 个。

值得注意的是，这些手性单元中 4 个是全碳取代的季碳中心。总体上，quadrigemine C 的合成是从市售的起始原料出发，经历 20 个线性步骤，以 2%的总产率完成，从而严格确认了其相对和绝对构型。图 16.21 中的内消旋二烯是成功用于催化不对称反应的最为复杂的底物之一。在倒数第三步中使用手性催化剂建立立体化学是与全合成中确保立体化学的传统方法的一个重要背离。Heck 反应技术的可靠性及其宽广的底物范围是成功的关键；这种方法的未来将取决于具有类似特性的催化剂的发展。

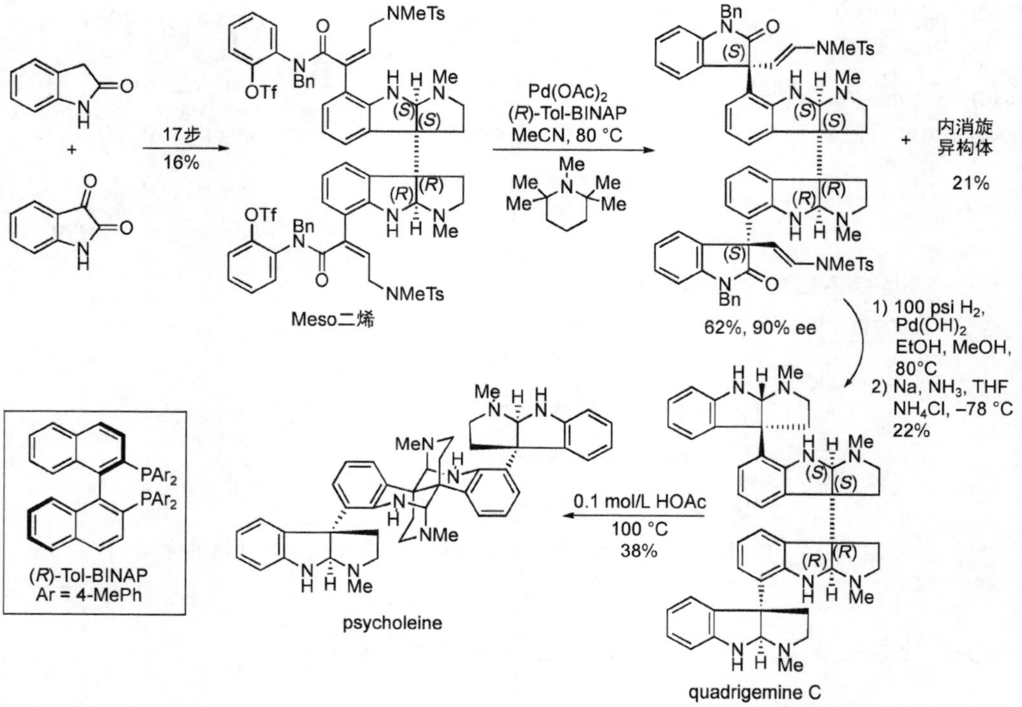

图 16.21　在 quadrigemine C 和 psycholeine 的全合成中对一个高级非手性
内消旋中间体的不对称催化去对称化

　　虽然上面例子中展示了令人印象深刻的成绩，不对称催化领域中仍然有许多工作要做。在低催化剂用量下可靠的以及能以高的可信度用于简单和复杂底物的较为廉价的催化剂仍然是非常需要的。例如，图 16.22 中所示的环化过程就是不对称合成中最有用的转化类型的一个例子。从一个多官能团化的底物出发，使用手性萘酚络合的四氯化锡可以实现一个高度非对映选择性和对映选择性的转化[48]。四氯化锡与萘酚的氧结合而增加了酚的酸性。得到的加合物选择性地质子化二甲基取代烯烃的一面，从而引发立体选择性的多环化反应，以 90% ee 值和 48% de 值产生一个含六个手性单元的(−)-taondiol 的合成类似物。从合成的角度来看，这个过程是非常可取的，因为它很快地建立起复杂性并在一步转化中以可控制的方式构建了多个键。即便如此，在设计可以进行该过程的催化周转并能与含氧官能团兼容的催化剂上的困难突出了该过程的基本原理仍然有待研究，以及仍需努力的方向。

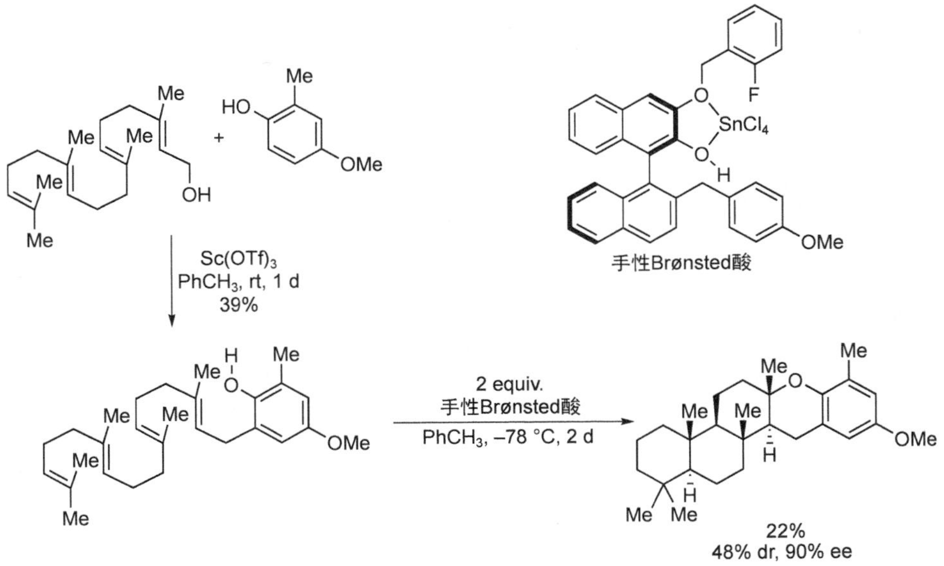

图 16.22 使用化学计量的手性 Brønsted 酸复杂立体选择性多环化反应制备 6 个手性单元

16.3 使用手性催化剂和单一对映体进行的合成

一种正在逐渐流行的策略是对映体纯分子与手性催化剂反应（见第 13 章）。既然使用底物的单一对映体，显然拆分并不是目的。而目标是在既有的立体化学存在的情况下使用手性催化剂建立立体中心。考虑到内部立体选择（非对映选择性）在许多例子中起作用（见附录 A 的 A.2.2 节和第 13 章）而且并不需要额外的手性催化剂这一事实，就会有关于为何使用这一策略的疑问。在一些情况下使用这一策略会有好处，包括那些内部的非对映选择性较弱或并不得到所需的立体异构体的情况，以及那些最好能以纯品的形式合成不同的非对映体的情况。后一目标尤其重要，因为使用廉价、易操作的手性催化剂进行可靠的外部控制可以简化专家或非专家的合成努力。

将对映体纯底物与对映体纯催化剂组合时，会发生双重非对映选择性控制（见第 13 章），其中底物和催化剂的立体化学都对最终的立体化学结果有贡献。例如，BINAP-Ru 催化剂的催化效率对烯丙基醇的取代方式非常敏感。即使如此，它也已被用于一个手性底物来合成 (3R,7R)-3,7,11-三甲基十二醇，(R)-生育酚[(R)-tocopherol]的一个中间体（图 16.23）[49]。

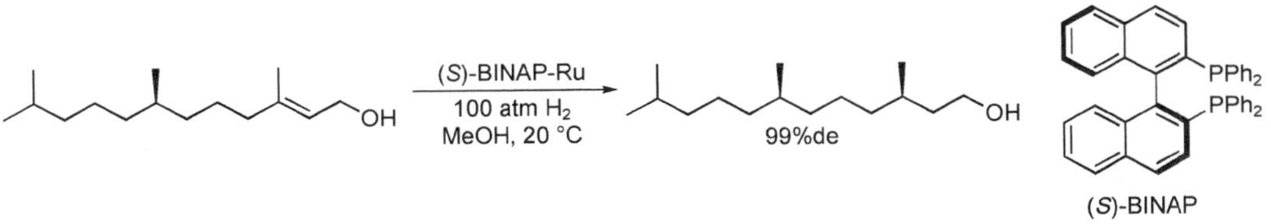

图 16.23 一个高级手性中间体的催化不对称还原反应制备(3R,7R)-3,7,11-三甲基十二醇

　　另一个使用手性底物的催化不对称还原的例子是 taurospongin A 的合成（图 16.24）[50]。在这个例子中，底物中存在两个额外的立体化学元素，然而使用手性催化剂仍然发生了高选择性的氢化。

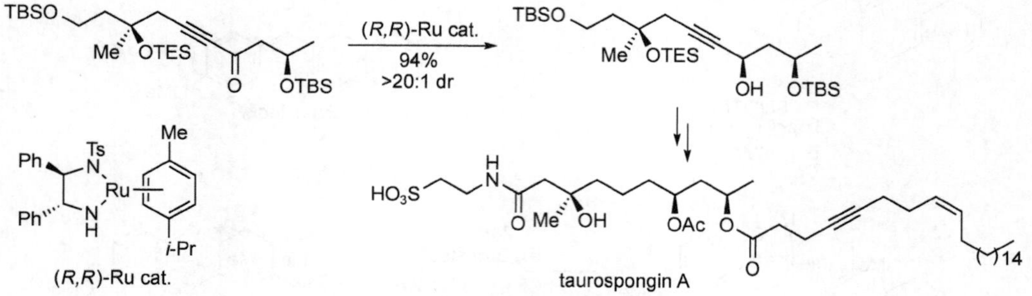

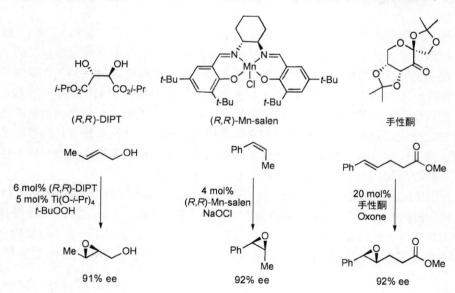

图 16.24　高级手性中间体的催化不对称还原反应

　　将这一策略用于晚期（且高成本的）中间体时，催化剂的可靠性至关重要。例如，有好几种催化不对称环氧化的催化体系，每个都有其已知的强项。酒石酸酯/钛/t-BuOOH 体系对于烯丙基醇很有效[51]，锰-salen 对大多数顺式和三取代的烯烃可以得到较好的结果[52]，手性双环氧乙烷体系对于反式和三取代烯烃以及烯丙基醇可以提供高选择性（图 16.25）[53]。基于此，看来对大部分底物类型来说都存在非常高效的催化剂。

图 16.25　使用不同的不对称环氧化催化剂的代表性例子

　　在研究一种抗实体瘤的 cryptophycin 类药物 cryptophycin 52 的有效合成中，研究了使用一个高级手性中间体的后期环氧化反应来安装敏感的环氧药效团（图 16.26）[54]。使用很多非手性氧化剂的非对映选择性环氧化反应很差，因此研究者预测内部底物控制较弱。因此研究了手性氧化剂，希望能施加外部的催化剂控制并获得高的非对映选择性。

使用非手性试剂时，内在的非对映选择性为 *syn*：*anti* = 1.9：1.0，使用(*S*,*S*)-锰-salen 能够将其反转为 *syn*：*anti* = 1.0：1.9。最好的结果是使用从 oxone 和如图 16.26 所示的酮衍生的手性双环氧乙烷催化剂获得的（*syn*：*anti* = 3.5：1.0）。然而，在尝试的所有不对称催化条件下，环氧化物的转化率很差，选择性也很小。

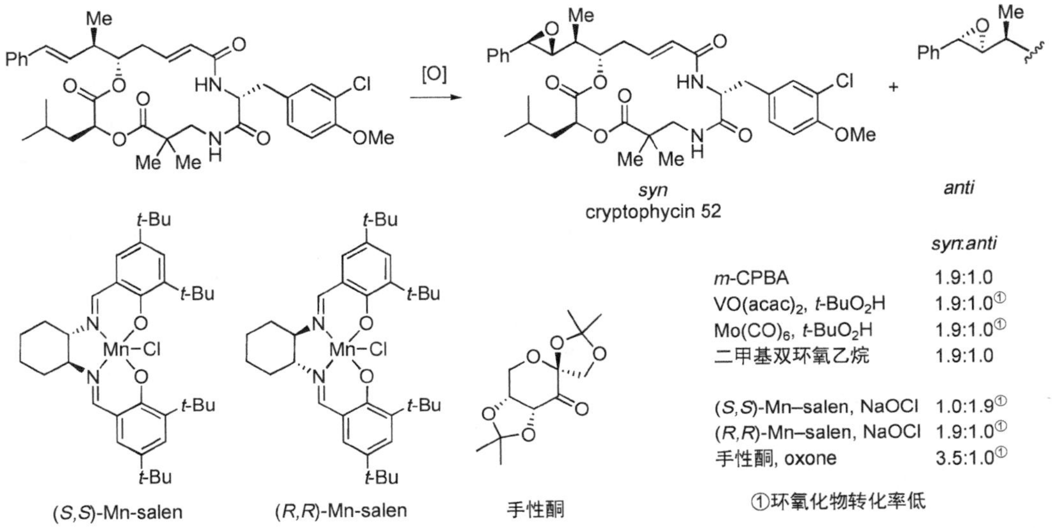

	syn:anti
m-CPBA	1.9:1.0
VO(acac)$_2$, *t*-BuO$_2$H	1.9:1.0[①]
Mo(CO)$_6$, *t*-BuO$_2$H	1.9:1.0[①]
二甲基双环氧乙烷	1.9:1.0
(*S*,*S*)-Mn–salen, NaOCl	1.0:1.9[①]
(*R*,*R*)-Mn–salen, NaOCl	1.9:1.0[①]
手性酮, oxone	3.5:1.0[①]

①环氧化物转化率低

图 16.26 cryptophycin 52 的非对映选择性较差的环氧化反应

deoxocryptophycin 52 环氧化反应中遇到的非对映选择性低的问题通过探索另外的环氧化反应底物得以解决（图 16.27）。在这一底物中减小了关键的苯乙烯基周围的立体位阻。使用较早阶段的中间体 A～C 时，即使使用 *m*-CPBA 也能得到很高的转化率（> 95%），但立体选择性仍然极低（1：1～2：1）。使用手性双环氧乙烷时转化率（70%～95%）仍然不错，立体选择性（5：1～9.5：1）也提高了。最终，选择了底物 B 用于 cryptophycin 52 的大规模合成，因为它是结合了最优的转化率和选择性的最后期的中间体。这个例子

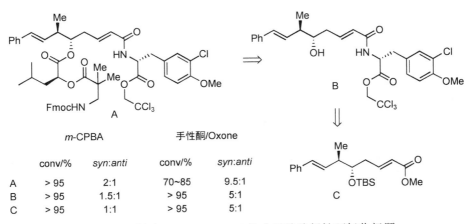

	m-CPBA		手性酮/Oxone	
	conv/%	syn:anti	conv/%	syn:anti
A	> 95	2:1	70~85	9.5:1
B	> 95	1.5:1	> 95	5:1
C	> 95	1:1	> 95	5:1

图 16.27 解决 cryptophycin 52 的非对映选择性环氧化问题

突出了在复杂化合物合成中使用手性催化剂进行非对映选择性转化的困难。甚至高立体选择性的催化剂也有可能并不会像根据之前工作所预期的那样有效，或在反应条件和适用的底物上需要重大的优化。因此，不对称催化发展的一个明确的目标就是开发不受这些限制的催化剂体系。

除不对称还原和氧化以外，其他不对称催化方法也可用于高级的手性底物。例如，在 callipeltoside A 的合成中使用了手性底物进行钯催化的不对称烯丙基醚化（图 16.28）[55]。当使用 4-甲氧基苯酚为底物筛选手性双膦配体时，发现 DPPBA 配体获得了最好结果，给出了 3：1 的支链与直链比和优异的非对映选择性（19：1）。在这个例子中，反应机理涉及烯丙基钯配合物通过 η^1-烯丙基中间体的非对映面的交换。料想互相转化的两个非对映体配合物其中之一的活性更高并得到产物。奇怪的是，得到的立体化学与基于相关底物发现的结果所预期的立体化学相反。这一结果表明，将之前的立体化学结果扩展至新底物时必须要十分谨慎，而且甚至远端的手性中心也可以有重大影响（见第 13 章）。然而，配体构型的一个简单转换（即 ent-DPPBA）以相似的非对映选择性（20：1）和一定程度上降低的支链/直链比例（2：1）给出了需要的非对映异构体，其分离产率为 51%。虽然问题最终得到了解决，这一情形凸显了对复杂的底物使用手性催化剂时所遇到的问题。

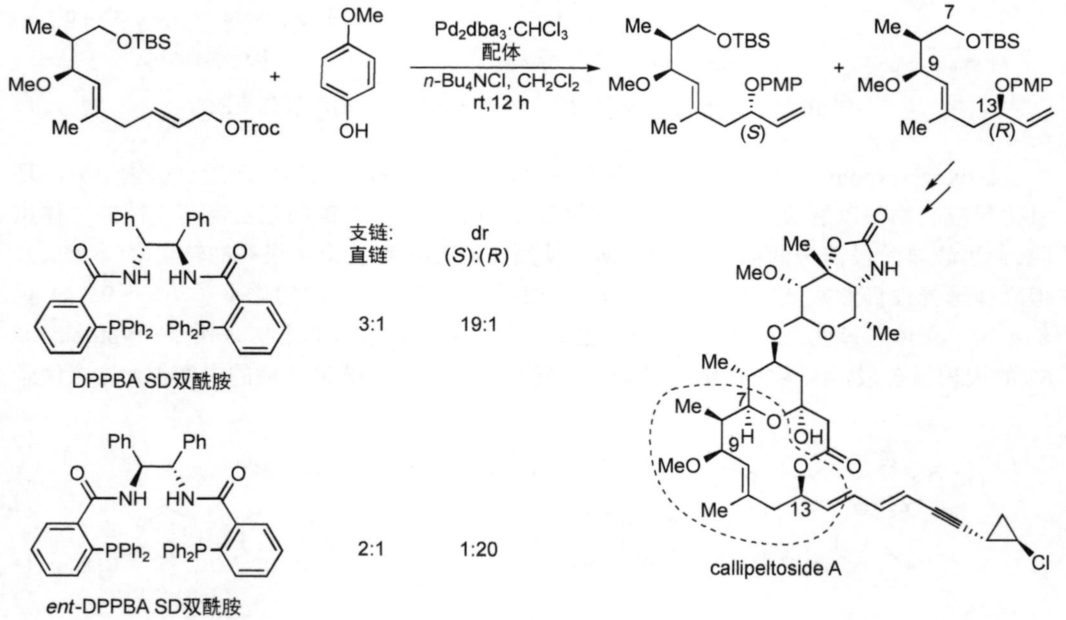

图 16.28   使用手性催化剂的非对映选择性碳-氧键形成反应

福司曲星（fostriecin）的对映选择性合成[56]是一个使用不对称催化的强大范例（图 16.29）。其中使用了一个对映选择性反应和接下来 3 个非对映选择性的反应，所有反应都使用了手性催化剂。值得注意的是，对每个手性单元的建立都使用了一个手性催化剂。原则上，可以通过使用催化剂的不同对映体而独立地改变每个手性单元，使得通过这一路径可以合成福司曲星的所有立体异构体（$2^4 = 16$ 个）。

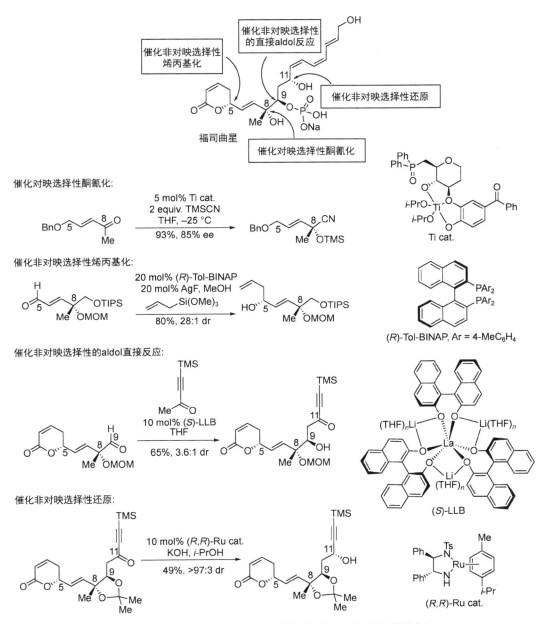

图 16.29　在全合成中非对映选择性反应中的手性催化剂

第一个手性中心是通过酮的不对称氰化反应形成的。通过考查两个催化剂、温度和催化剂用量相对较快地实现了优化。最终，氰化反应使用 5 mol%的图 16.29 中所示的钛催化剂，以 50 g 规模毫无困难地进行（产率 93%，85% ee）。通过硅胶柱色谱分离以 95% 产率回收了手性配体。

第二个立体化学任务是富集对映异构体过量并通过使用(R)-Tol-BINAP/AgF 催化剂和烯丙基三甲氧基硅烷供体的不对称催化烯丙基化反应来构建 C5 位的手性碳（图 16.29）。

这一步以 28 : 1 的非对映体比例给出了高烯丙醇。第三个手性中心是通过使用锂镧系金属-BINOLate 催化剂催化的炔酮与醛的直接 aldol 反应建立的。从立体化学的角度来看，这一部分是最富挑战性的，因为得到的产物是 3.6 : 1 的非对映异构体混合物。在最后一个立体化学任务中，使用了一个手性钌催化剂被用于进行炔酮的不对称还原，得到了 > 97 : 3 比例的非对映异构体。

　　催化不对称拆分也已经被用于复杂分子的高级中间体。例如，埃博霉素的一个合成策略最初采用了图 16.30 中的拆分[30]。一个相对复杂的外消旋的醛被用于同苯乙酮的直接催化不对称 aldol 反应。经过一些尝试后，发现一个杂多金属手性催化剂以 30%产率和 89% ee 值给出了想要的羟醛产物，伴随有 30%产率和 89% ee 值的非对映异构体的生成。在这个拆分中，两个对映异构体都发生反应，但它们给出了两个不同的产物（参见第 8 章中有关平行动力学拆分的讨论），因为催化剂占支配地位，无论醛的 β-、γ-、δ-、

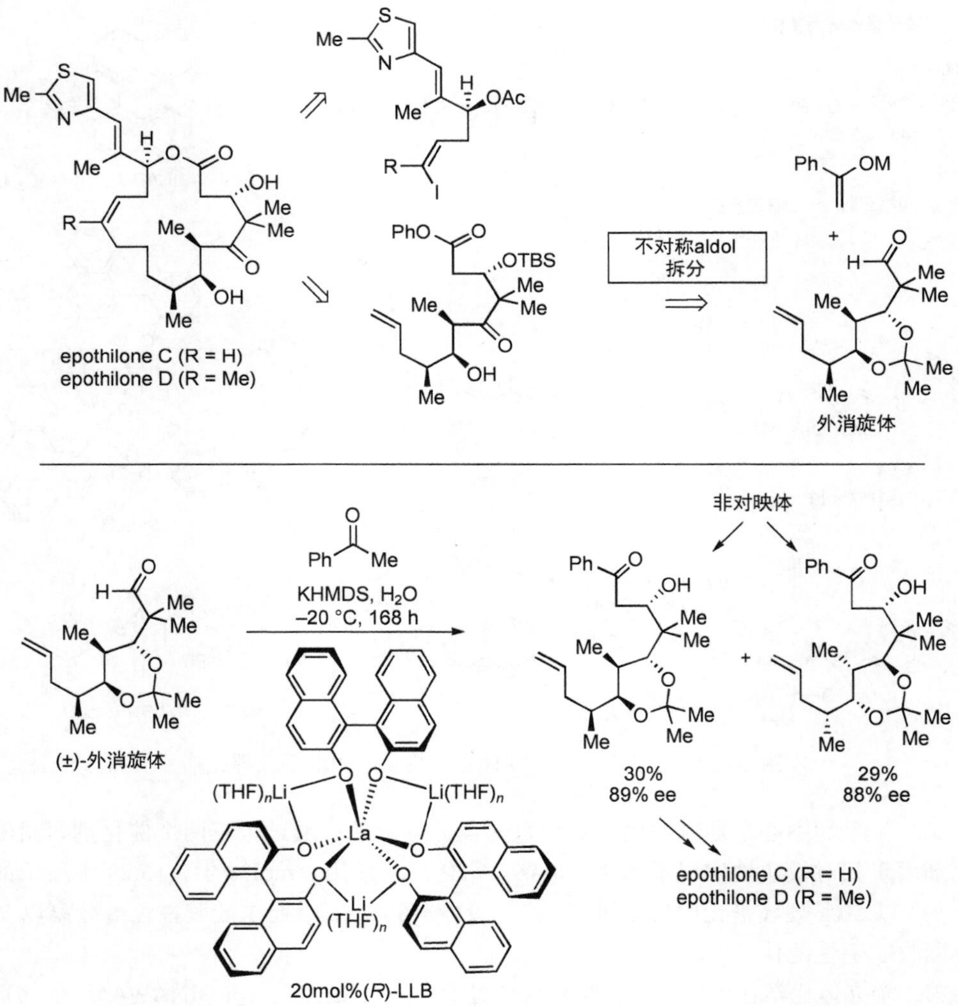

图 16.30　全合成中的平行动力学拆分

ε-位手性中心的构型如何，都会给出 *Si*-面加成的产物。这一方法后来被一个非拆分的策略所替代（见图 16.11）[30]。

为了能用于对映体纯的底物，手性催化剂需要主导立体化学，以免受重双非对映选择性的影响（见第 13 章）。另外，手性催化剂必须对一系列底物都可靠，且能容忍尽可能多的不同官能团。这些目标偶尔能够得到满足，但是仍需要进一步研究去发现更多样的化学转化的理想的催化剂候选。

参 考 文 献

[1] Hanessian, S. In *Organic Chemistry Series*; Baldwin, J. E., Ed.; Pergamon: New York, 1983; Vol. 3.

[2] Scott, J. W. In *Asymmetric Synthesis*; Morrison, J. D., Scott, J. W., Eds.; Academic Press: New York, 1984; Vol. 4, Chapter 1.

[3] Casiraghi, G.; Zanardi, F.; Rassu, G.; Spanu, P. Stereoselective Approaches to Bioactive Carbohydrates and Alkaloids with a Focus on Recent Syntheses Drawing from the Chiral Pool. *Chem. Rev.* **1995**, *95*, 1677-1716.

[4] Nugent, W. A.; RajanBabu, T. V.; Burk, M. J. Beyond Nature's Chiral Pool: Enantioselective Catalysis in Industry. *Science* **1993**, *259*, 479-483.

[5] Welch, C. J. Crawling Out of the Chiral Pool: The Evolution of Pirkle-type Chiral Stationary Phases. *Adv. Chrom.* **1995**, *35*, 171-197.

[6] Taylor, M. S.; Jacobsen, E. N. Asymmetric Catalysis in Complex Target Synthesis. *Proc. Natl. Acad. Sci. U.S.A.* **2004**, *101*, 5368-5373.

[7] Blaser, H. U.; Spindler, F.; Studer, M. Enantioselective Catalysis in Fine Chemicals Production. *Appl. Catal., A* **2001**, *221*, 119-143.

[8] Chapuis, C.; Jacoby, D. Catalysis in the Preparation of Fragrances and Flavours. *Appl. Catal., A* **2001**, *221*, 93-117.

[9] Farina, V.; Reeves, J. T.; Senanayake, C. H.; Song, J. J. Asymmetric Synthesis of Active Pharmaceutical Ingredients. *Chem. Rev.* **2006**, *106*, 2734-2793.

[10] Trost, B. M.; Crawley, M. L. Asymmetric Transition-Metal-Catalyzed Allylic Alkylations: Applications in Total Synthesis. *Chem. Rev.* **2003**, *103*, 2921-2943.

[11] Shibasaki, M.; Sasai, H.; Araixu, T. Asymmetric Catalysis with Heterobimetallic Compounds. *Angew. Chem., Int. Ed. Engl.* **1997**, *36*, 1236-1256.

[12] Xu, Y.; Ohori, K.; Ohshima, T.; Shibasaki, M. A Practical Large-Scale Synthesis of Enantiomerically Pure 3-[Bis(methoxycarbonyl)methyl]cyclohexanone via Catalytic Asymmetric Michael Reaction. *Tetrahedron* **2002**, *58*, 2585-2588.

[13] Ohshima, T.; Xu, Y.; Takita, R.; Shimizu, S.; Zhong, D.; Shibasaki, M. Enantioselective Total Synthesis of (−)-Strychnine Using the Catalytic Asymmetric Michael Reaction and Tandem Cyclization. *J. Am. Chem. Soc.* **2002**, *124*, 14546-14547.

[14] Fischer, E. Synthesen in der Zuckergruppe II. *Chem. Ber.* **1894**, *27*, 3189-3232.

[15] Salzmann, T. N.; Ratcliffe, R. W.; Christensen, B. G.; Bouffard, F. A. A Stereocontrolled Synthesis of (+)- Thienamycin *J. Am. Chem. Soc.* **1980**, *102*, 6161-6163.

[16] Hoveyda, A. H.; Evans, D. A.; Fu, G. C. Substrate-Directable Chemical Reactions. *Chem. Rev.* **1993**, *93*, 1307-1370.

[17] a) Bartlett, P. A. Stereocontrol in the Synthesis of Acyclic Systems-Applications to Natural Product Synthesis. *Tetrahedron* **1980**, *36*, 3-72.
b) Mikami, K.; Shimizu, M.; Zhang, H.-C.; Maryanoff, B. E. Acyclic Stereocontrol Between Remote Atom Centers via Intramolecular and Intermolecular Stereo-Communication. *Tetrahedron* **2001**, *57*, 2917-2951.

[18] Nakanishi, M.; Mori, M. Total Synthesis of (−)-Strychnine. *Angew. Chem., Int. Ed. Engl.* **2002**, *41*, 1934-1936.

[19] Mori, M.; Nakanishi, M.; Kajishima, D.; Sato, Y. A New and General Synthetic Pathway to *Strychnos* Indole Alkaloids:

Total Syntheses of (−)-Dehydrotubifoline and (−)-Tubifoline by Palladium-Catalyzed Asymmetric Allylic Substitution. *Org. Lett.* **2001**, *3*, 1913-1916.

[20] Hanessian, S.; Ugolini, A.; Hodges, P. J.; Beaulieu, P.; Dube, D.; Andre, C. Progress in Natural Product Chemistry by the Chiron and Related Approaches—Synthesis of Avermectin B_{1a}. *Pure Appl. Chem.* **1987**,*59*, 299-316.

[21] Hanessian, S. Design and Implementation of Tactically Novel Strategies for Stereochemical Control Using the Chiron Approach. *Aldrichimica Acta* **1989**, *22*, 3-14.

[22] Hanessian, S.; Franco, J.; Larouche, B. The Psychobiological Basis of Heuristic Synthesis Planning—Man, Machine, and the Chiron Approach. *Pure Appl. Chem.* **1990**, *62*, 1887-910.

[23] Hanessian, S.; Franco, J.; Gagnon, G.; Laramee, D.; Larouche, B. Computer-Assisted Analysis and Perception of Stereochemical Features in Organic Molecules Using the CHIRON Program. *J. Chem. Inf. Comput. Sci.* **1990**, *30*, 413-425.

[24] Hanessian, S. Reflections on the Total Synthesis of Natural Products: Art, Craft, Logic, and the Chiron Approach. *Pure Appl. Chem.* **1993**, *65*, 1189-1204.

[25] Thompson, C. F.; Jamison, T. F.; Jacobsen, E. N. Total Synthesis of FR901464. Convergent Assembly of Chiral Components Prepared by Asymmetric Catalysis. *J. Am. Chem. Soc.* **2000**, *122*, 10482-10483.

[26] Thompson, C. F.; Jamison, T. F.; Jacobsen, E. N. FR901464: Total Synthesis, Proof of Structure, and Evaluation of Synthetic Analogues. *J. Am. Chem. Soc.* **2001**, *123*, 9974-9983.

[27] Matsumura, K.; Hashiguchi, S.; Ikariya, T.; Noyori, R. Asymmetric Transfer Hydrogenation of α,β-Acetylenic Ketone. *J. Am. Chem. Soc.* **1997**, *119*, 8738-8739.

[28] Schaus, S. E.; Brånalt, J.; Jacobsen, E. N. Total Synthesis of Muconin by Efficient Assembly of Chiral Building Blocks. *J. Org. Chem.* **1998**, *63*, 4876-4877.

[29] Keith, J. M.; Larrow, J. F.; Jacobsen, E. N. Practical Considerations in Kinetic Resolution Reactions. *Adv. Synth. Catal.* **2001**, *343*, 5-26.

[30] Sawada, D.; Kanai, M.; Shibasaki, M. Enantioselective Total Synthesis of Epothilones A and B Using Multifunctional Asymmetric Catalysis. *J. Am. Chem. Soc.* **2000**, *122*, 10521-10532.

[31] Nicolaou, K. C.; Yue, E. W.; Naniwa, Y.; De Riccardis, F.; Nadin, A.; Leresche, J. E.; La Greca, S.; Yang, Z. Zaragozic Acid A/Squalestatin S1: Synthetic and Retrosynthetic Studies. *Angew. Chem., Int. Ed. Engl.* **1994**, *33*, 2184-2187.

[32] Nicolaou, K. C.; Nadin, A.; Leresche, J. E.; La Greca, S.; Tsuri, T.; Yue, E. W.; Yang, Z. Synthesis of the First Fully Functionalized Core of the Zaragozic Acids/Squalestatins. *Angew. Chem., Int. Ed. Engl.* **1994**, *33*, 2187-2190.

[33] Nicolaou, K. C.; Nadin, A.; Leresche, J. E.; Yue, E. W.; La Greca, S. Total Synthesis of Zaragozic Acid A/Squalestatin S1. *Angew. Chem., Int. Ed. Engl.* **1994**, *33*, 2190-2191.

[34] Kolb, H. C.; VanNieuwenhze, M. S.; Sharpless, K. B. Catalytic Asymmetric Dihydroxylation. *Chem. Rev.* **1994**, *94*, 2483-2547.

[35] Ohkuma, T.; Ishii, D.; Takeno, H.; Noyori, R. Asymmetric Hydrogenation of Amino Ketones Using Chiral $RuCl_2$(diphophine)(1,2-diamine) Complexes. *J. Am. Chem. Soc.* **2000**, *122*, 6510-6511.

[36] Trost, B. M.; Lee, C. *gem*-Diacetates as Carbonyl Surrogates for Asymmetric Synthesis. Total Syntheses of Sphingofungins E and F. *J. Am. Chem. Soc.* **2001**, *123*, 12191-12201.

[37] Mulrooney, C. A.; Li, X.; DiVirgilio, E. S.; Kozlowski, M. C. General Approach for the Synthesis of Chiral Perylenequinones via Catalytic Enantioselective Oxidative Biaryl Coupling. *J. Am. Chem. Soc.* **2003**, *125*, 6856-6857.

[38] Willis, M. C. Enantioselective Desymmetrisation. *J. Chem. Soc., Perkin Trans. 1* **1999**, 1765-1784.

[39] Rychnovsky, S. D. Oxo Polyene Macrolide Antibiotics. *Chem. Rev.* **1995**, *95*, 2021-2040.

[40] Schreiber, S. L.; Goulet, M. T.; Schulte, G. Two-Directional Chain Synthesis: The Enantioselective Preparation of Syn-Skipped Polyol Chains from *Meso* Precursors. *J. Am. Chem. Soc.* **1987**, *109*, 4718-4720.

[41] Burke, S. D.; Buchanan, J. L.; Rovin, J. D. Synthesis of a C(22)-C(34) Halichondrin Precursor via a Double Dioxanone-to-Dihydropyran Rearrangement. *Tetrahedron Lett.* **1991**, *32*, 3961-3964.

[42] Poss, C. S.; Schreiber, S. L. Two-Directional Chain Synthesis and Terminus Differentiation. *Acc. Chem. Res.* **1994**, *27*, 9.

[43] Smith, D. B.; Wang, Z. Y.; Schreiber, S. L. The Asymmetric Epoxidation of Divinyl Carbinols—Theory and Applications. *Tetrahedron* **1990**, *46*, 4793-4808.

[44] Schreiber, S. L.; Schreiber, T. S.; Smith, D. B. Reactions that Proceed with a Combination of Enantiotopic Group and Diastereotopic Face Selectivity Can Deliver Products with Very High Enantiomeric Excess: Experimental Support of a Mathematical Model. *J. Am. Chem. Soc.* **1987**, *109*, 1525-1529.

[45] Davies, H. M. L.; Venkataramani, C.; Hansen, T.; Hopper, D. W. New Strategic Reactions for Organic Synthesis: Catalytic Asymmetric C-H Activation α to Nitrogen as a Surrogate for the Mannich Reaction. *J. Am. Chem. Soc.* **2003**, *125*, 6462-6468.

[46] Crispino, G. A.; Ho, P. T.; Sharpless, K. B. Selective Perhydroxylation of Squalene: Taming the Arithmetic Demon. *Science* **1993**, *259*, 64-66.

[47] Lebsack, A. D.; Link, J. T.; Overman, L. E.; Stearns, B. A. Enantioselective Total Synthesis of Quadrigemine C and Psycholeine. *J. Am. Chem. Soc.* **2002**, *124*, 9008-9009.

[48] Ishibashi, H.; Ishihara, K.; Yamamoto, H. A New Artificial Cyclase for Polyprenoids: Enantioselective Total Synthesis of (−)-Chromazonarol, (+)-8-*epi*Puupehedione, and (−)-11′-Deoxytaondiol Methyl Ether. *J. Am. Chem. Soc.* **2004**, *126*, 11122-11123.

[49] Takaya, H.; Ohta, T.; Sayo, N.; Kumobayashi, H.; Akutagawa, S.; Inoue, S.; Kasahara, I.; Noyori, R. Enantioselective Hydrogenation of Allylic and Homoallylic Alcohols. *J. Am. Chem. Soc.* **1987**, *109*, 1596-1597.

[50] Lebel, H.; Jacobsen, E. N. Enantioselective Total Synthesis of Taurospongin A. *J. Org. Chem.* **1998**, *63*, 9624-9625.

[51] Katsuki, T. In *Comprehensive Asymmetric Catalysis*; Jacobsen, E. N., Pfaltz, A., Yamamoto, H., Eds.; Springer-Verlag: Berlin, 1999; Vol. II, pp 621-648.

[52] Jacobsen, E. N.; Wu, M. H. In *Comprehensive Asymmetric Catalysis*; Jacobsen, E. N., Pfaltz, A., Yamamoto, H., Eds.; Springer-Verlag: Berlin, 1999; Vol. II, pp 649-677.

[53] Shi, Y. Organocatalytic Asymmetric Epoxidation of Olefins by Chiral Ketones. *Acc. Chem. Res.* **2004**, *37*, 488-496.

[54] Hoard, D. W.; Moher, E. D.; Martinelli, M. J.; Norman, B. H. Synthesis of Cryptophycin 52 Using the Shi Epoxidation. *Org. Lett.* **2002**, *4*, 1813-1815.

[55] Trost, B. M.; Gunzner, J. L.; Dirat, O.; Rhee, Y. H. Callipeltoside A: Total Synthesis, Assignment of the Absolute and Relative Configuration, and Evaluation of Synthetic Analogues. *J. Am. Chem. Soc.* **2002**, *124*, 10396-10415.

[56] Fujii, K.; Maki, K.; Kanai, M.; Shibasaki, M. Formal Catalytic Asymmetric Total Synthesis of Fostriecin. *Org. Lett.* **2003**, *5*, 733-736.

在进行有关不对称催化的任何有用的讨论之前，需要一种通用的描述各种不对称基团和手性种类的方法。本附录概述了手性底物的定义，其前体和命名。介绍了含有各种手性单元的不同类型的手性化合物，包括中心手性、轴手性和平面手性等。前手性的非手性化合物，即其可以被转化成为对映体纯的手性化合物，也进行了阐释。也概述了从消旋混合物产生纯的对映异构体的过程，并给出了产生每个类型的对映纯的手性单元的例子。附录的最后以按可控的方式构建多个手性单元来产生单一的对映异构体或非对映异构体的策略结束。

A.1 定义

已经发表了对立体化学的综合性的、详尽的分析[1-4]。在接下来的几节中我们将概述与催化不对称合成有关的主要概念。

A.1.1 手性的种类

A.1.1.1 手性单元

任何不能与其镜像重合的物体都被认为是手性的。例如，(R)-丙氨酸是手性的，因为它与其镜像(S)-丙氨酸非常不同（图 A.1）。用对称性的语言来说，手性结构缺乏旋转-反映轴（S 轴）。例如，属于 C_n 或 D_n 空间群的分子是手性的。手性分子中具有的确定的手性单元赋予了分子这一特性。手性单元是一个结构中能使这个结构与其镜像不能重叠的最小的部分。要注意的是，存在手性单元本身并不是构成手性的充分条件。最常遇到的手性中心是连有 4 个不同取代基的 sp^3 中心。含有一个这样的手性单元的化合物被称为中心手性的，这个中心叫作中心手性单元或者手性中心。还存在其他类型的手性单元，它们导致分子表现出：轴手性（轴手性单元，手性轴），如 BINAP[5]；螺旋手性（螺旋手性单元，手性螺旋），如四螺烯（tetrahelicene）；以及平面手性（平面手性单元，手性平面），如二茂铁基膦[6]。它们在不对称催化中起着重要作用。

如果一个化合物与其不能重合的镜像可以在室温下通过构象的变化而互相转化，那么按照定义，这个化合物是以外消旋混合物的形式存在（旋阻异构体混合物，旋阻异构体即构象异构造成的对映体），并不表现出光学活性。尽管其包含手性的构象，这类化合物通常被称为非手性的。例如，cis-十氢萘的两个镜像可以通过环的翻转而互相转化（图 A.2），这在不对称催化应用的大部分温度下是可行的。另一个例子是 1,1-联萘，它可以沿着键

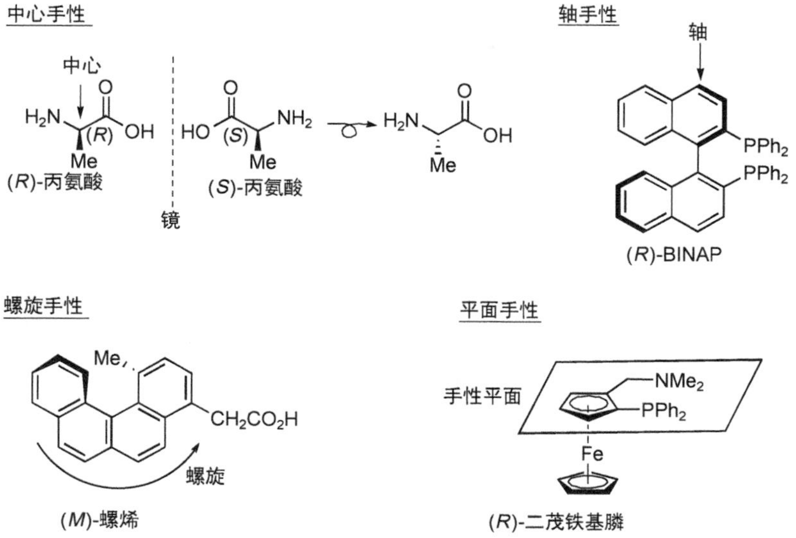

图 A.1 不同类型的手性单元的例子

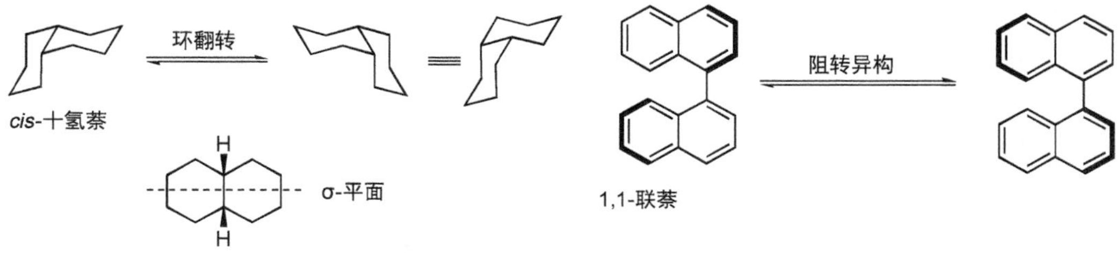

图 A.2 在室温下通过构象变化而互相转化的不能重叠的镜像化合物

轴很容易地旋转（图 A.2）。

通过考察一个结构的对称性最好的形式来判断该化合物是否为手性分子最为简便。在 cis-十氢萘的例子中，在平面的表示图中可以显而易见地看出其内部的 σ-对称平面，其中一个如图 A.2 所示。因此，从这一表示方法可以将其归为非手性分子。

A.1.1.2 中心手性

最常见的中心手性单元是连有 4 个不同取代基的 sp^3 杂化的碳中心。4 个取代基可以用两种不同的方式来排列，得到分子的两种具有相同组成却不能重叠的互为镜像的形式。图 A.3 中给出的含有一个中心手性单元的化合物是脯氨酸，它是一个天然的 α-氨基酸，也是不对称合成中非常有用的催化剂[7-10]。中心手性化合物构型是根据 Cahn-Ingold-Prelog 规则来确定的[11,12]。

螺中心也可起到中心手性单元的作用，如在橄榄实蝇激素 olean 中，(R)-对映体对雄性有活性，而(S)-对映体对雌性有活性[13,14]。化合物中可以包含不止一个中心手性单元。不对称催化中很有用的两个配体(S,S)-t-Bu-box[15,16]和(R,R)-Ph-bod*[17]中就含有两个中心手性单元，说明了这一原则。这些化合物由于其 C_2-对称性元素的存在，在不对称合成中很有吸引力。C_2-对称性元素使可能出现的不同的底物配位模式和过渡态较少，极大地

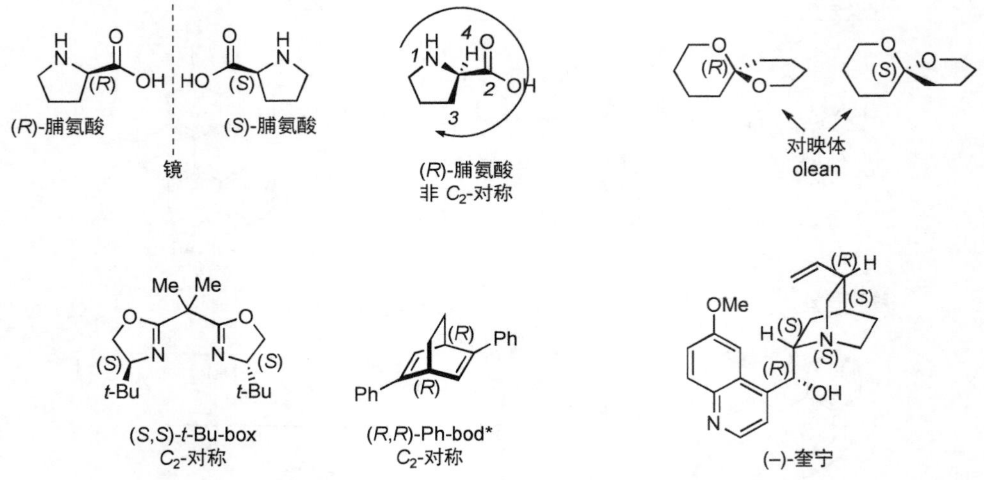

图 A.3　含有一个、两个和更多中心手性单元的化合物

简化了分析（进一步的讨论见第 4 章）。然而，并没有要求不对称催化中有用的化合物一定具有 C_2-对称性。例如，脯氨酸就是个很有用的催化剂[7-10]。除此之外，奎宁，一个含有 5 个中心手性单元的非 C_2-对称的化合物，在不对称催化中有着众多应用[18]。

　　中心手性单元的中心可以是非碳的原子。具有中心手性的硅、氮、膦、硫中心的化合物的例子都有报道。对于硅来说，目前只得到了少数的硅中心的手性硅烷（图 A.4）[19-22]。其应用正在增加，尤其是氢硅烷 B 在不对称氢硅化反应中提供了高水平的选择性（99% dr 和 99% ee）[21,22]。

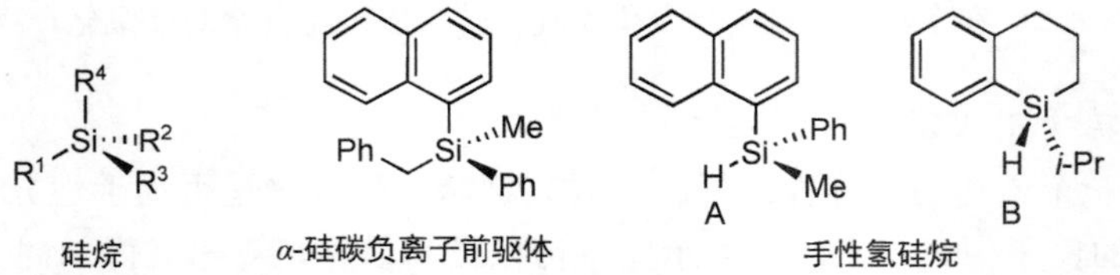

图 A.4　含有硅中心手性单元的化合物

　　日常实践中，只将室温下构型稳定的那些中心认定为手性单元。因此，含四个不同基团的 sp^3 杂化的中性含氮化合物（这里氮上的孤电子对被当作一个基团来考虑）很少被认为是手性的，因为对于大部分三级胺，这两种形式之间发生着快速平衡（图 A.5）[23]。含有由小环的原因而存在较为稳定的氮手性中心的胺类衍生物包括氧杂吖丙啶（oxaziridines）（图 A.5）。另外，氮孤对电子与亲电试剂的键合会稳定化氮上的手性单元，如氮氧化物和季铵盐的情况（图 A.5）。对映体纯的这些化合物已经被用作手性试剂和催化剂。例子包括不对称氧化试剂 Davis 氧杂吖丙啶[24]，脯氨酰 N-氧化物催化剂配体[25]和不对称辛可宁盐（cinchonidium）和螺相转移催化剂（PTC）[26]，其中手性的阳离子型 N-中心与阴离子型底物（如烯醇负离子）的结合起到了关键作用。与金属的络合也可以稳定 N-中心手性单元。大部分情况下，有机配体中存在的其他手性单元会造成与金属络合时形成一个

特定的 *N*-构型，或通过一种接力效应进行平衡转化（见第 6 章）。然而，一个原本非手性的胺形成含有稳定氮中心手性单元的手性金属配合物也是可行的，如图 A.5 中的 (*R,R*)-Pd 配合物[27]。

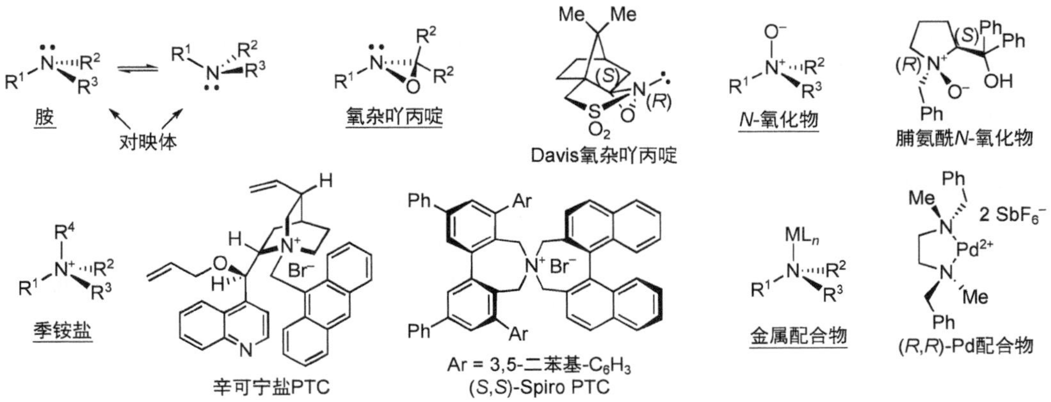

图 A.5 含有氮中心手性单元的化合物

磷和硫上翻转的能垒通常要比氮高得多。因此，当存在 4 个不同的基团时（孤电子对再次被当作基团），这些原子可以作为中心手性单元。*P*-手性的膦化合物[28-31]在过渡金属催化的不对称反应中特别有用，这些化合物包括 CAMP 和 DIPAMP（图 A.6）。其相应的膦氧化物、膦硫化物、季鏻盐、膦硼烷和相应的膦金属配合物也是手性的（图 A.6）。另外，后面这些化合物可以以优秀的立体化学保持度从手性膦转化而来，以及转化为手性膦。

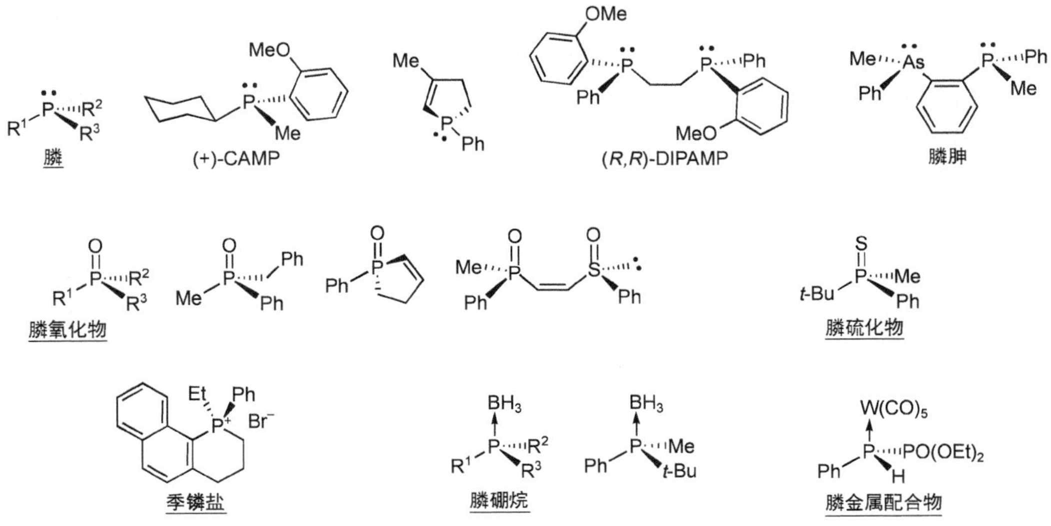

图 A.6 含有膦中心手性单元的化合物

含有硫中心手性的化合物包括亚砜[32,33]、亚砜酰亚胺[34,35]和锍盐（图 A.7）[36]。其中亚砜在药物工业和不对称合成中相当重要。2000 年的销售冠军药物洛赛克（Prilosec）（62

亿美元）中含有亚砜形式的中心手性单元。这个化合物是胃质子泵抑制剂，被用作抗溃疡药物。对它的一种对映体的剂型曾有很大兴趣，目前这一化合物以商品名拉唑镁（Nexium）在销售[37,38]。还有大量的与工业有关的手性亚砜，如图 A.7 中的抗癌药物萝卜硫素（sulforaphane）、作为香料和香味化合物的前体物、抗生素、胆固醇分解代谢调节剂、钾离子通道激活剂、钙离子通道拮抗剂、免疫抑制剂和血小板黏附抑制剂[32]。与大部分其他的含杂原子中心手性的化合物不同，已经发展出了高选择性的催化不对称合成亚砜的方法[32]（一个例子见图 A.42）。

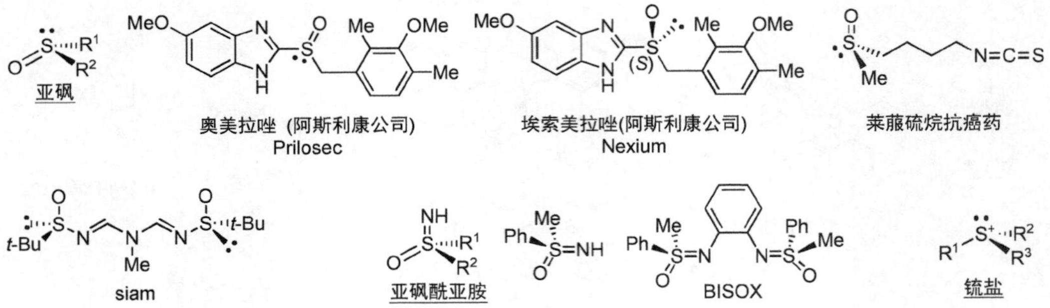

图 A.7　含有硫中心手性单元的化合物

手性亚砜和亚砜酰亚胺也被用作不对称催化中的配体（图 A.7）。例子包括双亚砜 siam 配体和双亚砜酰亚胺 BISOX 配体，它们分别被用于铜催化的 Diels-Alder[39]和杂 Diels-Alder 反应[40]。

金属中心也可以是中心手性单元[41-45]，甚至当存在超过 4 个取代基时亦然（图 A.8）。尽管由于对称性的关系在平面四边形配合物中不会观察到对映体，在常见的规则构型，即四面体、三角双锥、四方锥和八面体中出现对映体是可能的。五、六配位的几何构型由于其中存在更多的取代基，相应地会有更多可能的立体异构体，异构体的数目取决于配合物中含有几个相同取代基。例如，如果所有取代基均不同，在三角双锥、四方锥和

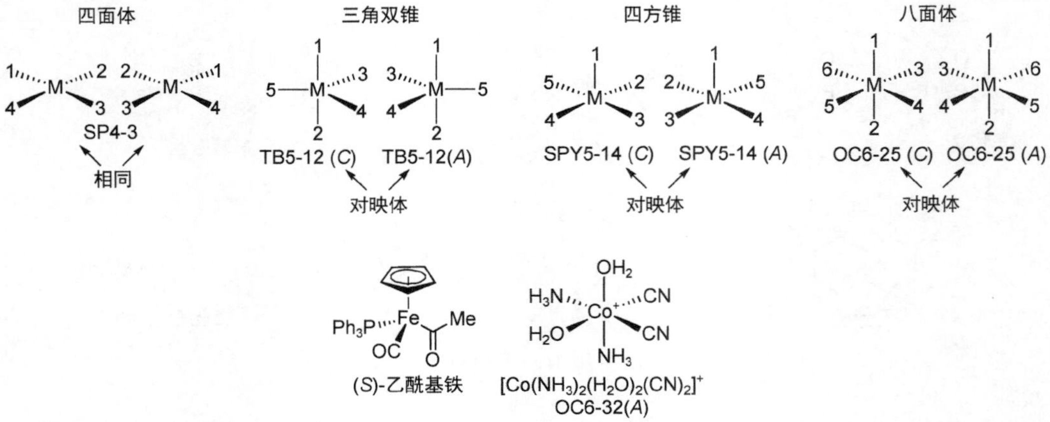

图 A.8　含有金属中心手性单元的化合物

八面体构型中分别存在 20 种、30 种和 30 种可能的立体异构体。对于这些不同的异构体，已经根据取代基的顺时针（*C*）和逆时针（*A*）排列方向发展出了命名规则，但是它们在不对称催化中很少用到。图 A.8 中给出了一些例子，其命名规则在别处有详细描述[43]。不规则几何构型也可能有对映体（如扭曲的平面正方形等）。

　　跟上述四面体的中心手性单元的情况一样，为了使金属上出现中心手性，并不需要任何配体是手性的。一个例子是图 A.8 中的酰基铁配合物[46]，它可以看作是假四面体构型（pseudotetrahedral）的，被归属为(*S*)-构型（环戊二烯配体是具有最高优先级的基团）。这种配合物是构型稳定的，对进一步的配位相对惰性。因此，它们在不对称合成中的应用主要是作为手性辅基，在这个例子中作为烯醇负离子的不对称烷基化的辅基[46]。五配位的几何构型中对映体也可能出现，但是其应用较少，这是由于其配位场的动态灵活性（即 Berry 假旋转，Berry pseudorotation）使对映体之间可以容易地发生互相转化。然而，八面体配合物通常是构型上稳定的，已经报道了很多金属中心手性的例子。例如，配合物$[Co(NH_3)_2(H_2O)_2(CN)_2]^+$已经以纯品的形式被分离出来[47]。注意，尽管有些配体是等同的，金属的中心手性仍然可以发生。这种构型的稳定性使得金属中心手性可以在合成过程中施加选择性，不对称催化中频繁出现的八面体金属配合物就是证明。

　　使用螯合配体时，即便所有配体都一样（即均配物体系，homoleptic system），也可以因为螯合配体的螺旋的排列方式而保持金属的中心手性。图 A.9 概述了一个含有不能重合的、分别被指定为 Δ-(右手螺旋)和 Λ-(左手螺旋)构型的镜像的通用体系。这一现象的最简单的一种情况是使用对称的非手性平面螯合型配体的配合物，如$[Fe(bipyridine)_3]^{2+}$[48]。

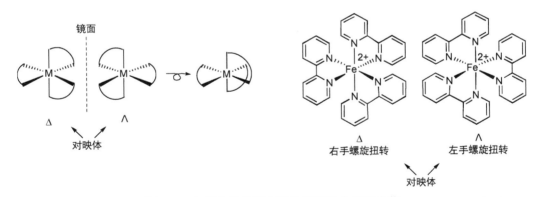

图 A.9　含有非手性螯合配体的手性金属配合物

　　乙二胺和其他的非平面型螯合配体（非手性和手性的）可以产生额外的构象异构现象，如图 A.10 所示。由于每个乙二胺在配位到金属原子上时可以采取 λ-(左手扭转)或 δ-(右手扭转)构象，乙二胺上二胺的不同构象就导致产生了立体异构体以及金属中心上的不同的立体化学。例如，在三乙二胺合钴配合物$[Co(H_2NCH_2CH_2NH_2)_3]^{3+}$中存在 4 种非对映异构的 Δ-异构体，及它们的四种相应的 Λ-对映异构体[49,50]。

$$\Delta\,(\delta,\delta,\delta)\ \Lambda\,(\lambda,\lambda,\lambda)$$
$$\Delta\,(\delta,\delta,\lambda)\ \Lambda\,(\delta,\lambda,\lambda)$$

$$\Delta\,(\delta,\lambda,\lambda)\;\Lambda\,(\delta,\delta,\lambda)$$
$$\Delta\,(\lambda,\lambda,\lambda)\;\Lambda\,(\delta,\delta,\delta)$$

使用非手性配体，如乙二胺时，异构体混合物的出现是很可能的[43,51]。当使用手性配体时，λ-或 δ-构象通常是预先确定好了的，这极大地减少了构象异构体的数目。例如，图 A.10 中的 tris(BINOLate)配合物中(R)-BINOL 配体的轴手性决定了镧中心的 λ-构象[52]。结果是，只有 Δ(λ,λ,λ) 和 Λ(λ,λ,λ) 这两种立体化学是有可能的。二者是非对映异构体，在这个手性催化剂中，更稳定的 Δ(λ,λ,λ)型占优势。在第 6 章中有对这些构象异构体的控制以及它们如何与不对称催化的选择性相关的进一步讨论。第 12 章中给出了更多的不对称催化中涉及 Δ-和 Λ-异构体的例子（图 12.50）。

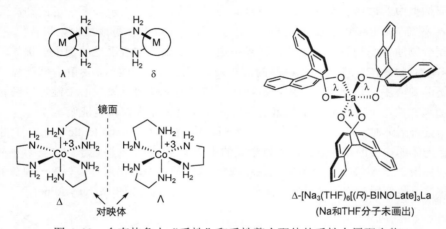

$$\Delta\text{-}[\mathrm{Na}_3(\mathrm{THF})_6][(R)\text{-BINOLate}]_3\mathrm{La}$$
(Na和THF分子未画出)

图 A.10   含有构象上"手性"和手性螯合配体的手性金属配合物

原则上，金属中心手性单元在不对称催化中最为有用，因为化学经常发生在金属中心本身。图 A.11 中给出了两个只含金属中心手性的例子。在第一个例子中，金属的中心手性发生在仅有的一个金属中心上（反应机理见第 6 章和第 11 章）[53]。在第二个例子中，中心手性的金属中心组成了配体的一部分[54]。然而，对于只含金属中心手性的催化剂来说，存在几个主要的造成复杂性的因素，包括：①金属中心手性的有效产生；②金属中心手性对异构化过程的稳定性；③从金属的中心手性单元到反应底物间的立体化学信息传递的效率。虽然只含金属中心手性的催化剂的合成已有报道（见图 A.9～图 A.11），但使用手性配体依次产生配体中心的手性以及金属中心的手性要更容易。第二个问题是许多含金属中心手性单元的金属配合物受到由于低能垒的分子内互相转化（如四方锥与三角双锥构型）或者通过结合型或解离型路径的、容易进行的交换过程而发生的外消旋化的影响。最后，金属中心手性单元通常距离前手性的反应中心较远。例如，配位在金属中心上的羰基氧最易受到局部的金属立体化学的影响，而较远的羰基碳更易受到邻近的配体部分的影响。因此，大部分手性金属催化剂使用手性配体来创造一种延伸的不对称环境，这种环境在底物配位时导致产生了非对映异构的金属配合物，其中一种更稳定和/或活性更高。在这些配合物中经常会遇到金属中心手性单元，如 Δ-Na$_3$(THF)$_6$[(R)-BINOL]$_3$La 中所示的情况（图 A.10）[52]。

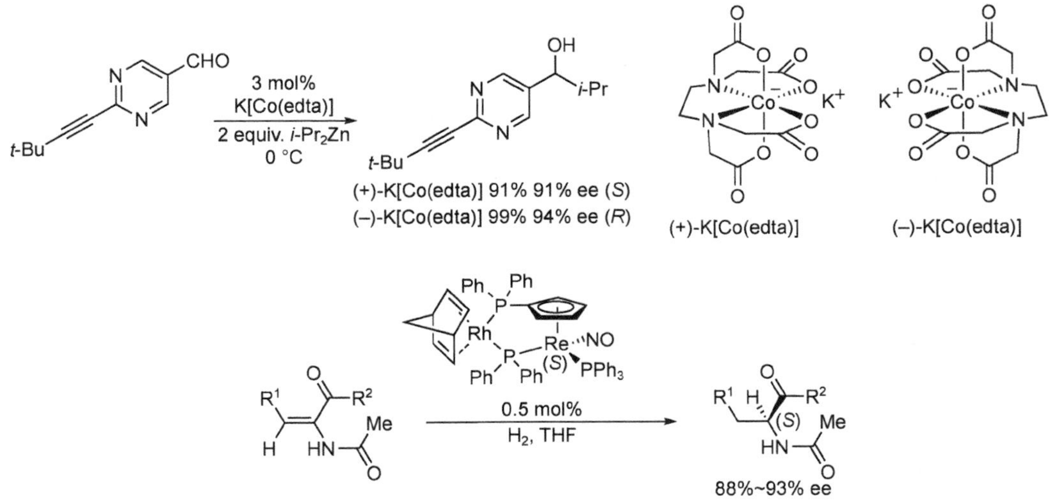

图 A.11　含有金属中心手性的催化剂

A.1.1.3　轴手性

　　表现出轴手性的化合物类型包括联芳基化合物、联烯、亚烷基环己烷和螺烷（图 A.12）。虽然这些化合物看起来像"延长了的"四面体，但是失去 C_3-旋转对称性意味着不再需要四个取代基互不相同，只需要每一端的一对取代基两两不同就够了。轴手性化合物构型的归属需要遵循一种修订的 Cahn-Ingold-Prelog 规则，其中较近的基团比远的基团优先。如图 A.12 所示，化合物沿手性轴的投影可以从左侧或者右侧进行，这并不会改变最终的指认结果。如果具有最高优先级的三个基团处于顺时针方式排列，那么就得到 (R)-构型。如果发生了逆时针方向排列就得到(S)-构型。可以用(aR)和(aS)这种描述符号来区别轴手性，但这个前缀不是必需的。

　　含有手性轴的化合物也可被看成螺旋，它们的构型可以用（P）或（M）来标记。符号（P）代表正号（plus），表示右手扭曲（即沿着螺旋结构顺时针远离使用者）。如果相应的扭曲是逆时针的（即左手扭曲），则使用代表负号（minus）的符号（M）。对于轴手性化合物（见图 A.12），在归属（P）和（M）构型时只需考虑前端和后端具有最高优先级的两个取代基（1）和（3）。如果从（1）到（3）的旋转是顺时针，就指认为（P）构型，反之则指认为（M）构型。

　　由于其刚性的手性骨架，旋转受阻的联芳基化合物已经成为仅次于中心手性化合物的最成功的试剂、配体和催化剂之一[55-59]。另外，在很多对称的和非对称的联芳基天然产物中也存在轴手性[60,61]，如具强效抗疟活性的(+)-knipholone（图 A.12）[62-64]。在这个例子中，联芳键键轴就是手性单元，称为轴手性单元。原则上，这里的两个对映体之间可以通过简单的键旋转而直接互相转化，因此它们是构象异构体。这类化合物被称为旋阻异构体。如果键的旋转足够拥挤，轴手性单元可以在室温下稳定存在。能够造成旋转受阻的结构特性已经得到了广泛的研究和总结[3]。通常，联芳基化合物的 4 个邻位（ortho）中 3 个被取代就会存在足够大的拥挤。

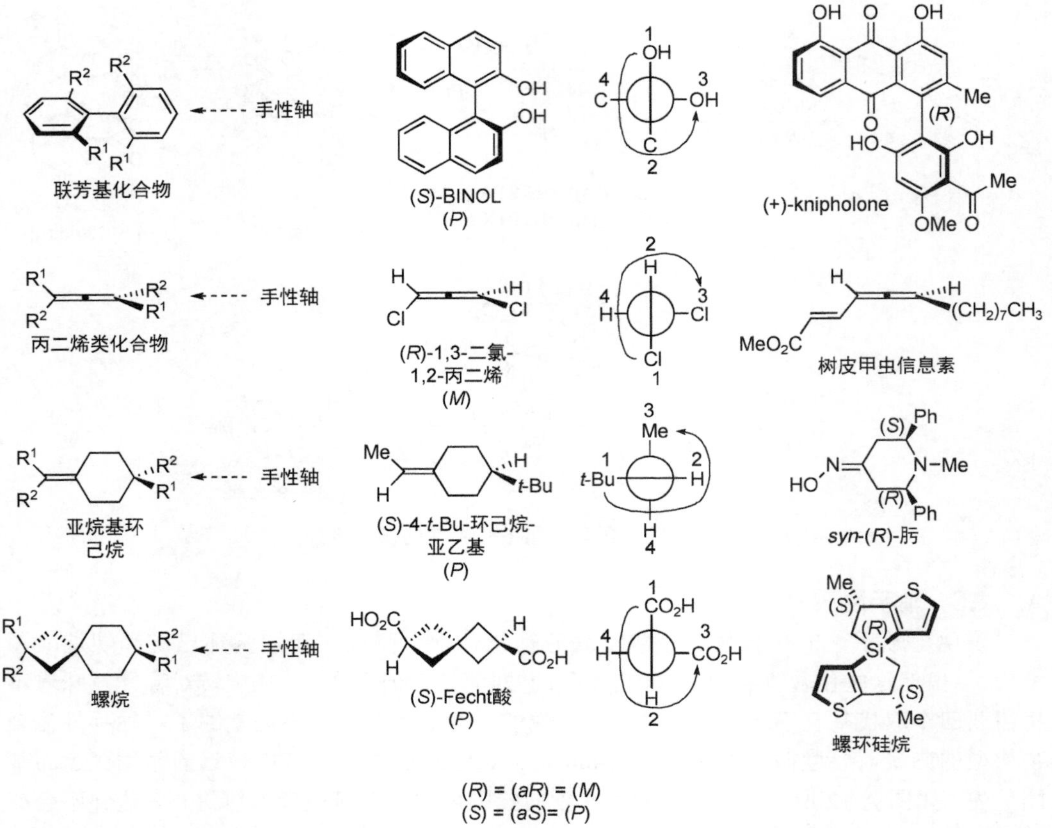

图 A.12　表现出轴手性的化合物

　　其他旋阻异构的化合物也可以含有稳定的轴手性单元，如图 A.13 中的 N- 和 C-芳基酰胺[65-68]，以及非同寻常的二氢吡啶酮[69]。这些化合物在不对称催化中应用的探索才刚开始。例如，图 A.13 中的(S)-苯甲酰胺已被用于不对称 α-烯丙基化[70]和 Heck[71]反应中的手性钯催化剂中。旋阻异构现象也可以发生在其他类型的键中，如 sp²-sp³ 和 sp³-sp³杂化的原子之间的键，但是这些旋转受阻形成的化合物在不对称催化中研究不多。

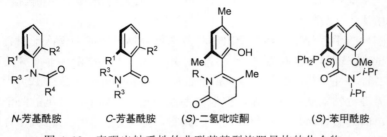

图 A.13　表现出轴手性的非联芳基型旋阻异构的化合物

　　其他化合物可以表现出轴手性，如联烯、亚烷基环己烷和螺烷。不像上面讨论到的旋阻异构体，这些化合物之间不是构象异构体。构象异构不是成为轴手性化合物的一个必要特征。联烯是累积烯烃的一个亚类，任何烯烃序列中含有奇数个碳原子的累积烯烃都可能是手性的。手性联烯[72]已经在好几种天然产物中发现[73]，包括雄性树皮甲虫激素（图 A.12）。亚烷基环己烷（图 A.12）的不同寻常之处在于其对映体可以通过对调 sp^3 碳上的两个取代基或通过烯烃的异构化而产生。cis-3,5-或 cis-2,6-二取代亚烷基环己烷具有表观上的轴手性，尽管其构型的指认是通过对两个中心手性单元进行的。一个例子是图 A.12 中 syn-(R)-型的肟[74,75]。与联烯和亚烷基环己烷类似的、表现出轴手性的手性螺烷，以 Fecht 酸为代表，与手性螺硅烷相比较为罕见（图 A.12）。后面这种类型的化合物看起来表现出了轴手性，但立体化学的指认是根据中心手性单元来进行的。值得注意的是，C_2-对称的螺硅烷是第一个使用催化不对称过程产生的手性螺烷（见图 A.55）[77]。

A.1.1.4　螺旋手性

表现出螺旋手性的化合物[78]并不含某个具体的手性单元，如手性中心、手性轴或手性面。相反，手性产生于宏观的结构本身。螺旋手性的化合物比较少见，其中图 A.14 中的六螺烯（hexahelicene）是最出名的例子。螺旋手性化合物的构型通过(P)-和(M)-这种描述符号表示，二者分别表示正的和负的（见 A.1.1.3 节）。如果其旋转是逆时针的，就归属为(M)。纯粹的螺旋手性化合物在不对称催化中还没有被广泛使用，但使用双膦 Phelix[79]和二醇[5]HELOL[80]的例子明显地表现出这类化合物具有合成步骤冗长、选择性低到中等（图 A.12）等特征。在[5]HELOL 的例子中，两个(P)-螺烯强制产生(S)-联芳键，而非相反的(R)-联芳键是非常关键的。宏观的螺旋手性，如联芳基聚合物中由联芳基的轴手性诱导出来的螺旋手性，已经表明可以将催化中的不对称诱导进行放大。

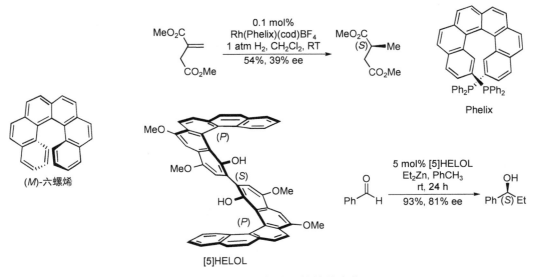

图 A.14　表现出螺旋手性的化合物

A.1.1.5　平面手性

图 A.15 中列出了几个表现出平面手性的化合物[81]。含有手性平面的金属配合物[82]，如 η^6-芳烃-铬配合物过去被认为只是新奇的结构，近期的一些发现已经改变了那些看法[83-90]。由非对称的平面提供的不对称环境导致产生了很多含平面手性的优秀催化剂。例子包括安沙桥联的茂金属，如(ebthi)TiCl₂，它是有用的聚合和 Lewis 酸催化剂[42]。平面手性的 DMAP 衍生物作为手性亲核催化剂取得了广泛应用[87-89]。在非茂金属类衍生物，如对环芳烷[78](R)-[2.2]PHANEPHOS 中的手性环境也被证明在不对称催化中有用[91]。

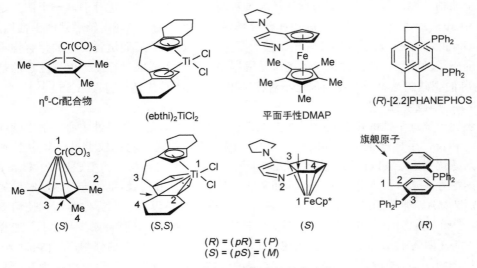

图 A.15　表现出平面手性的化合物

手性平面的定义不如手性中心或手性轴那样显而易见。对于不含中心手性或轴手性单元却是手性的化合物，应该检查一下是否存在一个包含该结构中尽量多原子的手性平面。只有至少一个取代基不包含在平面内时，该平面才可能是手性的。例如，在 η⁶-芳烃-Cr 配合物中，铬原子不在芳环定义的平面内。

平面手性化合物的命名比较复杂[3,92]。对于茂金属配合物，将 π-配位用 σ 单键取代，见图 A.15。然后将中心手性单元的构型从具有最高优先权的原子（即芳环）按照标准惯例来确定。之前报道的一个另外的方法会得到相反的构型[93]，此处不予采用。

对于不是茂金属的平面手性化合物，如[2.2]PHANEPHOS，直接与含有最多原子的平面（即芳环）相连但处于平面外的原子被指定为旗舰原子（pilot atom）（图 A.15 中已经用箭头标出）。如果按照优先权选择的相邻的 3 个原子从旗舰原子的角度来看处于顺时针方式排列，那么就指认为(R)-构型，如果它们处于逆时针排列，就是(S)-构型。可以用(pR)和(pS)这样的描述符号来区分平面手性，但这种前缀不是必需的。使用旗舰原子和 3 个相邻的原子也可以将螺旋手性使用（P）和（M）描述符进行指认，它们分别表示正的和负的（见 A.1.1.3 节）。如果从 1 到 3 的旋转是顺时针方向，构型就指认为（P）。如果旋转是逆时针就指认为（M）。这里（pR）与（P）对应，（pS）与（M）对应，这与轴手性的惯例正好相反（见 A.1.1.3 节）。

A.1.1.6　对映纯化合物与外消旋体

前面各节中讨论过，手性的化合物可以以两种对映体的形式存在。这些对映体的组成是完全等同的，仅在其原子的三维空间排列上有区别。具体而言，对映体是室温下不能互相转化的互为镜像的形式。

　　如果一个化合物以单一对映异构体的形式存在，它就是对映体纯的（enantiomerically pure），或同手性的（homochiral）。如果一种化合物以两种对映体的 1∶1 混合物的形式存在，它就是外消旋的（racemic）。单一对映体转化为外消旋混合物的过程称为外消旋化（racemization），而一种对映体到另一种对映体的转化称为对映体转化（enantiomerization）。不是 1∶1 两种对映体的混合物称为非对映体（scalemic）或对映体富集的。两种对映体的比例可以用术语对映体过量（enantiomeric excess, ee，式 A.1）或对映体比例（enantiomeric ratio, er，式 A.2）来量化。对映体过量的使用较为流行，它与从旋光仪测量得到的光学纯度直接对应式（A.1）。另一方面，对映体比例（式 A.2）可以直接与生成不同对映体的路径的能量差相关联（见第 1 章）[94]。由于 $\Delta G^{\ddagger}$ 代表活化能，$\Delta\Delta G^{\ddagger}$ 并不总是对应于对映体比例（见第 1 章中关于 Curtin-Hammett 范式的讨论）。当计算的活化能来自催化剂-底物加和物的不同构象时情况尤其如此。因此，这里使用 $\Delta G(\Delta G_{TS1}-\Delta G_{TS2})$ 来代表每种途径的最高过渡态的能量差（两种途径必须都从同一物种或具有相同能量的物种开始）。对映体比例也可以对应于每种对映体形成的速率（同样，速率必须从同一种或具有相同能量的起始原料进行测量）。通常使用一个比例（例如 98∶2）而不是一个单一的数字来表示式 A.2 中的分数。对映体过量或对映体比例可以通过多种分析手段，包括手性色谱、使用手性位移试剂的 NMR 光谱、使用手性试剂进行衍生化或旋光来确定。

$$\text{ee (\%)} = \frac{\text{对映体1}-\text{对映体2}}{\text{对映体1}+\text{对映体2}} = \frac{\text{光学纯度}}{(\%)} = \frac{\text{混合物旋光度}}{\text{单一对映体旋光度}} \qquad (\text{A.1})$$

$$\text{er} = \frac{\text{对映体1}}{\text{对映体2}} = \frac{k_{\text{rel}}(\text{对映体1})}{k_{\text{rel}}(\text{对映体2})} = e^{-\frac{\Delta G}{RT}} \qquad (\text{A.2})$$

$$\Delta G = G_{TS1} - G_{TS2}$$

　　除非存在外来的手性环境，如平面偏振光或另一手性分子，否则两种对映异构体具有相同的化学和物理性质。由于这些原因，对映体的制备规模的分离不是容易做到的。因此，从不对称催化来产生纯的对映体是一个重要的目标。

A.1.1.7　超过一个手性单元：非对映异构体

　　不是对映异构体的立体异构体称为非对映异构体。非对映异构体的例子包括烯烃如 *cis*-2-丁烯和 *trans*-2-丁烯（图 A.16）。当化合物中含有至少两个 A.1.1.2～A.1.1.5 节中提到的手性单元时，也会产生非对映异构的化合物。

　　一个给定的构造异构体（constitutional isomer）的立体异构体的数目不超过 2^n 个，其中 n 是手性单元的数目。例如，酒石酸含有两个中心手性单元，但是由于对称性的关系只产生三个立体异构体（图 A.16）。互为镜像的立体异构体，如(*R*,*R*)-和(*S*,*S*)-酒石酸是对映异构体。(*R*,*S*)-型的化合物既不是(*R*,*R*)-也不是(*S*,*S*)-酒石酸的镜像，因此是二者的非对映异构体。并非所有的非对映异构体都是手性的，即使它们包含手性单元。(*R*,*S*)-酒石酸就是一个突出的例子，它含有一个内部的对称平面，因此是非手性的。这种化合物被称为内消旋的（*meso*）。

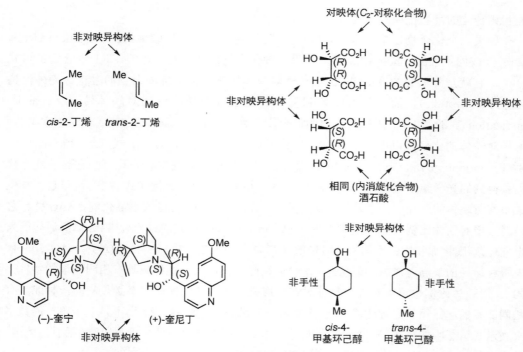

图 A.16　非对映异构的化合物

　　非对映异构化合物的另一个例子是生物碱奎宁和奎尼丁（图 A.16），它们被经常用于不对称催化。这两个化合物很明显是非对映体，但这仅仅是由于烯基的位置不同而引起的。如果将烯基去掉，这两个化合物就变成对映异构体。实际上，二者可以在不对称催化中被用作假对映异构体（pseudoenantiomers）（一个例子见第 14 章）。

　　并非所有的非对映异构体化合物都是由 A.1.1.2～A.1.1.5 节中的手性单元造成的。例如，图 A.16 中所示的 cis 和 trans 环己烷化合物明显是非对映体，但它们不包含这些手性单元。

　　以上的例子阐述了由于超过一个中心手性单元而产生的非对映异构现象。然而，手性单元的任意可能的组合都可以产生非对映异构体（图 A.17）。dioncophylline C，一种从西非的藤本植物盾籽穗叶藤（*Triphyophyllum peltatum*）（双钩叶科）中分离得到的萘基异喹啉生物碱[95]，是一个天然产物的例子。这个强效的抗疟剂[96]包含两个不同种类的手性单元，一个轴手性单元和两个中心手性单元。不对称催化中使用的手性配体，如 JOSIPHOS 和相关的手性二茂铁配体[83,84,97]也结合了不同的手性单元。在(*aS, pS, R*)羰基铬中可以发现三种不同类型的手性单元[98]。

　　与对映体的情况相似（见 A.1.1.6 节），混合物中存在的非对映体也可以用两种不同的方法来定量，非对映体过量（de，式 A.3）或非对映体比例（dr，式 A.4）。与对映体过量不同，不存在与非对映体过量直接对应的物理测量方法[94]。另外，分子中存在超过两个手性单元时，非对映体过量经常没有用处。因此，在表示非对映体混合物的纯度时，更常用的是非对映体比例。

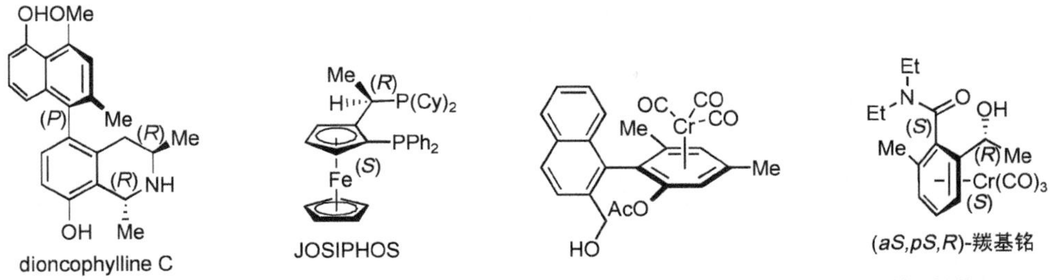

2中心手性单元 + 轴手性单元

中心手性单元 + 平面手性单元

轴手性单元 + 平面手性单元

轴手性单元 + 平面手性单元 + 中心手性单元

图 A.17 含有不同类型手性单元的非对映体构的化合物

$$\text{de}(\%)=\frac{\text{非对映体}1-\text{非对映体}2}{\text{非对映体}1+\text{非对映体}2} \tag{A.3}$$

$$\text{dr}=\frac{\text{非对映体}1}{\text{非对映体}2}=\frac{k_{\text{rel}}(\text{非对映体}1)}{k_{\text{rel}}(\text{非对映体}2)}=\text{e}^{-\frac{\Delta G}{RT}} \tag{A.4}$$

$$\Delta G=G_{\text{TS1}}-G_{\text{TS2}}$$

A.1.2 前手性化合物

如果对某一化合物的一个基团进行取代或者对它的一个面进行加成会产生一个手性化合物，那么这个化合物就是前手性的（prochiral）。为了确定一个化合物是否为前手性的，通常需要考察这些结构中的同（或纯）手性（homotopic）、对映异位（enantiotopic）和非对映异位（diastereotopic）的基团或面。只含有同手性基团或面的非手性结构不是前手性的。含有对映异位基团或对映异位面的非手性结构是前手性的。

当两个取代基或基团可以通过任意 n 重 C_n 旋转轴旋转而互换位置，得到一个与原来的结构等价的结构时，它们就是同手性的（即拓扑学上等价的）。例如，*trans*-2,5-二甲基哌啶的两个甲基是等价的，(*S*,*S*)-环己二胺上的两个氢原子 H_A 和 H_B 也是（图 A.18）。

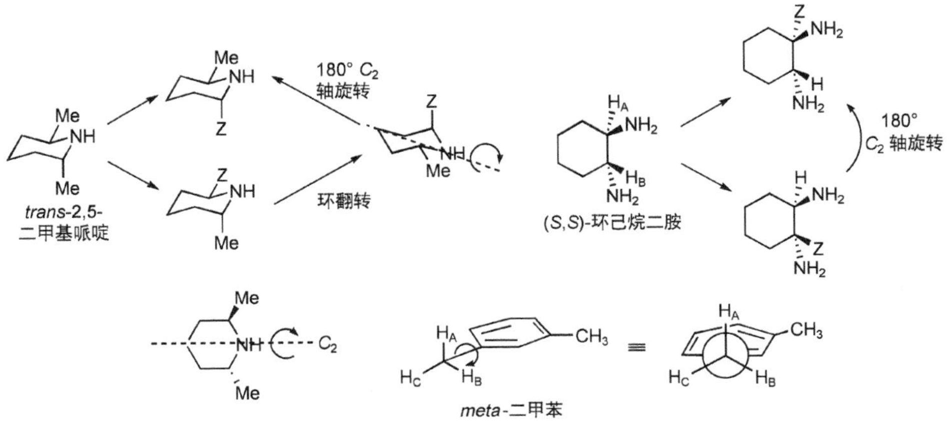

图 A.18 同手性基团

基团的同手性关系可以通过使用一个假想的取代基"Z"依次替换每个潜在的取代基来很容易地确定。如果替换第一个取代基然后替换其他的取代基得到同样的化合物，那么这些取代基就是等价的（用于替换的取代基"Z"必须是非手性的，而且与所关注的中心上的其他取代基不同）。

构象上的快速转化使许多基团处于同手性关系，尽管乍一看不像是这样。例如，间二甲苯的纽曼投影式中的 H_A 和 H_B 看起来并不等价（图 A.18）。然而，由于沿着 C(sp^3)-C(sp^2)键的快速旋转，3 个甲基氢都是等价的。*trans*-2,5-二甲基哌啶中也观察到了同样的现象（图 A.18）。

同手性面的特征是一个平面，其中包含一个与之共平面的对称轴。一个分子的两个面，通常是双键的面，如果一个试剂对其中任一面的加成都会产生同样的结构，那么它们就是等价的，或称为同手性的。例如，不管哪一面接受氢，环己酮的还原都会得到同样的醇（图 A.19）。类似地，从环己烯中烯烃的任一面进行硼氢化或双羟基化都会得到同样的产物（图 A.19）。

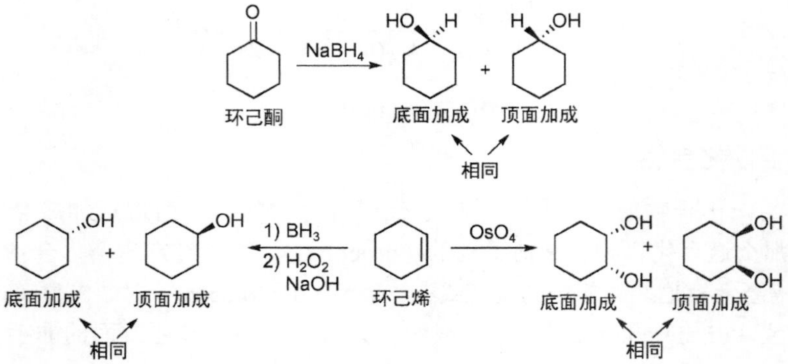

图 A.19　同手性面

如果基团或面不是等价的（或同手性的），那么它们被称为异手性的 (heterotopic)。异手性的基团或面可以分为对映异位（enantiotopic）和非对映异位（diastereotopic）两类（图 A.20）。替换对映异位的基团会产生对映异构的结构，而替换非对映异位的基团会产生互为非对映异构的结构。类似地，对对映异位面的加成得到对映异构的结构，而对非对映异位面的加成得到非对映异构的结构。含有对映异位基团或面的非手性化合物因此被称为前手性的化合物，因为它们可作为形成手性化合物的前体。非手性的对称化合物可以同时含有对映异位和非对映异位基团和面，它们也是前手性化合物。

对映异位基团和对映异位面不能通过任何 C_n 对称元素（简单的对称轴）的操作而互相交换，而必须通过一个 σ（对称面）、i（对称中心）或 S_n（交替对称轴）元素的操作来进行交换。由于手性分子中不能包含后面这些对称元素，所以它们不能包含对映异位基团和对映异位面。

A.1.2.1　含有对映异位基团的化合物

对映异位基团之间处于互为镜像的位置。它们可以通过一个旋转-反映轴来进行交换。如果替换第一个基团和替换其他基团得到对映异构的化合物，那么这些取代基就

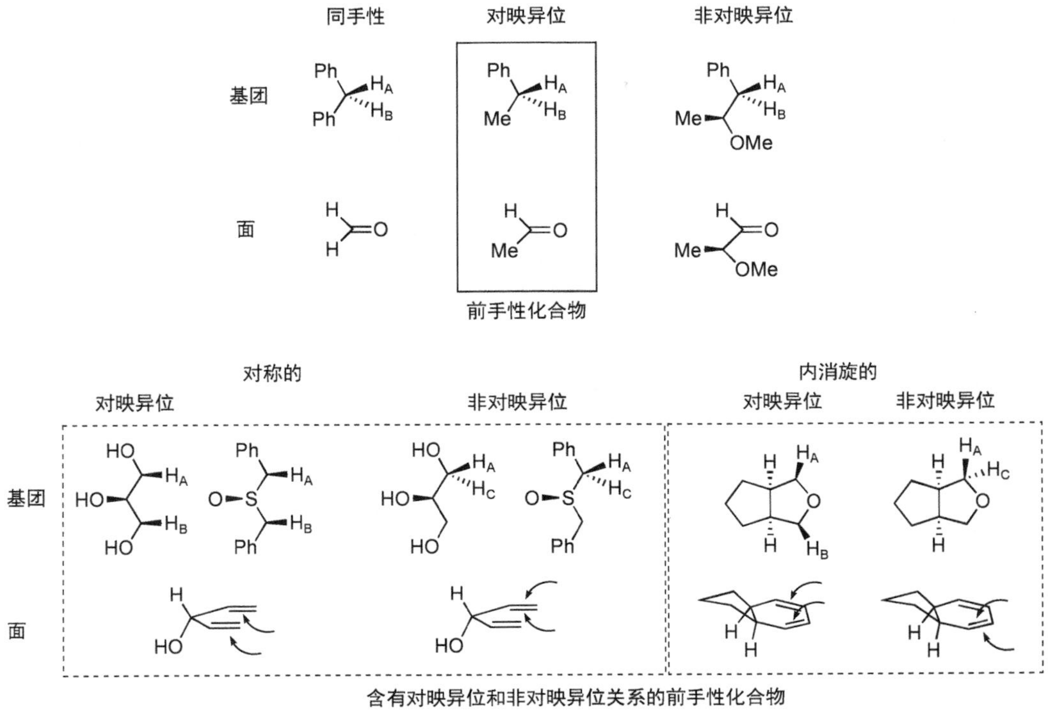

图 A.20　含有同手性、对映异位和非对映异位基团和面的化合物

是对映异位的。例如，叔丁基乙基酮中标出的两个氢就是对映异位的（图 A.21）。选择性地替换 H_A 和 H_B 中的其中一个氢会产生一个新的中心手性单元。对对映异位基团的区分也可以产生其他形式的手性，如图 A.21 所示的联苯的例子中，得到的对映体是轴手性的。

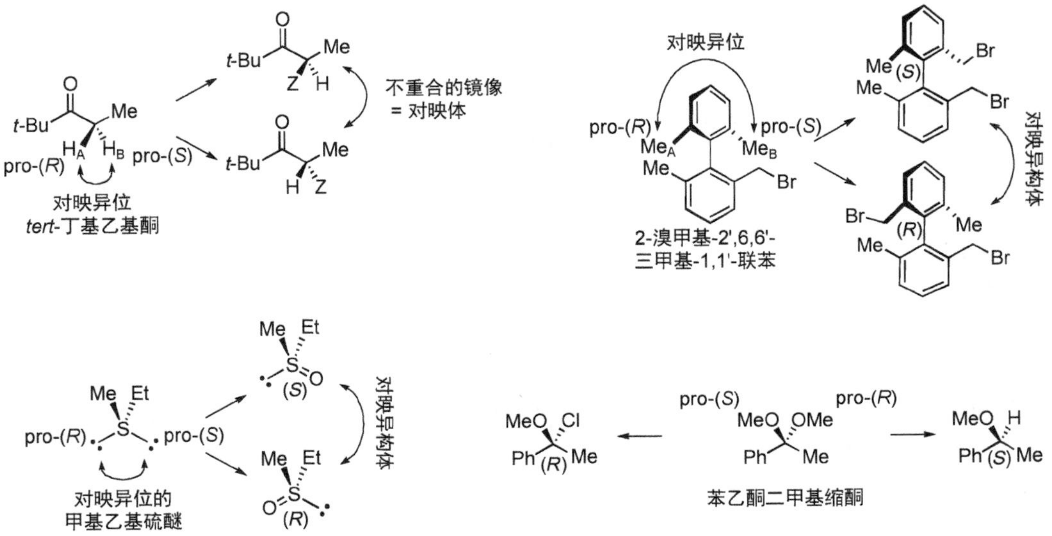

图 A.21　含有对映异位基团但不含手性单元的前手性化合物

任意类型的基团都可以处于对映异位关系。在图 A.21 的联苯化合物的例子中，两个甲基 Me_A 和 Me_B 是对映异位的。孤电子对也可以是对映异位的，如 MeSEt 的情况（图 5.21）。可以通过假定其中一个基团具有更高的优先权而将对映异位的基团指定为 pro-(R) 或 pro-(S)。如果指定一个基团具有更高的优先权会导致 (R)-构型，那么这个基团就是 pro-(R)，如果指定导致得到 (S)-构型，那么这个基团就是 pro-(S)（例子见图 A.21）。注意 pro-(R)/pro-(S) 与前手性底物发生反应得到的产物的 (R)/(S) 构型没有直接关系。这一概念可以用苯乙酮二甲基缩酮的取代反应来说明，其中产物的构型与所使用的亲核试剂及其依据 Cahn-Ingold-Prelog 规则的相对次序有关（图 A.21）。

对映异位基团的排列可以比较复杂。例如，在 N-Boc-吡咯烷中（图 A.22）有四个需要考虑的氢。这其中有 2 个同手性关系和 4 个对映异位关系。因此，取代 H_A 或 H_D 会形成一种对映体，而取代 H_B 或 H_C 会形成另一种对映体。

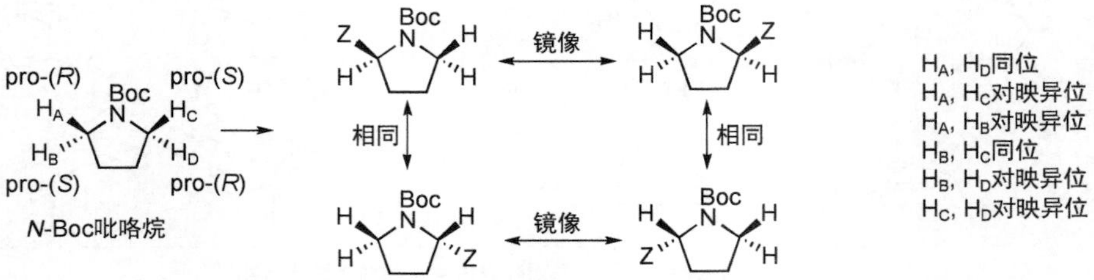

图 A.22   含有超过两个对映异位基团且不含有手性单元的前手性化合物

内消旋化合物（即含有手性单元却由于对称面或对称元素的存在而是非手性分子）含有互为对映异位关系的部分。最常见的情况下这些部分是对映异位基团，如 2,5-二甲基哌啶和环己烯氧化物中遇到的情况（图 A.23）。选择性地在这些对映异位基团的一个而非另一个基团上反应会得到手性化合物的其中一个单一的对映体。这一过程称为去对称化[99-101]，在第 10 章有进一步的论述。

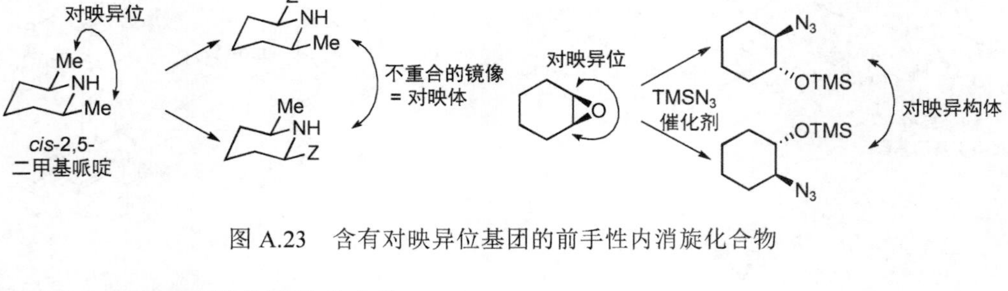

图 A.23   含有对映异位基团的前手性内消旋化合物

A.1.2.2   含有对映异位面的化合物

对于对映异位面也建立了与前面相似的判断原则。如果同一非手性试剂对一个面或另一面的加成得到两种对映异构的产物，那么这两个面是对映异位的。例如，对苯乙酮和反式 2-丁烯的加成分别得到含有一个和两个中心手性单元的手性分子（图 A.24）。加成反应在起始原料的哪个前手性面发生决定了形成的产物是哪种对映体。由于使用非手性试剂时对任一面加成的过渡结构完全一样，在这种条件下会等量地形成两种对映体。可以阻碍对一个面的加成，或者导向对其中一个面进行选择性加成的手性试剂和催化剂能够得到单一对映体的产物，因为形成不同对映体的过渡态结构现在变成了非对映异构关系（见第 1 章）。

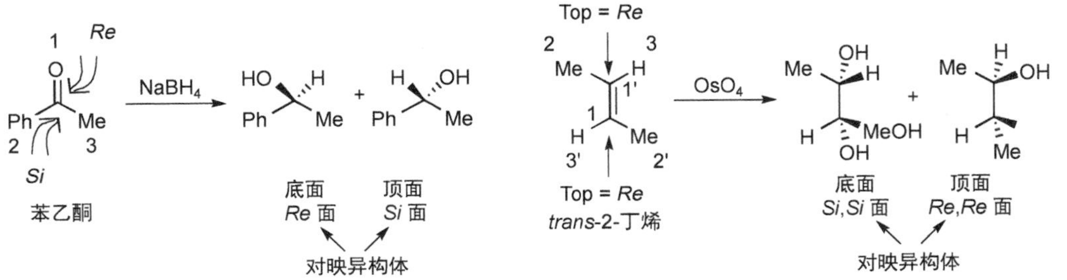

图 A.24　中心手性单元形成过程中的对映异位面

面进攻的模式可以按照标准的 Cahn-Ingold-Prelog 惯例，通过指定发生反应的三角形中心连接的取代基的优先权而确定[11,12]。这 3 个基团按照顺时针方向排列的那个面称为 *Re* 面，而得到逆时针排列的那个面称为 *Si* 面。因此，对于苯乙酮（图 A.24），从底部进行的加成发生在 *Re* 面，而从上面进行加成发生在 *Si* 面。注意在(*R*)/(*S*)与 *Re*/*Si* 之间并没有直接联系。如果反应产物是手性的，那么应当使用 *Re*/*Si*。如果反应产物是非手性的（例如，产生了一个内消旋的产物），那么使用 *re*/*si* 更合适。

如果形成了两个新的手性中心，那么两个三角形中心前体的每个都可以被指定为 *Re* 或 *Si*。在反式 2-丁烯的例子中，当试剂从上面加成时，烯烃上较高和较低的两个三角形碳都经历 *Re* 面加成（图 A.24）。并没有要求两个中心一定具有同样的 *Re*/*Si* 描述（一个例子见 A.2.2.2 节）。

对前手性对映面的区分可以产生具有轴手性、平面手性以及中心手性单元的化合物，如图 A.24 所示。图 A.25 中的芳基底物含有对映异位面。六羰基铬加上以后得到了一个平面手性的化合物。

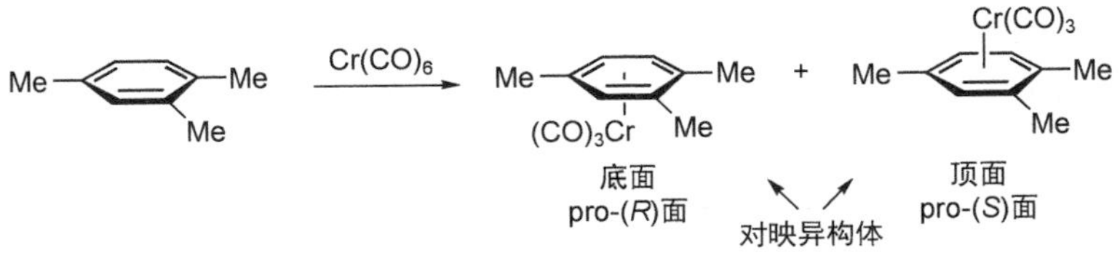

图 A.25　对映面的区分产生平面手性单元

A.1.3　含有非对映异位基团和非对映异位面的化合物

非对映异位的基团在立体化学上不同，但并不处于镜像关系。它们不能通过任何对称性操作而进行交换。如果首先替换其中一个，然后再替换另外的基团导致产生了非对映异构体，那么这些取代基是非对映异位的。例如，丝氨酸上亚甲基的两个质子是非对映异位的（图 A.26）。

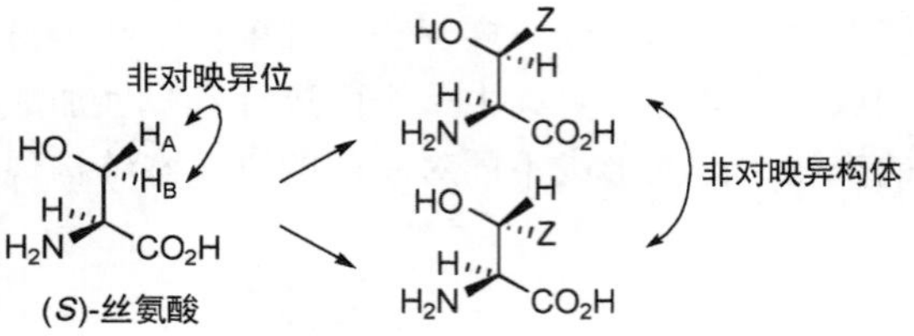

图 A.26　非对映异位基团

　　如果相关的分子平面不是平面对称的，也不含有对称轴，那么这个化合物的两个面就是非对映异位的。如果同一个非手性试剂加成到其中一面或另一面得到非对映异构的产物，那么这两个面就是非对映异位面。例如，对映体纯的(S)-2-甲基-3-cis-戊烯醇的环氧化产生了两个含三个中心手性单元的新的手性分子（图 A.27）。形成产物的哪种非对映体取决于在起始原料的哪一面发生环氧化。因此，烯烃的两个面是非对映异位的关系。由于使用非手性试剂加成时过渡态的结构不同，在这种条件下可以（但不是必须）形成不等量的非对映体产物。在这个例子中，非对映面选择性非常高，产物中观察到了 400:1 的非对映体比例（图 A.27 上图）。

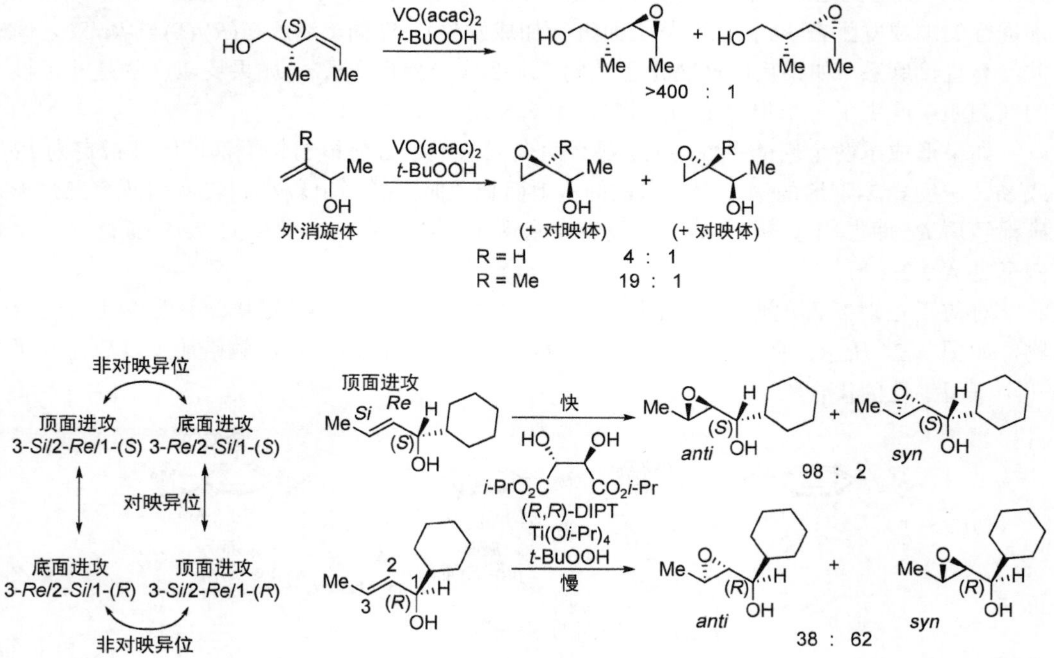

图 A.27　单一对映体和外消旋混合物的非对映异位面

　　在外消旋的 3-羟基丁烯的环氧化中（图 A.27 中图）[103]，类似的考虑方法也是适用的。起始原料的两个对映体都包含烯烃的两个非对映异位面。由于试剂是非手性的，每个对映体都以相似的方式反应，并有利于同一个非对映异位面（即在醇的 syn 位发生环氧化）。当使用手性试剂或催化剂与消旋的混合物反应时，外消旋混合物的对映异位面与非对映异位面的关系可以看的更清楚。例如，如果在转化率为 50%时中止反应，(R)-和 (S)-trans-环己烯基丁烯-2-醇的外消旋混合物的环氧化反应[104,105]得到 anti (S)-构型占绝对优势的产物（见第 7 章中有关动力学拆分的讨论）。这一结果是烯烃的面存在对映异位面与非对映异位面的关系所造成的。在每个底物中，烯烃的两个面处于非对映异位关系，相应的加成分别得到互为非对映异构体的 syn 和 anti 产物（图 A.27 底图）。在这里，不管中心手性单元的立体化学如何，催化剂都倾向于进攻烯烃的上面的（Si/Re）面。例如，从顶面进攻(S)-型底物与从底面进攻(R)-型底物得到对映异构体的产物。由于催化剂是手性的，在这两个对映异位面上发生的环氧化具有不同的反应速率。

图 A.28 中对称的非手性二烯基二醛铁配合物展示了另一种复杂的情形，其中同时存在对映异位面和非对映异位面，但二者现在处于同一分子中[106]。二烷基锌从底面对任一醛的加成都与配位的铁处于 cis 关系，而从顶面加成则将烷基置于铁的 anti 位。因此，每个醛的顶面和底面是非对映异位的。另外，从底面对左侧或右侧的醛部分进行加成导致形成不同的对映异构体。因此，醛的两个底面是对映异位的。总之，每个醛的各个面都是独特的，导致形成四种可能的产物。认为由于偶极偶极相互作用，二烷基锌的传递从铁羰基的同一面通过更稳定的 trans-醛构象进行。这一控制选择了非对映异位面，将可能的产物限制在 syn (R)-型和 syn (S)-型的对映体。手性催化剂加入了另一种控制元素，限制了对(S)-对映面的加成。这两种控制元素的组合导致以高的对映选择性和非对映选择性形成了 syn (S)-产物［含有一个(R)-平面手性单元］。从底端对左侧羰基进攻产生了占少数的对映体［含有(S)平面手性单元的 syn (R)-产物］。

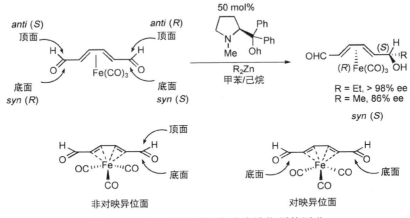

图 A.28 对映异位面和非对映异位面的区分

A.1.4 不对称反应的描述

在讨论不对称反应时，对反应的净结果（如立体选择性）与那些依赖于反应细节（如立体专一性和手性交换）的结果的表述有不同的术语。本节中，我们将介绍这些术语的定义并提供一些说明这些术语如何使用的例子。

A.1.4.1 立体选择性与立体专一性

如果一个反应导致其中一个立体异构体比其他异构体优先生成，那么这个反应就是立体选择性的。反应可以是非对映选择性的（图 A.29 中的第一个[107]和第二个[108]反应）、对映选择性的（图 A.29 中的第三个反应[109]）或者二者都是（图 A.29 中的第四个反应[109]）。高立体选择性的反应主要得到其中一个化合物，而产生很少的任何一种其他对映体或非对映体。

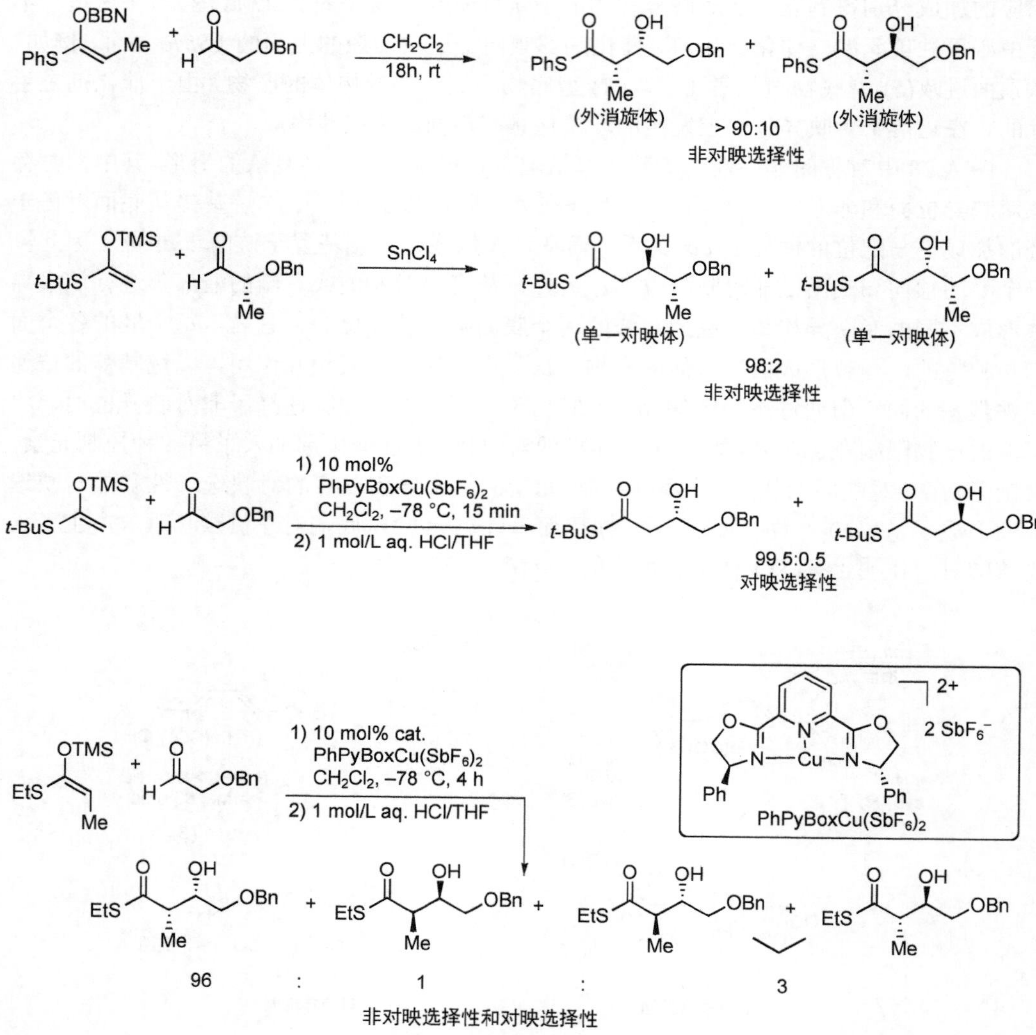

图 A.29　立体选择性的过程

　　如果构型不同的起始原料得到不同立体化学的产物，那么这个反应就是立体专一性的。相应地，从单一立体异构体（相对于混合物）出发的立体专一性过程必然是立体选择性的，而立体选择性过程未必是立体专一性的。一个例子是图 A.46 中的动力学拆分，它过程是立体专一性的。在这个例子中，(S)-醇发生酰基化得到(S)-型产物。一个反例是图 A.47 中的动态动力学拆分，它不是立体专一性的。相反，它被称为立体汇聚的过程，因为超过一种立体异构体得到了完全相同的产物。立体汇聚过程的另一个例子是铑-

DuPHOS 催化的(E)-和(Z)-烯酰胺混合物的不对称氢化（见图 A.30 的上图）[110]。两种立体异构的起始原料汇聚成了同一产物。因此这一过程不是立体专一性的，因为不同的异构体并没有得到不同的产物，但它是立体选择性的。当起始原料的异构体很难分离时，这一特性可能会非常有用。既是立体专一性，又是立体选择性的一个相关的例子是四取代烯烃的氢化（见图 A.30 底图）[111]。这里使用同样的手性催化剂时，(E)-和(Z)-烯酰胺得到了不同的产物（非对映异构体）。由于每个反应中只形成了一个立体异构体，因此这些过程是高度立体选择性的。

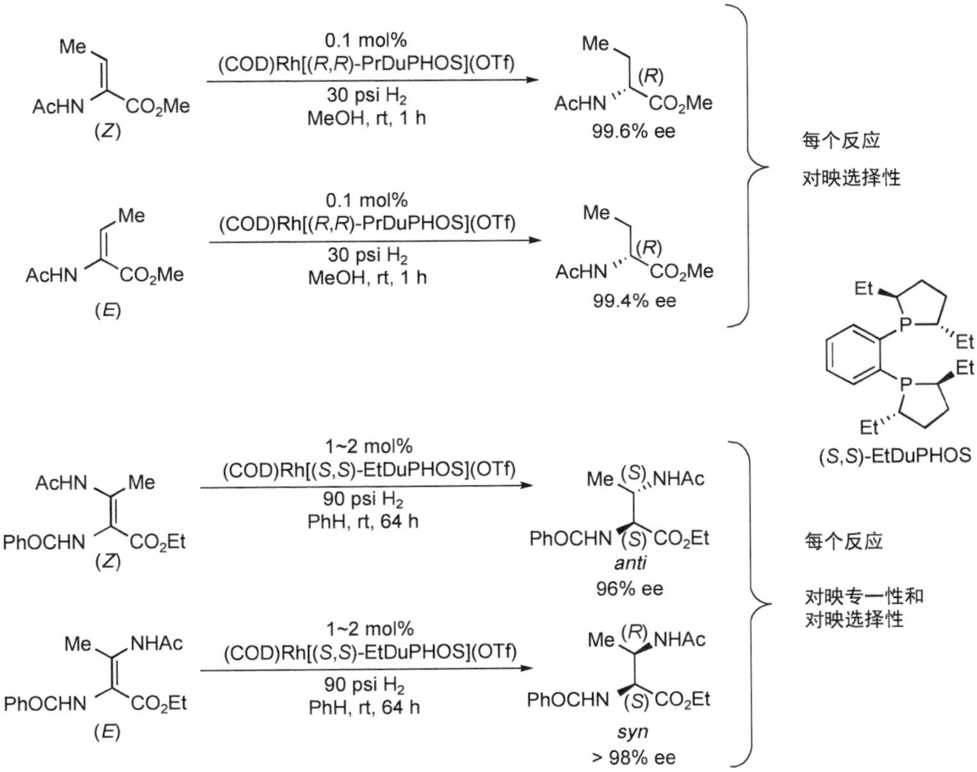

图 A.30 立体选择性和立体专一性过程

当应用于对映异构体和非对映异构体时，对映专一性、对映选择性、非对映专一性、非对映选择性等术语就有了相应的含义。例如，图 A.30 底部的两个图中的每个过程都是对映专一性、对映选择性、非对映专一性和非对映选择性的。

一般来说，动力学拆分（见第 7 章）是立体专一性和立体选择性的（一个例子见图 A.46）。另一方面，动态动力学拆分（见第 9 章）是立体选择性的，但不是立体专一性的，因为两个对映体都转化成了单一的产物（一个例子见图 A.47）。

A.1.4.2 手性交换

在一些转化中，虽然手性单元上发生了转化，分子的手性和对映体纯度可以被保留。手性交换（chirality exchange）或手性转移（chirality transfer）指的是以牺牲一个立体化学元素为代价来立体选择性地形成一个新的立体化学元素。这样的反应也是立体专一性的。一个经典的例子是 S_N2 反应，其中每个分子的中心手性单元都发生了翻转。如果起始原料是对映体富集的，那么产物也将是手性的和非外消旋的（图 A.31）。

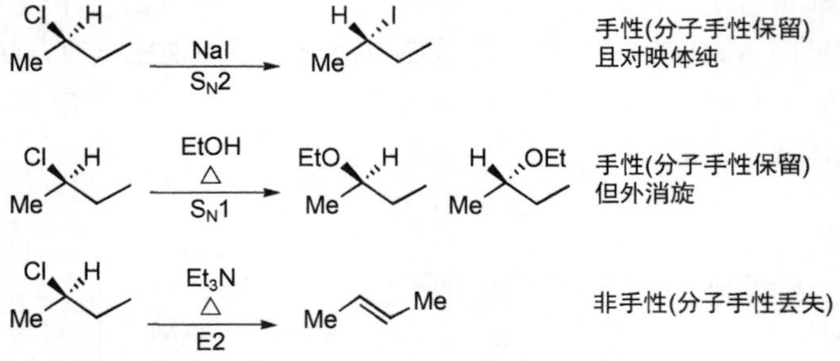

图 A.31　在手性单元上发生反应的范式

相反，S_N1 反应并不保留原来中心手性单元中的立体化学。尽管图 A.31 中的产物仍然是手性的，但它现在却是外消旋的。这一反应既不是立体选择性的也不是立体专一性的。对于图 A.31 中的底物，E2 消除会导致失去中心手性，形成一个非手性的化合物，然而同时建立了一个新的立体化学元素，即反式烯烃。在这一情形中，反应是立体选择性的，但不是立体专一性的（换句话说，另一对映体也得到了同样的反式烯烃）。

手性交换也可以实现一种类型的手性单元向另一类手性单元的转化。在 $Pd(PPh_3)_4$ 催化的炔丙基甲烷磺酸酯与 PhZnCl 的反应中（图 A.32）[112]，一个中心手性单元交换成了一个轴手性单元。这种类型的手性交换也被称为自杀式不对称合成[113]。这是完全立体专一性反应的一个例子（见 A.1.4.1 节），因为起始原料和得到的产物的对映体过量完全相同。反应经历一个构型稳定的联烯基钯物种中间体进行。由于全氟烷基的存在，这个中间体并不通过炔丙基钯中间体而发生消旋化。

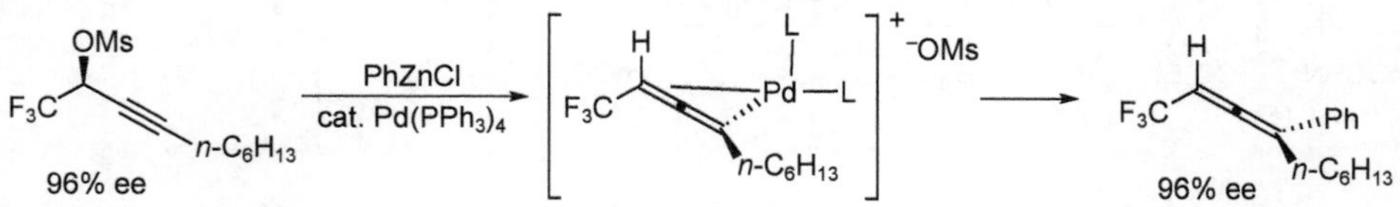

图 A.32　中心手性单元与轴手性单元的交换

在另一个例子中，图 A.33 中对映纯的对甲苯磺酸烯丙酯发生对映选择性的取代，以 94% 的 ee 值得到构型翻转的 η^3-铁配合物[114]。在这个例子中，中心手性单元交换成了一个面手性单元。原则上，任何手性单元的组合都是可以发生交换的。

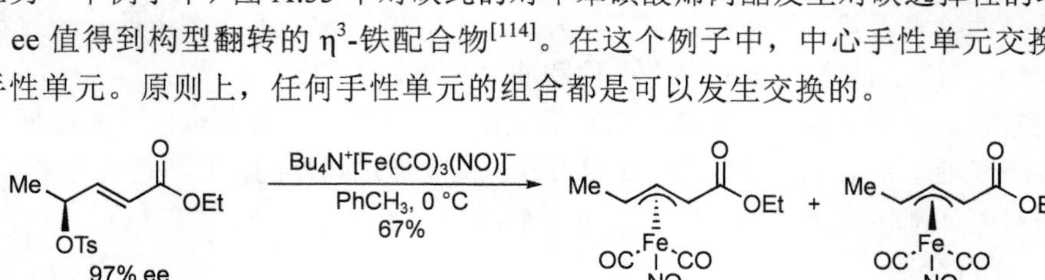

图 A.33　中心手性单元与面手性单元的交换

　　牺牲多于一个手性单元来建立一个新的手性单元也是可能的。例如，在报道的一个从两个中心手性单元到一个轴手性单元的手性转化过程中，涉及光学活性的芳基(芳基′)-2,2-二氯环丙基甲醇（AACMs）到手性联芳基化合物的环化（图 A.34）[115]。观察到的优秀的立体控制表明存在严密控制的手性转移。提出的手性转移的机理首先涉及底物中的氧和氯对 TiCl₄ 进行螯合，得到一个刚性的中间体。由于位阻排斥作用，邻位的取代基（R¹）采取远离螯合的钛的取向。羟基发生离子化得到阳离子型的 pre-(M)中间体，其中沿着键 a 和 b 的旋转受到限制。接下来发生高区域选择性的 Friedel-Crafts 型环化，再发生芳构化单一地得到了(M)-型的芳基萘。

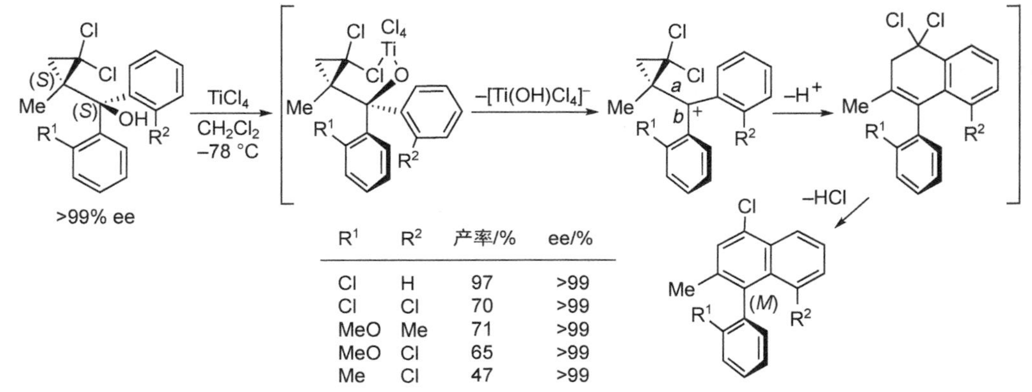

R¹	R²	产率/%	ee/%
Cl	H	97	>99
Cl	Cl	70	>99
MeO	Me	71	>99
MeO	Cl	65	>99
Me	Cl	47	>99

图 A.34　两个中心手性单元与一个轴手性单元的交换

A.1.5　不对称催化中的其他选择性：区域选择性和化学选择性

　　在不对称催化反应中也可能形成不是立体异构体的其他产物。这种情况下，还需要除了对映选择性和非对映选择性之外的其他描述符。区域选择性（regioselectivity）或位点选择性（site selectivity）指试剂与一个结构上的不同区域（位点）反应，形成不同的构造异构体的倾向性。这一术语最常用于反应位点的化学性质相似但位置不同的情况。例如，图 A.35 中多烯上的烯烃都是高度相似的，但是只有一个区域中（靠近羟基）的烯烃同钌-BINAP 配合物顺利发生氢化反应[116]。因此反应是高度区域选择性的。对这一特定烯烃的其中一个前手性面的还原更有利，使用手性催化剂也使这一过程成为对映选择性过程。

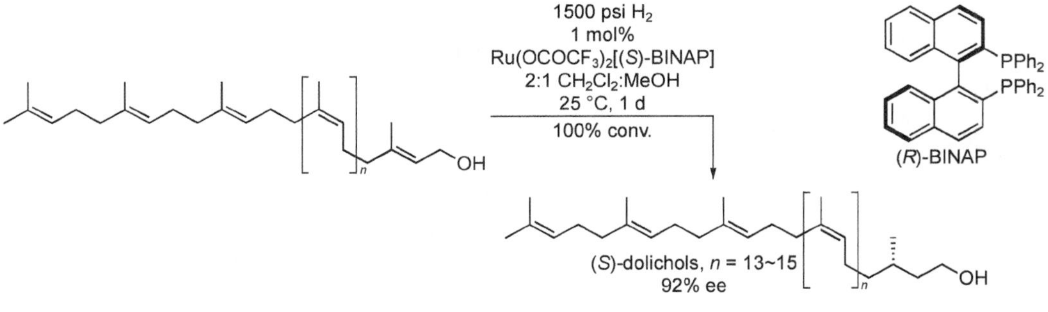

图 A.35　多烯中间体的区域和立体选择性还原

当官能团处于高度相似的环境中时，区域选择性可能成为一个重大挑战，如图 A.36 中的不对称双羟基化所示[117]。虽然观察到了高的面选择性并导致得到了高对映选择性，但催化剂区分非常相似的烯烃的能力一般。

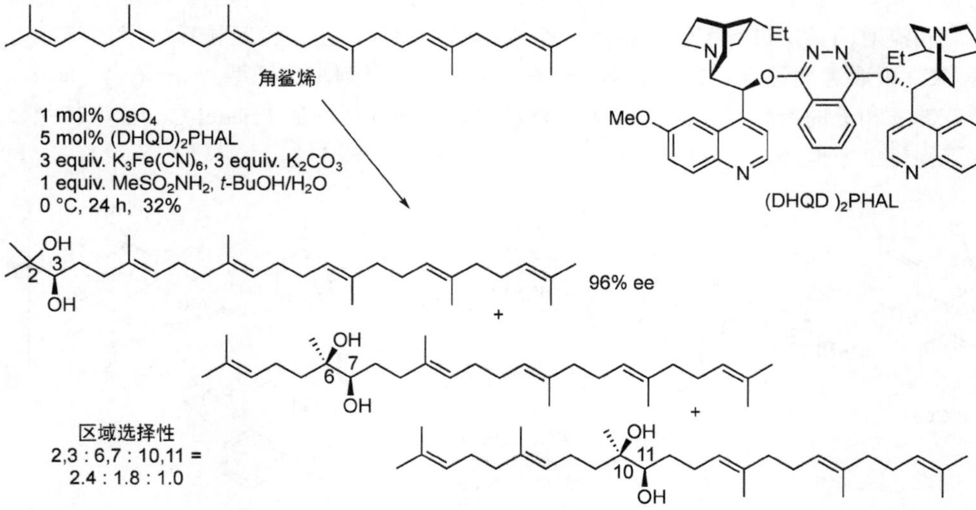

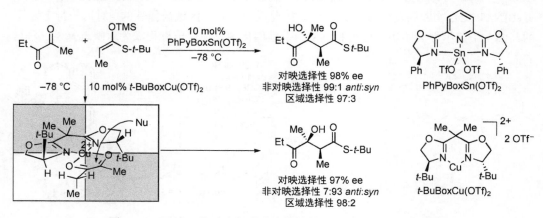

图 A.36   角鲨烯的区域和立体选择性双羟基化

展示了非对映选择性、区域选择性和对映选择性的一些例子见图 A.37[118]。这里观察到了一个选择性相当高的转化，反应主要发生在较不拥挤的羰基上。对 1,2-二羰基和硫代烯醇硅醚的面的接近都受催化剂控制，导致了观察到的非对映选择性和对映选择性。认为在这两个过程中形成了一个螯合的的二羰基-催化剂加合物，如图中与铜催化剂一起展示的情况。在对羰基碳进行接近的 4 个象限中（见第 4 章），左上方和右下方的两个象限被铜催化剂上手性配体中的叔丁基屏蔽了。另外，左上方的叔丁基引起乙基酮的端位甲基朝向左下方的象限，挡住了对这一象限的接近。因此，只有右上方的象限在立体位阻上不拥挤，允许亲核试剂硫代烯醇硅醚接近，这与观察到的产物立体化学和区域化学是一致的。

图 A.37   区域、非对映和对映选择性的 Mukaiyama aldol 反应

不对称区域选择性过程的另一例子见图 A.38 中烯胺的亚硝基化[119]。在这一工作中，在胺部分为哌啶基的环己酮烯胺的反应中通常观察到高的对映体过量。这一研究最令人满意的一点是，取决于使用的 Brønsted 酸不同，可以单一地形成任一区域异构体（O-烷基化或 N-烷基化产物）的纯品。使用 TADDOL 二醇时，Brønsted 酸可能与亚硝酰苯的氧配位，得到 N-烷基化产物。反之，α-羟基酸可能配位到亚硝酰苯的氮上。对氧原子亲核进攻得到 O-加合物。

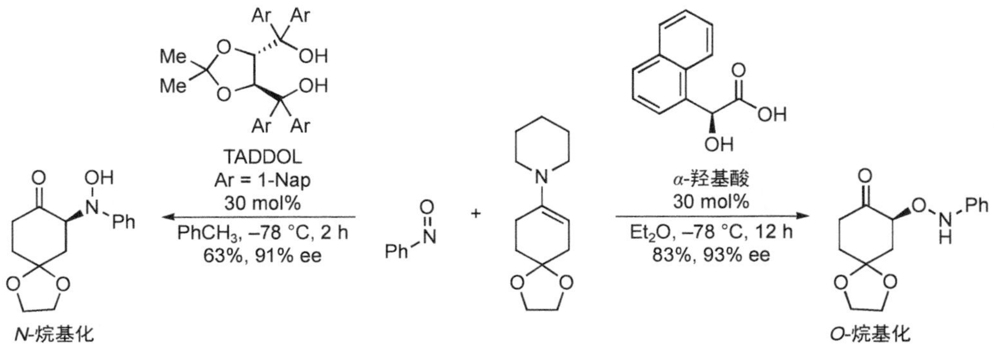

图 A.38　Brønsted 酸催化的不对称亚硝基 aldol 反应中的区域选择性

另一类型的选择性是化学选择性。当可以与不同的化学品（不同的分子）反应，或着反应在一个分子中的不同化学实体上进行时，就会产生化学选择性。后一种过程也可以称为区域选择性或位点选择性（如图 A.38 所示），但是当这两个位点的化学性质非常不同时，使用化学选择性更为合适。

图 A.39 提供了一个钛-salen 催化的二乙基锌对 α-酮酸酯的化学和对映选择性加成反应的示意图（手性钛催化剂对锌试剂的配位和活化没有画出）[120,121]。此处可能有两种化学上非常不同的反应路径，即乙基阴离子的加成（加成）或者氢负离子对酮羰基的加成（还原）。不存在催化剂时，还原过程具有竞争力，且通常得到反应的主要产物。手性钛-salen 催化剂对加成反应比对还原反应的催化作用程度大得多，产生了一个高化学选择性的不对称过程。

在多组分反应中，由于多种反应组分的使用，化学选择性问题尤其相关。例如，如果亚胺和烯醇等价物不预先合成的话，通常直接的 aldol 反应会与 Mannich 反应竞争，其速率取决于醛和亚胺的平衡比例（K_{eq}）以及相应的速率常数（K_{aldol} 对 $K_{Mannich}$）（图 A.40）。

尽管有这些挑战，催化不对称多组分 Mannich 反应已经被成功发展出来[122]。例如，图 A.41 中脯氨酸催化的与丙酮的反应得到 50∶20 的 Mannich 和 aldol 产物的混合物。使用 2-丁酮和羟基丙酮时，这一化学选择性得到大幅提高，以 92%～96% 的产率得到 Mannich 产物。使用这些酮时，区域选择性、非对映选择性和对映选择性都会涉及。对于丁酮，对映选择性（99% ee）和非对映选择性（97.5∶2.5 dr）都非常高，但是区域选择性中等（2.5∶1）。对于羟基丙酮，选择性各方面都是优秀的：反应是化学选择性的

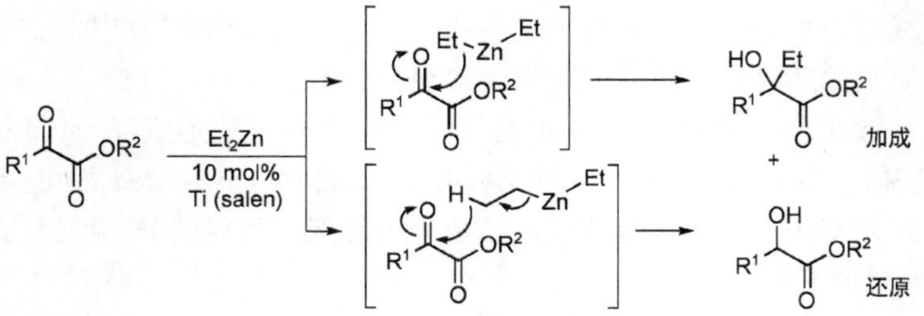

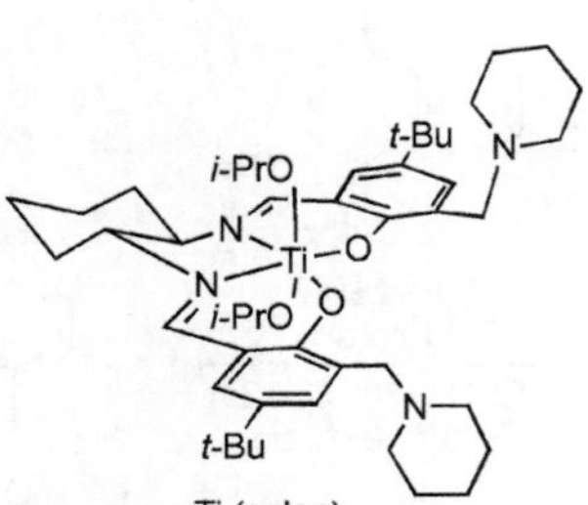

R^1	R^2	加成:还原	加成: ee/%
Ph	Me	100:0	88
2-MeOC$_6$H$_4$	Me	100:0	85
PhCC	Me	100:0	80
Cy	Me	100:0	75
Me	i-Pr	100:0	72

图 A.39　α-酮酸酯不对称加成反应中的化学选择性

该反应的机理见图 12.21

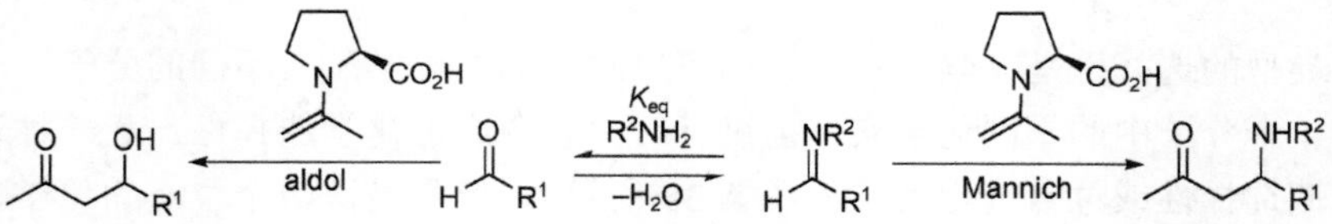

图 A.40　直接 aldol 反应与 Mannich 反应

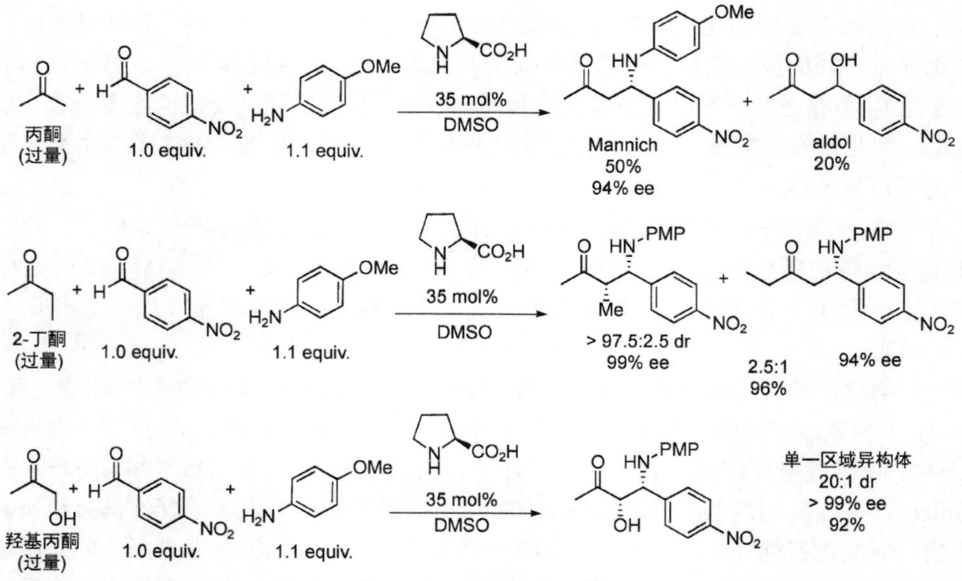

图 A.41　化学选择性、区域选择性、非对映选择性和对映选择性的不对称 Mannich 反应

（Mannich 产物：aldol 产物为 100∶0），区域选择性的（发生在取代较多和较少的酮 α-位的烷基化产物比例为 100∶0），非对映选择性的（*syn* 与 *anti* 的比例为 20∶1），以及对映选择性的（> 99% ee）。

　　发展能够控制所有类型的选择性，包括化学选择性、区域选择性、非对映选择性和对映选择性的催化剂仍然是个挑战。这些努力将会推动在高度官能团化结构的应用。

A.2　立体化学的产生：对映选择性过程

　　尽管已经发展了种类繁多的高对映选择性过程，但实际上只存在少数几种产生对映纯的手性化合物的根本性策略。这些策略包括对前手性基团的区分、对前手性面的区分、带手性单元的化合物的外消旋混合物的拆分，以及外消旋混合物向单一对映体的转化。下面我们按照过程中创建一个或两个手性单元来对这些策略进行讨论，尽管在一个转化中创建两个以上的手性单元是完全可行的。本节中提供了一些产生包含了几种不同类型的手性单元，如中心手性、轴手性和平面手性的单一对映体化合物的例子。

A.2.1　产生只含有一个手性单元的单一对映体

A.2.1.1　前手性化合物向手性化合物的转化

A.2.1.1.1　对对映异位基团的区分

　　通常，对映异位基团是连接在一个原本非手性分子的同一中心上的两个取代基。例如，在抗溃疡药物艾美拉唑（见 A.1.1.2 节中的图 A.7）的前手性前体中，硫上的两个孤电子对是对映异位基团（图 A.42）。利用手性的酒石酸二乙酯-钛配合物选择性地氧化其中一个孤对电子以高的选择性得到了含有硫中心手性单元的艾美拉唑[123]。

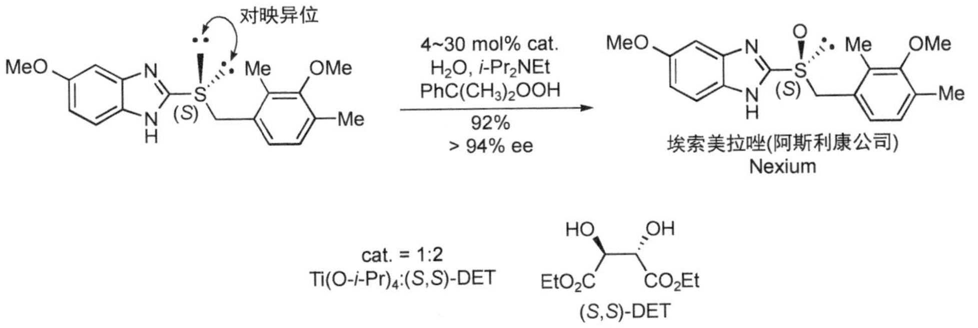

图 A.42　对映异位基团的区分

　　在一个反应中，涉及对前手性化合物的对映异位基团还是对映异位面的区分并不总是十分清楚的。例如，在图 A.43 中的总体的相转移催化的不对称烷基化过程中，看起来甘氨酸亚胺上的两个对映异位的氢被高选择性地区分了[124]。但是，很可能的情况是在手性相转移催化剂（PTC）的场外先形成了一个烯醇负离子。它接下来与 PTC 交换，形成图中所示的手性烯醇负离子。从立体化学诱导的角度看，PTC 通过更多地挡住前手性烯醇负离子的其中一个对映异位面而建立了区分。换句话说，在手性铵-烯醇负离子加合物中烯醇负离子的两个面是非对映异位的。因此，苄溴的加成主要发生在未被屏蔽的一面，这个例子就变成了面的区分，而非基团的区分。

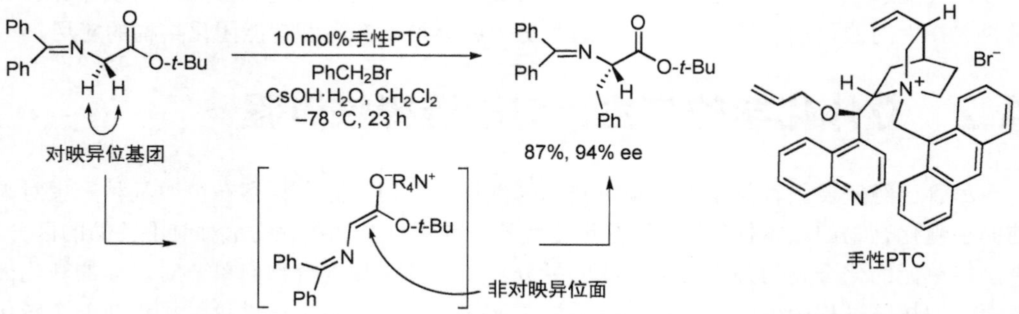

图 A.43　通过非对映异位面来实现对对映异位基团的净区分

对映异位的基团不限于同一中心上的两个取代基。例如，N-Boc 吡咯烷（分析见图 A.22）不仅在同一中心上有两个对映异位基团，也在两个不同中心上有对映异位基团。

非手性和内消旋化合物的去对称化反应通常需要对对映异位基团进行区分（见第 10 章）。使用非手性前体，去对称化产生只含一个手性单元的产物的的例子已经有很多例子。对于内消旋化合物，可以得到只含单一手性中心的化合物，但大部分例子中会导致产生两个或以上的手性中心[99-101]。这样一种转化需要去掉至少一个手性单元，因为根据其定义，内消旋化合物中含有超过一个手性单元（见 A.1.1.7 节）。一个例子是式 A.5 中二醇对映异位的羟基的去对称化。使用钌催化剂氧化以 87% 的 ee 值得到含有单一手性中心的产物[125]。

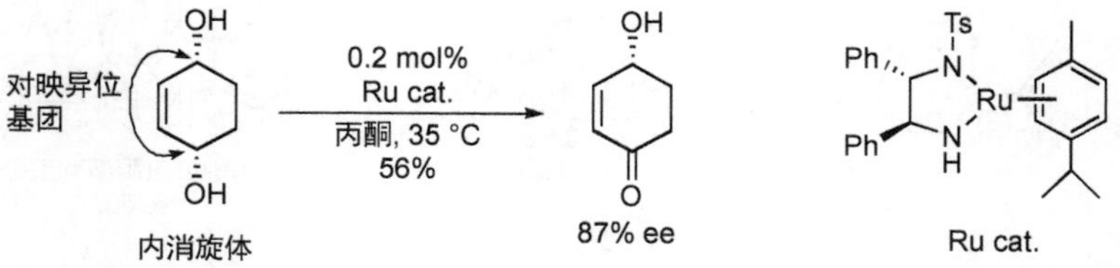

（A.5）

A.2.1.1.2　对对映异位面的加成

在不对称催化中，最常用的含有对映异位面的前手性前体是羰基、亚胺和烯烃类化合物。前两种可以形成有价值的官能团化的化合物，包括手性的醇和胺。选择性地对前手性羰基化合物，如醛，加成的例子见图 A.28 和图 A.29。亚胺的一个例子是图 A.44 所示的有机催化剂催化的不对称 Strecker 反应。脲催化剂活化了 HCN，并将其选择性地传递到亚胺的其中一个对映异位面上[126]。得到的手性 α-氨基腈可以顺利地转化成在药物合成、全合成和生物化学领域中十分重要的手性 α-氨基酸。

由于其廉价易得，烯烃也是不对称合成中重要的前手性前体。涉及对烯烃的对映异位面选择性的还原（图 A.30）或氧化（图 A.27）的例子很常见，但前手性烯烃也可以用于碳-碳键形成反应。例如，在图 A.45 所示的转化中[127]，提出最初氢钯化过程产生一个含有手性钯物种的中间体。这一物种可以与烯烃的任一非对映异位面发生分子内加成。由于 *Re* 面接近的能量较低，因此主要生成了(*S*)-型产物。这里中间体中烯烃的两个面是非对映异位关系，因为中间体中含有以共价键键合的手性催化剂部分，因此本身就是手性的。然而，整体上来看，这一过程造成了对非手性原料中烯烃对映异位面的区分。

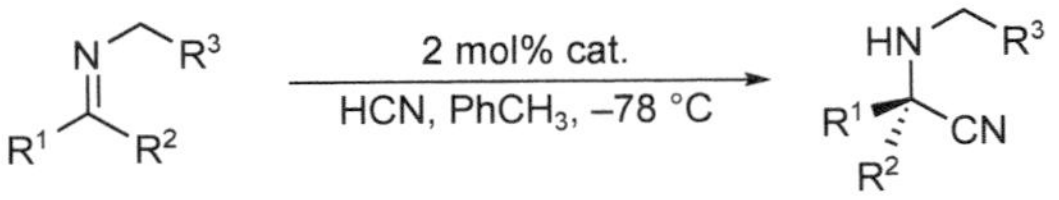

R^1	R^2	R^3	ee/%
Ph	H	$CHCH_2$	95
t-Bu	H	Ph	96
Cy	H	Ph	87
n-Pent	H	Ph	78
Ph	Me	Ph	90

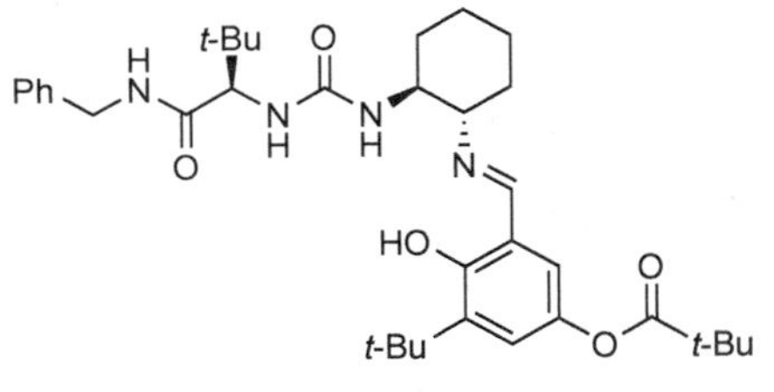

图 A.44　对前手性碳杂原子双键的加成产生一个中心手性单元

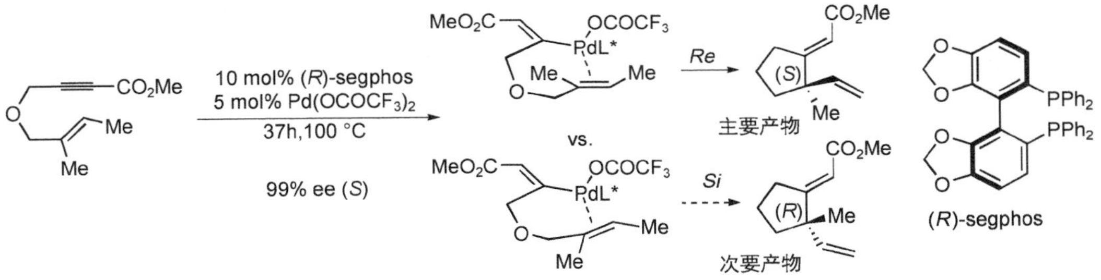

图 A.45　对前手性 C═C 键的加成产生一个中心手性单元

A.2.1.2　外消旋化合物的转化

与从非手性原料出发合成带有新的手性单元的单一对映体不同，另一种途径是使用本身带有手性单元的手性原料的外消旋混合物。这种外消旋混合物可以被手性催化剂在动力学拆分过程中进行拆分。在大部分这种过程中，使用了一种手性催化剂来催化外消旋混合物中一种对映体比另外一种更快地发生转化（能量图见第 2 章，进一步的细节和相关策略见第 7 章）。

通过酰化反应对手性醇的动力学拆分是动力学拆分中的一个经典反应（图 A.46），对这一反应的研究是从使用酶催化剂开始的。对该过程已经发展了许多非常成功的小分子催化剂，包括图 A.46 中通过快速组合筛选发现的生物启发的多肽[128]。值得注意的是，与许多酶催化剂不同，这一多肽催化剂对相当广泛的手性醇都适用。该催化剂能够拆分环己基乙醇和仲丁醇的能力对一个小分子催化剂来说尤其不同寻常。在后面这个底物的情况下，催化剂能够胜任对乙基和甲基两个基团之间相对比较微妙的差别的区分。

动力学拆分的缺点是，即便反应非常完美，最终也会得到两种物质（起始原料的一个对映体及其另一对映体转化得到的产物）。结果是，任一对映体的最大收率为 50%。在实践中，必须对被拆分开的起始原料和产物进行分离，这经常是比较困难的。尽管已

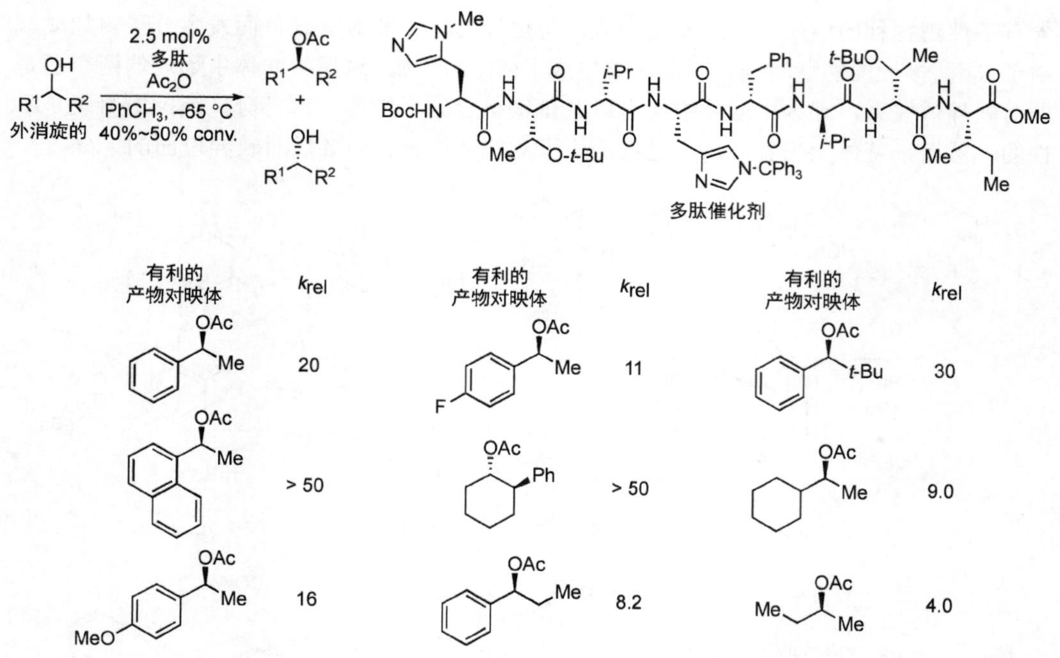

图 A.46　手性醇在多肽催化剂作用下的动力学拆分

经发展了一些策略来使这种过程的效率和使用价值最大化[129]，一个更有效的选择是动态动力学拆分（DKR；能量图见第 1 章，进一步的讨论及相关的策略见第 9 章）。在这一策略中，需要一种方式使底物的对映体之间能够互相转化。如果这种互相转化可以与进一步反应的条件兼容，那么所有的外消旋的起始原料都可以转化成为产物的单一对映体。

例如，图 A.47 中所示的手性格氏底物构型不稳定，导致了对映体之间快速的互相转化。当使用手性钯催化剂时，两个对映体中的其中一个比另一个发生更快的偶联反应[130]。随着外消旋的底物在偶联反应中逐渐被"拆开"，勒沙特列原理开始起作用，要求底物不断地发生平衡移动以产生等量的两种对映体。因此，高的产率和高水平的对映选择性都可以实现。

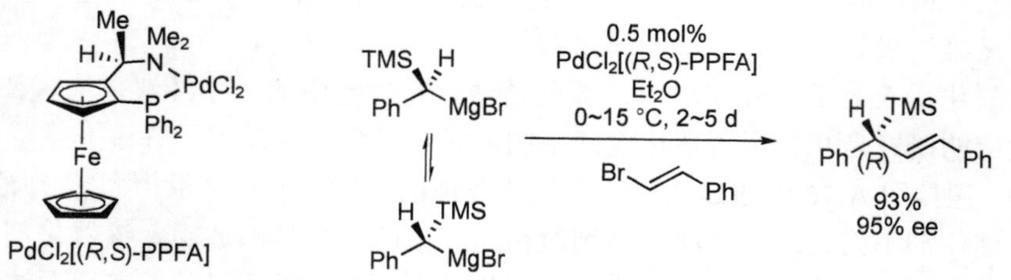

图 A.47　交叉偶联反应中的动态动力学拆分（DKR）

动态动力学拆分可以通过直接外消旋化来进行，如上面例子中的那样；也可以通过一个两种对映体都可以生成的非手性物种的反应来进行。例如，图 A.48 中的底物酮是手性的，并可以容易地通过烯醇化/质子化实现外消旋化。然而，接下来用于产生季碳手性中心的不对称过程[131]只是在总体意义上来看才是动态动力学拆分。对机理的考察表明，立体化学诱导是通过对与手性相转移催化剂（PTC）结合的一个非手性的烯醇负离子的对映面的区分来建立的，而不是通过选择性地与其中一个对映体反应，同时底物酮对映体进行平衡来实现的。这样的过程称为动态动力学不对称转化（DyKAT，能量图见第 1 章，进一步的细节见第 9 章）。

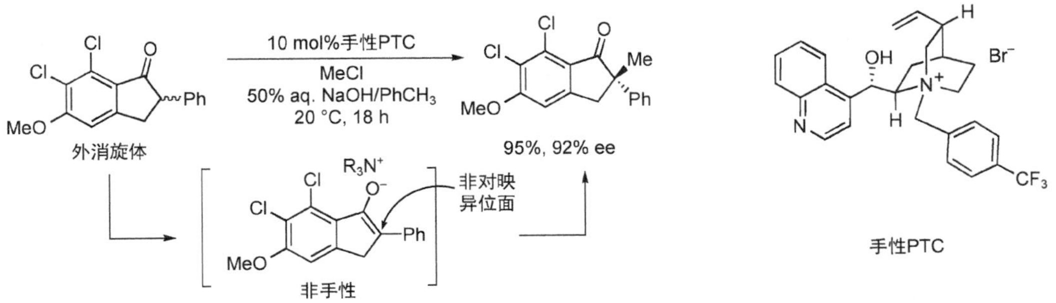

图 A.48　通过烯醇化进行的动态动力学不对称转化（DyKAT）

A.2.1.3　中心手性的创建

许多不同的反应类型，包括 A.2.1.1 节和 A.2.1.2 节中包含的所有类型，被用来创建含有中心手性单元的化合物的单一对映体。大部分这些例子都是产生碳中心上的手性单元。原则上，同样的方法可以也可以用于产生手性在硅、氮、膦、硫（见图 A.42）甚至在金属中心上的手性单元。这些方法的例子可以在上面的讨论中以及第 1～16 章中找到。

A.2.1.4　轴手性的创建

有 4 种本质上不同的方法建立旋阻异构化合物中的轴手性：（1）建立轴手性的同时构建轴手性键；（2）对含前手性轴的单元的化合物的对映区分；（3）拆分不能平衡转化的（动力学拆分）或能够平衡转化的（动态动力学拆分）含有轴手性单元的前体；（4）手性交换。

第一种情况的一个例子是手性钯催化剂介导的不对称 Suzuki 偶联反应（图 A.49）[132]。

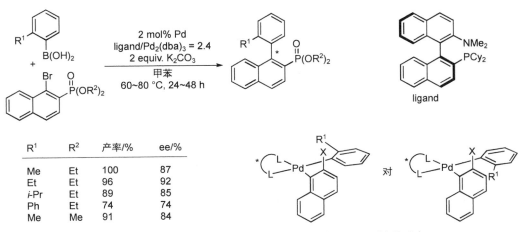

R^1	R^2	产率/%	ee/%
Me	Et	100	87
Et	Et	96	92
i-Pr	Et	89	85
Ph	Et	74	74
Me	Me	91	84

图 A.49　产生轴手性单元的催化对映选择性 Suzuki 偶联反应

讽刺的是，用于创建新的轴手性单元的手性配体也是一个轴手性的化合物。在这个例子中，推测不对称诱导发生在图示的两个中间体的还原消除一步。该步中，在建立两个芳环的立体化学关系的同时生成联芳键。

在萘酚的氧化偶联反应中，也是在联芳键形成的同时创建了轴手性单元（图 A.50）[133,134]。然而，以两个 sp^2 中心结束的联芳键是通过一个中间体的两个 sp^3 杂化中心发生烯醇化而形成的。这一中间体反过来又是通过结合到手性催化剂上的芳基底物的对映面选择性的偶联而形成的［见图 A.50 中四面体型 Cu(Ⅰ)］。提出烯醇化过程伴随着联芳键向位阻较小的方向旋转，导致了联芳键上的对映选择性诱导。

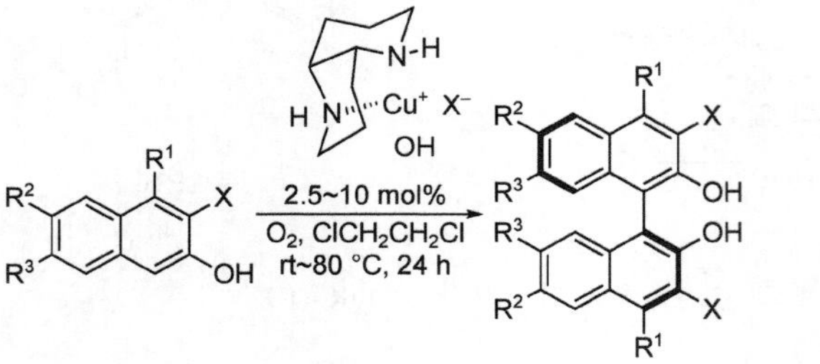

X		R¹	R²	R³	ee/%
CO_2Me		H	H	H	90~93 (99)①
CO_2Me		H	H	Br	92
OBn		H	H	H	46
$CONR_2$		H	H	H	70~75
COAr		H	H	H	83~94
POR_2		H	H	H	92~96
$SO_2(p\text{-}OMe\text{-}C_6H_4)$		H	H	H	57 (98)①
$SO_2(p\text{-}OMe\text{-}C_6H_4)$		H	OMe	H	75
CO_2Me		OAc	OMe	OMe	90
CO_2Me		OAc	OMe	H	86
CO_2Me		OAc	OMe	n-Pr	87

①

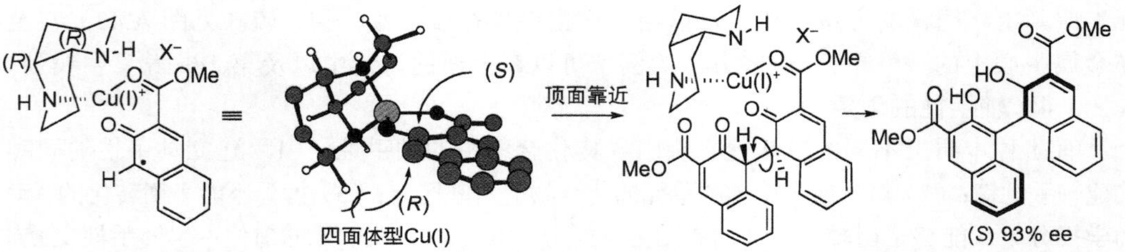

图 A.50　萘酚的催化不对称氧化偶联

对前手性的对映异位基团的区分（即去对称化，见第 10 章）来构建手性轴的一个例子如下文所示（图 A.51）[135]。在这个例子中，单甲烷磺酸酯的一个次级的动力学拆分过程通过不断消耗占少数的(R)-组分而提高了产物的对映选择性（进一步的讨论见第 7 章、第 8 章；其他的例子见第 16 章）[136,137]。

一个形成轴手性化合物的催化不对称动力学拆分的例子如图 A.52 所示。这里通过对外消旋的烯基芳基酰胺其中一个对映体的不对称双羟基化产生了旋阻异构体富集的芳基酰胺[138]。

构建旋阻异构化合物中的轴手性的最后一种方法是手性交换（见 A.1.4.2 节）。在图 A.34 中可以发现一个例子。

制备具有轴手性的非旋阻异构类化合物，如联烯的催化不对称方法也有报道[139]。例如，图 A.53 中展示的手性铑催化的共轭加成以较好的产率和选择性得到联烯基烯醇醚[140]。

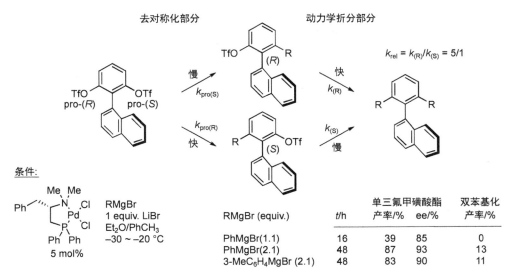

图 A.51 对前手性化合物对映异位基团的区分来产生轴手性单元

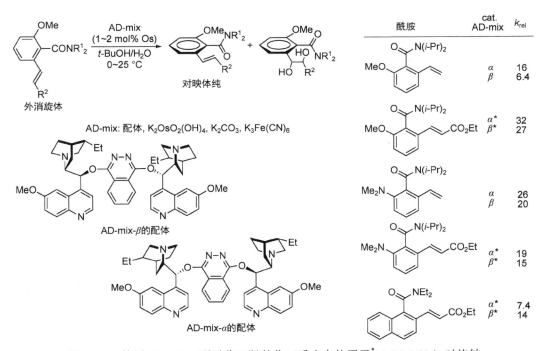

图 A.52 使用 Sharpless 不对称双羟基化（反应中使用了 *MeSO$_2$NH$_2$）对旋转
受阻的酰胺进行动力学拆分

制备轴手性的亚烷基环己烷和亚烷基螺烷的催化不对称方法很罕见。合成亚烷基环己烷的一个例子使用了催化不对称烯丙基化（图 A.54）[141]。在最优条件下，可以以中等的产率（63%）和高选择性得到产物，其中区域选择性（内烯：端烯为 96：4）和对映选择性都很高（90% ee）。

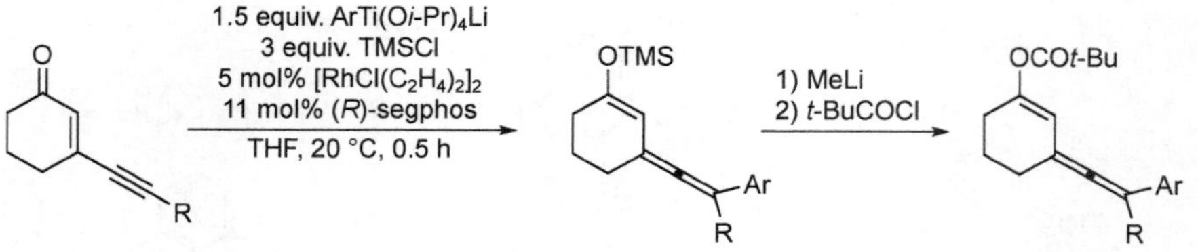

R	Ar	产率/%	ee/%
n-Bu	Ph	85	92
n-Bu	4-FC_6H_4	85	91
n-Bu	4-$MeOC_6H_4$	83	93
Cyclohexyl	Ph	80	80
4-$MeOC_6H_4$	Ph	56	75

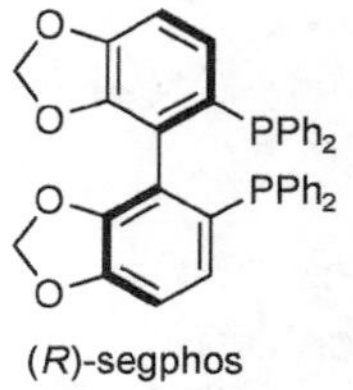

(*R*)-segphos

图 A.53 通过不对称催化形成轴手性联烯

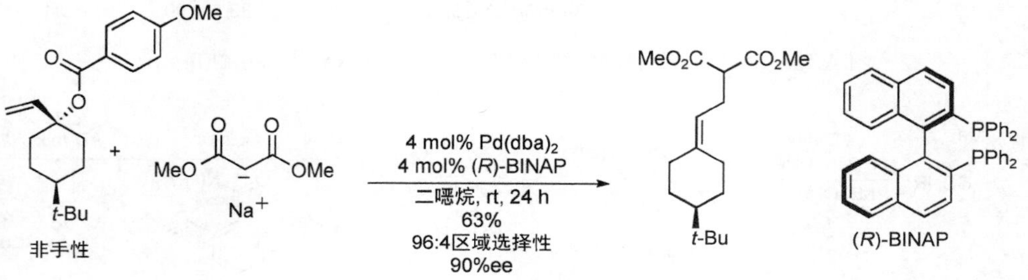

图 A.54 通过不对称催化形成轴手性的亚烷基环己烷

一个手性螺烷的例子可以从图 A.12（见 A.1.1.3 节）中利用分子内氢硅化反应制备手性螺硅烷的例子中（图 A.55）发现[77]。在这个转化中，两个阶段分别经历了不同类型

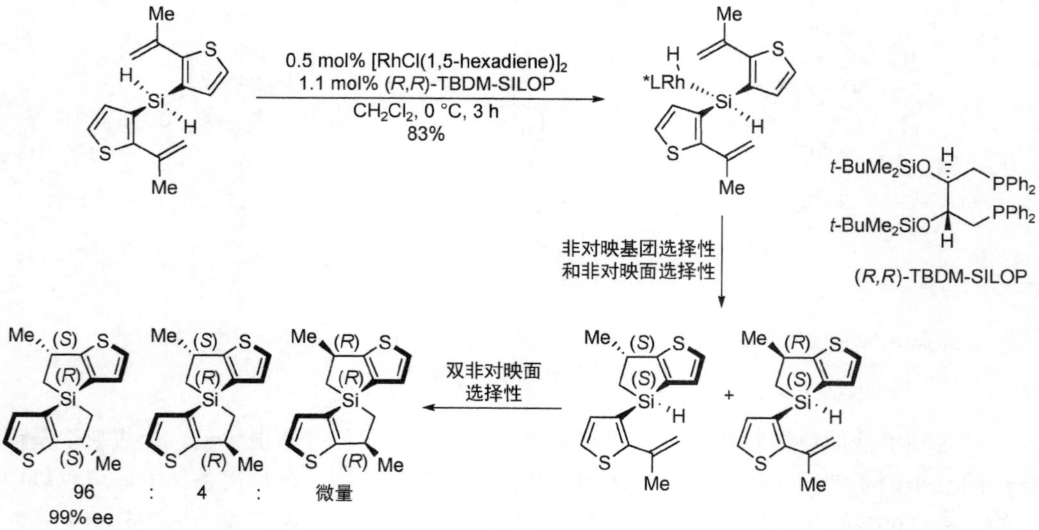

图 A.55 通过不对称催化形成轴手性的螺硅烷

的不对称诱导。在第一步中，硅中心上的两个同手性的氢中任一个与手性催化剂发生氧化加成得到同样的中间体。在这一步硅不是手性中心，而是前手性的。然而由于手性铑的配体上已有的手性中心的关系，硅中心上的两个噻吩基变成了非对映异位关系，而不是对映异位关系。在上面还是下面的噻吩基上发生反应就造成了接下来的对非对映异位基团的选择性。对于上面的噻吩发生的反应，由于参与加成的烯烃的面的关系，导致出现了一个进一步的立体化学因素（即非对映面选择性，见第 13 章）。因此，就在这一步中，铑中心的手性配体对迁移插入步骤施加了两种类型的立体控制。接下来的立体专一性的还原消除得到了所示的非对映异构的硅基单氢化物，以 (S,S)-型的非对映体占主导。第二个氧化加成/迁移插入/还原消除次序步骤非对映选择性地形成了第二个碳硅键，以高的非对映选择性（96：4）和对映选择性（99% ee）得到主要产物。

A.2.1.5 平面手性的创建

尽管合成也含其他手性单元的平面手性分子，如 JOSIPHHOS（图 A.17）和相关的手性二茂铁配体（例如图 A.47）[83,84,97]的方法已经很好地建立了，催化不对称合成仅有一个平面手性单元的手性化合物仍然是一个重大挑战。最近，平面手性杂环已经成为一类重要的催化剂[87-89]，但这类物质通常由色谱拆分的方法来获得。产生平面手性物质的直接的催化不对称方法很少见[142,143]，而且主要分为两类，即不对称络合和平面部分的不对称取代。

第一种方法，即不对称配位的一个例子见图 A.56。这里，可以在催化量的手性氮杂二烯和光的存在下发生配位，以较好的对映选择性得到平面手性的 η⁴-铁加合物[144]。在这个反应中，提出氮杂二烯通过其 η⁴-加合物起到了对三羰基铁的不对称转移试剂的作用。

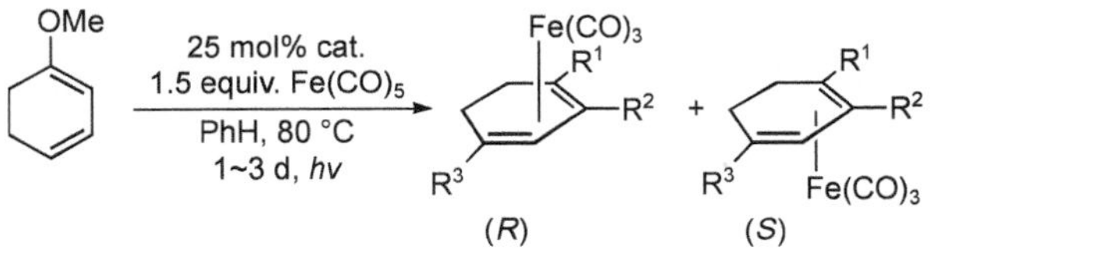

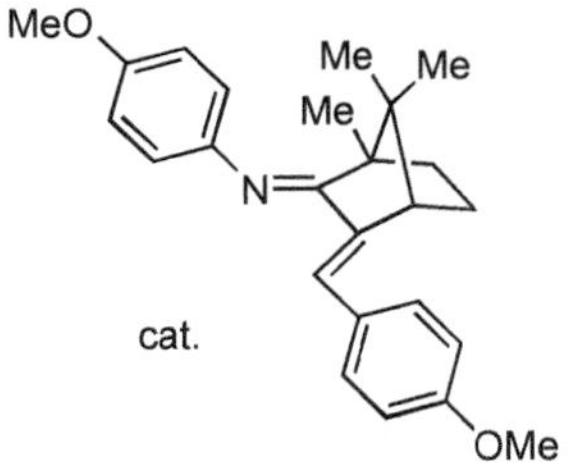

R¹	R²	R³	产率/%	ee/%
OMe	H	H	97	86 (S)
O-i-Pr	H	H	78	79 (+)
OMe	H	Me	86	72 (S)
OMe	H	CH₂CO₂Me	93	50 (S)
H	CO₂Me	H	90	76 (−)

图 A.56 通过不对称的金属配位来催化形成平面手性的化合物

第二种方法，即在平面上进行不对称取代来合成平面手性化合物的一个例子见图 A.57。此处使用了一个手性钯催化剂，通过 Suzuki 偶联对非手性的 η⁶-三羰基铬配合物中对映异位的两个氯进行了区分[145]。尽管使用烯基或芳基硼酸为偶联试剂只取得了中等水平的对映选择性，这一方法在合成这一重要类型的化合物中仍然具有重要的前景。

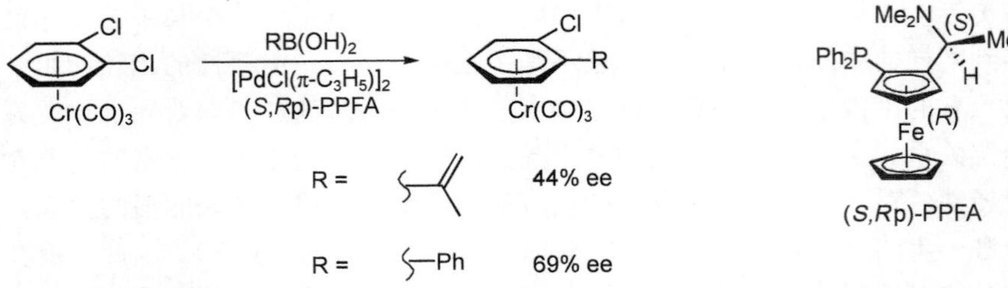

图 A.57   通过对平面部分的不对称取代来催化合成平面手性的化合物

A.2.2   产生含有超过一个手性单元的单一对映体

前面几节中概述了催化不对称合成含一个手性单元的化合物的单一对映体的方法的例子。其根本性的策略包括对对映异位基团的区分和去对称化、对对映异位面的区分，以及并不额外产生手性单元的、对含有一个手性单元的外消旋化合物的动力学和动态动力学拆分。所有这些策略都可以用于创建含有组合了各种手性单元的化合物的单一对映体。在一个催化不对称转化中，产生两个或更多的手性单元十分强大，与逐个建立额外手性单元的非对映选择性的方法相互补充（见第 16 章）。

A.2.2.1   对对映异位基团的区分

为了通过对映异位基团的区分来产生超过一个手性中心，至少需要两个前手性中心。这种情况在对映异位基团位于不同中心上（见图 A.59～图 A.62）的去对称化反应[99]（见第 10 章）中最常遇到。相反，对映异位基团位于同一中心上的一个例子如图 A.58 所示[146]。在这个手性铑催化的不对称 C—H 插入反应中，两个前手性单元分别位于两个不同的反应物中。反应底物烯烃的 OTBS 邻位碳中心上的两个氢是对映异位的，这构成了第一个前手性单元。第二个前手性中心来自于从重氮乙酸苯酯得到的三角形卡宾的对映异位面（在铑卡宾中，由于铑上手性配体的关系，这两个面是非对映异位关系）。这两个前手性单元都转化到了产物中的新的手性单元。

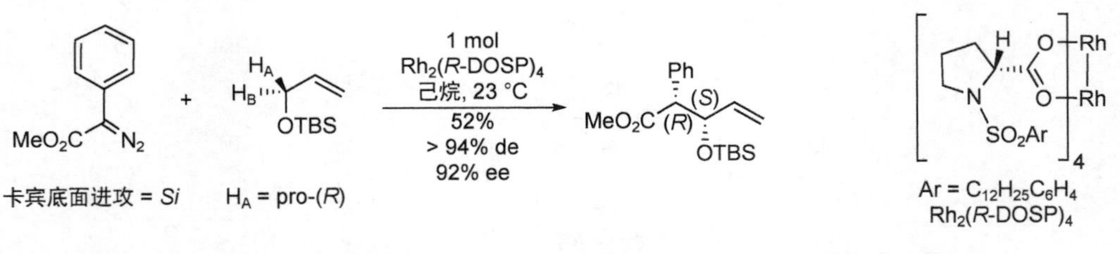

图 A.58   从非手性的、非内消旋的化合物经对映异位基团和对映面的
区分而得到的具有两个手性单元的产物

涉及去对称化的一个例子是图 A.59 中所示的手性铑催化的重氮插入反应[147]。在这个例子中，从非手性、非内消旋的化合物出发，经过对对映异位基团的区分产生了超过一个手性单元。在第一组反应中，观察到绝大部分的重氮插入到了烷氧基连接链 *cis* 位的 C—H 键，得到了高的 *cis* : *trans* 非对映选择性（99 : 1）。无论环大小如何，手性催化剂对处于对映异位关系的两个 *cis* 氢的区分都导致产生了高的对映选择性（96%～97%

ee）。在这些情况下，产物中观察到了两个手性单元，这是由于起始原料中存在两个前手性单元，即对映异位的氢和烷氧基碳中心的结果。在图 A.59 的第二个式中，由于甲基取代的中心的关系，导致起始原料中总共含有三个前手性单元，在相应的产物中得到了三个手性单元。

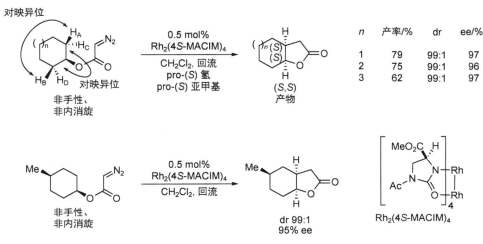

图 A.59　从非手性、非内消旋的化合物经对映异位基团的区分
而得到的具有两个手性单元的产物

图 A.60 展示了另一个去对称化反应。在这个手性铑催化的去对称化反应中，两个前手性单元位于不同的反应物上[148]。该杂环反应物上邻近氮的碳中心上的氢原子是对映异位的，这导致产生了第一个前手性中心（氮原子任一侧的亚甲基的反应都涉及同样的对映异位关系，见 A.1.2.1 节中图 A.22）。第二个前手性单元来自重氮乙酸苯酯产生的三角形的卡宾的对映异位面。

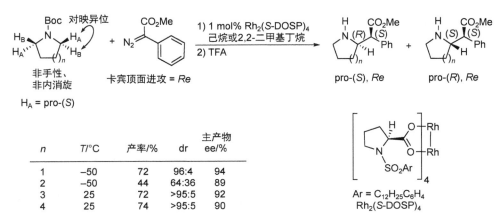

n	T/℃	产率/%	dr	主产物 ee/%
1	−50	72	96:4	94
2	−50	44	64:36	89
3	25	72	>95:5	92
4	25	74	>95:5	90

图 A.60　从非手性、非内消旋的化合物经对映异位基团和对映面的
区分而得到的具有两个手性单元的产物

通过区分内消旋化合物中的对映异位基团来实现的去对称化反应尤其强大[99]。这些转化与图 A.42 和图 A.58～图 A.60 中的例子有许多共同的特性。其主要区别在于这些手性单元在内消旋化合物中已经存在，所以打破其结构上的对称性就会轻易地使其展示出不止一个新的手性单元。例如，内消旋酸酐的选择性切断是一个典型的去对称化反应。近期一个涉及使用手性催化剂区分上下两个羰基的催化不对称版本见图 A.61 中所示[149]。手性钯催化剂对上面的羰基的更快的插入造成了立体化学的区分。接下来与锌试剂进行金属交换并还原消除得到了酸酐切断的产物，同时伴随 C—C 键的形成。得到的手性化合物中具有 2 个或 4 个中心手性单元。

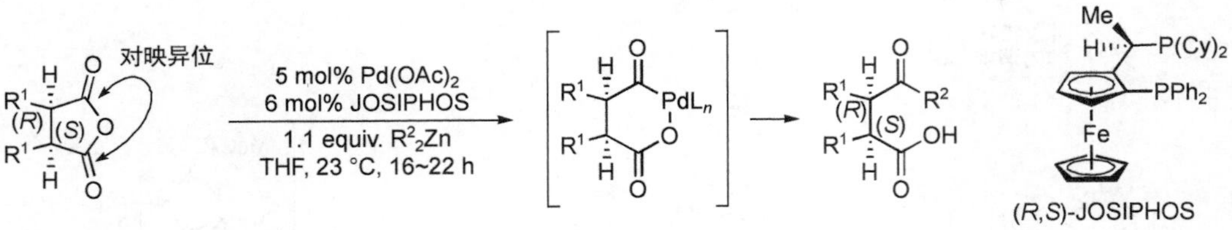

产物	R^2_2Zn	产率/%	ee/%	产物	R^2_2Zn	产率/%	ee/%
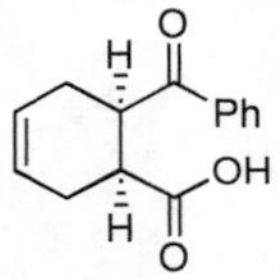	Ph_2Zn	69	91	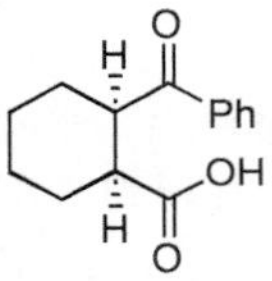	Ph_2Zn	89	94
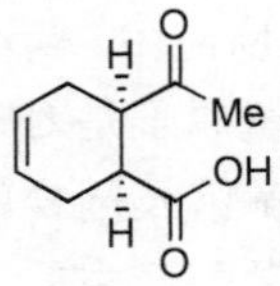	Me_2Zn [25 mol% 4-$FC_6H_4(CHCH_2)$]	60	90	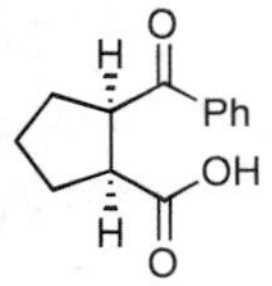	Ph_2Zn (40 °C)	74	89
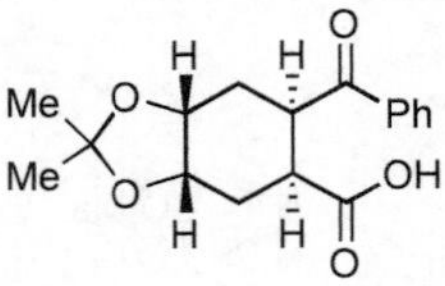	Ph_2Zn	83	97	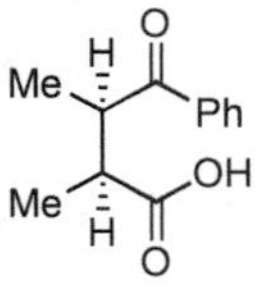	Ph_2Zn (80 °C)	72	92

图 A.61 通过对内消旋化合去对称化区分其映异位基团而产生具有两个及以上手性单元的化合物

通过对内消旋化合物进行去对称化来揭示多个立体中心的能力使这一技术非常强大。从容易构建的非手性的内消旋化合物出发创建结构复杂的对映体纯的化合物尤其具有吸引力[99,150,151]。例如，图 A.62 中使用不同的不对称磷酰化催化剂对肌醇（inocitol）中间体去对称化，以高的产率和选择性得到了具有六个新的手性中心的化合物[152,153]。之前合成这类重要的肌醇膦酸酯衍生物的方法步骤要长的多，需要多个保护基并得到了很低的总体产率。对每个转化，可以通过组合筛选多肽催化剂库来相对较快地发现催化剂。提出得到的催化剂通过首先形成一个 *N*-甲基咪唑中间体起到一个转移磷酰化催化剂（transphosphonylation catalyst）的作用。活化加合物接着与底物通过氢键相互作用，将膦酰基置于进行立体选择性转移的位置。值得注意的是，可被取代的 3 个羟基在立体化学上是非常不同的。C1 和 C3 上的羟基是对映异位的，对任一个进行取代导致得到互为对映异构体的产物。另一方面，C5 的羟基对于 C1 和 C3 的羟基来说是非对映异位的，对其取代仍得到内消旋产物。这类能够区分 3 个类似的羟基的催化剂解决了不对称催化的一个关键问题，就是，能够区分多官能团化分子中独特官能团的催化剂是非常理想的，因为它们能够用于更加广泛的底物，不需要保护其他的活性官能团[154]而且可以进行复杂结构的后期官能团化。

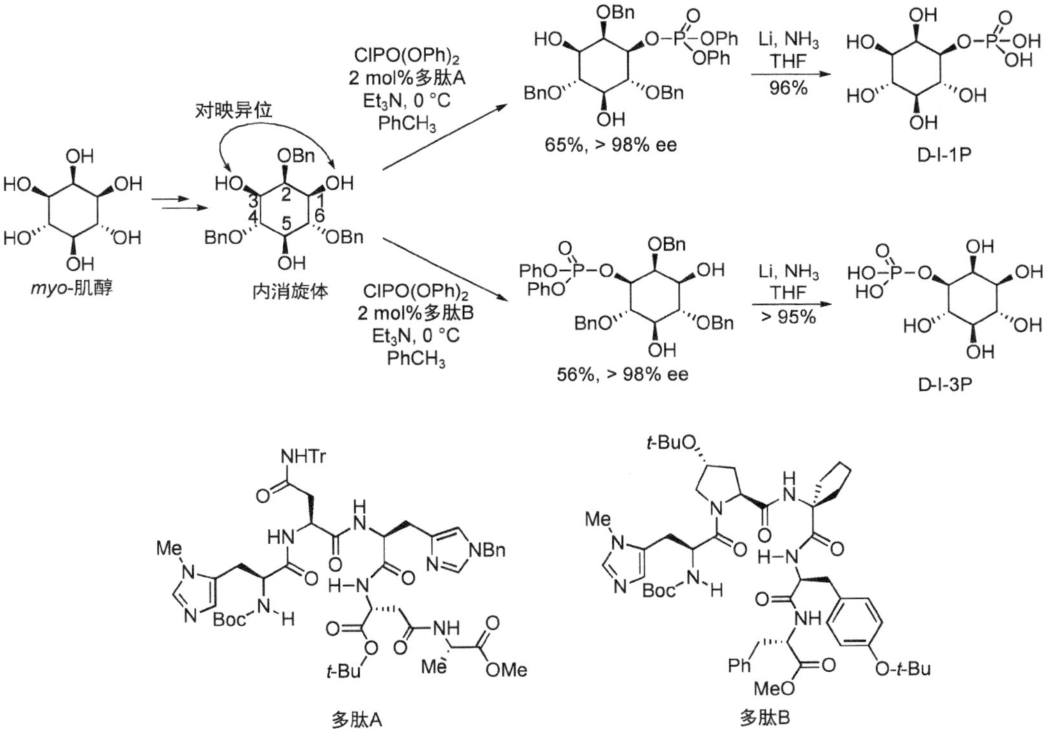

图 A.62　去对称化产生多个手性单元

A.2.2.2　对对映异位面的加成

通过非手性前体的对映面的区分可以很容易地得到含有超过一个手性单元的对映体纯的化合物。这类转化可以涉及含有前手性面的一个化合物（图 A.63）或两个或更多具有前手性面化合物的组合（图 A.64 和图 A.65）。由于存在为数众多的含前手性面的化合物，包括烯烃、二烯、羰基、亚胺等，这一策略十分强大，经常被用于构建含多个手性单元的手性组分。

图 A.30 中(E)-式和(Z)-式烯酰胺底物的不对称氢化在图 A.63 中进行了更加详细的考察[110]。在这一例子中，两个非对映异构的底物在顺式不对称氢化中暴露出了不同的非对映面。对不同面的接近可以用 *Re* 和 *Si* 这种描述符来进行独特地描述。对于第一个例子，从底面进行顺式氢化导致从 *Re* 面接近两个三角形的碳。对于第二个例子，从底面进行

顺式氢化导致从 *Re* 面接近两个三角形碳中的其中一个，而从 *Si* 面接近另一个。用 *syn* 和 *anti* 描述符标出的产物可以很直观地看出（见图 A.63）。然而并没有一个统一的惯例使用图中所使用的反叠式表示方法。因此，这里的 *syn* 和 *anti* 是相对的术语，取决于使用的具体的表示方法，它们可能有所变化。

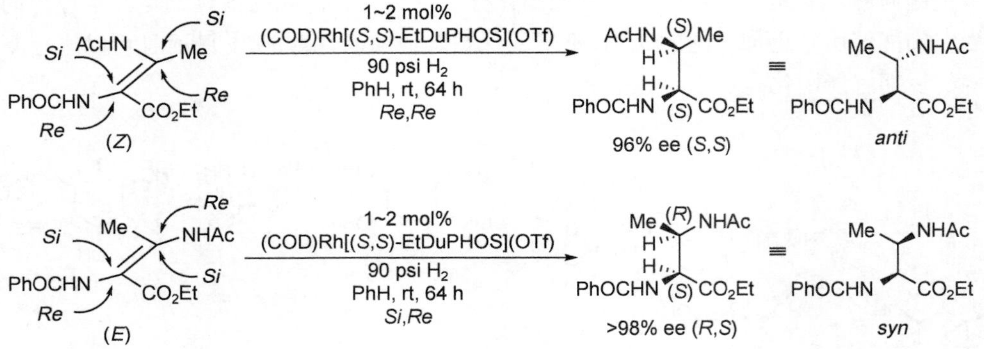

图 A.63 对前手性烯烃的加成产生两个中心手性单元

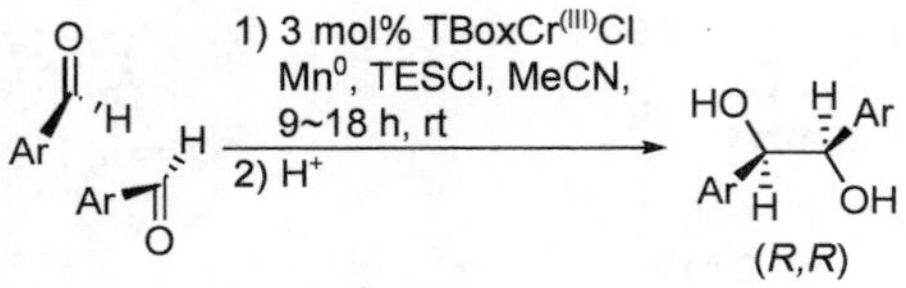

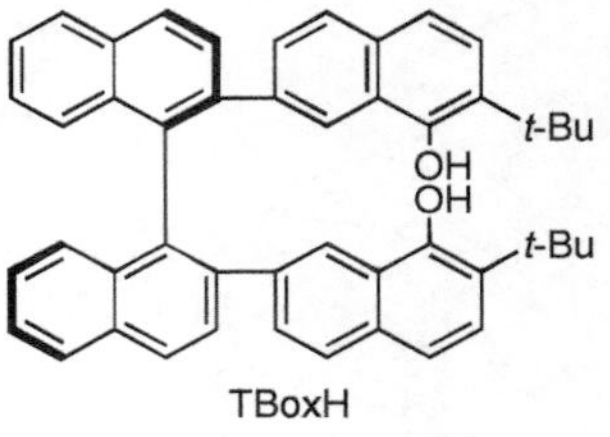

Ar	产率/%	dr(*dl:meso*)	ee/%
Ph	94	98:2	97
o-MePh	93	98:2	98
p-MePh	93	97:3	97
m-MeOPh	92	98:2	97
p-BrPh	91	97:3	98
p-ClPh	94	97:3	98
p-CF_3Ph	89	92:8	95
1-Nap	92	96:4	98
2-Nap	88	97:3	95

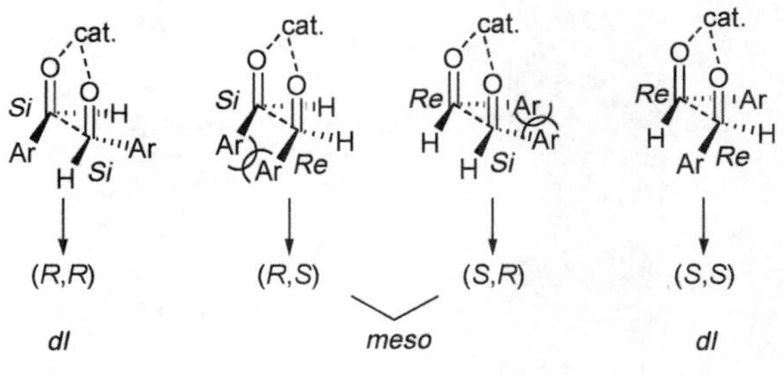

图 A.64 两个完全相同的前手性双键的组合产生两个中心手性单元

在上面的两个转化中，立体面是由于底物的几何结构的变化而发生了改变。从同一底物出发，发生顺式和反式选择性的氢化时，由对对映面的接近所造成的同样的一些立体化学后果和产物的结果也本来也是可以实现的。

结合两种不同前手性平面结构的反应是创造新的含多个手性单元的化合物的经典方法。发生反应的前手性化合物可以相同（图 A.64）或不同（图 A.65）。在前者的一个例子中，使用了手性铬催化剂用来引发两个完全相同的醛的频哪醇反应，导致形成了三个可能的立体异构体（图 A.64）[155]。可以以高的非对映选择性和对映选择性得到产物，其中含有两个中心手性单元。非对映选择性通常是不依赖于催化剂的不对称性的一种结果。例如，由于金属对两个羰基都发生配位，大部分频哪醇反应得到了高的非对映选择性，有利于 *dl*-异构体。如图 A.64 中所画出的，金属（对底物）的这种组织方式导致内消旋的（*meso*）组合中芳基之间存在不利的立体位阻作用。非对映选择性确定之后，手性催化剂的主要作用是区分 *dl* 组合中面的接近方式，消除其中一种可能性。在这个例子中，更有利于从每个醛的 *Si* 面接近（*Si,Si*），导致主要生成(*R,R*)-产物。

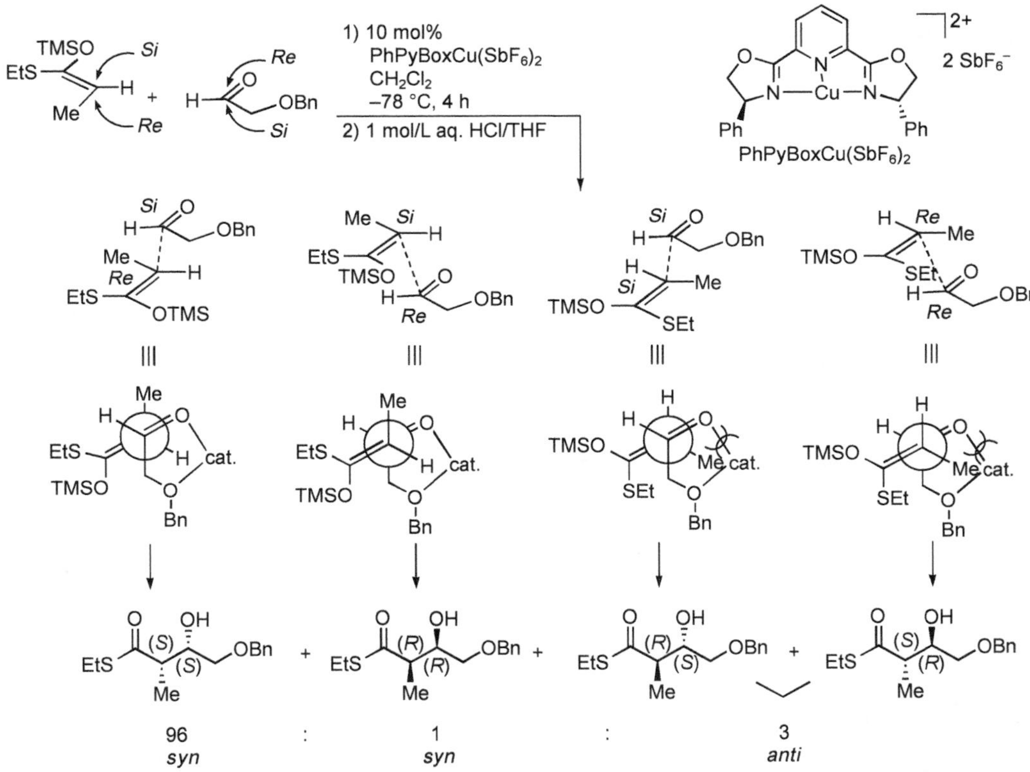

图 A.65 两个不同的前手性双键的组合产生两个中心手性单元

当两种不同的平面型前手性单元反应时，甚至更多的复杂性也可以被创造出来。例如，在图 A.65 中对图 A.29 中的一个 Mukaiyama aldol 反应进行了进一步的详细描述[109]。由于存在两个平面型前手性单元，同样会出现 4 种可能的组合。非对映选择性不是催化剂的不对称性造成的后果，因为由于图示的 *anti* 接近所造成的立体位阻作用，外消旋的螯合 Lewis 酸主要得到了 *syn* 式加成产物。有了 *syn* 式加成的限制条件，手性催化剂接着通过空间上挡住了对 *Re* 面接近而决定了对醛 *Si* 面的加成（详细的立体化学模型见第 2 章）。

两个平面前手性单元的组合也可以在产物中建立超过两个手性单元。例如在图 A.66 所示的杂 Diels-Alder 反应中，当使用二取代的亲双烯体，如二氢呋喃时，可以建立 3 个中心手性单元[156]。尽管有 3 个前手性中心，亲双烯体固定的 *cis* 立体化学只允许 4 种可能的立体化学组合，在所有的情况下，环的融合都是 *cis*-取代的。尽管在手性催化剂存在下有可能提高非对映选择性（见第 1 章），甚至使用非手性催化剂也观察到了相似的 *endo* 非对映选择性。催化剂的主要作用是对二烯的面的接近。在这个例子中，*Si* 面接近是高度有利的（*endo* 异构体具有 95% ee）。

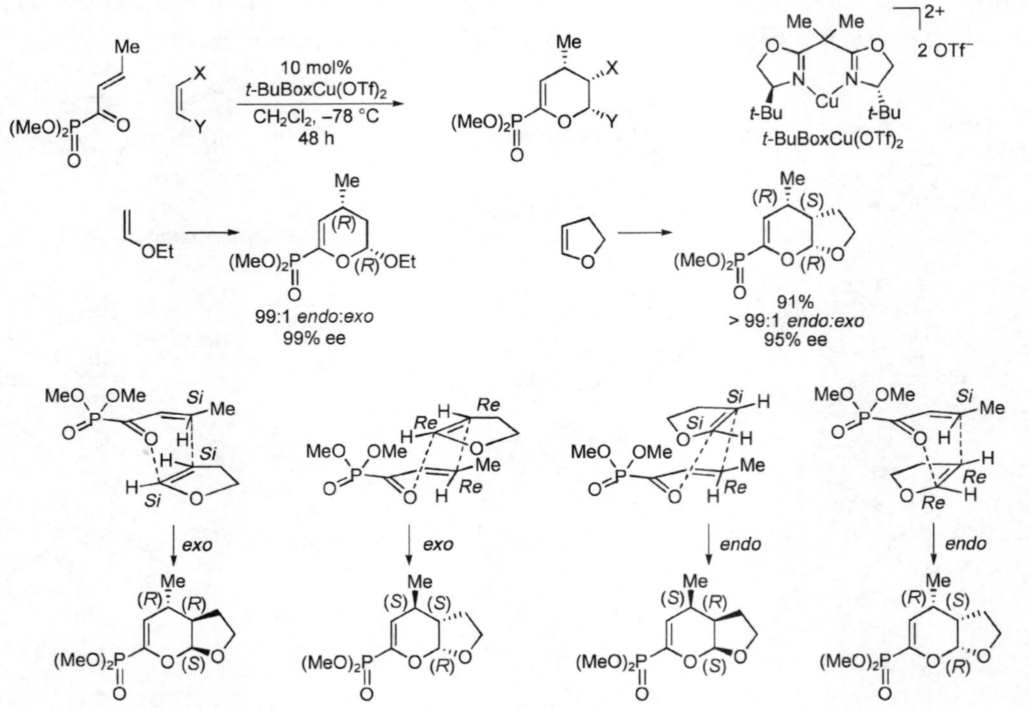

图 A.66　两个不同的前手性双键的组合产生多个中心手性单元

A.2.2.3　外消旋化合物的转化

含有超过一个手性单元的对映体纯化合物也可以从外消旋前体通过建立额外手性单元的动力学拆分（见第 7～9 章）来产生。例如，如果在 50%转化率时中止反应，图 A.27 中(R)-和(S)-*trans*-1-环己烯基丁-2-烯醇的外消旋混合物的环氧化[104,105]主要得到 *anti* 的(S)-型产物（图 A.67）。由于环氧化是 *cis* 立体专一性的反应，从起始原料的每个对映

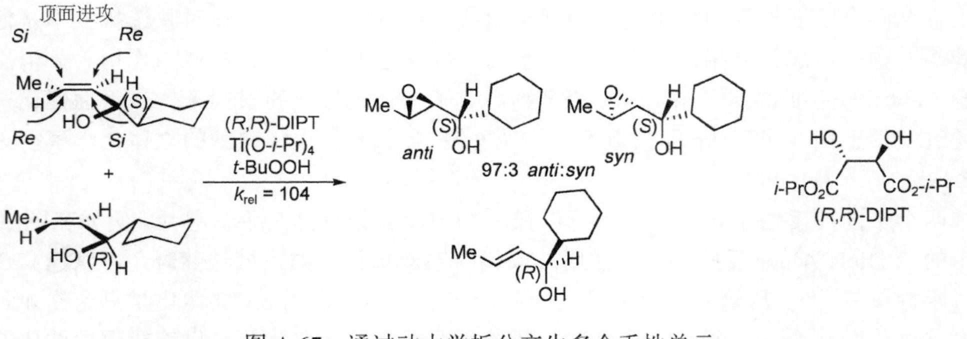

图 A.67　通过动力学拆分产生多个手性单元

体只形成了两个产物。在这些条件下，(R)-型底物几乎不反应。如此一来，只需要考虑(S)-型底物的顶面（Si/Re）还是底面（Re/Si）进攻。虽然即便没有发生对这些非对映面的拆分，对底物的拆分也能够实现，（由于发生了这些拆分）也能以有用的非对映控制得到含有三个手性单元的产物（97∶3，anti∶syn）。

动态动力学拆分是更有用的，因为可以从外消旋混合物中产生含多个手性单元的单一对映体。例如，在图 A.68 中钌-BINAP 催化的酮的氢化中，酮的两个对映体可以通过烯醇式相互平衡。氢化通过酮式进行，其中酯羰基起到连接的供体的作用，在被传递的负氢和酯之间建立了一种 cis 关系。催化剂有利于 Si 面加成，只有(R)-型的起始原料可以协助将钌上的氢以 cis 方式传递到这一前手性面。因此，(R)-立体化学和 Si 面的组合是有利的，导致生成了(R,R)-型产物[157]。

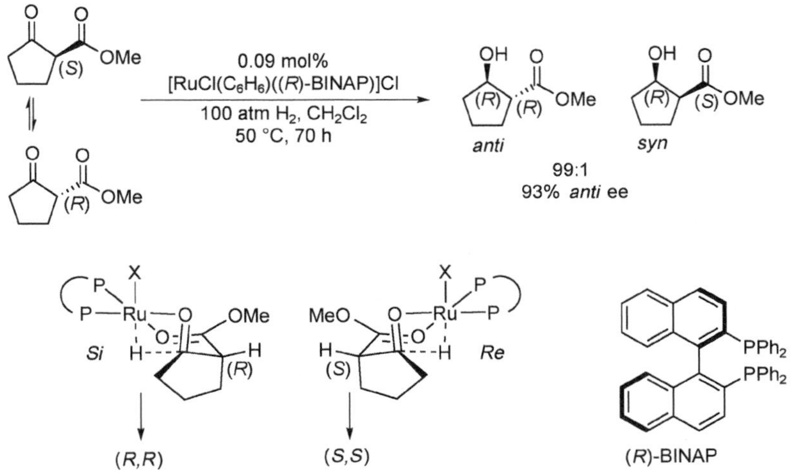

图 A.68　通过动态动力学拆分产生多个手性单元

产生超过一个立体化学单元的动力学拆分并不限于中心手性单元。例如，图 A.69 中描述的动态动力学拆分得到了含有一个新的中心手性单元和一个被拆开的轴手性单元的产物[158]。起始原料中的手性轴构型不稳定，其旋阻异构体可以在反应条件下互相平衡转化。在催化量的(S)-脯氨酸存在下，与丙酮的 aldol 反应在醛的背（Si）面进行。从 Si 面接近(R)-型和(S)-型的旋阻异构体的两种方式互为非对映选择性关系，其中对前者的加成是有利的，导致产生了占优势的 anti (R, R)-型产物。在产物阶段，旋阻异构化的能垒更高，手性轴是构型稳定的。

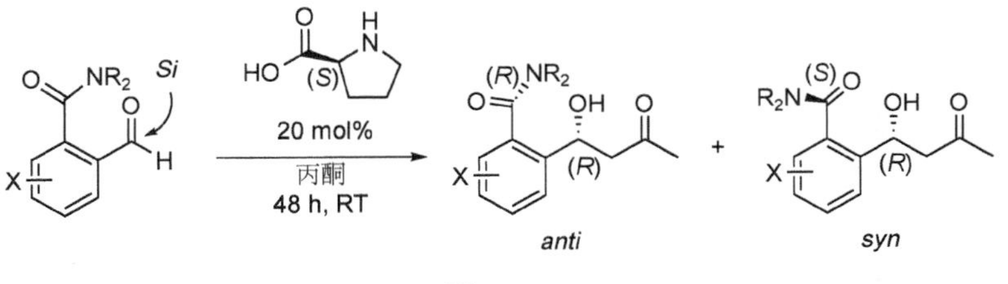

图 A.69

底物		产率/%	*anti:syn*	*anti* ee/%
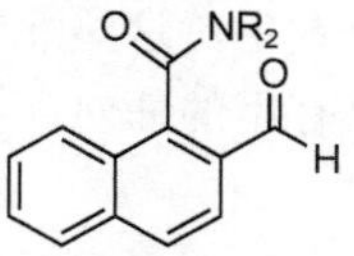	R = *i*-Pr	87	5.5:1	91
	R = Cy	89	4.8:1	92
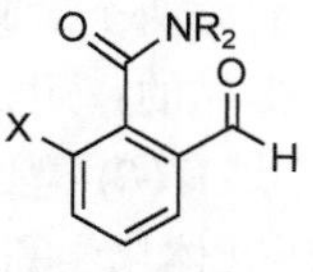	X = NMe₂	92	3.6:1	94
	X = CF₃	86	7.0:1	82
	X = Ph	100	3.0:1	90
	X = OMe	80	2.1:1	95

图 A.69　通过动态动力学拆分同时产生不同类型的手性单元

A.3　特定立体异构体的产生

不对称催化的一个关键问题是如何获得所有可能的立体异构体。理想情况下，一个特定的催化剂会产生某个给定过程的某一种潜在的立体异构体的纯品。例如，使用前手性底物时，如果手性催化剂（如手性氨基酸）的两种对映体都可以获得的话，产物的任一对映体都可以得到。另一方面，如果手性催化剂是天然原料衍生获得的话，只有其中一种对映体容易获得，那么获得产物的另一种对映体是很成问题的。例如，在图 A.70中的不对称空气氧化的 Wacker 环化中，使用(−)-金雀花碱-钯配合物作为催化剂取得了好的效果[159]。虽然从天然资源分离可以为(−)-金雀花碱提供可靠的来源，但是类似的(+)-金雀花碱不能如此得到。因此，这些反应的产物的对映异构体不容易获得。在发展可用于规模化合成(+)-金雀花碱或可靠易得的(+)-金雀花碱替代物上已经耗费了巨大的努力。一种替代物看起来比较有前景[160]；然而，其所需的前体的供应是有限的。

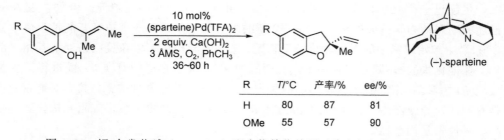

R	*T*/°C	产率/%	ee/%
H	80	87	81
OMe	55	57	90

图 A.70　钯-金雀花碱（sparteine）配合物催化的不对称空气氧化 Wacker 环化

为解决这一问题已经设计了许多漂亮的解决方案。最值得一提的是，假对映选择性（pseudoenantiomeric）催化剂的使用被证明是非常成功的。例如，在 Sharpless 不对称羟基化反应中，二氢奎尼定（DHQD）-酞嗪和二氢奎宁（DHQ）-酞嗪（PHAL）衍生的锇催化剂被证明是非常强大的，尤其是 DHQD 和 DHQ 都容易获得[161]。尽管手性配体(DHQD)₂PHAL 和(DHQ)₂PHAL 不互为对映异构体，但它们却能以几乎相同水平的对映体过量提供产物的两个对映异构体（图 A.71）。它们的结构中包含醚碳立体中心上相反的构型和氮杂双环辛烷中同样的构型。看来前者是起决定作用的立体控制元素。

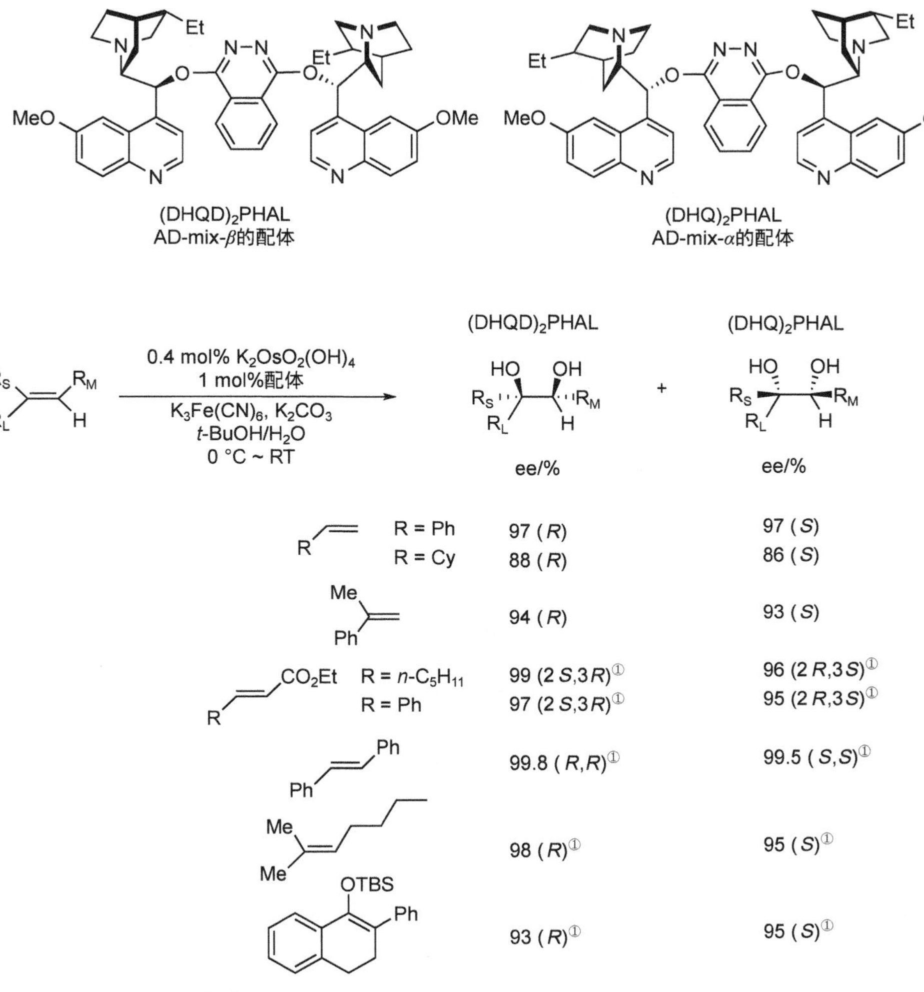

(DHQD)$_2$PHAL
AD-mix-β的配体

(DHQ)$_2$PHAL
AD-mix-α的配体

① 加 1 equiv. MeSO$_2$NH$_2$。

图 A.71 使用假对映选择性催化剂的烯烃的不对称双羟基化

另一解决方法是使用能在相当程度上改变催化剂或使反应机理发生变化，以使反应生成产物的另一对映体的添加剂。例如，在图 A.72 中的 Diels-Alder 反应中，取决于使用哪种非手性的添加剂，手性催化剂的一种对映体能够得到产物的任一对映体[162]。当手性配体的对映异构体无法获得或极为昂贵时，这一途径就会尤其有用。进一步的讨论和实例见第 6 章。

当非对映选择性也是一个问题时，那么反应至少会产生 3 种可能的异构体。理想情况下，如果能通过控制反应条件和手性催化剂来得到所有化合物的纯品（＞90%的产物）的话，那是非常令人满意的。然而，底物控制和催化剂控制有可能都（对非对映选择性）

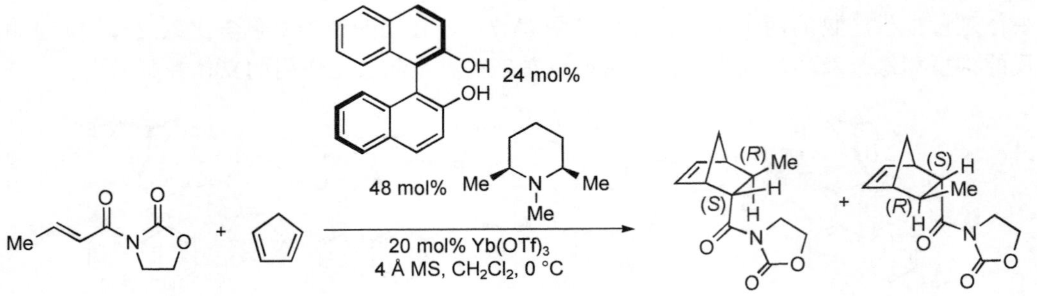

图 A.72   使用添加剂与手性催化剂的一个对映体选择性地产生 Diels-Alder 加合物的不同对映体

条目	添加剂	产率/%	*endo*:*exo*	(2*S*,3*R*):(2*R*,3*S*)
1	不加催化剂	77	89:11	97.5:2.5
2	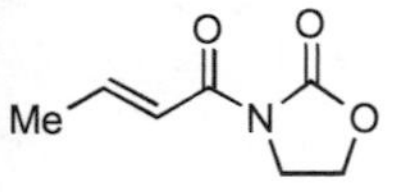	66	87:13	95:6
3	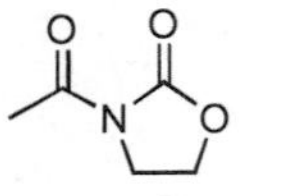	77	89:11	96.5:3.5
4	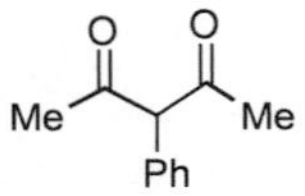	83	93:7	9.5:90.5

有贡献（见第 13 章）。虽然从合成的灵活性和完全的立体控制来说后者更为理想，但它并不是经常能够实现的。例如，在各种二烯与亲双烯体 3-丙烯基-2-噁唑啉酮的热反应中，*endo* 型的非对映体倾向于占优势（图 A.73）[163]。当使用手性噁唑啉酮催化剂时，这种内在的选择性通常是被放大了的（条目 1~4）。对于条目 1 和条目 2，两组非对映异构的途径之间的差别相对较大，一种途径比另一种要有利的多。在这一情况下，催化剂只在较小的程度上改变了非对映选择性比例，而另一非对映体本身就是无法达到的。在 *endo* 型接近过程中，当二烯遇到与手性催化剂之间额外的立体位阻作用时，热反应中的 *endo* 选择性会在使用催化的条件时转变成 *exo* 化合物为主（条目 5）。然而在所有的情况下，这种改变都相对较小（尤其是按照 ΔG 考虑时；见第 1 章）。这里底物控制占主导，以高的非对映选择性和对映选择性获得 *exo* 型产物通常是困难的，而产生对映纯的 *endo* 型加合物非常容易。

其他的催化剂组合已被设计用于进行灵活的非对映选择性和对映选择性控制。这种情形是最理想的，因为原则上可通过选择合适的催化剂来获得所有立体异构体的纯品。例如，在各种双噁唑啉金属配合物催化的烯醇硅醚对丙酮酸酯的加成反应中，4 种可能的非对映体中的 3 种可以通过配体（双噁唑啉或吡啶双噁唑啉）和/或金属[Cu(II)或 Sn(II)]的调节以几乎纯品的形式得到[164,118]。第 4 种(*R*,*R*)-立体异构体可以用 Cu(II)-双噁唑啉配合物的对映异构体得到。这些反应中，催化剂是主导性的立体控制元素，超越了底物任

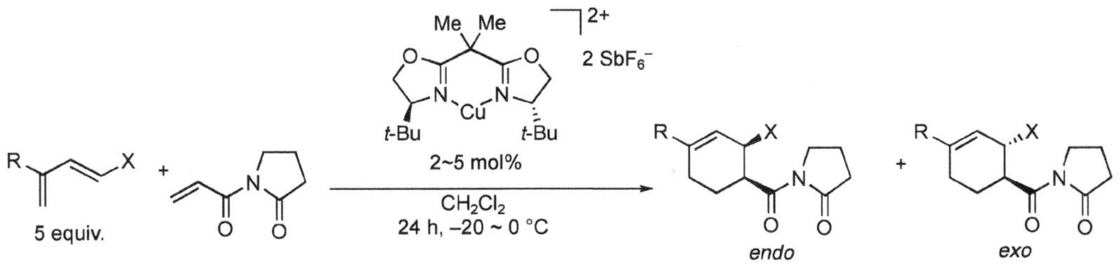

条目	X	R	产率/%	endo:exo 热反应	endo:exo 催化反应	endo ee/%	exo ee/%
1	Ph	H	95	82:18	85:15	97	—
2	OAc	H	75	75:25	85:15	96	90
3	SPh	H	84	65:35	98:2	98	89
4	NHCbz	H	54	49:51	72:28	90	97
5	OAc	Me	57	60:40	27:73	—	98

图 A.73　铜-双噁唑啉催化的 Diels-Alder 反应中的非对映选择性与对映选择性

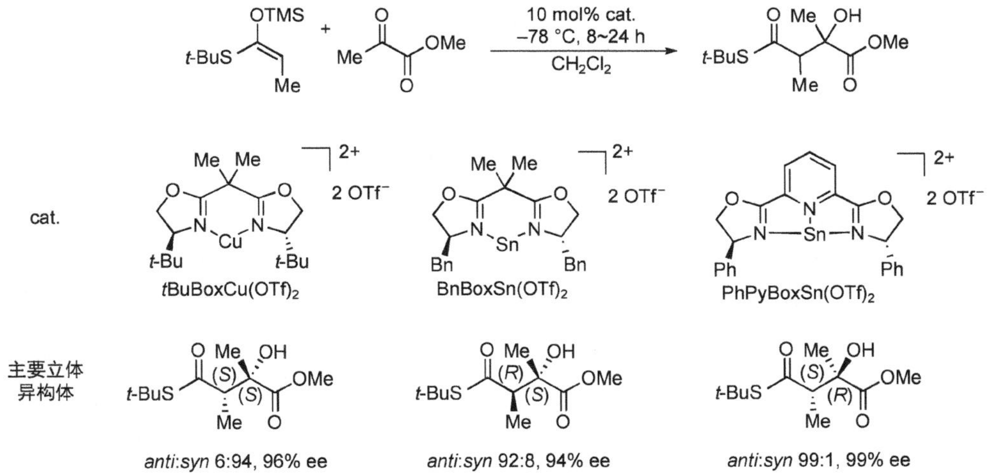

图 A.74　催化剂控制的丙酮酸酯与烯醇硅醚的非对映选择性和
对映选择性的 Mukaiyama aldol 反应

何内在的非对映选择性。如此一来，催化剂提供了多种水平的立体控制（比如，底物酮酯和烯醇硅醚的 *Re* 抑或 *Si* 的面选择性）。

如以上各段中揭示的，有几种方法可以进行催化剂修饰，以得到产物的不同立体异构体的纯品。然而，当催化剂的对映异构体不易获得或可能出现多种非对映体时，挑战依然存在。

参 考 文 献

[1] *Asymmetric Synthesis*; Aitken, R. A., Kilényi, S. N., Eds.; Chapman & Hall: New York, 1992.

[2] Koskinen, A. In *Asymmetric Synthesis of Natural Products*; Wiley: New York, 1993.

[3] Eliel, E. L.; Wilen, S. H.; Mander, L. N. In *Stereochemistry of Organic Compounds*; Wiley: New York, 1994.

[4] Nógrádi, M. *Stereoselective Synthesis*; VCH Publishers: New York, 1995.

[5] Noyori, R.; Takaya, H. BINAP: An Efficient Chiral Element for Asymmetric Catalysis. *Acc. Chem. Res.* **1990**, *23*, 345-350.

[6] Hayashi, T.; Konishi, M.; Fukushima, M.; Mise, T.; Kagotani, M.; Tajika, M.; Kumada, M. Asymmetric Synthesis Catalyzed by Chiral Ferrocenylphosphine-Transition Metal Complexes. 2. Nickel- and Palladium- Catalyzed Asymmetric Grignard Cross-Coupling. *J. Am. Chem. Soc.* **1982**, *104*, 180-186.

[7] List, B. Proline-Catalyzed Asymmetric Reactions. *Tetrahedron* **2002**, *58*, 5573-5590.

[8] Movassaghi, M.; Jacobsen, E. N. The Simplest "Enzyme." *Science* **2002**, *298*, 1904-1905.

[9] Notz, W.; Tanaka, F.; Barbas, C. F., III. Enamine-Based Organocatalysis with Proline and Diamines: The Development of Direct Catalytic Asymmetric Aldol, Mannich, Michael, and Diels-Alder Reactions. *Acc. Chem. Res.* **2004**, *37*, 580-591.

[10] Sorensen, E. J.; Sammis, G. M. Chemistry: A Dash of Proline Makes Things Sweet. *Science* **2004**, *305*, 1725-1726.

[11] Cahn, R. S.; Ingold, C.; Prelog, V. Specification of Molecular Chirality. *Angew. Chem., Int. Ed. Engl.* **1966**, *5*, 385-415.

[12] Prelog, V.; Helmchen, G. Basic Principles of the CIP-System and Proposals for a Revision. *Angew. Chem., Int. Ed. Engl.* **1982**, *21*, 567-583.

[13] Mori, K.; Uematsu, T.; Yanagi, K.; Minobe, M. Synthesis of the Optically Active Forms of 4,10-Dihydroxy-1,7-dioxaspiro[5.5]undecane and Their Conversion to the Enantiomers of 1,7-Dioxaspirol[5.5] undecane, the Olive Fly Pheromone. *Tetrahedron* **1985**, *41*, 2751-2758.

[14] Haniotakis, G.; Francke, W.; Mori, K.; Redlich, H.; Schurig, V. Sexspecific Activity of (R)-(−)- and (S)-(+)-1,7-Dioxaspirol[5.5]undecane, the Major Pheromone of *Dacus oleae*. *J. Chem. Ecol.* **1986**, *12*, 1559-1568.

[15] Pfaltz, A. Design of Chiral Ligands for Asymmetric Catalysis. *Chimia* **2004**, *58*, 49-50.

[16] Johnson, J. S.; Evans, D. A. Chiral Bis(oxazoline)Copper(II) Complexes: Versatile Catalysts for Enantioselective Cycloaddition, Aldol, Michael, and Carbonyl Ene Reactions. *Acc. Chem. Res.* **2000**, *33*, 325-335.

[17] Tokunaga, N.; Otomaru, Y.; Okamoto, K.; Ueyama, K.; Shintani, R.; Hayashi, T. C_2-Symmetric Bicyclo[2.2.2] octadienes as Chiral Ligands: Their High Performance in Rhodium-Catalyzed Asymmetric Arylation of *N*-Tosylary-limines. *J. Am. Chem. Soc.* **2004**, *126*, 13584-13585.

[18] Kacprzak, K.; Gawronski, J. Cinchona Alkaloids and Their Derivatives: Versatile Catalysts and Ligands in Asymmetric Synthesis. *Synthesis* **2001**, 961-998.

[19] Maryanoff, C. A.; Maryanoff, B. E. In *Asymmetric Synthesis*; Morrison, J. D., Scott, J. W., Eds.; Academic Press: New York, 1984; Vol. 4, Chapter 5.

[20] Chan, T. H.; Wang, D. Chiral Organosilicon Compounds in Asymmetric Synthesis. *Chem. Rev.* **1992**, *92*, 995-1006.

[21] Oestreich, M.; Rendler, S. True Chirality Transfer from Silicon to Carbon: Asymmetric Amplification in a Reagent-Controlled Palladium-Catalyzed Hydrosilylation. *Angew. Chem., Int. Ed. Engl.* **2005**, *44*, 1661-1664.

[22] Rendler, S.; Oestreich, M.; Butts, C. P.; Lloyd-Jones, G. C. Intermolecular Chirality Transfer from Silicon to Carbon: Interrogation of the Two-Silicon Cycle for Pd-Catalyzed Hydrosilylation by Stereoisotopochemical Crossover. *J. Am. Chem. Soc.* **2007**, *129*, 502-503.

[23] Davis, F. D.; Jenkins, R. H. In *Asymmetric Synthesis*; Scott, J. W., Ed.; Academic Press: New York, 1984; Vol. 4, Chapter 4.

[24] Davis, F. A.; Reddy, R. T.; Han, W.; Reddy, R. E. Asymmetric Synthesis Using *N*-Sulfonyloxaziridines. *Pure Appl. Chem.* **1993**, *65*, 633-640.

[25] Shen, Y.; Feng, X.; Li, Y.; Zhang, G.; Jiang, Y. Asymmetric Cyanosilylation of Ketones Catalyzed by Bifunctional Chiral *N*-Oxide Titanium Complex Catalysts. *Eur. J. Org. Chem.* **2004**, 129-137.

[26] Maruoka, K.; Ooi, T. Enantioselective Amino Acid Synthesis by Chiral Phase-Transfer Catalysis. *Chem. Rev.* **2003**,

103, 3013-3028.

[27] Pelz, K. A.; White, P. S.; Gagne, M. R. Persistent *N*-Chirality as the Only Source of Asymmetry in Non-racemic N₂PdCl₂ Complexes. *Organometallics* **2004**, *23*, 3210-3217.

[28] Valentine, D. R. In *Asymmetric Synthesis*; Morrison, J. D., Scott, J. W., Eds.; Academic Press: New York, 1984; Vol. 4, Chapter 3.

[29] Pietrusiewicz, K. M.; Zablocka, M. Preparation of Scalemic *P*-Chiral Phosphines and Their Derivatives. *Chem. Rev.* **1994**, *94*, 1375-1411.

[30] Crepy, K. V. L.; Imamoto, T. New *P*-Chirogenic Phosphine Ligands and Their Use in Catalytic Asymmetric Reactions. *Top. Curr. Chem.* **2003**, *229*, 1-40.

[31] Yamanoi, Y.; Imamoto, T. New Chiral Phosphine Ligands for Catalytic Asymmetric Reactions. *Rev. Heteroa. Chem.* **1999**, *20*, 227-248.

[32] Fernandez, I.; Khiar, N. Recent Developments in the Synthesis and Utilization of Chiral Sulfoxides. *Chem. Rev.* **2003**, *103*, 3651-3705.

[33] Allin, S. M.; Shuttleworth, S. J.; Page, P. C. B. Applications of Chiral Sulfoxides as Stereocontrol Elements in Organic Synthesis. *Organosulfur Chem.* **1998**, *2*, 97-155.

[34] Reggelin, M.; Zur, C. Sulfoximines. Structures, Properties, and Synthetic Applications. *Synthesis* **2000**, 1-64.

[35] Zhou, P.; Chen, B.-C.; Davis, F. A. Recent Advances in Asymmetric Reactions Using Sulfinimines (*N*-Sulfinyl Imines). *Tetrahedron* **2004**, *60*, 8003-8030.

[36] Barbachyn, M. R.; Johnson, C. R. In *Asymmetric Synthesis*; Morrison, J. D., Scott, J. W., Eds.; Academic Press: New York, 1984; Vol. 4, Chapter 2.

[37] Lindberg, P.; Brändstrom, A.; Wallmark, B.; Mattson, H.; Rikner, L.; Hoffman, K.-J. Omeprazole—The 1st Proton Pump Inhibitor. *Med. Res. Rev.* **1990**, *10*, 1-54.

[38] Carlsson, E.; Lindberg, P.; von Unge, S. Two of a Kind. *Chem. Br.* **2002**, *38*, 42-45.

[39] Owens, T. D.; Hollander, F. J.; Oliver, A. G.; Ellman, J. A. Synthesis, Utility, and Structure of Novel Bis(sulfinyl)imidoamidine Ligands for Asymmetric Lewis Acid Catalysis. *J. Am. Chem. Soc.* **2001**, *123*, 1539-1540.

[40] Bolm, C.; Simic, O. Highly Enantioselective Hetero-Diels-Alder Reactions Catalyzed by a C_2-Symmetric Bis(sulfoximine) Copper(II) Complex. *J. Am. Chem. Soc.* **2001**, *123*, 3830-3831.

[41] Brunner, H. Optical Induction in Organo-Transition-Metal Compounds and Asymmetric Catalysis. *Acc. Chem. Res.* **1979**, *12*, 250-257.

[42] Halterman, R. L. Synthesis and Applications of Chiral Cyclopentadienylmetal Complexes. *Chem. Rev.* **1992**, *92*, 965-994.

[43] Von Zelewsky, A. In *Stereochemistry of Coordination Compounds*; Wiley: New York, 1996.

[44] Knof, U.; von Zelewsky, A. Predetermined Chirality at Metal Centers. *Angew. Chem., Int. Ed. Engl.* **1999**, *38*, 302-322.

[45] Brunner, H. Optically Active Organometallic Compounds of Transition Elements with Chiral Metal Atoms. *Angew. Chem., Int. Ed. Engl.* **1999**, *38*, 1194-1208.

[46] Liebeskind, L. S.; Welker, M. E.; Fengl, R. W. Transformations of Chiral Iron Complexes Used in Organic Synthesis. Reactions of η₅-CpFe(PPh₃)(CO)COCH₃ and Related Species Leading to a Mild, Stereospecific Synthesis of β-Lactams. *J. Am. Chem. Soc.* **1986**, *108*, 6328-6343.

[47] Shimba, S.; Fujinami, S.; Shibata, M. Preparation of a Novel Aminebromocyano[1,4,7-Triazacyclononane]Cobalt(III) Complex. *Chem. Lett.* **1979**, 783-784.

[48] Werner, A. Über Spiegelbild-Isomerie bei Eisenverbindungen. *Chem. Ber.* **1912**, *45*, 433-436.

[49] Bijvoet, J. M.; Peerdeman, A. F.; van Bommel, A. J. Determination of the Absolute Configuration of Optically Active Compounds by Means of X-Rays. *Nature (London)* **1951**, *168*, 271-272.

[50] Saito, Y.; Nakatsu, K.; Shiro, M.; Kuroya, H. Determination of the Absolute Configuration of Optically Active Complex Ion [Co(en)₃]³⁺ by Means of X-Rays. *Acta Crystallog.* **1955**, *8*, 729-730.

[51] Cotton, F. A.; Wilkinson, G. In *Advanced Inorganic Chemistry*; Wiley: New York, 1988.

[52] Sasai, H.; Arai, T.; Satow, Y.; Houk, K. N.; Shibasaki, M. The First Heterobimetallic Multifunctional Asymmetric Catalyst. *J. Am. Chem. Soc.* **1995**, *117*, 6194-6198.

[53] Sato, I.; Kadowaki, K.; Ohgo, Y.; Soai, K.; Ogino, H. Highly Enantioselective Asymmetric Autocatalysis Induced by Chiral Cobalt Complexes Due to the Topology of the Coordination of the Achiral Ligands. *J. Chem. Soc., Chem. Commun.* **2001**, 1022-1023.

[54] Kromm, K.; Osburn, P. L.; Gladysz, J. A. Chelating Diphosphines That Contain a Rhenium Stereocenter in the Backbone: Applications in Rhodium-Catalyzed Enantioselective Ketone Hydrosilylations and Alkene Hydrogenation. *Organometallics* **2002**, *21*, 4275-4280.

[55] Rosini, C.; Franzini, L.; Raffaelli, A.; Salvadori, P. Synthesis and Application of Binaphthylic C_2-Symmetry Derivatives as Chiral Auxiliaries in Enantioselective Reactions. *Synthesis* **1992**, 503-517.

[56] Noyori, R. In *Stereocontrolled Organic Synthesis*; Trost, B. M., Ed.; Blackwell Scientific Publications: Cambridge, MA, 1994; 1-15.

[57] Pu, L. 1,1'-Binaphthyl Dimers, Oligomers, and Polymers: Molecular Recognition, Asymmetric Catalysis, and New Materials. *Chem. Rev.* **1998**, *98*, 2405-2494.

[58] McCarthy, M.; Guiry, P. J. Axially Chiral Bidentate Ligands in Asymmetric Catalysis. *Tetrahedron* **2001**, *57*, 3809-3844.

[59] Brunel, J. M. BINOL: A Versatile Chiral Reagent. *Chem. Rev.* **2005**, *105*, 857-898.

[60] Bringmann, G.; Günther, C.; Ochse, M.; Schupp, O.; Tasler, S. Biaryls in Nature: A Multi-Facetted Class of Stereochemically, Biosynthetically, and Pharmacologically Intriguing Secondary Metaobolites. *Prog. Chem. Org. Nat. Prod.* **2001**, *82*, 1-249.

[61] Baudoin, O.; Gueritte, F. Natural Bridged Biaryls with Axial Chirality and Antimitotic Properties. *Stud. Nat. Prod. Chem.* **2003**, *29 (Part J)*, 355-417.

[62] Dagne, E.; Steglich, W. Knipholone: A Unique Anthraquinone Derivative from *Kniphofia foliosa*. *Phytochemistry* **1984**, *23*, 1729-1731.

[63] Bringmann, G.; Menche, D.; Bezabih, M.; Abegaz, B. M.; Kaminsky, R. Antiplasmodial Activity of Knipholone and Related Natural Phenylanthraquinones. *Planta Med.* **1999**, *65*, 757-758.

[64] Bringmann, G.; Menche, D. First, Atropo-Enantioselective Total Synthesis of the Axially Chiral Phenylanthraquinone Natural Products Knipholone and 6'-O-Methylknipholone. *Angew. Chem., Int. Ed. Engl.* **2001**, *40*, 1687-1690.

[65] Clayden, J. Non-biaryl Atropisomers: New Classes of Chiral Reagents, Auxiliaries, and Ligands? *Angew. Chem., Int. Ed. Engl.* **1997**, *36*, 949-951.

[66] Clayden, J. Stereocontrol with Rotationally Restricted Amides. *Synlett* **1998**, 810-816.

[67] Ahmed, A.; Bragg, R. A.; Clayden, J.; Lal, L. W.; McCarthy, C.; Pink, J. H.; Westlund, N.; Yasin, S. A. Barriers to Rotation about the Chiral Axis of Tertiary Aromatic Amides. *Tetrahedron* **1998**, *54*, 13277-13294.

[68] Clayden, J. Atropisomers and Near-Atropisomers: Achieving Stereoselectivity by Exploiting the Conformational Preferences of Aromatic Amides. *J. Chem. Soc., Chem. Commun.* **2004**, 127-135.

[69] Le Gac, S.; Monnier-Benoit, N.; Metoul, L. D.; Petit, S.; Jabin, I. Stereoselective Synthesis of New Classes of Atropisomeric Compounds Through a Tandem Michael Reaction-Azacyclization Process. Part 2. *Tetrahedron: Asymmetry* **2004**, *15*, 139-145.

[70] Dai, W.-M.; Yeung, K. K. Y.; Liu, J.-T.; Zhang, Y.; Williams, I. D. A Novel Class of Nonbiaryl Atropisomeric *P,O*-Ligands for Palladium-Catalyzed Asymmetric Allylic Alkylation. *Org. Lett.* **2002**, *4*, 1615-1618.

[71] Dai, W. M.; Yeung, K. K. Y.; Wang, Y. Q. The First Example of Atropisomeric Amide-Derived *P,O*-Ligands Used for an Asymmetric Heck Reaction. *Tetrahedron* **2004**, *60*, 4425-4430.

[72] Runge, W. In *The Chemistry of Allenes*; Landor, S. R., Ed.; Academic Press, New York, 1982; Vol. 2, Chapter 6.

[73] Hoffmann-Roder, A.; Krause, N. Synthesis and Properties of Allenic Natural Products and Pharmaceuticals. *Angew.*

Chem., Int. Ed. Engl. **2004**, *43*, 1196-1216.

[74] Lyle, R. E.; Lyle, G. G. Resolution of 2,6-Diphenyl-1-methyl-4-piperidone Oxime, a Novel Example of Molecular Isomerism. *J. Org. Chem.* **1959**, *24*, 1679-1684.

[75] Lyle, G. G.; Pelosi, E. T. The Absolute Configuration of (+)-1-Methyl-2,6-diphenyl-4-piperidone Oxime. *J. Am. Chem. Soc.* **1966**, *88*, 5276-5279.

[76] Hulshof, L. A.; Wynberg, H.; van Dijk, B.; de Boer, J. L. Reassignment of the Chirality to a Series of 2,6-Disubstituted Spiro[3.3]heptanes by X-ray Methods and Implications Thereof on Empirical Rules and Theoretical Models. *J. Am. Chem. Soc.* **1976**, *98*, 2733-2740.

[77] Tamao, K.; Nakamura, K.; Ishii, H.; Yamaguchi, S.; Shiro, M. Axially Chiral Spirosilanes via Catalytic Asymmetric Intramolecular Hydrosilation. *J. Am. Chem. Soc.* **1996**, *118*, 12469-12470.

[78] Grimme, S.; Harren, J.; Sobanskib, A.; Vögtle, F. Structure/Chiroptics Relationships of Planar Chiral and Helical Molecules. *Eur. J. Org. Chem.* **1998**, 1491-1509.

[79] Reetz, M. T.; Beuttenmiiller, E. W.; Goddard, R. First Enantioselective Catalysis using a Helical Diphosphane. *Tetrahedron Lett.* **1997**, *38*, 3211-3214.

[80] Dreher, S. D.; Katz, T. J.; Lam, K.-C.; Rheingold, A. L. Application of the Russig-Laatsch Reaction to Synthesize a Bis[5]helicene Chiral Pocket for Asymmetric Catalysis. *J. Org. Chem.* **2000**, *65*, 815-822.

[81] Schlögl, K. Planar Chiral Molecular Structures. *Top. Curr. Chem.* **1984**, *125*, 29-62.

[82] Paley, R. S. Enantiomerically Pure Planar Chiral Organometallic Complees via Facially Selective π-Complexation. *Chem. Rev.* **2002**, *102*, 1493-1523.

[83] Togni, A.; Dorta, R.; Kollner, C.; Pioda, G. Some New Aspects of Asymmetric Catalysis with Chiral Ferrocenyl Ligands. *Pure Appl. Chem.* **1998**, *70*, 1477-1485.

[84] Togni, A.; Bieler, N.; Burckhardt, U.; Kollner, C.; Pioda, G.; Schneider, R.; Schnyder, A. Recent Studies in Asymmetric Catalysis Using Ferrocenyl Ligands. *Pure Appl. Chem.* **1999**, *71*, 1531-1537.

[85] Dai, L.-X.; Hou, X.-L.; Deng, W.-P.; You, S.-L.; Zhou, Y.-G. The Application of Ligands with Planar Chirality in Asymmetric Synthesis. *Pure Appl. Chem.* **1999**, *71*, 1401-1405.

[86] Dai, L.-X.; Tu, T.; You, S.-L.; Deng, W.-P.; Hou, X.-L. Asymmetric Catalysis with Chiral Ferrocene Ligands. *Acc. Chem. Res.* **2003**, *36*, 659-667.

[87] Fu, G. C. Enantioselective Nucleophilic Catalysis with "Planar-Chiral" Heterocycles. *Acc. Chem. Res.* **2000**, *33*, 412-420.

[88] Fu, G. C. Asymmetric Catalysis with "Planar-Chiral" Heterocycles. *Pure Appl. Chem.* **2001**, *73*, 347-349.

[89] Fu, G. C. Asymmetric Catalysis with "Planar-Chiral" Derivatives of 4-(Dimethylamino)pyridine. *Acc. Chem. Res.* **2004**, *37*, 542-547.

[90] Gibson, S. E.; Ibrahim, H. Asymmetric Catalysis Using Planar Chiral Arene Chromium Complexes. *J. Chem. Soc., Chem. Commun.* **2002**, 2465-2473.

[91] Pye, P. J.; Rossen, K.; Reamer, R. A.; Tsou, N. N.; Volante, R. P.; Reider, P. J. A New Planar Chiral Bisphosphine Ligand for Asymmetric Catalysis: Highly Enantioselective Hydrogenations Under Mild Conditions. *J. Am. Chem. Soc.* **1997**, *119*, 6207-6208.

[92] Solladié-Cavallo, A. In *Advances in Metal-Organic Chemistry*; Liebeskind, L. S., Ed.; JAI Press: London, 1989; Vol. 2, pp. 99-133.

[93] Schlögl, K. Stereochemistry of Metallocenes. *Top. Stereochem.* **1967**, *1*, 39-89.

[94] Gawley, R. E. Do the Terms "% ee" and "% de" Make Sense as Expressions of Stereoisomer Composition or Stereoselectivity? *J. Org. Chem.* **2006**, *71*, 2411-2416.

[95] Bringmann, G.; Rübenacker, M.; Weirich, R.; Aké Assi, L. Dioncophylline C from the Roots of *Triphyophyllum peltatum*, the First 5,1′-Coupled Dioncophyllaceae Alkaloid. *Phytochemistry* **1992**, *31*, 4019-4024.

[96] François, G.; Timperman, G.; Eling, W.; Aké Assi, L.; Holenz, J.; Bringmann, G. Naphthylisoquinoline Alkaloids

Against Malaria: Evaluation of the Curative Potential of Dioncophylline C and Dioncopeltine A Against *Plasmodium berghei in vivo. Antimicrob. Agents Chemother.* **1997**, *41*, 2533-2539.

[97] Blaser, H.-U.; Brieden, W.; Pugin, B.; Spindler, F.; Studer, M.; Togni, A. Solvia Josiphos Ligands: From Discovery to Technical Applications. *Top. Catal.* **2002**, *19*, 3-16.

[98] Koide, H.; Uemura, M. Axially Chiral Benzamides: Diastereoselective Nucleophilic Additions to Planar Chiral (*N,N*-Diethyl-2-acyl-6-methylbenzamide)chromium Complexes. *Tetrahedron Lett.* **1999**, *40*, 3443-3446.

[99] Willis, M. C. Enantioselective Desymmetrisation. *J. Chem. Soc., Perkin Trans. 1* **1999**, 1765-1784.

[100] Spivey, A. C.; Andrews, B. I. Catalysis of the Asymmetric Desymmetrization of Cyclic Anhydrides by Nucleophilic Ring-Opening with Alcohols. *Angew. Chem., Int. Ed. Engl.* **2001**, *40*, 3131-3134.

[101] Chen, Y.; McDaid, P.; Deng, L. Asymmetric Alcoholysis of Cyclic Anhydrides. *Chem. Rev.* **2003**, *103*, 2965-2984.

[102] Mihelich, E. D.; Daniels, K.; Eickhoff, D. J. Vanadium-catalyzed Epoxidations. 2. Highly Stereoselective Epoxidations of Acyclic Homoallylic Alcohols Predicted by a Detailed Transition-State Model. *J. Am. Chem. Soc.* **1981**, *103*, 7690-7692.

[103] Tanaka, S.; Yamamoto, H.; Nozaki, H.; Sharples, S, K. B.; Michaelson, R. C.; Cutting, J. D. Stereoselective Epoxidations of Acyclic Allylic Alcohols by Transition Metal-Hydroperoxide Reagents. Synthesis of *dl*-C_{18} *Cecropia* Juvenile Hormone from Farnesol. *J. Am. Chem. Soc.* **1974**, *96*, 5254-5255.

[104] Martín, V. S.; Woodard, S. S.; Katsuki, T.; Yamada, Y.; Ikeda, M.; Sharples, K. B. Kinetic Resolution of Racemic Allylic Alcohols by Enantioselective Epoxidation. A Route to Substances of Absolute Enantiomeric Purity? *J. Am. Chem. Soc.* **1981**, *103*, 6237-6240.

[105] Gao, Y.; Klunder, J. M.; Hanson, R. M.; Masamune, H.; Ko, S. Y.; Sharpless, K. B. Catalytic Asymmetric Epoxidation and Kinetic Resolution: Modified Procedures Including in situ Derivatization. *J. Am. Chem. Soc.* **1987**, *109*, 5765-5780.

[106] Takemoto, Y.; Baba, Y.; Honda, A.; Nakao, S.; Noguchi, I.; Iwata, C.; Tanaka, T.; Ibuka, T. Asymmetric Synthesis of (Diene)Fe(CO)$_3$ Complexes by a Catalytic Enantioselective Alkylation Using Dialkylzincs. *Tetrahedron* **1998**, *54*, 15567-15580.

[107] Christlieb, M.; Davies, J. E.; Eames, J.; Hooley, R.; Warren, S. The Stereoselective Synthesis of Oxetanes; Exploration of a New, Mitsunobu-Style Procedure for the Cyclisation of 1,3-Diols. *J. Chem. Soc., Perkin Trans. 1* **2001**, 2983-2996.

[108] Gennari, C.; Cozzi, P. G. Chelation Controlled Aldol Additions of the Enolsilane Derived from *tert*-Butyl Thioacetate : A Stereosetective Approach to 1β-Methylthienamycin. *Tetrahedron* **1988**, *44*, 5965-5974.

[109] Evans, D. A.; Kozlowski, M. C.; Murry, J. A.; Burgey, C. S.; Campos, K. R.; Connell, B. T.; Staples, R. J.C_2-Symmetric Copper(II) Complexes as Chiral Lewis Acids. Scope and Mechanism of Catalytic Enantioselective Aldol Additions of Enolsilanes to (Benzyloxy)acetaldehyde. *J. Am. Chem. Soc.* **1999**, *121*, 669-685.

[110] Burk, M. J.; Feaster, J. E.; Nugent, W. A.; Harlow, R. L. Preparation and Use of C_2-Symmetric Bis(phospholanes): Production of α-Amino Acid Derivatives via Highly Enantioselective Hydrogenation Reactions. *J. Am. Chem. Soc.* **1993**, *115*, 10125-10138.

[111] Robinson, A. J.; Stanislawski, P.; Mulholland, D.; He, L.; Li, H.-Y. Expedient Asymmetric Synthesis of All Four Isomers of *N,N'*-Protected 2,3-Diaminobutanoic Acid. *J. Org. Chem.* **2001**, *66*, 4148-4152.

[112] Konno, T.; Tanikawa, M.; Ishihara, T.; Yamanaka, H. Palladium-Catalyzed Coupling Reaction of Fluoroalkylated Propargyl Mesylates with Organozinc Reagents: Novel Synthesis of Optically Active Fluorine-Containing Trisubstituted Allenes. *Chem. Lett.* **2000**, 1360-1361.

[113] Mislow, K. In *Introduction to Stereochemistry*; Benjamin: New York, 1965.

[114] Yamaguchi, H.; Nakanishi, S.; Takata, T. Synthesis of Planar Chiral η3-Allyldicarbonylnitrosyliron Complexes and Stereochemistry of the Complex Forming Reaction. *J. Organomet. Chem.* **1998**, *554*, 167-170.

[115] Nishii, Y.; Wakasugi, K.; Koga, K.; Tanabe, Y. Chirality Exchange from sp^3 Central Chirality to Axial Chirality:

Benzannulation of Optically Active Diaryl-2,2-dichlorocyclopropylmethanols to Axially Chiral α-Arylnaphthalenes. *J. Am. Chem. Soc.* **2004**, *126*, 5358-5359.

[116]Imperiali, B.; Zimmerman, J. W. Synthesis of Dolichols via Asymmetric Hydrogenation of Plant Polyprenols. *Tetrahedron Lett.* **1988**, *29*, 5343-5344.

[117]Crispino, G. A.; Sharpless, K. B. Asymmetric Dihydroxylation of Squalene. *Tetrahedron Lett.* **1992**, *33*, 4273-4274.

[118]Evans, D. A.; MacMillan, D. W. C.; Campos, K. R. C_2-Symmetric Tin(II) Complexes as Chiral Lewis Acids. Catalytic Enantioselective Anti Aldol Additions of Enolsilanes to Glyoxylate and Pyruvate Esters. *J. Am. Chem. Soc.* **1997**, *119*, 10859-10860.

[119]Momiyama, N.; Yamamoto, H. Brønsted Acid Catalysis of Achiral Enamine for Regio- and Enantioselective Nitroso Aldol Synthesis. *J. Am. Chem. Soc.* **2005**, *127*, 1080-1081.

[120] DiMauro, E. F.; Kozlowski, M. C. Development of Bifunctional Salen Catalysts: Rapid, Chemoselective Alkylations of α-Ketoesters. *J. Am. Chem. Soc.* **2002**, *124*, 12668-12669.

[121] DiMauro, E. F.; Kozlowski, M. C. The First Catalytic Asymmetric Addition of Dialkylzincs to α-Ketoesters. *Org. Lett.* **2002**, *4*, 3781-3784.

[122] List, B.; Pojarliev, P.; Biller, W. T.; Martin, H. J. The Proline-Catalyzed Direct Asymmetric Three-Component Mannich Reaction: Scope, Optimization, and Application to the Highly Enantioselective Synthesis of 1,2-Amino Alcohols. *J. Am. Chem. Soc.* **2002**, *124*, 827-833.

[123] Cotton, H.; Elebring, T.; Larsson, M.; Li, L.; Sörensen, H.; von Unge, S. Asymmetric Synthesis of Esomeprazole. *Tetrahedron: Asymmetry* **2000**, *11*, 3819-3825.

[124] Corey, E. J.; Xu, F.; Noe, M. C. A Rational Approach to Catalytic Enantioselective Enolate Alkylation Using a Structurally Rigidified and Defined Chiral Quaternary Ammonium Salt under Phase Transfer Conditions. *J. Am. Chem. Soc.* **1997**, *119*, 12414-12415.

[125] Hashiguchi, S.; Fujii, A.; Haack, K. J.; Matsumura, K.; Ikariya, T.; Noyori, R. Kinetic Resolution of Racemic Secondary Alcohols by Ru-II-Catalyzed Hydrogen Transfer. *Angew. Chem., Int. Ed. Engl.* **1997**, *36*, 288-290.

[126] a) Sigman, M. S.; Vachal, P.; Jacobsen, E. N., A General Catalyst for the Asymmetric Strecker Reaction. *Angew. Chem., Int. Ed.* **2000**, *39*, 1279-1281. b) Vachal, P.; Jacobsen, E. N., Enantioselective Catalytic Addition of HCN to Ketoimines. Catalytic Synthesis of Quaternary Amino Acids. *Org. Lett.* **2000**, *2*, 867-870.

[127] Hatano, M.; Terada, M.; Mikami, K. Highly Enantioselective Palladium-Catalyzed Ene-Type Cyclization of a 1,6-Enyne. *Angew. Chem., Int. Ed. Engl.* **2001**, *40*, 249-253.

[128] Copeland, G. T.; Miller, S. J. Selection of Enantioselective Acyl Transfer Catalysts from a Pooled Peptide Library Through a Fluorescence-Based Activity Assay: An Approach to Kinetic Resolution of Secondary Alcohols of Broad Structural Scope. *J. Am. Chem. Soc.* **2001**, *123*, 6496-6502.

[129] Keith, J. M.; Larrow, J. F.; Jacobsen, E. N. Practical Considerations in Kinetic Resolution Reactions. *Adv. Synth. Catal.* **2001**, *343*, 5-26.

[130] Hayashi, T.; Konishi, M.; Ito, H.; Kumada, M. Optically Active Allylsilanes. 1. Preparation by PalladiumCatalyzed Asymmetric Grignard Cross-Coupling and *anti*-Stereochemistry in Electrophilic Substitution Reactions. *J. Am. Chem. Soc.* **1982**, *104*, 4962-4963.

[131] Dolling, U. H.; Davis, P.; Grabowski, E. J. J. Efficient Catalytic Asymmetric Alkylations. 1. Enantioselective Synthesis of (+)-Indacrinone via Chiral Phase-Transfer Catalysis. *J. Am. Chem. Soc.* **1984**, *106*, 446-447.

[132] Yin, J.; Buchwald, S. L. A Catalytic Asymmetric Suzuki Coupling for the Synthesis of Axially Chiral Biaryl Compounds. *J. Am. Chem. Soc.* **2000**, *122*, 12051-12052.

[133] Li, X.; Yang, J.; Kozlowski, M. C. Enantioselective Oxidative Biaryl Coupling Reactions Catalyzed by 1,5-Diazadecalin Metal Complexes. *Org. Lett.* **2000**, *3*, 1137-1140.

[134] Li, X.; Hewgley, J. B.; Mulrooney, C. A.; Yang, J.; Kozlowski, M. C. Enantioselective Oxidative Biaryl Coupling Reactions Catalyzed by 1,5-Diazadecalin Metal Complexes: Efficient Formation of Chiral Functionalized BINOL

Derivatives. *J. Org. Chem.* **2003**, *68*, 5500-5511.

[135] Hayashi, T.; Niizuma, S.; Kamikawa, T.; Suzuki, N.; Uozumi, Y. Catalytic Asymmetric Synthesis of Axially Chiral Biaryls by Palladium-Catalyzed Enantioposition-Selective Cross-Coupling. *J. Am. Chem. Soc.* **1995**, *117*, 9101-9102.

[136] Kamikawa, T.; Uozumi, Y.; Hayashi, T. Enantioposition-Selective Alkynylation of Biaryl Ditriflates by Palladium-Catalyzed Asymmetric Cross-Coupling. *Tetrahedron Lett.* **1996**, *37*, 3161-3164.

[137] Kamikawa, T.; Hayashi, T. Enantioposition-Selective Arylation of Biaryl Ditriflates by Palladium-Catalyzed Asymmetric Grignard Cross-Coupling. *Tetrahedron* **1999**, *55*, 3455-3466.

[138] Rios, R.; Jimeno, C.; Carroll, P. J.; Walsh, P. J. Kinetic Resolution of Atropisomeric Amides. *J. Am. Chem. Soc.* **2002**, *124*, 10272-10273.

[139] Hoffmann-Roder, A.; Krause, N. Enantioselective Synthesis of and with Allenes. *Angew. Chem., Int. Ed. Engl.* **2002**, *41*, 2933-2935.

[140] Hayashi, T.; Tokunaga, N.; Inoue, K. Rhodium-Catalyzed Asymmetric 1,6-Addition of Aryltitanates to Enynones Giving Axially Chiral Allenes. *Org. Lett.* **2004**, *6*, 305-307.

[141] Fiaud, J. C.; Legros, J. Y. Substrate Leaving Group Control of the Enantioselectivity in the Palladium-Catalyzed Asymmetric Allylic Substitution of 4-Alkyl-1-vinylcyclohexyl Derivatives. *J. Org. Chem.* **1990**, *55*, 4840-4846.

[142] Bolm, C.; Muñiz, K. Planar Chiral Arene Chromium(0) Complexes: Potential Ligands for Asymmetric Catalysis. *Chem. Soc. Rev.* **1999**, *28*, 51-59.

[143] Knölker, H.-J. Efficient Synthesis of TricarbonylironDiene Complexes—Development of an Asymmetric Catalytic Complexation. *Chem. Rev.* **2000**, *100*, 2941-2961.

[144] Knölker, H.-J.; Hermann, H.; Herzberg, D. Photolytic Induction of the Asymmetric Catalytic Complexation of Prochiral Cyclohexa-1,3-dienes by the Tricarbonyliron Fragment. *J. Chem. Soc., Chem. Commun.* **1999**, 831-832.

[145] Uemura, M.; Nishimura, H.; Hayashi, T. Catalytic Asymmetric Induction of Planar Chirality: Palladium-Catalyzed Asymmetric Cross-Coupling of *meso* Tricarbonyl(arene) Chromium Complexes with Alkenyl- and Arylboronic Acids. *J. Organomet. Chem.* **1994**, *473*, 129-137.

[146] Davies, H. M. L.; Antoulinakis, E. G.; Hansen, T. Catalytic Asymmetric Synthesis of *Syn*-Aldol Products from Intermolecular C-H Insertions Between Allyl Silyl Ethers and Methyl Aryldiazoacetates. *Org. Lett.* **1999**, *1*, 383-385.

[147] Doyle, M. P.; Dyatkin, A. B.; Roos, G. H. P.; Canas, F.; Pierson, D. A.; van Basten, A.; Mueller, P.; Polleux, P. Diastereocontrol for Highly Enantioselective Carbon-Hydrogen Insertion Reactions of Cycloalkyl Diazoacetates. *J. Am. Chem. Soc.* **1994**, *116*, 4507-4508.

[148] Davies, H. M. L.; Venkataramani, C.; Hansen, T.; Hopper, D. W. New Strategic Reactions for Organic Synthesis: Catalytic Asymmetric C-H Activation α to Nitrogen as a Surrogate for the Mannich Reaction. *J. Am. Chem. Soc.* **2003**, *125*, 6462-6468.

[149] Bercot, E. A.; Rovis, T. A Palladium-Catalyzed Enantioselective Alkylative Desymmetrization of *meso*-Succinic Anhydrides. *J. Am. Chem. Soc.* **2004**, *126*, 10248-10249.

[150] Rychnovsky, S. D. Oxo Polyene Macrolide Antibiotics. *Chem. Rev.* **1995**, *95*, 2021-2040.

[151] Ward, R. S. Nonenzymatic Asymmetric Transformations Involving Symmetrical Bifunctional Compounds. *Chem. Soc. Rev.* **1990**, *19*, 1-19.

[152] Sculimbrene, B. R.; Miller, S. J. Discovery of a Catalytic Asymmetric Phosphorylation Through Selection of a Minimal Kinase Mimic: A Concise Total Synthesis of D-*myo*-Inositol-1-Phosphate. *J. Am. Chem. Soc.* **2001**, *123*, 10125-10126.

[153] Sculimbrene, B. R.; Morgan, A. J.; Miller, S. J. Enantiodivergence in Small-Molecule Catalysis of Asymmetric Phosphorylation: Concise Total Syntheses of the Enantiomeric D-*myo*-Inositol-1-phosphate and D-*myo*-Inositol-3-phosphate. *J. Am. Chem. Soc.* **2002**, *124*, 11653-11656.

[154] Gani, D. An End to the Protection Racket. *Nature* **2001**, *414*, 703-705.

[155] Takenaka, N.; Xia, G.; Yamamoto, H. Catalytic, Highly Enantio- and Diastereoselective Pinacol Coupling Reaction

with a New Tethered Bis(8- quinolinolato) Ligand. *J. Am. Chem. Soc.* **2004**, *126*, 13198-13199.

[156] Evans, D. A.; Johnson, J. S.; Olhava, E. J. Enantioselective Synthesis of Dihydropyrans. Catalysis of Hetero Diels-Alder Reactions by Bis(oxazoline)Copper(II) Complexes. *J. Am. Chem. Soc.* **2000**, *122*, 1635-1649.

[157] Noyori, R.; Ikeda, T.; Ohkuma, T.; Widhalm, M.; Kitamura, M.; Takaya, H.; Akutagawa, S.; Sayo, N.; Saito, T.; Taketomi, T.; Kumobayashi, H. Stereoselective Hydrogenation via Dynamic Kinetic Resolution. *J. Am. Chem. Soc.* **1989**, *111*, 9134-9135.

[158] Chan, V.; Kim, J. G.; Jimeno, C.; Carroll, P. J.; Walsh, P. J. Dynamic Kinetic Resolution of Atropisomeric Amides. *Org. Lett.* **2004**, *6*, 2051-2053.

[159] Trend, R. M.; Ramtohul, Y. K.; Ferreira, E. M.; Stoltz, B. M. Palladium-Catalyzed Oxidative Wacker Cyclizations in Nonpolar Organic Solvents with Molecular Oxygen: A Stepping Stone to Asymmetric Aerobic Cyclizations. *Angew. Chem., Int. Ed. Engl.* **2003**, *42*, 2892-2895.

[160] Dearden, M. J.; Firkin, C. R.; Hermet, J.-P. R.; O'Brien, P. A Readily-Accessible (+)-Sparteine Surrogate. *J. Am. Chem. Soc.* **2002**, *124*, 11870-11871.

[161] Kolb, H. C.; VanNieuwenhze, M. S.; Sharpless, K. B. Catalytic Asymmetric Dihydroxylation. *Chem. Rev.* **1994**, *94*, 2483-2547.

[162] Kobayashi, S.; Ishitani, H. Lanthanide(III)-Catalyzed Enantioselective Diels-Alder Reactions. Stereoselective Synthesis of Both Enantiomers by Using a Single Chiral Source and a Choice of Achiral Ligands. *J. Am. Chem. Soc.* **1994**, *116*, 4083-4084.

[163] Evans, D. A.; Barnes, D. M.; Johnson, J. S.; Lectka, T.; von Matt, P.; Miller, S. J.; Murry, J. A.; Norcross, R. D.; Shaughnessy, E. A.; Campos, K. R. Bis(oxazoline) and Bis(oxazolinyl)pyridine Copper Complexes as Enantioselective Diels-Alder Catalysts: Reaction Scope and Synthetic Applications. *J. Am. Chem. Soc.* **1999**, *121*, 7582-7594.

[164] Evans, D. A.; Burgey, C. S.; Kozlowski, M. C.; Tregay, S. W. C_2-Symmetric Copper(II) Complexes as Chiral Lewis Acids. Scope and Mechanism of the Catalytic Enantioselective Aldol Additions of Enolsilanes to Pyruvate Esters. *J. Am. Chem. Soc.* **1999**, *121*, 686-699.

索　引